学术引领系列

国家出版基金项目
NATIONAL PUBLICATION FOUNDATION

国家科学思想库

“十二五”国家重点图书出版规划项目

中国学科发展战略

# 合成化学

中国科学院

科学出版社
北京

**图书在版编目(CIP)数据**

合成化学/中国科学院编.—北京：科学出版社，2016.1
（中国学科发展战略）
ISBN 978-7-03-046095-0

Ⅰ.①合… Ⅱ.①中… Ⅲ.①合成化学-学科发展-发展战略-中国
Ⅳ.①06-12

中国版本图书馆 CIP 数据核字（2015）第 252647 号

丛书策划：侯俊琳 牛 玲
责任编辑：邹 聪 高 微/责任校对：张怡君 李 影
责任印制：赵 博/封面设计：黄华斌 陈 敬

科学出版社出版
北京东黄城根北街 16 号
邮政编码：100717
http://www.sciencep.com
北京凌奇印刷有限责任公司印刷
科学出版社发行 各地新华书店经销
*
2016 年 1 月第 一 版 开本：720×1000 1/16
2025 年12月第六次印刷 印张：48 3/4
字数：980 000

**定价：438.00 元**

（如有印装质量问题，我社负责调换）

# 中国学科发展战略

## 指　导　组

**组　长：** 白春礼

**副组长：** 李静海　秦大河

**成　员：** 詹文龙　朱道本　陈　颙
陈宜瑜　李　未　顾秉林

## 工　作　组

**组　长：** 李　婷

**副组长：** 王敬泽　刘春杰

**成　员：** 钱莹洁　马新勇　申倚敏
薛　淮　张家元　林宏侠
冯　霞　赵剑峰

# 中国学科发展战略·合成化学

## 研　究　组

**组　长：** 周其林　冯守华

**成　员：**（以姓氏汉语拼音为序）

| | | | |
|---|---|---|---|
| 陈　彬 | 陈忠宁 | 邓　理 | 邓　亮 |
| 丁奎岭 | 冯小明 | 龚流柱 | 郭庆祥 |
| 韩布兴 | 何良年 | 胡文平 | 黄　正 |
| 霍启升 | 康岳桐 | 李晓芳 | 李亚栋 |
| 李悦生 | 李治军 | 刘　刚 | 刘海超 |
| 刘　凯 | 刘　磊 | 刘　强 | 刘　文 |
| 刘晓辉 | 孟庆元 | 倪　燕 | 渠　瑾 |
| 施　展 | 宋　桥 | 宋振雷 | 唐功利 |
| 唐叶峰 | 涂永强 | 王定胜 | 王梅祥 |
| 王　树 | 王　为 | 王雪松 | 王　野 |
| 王志鹏 | 吴骊珠 | 谢建华 | 徐　俊 |
| 许建和 | 游书力 | 于吉红 | 袁　斌 |
| 张辅民 | 张　健 | 张　希 | 甄永刚 |
| 郑高伟 | 左景林 | | |

# 总　序

## 九层之台，起于累土[①]

白春礼

近代科学诞生以来，科学的光辉引领和促进了人类文明的进步，在人类不断深化对自然和社会认识的过程中，形成了以学科为重要标志的、丰富的科学知识体系。学科不但是科学知识的基本的单元，同时也是科学活动的基本单元：每一学科都有其特定的问题域、研究方法、学术传统乃至学术共同体，都有其独特的历史发展轨迹；学科内和学科间的思想互动，为科学创新提供了原动力。因此，发展科技，必须研究并把握学科内部运作及其与社会相互作用的机制及规律。

中国科学院学部作为我国自然科学的最高学术机构和国家在科学技术方面的最高咨询机构，历来十分重视研究学科发展战略。2009 年 4 月与国家自然科学基金委员会联合启动了“2011～2020 年我国学科发展战略研究”19 个专题咨询研究，并组建了总体报告研究组。在此工作基础上，为持续深入开展有关研究，学部于 2010 年年底，在一些特定的领域和方向上重点部署了学科发展战略研究项目，研究成果现以“中国学科发展战略”丛书形式系列出版，供大家交流讨论，希望起到引导之效。

根据学科发展战略研究总体研究工作成果，我们特别注意到学

① 题注：李耳《老子》第 64 章：“合抱之木，生于毫末；九层之台，起于累土；千里之行，始于足下。”

科发展的以下几方面的特征和趋势。

一是学科发展已越出单一学科的范围，呈现出集群化发展的态势，呈现出多学科互动共同导致学科分化整合的机制。学科间交叉和融合、重点突破和“整体统一”，成为许多相关学科得以实现集群式发展的重要方式，一些学科的边界更加模糊。

二是学科发展体现了一定的周期性，一般要经历源头创新期、创新密集区、完善与扩散期，并在科学革命性突破的基础上呈螺旋上升式发展，进入新一轮发展周期。根据不同阶段的学科发展特点，实现学科均衡与协调发展成为了学科整体发展的必然要求。

三是学科发展的驱动因素、研究方式和表征方式发生了相应的变化。学科的发展以好奇心牵引下的问题驱动为主，逐渐向社会需求牵引下的问题驱动转变；计算成为了理论、实验之外的第三种研究方式；基于动态模拟和图像显示等信息技术，为各学科纯粹的抽象数学语言提供了更加生动、直观的辅助表征手段。

四是科学方法和工具的突破与学科发展互相促进作用更加显著。技术科学的进步为激发新现象并揭示物质多尺度、极端条件下的本质和规律提供了积极有效手段。同时，学科的进步也为技术科学的发展和催生战略新兴产业奠定了重要基础。

五是文化、制度成为了促进学科发展的重要前提。崇尚科学精神的文化环境、避免过多行政干预和利益博弈的制度建设、追求可持续发展的目标和思想，将不仅极大促进传统学科和当代新兴学科的快速发展，而且也为人才成长并进而促进学科创新提供了必要条件。

我国学科体系系由西方移植而来，学科制度的跨文化移植及其在中国文化中的本土化进程，延续已达百年之久，至今仍未结束。

鸦片战争之后，代数学、微积分、三角学、概率论、解析几何、力学、声学、光学、电学、化学、生物学和工程科学等的近代科学知识被介绍到中国，其中有些知识成为一些学堂和书院的教学内容。1904 年清政府颁布“癸卯学制”，该学制将科学技术分为格致科（自然科学）、农业科、工艺科和医术科，各科又分为诸多学科。1905年清朝废除科举，此后中国传统学科体系逐步被来自西方的新学科体系取代。

民国时期现代教育发展较快，科学社团与科研机构纷纷创建，现代学科体系的框架基础成型，一些重要学科实现了制度化。大学引进欧美的通才教育模式，培育各学科的人才。1912年詹天佑发起成立中华工程师会，该会后来与类似团体合为中国工程师学会。1914年留学美国的学者创办中国科学社。1922年中国地质学会成立，此后，生理、地理、气象、天文、植物、动物、物理、化学、机械、水利、统计、航空、药学、医学、农学、数学等学科的学会相继创建。这些学会及其创办的《科学》、《工程》等期刊加速了现代学科体系在中国的构建和本土化。1928年国民政府创建中央研究院，这标志着现代科学技术研究在中国的制度化。中央研究院主要开展数学、天文学与气象学、物理学、化学、地质与地理学、生物科学、人类学与考古学、社会科学、工程科学、农林学、医学等学科的研究，将现代学科在中国的建设提升到了研究层次。

中华人民共和国建立之后，学科建设进入了一个新阶段，逐步形成了比较完整的体系。1949年11月新中国组建了中国科学院，建设以学科为基础的各类研究所。1952年，教育部对全国高等学校进行院系调整，推行苏联式的专业教育模式，学科体系不断细化。1956年，国家制定出《十二年科学技术发展远景规划纲要》，该规划包括57项任务和12个重点项目。规划制定过程中形成的“以任务带学科”的理念主导了以后全国科技发展的模式。1978年召开全国科学大会之后，科学技术事业从国防动力向经济动力的转变，推进了科学技术转化为生产力的进程。

科技规划和“任务带学科”模式都加速了我国科研的尖端研究，有力带动了核技术、航天技术、电子学、半导体、计算技术、自动化等前沿学科建设与新方向的开辟，填补了学科和领域的空白，不断奠定工业化建设与国防建设的科学技术基础。不过，这种模式在某些时期或多或少地弱化了学科的基础建设、前瞻发展与创新活力。比如，发展尖端技术的任务直接带动了计算机技术的兴起与计算机的研制，但科研力量长期跟着任务走，而对学科建设着力不够，已成为制约我国计算机科学技术发展的“短板”。面对建设创新型国家的历史使命，我国亟待夯实学科基础，为科学技术的持续发展与创新能力的提升而开辟知识源泉。

反思现代科学学科制度在我国移植与本土化的进程，应该看到，20世纪上半叶，由于西方列强和日本入侵，再加上频繁的内战，科学与救亡结下了不解之缘，新中国建立以来，更是长期面临着经济建设和国家安全的紧迫任务。中国科学家、政治家、思想家乃至一般民众均不得不以实用的心态考虑科学及学科发展问题，我国科学体制缺乏应有的学科独立发展空间和学术自主意识。改革开放以来，中国取得了卓越的经济建设成就，今天我们可以也应该静下心来思考“任务”与学科的相互关系，重审学科发展战略。

现代科学不仅表现为其最终成果的科学知识，还包括这些知识背后的科学方法、科学思想和科学精神，以及让科学得以运行的科学体制，科学家的行为规范和科学价值观。相对于我国的传统文化，现代科学是一个“陌生的”、“移植的”东西。尽管西方科学传入我国已有一百多年的历史，但我们更多地还是关注器物层面，强调科学之实用价值，而较少触及科学的文化层面，未能有效而普遍地触及到整个科学文化的移植和本土化问题。中国传统文化以及当今的社会文化仍在深刻地影响着中国科学的灵魂。可以说，迄20世纪结束，我国移植了现代科学及其学科体制，却在很大程度上拒斥与之相关的科学文化及相应制度安排。

科学是一项探索真理的事业，学科发展也有其内在的目标，探求真理的目标。在科技政策制定过程中，以外在的目标替代学科发展的内在目标，或是只看到外在目标而未能看到内在目标，均是不适当的。现代科学制度化进程的含义就在于：探索真理对于人类发展来说是必要的和有至上价值的，因而现代社会和国家须为探索真理的事业和人们提供制度性的支持和保护，须为之提供稳定的经费支持，更须为之提供基本的学术自由。

20世纪以来，科学与国家的目的不可分割地联系在一起，科学事业的发展不可避免地要接受来自政府的直接或间接的支持、监督或干预，但这并不意味着，从此便不再谈科学自主和自由。事实上，在现当代条件下，在制定国家科技政策时充分考虑“任务”和学科的平衡，不但是最大限度实现学术自由、提升科学创造活力的有效路径，同时也是让科学服务于国家和社会需要的最有效的做法。这里存在着这样一种辩证法：科学技术系统只有在具有高度创造活力的情形下，才能在创新型国家建设过程中发挥最大作用。

在全社会范围内创造一种允许失败、自由探讨的科研氛围；尊重学科发展的内在规律，让科研人员充分发挥自己的创造潜能；充分尊重科学家的个人自由，不以“任务”作为学科发展的目标，让科学共同体自主地来决定学科的发展方向。这样做的结果往往比事先规划要更加激动人心。比如，19 世纪末德国化学学科的发展史就充分说明了这一点。从内部条件上讲，首先是由于洪堡兄弟所创办的新型大学模式，主张教与学的自由、教学与研究相结合，使得自由创新成为德国的主流学术生态。从外部环境来看，德国是一个后发国家，不像英、法等国拥有大量的海外殖民地，只有依赖技术创新弥补资源的稀缺。在强大爱国热情的感召下，德国化学家的创新激情迸发，与市场开发相结合，在染料工业、化学制药工业方面进步神速，十余年间便领先于世界。

中国科学院作为国家科技事业“火车头”，有责任提升我国原始创新能力，有责任解决关系国家全局和长远发展的基础性、前瞻性、战略性重大科技问题，有责任引领中国科学走自主创新之路。中国科学院学部汇聚了我国优秀科学家的代表，更要责无旁贷地承担起引领中国科技进步和创新的重任，系统、深入地对自然科学各学科进行前瞻性战略研究。这一研究工作，旨在系统梳理世界自然科学各学科的发展历程，总结各学科的发展规律和内在逻辑，前瞻各学科中长期发展趋势，从而提炼出学科前沿的重大科学问题，提出学科发展的新概念和新思路。开展学科发展战略研究，也要面向我国现代化建设的长远战略需求，系统分析科技创新对人类社会发展和我国现代化进程的影响，注重新技术、新方法和新手段研究，提炼出符合中国发展需求的新问题和重大战略方向。开展学科发展战略研究，还要从支撑学科发展的软、硬件环境和建设国家创新体系的整体要求出发，重点关注学科政策、重点领域、人才培养、经费投入、基础平台、管理体制等核心要素，为学科的均衡、持续、健康发展出谋划策。

2010年，在中国科学院各学部常委会的领导下，各学部依托国内高水平科研教育等单位，积极酝酿和组建了以院士为主体、众多专家参与的学科发展战略研究组。经过各研究组的深入调查和广泛研讨，形成了“中国学科发展战略”丛书，纳入“国家科学思想库—学术引领系列”陆续出版。学部诚挚感谢为学科发展战略研究付出心血的院士、专家们！

按照学部“十二五”工作规划部署，学科发展战略研究将持续开展，希望学科发展战略系列研究报告持续关注前沿，不断推陈出新，引导广大科学家与中国科学院学部一起，把握世界科学发展动态，夯实中国科学发展的基础，共同推动中国科学早日实现创新跨越！

# 前 言

合成化学是研究物质创造与转化的科学，它在人类认识自然和改造自然、提高人类生活质量和健康水平、推动社会进步等方面发挥着不可替代的作用。2006 年国务院颁布的《国家中长期科学和技术发展规划纲要（2006—2020 年）》中明确地将“新物质创造与转化的化学过程”列为前沿科学问题。在中国科学院学部“十二五”规划关于学科发展战略研究部署中，合成化学被列为发展战略研究的学科之一。根据中国科学院学部要求，成立了“中国学科发展战略—合成化学”研究项目组。项目组经过两年多的系统、深入工作，反复研讨，最后形成了研究报告《中国学科发展战略·合成化学》。

《中国学科发展战略·合成化学》分为绪论、合成方法、合成材料和合成化学新方向四篇。绪论部分评估了合成化学的学科地位、对人类文明进步和社会发展作出的贡献及其与其他学科的相互关系。在此基础上，总结了合成化学学科发展水平和发展方向，分析了我国合成化学学科的发展现状和对策；合成方法部分阐述了合成化学的发展轨迹，它是一个不断追求高效、高选择性、高原子经济、更加环境友好、低能耗和可持续地创造新物质的过程。从这几章中，我们可以窥见合成方法已经发展到了一个相当高的水平。化学家现在几乎已经做到“只要能够设计出来的化合物，就能被合成出来”。但是，合成方法距离我们的目标“完美合成”还非常遥远。合成材料最能展现合成化学所取得的辉煌成就。这部分选取了几个代表性的研究领域，介绍了合成材料的发展历史和它对人类社会发展的巨大推动作用。可以说，多样性的合成材料不但使人类生活变得更加丰富多彩，也保护了人类的健康。新材料是科学技术发展的物质基础，这部分还介绍了几个新兴的合成材料领域，它们在未来科技发展中将扮演重要角色。合成化学新方向部分选取了几个近期广受关注的领域，进行剖析。从中可以看出，合成化学的发展日新月异，新方向、新领域不断涌现。合成化学的研究内涵和外延正经历着快速而深刻的变化，很多过去认为是不可能的，现在也都变成了现实。

合成化学的根本任务是为人类社会发展和科技进步提供新物质。为了完成这一光荣使命，合成化学家正在努力发展“完美合成”，即以最低的能耗和100%的收率得到所需化合物，不产生任何副产物。只有这样，才能做到可持续发展。

《中国学科发展战略·合成化学》由周其林和冯守华设计、组织和审定，其编写工作得到了众多合成化学家的大力支持和参与。参加本书撰写的人员包括：第一篇绪论，第一～三章，周其林、冯守华、谢建华、施展；第二篇合成方法，第四章，冯守华、施展；第五章，刘刚、唐叶峰、于吉红；第六章，丁奎岭、黄正；第七章，龚流柱、游书力、冯小明；第八章，许建和、倪燕、郑高伟、王梅祥；第九 章，吴骊珠、王雪松、刘强、孟庆元、李治军、陈彬；第十章，康岳桐、袁斌、宋桥、徐俊、刘凯、张希；第三篇合成材料，第十一章，左景林、张健、陈忠宁；第十二章，于吉红、霍启升、王为；第十三章，王定胜、李亚栋；第十四章，甄永刚、王树、胡文平；第十五章，李悦生、刘晓辉、李晓芳；第十六章，张辅民、宋振雷、涂永强；第四篇合成化学新方向，第十七章，韩布兴、何良年、渠瑾；第十八章，王野、邓亮；第十九章，郭庆祥、刘海超、邓理；第二十章；刘磊、王志鹏、刘文、唐功利。对这些学者在本书撰写过程中所付出的智慧和艰辛表示由衷的感谢。

由于合成化学覆盖范围较广，加上篇幅有限，很多重要的研究方向和研究内容未能包含进去。另外，由于作者水平有限，疏漏在所难免，许多分析观点也不一定全面。所有不妥之处，敬请广大专家、读者批评指正。

本书在编写过程中得到了中国科学院学部和院士工作局的指导和帮助，科学出版社编辑主动热情做好本书的出版工作，邹聪等在统稿和编辑过程中付出了辛勤劳动，在此一并致谢！

周其林　冯守华

2015年8月

# 目　录

## 第一篇　绪　论

# 第二篇 合成方法

# 第三篇　合成材料

# 第四篇 合成化学新方向

# 第一篇　绪　　论

# 第一章 合成化学的学科地位

周其林　冯守华　谢建华　施　展

## 第一节　引　　言

合成化学是研究如何利用简单、易得的有机或无机原料等，通过化学、物理或生物的方法合成结构相对较复杂的有机或无机分子、生物活性化合物、天然产物及材料等。它是化学学科的基础和核心，是人类认识物质和创造物质的重要途径和手段。它在创造五彩缤纷的物质世界以不断满足人类对美好生活的愿望与追求的同时，促进了生命科学、材料科学、信息科学等相关学科的快速发展，并支撑了人类社会的可持续发展和文明进步。经过一百多年的发展，合成化学创造了数千万种功能多样的物质。从人工合成尿素解决人类“吃”的问题，到合成尼龙解决人类“穿”的问题，以及创造出磺胺类药物等挽救了无数人的生命等，这些都彰显了合成化学对人类社会的巨大贡献[1]。

21 世纪伊始，合成化学得到了人类社会更加广泛的关注和重视。2000 年以来，诺贝尔化学奖 4 次颁发给了合成化学领域。从不对称催化反应打开获得手性药物、手性材料等新功能物质的大门，到巧妙指挥烯烃分子“交换舞伴”完成治疗癌症、艾滋病等疾病新药、高级塑料材料等的合成；以及从钯催化的交叉偶联反应实现在医学、电子学和可与天然分子媲美的复杂化合物的合成，到磁性强、十分坚硬而富有弹性且在材料科学领域等具有非凡用途的准晶体的发现，这些受到人类社会普遍认可的合成化学领域的杰出发现和创造已经为人类社会的进步、人类的健康等领域作出了卓越的贡献，并引领和推动着相关学科的发展。可以说合成化学是当今人类社会文明发展的基石和支柱，如果没有合成化学，很难想象我们能够像现在一样拥有方便、舒适、安康的现代生活。

## 第二节　合成化学促进人类文明进步和社会可持续发展

进入 20 世纪以来，虽然人类社会的生活已变得更加美好，但我们也面临着粮食问题、健康问题、环境问题与能源问题等的挑战。合成化学在守护人类健康、保障粮食供应、促进环境友好以及寻找新能源方面起着非常重要的作用，是人类社会解决紧迫问题的关键和可持续发展的强大推动力。

### 一、合成化学护航粮食生产

19 世纪以前，农业所需氮肥主要来源于如粪便、种子饼及绿肥等有机物的副产品。20 世纪初，哈勃（F. Haber）和博施（C. Bosh）等发现和发展了氮气和氢气反应合成氨的过程，开启了合成氨的新纪元，结束了人类完全依靠天然氮肥的历史，促进了农业的发展，从而将无数人从饥饿的死亡线上拯救出来。至今，世界上仍然采用哈勃和博施的工艺生产合成氨，每年的产量超过 2 亿 t，哈勃也因此成为解救世界粮食危机的化学天才。然而，仅仅靠化肥促进粮食作物的生长和丰产是远远不够的。粮食作物因受病、虫、草害而产生的损失也是非常惊人的。据统计，如果不施用农药，世界粮食的产量将损失 30%左右。这样的损失不但会导致粮食产品等的价格急剧上涨，并会造成世界饥荒，从而使人类再次回到饥饿的年代。就我国粮食作物生产而言，由于农药的使用，每年可挽回粮食损失达 5800 万 t[2]。对于我国这样一个拥有近 14 亿人口、耕地越来越紧张的大国，农药在缓解人口与粮食的矛盾，解决日益紧迫的粮食问题中发挥着极其重要的作用。纵观农药的发展历史，从所谓的第一代农药到第五代农药，特别是第三代的昆虫生长控制剂、第四代的昆虫行为控制剂和第五代的昆虫心理控制剂，由过去的杀生、高毒、广谱的农药发展到现在的控制、低毒、选择性农药，合成化学功不可没。未来，合成化学将在开发高效肥料、高效农药、农膜，特别是开发环境友好的肥料、绿色农药和生物可降解的农用材料等方面将发挥巨大的作用，为世界粮食的生产保驾护航。

## 二、合成化学保障人类健康

健康是我们人生幸福的根基，也是人类社会发展的基础。随着社会文明的不断进步，人民生活水平的不断提高，健康问题越来越受到关注。合成化学对人类的健康作出了卓越的贡献[3]。20世纪初，由病源微生物引起的炎症，尤其是流行性脑膜炎、肺炎、败血症等给人类的健康带来巨大的威胁。当时因缺少有效的治疗药物，医生对这些普通的疾病束手无策，以至于人们仅仅因为轻微的感染就可能失去生命。直到20世纪30年代初，德国I.G.染料工业研究所的病理学主任杜马克（G. J. P. Domagk）发现一种名为“百浪多息”（Prontosil）的偶氮染料对感染溶血性链球菌的小白鼠以及兔、狗等都具有很好的疗效，并以此染料挽救了染上链球菌败血症的女儿，从而开拓了化学治疗药物的新纪元。随后，为了扩大磺胺药物的抗菌谱和增强其抗菌活性，合成化学家们对其结构进行了多方面的改造，合成了数以千计的磺胺类化合物，并从中筛选出30多种广谱、疗效好、毒性较低的磺胺药，目前仍然有20余种在临床使用之中。

青霉素的发现与临床应用为人们寻找抗菌新药物开辟了新的思路和方向。1928年，英国科学家弗莱明（A. Fleming）发现，以及随后由澳大利亚科学家弗洛里（H. Florey）和钱恩（E. B. Chain）从青霉菌中提取出来的青霉素具有很好的抗菌活性；它的抗菌活性比当时最有效的磺胺类药物还高9倍，而且没有明显的毒性。1940年，青霉素进入临床后使感染性疾病的治疗发生巨大的变革，许多当时的高死亡率疾病已不再是医学的难题。然而，好景不长，随着青霉素的不断应用，病菌的耐药性开始显现。在20世纪50年代，一位患者每次注射只需要20万单位青霉素，到了90年代就需要注射80万～100万单位青霉素才有疗效，青霉素的用量几乎增加了5倍。而从土壤微生物中寻找新的有效抗菌药也变得越来越困难。这时人们开始在原有青霉素的基础上，通过化学合成对其进行结构修饰和改造，创造出了更多、效果更好的抗菌新药，从而有效地抑制或解决了病菌的抗药性问题。至今，通过化学合成创造的以青霉素、头孢菌素为主体的$\beta$-内酰胺类抗菌药已成为临床应用的重要抗菌药物。

1967年，美国密歇根州立大学教授罗森伯格（B. Rosenberg）和坎普（V. Camp）首次发现顺铂具有抗癌活性。这一发现迅速引起了肿瘤界的广泛兴趣，之后铂类抗肿瘤药物的研究成为热点，随着一个个有历史意义的试验结果的公布，肿瘤化疗疗效有了大幅的提高。1995年，世界卫生组织

(WHO) 对上百种抗肿瘤药物进行排名，顺铂在疗效及市场等方面的综合评价位于第二位。统计数据表明，我国所有的化疗方案中有70%～80%以铂为主或有铂类药物参加配伍。

除了合成药物，合成化学在人造肾、药物的定时释放等方面都起着重要的作用。人造骨骼、人造血管、人造血液等的制造也都需要合成化学。经过近一个世纪的快速发展，合成化学已经为人类的健康作出了卓越的贡献。但是未来仍面临巨大的挑战，人类目前仍然受癌症、艾滋病等重大疾病的困扰，而禽流感也不时地来袭。创造更多高效、低毒的抗癌、抗病毒、抗菌及抗阿尔茨海默病等药物，仍然是人类对合成化学的期盼。

## 三、合成化学呵护环境、创造新能源

在20世纪40～50年代，人们往往将化学工业与冒烟的烟囱和污染的河流联系在一起。即使到了今天，人们在享受合成化学带来的丰富多彩的生活时，也很少想到合成化学对人类社会的发展和文明进步所作出的巨大贡献，而仍将它看成是“绿色”、“环保”的对立面。其实，这是人们对合成化学及其相关工业的误解。合成化学工业等的确造成了一定程度的环境污染，但其程度不及汽车尾气、燃煤、沙尘暴以及微电子工业等造成的影响。合成化学在创造新物质、服务于人类社会时，不可避免地对环境造成了一定程度的污染，但随着科学技术的快速发展和合成化学自身的不断进步，以及大多数污染严重的传统化学工业淡出了历史，合成化学开始走上绿色、经济、环境友好的发展道路，并日益成为我们赖以生存的自然环境的呵护者。

20世纪90年代末期以前，农业生产中广泛使用的除草剂金朵儿（我国商品名为精异丙甲草胺）是以消旋体的形式出售的，每年销售达2万t以上。1997年，诺华公司将金朵儿的合成工艺改为原子经济、环境友好的手性双膦配体的铱络合物催化亚胺的超高效不对称催化氢化以后，金朵儿以80%的对映异构体供应市场。这样除草剂的使用量减少了40%，其仍然可以达到同样的效果，这相当于每年至少减少向环境投放8000t以上的化学物质，同时也节省了更多的化学原料。而当今的合成化学越来越注重绿色、经济、环境友好。又如在20世纪90年代初以前，罗氏-科罗拉多公司认为他们是在以最好、最有效的合成工艺生产抗病毒药更昔洛韦（cytovene）。但随着市场对更昔洛韦的需求量的大幅增加，扩大生产规模后原有合成工艺的问题就显露出来。随后他们对合成工艺进行了大的改进，发展了从鸟嘌呤三酯出发的新合成工艺。该新工艺将反应试剂和中间体的数量从22种减少到11种，并减少了66%的废气排放和89%的固体废弃物，其中有4种反应试剂可以回收利用，总收率也提高了25%。近年来，合成化学越来越注重绿色、原子经济、高效、高选择性。诺贝尔化学奖获得者 Noyori 指出："未来的合成化学必须是经济的、安全的、环境友好的，以及节省资源和能源的化学。化学家需要为实现'完美的合成化学'而努力，即以100%的选择性和100%的收率，只生成需要的产物而没有废物产生"[4]。由此可见，合成化学的发展将更加注重绿色、环保，更加呵护我们赖以生存的自然环境。

合成化学在呵护环境的同时，对能源也越来越关注。石油、煤、天然气等能源都来自于古代植物对太阳能的积累，是将太阳能转化为化学能的储存形式。严格地说，这些能源是可以再生的，但需要等几百万年才能实现，这是人类无法等待的。因此，创造新能源，解决石油、煤、天然气枯竭的能源危机已成为合成化学家义不容辞的责任。

开发高效能源材料是解决能源问题的关键。高效能源材料主要包括锂离子电池材料、高容量储氢材料、燃料电池材料、太阳能电池材料、相变储能材料、热电材料以及发展风能、生物质能和核能所需的关键材料等。合成化学家已开展了这方面的研究，并取得了一些进展。

例如，锂离子电池的发展。锂离子电池是在锂电池基础上发展起来的高能比二次电池体系，其电化学性能主要取决于所用电极材料和电解质材料的结构和性能。自从1990年锂离子电池商业化以来，$LiCoO_2$一直是手机和笔记本电脑等使用的电池的主导正极材料，具有优异的可逆性、充电效率和电压稳定性。但由于钴资源匮乏，价格高，安全性差，大大限制了钴系锂离子电池的使用范围，尤其是在电动汽车和大型储能电源方面。1996年，Padhi 和 Goodenough 发现具有橄榄石结构的磷酸盐，如磷酸铁锂（$LiFePO_4$），比传统的正极材料更具安全性，尤其耐高温，耐过充电性能远超过传统锂离子电池材料，有望成为动力电池的首选正极材料。近20年来，锂离子电池取得长足的发展，代表着当前化学电源的最先进水平，已成为能量密度最高的绿色二次电池。由于该类电池具有比能量高以及循环使用、寿命长等显著优势，目前已广泛应用于移动通信、摄像机、笔记本电脑等消费电子领域，并逐步向电动自行车、电动汽车、电站储能等领域拓展。

因此，我们深信基于合成化学这一创造新物质的工具和手段，人类一定能够在以石油为主的能源危机到来之前创造出更好的、使用更方便的新能源。

## 四、合成化学是先进材料、信息技术和产业的基础

人们在考察社会进步程度时，重点是看在物质生产中所用的材料，这也

是断定石器时代、青铜时代、铁器时代和现在的硅时代等的依据。材料既是社会进步的基石，又是社会进步的标志。20世纪的材料，如大尺寸单晶硅用作计算机芯片，是信息产业与全球网络化的物质基础，它将我们带入了信息时代。

合成化学为新型材料，如耐高温、耐高压、耐低温、光学、电学、磁性、超导、储能与能量转换材料等的广泛应用提供了可能[5]。合成化学提供的新材料，使空间技术、原子能工业、海洋资源开发等领域得到进一步发展。近几十年来，一系列质量轻、强度高、耐热性能好的无机纤维，如硼纤维、碳纤维等，以及氮化硅陶瓷、氮化硼陶瓷等耐高温材料的成功合成，为航空、航天技术的发展注入了强大推动力。例如，在波音787梦幻飞机上，由于大面积使用了碳纤维复合材料而大大减轻了飞机质量，据统计，制造机身使用的碳纤维质量占波音787总质量的61%；同样，在空客A380的制造中，也大量使用了合成材料，飞机质量的约25%由高级减重材料制造，其中22%为碳纤维复合材料，这使得A380每乘客百公里油耗不到3 L，相当于一辆经济型家用汽车的油耗。

材料、能源和信息是现代社会三大支柱，先进信息技术和产业对材料的需求也是广泛而迫切的。合成化学为先进信息技术和产业提供了一大批存储材料、导电材料、显示材料等新材料。信息技术的核心是集成电路芯片，这是合成硅单晶片上经过光刻生产的；计算机的存储器材料也是合成的，其部件用了大量合成高分子材料。例如，有机发光二极管及有机液晶材料已经被分别应用于各类照明、大屏幕显示，以及手机、计算机和电视液晶显示器。20世纪末，有机薄膜电致发光以及导电聚合物方面杰出的科学家获得诺贝尔化学奖，标志了有机物/聚合物材料进入信息材料的领域，从而开拓了一个全新的领域和产业。

## 第三节　合成化学为相关学科插上腾飞的翅膀

随着社会的进步，科学技术的快速发展，学科之间的相互交叉与融合越来越普遍，并催生了许多新兴交叉学科，化学也当之无愧地成为一门中心学科。作为这门中心学科的基础与核心，合成化学在不断创造新物质为人类社会的快速发展奠基坚实、丰富多样的物质基础的同时，也为生命科学、材料科学、信息科学、环境科学等学科插上了腾飞的翅膀。

合成化学发展100多年来，取得了空前的辉煌。在1900年以前，《化学文摘》收录的从天然产物中分离出来和人工合成的已知化合物仅有55万种，但到目前为止已知结构的无机物和有机物高达8000多万种，这反映出合成化学在创造新物质方面无限的创造能力。从早期的染料、医药、农药，到如今的多功能新材料等，均是合成化学创造出的奇迹。正是这些新功能物质的出现，以及合成化学学科自身的快速发展，才推动和促进了生命科学、材料科学、信息科学等学科的飞速发展。很难想象，没有人工合成多肽、核酸、新药等与生命科学研究相关的物质基础，以及人工合成耐高温、磁性、光电、超导等新型材料与材料科学研究相关的物质基础等，生命科学、材料科学等能有今天的辉煌。

## 一、合成化学与生命科学

人们渴望探索并了解生命的本质从而更好地对她进行保护，最终促进人类健康长寿。为探索生命现象的规律及其本质，生命科学因此而诞生。由于出生、成长、繁衍和死亡等所有生命过程归根到底均是生物体内一系列的化学变化过程，因而人类要最终了解生命的本质必须从分子水平上了解生物体在生命活动过程中的一系列化学变化，从而达到具有控制复杂生命过程的能力。合成化学则为探索生命科学规律提供了重要的方法和物质基础，特别是合成化学在创造复杂和多样性分子上取得的成就极大地推动了生命科学领域的发展[6]。

蛋白质（多肽）、核酸和多糖（碳水化合物）等是构成生命的重要物质，合成化学在这些物质的发现和合成上作出了卓越贡献。1902年，德国科学家费歇尔（H. E. Fischer）因在糖类以及嘌呤衍生物合成方面作出的杰出贡献而获得了诺贝尔化学奖。同年，他提出了蛋白质是由许多氨基酸以酰胺键结合而成的长链高分子化合物，并发现氨基酸经酰胺键结合后得到的是多肽，而蛋白质分解首先得到的也是多肽。随后他合成了100多种多肽化合物，并完成了由18种氨基酸组成的长链多肽的合成。他的工作极大地推动了肽合成技术的发展，从而使人们在当时能够合成人体内的许多微量活性肽，如胰岛素、催产素等。这为生命科学在人体激素调控方面的研究提供了物质基础，并促进了相关研究的快速发展。1963年，美国科学家梅里菲尔德（R. B. Merrifield）提出多肽固相合成技术，这一突破性的发明使多肽的合成与分离纯化更加方便，并可以通过机器自动来完成。这无疑进一步促进了生命科学的发展。梅里菲尔德也因这一杰出贡献而获得了1984年的诺贝尔化学奖。

1965年，我国科学家完成了结晶牛胰岛素的全合成。这是世界上第一个人工合成的蛋白质，为人类认识生命、揭开生命的奥秘迈出了可喜的一大步。

20世纪50年代，DNA（脱氧核糖核酸）双螺旋结构的阐明，揭开了生命科学的新篇章，开创了科学技术的新时代，从此人类开始进入改造和设计生命的征程。这些开创性工作的诞生同样凝聚着合成化学的心血。沃森（J. Watson）和克里克（F. Crick）在DNA纤维的X射线衍射图的基础上提出了DNA的双螺旋结构分子模型，这为分子生物学奠定了基础。在此模型中，碱基之间通过氢键相互配对的原则决定了各种生物的遗传本质和DNA复制的化学基础。卡拉那（H. G. Khorana）开创了DNA化学合成的磷酸二酯法，他将核苷酸所有能参与化学反应的活性基团都用保护剂加以封闭，只留下需要连接的基团；用缩合剂使一个核苷酸的羟基与另一个核苷酸的磷酸基之间形成一个磷酸二酯键，从而发生定向聚合，开创了磷酸二酯法合成寡核苷酸。60年代，莱特辛格（K. Letsinger）发明了磷酸三酯法，即将三个磷酸基中的一个保护起来，剩下的两个酸根可以形成磷酸二酯，这样既减少副反应，简化了分离纯化步骤，也提高了产率。稍后，莱特辛格又发明了亚磷酸三酯法，使得反应速率大大提高，并实现了核酸化学合成的固相化和自动化。80年代，史密斯（H. Smith）和穆利斯（K. Mullis）利用DNA双螺旋解链再以每条单链为模板进行复制再聚合的性质，发明了聚合酶链式反应（PCR），从而使分子生物学在技术上有了一个突破和飞跃。

在金属酶的结构和生物作用，特别是对核酸、蛋白质等生物大分子的作用方面的研究所取得的进展也大大促进了生命科学和现代医学的发展。例如，铜锌超氧化物歧化酶（CuZnSOD）是一种广泛分布于胞体内各种细胞器中的抗氧歧化酶，主要功能为维持体内超氧阴离子的稳态浓度。大量证据表明，无论是该酶的野生型还是突变型，都会导致神经性病症脊髓侧索硬化症，同时也是设计抗癌药物的重要靶标之一。合成不同配位原子及几何构型的CuZnSOD模型化合物，能够帮助进一步理解CuZnSOD的获得性新功能。这些配合物不仅能催化超氧阴离子歧化为过氧化氢，而且与过氧化氢作用由芬顿（Fenton）反应产生羟自由基进攻DNA，导致DNA断裂。这些研究工作导致了一系列重要发现：氧化剂在DNA中的进攻部位绝大部分是鸟苷，通过攫氢和碱基氧化两种氧化机理导致DNA断裂；配合物的几何构型与DNA氧化断裂效率之间存在一定的关系；含氮配体的平面四边形配合物氧化断裂DNA最有效。

金属配合物多样的结构以及丰富的光学、电学、磁学和催化性质，使之成为G-四链结合药物中重要的家族，成为体内G-四链DNA的探针。例如，金属锰卟啉衍生物能够识别G-四链DNA，并且比识别双链DNA选择性高1000倍，且能够较好地抑制端粒酶活性。此外，随着生物无机化学的发展，稀土及其配合物的生物效应已经越来越多地受到关注，特别是在生物大分子识别、细胞功能调控、抗癌、抑菌等方面。例如，人们已经合成出结构丰富的稀土氨基酸配合物，它们对不同的DNA序列和结构呈现出很强的选择性，使其有望成为新型的癌症诊疗试剂。

生命科学研究步入分子水平阶段，也为合成化学提供了巨大的发展空间。人类基因组草图的绘制完成，必然引发后基因组研究时代的来临，进而发现一批功能基因（functional genomics）和对研究新药具有指导作用的药用基因（pharmaco genomics）。合成化学家将有可能合成出各种对功能基因起调节作用的有机小分子或生物大分子的类似物、模拟物，这不仅会创造出新的药物，也将进一步揭示人体复杂调控机制的奥秘。例如，1998年发现的两个与饥饿有关的多肽“Orexins”[7]，引起了人们从中发现新的减肥药的兴趣。而基因重组技术的出现在给生命科学领域带来革命性变化的同时，也促进了合成化学创造新物质的技术进步。人们在天然产物研究中搞清楚了很多天然产物分子的生物合成途径，知道了相应的酶和底物，因此可以通过基因重组的技术克隆这些酶或改造这些酶，从而使天然产物的成分和结构按人们的意志得到改造。这样，人们将有可能通过这些新的合成技术创造新的化合物和高分子材料，从而给人类带来新物质、新资源。

总之，合成化学为生命科学的发展提供了坚实的物质基础，并促进了生命科学的发展。可以说，如果没有合成化学创造的诸如蛋白质（多肽）、核酸和多糖（碳水化合物）等基本生命物质为基础，就没有今天生命科学的辉煌；而生命科学的发展，也为合成化学的进步和创新带来了契机。因此，合成化学与生命科学紧密结合，相辅相成，必将共同谱写新的灿烂篇章。

## 二、合成化学与材料科学

人类美好生活与丰富多彩的功能材料的出现密不可分。材料是人类社会发展的物质基础，是人类社会进步的里程碑。对材料的认识和利用的能力决定着社会的形态和生活的质量。材料科学就是研究材料的组织结构、性能、生产和使用效能，并最终提高人类认识和利用材料能力的科学。因而，材料科学的发展和进步直接关系到人类发现新材料和驾驭新材料的能力，关系到人类生活水平的提高和人类文明的进步。

从原始人以石头为工具的旧石器时代到利用黏土烧制陶器、冶炼铜器和铁器的时代，展现了人类社会不断进步、生活水平逐渐提高的历史进程。1958 年，半导体材料的发展导致了集成电路的出现，使计算机及各种电子设备的发展产生了一次飞跃。随着高性能的磁性材料、激光纤维和光导纤维的不断涌现，人类社会从工业社会迈向信息社会，人类文明产生了又一次飞跃。从 20 世纪 20 年代初到 50～60 年代，因人工合成高分子材料的问世并得到广泛的应用，人类的生活进一步发生了跨时代的变化。1909 年，贝克兰（L. Baekeland）用苯酚合成出酚醛树脂（又称贝克兰塑料）；1935 年，卡罗瑟斯（W. H. Carothers）合成了尼龙-66。紧接着科学家发展了乙烯类单体的自由基引发聚合技术，并实现了包括聚氯乙烯、聚苯乙烯和有机玻璃的工业化生产，以及以丁二烯、苯乙烯等为单体实现甲基橡胶、丁钠橡胶、丁苯橡胶等的合成，这些均极大地促进了高分子材料的蓬勃发展，从而导致大量性能多样的高分子材料的出现，使人类进入了金属材料与高分子材料并驾齐驱的时代。随着新时代的来临，人类在受益的过程中自然而然地从化学的角度出发系统研究材料的化学组成、化学键、结构和合成方法；以及从物理学角度出发探讨材料的物理性质等，进一步阐明材料的组成、结构和性能之间的关系等，以期合成和发展更多新兴材料，这无疑促成了材料科学的诞生。

至今，在合成化学家和材料科学家共同的努力下，材料科学得到了飞速的发展，出现了许许多多性能多样的材料，从而使航天飞机等能够在太空中自由翱翔，足不出户就能知晓世界各地正在发生的各种事情，世界因此而变得越来越小。

## 三、合成化学与环境科学

自然环境是人类生存和发展的基础。人类在生存和发展的过程中需要不断地从自然界中索取物质或以自然资源为原料创造新的物质来满足美好生活的各种需要。这在一定程度上造成一些很难再生的自然资源如石油、煤等的日益短缺，同时也对人类生存的环境带来了污染。因此，随着社会经济的迅速发展，环境问题已成为当今人类社会所面临的最严峻的挑战之一。

20 世纪 60 年代，美国科学家卡森（R. Carson）写了一本名为《寂静的春天》（*Silent Spring*）的书。该书出版后引发了美国乃至全世界对环境保护的关注。当时，滴滴涕（DDT）是消灭蚊虫、防止疟疾传播最重要的农药，它挽救了几千万人的生命。DDT 分子的发现者和推广者穆勒（P. H. Müller）也因此而获得了 1948 年的诺贝尔化学奖。而卡森在书中描述了一个使用

DDT 等杀虫剂造成的没有鸟儿歌唱和河中飘着死鱼的可怕世界，从而将DDT 等农药描述为破坏自然环境的罪魁祸首。由此，引发了公众对环境保护的激烈讨论，使人类对环境更加关注，从而也促使人类逐渐开展以环境为主题的科学研究[8]。

的确，合成化学在为人类社会创造美好生活的同时，也给人类赖以生存的自然环境带来了负面的影响。对合成杀虫剂 DDT 而言，它一方面具有杀虫、防止疟疾等疾病传播的奇效，的的确确挽救了无数人的生命。1965 年，美国科学院发表研究报告说，DDT 使用 20 年来，在全世界范围内至少拯救了 5 亿人的生命。然而 DDT 非常稳定，在自然环境中很难分解。DDT 的残留便造成了土壤、水质和大气的污染，从而对人和动物造成了危害。因此，从 20 世纪 70 年代起，DDT 以及其他一些有机氯农药在许多国家被限制或禁用。我国从 1982 年起已明令禁用 DDT、六六粉（六氯苯）等农药。然而，由于暂时还未能找到一种更经济有效、对环境危害小且能代替 DDT 的杀虫剂，世界卫生组织于 2002 年宣布，将重新启用 DDT 控制蚊虫的繁殖以预防疟疾、登革热、黄热痛等在世界范围的卷土重来。

由此可见，既要保护我们的自然环境又要使人类生活过得更加美好，这已成为人类社会必须面对的棘手问题，也是科学技术研究重大的课题。环境科学承载着人类的这一美好期望，推动着人类与自然的和谐相处，并促进着人类物质文明和精神文明的不断发展。毫无疑问，合成化学在环境科学的发展中扮演着非常重要的角色[9]。

随着人们环境保护意识的增强和化学学科自身的发展，合成化学已逐渐走上了绿色合成的发展道路。化学家正努力发展高效、高选择性的合成反应，以期实现对目标产物的理想合成，从而减少废物的产生，对环境更加友好。例如，不对称催化反应的发展使人类能够更好、更高效地获取我们所需要的光学活性化合物。这在很大程度上减少了无效，有时甚至有毒的异构体产生，减少了对人或动物，乃至环境造成的损害。前面提到的手性除草剂金朵儿的不对称催化氢化合成就是一个典型的例子。然而，由于 20 世纪中期 DDT 等合成农药造成的负面影响等，合成化学仍然被当成环境污染的替罪羊，商品的促销广告中也常用本品不含化学合成成分来招揽顾客。事实上，当前严峻的环境污染问题并不主要归因于合成化学，而汽车尾气的排放、燃煤、人类对自然资源的过度开采等才是环境污染的主要来源。

环境科学的研究将正确评价人类活动给自然造成的影响，弄清人类和环境之间各种各样的演化规律，使我们能够控制和减少人类活动给环境造成的负面影响。这将使人类更好地认识合成化学对人类社会的贡献，同时也会促进合成化学向环境友好的方向发展。

## 第四节　合成化学必将创造更美好的未来

合成化学是与实际应用紧密结合的学科。人类社会对新的功能性物质的需求一直是合成化学不断发展的动力。进入 21 世纪以来，随着经济全球化不断深化和科学技术的迅猛发展，以及人类对多样性、功能性物质的大量需求，推动着合成化学向绿色、经济、安全等方面快速发展，并出现了欣欣向荣的繁荣景象。高效、低毒的植物保护剂将取代传统农药，从而在既注重保护农作物，又注重保护环境，为人类生存提供粮食保障；抗癌、抗病毒等新药的问世，将给人类健康带来新的福音；色彩斑斓的新型涂料、经久耐用的保温材料、塑料管材等将使人类的生活更加舒适；新能源的出现不但保证能源供给，而且能让人类享受清新的空气；新型先进材料将使交通更加便捷，通信更加畅通，使人们畅游四海、遨游太空将成为可能。这一切将不会是梦想，合成化学将为我们创造美好的未来。

### 参考文献


[1] 丁奎岭，黄少胥．合成我们的未来．中国科学院院刊，2011，26（3）：20－30.

[2] 胡笑形．我国农药工业任重道远——成绩与发展．中国农药，2005（1）：10－15.

[3] 俞汝勤．漫话化学与人类健康．大学化学，2010，25：2－11.

[4] Noyori R. Synthesizing our future. Nat Chem，2009，1：5－6.

[5] 高倩．无机合成与制备化学研究进展．科技风，2013，（7）：7.

[6] 徐光宪．21 世纪是信息科学、合成化学和生命科学共同繁荣的世纪．化学通报，2003，（1）：3－11.

[7] Sakurai T，Amemiya A，Ishii M，et al. Orexins and orexin receptors：A family of hypothalamic neuropeptides and G protein-coupled receptors that regulate feeding behavior. Cell，1998，92，（4）：573－585.

[8] 韩永奇．绿色时代，我们还需要农药吗．中国农药，2010，（9）：25－29.

[9] 霍健．现代绿色合成化学．化学工程与装备，2013，（7）：154－155.

# 第二章 合成化学学科的发展水平和发展方向

周其林　冯守华　谢建华　施　展

## 第一节　引　　言

合成化学是一门古老而又充满活力的学科。虽然它的发展史可追溯到古代的炼金术和炼丹术，但现代合成化学的形成和发展却只有 100 多年。然而，正是这 100 多年的快速发展使合成化学成为化学的基础和核心，成为人类社会可持续发展不可或缺的学科。从 1828 年德国科学家维勒（F. Wöhler）用氰酸铵合成尿素，到 20 世纪合成氨、磺胺类药物、酚醛树脂、聚乙烯材料等的出现，标志着合成化学已经历了一个快速发展阶段，并取得了辉煌的成就。21 世纪以来，随着科学技术，特别是生命科学、材料科学、信息科学等相关学科的快速发展，以及许多高效、高选择性新方法、新技术的应用，手性医药、新型材料如半导体材料、光学材料、磁性材料、超导材料、超高温耐热材料、超硬材料等的大量涌现并在保护人类健康、促进作物生长、交通、通信、航空、航天等方面的广泛应用，合成化学又步入了一个全新的发展阶段，快速、精准、完美地创造我们所需的功能性物质已逐渐成为可能。

20 世纪是合成化学发展的黄金时期。化学理论如价键学说和杂化轨道理论、分子轨道理论、前线轨道理论以及分子轨道对称守恒理论等的建立和完善推动合成化学的不断发展和深化；许多新反应、新方法、新技术的出现与建立为多样性物质的合成提供了可能。现在，几乎所有已知的天然化合物以及化学家感兴趣的具有特定功能的非天然化合物都可以通过化学合成的方法来获得。目前已知结构的 8000 多万种无机和有机化合物中，绝大多数是化学家合成的，这等于合成化学为人类创造了一个新的世界。

在20世纪快速发展的基础上，21世纪的合成化学一边肩负着为人类社会创造新物质的历史使命，一边为解决粮食问题、战胜疾病、解决能源问题、改善环境问题等人类社会面临的急迫问题，开创性地发展新颖、高效、经济、安全、环境友好，以及节省能源和资源的合成新方法、新技术，实现新型药物、新型材料等的简捷、高效、高选择性合成。21世纪的合成化学已逐步向“精准”和“完美”方向发展。21世纪以来，诺贝尔化学奖授予在不对称催化反应、烯烃复分解反应以及钯催化交叉偶联反应研究领域就是一个很好的例证。

1991年，Trost首次提出了原子经济性（atom economy）的概念，即在化学反应中，原料和试剂中的原子究竟有多少转化成了产物，也称原子利用率[1]。理想的反应具有百分之百的原子利用率，即原料和试剂中的原子全部转化成我们所需的产物，而不产生副产物或废物，实现废物的零排放。诺贝尔化学奖获得者Noyori提出了“未来的合成化学必须是经济的、安全的、环境友好的以及节省资源和能源的化学，化学家需要为实现‘完美的化学反应’而努力，即以100%的选择性和100%的收率得到我们所需要的产物且没有废物产生”[2]。以氢气制备为例。氢气被视为21世纪最具发展潜力的清洁能源，目前工业上制备氢气主要用水煤气法。该方法是将水蒸气通过炽热的炭层，先产生水煤气，然后水煤气在高温下与过量的水蒸气反应，最终得到氢气，并产生二氧化碳。水煤气法制氢的原子利用率仅为8.3%，并伴有废气二氧化碳产生。此外，工业上电解饱和食盐水制碱的过程也产生氢气。通过电解水产生氢气的反应原子利用率为11.1%，这在原子经济性上明显优于水煤气制氢法，且产生的氧气对环境有利无害，但是电解水能耗较大。如果能够充分利用太阳光为能源，用催化剂分解水产生氢气和氧气，我们就可以用最丰富、廉价的水为原料制备氢气。这将是满足人类对能源日益增长的需求，减少对环境影响的一种完美的途径。化学家正在研究发展利用太阳能分解水制氢的技术，并已经取得了很大的进展。

$$\text{水煤气法}\quad C+2H_2O \xrightarrow[450\sim550℃]{} 2H_2+CO_2$$

$$\text{原子利用率}=\frac{2\times2}{12+2\times18}=8.3\%$$

$$\text{电解或光解水}\quad 2H_2O \xrightarrow[\text{或光/催化剂}]{\text{电}} 2H_2+O_2$$

$$\text{原子利用率}=\frac{2\times2}{2\times18}=11.1\%$$

由此可见，21世纪的合成化学将更加注重原子经济、环境友好、高效和高选择性，更加注重反应条件温和、安全、节省资源和能源，以及社会可持续发展等问题。如果说20世纪的合成化学主要解决人类衣食住行，以及健康等基本问题，那么21世纪合成化学需要解决的问题将是如何使人们的生活更加美好。

## 第二节　合成新反应、新方法和新技术

发展高效、高选择性的合成新方法、新技术是实现新物质“精准”和“完美”创造的必由之路。在过去几十年的时间里，合成化学家已发展了一系列高效、高选择性的合成新反应和新技术，从而为创造新物质提供更加经济、安全、环境友好的方法。

金属参与的合成反应一直是合成化学新反应、新方法、新技术发现的一个主要源泉。过渡金属，特别是钯催化的碳-碳键形成新反应就是这方面的典型例子。2010年，诺贝尔化学奖授予了赫克（R. F. Heck）和根岸英一（E. I. Negishi）以及铃木章（A. Suzuki），就是因为他们发现了钯催化碳-碳键形成的交叉偶联反应。这一发现极大地促进了制造复杂化学物质的可能性。这样的反应不需要把碳原子激活到很活跃的程度，副反应比较少，且更加精确而高效。

Heck反应是指卤代烃在钯催化下与烯烃发生烯键上的氢被烃基取代形成碳-碳键的偶联反应。早期文献报道较多的Heck反应主要是芳基卤化物与烯烃进行的分子间偶联反应。2007年，Fu等利用氮杂环卡宾配体的钯催化剂实现了含$\beta$-氢原子的卤代烯烃的分子内Heck反应，为合成环状化合物提供了新的方法[3]。Suzuki偶联反应是指在钯催化下芳基硼酸与烯基、炔基或芳基卤化物所发生的碳-碳键偶联反应。近年来Suzuki反应研究主要集中在发展高效、高选择性的钯催化剂，并实现活性较低的芳基氯化物与芳基硼酸的偶联。与此同时，金属催化的碳-杂原子键形成反应也受到了广泛的关注。如Buchwald[4]和Hartwig[5]等发展的卤代芳烃胺化反应已成为合成芳胺类化合物的有效方法。2006年，Hartwig等以含有二茂铁骨架的双膦配体的钯催化剂实现了卤代芳烃与氨气的直接偶联合成芳香伯胺[6]；用廉价金属如镍、铜、铁等替代钯等贵金属的交叉偶联反应研究也已取得了进展。2010年，Nakamura发展了具有苯环骨架的1,2-三芳基双膦配体的铁催化剂实现了卤代脂肪烃与芳基硼酸酯锂盐的交叉偶联反应，以很好的收率得到相应的取代芳烃

化合物[7]。

上述提及的许多交叉偶联反应，往往需要活化的芳基试剂如卤代芳烃等才能得到理想的反应结果，而通过芳烃或脂肪烃碳–氢键的直接官能团化反应合成相应的烃类化合物等则更具挑战性。正因如此，碳–氢键的直接官能团化被誉为“化学的圣杯”，并吸引了化学家的广泛关注。在碳–氢键的直接官能团化研究中，钯是最广泛使用的催化剂，尤其是对芳烃碳–氢键的直接官能团化。如 2006 年，Yu 等采用二价钯为催化剂并在苯醌和乙酸铜为氧化剂的条件下，实现了吡啶为导向基团，烷基硼酸等为烷基化试剂的芳香碳–氢键的活化和烷基化反应[8]。Fagnou 等报道了无导向基团的钯催化苯的碳–氢键的活化与芳基溴化物的偶联反应。在该反应中添加新戊酸对钯催化碳–氢键的活化起到了非常关键的作用[9]。除钯催化剂以外，钌、铑、镍、铁等催化的碳–氢键的直接官能团化反应研究也取得了进展。其中，值得提及的是铁催化的碳–氢键的直接官能团化。2008 年，Nakamura 等用三氯化铁为催化剂实现了吡啶等氮杂芳环为导向基的芳烃碳–氢键的活化与芳基锌试剂的氧化偶联反应[10]。此外，White 等采用四氮配体的铁催化剂实现了脂肪烃碳–氢键的直接氧化合成相应的醇类化合物，这使得在其他官能团没有保护的情况下引入羟基成为可能[11]。

金属催化的烯烃复分解反应是另一个非常重要的碳–碳键形成反应，它是指在金属催化下碳–碳双键的切断并重新组合成新的碳–碳双键的反应。烯烃复分解反应也是近年来备受关注的合成反应之一。2005 年诺贝尔化学奖就授予在烯烃复分解反应研究方面作出重要贡献的三位科学家肖万（Y. Chauvin)、施罗克（R. R. Schrock）以及格拉布（R. H. Grubbs)。烯烃复分解反应为新物质如治疗癌症、艾滋病等疾病新药、高级塑料材料等的合成提供了高效方法，并使人类向“绿色合成”迈出了重要的一步。最新研究使得烯烃复分解反应的催化剂、应用范围都有了新的拓展，并在一些特殊分子的合成上得到应用[12]。一般而言，烯烃复分解反应得到的是 $Z$-或 $E$-混合体的烯烃产物，且往往是热力学稳定的 $E$-式产物为主，而高选择性地合成 $Z$-式产物仍然是挑战。2009 年，Schrock 和 Hoveyda 等用 MAP（monoaryloxide-pyrrolide）类型的钼和钨催化剂实现了末端烯烃的复分解反应和降冰片烯的开环复分解反应，所得烯烃产物以 $Z$-式选择性为主[13]；随后，Grubbs[14] 和 Jensen[15] 等采用含卡宾配体的钌催化剂也实现了末端烯烃的 $Z$-式选择性烯烃复分解反应。

手性化合物的合成一直是合成化学关注的焦点之一。在 20 世纪 60 年代末，Knowles 等实现首例均相不对称催化氢化反应以来，手性金属催化剂催化的不对称催化反应一直受到合成化学家的高度重视。2001 年，诺尔斯（W. S. Knowles）、夏普里斯（K. B. Sharpless）以及野依良治（R. Noyori）因在不对称催化反应研究领域中作出的杰出贡献而获得诺贝尔化学奖。不对称催化反应实现了手性化合物的高效、高选择性合成。它对新药、新材料的研究产生了极大的推动作用。不对称催化反应的关键是手性配体和手性催化剂。21 世纪以来，在不对称催化反应研究领域中，手性配体和催化剂得到了长足的发展，出现了许多新型高效的手性配体和催化剂。手性单磷配体的复兴就是 21 世纪不对称催化氢化反应研究中最突出的亮点[16]。2000 年，Pringle、Feringa 和 Reetz 等相继报道了具有联萘骨架的单齿磷配体在铑催化 $\alpha$-脱氢氨基酸酯以及衣康酸衍生物不对称氢化反应中的优秀手性诱导结果；Imamoto 和 Hoge 等发展的 $P$-手性的富电子手性双膦配体在脱氢氨基酸酯的不对称催化氢化中也取得了很好的对映选择性；非保护烯胺、杂芳环等挑战性底物不对称催化氢化反应的建立也为手性化合物的合成提供了更多的选择。2006 年，Pfaltz 等采用含膦-氮配体的手性铱催化剂实现了具有挑战性的非官能化烯烃底物的不对称催化氢化，这是不对称反应研究中的里程碑工作[17]。

金属催化不对称碳-碳键形成反应也得到了快速的发展。例如，镍催化仲烷基卤化物与硼烷的不对称碳-碳键形成 Suzuki 偶联反应就是该研究领域的一个突破[18]。如 2008 年 Fu 用手性 1,2-二芳基乙二胺配体的镍催化剂实现了非活化的 $\beta$-位含有芳基的仲烷基溴化物与烷基硼烷试剂的交叉偶联反应合成相应的手性烷烃[19]；尽管存在着巨大的挑战，经碳-氢键的活化的碳-碳键形成不对称催化反应已取得很大的突破。如 2004 年，Ellman 和 Bergman 等采用手性单齿磷配体的铑催化剂实现了亚胺导向的芳烃碳-氢键的活化与烯烃的不对称成环偶联反应[20]。在共轭烯烃的 1,4-加成反应中，往往使用二烷基锌试剂才能给出较好的结果，而直接使用易得的格氏试剂却非常困难。2005 年，Feringa 等实现了铜催化的格氏试剂对 $\alpha,\beta$-不饱和硫酯的不对称共轭加成反应，以很高的对映选择性获得了相应的共轭加成产物[21]。

不对称氧化反应一直是合成化学关注的焦点之一，目前的研究主要集中在采用价廉、易得、环境友好的氧化剂如氧气和过氧化氢等实现烯烃、硫醚等的氧化，合成相应的手性化合物。如 2007 年 Katsuki 等用过氧化氢为氧化剂，以手性 salen-Al 络合物为催化剂实现了硫醚的不对称氧化[22]。Stoltz 等则用氧气作氧化剂实现了钯催化消旋芳基烷基醇的动力学拆分氧化获得手性醇[23]。此外，Hartwig 等用手性单齿亚磷酰胺酯配体的铱络合物为催化剂，五乙氧基铌［$Nb(OEt)_5$］为活化试剂实现了烯丙醇的不对称烯丙基胺基化反应，从而为手性烯丙基胺的不对称合成提供新的方法[24]。

有机小分子催化的不对称催化反应的快速发展也是21世纪不对称催化反应研究的亮点之一。2000年，List和Barbas Ⅲ等报道了脯氨酸催化的丙酮与醛的分子间不对称Aldol反应，MacMillan等也报道了苯丙氨酸衍生的手性胺催化的不对称Diels-Alder反应。他们的成功掀起有机小分子催化不对称反应研究的热潮，并使之成为继酶和手性金属催化剂之后的又一类有广泛用途的手性催化剂[25]。有机小分子催化剂及其催化的不对称反应在过去十多年得到了迅猛的发展，目前已成功实现不对称Aldol反应、Michael加成反应、Mannich反应、Diels-Alder反应、Friedel-Crafts反应、Baylis-Hillman反应、硅氰化、环氧化等多种类型的不对称催化反应，为手性化合物的合成提供了丰富的合成方法[26]。

此外，小分子如氢分子的活化、水的裂解也得到了较快的发展。如2006年Stephan等用二-(2,4,6-三甲基苯基)膦与三-(五氟苯基)硼烷进行芳香亲核取代得到的膦-硼烷化合物，与二甲基氯硅烷发生氢-卤交换后得到相应的两性离子化合物。该化合物可在100 ℃以上失去氢分子，而在室温条件下吸收氢分子再回到两性离子状态。这表明这类膦-硼烷化合物具有可逆活化氢分子的特殊性能，这一发现为非金属活化氢气提供了可能[27]。2009年，Milstein等报道了一个由PNN-型钳形配体与钌形成的去芳构化单氢钌络合物。该钌络合物可在光照下经配体——金属协同促进作用，催化水的裂解生成氢气和氧气，从而为水的活化和裂解提供了新的方法[28]。生物质以及二氧化碳的转化和利用是近年来研究的热点，这方面的研究同样取得了可喜的进展，它为解决新能源、保护环境以及资源的再利用提供了新的思路。

相较有机合成而言，无机合成化学（特别是无机固体材料的合成）的一个重要特点是难以在合成中对化合物的多层次结构进行有效调控，而无机功能材料的多层级结构往往决定了相关材料的最终性能。近年来，无机合成化学领域常用的合成方法主要包括溶胶-凝胶法、水热/溶剂热合成、固相高温反应、熔盐法、化学气相沉积等，结合合成反应的动力学和热力学控制，这些常用合成方法仍然在制备新型无机化合物中发挥重要作用。在利用这些常规方法合成新物质中，拓扑化学反应已在理性设计合成具有特定结构的无机化合物中扮演着重要角色。

随着科学技术的发展，人们对无机材料在功能与性质方面的要求越来越高。传统的无机合成方法已经不能满足这方面的需求。发展可用于合成复杂和特殊结构与性能的无机化合物的新方法和新路线显得非常重要。随着一些极端条件（超高压、超高温、激光、失重等）下的合成方法的发展，近年也不断涌现出了一些特殊的合成方法（如光化学合成、电化学合成、微波合成、离子液体热反应、生物合成等），以超临界流体（如 $CO_2$）、离子液体为反应介质的绿色合成化学也越来越受到重视。针对无机功能固体材料可设计性的特点，组合化学的高通量合成策略也逐渐应用于无机固体材料的筛选制备。

**高压无机合成** 压力可以引发新的化学反应，改变化学动力学过程，从而合成出新物质，因此高压技术在无机合成已得到广泛的应用。近些年，仪器的日益先进和技术的快速发展大大提高了高压试验的压力范围。金刚石对顶砧技术更是允许达到近几兆巴的压力范围。人们通过高压合成方法制备了多种超硬材料以及其他新颖材料[29,30]。除了经典的超硬材料金刚石、立方氮化硼，强磁性材料 $CrO_2$、铁氧体、铁电体，高压下合成 $AB_2O_4$ 型稀土复合氧化物（如在 $6\times10^9$ Pa 的压力和 1000℃下合成得到的 $LuPd_2O_4$）、非常态过渡金属二元化合物（如在 1330～1430℃和 5.9GPa 高压下合成的 $Nb_3Te$）等均是高压下无机合成的典型实例。

**超低温无机合成** 在低温下，物质的许多性能都会发生奇妙变化，物质的超导性和完全抗磁性就是很好的例证。现已发现有 28 种元素和几千种合金和化合物可以成为超导体[31]。近几十年来，超低温技术在许多领域的应用已经有了较大的进展，如能源（超导输电、超导储能、超导电机等）、交通（磁悬浮列车、船舶磁推进器）、医疗卫生（核磁共振成像、生物磁仪器）、电子技术（超导微波技术应用、各类超导传感技术、半导体-超导体集成电路、超导计算元件等）、重大科学工程（加速器、受控热核装置等）。

**无机光化学合成** 光化学合成是把光化学反应作为合成化合物的手段。光化学反应实质上是光致电子激发态的化学反应，即在光的作用下，电子从基态跃迁到激发态，激发态再进行各种各样的化学反应。无机光化学合成的早期研究工作主要集中在金属有机配位化合物的光化学合成以及一些制取硅烷、硼烷、氯气的光敏反应等方面。近年来，光化学合成在无机化合物（如金属、半导体及绝缘体等）的激光镀膜、光化学沉积镀膜以及纳米材料的合成方面有了新发展。另外，光化学制取氢气的研究也突飞猛进。光化学方法制取氢气的途径很多，光催化有机烃类和醇类化合物脱氢，光催化酸溶液质子还原产生氢，光化学分解硫化氢产生氢以及光解水制取氢气。利用太阳能进行光化学制取氢气的体系将为人类解决能源紧缺问题增添新途径。

**无机电化学合成** 电化学合成是利用电解手段在电极表面进行电极反应

从而生成新物质的一种绿色合成技术。无机电化学合成涉及许多方面，如新材料的合成、新型水处理剂的合成以及一些化工原料的合成。电化学合成多在常温常压下进行，条件比较温和，且无需有毒或有危险的氧化剂和还原剂。因此，无机电化学合成将在新型无机物和材料合成方面得到更多应用。2004年王立平等采用直流电沉积法制备了镍纳米晶，该纳米镍镀层表面致密、平整、显微硬度及耐磨性能优良[32]；向娟等以多孔阳极氧化铝为模板，采用两步交流电脉冲法制得具有单晶结构的有序金纳米线阵列，可用于超大集成电路、光导纤维、微电子学等[33]。2006年，常文贵等利用电化学方法制得粒径为75nm的纳米铜粒子，可用作催化剂，制备“超塑”钢和气体传感器等[34]；2009年，张强等利用电化学合成方法，以金属铁为牺牲阳极，不锈钢为阴极，一步合成了$\alpha$-$Fe_2O_3$纳米粒子，该纳米粒子具有良好的耐光性和磁性，对紫外线有良好的吸收和屏蔽效应，可用于闪光材料、传感器、催化剂、高磁记录材料等；薛文华开发了一种具有高电流效率和高生产效率的碘仿合成技术和工艺[35]。

## 第三节　合成新物质

创造新物质是合成化学的首要任务。随着新反应、新方法和新技术的不断进步和发展，以及人类对多种多样功能性物质的极大需求的推动下，合成化学家在过去10多年中以简捷、高效、经济、环境友好的方法创造了许许多多新的物质，如新的医药、材料等。

药物是人类健康的保障，为寻找和发现治疗癌症、心血管病、糖尿病等困扰人类健康的重大疾病新药，合成化学家早已将自己的目标瞄向具有重要生理活性的复杂天然产物分子。天然产物是发现治疗重大疾病的药物或先导化合物的重要源泉，自从有人类历史以来，天然药物一直是人类预防和治病的主要来源。在1981年至2002年世界推出的877个药物中，约有61%来源于天然产物或受天然产物启发而合成的衍生物或类似物；而在抗菌药物和抗肿瘤药物方面，天然产物来源的药物更是分别达到78%和74%。在过去10多年的研究中，合成化学家已成功实现了许多具有重要生理活性的复杂天然产物分子的全合成。

Cyanthiwigins是从海洋绵Epipolasis reiswigi或Mermekiodermastyx中分离出来的一类二萜天然产物。目前这类天然萜类化合物的成员已达到30多个，均具有一个5-6-7稠合的三环核心骨架和2个全碳季碳手性中心。它们具有很好的生物活性，包括抗菌和抗癌活性等，如Cyanthiwigin F对人原发肿瘤细胞显示很好的细胞毒活性（$IC_{50}$=3.1μg/mL）。2008年，Stoltz等采用钯催化的烯丙基烷基化反应一次构筑两个手性季碳中心的手性策略，简洁、高效地完成了Cyanthiwigin F的不对称催化全合成[36]。海洋蓝藻中已分离出超过60个生源途径相似、结构复杂的吲哚类天然生物碱[37]。它们大致可分为Hapalindoles、Fiscerindoles、Welwitindoliniones和Ambiguines四种类型，并显示出广泛的生物活性，包括抗菌、抗癌活性等，其中一些生物碱的抗菌活性可媲美于临床使用抗菌药如链霉素等。然而，这类生物碱的天然含量很低，分离收率最高仅达到万分之二，从而严重影响了对这些潜在药物的进一步研究。2007年，Baran等在这类生物碱生源合成途径的启发下以天然香芹酮为手性起始原料采用吲哚和环酮化合物直接偶联和非保护的合成策略完成了Ambiguine H、Welwitindolinione A等的不对称全合成[38]。整个合成路线简洁、高效，比传统保护的合成路线少10步以上，并实现了这些生物碱的克级规模合成。Hirsutellone B是从昆虫病原真菌*Hirsutella nivea* BBC 2594中分离出来的真菌次生代谢产物，它对结核分枝杆菌（*Mycobacterium tuberculosis*）产生显著的生长抑制作用（MIC = 0.78 g/mL）[39]。它是一个含有一个6-5-6反式稠合的三环核心骨架和一个含有γ-内酰胺和苯环的13元环以及含有10个手性中心的复杂天然手性分子。2009年，Nicolaou等以天然香草醛为手性原料采用分子内环氧开环以及分子内Diels-Alder串联环化的策略完成了Hirsutellone B的不对称全合成，从而为发展治疗结核病新药而设计合成Hirsutellone B类似物提供了新的合成方法[40]。马钱子（*Strychnos*）、百坚木（*Aspidosperma*）和蕊木（*Kopsia*）类生物碱因具有广泛的生物活性而一直受到合成化学家的广泛关注。如马钱子生物碱具有很好的抗炎、镇痛、抗风湿、抗癌等生物活性。2011年，MacMillan等以色胺衍生物为起始原料，经咪唑啉酮类手性有机小分子催化剂催化的不对称Diels-Alder环化反应-消除-共轭加成等一锅串联反应构筑手性四环关键中间体，并在此基础上完成了包括马钱子碱（Strychine）、阿枯米辛碱（Akuammicine）、百坚木碱（Aspidospermidine）、右旋异形蔓长春花胺（Vincadifformine）、蕊柠（Kopsinine）、柯蒲木酮碱（Kopsanone）等马钱子、百坚木和蕊木生物碱的不对称催化全合成[41]。

在无机超导体方面，2006年，日本东京理工学院Kamihara等合成了第一例铁基层状超导体LaOFeP，氟化物掺杂后的超导临界温度为3K[42]；2008年，他们又合成了氟掺杂镧氧铁砷化合物LaOFeAs，其超导临界温度达

26K[43]。随后，该超导体的超导临界温度被提高到 43K[44]。随后，中国科技大学陈仙辉领导的研究小组报道了氟掺杂钐氧铁砷化合物，其超导临界温度达到 43K[45]。中国科学院物理研究所赵忠贤等报道的氟掺杂镨氧铁砷化合物、氟掺杂钐氧铁砷化合物的超导临界温度分别达到 52K 和 55K[46,47]。

2007 年，美国哈佛大学 Lieber 等合成了以 n-型硅为外壳、p-型硅为核的共轴硅纳米线[48]。此共轴纳米线是经气-液-固方法 3 步生长出来的，核的直径为 300nm，用化学气相沉积涂覆上一层纯硅，最后涂覆上掺磷化氢外层。在 p-核和 n-壳之间赋以金属接触。接受光子后，在壳核之间的硅层中产生了电子和空穴，在由它们所构筑的内电场作用下，它们被推到了 n-壳和 p-核。这种新的共轴硅纳米线克服了小型太阳能电池的电池效率低、稳定性差的缺点，给太阳能电池带来了希望。

在可储存大量燃料气体（如甲烷和氢气）的大空腔纳米结构的金属-有机骨架化合物（MOF）领域，合成化学家也取得了进展。周宏才等通过溶剂热反应合成了以蒽衍生物 5,5′-(9,10-蒽二基)二间苯二甲酸为有机配体的金属骨架化合物，PCN-14。该化合物的结构具有纳米尺寸的空腔，每克材料提供了 0.87$cm^3$的空间，活化后吸收甲烷的存储容量比超过 230[49]；他们还对其进行修饰以增加容留气体分子的容量，并取得了一定成功[50-52]。同时，MOF 不仅在气体存储方面有用，而且对于气体混合物的分离也有用。2008 年，Banerjee 等就报道了能够大量合成的、用于吸收二氧化碳的沸石咪唑盐 MOF 的工作[53]，引起了无机合成化学家的广泛关注。

在继富勒烯和碳纳米管之后的又一热点碳材料石墨烯领域，合成化学家也取得了重要进展。戴宏杰等报道了化学衍生的超光滑石墨烯纳米带半导体，通过把石墨烯悬浮于溶剂中并用非共价聚合物对其进行功能化，制备了石墨烯纳米带，所得纳米带的宽度小于 10nm，并随其长度可变，而且具有特别光滑和明确的锯齿或锚链边缘结构。电传输实验表明，这是一种潜在的制备分子电子器件的半导体，由其制得的场效应晶体管的室温开关比达到约 $10^7$[54]。随后，Kosynkin 等报道了用化学法制备石墨烯纳米带的重要进展：通过先用浓硫酸处理多壁纳米管，随之再用高锰酸钾处理，得到了几层厚的石墨烯纳米带[55]。令人惊奇的是，这些纳米带可以溶于水和有机溶剂；而且，与戴宏杰等得到的纳米带显示半导体性不同，在用化学还原（如在氢气氛中加热）把这些纳米带边缘的氧除去后，所得到的纳米带显示出由石墨烯结构所预期的金属导体行为。他们的研究结果表明，用碳纳米管所产生的石墨烯纳米带因所采用的方法不同而显示出非常不同的行为，这也许可以为石墨烯开启新的用途，诸如作为电子器件，甚至是植入人体内的传感器的材料。

在功能性纳米材料方面，双羟基复合金属氧化物（LDH，又称水滑石）具较大应用前景，也显现出强劲的发展势头，已引起各国研究者和产业界的高度重视。构筑此类材料的驱动力一般为共价键、离子键、配位键、氢键、静电力、亲（疏）水力、范德华力，同时又因其构筑基元的多样化和可调控性，为此类材料提供了广阔的发展空间。超分子插层材料在催化、吸附、环保、光电转换、能量存储、生物医药、染料激光器、量子阱器件等领域展示出十分广阔的应用前景[56,57]；并经产业界的努力，在国际范围内建立了多条 LDH 生产线，产品广泛服务于诸多行业和领域。

由此可见，合成化学在 21 世纪的 10 多年中在新物质合成方面均取得了巨大的进步。合成反应、方法明显向高效、高选择性、环境友好的方向发展，使我们能够更加“精准”和“完美”地创造新物质。

# 第四节　合成化学的发展方向

## 一、绿色合成

进入 21 世纪，社会的可持续发展以及其生态、环境、资源、经济等方面的问题越来越成为社会的焦点，人口、资源、环境、管理的综合决策被提到发展战略的高度。从环保、经济、社会的要求看，需要大力开发与研究从源头上减少和消除污染的技术，这对合成化学提出了挑战，同时也提供了学科发展的机遇。由此，绿色化学应运而生。绿色化力图从根本上减少或消除污染，利用化学的原理、方法、技术减少或消除有毒有害的原料、溶剂或试剂、产物、副产物等的使用和产生。

绿色原料：用可再生资源多糖为原料生产化学品已二酸、邻苯二酚和 3-脱氢莽草酸（二叔丁基羟基甲苯的替代品）。化学品已二酸、邻苯二酚和 3-脱氢莽草酸全世界每年用量在数万吨到数千万吨之间，而它们的生产原料均为石油化工产品苯和甲苯。苯和甲苯除了从本质上来源于不可再生资源原油外，在使用中还危害人体健康，长期处于苯的气氛中会引起癌症和白血病，甲苯会损坏大脑，影响语言、视觉和平衡能力，并对肝肾造成损害。Frost 和 Darths 使用改变基因的大肠杆菌为生物催化剂，以葡萄糖为原料，生产出了已二酸、邻苯二酚和 3-脱氢莽草酸。与传统的合成方法相比较，不仅利用可再生资源，而且避免了有毒物质的使用及合成过程中生成的有毒害物质造成的对环境和对人体健康的危害。

绿色反应：布洛芬的绿色合成。布洛芬作为品牌药物（如 Motrin、Advil、Medipen）的主要成分与阿司匹林一样具有止痛作用，还可用于消肿、消炎。布洛芬的传统工业合成方法由英国的 BOOT 公司于 20 世纪 60 年代开发，需要 6 个步骤并产生大量无用的副产品。布洛芬的生产中每年产生的废弃物达百万吨。BHC 公司开发了一种布洛芬的绿色合成工艺，该方法由三步组成，具有很高的原子经济性，反应物中的大部分原子都进入了目标产物中，仅产生了少量无用的副产物。

绿色产品：$CO_2$发泡剂。制造聚苯乙烯泡沫片材时，需要用到发泡剂使聚苯乙烯具有“泡沫状”特性。传统的发泡剂是碳氟烃、氢氟氯烃、脂肪烃等。使用碳氟烃会破坏臭氧层，从而带来环境问题。道氏化学公司开发了生产挤出型聚苯乙烯泡沫板材的新工艺，以天然气井和合成氨厂的副产物 $CO_2$ 作为发泡剂，淘汰了碳氟烃、氢氟氯烃、脂肪烃，具有经济、安全、环保的特点。

## 二、仿生合成

自然界中的动物和植物经过亿万年的优胜劣汰的进化，其结构和功能已达到近乎完美的程度。向生物学习，向自然学习，利用仿生原理或受自然的启发来设计合成具有特定性能的有机、无机、无机-有机杂化材料是近年来迅速崛起和飞速发展的研究领域，而且已成为化学、生命、材料和物理等学科交叉研究的一个热点。

戴黎明、王中林、曲良体等在 2008 年发表了他们的仿生壁虎脚研究结果，这是一种由低压化学气相沉积方法得到的仿生壁虎脚，其由结构可控的直立型碳纳米管阵列构成，具有强吸附和易脱离性能，既能在垂直的表面上轻松吸附重物又能从不同角度轻松取下。这使得仿生壁虎脚向实际应用迈出了最关键的一步，开启了纳米仿生领域的新篇章。

## 三、高效催化合成

效率和选择性一直是合成化学关注的焦点和需要解决的关键科学问题。21 世纪的合成化学在注重原子经济、环境友好以及社会可持续发展的同时将更加注重合成的效率和选择性。提高合成反应的效率和选择性是实现“精准、完美”创造新物质的必由之路。过去发展的许多合成反应之所以未能得到广泛应用，关键在于合成的效率和选择性不高。

使用催化剂可以降低化学反应的活化能，提高合成的效率和选择性，所以催化剂在合成中被广泛使用。化学工业和制药工业的生产工艺 90%以上使用催化剂。目前，催化合成领域的研究重点不但是用催化反应替代传统的剂量反应，减少废物产生，而且发展更加高效的催化剂，进一步提高合成反应的效率和选择性。以催化氢化反应为例，它是化学合成的核心技术之一，并在工业生产上被广泛应用。近年来随着催化氢化反应的快速发展，用催化氢化方法替代传统的采用当量金属氢化物为还原试剂的还原反应已成为趋势。采用氢气为还原试剂克服了传统金属还原试剂带来的大量废物，如硼、铝以及其他金属化合物盐对环境的污染，因而更经济和高效。但是，由于目前催化氢化反应使用的很多催化剂效率并不高，离真正高效、高选择性的“精准、完美”新物质创造过程还有距离。

因此，发展高效、高选择性的催化剂及其催化反应和工艺过程将是合成化学领域今后的重要研究内容。预期在不久的将来，化学家将会发展出更多优秀催化剂，其效率和选择性可以达到甚至超过酶催化剂水平。

## 四、碳-氢键直接官能团化

碳-氢键广泛存在于各种有机化合物之中，以石油、天然气化工为基础所获得的有机化工原料主要是含有碳-氢键的烃类化合物。通过碳-氢键的直接官能团化无疑是原子经济和环境友好的合成方法，同时也是合成化学面临的最大挑战之一。正因如此，碳-氢键的直接官能团化被誉为“化学的圣杯”，它吸引了越来越多化学家的关注。在过去 10 多年里，碳-氢键的直接官能团化研究主要集中在过渡金属催化的，有各种导向基团的芳烃、烷烃等化合物的官能团化反应。虽然无导向基团化合物的碳-氢键直接官能团化也有报道，但选择性较低，只有一些特殊的底物才能给出较好的选择性。

碳-氢键直接官能团化面临的最大问题是对反应物中不同类型碳-氢键的区分，并能选择性地对某一特定位置的碳-氢键进行官能团化，即选择性问题。发展新的催化体系、新反应、新方法以及新的策略，实现温和条件下的碳-氢键的高选择性官能团化；发展廉价金属如铁、铜等非贵金属催化体系，实现碳-氢键的官能团化；发展新型手性催化剂，实现碳-氢键的直接不对称官能团化等将是未来碳-氢键直接官能团化研究的重点。

## 五、生物质及二氧化碳转化

现代合成化学仍依赖于化石原料，然而化石资源逐渐枯竭以及温室气体的减排压力，已迫使人们把目光投向可再生资源。石油、煤、天然气等都是来自于古代植物对于太阳能的积累，是将太阳能转化为化学能进行储存的化学过程。严格来说，这些都是可再生资源，但是亿万年的形成周期实在让人类无法等待，因而这些资源就成为了“非再生资源”。以木质素等为代表的生物质源于二氧化碳和水的光合作用，是丰富的可再生资源。将生物质资源高效转化为生物质燃料和化学品，实现二氧化碳的高效循环使用，无疑是解决人类能源和碳资源供应的最好方法。

生物质资源的转化和利用已受到各国政府以及科学家的高度重视。实现从化石原料转向可再生原料的能源供应体系和化工产品生产体系虽然面临许多困难，但它是未来的发展方向，具有很大的机遇。国内外化学家已经展开了诸多研究，并在葡萄糖、山梨糖、纤维素等转化为乙二醇、乙酰丙酸等研究方面取得了可喜的进展。今后，利用合成化学研究中已积累的方法与技术，特别是高效催化方法与技术，发展适合于生物质转化的新反应、新方法、新技术，实现生物质的高效转化与利用将是合成化学研究的重要内容。

二氧化碳转化是获取“碳资源”的最直接方法，它不但提供了“碳资源”，还减少了大气中的温室气体。正因如此，二氧化碳转化已经成为绿色化学的研究热点。近年来，二氧化碳转化的研究取得了一些进展，并展现出重要的科学价值和应用前景。但是，二氧化碳资源化利用仍然存在许多科学问题需要解决。例如，二氧化碳中碳原子处于最高氧化态，利用催化加氢等还原反应将二氧化碳转化为低价态的碳化合物是必经之路。然而，氢气以及其他还原试剂生产中的巨大能耗等问题严重制约了二氧化碳还原反应的大规模利用及产业化。因此，能否利用可再生资源和可再生能源实现氢气以及其他还原试剂的高效生产对于二氧化碳转化至关重要。相关研究也将成为二氧化碳资源化利用的突破口。

## 参考文献

[1] Trost B M. The atom econemy—A search for synthetic efficiency. Science，1991，254 (5037)：1471-1477.

[2] Noyori R. Editorial statement，Adv Synth Catal，2001，343 (1)：1.

[3] Frimansjah L，Fu G C. Intramolecular heck reactions of unactivated alkyl halides. J Am Chem Soc，2007，129 (37)：11340-11341.

[4] Wolfe J P，Wagaw S，Marcoux J F，et al. Rational development of practical catalysts for aromatic carbon-nitrogen bond formation. Acc Chem Res，1998，31 (12)：805-818.

[5] Hartwig J F. Carbon-heteroatom bond-forming reductive eliminations of amines, ethers, and sulfides. Acc Chem Res, 1998, 31 (12): 852-860.

[6] Shen Q, Hartwig J F. Palladium-catalyzed coupling of ammonia and lithium amide with aryl halides. J Am Chem Soc, 2006, 128 (31): 10028-10029.

[7] Hatakeyama T, Hashimoto T, Kondo Y, et al. Iron-catalyzed Suzuki-Miyaura coupling of alkyl halides. J Am Chem Soc, 2010, 132 (31): 10674-10676.

[8] Chen X, Goodhue C E, Yu J Q. Palladium-catalyzed alkylation of $sp^2$ and $sp^3$ C—H bonds with methylboroxine and alkylboronic acids: Two distinct C—H activation pathways. J Am Chem Soc, 2006, 128 (39): 12634-12635.

[9] Lafrance M, Fagnou K. Palladium-catalyzed benzene arylation: Incorporation of catalytic pivalic acid as a proton shuttle and a key element in catalyst design. J Am Chem Soc, 2006, 128 (51): 16496-16497.

[10] Norinder J, Matsumoto A, Yoshikai N, et al. Iron-catalyzed direct arylation through directed C—H bond activation. J Am Chem Soc, 2008, 130 (18): 5858-5859.

[11] Chen M S, White M C. A predictably selective aliphatic C—H oxidation reaction for complex molecule synthesis. Science, 2007, 318 (5851): 783-787.

[12] Hoveyda A H, Zhugralin A R. The remarkable metal-catalysed olefin metathesis reaction. Nature, 2007, 450: 243-251.

[13] Flook M M, Jiang A J, Schrock R R, et al. Z-selective olefin metathesis processes catalyzed by a molybdenum hexaisopropylterphenoxide monopyrrolide complex. J Am Chem Soc, 2009, 131 (23): 7962-7963.

[14] Keitz B K, Endo K, Patel P R, et al. Improved ruthenium catalysts for Z-selective olefin metathesis. J Am Chem Soc, 2012, 134 (1): 693-699.

[15] Occhipinti G, Hansen F R, Törnoos K W, et al. Simple and highly Z-selective ruthenium-based olefin metathesis catalyst. J Am Chem Soc, 2013, 135 (9): 3331-3334.

[16] 谢建华，周其林．金属催化的不对称氢化反应研究进展与展望．化学学报，2012，70 (13): 1427-1438.

[17] Bell S, Wüstenberg B, Kaiser S, et al. Asymmetric hydrogenation of unfunctionalized, purely alkyl-substituted olefins. Science, 2006, 311 (5761): 642-644.

[18] Netherton M R, Fu G C. Nickel-catalyzed cross-couplings of unactivated alkyl halides and pseudohalides with organometallic compounds. Adv Synth Catal, 2004, 346 (13-15): 1525-1532.

[19] Saito B, Fu G C. Enantioselective alkyl-alkyl Suzuki cross-couplings of unactivated homobenzylic halides. J Am Chem Soc, 2008, 130 (21), 6694-6695.

[20] Thalji R K, Ellman J A, Bergman R G. Highly efficient and enantioselective cyclization of aromatic imines via directed C—H bond activation. J Am Chem Soc, 2004, 126 (23): 7192-7193.

[21] Mazery R D, Pullez M, López F, et al. An iterative catalytic route to enantiopure deoxypropionate subunits: Asymmetric conjugate addition of Grignard reagents to $\alpha,\beta$-unsaturated thioesters. J Am Chem Soc, 2005, 127 (28): 9966－9967.

[22] Yamaguchi T, Matsumoto K, Saito B, et al. Asymmetric oxidation catalysis by a chiral Al (salalen) complex: Highly enantioselective oxidation of sulfides with aqueous hydrogen peroxide. Angew Chem Int Ed, 2007, 46 (25): 4729－2931.

[23] Ferreira E M, Stoltz B M. Copper-catalyzed asymmetric conjugate addition of Grignard reagents to trisubstituted enones. Construction of all-carbon quaternary chiral centers. J Am Chem Soc, 2001, 123 (31): 7725－7726.

[24] Yamashita Y, Gopalarathnam A, Hartwig J F. Iridium-catalyzed, asymmetric amination of allylic alcohols activated by Lewis acids. J Am Chem Soc, 2007, 129 (24): 7508－7509.

[25] List B, Yang J W. The organic approach to asymmetric catalysis. Science, 2006, 313 (5793): 1584－1586.

[26] Berkessel A, Gröger H. Asymmetric Organocatalysis: From Biomimetic Concepts to Application in Asymmetric Synthesis. Weinheim: Wiley-VCH, 2005.

[27] Welch G C, Juan R R S, Masuda J D, et al. Reversible, metal-free hydrogen activation. Science, 2006, 314 (5802): 1124－1126.

[28] Kohl S W, Weiner L, Schwartsburd L, et al. Consecutive thermal $H_2$ and light-induced $O_2$ evolution from water promoted by a metal complex. Science, 2009, 324 (5923): 74－77.

[29] Wang C, Liu X Y, Fleet M E, et al. Helical chain observed under transmission electron microscope: Synthesis and structure refinement of lutetiumdisilicate $Lu_2Si_2O_7$. Cryst Eng Comm, 2010, 12 (5): 1617－1620.

[30] Ding Y, Ahuaja R, Shu J. Structure phase transition of vanadium at 69GPa. Phys Rev Lett, 2007, 98, 085502.

[31] 谭腾，冯思敏，庄承钢，等．离轴生长的 $MgB_2$ 超导薄膜的研究．低温物理学报，2010，32 (4)：241－247.

[32] 王立平，高燕，薛群基，等．电沉积镍纳米晶材料制备及性能．电镀与涂饰，2004，23 (3)：1－4.

[33] 向娟，田景华，倪子绵，等．两步电沉积法制备单晶 Au 纳米线阵列．电化学，2004，10 (1)：9－12.

[34] 常文贵，徐兰芳，谢成根．电化学法制备纳米铜粒子．皖西学院学报，2006，22 (2)，69－72.

[35] 薛辛华．电化学法制备碘仿的研究．广州化工，2003，31 (1)：48－50.

[36] Enquist J A, Stoltz B M. The total synthesis of (－) -cyanthiwigin F by means of double catalytic enantioselective alkylation. Nature, 2008, 453: 1228－1231.

[37] Raveh A, Carmeli S. Antimicrobial Ambiguines from the cyanobacterium *Fischerella* sp. collected in Israel. J Nat Prod, 2007, 70 (2): 196 - 201.

[38] Baran P S, Maimone T J, Richter J M. Total synthesis of marine natural products without using protecting groups. Nature, 2007, 446: 404 - 408.

[39] Isaka M, Rugseree N, Maithip P, et al. Hirsutellones A-E, antimycobacterial alkaloids from the insect pathogenic fungus Hirsutellanivea BCC 2594. Tetrahedron, 2005, 61 (23): 5577 - 5583.

[40] Nicolaou K C, Sarlah D, Wu T R, et al. Total synthesis of hirsutellone B. Angew Chem Int Ed, 2009, 48 (37): 6870 - 6874.

[41] Jones S B, Simmons B, Mastracchio A, et al. Collective synthesis of natural products by means of organocascade catalysis. Nature, 2011, 475: 183 - 188.

[42] KamiharaY, Hiramatsu H, Hirano M, et al. Iron-based layered superconductor: LaOFeP. J Am Chem Soc, 2006, 128 (31): 10012 - 10013.

[43] Kamihara Y, Watanabe T, Hirano M, et al. Iron-based layered superconductor $La[O_{1-x}F_x]FeAs$ ($x = 0.05—0.12$) with $T_c = 26K$. J Am Chem Soc, 2008, 130 (11): 3296 - 3297.

[44] Takahashi H, Igawa K, Arii K, et al. Superconductivity at 43K in an iron-based layered compound $LaO_{1-x}F_xFeAs$. Nature, 2008, 453 (7193): 376 - 378.

[45] Chen X H, Wu T, Wu G, et al. Superconductivity at 43K in $SmFeAsO_{1-x}F_x$. Nature, 2008, 453 (7193): 761 - 762.

[46] Ren Z A, Yang J, Lu W, et al. Superconductivity at 52K in iron based F doped layered quaternary compound $Pr[O_{1-x}F_x]FeAs$. Mater Res Innov, 2008, 12 (3): 105 -106.

[47] Ren Z A, Lu W, Yang J, et al. Superconductivity at 55K in iron-based F-doped layered quaternary compound $Sm[O_{1-x}F_x]FeAs$. Chin Phys Lett, 2008, 25 (6): 2215 -2216.

[48] Tian B, Zheng X, Kempa T J, et al. Coaxial silicon nanowires as solar cells and nanoelectronic power sources. Nature, 2007, 449 (7164): 885 - 889.

[49] Ma S, Sun D, Simmons J M, et al. Metal-organic framework from an anthracene derivative containing nanoscopic cages exhibiting high methane uptake. J Am Chem Soc, 2008, 130 (3): 1012 - 1016.

[50] Li J R, Timmons D J, Zhou H C. Interconversion between molecular polyhedra and metal-organic frameworks. J Am Chem Soc, 2009, 131 (18): 6368 - 6369.

[51] Ma S, Sun D, Yuan D, et al. Preparation and gas adsorption studies of three mesh-adjustable molecular sieves with a common structure. J Am Chem Soc, 2009, 131 (18): 6445 - 6451.

[52] Zhao D, Yuan D, Sun D, et al. Stabilization of metal-organic frameworks with

high surface areas by the incorporation of mesocavities with microwindows. J Am Chem Soc，2009，131 (26)：9186 - 9188.

[53] Banerjee R，Phan A，Wang B，et al. High-throughput synthesis of zeolitic imidazolate frameworks and application to $CO_2$ capture. Science，2008，319 (5865)，939 - 943.

[54] Li X，Wang X，Zhang L，et al. Chemically derived，ultrasmooth graphene nanoribbon semiconductors. Science，2008，319 (5867)：1229 - 1232.

[55] Kosynkin D V，Higginbotham A L，Sinitskii A，et al. Longitudinal unzipping of carbon nanotubes to form graphene nanoribbons. Nature，2009，458 (7240)：872 - 876.

[56] Khan A I，O'Hare D. Intercalation chemistry of layered double hydroxides：Recent developments and applications. J Mater Chem，2002，12 (11)：3191 - 3198.

[57] Li F，Duan X. Applications of layered double hydroxide. Struct Bonding (Berlin)，2006，19：193 - 223.

# 第三章 我国合成化学学科的发展现状

周其林　冯守华　谢建华　施　展

## 第一节　我国合成化学学科发展及国际地位

与西方发达国家相比，我国的合成化学研究起步较晚。新中国成立后，我国科学家在艰苦的条件下开展了抗生素、染料、甾体药物等研究，并取得了出色的成就。例如，在甾体抗炎药物和甾体避孕药的合成和人工合成结晶牛胰岛素都标志着我国合成化学曾经达到相当的高度。20 世纪 70 年代，具有重要生物活性的天然产物全合成成为最为关注的研究课题，我国科学家在前列腺素、昆虫信息素、抗癌药物喜树碱等的合成中取得了一系列研究成果。随着 70 年代末期全国科学技术大会的召开，以及改革开放带来的国内外学术交流，以药物、天然产物合成研究为主导的合成化学研究得到更深入的发展，以功能材料为导向的新材料合成等也逐渐受到重视并成为合成化学学科发展新的生长点。在 80 年代初，随着青蒿素、美登素等天然产物，特别是酵母丙氨酸转移核糖核酸（由 76 个核苷酸组成，其中含有 9 个稀有核苷酸）合成的相继成功，我国合成化学学科在国际上的地位和影响得到了进一步提高。这些重大成果的产生标志着我国合成化学学科的发展进入了全新的阶段。随后，过渡金属催化的合成新反应、新方法等研究得到迅速的发展。功能材料如无机材料、高分子材料等的合成研究也取得很大的进展。这些为 21 世纪我国合成化学学科的腾飞奠定了坚实的基础。

进入 21 世纪以来，随着我国综合国力的大幅提升，国家对科学研究的投入日益加大，以及国家对功能性物质需求的不断扩大，我国的合成化学研究呈现出蓬勃发展的态势。在药物和天然产物合成方面，我国的化学家完成了许多具有生物活性的复杂天然产物分子的全合成；在过渡金属催化的碳-碳键、碳-杂原子键形成这一国际热点研究领域具有一定的优势；拥有自主知识产权的新型高效手性催化剂、不对称催化新反应、新方法的涌现使我国在不对称催化合成研究领域处于国际先进水平；水热（溶剂热）合成、高压与超高压合成、仿生合成、定向合成等研究方面取得的重大进展极大地提高了我国在功能材料、凝聚态材料以及仿生材料等领域的与国际竞争力。

近年来的数据统计表明，我国在化学领域发表的文章总数和引文数逐年上升，已经跃居世界前列[1]。在2000～2010年期间，中国在化学领域发表的SCI论文总数列世界第二位；2005～2008年中国在化学领域拥有的高端被引论文的数量超过日本，成为重要研究成果的主要产出国家之一。论文的数量与质量同步提高，质量提高更快。中国化学在国际化学界顶尖1%的论文比例从1998年的0.3%增加到2008年的8.1%。这其中凝聚着合成化学学科的巨大贡献。例如，在天然产物全合成研究领域，近10年（2001～2010）全世界发表的论文共10 761篇，位居前列的三个国家是美国（2953篇）、日本（1848篇）和中国（944篇），我国在论文数量上居世界第三位。在不对称合成研究领域，2001年论文数量远远低于美国、日本和德国，也低于法国、英国和意大利，处于世界第七位，占世界论文总数的6.63%；到2010年以595篇论文总数首次超过美国居世界第一位，占论文总数的17.11%。在超分子自组装研究领域，2001年在论文数量上排名仅次于美国，但论文数量为202篇，不到美国（442篇）的一半。2010年我国仍然排名第二（756篇），但论文数量与美国（760篇）非常接近。在金属有机框架研究领域，2001年我国的论文数量（69篇）就远超美国（48篇）排名第一，到2010年，论文数量上的优势明显扩大（1074篇），是美国（350篇）的3倍[2]。这些数据从一个侧面反映了我国合成化学学科在21世纪得到了迅猛的发展。

## 第二节　我国合成新反应、新方法、新技术的发展状况

21世纪伊始，我国合成化学学科紧紧围绕合成化学新反应、新方法、新技术研究的国际前沿和热点，开展了金属催化的碳-碳键、碳-杂原子键形成的交叉偶联反应、不对称催化反应、天然产物全合成、导向新功能材料等合成的水热/溶剂热合成、极端条件（微波、超声、高压等）下或外场（光、磁场）诱导下的合成、光化学与电化学合成等研究，并且取得了进展。

金属催化的碳-碳键、碳-杂原子键形成的交叉偶联反应等在 20 世纪中期以来逐渐被发现并在合成上得到广泛的应用。这些经典的偶联反应往往需要过渡金属对碳-卤键、碳-硼键、碳-硅键以及碳-锡键等芳香杂原子键的活化才能实现。21 世纪以来，通过过渡金属直接对碳-氢键的活化发生偶联反应更加受到关注，并成为合成化学最具挑战性的研究前沿和热点，我国在这领域的发展与国际完全同步。2006 年，陆文军等采用乙酸钯为催化剂，过硫酸钾（$K_2S_2O_8$）为氧化剂，实现了芳烃之间的碳-氢键活化脱氢交叉偶联反应[3]。这是首例非官能化芳烃的碳-氢键活化脱氢交叉偶联反应。2007 年，施章杰等实现了钯催化 $N,N$-二甲基氨甲基和乙酰氨基为导向基团的芳烃邻位碳-氢键活化及与丙烯酸酯[4]、芳基硼酸[5]和芳基硅烷[6]的烯基化反应和交叉偶联反应。随后，他们又报道了钯催化乙酰氨基为导向基团的芳烃邻位碳-氢键活化与非活化芳烃的脱氢交叉偶联反应[7]及非导向芳烃的碳-氢键活化与芳基硼酸的交叉偶联反应[8]。紧接着，焦宁等实现了钯催化苯胺类芳烃邻位碳-氢键活化与炔烃交叉偶联环化反应[9]；刘磊等用二芳基碘鎓盐为芳基试剂实现了酚酯邻位碳-氢键活化芳基化反应[10]；苏伟平等用乙酸钯实现了多氟芳烃与非活化芳烃的碳-氢键活化交叉偶联反应[11]；游劲松等发展了钯催化碳-氢键活化杂环芳烃的脱氢交叉偶联反应[12]。此外，王剑波[13]、雷爱文[14]、游书力[15]、张前[16]等分别用钯催化剂实现了不同芳环的碳-氢键活化偶联反应。烯丙位和苄位碳-氢键活化偶联反应研究同样取得了重要进展。值得提及的是 2006 年包信和等实现了钯催化甲烷的碳-氢键活化制备三氟甲酸甲酯[17]。用廉价金属替代钯等贵金属实现碳-氢键活化及官能化的研究也取得了可喜的进展。如涂永强等用三氯化铁为催化剂实现了脂肪伯醇和苯乙烯类型的末端烯烃等的碳-氢键活化偶联反应[18]。

金属催化的芳基卤化物与胺等亲核试剂的偶联反应已取得了较大的进展。传统的碳-杂原子键形成交叉偶联的 Ullman 反应因其反应条件苛刻而在合成化学中的应用受到较大限制。1998 年，马大为等采用碘化铜为催化剂，氨基酸为配体，实现了卤代芳烃与 $\alpha$-氨基酸之间的交叉偶联，得到 $N$-芳基-$\alpha$-氨基酸。该反应条件温和，并被成功地应用到药物 Benzolactam-V8 的合成[19]。随后，他们将这一铜/氨基酸催化体系成功应用到了碳-氧键、碳-硫键以及碳-碳键形成的偶联反应中，从而为芳基醚、氮杂环化合物的合成提供了温和、高效、高选择性的方法[20]。他们这一工作的成功极大地提高了 Ullman 反应在合成化学中的实用价值，并在许多药物合成中得到了应用。

我国在不对称催化合成方面的研究起步较晚，始于 20 世纪 80 年代，在

21世纪以来的10多年时间里得到了快速发展，并取得一系列创新性研究成果。在手性配体及其催化剂的设计合成方面，最突出的例子是手性螺环配体的设计与合成。1997年，陈新滋和蒋耀忠等设计合成了基于手性螺［4.4］壬烷骨架的手性双亚磷酸酯配体SpirOP，该配体的铑催化剂在脱氢氨基酸衍生物的不对称氢化中表现出优秀的手性诱导结果[21]。2002年，周其林等报道了具有螺二氢茚骨架的单齿磷配体SIPHOS[22]、双膦配体SDP[23]、膦-氮配体SpiroPhox、双氮配体SpiroBOX等系列手性螺环配体，并在不对称催化氢化、不对称碳-碳键、碳-杂原子键形成等多种类型的不对称催化反应中得到了优秀的手性诱导效果[24]。目前，该类手性螺环配体已成为一类“优势手性配体”[25]，并被Aldrich、Strem等国际试剂公司列入试剂目录中。丁奎岭等发展的具有手性螺［4.4］-1，6-壬二烯骨架的手性螺环膦-噁唑啉配体SpinPhox[26]以及具有手性螺二色满骨架的手性双膦配体SKP[27]在不对称催化氢化等不对称催化反应中也有非常出色的表现。我国科学家设计合成的其他优秀手性配体还有陈新滋等发展的具有联吡啶骨架的双膦配体P-Phos[28]，戴立信和侯雪龙等设计合成的一系列具有二茂铁骨架的手性膦-氮和膦-硫配体[29]，唐勇[30]等设计合成的具有“边臂效应”的假$C_3$对称的三齿噁唑啉配体，林国强与徐明华[31]等发展的具有桥连双环［3.3.0］骨架的$C_2$对称手性双烯配体等。值得提及的是，冯小明发展的具有柔性构象且结构高度可调的新型手性双氮氧化合物，既可用作有机小分子催化剂催化一系列不对称催化反应，又可用作手性配体与多种金属如铜、铁、镍、镁等络合从而催化一系列不对称碳-碳键、碳-杂原子键形成反应[32]。其中，钪络合物催化剂成功实现了首例不对称催化Roskamp反应[33]。以上所述的我国科学家创造的具有自主知识产权手性配体及其催化剂已在手性药物和中间体的不对称合成中得到很好的应用，并在国际上产生了重要影响。如周其林等发展的手性螺环膦-噁唑啉配体SIPHOX的铱催化剂已被罗氏制药公司用于治疗糖尿病新药Aleglitazar的生产[34]；他们发展的手性螺环三齿吡啶胺基膦配体SpiroPAP的铱催化剂在简单酮的不对称催化氢化中给出了高达450万的转化数，成为目前最高效的分子催化剂[35]。这一催化剂已被用于手性药物卡巴拉汀（Rivastigmine）等的生产[36]。

在金属催化的不对称新反应及新方法研究方面，我国科学家发展和建立了多个高效、高选择性的新反应和新方法。突出的例子是周永贵[37]和范青华[38]等发展和建立了铱和钌催化体系，实现了一类具有挑战性的氢化底物——氮杂芳环类化合物的高对映选择性氢化，这是不对称催化氢化研究领域新的突破，并在国际上产生了广泛的影响；周其林等以手性螺环双噁唑啉配体 SpiroBOX 的铜和铁催化剂等成功实现了重氮卡宾对氮-氢键、氧-氢键以及硅-氢键的不对称插入反应，解决了长期以来卡宾对杂原子-氢键的插入反应很难获得高对映选择性这一难题[39]；胡文浩等采用亲电试剂捕获铵基/羟基鎓叶立德中间体，建立和发展了手性化合物骨架的多组分新反应[40]；丁奎岭等基于手性活化概念发展了用于不对称 Diels-Alder 反应和羰基-烯反应的高活性催化剂，使催化剂的用量降低了 1～3 个数量级，同时获得了优秀的对映选择性[41]；他们还利用手性催化剂“自负载”，实现了包括不对称催化氢化、不对称氧化等不对称反应中手性催化剂的回收再利用，为发展手性催化剂提供了新的思路[42]；李灿和杨启华等[43]发展了在纳米笼中封装手性催化剂的新方法，并实现了固体材料上的协同手性催化，这是微、纳米尺度多相手性催化的一个重要进展。

手性有机小分子催化的不对称合成反应是 21 世纪不对称催化反应研究的一个新热点，中国科学家在这一领域也取得了丰硕成果。龚流柱等用手性脯氨酸酰胺及其类似物作催化剂在不对称直接 Aldol 反应中获得了非常高的对映选择性[44]。随后他们还设计合成了新型桥连手性双膦酸并实现了手性磷酸催化的不对称 Bigineli 反应、直接的 Mannich 加成反应。他们还发展了醛、胺基酯和炔电子烯烃的不对称三组分反应等[45]。陈应春等建立和发展了手性伯胺、仲胺类有机小分子催化剂催化的经 HOMO 活化得到烯胺、二烯胺、三烯胺中间体的氧杂、氮杂不对称 Diels-Alder 反应，为天然产物、抗肿瘤手性药物等的手性合成提供了新的有效方法[46]。罗三中等利用手性环己二胺衍生物与非手性布朗斯特酸结合实现了链状脂肪酮与醛的直接 Aldol 反应，高区域选择性和立体选择性地得到顺式 Aldol 产物[47]。冯小明等将苯丙氨酸衍生物成功应用于 $\alpha$-酮酸酯等官能化酮参与的不对称直接 Aldol 反应，同样获得了很好的选择性[48]。施敏等报道了金鸡纳碱类以及具有联萘酚衍生的二苯基膦基类催化剂在不对称催化 Morita-Baylis-Hillman 反应中给出了优秀的手性诱导[49]。以上这些代表性的手性有机小分子催化剂及其催化的不对称反应已经产生了重要的国际影响。

在无机纳米材料方面，俞书宏等在国际上率先发展了高活性超细纳米线模板合成法，成功制备出一系列新型高品质一维纳米结构，并且实现了宏观尺度纳米线组装体的大规模制备，充分展现了模板指引合成法的独特优势和广泛适用性。在 2006 年，他们还发明了一种简单高效的水热合成法，使用普通的化学原料，成功合成了高质量超细碲纳米线（Te nanowire，TeNW），制得的 TeNW 直径仅为 7nm[50]。更为重要的是，他们最近在 TeNW 的宏量制备方面取得了突破性进展，掌握了 TeNW 的大规模制备技术，一锅反应即可制得大于 10L 的 TeNW 溶液，这为通过模板过程大量制备一维纳米材料奠定了基础。郑南峰等从配位化学的角度出发，发展了利用配位吸附小分子（一氧化碳、卤素离子、甲醛、甲胺等）调控无机纳米晶体表面结构（形貌）的有效方法。不仅使具有特定结构的贵金属纳米晶体的化学合成更为理性与可控，而且合成出一些具独特新性能的纳米材料。陈军等研究了 Fe、Co、Ni、V、Mn 等系列 3d 电子过渡金属氧化物和复合氧化物的可控制备和电化学性能[51]。他们采用模板法结合浸渍热分解固相反应，制备了 $\alpha$-$Fe_2O_3$ 纳米管[52]、$Co_3O_4$ 纳米棒[53]等一维纳米材料，测试表明它们作为锂电池负极活性物质具有十分突出的电化学活性，首次放电容量分别超过 1000mA・h/g 和 800mA・h/g，循环容量远高于商品化石墨电池材料的理论容量。

在新型半导体构建方面，付宏刚等采用溶剂热、化学浴沉积等方法制备了还原氧化石墨/硫铟锌（RGO/$ZnIn_2S_4$）复合体、CdS/$NiTiO_3$ 异质纳米棒以及不同相比例的混相 $MgTiO_3$/$MgTi_2O_5$ 异质结空心纳米棒等新型异质结材料[54]，并系统地研究了材料结构与光生电荷性质和光催化性能之间的关系。在半导体/晶态碳基复合体方面，付宏刚等采用溶剂热、原位插层等方法设计合成了 $TiO_2$/碳纳米管[55]、$TiO_2$/石墨烯[56]、暴露｛001｝高能面 $TiO_2$/石墨烯[57]、ZnO/石墨烯[58]、Ag/$Ag_3PO_4$/石墨烯[59]等异质结复合体材料的可控制备，利用晶态碳材料优异的电子传输性能实现了光生电子和空穴的有效分离，显著提高了材料的光催化性能。这些工作的开展对于设计合成新型、高效的分级、异质结构光催化材料及认识材料结构和光催化性能之间的关系等方面具有重要的理论和实验意义。

我国是研究富勒烯起步较早的少数几个国家之一，近年来，我国学者在富勒烯空笼、富勒烯包合物和富勒烯化学等多个方面都取得了长足的进步，在富勒烯合成化学的个别领域已经达到了国际领先水平。例如，郑兰荪等在国际上较早开始了对非 IPR 富勒烯（不符合“独立五元环规则”的富勒烯）的研究，并取得重大突破。他们通过在石墨电弧放电的过程中引入活性反应气体，如氯气、四氯化碳、甲烷等，将电弧放电过程中产生的各种亚稳态富勒烯以氯化物的形式捕获并稳定下来。2004 年，他们合成了富勒烯 $C_{50}$ 的笼外修饰衍生物 $C_{50}Cl_{10}$[60]。通过测定 $^{13}C$ NMR 谱并结合理论计算确认所获得的 $C_{50}Cl_{10}$ 是具有 $D_{5h}$ 对称性的笼状结构。这一方法说明违背 IPR 规则的富勒烯可以通过笼外修饰的方法使其稳定化。应用类似的合成思路和方法，郑兰荪等又合成、分离并表征了多种富勒烯结构[61]。这些富勒烯结构无一例外含有相邻五元环，都属于非 IPR 富勒烯。王春儒、吕鑫等通过在石墨电弧放电过程中引入甲烷气体，也成功合成、分离并表征得到 $C_3$ 对称性的非 IPR 富勒烯 $C_{64}$[62]。可以预计，应用这种思路和方法，其他非 IPR 富勒烯也都可能被合成出来。事实上，在目前所报道的非 IPR 富勒烯中，近半是郑兰荪等合成的，这些富勒烯新结构的合成将为今后富勒烯研究提供新的、重要的物质基础。最近，郑兰荪等还报道了利用苯火焰燃烧法制备非 IPR 富勒烯衍生物[63,64]。使用玻璃扩散燃烧装置进行苯氧低压扩散燃烧，在形成 IPR 富勒烯的同时，生成的非 IPR 富勒烯与燃烧产生的氢原子或自由基反应，生成稳定的非 IPR 富勒烯氢化物。目前已经通过该方法成功地合成了 $C_{64}H_4$ 和 $C_{2v}$-$C_{60}H_8$。该方法的建立有望实现非 IPR 富勒烯的连续大量合成，对非 IPR 富勒烯的合成方法和规模化生产都具有一定的指导意义。

近年来，我国化学家在多金属氧酸盐簇合物、后过渡金属氧簇合物、稀土-过渡金属簇合物、稀土簇合物和主族元素氧簇合物等团簇化学领域也取得了重大的进展。2009 年，王恩波等通过手性有机配体诱导方法，设计合成了全新的手性高核含铁金属氧簇，报道了首例手性 $Fe_{28}$ 簇的一对对映异构体[65]。稍后，他们又采用手性酒石酸与 $Fe^{3+}$ 反应合成了具有蛋白质尺寸和 NbO 拓扑的手性 $Fe_{168}$ 笼 $Na_{96}[Na_{24}Fe_{168}(L\text{-}Tart)_{96}(\mu_3\text{-}O)_{48}(HCOO)_{144}]\cdot 310H_2O$ 和 $Na_{96}[Na_{24}Fe_{168}(D\text{-}Tart)_{96}(\mu_3\text{-}O)_{48}(HCOO)_{144}]\cdot 310H_2O$，它们分别由 6 个 $\{Fe_{28}\}$ 轮通过 12 个立方烷型 $\{Na_4\}$ 簇连接而成[66]。手性酒石酸作为手性源和多齿有机含氧配体，使用位阻效应更低的甲酸作为辅助配体，构筑成具有更高聚合度的蛋白质尺寸手性 $Fe_{168}$ 笼。该系列化合物具有优秀的催化性质，在手性催化和手性拆分等领域具有重大的潜在应用前景。2013 年，王恩波等首次合成了含有多酸的 ZnO 纳米粒子并用其制备染料敏化太阳能电池的阳极，测得的光电转换效率比不含多酸的 ZnO 纳米粒子光阳极提高了 49.1%[67]。

在稀土-过渡金属簇合物方面，龙腊生等提出了利用原位产生的阴离子作为模板来合成高核稀土-过渡金属簇合物的策略。由于原位产生的阴离子浓度可以通过改变合成条件来控制，该合成策略不仅可以使模板阴离子周围能聚集较多的金属离子，并可适用那些与稀土及过渡金属离子形成难溶盐的阴离子，解决了高核稀土-过渡金属的可控合成难题。他们利用有机配体原位产生的阴离子或者反应溶液吸收空气中二氧化碳原位产生的碳酸根离子作为模板，设计合成了许多高核稀土-过渡金属簇合物和高核稀土簇合物，取得了丰硕的成果。例如，他们利用亚氨基二乙酸（iminodiacetic acid）在水热条件下原位分解产生的$CO_3^{2-}$作模板，成功获得了108核稀土-过渡金属簇合物$[Gd_{54}Ni_{54}(IDA)_{48}(OH)_{144}(CO_3)_6(H_2O)_{25}](NO_3)_{18}\cdot 140H_2O$[68]（IDA＝iminodiacetate）。最近，他们又利用反应溶液吸收空气中二氧化碳原位产生的碳酸根离子作为模板来设计合成高核稀土簇合物。例如，利用乙酸镍和氯化稀土反应，通过控制溶液的pH，他们获得了以1个碳酸根和2个氯离子为模板的48核稀土-过渡金属簇合物[69]。探索合成稀土-过渡金属簇合物的新方法，充分理解高核稀土-过渡金属离子簇合物的形成或组装规律以及其结构与性能间定量关系与规律，可望根据物质功能需求设计结构，根据物质结构设计合成反应，逐步实现具有特定功能目标高核稀土-过渡金属簇合物的定向合成。

曲晓刚等在核酸序列特异性识别及构象功能转化方面取得了突破性进展。他们利用化学修饰及生物化学和生物物理方法，结合波谱学手段，发现羧基化纳米管可显著提高富含胞嘧啶的人类端粒序列稳定性，但不影响富含鸟嘌呤人类端粒序列的稳定性。进一步实验结果表明，羧基化纳米管可阻止双链形成并选择性诱导富含胞嘧啶的人类端粒序列形成四链结构，该结构被称为“i-motif”[70]。他们通过研究发现稀土铕Eu与氨基酸ASP的配合物在体温低盐条件下，促使B-DNA转化为Z-DNA，并且这种转化与体内RNA聚合酶作用类似，具有可逆性；其独特的谱学性质变化为认识及检测体内Z-DNA提供探针[71]。研究表明，Z-DNA的形成与癌症等疾病发生有关，为此，研究Z-DNA形成探针具有重要的生物学意义。

为克服目前铂类抗肿瘤药物毒副作用强、抗肿瘤谱窄、具有明显的耐药性等缺点，郭子建等将光动力治疗试剂硅酞菁与铂类化合物结合起来，构建了新的光化学抗肿瘤试剂，在光照条件下体现了比铂类化疗试剂更强的细胞毒活性[72]。他们还通过将铂类药物与偕二磷酸结合，构建了骨靶向新型抗肿瘤试剂，发现其对骨肉瘤细胞等具有较强的细胞毒活性[73]。郭子建、何卫江等围绕生命相关化学物种的荧光探针展开了一系列研究。选择4-氨基-7-硝基苯并噁二唑为荧光团，构筑了一系列锌离子荧光探针，其中的NBD-TPEA表现出良好的锌离子选择性荧光增强效应和可见光激发性能，还实现了细胞内锌的检测和造影[74]。

## 第三节　我国新物质合成发展现状

新物质的合成与转化一直是合成化学学科研究的重要内容。随着我国国民经济的快速发展和综合国力的稳步提升，以及我国对新型药物和材料的急需，我国在新物质合成领域，特别是具有药用价值的天然产物全合成、新功能材料的合成等研究方面得到了快速发展，在国际上产生了重要影响。

近年来，我国合成化学进步最显著的研究领域之一是具有生物活性的天然产物分子全合成。许多生物活性天然产物中均含有季碳中心、多环系等复杂结构，而高效、高选择性构筑多环系及季碳中心等是天然产物全合成中的难点和挑战。涂永强等发展了半片呐醇重排构筑手性季碳中心的策略，并实现了包括蔓生百部生物碱（Stemonamine）、石蒜科生物碱加兰他敏（Galanthamine）、力克拉敏（Lycoramine）以及文殊兰碱（Crinine）等多种天然产物的全合成[75]。此外，他们还将这一构筑季碳中心的新方法用于具有乙酰胆碱酯酶抑制作用和抗肿瘤活性的石松科生物碱 Sieboldine A 和 Alopecuridine 的全合成[76]。该季碳中心构筑方法已经得到国内外同行的关注并被他人用到了其他天然产物的全合成中。

马大为等发展了碘促进的分子内氧化偶联的串联关环策略，高效地构筑了多环系螺环吲哚啉骨架和四氢咔唑骨架，并实现了具有七环稠合结构和含有两个连续手性季碳中心的多环生物碱 Communesin A、Communesin B、Communesin F 和具有四环骨架和两个手性季碳中心的单吲哚生物碱 Vincorine 的不对称全合成，从而进一步拓展了氧化偶联在天然产物全合成中的应用[77]。

秦勇等发展了铜催化重氮酮对吲哚的分子内环丙烷化-开环-环合的串联反应构筑多环系骨架的策略，并实现了具有抗肿瘤活性多环吲哚生物碱 Communesin F[78]、Minfiensine[79] 和 Vincorine 的全合成[80]。

杨震等建立了芳基铅参与的偶联反应、铑催化分子内的氧-氢键插入反应、氧化去芳构化以及分子内 Diels-Alder 反应为关键反应步骤的合成策略，首次实现了我国科学家从毛萼香茶菜中分离出来的含量极其稀少且具有抗癌作用的二萜化合物毛萼晶（Maoecrystal V）的全合成，为该物质用于药物研发和其他研究提供了一条实用的合成途径[81]。随后，他们又建立了钴催化分子间 Pauson-Khand 反应、钯催化羰基插入成环反应为关键步骤构筑多环体系的合成策略，简明快速地构建了从五味子植物中分离出的多环天然产物 Schindilactone A 的骨架，并顺利实现了这一具有 8 个环系、12 个手性中心，6 个季碳中心多环天然产物分子的全合成[82]。值得提及的是，Schindilactones 家族中已分离得到 80 余种，Schindilactone A 是其中的代表性分子，它们具有良好的免疫调节作用、抗肿瘤和抗-HIV 活性等。正因为这类天然产物分子结构具有新颖性、复杂性和多样性，其发现也是近年来天然产物化学领域的代表性成果，因而吸引了众多合成化学家的关注，国内外已有十多个研究小组围绕该家族的天然产物开展合成研究。杨震等的工作是该家族天然产物的首例全合成。

在无机功能材料方面，邢献然等对铁电基负热膨胀材料开展了系统性的研究工作，探索了负热膨胀（NTE）对热膨胀和物性的裁剪。设计和制备出一系列零膨胀多功能陶瓷，制备出高性能多铁性陶瓷 $PbTiO_3$-$Bi(Ni_{1/2}Ti_{1/2})O_3$(PT-BNT)，当 BNT 固溶度达到 20％时，本征体热膨胀系数接近零（$1.21\times10^{-6}$/K），而磁性也达到最大，电子自旋和 $B$ 位 Ni 原子通过 O 原子的超交换作用决定物质的磁性；该体系是室温多铁性陶瓷，热稳定性好，其力学性能优越，断裂韧性达到 $12MPa\cdot m^{1/2}$，超过三氧化二铝陶瓷两倍多[83]。通过化学修饰，零膨胀功能陶瓷 PT-BNT-BS 的压电系数达到 314 pC/N，可作为高性能高温压电材料使用[84]。

张洪杰等制备出全新的稀土荧光粉，能用交流电驱动 LED 芯片，可以省去 85％元件，降低电耗和成本[85]。然而，当交流市电直接驱动 LED 芯片时，50Hz 的正弦波特性会使得现有 LED 照明装置的发光具有周期性，导致频闪。他们从 LED 用发光粉入手，寻找具有特定 5～20ms 发光寿命的发光材料，当电流周期变化时发光粉的长寿命发光弥补由于激发光功率下降而导致的芯片的发光变弱，使器件在交流周期的光输出保持稳定，从而使中国成为目前国际上唯一掌握通过稀土荧光粉技术生产交流 LED 的国家。

最近，熊仁根等在分子铁电晶体的研究方面取得了重要的进展。他们合成了一种新型的铁电体——二异丙胺溴盐，它不含任何有毒重金属，而且可以在 50℃的水溶液中合成，是一种绿色环保和可持续发展的新型材料[86]。该晶体克服了现在通用的 $ABO_3$ 型含铅陶瓷类铁电体在生产过程中的耗能和环境污染问题，而同时又具有较高的居里温度和与钛酸钡媲美的饱和极化值，是一种令人振奋的分子型铁电晶体材料。由于铁电效应是铁电晶体所固有的一种极化特性，与电磁作用无关，所以铁电存储器的内容不会受到外界电磁干扰的影响，有较高的军事应用价值。

在 3d 电子过渡金属氧化物功能材料的合成化学研究领域，我国学者也一直很活跃，特别是在具有新颖纳米结构的金属氧化物的可控制备和物性探索方面取得了系列研究进展。例如，李亚栋等发展了二氧化锰纳米线、纳米管的低温水热制备技术，选择性控制合成了 $\alpha$、$\beta$ 等不同晶形的二氧化锰一维纳米材料[87]。基于醇-水混合溶剂热反应途径，他们还提出“液体-固体-溶液”

相转移、相分离机制和通用合成方法，实现了系列过渡金属氧化物和复合氧化物的尺寸均一、单分散纳米晶的制备[88]。高松等针对钙钛矿型锰氧化物固相烧结法合成温度高的缺点，采用 La-Ca-Mn-DTPA 分子配合物前驱体，获得 $La_{0.75}Ca_{0.25}MnO_3$ 纳米颗粒，将加热温度降低了 400℃以上[89]。张亚文和严纯华等采用金属甲酸盐前驱体，在油酸/油胺溶液中通过简单的热分解反应获得了 $Mn_3O_4$、CoO 和 $CuO_x$ 等单分散纳米晶[90]。陈军等采用溶液化学路线并利用表面活性剂聚乙烯醇（PEG）调控制备具有微纳分级结构的高密度 $\gamma$—$MnO_2$ 线状和管形材料[91]。施展等以多元醇为包覆剂，采用一步法制备了尺寸和粒径分布可控、高结晶度、高度水分散性的 $Mn_3O_4$ 纳米晶[92]。张卫新和杨世和等通过分步热处理 $\gamma$-MnOOH 纳米棒，成功制备了 $\beta$-$MnO_2$、$\alpha$-$Mn_2O_3$ 和 $Mn_3O_4$ 单晶纳米棒[93]。谢毅等通过调控 $KMnO_4+Cu+H_2SO_4$ 反应体系的 Ostwald 熟化过程，在无模板剂和表面活性剂的条件下制得了 $\alpha$-$MnO_2$ 空心海胆纳米结构[94]。赵东元等发展了一种通用的动力学控制的包覆方法制备多孔 $Fe_2O_3$@$TiO_2$ 核壳纳米结构[95]。这些组成、结构、形态各异的金属氧化物纳米材料的成功制备为性能探索奠定了良好的基础。

以上这些研究工作仅是我国科学家在新物质合成研究中所取得成果中的极少一部分，但足以说明我国在这方面的研究水平已跻身世界前列，并在国际上产生了非常重要的影响。

## 第四节　我国合成化学学科发展的不足与对策

21 世纪以来，在科技部、教育部以及国家自然科学基金委员会的大力支持下，在与其他学科的相互融合和相互促进下，我国的合成化学学科取得了令人瞩目的成就。然而，与具有传统研究优势的欧美和日本等国家和地区相比，我国在合成化学学科方面仍然存在着较大的差距。主要体现在如下几个方面：高质量、原创性和系统性的研究成果仍然较少；缺乏与其他学科和化学工业的深度融合，核心产业技术仍然不多，从而影响了合成化学对相关学科的吸收和借鉴，以及对药物、材料等产业的引领作用。

就论文总数而言，我国在天然产物全合成、不对称合成、超分子自组装、金属有机框架等热点合成化学研究领域已进入世界前三，甚至成为第一，但在论文引用数量和高端引用论文方面仍存在较大的差距。如在天然产物全合成研究领域，从近五年（2006～2010 年）的引文数量来看，中国的引文次数为7851，排在第五位，数量约为美国（78 034）的十分之一；从2001～2010年十年间高端被引论文发表情况看，中国为22篇，排在第六位，数量也约为美国的（238）的十分之一。在不对称合成研究领域，在2006～2010年五年里，虽然我国发表的论文数量已经跃居第二，但中国论文的引文次数为26 202，排在第三位，落后于日本（27 814）和美国（47 308）；其次，高端被引论文数为135篇，也仅比美国（229篇）的一半稍多一些。在超分子自组装研究领域，虽然论文总数已与美国非常接近，但在论文引用数量上仍存在较大的差距。2006～2010年美国的引文数量占全世界总量的31.32%，而中国仅为14.47%；高端被引论文数量为109篇，约为美国（282篇）的三分之一。在金属有机框架研究领域，在2006～2010年的五年里，虽然我国的论文总数上（3881篇）已经远远超过美国（1284篇）以及在论文引用次数上（40 047）与美国（40 799）非常接近，但在高端被引用论文数量上（94篇）却远远落后于美国（186篇）。从以上这些在合成化学学科热点研究领域中的论文引用次数和高端被引用论文数量的统计数据可以看出，我国在相关领域研究的原创性、系统性和深入程度等方面与国际一流水平还存在一定的差距，因此我国未来的合成化学学科的发展应更加注重把握学科未来发展趋势，积极鼓励和支持原创性、前瞻性的研究工作，最终促进我国合成化学学科的快速发展，提升我国合成化学学科的国际地位和影响力。

与传统的合成化学相比，21世纪的合成化学已经迈向了绿色、经济、高效、高选择性的大门，新物质如医药、食品添加剂、功能材料等的合成已变得更加精准、完美和环境友好。因此，未来的合成化学学科发展将继续遵循这一发展趋势，更加注重人类健康、环境资源的有效利用、社会可持续发展，并呈现以下特点：

（1）金属催化的高效、高选择性合成新反应、新方法、新技术将继续引领合成化学向精准、完美方向发展。这方面的研究将更加注重催化剂的效率，更加温和的、低能耗的、高资源利用率的催化反应将受到青睐。

（2）不对称合成，特别是原子经济、环境友好的不对称催化合成将得到更广泛的关注。手性药物、天然产物、手性材料等合成将与实际生产联系得更加紧密；社会发展对手性物质的需求将进一步促进高效手性催化剂，不对称合成新反应、新方法的蓬勃发展。

（3）对小分子活化的研究热情将会进一步提高，实现温和条件下氮的固定、水的裂解、二氧化碳的回收再利用等将越来越受到重视，并有望在未来几十年时间里取得重大突破。

（4）生物质转化的研究将成为令人瞩目的研究热点，该方面的研究与实际应用会越来越密切融合，从而使人类实现从以化石原料为基础的化学工业向以生物质为原料的化学工业的华丽转身。

（5）光化学合成研究将逐渐受到重视，并有望在未来的十多年时间里取得突破性的进展；借鉴生命体系的生物合成和演化过程，进行仿生合成将是今后的一个发展方向，它在材料，特别是各种功能材料的合成中将发挥越来越重要的作用。

合成化学的主要任务是实现从小分子到大分子、从单分子基元到超分子体系的构筑，通过选择性的控制，创造出具有理想性质和功能的新物质。尽管合成化学已经取得可喜的成绩，但社会的发展不断对合成化学学科提出新的需求。当今人类面临的诸如健康、粮食、资源、能源、材料、环境和气候等重大问题，也是我国合成化学面临的挑战。

未来合成化学的核心应当是绿色合成。21 世纪以来，生态环境的保护和社会的可持续发展问题越来越成为国际社会关注的焦点，已经被提到发展战略的高度，使用化学的技术和方法去减少和消除那些对人类健康、社会安全、生态环境有害的原料、溶剂、试剂、催化剂、产物及副产物等的使用和产生。绿色合成的根本目标是不再用有毒、有害的物质，不再产生、处理废物，从源头上阻止、消除污染。基于这样的目标，合成反应的原子经济性应予以高度重视，反应过程要更加经济、节能和环境友好。

另外，合成化学应不断与其他学科领域交叉与融合，才能发挥它无限的创造力。未来的合成化学将面向生命科学、材料科学、信息科学、能源科学和环境科学等领域对新物质、新材料和新器件的需求，研究功能导向新物质的设计理论、反应过程、合成与组装方法学；探讨合成反应和物质转化过程的机理与本质规律；借鉴生命体系的生物合成和演化过程，结合物理、材料科学等学科的研究手段和技术，发展新的合成策略；合成各种特定结构和特定功能的化合物和材料。

合成化学发展需要有一个与之相适应的学科体系支撑。合成化学是一门研究物质合成和合成方法的科学，它包含了无机、有机、高分子等各种物质的合成。它研究的科学问题是怎样有效地从较小分子质量的化合物构筑较大分子质量的化合物。很显然，传统的无机化学、有机化学、高分子化学等学科划分不能适应合成化学学科发展。传统的化学二级学科是按照研究对象和方法划分的，而现代化学研究更加关注科学问题。为了准确反映化学领域的这一发展趋势，更加有效地组织跨学科的创新研究，欧美等发达国家和地区的教育和科学研究机构已经淡化了原二级学科，更加强调科学问题引导的研究。美国自然科学基金委员会等科学基金组织也已经按照化学研究的科学问题重新划分了学科领域。其中，合成化学是一个主要的研究领域。我国需要尽快建立新的按照科学问题划分的化学学科体系。建议国家教育和科学研究机构在组织化学教育活动中淡化原化学二级学科，在组织科研活动中按照科学问题引导。建议国家自然科学基金委员会取消原有二级学科设置，按照化学研究的科学问题重新划分学科领域，设置合成化学等学科领域，并给予持续支持。新的合成化学学科领域将融合无机合成、有机合成、高分子合成、材料合成等原本分散在各二级学科中的合成化学。这样，我国的合成化学将会跨上新的台阶，将会创造出更多的新物质，为我国科学技术的进步和社会经济的发展提供强有力的保障。

## 参考文献

[1] 梁文平．化学走向“精准”化．中国科学院院刊，2011，26（1）：31－35.

[2] 学科发展态势评估系列研究报告之一．化学十年：中国与世界，国家自然科学基金委员会化学科学部及政策局．

[3] Li R，Jiang L，Lu W. Intermolecular cross-coupling of simple arenes via C—H activation by tuning concentrations of arenes and TFA. Organometallics，2006，25（26）：5973－5975.

[4] Cai G，Fu Y，Li Y，et al. Indirect ortho functionalization of substituted toluenes through ortho olefination of *N*,*N*-dimethylbenzylamines tuned by the acidity of reaction conditions. J Am Chem Soc，2007，129（24）：7666－7673.

[5] Shi Z，Li B，Wan X，et al. Suzuki-Miyaura coupling reaction by Pd（Ⅱ）-catalyzed aromatic CH bond activation directed by an *N*-alkyl acetamino croup. Angew Chem Int Ed，2007，46（29）：5554－5558.

[6] Yang S，Li B，Wan X，et al. Ortho arylation of acetanilides via Pd（Ⅱ）-catalyzed C—H functionalization. J Am Chem Soc，2007，129（19）：6066－6067.

[7] Li B J，Tian S L，Fang Z，et al. Multiple CH activations to construct biologically active molecules in a process completely free of organohalogen and organometallic components. Angew Chem Int Ed，2008，47（6）：1115－1118.

[8] Yang S D，Sun C L，Fang Z，et al. Palladium-catalyzed direct arylation of（hetero）arenes with aryl boronic acids. Angew Chem Int Ed，2008，47（6）：1473－1476.

[9] Shi Z，Zhang C，Li S，et al. Indoles from simple anilines and alkynes：Palladium-catalyzed C—H activation using dioxygen as the oxidant. Angew Chem Int Ed，2009，48（25）：4572－4576.

[10] Xiao B, Fu Y, Xu J, et al. Pd (Ⅱ) -catalyzed C—H activation/aryl—aryl coupling of phenol esters. J Am Chem Soc, 2010, 132 (2): 468 - 469.

[11] Wei Y, Su W. Pd $(OAc)_2$-catalyzed oxidative C—H/C—H cross-coupling of electron-deficient polyfluoroarenes with simple arenes. J Am Chem Soc, 2010, 132 (46): 16377 - 16379.

[12] Xi P, Yang F, Qin S, et al. Palladium (Ⅱ) -catalyzed oxidative C—H/C—H cross-coupling of heteroarenes. J Am Chem Soc, 2010, 132 (6): 1822 - 1824.

[13] Yan G, Kuang C, Zhang Y, et al. Palladium-catalyzed direct cyanation of indoles with $K_4[Fe(CN)_6]$ . Org Lett, 2010, 12 (5): 1052 - 1055.

[14] Liu Q, Li G, Yi H, et al. Pd-catalyzed direct and selective C[BOND]H functionalization: $C_3$-acetoxylation of indoles. Chem Eur J, 2011, 17 (8): 2353 - 2357.

[15] Xia J B, You S L. Carbon-carbon bond formation through double $sp^2$ C—H activations: Synthesis of ferrocenyl oxazoline derivatives. Organoimetallics, 2007, 26 (20): 4869 - 4871.

[16] Sun K, Li Y, Xiong T, et al. Palladium-catalyzed C—H aminations of anilides with *N*-fluorobenzenesulfonimide. J Am Chem Soc, 2011, 133 (6): 1694 - 1697.

[17] An Z, Pan X, Liu X, et al. Combined redox couples for catalytic oxidation of methane by dioxygen at low temperatures. J Am Chem Soc, 2006, 128 (50): 16028 - 16029.

[18] Zhang S Y, Tu Y Q, Fan C A, et al. Iron-catalyzed $C(sp^3)$—$C(sp^3)$ bond formation through $C(sp^3)$—H functionalization: A cross-coupling reaction of alcohols with alkenes. Angew Chem Int Ed, 2009, 48 (46): 8761 - 8765.

[19] Ma D, Zhang Y, Yao J, et al. Accelerating effect induced by the structure of $\alpha$-amino acid in the copper-catalyzed coupling reaction of aryl halides with $\alpha$-amino acids. Synthesis of benzolactam-$V_8$. J Am Chem Soc, 1998, 120 (48): 12459 - 12467.

[20] Ma D, Cai Q. Copper/amino acid catalyzed cross-couplings of aryl and vinyl halides with nucleophiles. Acc Chem Res. 2008, 41 (11): 1450 - 1460.

[21] Chan A S C, Hu W, Pai C C, et al. Novel spiro phosphinite ligands and their application in homogeneous catalytic hydrogenation reactions. J Am Chem Soc, 1997, 119 (40): 9570 - 9571.

[22] Hu A G, Fu Y, Xie J H, et al. Monodentate chiral spiro phosphoramidites: Efficient ligands for rhodium-catalyzed enantioselective hydrogenation of enamides. Angew Chem Int Ed, 2002, 41 (13): 2348 - 2350.

[23] Xie J H, Wang L X, Zhu S F, et al. Synthesis of spiro diphosphine ligands and their application in asymmetric hydrogenation of ketones. J Am Chem Soc, 2003, 125 (15): 4404 - 4405.

[24] Xie J H, Zhou Q L. Chiral diphosphine and monodentate phosphorus ligands on $\alpha$

spiro scaffold for transition-metal-catalyzed asymmetric reactions. Acc Chem Res, 2008, 41 (5): 581 - 593

[25] Ding K L, Han Z B, Wang Z. Spiro skeletons: A class of privileged structure for chiral ligand design. Chem Asian J, 2009, 4 (1): 32 - 41.

[26] Han Z, Wang Z, Zhang X, et al. Spiro [4,4] -1,6-nonadiene-based phosphine-oxazoline ligands for iridium-catalyzed enantioselective hydrogenation of ketimines. Angew Chem Int Ed, 2009, 48 (29): 5345 - 5349.

[27] Wang X, Meng F, Wang Y, et al. Aromatic spiroketal bisphosphine ligands: Palladium-catalyzed asymmetric allylic amination of racemic Morita-Baylis-Hillman adducts. Angew Chem Int Ed, 2012, 51 (37): 9276 - 9282.

[28] Wu J, Chan A S C. P-Phos: A family of versatile and effective atropisomeric dipyridylphosphine ligands in asymmetric catalysis. Acc Chem Res, 2006, 39 (10): 711 - 720.

[29] Dai L X, Tu T, You S L, et al. Asymmetric catalysis with chiral ferrocene ligands. Acc Chem Res, 2003, 36 (9): 659 - 667.

[30] Zhou J, Tang Y. Sidearm effect: Improvement of the enantioselective excess in the asymmetric Michael addition of indoles to alkylidene malonates. J Am Chem Soc, 2002, 124 (31): 9030 - 9031.

[31] Wang Z Q, Feng C G, Xu M H, et al. Design of $C_2$-symmetric tetrahydropentalenes as new chiral diene ligands for highly enantioselective Rh-catalyzed arylation of *N*-tosylarylimines with arylboronic acids. J Am Chem Soc, 2007, 129 (17): 5336 - 5337.

[32] Liu X, Lin L, Feng X. Chiral *N*,*N*′-dioxides: New ligands and organocatalysts for catalytic asymmetric reactions. Acc Chem Res, 2011, 44 (8): 574 - 587.

[33] Li W, Wang J, Hu X, et al. Catalytic asymmetric Roskamp reaction of α-alkyl-α-diazoesters with aromatic aldehydes: Highly enantioselective synthesis of α-alkyl-β-keto esters. J Am Chem Soc, 2010, 132 (25): 8532 - 8533.

[34] Stephan B, Michelangelo S. Process for the preparation of (*R*)-2-phenyl propionic acid derivatives. Patent, WO 2011/018445 A2.

[35] Xie J H, Liu X Y, Xie J B, et al. An additional coordination group leads to extremely efficient chiral iridium catalysts for asymmetric hydrogenation of ketones. Angew Chem Int Ed, 2011, 50 (32): 7329 - 7332.

[36] Yan P C, Zhu G L, Xie J H, et al. Industrial scale-up of enantioselective hydrogenation for the asymmetric synthesis of rivastigmine. Org Process Res Dev, 2013, 17 (2): 307 - 312.

[37] Zhou Y G. Asymmetric hydrogenation of heteroaromatic compounds. Acc Chem Res, 2007, 40 (12): 1357 - 1366.

[38] Zhou H, Li Z, Wang Z, et al. Hydrogenation of quinolines using a recyclable

phosphine-free chiral cationic ruthenium catalyst: Enhancement of catalyst stability and selectivity in an ionic liquid. Angew Chem Int Ed, 2008, 47 (44): 8464－8467.

[39] Zhu S F, Zhou Q L. Transition-metal-catalyzed enantioselective heteroatom-hydrogen bond insertion reactions. Acc Chem Res, 2012, 45 (8): 1365－1377.

[40] Huang H, Guo X, Hu W. Efficient trapping of oxonium ylides with imines: A highly diastereoselective three-component reaction for the synthesis of $\beta$-amino-$\alpha$-hydroxyesters with quaternary stereocenters. Angew Chem Int Ed, 2007, 46 (8): 1337－1339.

[41] Yuan Y, Zhang X, Ding K L. Quasi solvent-free enantioselective carbonyl-ene reaction with extremely low catalyst loading. Angew Chem Int Ed, 2003, 42 (44): 5478－5480.

[42] Wang X W, Ding K L. Self-supported heterogeneous catalysts for enantioselective hydrogenation. J Am Chem Soc, 2004, 126 (34): 10524－10525.

[43] Yang H, Zhang L, Yang Q, Li C. Chiral catalysis in nanopores enhanced cooperative activation effect in the hydrolytic kinetic resolution of epoxides on [Co(salen)] catalysts confined in nanocages. Angew Chem Int Ed, 2007, 46 (36): 6861－6865.

[44] Tang Z, Yang Z H, Chen X H, et al. A highly efficient organocatalyst for direct Aldol reactions of aldehydes with ketones. J Am Chem Soc, 2005, 127 (25): 9285－9289.

[45] Yu J, Shi F, Gong L. Brønsted-acid-catalyzed asymmetric multicomponent reactions for the facile synthesis of highly enantioenriched structurally diverse nitrogenous heterocycles. Acc Chem Res, 2011, 44 (11): 1156－1171.

[46] Li J L, Yu T, Liu T Y, et al. Aminocatalytic asymmetric Diels-Alder reactions via HOMO activation. Acc Chem Res, 2012, 45 (9): 1491－1500.

[47] Luo S Z, Xu H, Li J Y, et al. A simple primary-tertiary diamine-Brønsted acid catalyst for asymmetric direct Aldol reactions of linear aliphatic ketones. J Am Chem Soc, 2007, 129 (11): 3074－3075.

[48] Liu J, Yang Z G, Wang Z, et al. Asymmetric direct Aldol reaction of functionalized ketones catalyzed by amine organocatalysts based on bispidine. J Am Chem Soc, 2008, 130 (17): 5654－5655.

[49] Wei Y, Shi M. Multifunctional chiral phosphine organocatalysts in catalytic asymmetric Morita-Baylis-Hillman and related reactions. Acc Chem Res, 2010, 43 (7): 1005－1018.

[50] Qian H S, Yu S H, Gong J Y, et al. High-quality luminescent tellurium nanowires of several nanometers in diameter and high aspect ratio synthesized by a poly (vinyl pyrrolidone) -assisted hydrothermal process. Langmuir, 2006, 22 (8): 3830－3835.

[51] Chen J, Cheng F Y. Combination of lightweight elements and nanostructured materials for batteries. Acc Chem Res, 2009, 42 (6): 713－723.

[52] Chen J, Xu L N, Li W Y, et al. $\alpha$-$Fe_2O_3$ nanotubes in gas sensor and lithium-ion

battery applications. Adv Mater，2005，17 (5)：582－586.

[53] Li W Y，Xu L N，Chen J. $Co_3O_4$ nanomaterials in lithium-ion batteries and gas sensors. Adv Funct Mater，2005，15 (5)：851－857.

[54] Zhou J，Tian G，Chen Y，et al. *In situ* controlled growth of $ZnIn_2S_4$ nanosheets on reduced graphene oxide for enhanced photocatalytic hydrogen production performance. Chem Commun，2013，49 (22)：2237－2239.

[55] Zhou W，Pan K，Qu Y，et al. Photodegradation of organic contamination in wastewaters by bonding $TiO_2$/single-walled carbon nanotube composites with enhanced photocatalytic activity. Chemosphere，2010，81 (5)：555－561.

[56] Jiang B，Tian C，Zhou W，et al. *In-situ* growth of $TiO_2$ in interlayers of expanded graphite for the fabrication of $TiO_2$-graphene with enhanced photocatalytic activity. Chem Eur J，2011，17 (30)：8379－8387.

[57] Jiang B，Tian C，Pan Q，et al. Enhanced photocatalytic activity and electron transfer mechanisms of graphene/$TiO_2$ with exposed {001} facets. J Phys Chem C，2011，115 (48)：23718－23725.

[58] Zhang Q，Tian C，Wu A，et al. A facile one-pot route for the controllable growth of the small size and well-dispersed ZnO particles on GO-derived graphene. J Mater Chem，2012，22 (23)：11778－11784.

[59] Jiang B，Wang Y，Wang J Q，et al. *In situ* fabrication of Ag/$Ag_3PO_4$/graphene triple heterostructure visible-light photocatalyst through graphene-assisted reduction strategy. Chem Cat Chem，2013，5 (6)：1359－1367.

[60] Xie S Y，Gao F，Lu X，et al. Capturing the labile fullerene [50] as $C_{50}Cl_{10}$. Science，2004，304 (5671)：699.

[61] Tan Y Z，Li J，Zhu F，et al. Chlorofullerenes featuring triple sequentially fused pentagons. Nat Chem，2010，2 (4)：269－273.

[62] Wang C R，Shi Z Q，Wan L J，et al. $C_{64}H_4$：Production，isolation，and structural characterizations of a stable unconventional fulleride. J Am Chem Soc，2006，128 (20)：6605－6610.

[63] Weng Q H，He Q，Liu T，et al. Simple combustion production and characterization of octahydro [60] fullerene with a non-IPR $C_{60}$ cage. J Am Chem Soc，2010，132 (43)：15093－15095.

[64] Gao Z Y，Jiang W S，Sun D，et al. Synthesis of $C_{3v}$-$C_{64}H_4$ using a low-pressure benzene/oxygen diffusion flame：Another pathway toward non-IPR fullerenes. Combust Flame，2010，157 (5)：966－969.

[65] Zhang Z M，Li Y G，Yao S，et al. Enantiomerically pure chiral {$Fe_{28}$} wheels. Angew Chem Int Ed，2009，48 (9)：1581－1584.

[66] Zhang Z M，Yao S，Li Y G，et al. Protein-sized chiral $Fe_{168}$ cages with NbO-type

topology. J Am Chem Soc，2009，131（41）：14600－14601.

[67] Li J S，Sang X J，Chen W L，et al. The application of ZnO nanoparticles containing polyoxometalates in dye-sensitized solar cells. Eur J Inorg Chem，2013（10-11）：1951－1959.

[68] Kong X J，Ren Y P，Chen W X，et al. A Four-shell，nesting doll-like 3d-4f cluster containing 108 metal ions. Angew Chem Int Ed，2008，47（13）：2398－2401.

[69] Peng J B，Ren Y P，Kong X J，et al. A 48-metal cluster exhibiting a large magnetocaloric effect. Angew Chem Int Ed，2011，50（45）：10649－10652.

[70] Peng Y，Wang X，Xiao Y，et al. i-motif quadruplex DNA-based biosensor for distinguishing single- and multiwalled carbon nanotubes. J Am Chem Soc，2009，131（38）：13813－13818.

[71] Zhang H，Yu H，Ren J，et al. Reversible B/Z-DNA transition under the low salt condition and non-B-form polydApolydT selectivity by a cubane-like europium-L-aspartic acid complex. Biophys J，2006，90（9）：3203－3207.

[72] Mao J，Zhang Y，Zhu J，et al. Molecular combo of photodynamic therapeutic agent silicon（Ⅳ）phthalocyanine and anticancer drug cisplatin. Chem Commun，2009（8）：908－910.

[73] Xue Z，Lin M，Zhu J，et al. Platinum（Ⅱ）compounds bearing bone-targeting group：Synthesis，crystal structure and antitumor activity. Chem Commun，2010，46（8）：1212－1214.

[74] Qian F，Zhang C，Zhang Y，et al. Visible light excitable $Zn^{2+}$ fluorescent sensor derived from an intramolecular charge transfer fluorophore and its *in vitro* and *in vivo* application. J Am Chem Soc，2009，131（4）：1460－1468.

[75] Wang B，Tu Y Q. Stereoselective construction of quaternary carbon stereocenters via a semipinacol rearrangement strategy. Acc Chem Res，2011，44（11）：1207－1222.

[76] Zhang X M，Tu Y Q，Zhang F M，et al. Total synthesis of（±）-alopecuridine and its biomimetic transformation into（±）-sieboldine A. Angew Chem Int Ed，2011，50（17）：3916－3919.

[77] Zuo Z，Xie W，Ma D. Total synthesis and absolute stereochemical assignment of（—）-communesin F. J Am Chem Soc，2010，132（38）：13226－13228.

[78] Yang J，Wu H，Shen L，et al. Total synthesis of（±）-communesin F. J Am Chem Soc，2007，129（45）：13794－13795.

[79] Shen L，Zhang M，Wu Y，et al. Efficient assembly of an indole alkaloid skeleton by cyclopropanation：Concise total synthesis of（±）-minfiensine. Angew Chem Int Ed，2008，47（19）：3618－1621.

[80] Zhang M，Huang X，Shen L，et al. Total synthesis of the *Akuammiline alkaloid*（±）-vincorine. J Am Chem Soc，2009，131（16）：6013－6020.

[81] Gong J, Lin G, Sun W, et al. Total synthesis of (±)maoecrystal V. J Am Chem Soc, 2010, 132 (47): 16745－16746.

[82] Xiao Q, Ren W W, Chen Z X, et al. Diastereoselective total synthesis of (±)-schindilactone A. Angew Chem Int Ed, 2011, 50 (32): 7373－7377.

[83] Hu P, Chen J, Deng J X, et al. Thermal expansion, ferroelectric and magnetic properties in $(1-x)$ $PbTiO_3-x Bi(Ni_{1/2}Ti_{1/2})O_3$. J Am Chem Soc, 2010, 132 (6): 1925－1928.

[84] Hu P H, Chen J, Yu Z Y, et al. High piezoelectric and mechanical performances in multiferroic $(1-x-y)$ $PbTiO_{3-x}Bi(Ni_{1/2}Ti_{1/2})O_{3-y}BiScO_3$. J Mater Chem, 2012, 22 (13): 6311－6315.

[85] 张洪杰，张明，李成宇，等．黄光余辉材料及其制备方法和使用它的 LED 照明装置．CN 2101705095B.

[86] Fu D W, Cai H L, Liu Y, et al. Diisopropylammonium bromide is a high-temperature molecular ferroelectric crystal. Science, 2013, 339 (6118): 425－428.

[87] Wang X, Li Y D. Selected-control hydrothermal synthesis of α- and β-$MnO_2$ single crystal nanowires. J Am Chem Soc, 2002, 124 (12): 2880－2881.

[88] Wang X, Zhuang J, Peng Q, et al. A general strategy for nanocrystal synthesis. Nature, 2005, 437 (7055): 121－124.

[89] Yi T, Gao S, Qi X, et al. Low temperature synthesis and magnetism of $La_{0.75}Ca_{0.25}MnO_3$ nanoparticles. J Phys Chem Solids, 2000, 61 (9): 1407－1413.

[90] Sun X, Zhang Y W, Si R, et al. Metal (Mn, Co, and Cu) oxide nanocrystals from simple formate precursors. Small, 2005, 1 (11): 1081－1086.

[91] Cheng F Y, Chen J, Gou X L, et al. High-power alkaline Zn-$MnO_2$ batteries using γ-$MnO_2$ nanowires/nanotubes and electrocatalytic zinc powder. Adv Mater, 2005, 17 (22): 2753－2756.

[92] Zhao Y, Li C G, Li F F, et al. One-step synthesis of highly water-dispersible $Mn_3O_4$ nanocrystals. Dalton Trans, 2011, 40 (3): 583－588.

[93] Yang Z H, Zhang Y C, Zhang W X, et al. Nanorods of manganese oxides: Synthesis, characterization and catalytic application. J Solid State Chem, 2006, 179 (3): 679－684.

[94] Li B X, Rong G X, Xie Y, et al. Low-temperature synthesis of α-$MnO_2$ hollow urchins and their application in rechargeable $Li^+$ batteries. Inorg Chem, 2006, 45 (16): 6404－6410.

[95] Li W, Yang J P, Wu Z X, et al. A versatile kinetics-controlled coating method to construct uniform porous $TiO_2$ shells for multifunctional core-shell structures. J Am Chem Soc, 2012, 134 (29): 11864－11867.

# 第二篇　合成方法

# 第四章 水热与溶剂热合成

冯守华　施　展

水热与溶剂热合成是合成化学的重要分支。通常条件下，水热合成指的是在一个密闭的反应器中，以水为溶剂，反应温度为100℃以上的反应。将这种定义扩展到溶剂热合成，就是使用封闭的反应器，反应温度高于溶剂的沸点（所有的压力都是自生压力，外界不提供任何压力）的反应就是溶剂热反应。水热合成最初从模拟地矿生成到沸石分子筛和其他晶体材料的合成已经历了上百年的历史。现如今，应用水热与溶剂热合成方法可以制备出各种先进材料，这些材料形态涵盖了从大单晶到超细粒子以及纳米粒子，且制备的材料的物理与化学性质也具有一些特异性。

水热与溶剂热合成是一个十分活跃的研究领域。2013年在美国召开了第三届国际水热与溶剂热协会（International Solvothermal & Hydrothermal Association Conference，ISHA），该会议是由已经举办八届的国际水热反应研讨会（International Symposium on Hydrothermal Reactions，ISHR）和七届的国际溶剂热研讨会（International Conference on Solvothermal Reactions，ICSR）合并而来。其中我国成功举办了ISHR2003和ISHA2010两届会议，说明我国是国际水热与溶剂热合成研究的中心之一。如果我们以“hydrothermal”为检索词，在Web of Science（Science Citation Index Expanded数据库）上检索2004～2013年近十年间发表的研究论文，达到50 088篇，其中我国发表论文22 405篇（含国际合作，占总论文数44.731%），排名世界第一（排名第二和第三的分别是美国和日本）；如果按照发表论文的单位排序，前十位的研究单位中我国占有8个席位（排名前三位分别为中国科学院、吉林大学和俄罗斯科学院）。这些数据表明了我国在水热与溶剂热合成领域取得的卓越成就及对推动该领域的快速发展作出了巨大的贡献。

水热与溶剂热合成研究工作近百年经久不衰并逐步演化出新的合成技术，

如微波辅助水热合成、磁场辅助水热合成、组合化学水热合成等。离子液体作为反应介质被引入，又诞生了离子热合成。这些合成技术的发展，已经广泛应用在材料的合成与制备，从整个领域来看其研究重点仍是合成新的化合物，开拓新的合成方法和建立新的合成理论。

## 第一节　水热与溶剂热合成法概述

### 一、水热与溶剂热合成发展历史

历史上，水热合成技术起源于地质学科。19 世纪中期，英国地质学家 Sir Roderick Murchison 第一次提出了“水热”这一术语。从这之后，大量的水热合成研究转向了新材料的合成、水热技术新方法的开发和反应机理的研究等方面。水热合成技术经历了以下几个里程碑式的发展[1]。

1845 年，K. F. E. Schafthaul 发表第一篇关于水热合成文章，成功地利用新鲜的硅酸在 Papin 蒸汽锅（Papin's digestor）中沉淀合成微小的石英晶体。根据这个研究，来自法国、德国、意大利的矿物学家开始合成其他的矿物质。尽管他们所合成出来的这些矿物质的尺寸还不能超越经过了成千上万年磨炼形成的晶体和矿物质，但是他们的主要目的是在实验室中创造和模仿在地壳中存在的自然条件。早期研究水热合成仅仅是合成特定的矿物质或者是类似天然矿物质的化合物（如石英和长石这类稳定存在的矿物质），并没有系统的研究相位关系或地球内部化学。

1848 年，Busen 描述了使用厚壁玻璃（或气压计）管进行实验，这种方法由于在溶液中可以非常容易达到 100～150bar① 且没有危险而被使用。利用这种方法，通过冷却氨溶液从 200℃，15bar 到室温的过程，得到了毫米级的长针状的 $BaCO_3$ 和 $SrCO_3$。这一实验作为可视化水热合成的先行者，直到今天仍具有重大的意义。

1851 年，de Senarmont 利用玻璃安瓶作为反应器，将其放到高压釜中以避免爆炸，通常这种高压釜都是用枪筒做成的，它可以加热到发红。虽然这种方法在实际应用中存在很多障碍，利用这种方法还合成出大量的氧化物、碳酸盐、氟化物、硫酸盐和硫化物等矿物质，这当中包括在现代固体物理中扮演重要角色的硫砷银矿 $Ag_3AsS_3$。在接下来的几十年里，这一方法被广泛

① bar 为非法定单位，1bar＝$10^5$Pa。

应用。直到1900年，大概有150多种矿物质是通过这种方法合成出来的。这种方法的优点是他们运用封闭的玻璃安瓶在高压釜中以防止其爆炸，随后科学家将这种制备方法从中性溶液转移到酸性溶液，这对反应装置的要求变得更加严苛，要求其具有耐腐蚀、热稳定等性质。根据这一需求，Morey在1914年提出了一种“封闭”的反应装置，随后von Chrustschoff在其基础上提出利用不含铁的金属或者是贵金属（也可以在反应釜的表面镀上一层贵金属）来制备反应釜。除了Morey原则，“冷封闭”技术在今天是一种新的标准，但是由于这种技术对于高压和高温的要求，它只有在专门的实验室中才能够被用到。为了得到更好的材料，如生长大的晶体样品，许多特殊的技术被开发出来。直到第二次世界大战开始，水热合成技术研究的中心转移到德国、奥地利、日本和美国，也由早期的只在地质学中研究转向了其他学科的研究。

随着水热合成技术的发展，溶剂热合成也受到了科学工作者的广泛关注。在20世纪90年代初期，非水溶剂的使用得到了广泛的发展，使用不同溶剂的名称命名的反应，如氨热法、醇热法等都得到了发展，后来Demazeau和他的同事提出了“溶剂热”一词作为通用的名称包括了所有的溶剂。在过去的20年中，溶剂热反应在不同的科学领域都取得了巨大的进步，因而溶剂热合成的使用和开发备受广大科学工作者的关注。

在我国，无机合成科学工作者对水热与溶剂热合成方法也做了系统且全面的研究。20世纪80年代，我国的科学工作者将水热合成方法应用于沸石分子筛的晶化。例如，徐如人研究团队将醇热法应用于沸石的晶化，随后又将其推广到具有多维或低维骨架磷酸铝、磷酸镓等的合成，得到了包括具有超大孔径的微孔磷酸铝JDF-20在内的大量的新型开放骨架化合物，在国际上，该研究团队在硅铝酸盐、磷酸铝、磷酸镓三大主要微孔晶体溶剂热合成方面处于全面领先地位；在我国另一项溶剂热合成的代表性研究成果是钱逸泰研究组用非极性的苯热法在300℃左右制成了粒度达30nm的氮化镓纳米晶体，观察到之前只有在超高压下才会出现的亚稳的立方岩相。在这些丰硕成果的带动下，我国的很多研究团队都将水热与溶剂热合成作为重要的科学研究手段，并将其推广到无机功能材料、特种组成与结构的无机化合物以及特殊的凝聚态材料（如纳米态、非晶态、无机膜、单晶等）的合成过程中。我国无机合成工作者对水热与溶剂热合成大量成功的和系统深入的研究表明，其在水热与溶剂热合成化学的进步与发展作出了比较全面和系统的贡献，在该领域占有重要的位置。

## 二、水热与溶剂热合成法合成技术和方法

由于水热与溶剂热合成的反应条件需要在一定压强下进行，并与酸碱等强腐蚀性介质直接接触，所以反应通常是在特定的高压反应釜中进行的[2]。高压反应釜一般用特种不锈钢材料制成，釜内衬为化学惰性材料，如 Pt、Au 等贵金属、聚四氟乙烯或其他耐热、耐压、耐侵蚀材料。常见的反应釜按照加热方式有外热式高压反应釜、内热式高压反应釜；按密封方式有自紧式高压反应釜、外紧式高压反应釜；按压强的产生方式有内压釜和外压釜等。

此外，对于反应压力、温度要求不高的反应，有时也可采用玻璃或石英反应装置。其操作过程是：将玻璃管一端加热熔封，冷却后装入反应混合液，然后将装有反应液的玻璃管部分浸入液氮中冷却，边抽真空边用高温火焰封住玻璃管开口端，封管后即可开始加热反应，反应结束冷却，切断玻璃管取出反应产物。

水热与溶剂热合成方法是一类特殊的合成技术，其反应控制系统对安全实验特别重要。通常温度、压力和系统的密闭性是影响实验的结果的关键性因素。填充度是指反应混合物占密闭反应釜空间的体积分数，它直接涉及实验安全以及合成实验的成败。水的临界温度是 374℃，在此温度下水的密度是 $0.33g/cm^3$，这意味着 30%的填充度在临界温度下实际上就是气体。压力通过增加分子间的碰撞而加快反应，同时还可以改变热力学的化学平衡方向。实验时，既要保持反应物处于液相传质状态，又要避免填充度过大而使反应压力过高，通常填充度控制在 60%～80%为宜，80%以上的填充度，在 240℃条件下压力会有突变。在水热与溶剂热合成过程中，还应考虑其他一些实验条件的影响，如反应的时间、原料的添加比例、缓冲剂的用量等因素的变化对最终产物性质的影响，结合各种表征手段对产物的表征，最后确定实验的最佳条件。

水热与溶剂热合成方法发展多年，已经有一套自身完整的合成步骤，其主要合成顺序为：选择反应物料和反应介质；确定物料的配比，优化配料比；混料搅拌；装釜，封釜，加压；确定反应温度、压力、时间等条件；取釜，冷却；开釜，取样；过滤干燥；观察晶貌与粒度分布；利用相关仪器进行物相表征分析。

## 三、水热与溶剂热合成方法的特点

随着水热与溶剂热合成化学研究的深入，水热与溶剂热合成反应已有多

种类型。基于这些反应而发展的水热与溶剂热合成方法与技术具有其他合成方法无法替代的特点。应用水热与溶剂热合成方法可以制备大多数技术领域的材料和晶体，而且制备的材料和晶体的物理与化学性质也具有其本身的特异性和优良性，因此已显示出广阔的发展前景。在水热与溶剂热合成体系中，水或其他溶剂处于临界或超临界状态，反应物在溶剂中的物理性质和化学性能如密度、介电常数和离子积等都会发生变化，促使反应物的活性提高。水热与溶剂热合成方法具有可操作性和可调变性，促进了合成化学和合成材料的物理性质之间的结合。

水热与溶剂热合成化学的特点可总结如下[3]：

(1) 在水热与溶剂热条件下，反应物的反应性能发生改变、反应活性提高，水热与溶剂热合成方法可代替一些难以进行的合成反应，并产生一系列新的、有效的合成方法。

(2) 在水热与溶剂热条件下，溶液黏度下降，扩散和传质过程加快，而反应温度大大低于高温反应，水热与溶剂热合成可以代替某些高温固相反应。

(3) 水热与溶剂热合成方法能适合于低熔点化合物、高蒸气压材料、在常温常压下不溶于各种溶剂或溶解后易分解、熔融前后易分解的化合物在水热与溶剂热低温条件下晶化生成。

(4) 在水热与溶剂热条件下，易于生成中间态、介稳态等特殊物相，因此水热与溶剂热方法有利于合成与开发一系列特种介稳结构、特种凝聚态的新化合物。

(5) 水热与溶剂热合成具有低温、等压条件，适合于生长缺陷少、取向好、完美的晶体，并且易于控制产物晶体的粒度。

(6) 水热与溶剂热反应在密闭的体系中进行，易于调节环境气氛，因而有利于特殊价态化合物和均匀掺杂化合物的生成。

水热与溶剂热合成化学当然也存在一些自身的缺点，研究人员经常把水热与溶剂热的合成过程比喻成“黑箱子”，其反应过程及其机理研究还有待进一步深入；另外由于反应周期较长以及高温高压条件对生产设备也带来挑战，影响了其在工业生产中的大规模应用。

## 第二节　水热与溶剂热在合成化学中的应用

在亚临界和超临界水热与溶剂热条件下，由于反应处于分子水平，反应性提高，因而水热与溶剂热反应可以替代某些高温固相反应。又由于水热与溶剂热反应的均相成核及非均相成核机理与固相反应的扩散机制不同，因而可以创造出其他方法无法制备的新化合物和新材料。一系列温和与高温高压水热与溶剂热反应的开拓及其在此基础上开发出来的水热与溶剂热合成路线，已成为目前获取多数无机功能材料和特种组成与结构的无机化合物的重要途径。水热与溶剂热合成方法已经从最初的矿物学家在实验室研究超临界条件下矿物的形成过程，发展到被化学家广泛应用于新材料、新物质的合成与制备以及废物的处理等领域。

## 一、水热与溶剂热合成在大单晶合成中的应用

水热与溶剂热技术是历史悠久且有效的人工晶体制备与生长方法，其最早起源于19世纪地球化学工作者与矿物学家为认识天然矿物与宝石的形成方式与过程而进行的研究工作。到目前为止，科研人员在水热晶体生长动力学与热力学研究领域已经进行了大量细致的工作，水热晶体生长的基本理论体系已经比较成熟。一般来讲，水热与溶剂热条件下晶体材料的形成与生长过程为：少量反应前驱体首先在液相或液固界面上产生微小的聚集体，形成不稳定的微小晶核，其中一些微小晶核生长为能够进一步自发生长的稳定晶核，更多的反应原料自发地沉积到这些稳定晶核的表面，最终形成较大的微晶或雏晶。与传统的常温饱和溶液晶体生长方法相比，水热晶体生长方法具有明显的优势。在传统的常温饱和溶液晶体生长过程中，反应原料均应具有较高的溶解度，否则晶体生长将面临非常严重的溶质扩散问题；然而，由于水热条件下水或有机溶剂等水热介质的黏度比室温条件下明显降低、溶质扩散显著加快，因此水热条件下晶体的生长速度会更快，同时低溶解度的反应原料可以用于晶体生长。水热晶体生长方法与熔融法或气相输运法等经典晶体生长方法相比，具有如下特点：①晶体生长温度相比熔融法等低，适合生长熔点较高的晶体材料，同时可获得其他方法难以得到的低温同质异构体；②晶体生长在密闭体系中进行，能够有效调控反应体系的氧化还原状态，可以生长其他方法难以合成的某些具有特殊价态、特殊结构或介稳态晶体材料；③晶体生长处于恒温等浓度状态，获得的晶体材料具有化学纯度高、热内应力小、结构缺陷少、光学均匀性好及结晶完好等特点。

无论在自然界的作用下还是在实验室的人工合成中，水热与溶剂热技术均已经广泛地被证明可以用于几乎所有无机晶体材料的制备与生长，如元素单质晶体、氧化物、硅酸盐、磷酸盐、硫属元素化合物、卤化物、锗酸盐、

碳酸盐等。水热技术用于人工制备与生长晶体的最典型成功例证是已经投入商业化生产的具有压电性能的$\alpha$-石英晶体。实际上，水热技术是有效制备与生长$\alpha$-石英晶体的唯一方法，原因在于：由于反应物质溶解度及扩散等因素的限制，$\alpha$-石英晶体无法利用常温饱和溶液晶体生长方法进行制备与生长；由于二氧化硅熔体具有非常高的黏性，其熔融冷却后易于形成玻璃而不是石英，因此$\alpha$-石英晶体也无法利用熔融法或助熔剂法进行制备与生长。在水热条件下，尽管反应原料的溶解度较低，但是$\alpha$-石英晶体依然可以以每天2mm的生长率进行生长，而且不存在严重的缺陷或枝晶现象。

近20年来，随着科学技术的飞速发展，对人工晶体材料的需求与要求越来越高，水热技术由于其制备与生长的晶体材料结晶完好、均匀性高而越来越受到科研工作者的关注，并且广泛应用到多种类型的功能性人工晶体材料的制备与生长领域[4]。

无机金属磷酸盐、硼酸盐、硅酸盐等晶体材料在光学研究领域具有重要的作用，世界各国的科研工作者近年来一直致力于利用水热技术制备与生长高质量的光学晶体材料。$KTiOPO_4$（简称KTP）晶体是性能优异的非线性光学材料，杜邦公司的Zumsteg等于1976年首先利用水热技术生长了第一块KTP体单晶材料[5]，随后贝尔实验室的Laudise及其合作者于20世纪80～90年代系统地研究了水热技术制备与生长KTP晶体材料的影响因素，发展出目前最通行的制备方法[6,7]，为水热技术生长KTP晶体材料作出了卓越的贡献。非心结构无机硼酸盐是另一类重要的二阶非线性光学材料，美国克莱姆森大学（Clemson University）Kolis小组近些年来在水热制备与生长此类材料方面做了系列的研究工作。2003年，该小组利用镧系氧化物与三氧化二硼等原料通过水热技术生长了一系列无机金属硼酸盐[8]，其中$YBO_3$与$GdBO_3$晶体样品为尺寸可达6mm×6mm×1mm的六方片状，而$LaBO_3$和$PrBO_3$晶体样品为尺寸可达4mm×1mm×1mm的柱状。2008年，该小组利用水热技术生长了一系列具有优良二阶非线性光学性能的硼酸盐$ABe_2BO_3F_2$（ABBF，A＝K，Rb，Cs，Tl）[9]，其中$RbBe_2BO_3F_2$晶体的尺寸可达7mm×7mm×5mm，具有较好的二阶非线性光学性能、优良的晶体形态及较快的生长速度；他们通过调变生长温度、热梯度及矿化剂浓度等因素优化了晶体生长条件，发现这些晶体样品可以在很宽的温度范围内（390～560℃）生长，但最佳的生长条件为390～450℃与20℃的生长温度梯度。同年，该小组又利用水热技术生长了尺寸可达$1cm^3$的具有非心结构的四方相偏硼酸锂$\gamma$-$LiBO_2$[10]。非心结构的硅酸盐晶体材料也是一类重要的二阶非线性光学材料，莫斯科大学的 Leonyuk 等于 2003 年利用水热技术在生长温度为 310～450℃及生长温度梯度为 65℃的条件下生长了厚度可达 10mm 的高质量闪铋矿结构晶体材料 $Bi_4Si_3O_{12}$（BSO）与 $Bi_4Ge_3O_{12}$（BGO）[11]，德国 Bekker 等于 2005 年利用外部辅助旋转加热场的水热技术生长了光学均匀性较好的绿宝石晶体 $Be_3Al_2[Si_6O_{18}]$[12]，美国克莱姆森大学 Kolis 小组于 2010 年利用水热技术在 575℃条件下生长了尺寸达 5mm 的非心结构钡钛硅石晶体 $Ba_2TiSi_2O_8$[13]。

无机氧化物晶体材料具有多样性的光学及电磁学性能，在众多领域均有重要的应用，此类材料的高质量、大尺寸单晶样品的制备与生长一直是近十几年来科研工作者广泛关注的热点与重点。除去 $\alpha$-石英晶体外，ZnO 单晶的水热制备与生长是科研工作者探索最深入的材料体系之一[14]。贝尔实验室的 Laudise 及其合作者早期做了许多有益的工作，近十几年来科研工作者主要关注于 ZnO 晶体生长条件的优化以及大尺寸、结晶完美、光学均匀性好的 ZnO 体单晶材料的生长。2004 年，日本东北大学 Ohshima 与日本电波公司（Tokyo Denpa Co.，Ltd.）合作利用水热技术在密封铂反应器中生长了尺寸达 50mm×50mm×15mm 的高质量 ZnO 体单晶材料，该方法目前已应用于工业生产[15]，随后日本电波公司与东北大学 Ehrentraut 合作再次利用溶剂热技术于 2006 年生长了直径达 75mm 的高质量 ZnO 体单晶材料[16]。高熔点的原钒酸盐具有较高的热稳定性及导热率，是性能优异的固体激光晶体材料，近年来科研工作者利用水热技术生长了一些高质量的晶体样品。印度的 Byrappa 等于 2007 年利用中温水热技术在 240℃下制备与生长了尺寸达 4mm 的 Nd：$YVO_4$、Nd：$GdVO_4$单晶材料[17]，美国克莱姆森大学 Kolis 等于 2008 年利用水热技术在 375～500℃条件下生长了 $YVO_4$单晶及尺寸达 15mm×15mm×7mm 的 Nd：$YVO_4$单晶[18]。除上述氧化物晶体材料外，在高能激光领域拥有重要应用前景的镧系稀土氧化物体单晶材料的水热制备与生长近年来也受到了科研工作者的重视。美国克莱姆森大学 Kolis 小组在这方面做了系统性的研究工作，他们近年来合成了 $Sc_2O_3$，$HfO_2$，$Lu_2O_3$，Er：$Sc_2O_3$，Nd：$HfO_2$，Y：$HfO_2$，Ho：$HfO_2$，Er：$HfO_2$，Er：$Lu_2O_3$，Yb：$Lu_2O_3$等一系列高质量的单晶材料[19-21]。

一直以来，我国的水热晶体制备与生长研究结果及学术成果在国际上占有重要的地位，特别是在可见、紫外及深紫外波段非线性光学晶体的生长研究领域具有重要影响，受到各国学者的广泛关注。近十几年来，随着国内科研工作者科学研究水平的不断提高，我国的水热晶体制备与生长研究工作又取得了可喜的进展[22]。

2006 年，桂林矿产地质研究院有限公司张昌龙等与中国科学院福建物质结构研究所、中国科学院理化技术研究所合作，利用水热技术通过引入特殊工艺制备的高纯原料生长出尺寸为 14mm × 28mm × 17mm 的 $KTiOPO_4$ (KTP) 晶体[23]。2008 年，张昌龙等又生长出尺寸为 26mm×83mm×25mm 的 $KTiOPO_4$ (KTP) 晶体，该单晶样品重约 132g[24]。

2006 年，中国科学院福建物质结构研究所叶宁等利用水热技术生长出尺寸为 12mm×10mm×6mm 的 $KBe_2(BO_3)F_2$(KBBF) 单晶[25]。2008 年，中国科学院福建物质结构研究所唐鼎元等利用水热技术生长出厚度达到 10mm 以上的 $KBe_2(BO_3)F_2$(KBBF) 单晶，并应用负离子多面体模型阐述了晶体的生长机制与形状特征。相比熔盐法制备 KBBF 单晶存在的晶体厚度难于长厚的弊端，他们利用水热法成功解决了这一问题，满足了按相位匹配方向切割成倍频器件的要求[26]。2011 年，桂林矿产地质研究院有限公司张昌龙等与中国科学院理化技术研究所合作，利用水热技术通过以 KOH 为矿化剂控制晶体的自发成核生长出尺寸为 21.7mm×17.9mm×5mm 的 $KBe_2(BO_3)F_2$(KBBF) 单晶[27]。

2005 年，中国科学技术大学钱逸泰等利用水热技术，通过压力释放氧化的方法于 400℃下制备了长度为 1mm 的 ZnO 大单晶，并通过调节反应时间与压力释放速度等反应条件实现了对 ZnO 晶体形貌的调控[28]。2008 年，桂林矿产地质研究院有限公司张昌龙等与中国科学院上海光学精密机械研究所、南京大学合作，利用水热技术通过以 KOH 与 LiOH 混合溶液为矿化剂及以 $H_2O_2$ 为氧化剂生长出来尺寸为 30mm×38mm×8mm 的 ZnO 单晶[29]。2009 年，中国科学院福建物质结构研究所黄丰等利用水热技术制备了具有高载流子迁移率的 ZnO 单晶，单晶平均尺寸为 30mm×25mm×5mm，单晶载流子浓度可达到 $4.09\times10^{16}cm^{-3}$。相比传统 ZnO 单晶，他们生长出的 ZnO 单晶在常温的载流子迁移率已接近理论值[30]。

除上述结果外，2004 年，山东大学崔得良等利用水热原位相选择法制备出立方相氮化硼单晶，单晶尺寸可达 0.5mm，他们开发的新方法解决了传统水热与溶剂热技术制备出的氮化硼晶体相态不均一的问题[31]。2005 年，中国科学院上海光学精密机械研究所杭寅、宋词等利用水热技术生长了 $Al_2O_3$/Ti：$Al_2O_3$ 复合激光晶体材料，晶体尺寸为 6mm × 6mm × 15mm[32]。2011 年，中国科学院福建物质结构研究所毛江高等利用水热技术制备了 $\alpha-KVO_2(IO_3)_2(H_2O)$、$\beta-KVO_2(IO_3)_2(H_2O)$、$K_4[(VO)(IO_3)_5]_2(HIO_3)(H_2O)_2\cdot H_2O$ 以及 $K(VO)_2O_2(IO_3)_3$ 等单晶体，其中 $\beta-KVO_2(IO_3)_2(H_2O)$ 晶体的尺寸为 6mm×4mm×2mm，$K(VO)_2O_2(IO_3)_3$ 晶体的尺寸为 7mm×4mm×4mm。他们制备的 $K(VO)_2O_2(IO_3)_3$ 单晶具有较高的二阶非线性光学响应特征，其强度为 KTP 的 3.6 倍[33]。2012 年，中国科学院理化技术研究所胡章贵等利用水热技术生长了尺寸约为 5mm×2mm×1mm 的非心结构 $K_4Gd_2(Co_3)_3F_4$ 晶体，其二阶非线性光学效应约为 KDP 的 3.5 倍[34]。

随着科学技术的快速发展，社会对晶体材料的需求越来越多，要求也越来越高。水热技术作为制备与生长单晶材料的一种重要方法，具有生产成本低、生长的晶体化学纯度高、热内应力小、结构缺陷少、光学均匀性好及结晶完好等特点，因此越来越显示出其自身的优势，展示出广阔的发展前景。基于晶体材料应用的需要，我们认为科研工作者在今后进行水热晶体制备与生长的研究工作中应注重以下内容：①开发新型功能材料的制备与生长，拓宽应用领域范围；②探索优化晶体材料的制备与生长条件，加快生长速度、增加晶体尺寸、提高晶体质量、控制晶体定向生长；③开发制备纳米晶体及纳米材料并开展应用研究；④研究用水热技术制备与生长薄膜晶体材料；⑤促进水热技术制备与生长晶体材料的产业化发展。

## 二、水热与溶剂热合成在分子筛合成中的应用

传统的沸石分子筛是典型的介稳微孔晶体材料，这类材料具有分子尺寸、周期性排布的孔道结构，其孔道及孔壁性质等多种因素为它们提供了各种可能的功能。截止到目前，国际分子筛协会（IZA）结构委员会网站上最新收集并公布的分子筛骨架结构类型共有 206 种，水热与溶剂热合成技术是制备所有沸石分子筛最经典与适宜的方法。

利用水热合成技术制备沸石分子筛最早起源于 20 世纪 40 年代，Barrer 与 Sameshima 等模拟天然沸石的生成环境在加热的碱与硅酸盐溶液中制备了首批低硅铝比的沸石分子筛。自此，大批科研工作者致力于利用中温或高温水热合成技术制备新型沸石筛的研究工作。20 世纪 60 年代，Barrer 和 Denny 等创造性地将有机胺及季铵盐作为模板剂引入分子筛的水热合成中，开启了水热合成方法制备富硅分子筛的大门。水热合成分子筛的另一个里程碑式进展是美国 UCC 公司的 Wilson 与 Flanigen 于 1982 年成功地制备了一个全新的分子筛体系-磷酸铝分子筛 $AlPO_4-n$。近 20 年来，随着研究工作的深入，对磷酸铝分子筛 $AlPO_4-n$ 的水热合成研究已经逐步演化为对更为广泛的开放骨架结构化合物的水热与溶剂热制备研究。到目前为止，科研工作者利用水热或溶剂热合成技术已经制备了数百种类型的开放骨架结构化合物，该

类物质的骨架元素异常丰富，几乎涵盖了元素周期表中所有的主族元素及过渡金属元素。开放骨架结构化合物的结构不同于经典分子筛结构，它们通常呈现出三维骨架结构、二维层状结构、一维链状结构及孤立的分子/离子团簇结构等丰富的结构类型，极大地丰富了微孔材料的组成化学与结构化学。

我国在水热与溶剂热合成分子筛及开放骨架结构化合物等方面的研究成果在国际上一直占有重要的地位，受到各国学者的广泛关注。近十几年来，随着国内科学研究水平的不断提高，我国在水热与溶剂热合成分子筛及其衍生物方面的研究工作又取得了可喜的成绩。

沸石分子筛及其相关微孔晶体材料的合成机理是无机合成化学中一个非常重要的科学问题。尽管许多科研工作者在系统研究分子筛的制备后提出了一些关于分子筛成核及晶体生长的可能机理，甚至描述了从不稳定的微小晶核的生成与消融直至较大的稳定的晶体的形成过程，但是由于水热晶化过程的复杂性，分子筛的生成过程及其详细机理的研究仍然是具有挑战性的任务。近几年来，中国科学院大连化学物理研究所李灿研究组发展了一种非常有效的表征分子筛水热合成机理的原位技术手段，在分子筛的水热合成机理研究方面取得了重要的进展。该研究组利用紫外拉曼以及共振拉曼光谱技术可以避免荧光与增加灵敏度的特点，通过自行设计制造的可用于原位研究水热合成反应过程的原位紫外拉曼光谱池，对 X 型分子筛、Fe-ZSM-5、AlPO-5 等数种典型的分子筛的水热合成过程进行了原位拉曼光谱研究[35,36]。他们的研究结果表明，紫外拉曼光谱可以非常灵敏地检测出水热合成反应中合成前驱体、中间物以及分子筛晶体的生长过程，这对于了解与明晰水热合成中分子筛的形成过程以及详细机理具有重要推动作用。

尽管到目前为止，科研人员已经利用水热技术合成了众多的分子筛及相关微孔材料，但如何合理设计相关微孔材料的结构以及利用水热技术定向合成具有特殊结构与性能的微孔材料仍具有非常重要的意义。近 10 年来，吉林大学徐如人和于吉红研究组在合理设计与定向合成分子筛及相关微孔材料方面做了非常出色的工作[37,38]。他们在大量合成及结构化学研究基础上，开发了一些定向设计合成具有特殊孔道结构的实验方法以及理论途径。在分子筛结构的定向设计方面，开发了设计具有特定孔道结构的高效计算机方法，通过该方法可以定向地设计具有超大孔、交叉孔道以及手性孔道等结构。在大量实验基础上，他们建立了分子筛假想结构数据库、磷酸铝结构数据库以及磷酸铝合成反应数据库等，这些数据库对定向合成具有特殊孔道结构的分子筛及相关微孔材料具有重要的指导意义。关于微孔晶体定向合成方面，他们提出了三条定向合成的路线，即模板指导的定向合成路线，结构基块构筑的定向合成路线以及数据挖掘辅助定向合成的路线。尤其是他们提出了计算机模拟与组合化学相结合的指导定向合成的途径，已成功地运用在磷酸铝分子筛 $AlPO_4$-21 的定向合成中。除上述工作外，该研究组在手性孔道微孔晶体材料和超大孔道微孔晶体材料的设计合成以及高通量水热组合化学等方面也进行了深入系统的研究。

沸石分子筛由于其结构与性能上的显著特点，已被广泛应用于吸附、离子交换及催化等领域。由于传统分子筛结构中有限尺寸的孔径限制了较大的分子进出其孔洞而极大地限制了其实际应用的范围，因此制备具有更大孔径的分子筛成为科研工作者一直追求的目标。随着 VPI、Cloverite 和 JDF-20 等大孔径分子筛的合成报道及一系列新型类沸石开放骨架材料的产生，研究人员的兴趣已经由微孔向中孔、大孔及超大孔材料转移。近十年来，我国的科研工作者在分子筛及类分子筛开放骨架材料的造孔合成化学方面取得了丰硕的成果，利用水热与溶剂热技术制备了多个具有超大孔径的类分子筛材料。2005 年，中国科学院福建物质结构研究所杨国昱等利用混合溶剂热技术合成了最大孔径为 24 元环的锗酸盐 FJ-1 [39]；2006 年，吉林大学于吉红等利用水热技术合成了最大孔径为 24 元环的亚磷酸锌 ZnHPO-CJ1 [40]；2007 年，清华大学王素兰等用水热法合成了最大孔径为 26 元环的双金属磷酸盐 NTHU-5 [41]；2007 年，南开大学李牛及项寿鹤等水热制备了最大孔径为 24 元环的多金属亚磷酸盐 Cr-NKU-24 [42]；2009 年，吉林大学于吉红等利用混合溶剂热技术制备了最大孔径为 30 元环的锗酸盐 JLG-12 [43]；2013 年，清华大学王素兰等用水热法合成了最大孔径分别为 24 元环、28 元环、40 元环、48 元环、56 元环、64 元环、72 元环的系列锌镓双金属亚磷酸盐 NTHU-13 [44]。

由于实际应用的需求，近年来科研工作者一直致力于特殊形态分子筛及类分子筛材料的合成与制备研究工作，其中分子筛纳米晶及分子筛膜等材料的合成与制备研究工作得到了长足的发展。我国科研工作者在分子筛纳米晶及分子筛膜等材料的水热制备等方面的研究工作也取得了一些有意义的成果，合成与制备了具有多种形貌及应用性能的分子筛纳米材料与分子筛膜[45-49]。

## 三、水热与溶剂热合成在金属有机骨架材料合成中的应用

金属有机骨架（metal-organic framework，MOF）材料，也称配位聚合物（coordination polymer），是由金属离子或多核单元与有机配体分子通过配位作用自组装形成的多维骨架结构材料。由于金属有机骨架材料具有高度发

达的孔道及孔洞结构、超大的比表面积，同时金属离子与有机配体种类以及配位方式的多样性等特点使得此类材料具有多变的结构以及丰富的功能性质（如电学、磁学、光学、催化等）。通过对已合成的金属有机骨架材料进行后修饰，可以获得结构、性能更加多样的新材料。这些新材料在氢气存储、气体吸附与分离、非均相催化、质子传导、药物缓释、荧光传感等领域具有广泛的应用前景。

金属有机骨架材料的最经典、最传统的晶体生长方法为室温溶剂挥发法。除了传统的溶剂挥发法外，目前已经出现的金属有机骨架材料的合成方法主要有：水热与溶剂热合成法、升华法、微波法、分层扩散法、回流法、冷冻法、凝胶扩散法、组合化学合成法、电化学合成法等，其中水热与溶剂热合成方法是目前合成金属有机骨架材料的最主要方法之一。传统溶剂挥发法主要是在常规条件下（常温或一般加热、常压等）进行的溶液反应，所用的反应物质必须在水或有机溶剂中具有一定的溶解度。但是实验表明，许多反应物质在常规条件下非常难溶或极少溶于水或有机溶剂中，某些反应物接触后会立即生成不溶于水或有机溶剂的固体沉淀物，从而很难得到理想的晶态产物。如何选择合适的技术来制备这些化合物就成为科研工作者面临的一个重要科学问题。水热与溶剂热技术利用高温高压的水或有机溶剂使得这些在常温常压下难溶或不溶的化合物的溶解度增加、反应速率加快，在很大程度上解决了反应物不溶解的问题。水热与溶剂热合成技术的这些特点引起了科研工作者的广泛关注，同时这一方法已经在实验室合成与制备金属有机骨架材料中得到广泛应用。

水热与溶剂热技术合成与制备金属有机骨架材料是利用有机配体与金属离子在水或有机溶剂中于适当的温度和自生压力下发生配位反应，通行的方法是将无机前驱体与有机配体分子、去离子水或乙醇等有机溶剂混合后放入密封容器中，再加热到一定的温度（80～250℃），于自生压力（可高达 $1\times10^3$ kPa）下反应。近几年国内许多高等院校与科研院所的研究组应用水热或溶剂热合成技术制备了数目众多、性能优异的金属有机骨架材料，取得了丰富的成果。中山大学陈小明研究组在水热与溶剂热制备金属有机骨架材料研究领域进行了深入的工作，他们利用多种尺寸、长度及形状的咪唑类、羧酸类及吡啶类有机配体分子与过渡金属离子合成了数目众多的金属有机骨架材料，这些材料具有非常丰富的结构化学特征，其中许多材料表现出优异的气体吸附与分离、催化、光学、电磁学性能[50,51]。大连理工大学段春迎等通过溶剂热合成技术利用简单的过渡金属无机盐与三齿有机配体分子制备了具有光学活性特征的手性金属有机骨架化合物 Zn-PYI1 和 Zn-PYI2，这些材料可用于进行光催化的有机醛类分子的不对称 $\alpha$-烷基化反应[52]。中国科学院福建物质结构研究所张健等利用溶剂热合成技术，由 $Cu_4I_4$单元与 DABCO 分子构建了一个卤化亚铜基金属有机骨架材料 COZ-1。该材料为巨大孔材料，结构中最大孔洞的直径达到 2.6nm，单个孔洞的体积达到 $9.2nm^3$，该材料展示出了优异的吸附及光致发光性能[53]。吉林大学裘式纶等合成了 JUC-48・Rh6G，该化合物是利用 $Cd(NO_3)_2 \cdot 4H_2O$、1，4-联苯二甲酸、三乙胺以及二甲基甲酰胺为溶剂得到，然后将 JUC-48 晶体浸泡在罗丹明 G6 的乙醇溶液中 36h。该化合物具有良好的荧光性质，荧光发射强度与温度相关的研究结果表明 JUC-48・Rh6G 可能在温度检测方面得到应用[54]。中国科学院福建物质结构研究所洪茂椿等合成了 $Zn_6(btb)_4(4,4-bipy)_3-(dmf)_{55}(H_2O)_{32}$，该化合物是利用 $Zn(ClO_4)_2 \cdot 6H_2O$、$H_3BTB$（benzene-1，3，5-tribenzoate）、4，4′-bipy 和四氟硼酸以及 DMF 作为溶剂通过溶剂热反应得到，该化合物对氢气和甲烷等气体具有较好的吸附性质[55]。利用水热与溶剂热技术合成与制备金属有机骨架材料目前已经有许多报道，部分材料表现出良好的物理化学性质。国内中山大学、吉林大学、南京大学、中国科学院福建物质结构研究所、汕头大学、浙江大学、东北师范大学等许多高等院校和研究组在从事这方面的研究工作。

在水热与溶剂热技术制备金属有机骨架材料的反应中，水热或溶剂热反应通常可以增加难溶反应物的溶解度进而有利于最终产物的形成与结晶，但其相对较高的温度与压力条件使得其具有进行原位有机反应（*in situ* organic reaction）的特性。近十年来，水热与溶剂热反应体系中原位有机反应的报道日渐增多，其中中山大学陈小明研究组在这一领域做了非常深入的研究工作，发现了多种类型的原位有机反应[56]。水热与溶剂热原位有机反应作为有机化学与配位化学的交叉，目前正受到国内外科研工作者的极大关注，其原因在于：原位有机反应可得到通常状态下不可能（不易）发生的反应，可以制备出一些无法直接合成的金属有机化合物，可以阐明某些有机反应的机理。目前已经报道的水热或溶剂热原位有机反应主要包括碳环反应、氮环反应、羟基化反应、偶联反应、烷基化反应、开环反应等。原位有机反应是一种在有机合成和金属有机骨架材料的研究中都非常有应用前景的反应，然而到目前为止水热或溶剂热中的原位有机反应类型还非常有限，这既是对水热原位有机反应的挑战，也给这种合成方法提供更多的发展空间。随着合成条件的不断完善和表征手段的不断提高，还会有更多的原位有机反应被发现，这也必将促进有机化学和配位化学的发展。

通过水热与溶剂热技术合成金属有机骨架材料的特点是设备简单、操作方便、快速高效、晶体生长完美，而且解决了底物不溶解的问题，是近年来的研究热点。合成中所用的溶剂有不同的官能团、极性、介电常数、沸点和黏度等，从而大大增加了合成路线和产物结构的多样性。其不足之处在于通常只能看到结果，难以了解反应过程。尽管现在有人设计出特殊的反应器来观察反应过程、研究反应机理，但是这方面的研究仍处于初级阶段，尚有待于进一步突破。随着科研工作者对有机和无机部分连接的逐步理解，金属有机骨架材料的潜在应用价值逐步得到体现，将会从一种新兴物质转化为功能材料。未来金属有机骨架材料将会有更为广阔的发展前景。

## 四、水热与溶剂热合成在复合氧化物和氟化物材料合成中的应用

复合氧化物与复合氟化物是由两种或两种以上金属氧化物或金属氟化物复合而成的多元复杂氧化物或氟化物，其具有比单金属氧化物或氟化物更好的性质。复合氧化物、复合氟化物具有良好的光学、电学、磁学、催化等性能，在激光材料、热释电材料、压电材料、多铁材料、强磁性材料、超导材料等方面有着非常广泛的应用及不可替代的作用。

复合氧化物与复合氟化物最传统的合成方法为高温固相反应法。随着科学技术的发展，目前已经发展出多种合成复合氧化物与复合氟化物的方法，如溶胶-凝胶法、助熔剂法、微波法、水热合成法和熔盐电解法，其中水热与溶剂热合成方法是目前合成复合氧化物与复合氟化物的最主要方法之一。复合氧化物与复合氟化物传统的高温固相方法需要较复杂的装置以及较苛刻的合成条件，能耗较高，而且有些低温结构不能通过高温固相反应获得。水热条件下反应物的性能改变，活性的提高，使得水热与溶剂热合成能够代替某些高温固相反应，促进了温和条件合成化学的发展。水热的低温、等压、溶液条件等有利于生长具有平衡缺陷浓度、规则取向、结晶完美的复合氧化物与复合氟化物晶体材料，且合成产物纯度高、易于控制最终的物象晶体的粒度。水热或溶剂热条件下溶剂、温度和压力对离子反应平衡的总效果可以稳定产物，同时抑制杂质生成，因此可以用来一步制备复合氧化物与复合氟化物。由于水热与溶剂热合成技术具有上述诸多优势，所以，对于复合氧化物与复合氟化物是一种比较理想的合成方法。目前，水热与溶剂热合成技术在复合氧化物与复合氟化物的合成中的应用已经取得了很大进展，应用水热与

溶剂热合成技术可以获得几乎所有重要的光、电、磁功能复合氧化物和复合氟化物。

近几年国内许多高等院校与科研院所的研究组应用水热或溶剂热合成技术开展了复合氧化物和复合氟化物的合成与制备研究工作，并取得了丰硕的成果。吉林大学冯守华研究组近年来应用水热合成技术制备了系列复合氧化物和复合氟化物[57]，其中水热合成的复合氧化物包括 $BaTiO_3$，$SrTiO_3$，$KSbO_3$，$SrTi_{1-x}Sn_xO_3$（$x$=0.1～0.5），$NaCeTi_2O_6$，$NaNdTi_2O_6$，$MMoO_4$、$MWO_4$（M=Ca，Sr，Ba），$Na_xLa_{2/3-x/3}TiO_3$，$Na_xAg_yLa_{2/3-(x+y)/3}TiO_3$，$Na_xLi_yLa_{2/3-(x+y)/3}TiO_3$等多个系列。该小组应用水热氧化还原反应制备了混合价态复合氧化物 $Ce_{1-x}^{(IV)}Ce_x^{(III)}O_{2-x/2}$，$H_xV_2Zr_2O_9H_2O$（$x$=0.43），双掺杂二氧化铈 $MO/Bi_2O_3/CeO_2$，巨磁阻材料 $M_xLa_{1-x}MnO_3$（M=Ca，Sr，Ba），以及 Na(K)-Pb-Bi 系超导材料。

水热与溶剂热条件下，中间价态、介稳态以及特殊物相易于生成，因此水热与溶剂热合成技术能够制备与开发特种介稳结构、特种凝聚态和聚集态的新物相，如特殊价态化合物。吉林大学冯守华研究组通过对钙钛矿结构水热氧化还原反应和歧化反应的研究，利用温和水热方法制备了微尺度 p-n 结新材料，利用 $Ca^{2+}$ 和 $K^+$ 部分替换 A 位的 $La^{3+}$，制备了一系列包含 $La^{3+}$、$Ca^{2+}$ 和 $K^+$ 的钙钛矿型锰酸盐 $La_{1-x-y}Ca_xK_yMnO_3$（$x$=0.74～0.18，$y$=0.01～0.14）[58]。近红外光谱、X 射线光电子能谱和锰的 K 边带 X 射线吸收实验表明样品结构中锰离子三重混合价态共存，温度-电阻曲线和霍尔系数的测量证明了 $La_{1-x-y}Ca_xK_yMnO_3$ 晶体的半导体特征。由水热合成体系自然形成的具有原子级 p-n 结的单晶可以作为一系列电子器件，并且可以产生全新的原子级器件，具有原子效应过程的潜在应用，如光电转换和量子信息等。在上述工作基础上，该研究组还利用温和水热合成技术制备出 $La_{1-x}K_xMnO_3$、$Sr_{1-x}K_xMnO_3$、$La_{1-x-y}Ca_xK_yMnO_3$、$La_{1-x-y}Ba_xK_yMnO_3$、$La_{1-x-y}Sr_xK_yMnO_3$ 五个系列数十种化合物，在体系中实现了 $Mn^{3+}-Mn^{5+}$、$Mn^{4+}-Mn^{5+}$、$Mn^{3+}-Mn^{4+}-Mn^{5+}$ 多种价态共存方式。

复合氟化物传统合成采用氟化或惰性气氛保护的高温固相合成技术，该技术对反应条件要求苛刻，反应不易控制。吉林大学冯守华研究组通过研究发现水热反应的价态稳定化作用与非氧嵌入特征，开发了一条反应条件温和、易控、节能和少污染的氟化物或复合氟化物功能材料的新合成路线。并利用水热合成技术制备了一系列复合氟化物，包括 $ABF_3$ 与 $ABF_4$（A=碱金属，B=碱土金属或稀土），如 $KMgF_3$、$LiBaF_3$、$LiYF_4$、$NaYF_4$、$KYF_4$、

$BaBeF_4$等，并实现了稀土离子 $Ce^{3+}$、$Sm^{3+}$、$Eu^{3+}$和 $Tb^{3+}$等的水热掺杂及发光性能。氟化物除了利用水热合成技术获得外，国内的一些研究组还开展了利用溶剂热合成技术制备复合氟化物的研究工作。中国科学院长春应用化学研究所的石春山等利用乙醇及乙二醇为溶剂合成了 $KMF_3$（M＝Mg，Zn，Co，Ni）和 $LiBaF_3$[59]，利用甲苯为溶剂合成了 $LiSrAlF_6$[60]，并对产物的结构及性能进行了研究。杜广芳[61]、王莉[62]等也分别利用溶剂热合成技术制备了 $KCoF_3$与 $KMgF_3$等。

出于实际应用的需求，近年来科研工作者一直致力于特殊形态复合氧化物和复合氟化物的合成与制备研究工作，其中复合氧化物和复合氟化物的纳米材料的合成与制备研究取得了较大进展。我国科研工作者在纳米级复合氧化物与复合氟化物的水热制备等方面也取得了一些有意义的成果，合成与制备了具有多种形貌及应用性能的纳米复合氧化物与复合氟化物。清华大学李亚栋研究组利用水热与溶剂热技术制备了一系列复合氧化物、氟化物纳米结构材料，合成的复合氧化物和复合氟化物包括：$ZnGa_2O_4$纳米晶、$K_2Ta_8O_{17}$、$Na_2Ta_4O_9$ 纳米带、$PbCrO_4$ 纳米棒、$Pb_2CrO_5$ 纳米微粒、$CuCrO_4$ 纳米带、$BaCrO_4$纳米簇、$NaYF_4$：$Yb^{3+}/Er^{3+}$ 绿色上转换荧光纳米晶、$KMF_3$：$Yb^{3+}/Er^{3+}$（M＝Mn，Zn，Cd，Mg）荧光纳米晶、$LnVO_4$：Eu（Ln ＝ Y，La，Gd，Lu）发光纳米材料、$BaY_2F_8$：$Yb^{3+}/Er^{3+}$纳米带、$LiMnO_2$（M＝Ni，Co，Mn）纳米带等[63-66]；这些材料在光催化、荧光发光材料、半导体微纳器件、化学传感器、生物分子定向靶细胞等方面有着广阔的应用前景。中国科学技术大学的钱逸泰等通过水热方法合成了 $MnWO_4$纳米棒、$LiMn_2O_4$纳米线以及具有核壳结构的 $Mn_{1.5}Co_{1.5}O_4$微球，可以作为锂离子电池阴极材料[67-69]。除上述的实例外，国内很多高等院校及科研院所在复合氧化物或复合氟化物的水热或溶剂热合成研究方面都有很好的工作。

水热与溶剂热合成技术为复合氧化物、复合氟化物提供了一种非常重要的合成途径。通过该方法得到的晶体样品结晶度高、尺寸均一、物理性能稳定，在半导体技术、激光领域、荧光发光材料、光催化材料、生物领域以及能源方面具有十分广阔的应用前景。此外，由于水热与溶剂热技术可以制造亚稳态，同时控制反应条件还可以制备出携带亚稳态信息的特殊功能材料，可以为探索新的物质存在状态提供一种可能的途径。

## 五、水热与溶剂热合成在有机物和生物小分子合成中的应用

从 20 世纪 70 年代末发现深海水热体系开始，由于水热流体中的甲烷和

其他有机物具有提供新陈代谢能量来源和为海洋中的生物群落固碳的能力，科学家对此环境下的有机物的非生物合成产生了极大的兴趣[70]。最近对天然形成的海底水热体系的研究表明，当前溶解在海水中的有机物可能都是非生物合成的产物。例如，轻质烃可以通过费托合成反应来完成，包括矿物表面在富氢条件下催化二氧化碳还原。溶解于水中的氢气来源于硅酸亚铁氧化生成四氧化三铁过程中水的还原。一些理论也提出，地球上的生命起源发生在海底水热体系中，非生物合成可能为生命的出现提供所需的前生命时期的有机物[71]。

对生命起源的探究，带动了水热合成有机物和生物小分子的研究。目前，有机物和生物小分子的水热合成研究主要集中在从无机到有机的转化和从生物小分子到大分子的转化两个方面。

1. 从无机到有机的转化

水热条件下，科学家从简单的无机物 $CO_2$、CO、$HCO_3^-$、$NH_3$、$H^+$、$H_2$、$H_2O$、$H_2S$ 等出发，在各种矿物的作用下，开展了从无机物到有机物的合成研究。

（1）水热还原 $CO_2$（或 $HCO_3^-$）

$CO_2$（或 $HCO_3^-$）在水热条件（200～400℃，30～50MPa）以及各种催化剂作用条件下，被还原生成短链的烷烃[72]。

（2）液相费托合成

水热条件下，用草酸或者甲酸代替 $CO_2$，CO 和 $H_2$ 进行液相条件下的费托合成，在 100～400℃的条件下反应 2～3 天，生成 $C_2$～$C_{35}$ 的烷烃、烯烃、醇、酸、酮等化合物，此类反应为化学进化提供了丰富的有机原料[73]。

（3）氨基酸的合成

很多科学家研究了水热条件下氨基酸的合成反应，通常碳源为甲醛、甲烷、氰化钾等、氮源为氨水、氯化铵和碳酸氢铵等，得到了不同种类的氨基酸（如甘氨酸、丙氨酸、谷氨酸、丝氨酸、天冬氨酸等）[74]。德国科学家 Huber 将絮状（Fe，Ni）S 共沉淀物作用于 $CN^-$/CO，$H_2O$，$NH_3$ 体系，发现有甘氨酸、丙氨酸等氨基酸以及一些羟基羧酸生成[75]。美国斯克里普斯海洋研究所的 Bada 等在水热条件下以 $NH_4HCO_2$ 为原料合成了甘氨酸、丙氨酸、谷氨酸、丝氨酸和天冬氨酸等氨基酸[76]。

（4）核酸碱基的生成

南加利福尼亚大学的 LaRowe 等模拟计算了不同温度、压力、浓度下，由甲醛和氰化氢水热合成五种核酸碱基以及核糖和脱氧核糖的热力学能量。结果显示，在水热条件下，前驱体有非生物合成碱基和单糖的趋势[77]。接下来，他们又检测了腺嘌呤的水热稳定性，发现在300℃水热条件下，经过24h后，腺嘌呤可以与无机的$CO_2$、$N_2$、$H_2$达到平衡，浓度不再变化，这也进一步证明了热力学计算的结果，并支持了水热非生物合成生物有机分子的模式[78]。

(5) 其他生物有机分子的合成

密苏里大学的Karynl等发现硫元素是很多生活在极端环境下的生命体中新陈代谢的中心元素。深海水热体系附近的基于有机硫化物的新陈代谢可能是很普遍的。并对基于有机硫化物的新陈代谢进行了深入的研究，认为甲硫醇（MSH）和二甲基硫（DMS）是水热条件下有机硫化物新陈代谢中最常用到的两种底物[79]。卡耐基科学研究所的Cody等研究了铁硫矿在水热环境中潜在的催化作用。在250℃，不断提高压力的条件下，由烷基硫醇与CO、FeS反应得到金属有机物$Fe_2(RS)_2(CO)_6$，进一步反应可以得到丙酮酸、癸酸、乙酸、甲硫醇和$H_2S$。丙酮酸是生物体内一种很重要的中间产物。上述实验中丙酮酸的合成可能就意味着早期体内代谢雏形的出现[80]。

2. 从生物小分子到大分子的转化

(1) 氨基酸和核苷酸的聚合

有了氨基酸等生物小分子，接下来就是合成这些小分子的高聚物，即生物大分子[81]。日本长冈技术科学大学的Imai等设计的冷热水交换循环体系模拟附近的冷热流体对流和温度梯度，在高温区发生热聚合，随流体进入低温区，稳定下来，再次进入高温区时可以继续反应使链不断加长。在这个体系中，甘氨酸单体在250℃，pH=2.5，$CuCl_2$催化作用下成功得到二肽到六肽的产物。他们利用该装置在150～0℃的循环中，从单磷酸核苷酸出发得到了二聚体和三聚体。他们的实验为水热冷热流体中生物大分子的合成提供了可能[82]。Wächtershäuser等在水热条件下，有CO存在的情况下，(Fe,Ni)S催化氨基酸生成二肽，CO压力提高至70bar时，可以生成三肽和四肽[83]。

(2) 脂类化合物的合成

卡内基科学研究所的Hazen和Deamer研究了丙酮酸在水热条件下的反应。反应温度从150℃到350℃，压力从50MPa到500MPa，反应产物非常复杂，大概有上千种，通过比较特征离子峰，分析出较高的色谱峰可能是氧取代的烷基芳烃类化合物。产物干燥后，溶解在pH=8.5的磷酸缓冲溶液中，自发形成了直径为10～50μm的囊泡，并且具有荧光性质[84]。俄勒冈州立大学的Simoneit等报道了水热条件下，$C_7$～$C_{16}$的羧酸与甘油在草酸存在的情况下，150℃反应72h，生成了两种单甘油酯异构体，两种甘油二酯异构体和甘油三酯，反应的产率达到42.1%±7.4%。将干燥的单甘油酯溶于pH＝8.5的磷酸缓冲溶液，分散后取样，荧光显微镜发现它们可以自组装成有序结构。这说明在水热条件下，长链羧酸与甘油的缩合反应是可以发生的，而且所生成的两性分子的自组装行为为生物双分子膜或原始囊泡的出现提供了可能[85]。

国内在此方向上的研究工作开展得比较少。主要有吉林大学冯守华课题组进行的利用水热方法由二氧化碳/碳酸氢钠在铁粉作用下合成得到了苯酚的研究[86]，并通过改变铁粉粒径，合成得到了甲烷、甲酸、乙酸等一系列有机小分子[87]。水热条件下，利用二氧化碳的反应产物甲醛和水反应生成了一系列高附加值的有机小分子（甲酸、乙酸、丙酸、丙酸丙酯、异丁酸丙酯和乙酸甲酯）；进而由乙酸、丙酸与氨水反应生成了甘氨酸和D,L-丙氨酸，并在无催化剂作用下，得到了甘氨酸二肽和丙氨酸的二肽，还对多肽分子的手性起源进行了初步的探讨[88]。上海交通大学金放鸣教授在利用水热反应处理有机废弃物和有害物，以及将生物质与二氧化碳转化为化学品和能源等方面进行了深入的研究[89]。在水热体系下将苯系物废水转化为低级脂肪酸，利用生物质废弃物制备了丙酮和甲酸钙，并利用金属、多孔镍催化剂、甘油等物质水热还原二氧化碳制备了甲酸、甲醇、甲烷[90]。此外，还在水热体系下将甘油连续转化为乳酸，水热处理重质油优质化等方面都获得了很好的结果。

然而，水热体系中通过非生物合成的有机物在总有机物中所占的比例仍然不十分清楚，用来区分有机物来源的标准还没有建立。实验表明，在某种水热条件下，轻质烃和复杂化合物可以被合成，但在其他类似条件下却只能得到甲烷。直到现在，我们仍然不能确定有哪些因素控制和影响水热体系下的合成进程。此外，一些深入的研究也将提高我们对水热环境中非生物合成的理解。首先，需要对矿床和流体喷口中有机组分进行更加全面的分析，如同位素分析等。其次，需要深入的实验研究水热环境中非生物合成所需的条件范围。所有的这些研究目标都将给未来的研究者带来重大挑战。例如，在高盐富硫化氢的喷口流体中，许多低丰度的有机物的检测，需要不同于现阶段的先进的取样和分析方法；水热条件下非生物合成有机物的一系列反应的发现和反应条件范围等，都待进一步深入探究。

# 第三节　水热与溶剂热合成的新发展

## 一、微波辅助水（溶剂）热合成

微波合成法由于其具有不同于传统合成技术的特点，如反应速率快、反应效率高、产品纯度高和形态均一等，已经受到了广泛的重视。微波是指频率大约在 300MHz～300GHz 之间的电磁波，其相应波长为 100cm～1$\mu$m。微波加热是材料在电磁场中由介质损耗而引起的体加热，对物质的加热过程与物质内部分子的极化有密切的关系。微波照射含有极性分子的电介质，由于偶极子随电场正负方向的变化而振荡，转变为热而起到内部加热作用，从而使体系的温度迅速升高。微波辅助水热合成法是利用微波作为加热工具，可实现分子水平上的搅拌，加热速度快，加热均匀无温度梯度，无滞后效应，克服了水热容器加热不均匀的缺点，缩短了反应时间，提高了工作效率，并且在合成反应过程中可能有新的亚稳相生成，是一种具有发展前景的制备方法。

在常规水热法基础上结合微波辐射发展，1992 年美国宾州大学的 Roy[91] 提出了一种新型水热合成方法——微波辅助水热合成法。1988 年 Baghurst[92] 首先将微波合成用于超导陶瓷的制备，之后许多科学工作者都展开了微波合成的尝试[93]；Wang 等[94] 以乙酸铜和氢氧化钠为原料，在乙醇溶剂中，通过微波辐射作用，成功合成平均粒径为 4nm 的 CuO 颗粒。颗粒形貌呈球形，有别于传统合成方法的优点，产物尺寸粒径小，分布均匀，产品的纯度高。微波水热法制备纳米粒子就是在微波辐照下金属盐或醇盐溶液直接分解制备超细金属氧化物和硫化物粉体以及复合氧化物粉体。

Mi 等[95] 应用微波合成法合成了发光效率高的六方相 $NaYF_4$：Yb，Er 上转换纳米粒子。在上转换发光领域的合成方法中，有应用微波辅助水热合成法合成 $LaPO_4$：Ce，Tb 纳米盘[96] 和 $NaYF_4$：$Yb^{3+}$，$Tm^{3+}$ 纳米管[97] 的报道。和以往的报道不同，此次合成的上转换纳米粒子粒径分布均匀，粒径小，并且尺寸分布窄，经过表面改性之后由油相兼容于水相，这种二氧化硅核壳结构的模型有利于深入的生物活体荧光标记的临床医学应用。Wang 等[98] 采用微波水热法制备了具有超声催化活性的转晶 $TiO_2$ 催化剂，同时研究了一系列影响因素如微波辐射时间、加热时间和加热温度在 $TiO_2$ 催化剂对硝苯硫磷酯的声催化降解中的影响，结果表明采用微波水热法制备的转晶 $TiO_2$ 粉体的声催化活性明显高于纯的普通金红石和锐钛矿 $TiO_2$ 粉体。Zhu 等[99]采用微波辅助离子液体法快速可控地合成 Te 纳米棒和 Te 纳米线。Te 是一种 p-型半导体，具有热电、光电、非线性光响应等多种优良的性质，合成方法众多，在此微波合成一维 Te 纳米结构具有快速、无需模板、无需核种、高效、节能等众多优点。Li 等[100]以纤维素为模板剂运用微波合成法合成了 $Mn_2O_3$ 无机纳米材料。快速微波辅助模板剂合成，并配合后续的热处理合成以自然聚合物为模板剂的无机纳米材料被该课题组首次研究。同样的，Yan 等[101]通过微波辅助加热合成碳纳米管与 $MnO_2$ 的复合物。所合成的这种复合物在电化学中有非常广泛的应用。Ni[102]等应用微波辅助溶剂热法合成了金属有机骨架化合物（MOF）。这种方法根据传统的微波照射使晶体成核生长，通常需要数天或数小时合成 MOF，运用这种方法反应时间被缩小到几分钟或十几分钟，节省了长晶体的时间，提高了反应效率，并且产率从 30% 提高到 90%。Lu 等[103]在极性溶剂中采用一步微波合成法合成出水溶性的 10nm MnO 纳米晶，有别于传统合成 MnO 纳米晶的方法，合成出的磁性水溶性小粒径的 MnO 纳米晶可以用于磁成像生物应用。

众多实验事实表明微波辅助水热合成法已经成了一种新型的合成方法，并且是一个发展迅速的研究领域。微波辅助水热合成法也开始被各国化学家作为一种新的制备无机材料的方法。此外，利用微波仪器可以进行连续大量的合成，这对工业上获得大批量的产品具有重大的意义。水热合成以及由此衍生的溶剂热和微波辅助水热合成法以其操作简单、能耗低、节约能源及制备出的材料具有优良性能而日益受到重视。但是对于微波加速反应机理的研究将来有很大的发展空间，还有很多的研究工作需要做。有些反应结果尚缺乏实验上更加充分的论证，有很多实验现象需要更全面、细致和系统的解释，特别是在化学反应动力学研究中，温度的控制和检测方法等都将影响实验数据的准确性。虽然此类方法现在还存在诸多悬而未决的问题而没有大规模地应用于工业生产，但相信在不久的将来，它将在相关领域扮演越来越重要的角色。

## 二、磁场辅助水（溶剂）热合成

近年来，随着强磁场技术的发展，很多材料制备实验已经将反应体系移至强磁场环境下。研究表明，磁场不仅可以作为研究材料电子结构以及磁性质的一种表征手段，也可以像温度、压强一样，作为合成材料的一个重要参数。鉴于水热合成方法的优点，已经有一些国内外的研究小组在水热合成体系中引入外磁场，并探索了外磁场对产物的影响。结果表明，水热合成过程中外磁场的引入可能会改变产物的形貌和物理化学性能，甚至会影响最终产物的物相。

水热合成中，外加磁场可以对产物的形貌产生影响。陈乾旺研究组报道了溶剂热体系中外磁场的引入对钴纳米晶的形貌影响。没有外加磁场时，产物为不规则的微米球。而当引入一个 0.25T 的外磁场，产物为直径 13$\mu$m、长 2mm 的多晶钴微米线，而且这些微米线几乎平行排列[104]。该研究组还利用相似方法，制备出铁磁单晶 $Fe_3O_4$ 纳米线，观察到在外磁场强度为 0T，0.15T，0.25T 和 0.35T 条件下，$Fe_3O_4$ 由方型和六方型纳米晶到纳米线的转变[105]。另外，他们还在 200℃水热条件下和 0.18T 磁场条件下，得到由平均粒径为 80nm 的 NiCo 合金粒子自组装成的链状磁铁矿[106]。最近，通过磁场辅助水热还原钴离子结合进一步 500℃下的退火，直径 250nm，长度超过 10mm的线状 $Co_3O_4$ 纳米结构被成功制备，而在无外磁场下得到的是球形 $Co_3O_4$ 纳米粒子[107]。

磁场的引入，除对材料的形貌产生影响，也会对产物的物相和化学性质产生影响。俞书宏研究组报道了磁场诱导合成硫化亚铁矿。不加外磁场时，180℃水热条件下得到的产物为立方相的 $Fe_3S_4$、正交相的 $FeS_2$ 和立方相的 $FeS_2$ 的混合物。当加一个非常小的磁场（450G），产物为纯的立方相 $Fe_3S_4$[108]。2008 年，陈乾旺研究组报道了水热条件下磁场对合成分子基磁性材料的影响。无磁场和施加磁场（0.2T）下，两个同样的水热自组装反应，得到不同晶体。在施加了弱磁场的反应中，$[Co_{1.5}(N_3)(OH)(L)]_n$（HL＝isonicotinic acid）单晶的产率能够显著提高。磁性测试数据还显示施加外磁场的反应得到的磁性材料其反铁磁相互作用得到了提高[109]。

## 三、离子热合成

利用离子液体代替水（溶剂）热合成中的水或有机溶剂进行的合成，称为离子热合成。离子液体作为一类新型的环境友好的“绿色溶剂”，具有许多独特的性质：①离子液体液程宽、挥发性低、不易燃，因此离子热合成可以在常压下进行，从而降低了合成中的压力风险，为合成机理的研究提供了便利，有利于进行因水热合成的高压而无法进行的原位表征；②离子液体有机阳离子与合成常用的有机胺结构导向剂结构相近，可以兼作溶剂和结构导向剂，而且其种类繁多，分子结构可设计，增加了合成的可控变量，为创制新材料提供了新平台；③离子液体具有强极性和导电性，不但提供了一种与分子溶剂不同的离子态新型合成环境，而且离子热合成更易于与微波等电磁技术结合，可以赋予合成以新特性[110]。

利用离子热合成分子筛的研究在2004年首次由Cooper等报道，并指出离子液体兼具溶剂和结构导向剂的作用，为新型分子筛材料合成及其合成机理的研究开辟了新途径[111]。2006年，中国科学院大连化学物理研究所的田志坚等对比研究了溴化1-甲基-3-乙基咪唑离子液体（[Emim]Br）和溴化1-甲基-3-丁基咪唑离子液体（[Bmim]Br）中磷酸铝分子筛的合成，发现所合成分子筛的结构受到离子液体阳离子的尺寸影响[112]。2010年，他们在[Emim]Br离子液体中，通过调节1,6-己二胺的添加量，合成出迄今最大孔径的磷酸铝分子筛DNL-1[113]。2009年，包信和等通过NMR技术结合理论计算研究了1-甲基-3-丁基咪唑体系中分子筛晶化作用与添加有机胺变化的影响规律，也证实了离子液体阳离子与胺分子之间存在相互作用，胺在离子液体中的浓度变化导致磷酸铝分子筛成核晶化的结构不同[114]。2012年，肖丰收等合成了MFI、BEA、FAU和SOD等微孔沸石分子筛，在设计绿色路线合成微孔沸石分子筛方向上取得了新突破，该路线在工业生产上具有重要的应用前景[115]。金属磷酸盐可以用作发光材料、固体催化剂和催化剂载体。董晋湘等利用离子热合成了一系列开放骨架磷酸锆化合物。2011年，他们合成的两种新型磷酸锆化合物在常压下对$CO_2/CH_4$有较好的分离效果[116]。

类似于分子筛的合成，离子热合成也被用于金属有机框架化合物的合成。2012年，胡满成等利用离子热合成了$In_2K_2$四核三维多孔MOF，该化合物表现出强烈的蓝色荧光和显著的光催化降解亚甲基蓝的性质[117]。同年，中国科学院福建物质结构研究所的黄小荥等利用离子热合成了一种新型的柔性3D Mg-MOF[118]和一系列稀土MOF，分别具有不同的荧光、磁学性质[119]。

东北师范大学多酸科学教育部重点实验室的研究团队长期致力于多酸化学研究领域的研究，近年来利用离子热合成了一系列多酸化合物。2011年，王恩波等利用离子热合成了系列0D、2D、3D的多酸化合物[120]。2012年，他们首次利用离子热合成出系列三维孔状多酸基有机-无机杂化材料。这类材料表现出优秀的气体吸附和离子交换能力，尤其是对于二氧化碳气体，在减小温室效应等领域具有广阔的应用前景[121]。

最近几年，离子热合成在纳米材料制备方面也有了新的突破。2010年，王雪静等利用离子热和微波反应合成了纳米级别的NaY型分子筛，与传统的NaY沸石相比，纳米尺寸的沸石复合体具有较大的表面积和中孔的体积，更好的热稳定性，高的裂化活性，高的汽油选择性，较低的焦炭和气体选择性[122]。2012年，孔祥贵等利用离子热合成了掺杂Yb、Er的$NaYF_4$纳米粒子，具有上转换性质[123]。

离子热还可以合成金属氧族化合物。2011年，东北师范大学的王新龙、苏忠民等利用四氟硼酸1-甲基-3-丁基咪唑离子液体（[Bmim][$BF_4$]）和水的二元乳状液混合热合成了三元金属硫化物$ZnIn_2S_4$，通过调节反应条件，可以选择性地制备成球形纳米颗粒、微球或三维花状结构[124]。同年，中国科学院福建物质结构研究所的黄小荣等在咪唑鎓离子液体中合成了一个开放式框架结构的咪唑阳离子的Sn-Se化合物，发现水合肼的加入可以很好地控制化合物的结晶[125]。2013年，他们利用离子热合成了多种硒化锡一维、二维化合物和一种罕见的包含银离子的硒化锡二维化合物[126]。

由于离子液体具有强的溶解能力，结构和性质可调节，使溶剂的选择具有广阔的空间，将合成出更多的新型结构化合物，具有良好的前景。虽然离子热合成在分子筛和纳米材料等的合成中已经取得了很好的进展，但总体来说还处于初始阶段。离子液体种类繁多，而目前使用的还主要集中在咪唑类离子液体，开发更多种类的离子液体用于离子热合成还有待进一步探索。发掘离子热合成的特点，拓展离子热合成的应用范围，将是离子热合成的发展方向。

## 四、超临界水合成

超临界水合成法是将反应物原料溶解或分散在水中，加热或加压使其达到水的临界点，然后进行的合成制备方法。超临界水，是指当气压和温度达到一定值时（即在临界温度374℃，临界压力22.1MPa以上条件），因高温而膨胀的水的密度和因高压而被压缩的水蒸气的密度正好相同时，水的液体和气体没有区别，成为一种新的呈现高压高温状态的液体。其具有与标准状态下的水完全不同的性质（如介电常数和溶解度等），是一种非协同、非极性溶剂。超临界水的独特性质决定了在其中发生化学反应必有独特之处。超临界水合成技术作为一种绿色可持续化学合成方法，对新物质的合成，特别是在一些功能材料、纳米材料的合成中已显示出优越性。由于超临界水具有低介电常数（<10），产物结晶度高，其反应速率可提高$10^3$倍[127]。超临界水还被广泛应用于废弃物回收和处理等领域[128]，利用超临界水进行合成和废料处理也已经初步走上了工业化的道路。

在无机材料的合成中，通过超临界水条件对材料粒径进行调节，包括利用流体的热力学性质和化学反应动力学来对颗粒尺寸进行控制成功制备了许多单元或多元金属氧化物纳米颗粒。Adschiri 研究小组利用流动合成系统在超临界水条件下合成了 $TiO_2$ 纳米材料，实现了 $TiO_2$ 纳米粒子的绿色合成并将其成功应用于光催化领域[129]。陶绪堂研究小组研究了超临界水体系在多元氧化物微纳米材料合成中的应用，成功地利用高温高压反应釜在超临界水体系中合成出具有单一物相、高结晶性、高分散性的 $YVO_4$ 与掺入稀土金属离子的 $YVO_4$[130]、纳米粉体 YAG 纳米粉体材料[131]、$BaTeMo_2O_9$ 微米级板状材料[132]。在超临界条件下可以对金属氧化物纳米颗粒进行有机改性，有机分子（如羧酸、胺等）在超临界水条件下形成均一溶液，可以充分与金属氧化物纳米颗粒进行反应，从而在表面形成有机分子层，提高其在多种介质（水或其他有机溶剂）中的分散性来拓宽其应用领域。Rangappa 等通过在纳米颗粒表面覆盖有机分子制备出粒径＜8nm 的 $CoAl_2O_4$ 蓝色透明纳米颜料，有机分子的存在限制了颗粒的生长并控制了纳米晶的粒径，这有助于减少纳米颜料的散射效应[133]。Lu 等通过引入有机分子，使 ITO（锡掺杂氧化铟）纳米粒子表面从亲水性转变为疏水性，使其更易分散到有机溶剂中，其利用连续反应器制备和较短反应时间的优点使得工业应用成为可能[134]。Darr 小组利用一种新型的连续反应器，可大规模生产与实验室规模产出的粒子性质相同的 Zn-Ce 氧化物纳米材料[135]。在金属氧化物中，$LiFePO_4$ 作为一种理想的正电极材料而被广泛关注，韩国 Hanwha 化学公司于 2010 年成立了第一家利用超临界水合成 $LiFePO_4$ 的工厂，利用该技术工厂年产 $LiFePO_4$ 可达 1000t[136]，其他金属氧化物（$CeO_2$，$LiMn_2O_4$，$LiNi_{1/3}Mn_{1/3}Co_{1/3}O_2$ 等）的生产试点也在逐步开发中。

与传统的溶剂相比，超临界水不仅在生态、经济、安全等方面具有一定的优势，而且由于其密度、离子积和介电常数等可由压力和温度调节，是一种合适的反应介质，因此超临界水中的化学反应引起了广泛重视。对无机合成而言，超临界水提供了一条绿色途径，如超临界水中制备金属氧化物纳米粒子的反应高效、环境友好、粒径可控等优点使其深受欢迎。结合经济效益和可持续发展战略，超临界水合成的工业化道路应该能走得更远。

## 五、组合化学水热合成

组合化学是一门将化学合成、组合理论、计算机辅助设计及机械手结合为一体，并在短时间内将不同构建模块用巧妙构思，根据组合原理，系统反复连接，从而产生大批的分子多样性群体，形成化合物库，然后，运用组合原理，以巧妙的手段对库成分进行筛选优化，得到可能的有目标性能的化合物结构的科学。组合化学从一诞生，便显示出强大的生命力，已经在有机合成、药物合成和材料合成等领域得到了蓬勃发展。本书有专门章节介绍组合化学合成，此处我们仅讨论组合化学合成的一个分支——组合化学水热合成。

自从 1998 年 Akporiaye 及其合作者首次报道了组合化学水热合成沸石分子筛以来，对于组合化学水热合成方法的研究已经有十几年。初期的研究大多集中在对于反应装置的设计和反应概念的验证。伴随着更加成熟的数据分析技术的应用，该方法越来越多地被用来研究新物质的合成以及应用。总体来说，组合化学水热合成研究主要集中在合成新的化合物和优化合成条件。

在沸石分子筛的合成和应用方面，Akporiaye 首次报道了组合化学水热合成的装置[137]。这个反应釜是在聚四氟乙烯块上钻 100 个圆柱孔，聚四氟乙烯置于两个不锈钢板间。反应物可以通过机械手自动进样，在晶化后，釜内物质可以自动洗涤，然后用自动 X 射线粉末衍射仪进行分析。该反应装置可以最多进行 100 次平行试验，并且从进样到分析能够做到全程自动化。Akporiaye 详细研究了 $Na_2O-Al_2O_3-SiO_2$ 和 $TMA_2O-Li_2O-Cs_2O-Na_2O-Al_2O_3-SiO_2$ 体系中的合成方法，这些手段为后来的研究打下了坚实的基础。UOP 采用小的四烷基铵离子为模板剂报道了采用这种方法合成一系列分子筛 UZM-4、UZM-8、UZM-13、UZM-15、UZM-17、UZM-19。Corma 小组应用该方法在分子筛的合成和研究方面取得了大量成果[138]。在研究过程中，采用统计学实验设计与数据挖掘技术相结合使他们极大地提高了对于实验参数的筛选。同时，他们将计算机模拟与组合水热合成相结合，取得的成果包括：得到了一系列新的 ITQ 系列沸石分子筛；对于 $\beta$-沸石分子筛及其竞争相 UDM 体系下合成的条件进行了系统的预测[139]；同时还对 $\beta$-沸石分子筛和 IWR 沸石分子筛的多晶的合成和结构特点进行了研究[140]。Xu 等对超大孔的分子筛进行组合水热合成与研究，成功得到了 8 个超大孔的沸石分子筛，并通过大量的实验对合成的影响因素做了详细的探讨[141]。

Stock 等拓展了组合水热技术，将该技术应用到有机-无机杂化材料的研究上，主要集中在无机金属离子与膦的羧酸盐、膦的磺酸盐配位形成的 MOF 的合成[142]。其中在这种反应体系下对各种反应参数进行平行试验的研究结果表明，反应 pH 对反应的影响是最大的。该组还在对一些经典 MOF 结构，如 MIL-53、MIL-88、MIL-121 成功进行了合成与结构表征[143]，并且研究了不同溶剂和各种矿化剂的影响，为以后的合成提供了现实的借鉴。

在金属磷酸盐的合成及应用研究方面，Song 等主要应用组合水热技术针对磷酸铝、磷酸锌体系做了许多开创性的工作。该组在 $Zn(OAc)_2/H_3PO_4/N,N'$-二甲基哌嗪/$H_2O$/乙二醇体系下报道了一个通过组合水热技术合成的新化合物 $[Zn_6P_5O_{20}(H_2O)]\cdot0.5C_6H_{16}N_2\cdot0.5C_5H_{14}N_2\cdot3H_2O$[144]，并且在该体系下，详细研究了各种反应参数如反应温度、溶胶组成以及溶剂组成等在反应中的影响。他们还在计算机模拟技术的辅助下应用高通量水热合成研究了磷酸铝的体系，用来得到 $AlPO_4$-21 的最适反应条件。

此外，应用组合化学水热合成纳米的研究工作也已经开展。Wang 等报道了采用该方法成功合成出垂直于基底平面排列的氧化锌纳米线[145]。该方法在合成和研究纳米材料方面具有巨大的优势，能够通过大量的实验对纳米材料的形态进行调变。

组合化学方法的最大优势就是合成的微型化、集成化和自动化，它允许快速和系统地研究大量的反应化合物，合成以及表征全部采取连续、微量、快速的手段，统筹合理利用反应的空间和时间。组合化学水热合成技术是发现新型功能材料的一个快捷途径。该方法将会在探究新的功能体系材料的合成领域发挥更大的应用价值。

总之，水热与溶剂热合成可谓历久弥新，对于材料制备的研究虽然经历了百余年，但在该合成领域仍有新的热点不断涌现。特别是近几十年，随着材料表征技术的不断进步，人们对微观世界的探索从微米级别深入到纳米级别。与此同时，我们也看到对于水热与溶剂热合成反应机理的研究、反应过程的监控，尤其是原位监测设备的研制、新型反应溶剂的运用以及将该方法与其他合成方法结合等方面还存在一些不足，从整个领域的发展来看，水热与溶剂热合成在这些方面的突破仍是今后的研究重点和难点。

## 参考文献

[1] Byrappa K，Yoshimura M. Handbook of Hydrothermal Technology. A Technology for Crystal Growth and Materials Processing. New York：Noyes Publications/William Andrew Publishing，LLC，2001：1-859.

[2] Xu R，Pang W，Huo Q. Modern inorganic synthetic chemistry. Elsevier，2011：63-95.

[3] 徐如人，庞文琴，霍启升. 无机合成与制备化学（上下册）. 北京：高等教育出版社，2009：155-199.

[4] McMillen C D，Kolis J W. Bulk single crystal growth from hydrothermal solutions. Philos Mag，2012，92：2686-2711.

[5] Zumsteg F C，Bierlein J D，Gier T E. $K_xRb_{1-x}TiOPO_4$：A new nonlinear optical

material. J Appl Phys, 1976, 47: 4980 - 4985.

[6] Laudise R A, Cava R J, Caporaso A J. Phase relations, solubility and growth of potassium titanyl phosphate, KTP. J Cryst Growth, 1986, 74: 275 - 280.

[7] Laudise R A, Sunder W A, Belt R F, et al. Solubility and P-V-T relations and the growth of potassium titanyl phosphate. J Cryst Growth, 1990, 102: 427 - 433.

[8] Giesber H G, Ballato J, Pennington W T, et al. Hydrothermally grown borate single crystals for deep ultraviolet and nonlinear optical applications. Glass Technol, 2003, 44: 42 - 45.

[9] McMillen C D, Kolis J W. Hydrothermal crystal growth of $ABe_2BO_3F_2$ (A = K, Rb, Cs, Tl) NLO crystals. J Cryst Growth, 2008, 310: 2033 - 2038.

[10] McMillen C D, Giesber H G, Kolis J W. The hydrothermal synthesis, growth, and optical properties of $\gamma$ - $LiBO_2$. J Cryst Growth, 2008, 310: 299 - 305.

[11] Kozhbakhteeva D E, Leonyuk N I. Hydrothermal synthesis and morphology of eulytite-like single crystals. J Optoelectron Adv M, 2003, 5: 621 - 625.

[12] Bekker T B, Kokh A E, Popov V N, et al. Hydrothermal crystal growth under rotation of external heat field. J Cryst Growth, 2005, 275: 1481 - 1486.

[13] Mann M, Abbott E E, Kolis J. Hydrothermal crystal growth of fresnoite. J Cryst Growth, 2010, 312: 3395 - 3400.

[14] Dem'yanets L N, Lyutin V I. Status of hydrothermal growth of bulk ZnO: Latest issues and advantages. J Cryst Growth, 2008, 310: 993 - 999.

[15] Ohshima E, Ogino H, Niikura I, et al. Growth of the 2-in-size bulk ZnO single crystals by the hydrothermal method. J Cryst Growth, 2004, 260: 166 - 170.

[16] Ehrentraut D, Sato H, Kagamitani Y, et al. Solvothermal growth of ZnO. Progress in Crystal Growth and Characterization of Materials, 2006, 52: 280 - 335.

[17] Byrappa K, Chandrashekar C K, Basavalingu B, et al. Growth, morphology and mechanism of rare earth vanadate crystals under mild hydrothermal conditions. J Cryst Growth, 2007, 306: 94 - 101.

[18] Forbes A R, McMillen C D, Giesber H G, et al. The hydrothermal synthesis, solubility and crystal growth of $YVO_4$ and Nd : $YVO_4$. J Cryst Growth, 2008, 310: 4472 - 4476.

[19] McMillen C D, Kolis J W. Hydrothermal single crystal growth of $Sc_2O_3$ and lanthanide-doped $Sc_2O_3$. J Cryst Growth, 2008, 310: 1939 - 1942.

[20] Mann M, Thompson D, Serivalsatit K, et al. Hydrothermal growth and thermal property characterization of $ThO_2$ single crystals. Cryst Growth Design, 2010, 10: 2146 - 2151.

[21] McMillen C, Thompson D, Tritt T, et al. Hydrothermal single-crystal growth of $Lu_2O_3$ and lanthanide-doped $Lu_2O_3$. Cryst Growth Design, 2011, 11: 4386 - 4391.

［22］ 张昌龙，左艳彬，何小玲，等．水热法生长晶体新进展．人工晶体学报，2012，41：242－246.

［23］ Zhang C L，Huang L X，Zhou W N，et al. Growth KTP crystals with high damage threshold by hydrothermal method. J Cryst Growth，2006，292：364－367.

［24］ Zhang C L，Hu Z G，Huang L X，et al. Growth and optical properties of bulk KTP crystals by hydrothermal method. J Cryst Growth，2008，310：2010－2014.

［25］ Ye N，Tang D Y. Hydrothermal growth of $KBe_2BO_3F_2$ crystals. J Cryst Growth，2006，293：233－235.

［26］ 唐鼎元，叶宁，浦小扬，等．2008. 水热法生长 KBBF 单晶．人工晶体学报，37：1321－1324.

［27］ Zhou H T，He X L，Zhou W N，et al. Hydrothermal growth of KBBF crystals from KOH solution. J Cryst Growth，2011，318：613－617.

［28］ Zheng W W，Guo F，Qian Y T. Growth of bulk ZnO single crystals via a novel hydrothermal oxidative pressure-relief route. Adv Funct Mater，2005，15：331－335.

［29］ Zhang C L，Zhou W N，Hang Y，et al. Hydrothermal growth and characterization of ZnO crystals. J Cryst Growth，2008，310：1819－1822.

［30］ Lin W W，Chen D G，Zhang J Y，et al. Hydrothermal growth of ZnO single crystals with high carrier mobility. Cryst Growth Design，2009，6：4378－4383.

［31］ Yu M Y，Li K，Lai Z F，et al. Phase-selective synthesis of cubic boron nitride in hydrothermal solutions. J Cryst Growth，2004，269：570－574.

［32］ Song C，Hang Y，Xia C，et al. Growth of composite sapphire/Ti：sapphire by the hydrothermal method. J Cryst Growth，2005，277：200－204.

［33］ Sun C F，Hu C L，Xu X，et al. Explorations of new second-order nonlinear optical materials in the potassium vanadyl iodate systen. J Am Chem Soc，2011，133：5561－5572.

［34］ 吴振雄，何小玲，周海涛，等．水热法生长非线性光学晶体 $K_4Gd_2(Co_3)_3F_4$．人工晶体学报，2012，41：829－833.

［35］ 范峰滔，徐倩，夏海岸，等．催化材料的紫外拉曼光谱研究．催化学报，2009，30：717－739.

［36］ Fan F T，Feng Z C，Sun K J，et al. *In situ* UV raman spectroscopic study on the synthesis mechanism of AlPO-5. Angew Chem Int Ed，2009，48：8743－8747.

［37］ Yu J H，Xu R R. Rational approaches toward the design and synthesis of zeolitic inorganic open-framework materials. Acc Chem Res，2010，43：1195－1204.

［38］ Wang Z P，Yu J H，Xu R R. Needs and trends in rational synthesis of zeolitic materials. Chem Soc Rev，2012，41：1729－1741.

［39］ Lin Z E，Zhang J，Zhao J T，et al. A germinate framework containing 24-ring channels，Ni-Ge bonds，and chiral ［$Ni@Ge_{14}O_{24}(OH)_3$］ cluster motifs transferred from chiral metal complexes. Angew Chem Int Ed，2005，44：6881－6884.

[40] Liang J，Li J Y，Yu J H，et al. $[(C_4H_{12}N)_2][Zn_3(HPO_3)_4]$：An open-framework zinc phosphate containing extra-large 24-ring channels. Angew Chem Int Ed，2006，45：2546－2548.

[41] Lai Y L，Lii K H，Wang S L. 26-ring-channel structure constructed from bimetal phosphate helical chains. J Am Chem Soc，2007，129：5350－5351.

[42] Yang Y L，Li N，Song H B，et al. Metal phosphate containing 24-ring channels with 10-ring windows. Chem Mater，2007，19：1889－1891.

[43] Ren X Y，Li Y，Pan Q H，et al. A crystalline germinate with mesoporous 30-ring channels. J Am Chem Soc，2009，131：14128－14129.

[44] Lin H Y，Chin C Y，Huang H L，et al. Crystalline inorganic frameworks with 56-ring，64-ring，and 72-ring channels. Science，2013，339：811－813.

[45] Li B，Sun B，Qin X F，et al. *In-situ* crystallization route to nanorod-aggregated functional zsm-5 microspheres. J Am Chem Soc，2013，135：1181－1184.

[46] Shen K，Qian W Z，Wang N，et al. Direct synthesis of *c*-axis oriented ZSM-5 nanoneedles from acid-treated kaolin clay. J Mater Chem A，2013，1：3272－3275.

[47] Gu J，Jin Y H，Zhou Y，et al. Unseeded organotemplate-free hybrothermal synthesis of heteroatomic MFI zeolite poly-nanocrystallites. J Mater Chem A，2013，1：2453－2460.

[48] Shi Y，Li X，Hu J K，et al. Zeolite microspheres with hierarchical structures：Formation，mechanism and catalytic performance. J Mater Chem，2011，21：16223－16230.

[49] Tian Y Y，Fan L L，Wang Z Y，et al. Synthesis of a SAPO-34 membrane on macroporous supports for high permeance separation of a $CO_2/CH_4$ mixture. J Mater Chem，2009，19：7698－7703.

[50] Zhang J P，Huang X C，Chen X M. Supramolecular isomerism in coordination polymers. Chem Soc Rev，2009，38：2385－2396.

[51] Zhang J P，Zhang Y B，Lin J B，et al. Metal azolate frameworks：From crystal engineering to functional materials. Chem Rev，2012，112，1001－1033.

[52] Wu P Y，He C，Wang J，et al. Photoactive chiral metal-organic frameworks for light-driven asymmetric $\alpha$-alkylation of aldehydes. J Am Chem Soc，2012，134：14991－14999.

[53] Kang Y，Wang F，Zhang J，et al. Luminescent MTN-type cluster-organic framework with 2. 6nm cages. J Am Chem Soc，2012，134：17881－17884.

[54] Fang Q R，Zhu G S，Jin Z，et al. Mesoporous metal-organic framework with rare eb topology for hydrogen storage and dye assembly. Angew Chem Int Ed，2007，46：6638－6642.

[55] Han D, Jiang F L, Wu M M, et al. A non-interpenerated porous metal-organic framework with high gas-uptake capacity. Chem Commun, 2011, 47: 9861 - 9863.

[56] Chen X M, Tong M L. Solvothermal in situ metal/ligand reactions: A new bridge between coordination chemistry and organic synthetic chemistry. Acc Chem Res, 2007, 40: 162 - 170.

[57] Feng S H, Xu R R. New materials in hydrothermal synthesis. Acc Chem Res, 2001, 34: 239 - 247.

[58] Feng S H, Yuan H M, Shi Z, et al. Three oxidation states and atomic-scale p-n junctions in manganese perovskite oxide from hydrothermal systems. J Mater Sci, 2008, 43: 2131 - 2137.

[59] 华瑞年，谢德民，石春山．低含氧量复合氟化物的溶剂热合成及表征．分子科学学报，2003，19：127 - 133.

[60] 朱国贤，闫景辉，莫凤珊，等．用水热法和溶剂热法合成 $LiSrAlF_6$．合成化学，2005，13：543 - 545．

[61] 杜广芬，左健，吴若，等．$KCoF_3$的水热合成及发光性质．光散射学报，2006，18：80 - 84．

[62] 王莉．纳米 $KCaF_3$的制备和光催化性能研究．硅酸盐通报，2008，27：394 - 397.

[63] Liu X W, Wang D S, Li Y D. Synthesis and catalytic properties of bimetallic nanomaterials with various architectures. Nano Today, 2012, 7: 448 - 466.

[64] Wang G F, Peng Q, Li Y D. Lanthanide-doped nanocrystals: Synthesis, optical-magnetic properties, and applications. Acc Chem Res, 2011, 44: 322 - 332.

[65] Wang D S, Li Y D. Bimetallic nanocrystals: Liquid-phase synthesis and catalytic applications. Adv Mater, 2011, 23: 1044 - 1060.

[66] Zhang Z B, Peng Q, Li Y D. Controlled synthesis of semiconductor nanostructures in the liquid phase. Chem Soc Rev, 2011, 40: 5492 - 5513.

[67] Zhang E, Xing Z, Wang J, et al. Enhanced energy storage and rate performance induced by dense nanocavities inside $MnWO_4$ nanobars. RSC Advances, 2012, 2: 6748 - 6751.

[68] Zhang X, Xing Z, Yu Y, et al. Synthesis of $Mn_3O_4$ nanowires and their transformation to $LiMn_2O_4$ polyhedrons, application of $LiMn_2O_4$ as a cathode in a lithium-ion battery. CrystEngComm, 2012, 14: 1485 - 1489.

[69] Li J F, Xiong S L, Li X W, et al. Spinel $Mn_{1.5}Co_{1.5}O_4$ core-shell microspheres as Li-ion battery anode materials with a long cycle life and high capacity. J Mater Chem, 2012, 22: 23254 - 23259.

[70] Shock E, Canovas P. The potential for abiotic organic synthesis and biosynthesis at seafloor hydrothermal systems. Geofluids, 2010, 10: 161 - 192.

[71] Konn C, Testemale D, Querellou J, et al. New insight into the contributions of thermogenic processes and biogenic sources to the generation of organic compounds in hydrothermal fluids. Geobiology, 2011, 9: 79 - 93.

[72] Proskurowski G, Lilley M D, Seewald J S, et al. Abiogenic hydrocarbon production at lost city hydrothermal field. Science, 2008, 319: 604 - 607.

[73] Simoneit B R T. Prebiotic organic synthesis under hydrothermal conditions: An overview. Adv Space Res, 2004, 33: 88 - 94.

[74] Robert P, Laurent B. Origins of life: Emergence of amino acids. Wiley Encyclopedia of Chemical Biology, 2009, 3: 510 - 516.

[75] Huber C, Wächtershäuser G. α-Hydroxy and α-amino acids under possible hadean, volcanic origin-of-life conditions. Science, 2006, 314: 630 - 632.

[76] Aubrey A D, Cleaves H J, Bada J L. The role of submarine hydrothermal in the synthesis of amino acids. Origin Life Evolution Biosphere, 2009, 39: 91 - 108.

[77] LaRowe D E, Regnier P. Thermodynamic potential for the abiotic synthesis of adenine, cytosine, guanine, thymine, uracil, ribose, and deoxyribose in hydrothermal systems. Origin Life Evolution Biosphere, 2008, 38: 383 - 397.

[78] Franiatte M, Richard L, Elie M, et al. Hydrothermal stability of adenine under controlled fugacities of $N_2$, $CO_2$ and $H_2$. Origin Life Evolution Biosphere, 2008, 38: 139 - 148.

[79] Karynl R, Mitchelld S. Organic sulfur metabolisms in hydrothermal environments. Geobiology, 2012, 10: 320 - 332.

[80] Cody G D, Boctor N Z, Filley T R, et al. Primordial carbonylated iron-sulfur compounds and the synthesis of pyruvate. Science, 2000, 289: 1337 - 1339.

[81] Holm N G, Neubeck A, Ivarsson M, et al. Abiotic organic synthesis beneath the ocean floor. In: Astrobiology: Emergence, Search and Detection of Life. American Scientific Publishers, 2010: 187 - 198.

[82] Ogasawara H, Yoshida A, Imai E, et al. Synthesizing oligomers from monomeric nucleotides in simulated hydrothermal environments. Origin Life Evolution Biosphere, 2000, 30: 519 - 526.

[83] Huber C, Eisenreich W, Hecht S, et al. A possible primordial peptide cycle. Science, 2003, 301, 938 - 940.

[84] Hazen R M, Deamer D W. Hydrothermal reactions of pyruvic acid: Synthesis, selection, and self-assembly of amphiphilic molecules. Origin Life Evolution Biosphere, 2007, 37: 143 - 152.

[85] Simoneit B R T, Rushdi A I, Deamer D W. Abiotic formation of acylglycerols under simulated hydrothermal conditions and self-assembly properties of such lipid products. Adv Space Res, 2007, 40: 1649 - 1656.

[86] Tian G, He C, Chen Y, Yuan H M, et al. Hydrothermal reactions from carbon dioxide to phenol. ChemSusChem, 2010, 3: 323－324.

[87] He C, Tian G, Liu Z W, et al. A mild hydrothermal route to fix carbon dioxide to simple carboxylic acids. Org Lett, 2010, 12: 649－651.

[88] Feng S H, Tian G, He C, et al. Hydrothermal biochemistry: From formaldehyde to oligopeptides. J Mater Sci, 2008, 43: 2418－2425.

[89] Jin F M, Gao Y, Jin Y J, et al. High-yield reduction of carbon dioxide into formic acid by zero-valent metal/metal oxide redox cycles. Energ Environ Sci, 2011, 4: 881－884.

[90] Jin F M, Zeng X, Jing Z Z, et al. A potentially useful technology by mimicking nature-rapid conversion of biomass and $CO_2$ into chemicals and fuels under hydrothermal conditions. Ind Eng Chem Res, 2012, 51: 9921－9937.

[91] Komameni S, Roy R, Li Q H. Microwave-hydrothermal synthesis of ceramic power. Mater Res Bull, 1992, 27: 1393－1405.

[92] Baghurst D R, Cgippirdate A M. Microwave syntheses for super conducting ceramics. Nature, 1988, 33: 33－39.

[93] Wu C C, Shiau C Y, Ayele D W, et al. Rapid microwave-enhanced solvothermal process for synthesis of $CuInSe_2$ particles and its morphologic manipulation. Chem Mater, 2010, 22: 4185－4190.

[94] Wang H, Xu J Z, Zhu J J, et al. Preparation of CuO nanoparties by microwave irradiation. J Cryst Growth, 2002, 244: 88－94.

[95] Mi C C, Tian Z H, Cao C, et al. Microwave-assisted solvothermal synthesis of $NaYF_4$ : Y b, Er upconversion nanoparticles and their application in cancer cell imaging. Langmuir, 2011, 27: 14632－14637.

[96] Buhler G, Feldmann C. Microwave-assisted synthesis of luminescent $LaPO_4$ : Ce, Tb nanocrystals in ionic liquids. Angew Chem Int Ed, 2006, 45: 4864－4867.

[97] Chen X, Wang W J, Chen X Y, et al. Microwave hydrothermal synthesis and upconversion properties of $NaYF_4$ : $Yb^{3+}$, $Tm^{3+}$ with microtube morphology. Mater Lett, 2009, 63 : 1023－1026.

[98] Wang J, Ma T, Zhang Z H, et al. Investigation on the transition crystal of ordinary rutile $TiO_2$ powder by microwave irradiation in hydrogen peroxide solution and its sonocatalytic activity. Ultrason Sonochem, 2007, 14: 75－82.

[99] Zhu Y J, Wang W W, Qi R J, et al. Microwave-assisted synthesis of single-crystalline tellurium nanorods and nanowires in ionic liquids. Angew Chem Int Ed, 2004, 43: 1410－1414.

[100] Li S M, Wang Y L, Ma M G, et al. Microwave-assisted method for the synthesis of cellulose-based composites and their thermal transformation to $Mn_2O_3$. Ind Crop Prod,

2013，43：751－756.

［101］ Yan J，Fan Z J，Wei T，et al. Carbon nanotube/$MnO_2$ composites synthesized by microwave-assisted method for supercapacitors with high power and energy densities. J Power Sources，2009，194：1202－1207.

［102］ Ni Z，Masel R I. Rapid production of metal-organic frameworks via microwave-assisted solvothermal synthesis. J Am Chem Soc，2006，128：12394－12395.

［103］ Lu Y，Zhang L，Li J，et al. MnO nanocrystals：A platform for integration of MRI and genuine autophagy induction for chemotherapy. Adv Funct Mater，2012，23：1534－1546.

［104］ Niu H L，Chen Q W，Zhu H F，et al. Magnetic field-induced growth and self-assembly of cobalt nanocrystallites. J Mater Chem，2003，13：1803－1805.

［105］ Wang J，Chen Q W，Zeng C，et al. Magnetic-field-induced growth of single-crystalline $Fe_3O_4$ nanowires. Adv Mater，2004，16：137－140.

［106］ Wu M Z，Xiong Y，Jia Y S，et al. Magnetic field-assisted hydrothermal growth of chain-like nanostructure of magnetite. Chem Phys Lett，2005，401：374－379.

［107］ Zhao X B，Pang Z W，Wu M Z，et al. Magnetic field-assisted synthesis of wire-like $Co_3O_4$ nanostructures：Electrochemical and photocatalytic studies. Mater Res Bull，2013，48：92－95.

［108］ He Z B，Yu S H，Zhou X Y，et al. Magnetic-field-induced phase-selective synthesis of ferrosulfide microrods by a hydrothermal process：Microstructure control and magnetic properties. Adv Functl Mater，2006，16：1105－1110.

［109］ Zhang J Z，Chen Q W，Tao N. Magnetic field-induced formation of molecule-based magnetic material ［$Co_{1.5}(N_3)(OH)(L)$］$_n$ with antiferromagnetic coupling. J Cryst Growth，2008，310：3788－3791.

［110］ 王亚松，徐云鹏，田志坚，等．离子热法合成分子筛的研究进展．催化学报，2012，33：39－50.

［111］ Cooper E R，Andrews C D，Wheatley P S，et al. Ionic liquids and eutectic mixtures as solvent and template in synthesis of zeolite analogues. Nature，2004，430：1012－1016.

［112］ Wang L，Xu Y P，Wei Y，et al. Structure-directing role of amines in the ionothermal synthesis. J Am Chem Soc，2006，128：7432－7433.

［113］ Wei Y，Tian Z J，Gies H，et al. Ionothermal synthesis of an aluminophosphate molecular sieve with 20-ring pore openings. Angew Chem Int Ed，2010，49：5367－5370.

［114］ Xu R S，Zhang W P，Guan J，et al. New insights into the role of amines in the synthesis of molecular sieves in ionic liquids. Chem-A Eur J，2009，15：5348－5354.

［115］ Ren L M，Wu Q M，Yang Ch G，et al. Solvent-free synthesis of zeolites from solid raw materials. J Am Chem Soc，2012，129，134：15173－15176.

[116] Liu L, Yang J F, Li J P, et al. Ionothermal synthesis and structure analysis of an open-framework zirconium phosphate with a high $CO_2/CH_4$ adsorption ratio. Angew Chem Int Ed, 2011, 50: 8139-8142.

[117] Jin W J, Zhai Q G, Li S N, et al. The ionothermal synthesis of a 3D indium metal-organic framework: Crystal structure, photoluminescence property and photocatalytic activity. Inorg Chem Commun, 2012, 24: 209-211.

[118] Wu Z F, Feng M L, Hu B, et al. Ionothermal synthesis of a metal-organic framework constructed by magnesium (Ⅱ) and 4,4′-oxybis (benzoic acid) ligand. Inorg Chem Commun, 2012, 24: 166-169.

[119] Tan B, Xie Z L, Feng M L, et al. Ionothermal syntheses, crystal structures and properties of three-dimensional rare earth metal-organic frameworks with 1,4-naphthalenedicarboxylic acid. Dalton Trans, 2012, 41: 10576-10584.

[120] Fu H, Li Y G, Lu Y, et al. Polyoxometalate-based metal-organic frameworks assembled under the ionothermal conditions. Crys Growth Design, 2011, 11: 458-465.

[121] Fu H, Qin C, Lu Y, et al. An ionothermal synthetic approach to porous polyoxometalate-based metal-organic frameworks. Angew Chem Int Ed, 2012, 51: 7985-7989.

[122] Wang X J, Yan C L. Synthesis of nano-sized NaY zeolite composite from metakaolin by ionothermal method with microwave assisted. Inorg Mater, 2010, 46: 517-521.

[123] Liu J, Liu X M, Kong X G, et al. Controlled synthesis, formation mechanism and upconversion luminescence of $NaYF_4$ : Yb,Er nano-/submicrocrystals via ionothermal approach. J Solid State Chem, 2012, 190: 98-103.

[124] Li C X, Li H H, Han L J, et al. Ionothermal/hydrothermal synthesis of the ternary metal chalcogenide $ZnIn_2S_4$. Mater Lett, 2011, 65: 2537-2540.

[125] Li J R, Xie Z L, He X W, et al. Crystalline open-framework selenidostannates synthesized in ionic liquids. Angew Chem Int Ed, 2011, 50: 11395-11399.

[126] Li J R, Xiong W W, Xie Z L, et al. From selenidostannates to silver-selenidostannate: Structural variation of chalcogenidometallates synthesized in ionic liquids. Chem Commun, 2013, 49: 181-183.

[127] Adschiri T, Hakuta Y, Arai K. Hydrothermal synthesis of metal oxide fine particles at supercritical conditions. Ind Eng Chem Res, 2000, 39: 4901-4907.

[128] Goto M. Chemical recycling of plastics using sub- and supercritical fluids. J Supercrit Fluid, 2009, 47: 500-507.

[129] Adschiri T, Kanazawa K, Arai K. Rapid and continuous hydrothermal crystallization of metal oxide particles in supercritical water. J Am Ceram Soc, 1992, 75: 1019-1022.

[130] Zheng Q X, Li B, Xue M, Zhang H D, et al. Synthesis of $YVO_4$ and rare

earth-doped $YVO_4$ ultra-fine particles in supercritical water. J Supercrit Fluid, 2008, 46: 123－128.

[131] Zheng Q X, Li B, Zhang H D, et al. Fabrication of YAG mono-dispersed particles with a novel combination method employing supercritical water process. J Supercrit Fluid, 2009, 50: 77－81.

[132] Zheng Q X, Li B, Tao X T. Novel $BaTeMo_2O_9$ fine particles synthesized via a supercritical water route. CrystEngComm, 2011, 13: 750－752.

[133] Rangappa D, Naka T, Kondo A, et al. Transparent $CoAl_2O_4$ hybrid nano pigment by organic ligand-assisted supercritical water. J Am Chem Soc, 2007, 129: 11061－11066.

[134] Lu J, Minami K, Takami S, et al. Supercritical hydrothermal synthesis and in situ organic modification of indium tin oxide nanoparticles using continuous-flow reaction system. Appl Mater Interfaces, 2012, 4: 351－354.

[135] Tighe C J, Cabrera R Q, Gruar R, et al. Scale up production of nanoparticles: Continuous supercritical water synthesis of Ce-Zn oxides. Ind Eng Chem Res, 2013, 52: 5522－5528.

[136] Adschiri T, Lee Y, Goto M, et al. Green materials synthesis with supercritical water. Green Chem, 2011, 13: 1380－1390.

[137] Akporiaye D E, Dahl I M, Karlsson A, et al. Combinatorial approach to the hydrothermal synthesis of zeolites. Angew Chem Int Ed, 1998, 37: 609－611.

[138] Knight L M, Lewis G J. A novel screening approach utilizing combinational methods in the ethyltrimethylammoniun template system. The $14^{Th}$ International Zeolite Conference, 2004: 25－30.

[139] Díaz U, Fornés V, Corma A. On the mechanism of zeolite growing: Crystallization by seeding with delayered zeolites. Micropor Mesopor Mater, 2005, 90: 73－80.

[140] Cantin A, Corma A, Diaz-Cabanas M J, et al. Rational design and HT techniques allow the synthesis of new IWR zeolite polymorphs. J Am Chem Soc, 2006, 128: 4216－4217.

[141] Jiang J X, Xu Y, Cheng P, et al. Investigation of extra-large pore zeolite synthesis by a high-throughput approach. Chem Mater, 2011, 23: 4709－4715.

[142] Maniam P, Näther C, Stock N. Systematic hydrothermal investigation of metal phosphonatobenzenesulfonates by high-throughput methods. Eur J Inorg Chem, 2010: 3866－3874.

[143] Bauer S, Serre C, Devic T, et al. High-throughput assisted rationalization of the formation of metal organic frameworks in the iron (Ⅲ) aminoterephthalate solvothermal system. Inorg Chem, 2008, 47: 7568－7576.

[144] Song Y, Yu J H, Li G H, et al. Combinatorial approach for the hydrothermal syntheses of open-framework zinc phosphates. Chem Commun, 2002, 16: 1720 - 1721.

[145] Wei Y G, Wu W Z, Guo R, et al. Wafer-scale high-throughput ordered growth of vertically aligned ZnO nanowire arrays. Nano Lett, 2010, 10: 3414 - 3419.

# 第五章 组合合成

刘　刚　唐叶峰　于吉红

## 第一节　组合合成及发展历程

传统的合成化学往往针对某一个（或一类）具有特定结构和功能的目标分子进行，如天然产物全合成。然而，自 20 世纪 80 年代以来，人类对于各种功能分子和材料的需求日益增长，同时由于高通量筛选技术、计算机辅助设计和结构生物学等领域不断取得进展，人们迫切希望加快发现、认识以及优化新功能分子的过程，以实现“高通量”的目的。这直接导致了合成化学在研究思路、目标和方法学上发生重大改变，由此组合合成应运而生。组合合成的概念最初源自组合化学，其基本定义为：在化学库的合成过程中，至少有一步反应的反应试管（或者操作）数目少于所得到的化合物数目[1]。例如，同步完成几个反应但实现一次性纯化；再如，一次性操作完成数十个，甚至数百个反应等。组合合成分为“平行合成”和“混合-分开合成”两种策略。组合合成与组合化学既有联系，也有区别：前者仅强调明确完成合成化学库的步骤，一般往往每个化合物合成在 1～10mg 的规模或以上，化学库的数目不宜过大，可用于多模型筛选目的；后者则必须考虑利用组合合成的原理在短时间内合成大数量的化合物库，同时必须考虑从大数量化合物中识别（筛选）并鉴定（结构解析）少数感兴趣分子的方法，一般以超高通量的形式完成合成、简便的筛选方法识别活性分子，并采用灵敏的技术解析活性化合物的结构等组合步骤完成[2]。组合合成的雏形最早可以追溯到 1986 年 Merrifield 发展的固相合成多肽技术[3]。自 20 世纪 80 年代起，组合合成被广泛用于多肽、核苷类化合物以及多糖等具有重复或类似结构单元分子库的构建。

组合合成技术的完善则直接导致组合化学的产生，包括 Geysen 于 1984 年建立的多中心合成法[4]；Houghton 于 1985 年建立了茶叶袋法[5]；以及 1988 年 Furka 建立的“混合-裂分法”[6]和 1991 年 Lam 进一步发展的“一珠一化合物”法[7]，这些都被看作是组合化学发展过程中的里程碑。

随着组合化学的不断发展，组合合成的理念也逐渐深入到其他一些传统的合成领域，包括构建有机小分子库、有机合成方法学的研究、全合成天然产物以及材料科学等。1992 年，Ellman 首次将组合合成理念引入非肽类小分子化合物库的合成[8]；1995 年，Schultz 和 Xiang 等成功地将组合合成应用于高温超导材料合成中，开创了无机材料组合合成的先河[9]。21 世纪初，Schreiber 提出“多样性导向合成（diversity-oriented synthesis，DOS）”概念[10]，其核心思想也是借鉴组合合成方式构建具有结构多样性的有机小分子化合物库，并用于化学生物学和药物化学研究。近年来，组合合成的理念甚至已经扩展到传统的天然产物合成领域，如由 Danishefsky 提出“diverted total synthesis（DTS）”[11]，Waldmann 课题组提出“biology-oriented synthesis（BOS）”[12]以及 Wender 提出“function-oriented synthesis（FOS）”[13]等概念，均强调改变传统的“target-oriented synthesis（TOS）”的研究思路，转向具有结构多样性的天然产物库的合成，以满足当代复杂合成与生物学研究紧密结合的潮流。

经过 30 年的快速发展，组合合成思想已经深深植入到药物研发、材料科学、有机合成以及生物合成等各个研究领域，组合合成所包含的范畴也越来越广泛。从广义上讲，任何利用组合原理快速构建具有结构和功能多样性的化合物库（如分子库、催化剂、新材料等）的过程都可以视为组合合成。作为一种崭新的合成理念，组合合成完全不同于传统合成。传统合成往往是单一的、定向的合成，得到的产物数量和结构多样性有限；而组合合成则是平行的、发散的合成，可以快速地得到一定数量的结构多样性化合物，包括骨架多样性、取代基多样性以及立体异构多样性（图 5-1）。组合合成追求的目标是有效地扩大合成实验的范围、大大简化和缩短目标产物（如药物分子和新材料等）的生成、发现及优化过程。组合合成脱离了传统合成化学的概念，不仅需要考虑合成化学本身，也注重合成与应用的高效衔接，因而具有强大的生命力。例如，近年来组合合成在构建有机小分子化学库方面不再仅仅关注化合物的数量，而是更加注重化合物质量，即强调化学库的“适药性”，通过化学库可以尽快获取“构-效关系”，为研究“构-代关系”、“构-毒关系”提供依据。

传统合成：R+S⟶RS（一种产物）；

组合合成：$R_i+S_j \longrightarrow R_iS_j$　$i=1，2，3，\cdots，n$；$j=1，2，3，\cdots，m$（$n\times m$种产物）

图 5-1　传统合成和组合合成

# 第二节　组合合成优势

组合合成诞生至今不过短短 30 年，然而其研究理念和相应的技术已被工业界和学术界广泛接受，尤其在药物研发领域发挥着巨大的作用。与传统合成相比，组合合成在花费尽可能少的人力、物力和时间的基础上，快速提供在“数量”、“多样性”以及“成药性”三方面都具有优势的各类化合物库，为药物研发中先导物的发现和优化这一关键环节提供了强大的物质基础。

随着现代生物学、临床医学以及药学研究的不断进步，越来越多新的或潜在的药物靶点被发现。尽管目前已经被证实可作为药物靶点的蛋白质、酶、受体或其他生物大分子大约仅有 500 个，但后基因组时代的现代生物学研究表明，数量庞大的潜在药物靶点有待于进一步研究和证实[14]，而证实为药靶的唯一标准是开发出新药。结构生物学、计算化学、生物信息学、高通量筛选技术以及天然产物的快速分离及鉴定等研究领域快速发展，为人们发现活性化合物（Hits）提供了有力的技术支撑条件。然而，如何进一步优化活性分子到药物先导分子（lead compounds）再到药物候选分子（drug candidates），快速完成药物化学的内容（获取系统的“构效关系”、“构代关系”以及“构毒关系”），进而达到适药的目的，则非常依赖于高效经济的组合合成方法和技术。据估计，组合合成诞生以来所产生的化合物数量已超过了过去 200 年里传统合成所获得的化合物数量，由此可见组合合成在快速合成化合物库方面所具有的巨大威力和优势。

值得强调的是，通过高通量筛选途径来发现先导化合物的概率不仅和化合物库的数量有关，而且更加取决于化合物库的“质量”，即“多样性”、“相似性”以及“适药性”。多样性可保证获得较多结构不同的活性分子，相似性则快速给出一定的构效关系，适药性则有利于帮助判断成为药物的可能性。因此，近年来组合合成在不断扩大化合物库“化学空间”的基础上，更加关注所得到分子的理化性质是否具有良好的“类药性”，以满足适药性。例如，分子是否具备可以和生物大分子相互作用的结构特点，是否具有一定的水溶性和脂溶性，是否具有一定的代谢稳定性，是否具有较好的跨膜性，是否具有过血脑屏障特性，是否适宜口服，以及潜在的毒性靶器官是什么，等等。从这个意义上说，组合合成已经逐渐演变为更加高级的“数字与药物分子”之间的平衡问题，因而更加具有挑战性。

令人欣喜的是，组合合成在现代药物研发中的威力正逐步显现出来，越来越多的研究成果不断涌现。典型的例子是新型结构抗生素 linezolid（Zyvox）的发现及优化，并于 2001 年 4 月获得美国食品药品监督管理局（FDA）批准上市，前后共花了约 9 年时间，与传统开发新药的平均时间相比节约了 4～6 年[15]。

# 第三节　组合合成的发展现状

组合合成在过去 30 年中经历了高速发展，并在各个研究领域均产生了一批成果。我国科研人员也积极地投入到这一领域的研究。例如，吉林大学柏旭教授于 2000 年成立了组合化学研究中心，将组合合成应用于有机合成、药物化学和无机合成等多个领域。2000 年，刘刚教授在中国医学科学院药物研究所组建了“分子多样性和组合化学”实验室，成功地搭建了具有特色的组合化学实验技术平台（图 5-2），构建适药性小分子杂环化合物库（图 5-3），并在国内率先利用高通量固相组合合成和液相组合合成进行药物化学研究。浙江大学黄宪教授课题组开展了以硒（Se）为连接臂的固相合成方法研究，取得了显著的成绩。近年来，国内一些有机合成课题组在构建小分子杂环和天然产物化合物库方面也体现出组合合成理念。例如，复旦大学吴劫课题组发展了一系列合成方法学，其特点是从某一共同中间体出发，完成若干具有药物分子优势结构的杂环化合物库的构建；天然产物合成领域则越来越多地用“多样性导向合成”取代传统的“定向合成”。

下面，我们以近年来国内外一些代表性的研究工作为例，阐述组合合成在各个领域的研究现状。

## 一、组合合成构建杂环小分子库

杂环化合物种类繁多，数量庞大。据统计，在已知的有机物中杂环化合物所占的比例超过 60%。在自然界，许多天然杂环化合物在动、植物体内起着重要的生理作用。例如，植物中的叶绿素、动物血液中的血红素、中草药中的有效成分生物碱及部分苷类、部分抗生素和维生素、组成蛋白质的某些氨基酸和核苷酸的碱基等都含有杂环结构。杂环化合物对于药物研究至关重

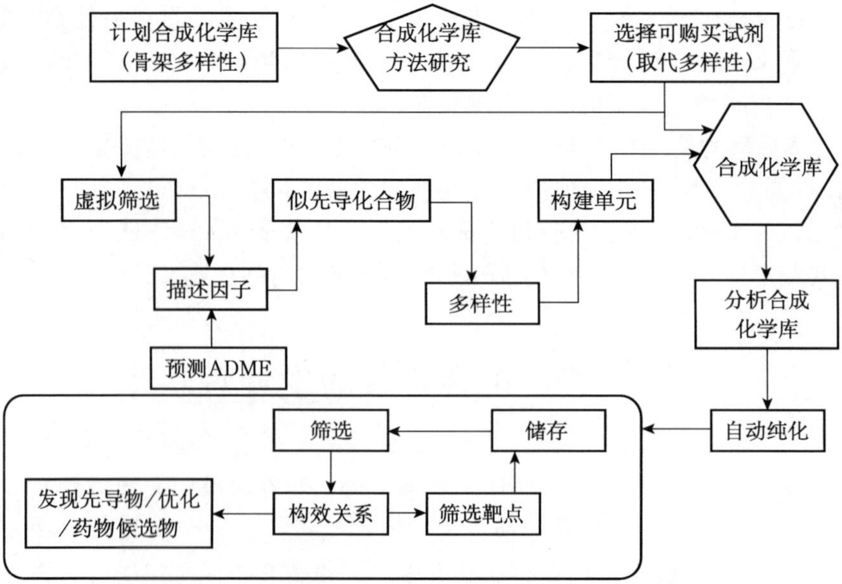


图 5-2　刘刚教授实验室组合化学实验技术平台

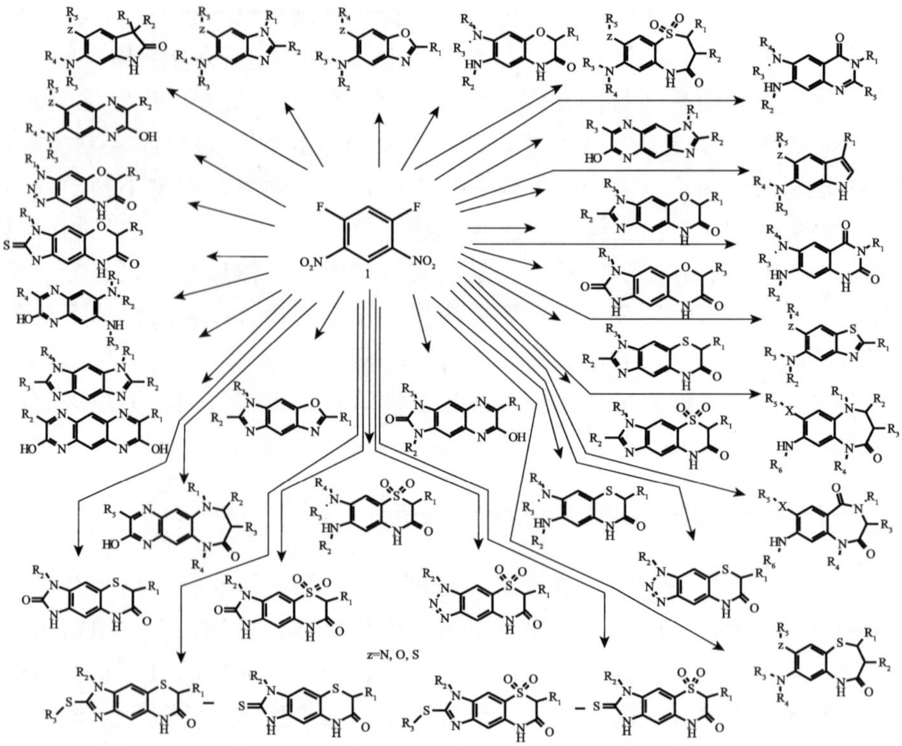

图 5-3　刘刚教授实验室 scaffold-directed 优势结构化学库

要。现有药物中含杂环结构的药物约占半数，其中最畅销的前 10 种药物都含有杂环骨架。毫无疑问，发展高效实用的新反应和新方法用以合成各类杂环化合物一直是合成化学的热点之一。近年来，该研究领域的一大亮点是将偏重于基础研究的合成方法学和偏于应用的组合合成联系在一起，在强调反应新颖性的同时注重方法的灵活性和实用性，使其适用于构建具有一定数量和结构多样性的杂环化合物库，为相关化学生物学和药物化学研究奠定基础。

第一个将组合合成方法用于小分子杂环化合物库构建的是加利福尼亚伯克利分校的 Ellman 教授。他于 1992 年报道了通过固相组合合成方法实现了苯并二氮杂䓬酮类小分子化合物库的构建[8]，开创了该研究领域的先河。该小分子库的合成经过三个步骤：①首先将 2 -氨基-二苯甲酮衍生物通过羟基或羧基同固相树脂相连；②通过五步化学转化完成苯并二氮杂䓬酮骨架的构建，其中肽键形成反应具有挑战性，在使用常规的偶联试剂不能发生反应的情况下，作者尝试使用了较为特殊的酰氟解决了这一难题；③使用酸性条件脱去树脂，得到目标产物（图 5-4）。通过这种方法，该研究组首先合成了 192 个化合物，并从中发现了胆囊收缩素受体（cholecystokinin A receptor）抑制剂。随后该课题组合成了一个更大的化合物库（1680 个），从中又筛选出一些具有其他重要生物活性（如酪氨酸激酶抑制剂）的先导化合物。

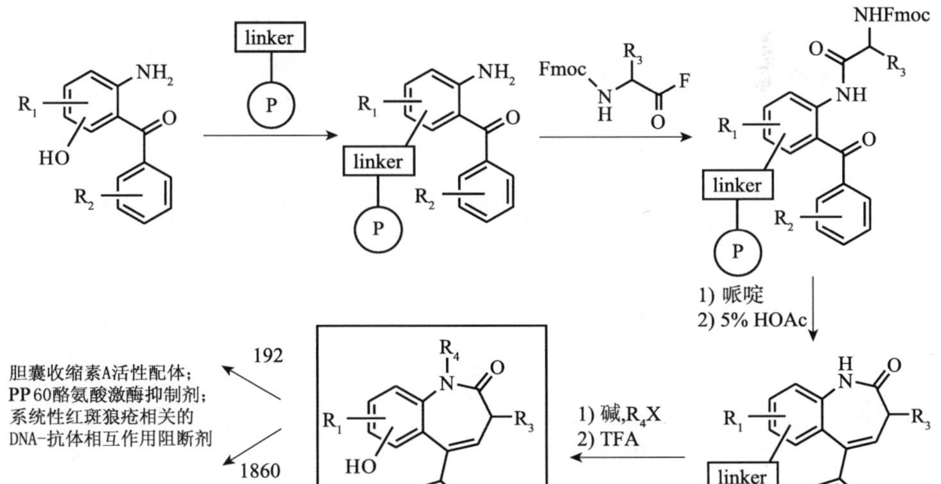


图 5-4　第一例有机小分子固相组合合成

近年来，复旦大学的吴劼课题组在构建具有结构多样性的杂环小分子库方面取得了一系列具有特色的研究成果。该课题组采取多样性导向合成策略，发展了一系列新颖高效的有机合成方法，用来构建包括 2-喹啉酮、异喹啉及茚在内多个杂环化合物骨架，并将其应用于不同的生物活性测试之中，从中发现了一些具有应用价值的先导化合物。

例如，1，2-二氢异喹啉环是常见的杂环结构之一，广泛存在于多种具有显著生物活性的天然产物和药物分子结构中。该课题组基于多组分串联反应，以 2-炔基苯甲醛、胺及不同的亲核试剂为原料，在不同金属调控下可以得到具有 1，2-二氢异喹啉环骨架的各种产物，如图 5-5 所示。例如，2-炔基苯甲醛和胺首先发生缩合得到亚胺化合物，在 Ag（Ⅰ）或 Cu（Ⅰ）催化剂作用下活化三键，随后发生分子内环化，最后再接受各类亲核试剂（如吲哚、亚磷酸酯、格氏试剂以及含有活泼亚甲基的酮或氰基化合物等）进攻，得到多取代的 1，2-二氢异喹啉类化合物。另外，在 Fe（Ⅲ）和 Pd（Ⅱ）共催化下，还可以得到异吲哚化合物。在上述反应体系中，作者采用了“双金属活化”策略及“金属与有机小分子共催化”策略成功地实现了 1，2-二氢异喹啉类化合物的合成[16-22]。

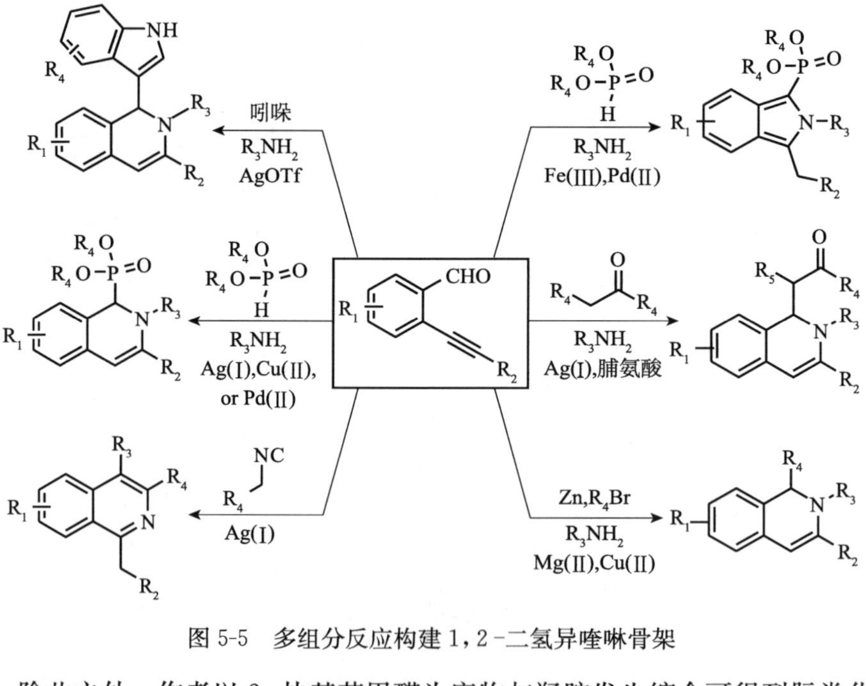


图 5-5　多组分反应构建 1，2-二氢异喹啉骨架

除此之外，作者以 2-炔基苯甲醛为底物与羟胺发生缩合可得到肟类化合物，此类化合物在亲电试剂或合适的路易斯酸的作用下活化炔键，非常容易

发生分子内关环得到异喹啉 $N$-氧化物。基于此，作者进一步发展了其他串联反应（图 5-6），包括：在偶氮二甲酸二甲酯（DMAD）和溴水的作用下，发生分子内关环-［3+2］环加成-重排-偶联反应得到异喹啉氮叶立德化合物；在双金属共催化下与异腈反应，则发生分子内关环-亲核加成-分子内环化-重排反应得到甲酰胺类异喹啉化合物；温和条件下与碳二亚胺、亲电试剂发生三组分反应，通过分子内关环-［3+2］环加成-重排-偶联反应得到脲取代的异喹啉化合物。同时，作者还发现 2-炔基苯甲醛肟类化合物还可以作为亲电试剂接受亲核试剂的进攻。为此发展了 2-炔基苯甲醛肟、$\alpha,\beta$-不饱和羰基化合物和溴等的三组分反应，得到含羟基的异喹啉化合物。而且，基于肟易发生贝克曼重排的特性，作者发展了其串联的贝克曼重排-分子内环化反应，得到多取代的吲哚类化合物[23-30]。

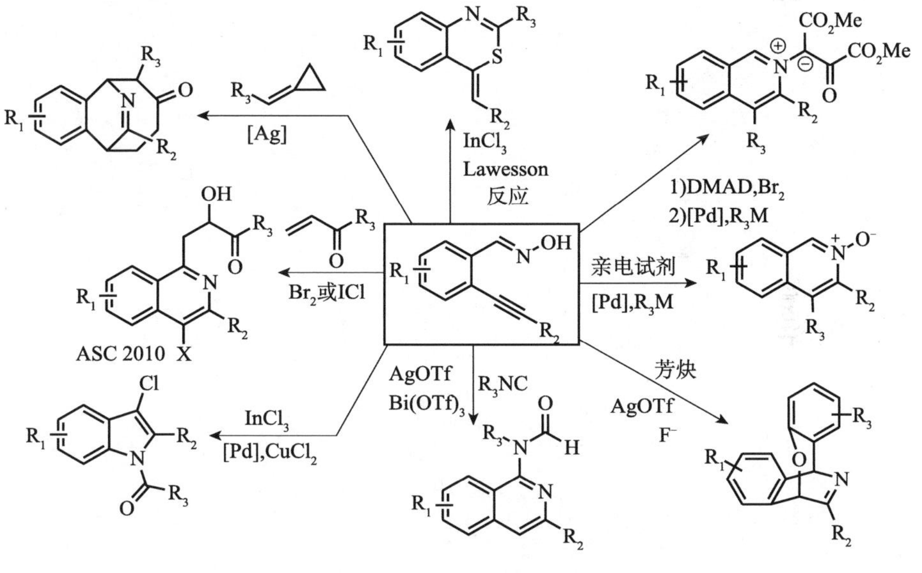


图 5-6　多组分反应构建异喹啉骨架

作为上述工作的延伸，作者还发现以 2-炔基苯甲醛与肼发生一步缩合得到腙类化合物，在亲电试剂或合适的路易斯酸的作用下非常容易发生分子内关环。与以上肟参与的反应类似，在 DMAD 和溴水或路易斯酸的存在下，发生分子内关环-［3+2］环加成-重排-偶联反应得到异喹啉氮叶立德化合物。作者还发现 2-炔基苯甲醛腙在 DMAD 和碘的作用下，则发生分子内关环-［3+2］环加成-芳构化得到并吡唑环的异喹啉类化合物，而此类似结构广泛存在于多种具有显著生物活性的天然产物和药物分子之中。进一步的研究表明，2-炔基苯甲醛与肼缩合得到的中间产物在银盐的催化下与端基炔或烯醇硅醚反应，也可以得到并吡唑环的异喹啉类化合物。为了使得该类反应更加高效，作者还实现了基于2-炔基苯甲醛和肼的多组分反应：2-炔基苯甲醛和肼分别与带有α-氢的羰基化合物、α,β-不饱和羰基化合物或带有α-氢的三级胺等反应，都得到了带有不同官能团取代的并吡唑环的异喹啉类化合物。而且，作者在此过程中还发展了金属与氮杂环卡宾有机小分子共催化的2-炔基苯甲醛腙、α,β-不饱和醛和甲醇的三组分反应。此反应条件温和，底物适用范围较广，高效地得到1,2-二氢异喹啉类化合物（图5-7）[31-40]。

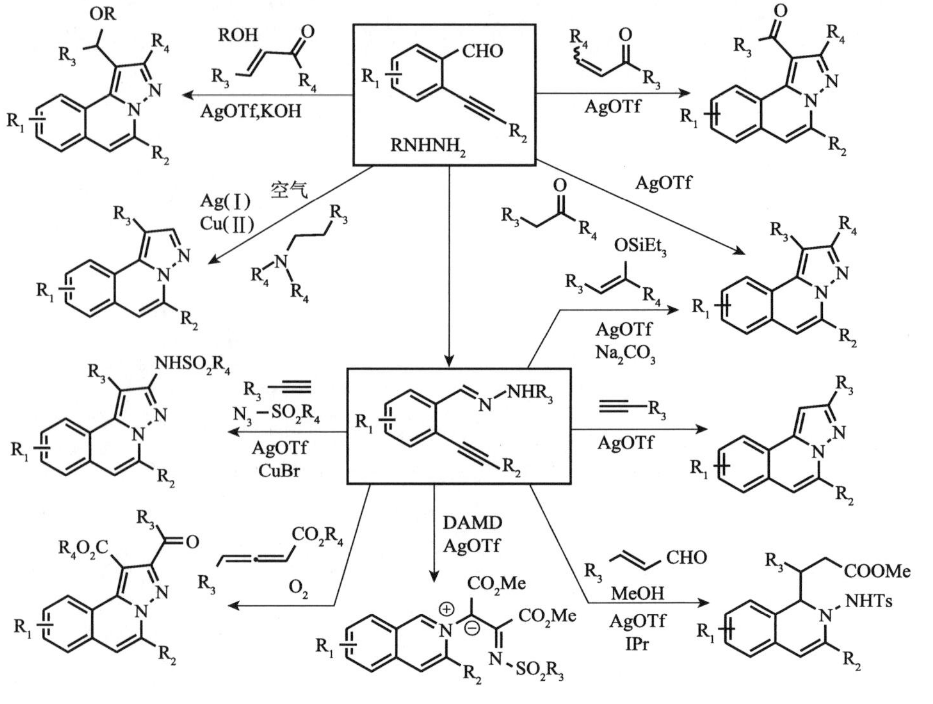


图5-7 多组分反应构建并吡唑环的异喹啉类骨架

浙江大学的王彦广教授课题组围绕多取代炔丙醇这一合成子，利用不同路易斯酸作为催化剂和不同亲核试剂进行组合，进而发生串联反应形成多种杂环骨架（图5-8）[41-46]。例如，在三氟磺酸（TfOH）作用下同吲哚发生串联亲核取代/环化反应得到吲哚并环戊烯三环骨架；在三氟化硼乙醚（$BF_3 \cdot Et_2O$）作用下，与二丁炔酸酯和二级胺发生多组分串联反应得到氮杂䓬七元杂环；同样条件下，还可以和磺酰基保护的腙类化合物发生形式上的［3+2］反应得到二氢吡唑类骨架；另外，在路易斯酸作用下和磺酰胺或氮杂环丙烷发生串联反应得到多取代茚类骨架。

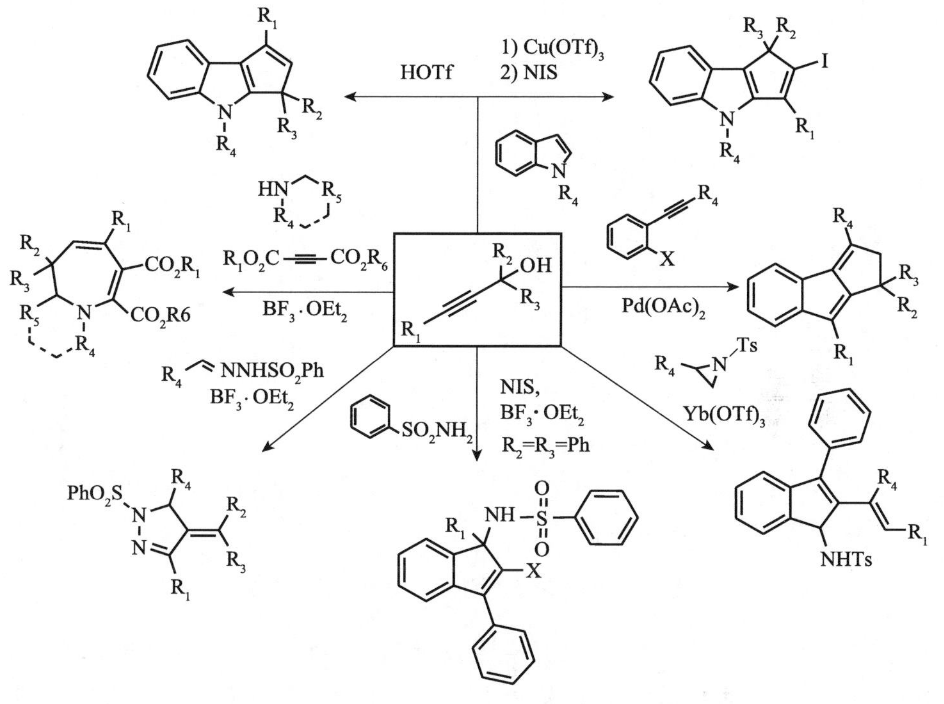

图 5-8　基于炔丙基醇合成子的各种杂环骨架合成

采取同样研究策略构建有机小分子杂环骨架的还有清华大学饶鹂博士课题组。围绕环丁酮这一关键合成子，通过与不同底物组合，实现了多种药物化学中常见的结构单元的高效合成（图 5-9）。例如，在 $BF_3 \cdot OEt_2$ 催化条件下，3-乙氧基环丁酮可以和取代苯胺发生形式［3＋3］反应得到多取代喹啉；同样条件下，8-氨基喹啉反应得到 1,10-菲罗啉衍生物。另外，在 $SnCl_4$ 作为催化剂时则可以和单取代肼发生形式［3＋2］反应得到吡唑衍生物。作者还发现，3-乙氧基环丁酮在 $TiCl_4$ 作为催化剂时，可以和一级胺或二级胺发生反应，分别得到顺式或反式 $\beta$-烯胺酮，而后者可以用于合成吲哚、吡咯、吡啶和嘧啶等多种杂环[47-50]。

## 二、组合合成构建类天然产物库

在药物研发史上，天然产物扮演着极其重要的角色。天然产物既可以直接作为药物使用，也多作为药物先导化合物经过结构修饰和优化进而变成药物。统计数据表明，目前上市的 1000 多种药物中，有超过 50%的药物来源

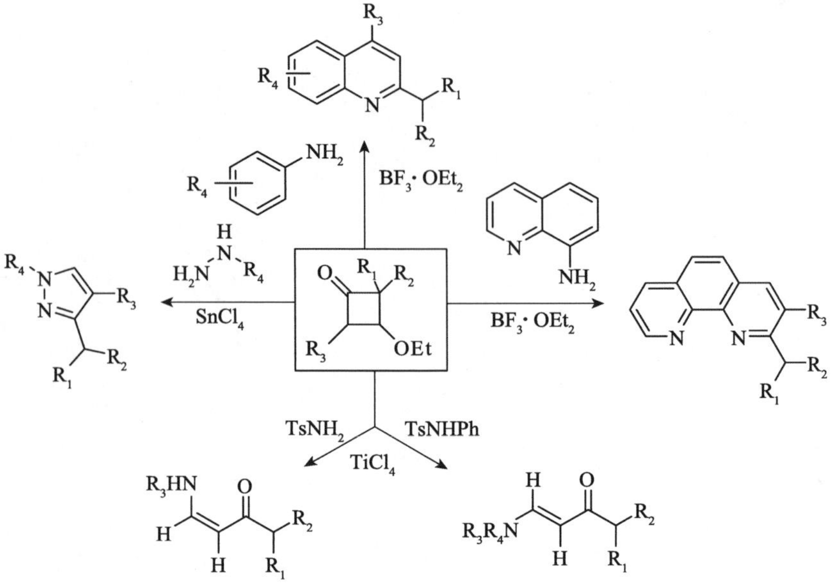


图 5-9　基于环丁酮合成子的各种杂环合成

于天然产物或与天然产物相关的先导结构[51]。原因是在于：①天然产物经过长期生物进化而来，从生源上来讲已经经过了自然法则的“高通量”筛选，因此一般都具有精密的三维结构，可以有效地同生物体内特定生物大分子（如酶或蛋白质）结合，从而发挥特定的生理作用；②天然产物与生物大分子作用位点的基因序列相对比较保守，因此天然产物往往不仅可以在生物本身体内发挥某一特定的功能，在不同的环境中（如人体内）也有可能起到同样作用，这为天然产物发展成为药物奠定了基础；③从化学结构上看，天然产物往往具有新颖独特的化学结构，与其他来源的分子（如高通量合成得到的化合物库）相比，占据不同的“化学空间”，起到互补的作用[52]。

当然，天然产物导向的药物研究也面临着不可回避的问题。首先是天然产物作为药物的来源和供给问题。天然产物在自然界的含量往往很低，特别是有些物种来源稀少或者采集很困难（如海洋天然产物），因此通过从动植物中提取分离的方式很难得到大量天然产物。其次，天然产物作为药物在药效、毒性以及药物吸收代谢方面也可能存在一定的问题。从本质上讲，天然产物是植物、动物以及微生物为了维持物种自身生存和发展经过长期进化和自然选择产生的次生代谢物，当被人类作为药物使用时，存在诸如生物活性低、毒性大、吸收和代谢难等一系列问题。所以尽管很多天然产物具有非常好的生物活性，但往往不能直接作为药物使用，还需要经过结构修饰和改造才能发展成为药物。

近年来，以生物功能为导向的天然产物多样性合成成为组合合成发展的潮流，出现了所谓的“生物（活性）导向的合成（biology-oriented synthesis)”，功能导向的合成（function-oriented synthesis)”，“转向全合成（diverted total synthesis)”以及“多样性导向的合成（diversity-oriented synthesis)”等一系列新概念。这些理念相对于过去传统的单一天然产物合成的“靶向合成（target-oriented synthesis)”而言有明显的不同。后者一般是以某种特定的天然产物为合成目标，合成路线设计往往不具备灵活性，只能得到数目有限的天然产物或其结构类似物。对于以天然产物为先导化合物的药物化学研究内容来说，这种传统的合成方式显然面临挑战。相反，以生物功能为导向的天然产物组合合成策略则强调路线设计的灵活性，即不但可以合成多个具有相似骨架结构的天然产物群，也可以通过改变试剂和原料，创造出很多类天然产物，这些类天然产物无法直接从天然渠道获取。以活性天然产物为导向，以结构多样性合成为目的的合成策略将组合合成理念与传统的天然产物合成完美地结合在一起，从而使天然产物合成这一相对成熟的领域迸发出新的生命力。

作为该研究领域的代表性工作之一，2001 年哈佛大学的 Shair 研究组报道了以天然产物加兰他敏（galanthamine）为模板的类天然产物库的组合合成[53]。他们首先通过仿生合成策略得到天然产物 galanthamine 的三环核心骨架，然后通过对分子中不同官能团进行衍生和修饰，包括引入 Mitsunobu 反应、1，4 -共轭加成反应和 *N* -烷基化反应等，从而得到一个具有 2527 个化合物的类天然产物化学库。与 galanthamine 相比，这些化合物在侧链、官能团以及立体化学方面均体现出多样性。研究表明，该类天然产物库中的一员 secramine 表现出较强的乙酰胆碱酶抑制活性（图 5-10）。需要指出的是，天然产物 galanthamine 本身并没有这方面的生物活性，这一结果说明基于天然产物骨架修饰所得到的类天然产物不仅可以用来提高和改善天然产物原有的生物活性，还可以产生新的意想不到的生物活性。

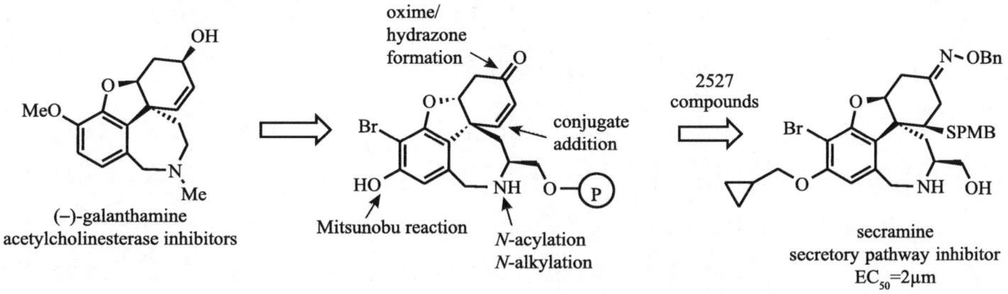


图 5-10 galanthamine 类天然产物库的组合合成

在国内，刘刚教授课题组较早开展了以天然产物为先导结构的化合物库的组合合成，并取得一系列研究成果。作为代表性工作之一，以天然产物(+)-calanolide A 为先导化合物，运用组合合成原理对其进行全方位的结构修饰和改良，并系统研究构效关系，最终发现一类具有很强抑制 HIV-1 逆转录酶活性的候选药物分子 F18（图 5-11）[54]。

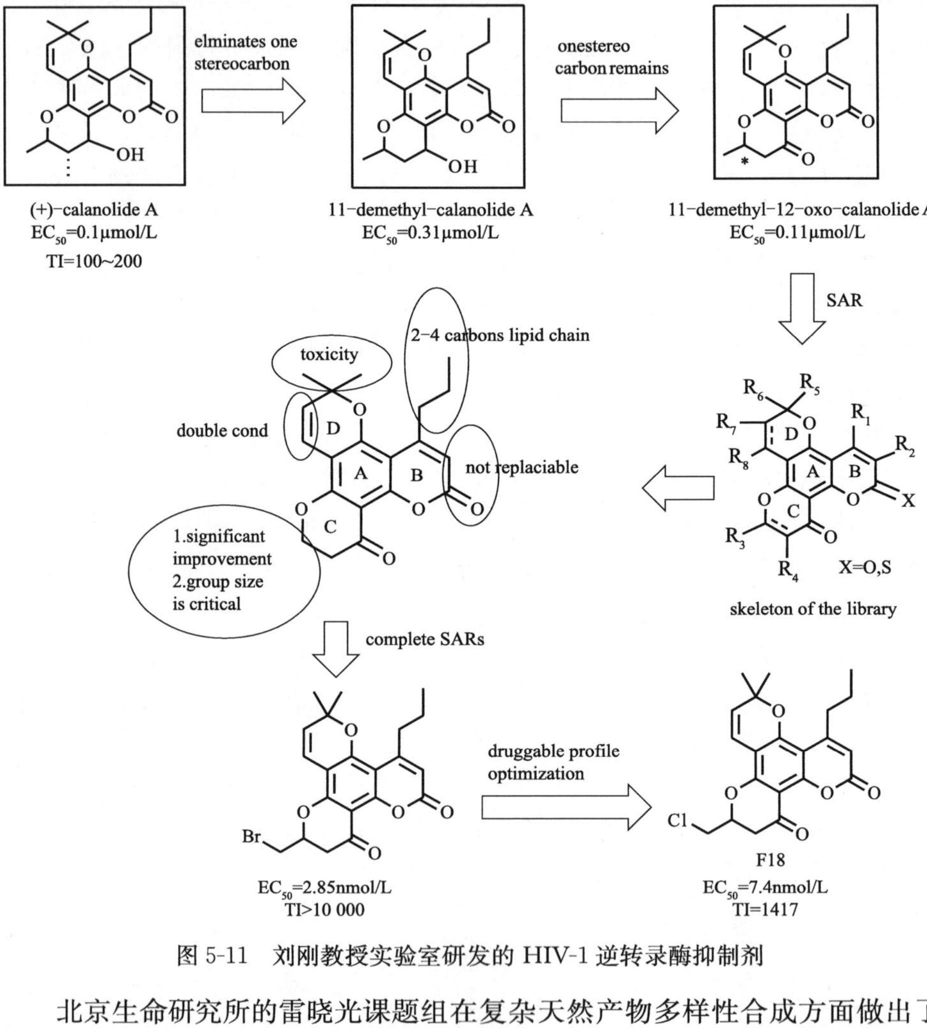


图 5-11 刘刚教授实验室研发的 HIV-1 逆转录酶抑制剂

北京生命研究所的雷晓光课题组在复杂天然产物多样性合成方面做出了出色的研究工作。他们采用“diverted total synthesis”合成策略，完成了一系列具有复杂多环结构和重要生物功能的倍半萜内酯类和石松生物碱类天然产物的高效全合成（图 5-12）。所谓“diverted total synthesis”合成策略，即从某一个关键中间体出发合成一大类天然产物的合成策略。例如，从商业可得的α-蛔蒿素（α-santonin）出发，经过11步反应首先得到倍半萜类天然产物脱水中美菊素（dehydrozaluzanin C）。在此基础上，通过仿生策略经过二聚或三聚反应，分别得到多个结构非常复杂的天然产物，如倍半萜内酯二聚体（ainsliadimer A）和倍半萜内酯三聚体（ainsliatrimer A）。值得一提的是，其中部分天然产物的全合成为国际上首次报道[55-57]。

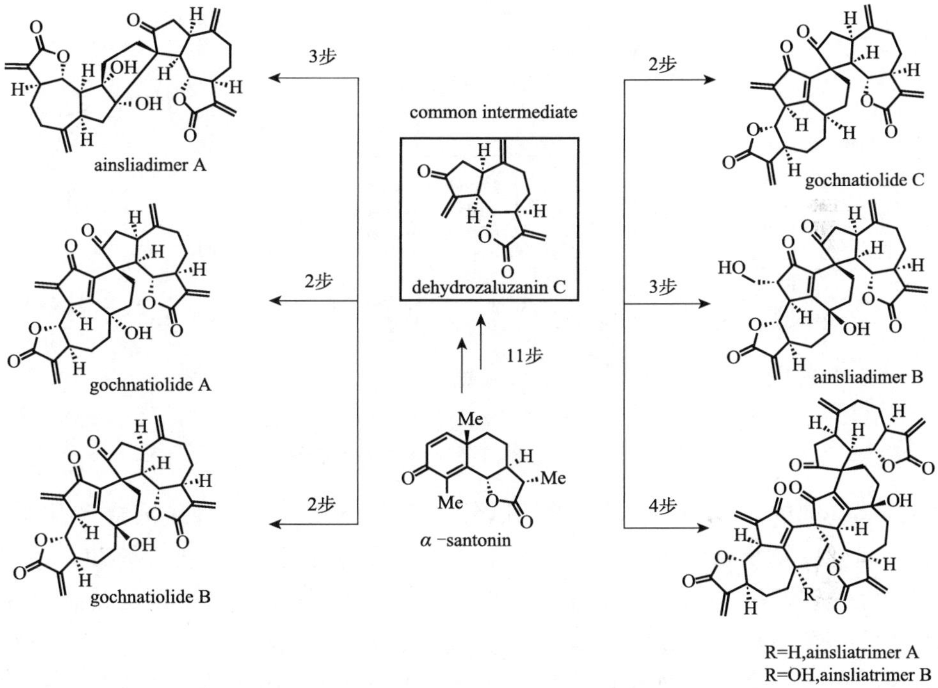


图 5-12　三环倍半萜、二聚物及三聚物的多样性合成

另外，雷晓光博士课题组还将类似的合成策略应用于另一大类重要天然产物石松生物碱的多样性合成[58,59]。在这一研究工作中，作者从简单易得的原料出发，仅通过6步反应即得到一关键双环中间体。由此出发，再经过6～7步反应可以分别得到包括fawcettidine和alopecuridine在内的该家族5个天然产物（图5-13）。上述研究工作通过发展高效、灵活的合成策略，实现了一类天然产物的快速合成，为将这些天然产物及其衍生物应用于化学生物学研究奠定了基础。

同样，清华大学的唐叶峰课题组在苍耳烷（xanthatin）型倍半萜类天然产物多样性合成方面也做出了独具特色的研究工作[60]。苍耳烷型倍半萜代表一大类天然产物，目前自然界中已发现大约120个该类化合物。它们

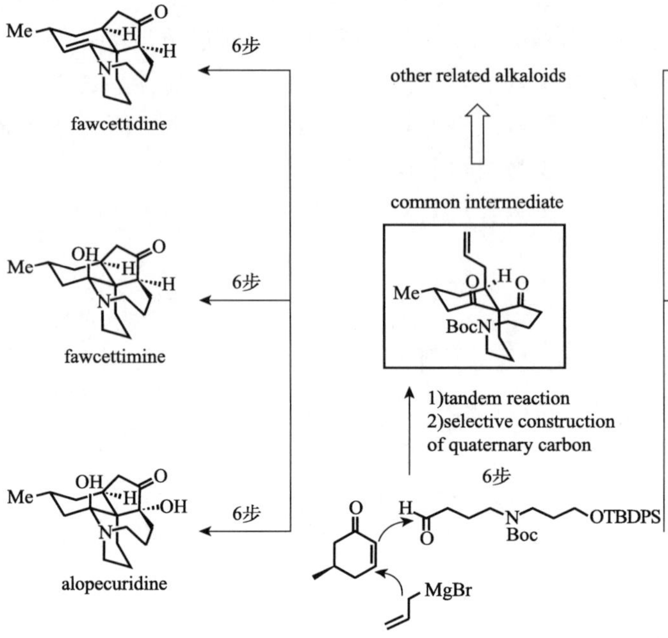


图 5-13　石松生物碱类天然产物多样性合成

除具有共同的 5～7 双环核心骨架以外，在并环方式、手性中心立体化学、氧化程度以及复杂程度上各不相同，体现出结构多样性。众所周知，结构多样性决定其生物活性的多样性。事实上很多含有该类倍半萜的植物被用作传统药物治疗各种疾病，如发热、疱疹、炎症以及癌症等。进一步研究表明，此类化合物还具有抗痢疾、抗菌、抗溃疡以及抑制法尼酰基转移酶等生物活性。从一定意义上讲，苍耳烷型倍半萜是大自然为化学家施展“多样性合成理念”提供的一个最佳平台。在唐叶峰课题组的研究工作中，他们首先系统地研究了 3,4 -位顺式-环丁内酯 dyotropic 重排反应，通过建立新的路易斯酸催化体系，拓展了该反应的底物普适性，并实现化学、区域和立体选择性可调可控，使其发展成为构建手性-环戊内酯的通用方法。在此基础上，该课题组从一关键中间体出发，在 1～3 步反应内完成了苍耳烷型倍半萜家族 7 个天然产物以及多个类似物的合成，从而得到一个具有骨架、官能团和立体化学多样性的天然产物库（图 5-14）。上述研究工作为进一步开展苍耳烷型倍半萜类天然产物的药物化学及化学生物学研究奠定了坚实的基础。

北京大学杨震教授组的部分研究内容也体现出多样性合成理念[61]。他们

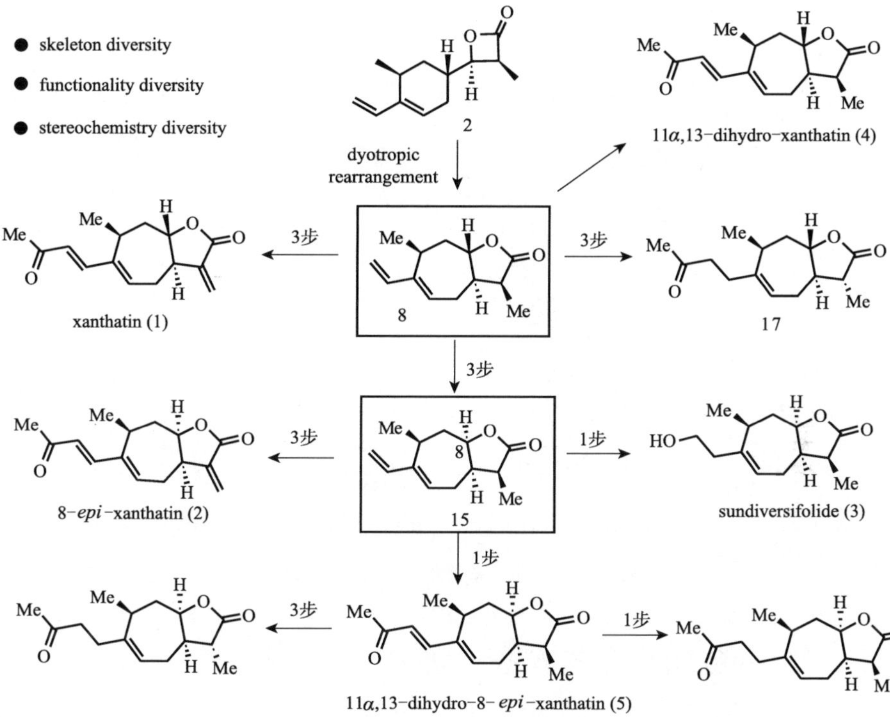


图 5-14 苍耳烷（xanthatin）型倍半萜类天然产物多样性合成

首先发展了新的金催化串联环化反应，即在金催化剂作用下，1，7-二炔底物在分子内亲核基团的诱导下发生连续两次环化反应，并最终被外加亲核试剂捕获，生成并环骨架（图 5-15）。该反应的优点是在一步转化中高效地构建了 5 个 σ 键、2 个环系及 2 个手性中心，并且相对立体化学得到了很好的控制。基于所发展的新方法学，该课题组开展了对于 C-15 氧代烷类倍半萜的多样性合成。该类化合物不但结构复杂，而且具有显著的生物学活性。例如，kuehneromycin A 可以抑制包括 HIV-1 在内的 RNA 病毒逆转录酶的表达，而 antrocin 则具有选择性抑制恶性乳腺癌肿瘤细胞 MDA-MB-231 的生物活性。作者从 1，7-二炔底物出发，经过金催化串联反应后得到一关键三环中间体，再通过几步简单的官能团转化完成了 4 个该家族天然产物的全合成，其中包括 antrocin 及 marasmene 的首例合成报道。值得一提的是，该合成研究以金催化的串联环化代替以往合成中经常使用的分子内 Diels-Alder 反应来构建了［6-6-5］三环骨架，从而使得上述分子的总合成步骤控制在 10 步左右，有利于合成更多的结构类似物以进行相关生物学研究。

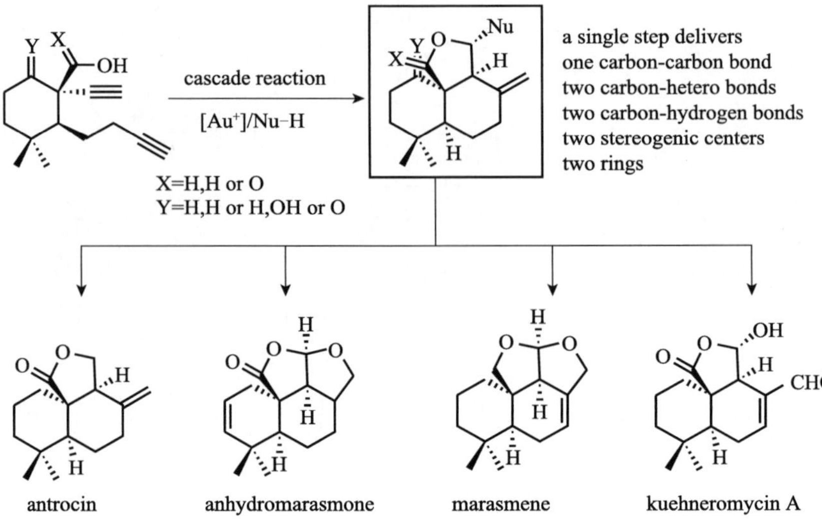


图 5-15　C-15 氧代烷类倍半萜的多样性合成

## 三、组合合成与合成方法学研究

除了在构建有机小分子化合物库方面显示巨大优势以外，近年来组合合成在有机合成方法学研究，特别是在发现新反应方面也体现出显著优势。例如，传统方法在优化反应时，如果一个反应参数有 4 个（如催化剂、添加剂、溶剂和温度），每个参数设定 4 个变量，则理论上的反应组合有 256 个，这样的工作量一个人需要数周时间才能完成。在实际研究中，化学家通常会结合理性分析和经验，依据一定的逻辑筛选其中一些条件组合（20～30 个），来减少工作量、节省时间和成本。这种做法的缺点是无法全面、准确地反映每一个变量对反应的影响，因而有可能遗漏最佳的反应条件，有时甚至直接影响整个研究的成败。如果使用高通量条件筛选，则在较短的时间内（数天）即可以完成上述所有 256 个反应的筛选，不仅可以大大缩短研究周期，还能提高发现新反应的成功率。

Merck 公司在使用高通量筛选模式进行关键反应优化方面有很多成功的实例[62]。该公司在 2002 年成立了专门的实验室研究不对称催化氢化反应在药物分子合成中的应用。尽管不对称氢化反应是相对成熟的研究领域，目前已有很多金属催化剂可供选择。然而对于药物分子合成来说，往往底物结构发生较小改变时，反应产率和对映选择性就会受较大影响。针对这一问题，该实验室使用组合方法针对特定底物的不对称催化氢化反应进行条件优化，包括筛选手性配体、金属催化剂和氢气压力等反应变量。采用自动或半自动反应仪器，这样一个反应优化过程所需要进行的数百个反应在几天内即可完成。Merck 公司将这种研究方式成功用于多个药物和先导化合物的大规模合成当中，其中代表性范例是 2006 年上市的治疗Ⅱ型糖尿病的药物 sitagliptin。在该药发展的前期阶段，Merck 公司需要进行 9 步反应合成该分子，尽管总的收率不错，但其中涉及使用一些较为昂贵的试剂，因而不利于大规模工业生产。为解决这一难题，该公司发展了两条以不对称催化氢化作为关键步骤的合成路线，其中一条路线的关键步骤是对于氨基上无保护基烯胺化合物进行不对称催化氢化反应。该类反应文献中鲜有报道，且结果均不理想。Merck 公司对该反应进行了非常系统全面的筛选，最终取得理想的结果，将 sitagliptin 的合成路线大为简化，且变得经济实用（图 5-16）。目前 Merck 公司使用该合成路线可年产 100t sitagliptin。

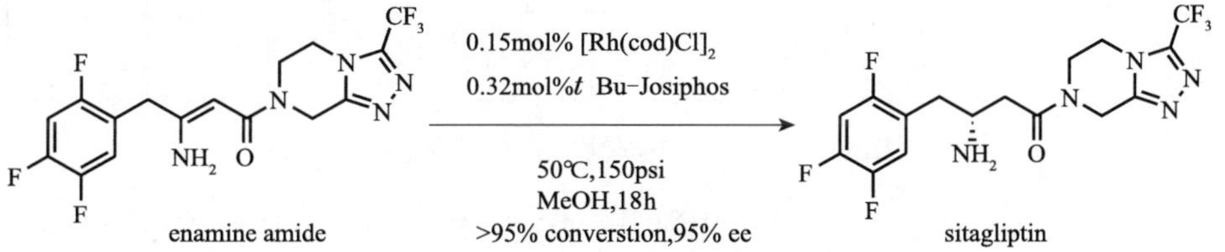


图 5-16　sitagliptin 不对称合成

最近普林斯顿大学的 MacMillan 研究组将组合理念成功应用于新反应的发现，其基本过程包括：①选取一定数量的不同底物组成底物库，并根据一定原则将其两两组合成“底物对”置于 96 孔板，原则上组成“底物对”的化合物之间不会自动发生反应；②向“底物对”中加入催化体系，如催化剂、配体、添加物和溶剂等，并通过气质联用（GC-MS）检测每个孔的反应产物，从中发现感兴趣的产物并推测其对应的反应类型；③选择有意义的化学反应予以验证，并继续深入优化，使其发展成为具有合成应用价值的新反应（图 5-17）。利用这种方法，MacMillan 最近报道了通过光介导的氧化还原反应实现氨基-$\alpha$-位芳基化反应[63]。相比于传统有机合成方法学研究模式，这种方法的优点在于更加有利于发现那些所谓的“意外”反应。除此之外，理论上一个熟练的实验人员每天可以筛选 1000 个反应，因而其研究效率也大大提高。

## 四、组合无机合成

1995 年，Schultz 和 Xiang 等成功地将组合化学应用于高温超导材料合成

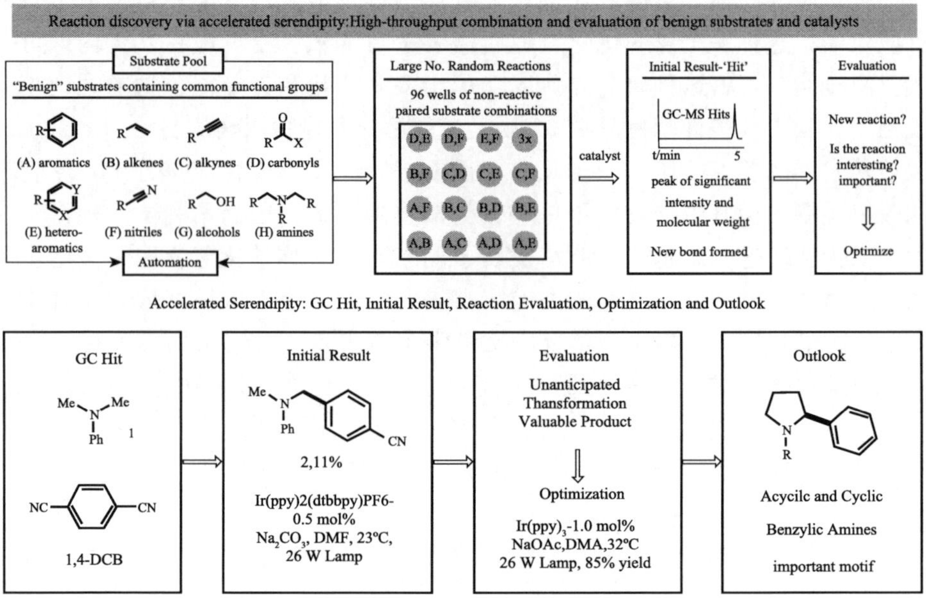


图 5-17　光介导的氨基-$\alpha$-位芳基化反应

中，开创了无机材料组合合成的先河[9]。目前，组合合成方法已被用于各种材料，如巨磁阻材料[64]、介电材料和铁电材料[65]、荧光材料[64,66]、半导体材料[66]、催化剂材料[68-71]和聚合物材料[72]的合成研究中。组合化学作为合成化学的一个新分支，在无机材料合成中展现出巨大的潜力。它不但可以预测新性质、新化合物，而且有利于人们深入了解合成-结构-性能三者之间的关系，为最终实现定向合成奠定基础。下面将主要介绍组合化学在催化剂材料中的应用。

催化剂是催化反应工艺和工程的核心，在现代化工业生产中被广泛应用于化学、燃料和石油化工等领域。合成与制备新型催化剂，发展催化剂合成与制备新方法、新理论及新路线，利用新型催化剂开展新型催化反应，是催化研究的重点。传统催化剂的开发是不断地重复样品合成和催化性能表征，研发周期长、投入大、产出少，已经成为制约催化工业发展的瓶颈。利用组合方法快速开发新型催化剂材料将会促进我国石油和催化工业的发展。

分子筛无机微孔晶体材料具有规则的纳米孔道或笼结构，其孔径一般小于2nm，是一类重要的催化剂材料[73]。利用高通量组合合成分子筛微孔材料始于1998年，Akporiaye等[74]首次报道了利用组合反应釜，研究了 $Na_2O-Al_2O_3-SiO_2-H_2O$ 体系的水热组合合成。Maier 等[75,76]随后改进了多孔微量反应釜，使其能够在 Si 的单晶片上实现微量水热合成 TS-1。Bein 等[77]继续延伸了这种方法，使产物能单个表征。近年来，西班牙 Corma 等利用自行设计的 15 孔组合釜合成了系列硅锗酸盐分子筛[78-80]。

2002 年，徐如人和于吉红等建立了包括自动进料机械手、组合反应釜和 Bruker D8 型自动 X 射线衍射仪的组合合成装置（图 5-18），开展了分子筛微孔晶体材料的水热与溶剂热组合合成[81-83]。他们利用自行设计的 64 釜（800$\mu$L）式组合反应器，研究了 $ZnO-P_2O_5-N,N'$二甲基哌嗪- $H_2O$/EG 体系的水热与溶剂热组合合成[81,83]。通过调变晶化温度（140～200℃），$H_2O$ 和 EG 用量合成了 4 种空旷骨架结构磷酸锌化合物以及 1 种磷酸胺簇化合物：具有三维交叉孔道的超大孔磷酸锌 $[C_6H_{16}N_2]_{0.5}\cdot[C_5H_{14}N_2]\cdot[Zn_6(PO_4)_5(H_2O)]\cdot 3H_2O$ (A)；具有八元环孔道磷酸锌 $Zn_3(PO_4)_2(H_2O)$ (B)；具有十元环孔道磷酸锌 $[C_4H_{14}N_2]\cdot[Zn_5(PO_4)_4(H_2O)]$(C)；含三维交叉八元环孔道磷酸锌 $[C_6H_{16}N_2]\cdot[Zn_2(HPO_4)_3]$(D)，以及 1 种磷酸胺化合物 $[C_6H_{16}N_2]_{0.5}\cdot[H_2PO_4]$(E)。通过组合合成方法系统地研究了各种合成因素如凝胶组成、晶化温度、溶剂类型等对晶化产物的影响。研究结果表明，水体系下调变不同温度可以得到 A、B 和 C 三种化合物。$N,N'$二甲基哌嗪很容易分解为 $N$-甲基哌嗪或 $N,N'$-二甲基乙二胺，导向最终产物的生成。在 EG 体系下，可以生成化合物 D 和 E，$N,N'$二甲基哌嗪位于产物的孔道中起结构导向作用。该工作表明水热与溶剂热组合合成为高效系统研究分子筛微孔化合物新结构的生成提供了一条有效的途径。

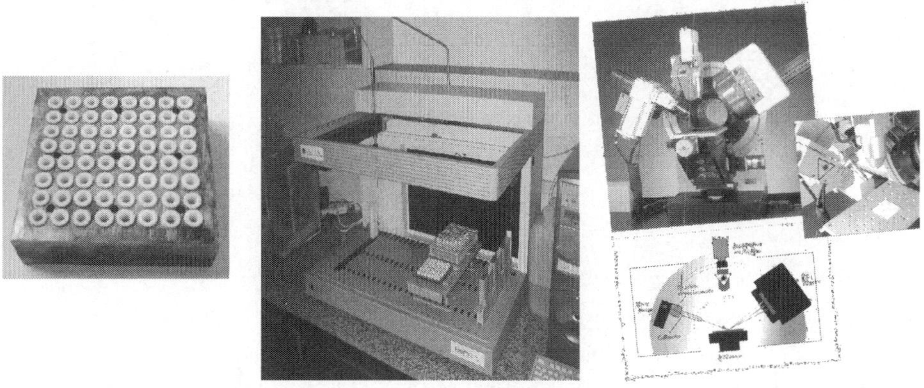

(a)　　(b)　　(c)

图 5-18　(a) 64 孔组合反应釜；(b) 自动进样仪；(c) D8 GADDS 自动粉末衍射仪

2011 年，于吉红等又利用高通量组合方法研究了超大孔硅锗酸盐分子筛的合成[84]。采用设计合成的 7 种基于异吲哚啉基具有增长几何尺寸的有机模板剂（SDAOH），利用高通量水热组合化学的方法，在 $GeO_2$ - $Al_2O_3$ - SDAOH - $NH_4F$ - $NH_4Cl$ 体系中，调变 Si/Ge、Al(B)/(Si＋Ge)、$F^-$/(Si＋Ge) 和 $H_2O$/(Si+Ge)等参数，对每一个模板剂设计了 $3^3×5$ 个实验进行晶化区域的摸索（图 5-19）。共进行了 945 个实验，有 395 个生成了分子筛结晶产物，其中包括 Beta（3D 12×12×12 元环），ITQ-7（3D 12×12×12 元环），ITQ-17（3D 12×12×12 元环），ITQ-15（2D 14×12 元环），ITQ-21（3D 12×12×12 元环），ITQ-37（3D 30 元环），ITQ-43（3D 28×12×12 元环）和 ITQ-44（3D 18×12×12 元环）。其中，85.8%的结晶产物为 Beta、ITQ-7、ITQ-17，以及共生的 ITQ-7 和 ITQ-17，将其命名为“默认结构”。研究发现高的 Ge/Si 比有利于产生低骨架密度结构化合物。同时，当有机模板剂尺寸较小时，仅会得到“默认结构”，而当有机模板剂的尺寸增加时，将会得到 ITQ-44、ITQ-15 以及 ITQ-37 等超大孔道分子筛。特别是，首次使用廉价的非手性有机模板剂成功地合成了手性介孔分子筛材料 ITQ-37，同时还首次得到了 ITQ-7 和 ITQ-17 共生的产物。

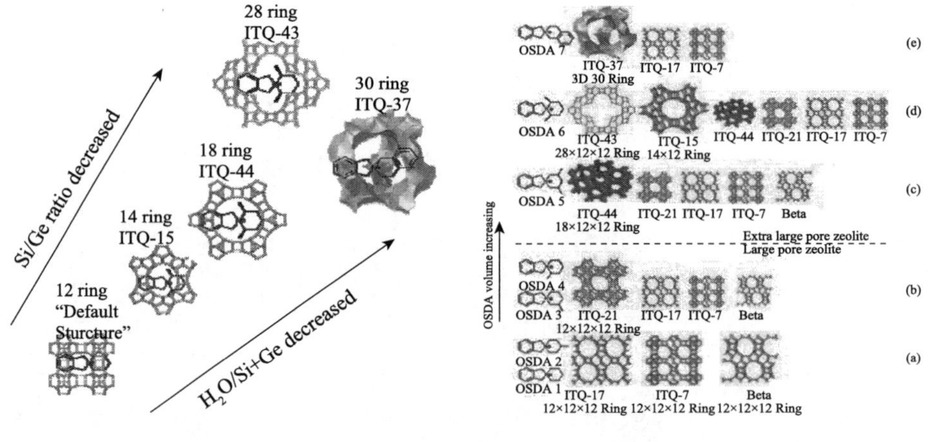


(a)　　　　(b)

图 5-19　硅锗酸盐分子筛的高通量合成中（a）Si/Ge 比和 $H_2O$/(Si+Ge) 比与孔道大小的关系；（b）模板剂几何尺寸与产物的关系

最近，她们与西班牙巴伦西亚理工大学合作，利用 15 孔组合反应釜，采用一种基于异吲哚啉基的单季铵盐有机导向剂，合成了第一例具有微孔-介孔多级孔硅锗酸盐分子筛 ITQ-43[85]。ITQ-43 具有非常开放的骨架结构，骨架密度为 11.4T/1000Å$^3$，它具有沿 $c$ 轴方向的四叶草形状的 28 元环孔道，其最长轴方向的孔径为 21.9 × 19.6Å，同时具有沿 $a$、$b$ 方向的 12 元环孔道，从而构成三维 28×12×12 元环的超大孔体系（图 5-20）。ITQ-43

空旷的骨架与其多级孔结构使其在大分子催化吸附分离等方面有着潜在应用前景。

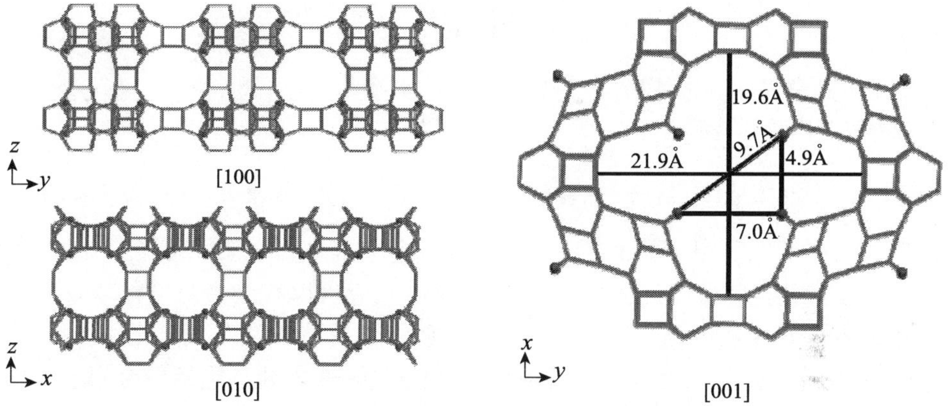


图 5-20　ITQ-43 的微孔-介孔多级孔道结构

组合化学水热法还可以应用于沸石分子筛膜的合成。Cavalas 等[86]使用具有 21 个小孔的组合反应器，每个小反应器直径为 3mm，深度为 5mm，在组合反应器上部覆盖一个氧化铝片，分别考察了氧化铝片在反应液底部和氧化铝片与反应液垂直接触两种方式对合成沸石分子筛膜的影响，采用垂直接触法可以在氧化铝表面生成均匀的分子筛膜，同样，负载分子薄筛膜的氧化铝片可以直接进行 SEM 表征。实验中对不含模板剂的 $SiO_2/xNa_2O/yAl_2O_3/80H_2O$ 体系进行了研究，制备出连续的 ZSM-5 沸石分子筛膜。

介孔金属氧化物也是一类重要的无机催化剂。范杰和刘小闹课题组与 Stucky 教授合作，将高精印刷技术与纳米组装化学相结合，利用喷墨打印协同自组装合成方法实现了每小时 $10^6$ 个八元复合金属氧化物催化剂的快速合成（图 5-21）[87]。他们通过自行开发的“八元色彩管理系统”完成了对催化剂组成和结构的数字化智能控制，从而满足催化剂筛选的要求。在光催化制氢反应中，该研究组将喷墨打印协同自组装催化剂制备方法与多维分组检测算法相结合，快速开发出一种廉价且高效的四元金属氧化物催化剂。与传统逐一合成测试法相比，可以减少 25 000 倍实验量。这种超高通量合成方法不仅可以制备多组成金属氧化物，在金属硫化物、氮化物的合成上也取得了成功（ZL200910095270.4)。在这个专利基础上，研究组开发了一套无机材料超高通量合成系统（C2FAST)，世界著名高校美国加州理工学院和加利福尼亚大学也采用 C2FAST 系统用于新型功能材料的开发。

快速地检测和筛选无机催化剂材料将极大地促进催化剂的开发和利用。

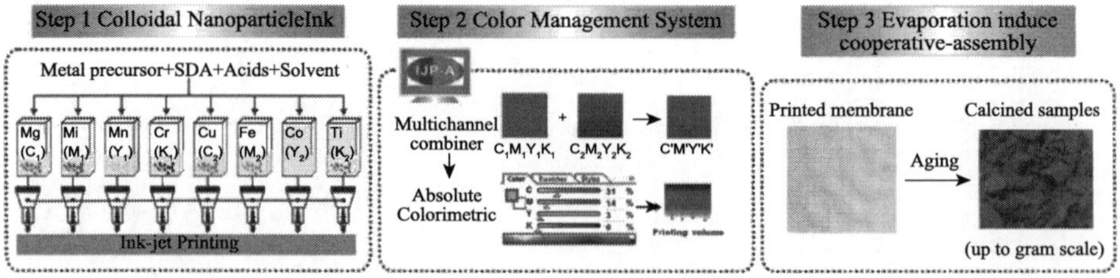


图 5-21 利用喷墨打印协同自组装合成方法进行多组分介孔金属氧化物合成的示意图

张新荣和张四纯等报道了利用催化发光阵列的高通量成像筛选技术开发 CO 氧化活性催化剂[68]。该技术是基于 CO 氧化反应可以在纳米材料的表面产生催化发光，发光强度与催化活性相关。为了证明该方法的可行性，他们在 $TiO_2$ 纳米颗粒支撑下制备了不同纳米尺寸的金属催化剂，包括单金属金、铂以及双金属金铂非均相催化剂，总金属负载量分别为 0.5%、1.0% 和 2.5%，Au/Pt 比例分别为 1∶1、1∶2 和 2∶1。将这些纳米催化剂沉积到 4×4 的陶瓷芯片上，并记录图像上各点的亮度。利用催化发光成像和气相色谱两种方法评价催化剂对于 CO 氧化的催化活性，结果表明，这两个技术的相关性为 0.914，证明催化发光成像可用于高通量筛选催化剂。此外，王利等报道了基于紫外吸收光谱的高通量检测技术用于开发非均相催化剂[68]。他们通过将新制备的 HZSM-5 分子筛载体浸渍的方法制备了 80 个含不同质量比稀土元素（如 Co、Ce、In）的催化剂，详细研究了这些催化剂在 673K 下甲烷选择性催化还原 NO 的性质。

近年来，组合化学也应用于开发新型纳米催化剂材料。Senkan 等[88]利用高通量脉冲激光烧蚀方法（high throughput pulsed laser ablation，HT-PLA）在多种基底（g－$Al_2O_3$、$CeO_2$、$TiO_2$、$SiO_2$ 和 Y-$ZrO_2$）上合成出多种不同的金属纳米催化剂，其中包括金属铑、铑/铂二元金属和铑/铂/金三元金属催化剂。他们通过丙烯的氧化效果对库中的金属纳米催化剂进行催化效果筛选，利用丙烯的氧化产物氧化丙烯（PO）和丙酮（AT）的量来反映丙烯的氧化效果（图 5-22）。实验结果发现，在 $TiO_2$ 基底上负载 0.004%铑纳米材料，275℃条件下，PO 和 AT 的总产量为 13%，此时对丙烯氧化反应具有最好的催化效果。同时他们还利用 HT-PLA 方法发现，在多元金属催化剂的制备过程中，活性金属的沉积序列会对催化剂催化活性和选择性的形成产生重要影响[89]。

上述研究工作为新型催化剂材料的快速合成和筛选，研究和总结无机微/介孔催化材料的合成规律，以及深入认识其生成机制提供了一个非常有效的

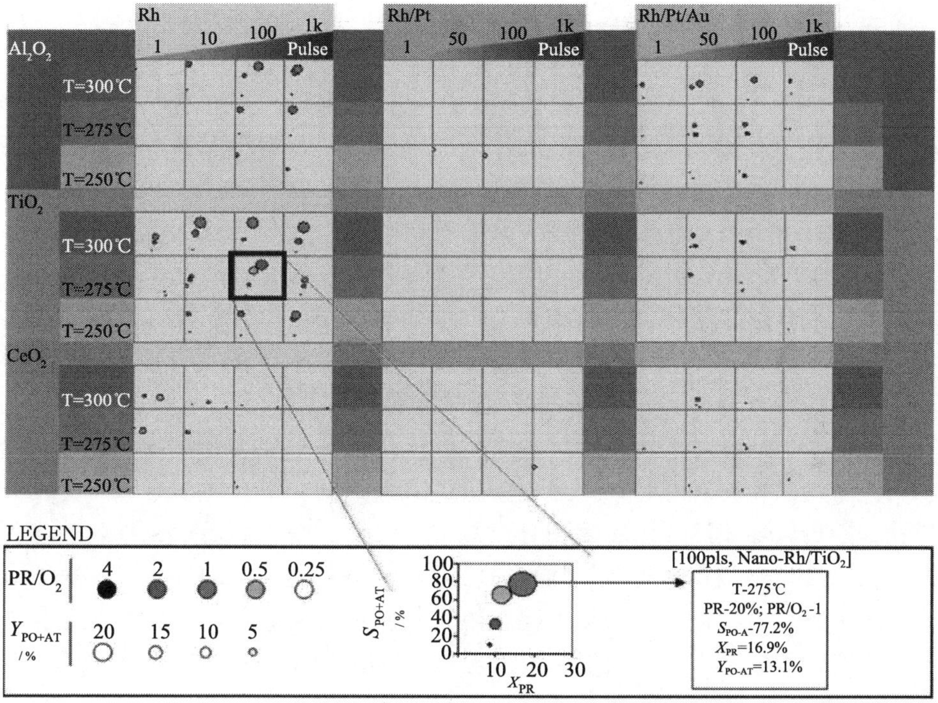


图 5-22 金属纳米催化剂库的筛选结果

每个格子中圆圈或斑点的大小代表 PO 和 AT 产量高低；不同圆圈代表的是实验中 $C_2H_6$ 与 $O_2$ 的比例

途径。对于组合无机合成化学而言，测试手段是制约其发展的一个重要因素。传统的测试技术中仅有少数可以用于组合化学合成产物的表征。2004 年，Gao 等基于搭建的新型近场微波显微镜，发展了定量近场微波技术[90]；2008 年，Zhao 等利用纳米压痕技术，结合电子探针微分析和电子背散射衍射分析技术研究了合金样品的硬度/弹性-成分-结构间的关系。这些表征技术的建立，将极大地促进组合化学的进步。

组合化学方法是一项新兴的合成技术，它利用一系列合成和测试技术，在短时间内合成数目庞大的化合物，并且可以做到最大限度的平行，解决了传统方法难以解决的问题，为新型材料的快速合成和筛选，研究和总结合成规律，以及深入认识其生成机制提供了一个非常有效的途径。在未来的发展中，通过不断改进组合装置，开发新的、有效的组合测试技术，并以设计合成思想为指导，组合合成技术将在功能材料的合成中发挥更大的作用。

## 五、组合生物合成

如前所述，天然产物在现代药物研发中扮演举足轻重的角色。然而，制约天然产物作为药物或药物先导化合物发展的一大瓶颈是天然产物及其结构类似物的来源问题。尽管化学合成可以在一定程度上解决这一问题，但是很多情况下，由于天然产物往往化学结构复杂，人们很难通过化学合成的途径得到足够量的化合物进行较深入的生理和药理活性研究。因此，通过生物合成的方式来获得这些化合物就成为一个很好的选择。作为化学合成的有力补充，组合生物合成（combinatorial biosynthesis）是近年来发展起来的一种扩展天然产物结构多样性、以满足药物发现的新方法[91,92]。它以微生物作为“细胞工厂”，通过对天然产物代谢途径的遗传控制来生物合成新型复杂化合物，并采用微生物发酵的方式达到大量生产的目的。组合生物合成一方面特异性地遗传修饰天然产物的生物合成途径，以此获得基因重组菌株，生产所需要的天然产物及其结构类似物；另一方面，将不同来源的天然产物生物合成基因进行重组，在微生物体内建立组合的新型代谢途径，由此重组微生物库所产生的类似物库，有利于从中发现更具有应用价值的药物（图 5-23）。与化学合成相比，特定的代谢产物可以由获得的重组菌株发酵大量生产，因而可以降低生产成本和减少环境污染。近年来国际上针对抗生素代谢途径的组合生物合成取得了显著进展，一些重要抗生素的产量明显提高，大量复杂药物的结构类似物作为新型的微生物代谢产物被生物合成。例如，Hutchinson 等在抗肿瘤抗生素柔红霉素（Daunorubicin，聚酮）的产生菌 *Streptomyces peucetius* 中，将糖基上催化 4 -位羟基形成的酮基还原酶基因 *dnmV* 置换为催化构型相反的酶基因 *avrE*，由此构建的重组菌株可以直接产生毒副作用较低的肿瘤化疗药物表柔红霉素（Epirubicin），改善了此前从柔红霉素出发、通过化学半合成获得表柔红霉素复杂而且低效的化学工艺[93]；Baltz 等采用结构类似物生物合成基因重组的方法对脂肽类抗生素达托霉素（Daptomycin，于 2003 年应用于临床的抗感染药物）进行结构衍生，获得了一系列活性与原化合物相当的新型抗生素，其中一个化合物由于增加了细胞膜的通透性而表现出更高的生物活性[94]；Schmidt 等在基因水平对抗肿瘤抗生素小盘酰氨（Patellamide，来源于海洋微生物）前驱体肽氨基酸的组成进行改变，利用原修饰酶体系成功地合成了一种新型环肽类抗生素，其结构与临床上使用的抗凝血剂 Eptifibatide 十分相似[95]。值得注意的是，这些复杂的结构类似物采用化学合成的方法都是很难获得的。这些研究充分体现了组合生物合成在新药发现和发展方面的巨大潜力。

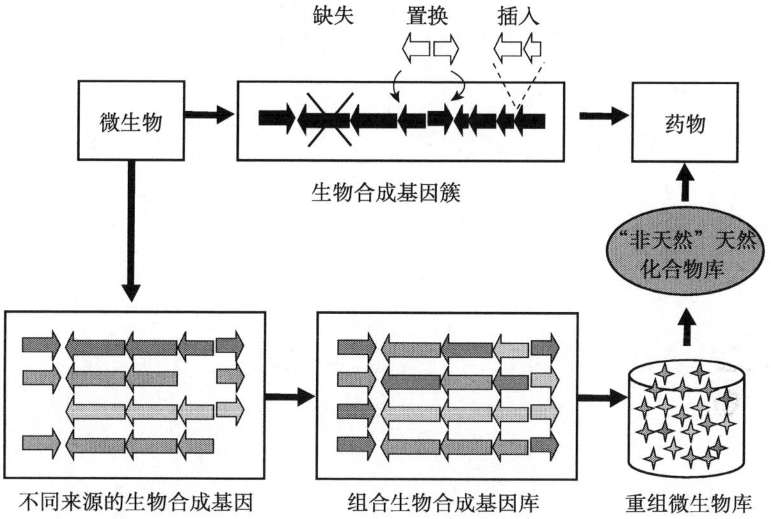


图 5-23　组合生物合成

同样，近年来我国在组合生物合成研究领域也处于一个快速发展阶段，其中刘文课题组在该领域的研究工作具有一定代表性。例如，硫肽类抗生素是一类主要由放线菌产生的富含元素硫，并且氨基酸残基被高度修饰的环肽类抗生素。这一家族的绝大多数成员能够抑制细菌生长，其中部分抗生素对多种耐药性的条件致病菌具有极强的杀伤效果，其代表性化合物包括 Thiostrepton 和 Micrococcin。硫肽类抗生素的结构非常独特，所有成员都拥有一个 3-位或 4-位取代的嘧啶杂环、由脱水氨基酸和噻唑环或咪唑环所构成的环肽中心。尽管目前构效关系的研究还不十分清楚，但相似的化学结构决定了硫肽类抗生素抗菌活性的共同分子基础：通过结合细菌 23SrRNA 与核糖体蛋白 L11 所形成的复合体，抑制 GTP-依赖的延伸因子的作用，从而最终抑制细菌的蛋白质合成。该课题组以 Thiostrepton 作为模型分子，在国际上首次阐明了硫肽类抗生素的生物合成途径，即前驱体肽在环化脱水酶/FAD-依赖脱氢酶的作用下首先形成聚噻唑或噻唑啉，接下来在脱水酶的催化下形成脱水氨基酸，同时构建了［4＋2］环化反应中心，经分子内环合形成含氮六元环的中心（图 5-24）[96]。相对于繁杂的化学合成而言，硫肽类抗生素的生物合成路线相当简洁而高效。形成这些所有硫肽类抗生素所共有的特征性结构的机制相当保守，使得在遗传水平根据结构基因的同源性预测硫肽类抗生素的产生成为可能。该研究采用基因扫描策略，推测枯草芽孢杆菌 *Bacil-*

*lus cereaus* ATCC14579 具有产生其家族成员 Thiocillin 的能力，并通过大规模发酵、产物分离纯化和化合物结构鉴定等手段证实了这种可能性。这些研究为运用基因资源挖掘的方法发现硫肽类抗生素的新成员创造了条件。

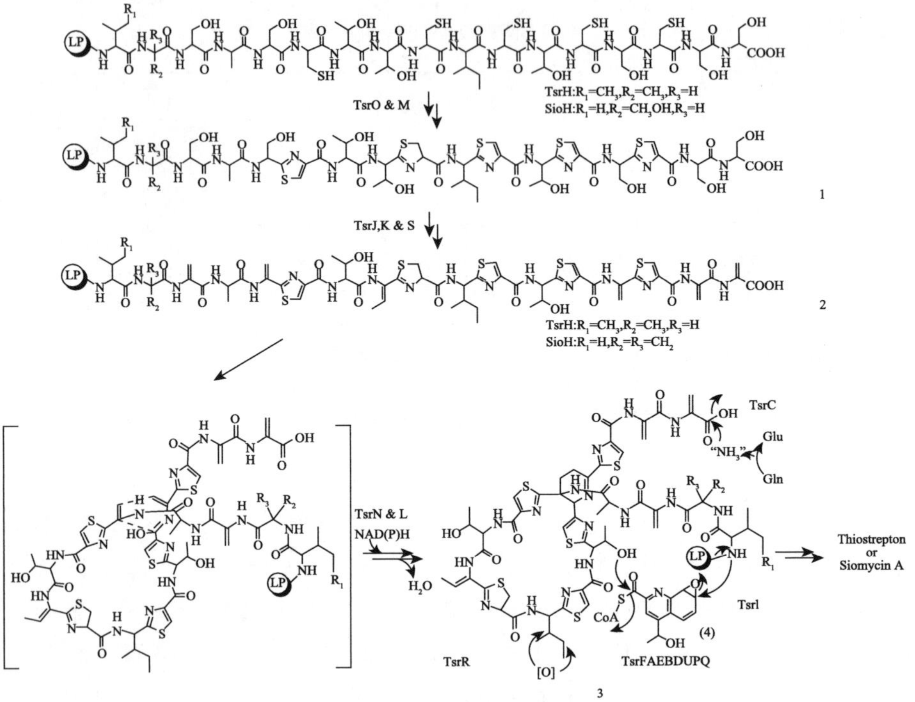


图 5-24 硫肽类抗生素的生物合成研究

另外，唐功利课题组最近在抗生素谷田霉素（Yatakemycin，YTM）的生物合成研究方面取得突破[97]。谷田霉素可以抑制致病真菌，且对肿瘤细胞表现出极强的毒性（比抗肿瘤药物丝裂霉素的活性高约 1000 倍）；该家族化合物属于 DNA 烷基化试剂，典型的结构特征是吡咯吲哚环上的环丙烷结构。为了阐明其独特的生物合成机制，该课题组利用全基因组扫描技术定位其生物合成基因簇，通过基因敲除结合生物信息学分析确定了基因簇边界。在对突变株的发酵检测中成功分离鉴定了中间体 YTM-T 的结构，并结合体外生化实验揭示了一类同源于粪卟啉原Ⅲ-氧化酶（coproporphyrinogen Ⅲ oxidase）的甲基化酶以自由基机理催化 YTM-T 发生 C-甲基化，这是此类蛋白质催化自由基甲基化反应的首例报道（图 5-25）。这一阶段性结果为下一步阐明 YTM 结构中最重要的环丙烷部分生物合成途径奠定了基础。

作为一种发现新药的新途径，组合生物合成的巨大影响力无论是在学术

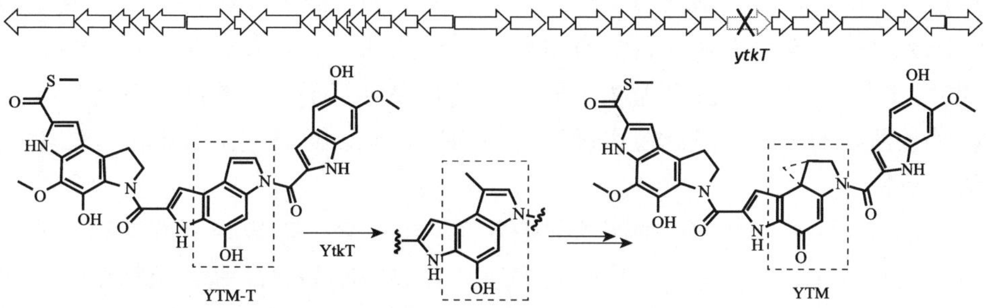


图 5-25　抗生素谷田霉素（Yatakemycin，YTM）的生物合成研究

研究还是工业生产领域正逐渐被科学家所认同。随着组合生物合成技术的成功应用，化学合成与生物合成将更加紧密地联系在一起，从而促进新药开发和发展，成为人类战胜各种疾病的有力武器。

## 第四节　组合合成的发展趋势

组合合成自诞生以来，已经改变了化学家、生物学家以及相关学科研究人员的思维和研究方式，对合成化学的发展产生了革命性的影响，但同时它仍然有诸多需要改进和完善的地方。在组合合成及组合化学被认知的过程中，人们除了对于它巨大的发展潜力充满憧憬和期待以外，也产生过怀疑和反思。下面，笔者结合自身的研究经历，对组合合成目前存在的问题和未来发展的趋势，特别是我国科研人员在该领域将要思考和面对的问题，简要地谈几点看法。

（1）在有机小分子化合物库的构建方面，组合合成应该强调“数量和质量”并重。毫无疑问，组合合成在快速产生数量巨大的小分子库以供高通量筛选方面有着巨大的优势。然而如前所述，化合物数量只是提高发现先导化合物概率的因素之一，对于开发新药来说，化合物的结构多样性和适药性则是更为重要的因素。有研究表明，尽管组合化学为高通量筛选提供了充足的物质基础，然而在发现药物候选物的概率方面并不比传统方法有明显提高，原因是适药性的优化过程（药物化学内容）没有得到明显的提高。过去人们往往强调化合物库的数量、多样性以及合成的艺术性（难度），但忽视了分子的“类药性”，甚至更进一步“适药性”的特征。适药性的概念不仅涵盖了构-效关系、构-代关系、构-毒关系，甚至涵盖了口服生物利用度、血脑屏障通透性、晶形选择、制剂特征等内容。这为我们继续开展组合合成研究提供了巨大挑战，也为交叉学科如有机化学、药物化学、计算化学、药理学、药代动力学、制剂学以及毒理学等学科的融合提供了平台。提高发现药物候选物甚至药物的概率、降低药物研发后期的风险应该是研究组合合成方法学的终极目标。

（2）在类天然产物化学库的构建方面，组合合成应该强调结构和功能并重。如前所述，人们提出天然产物多样性合成策略的目的是希望将组合合成和天然产物在药物研发的优势结合起来。目前该领域的研究仅注重合成反应的多样性，即发展高效、灵活和具有普适性的合成策略来实现多个天然产物以及类似物的合成。相对来说，在将这些类“天然产物库”应用于相关生物学和药物化学研究方面，即其生物功能研究，仍然有待于加强。天然产物合成化学发展到今天，完成目标分子的合成不再是重点，而更应该是另一个起点。这就要求从事天然产物合成的化学家应该加强同生物学和药物化学家的交叉合作，真正实现从“结构到功能”的转变。

（3）在新反应、新催化剂和新材料的发现方面，组合合成应该强调理性设计和高通量筛选并重。组合技术在该领域的应用使得人们可以在短时间内筛选大量反应，包括不同反应组分的组合以及不同反应条件的组合，其优点在于这种研究方式对于理论上的各种可能性“一视同仁”，避免了人为因素（如经验）造成的遗漏。然而，这种高通量组合合成高度依赖相应的仪器和设备，而这恰恰是很多研究组和科研单位短期内所欠缺的地方。因此，将组合合成理念与逻辑分析相结合，提高产生新发现的“概率和效率”，无疑是该研究领域未来的发展趋势。

（4）在组合生物合成领域，应当大力提倡生物合成与化学合成相结合。生物合成和化学合成是产生新物质，特别是天然产物的主要途径。两者各有优势，也各有缺点。传统化学合成发展得较为成熟，理论上人们可以在实验室合成任何特定的目标分子，然而其缺点是成本大、周期长且易造成环境污染。生物合成可避免化学合成的上述问题，但其发展仍处于初期阶段，在合成效率和实用性方面仍有待于提高。笔者认为，组合生物合成领域一个非常有前景的发展方向是将化学合成和生物合成结合在一起，形成优势互补，从而产生更大的威力。例如，对于某些天然产物来说，可以利用化学合成快速构建天然产物的核心骨架，而利用生物合成进行后期定点修饰，这种设想目前已经在一些研究工作中有所体现，相信在不久的将来有可能变成现实。

组合合成在药物研发、化学合成和生物合成等领域必将继续扮演非常重要的角色。同时，随着组合合成研究方法的进一步发展，新的组合反应将不断被设计和开发，新的相关技术将被进一步完善和成熟。众所周知，21 世纪科学发展的趋势是各学科间纵横交叉，互相促进，因而除了上述已经涵盖的研究领域外，组合合成的思维和方法必将推广到其他科学领域范畴，从而产生更大的影响力。

## 参考文献

[1] Lebl M. Parallel personal comments on “classical” papers in combinatorial chemistry. J Comb Chem，1999，1：3.

[2] 刘刚，萧晓毅．寻找新药中的组合化学．北京：科学出版社，2003：1－5.

[3] Merrifieid R B. Solid phase synthesis. Science，1986，232（4748）：341－347.

[4] Geysen H M，Meloen R H，Barteling S J. Use of peptide synthesis to probe viral antigens for epitopes to a resolution of a single amino acid. Proc Nati Acad Sci USA，1984，81：3998－4002.

[5] Houghten R A. General method for the rapid solid-phase synthesis of large numbers of peptides：Specificity of antigen-antibody interaction at the level of individual amino acids. Proc Nati Acad Sci USA，1985，82：5131－5135.

[6] Furka A，Sebestyen F，Asgedom M，et al. General method for rapid synthesis of multi-component peptide mixtures. Int J Peptide Protein Res，1991，37：487－493.

[7] Lam K S，Salmon S E，Hersh E M，et al. A new type of synthetic peptide library for identifying ligand-binding activity，1991，Nature，354：82－84.

[8] Bunin B A，Ellman J A. A General and expedient method for the sotid-phase synthesis of 1，4-benzodiazepine derivatives. J Am Chem Soc，1992，114：10998－10999.

[9] Xiang X D，Sun X，Briceno G，et al. A combinatorial approach to materials discovery. Science，1995，268：1738－1740.

[10] Schreiber S L. Target-oriented and diversity-oriented organic synthesis in drug discovery. Science，2000，287：1964－1969.

[11] Danishefsky S. On the potential of natural products in the discovery of pharma leads：A case for reassessment. Nat Prod Rep，2010，27：1114－1116.

[12] Wetzel S，Bon R S，Kumar K，et al. Biology oriented synthesis. Angew Chem Int Ed，2011，50：10800－10826.

[13] Wender P A，Verma V A，Paxton T J，et al. Function-oriented synthesis，step economy，and drug design. Acc Chem Res，2008，41：40－49.

[14] Imming P. Sinning C，Meyer A. Drugs，their targets and the nature and number of drug targets. Nat Rev Drug Discov，2006，5：821－834.

[15] Katzman S. Targeted by combichem for antibiotics. Mod Drug Discovery，2001，4

(8): 15.

[16] Yu X X, Wu J. Synthesis of 1-(1H-indol-3-yl)-1, 2-dihydroisoquinolines via AgOTf-catalyzed three-component reactions of 2-alkynylbenzaldehydes, amines, and indoles. J Comb Chem, 2010, 12: 238－244.

[17] Sun W, Ding Q P, Sun X Y, et al. AgOTf-catalyzed three-component reactions of 2-alkynylbenzaldehydes, amines, and diethylphosphite. An efficient route to 2, 3-disubstituted-1, 2-dihydroisoquinolin-1-ylphosphonates. J Comb Chem, 2007, 9: 690－694.

[18] Zheng D Q, Li S Y, Wu J. An unexpected silver triflate catalyzed reaction of 2-alkynylbenzaldehyde with 2-isocyanoacetate. Org Lett, 2012, 14: 2655－2657.

[19] Ding Q P, Ye Y, Fan R H, et al. Selective synthesis of 2, 3-disubstituted-2*H*-isoindol-1-ylphosphonate and 2,3-disubstituted-1,2-dihydroiso- quinolin-1-ylphosphonate via metal-tuned reaction of α-amino (2-alkynylphenyl) methylphosphonate. J Org Chem, 2007, 72: 5439－5442.

[20] Yu X X, Ding Q P, Wu J. Generation of diverse 2*H*-isoindol-1-ylphosphonates via three-component reaction of 2-alkynylbenzaldehyde, aniline, and phosphite. J Comb Chem, 2010, 12: 743－746.

[21] Ding Q P, Wu J. Lewisacid-and organocatalyst-cocatalyzed multicomponent reactions of 2-alkynylbenzaldehydes, amines, and ketones. Org Lett, 2007, 9: 4959－4962.

[22] Gao K. Wu J. Synthesis offunctionalized 1,2-dihydroisoquinolines via multicomponent one-pot reaction of 2-alkynylbenzaldehyde, amine, zinc, and allylic bromide or benzyl bromide. J Org Chem, 2007, 72: 8611－8613.

[23] Xiao Q. Ye S. Q. Wu J. Asilver(Ⅰ)-catalyzed tandem reaction of 2-alkynylbenzaldoxime with alkylidenecyclopropane. Org Lett, 2012, 14: 3430－3433.

[24] Ye H Q, Gao K. Wu J. Three-component reactions of 2-alkynylbenzaldoximes and α, β-unsaturated carbonyl compounds with bromine or iodine monochloride. Adv Synth Catal, 2010, 352: 1746－1751.

[25] Qiu G Y S, Ding Q P, Ren H, et al. Multicatalyticone-pot reaction of 1-(2-alkynylphenyl) ketoximes for generation of indole derivatives. Org Lett, 2010, 12: 3975－3977.

[26] Qiu G Y S, Hu Y, Ding Q P, et al. Synthesis of 4-methylene-4*H*-benzo [d] [1, 3] thiazines via a Tandem reaction of 1-(2-alkynylphenyl) ketoximes with Lawesson's reagent. Chem Commun, 2011, 47: 9708－9710.

[27] Ding Q P, Wang Z Y, Wu J. Tandem electrophilic cyclization [3+2] cycloaddition-rearrangement reactions of 2-alkynylbenzaldoxime, DMAD, and $Br_2$. J Org Chem, 2009, 74: 921－924.

[28] Ding Q P, Wu J. Access tofunctionalized isoquinoline *N*-oxides via sequential electrophilic cyclization/cross-coupling reactions. Adv Synth Catal, 2008, 350: 1850－1854.

[29] Ren H, Luo Y, Ye S Q, et al. Silver triflate catalyzed reaction of 2-alkynylbenzaldoxime with aryne. Org Lett, 2011, 13: 2552－2555.

[30] Chen Z Y, Yu X X, Su M C, et al. Multicatalytic Tandem reactions of 2-alkynylbenzaldoximes with isocyanides. Adv Synth Catal, 2009, 351: 2702－2708.

[31] Chen Z Y, Wu J. Efficient generation of biologically active *H*-pyrazolo [5,1-a] isoquinolines via multicomponent reaction. Org Lett, 2010, 12: 4856－4859.

[32] Li S Y, Wu J. Synthesis of *H*-pyrazolo [5,1-a] isoquinolines via copper(Ⅱ)-catalyzed oxidation of an aliphatic C—H bond of tertiary amine in air. Org Lett, 2011, 13: 712－715.

[33] Li S Y, Luo Y, Wu, J. Three-component reaction of *N*′- (2-alkynylbenzylidene) hydrazide, alkyne, with sulfonyl azide via a multicatalytic process: A novel and concise approach to 2-amino-*H*-pyrazolo [5,1-a] isoquinolines. Org Lett, 2011, 13: 4312－4315.

[34] Chen Z Y, Gao L, Ye S Q, et al. Silver Triflate-copper(Ⅱ) acetate cooperative catalysis in a cascade reaction for concise synthesis of 2-carbonyl *H*-pyrazolo [5,1-a] isoquinolines. Chem Commun, 2012, 48: 3975－3977.

[35] Ye S Q, Yang X D, Wu J. Silvertriflate-catalyzed three-component reaction of 2-alkynylbenzaldehyde, sulfonohydrazide, and α, β-unsaturated carbonyl compound. Chem Commun, 2010, 46: 5238－5240.

[36] Yu X X, Ye S Q, Wu J. Facileassembly of *H*-pyrazolo [5, 1-a] isoquinolines via silver triflate-catalyzed one-pot tandem reaction of 2-alkynyl-benzaldehyde, sulfonohydrazide, and ketone or aldehyde. Adv Synth Catal, 2010, 352: 2050－2056.

[37] Yu Y Y, Chen Z Y, Yang X. D. et al. Tandem reactions of *N*′-(2-alkynylbenzylidene) hydrazides with silyl enolates: A facile route to *H*-pyrazolo [5, 1-a] isoquinolines. J Comb Chem, 2010, 12: 374－378.

[38] Chen Z Y, Yang X. D. Wu J. AgOTf-catalyzedtandem reaction of *N*′-(2-alkynylbenzylidene) hydrazide with alkyne. Chem Commun, 2009: 3469－3471.

[39] Chen Z Y, Yu X X, Wu J. Silvertriflate and *N*-heterocyclic carbene Co-catalyzed reaction of *N*′-(2-alkynylbenzylidene) hydrazide, methanol with α, β-unsaturated aldehyde. Chem Commun, 2010, 46: 6356－6358.

[40] Chen Z Y, Ding Q P, Yu X X, et al. Silver triflate-catalyzed or electrophile-mediated tandem reaction of *N*′-(2-alkynylbenzylidene) hydrazides with dimethyl acetylenedicarboxylate. Adv Synth Catal, 2009, 351: 1692－1698.

[41] Zhang L, Zhu Y X, Yin G W, et al. 3-Alkenylation or 3-alkylation of indole with propargylic alcohols: Construction of 3, 4-dihydrocyclopenta [b] indole and 1, 4-dihydrocyclopenta [b] indole in the presence of different catalysts. J Org Chem, 2012, 77: 95 10－9520.

[42] Jin J S, Luo Y. Zhou C. et al. Synthesis of indeno [1, 2-c] furans via a Pd-catalyzed bicyclization of 2-alkynyliodobenzene and propargylic alcohol. J Org Chem, 2012, 77: 11368－11371.

[43] Yin G W, Zhu Y X, Lu P, et al. Lewis acid-promoted three-component reactions of propargylic alcohols with 2-butynedioates and secondary amines. J Org Chem, 2011, 76: 8922－8929.

[44] Zhu Y X, Yin G W, Hong D, et al. Tandem reaction of propargylic alcohol, sulfonamide, and *N*-iodosuccinimide: Synthesis of *N*-(2-iodoinden-1-yl)-arenesulfonamide. Org Lett, 2011, 13: 1024－1027.

[45] Zhu Y X, Wen S. Yin G W, et al. Tandem reaction of propargyl alcohol and *N*-sulfonylhydrazone: Synthesis of dihydropyrazole and its utility in the preparation of 3, 3-diarylacrylonitrile. Org Lett, 2011, 13: 3553－3555.

[46] Wang S Y, Zhu Y X, Wang Y G, et al. Synthesis of functionalized indenes via cascade reaction of aziridines and propargyl alcohols. Org Lett, 2009, 11: 3615－2618.

[47] Shan G. Sun X Y, Xia Q, et al. A facile synthesis of substituted 2-alkylquinolines through [3＋3] annulation between 3-ethoxycyclobutanones and aromatic amines at room temperature. Org Lett, 2011, 13: 5570－5573.

[48] Shan G, Liu P F, Rao Y. A New synthesis of pyrazoles through a Lewis acid catalyzed union of 3-ethoxycyclobutanones with monosubstituted hydrazines. Org Lett, 2011, 13: 1746－1749.

[49] Liu P F, Shan G, Chen S, et al. A new regio- and stereoselective synthesis of benamino ketones with 3-ethoxycyclobutanones and substituted amines. Tetrahedron Lett, 2012, 53: 936－939.

[50] Cheng Y F, Han S X, Ouyang H C, et al. A new practical approach towards the synthesis of unsymmetric and symmetric 1,10-phenanthroline derivatives at room temperature. Chem Commun, 2012, 48: 2906－2908.

[51] (a) Newman D J, Cragg G M. Natural products as sources of new drugs over the last 25 years. J Nat Prod, 2007, 70: 461－477; (b) Newman D J. Natural products as leads to potential drugs: An old process or the new hope for drug discovery? J Med Chem, 2008, 51: 2589－2599.

[52] Koehn F E, Carter G T. The evolving role of natural products in drug discovery. Nat Rev Drug Discov, 2005, 4: 206－220.

[53] Pelish H E, Westwood N J, Feng Y, et al. Use of biomimetic diversity-oriented synthesis to discover galanthamine-like molecules with biological properties beyond those of the natural product. J Am Chem Soc, 2001, 123: 6740－6741.

[54] (a) Ma T, Liu L, Xue H, et al. The chemical library and structure-activity relationships of 11-demethyl-12-oxo calanolide a analogues as anti-HIV-1 agents. J Med Chem, 2008, 51: 1432－1446; (b) Xue H, Lu X F, Zheng P R, et al. Highly supperessing wide type HIV－1 and Y181C mutation by 10－chloromethyl－11－demethyl－12－oxo calanolide A with druggable profile. J Med Chem, 2010, 53: 1397－1401.

［55］Li C，Yu X，Lei X. Abiomimetic total synthesis of （＋）- ainsliadimer A. Org Lett，2010，12：4284－4287.

［56］Li C，Dian L，Zhang W，et al. Biomimeticsyntheses of （－）- gochnatiolides A-C and （－） -ainsliadimer B. J Am Chem Soc，2012，134：12414－12417.

［57］Li C，Dong T，Dian L，et al. Biomimetic syntheses and structural elucidation of the apoptosis-inducing sesquiterpenoid trimers： （－）- ainsliatrimers A and B. Chem Sci，2013，4：1163－1167.

［58］Li H，Wang X，Hong B，et al. Collective synthesis of lycopodium alkaloids and tautomer locking strategy for the total synthesis of （－） － lycojapodine A. J Org Chem，2013，78：800－821.

［59］Li H，Wang X，Lei X. Totalsyntheses of lycopodium alkaloids （＋） － fawcettimine，（＋） － fawcettidine and （－） － 8-deoxyserratinine. Angew Chem Int Ed，2012，51：491－495.

［60］Ren W W，Bian Y C，Zhang Z Y，et al. Enantioselective andcollective syntheses of xanthanolides by controllable dyotropic rearrangement of *cis*-b-lactones. Angew Chem Int Ed，2012，51：6984－6988.

［61］Shi H，Fang L，Tan C，et al. Total syntheses of drimane-type sesquiterpenoids enabled by a gold-catalyzed tandem reaction. J Am Chem Soc，2011，133：14944－14947.

［62］Shultz C S，Krska S W. Unlocking the potential of asymmetric hydrogenation at merck. Acc Chem Res，2007，40：1320－1326.

［63］McNally A，Prier C K，MacMillan D W C. Discovery of an $\alpha$ -amino C—H arylation reaction using the strategy of accelerated serendipity. Science，2011，334：1114－1117.

［64］Wang J，Yoo Y，Cao C，et al. Identification of ablue photoluminescent composite material from a combinatorial library. Science，1998，297：1712－1714.

［65］Chang H，Cao C，Takeuchi I，et al. Combinatorialsynthesis and high throughput evaluation of ferroelectric/dielectric thin-film libraries for microwave applications. Appl Phys Lett，1998，72：2185－2187.

［66］Sun X D，Gao C，Wang J，et al. Identification and optimization of advanced phosphors using combinatorial libraries. Appl Phys Lett，1997，70：3353－3355.

［67］Chen C M，Pan H C，Zhu D Z，et al. Combinatorial ion synthesis and ion beam analyses of materials libraries on thermally grown $SiO_2$ . Mater Sci Eng，2000，B，72：113－116.

［68］Na N，Zhang S，Wang X，et al. Cataluminescence-based array imaging for high-throughput screening of heterogeneous catalysts. Anal Chem，2009，81：2092－2097.

［69］Gao K，Yuan L，Wang L. High-throughputselection for heterogeneous catalysts. J Comb Chem，2006，8：247－251.

［70］Liu Y，Cong P，Doolen R D，et al. High-throughput synthesis and screening of

V-Al-Nb and Cr-Al-Nb oxide libraries for ethane oxidative dehydrogenation to ethylene. Catal Today，2000，61：87－92.

[71] Chen L，Deem M W. Strategies forhigh-throughput，templated zeolite synthesis. Mol Phys，2002，100：2175－2181.

[72] Liang Y，Feng D，Guo J，et al. Regioregular oligomer and polymer containing thieno-[3，4-b]-thiophene moiety for efficient organic solar cells. Macromolecules，2009，42：1091－1098.

[73] Davis M E. Orderedporous materials for emerging applications. Nature，2002，417：813－821.

[74] Akporiaye D E，Dahl I M，Karlsson A，et al. Combinatorial approach to the hydrothermal synthesis of zeolites. Angew Chem Int Ed，1998，37：609－611.

[75] Klein J，Lehmann C W，Schmidt H W，et al. Combinatorial material libraries on the microgram scale with an example of hydrothermal synthesis. Angew Chem Int Ed，1998，37：3369－3372.

[76] Newsam J M，Bein T，Klein J，et al. High-throughput experimentation for the synthesis of new crystalline microporous solids. Miropor Mesopor Mater，2001，48：355－365.

[77] Choi K，Gardner D，Hilbrandt N，et al. Combinatorial methods for the synthesis of aluminophosphate molecular sieves. Angew Chem Int Ed，1999，38：2891－2894.

[78] Jiang J，Jorda J L，Diaz-Cabanas M J，et al. The synthesis of an extra-large-pore zeolite with double three-ring building units and a low framework density. Angew Chem Int Ed，2010，49：4986－4988.

[79] Sun J，Bonneau C，Cantín A，et al. The ITQ-37 mesoporous chiral zeolite. Nature，2009，458：1154－1157.

[80] Corma A，Rey F，Valencia S，et al. Azeolite with interconnected 8-，10- and 12-ring pores and its unique catalytic selectivity. Nature Mater，2003，2：493－497.

[81] Song Y，Yu J，Li G，et al. Combinatorial approach for the hydrothermal syntheses of open-framework zinc phosphates. Chem Commun，2002：1720－1721.

[82] Song Y，Yu J，Li Y，et al. A new 3-D open-framework zinc phosphate [$C_6H_{16}N_2$]·[$Zn_3(HPO_4)_3$]synthesized by solvothermal combinatorial approach. Eur J Inorg Chem，2004：3718－3723.

[83] Song Y，Yu J，Li Y，et al. Hydrogen-bonded helices in the layered aluminophosphate $(C_2H_8N)_2[Al_2(HPO_4)(PO_4)_2]$. Angew Chem Int Ed，2004，43：2399－2402.

[84] Jiang J，Xu Y，Cheng P，et al. Investigation of extra-large pore zeolite synthesis by a high-throughput approach. Chem Mater，2011，23：4709－4715.

[85] Jiang J，Jorda J L，Yu J，et al. Synthesis and structure determination of the hierarchical meso-microporous zeolite ITQ-43. Science，2011，333：1131－1134.

[86] Lai R, Kang B S, Gavalas G R, et al. Parallel synthesis of ZSM-5 zeolite films from clear organic-free solutions. Angew Chem Int Ed, 2001, 40: 408 - 411.

[87] Liu X, Shen Y, Yang R, et al. Inkjet printing assisted synthesis of multicomponent mesoporous metal oxides for ultrafast catalyst exploration. Nano Lett, 2012, 12: 5733 -5739.

[88] Senkan S, Kahn M, Duan S, et al. High-throughput metal nanoparticle catalysis by pulsed laser ablation. Catal Today, 2006, 117: 291 - 296.

[89] Kahn M, Seubsai A, Onal I, et al. High throughput synthesis and screening of new catalytic materials for the direct epoxidation of propylene. Comb Chem High T Scr, 2010, 1: 67.

[90] Gao C, Hu B, Zhang P, et al. Quantiative Microwave evanescent microscopy of dielectric thin films using a recursive image charge approach. Appl Phys Lett, 2004, 84: 4647 - 4649.

[91] Khosla C, Keasling J D. Metabolic engineering for drug discovery and development. Nat Rev Drug Discov, 2003, 2: 1019 - 1025.

[92] Floss H G. Combinatorial biosynthesis: Potential and problems. J Biotechnol, 2006, 124 (1): 242 - 257.

[93] Baltz R H. Molecular engineering approaches to peptide, polyketide and other antibiotics. Nat Biotechnol, 2006, 24 (12): 1533 - 1540.

[94] Madduri K, Kennedy J, Rivola G, et al. Production of the antitumor drug epirubicin (4′-epidoxorubicin) and its precursor by a genetically engineered strain of streptomyces peucetius. Nat Biotechnol, 1998, 16: 69 - 74.

[95] Donia M S, Hathaway B J, Sudek S, et al. Natural combinatorial peptide libraries in cyanobacterial symbionts of marine ascidians. Nat Chem Biol, 2006, 2: 729 - 735.

[96] Liao R J, Duan L, Lei C, et al. Thiopeptide biosynthesis featuring ribosomally synthesized precursor peptides and conserved posttranslational modifications. Chem Biol, 2009, 16: 141 - 147.

[97] Huang W, Xu H, Li Y, et al. Characterization of yatakemycin gene cluster revealing a radical s-adenosylmethionine dependent methyltransferase and highlighting spirocyclopropane biosynthesis. J Am Chem Soc, 2012, 134: 8831 - 8840.

# 第六章 金属有机催化合成

丁奎岭 黄 正

合成化学分为计量反应和催化反应。许多目前使用化学计量试剂的反应，虽然重要，但是可以且应该被更高效的催化过程取代。毫无疑问，催化是现代合成化学的核心，催化转化不仅减少了废物的产生，同时在消耗更低能量和更少时间的情况下使得目标产物的收率增加。催化成就了精巧的合成设计，在减少合成步骤的同时，也减少了整个化学制造过程的碳足迹。催化是唯一一种能够以经济、节能和环境友好的方式生产出有用的化合物的合理途径，因此随着人们对环境问题的日益关切以及对可持续制造过程的追求，作为“绿色化学十二原则”之一的催化技术已经被置于“绿色化学”的关键位置。

催化在人类社会发展中发挥了极其重要的作用，作为一项重要的技术，催化从某种意义上来说支撑了全球的经济发展；在现代社会，包括化工、石油、农业、材料、电力和药物等众多的工业领域已经完全无法离开催化。全球超过 90％的化学衍生品是通过催化过程生产出来的。全球催化剂年需求以 6.0％增长。2012 年，催化剂市场达到 163 亿美元，产量达到 530 万 t。

催化可分为均相催化和异相催化。均相催化剂的优点是活性高，催化剂易于调控，催化机理便于分析，但是其缺点是催化剂稳定性相对较低，催化剂难以回收利用等；异相催化剂的特点是通常可回收，易与产物分离，但其缺陷是其机理难以研究，催化活性和选择性不如均相催化剂，而且催化剂难以调控和改善。

均相催化可分为酸碱催化、有机催化、酶催化和金属有机催化等。金属有机化学在均相催化反应中扮演着举足轻重的角色。金属有机化学与均相催化之间有着密切的联系，金属有机化学为均相催化提供了重要的科学基础。金属有机化学是有机化学与无机化学之间的交叉学科，其研究的主要内容是金属-碳和金属-氢键的形成、断裂与转化的规律。大多数均相催化过程涉及金属物种对化学键活化、断裂和重组以及活性物种的原位再生。通过选择合适的金属和配体，实现选择性地活化或断裂化学键，从而促成化学反应的多样性、协同效应以及可调性。

本章主要根据金属有机催化反应类型分为以下六个章节：金属有机催化简介；还原反应；氧化反应；C—C键和C—X键构筑反应；C—H键官能团化反应；均相催化的机遇和挑战。

## 第一节 金属有机催化简介

金属有机化合物是指金属与碳或氢直接成键而形成的化合物。金属有机化合物的化学性质非常丰富。随着人们认识的不断深入，已将众多的金属有机化合物的化学反应归纳为四种基元反应，它们构成了金属有机催化反应的基本框架。这四种基元反应为：①配体的配位和解离反应；②氧化加成和还原消除反应；③插入和反插入反应；④络合配体的反应。有机分子与过渡金属配位后，性质与配位前往往有较大差别。例如，与金属配位后，烯烃受到活化，双键上的电子云密度降低，容易接受亲核试剂进攻。亲核试剂从金属的反面进攻，同时形成M—C键，得到亲核试剂处于金属反位的立体专一产物。

金属有机催化合成为人类社会的物质文明的发展作出了重要的贡献。以烯烃聚合为例，聚烯烃工业起源于20世纪30年代初，利用自由基聚合制备低密度聚乙烯（LDPE），但需要在高温高压下进行。到50年代初期德国Max Plank研究所的K. Ziegler发现$TiCl_3/AlEt_3$可以在常温低压下催化乙烯聚合，之后来自Montacatini公司的G. Natta在此基础上制备了全同等规聚丙烯。之后，多国化学家进行了大量的学术研究和工业生产探索，促进了Ziegler-Natta催化剂的发展，并实现了工业化。至今，聚烯烃的年产量已经达到1.7亿t，而其中90%以上的生产采用Ziegler-Natta催化剂。

## 第二节 还原反应

金属有机催化的还原反应大致可分为氢化反应和氢官能团化反应。20世纪60年代英国化学家Wilkinson等发现$RhCl(PPh_3)_3$（即Wilkinson催化剂）可以在常温常压下催化烯烃氢化，该工作为均相催化氢化反应奠定了基础[1]。十多年以后，Crabtree 等发展了铱金属催化剂 [Ir(COD)($PCy_3$)(Py)]$PF_6$，该催化剂在催化烯烃氢化反应中表现出的活性远远高于 Wilkinson 催化剂，并且可以催化氢化三取代甚至四取代烯烃，这一工作极大地推动了均相氢化领域的发展[2]。

## 一、氢化反应

过渡金属络合物催化的烯烃（C=C）、酮（C=O）、亚胺（C=N）等不对称氢化是目前合成手性化合物的最高效的方法之一。20 世纪 60 年代末，Knowles[3] 和 Horner[4] 首次报道了利用手性单膦配体代替 Wilkinson 催化剂中的三苯基膦，将其用于不对称氢化反应，ee 值为 3%～15%，在此基础上，Knowles 等发展了单膦配体 CAMP（cyclohexyl anisyl methyl phosphine）用于脱氢氨基酸的氢化，得到 88%的 ee 值[5]。Kagan[6] 将双膦配体 DIOP 应用于铑的不对称催化氢化中，以 72%ee 值得到 *N*-乙酰苯丙氨酸，取得了不对称氢化的真正突破，为不对称催化氢化配体的设计指明了方向。随后许多手性膦配体被合成出来用于烯烃、亚胺、酮等的催化氢化。人们最先研究的烯烃底物是 $\alpha$-脱氢氨基酸酯，随后将底物的范围拓展到丙烯酸、烯胺、烯丙醇等，并取得了令人满意的结果。

我国化学家在不对称氢化反应领域取得了一些重大的突破。例如，南开大学周其林和谢建华等设计合成了具有螺二氢茚骨架的手性螺环吡啶胺基膦配体 SpiroPAP[7]，这一配体的铱络合物能够高效地催化简单酮的不对称氢化反应，TON 高达 455 万次（图 6-1）。中国科学院上海有机化学研究所丁奎岭课题组合成了手性单齿亚膦酰胺配体 DpenPhos，该配体在铑催化脱氢胺基酸酯和烯酰胺等的不对称氢化反应中均表现出极高的对映选择性[8]。中国科学院大连化学物理研究所周永贵课题组采用 Brønsted 酸活化底物的方法实现了非保护吲哚和吡咯的高对映选择性氢化[9]。

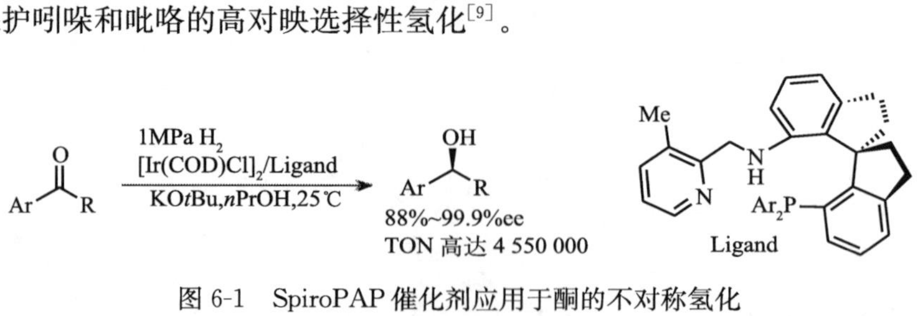


图 6-1　SpiroPAP 催化剂应用于酮的不对称氢化

本合成报告中“不对称合成”章节针对不对称氢化反应进行了深入的探讨，因此本章节将主要集中在过渡金属催化的烯烃和炔烃氢官能团化还原反应。烯烃的氢官能团化反应是指 X—H 键（包括 C—H、N—H、B—H、Si—H 等）对不饱和碳-碳键的直接加成反应，原子经济性可达 100%，因此这是一种非常实用的生成碳碳键和碳杂键的方法。科学家早在 50 年前就开始这方面的研究，直到现在仍然非常关注这一反应。其中 1,3-丁二烯的氢氰化反应已经实现了大规模工业化生产；铂催化的硅氢化反应发展也非常完善，并实现工业化；铑催化的烯烃氢甲酰化在工业中也得到广泛的应用。

## 二、氢官能团化反应

### （一）氢甲酰化反应

氢甲酰化反应是烯烃与合成气（CO 和 $H_2$）在过渡金属络合物催化剂作用下反应生成比原烯烃多一个碳的醛或醇的反应过程。氢甲酰化反应是目前工业上生产规模最大的均相催化工业过程，全球年产量 800 万 t～1000 万 t。这类反应首先是由 Roelen 于 1938 年在德国鲁尔化学公司从事费托合成中发现的。

氢甲酰化反应最早使用 $HCo(CO)_4$ 作为催化剂[10]，而后壳牌公司的 Slaugh 和 Mullineaux[11] 通过用膦化合物取代 CO，提出了经典钴催化剂的配体改性途径，即通过膦配体，如 $PBu_3$ 来部分替代 $HCo(CO)_4$ 中的 CO，产生了改性羰基钴催化剂。该体系可以在较低的 CO 分压下进行氢甲酰化反应，同时，膦配体使催化剂对直链产物的选择性升高。20 世纪 50 年代中期，人们发现金属铑催化剂在氢甲酰化反应中有着比钴更好的活性。1968 年，Wilkinson[12] 发现 $RhCl(PPh_3)_3$ 作为催化剂前驱体，可在较低的温度和压强下实现氢甲酰化反应，铑催化剂可以有效地在更温和的条件下反应，从而逐渐取代钴，成为氢甲酰化生产工艺中的主要催化剂。经过半个多世纪的发展，氢甲酰化反应选择性不断提高，反应条件也越来越温和。

### （二）硅氢化反应

硅氢化反应自 1947 年由 Sommer 等[13] 发现以来，经过半个多世纪的发展，已经成为有机硅化学中应用最广、研究最多的一个反应。由于硅-氢键对碳-碳双键或碳-碳三键加成后，生成稳定性较好的碳-硅键，因此在硅单体、偶联试剂、硅橡胶和许多含硅高分子的合成中有着广泛的应用。1957 年，Speier 等[14] 发现氯铂酸水合物（$H_2PtCl_6 \cdot 6H_2O$）的异丙醇溶液可以催化硅氢化反应，是一种非常有效的均相硅氢化反应催化剂。1973 年，Karstedt[15] 发现了零价铂络合物催化剂，大大提高了铂催化剂在硅氢化反应中的催化效率及应用范围。零价铂络合物催化剂通常称为 Karstedt 催化剂。Speier 和 Karstedt 催化剂都是均相催化剂，但后者比前者的催化效率高，使用范围广且用量少，所以目前应用非常广泛。Karstedt 催化剂的发现，是硅氢化反应催化剂研究领域的又一重大进步。

近年来，Chirik 课题组[16]实现了铁催化的高效烯烃硅氢化反应，铁络合物在该反应中显示出非常好的活性。当减小络合物配体上的位阻后，催化活性进一步提升，作者最新研究结果表明[17]，利用吡啶二亚胺铁的氮气络合物作为催化剂，$(EtO)_3SiH$ 作为硅试剂，同1-辛烯发生硅氢化反应，只需要0.007%的催化剂用量，反应时间 15min，产率高达 97%（图 6-2）。

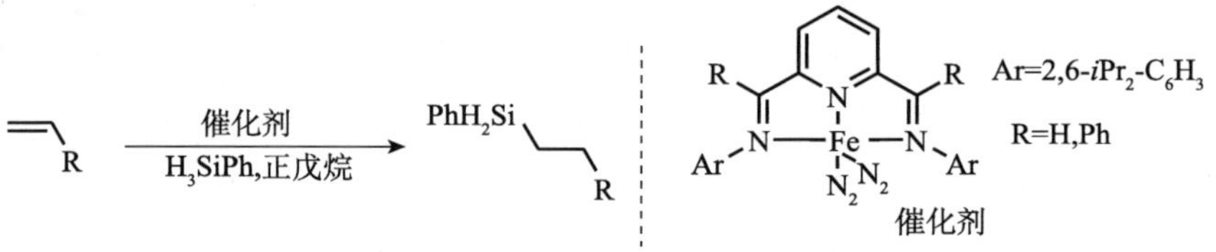


图 6-2 铁催化的烯烃硅氢化反应

## （三）硼氢化反应

有机硼试剂是一类极其重要的有机合成中间体，而烯烃的硼氢化反应是生成硼试剂的重要途径。$BH_3$ 和二烷基硼烷（如 9-BBN）可以直接同烯烃和炔烃发生加成反应；但对于二烷氧基硼烷（如儿茶酚硼烷和频哪醇硼烷），在常温下很难直接和烯烃反应。因此过渡金属催化提供了一种合成有机硼试剂的新策略。

1985 年，Nöth 等[18]首先报道了金属催化的烯烃硼氢化反应，作者利用儿茶酚硼烷作为硼试剂，在 $Rh(PPh_3)_3Cl$ 作用下，选择性地同碳-碳双键发生加成反应（图 6-3）。

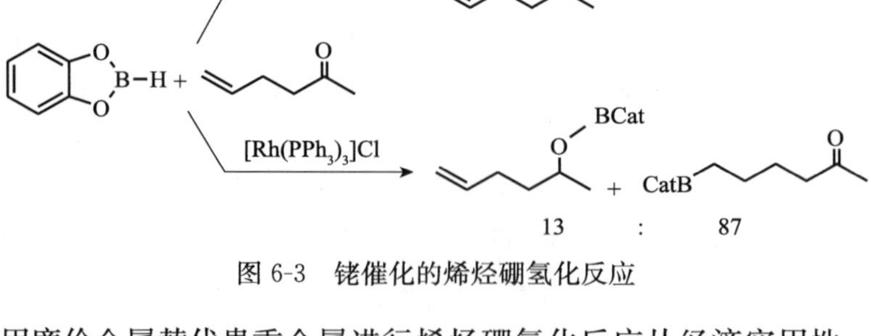


图 6-3 铑催化的烯烃硼氢化反应

利用廉价金属替代贵重金属进行烯烃硼氢化反应从经济实用性、环境角度等都具备重要的研究意义。最近中国科学院上海有机化学研究所研究人员[19]报道了第一例铁催化的烯烃硼氢化反应。作者利用富电子螯钳状 PNN 铁络合物高效地催化烯烃和频哪醇硼烷反应，选择性地生成反马氏加成的硼氢化产物，催化活性甚至超越了贵重金属催化剂（图 6-4）。

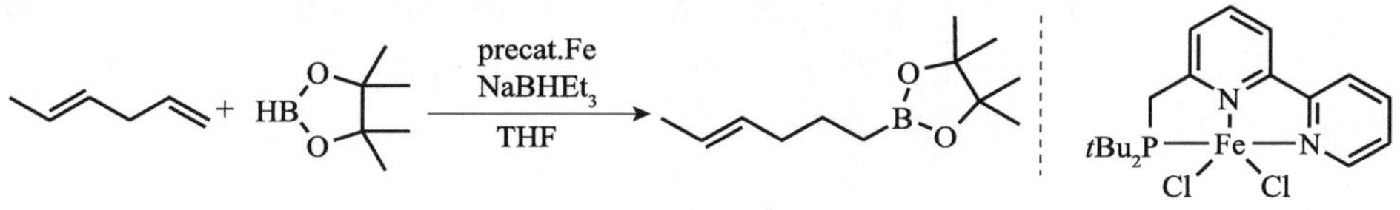


图 6-4　铁催化的烯烃硼氢化反应

## （四）氢氰化反应

氢氰化反应是形成 C—C 键的一类重要反应。该反应的原料氢氰酸价格低廉，氢氰化反应后产生的腈化合物很容易被转变成胺、醛、酸等重要化合物。过渡金属催化的氢氰化反应大约在 20 世纪 50 年代兴起，第一例均相催化的烯烃氢氰化反应最早由 Arthur 等[20]报道，他们利用羰基钴的络合物作为催化剂，生成马氏加成产物。

镍络合物在烯烃的氢氰化反应中显示出比钴更高的活性，镍催化的氢氰化反应最早是由 Drikard 等[21]报道的，氢氰酸和烯烃发生加成反应，生成反马氏加成产物。由于氢氰酸有剧毒，这在一定程度上限制了氢氰化反应的应用。Pringle 等[22]利用毒性相对小的丙酮合氰化氢作为替代物用于氢氰化反应（图 6-5）。

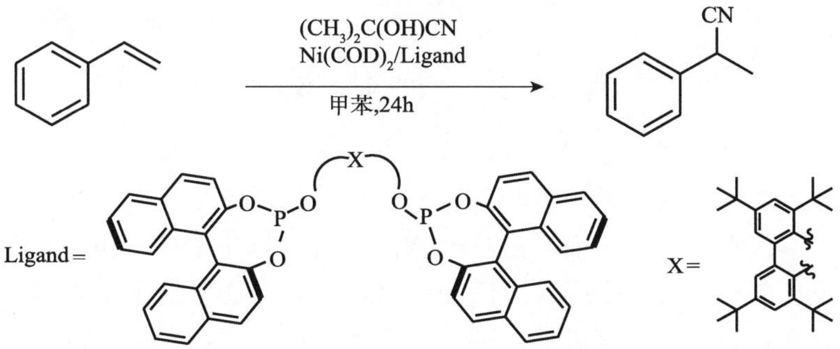


图 6-5　镍催化的烯烃氢氰化反应

## （五）胺氢化反应

含氮化合物，如胺、烯胺、亚胺广泛存在于自然界中，是一类非常重要的有机化合物，在染料、材料、制药等领域有着非常重要的应用。胺氢化反应是得到有机胺的重要途径，经过化学家近50年的研究，炔烃的胺氢化反应已经比较成熟，但相比之下，烯烃由于碳-碳双键上电子密度低，导致反应活性差，胺氢化反应比较困难，特别是在区域选择性上，烯烃的反马氏胺氢化反应被列为十大最具挑战的催化反应之一[23]。

早在1971年，Coulson等[24]就用铑和铱的盐作为催化剂，实现了二级胺与乙烯的加成反应。最近，Widenhoefer[25]又报道了酰胺和乙烯在Pt的络合物催化下完成的胺氢化反应（图6-6）。

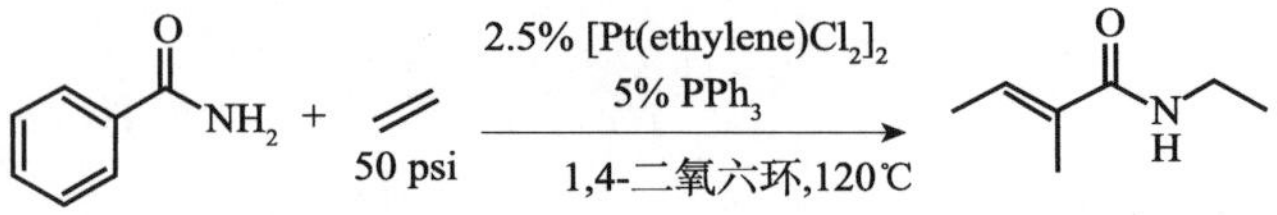


图6-6　乙烯的胺氢化反应

Bergman[26]和Livinghouse等[27]最早报道了前过渡金属催化的胺氢化反应，钛的络合物在炔烃和联烯的胺氢化反应中，无论是分子内还是分子间的胺氢化，都显示出非常好的催化活性。但对于前过渡金属而言，底物的官能团兼容性需要进一步提高（图6-7）。

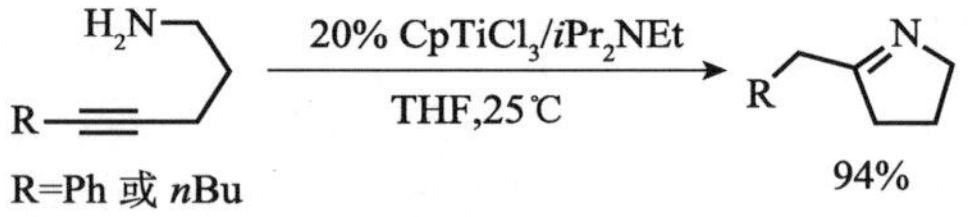


图6-7　炔烃的胺氢化反应

# 第三节　氧化反应

氧化反应是合成化学中极其重要的一类转化，此类反应可在简单的碳氢化合物中引入官能团，从而增加化合物的价值。与还原反应类似，金属催化的氧化反应在有机反应中有着广泛的应用，许多在通常情况下难以实现的氧化反应，在合适的金属有机催化剂的作用下得以实现，即惰性的反应物被选择性活化、反应活化能降低、反应速率提高，最终被选择性氧化。本节按照反应底物的类型划分为烃类物质的氧化及醇和胺的氧化。

## 一、烃类物质的氧化反应

烷烃是自然界广泛存在的化学物质，目前其主要用途是作为燃料，使用价值有限。烷烃的化学转化因为涉及最惰性的化学键，即碳-碳键和碳-氢键的断裂和重组，因此其转化具有高度的挑战性。烷烃氧化的两个主要目标是选择性地将甲烷转化为甲醇和活化其他烷烃的末端碳-氢键。烷烃的选择性官能团化存在许多挑战。首先，烷烃碳-氢键活化通常是一个吸热过程，例如，烷烃脱氢氧化成烯烃，从热力学上来讲是极其不利的过程（$\Delta H \approx 30$kcal/mol①）。其次，烷烃末端碳上的碳-氢键的官能团化依然是一个挑战。烷烃链上二级碳的碳-氢键可以通过自由基反应进行官能团化，但对于一级碳的碳-氢键活化却非常困难，这主要是因为一级碳的碳-氢键键能比二级、三级更高。因此，选择性活化烷烃末端碳上的碳-氢键已经成为烷烃官能团化的主要研究目标之一。最后，烷烃氧化后的产物相比原料更为活泼，易发生副反应，即氧化后产生了更活泼的官能团，从而更易发生副反应。例如，烷烃氧化生成醇之后，可进一步氧化生成醛、酮和酸。

## （一）甲烷的氧化反应

甲烷是天然气的主要成分，将价廉量广的甲烷选择性氧化为有利于运输的、附加值较高的甲醇是化学家长期追寻的目标之一。20 世纪 70 年代，Shilov[28]报道的铂金属络合物催化的甲烷氧化，为金属有机在烷烃氧化开创了一个全新的且极其重要的领域。该反应可选择性地将甲烷氧化成甲醇，但是其缺陷是需要使用当量且昂贵的四价铂金属化合物 $Pt^{IV}Cl_6^{2-}$ 作为氧化剂。

随后，Periana 在 Shilov 工作的基础上陆续发展了一系列的催化反应体系，这些体系采用相对四价铂氧化剂更加实用的氧化剂。其中具有代表性是双嘧啶配体铂络合物体系[29]（图 6-8），该体系用硫酸作氧化剂，甲烷最终以 81%的选择性转化为硫酸单甲酯，催化转换数达到 500。该体系是目前转化效率和选择性最好的甲烷转化体系。

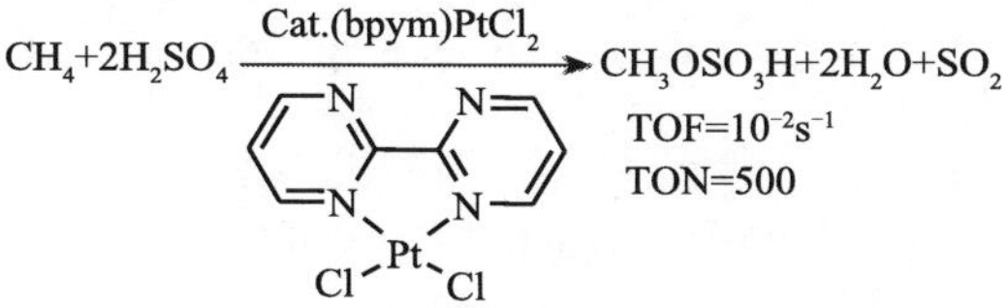


图 6-8　Periana 铂催化甲烷官能团化

近年来，一些含铁的非均相催化剂也应用到甲烷氧化反应中，Sorokin 等用

① 1kcal/mol＝4.184kJ/mol。

*N*-桥连的双核酞菁铁化合物负载到硅胶上，以 $H_2O_2$ 为氧化剂，即 $(FePctBu_4)_2N$-$SiO_2$-$H_2O_2$体系，在少量 $H_2SO_4$溶液中，以温和条件（25～80℃）氧化甲烷为甲酸，TON 为 134[30]。中国科学院大连化学物理研究所包信和等采用二氧化硅附载的单中心铁作为催化剂，实现了甲烷至乙烯和芳香化合物高效高选择性的转化[31]。

## （二）烷烃脱氢制备烯烃的反应

如上所述，烷烃虽然广泛存在，但是使用价值有限，而烯烃是有机合成中常见的中间体，也是许多化工过程的重要原料。因此，将烷烃氧化生成烯烃是一个值得研究的化学转化，其中烷烃直接脱氢制备烯烃原子经济效益好、对环境友好，成为了近年有机化学家研究的热点之一。工业上利用非均相烷烃脱氢催化剂大规模制备烯烃，例如，每年约有 $1.7\times10^4$t 的苯乙烯是通过苯乙烷脱氢制备的。然而，非均相烷烃脱氢催化体系通常需要在超高温条件下进行（＞500℃），能量消耗大、产品选择性低、反应适用范围有限。

从 20 世纪 70 年代末期开始，一些研究小组开始均相烷烃脱氢反应研究。1979 年，Crabtree 发展了首例过渡金属促进的烷烃脱氢体系[32]，发现环戊烷与 $[IrH_2(Me_2CO)(PPh_3)_2]^+$ 反应，发生环戊烷脱氢，生成 $[CpIrH(PPh_3)_2]^+$。

1996 年，Jensen 等合成 $IrH_2$ {2,6-$(tBu_2PCH_2)_2C_6H_3$} 并用于环癸烷催化脱氢反应（图 6-9）[33]，该催化剂显示出很高的热力学稳定性和催化活性，这一 PCP 钳型配体成为后续更多的 PCP 螯钳型配体发展和优化的基础。

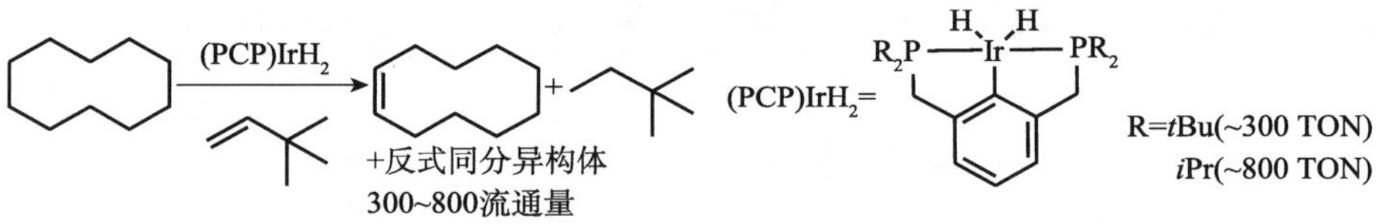


图 6-9　新型（PCP)Ir 催化脱氢体系

2004 年，Brookhart 等合成了一系列新的对位取代（与金属铱相连的苯环上对位的碳原子）的（POCOP)IrHCl 的螯钳形化合物［POCOP＝P—X—$C_6H_2(OPtBu_2)_2$-1,3；X＝MeO，Me，H，F，$C_6F_5$，ArF］[34]。这类催化剂可以在空气中稳定存在几个月，在溶液中也能稳定存在几周。在对环辛烷的催化脱氢反应中表现出史无前例的催化活性。在 200℃时，反应的起始转化速率为 1.6～2.4$s^{-1}$，反应 40h 后，总的 TON 为 1400～2200，总转化率高达 68％。

## (三) Shilov 氧化体系

Shilov 体系不仅在甲烷的氧化中得到应用，还被应用于各种 $Pd^{II}/Pd^{IV}$ 循环催化的 C—H 键氧化反应之中。例如，Sanford 等报道了很多关于亚胺导向的烷基和芳基的氧化反应（图 6-10）[35]，这些反应都以常见的 $PhI(OAc)_2$ 作为氧化剂。Yu 等报道了在金属钯催化下，同样以 $PhI(OAc)_2$ 作为氧化剂，将噁唑啉衍生物支链上的烷基进行碘代反应（图 6-11）[36]。本章第五节列举了更多关于 Shilov 体系在 C—H 键氧化反应中应用的例子。

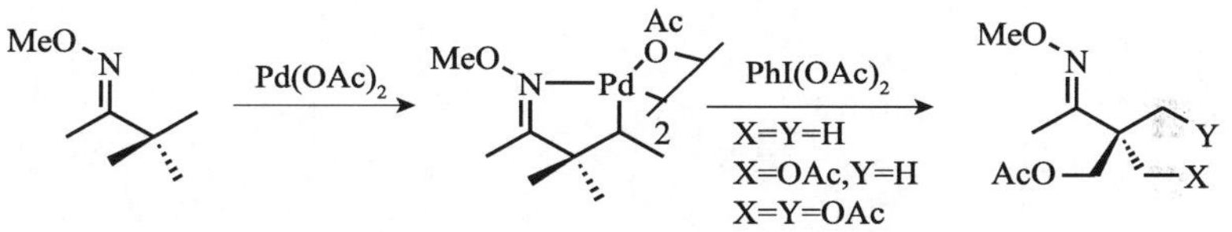


图 6-10　Sanford 烷基氧化体系

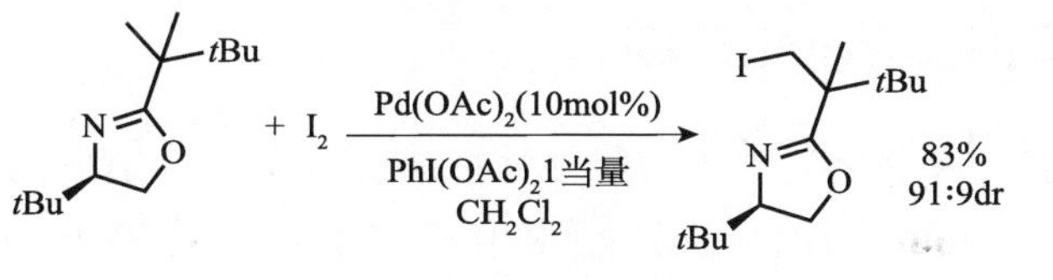


图 6-11　Yu 烷基碘化体系

## (四) 以氧气作为氧化剂的氧化体系

Stahl 等利用 Pd 和 Cu 作为催化剂，发展了数例以氧气为氧化剂的 C—H 键氧化反应。Stahl 等推测采用缺电子的二齿含氮配体可以促使二价 Pd 还原消除生成零价 Pd 化合物，而该配体又可促使氧气氧化零价 Pd 生成二价 Pd。利用 DAF 作为配体（图 6-12），以氧气为氧化剂，末端烯烃的烯丙基位可以被顺利乙酸化生成线形的乙酸酯[37]。此外，采用 $Me_2DAF$ 作为配体，Stahl 等实现了氧气氧化的吲哚和苯之间的高区域选择性偶联[38]。

最近，Stahl 等还报道了以氧气作为氢气接受体，将环己酮直接氧化制备苯酚的例子。通过筛选一系列的配体，他们发现邻二甲基胺吡啶为最佳配体，三甲基环己酮在 Pd 催化剂作用下可以顺利脱氢生成三甲基苯酚（图 6-13）。值得注意的是间位取代的苯酚化合物很难通过传统方法合成[39]。

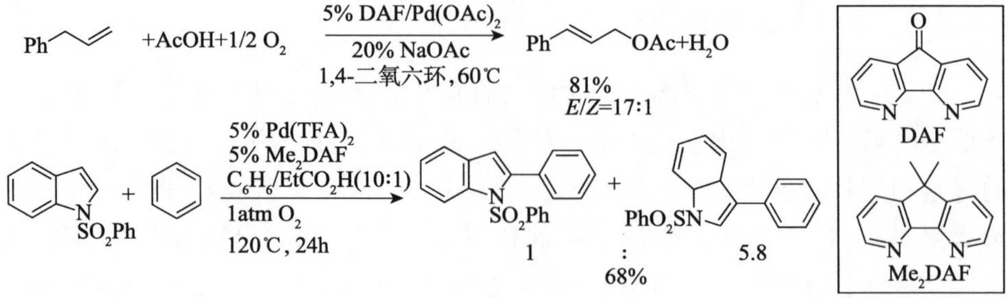


图 6-12 Stahl 等发展的以氧气作为氧化剂的氧化体系

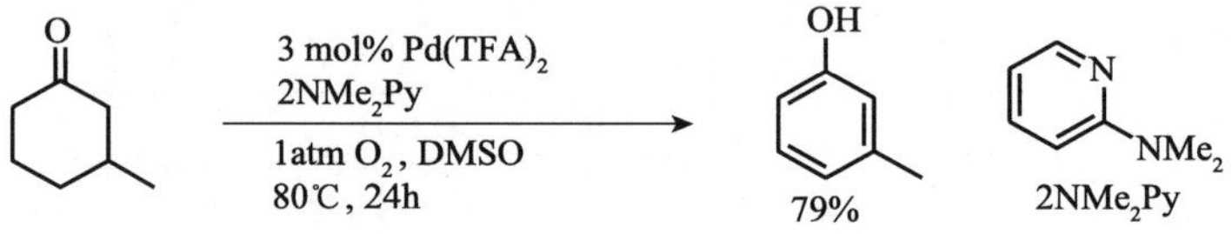


图 6-13 Stahl 等发展的以氧气作为氧化剂氧化环己酮的体系

## 二、醇和胺的氧化反应

各种过渡金属催化剂催化的氢转移反应已经被广泛地应用于醇的氧化反应。例如，Milstein 设计合成了去芳构化的钳型 Ru 金属催化剂，该催化剂可以高效地将伯醇氧化生成酯。在该体系中，催化剂用量仅为 0.1mol%，产率高，而且不需要氢气接受体。该催化剂钳型配体巧妙地通过芳构化和去芳构化机理，与 Ru 金属协同作用促使伯醇脱氢生成醛，后者再进行缩合生成相应的酯化合物[40]（图 6-14）。

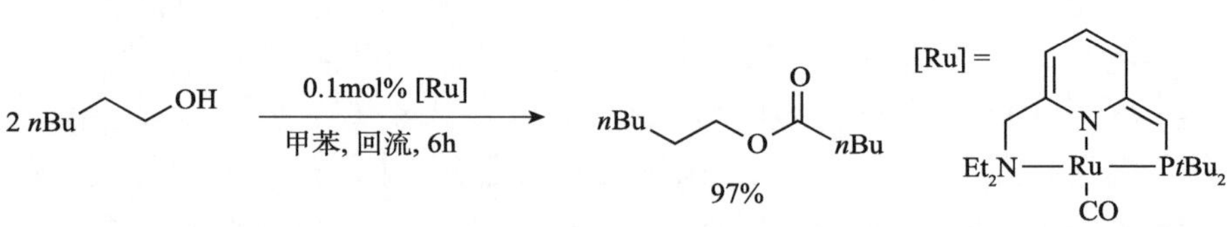


图 6-14 Milstein 等发展的 Ru 催化的醇氧化成酯的反应体系

2009 年，Yamaguchi 和 Fujita 等报道了第一例四氢喹啉氧化制备喹啉的方法。他们利用 Cp* Ir 化合物作为催化剂，发现在不加氢气接受体的情况下，四氢喹啉可高效脱氢生成喹啉[41]。最近，Xiao 等发展了另外一种 Cp* Ir 金属催化剂（图 6-15），发现其在含氮杂环脱氢反应中表现出极高的活性。例如，仅用 0.1%的催化剂，二氢吲哚可被高效地氧化生成吲哚[42]。

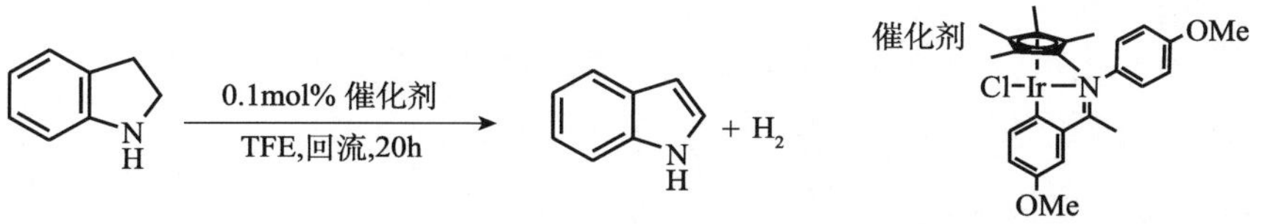


图 6-15 Xiao 等发展的 Ir 催化分子内胺氧化成喹啉和吲哚的反应体系

# 第四节 C—C 键和 C—X 键构筑反应

C—C 键和 C—X 键的形成是有机合成中扮演着极为重要的角色。而交叉偶联反应（cross-coupling reaction）已成为构筑 C—C 键和 C—X 键最重要的方法。该反应是指在金属催化剂作用下，金属亲核试剂 RM（R=有机片段，M=金属中心）与亲电试剂 R′X（X=卤素、OTf 等离去基团，R′=芳基、烯基、联烯基、苄基、炔基、烷基等），形成具有新 C—C 和 C—X 键的产物 R—R′。偶联反应主要是围绕新的 C—C 键的形成，后来随着研究的不断深入，偶联反应也涉及如 C—N、C—O 以及 C—S 等碳-杂原子键的构建。由于在偶联反应的突出贡献，Heck、Negishi 和 Suzuki 共同被授予了 2010 年诺贝尔化学奖。

烯烃和炔烃复分解反应是一种构筑碳-碳双键和三键的有效方法，该反应始于 20 世纪 50 年代，最初例子均使用非均相催化剂。早期的烯烃复分解反应应用极其有限，其重要性不被大家认同。但是，随着其反应机理的深入研究以及均相催化剂在有机合成以及聚合物合成中的广泛应用，烯烃复分解反应已经成为合成化学中不可缺少的一类反应。2005 年诺贝尔化学奖颁发给 Y. Chauvin、R. Schrock 和 R. Grubbs，以表彰他们在烯烃复分解反应机理研究和催化剂设计方面的卓越贡献。

## 一、C—C 键交叉偶联反应

Kumada 交叉偶联反应是最早的偶联反应，该反应是烷基或芳基格氏试剂与芳卤或乙烯基卤在 Ni 或 Pd 催化下的交叉偶联反应，其他金属催化剂如 Fe、Co 等也可催化该反应。虽然格氏试剂容易制备，但是这些试剂存在官能团兼容性差的缺点。相比之下，有机锌试剂碱性较弱，对官能团兼容性更好。Negishi 最先报道了有机锌试剂与卤代烃在 Ni 或 Pd 配合物的催化下发生偶联，生成新的碳-碳键，因此该反应被命名为 Negishi 反应。Ni 和 Pd 催化剂都可作为催化剂，但是 Pd 催化剂由于兼容性更好、毒性相对 Ni 催化剂更低、副反应更少而被更普遍使用[43]（图 6-16）。

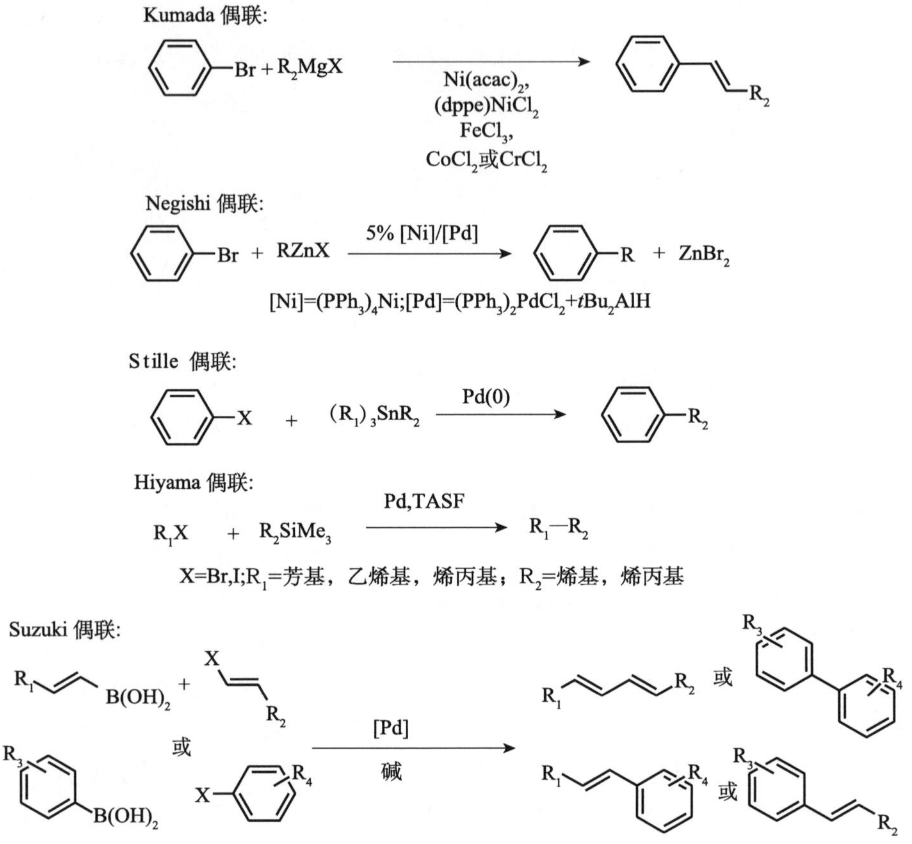


图 6-16　常见 C—C 键偶联反应

有机锡试剂与有机锌试剂相比，其稳定性更高，易纯化和保存。涉及有机锡试剂的偶联反应称为 Stille 偶联反应。该反应由 Stille 和 Milstein 于 20 世纪 70 年代首先发现，是有机合成中重要的一个偶联反应[44]，其中 X 通常是卤素如氯、溴、碘，另外，X 可以是类卤素如三氟甲磺酰基。该反应通常使用 Pd 作为催化剂。然而有机锡试剂毒性大，在工业生产，尤其是药物合成中其使用受到一定限制。随着其他更加绿色环保的偶联方法的发展，Stille 偶联反应有逐渐被其他偶联反应取代的趋势。

Hiyama 偶联反应是钯或镍催化的芳基、烯基、烷基卤化物或拟卤（如三氟甲磺酸酯）化合物与有机硅烷之间的交叉偶联反应[45]。与 Suzuki 反应类似，该反应需要活化剂，如氟离子（TASF、TBAF）或碱（如氢氧化钠、碳酸钠）等。Hiyama 偶联反应由日本化学家 Hatanaka 和 Hiyama 在 1988 年首先报道。有机硅相比有机锡试剂毒性更小，但是反应活性也更低。而相比 Suzuki 偶联反应，Hiyama 偶联反应较低的反应活性以及有限的底物范围使其不能获得广泛的应用。此外，有限的制备有机硅试剂的方法也限制了 Hiyama 反应的应用。

Suzuki 偶联反应虽然发展较晚，但是已经成为应用最广泛的一种偶联反应。Suzuki 偶联反应通常是在钯金属催化下，芳基或烯基的硼酸或硼酸酯与氯、溴、碘代芳烃或烯烃发生交叉偶联[46]。Suzuki 偶联反应最重要的优势有三点：①有机硼试剂制备相对简单，容易分离、纯化和保存；②反应具有良好的官能团兼容性；③反应底物普适性广，最近发展的方法学使得底物范围扩展至烷基硼试剂和卤代烷基硼试剂。

Mizoroki-Heck 反应是烯烃和不饱和卤代烃（或三氟甲磺酸酯）在钯催化下生成取代烯烃的偶联反应，反应在碱性条件下进行（图 6-17）[47]。该反应最初由日本人 Mizoroki 报道，但是美国化学家 Heck 发展了最佳的反应条件。Mizoroki-Heck 反应通常使用缺电子烯烃如苯乙烯、丙烯酸酯等，反应大部分使用芳香亲电试剂，但是烷基亲电试剂也有报道。

图 6-17　Mizoroki-Heck 反应

## 二、C—X 键交叉偶联反应

### （一）Buchwald-Hartwig 胺化反应

该反应是在钯催化和碱存在下卤代芳烃与胺的交叉偶联反应，产生 C—N 键，生成胺的 *N*-芳基化产物（图 6-18）[48]。反应中的胺为伯胺或仲胺，另外氨气也可被成功应用到偶联反应中；拟芳卤化合物三氟甲磺酸酚酯也适用偶联反应。采用含大位阻富电子配体钯催化剂是实现偶联反应的关键，反应采用强碱，如双(三甲硅基)氨基钠或叔丁醇盐。Buchwald-Hartwig 胺化偶联反应的优点是催化剂用量低，反应条件温和，适用范围广，因此，虽然钯催化 C—N 偶联反应的发展不到 20 年的时间，但是毫无疑问，Buchwald-Hartwig 胺化偶联已成为于医药、天然产物合成中一种极为重要的合成方法。

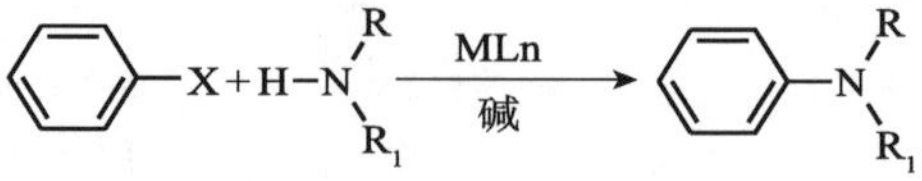

图 6-18 Buchwald-Hartwig 胺化偶联反应

### （二）铜催化的 C—X 键交叉偶联反应

相比较于钯催化偶联反应，铜催化剂具有价格便宜、环境友好、毒性低等优点。实际上，铜催化的 C—X 键交叉偶联反应的发展历史远远早于 Buchwald-Hartwig 胺化偶联反应。早在 20 世纪初，德国化学家 Ullmann 即报道了化学计量的铜催化的杂原子亲核试剂与芳香卤代物的单取代反应（Ullmann 反应），早期的 Ullman 反应局限于卤代芳烃和芳香亲核化合物（如芳胺、酚类、硫酚类等）之间的偶联。尽管实际起作用的是一价铜络合物，在反应中人们通常使用过量的铜粉，反应的温度通常高达 200℃，反应的后续处理困难，反应产物复杂，产率较低。最近的一些工作表明，铜催化的偶联反应也可以在温和的条件下进行，并且可以广泛地应用于 C—N、C—O、C—S 的交叉偶联。

在 1998 年，马大为等报道了卤代芳烃与 $\alpha$-氨基酸之间进行偶联得到 $N$-芳基 $\alpha$-氨基酸的反应。这一反应使用 CuI 作催化剂，溶剂为 DME，反应条件较为温和。同样的体系用于 $\beta$-氨基酸的芳基化也取得了较好的结果（图 6-19）[49]。

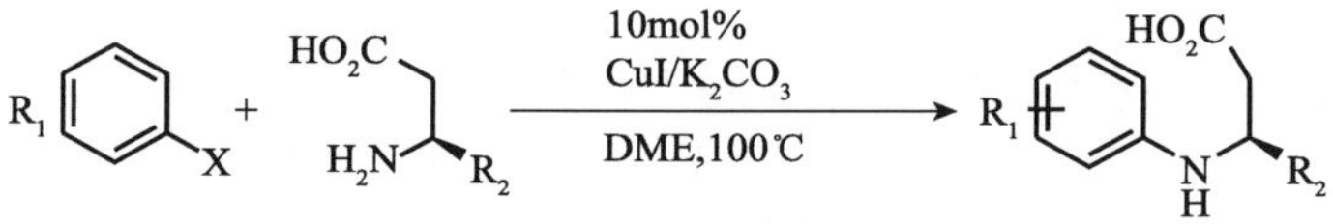

图 6-19 铜催化的芳基卤代物与氨基酸的偶联反应

在有配体存在的铜催化氨基醇的烷基化反应中，选择合适的配体可以使催化反应具有选择性。据 Buchwald 报道，加入二酮结构的配体有利于 $N$-烷基化产物的生成；而同样的条件下，加入中性的、双齿氮配体有利于 $O$-氧烷基化产物的生成（图 6-20）[50]。

## 三、交叉偶联反应在复杂分子合成中的应用

C—C 键交叉偶联反应在药物中间体的合成过程中扮演着重要角色，同时也广泛应用于天然产物全合成过程，并且很多交叉偶联反应都可以大量进行[51]。

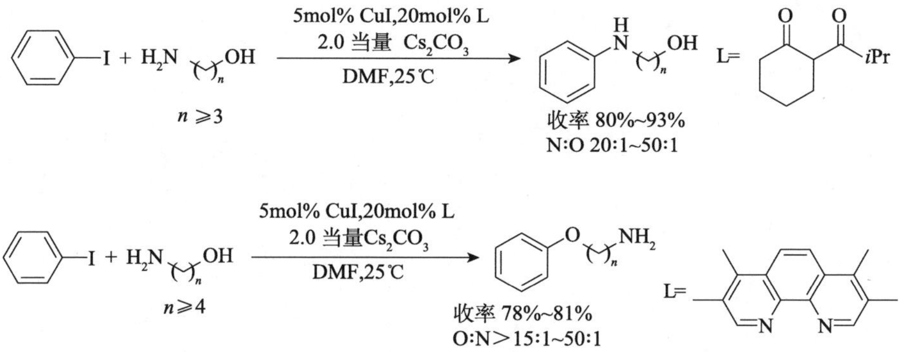

图 6-20　配体对于选择性 C—N 和 C—O 偶联的作用

氯沙坦（Losartan）是一种血管收缩素受体拮抗剂，为降血压药物的一种。Larsen 在合成氯沙坦过程中用交叉偶联反应进行了大批量反应，如图 6-21 所示：保护了的芳基四氮唑与丁基锂反应后，和三烷基硼酸酯反应，水解后得到芳基硼酸化合物，后者与芳基溴代物进行偶联反应，得到的产物去保护基后生成氯沙坦[52]。

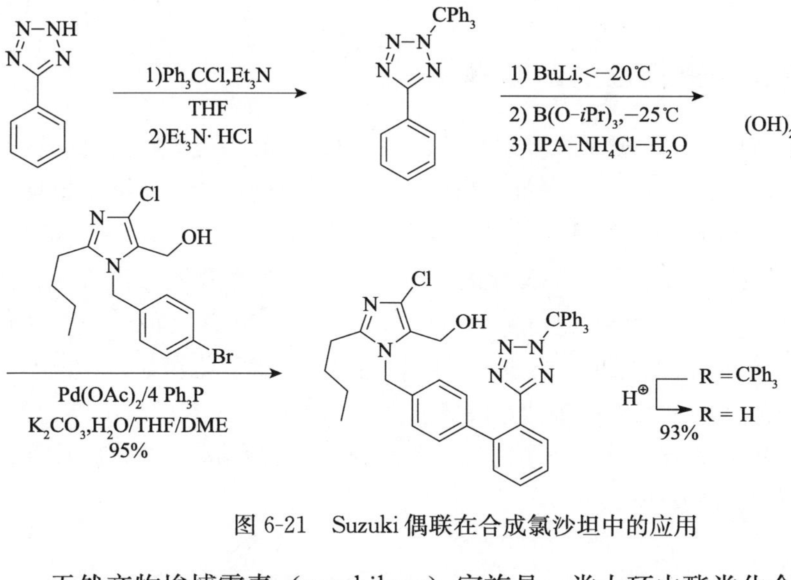

图 6-21　Suzuki 偶联在合成氯沙坦中的应用

天然产物埃博霉素（epothilone）家族是一类大环内酯类化合物，是新一代抗肿瘤药物；它们的大环结构中含有 $Z$-烯烃或者由 $Z$-烯烃氧化得到的环氧乙烷类基团，如图 6-22 所示，可由烷基硼试剂和特定几何构型的烯基氯代物进行偶联反应，得到 100% $Z$-烯烃[53]，如果通过烯烃复分解方法往往得到 $E$-和 $Z$-式混合烯烃[54]。

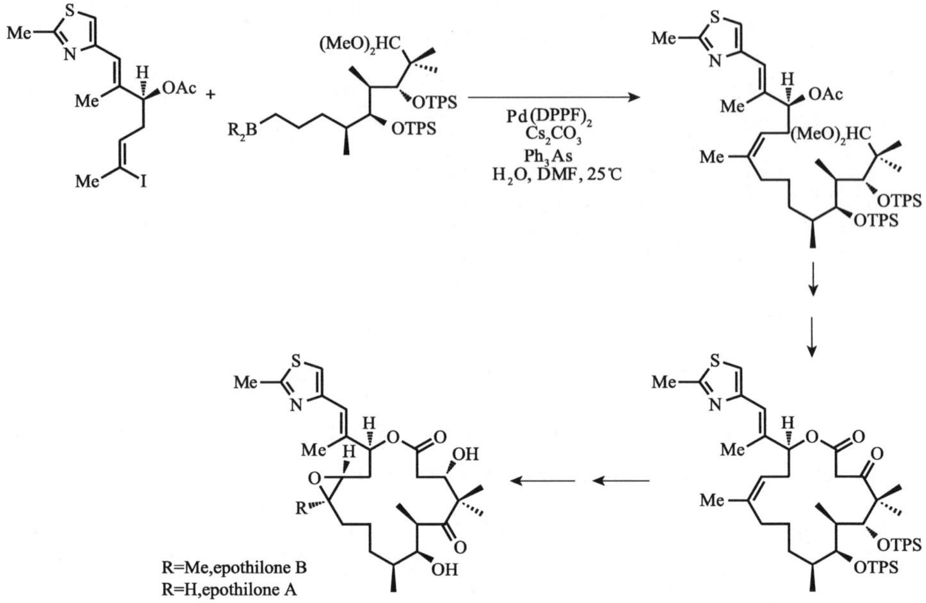


图 6-22 Suzuki 偶联在合成埃博霉素中的应用

## 四、交叉偶联反应的最新进展

近些年，随着 C—C 键交叉偶联反应的发展，特别是有机膦配体的发展，越来越多的偶联反应开始使用廉价易得的不饱和氯代烃，取代早期主要使用的碘代物和溴代物作为偶联底物，催化效率也得到了极大的提高[55]。同时不对称偶联反应也得到了发展，钯催化的不对称 Suzuki 偶联反应已经成为合成手性联芳烃类化合物的重要方法[56]。1989 年，Shibasaki 首次报道了不对称 Heck 反应[57]；2014 年，Zhou 报道了使用手性螺环二膦氧化物配体，把不对称 Heck 反应的底物首次扩展到芳基或烯基溴代或氯代物（图 6-23）[58]。现在不对称 Heck 反应已成为通过分子内反应构建环状体系中的手性叔碳和季碳中心的一类有效方法[59]。

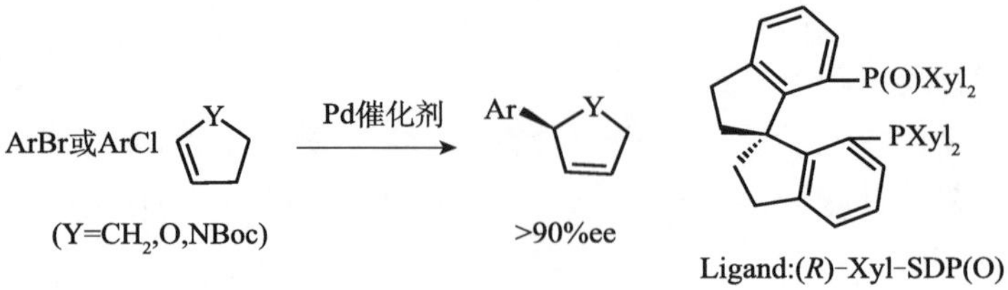


图 6-23 不对称 Heck 反应

## 五、烯烃复分解

烯烃复分解反应始于 20 世纪 50 年代，最初例子均使用非均相催化剂，主要包括 $Re_2O_7/Me_4Sn/Al_2O_3$，$MoO_3/\beta\text{-}TiO_2/Me_4Sn$，$W(Co)_6/Me_4Sn/HOPh$，虽然这些非均相催化剂需要较高的反应温度，但是催化剂相对便宜，有较长的寿命，是通过烯烃复分解反应合成日用化学药品的主要催化剂[60]。烯烃复分解反应的均相催化剂是金属卡宾物种。常用的均相催化剂如图 6-24 所示。Schrock 发展了钼和钨的卡宾催化剂[61]；图 6-24 中的钌络合物是人们熟知的第一代和第二代 Grubbs 催化剂[62]。图 6-24 中第四个络合物是 Grubbs-Hoveyda 催化剂，与其他钌的络合物相比，此类催化剂可以循环使用，热稳定性好，不易被分解[63]。

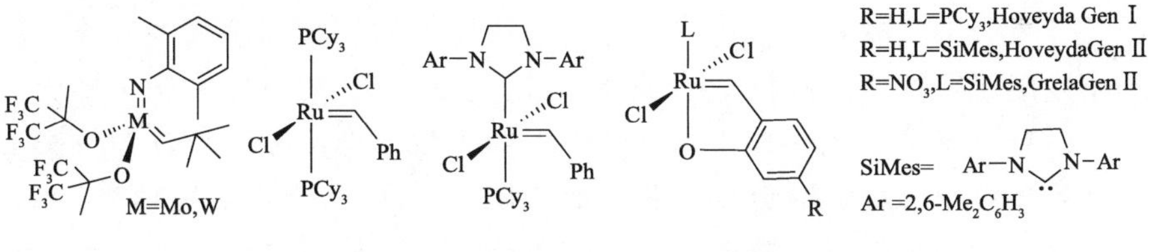


图 6-24　常见均相烯烃复分解催化剂

### （一）关环复分解反应

关环复分解反应（RCM）是由 Grubbs 发展的，目前已广泛应用于有机合成中。通常二烯进行 RCM 形成包含氧原子[64]或被保护的氮原子[65]的五元、六元和七元环烯烃。RCM 可以形成大环，如图 6-25 所示，Martin 小组在合成中使用 Schrock 催化剂作为 RCM 催化剂，巧妙地实现了对天然产物 Manzamine A 的合成[66]。

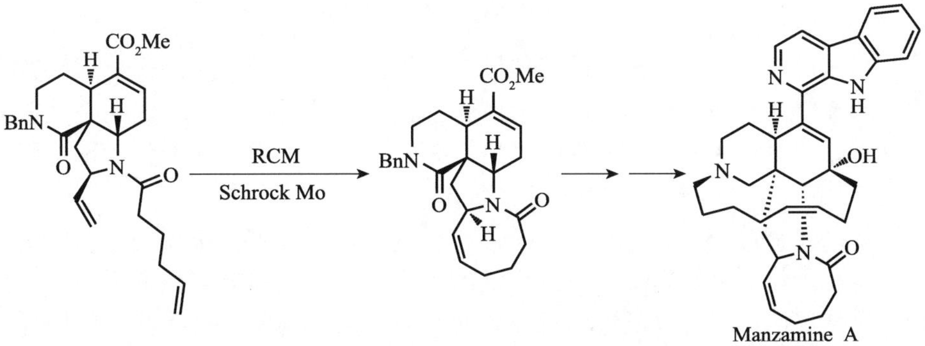


图 6-25　Schrock 催化剂作为 RCM 催化剂应用于 Manzamine A 的合成

RCM形成大环时，是$Z$-或$E$-烯烃的混合物。选择性生成$Z$-或$E$-烯烃，特别是热力学不稳定的$Z$-烯烃是有挑战的课题。最近，Grubbs小组发展带有不对称卡宾配体的钌络合物可以选择性地生成$Z$-烯烃[67]（图6-26）。

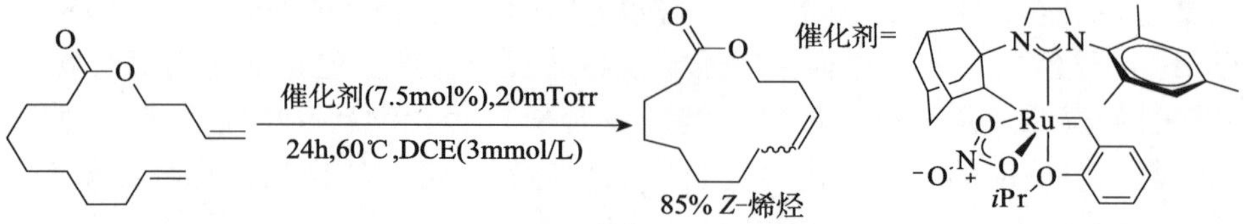


图6-26　Grubbs小组发展的钌络合物催化剂选择性地生成$Z$-烯烃

## （二）对映体选择性的关环和开环复分解

关环复分解反应并不涉及新的季碳的形成，人们可能认为关环复分解不是一个发展对映体选择性化学的手段。但是关环复分解可以应用于动力学拆分和去对称化反应生成含有新的立体中心的光学活性产物。关环复分解首先应用于外消旋化合物的动力学拆分，随后主要关注于关环复分解或者先开环复分解接着进行关环复分解来对非手性化合物去对称化反应的研究。图6-27是动力学拆分的一个例子[68]，包含被保护的烯丙醇的二烯在手性钼络合物作用下关环复分解生成有光学活性的环化产物。

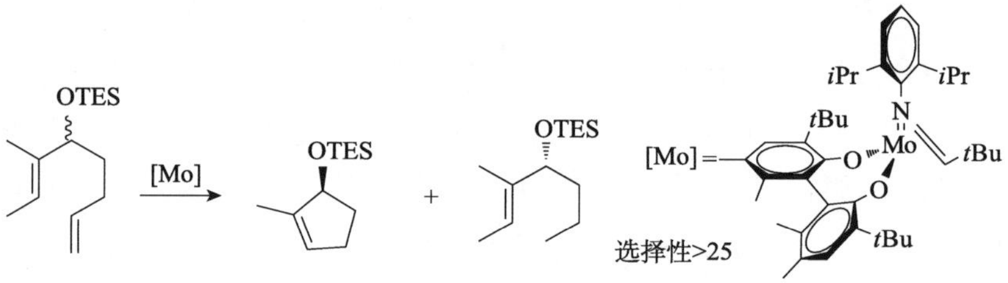


图6-27　对映体选择性的关环复分解

由于后过渡金属有较好的官能团兼容性，并且容易操作。化学工作者开发具有光学活性的不对称烯烃复分解钌催化剂。最近研究表明这类手性钌复分解催化剂对一些底物有较高的对映体选择性[69]。该类催化剂包含不对称取代的芳环和1,2-二苯基乙基骨架（图6-28）。

烯烃复分解反应已有50多年的历史，从机理不明确、需要高温反应条件的非均相催化剂发展到现在应用广泛的、反应条件温和的均相催化剂。该反应是平衡反应，但可以通过相对速率或热力学来控制反应选择性。烯烃复分解反应可以释放环张力进行开环聚合，也可以乙烯的释放驱动关环形成小环

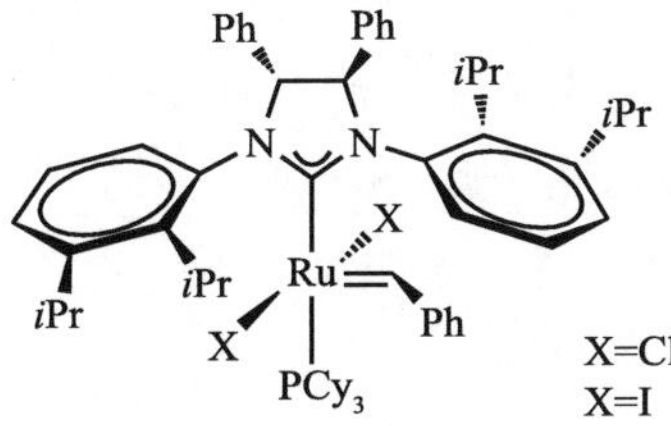


图 6-28 不对称烯烃复分解钌催化剂

或大环，交叉烯烃复分解可以合成不对称的烯烃。

目前烯烃复分解反应的目标是进一步发展能高选择性生成 $Z$ -或 $E$ -烯烃的催化剂，可以在温和条件下形成大位阻烯烃的催化剂，并且可以高选择性催化交叉复分解的催化剂，进一步提高催化剂稳定性，以及发展廉价金属复分解催化剂等。

# 第五节 碳-氢键官能团化反应

碳-氢键的选择性断裂及官能团化是近期金属有机化学领域的主要研究方向之一[70]。碳-氢键活化是指在过渡金属络合物参与下活化烷烃或芳烃上的不活泼碳-氢键从而形成新的金属碳键，进而转化为新官能团的过程。碳-氢键的直接官能团化，具有原子经济性高、减少潜在有毒副产物生成等优点；另外，碳-氢键的直接官能团化又有着极大的挑战性，碳-氢活化的目的并不是简单的断裂碳-氢键，而是有选择地断裂目标碳-氢键然后再进一步官能团化。选择性无疑是碳-氢键活化及其官能团化过程中研究的重点。

## 一、邻位基团导向的选择性碳-氢键活化

最近报道了一系列依赖于导向基团的氧化官能团化反应，这些导向基团主要为官能团或者杂环。导向基团与过渡金属配位，起以下两种作用：①导向基团可促使金属中心对难以活化的碳-氢键实现断裂；②导向基团有助于选择性地对其邻位的碳-氢键进行活化。21 世纪以来，化学家对于这些邻位导向的碳-氢键活化进行了很多研究，包括乙酰化反应、胺化反应、卤代反应以及碳-碳键形成等。

Murai 等报道的 Ru 催化的芳香酮邻位烷基化是具有开创性和代表性的一

个例子[71]（图 6-29）。他以 $RuH_2(CO)(PPh_3)_3$ 为催化剂，在羰基的导向作用下烯烃和芳香酮反应在邻位选择性地进行烷基化。方法的局限性在于所用烯烃必须是不可异构的末端烯烃；此外，当两个邻位都可反应时，会有双烷基化产物生成。

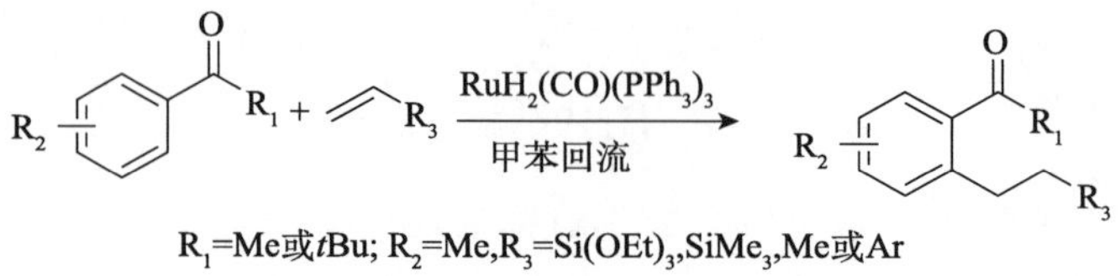


图 6-29　Ru 催化的芳香酮烷基化反应

Bergman 和 Ellman 等巧妙地引入手性亚胺基团，实现立体选择性的芳烃烷基化反应。如图 6-30 所示，芳香醛和带各种取代基的氨基二氢化茚缩合生成手性亚胺化合物，该化合物在 Rh 催化剂作用下发生邻位对映选择性烷基化反应，产物随后经过水解生成紫草酸[72]。

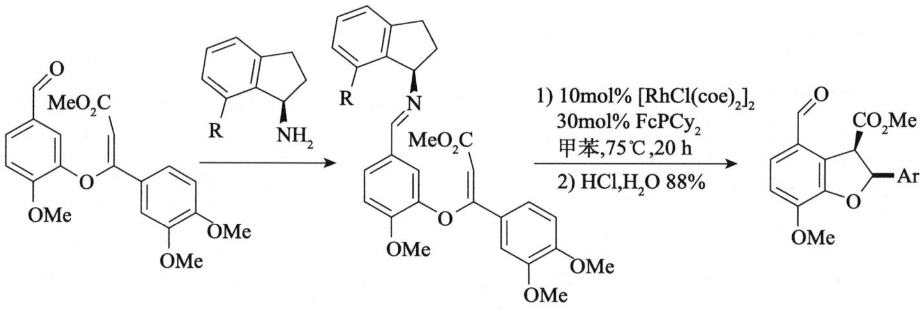


图 6-30　高对映选择性合成紫草酸

## 二、间位基团导向的选择性碳-氢键活化

邻位基团导向的选择性碳-氢键活化已经是非常普遍的一种合成策略，但是选择性地在间位和对位进行碳-氢键活化主要依赖于底物的位阻和电子效应。最近，Yu 等巧妙地利用一个可轻易去除的带腈基的模板，使得腈基和 Pd 金属作用，促使金属选择性活化间位碳-氢键，生成一个通常情况下难以形成的十二元环催化过渡态（图 6-31）。通过这一策略，Yu 等实现了芳烃和烯丙酸酯反应生成间位烷基化产物[73]。

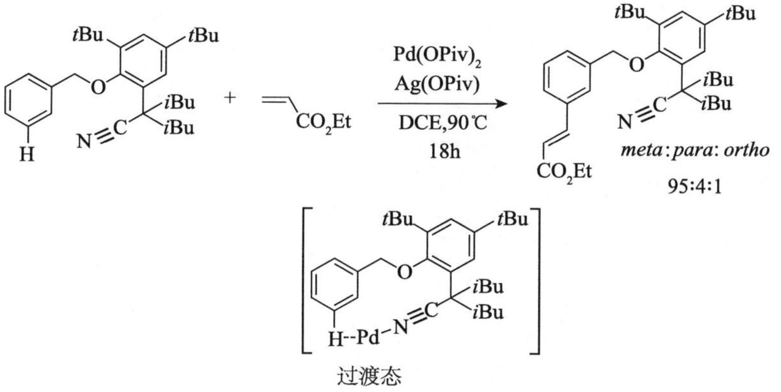


图 6-31　间位基团导向的选择性碳-氢键活化

## 三、芳烃直接偶联反应

近年来，芳烃和芳烃之间直接交叉偶联已经成为一热门课题，这类反应的优势在于偶联反应的两种底物均无须经过预先官能团化，不使用卤代试剂，反应物简单，副产物少；但该类反应的挑战性在于选择性低。陆文军等在 $Pd(OAc)_2/CF_3CO_2H(TFA)/K_2S_2O_8$催化体系下高选择性地实现了普通芳香烃之间的偶联得到不对称二芳烃[74]，但活性较低，如图 6-32 所示。这类反应还可以利用富电子杂芳环和普通芳环反应[75]，由于两种反应物电子性不同，较富电子芳环上的碳-氢键将先与亲电性金属如 $Pd(TFA)_2$发生亲电取代反应生成更富电子的芳香基 Pd 物种，后者随之和较缺电子芳烃通过 α-键复分解反应生成偶联产物。如图 6-33 所示，Fagnou 等利用 $Pd(TFA)_2$作为催化剂，以 $Cu(OAc)_2$为氧化剂，实现了吲哚和普通芳烃之间的直接偶联。

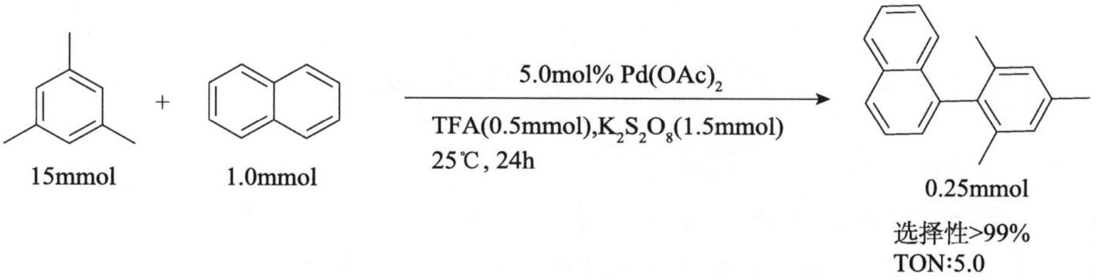


图 6-32　普通芳烃直接交叉偶联反应

另外一种使芳烃和芳烃之间直接交叉偶联是利用导向基团使其中一个芳烃更容易发生碳-氢活化，生成的中间体由于位阻效应更容易与另一个芳烃发生反应，从而实现两类芳烃之间的交叉偶联反应[76]。

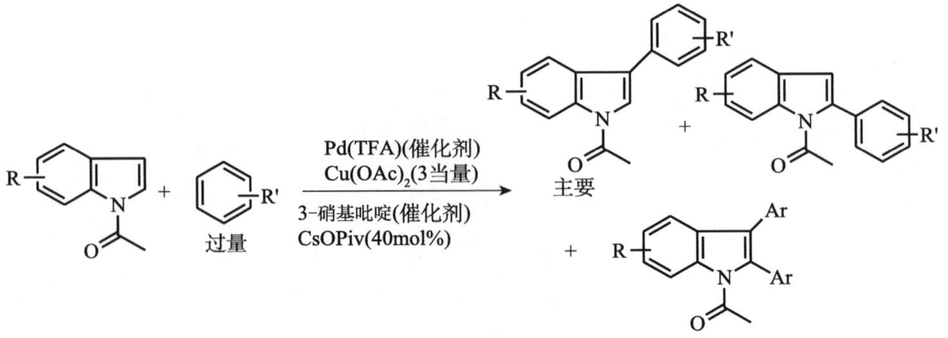


图 6-33 富电子杂环芳烃和普通芳基交叉偶联反应

## 四、非过渡金属催化的芳烃偶联反应

大部分碳-氢键活化涉及过渡金属催化剂。非过渡金属催化体系具有经济成本低和环境友好等优点。2009～2010 年，施章杰、雷爱文课题组等对过渡金属（铁、钴等）催化的芳环碳-氢键活化，并与芳基卤化物偶联的反应进行了系统研究。他们在研究过程中发现用有机分子邻菲罗啉类衍生物作为催化剂，在叔丁醇钾存在的条件下，可实现芳环上碳-氢键的活化，并完成芳基卤化物（溴化物和碘化物）与普通芳环的交叉偶联反应。研究中还发现如果将偶联反应应用到分子内的体系，同样可以高产率地得到苯并色烯分子。这一结果为合成各种杂原子多环化合物提供了高效经济的新方法[77]（图 6-34）。

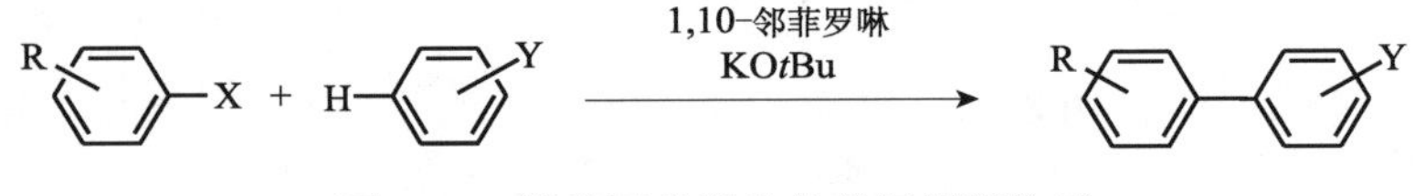


图 6-34 邻菲罗啉催化的芳烃偶联体系

## 五、烷烃和芳烃的直接硼化和硅化反应

有机硼和有机硅化合物是重要的合成中间体，由烷烃或芳烃直接硼化或者硅化生成有机硼和有机硅化合物无疑是非常具有吸引力的合成策略。Hartwig 和 Smith 等课题组的研究工作使得烃类化合物的硼化反应获得了重要突破。如图 6-35 所示，以铑作为催化剂，烷烃可与二频哪硼在 150℃反应以高区域选择性生成端位取代的硼化产物[78]。在芳烃的硼化反应中，铱金属和联吡啶类配体组成的催化剂效率较高，在室温条件下，以 $[Ir(COD)(OMe)]_2$ 为催化剂前驱体，以 4，4′-二叔丁基联吡啶为配体，普通芳烃或杂原子芳环均可与

二频哪硼顺利反应生成芳基硼产物。反应的区域选择性由底物的位阻所控制（图 6-35）。

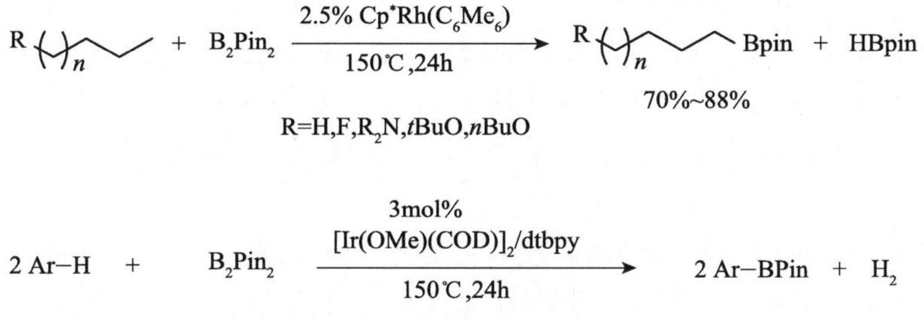

图 6-35　烷烃和芳烃的硼化反应

硅化反应到目前为止被研究的还不是很深入。第一个硅化反应由 Curtis 报道[79]，但是产率不高。2005 年，Hartwig 等报道了铂催化的硅化反应，虽然可以用简单的芳烃作原料，但是该反应需要在高温下进行[80]（图 6-36）。最近，Hartwig 等报道了铱催化的分子内碳-氢键硅化反应，如图 6-37 所示，芳香酮与二乙基硅烷在铱金属催化作用下先生成硅醚，后者再在不同的铱金属体系催化下发生分子内邻位选择性硅化反应[81]。

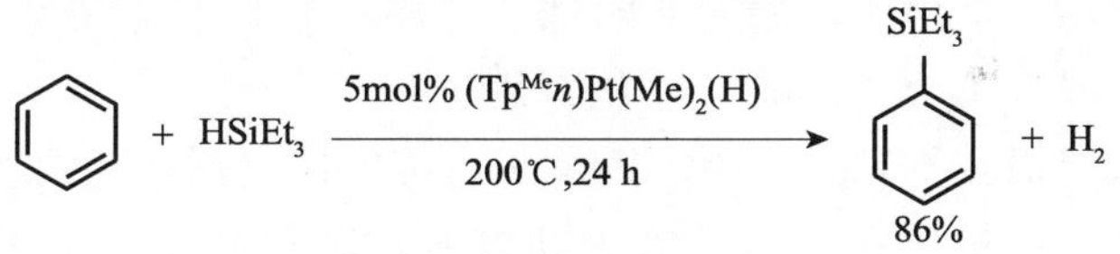

图 6-36　芳烃硅化反应

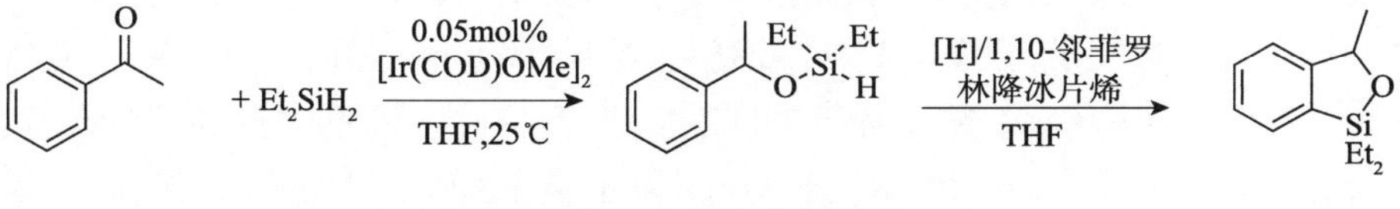

图 6-37　分子内邻位芳烃硅化反应

# 第六节　均相催化的机遇和挑战

目前合成化学已经达到了空前的水平，无论分子多么复杂，经过足够时间的探索，人们总能合成获得。但是，合成化学也带来了涉及生态、资源、环境等影响社会可持续发展的一系列问题，这些问题越来越受到人们的关注。

诺贝尔化学奖获得者野依良治曾说："未来的合成化学必须是经济、安全和境友好的以及节省资源和能源的化学，化学家需要为实现'完美的反应化学'而努力，即以100%的选择性和100%的产率生成需要的产物而没有废物产生。"因此，如何通过对化学键的选择性活化、断裂与可控性重组，通过弱相互作用的调节精确组装功能超分子体系，实现以100%产率和100%选择性对特定功能物质和结构体系低耗、安全、经济与绿色合成，是合成化学领域的主要挑战。

对于合成过程的精准控制，没有催化剂的参与是不可能实现的，而催化反应的新问题是效率问题和选择性问题。从基础研究入手，通过概念和方法的创新，认识和揭示催化过程中的化学键活化、断裂和可控性重组的规律性；发展高效、高选择性的催化剂，金属有机化学将为催化特别是均相催化提供重要科学基础。新型金属有机均相催化体系的开发在环境、资源、能源、农业以及材料领域具有广泛的应用前景。

## 一、均相催化和环境与资源：二氧化碳的高效转化

二氧化碳是最主要的温室气体，同时也是取之不尽、用之不竭的碳资源。如何有效地利用二氧化碳，制造高附加值材料一直是催化领域十分关注的方向。目前全世界近千分之一的二氧化碳用于化学合成。由于二氧化碳的利用是一个热力学上极其不利的过程，因此只有依靠催化剂才能顺利地跨越能垒。

利用过渡金属催化剂，化学家近期在氢化转化领域取得了重大的进展。例如，2009年Nozaki等报道了PNP螯型Ir络合物（PNP)$IrH_3$，在5MPa反应压力，120 ℃反应温度，二氧化碳和氢气的物质的量比1∶1的反应条件下，催化二氧化碳转变为甲醛，TOF最高可达150 000$h^{-1}$，而TON最高可达3 500 000。但是该反应缺陷是需要在碱性溶液下进行：氢氧化钾和甲酸反应成盐促使反应进行[82]。在2012年Leitner等报道了利用一种由三齿膦配体支持的Ru催化剂将二氧化碳氢化转化为甲醇[83]。该体系特点在于仅需单一催化剂，其缺陷在于需要高温高压，而且TON最高仅为221（图6-38）。

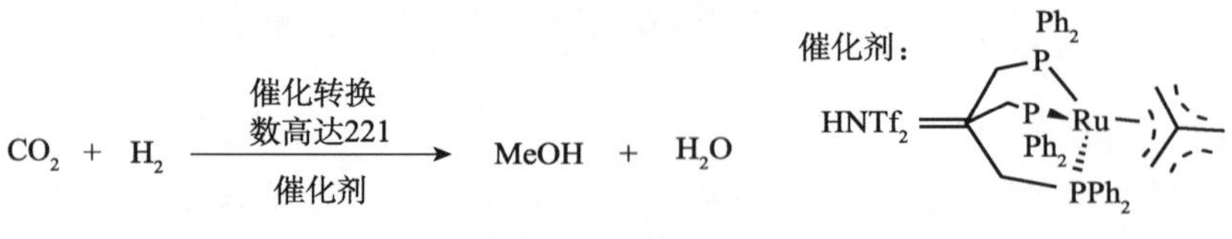


图6-38 Ru催化氢化二氧化碳制备甲醇的反应体系

2011 年，Milstein 利用该组发展 PNN-Ru 催化剂将碳酸二甲酯在较温和的条件下氢化为甲醇[84]。TOF 达到 900$h^{-1}$，TON 达到 4400。碳酸二甲酯可由二氧化碳作为原料制备获得，所以碳酸二甲酯氢化制备甲醇为二氧化碳转化为甲醇提供一条间接的路线。但是从经济成本考虑，这条技术路径缺乏吸引力。著名的 Shell Omega 工艺可将环氧乙烷转化为乙二醇。该工艺先用环氧乙烷与二氧化碳在均相催化剂作用下生成碳酸乙二醇酯，进一步水解得到乙二醇并释放二氧化碳。丁奎岭等发展的 SIOC 工艺则用氢气还原碳酸乙二醇酯制备乙二醇和甲醇[85]。他们发展了 PNP-Ru 催化剂（图 6-39），可以在温和反应条件下，以高选择性和高产率制备乙二醇和甲醇，反应 TON 高达 100 000，原子利用率 100%。2010 年，全球消耗甲醇 48 百万 t，消耗二乙醇 25 百万 t，因此 SIOC 工艺潜在经济效益非常可观。

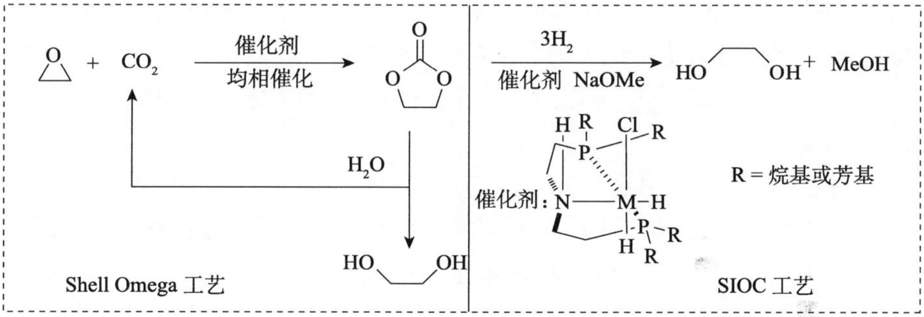


图 6-39 Shell Omega 工艺和 SIOC 工艺制备乙二醇过程

此外，在温和条件下，丁奎岭等发展 PNP-Ru 催化剂可将聚碳酸酯氢化降解，以高产率制备 1,2-丙二醇和甲醇，从而实现了聚碳酸酯废塑料高效回收利用（图 6-40）。

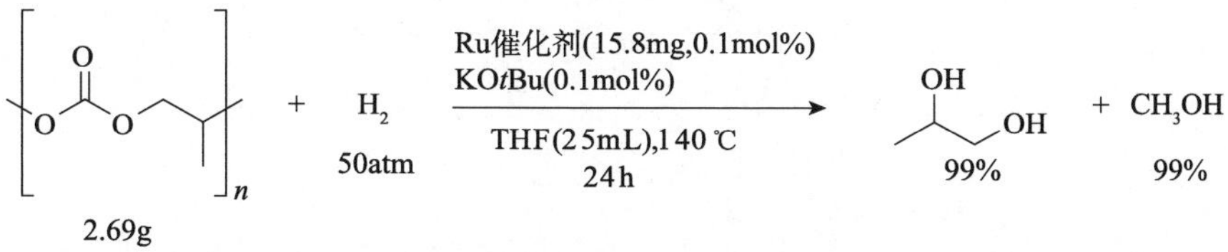


图 6-40 Ru 催化从碳酸乙二醇酯制备乙二醇和甲醇和聚碳酸酯降解体系

另外，由二氧化碳和环氧化合物作为原料，以过渡金属络合物作为催化剂制备聚碳酸酯是二氧化碳资源利用最为高效的途径之一。通过二氧化碳插入金属氧键催化合成聚碳酸酯可能是二氧化碳领域距离工业化最近的工艺过程，该聚碳酸酯的性质优良，用途广泛。在 2008 年，Lee 利用 Co 金属 salen 催化剂将二氧化碳和环氧化合物聚合成聚碳酸酯[86]，其 TOF 可高达 26 000$h^{-1}$。此外，利用稀土金属和二乙基锌生成的双金属催化剂可有效地催化二氧化碳和环氧化合物聚合制备聚碳酸酯。目前我国在二氧化碳基塑料的工业化方面处于世界领先地位。江苏南通华盛新材料股份有限公司首次生产出可降解的二氧化碳基塑料，得到了 PBI 认证，称为 $PCO_2$。因此未来基于二氧化碳制备塑料的产业具有广阔的空间。

## 二、均相催化和能源

能源是 21 世纪人类面临最严峻的挑战之一。目前，人类利用的能源主要是不可再生能源：石油、天然气、煤炭和裂变核燃料约占世界能源消耗总量的 90%以上。全世界目前已探明的不可再生能源的可开采储量有限，石油可开采 40 年，煤炭可开采 200 多年，天然气可开采 40 年。预计到 2020 年，中国的能源需求量将超过约 36 亿 t 标准煤，之后仍将持续增加。国内常规能源的生产能力将在 2020 年达到极限，之后新增的能源需求可能都将依靠替代能源或进口能源解决。

氢能被视为 21 世纪最具发展潜力的清洁能源。自 20 世纪 70 年代以来，世界上许多国家和地区广泛开展了氢能源研究，其目标是通过模拟光系统Ⅱ和氢化酶来合成氢气，利用光驱动水裂解成氢气和氧气。但是，水裂解十分复杂，如图 6-41 所示，该过程涉及多质子和电子转移，并且有较高的热力学能垒。设计用日光驱动的高效分解水制氢体系，是实现可持续发展能源中最具挑战性的课题之一。现有的催化体系效率很低，而且常需要消耗额外的化学试剂。因此，建立新的水分解机制是十分重要的。

$$4H^+ + 4e^- \longrightarrow 2H_2$$
$$2H_2O \longrightarrow 4H^+ + 4e^- + O_2$$
$$2H_2O \xrightarrow{h\nu} 2H_2 + O_2 \quad E^{\ominus} = -1.23V$$

图 6-41　水裂解过程

2009 年，Milstein 利用 PNN-Ru 催化剂使水分解为氢气和氧气[87]。这是首例由单核金属物种催化的水裂解机制。如图 6-42 所示，络合物 Ru-2 由去芳构化物种 Ru-1 在水溶液中直接生成，在 100℃加热条件下可以释放出氢气，并转化为顺式双羟基络合物 Ru-3，络合物 Ru-3 在光活化条件下经过还原消除生成过氧化氢，重新转化为络合物 Ru-2，过氧化氢分解为氧气和水。这是一个热活化放出氢气、光活化释放出氧气的催化体系。

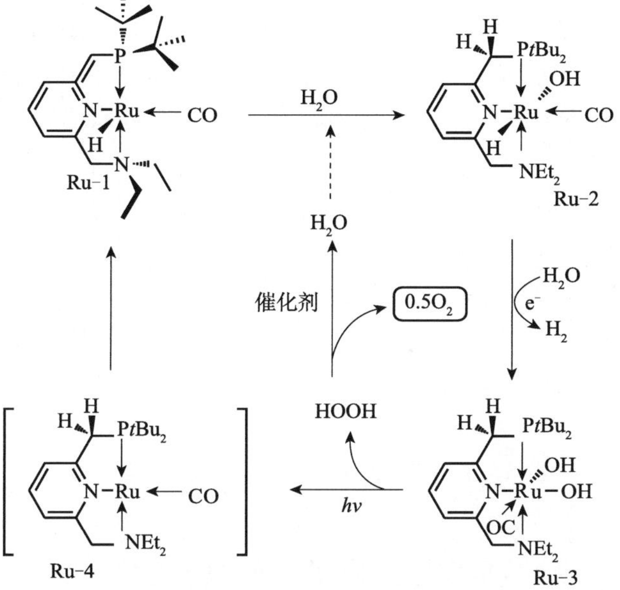


图 6-42　Milstein 水裂解催化过程

Milstein 小组的工作实现了两点突破。首先，这是首例在一个催化循环下、在单金属位点形成氢气和氧气的体系；其次，该体系首次实现了不涉及高价氧化物种（容易导致配体或催化剂的降解）水裂解过程；此外，该工作报道的由金属双羟基物种还原消除形成过氧化氢也属首例。

随着石油资源的日益消耗，除了开发新能源之外，人类必须更加高效地利用其他化石资源，如天然气、煤、页岩气等来缓解所面临的能源危机。煤、天然气、页岩气，甚至可再生的生物质等含碳资源可被用来生成“合成气”（一氧化碳和氢气的混合气）。20 世纪 20 年代德国人发明的费托合成技术（煤制油技术）可以进一步将“合成气”转化为直链烷烃混合物。随着整个社会能源结构对煤制油技术的逐步倚重，费托合成所生成的大量的低碳烷烃副产物的有效利用成为一个重要问题。费托合成产物选择性低，生成的烷烃产品小至甲烷，大至含超过 250 个碳原子的碳氢化合物。高分子质量烷烃产物可通过“加氢裂化”等工艺过程降解，但至今还没有可行的技术将费托合成所产生的大量的低价值低碳烷烃产品在温和的反应条件下转化为燃油。另外，炼油和天然气产业也会产生大量的低碳烷烃产品。因此，发展高效催化材料，通过有效的策略和方法，将低碳烷烃有效转化为可作为燃油的烷烃产品成为一个亟待解决的科学技术问题。

2006 年，Brookhart 和 Goldman 等报道了双金属催化烷烃复分解反应（图 6-43），可将低碳烷烃在温和条件下转化为可作为燃油的烷烃产品[88]。烷烃复分解反应是指烷烃进行重排，生成比原烷烃更长或更短的烷烃的反应。它与烯烃复分解反应类似，但复分解反应是发生在碳-碳单键上。

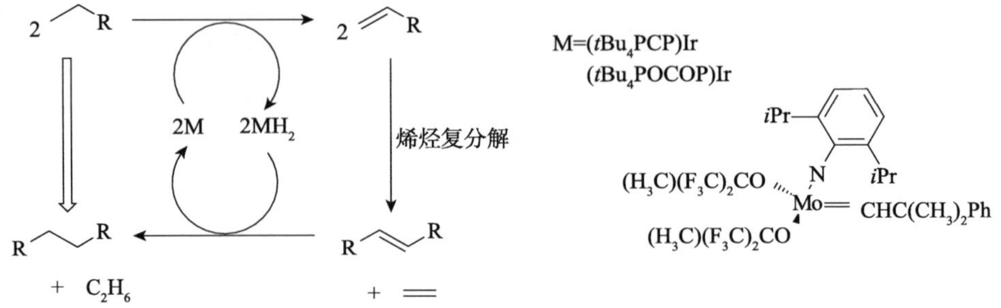


图 6-43　Brookhart 等发展的烷烃复分解体系

## 三、均相催化和农业：固氮和氮气官能团化

氮是构成生物蛋白质、核酸的主要元素，它与碳、氢、氧一样在生物上具有重要的意义。大气中 4/5 都是氮气，但是氮的气体形式（$N_2$）只能被极少数的生物所利用。如何将大气中极其稳定的氮气转化成可以被植物利用的物质形式，即所谓的“固氮”，一直是科学家关注的重大课题。

19 世纪以前，农业上所需氮肥的来源主要是有机物的副产品，如粪类、种子饼及绿肥等，这显然不能满足当时农业的需求。1909 年，哈伯（F. Haber）在实验室中在 600℃、200atm 下，用金属锇作催化剂，以 6%的收率成功获得合成氨，开启了合成氨的新纪元。他获得了 1918 年诺贝尔化学奖。博施（C. Bosch）进一步改进了这一技术（以铁为催化剂），成为著名的“哈伯-博施法”合成氨过程，获得了 1931 年诺贝尔化学奖。合成氨的工业技术结束了人类完全依靠天然氮肥的历史，大大促进了农业的发展。现今每年合成氨的产量达 2 亿 t，每年的尿素产量达 1.5 亿 t。哈伯的合成氨技术当之无愧地被评价为 20 世纪最重要的发明。

虽然哈伯-博施法每年生产的合成氨达到亿吨，但这一方法需要高压（20～50MPa）和高温（400℃），转化率仅为 10%～15%，是一个相当耗能的生产工艺，估计全球每年约 1%的能量用于合成氨工业。因此，实现在温和条件下固氮一直是科学家的梦想。但是，氮分子为非极性分子，氮-氮三键的键能高达 225kcal/mol 以及分子本身有极高的离子化势能，使得室温下实现氮气活化一直是一个挑战。

1995 年，Cummins 等[89]利用钼的络合物 $Mo(NRAr_3)$ [$R = C(CD_3)_2CH_3$，$Ar = 3,5\text{-}C_6H_3(CH_3)_2$] 首次在常温下实现了氮-氮三键的断裂。2003 年，Schrock 等[90]报道了首例在常温常压下将氮气还原为氨的例子，但是该体系反应条件复杂，需要使用特殊的氧化剂和质子化试剂，而且催化效果并不理想，催化剂容易失去活性，TON 仅为 4 次。

2004 年，Chirik 报道了利用锆的茂络合物完成氮气的断裂（图 6-44），然后，在氢气环境下加热促使锆络合物转化为锆氢化合物并生成氨气。该转化不需要添加额外氧化剂和质子化试剂，但不足之处是一个当量反应[91]。

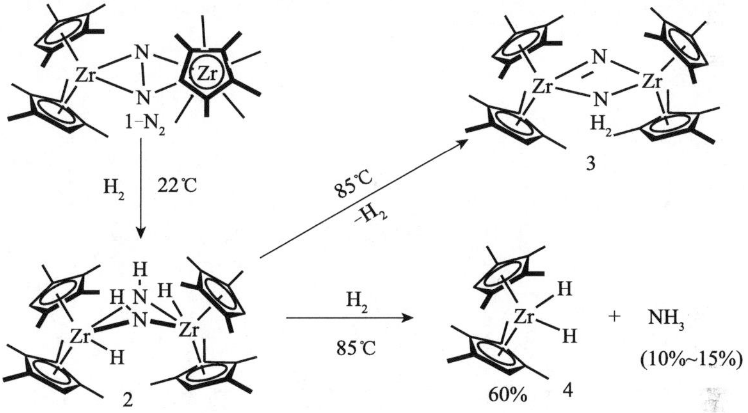


图 6-44 Chirik 等发展的锆催化的 $N_2$ 至 $NH_3$ 的转化

## 四、均相催化和材料

人类社会的进步对高性能聚烯烃材料的需求越来越迫切，而催化剂在很大程度上决定了聚烯烃材料的性能。Ziegler-Natta 催化剂的发明为现代聚烯烃产业奠定了基础，而均相茂金属催化剂的发展为聚丙烯材料结构精确控制合成提供了技术保障。20 世纪 90 年代中期以来，Brookhart 等发明的后过渡金属催化剂（图 6-45 左、中）实现了乙烯聚合制备高支链化聚乙烯材料，并为非极性单体和极性单体可控配位共聚制备高性能聚烯烃材料提供了示范。Fujita's 钛和锆金属催化剂在乙烯聚合反应中表现出极高的活性（图 6-45 右）唐勇课题组在 2009 年研发了一种边臂可控的三齿配位的三氯化钛络合物催化剂（图 6-46），其对催化烯烃聚合反应具有活性高，便宜易得，共聚能力强，插入率可控且单体分布均匀，低铝比，热稳定性好，易负载等优点。该体系可以使用烷基铝作为助催化剂，而催化性能与单中心的茂金属催化剂相当，通过催化剂结构的优化可以有效调控聚合物的微结构[92]。

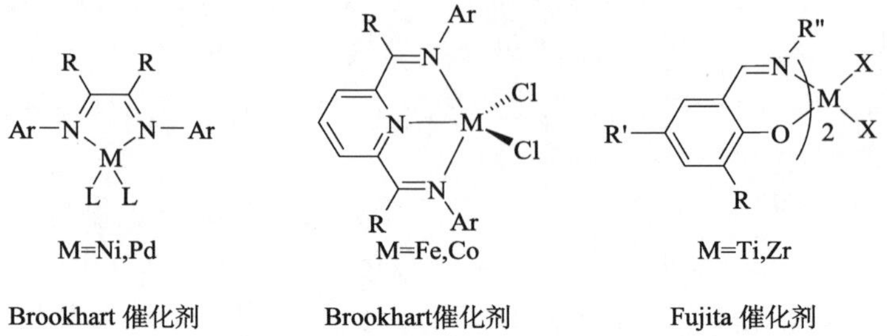


图 6-45　Brookhart 后过渡金属催化剂和 Fujita 前过渡金属催化剂

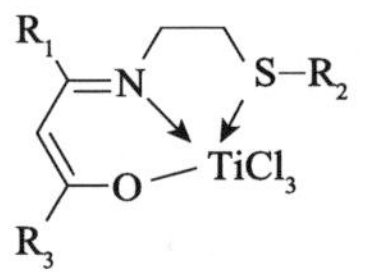

图 6-46　唐勇课题组发展的钛金属乙烯聚合催化剂

## 五、展望

综上所述，从 Ziegler-Natta 烯烃聚合催化剂到后过渡金属聚合催化剂，从 Wilkinson 催化剂到 Noyori 高效不对称氢化催化剂，从 Ullmann 反应到 Suzuki 偶联反应，从非均相烯烃复分解催化剂到高立体选择性 Schrock-Hoveyda 烯烃复分解催化剂，在过去半个世纪金属有机催化的高度发展使合成化学获得了革命性的飞跃，创造了人类以前无法想象的物质材料。

毫无疑问，绿色的催化技术将创造更美好的世界。催化剂的应用将使反应过程更加经济、节能和环境友好，原子经济性更高。绿色催化已经成为未来合成化学的核心理念以及不可或缺的原则，它实现高效高选择性物质转化，从根本上和源头上最大限度地减少对人类造成的危害。金属有机催化作为催化领域极为重要的部分，在材料、医药、农业、生物、能源和资源等领域都具有重要的应用前景，拥有广阔的发展空间。

## 参考文献

[1] Osborn J A，Jardine F H，Young J F，et al. The preparation and properties of tris (triphenylphosphine) halogenorhodium(Ⅰ) and some reactions thereof including catalytic

homogeneous hydrogenation of olefins and acetylenes and their derivatives. J Chem Soc A，1966：1711－1732.

[2] Crabtree R H. Iridium compounds in catalysis. Acc Chem Res，1979，12：331－337.

[3] Knowles W S，Sabacky M J. Catalytic asymmetric hydrogenation employing a soluble，optically active，rhodium complex. Chem Commun，1968：1445－1446.

[4] Horner L，Siegel H，Büthe H. Asymmetric catalytic hydrogenation with an optically active phosphine rhodium complex in homogeneous solution. Angew Chem Int Ed Engl，1968，7：942－946.

[5] Knowles W S，Sabacky M J，Vineyard B D. Catalytic asymmetric hydrogenation. Chem Commun，1972：10－11.

[6] (a) Kagan H B，Dang T P. The asymmetric synthesis of hydratropic acid and amino-acids by homogeneous catalytic hydrogenation. Chem Commun，1971：481－481； (b) Kagan H B，Dang T P. Asymmetric catalytic reduction with transition metal complexes. I. Catalytic system of rhodium(Ⅰ) with (—)-2,3-0-isopropylidene-2,3-dihydroxy-1,4-bis(diphenylphosphino)butane，a new chiral diphosphine. J Am Chem Soc 1972，94：6429－6433； (c) Kagan H B，Langlois N，Dang T P. Reduction asymetrique catalysee par des complexes de metaux de transition IV. Synthese d'amines chirales au moyen d'un complexe de rhodium et d'isopropylidene dihydroxy-2,3 bis(diphenylphosphino)-1,4butane(diop) . J Organomet Chem，1975，90：353－365.

[7] Xie J H，Liu X Y，Xie J B，O. L. An Additional coordination group leads to extremely efficient chiral iridium catalysts for asymmetric hydrogenation of ketones angew. Chem Int Ed，2011，50：7329－7332.

[8] Liu Y，Ding K. Modular monodentate phosphoramidite ligands for rhodium-catalyzed enantioselective hydrogenation. J Am Chem Soc，2005，127：10488－10489.

[9] (a) Wang D S，Chen Q A，Li W，et al. Pd-catalyzed asymmetric hydrogenation of unprotected indoles activated by Brønsted acids. J Am Chem Soc，2010，132：8909－8911； (b) Wang D S，Ye Z S，Chen Q A，et al. Highly enantioselective partial hydrogenation of simple pyrroles：A facile access to chiral 1-pyrrolines. J Am Chem Soc，2011，133：8866－8869.

[10] Imyanitov N S，Rudkovskij D M. Hydrogenation and hydroformylation in the presense of Co，Rh，and Ir carbonyls. Neftekhimiya，1963，3：198－200.

[11] Slaugh L H，Mullineaux R D. Novel hydroformylation catalysts. J Organomet Chem，1968，13：469－477.

[12] Evans D，Osborn J A，Wilkinson G J. Hydroformylation of alkenes by use of rhodium complex catalysts. J Chem Soc A，1968：3133－3142.

[13] Sommer L H，Pietrusza E W，Whitmore F C. Peroxide-catalyzed ad dition of tri-

chlorosilane to 1-octene. J Am Chem Soc，1947，69：188－188.

[14] Speier J L，Webser J A，Barnes G H. The addition of silicon hydrides to olefinic double bonds. Part Ⅱ. The use of group Ⅷ metal catalysts. J Am Chem Soc，1957，79：974－979.

[15] Karstedt L H. Platinum complexes of unsaturated siloxanes and platinum containing organopolysiloxanes. U. S. Patent 3775452. 1973.

[16] Bart S C，Lobkovsky E，Chirik P J. Preparation and molecular and electronic structures of iron(0) dinitrogen and silane complexes and their application to catalytic hydrogenation and hydrosilation. J Am Chem Soc，2004，126：13794－13807.

[17] Tondreau A M，Atienza C C H，Weller K J，et al. Iron catalysts for selective anti-markovnikov alkene hydrosilylation using tertiary silanes. Science，2012，335：567－570.

[18] Männig D，Nöth H. Catalytic hydroboration with rhodium complexes. Angew Chem Int Ed，1985，24：878－879.

[19] Zhang L，Peng D，Leng X，et al. Iron-catalyzed，atom-economical，chemo- and regioselective alkene hydroboration with pinacolborane. Angew Chem Int Ed，2013，52：3676－3680.

[20] Arthur P，England D C，Pratt B C，et al. Addition of hydrogen cyanide to unsaturated compounds. J Am Chem Soc，1954，76：5364－5367.

[21] Drikard W C J，Kassal R J. Hydrocyanation of olefins. U. S. Patent 3496217，1968.

[22] Baker M J，Pringle P G. Chiral aryl diphosphites：A new class of ligands for hydrocyanation catalysis. J Chem Soc，Chem Commun，1991：1292－1293.

[23] Haggin J. Coal conversion focuses on refineries. Chem Eng News Archive，1992，70：23－24.

[24] Coulson D R. Catalytic addition of secondary amines to ethylene (Contribution No. 1720). Tetrahedron Lett，1971，12：429－430.

[25] Wang X，Widenhoefer R A. Platinum-catalyzed intermolecular hydroamination of unactivated olefins with carboxamides. Organometallics，2004，23：1649－1651.

[26] Walsh P J，Baranger A M，Bergman R G. Stoichiometric and catalytic hydroamination of alkynes and allene by zirconium bisamides $Cp_2Zr(NHR)_2$. J Am Chem Soc，1992，114：1708－1719.

[27] McGrane P L，Livinghouse T. Synthetic applications of imidotitanium-alkyne [2+2] cycloadditions. A concise，stereocontrolled total synthesis of the antifungal agent (+)-preussin. J Am Chem Soc，1993，115：11485－11489.

[28] Shilov A E，Shteinman A A. Activation of saturated hydrocarbons by metal complexes in solution. Coord Chem Rev，1997，24：97－143.

[29] Periana R A，Taube D J，Gamble S，et al. Platinum catalysts for the high-yield

oxidation of methane to a methanol derivative. Science, 1998, 280: 560-564.

[30] Sorokin A B, Kudrik E V, Bouchu D. Bio-inspired oxidation of methane in water catalyzed by *N*-bridged diiron phthalocyanine complex. Chem Commun, 2008: 2562-2564.

[31] Guo X, Fang G, Li G, et al. Direct, nonoxidative conversion of methane to ethylene, aromatics, and hydrogen. Science, 2014, 344: 616-619.

[32] (a) Crabtree R H, Felkin H, Morris G E. Activation of molecular hydrogen by cationic iridium diene complexes. Chem Commun, 1976, 716-717; (b) Crabtree R H. Iridium compounds in catalysis. Acc Chem Res, 1979, 12: 331-337.

[33] (a) Liu F, Pak E B, Singh B, et al. Dehydrogenation of n-alkanes catalyzed by iridium "pincer" complexes: Regioselective formation of $\alpha$-olefins. J Am Chem Soc, 1999, 121: 4086-4087; (b) Lee D W, Kaska W C, Jensen C M. Mechanistic features of iridium pincer complex catalyzed hydrocarbon dehydrogenation reactions: Inhibition upon formation of a $\mu$-dinitrogen complex. Organometallics, 1998, 17: 1-3; (c) Xu W W, Rosini G P, Krogh-Jespersen K, et al. Thermochemical alkane dehydrogenation catalyzed in solution without the use of a hydrogen acceptor. Chem Commun, 1997: 2273-2274; (d) Gupta M, Kaska W C, Jensen C M. Catalytic dehydrogenation of ethylbenzene and tetrahydrofuran by adihydrido iridium P-C-P pincer complex. Chem Commun, 1997: 461-462; (e) Gupta M, Hagen C, Flesher R J, et al. A highly active alkane dehydrogenation catalyst: Stabilization of dihydrido rhodium and iridium complexes by a P-C-P pincer ligand. Chem Commun, 1996: 2083-2084.

[34] Göttker-Schnetmann I, White P, Brookhart M. Iridium bis(phosphinite) *p*-XPCP pincer complexes: Highly active catalysts for the transfer dehydrogenation of alkanes. J Am Chem Soc, 2004, 126: 1804-1811.

[35] Desai L V, Hull K L, Sanford M S. Palladium-catalyzed oxygenation of unactivated $sp^3$ C—H bonds. J Am Chem Soc, 2004, 126: 9542-9543.

[36] Giri R, Chen X, Yu J Q. Palladium-catalyzed asymmetric iodination of unactivated C[BOND]H bonds under mild conditions. Angew Chem Int Ed, 2005, 44: 2112-2115.

[37] Campbell A N, White P B, Guzei I A, et al. Allylic C—H acetoxylation with a 4,5-diazafluorenone-ligated palladium catalyst: A ligand-based strategy to achieve aerobic catalytic turnover. J Am Chem Soc, 2010, 132: 15116-15119.

[38] Campbell A N, Meyer E B, Stahl S S. Regiocontrolled aerobic oxidative coupling of indoles and benzene using Pd catalysts with 4,5-diazafluorene ligands. Chem Commun, 2011: 10257-10259.

[39] Izawa Y, Pun D, Stahl S S. Palladium-catalyzed aerobic dehydrogenation of substituted cyclohexanones to phenols. Science, 2011, 333: 209-213.

[40] Zhang J, Leitus G, Ben-David Y, et al. Facile conversion of alcohols into esters and dihydrogen catalyzed by new ruthenium complexes. J Am Chem Soc, 2005, 127:

10840 -10841.

[41] Yamaguchi R, Ikeda C, Takahashi Y, et al. Homogeneous catalytic system for reversible dehydrogenation-hydrogenation reactions of nitrogen heterocycles with reversible interconversion of catalytic species. J Am Chem Soc, 2009, 131: 8410 - 8412.

[42] Wu J, Talwar D, Johnston S, et al. Acceptorless dehydrogenation of nitrogen heterocycles with a versatile iridium catalyst. Angew Chem Int Ed, 2013, 52: 6983 - 6987.

[43] Negishi E, King A O, Okukado N. Selective carbon-carbon bond formation via transition metal catalysis. 3. A highly selective synthesis of unsymmetrical biaryls and diarylmethanes by the nickel- or palladium-catalyzed reaction of aryl- and benzylzinc derivatives with aryl halides. J Org Chem, 1977, 42: 1821 - 1823.

[44] Stille J K. Palladium catalyzed coupling of organotin reagents with organic electrophiles. Pure Appl Chem, 1985, 57: 1771 - 1780.

[45] Hatanaka Y, Hiyama T. Cross-coupling of organosilanes with organic halides mediated by a palladium catalyst and tris (diethylamino) sulfonium difluorotrimethylsilicate. J Org Chem, 1988, 53: 918 - 920.

[46] Miyaura N, Yamada K, Suzuki A. A new stereospecific cross-coupling by the palladium-catalyzed reaction of 1-alkenylboranes with 1-alkenyl or 1-alkynyl halides. Tetrahedron Lett, 1979, 36: 3437 - 3440.

[47] Dieck H A, Heck R F. Palladium catalyzed synthesis of aryl, heterocyclic and vinylic acetylene derivatives. J Organomet Chem, 1975, 93: 259 - 263.

[48] (a) Guram A S, Buchwald S L. Palladium-catalyzed aromatic aminations with in situ generated aminostannanes. J Am Chem Soc, 1994, 116: 7901 - 7902; (b) Paul F, Patt J, Hartwig J F. Palladium-catalyzed formation of carbon-nitrogen bonds. Reaction intermediates and catalyst improvements in the hetero cross-coupling of aryl halides and tin amides. J Am Chem Soc, 1994, 116: 5969 - 5970.

[49] Ma D, Zhang Y, Yao J, et al. Accelerating effect induced by the structure of α-amino acid in the copper-catalyzed couplings of aryl halides with α-amino acids. Synthesis of benzolactam-V8. J Am Chem Soc, 1998, 120: 12459 - 12467.

[50] Job G E, Buchwald S L. Copper-catalyzed arylation of β-amino alcohols. Org Lett, 2002, 4: 3703 - 3706.

[51] Nicolaou K C, Bulger P G, Sarlah D. Palladium-catalyzed cross-coupling reacions in total synthesis. Angew Chem Int Ed, 2005, 44: 4442 - 4489.

[52] Larsen R D, King A O, Chen C Y, et al. Efficient synthesis of losartan, a nonpeptide angiotensin Ⅱ receptor antagonist. J Org Chem, 1994, 59: 6391 - 6394.

[53] Su D S, Meng D, Bertinato P, et al. Total synthesis of (—)-epothilone B: An extension of the Suzuki coupling method and insights into structure-activity relationships of the epothilones. Angew Chem Int Ed Engl, 1997, 36: 757 - 759.

[54] Yang Z, He Y, Vourloumis D, et al. Total synthesis of epothilone A: The olefin metathesis approach. Angew Chem Int Ed, 1997, 36: 166－168.

[55] Wolfe J P, Singer R A, Yang B H, et al. Highly active palladium catalysts for Suzuki coupling reactions. J Am Chem Soc, 1999, 121: 9550－9561.

[56] (a) Yin J, Buchwald S L. A catalytic asymmetric Suzuki coupling for the synthesis of axially chiral biaryl compounds. J Am Chem Soc, 2000, 122: 12051－12052; (b) Bermejo A, Ross A, Fernández R, et al. $C_2$-symmetric bis-hydrazones as ligands in the asymmetric Suzuki-Miaura cross-coupling. J Am Chem Soc, 2008, 130: 15798－15799; (c) Uozumi Y, Matsuura Y, Arakawa T, et al. Asymmetric Suzuki-Miyaura coupling in water with a chiral palladium catalyst supported on an amphiphillic resin. Angew Chem Int Ed, 2009, 48: 2708－2710.

[57] Sato Y, Sodeoka M, Shibasaki M. Catalytic Asymmetric C—C bond formation: Asymmetric synthesis of *cis*-decalin derivatives by palladium-catalyzed cyclization of prochiral alkenyl iodides. J Org Chem, 1989, 54: 4738－4739.

[58] Wu C, Zhou J. Asymmetric intermolecular Heck reactioin of aryl halides. J Am Chem Soc, 2014, 136: 650－652.

[59] Dounay A B, Overman L E. The asymmetric intramolecular Heck reaction in natural product total synthesis. Chem Rev, 2003, 103: 945－2963.

[60] (a) Ogata E, Sodesawa T, Kamiya Y. Liquid phase disproportionation of propylene over $MoO_3$-$Al_2O_3$ catalyst in the presence of solvents. Bull Chem Soc Jpn, 1976, 49: 1317－1321; (b) Finkel'shtein E S, Bykov V I, Portnykh E B. The olefin metathesis reaction - a versatile tool for fine organic synthesis. J Mol Catal, 1992, 76: 33－52; (c) Tanaka K. Super active catalysts, $MoO_3$/ and $MoO_3$-$x/\beta TiO_2$ activated with $SnMe_4$, for a structure retaining alkene metathesis. J Chem Soc Chem Commun, 1984: 748－749; (d) Verpoort F, Bossuyt A, Verdonck L. A new heterogeneous metathesis catalyst: Preparation and activity of a highly active catalyst for the metathesis of pent-2-ene. Chem Commun, 1996: 417－418.

[61] Schrock R R, Hoveyda A H. Molybdenum and tungsten imido alkylidene complexes as efficient olefin-metathesis catalysts. Angew Chem Int Ed, 2003, 42: 4592－4633.

[62] (a) Trnka T M, Morgan J P, Grubbs R. H. Synthesis and activity of ruthenium alkylidene complexes coordinated with phosphine and *N*-heterocyclic carbene ligands. J Am Chem Soc, 2003, 125: 2546－2558; (b) Trnka T M, Grubbs R H. The development of $L_2X_2Ru=CHR$ olefin metathesis catalysts: An organometallic success story. Acc Chem Res, 2001, 34: 18－29.

[63] Garber S B, Gray B L, Hoveyda A H. Efficient and Recyclable monomeric and dendritic Ru-based metathesis catalysts. J Am Chem Soc, 2000, 122: 8168－8179.

[64] (a) Fu G C, Grubbs R H. The application of catalytic ring-closing olefin metath-

esis to the synthesis of unsaturated oxygen heterocycles. J Am Chem Soc，1992，114：5426 -5427；(b) Fu G C，Nguyen S T，Grubbs R H. Catalytic ring-closing metathesis of functionalized dienes by a ruthenium carbene complex. J Am Chem Soc，1993，115：9856 - 9857.

[65] (a) Fu G C，Grubbs R H. The synthesis of nitrogen heterocycles via catalytic ring-closing metathesis of dienes. J Am Chem Soc，1992，114：7324 - 7325；(b) Buffat M G P. Application of olefin metathesis to organic synthesis. Syntheses of civetone and macrolides. Tetrahedron Lett，1980，21：2955 - 2958.

[66] (a) Martin S F，Humphrey J M，Hiller M C. Enantioselective total syntheses of ircinal A and related manzamine alkaloids. J Am Chem Soc，1999，121：866 - 867；(b) Humphrey J M，Liao Y S，Martin S F. Enantioselective total syntheses of manzamine A and related alkaloids. J Am Chem Soc，2002，124：8584 - 8592.

[67] Marx V M，Herbert M B，Keitz B K，et al. Stereoselective access to *Z* and *E* macrocycles by ruthenium-catalyzed *Z*-selective ring-closing metathesis and ethenolysis. J Am Chem Soc，2013，135：94 - 97.

[68] Alexander J B，Hoveyda A H，Schrock R R. Chromenes through metal-catalyzed reactions of styrenyl ethers. Mechanism and utility in synthesis. J Am Chem Soc，1998，120：2343 - 2351.

[69] Funk T W，Berlin J M，Grubbs R H. Dipyrrolyl precursors to bisalkoxide molybdenum olefin metathesis catalysts. J Am Chem Soc，2006，128：16373 - 16375.

[70] (a) Bergman R G. Activation of alkanes with organotransition metal complexes. Science，1984，223：902 - 908； (b) Arndtsen B A，Bergman R G，Mobley T A，et al. Selective intermolecular carbon-hydrogen bond activation by synthetic metal complexes in homogeneous solution. Acc Chem Res，1995，28：154 - 162； (c) Labinger J A，Bercaw J. Understanding and exploiting C—H bond activation. Nature，2002，417：507 - 514.

[71] Murai S，Kakiuchi F，Sekine S，et al. Efficient catalytic addition of aromatic carbon-hydrogen bonds to olefins. Nature，1993，366：529 - 531.

[72] O'Malley S J，Tan K L，Watzke A，et al. Total synthesis of (+)-lithospermic acid by asymmetric intramolecular alkylation via catalytic C—H bond activation. J Am Chem Soc，2005，127：13496 - 13497.

[73] Leow D，Li G，Mei T S，et al. Activation of remote *meta*-C—H bonds assisted by an end-on template. Nature，2012，486：518 - 522.

[74] Rong Y，Li R S，Lu W J. Palladium(Ⅱ)-catalyzed coupling of *p*-xylene via regioselective C—H activation in TFA. Orgaometallics，2007，26：4376 - 4378.

[75] Stuart D R，Fagnou K. The catalytic cross-coupling of unactivated arenes. Science，2007，316：1172 - 1175.

[76] Hull K，Sanford M S. Catalytic and highly regioselective cross-coupling of aro-

matic C—H substrates. J Am Chem Soc, 2007, 129: 11904 - 11905.

[77] Sun C, Li H, Yu D, et al. An efficient organocatalytic method for constructing biaryls through aromatic C—H activation. Nat Chem, 2010, 2: 1044 - 1049.

[78] (a) Chen H Y, Schlecht S, Semple T C, et al. Thermal, catalytic, regiospecific functionalization of alkanes. Science, 2000, 287: 1995 - 1997; (b) Chen H Y, Hartwig J F. Catalytic, regiospecific end-functionalization of alkanes: Rhenium-catalyzed borylation under photochemical conditions. Angew Chem Int Ed, 1999, 38: 3391 - 3393.

[79] Gustavson W A, Epstein P S, Curtis M D. Homogeneous activation of the C—H bond. formation of phenyl siloxanes from benzene and silicon hydrides. Organometallics, 1982, 1: 884 - 885.

[80] Tsukada N, Hartwig J F. Intermolecular and intramolecular, platinum-catalyzed, acceptorless dehydrogenative coupling of hydrosilanes with aryl and aliphatic methyl C—H bonds. J Am Chem Soc, 2005, 127: 5022 - 5023.

[81] Simmons E M, Hartwig J F. Iridium-catalyzed arene ortho-silylation by formal hydroxyl-directed C—H activation. J Am Chem Soc, 2010, 132: 17092 - 17095.

[82] Tanaka R, Yamashita M, Nozaki K. Catalytic hydrogenation of carbon dioxide using Ir(Ⅲ)-pincer complexes. J Am Chem Soc, 2009, 131: 14168 - 14169.

[83] Wesselbaum S, vom Stein T, Klankermayer J, et al. Hydrogenation of carbon dioxide to methanol by using a homogeneous ruthenium-phosphine catalyst. Angew Chem Int Ed, 2012, 51: 7499 - 7502.

[84] Balaraman E, Gunanathan C, Zhang J, et al. Efficient hydrogenation of organic carbonates, carbamates and formates indicates alternative routes to methanol based on $CO_2$ and CO. Nat Chem, 2011, 2: 609 - 614.

[85] Han Z, Rong L, Wu J, et al. Catalytic Hydrogenation of cyclic carbonates: A practical approach from $CO_2$ and epoxides to methanol and diols. Angew Chem Int Ed, 2012, 51: 13041 - 13045.

[86] Seong J E, Na S J, Lee B Y. A highly active and recyclable catalytic system for $CO_2$/propylene oxide copolymerization. Angew Chem Int Ed, 2008, 47: 7306 - 7309.

[87] Kohl S W, Weiner L, Schwastsberd L, et al. Consecutive thermal $H_2$ and light-induced $O_2$ evolution from water promoted by a metal complex. Science, 2009, 324: 74 - 77.

[88] Goldman A S, Roy A H, Huang Z, et al. Catalytic alkane metathesis by tandem alkane dehydrogenation-olefin metathesis. Science, 2006, 312: 257 - 261.

[89] Laplaza C E, Cummins C C. Dinitrogen cleavage by a three-coordinate molybdenum(Ⅲ) complex. Science, 1995, 268: 861 - 863.

[90] Yandulov D V, Schrock R R. Catalytic reduction of dinitrogen to ammonia at a single molybdenum center. Science, 2003, 301: 76 - 78.

[91] Pool J A, Lobkovsky E, Chirik P J. Hydrogenation and cleavage of dinitrogen to ammonia with a zirconium complex. Nature, 2004, 427: 527-530.

[92] Yang X, Liu C, Wang C, et al. [$O^-$ $NS^R$]$TiCl_3$-catalyzed copolymerization of ethylene with functionalized olefins. Angew Chem Int Ed, 2009, 48: 8099-8102.

# 第七章 不对称催化合成

龚流柱　游书力　冯小明

## 第一节　引　　言

手性是自然界的普遍特征。在生命的产生和演变过程中，自然界往往对一种手性有所偏爱。例如，DNA 和 RNA 的脱氧核糖和核糖都是 d-型的；构成蛋白质的 20 种天然氨基酸（除甘氨酸没有手性外）都是 l-型的，DNA 的螺旋结构又都是右旋的。生物体中的核酸和酶以及细胞表面受体等都具有手性。由于生命基本物质的手性均一性（homochirality），生命体中生物大分子对手性物质的识别与作用也会有所不同。一对对映异构体在生命体的手性环境中可能表现出截然不同，甚至完全相反的性质。例如，20 世纪 50 年代发生在欧洲的反应停（Thalidomide）事件，曾导致了数以万计的畸形婴儿的出生。其原因是作为孕妇镇静剂的 Thalidomide 中，只有(*R*)-构型异构体具有镇静止吐的作用，而(*S*)-构型异构体却是强烈的致畸剂[1]（图 7-1）。为避免此类事故的发生，美国食品药品管理局（FDA）修改了有关手性药物的法规，要求手性药物申报必须包括所有对映体的生物活性，药品生产商若将手性药物以消旋体的形式申报，必须提供充足理由。

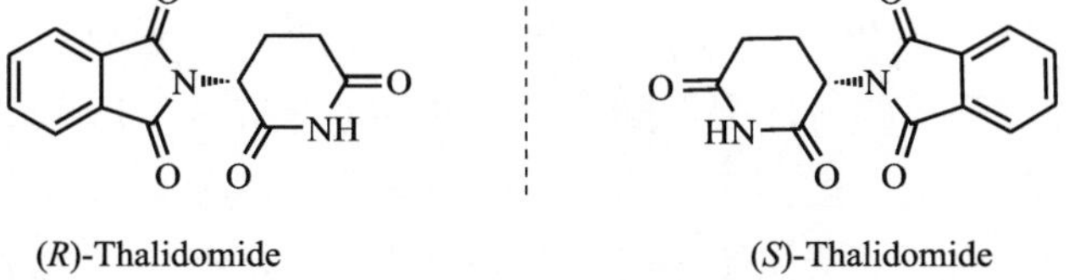


图 7-1　反应停的两种对映异构体

随着经济社会的不断发展，人类对于手性物质的需求也在日益增加。目前对映体纯的手性化合物的获取，除了从天然产物中分离提取外，主要依靠人工合成。外消旋体手性拆分、底物（或试剂）诱导的手性合成和催化手性合成是其中的三类重要方法。与前两类方法相比，手性催化合成是最有效的，因为它能够实现手性增殖。一个高效的手性催化剂分子可以诱导产生成千上万乃至上百万个光学活性产物分子，同时最大限度地减少无用异构体的生成（图 7-2）。按照手性催化剂的类型，不对称催化合成可分为金属有机配合物催化、有机小分子催化和酶催化三种。金属有机配合物催化由于可供选择的金属和手性配体数量庞大、催化剂作用模式多种多样、催化反应的效率和选择性较高、可以实现工业化应用等诸多优点，受到了化学家的广泛关注，成为当代有机化学研究的一个重要领域。

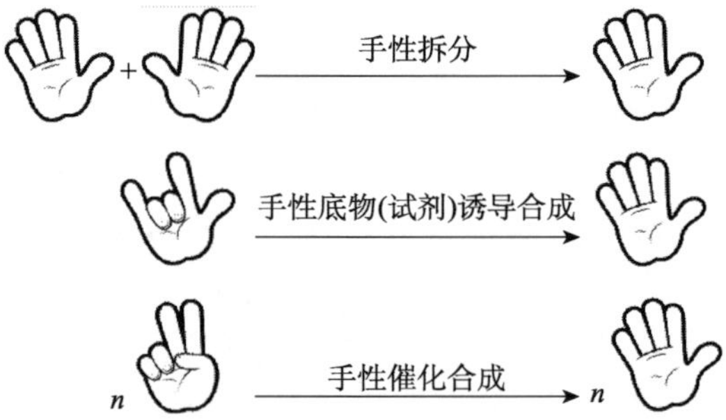


图 7-2　人工合成中，对映体纯手性化合物的获取方法

## 第二节　金属有机配合物催化的不对称合成

手性金属有机配合物用于不对称催化已有半个多世纪的历史。1966 年，Nozaki 等首次报道了手性席夫碱铜配合物催化的不对称环丙烷化反应[2]。1968 年，Knowles 和 Horner 实现了手性铑配合物催化的均相不对称氢化反应[3]。1972 年，Monsanto 公司将不对称催化氢化技术应用于治疗帕金森综合征的手性药物 L-多巴（**1**）的工业生产[4]。此后，手性催化合成技术在手性医药、农药和香料的生产中得到了广泛应用（图 7-3）[5]。异丙甲草胺是一种广泛使用的除草剂。虽然只有（*S*)-构型异构体具有除草活性，但在早期异丙甲草胺是作为外消旋体使用的。1996 年，Novartis 公司使用金属铱催化的不对称氢化反应合成（*S*)-异丙甲草胺（**2**），用于代替消旋体，使其用量减

少了 40%。目前（*S*)-异丙甲草胺的年产量达到上万吨，成为不对称合成在工业应用中规模最大的例子之一。L-薄荷醇（**3**）是一种重要的香料，其传统生产方法是从天然薄荷中分离。1983 年，Takasago 公司利用金属铑催化的不对称异构化反应实现了 L-薄荷醇的工业化生产，并且价格比天然来源的产品更低。目前人工合成 L-薄荷醇的规模约为每年数千吨。此外，（*S*)-布洛芬（**4**）、（*S*)-萘普生（**5**）和左氧氟沙星（**6**）等药物的合成都是过渡金属催化的不对称反应在工业中应用的典范。

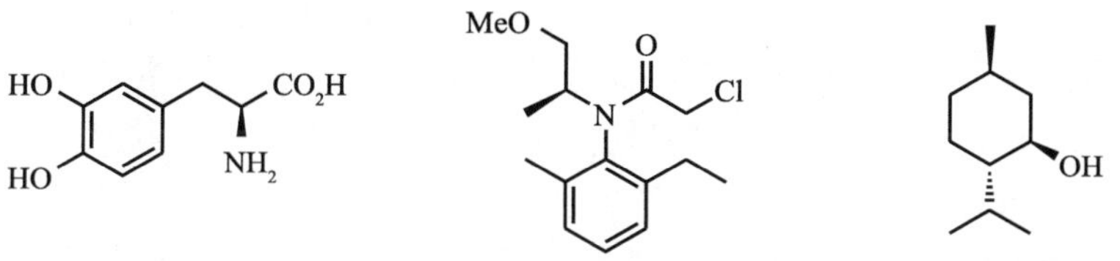


L-多巴，1　(*S*)-异丙甲草胺，2　L-薄荷醇，3

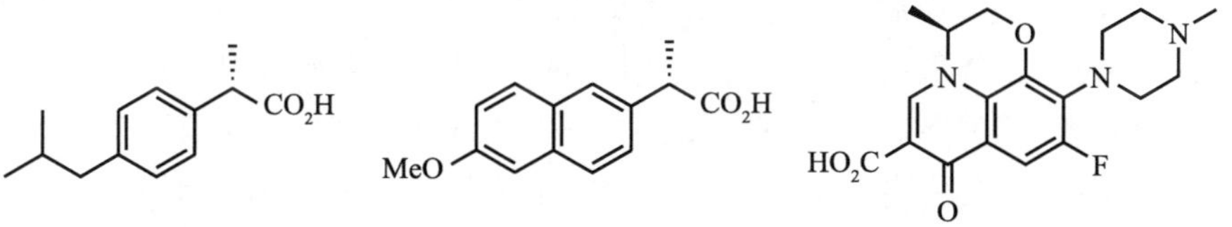


(*S*)-布洛芬，4　(*S*)-萘普生，5　左氧氟沙星，6

图 7-3　金属有机配合物催化合成的工业化手性产品范例

2001 年的诺贝尔化学奖授予了 Knowles、Noyori 和 Sharpless，以表彰他们在过渡金属催化的不对称氢化反应[6]和不对称氧化反应[7]领域所作出的杰出贡献。这说明不对称催化方面的研究在最近几十年中已经取得了长足的发展，并且对于人类社会的发展起到了重要的推动作用。

最近 30 年来，我国化学工作者积极投身于金属有机配合物催化的手性合成领域的研究，在新型手性配体设计、新反应的开发和面向实用性以及绿色化学的新策略研究方面取得了显著的成绩。

## 一、新型手性配体设计

1997 年，陈新滋和蒋耀忠等联合开发了基于手性螺环骨架的亚磷酸酯配体 SpirOP（$L_1$）[8]（图 7-4）。该配体的铑配合物能够高效催化脱氢氨基酸衍生物的不对称氢化反应。周其林等利用螺二氢茚（$L_2$）和螺二芴（$L_3$）为配体骨架结构，发展了包括手性单膦、双膦、膦氮、双氮、膦噁唑啉、双噁唑啉等系列配体[9]。它们可以与多种过渡金属（如钌、铑、钯、镍、铜、铁等）

形成配合物催化不对称氢化、不对称碳-碳键和碳-杂原子键的形成等反应，表现出良好的催化性能。这类配体已在国际上产生重要影响，成为不对称催化中一类新型的优势配体骨架结构（privileged structures）[10]。最近，周其林等向螺环骨架膦氮配体中引入额外的吡啶基团，得到相应的三齿配体。这一改进有效地避免了在金属铱催化的不对称氢化反应中常见的催化剂失活现象，提高了催化剂的稳定性。使用这一新的催化剂，芳基酮的不对称氢化反应的TON可以达到455万（eq. 1），这是目前均相不对称催化所能达到的最高效率[11]。目前，该方法已被浙江九洲药业股份有限公司成功应用于手性药物如利凡斯的明等的生产[12]。此外，周其林等还使用相同的催化体系实现了$\delta$-芳基-$\delta$-酮酸酯和非环状$\alpha,\beta$-不饱和酮的高效不对称氢化反应，催化反应的TON可达$10^5$[13]。在$\alpha,\beta$-不饱和羧酸的不对称催化氢化方面，周其林等使用手性螺环膦噁唑啉配体的铱配合物为催化剂，成功实现了$\alpha$-烷基肉桂酸、顺芷酸同系物和$\alpha$-芳/烷氧基肉桂酸等多种$\alpha,\beta$-不饱和羧酸的不对称催化氢化。该反应被成功应用于治疗糖尿病新药阿利吉仑和抗艾滋病新药芦平曲韦的关键手性中间体的合成[14]。最近，Roche公司使用该不对称氢化反应完成了治疗Ⅱ型糖尿病的新药阿格列扎的生产[15]。浙江九洲药业股份有限公司也成功将该反应用于手性药物赛洛多辛的合成。丁奎岭等发展了基于螺壬二烯（$L_4$）和螺缩酮（$L_5$）骨架的新型手性双齿配体，在不对称氢化[16]和不对称羟基化[17]等反应中都表现出优异的对映选择性。丁奎岭和刘利等还合成了螺缩酮骨架的手性双膦配体（$L_6$），并成功地应用于钯催化的不对称烯丙基取代反应中。使用这一方法他们还高效地合成了手性药物依折麦布[18]。

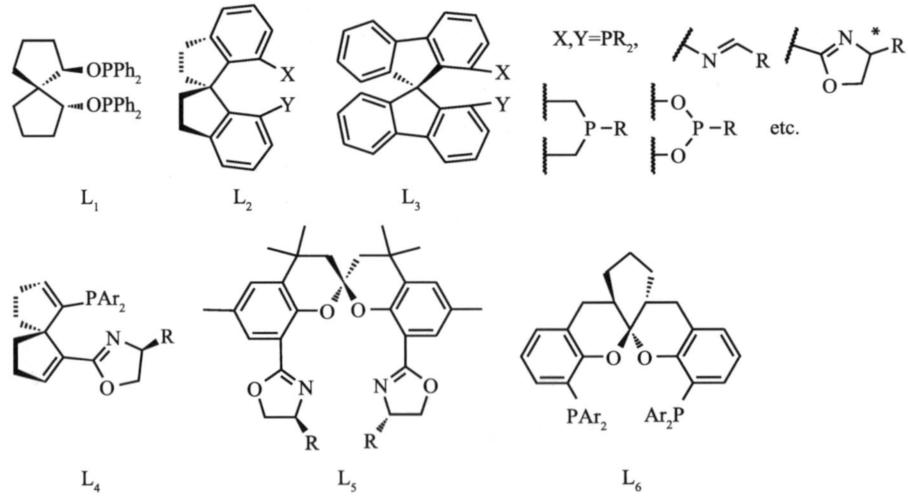


图 7-4　螺环骨架的手性配体

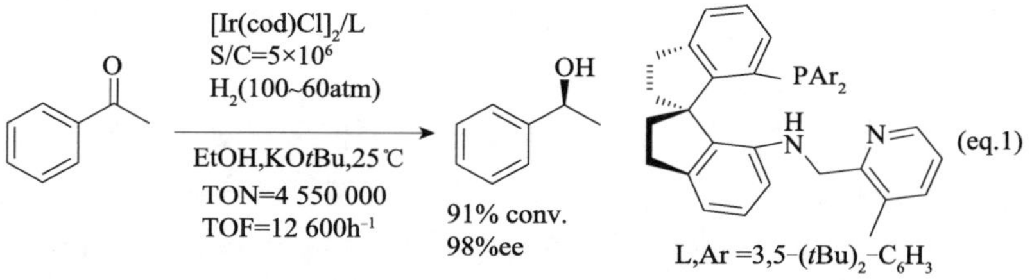


陈新滋等设计合成了旋转受阻异构的手性联吡啶双膦配体（$L_7$），其钌、铑或钯配合物可以用于催化不对称氢化反应、简单酮的不对称硅氢化反应、不对称 Pauson－Khand 反应以及硼酸对烯酮的不对称共轭加成反应等（图 7-5）[19]。该类催化体系对空气和水都不敏感，并且便于回收。这一特性大大简化了配体的大规模制备和使用，使其工业化应用成为可能。陈新滋等还建立和发展了基于底物控制的不对称偶联反应合成具有轴手性的联芳环类双膦配体的方法，克服了传统拆分方法的不足。他们合成的配体 $L_8$ 可用于高效催化多种不饱和化合物的不对称还原反应[20]。联萘骨架是一类传统的优势配体骨架结构，在不对称催化中有非常广泛的应用。Feringa 等发展的基于联萘骨架的亚膦酰胺类配体在金属铜、铑催化的不对称共轭加成反应[21]，金属铑催化的不对称氢化反应[22]，金属铱催化的不对称烯丙基取代等反应中都表现出良好的不对称诱导效果。张万斌等则从联苯骨架出发，合成了一系列手性双齿配体（$L_9$）。与金属中心配位后，该类配体仅以一种异构体的形式存在，可以产生良好的手性环境，其铱配合物可以在温和条件下高效催化酰胺的不对称氢化反应[23]。丁奎岭等合成了一类容易实现结构多样性的手性单齿亚膦酰胺配体（$L_{10}$），该类配体的铑配合物可用于催化多种官能化烯烃的不对称氢化反应。通过对反应机理的研究发现配合物中配体之间的氢键作用对于调控手性催化剂的性能有重要的作用[24]。最近，丁奎岭等发现由配体 $L_{10}$ 水解得到的亚膦酸酯也可以作为配体参与铑催化的烯基膦酸衍生物的不对称氢化反应，催化剂用量可降低至万分之一[25]。

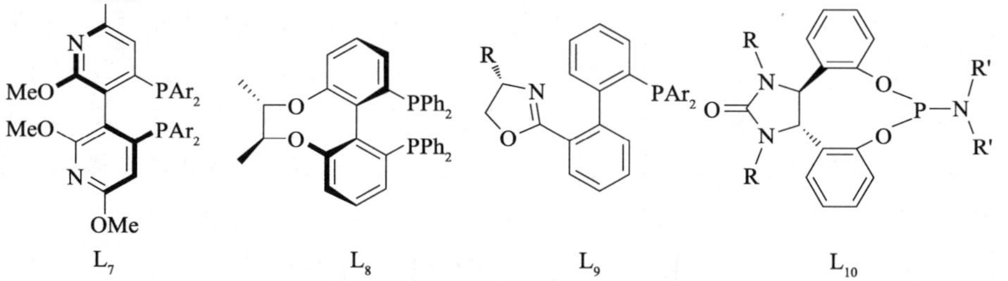


图 7-5　旋转受阻异构的手性膦配体

二茂铁是一类廉价易得且易于衍生的化学结构。戴立信和侯雪龙等发展了一系列基于二茂铁骨架的手性膦氮、膦硫配体（$L_{11}$～$L_{14}$），并且可以通过向配体中引入不同位阻和电子效应的取代基来调控反应的立体选择性[26]（图7-6）。该类配体目前已经广泛应用于钯催化的不对称烯丙基取代反应[27]、不对称 Heck 反应[28]，铜催化的不对称 Mannich 反应[29]、1,3-偶极环加成反应[30]等，并被用于 cinnamomumolide、(*R*)-咯利普兰和(*R*)-巴氯芬等天然产物和药物分子的合成。值得一提的是 Fu 等发展了一类二茂铁及类似的具有平面手性的杂环化合物（$L_{15}$～$L_{16}$），这些化合物不但能够作为小分子亲核催化剂催化二级醇的动力学拆分、烯酮的不对称加成等反应[31]，还可以作为手性配体与铜、铑等过渡金属配位催化不对称环丙烷化、氧氢键插入、烯丙醇异构化、1,3-偶极环加成等一系列反应[32]。

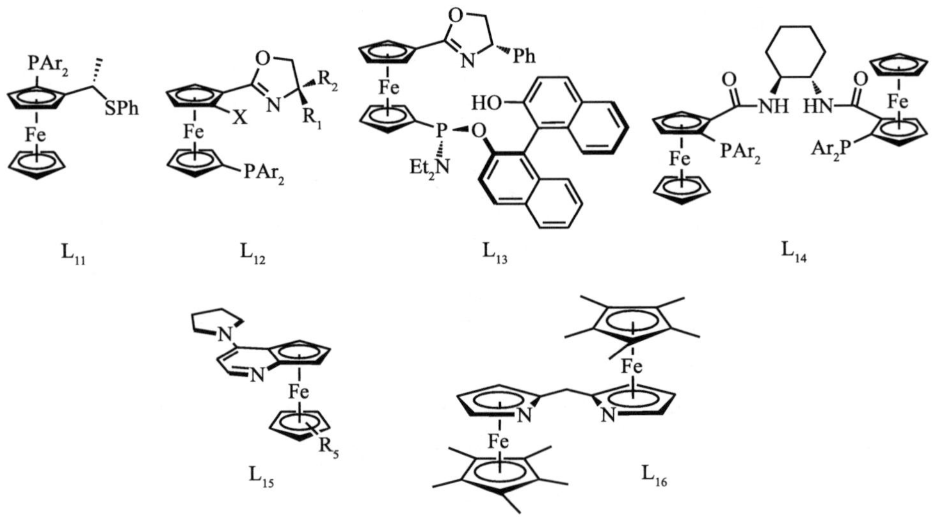


图 7-6　二茂铁骨架的手性配体

最早由 Nishiyama 等[33]和 Masamune 等[34]合成的手性双噁唑啉是一类非常重要的手性配体结构。该类配体可以与多种金属离子配位形成手性路易斯酸催化不对称环加成反应、共轭加成反应、Aldol 反应等一系列重要的有机化学反应。在这方面，Pfaltz 等[35]和 Evans 等[36]作出了重要的贡献。此外，Kobayashi 等利用这类配体和钙、锶、钡等碱土金属配位也能催化多种不对称碳碳键形成反应[37]。唐勇等通过向传统的双噁唑啉配体中引入“边臂”的方法，设计合成了一系列具有假 $C_3$-对称性的三噁唑啉配体（$L_{17}$）[38]。该类配体与铜、镍等金属配位后可以作为手性路易斯酸催化不对称 Michael 加成反应[39]、1,3-偶极环加成反应[40]、Nazarov 环化反应[41]、羰基叶立德反应[42]和环丙烷化反应[43]等。新增的边臂基团可以通过与中心金属的配位作用、位阻效应和 π-π 相互作用等方式有效调控反应的化学选择性和立体选择性（图 7-7）。氮氧化合物是一类具有强极性和强配位能力的化合物。冯小明等从天然氨基酸出发设计合成了一系列 $C_2$-对称性的手性氮氧化合物($L_{18}$)[44]。这类具有柔性构象、结构高度可调的化合物除了可用作有机小分子催化剂之外，还能作为四齿配体与钪、铜、镍、镁、铁、铟等二十余种金属配位。同时分子中的氮氢基团可以作为 Brønsted 酸参与共催化。使用这种手性配合物可以在温和条件下催化不对称 Roskamp 反应[45]、α-胺化反应[46]、扩环反应[47]、杂 Diels-Alder 反应[48]、烯反应[49]、卤胺化反应[50]、氧化反应[51]、Mannich 反应[52]、共轭加成[53]等多种反应。其中，钪配合物催化的 α-重氮酸酯与醛的不对称加成反应被称为 Roskamp-Feng 反应(eq. 2)[54]。

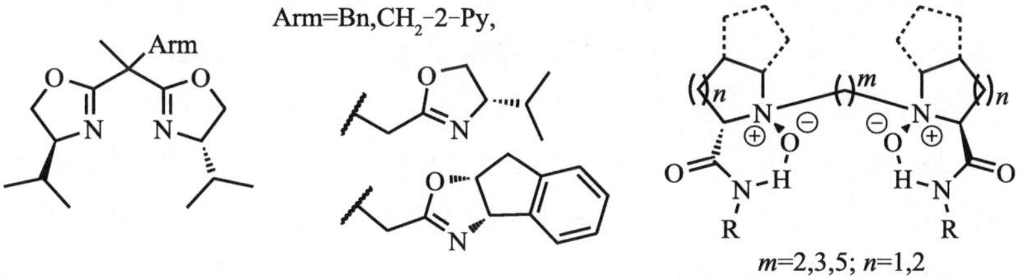

$L_{17}$　　$L_{18}$

图 7-7　手性三噁唑啉和手性双氮氧配体

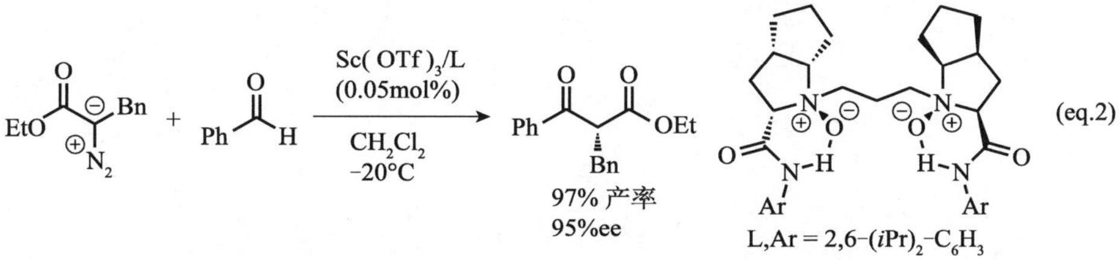


手性双烯配体是由 Hayashi[55] 和 Carriera[56] 两个课题组几乎同时首次应用于过渡金属催化的不对称反应。最近十年来，手性烯烃作为配体参与不对称催化反应受到人们越来越多的重视。林国强、徐明华和冯陈国等设计合成了几类双环刚性骨架的手性双烯配体（$L_{19}$～$L_{21}$）[57]。在铑催化的硼酸与 α,β-不饱和羰基化合物[58]、亚胺[59]和硝基烯烃[60]的不对称加成反应以及钯催化的 Suzuki-Miyaura 偶联反应[61]中表现出优异的效果（图 7-8）。吴学亮等还合成了基于樟脑骨架的手性双烯配体[62]。虽然一些双环骨架的双烯配体在

反应中有很好的手性诱导作用，但是它们的合成路线往往比较繁琐。杜海峰等使用易得的链状末端双烯（$L_{22}$）为配体，可以有效催化芳基硼酸与环状 $\alpha,\beta$-不饱和羰基化合物的不对称加成反应[63]。此外，基于联萘骨架的手性双烯配体（$L_{23}$）也可以用于铑催化的芳基硼酸与亚胺的不对称加成反应中[64]。余志祥等利用他们发展的烯丙位碳氢键活化方法制备的手性双烯化合物作为配体，也实现了铑催化的硼酸与 $\alpha,\beta$-不饱和酮的不对称加成反应[65]。

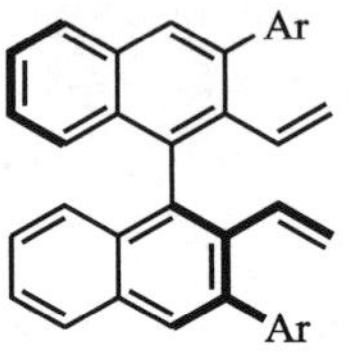


图 7-8　手性双烯配体

除手性双烯配体之外，烯烃与磷、硫等杂原子结合的手性双齿配体也于近年发展起来。杜海峰等设计合成了膦烯配体（$L_{24}$～$L_{25}$），并应用于钯催化的不对称烯丙基取代反应，发现烯烃与金属中心的配位对调控反应的对映选择性有重要的作用（图 7-9）。徐明华、杜海峰、廖建和万伯顺等分别报道了多种硫烯烃配体（$L_{26}$～$L_{28}$）。这些配体与铑配位可以有效地催化硼酸与碳-碳、碳-氮和碳-氧双键的不对称加成反应[66]。廖建等还将具有 $C_2$-对称性的双亚砜配体应用于铑催化的不对称共轭加成反应中[67]。

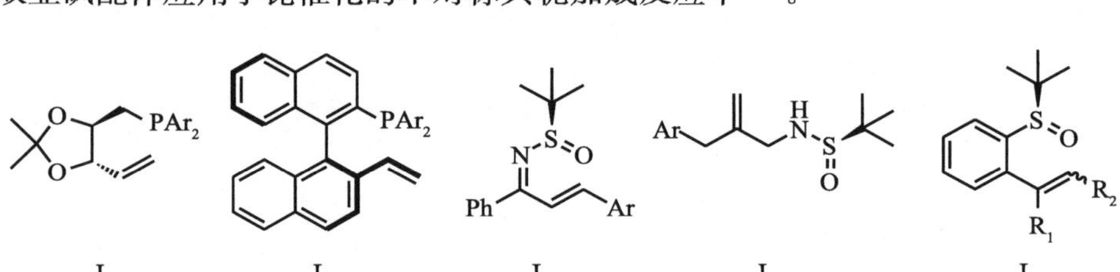


图 7-9　烯烃与杂原子结合的手性双齿配体

氮杂环卡宾配体由于其具有良好的 $\sigma$-给电子能力，作为传统膦配体的代替物广泛应用于金属有机配合物催化的反应中。施敏等发展了基于轴手性联萘（或联苯）骨架的双齿氮杂环卡宾配体（$L_{29}$）[68]。其钯、铑、金配合物可以催化酮的不对称硅氢化[69]、二级醇氧化动力学拆分[70]、芳基硼酸与不饱和羰基化合物的不对称共轭加成[71]、烯炔环异构化[72]等反应（图 7-10）。此外，施敏等还合成了轴手性的氮杂环卡宾-噁唑啉双齿配体（$L_{30}$），并用于钯催化的 Morita-Baylis-Hillman 加合物的动力学拆分中[73]。

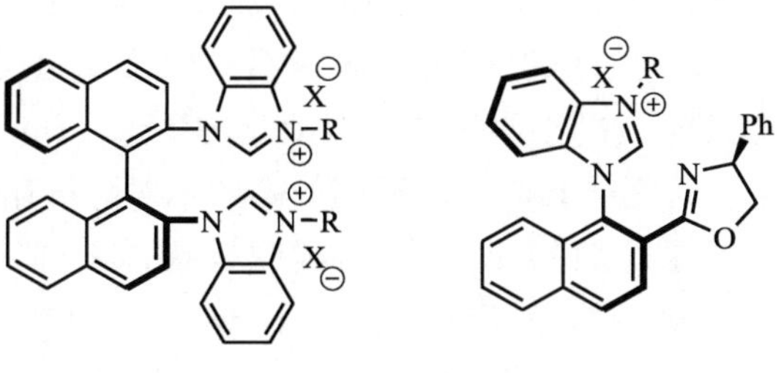

$L_{29}$　　$L_{30}$

图 7-10　手性氮杂环卡宾配体

邓金根等设计合成了水溶性的二胺配体（$L_{31}$），其钌、铑配合物可以在水相中催化酮[74]、亚胺[75]以及活化烯烃[76]的不对称转移氢化反应，具有很好的对映选择性，催化剂可以回收重复使用多次而活性和对映选择性没有明显降低（图 7-11）。涂永强等将这类配体负载到硅胶和分子筛上，应用于非均相的不对称转移氢化反应[77]。朱成建等从简单的二胺出发合成了手性六齿配体，其镱配合物可以高效催化不对称 Biginelli 反应[78]。

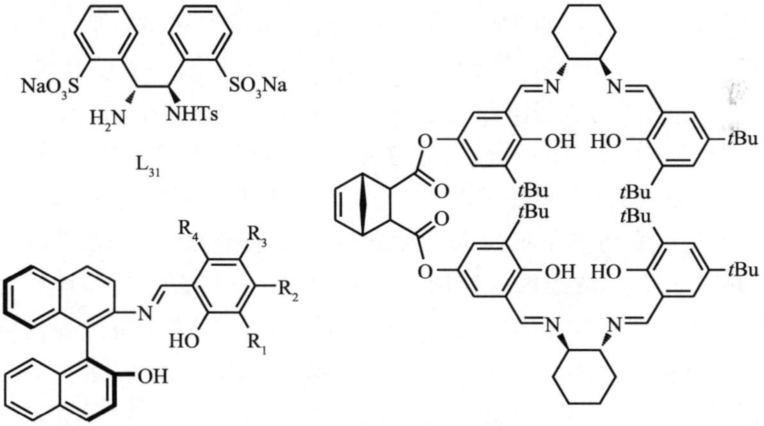

$L_{31}$　$L_{32}$　$L_{33}$

图 7-11　手性二胺、salen 和席夫碱配体

席夫碱是一类广泛应用于不对称催化的配体。基于不对称活化和组合化学的原理[79]，丁奎岭等发现三齿席夫碱配体（$L_{32}$）的钛配合物在添加手性酸的条件下可以高效催化醛与 Danishefsky 双烯的不对称杂 Diels-Alder 反应，并通过进一步机理研究阐明了添加剂的作用原理和不对称放大的机制[80]。采用相似的策略，丁奎岭等还发现 BINOL/锌/双亚胺体系可以催化串联的不对

称杂 Diels-Alder 反应/二乙基锌对醛的加成反应[81]。最近，丁奎岭等基于双金属协同催化的理念，开发了以顺式降冰片烯二羧酸桥连的手性双 salen 配体（$L_{33}$），该配体与钛配位可以应用于醛的不对称氰基化反应，催化剂用量可以降低至万分之五[82]。冯小明等利用双活化的概念，salen/Al 配合物活化酮，同时非手性氮氧活化硅氰，实现了酮的高效不对称硅腈化反应[83]。该催化体系被用于治疗糖尿病药物 11$\beta$-羟甾类脱氢酶抑制剂 AMG221 的合成。王梅祥等利用 salen/Al 配合物不对称催化 Passerini 反应[84]，salen/Cr 配合物催化叔烯胺与酮的不对称加成等反应[85]，取得较好的结果。后者也被成功用于具有药理活性的吡咯烷醇的不对称合成。冯小明等也利用氨基醇衍生的手性三齿席夫碱配体与钛、铝配位，用于催化 Brassard 双烯与醛的不对称杂 Diels-Alder 反应[86]和醛的不对称膦氢化反应[87]。

## 二、新型不对称催化反应

惰性碳-氢键直接官能团化是近年来备受关注的一个研究领域。这类反应的吸引人之处在于不需要对底物进行预活化，而是从来源丰富的烃类化合物出发直接构建复杂的目标分子。但是目前惰性碳-氢键活化反应一般需要比较复杂的催化体系，相对剧烈的反应条件，适用的底物范围也非常有限。因此发展不对称催化的惰性碳-氢键直接官能团化反应是一个极具挑战性的课题[88]。最近，我国化学工作者在这一领域取得了一些可喜的进展。

金属卡宾对碳-氢键的对映选择性插入反应是一类重要的碳-氢键直接官能团化方法[89]。虽然许多基于铜、铑、钌等金属的手性配合物都可以催化这类反应，但是当底物中存在多种碳-氢键时，发生插入反应的活性顺序一般为叔碳＞仲碳＞伯碳。支志明等使用大位阻的铑卟啉配合物成功地实现了重氮苯乙酸酯衍生的卡宾与非活化烷烃的插入反应，反应主要发生在伯碳上。催化剂可以重复多次使用，TON 最高可达 6477。使用手性的铑卟啉配合物为催化剂还可以实现中等到良好的对映选择性控制（eq. 3）[90]。胡文浩等使用手性磷酸活化的亚胺捕获通过铑卡宾物种碳-氢键插入反应现场生成的两性离子中间体，高对映选择性地合成了含有两个手性中心的吲哚和吲哚啉酮衍生物[91]。

交叉脱氢偶联反应是最近十年发展起来的一种原子经济性的碳-碳键形成方法[92]。它能在氧化剂存在的条件下直接切断两个碳-氢键，为一些复杂化合物的构建提供了新的选择。但是对映选择性交叉脱氢偶联反应的报道并不多见。龚流柱等发现以二氯二氰基对苯二醌（DDQ）为氧化剂时，手性双噁

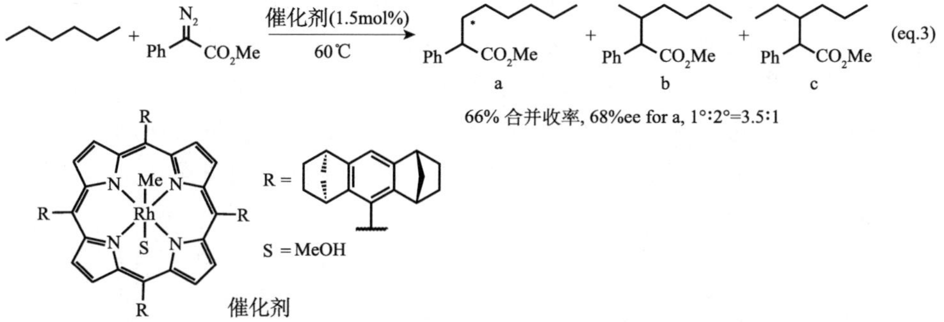


唑啉铜配合物可以催化 3-芳基亚甲基吲哚衍生物与丙二酸酯的对映选择性氧化偶联反应，产物的 ee 值最高可达 96%（eq. 4）。进一步机理研究表明该反应很有可能是通过离子型中间体，而非自由基中间体进行的[93]。王锐等使用相似的催化体系实现了 $\beta$-酮酸酯与 $\alpha$-氨基酸酯的对映选择性氧化偶联反应，产物的 ee 值最高可达 96%（eq. 5）[94]。黄志真等使用铜盐和脯氨酸衍生物为催化剂实现了丙酮与 $\alpha$-氨基酸酯的氧化偶联反应，但是反应的对映选择性仅为中等[95]。

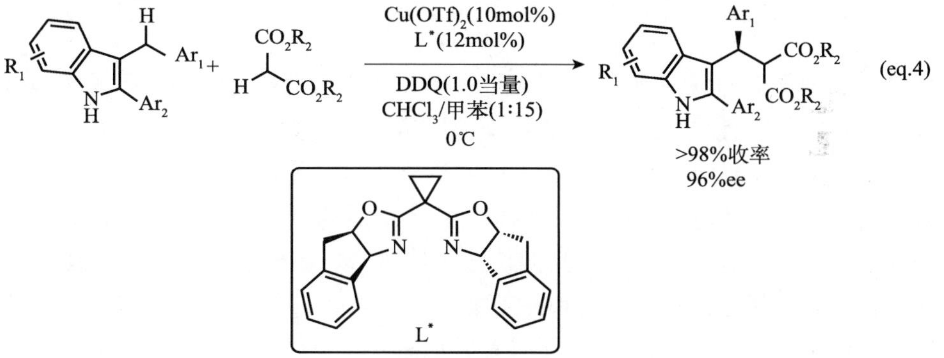


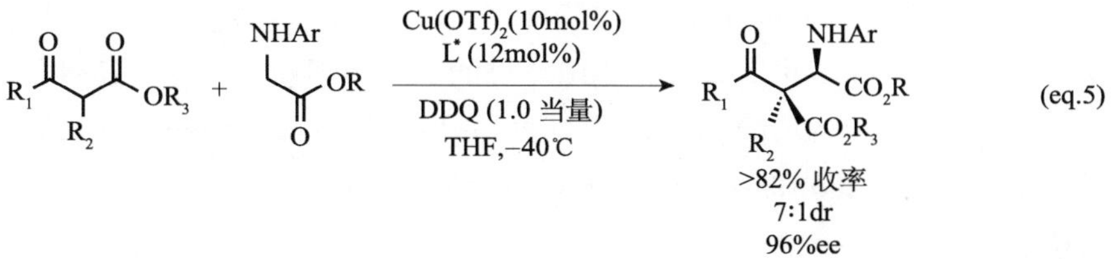


发生在杂原子邻位的对映选择性分子内［1,5］-氢负离子迁移环合串联反应是近年出现的一种新型的氧化还原中性的碳-氢键直接官能团化方法[96]。冯小明等利用他们发展的手性四齿氮氧配体与钴配合，在温和条件下催化不对称［1,5］-氢负离子迁移反应，可以用于合成手性四氢喹啉衍生物

(eq. 6)[97]。张俊良等使用手性金配合物催化的方法实现了叔胺邻位[1,5]-氢负离子迁移启动的串联环化反应，高效合成了手性呋喃并咪嗪衍生物，产物的 ee 值最高可达 98% (eq. 7)[98]。罗三中等发现使用手性磷酸和镁盐组成的二元酸催化体系也可以催化分子内 [1,5]-氢负离子迁移环合串联反应。进一步机理研究表明，[1,5]-氢负离子同面迁移既是反应的决速步，也是手性控制步[99]。

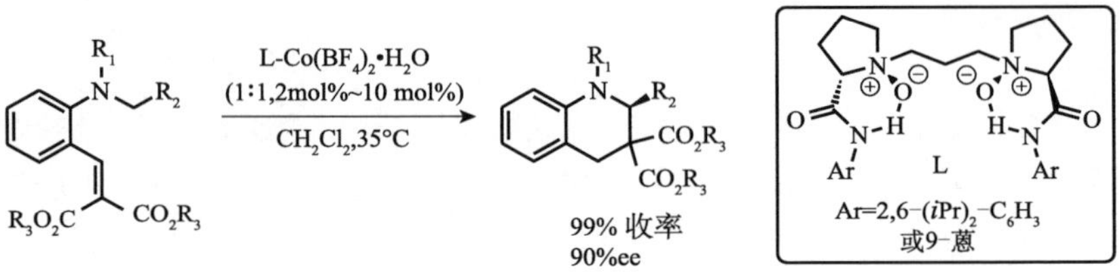


(eq.6)

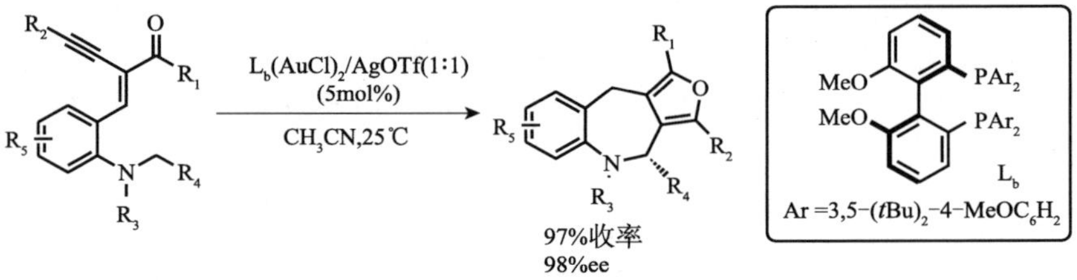


(eq.7)

金属钯催化的碳-氢键活化反应是一个非常热门的研究方向，但是能够实现反应对映选择性控制的例子仍然十分有限[100]。这类反应按照其机理大致可以分为从二价钯到零价钯的循环和从零价钯到二价钯的循环两类。王细胜等借助乙酸钯与手性 *N*-单保护氨基酸配体组成的催化体系，在醋酸碘苯为氧化剂的条件下利用从二价钯到四价钯的催化循环实现了苯乙酸邻位碳-氢键活化，对映选择性地得到苯并呋喃酮衍生物 (eq. 8)[101]。游书力和顾庆等采用乙酸钯和 Boc-l-Val-OH 作为手性配体实现了二茂铁衍生物与芳基硼酸的直接偶联，首次利用钯催化碳-氢键活化的方法高效地构建了平面手性的分子 (eq. 9)[102]。崔秀灵和吴养洁等使用类似的催化体系也完成了二茂铁衍生物和烯烃的对映选择性脱氢 Heck 反应[103]。此外，余志祥等使用金属铑催化的方法，通过巧妙的底物设计，实现了共轭双烯协助的对映选择性烯丙位碳-氢键活化[104]。

芳香化合物来源广泛、价格低廉，是有机化学中最常用的起始原料。芳香化合物的不对称氢化是一种方便、直接的构建手性环状化合物的方法。但是这类反应由于破坏了底物的芳香性，通常需要比较苛刻的反应条件。周永贵等采用催化剂活化[105]、底物活化[106]和接力催化[107]等策略实现了喹啉、

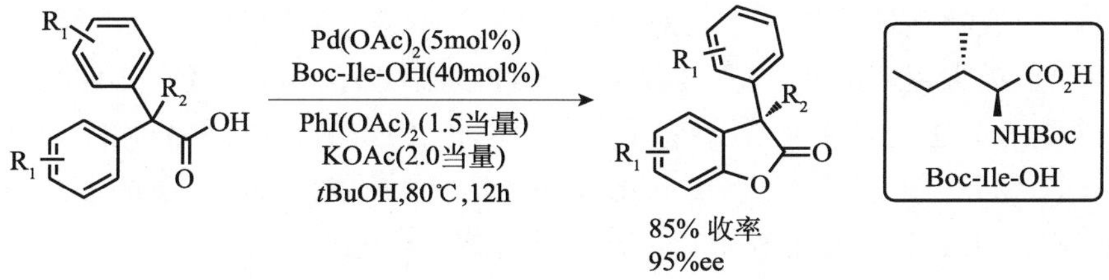


(eq.8)

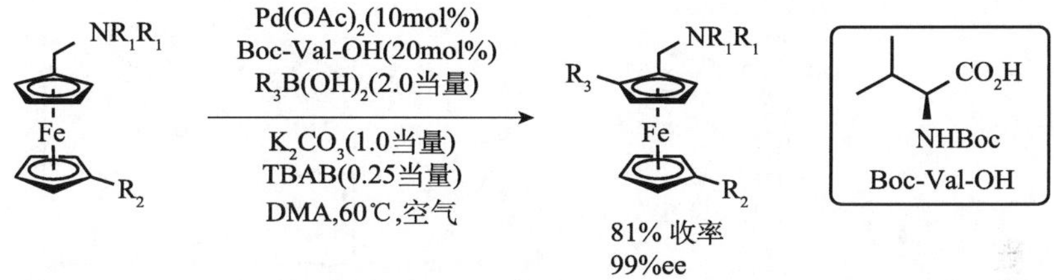


(eq.9)

异喹啉、喹喔啉、吡啶、吲哚等多种芳香杂环类化合物的高对映选择性不对称催化氢化反应（eq. 10）[108]。范青华、余志祥等发展了无膦手性阳离子钌催化体系，也可以用于喹啉衍生物的高效不对称氢化反应。产物的 ee 值最高为 99%，催化剂的 TON 最高可达 5000[109]。利用这些方法可以合成（—)-angustureine、（—)-galipinine、（—)-flumequine 等四氢喹啉类生物碱或药物分子。

游书力等围绕“催化的不对称去芳构化反应”开展了系统的研究[110]。他们使用金属铱或钯催化的不对称烯丙基取代反应[111]和钯催化的不对称交叉偶联反应等方法实现了吲哚、吡咯和苯酚等简单底物的去芳构化反应（eq. 11），为许多含有季碳手性中心的螺环、并环结构的构建提供了新的选择。

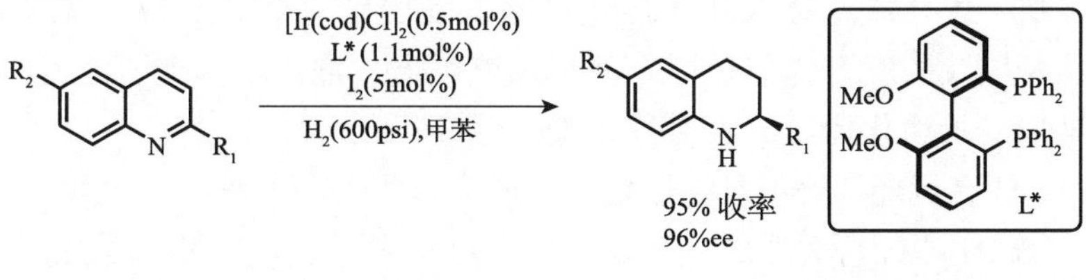


(eq.10)

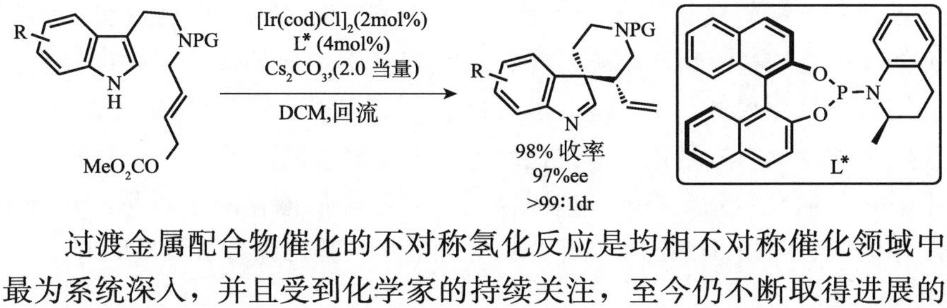


(eq.11)

过渡金属配合物催化的不对称氢化反应是均相不对称催化领域中研究得最为系统深入，并且受到化学家的持续关注，至今仍不断取得进展的一类反应，在工业化生产中也得到广泛的应用。近年来，Pfaltz 等使用手性膦噁唑啉类配体[112]成功实现了传统方法难以奏效的非官能化烯烃的高效不对称氢化反应[113]。越来越多的单膦和双膦配体与过渡金属钌、铑等组成的催化体系在规模化的工业生产中得到了应用[114]。此外，在传统的氢甲酰化反应的基础上，Krische 等发展了一类在氢化条件下实现的不对称碳-碳键的形成方法（eq. 12），拓展和丰富了复杂目标分子的合成手段[115]。

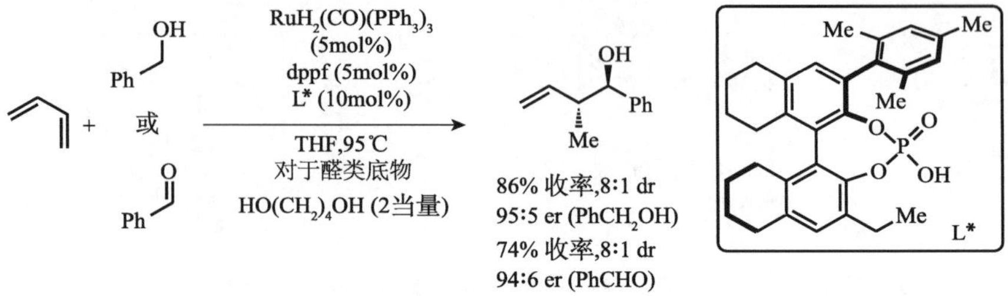

(eq.12)

## 三、金属有机不对称催化的新策略

均相金属有机配合物催化的一个缺点是催化剂难以回收和重复利用，同时重金属离子的残留也限制了一些反应在药物合成中的应用。解决这一问题的一个可能途径是将手性催化剂负载化。丁奎岭等基于分子组装的原理，利用手性有机-金属组装体实现了金属有机配合物催化剂的自负载[116]，并将其用于包括羰基-烯反应[117]、氢化反应[118]、氧化反应[119]在内的多个非均相催化反应（图 7-12)。催化剂可以简单回收，重复使用多次后仍能保持高活性和高对映选择性。这一策略为手性催化剂的负载化开辟了一个新的思路。

冯小明等基于组合催化和双功能催化策略，发展了含金鸡纳碱、联苯酚衍生物和四异丙氧钛的配合物催化剂，并利用该类催化剂成功实现了醛、酮、醛亚胺、酮亚胺以及活化烯烃的不对称氰基化反应[120]。

在传统的金属有机配合物不对称催化中，反应过程的不对称诱导通常来源于手性配体与金属中心配合而形成的手性环境。近年来，一种新型的手性诱导模式——不对称抗衡阴离子导向催化逐步发展起来[121]。该策略通过手性阴离子和作为催化中心的过渡金属阳离子在弱极性溶剂中形成的离子对来提供手性环境。利用这一催化模式，Toste、List 和 Ooi 等分别发展了手性磷酸阴离子/金配合物催化的分子内氢醚化和氢胺化反应，手性磷酸阴离子/salen -锰配合物催化的不对称环氧化反应，手性磷酸阴离子/钯配合物催化的不对称 Overman 重排反应和手性 BINOL 阴离子/钯配合物催化的不对称烯丙基取代反应等。

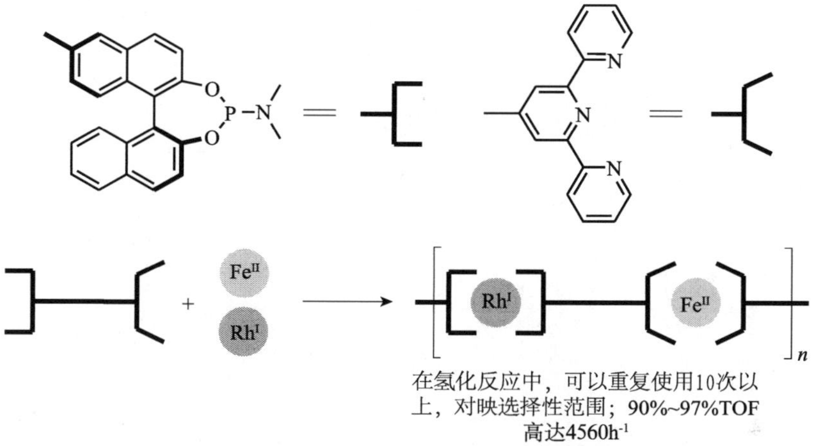


图 7-12　自负载的金属有机配合物催化剂

# 第三节　有机小分子催化的不对称合成

手性有机小分子催化是指手性有机分子通过共价键、氢键或紧密离子对等方式直接活化底物而实现的不对称催化反应，从活化模式上与传统的有机金属（配合物）催化有本质的区别。手性有机小分子催化最早可以追溯到 1912 年德国化学家报道的奎宁催化的氢氰酸对苯甲醛的不对称加成反应[122]。1960 年，Pracejus 报道了生物碱催化的甲醇对苯基甲基烯酮的加成反应，对映选择性达 74% ee [123]。20 世纪 70 年代，有两个研究小组分别发现了脯氨酸催化的分子内 Aldol 反应（罗宾逊环化反应），对映选择性最高达 93% ee [124]。此后，有机小分子催化的不对称反应陆续被报道，包括不对称相转移催化[125]、氢键活化等[126]。史一安和杨丹等发展的手性酮催化的非官能化烯烃的不对称环氧化反应，是早期手性有机小分子催化的代表性工作。特别是史一安的单糖衍生的手性酮催化的不对称环氧化反应在有机合成中得到广泛的应用，被称为“Shi epoxidation”（图 7-13）[127]。

虽然手性有机小分子催化出现得较早，但在过去很长一段时间并未引起足够的重视。直到 2000 年 Scripps 研究所的 List 和 Barbas 研究小组发现了脯氨酸催化的分子间不对称 Aldol 反应[128]，以及加州理工学院的 MacMillan 研究小组报道了苯丙氨酸衍生的手性咪唑啉酮 OC-4 催化的不对称 Diels-Alder 反应以后[129]，这一领域才引起国际学术界的关注（图 7-14）[130]。

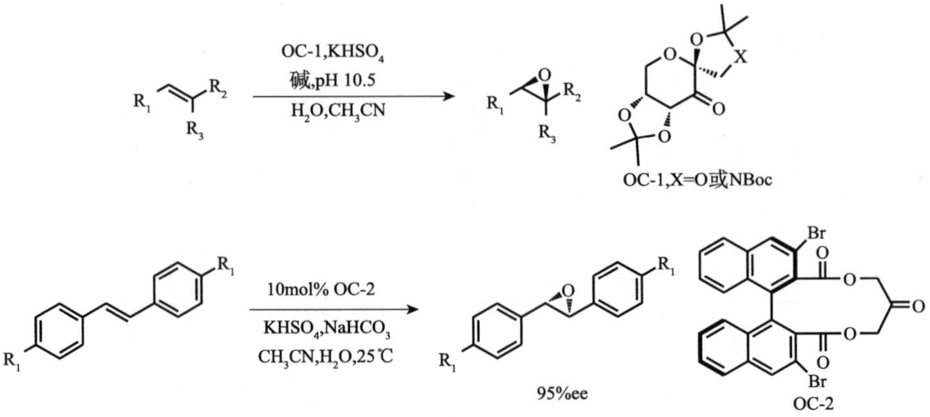


图 7-13 手性酮催化的非官能化烯烃的不对称环氧化反应

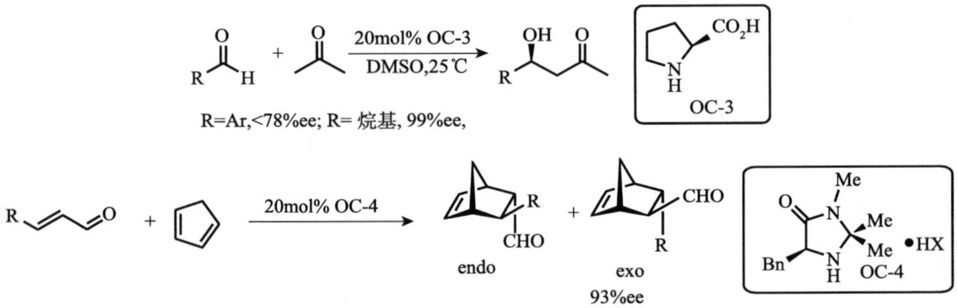


图 7-14 手性脯氨酸和咪唑啉酮分别催化不对称 Aldol 和 Diels-Alder 反应

近十多年来，手性有机小分子催化得到迅速发展，已经成为继不对称有机金属（配合物）催化和生物催化之后第三种合成手性有机分子的途径[131]。更重要的是有机催化活化的模式不断得到发展，使得催化反应的类型不断丰富，为手性分子的结构多样性合成提供了不可替代的方法[132]。特别是在构建复杂环状骨架和高度官能化的手性分子方面，手性有机小分子催化逐渐显示出优势。

## 一、新型手性有机小分子催化剂的发展

### （一）手性胺催化剂

在脯氨酸催化的分子间直接 Aldol 反应中，只有脂肪醛才能得到较高的立体选择性。为了解决底物适用性不广的问题，龚流柱和吴云东等设计了脯氨酰胺催化剂 OC-5，它不但可以有效地催化醛酮的分子间 Aldol 反应，而且对映选择性普遍高于 L-脯氨酸催化的同类反应（图 7-15）[133]。在脯氨酰胺

催化过程中，仲胺和丙酮形成烯胺使丙酮活化，而酰胺和羟基上的质子通过和醛羰基形成双氢键活化醛底物[134]。这类“烯胺-双氢键活化模型”为设计新型有机小分子催化剂提供了通用的思路。随后多个研究小组基于这个模型设计了十多种高效催化直接 Aldol 反应的手性氨基酸酰胺催化剂。目前，氨基酸酰胺仍是催化不对称直接 Aldol 反应最好的有机小分子催化剂[135,136]。

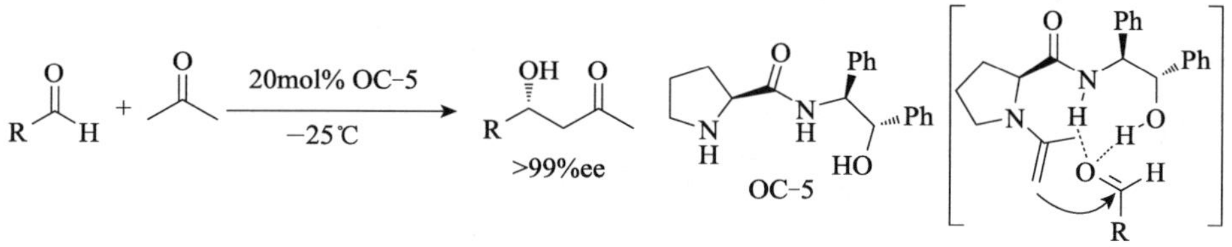


图 7-15　手性脯氨酰胺催化不对称 Aldol 反应

罗三中、程津培小组发展了一类环己二胺衍生的手性伯胺 OC-6，在用 3-硝基苯甲酸作为添加剂的条件下，高立体选择性地实现了醛和酮之间的 *syn*-Aldol 反应[137]。冯小明、胡常伟等设计了伯胺催化剂 OC-7，用甲酸作为共催化剂，能够高选择性地催化酮和酮之间的不对称 Aldol 反应（图 7-16）[138]和酮对取代烯烃的 Michael 加成反应[139]。

图 7-16　手性伯胺类催化剂

MacMillan 等首次报道了手性咪唑啉酮 OC-4 催化的不对称 Diels-Alder 反应，并将亚胺正离子催化发展成为一种通用的催化活化模式。通过这种催化模式，MacMillan 和其他研究小组先后发展了不对称共轭加成、环氧化和环丙烷化反应等（图 7-17）[140]。

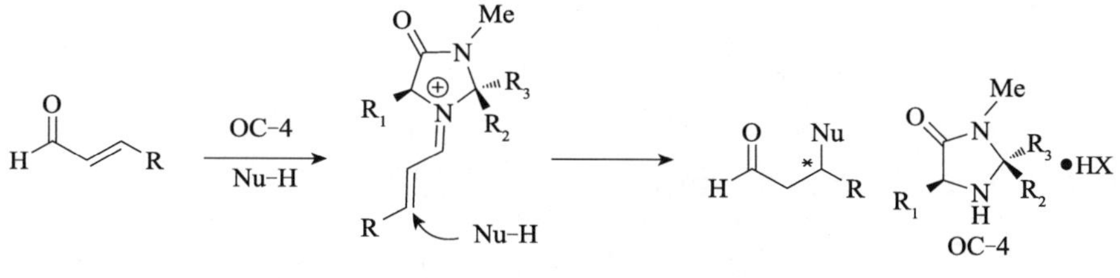


图 7-17　亚胺正离子催化活化模式

2005 年，Jørgensen 报道了脯氨醇硅醚 OC-8a 催化的醛的不对称硫化反应（图 7-18）[141]。同年，Hayashi 也报道了脯氨醇硅醚 OC-8b 催化的不对称 Michael 加成反应[142]。

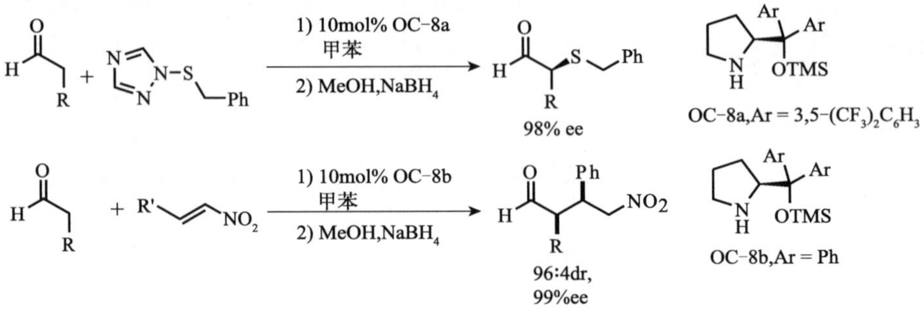


图 7-18　手性脯氨醇硅醚催化的不对称硫化和 Michael 加成反应

罗三中、程津培小组首次将离子液体负载的手性胺用于催化酮和硝基烯烃的不对称 Michael 加成反应（图 7-19）[143]。唐勇和肖文精分别发展了脯氨酸衍生的硫脲催化剂，可以高立体选择性地催化醛、酮与各种硝基烯烃的不对称 Michael 加成反应（图 7-19）[144]。

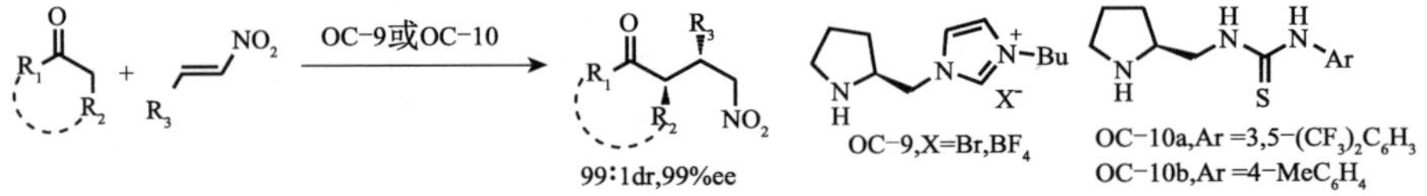


图 7-19　手性脯氨酸衍生的离子液体负载催化剂和硫脲催化剂催化不对称 Michael 反应

虽然手性咪唑啉酮和脯氨醇衍生物为代表的仲胺通过与醛羰基形成亚胺正离子，能有效地催化 $\alpha,\beta$-不饱和醛的环加成反应和亲核加成等反应，但通常难以高效活化不饱和酮类化合物。陈应春和邓金根等首次发现金鸡纳碱衍生的伯胺可以催化 $\alpha,\beta$-不饱和酮参与的 Michael 加成及 1,3-偶极环加成反应（图 7-20）[145]。

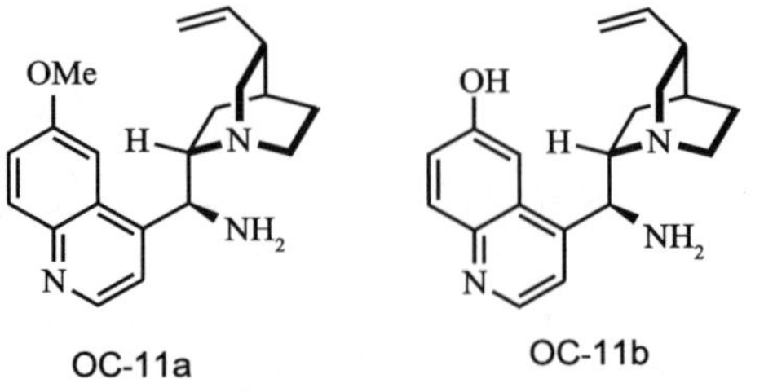


图 7-20　金鸡纳碱衍生的手性伯胺催化剂

由于金鸡纳碱衍生的伯胺在酸性条件下比仲胺更容易和酮形成亚胺正离子，因此这一类催化剂已成功地被用于催化不饱和酮参与的一系列不对称加成反应[146]。涂永强等用双功能的手性伯胺 OC-11b 和 *N*-Boc 苯基甘氨酸联合催化 3-(1-羟基环丁基)-环己烯酮的重排反应，高选择性地得到手性螺环化合物（图 7-21）[147]。

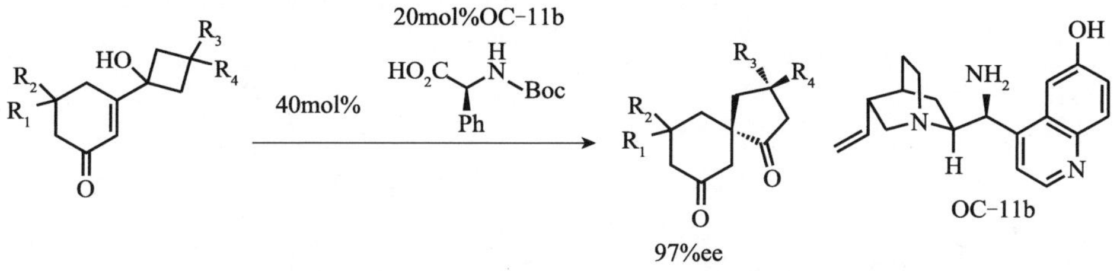


图 7-21　金鸡纳碱衍生的手性伯胺催化不对称重排反应

## （二）手性氮杂环卡宾催化剂

1943 年，Ukai 等报道了噻唑盐催化的安息香缩合反应[148]。Mizuhara 等发现维生素 E 也是通过它的噻唑盐官能团催化安息香缩合反应[149]。1958 年，Breslow 提出了噻唑盐催化的安息香缩合反应的机理[150]。1966 年，Sheehan 等尝试用手性噻唑盐 OC-12a 及其类似物作为卡宾前驱体催化不对称安息香缩合反应，但最高只能得到中等对映选择性（图 7-22）[151,152]。

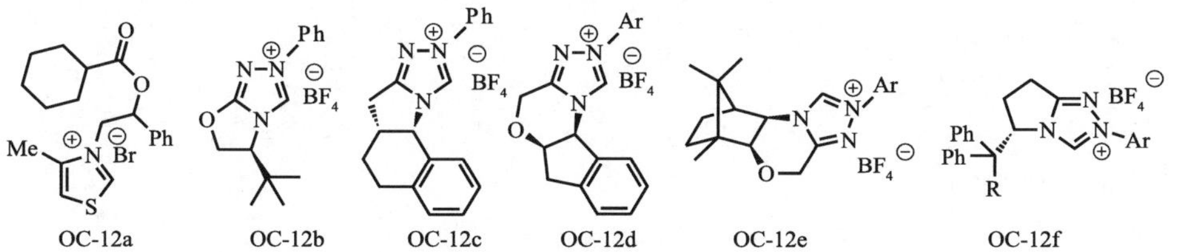


图 7-22　手性氮杂环卡宾催化剂

手性三唑衍生的氮杂环卡宾的出现使不对称安息香缩合反应取得突破性进展。特别是用 OC-12b 作为催化剂时，不对称安息香缩合反应的对映选择性高达 95%ee，而手性三唑 OC-12b 和 OC-12d 催化的分子内安息香缩合反应的对映选择性更高达 99%ee。游书力等设计了新型卡宾催化剂 OC-12e，可以高立体选择性地催化多种反应[153]。叶松等提出了手性 *N*-杂环卡宾 OC-12f 活化烯酮类化合物的策略，并基于这个活化模式发展了高立体选择性的不对称环加成反应[154]。

氮杂环卡宾和 $\alpha$-氯代醛反应可以形成扩展的 Breslow 中间体 A，这个活泼中间体和 $\alpha,\beta$-不饱和酮发生杂 Diels-Alder 反应（图 7-23）。Bode 等用茚胺醇骨架的三唑盐作为催化剂前驱体 OC-12h，实现了 $\alpha,\beta$-不饱和醛和不饱和亚胺的高立体选择性的不对称氮杂 Diels-Alder 反应[155]。

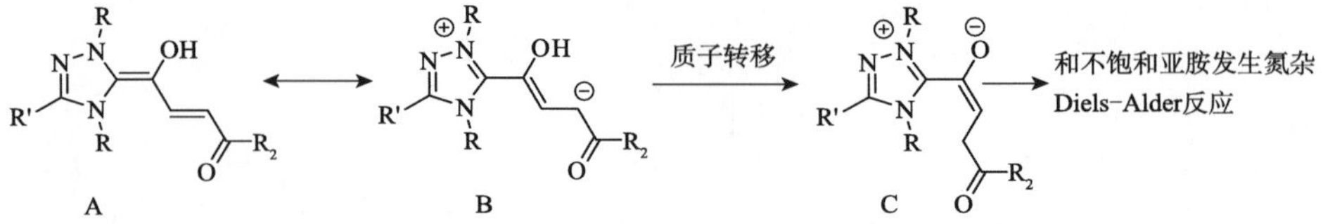


图 7-23　氮杂环卡宾与 $\alpha$-氯代醛形成的中间体

## （三）手性相转移催化剂

手性季铵盐是一大类相转移催化剂，O'Donnell 和 Dolling 等在这一领域做了开创性的贡献[156]，而 Lygo 和 Corey 等发现的手性相转移催化剂使不对称相转移催化取得突破[157]。Maruoka 和 Ooi 等课题组相继报道了一系列结构独特的手性季铵盐和季鏻盐相转移催化剂。这些手性催化剂在不对称烷基化、共轭加成、Mannich 反应、Darzens 反应、环化和氟代等反应中得到广泛的应用（图 7-24）[125]。

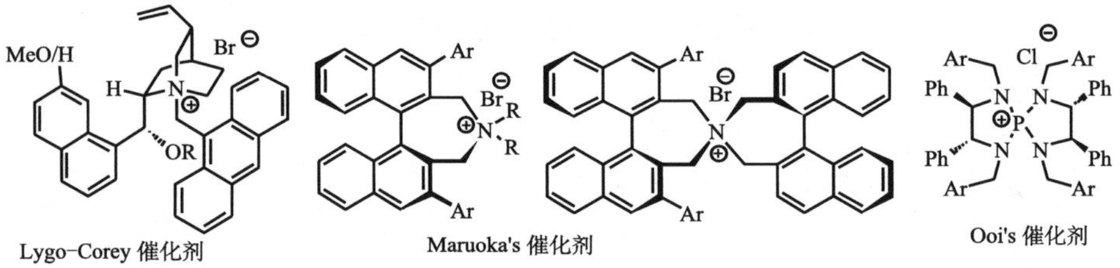


图 7-24　手性季铵盐类相转移催化剂

## （四）手性布朗斯特酸催化剂

1998 年，Jacobsen 和 Sigman 报道了手性硫脲 OC-13 催化的不对称 Strecker 反应。硫脲通过和亚胺形成双氢键活化亚胺，从而促进其和亲核试剂的不对称加成反应（图 7-25）[126]。此外，手性硫脲还能催化不对称 Pictet-Spengler 和氮杂 Henry 反应等[158]。

手性醇也是一类手性布朗斯特酸催化剂，Rawal 等发现酒石酸衍生的手性二醇 OC-14 可以高选择性地催化醛和 Rawal 二烯之间的不对称氧杂 Diels-Alder

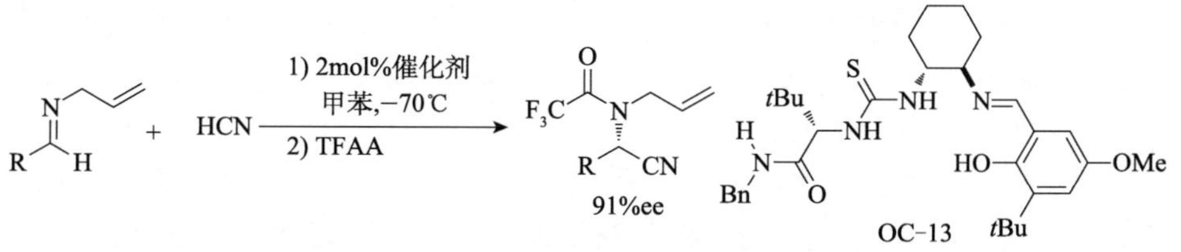


图 7-25　手性硫脲催化的不对称 Strecker 反应

反应[159]。丁奎岭等发现 Brassard's 二烯也能在手性二醇 OC-14 的催化下发生不对称氧杂 Diels-Alder 反应，并通过 3-苯基丙醛和 Brassard's 二烯的不对称环加成反应直接合成了天然产物（*S*)-(+)-二氢醉椒素[160]（图 7-26)。

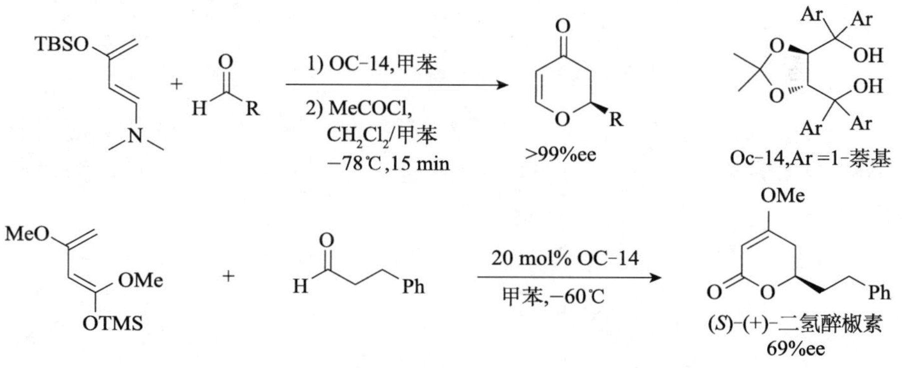


图 7-26　手性二醇催化的不对称杂 Diels-Alder 反应

2004 年，Akiyama 课题组首次报道了联萘酚衍生的手性磷酸催化的亚胺的不对称 Mannich 反应（图 7-27)[161]。几乎同时，Terada 小组报道了手性磷酸催化的 Boc 保护的亚胺与乙酰丙酮的不对称直接 Mannich 反应[162]。目前，手性磷酸已经成为应用最为广泛的手性 Brϕnsted 酸催化剂[163]。

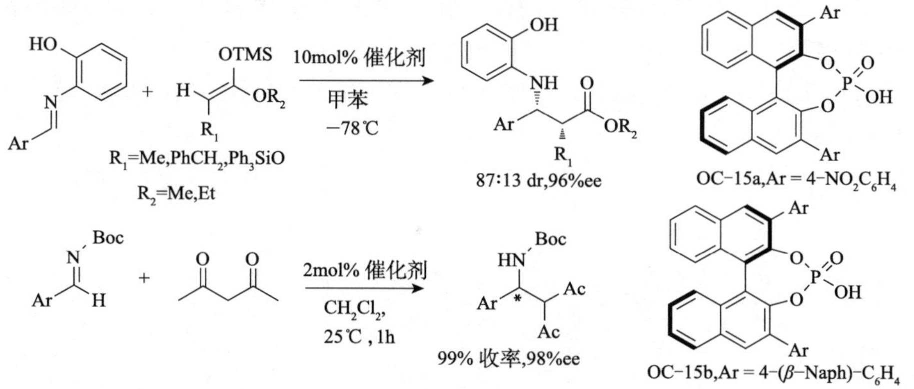


图 7-27　手性磷酸催化的不对称 Mannich 反应

通过手性磷酸催化，我国学者先后发展了傅-克反应[164]、转移氢化反应[165]、Baeyer-Villiger 反应[166]、semi-Pinacol 重排反应[167]和 Ugi-type 多组分反应等重要的不对称反应[168]。

龚流柱等设计了一类新型的手性双磷酸催化剂 OC-16，用于催化不对称三组分 1,3-偶极环加成反应，得到高达 99%ee 对映选择性的多手性中心的五元氮杂环化合物（图 7-28）[169]。

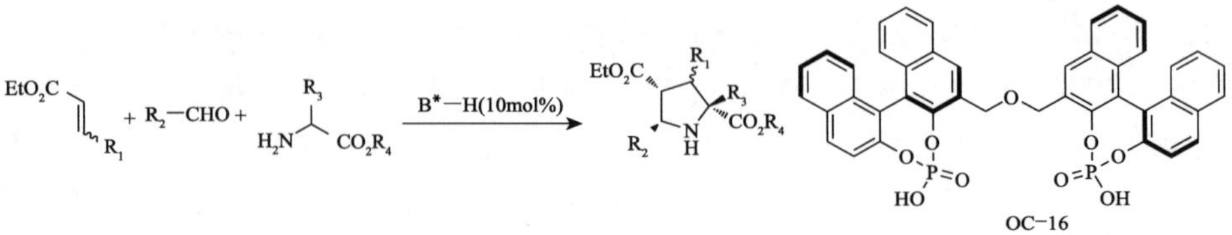


图 7-28 手性双磷酸催化不对称三组分 1,3-偶极环加成反应

Yamamoto 课题组设计了手性磷酰胺催化剂 OC-17，通过和氧形成氢键活化不饱和羰基化合物，从而高选择性地催化不对称［4+2］环加成反应（图 7-29）[170]。

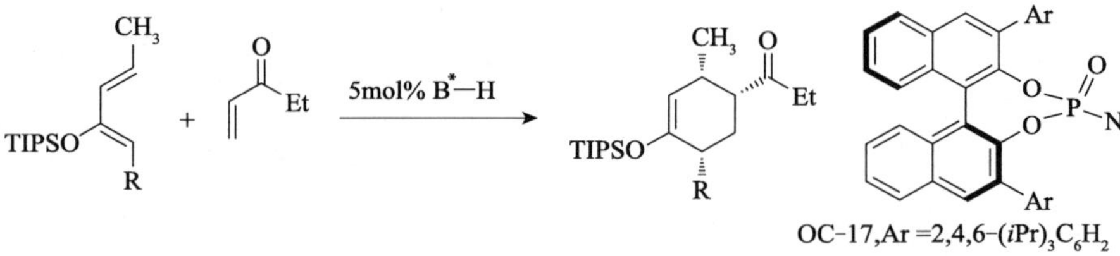


图 7-29 手性磷酰胺催化不对称［4+2］环加成反应

## （五）手性双功能催化剂

双功能催化剂通常是指既含有弱碱性官能团，又含有氢键给体，如羟基、酰胺和硫脲或脲等的手性有机小分子。1981 年，Wynberg 报道了辛可尼定催化的苯硫酚对环己烯酮的不对称加成反应，并提出了氢键/路易斯碱双活化的模型（图 7-30）[171]。

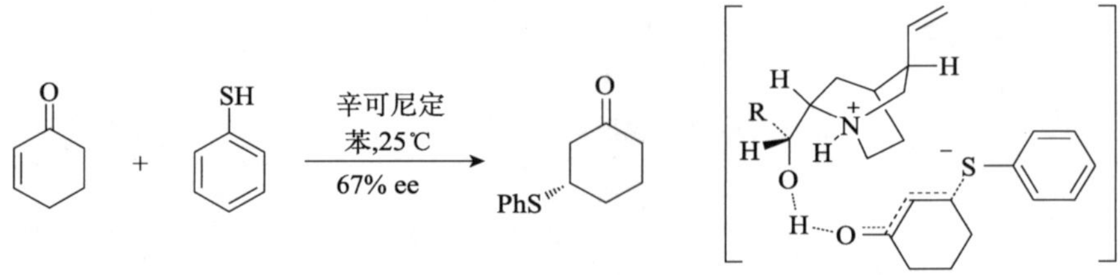


图 7-30 辛可尼定催化的苯硫酚对环己烯酮的不对称加成反应

2003 年，Takemoto 小组报道了环己二胺硫脲衍生物 OC-18 催化的丙二酸酯与硝基烯烃的不对称加成反应。在催化剂 OC-18 中，叔胺活化丙二酸酯，而硫脲通过与硝基形成氢键活化硝基烯烃（图 7-31）[172]。2010 年，肖文精发展了手性硫脲催化的不对称硫杂 Michael/Michael 串联反应[173]，为含季碳手性中心的多取代苯并二氢吡喃的合成提供了快速有效的途径。

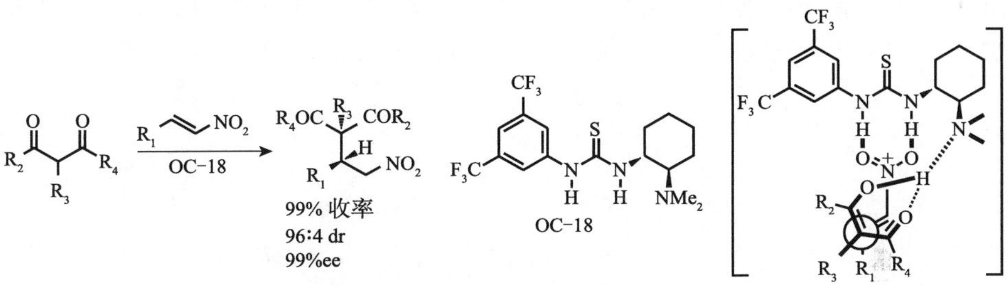


图 7-31　手性环己二胺硫脲衍生物催化不对称加成反应

陈应春、Connon、Dixon 和 Soós 等首次报道了金鸡纳碱衍生的双功能硫脲催化的不对称加成反应（图 7-32）[174]。由于金鸡纳碱骨架的立体控制效果很好，该类手性有机分子成为与 Takemoto 类催化剂同样重要并得到广泛应用的双功能有机小分子催化剂[175]。随后，王春江、王锐和肖文精等报道了带有叔胺结构的双功能硫脲催化剂[176]。

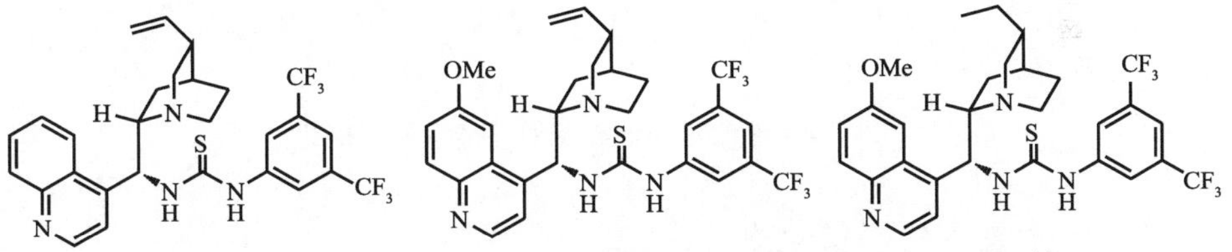


图 7-32　金鸡纳碱衍生的双功能硫脲催化剂

2004 年，邓力等发展了 6-羟基奎尼定 OC-20a 和 6-羟基奎宁 OC-20b 催化的硝基烯烃和丙二酸甲酯的不对称 Michael 加成反应（图 7-33）[177]。在这一类有机小分子催化剂中，酚羟基被认为通过氢键活化硝基烯烃，而三级胺作为路易斯碱活化丙二酸酯。此外，6-羟基金鸡纳碱衍生物还能高效、高立体选择性地催化羰基、亚胺以及 $\alpha,\beta$-不饱和羰基化合物等的不对称加成和环化反应[178]。

手性胍是另外一大类双功能有机小分子催化剂。1999 年，Corey 首次用手性胍 OC-21 催化不对称 Strecker 反应，并提出胍作为双功能催化剂分别通

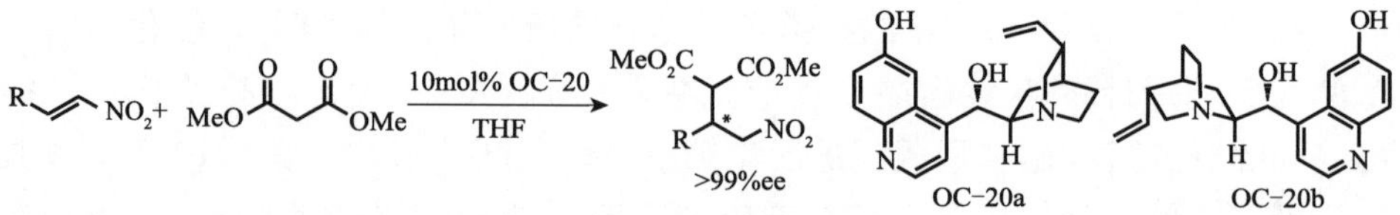

图 7-33　手性 6-羟基奎尼和奎尼定催化的不对称 Michael 加成反应

过氢键活化亚胺和氢氰酸（图 7-34）[179]。后来，Tan 等研究了 Corey 类型的手性胍催化的不对称 Michael 加成反应和不对称 Diels-Alder 反应[180]。

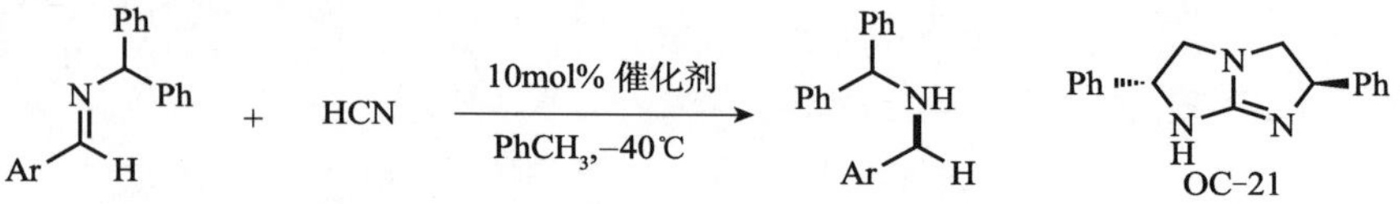

图 7-34　手性胍催化的不对称 Strecker 反应

冯小明小组发展了带有酰胺结构的新型双功能手性胍催化剂，实现了 $\beta$-酮酸酯与取代硝基乙烯的不对称 Michael 加成反应（图 7-35）、杂 Diels-Alder 反应和分子内的杂 Michael 加成反应等[181-183]。

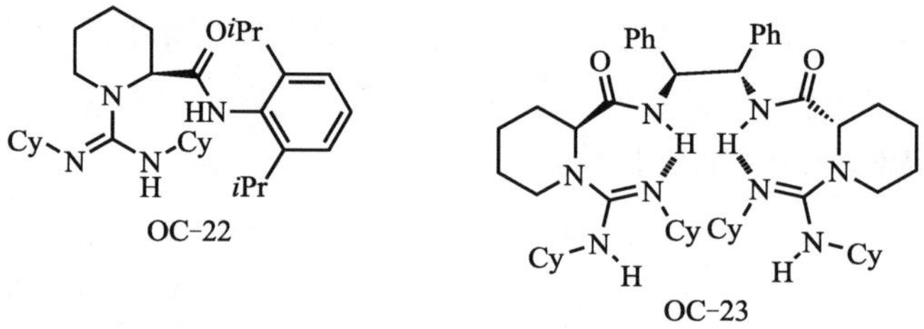

图 7-35　带有酰胺结构的新型双功能手性胍催化剂

## （六）手性有机膦催化剂

1995 年，陆熙炎等报道了三苯基膦催化的 2,3-联烯酸酯与缺电子烯烃的［3+2］环加成反应，得到多取代环戊烯衍生物（图 7-36）[184]。

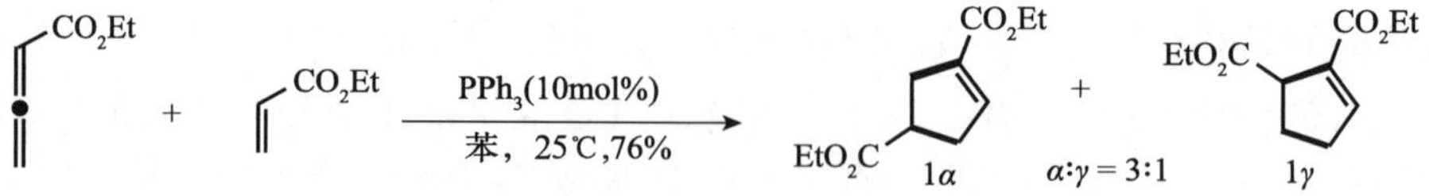

图 7-36　三苯基膦催化的［3+2］环加成反应

张绪穆等首次用手性膦 OC-24 作催化剂，实现了不对称 Lu's［3+2］环化反应[185]。随后，Fu 和 Miller 等分别研究了手性膦 OC-25 和 OC-26 催化的 2,3-联烯酸酯和 $\alpha,\beta$-不饱和酮的［3+2］环化反应[186]。最近，赵刚等用天

然氨基酸衍生的 *N*-保护的氨基二苯基膦作为催化剂，高立体选择性地实现了不对称 Lu's［3+2］环加成反应（图 7-37）[187]。

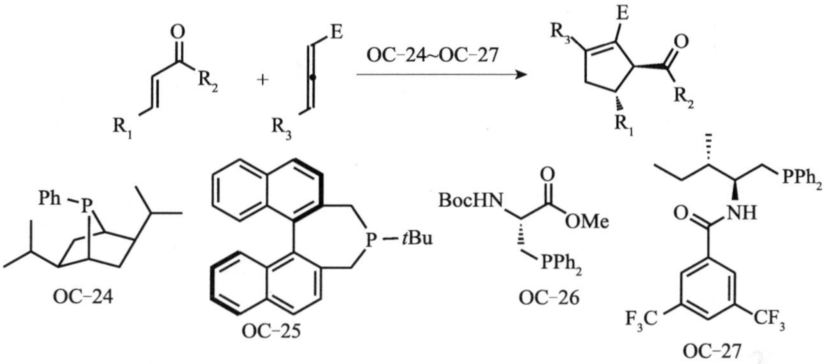

图 7-37 催化不对称 Lu's［3+2］环加成反应的手性膦催化剂

施敏等设计了一系列联萘酚衍生的二苯基膦双功能催化剂，成功地实现了高立体选择性的不对称 Morita-Baylis-Hillman 反应[188]（图 7-38）。

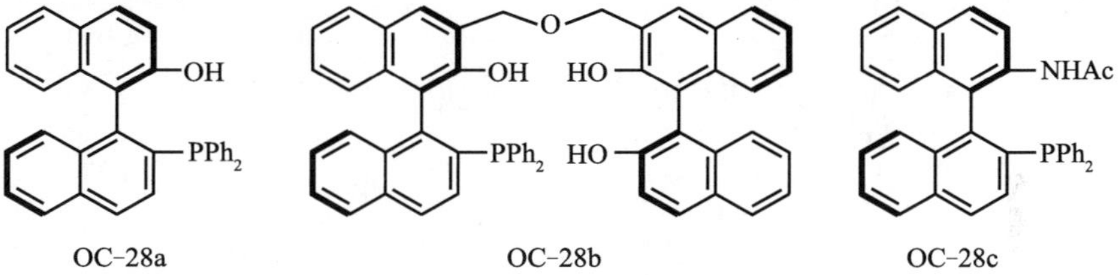

图 7-38 联萘酚衍生的二苯基膦手性双功能催化剂

### （七）手性氮氧路易斯碱催化剂

冯小明小组发展的手性氮氧化合物 $L_{18}$ 不但是优秀的手性配体，也能作为催化剂有效地催化 α-氯化反应[189]和醛、酮醛亚胺和酮亚胺的硅腈化反应[190,191]。例如，双氮氧化合物 OC-29 和 OC-30 可以分别高立体选择性地催化醛亚胺和酮亚胺的不对称 Strecker 反应（图 7-39）[192,193]。

## 二、新反应的发展

1993 年，Serebryakov 首次尝试用脯氨醇催化 3-甲基 2-丁烯醛与贫电子烯烃的不对称［4+2］环化反应[194]。当用简单脯氨醇 OC-8c 作催化剂，得到 61% ee；而用二苯基脯氨醇 OC-8d 作催化剂，得到光学纯的产物（图 7-40）[195]。

陈应春等用二芳基脯氨醇衍生物作手性催化剂，发展了烯胺和三烯胺催

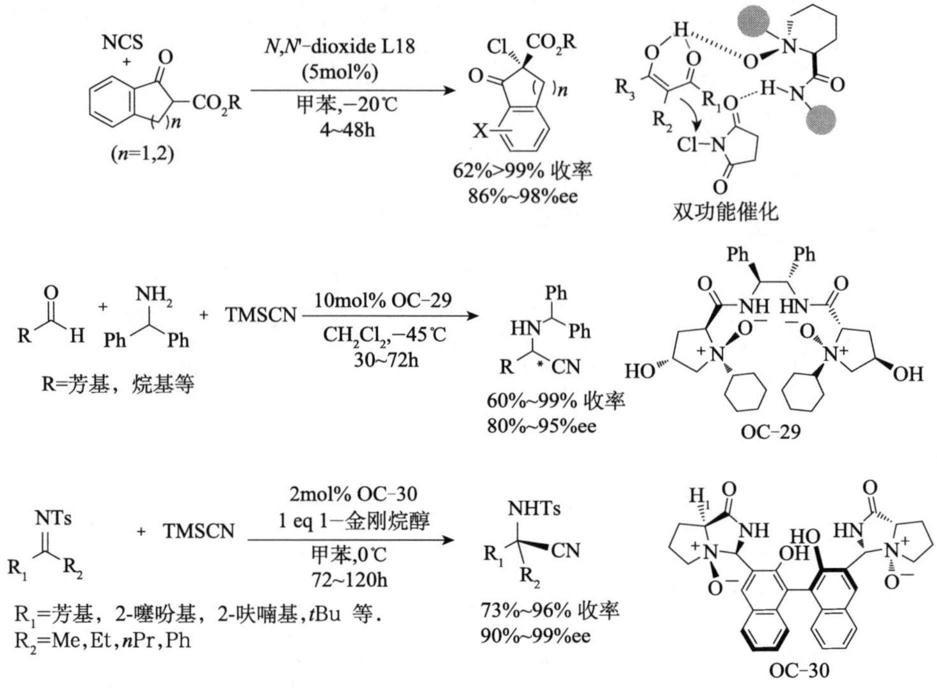


图 7-39　手性双氮氧小分子催化的不对称反应

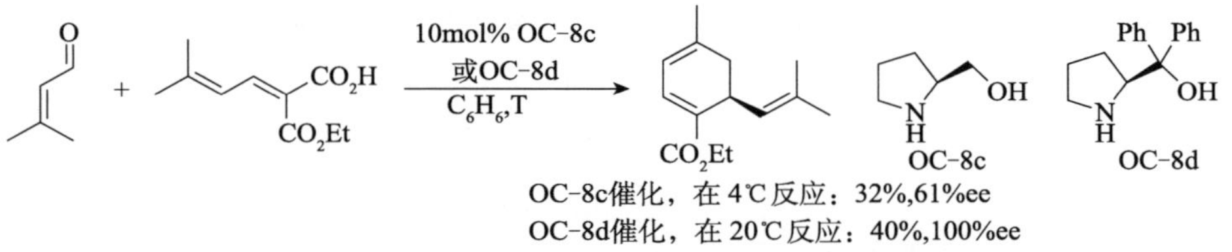


图 7-40　手性脯氨醇催化不对称［4+2］环化反应

化的不对称环化反应，为构建复杂环系提供了高立体选择性的简便方法。更重要的是，这些催化模式为远程手性控制提供了解决方案，也催生了一些新颖的不对称有机催化反应[196]。

因为烯胺和亚胺可以相互转化，所以根据这个特点可以设计不对称串联反应。MacMillan 等报道了第一例亚胺正离子/烯胺连续催化的不对称傅-克烷基化/氯化串联反应（图 7-41）[197]。

Enders 等发展了二芳基脯氨醇硅醚 OC-8b 催化的醛、$\alpha,\beta$-不饱和醛与硝基烯烃之间的三组分串联环化反应（图 7-42）[198]。这个工作极大地推动了手性有机小分子催化的不对称串联环化反应的发展，导致大量机理类似的不对

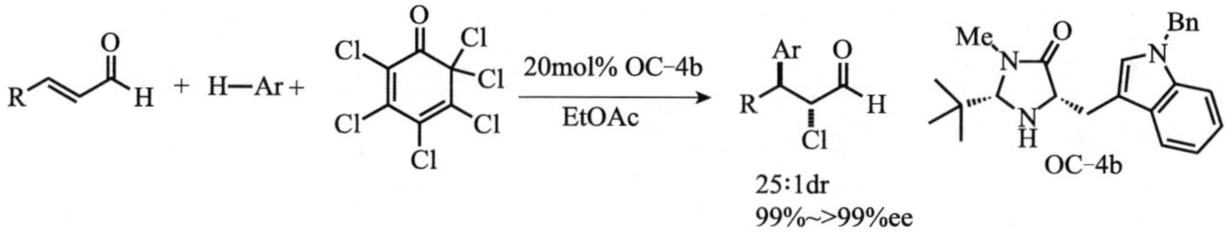


图 7-41　催化不对称傅-克烷基化/氯化串联反应

称环化反应的出现，有些反应已经被成功地用于天然产物的全合成[199]。

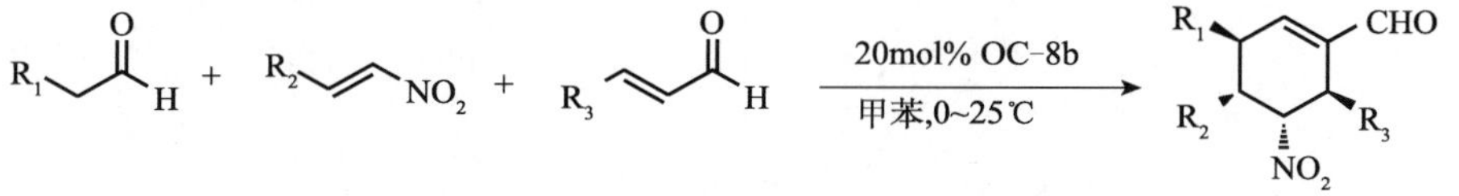


图 7-42　催化不对称三组分串联环化反应

## 三、新概念的发展

### 1. 不对称 SOMO（singly occupied molecular orbital）催化（不对称自由基反应）

2007 年，Sibi 等首次报道了手性有机小分子催化的自由基类型的醛和四甲基哌啶氧化物的不对称氧化反应[200]。几乎同时，MacMillan 等也报道了手性胺催化的醛经由自由基和烯丙基硅发生的不对称 $\alpha$-位烯丙基化反应[201]（图 7-43）。

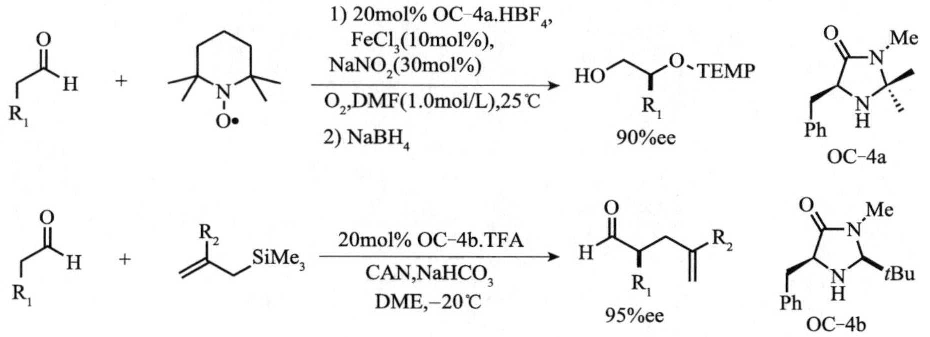


图 7-43　自由基类型的不对称氧化和烯丙基化反应

### 2. 手性阴离子导向的不对称催化

2004 年，Jacobsen 等报道了手性硫脲催化的不对称乙酰化 Pictet-Spengler 反应（图 7-44）[202]。在这个反应中，手性硫脲不是直接通过氢键活化反应底物，而是和氯离子形成手性阴离子复合物，然后通过和酰亚胺阳离子形成手性离子对实现立体选择性的控制（图 7-44）。

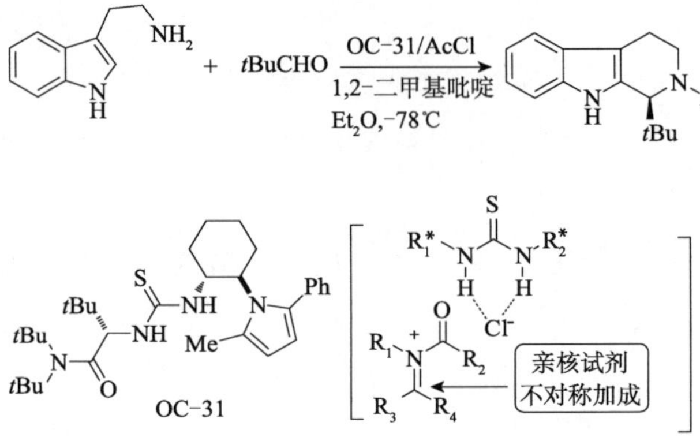


图 7-44　手性硫脲催化的不对称乙酰化 Pictet-Spengler 反应

冯小明课题组先后发展了苯基甘氨酸钠催化酮的不对称硅腈化反应，对氯苯基甘氨酸钾催化酮对硝基烯的不对称 Michael 加成反应以及手性联萘磷酸钠催化酮亚胺的不对称腈化反应等（图 7-45）。在温和的反应条件下，这些反应都具有优秀的收率和对映选择性，以及广泛的底物普适性[203-205]。

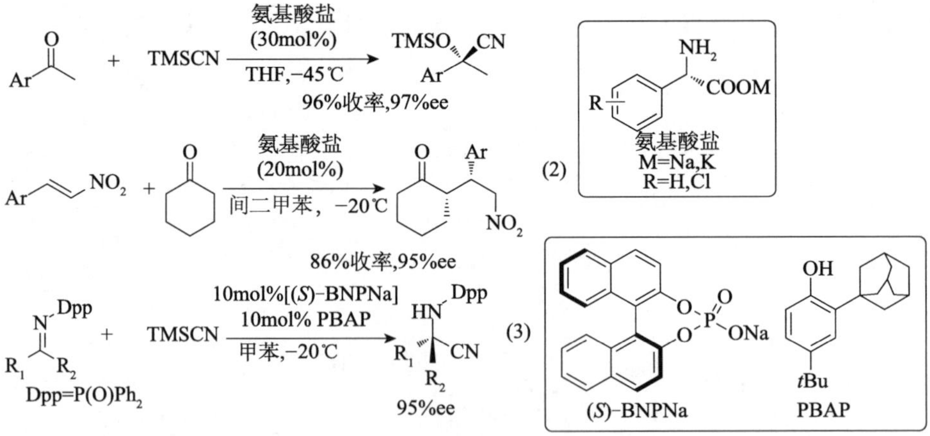


图 7-45　手性酸盐催化的不对称 Michael 加成和腈化反应

2006 年，List 提出了不对称抗衡阴离子导向催化（asymmetric counterion-directed catalysis）的概念，并首先将这个概念用于有机小分子催化的不对称转移氢化反应中（图 7-46）[206]。非手性二级胺的磷酸盐首先和不饱和醛形成活泼的手性亚铵-磷酸根离子对中间体，然后发生不对称转移氢化反应。

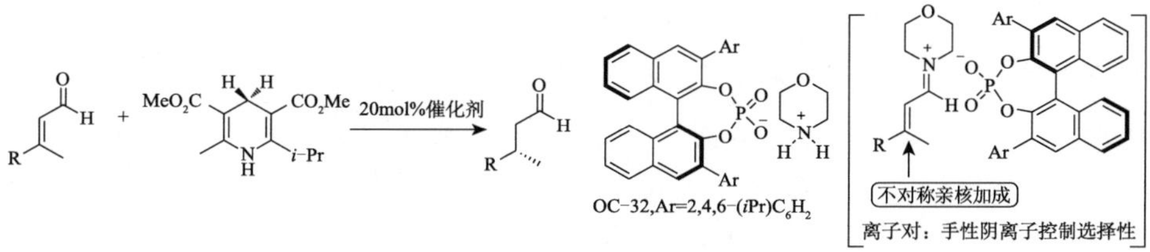


图 7-46　手性阴离子导向催化的不对称转移氢化反应

3. 可见光和有机小分子联合不对称催化

2008 年，MacMillan 等将可见光氧化还原催化剂 $Ru(bpy)_3Cl_2$ 和手性胺 OC-4d 联用实现了醛的直接不对称烷基化反应（图 7-47）[207]。这一发现为不对称光化学反应提供了一种全新的立体控制模式，推动了不对称光化学反应的发展。

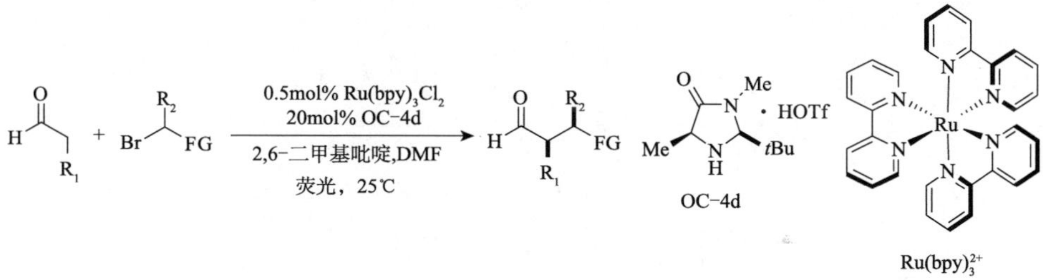


图 7-47　不对称光化学反应

## 四、重要应用范例

近些年来，禽流感在全世界各地不断周期性爆发，加之逐渐增加的人畜交叉感染概率，全世界每年因为流感的预防和治疗造成的费用与劳动力资源损失已经成为社会广泛关注并亟待解决的问题。奥司他韦是第一个口服的唾液酸苷酶抑制剂，目前临床上常以其磷酸盐的形式（商品名为 Tamiflu，中文名达菲）用于治疗 A 型和 B 型流感病毒。

2009 年，Hayashi 小组从二苯基脯氨醇硅醚催化的醛（**1**）对硝基烯（**2**）的 Michael 加成反应出发，经过总共 9 个反应（分为 3 个一锅反应），其中只需要一次柱层析纯化就以 57%的总收率合成了奥司他韦（图 7-48）[208]。

2010 年，马大为课题组利用有机小分子催化的醛（**1**）和硝基烯烃（**3**）的不对称 Michael 加成反应同时引入了 3 个核心结构（包括 2 个氨基氮和戊醚结构），之后采用与 Hayashi 相同的反应条件，经过 3 步以 54%的总收率

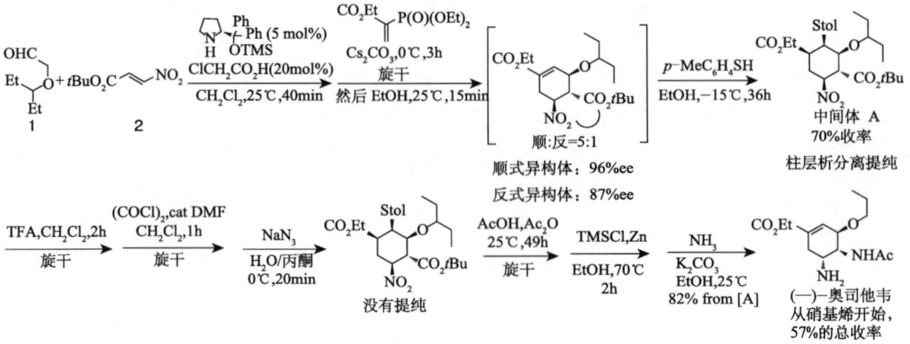


图 7-48　Hayash 组奥司他韦的合成

一锅法合成了关键中间体 B（Hayashi 的路线需要 7 步），最后经还原和消除反应得到奥司他韦。这是一条更为简洁高效、更为绿色环保的路线，同时避免了叠氮钠的使用，具备工业化生产的潜力（图 7-49）[209]。

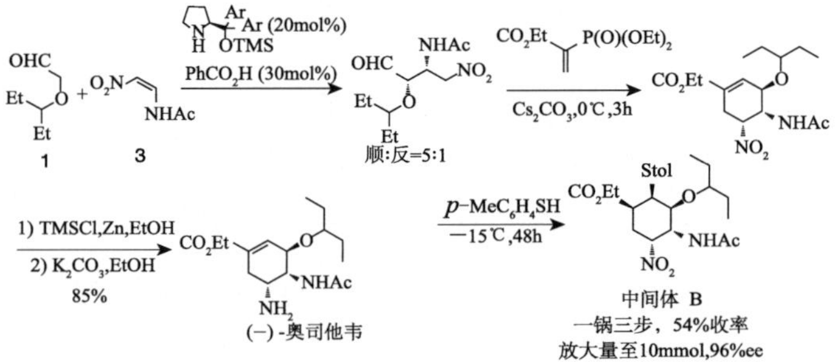


图 7-49　马大为组奥司他韦的合成

# 第四节　发展趋势和展望

最近 30 年我国化学工作者在金属有机配合物催化的不对称合成领域取得了显著的成果。特别是近年来逐步开始注重工作的原创性，提出了一些创新性的概念和方法，而不是一味应用已知的催化体系进行简单的“底物拓展”。同时也开始在工作的系统性上下工夫，发展了一批有特色、有影响力的配体和催化剂，在不对称催化这一研究领域激烈的国际竞争中占有一席之地，并在其中一些方向上达到领先的地位。此外，金属有机配合物催化反应的研究也不仅限于实验室规模，而是逐渐开始注重基础研究成果的实际应用。我们可以相信，我国金属有机配合物催化不对称合成的研究未来一定能够取得更大的成绩。

金属有机配合物催化将在（但不局限于）以下几个方面得到进一步发展。

（1）配体设计。手性配体依然是金属配合物催化的核心。尽管已经有成千上万个手性配体被设计合成和报道出来，但手性骨架还比较有限，如联芳基、二茂铁和螺环骨架等。适合于手性配体的新骨架开发往往可以为手性配体的合成打开一扇新的大门，为合成一大类手性配体提供可能。但新的骨架要取得成功，必须要满足配体设计中的刚性与柔性的要求、易于修饰，空间与电子效应易于调节、衍生的配体能在一系列不对称催化反应中取得优异的反应活性与选择性控制。配体设计中新的配位原子与基团也非常重要，过去的几年中一些配位原子或基团如烯烃、氮氧、硫氧双官能团等被应用于手性配体的设计中，这些配体形成的金属配合物在许多重要的不对称催化反应中取得了非常优秀的效果。进一步发展一些新型的，可与金属形成有效配合物的配位原子或基团将大大拓展手性配体设计与合成的空间。当然这些结果极有可能需要借助于其金属有机配合物合成及性质研究。新的配体设计与合成理念也是一个重要的研究内容，唐勇等提出的基于“边臂效应”的手性配体设计理念就是一个成功的典范。应该说这一领域具有非常大的挑战性，有效的成果不是很多，但显然是一个非常值得研究的领域。如何基于配体设计提出新的理念为多核金属催化提供有效配体、为水相金属催化提供水溶性手性配体等都具有非常重要的意义。由于计算化学的飞速发展，我们对于不对称反应的反应机理、反应过渡态中手性传递的方式、产物对映选择性及绝对构型的预测越来越准确，可以预测这一领域随着研究深入及计算精度的提高将会发挥越来越重要的作用，在手性配体的设计方面也将发挥不可忽视的作用。

（2）金属。可用于不对称催化反应的金属元素仍有极大的拓展空间，在过去的十年中一些以往在不对称催化反应中不被看好的金属如稀土金属、金、铁、汞等取得了突飞猛进的发展，发展出一系列的新催化体系。然而，就目前而言还有很多金属没有或很少在不对称催化反应中得到应用，这些将为金属催化不对称反应的发展提供资源。此外，廉价、低毒的金属参与的不对称反应会越来越受到重视，这些将为替代一些重金属及贵金属催化剂提供可能，金属催化体系的发展将朝向更加经济、高效和环境友好的方向。此外，基于宏观手性（如手性超分子结构、手心配位聚合物等）的金属催化的发展将为传统的均相金属催化体系提供有益的补充。

（3）新型不对称反应。新反应的发现是有机化学生命力的源泉，可以为新型的化学键及化合物构建提供有效的方法。发展原料简单、产物应用性广的新不对称催化反应更具有重要意义。例如，烃类化合物的惰性碳-氢键活化、碳-碳键活化及惰性体系（如芳香类化合物）活化的不对称催化过程；基于生物质和二氧化碳等可再生资源的不对称催化过程等。此外，新型的串联反应，特别是一步可以构建多个手性中心的串联反应会越来越受到重视。不对称多组分反应也是节省能源、减少分离步骤和废弃物的重要反应。

（4）不对称新概念及新策略。新概念及新策略在不对称催化中仍然占有非常重要的地位，其突破可以为实现催化剂的效率提高、催化剂回收等提供有效的途径。在过去的几年中，李灿等通过限域效应来提高手性催化剂效率，丁奎岭等通过发展自负载方法实现高效的催化剂回收等都取得了突破性的进展。此外，通过多催化剂协同作用实现多个手性中心任意控制也将是一个非常重要的研究方向，如何实现催化剂之间的相互兼容及高活性高选择性控制是这方面研究的关键。

虽然过去十多年手性有机小分子催化得到了迅猛发展，成为合成手性分子不可或缺的重要途径，但仍是处于成长期的研究领域，还有一些重要的科学问题需要解决。

（1）催化效率不高：在手性小分子催化的反应中，手性催化剂的用量大多在 10mol%以上，限制了其工业应用价值，因此需要发展更加高效的手性有机小分子催化剂。

（2）不能有效地催化惰性分子参与的反应：由于受活化模式的限制，除了手性酮催化的环氧化反应外，绝大多数有机小分子催化剂主要适用于带有活泼官能团的分子，而基本不能有效地活化非官能化的底物，从而大大限制了手性有机小分子催化的应用范围。

（3）催化活化的模式比较传统：从目前手性有机小分子催化的发展现状看，几乎所有的不对称反应都是基于传统的、已知的活化模式（如烯胺、亚胺离子中间体和氢键等），这些活化模式在手性有机小分子催化出现之前就已有报道，真正全新的、通用的催化活化模型还比较少，因此需要建立新催化模式。

要解决上述科学问题，未来手性有机小分子催化可能需要在以下几个方面开展研究工作。

（1）新型有机小分子催化剂设计：手性催化剂是不对称催化的核心，发展高效高选择性的手性催化剂一直是不对称催化的重要研究方向。现有的手性有机小分子催化剂主要集中在有限的几个优势骨架，如以脯氨酸和 Mac-

Millan 催化剂为代表的五元氮杂环骨架、手性二胺骨架、金鸡纳碱骨架等。因此发展骨架新颖的手性催化剂仍将是手性有机小分子催化未来发展的重点，也是解决手性有机小分子催化效率低的主要途径。

（2）新型催化活化模式的建立：一种新型的催化活化模式不但可以催生一系列新反应，也能带动新型催化剂的发现。例如，仅烯胺和亚胺离子催化就导致几十种新型手性有机小分子催化剂和不对称反应的出现。现有的手性有机小分子催化主要依赖于官能团来实现，目前还难以有效催化非官能化分子，特别是非活泼化学键参与的反应。因此，发展有机小分子活化非官能化分子的新模式是一个挑战性的难题，一旦成功将极大地推动有机合成化学的发展。

（3）新概念：从有机化学的发展历史看，一个新概念的提出，往往导致一个研究方向、研究领域，甚至一个学科的产生。例如，可见光催化的提出，引起了多个学科的重视，成为近年来合成化学的研究热点。金属和有机小分子联合催化，包括协同和接力催化，是近年来出现的又一个新概念，已经引起了广泛关注。基于这个概念，各国有机化学家已经先后发展了一些重要的新型催化剂体系和不对称反应，但这个领域仍处于初级发展阶段，未来有可能发展成为不对称催化领域中的热点研究方向[210]。

（4）新反应的发现：有机合成反应是创造新物质的基础，发展新反应，特别是高效构筑复杂生物活性分子的反应一直是化学家追求的目标。手性有机小分子催化能够使多种官能团有序地参与到不同类型的反应中，从而有效地催化不对称催化多组分反应和串联反应，实现复杂结构的高效构建。基于有机小分子催化活化模式，发展和设计新型串联和多组分反应对现代有机合成化学的发展具有重要意义。

（5）有机小分子催化的工业化应用：绝大多数手性有机小分子催化的不对称反应不需要无水、无氧条件，不需要惰性气体的保护，反应试剂和反应介质不需要特殊处理，条件温和，所以适合工业化生产。更重要的是，通过有机小分子催化的串联反应和多组分反应可以有效地减少合成步骤，马大为等发展的有机小分子催化合成达菲的路线就是一个典型的例子。目前用于工业生产手性药物或中间体的有机小分子催化的例子还极其有限。因此，发展手性有机小分子催化合成手性药物的工业化路线是未来不对称有机催化研究的重要任务，对学科发展和医药工业的技术进步都具有重要意义。

## 参考文献

[1] Blaschke G, Kraft H P, Markgraf H. Chromatographische racemattrennun-

gen. X. Racemattrennung des thalidomids und anderer glutarimid-derivate. Chemische Berichte, 1980, 113 (6): 2318－2322.

[2] Nozaki H, Moriuti S, Takaya H, et al. Asymmetric induction in carbenoid reaction by means of a dissymmetric copper chelate. Tetrahedron Lett, 1966, 7 (43): 5239－5244.

[3] (a) Knowles W S, Sabacky M J. Catalytic asymmetric hydrogenation employing a soluble optically active rhodium complex. Chem Commun, 1968, (22): 1445－1446; (b) Horner L, Siegel H, Büthe H. Asymmetric catalytic hydrogenation with an optically active phosphinerhodium complex in homogeneous solution. Angew Chem Int Ed Eng, 1968, 7 (12):942.

[4] Knowles W S, Sabacky M J, Vineyard B D. Chem Technol, 1972, 2: 590－591.

[5] Blaser H U, Schmidt E. Asymmetric Catalysis on Industrial Scale: Challenges, Approaches and Solutions. Weinheim: Wiley-VCH, 2004.

[6] (a) Knowles W S. Asymmetric hydrogenations. Angew Chem Int Ed, 2002, 41 (12):1998－2007; (b) Noyori R. Asymmetric catalysis: Science and opportunities (Nobel lecture). Angew Chem Int Ed, 2002, 41 (12): 2008－2022.

[7] Sharpless K B. Searching for new reactivity. Angew Chem Int Ed, 2002, 41 (12): 2024－2032.

[8] Chan A S C, Hu W, Pai C C, et al. Novel spiro phosphinite ligands and their application in homogeneous catalytic hydrogenation reactions. J Am Chem Soc, 1997, 119 (40):9570－9571.

[9] (a) Xie J H, Zhou Q L. Chiral diphosphine and monodentate phosphorus ligands on a spiro scaffold for transition-metal-catalyzed asymmetric reactions. Acc Chem Res, 2008, 41 (5): 581－593; (b) Zhu S F, Zhou Q L. Transition-metal-catalyzed enantioselective heteroatom-hydrogen bond insertion reactions. Acc Chem Res, 2012, 45 (8): 1365－1377.

[10] Zhu S F, Zhou Q L. Chiral Spiro Ligands//Zhou Q L. Privileged Chiral Ligands and Catalysts. 1st Ed. Weinheim: Wiley-VCH, 2011: 137－170.

[11] Xie J H, Liu X Y, Xie J B, et al. An additional coordination group leads to extremely efficient chiral iridium catalysts for asymmetric hydrogenation of ketones. Angew Chem Int Ed, 2011, 50 (32): 7329－7332.

[12] Yan P C, Zhu G L, Xie J H, et al. Industrial scale-up of enantioselective hydrogenation for the asymmetric synthesis of rivastigmine. Org Process Res Dev, 2013, 17 (2): 307－312.

[13] Yang X H, Xie J H, Liu W P, et al. Catalytic asymmetric hydrogenation of δ-ketoesters: Highly efficient approach to chiral 1, 5-diols. Angew Chem Int Ed, 2013, 52 (30):7833－7836.

[14] Li S, Zhu S F, Zhang C M, et al. Iridium-catalyzed enantioselective hydrogenation of $\alpha,\beta$-unsaturated carboxylic acids. J Am Chem Soc, 2008, 130 (27): 8584 - 8585.

[15] Puentener K, Scalone M, Process for the preparation of (*S*) - 2 - methoxy - 3 - {4 - [2 - (5 - mertyl - 2 - phenyloxazol - 4 - yl) ethoxy] benzothien - 7 - yl} propionic acid by asymmetric hydrogenation of the acrylic acid precursor in the presence of iridium or ruthenium catalyst and chiral phosphine. 2010, WO2010/108861.

[16] Han Z, Wang Z, Zhang X, et al. Spiro [4,4] -1,6-nonadiene-based phosphine-oxazoline ligands for iridium-catalyzed enantioselective hydrogenation of ketimines. Angew Chem Int Ed, 2009, 48 (29): 5345 - 5349.

[17] Li J, Chen G, Wang Z, et al. Spiro-2,2′-bichroman-based bisoxazoline (SPAN-box) ligands for $Zn^{II}$-catalyzed enantioselective hydroxylation of $\beta$-keto esters and 1,3-diester. Chem Sci, 2011, 2: 1141 - 1144.

[18] Wang X, Meng F, Wang Y, et al. Aromatic spiroketal bisphosphine ligands: Palladium-catalyzed asymmetric allylic amination of racemic Morita-Baylis-Hillman adducts. Angew Chem Int Ed, 2012, 51 (37): 9276 - 9282.

[19] Wu J, Chan A S C. P-Phos: A family of versatile and effective atropisomeric dipyridylphosphine ligands in asymmetric catalysis. Acc Chem Res, 2006, 39 (10): 711 - 720.

[20] Qiu L Q, Wu J, Chan S S, et al. Remarkably diastereoselective synthesis of a chiral biphenyl diphosphine ligand and its application in asymmetric hydrogenation. Proceedings of the National Academy of Sciences of the United States of America, 2004, 101 (16): 5815 - 5820.

[21] Feringa B L. Phosphoramidites: Marvellous ligands in catalytic asymmetric conjugate addition. Acc Chem Res, 2000, 33 (6): 346 - 353.

[22] Minnaard A J, Feringa B L, Lefort L, et al. Asymmetric hydrogenation using monodentate phosphoramidite ligands. Acc Chem Res, 2007, 40 (12): 1267 - 1277.

[23] Liu Y, Zhang W. Iridium-catalyzed asymmetric hydrogenation of $\alpha$-alkylidene succinimides. Angewandte Chem Int Ed, 2013, 52 (8): 2203 - 2206.

[24] Liu Y, Ding K. Modular monodentate phosphoramidite ligands for rhodium-catalyzed enantioselective hydrogenation. J Am Chem Soc, 2005, 127 (30): 10488 - 10489.

[25] Dong K, Wang Z, Ding K. Rh( Ⅰ )-catalyzed enantioselective hydrogenation of $\alpha$-substituted ethenylphosphonic acids. J Am Chem Soc, 2012, 134 (30): 12474 - 12477.

[26] (a) Dai L X, Tu T, You S L, et al. Asymmetric catalysis with chiral ferrocene ligands. Acc Chem Res, 2003, 36 (9): 659 - 667; (b) Dai L X, Hou X. Chiral Ferrocenes in Asymmetric Catalysis: Synthesis and Applications. Weinheim: Wiley-VCH L, 2009.

[27] Zheng W H, Zheng B H, Zhang Y, et al. Highly regio-, diastereo-, and enanti-

oselective Pd-catalyzed allylic alkylation of acyclic ketone enolates with monosubstituted allyl substrates. J Am Chem Soc，2007，129（25）：7718－7719.

[28] Tu T，Hou X L，Dai L X. Highly regio- and enantioselective Heck reaction of *N*-methoxycarbonyl-2-pyrroline with planar chiral diphosphine-oxazoline ferrocenyl ligands. Org Lett，2003，5（20）：3651－3653.

[29] Yan X X，Peng Q，Li Q，et al. Highly diastereoselective switchable enantioselective mannich reaction of glycine derivatives with imines. J Am Chem Soc，2008，130（44）：14362－14363.

[30] Yan X X，Peng Q，Zhang Y，et al. A highly enantio- and diastereoselective Cu-catalyzed 1,3-dipolar cycloaddition of azomethine ylides with nitroalkenes. Angew Chem Int Ed，2006，45（12）：1979－1983.

[31] (a) Fu G C. Enantioselective nucleophilic catalysis with "planar-chiral" heterocycles. Acc Chem Res，2000，33（6）：412－420；(b) Fu G C. Asymmetric catalysis with "planar-chiral" derivatives of 4-(dimethylamino) pyridine. Acc Chem Res，2004，37（8）：542－547.

[32] Fu G C. Applications of planar-chiral heterocycles as ligands in asymmetric catalysis. Acc Chem Res，2006，39（11）：853－860.

[33] Nishiyama H，Sakaguchi H，Nakamura T，et al. Chiral and $C_2$-symmetrical bis (oxazolinylpyridine) rhodium(Ⅲ) complexes：Effective catalysts for asymmetric hydrosilylatlon of ketones. Organometallics，1989，8（3）：846－848.

[34] Lowenthal R E，Abiko A，Masamune S. Asymmetric catalytic cyclopropanation of olefins：Bis-oxazoline copper complexes. Tetrahedron Lett，1990，31（42）：6005－6008.

[35] Pfaltz A. Chiral semicorrins and related nitrogen heterocycles as ligands in asymmetric catalysis. Acc Chem Res，1993，26（6）：339－345.

[36] Johnson J S，Evans D A. Chiral bis (oxazoline) copper (Ⅱ) complexes：Versatile catalysts for enantioselective cycloaddition，Aldol，Michael，and Carbonyl ene reactions. Acc Chem Res，2000，33（6）：325－335.

[37] Kobayashi S，Yamashita Y. Alkaline earth metal catalysts for asymmetric reactions. Acc Chem Res，2011，44（1）：58－71.

[38] Zhou J，Tang Y. The development and application of chiral trisoxazolines in asymmetric catalysis and molecular recognition. Chem Soc Rev，2005，34（8）：664－676.

[39] Zhou J，Tang Y. Sidearm effect：Improvement of the enantiomeric excess in the asymmetric michael addition of indoles to alkylidene malonates. J Am Chem Soc，2002，124（31）：9030－9031.

[40] Kang Y B，Sun X L，Tang Y. Highly enantioselective and diastereoselective cycloaddition of cyclopropanes with nitrones and its application in the kinetic resolution of 2-

substituted cyclopropane-1, 1-dicarboxylates. Angew Chem Int Ed, 2007, 46 (21): 3918 - 3921.

[41] Cao P, Deng C, Zhou Y Y, et al. Asymmetric Nazarov reaction catalyzed by chiral tris(oxazoline)/copper(Ⅱ). Angew Chem Int Ed, 2010, 49 (26): 4463 - 4466.

[42] Zhou J L, Liang Y, Deng C, et al. Tunable carbonyl ylide reactions: Selective synthesis of dihydrofurans and dihydrobenzoxepines. Angew Chem Int Ed, 2011, 50 (34): 7874 - 7878.

[43] Li J, Liao S H, Xiong H, et al. Highly diastereo- and enantioselective cyclopropanation of 1,2-disubstituted alkenes. Angew Chem Int Ed, 2012, 51 (35): 8838 - 8841.

[44] Liu X, Lin L, Feng X. Chiral *N*,*N′*-bioxides: New ligands and organocatalysts for catalytic asymmetric reactions. Acc Chem Res, 2011, 44 (8): 574 - 587.

[45] Li W, Wang J, Hao X, et al. Catalytic asymmetric roskamp reaction of $\alpha$-alkyl-$\alpha$-diazoesters with aromatic aldehydes: Highly enantioselective synthesis of $\alpha$-alkyl-$\beta$-keto esters J Am Chem Soc, 2010, 132 (25): 8532 - 8533.

[46] Li W, Liu X, Hao X, et al. New electrophilic addition of $\alpha$-diazoesters with ketones for enantioselective C—N bond formation. J Am Chem Soc, 2011, 133 (39): 15268 - 15271.

[47] Li W, Liu X, Hao X, et al. A Catalytic asymmetric ring-expansion reaction of isatins and $\alpha$-alkyl-$\alpha$-diazoesters: Highly efficient synthesis of functionalized 2-quinolone derivatives. Angew Chem Int Ed, 2012, 51 (34): 8644 - 8647.

[48] Yu Z, Liu X, Dong Z, et al. An *N*,*N′*-dioxide/In(OTf)$_3$ catalyst for the asymmetric Hetero-Diels-Alder reaction between Danishefsky's dienes and aldehydes: Application in the total synthesis of triketide. Angew Chem Int Ed, 2008, 47 (7): 1308 - 1311.

[49] Zheng K, Shi J, Liu X, et al. Asymmetric carbonyl-ene reaction catalyzed by chiral *N*,*N′*-dioxide-nickel(Ⅱ) complex: Remarkably broad substrate scope. J Am Chem Soc, 2008, 130 (47): 15770 - 15771.

[50] Cai Y, Liu X, Jiang J, et al. Catalytic asymmetric chloroamination reaction of $\alpha$, $\beta$-unsaturate $\gamma$-keto esters and chalcones. J Am Chem Soc, 2011, 133 (15): 5636 - 5639.

[51] Zhou L, Liu X, Ji J, et al. Enantioselective Baeyer-Villiger oxidation: Desymmetrization of meso cyclic ketones and kinetic resolution of racemic 2-arylcyclohexanones. J Am Chem Soc, 2012, 134 (41): 17023 - 17026.

[52] Zhao J, Liu X, Luo W, et al. Asymmetric synthesis of $\beta$-amino nitriles through a $Sc^{III}$-catalyzed three-component mannich reaction of silyl ketene imines. Angew Chem Int Ed, 2013, 52 (12): 3473 - 3477.

[53] Wang Z, Chen Z, Bai S, et al. Highly *Z*-selective asymmetric conjugate addition of alkynones with pyrazol-5-ones promoted by *N*,*N′*-dioxide-metal complexes. Angew Chem Int Ed, 2012, 51 (11): 2776 - 2779.

[54] Hassner A, Namboothiri I. Organic Syntheses Based on Name Reactions. 3rd Ed. Amsterdam: Elsevier, 2011: 408.

[55] Hayashi T, Ueyama K, Tokunaga N, et al. A chiral chelating diene as a new type of chiral ligand for transition metal catalysts: Its preparation and use for the rhodium-catalyzed asymmetric 1,4-addition. J Am Chem Soc, 2003, 125 (38): 11508-11509.

[56] Fischer C, Defieber C, Suzuki T, et al. Readily available [2. 2. 2] -bicyclooctadienes as new chiral Ligands for Ir(I): Catalytic, kinetic resolution of allyl carbonates. J Am Chem Soc, 2004, 126 (6): 1628-1629.

[57] Feng C G, Xu M H, Lin G Q. Development of bicyclo [3. 3. 0] octadiene- or dicyclopentadiene-based chiral diene ligands for transition-metal-catalyzed reactions. Synlett, 2011, (10): 1345-1356.

[58] Wang Z Q, Feng C G, Xu M H, et al. Design of $C_2$-symmetric tetrahydropentalenes as new chiral diene ligands for highly enantioselective Rh-catalyzed arylation of *N*-tosylarylimines with arylboronic acids. J Am Chem Soc, 2007, 129 (17): 5336-5337.

[59] Shao C, Yu H J, Wu N Y, et al. $C_1$-symmetric dicyclopentadienes as new chiral diene ligands for asymmetric rhodium-catalyzed arylation of *N*-tosylarylimines. Org Lett, 2010, 12 (17): 3820-3823.

[60] Wang Z Q, Feng C G, Zhang S S, et al. Rhodium-catalyzed asymmetric conjugate addition of organoboronic acids to nitroalkenes using chiral bicyclo [3. 3. 0] diene Ligands. Angew Chem Int Ed, 2010, 49 (33): 5780-5783.

[61] Zhang S S, Wang Z Q, Xu M H, et al. Chiral diene as the ligand for the synthesis of axially chiral compounds via palladium-catalyzed Suzuki-Miyaura coupling reaction. Org Lett, 2010, 12 (23): 5546-5549.

[62] Wei W T, Yeh J Y, Kuo T S, et al. Highly enantioselective rhodium-catalyzed asymmetric 1,4-addition reactions of arylboronic acids to acyclic $\alpha,\beta$-unsaturated compounds: The formal synthesis of (—)-indatraline. Chem Eur J, 2011, 17 (41): 11405-11409.

[63] Hu X, Zhuang M, Cao Z, et al. Simple chiral chain dienes as ligands for Rh(Ⅰ)-catalyzed conjugated additions. Org Lett, 2009, 11 (20): 4744-4747.

[64] Cao Z, Du H. Development of binaphthyl-based chiral dienes for rhodium(Ⅰ)-catalyzed asymmetric arylation of *N*, *N*-dimethylsulfamoyl-protected aldimines. Org Lett, 2010, 12 (11): 2602-2605.

[65] Li Q, Dong Z, Yu Z X. $\alpha,\beta$-Divinyl tetrahydropyrroles as chiral chain diene ligands in rhodium(Ⅰ)-catalyzed enantioselective conjugated additions. Org Lett, 2011, 13 (5):1122-1125.

[66] Feng X, Du H. Synthesis of chiral olefin ligands and their application in asymmetric catalysis. Asian J Org Chem, 2012, 1 (3): 204-213.

[67] Chen J, Chen J, Lang F, et al. A $C_2$-symmetric chiral bis-sulfoxide ligand in a

rhodium-catalyzed reaction: Asymmetric 1,4-addition of sodium tetraarylborates to chromenones. J Am Chem Soc, 2010, 132 (13): 4552-4553.

[68] Wang F, Liu L J, Wang W, et al. Chiral NHC-metal-based asymmetric catalysis. Coord Chem Rev, 2012, 256 (9-10): 804-853.

[69] Xu Q, Gu X, Liu S, et al. The use of chiral BINAM NHC-Rh(Ⅲ) complexes in enantioselective hydrosilylation of 3-oxo-3-arylpropionic acid methyl or ethyl esters. J Org Chem, 2007, 72 (6): 2240-2242.

[70] Chen T, Jiang J J, Xu Q, et al. Axially chiral NHC-Pd(Ⅱ) complexes in the oxidative kinetic resolution of secondary alcohols using molecular oxygen as a terminal oxidant. Org Lett, 2007, 9 (5): 865-868.

[71] Zhang T, Shi M. Chiral bidentate bis(*N*-heterocyclic carbene)-based palladium complexes bearing carboxylate ligands: Highly effective catalysts for the enantioselective conjugate addition of arylboronic acids to cyclic enones. Chem Eur J, 2008, 14 (12): 3759-3764.

[72] Wang W, Yang J, Wang F, et al. Axially chiral *N*-heterocyclic carbene gold (Ⅰ) complex catalyzed asymmetric cycloisomerization of 1, 6-enynes. Organometallics, 2011, 30 (14): 3859-3869.

[73] Wang F, Li S, Qu M, et al. A highly efficient kinetic resolution of Morita-Baylis-Hillman adducts achieved by N-Ar axially chiral Pd-complexes catalyzed asymmetric allylation. Chem Commun, 2011, 47 (48): 12813-12815.

[74] Ma Y, Liu H, Chen L, et al. Asymmetric transfer hydrogenation of prochiral ketones in aqueous media with new water-soluble chiral vicinal diamine as ligand. Org Lett, 2003, 5 (12): 2103-2106.

[75] Wu J, Wang F, Ma Y, et al. Asymmetric transfer hydrogenation of imines and iminiums catalyzed by a water-soluble catalyst in water. Chem Commun, 2006, (16): 1766-1768.

[76] Xue D, Chen Y C, Cui X, et al. Transfer hydrogenation of activated C=C bonds catalyzed by ruthenium amido complexes: Reaction scope, limitation, and enantioselectivity. J Org Chem, 2005, 70 (9): 3584-3591.

[77] Liu P N, Deng J G, Tu Y Q, et al. Highly efficient and recyclable heterogeneous asymmetric transfer hydrogenation of ketones in water. Chem Commun, 2004, (18): 2070-2071.

[78] Huang Y, Yang F, Zhu C. Highly enantioseletive biginelli reaction using a new chiral ytterbium catalyst: Asymmetric synthesis of dihydropyrimidines. J Am Chem Soc, 2005, 127 (47): 16386-16387.

[79] (a) Ding K, Du H, Yuan Y, et al. Combinatorial chemistry approach to chiral catalyst engineering and screening: Rational design and serendipity. Chem Eur J, 2004, 10 (12):

2872 - 2884; (b) Ding K. Synergistic effect of binary component ligands in chiral catalyst library engineering for enantioselective reactions. Chem Commun, 2008, (8): 909 - 921.

[80] (a) Yuan Y, Long J, Sun J, et al. Dramatically synergetic effect of carboxylic acid additive on tridentate titanium catalyzed enantioselective Hetero-Diels-Alder reaction: Additive acceleration and nonlinear effect. Chem Eur J, 2002, 8 (21): 5033 - 5042; (b) YuanY, Li X, Sun J, et al. To probe the origin of activation effect of carboxylic acid and (+)-NLE in tridentated titanium catalyst systems. J Am Chem Soc, 2002, 124 (50): 14866 - 14867.

[81] Du H, Ding K. Enantioselective catalysis of hetero Diels-Alder reaction and diethylzinc addition using a single catalyst. Org Lett, 2003, 5 (7): 1091 - 1093.

[82] Zhang Z, Wang Z, Zhang R, et al. An efficient titanium catalyst for enantioselective cyanation of aldehydes: Cooperative catalysis. Angew Chem Int Ed, 2010, 49 (38): 6746 - 6750.

[83] Chen F X, Zhou H, Liu X H, et al. Enantioselective cyanosilylation of ketones by a catalytic double-activation method with an aluminium complex and an *N*-oxide. Chem Eur J, 2004, 10 (19) 4790 - 4797.

[84] Wang S X, Wang M X, Wang D X, et al. Catalytic enantioselective passerini three-component reaction. Angew Chem Int Ed, 2008, 47 (2): 388 - 391.

[85] Yang L, Wang D X, Huang Z T, et al. Cr(Ⅲ)(salen)Cl catalyzed enantioselective intramolecular addition of tertiary enamides to ketones: A general access to enantioenriched 1*H*-pyrrol-2(3*H*)-one derivatives bearing a hydroxylated quaternary carbon atom. J Am Chem Soc, 2009, 131 (30): 10390 - 10391.

[86] Fan Q, Lin L, Liu J, et al. Highly enantioselective hetero-Diels-Alder reaction of brassard diene with aromatic aldehydes. Org Lett, 2004, 6 (13): 2185 - 2188.

[87] Zhou X, Liu X, Yang X, et al. Highly enantioselective hydrophosphonylation of aldehydes catalyzed by tridentate Schiff base aluminum (Ⅲ) complexes. Angew Chem Int Ed, 2008, 47 (2): 392 - 394.

[88] (a) Giri R, Shi B F, Engle K M, et al. Transition metal-catalyzed C—H activation reactions: Diastereoselectivity and enantioselectivity. Chem Soc Rev, 2009, 38 (11): 3242 - 3272; (b) Yang L, Huang H. Asymmetric catalytic carbon-carbon coupling reactions via C—H bond activation. Catal Sci Tech, 2012, 2 (6): 1099 - 1112.

[89] Davies H M L, Manning J R. Catalytic C—H functionalization by metal carbenoid and nitrenoid insertion. Nature, 2008, 451 (7177): 417 - 424.

[90] Thu H Y, Tong G S M, Huang J S, et al. Highly selective metal catalysts for intermolecular carbenoid insertion into primary C—H bonds and enantioselective C—C bond formation. Angew Chem Int Ed, 2008, 47 (50): 9747 - 9751.

[91] Qiu H, Li M, Jiang L Q, et al. Highly enantioselective trapping of zwitterionic

intermediates by imines. Nat Chem，2012，4 (9)：733 - 738.

[92] Li C J. Cross-dehydrogenative coupling (CDC)：Exploring C—C bond formations beyond functional group transformations. Acc Chem Res，2009，42 (2)：335 - 344.

[93] Guo C，Song J，Luo S W，et al. Enantioselective oxidative cross-coupling reaction of 3-indolylmethyl C—H bonds with 1,3-dicarbonyls using a chiral Lewis acid-bonded nucleophile to control stereochemistry. Angew Chem Int Ed，2010，49 (32)：5558 - 5562.

[94] Zhang G，Zhang Y，Wang R. Catalytic asymmetric activation of a C($sp^3$)—H bond adjacent to a nitrogen atom：A versatile approach to optically active *α*-alkyl *α*-amino acids and $C_1$-alkylated tetrahydroisoquinoline derivatives. Angew Chem Int Ed，2011，50 (44):10429 - 10432.

[95] Xie J，Huang Z Z. Cross-dehydrogenative coupling reactions by transition-metal and aminocatalysis for the synthesis of amino acid derivatives. Angew Chem Int Ed，2010，49 (52)：10181 - 10185.

[96] Murarka S，Deb I，Zhang C，et al. Catalytic enantioselective intramolecular redox reactions：Ring-fused tetrahydroquinolines. J Am Chem Soc，2009，131 (37)：13226 - 13227.

[97] Cao W，Liu X，Wang W，et al. Highly enantioselective synthesis of tetrahydroquinolines via cobalt (Ⅱ) -catalyzed tandem 1，5-hydride transfer/cyclization. Org Lett，2011，13 (4)：600 - 603.

[98] Zhou G，Liu F，Zhang J. Enantioselective gold-catalyzed functionalization of unreactive $sp^3$ C—H bonds through a redox-neutral domino reaction. Chem Eur J，2011，17 (11):3101 - 3104.

[99] Zhang L，Chen L，Lv J，et al. Theoretical studies of the asymmetric binary-acid-catalyzed *tert*-aminocyclization reaction：Origins of the C($sp^3$)-hactivation and stereoselectivity. Chem Asian J，2012，7 (11)：2569 - 2576.

[100] Peng H M，Dai LX，You S L. Enantioselective palladium-catalyzed direct alkylation and olefination reaction of simple arenes. Angew Chem Int Ed，2010，49 (34)：5826 - 5828.

[101] Cheng X F，Li Y，Su Y M，et al. Pd(Ⅱ)-catalyzed enantioselective C—H activation/C—O bond formation：Synthesis of chiral benzofuranones. J Am Chem Soc，2013，135 (4)：1236 - 1239.

[102] Gao D W，Shi Y C，Gu Q，et al. Enantioselective synthesis of planar chiral ferrocenes via palladium-catalyzed direct coupling with arylboronic acids. J Am Chem Soc，2013，135 (1)：86 - 89.

[103] Pi C，Li Y，Cui X，et al. Redox of ferrocene controlled asymmetric dehydrogenative Heck reaction via palladium-catalyzed dual C—H bonds activation. Chem Sci，2013.，4 (6) 2675 - 2679.

[104] Li Q, Yu Z X. Enantioselective rhodium-catalyzed allylic C—H activation for the addition to conjugated dienes. Angew Chem Int Ed, 2011, 50 (9) 2144-2147.

[105] Wang W B, Lu S M, Yang P Y, et al. Highly enantioselective iridium-catalyzed hydrogenation of heteroaromatic compounds, quinolines. J Am Chem Soc, 2003, 125 (35):10536-10537.

[106] Lu S M, Wang Y Q, Han X W, et al. Asymmetric hydrogenation of quinolines and isoquinolines activated by chloroformates. Angew Chem Int Ed, 2006, 45 (14): 2260-2263.

[107] Chen Q A, Wang D S, Zhou Y G, et al. Convergent asymmetric disproportionation reactions: Metal/Brønsted acid relay catalysis for enantioselective reduction of quinoxalines. J Am Chem Soc, 2011, 133 (16): 6126-6129.

[108] Zhou Y G. Asymmetric hydrogenation of heteroaromatic compounds. Acc Chem Res, 2007, 40 (12): 1357-1366.

[109] Wang T, Zhuo L G, Li Z, et al. Highly enantioselective hydrogenation of quinolines using phosphine-free chiral cationic ruthenium catalysts: Scope, mechanism, and origin of enantioselectivity. J Am Chem Soc, 2011, 133 (25): 9878-9891.

[110] Zhuo C X, Zhang W, You S L. Catalytic asymmetric dearomatization reactions. Angew Chem Int Ed, 2012, 51 (51): 12662-12686.

[111] (a) Wu Q F, He H, Liu W B, et al. Enantioselective construction of spiroindolenines by Ir-catalyzed allylic alkylation reactions. J Am Chem Soc, 2010, 132 (33): 11418-11419; (b) Wu Q F, Zheng C, You S L. Enantioselective synthesis of spiro cyclopentane-1,3′-indoles and 2,3,4,9-tetrahydro-1*H*-carbazoles by iridium-catalyzed allylic dearomatization and stereospecific migration. Angew Chem Int Ed, 2012, 51 (7): 1680-1683.

[112] Helmchen G, Pfaltz A. Phosphinooxazolines - a new class of versatile, modular P,N-ligands for asymmetric catalysis. Acc Chem Res, 2000, 33 (6): 336-345.

[113] Roseblade S J, Pfaltz A. Iridium-catalyzed asymmetric hydrogenation of olefins. Acc Chem Res, 2007, 40 (12): 1402-1411.

[114] Zhang W, Chi Y, Zhang X. Developing chiral ligands for asymmetric hydrogenation. Acc Chem Res, 2007, 40 (12): 1278-1290.

[115] (a) Jiang H Y, Krische M J. Catalytic C—C bond formation via capture of hydrogenation intermediates. Acc Chem Res, 2004, 37 (9): 653-661; (b) Skucas E, Ngai M Y, Komanduri V, et al. Enantiomerically enriched allylic alcohols and allylic amines via C—C bond-forming hydrogenation: Asymmetric carbonyl and imine vinylation. Acc Chem Res, 2007, 40 (12): 1394-1401.

[116] (a) Dai L X. Chiral Metal-organic assemblies-a new approach to immobilizing homogeneous asymmetric catalysts. Angew Chem Int Ed, 2004, 43 (43): 5726-5729; (b) Wang Z, Chen G, Ding K. Self-supported catalysts. Chem Rev, 2009, 109 (2):

322 -359.

[117] Wang X, Wang X, Guo H, et al. Self-Supported heterogeneous titanium catalysts for enantioselective carbonyl-ene and sulfoxidation reactions. Chem Eur J, 2005, 11 (14):4078 - 4088.

[118] Wang X, Ding K. Self-Supported heterogeneous catalysts for enantioselective hydrogenation. J Am Chem Soc, 2004, 126 (34): 10524 - 10525.

[119] Wang X, Shi L, Li M, et al. Heterogenization of Shibasaki's Binol/La catalyst for enantioselective epoxidation of $\alpha,\beta$-unsaturated ketones with multitopic Binol ligands: The impact of bridging spacers. Angew Chem Int Ed, 2005, 44 (39): 6362 - 6366.

[120] Wang J, Hu X, Jiang J, et al. Asymmetric activation of tropos 2,2′-biphenol with cinchonine generates an effective catalyst for the asymmetric strecker reaction of *N*-tosyl-protected aldimines and ketoimines. Angew Chem Int Ed, 2007, 46 (44): 8468 - 8470.

[121] Mahlau M, List B. Asymmetric counteranion-directed catalysis: Concept, definition, and applications. Angew Chem Int Ed, 2013, 52 (2): 518 - 533.

[122] Bredig G, Fiske W S. Durch katalysatoren bewirkte asymmetrische synthese. Biochem Z, 1912, 46: 7.

[123] Pracejus H. Asymmetrische synthesen mit ketene. I. Justus liebigs. Ann Chem, 1960, 634: 9 - 22.

[124] (a) Hajos Z G, Parrish D R. Asymmetric synthesis of bicyclic intermediates of natural product chemistry. J Org Chem, 1974, 39: 1615 - 1621; (b) Eder U, Sauer R, Wiechert R. Total synthesis of optically active steroids. 6. New type of asymmetric cyclization to optically active steroid CD partial structures. Angew Chem Int Ed, 1971, 10: 496 - 497.

[125] Shirakawa S, Maruoka K. Recent developments in asymmetric phase-transfer reactions. Angew Chem Int Ed, 2013, 52: 4312 - 4348.

[126] Sigman M S, Jacobsen E N. Schiff base catalysts for the asymmetric strecker reaction identified and optimized from parallel synthetic libraries. J Am Chem Soc, 1998, 120: 4901 - 4902.

[127] (a) Tu Y, Wang Z X, Shi Y. An efficient asymmetric epoxidation method for trans-olefins mediated by a fructose-derived ketone. J Am Chem Soc, 1996, 118: 9806 - 9807; (b) Yang D, Wang X C, Wong M K, et al. Highly enantioselective epoxidation of *trans*-stilbenes catalyzed by chiral ketones. J Am Chem Soc, 1996, 118: 11311 - 11312.

[128] (a) List B, Lerner R A, Barbas Ⅲ C F. Proline-catalyzed direct asymmetric Aldol reactions. J Am Chem Soc, 2000, 122: 2395 - 2396; (b) Sakthivel K, Notz W, Bui T, et al. Amino acid catalyzed direct asymmetric Aldol reactions: A bioorganic approach to catalytic asymmetric carbon-carbon bond-forming reactions. J Am Chem Soc, 2001, 123: 5260 - 5267.

[129] Ahrendt K A, Borths C J, MacMillan D W C. New strategies for organic cataly-

sis: The first highly enantioselective organocatalytic Diels-Alder reaction. J Am Chem Soc, 2000, 122: 4243-4244.

[130] Dalko P I, Moisan L. In the golden age of organocatalysis. Angew Chem Int Ed, 2004, 43: 5138-5175.

[131] MacMillan D W C. The advent and development of organocatalysis. Nature, 2008, 455: 304-308.

[132] List B, Yang J W. The organic approach to asymmetric catalysis. Science, 2006, 313: 1584-1586.

[133] Tang Z, Jiang F, Yu L T, et al. Novel small organic molecules for a highly enantioselective direct Aldol reaction. J Am Chem Soc, 2003, 125: 5262-5263.

[134] Tang Z, Jiang F, Cui X, et al. Enantioselective direct Aldol reactions catalyzed by L-prolinamide derivatives. Proc Nati Acad Sci USA, 2004 101: 5755-5760.

[135] Chen X H, Yu J, Gong L Z. The role of double hydrogen bonds in asymmetric direct Aldol reactions catalyzed by amino amide derivatives. Chem Commun, 2010, 46: 6437-6448.

[136] Trost B M, Brindle C S. The direct catalytic asymmetric Aldol reaction. Chem Soc Rev, 2010, 39: 1600-1632.

[137] Luo S Z, Xu H, Li J Y, et al. A simple primary-tertiary diamine-Brønsted acid catalyst for asymmetric direct Aldol reactions of linear aliphatic ketones. J Am Chem Soc, 2007, 129: 3074-3075.

[138] Liu J, Yang Z G, Wang Z, et al. Asymmetric direct Aldol reaction of functionalized ketones catalyzed by amine organocatalysts based on bispidine. J Am Chem Soc, 2008, 130: 5654-5655.

[139] Yang Z, Liu J, Liu X H, et al. Highly efficient amine organocatalysts based on bispidine for the asymmetric michael addition of ketones to nitroolefins . Adv Synth Catal, 2008, 350 (13): 2001-2006.

[140] Erkkilä A, Majande I, Pihko P M. Iminium catalysis. Chem Rev, 2007, 107: 5416-5470.

[141] Marigo M, Wabnitz T C, Fielenbach D, et al. Enantioselective organocatalyzed α-sulfenylation of aldehydes. Angew Chem Int Ed, 2005, 44: 794-797.

[142] Hayashi Y, Gotoh H, Hayashi T, et al. Diphenylprolinol silyl ethers as efficient organocatalysts for the asymmetric michael reaction of aldehydes and nitroalkenes. Angew Chem Int Ed, 2005, 44: 4212-4215.

[143] Luo S, Mi X, Zhang L, et al. Functionalized chiral ionic liquids as highly efficient asymmetric organocatalysts for michael addition to nitroolefins. Angew Chem Int Ed, 2006, 45: 3093-3097.

[144] (a) Cao C L, Ye M C, Sun X L, et al. Pyrrolidine-thiourea as a bifunctional

organocatalyst: Highly enantioselective michael addition of cyclohexanone to nitroolefins. Org Lett, 2006, 8: 2901－2904; (b) Cao Y J, Lai Y Y, Wang X, et al. Michael additions in water of ketones to nitroolefins catalyzed by readily tunable and bifunctional pyrrolidine-thiourea organocatalysts. Tetrahedron Lett, 2007, 48: 21－24.

[145] (a) Xie W J, Chen W, Zeng M, et al. Highly asymmetric michael addition to $\alpha,\beta$-unsaturated ketones catalyzed by 9-Amino-9-deoxyepiquinine. Angew Chem Int Ed, 2007, 46: 389－392; (b) Chen W, Du W, Duan Y Z, et al. Enantioselective 1,3-dipolar cycloaddition of cyclic enones catalyzed by multifunctional primary amines: Beneficial effects of hydrogen bonding. Angew Chem Int Ed, 2007, 46: 7667－7670.

[146] Chen Y C. The development of asymmetric primary amine catalysts based on cinchona alkaloids. Synlett, 2008: 1919－1930.

[147] Zhang E, Fan C A, Tu Y Q, et al. Organocatalytic asymmetric vinylogous $\alpha$-ketol rearrangement: Enantioselective construction of chiral all-carbon quaternary stereocenters in spirocyclic diketones via semipinacol-type 1,2-carbon migration. J Am Chem Soc, 2009, 131: 14626－14627.

[148] Ukai T, Tanaka R, Dokawa T. A new catalyst for acyloin condensation. I. Journal of the Pharmaceutical Society of Japan, 1943, 63: 296－300.

[149] Mizuhara S, Handler P. Mechanism of thiamine-catalyzed reactions. J Am Chem Soc, 1954, 76: 571－573.

[150] Breslow R. On the mechanism of thiamine action. IV. Evidence from studies on model systems. J Am Chem Soc, 1958, 80: 3719－3726.

[151] Sheehan J, Hunnemann D H. Homogeneous asymmetric catalysis. J Am Chem Soc, 1966, 88: 3666－3667.

[152] Enders D, Niemeier O, Henseler A. Organocatalysis by *N*-heterocyclic carbenes. Chem Rev, 2007, 107: 5606－5655.

[153] Li G Q, Li Y, Dai L X, et al. Enantioselective synthesis of *cis*-4-formyl-beta-lactams via chiral *N*-Heterocyclic carbene-catalyzed kinetic resolution. Adv Synth Catal, 2008, 350: 1258－1262.

[154] Huang X L, He L, Shao P L, et al. [4+2] cycloaddition of ketenes with *N*-benzoyldiazenes catalyzed by *N*-heterocyclic carbenes. Angew Chem Int Ed, 2008, 48: 192－195.

[155] He M, Uc G J, Bode J W. Chiral *N*-heterocyclic carbene catalyzed, enantioselective oxodiene Diels-Alder reactions with low catalyst loadings. J Am Chem Soc, 2006, 128: 15088－15089.

[156] O'Donnell M J. The enantioselective synthesis of $\alpha$-amino acids by phase-transfer catalysis with achiral Schiff base esters. Acc Chem Res, 2004, 37: 506－517.

[157] (a) Corey E J, Xu F, Noe M C. A rational approach to catalytic enantioselec-

tive enolate alkylation using a structurally rigidified and defined chiral quaternary ammonium salt under phase transfer conditions. J Am Chem Soc，1997，119：12414－12415；(b) Lygo B，Wainwright P G. A new class of asymmetric phase-transfer catalysts derived from cinchona alkaloids - application in the enantioselective synthesis of alpha-amino acids. Tetrahedron Lett，1997，38：8595－8598.

[158] Doyle A G，Jacobsen E N. Small-molecule h-bond donors in asymmetric catalysis. Chem Rev，2007，107：5713－5743.

[159] Huang Y，Unni A K，Thadani A N，et al. Hydrogen bonding：Single enantiomers from a chiral-alcohol catalyst. Nature，2003，424：146－146.

[160] Du H，Zhao D，Ding K. Enantioselective catalysis of the Hetero-Diels-Alder reaction between Brassard's diene and aldehydes by hydrogen-bonding activation：A one-step synthesis of (S)-(+)-dihydrokawain. Chem Eur J，2004，10：5964－5970.

[161] Akiyama T，Itoh J，Yokota K，et al. Enantioselective mannich-type reaction catlyzed bya chiral Brønsted acid. Angew Chem Int Ed，2004，43：1566－1568.

[162] Uraguchi D，Terada M. Chiral Brønsted acid-catalyzed direct mannich reactions via electrophilic activation. J Am Chem Soc，2004，126：5356－5357.

[163] Terada M. Chiral phosphoric acids as versatile catalysts for enantioselective *transformations*. Synthesis，2010：1929－1982.

[164] (a) Kang Q，Zhao Z A，You S L. Highly enantioselective Friedel-Crafts reaction of indoles with imines by a chiral phosphoric acid. J Am Chem Soc，2007，129：1484－1485；(b) Jia Y X，Zhong J，Zhu S F，et al. Chiral Brønsted acid catalyzed enantioselective Friedel-Crafts reaction of indoles and $\alpha$-aryl enamides：Construction of quaternary carbon atoms. Angew Chem Int Ed，2007，46：5565－5567.

[165] Guo Q S，Du D M，Xu J X. The development of double axially chiral phosphoric acids and their catalytic transfer hydrogenation of quinolines. Angew Chem Int Ed，2008，47：759－762.

[166] Xu S M，Wang Z，Zhang X，et al. Chiral Brønsted acid catalyzed asymmetric Baeyer-Villiger reaction of 3-substituted cyclobutanones by using aqueous $H_2O_2$. Angew Chem Int Ed，2008，47：2840－2843.

[167] Zhang Q W，Fan C A，Zhang H J，et al. Brønsted acid catalyzed enantioselective semipinacol rearrangement for the synthesis of chiral spiroethers. Angew Chem Int Ed，2009，48：8572－8574.

[168] Yue T，Wang M X，Wang D X，et al. Bronsted acid catalyzed enantioselective three-component reaction involving the $\alpha$-addition of isocyanides to imines. Angew Chem Int Ed，2009，48：6717－6721.

[169] Yu J，Shi F，Gong L Z. Brønsted acid-catalyzed asymmetric multicomponent reactions for the facile synthesis of highly enantioenriched structurally diverse nitrogenous het-

erocycles. Acc Chem Res，2011，44：1156－1171.

［170］ Nakashima D，Yamamoto H. Design of chiral *N*-triflyl phosphoramide as a strong chiral Brønsted acid and its application to asymmetric Diels-Alder reaction. J Am Chem Soc，2006，128：9626－9627.

［171］ Hiemstra H，Wynberg H. Addition of aromatic thiols to conjugated cycloalkenones，catalyzed by chiral beta-hydroxy amines - a mechanistic study of homogeneous catalytic asymmetric-synthesis. J Am Chem Soc，1981，103：417－430.

［172］ Okino T，Hoashi Y，Takemoto Y. Enantioselective Michael reaction of malonates to nitroolefins catalyzed by bifunctional organocatalysts. J Am Chem Soc，2003，125：12672－12673.

［173］ Wang X F，Hua Q L，Cheng Y，et al. Organocatalytic asymmetric Sulfa-Michael/Michael addition reactions：A strategy for the synthesis of highly substituted chromans with a quaternary stereocenter. Angew Chem Int Ed，2010，49：8379－8383.

［174］（a） Li B J，Jiang L，Liu M，et al. Asymmetric Michael addition of arylthiols to $\alpha,\beta$-unsaturated carbonyl compounds catalyzed by bifunctional organocatalysts. Synlett，2005：603－606；（b） McCooey S H，Connon S J. Urea- and thiourea-substituted cinchona alkaloid derivatives as highly efficient bifunctional organocatalysts for the asymmetric addition of malonate to nitroalkenes：Inversion of configuration at $C_9$ dramatically improves catalyst performance. Angew Chem Int Ed，2005，44：6367－6370；（c） Ye J，Dixon D J，Hynes P S. Enantioselective organocatalytic Michael addition of malonate esters to nitro olefins using bifunctional cinchonine derivatives. Chem Commun，2005：4481－4483；（d） Vakulya B，Varga S，Csámpai A，et al. Highly enantioselective conjugate addition of nitromethane to chalcones using bifunctional cinchona organocatalysts. Org Lett，2005，7：1967－1969.

［175］ Doyle A G，Jacobsen E N. Small-molecule h-bond donors in asymmetric catalysis. Chem Rev，2007，107：5713－5743.

［176］（a） Wang C J，Dong X Q，Zhang Z H，et al. Highly anti-selective asymmetric nitro-mannich reactions catalyzed by bifunctional amine-thiourea-bearing multiple hydrogen-bonding donors. J Am Chem Soc，2008，130：8606－8607；（b） Jiang X，Cao Y，Wang Y，et al. A unique approach to the concise synthesis of highly optically active spirooxazolines and the discovery of a more potent oxindole-type phytoalexin analogue. J Am Chem Soc，2010，132：15328－15333；（c） Wang X F，Hua Q L，Cheng Y，et al. Organocatalytic asymmetric Sulfa-Michael/Michael addition reactions：A strategy for the synthesis of highly substituted chromans with a quaternary stereocenter. Angew Chem Int Ed，2010，49：8379－8383.

［177］ Li H，Wang Y，Tang L，et al. Highly enantioselective conjugate addition of malonate and $\beta$-ketoester to nitroalkenes：Asymmetric C—C bond formation with new bifunctional organic catalysts based on cinchona alkaloids. J Am Chem Soc, 2004, 126: 9906 -9907.

[178] Marcelli T, Hiemstra H. Cinchona alkaloids in asymmetric organocatalysis. Synthesis, 2010: 1229 - 1279.

[179] Corey E J, Grogan M J. Enantioselective synthesis of *α*-amino nitriles from *N*-benzhydryl imines and HCN with a chiral bicyclic guanidine as catalyst. Org Lett, 1999: 1, 157 - 160.

[180] Shen J, Nguyer T T, Goh Y P, et al. Chiral bicyclic guanidine-catalyzed enantioselective reactions of anthrones. J Am Chem Soc, 2006, 128: 13692 - 13693.

[181] Yu Z P, Liu X H, Zhou L, et al. Bifunctional guanidine via an amino amide skeleton for asymmetric Michael reactions of *β*-ketoesters with nitroolefins: A concise synthesis of bicyclic *β*-amino acids. Angew Chem Int Ed, 2009, 48: 5195 - 5198.

[182] Dong S X, Liu X H, Chen X H, et al. Chiral bisguanidine-catalyzed inverse-electron-demand Hetero-Diels-Alder reaction of chalcones with azlactones. J Am Chem Soc, 2010, 132 (31): 10650 - 10651.

[183] Xiao X, Liu X H, Dong S X, et al. Asymmetric synthesis of 2,3-dihydroquinolin-4-one derivatives catalyzed by a chiral bisguanidium salt. Chem Eur J, 2012, 18 (50): 15922 - 15926.

[184] (a) Zhang C, Lu X. Phosphine-catalyzed cycloaddition of 2,3-butadienoates or 2-butynoates with electron-deficient olefins. A novel [3+2] annulation approach to cyclopentenes. J Org Chem, 1995, 60: 2906 - 2908; (b) Lu X, Zhang C, Xu Z. Reactions of electron-deficient alkynes and allenes under phosphine catalysis. Acc Chem Res, 2001, 34: 535 - 544.

[185] Zhu G, Chen Z, Jiang Q, et al. Asymmetric [3+2] cycloaddition of 2,3-butadienoates with electron-deficient olefins catalyzed by novel chiral 2,5-dialkyl-7-phenyl-7-phosphabicyclo [2.2.1] heptanes. J Am Chem Soc, 1997, 119: 3836 - 3837.

[186] (a) Wilson J E, Fu G C. Synthesis of functionalized cyclopentenes through catalytic asymmetric [3+2]cycloadditions of allenes with enones. Angew Chem Int Ed, 2006, 45: 1426 - 1429; (b) Cower B J, Miller S J. Enantioselective [3+2] -cycloadditions catalyzed by a protected, multifunctional phosphine-containing *α*-amino acid. J Am Chem Soc, 2007, 129: 10988 - 10989.

[187] Xiao H, Chai Z, Zheng C W, et al. Asymmetric [3+2] cycloadditions of allenoates and dual activated olefins catalyzed by simple bifunctional *N*-acyl aminophosphines. Angew Chem Int Ed, 2010, 49: 4467 - 4470.

[188] Wei Y, Shi M. Multifunctional chiral phosphine organocatalysts in catalytic asymmetric Morita-Baylis-Hillman and related reactions. Acc Chem Res, 2010, 43: 1005 - 1018.

[189] Cai Y F, Wang W T, Shen K, et al. Highly enantioselective α-chlorination of cyclic β-ketoesters catalyzed by *N*,*N*′-Dioxide using NCS as the chlorine source. Chem Commun, 2010, 46: 1250 - 1252.

[190] Wen Y H, Huang X, Huang J L, et al. Asymmetric cyanosilylation of aldehydes catalyzed by novel organocatalysts. Synlett, 2005, (16): 2445 - 2448.

[191] Qin B, Liu X H, Shi J, et al. Enantioselective cyanosilylation of α,α-dialkoxy ketones catalyzed by proline-derived *in-situ* -prepared *N*-oxide as bifunctional organocatalyst. J Org Chem, 2007, 72 (7): 2374 - 2378.

[192] Wen Y H, Gao B, Fu Y Z, et al. Asymmetric three-component strecker reactions catalyzed by *trans*-4-hydroxy-l-proline-derived *N*,*N*′-dioxides. Chem Eur J, 2008, 14 (22): 6789 - 6795.

[193] Hou Z R, Wang J, Liu X H, et al. Highly enantioselective Strecker reaction of ketoimines catalyzed by an organocatalyst from (*S*)-BINOL and l-prolinamide. Chem Eur J, 2008, 14 (15): 4484 - 4486.

[194] Nigmatov A G, Serebryakov A G. Catalytic asymmetric synthesis of 6-substituted derivatives of 1,3-cyclohexadienecarboxylic acid. Russ Chem B+, 1993, 42, 213.

[195] Serebryakov E P, Nigmatov A G, Shcherbakov M A, et al. The effects of the nature of catalyst and of the solvent on the stereoselectivity in amine-catalyzed asymmetric synthesis of substituted cyclohexa-1,3-dienes from prenal and monoesters of ylidenemalonic acids. Russ Chem B+, 1998, 47: 82 - 90.

[196] Li J L, Liu T Y, Chen Y C. Aminocatalytic asymmetric Diels-Alder reactions via HOMO activation. Acc Chem Res, 2012, 45: 1491 - 1500.

[197] Hang Y, Walji A M, Larsen C H, et al. Enantioselective organo-cascade catalysis. J Am Chem Soc, 2005, 127: 15051 - 15053.

[198] Enders D, Hüttl M R M, Grondal C, et al. Control of four stereocentres in a triple cascade organocatalytic reaction. Nature, 2006, 441: 861 - 863.

[199] Grondal C, Jeanty M, Enders D. Organocatalytic cascade reactions as a new tool in total synthesis. Nat Chem, 2010, 2: 167 - 178.

[200] Sibi M P, Hasegawa M. Organocatalysis in radical chemistry. Enantioselective α-oxyamination of aldehydes. J Am Chem Soc, 2007, 129: 4124 - 4125.

[201] Beeson T D, Mastracchio A, Hong J B, et al. Enantioselective organocatalysis using SOMO activation. Science, 2007, 316: 582 - 585.

[202] Taylor M S, Jacobsen E N. Highly enantioselective catalytic Acyl-Pictet-Spengler reactions. J Am Chem Soc, 2004, 126: 10558 - 10559.

[203] Liu X, Qin B, He B, et al. Catalytic asymmetric cyanosilylation of ketones by a chiral amino acid salt. J Am Chem Soc, 2005, 127: 12224 - 12225.

[204] Xiong Y, Wen Y, Wang F, et al. A chiral functionalized salt-catalyzed asym-

metric Michael addition of ketones to nitroolefines. Adv Synth Catal, 2007, 349: 2156-2166.

[205] Shen K, Liu X, Cai Y, et al. Facile and efficient enantioselective Strecker reaction of ketimines by chiral sodium phosphate. Chem Eur J, 2009, 15: 6008-6014.

[206] Mayor S, List B. Asymmetric counteranion-directed catalysis. Angew Chem Int Ed, 2006, 45: 4193-4195.

[207] Nicewicz D A, MacMillan D W C. Merging photoredox catalysis with organocatalysis: The direct asymmetric alkylation of aldehydes. Science, 2008, 322: 77-80.

[208] Ishikawa H, Suzuki T, Hayashi Y. High-yielding synthesis of the anti-influenza neuramidase inhibitor (—)-oseltamivir by three "one-pot" operations. Angew Chem Int Ed, 2009, 48: 1304-1307.

[209] Zhu S, Yu S, Wang Y, et al. Organocatalytic Michael addition of aldehydes to protected 2-amino-1-nitroethenes: The practical syntheses of oseltamivir (tamiflu) and substituted 3-aminopyrrolidines. Angew Chem Int Ed, 2010, 49: 4656-4660.

[210] Chen D C, Han Z Y, Zhou, X L, et al. Asymmetric organocatalysis combined with metal catalysis: Concept, proof of concept, and beyond. Acc Chem Res, 2014, 47: 2365-2377.

# 第八章 生物催化合成

许建和　倪　燕　郑高伟　王梅祥

## 第一节　引　　言

生物催化，是指以细胞或酶作为催化剂加快反应速率的过程。生物催化与化学催化在本质上是相同的，均是降低反应的活化能，而前者在选择性方面通常更具优势，因为酶的分子较大，而且具有极其精巧的三维结构，通过空间上邻近的多个氨基酸之间的协同作用，可以为底物分子的结合与转化营造一个有利的反应微环境。

生物转化，是指一切由生物催化剂介导的物质变化过程及结果。从广义上讲，生物转化也可涵盖发酵等非常复杂的物质代谢过程，但狭义上则专指一步或少数几步酶反应，其典型特征是底物与产物在分子结构上比较接近，只有某一或某几个基团发生变化。如果说发酵或动植物细胞培养的主要目的是由比较易得的天然碳源、氮源物质合成结构相对复杂的某些代谢产物，那么生物催化与生物转化的主要目的则是利用某一物种的特定酶活力催化转化其非天然底物的某一特定官能团的反应。这里所说的某一酶的非天然底物，既可以是人工合成的非天然化合物，也可以是其他物种或细胞所合成的天然化合物。因此，生物催化的任务不仅是要有效地利用自然，而且要巧妙地改造自然，使自然界的酶与物质进行新的组合、转化，以合成人类生活和社会活动所需要的各种有用物质和材料。生物催化工程就是这样一门发现、研制或改造生物催化剂，以高效并规模化生产能源、材料、医药、农药等大宗或精细化学品的科学。

生物催化与生物转化，是人类赖以生存的生态系统利用太阳辐射的巨大

能量将 $CO_2$ 加以还原、固化与储存的有效手段，是地球上一切生物质循环转化过程的本质特征，也是人类社会从石油文明向“低碳经济”过渡的最佳途径之一。因此，生物催化与生物转化已经作为我国新一代工业生物技术的主体，写入了国家中长期科技发展规划（2006～2020 年）。

## 一、生物催化的特点

随着现代生物技术突飞猛进的发展，生物催化剂已在医药、食品、材料等各个领域获得了越来越广泛的应用，为国民经济的发展和人民生活的改善发挥了巨大的作用。在新的世纪里，由于石油资源日益枯竭、全球变暖已成不争事实，以可再生的生物质资源（碳水化合物）为原料，以反应条件温和、专一性强为特征的生物催化过程将逐步取代一部分高度依赖石油资源（碳氢化合物）或者需要高温高压、强酸强碱以及选择性欠佳的传统化学工艺，即进行原料替代或工艺替代，已经成为必然趋势。换言之，随着石油价格的不断攀升，未来的大宗能源、材料和化学品将越来越多地采用相对廉价、可以再生的生物基原料。另外，一个产品的合成过程将尽可能采用选择性强、对环境友好的生物工艺[1]，或者由化学转化与生物转化两种方法进行优化组合和有机集成。由于酶固有的立体专一性，生物催化与生物转化技术特别适合解决化学合成的医药和农药中普遍存在的无效或有害对映体的手性转换问题；非水相生物催化技术的突破，则为许多水不溶性化合物的生物转化，尤其是人工合成的外消旋混合物的对映选择性拆分提供了广阔的前景。

生物催化反应因具有效率高、选择性强、条件温和、环境友好等优点，已经成为可持续发展过程中替代或拓展传统化学合成的重要方法，甚至成为合成一些结构复杂或具有多个手性中心的药物及其中间体的第一选择。自然界中天然产物分子的结构与功能的多样性，正是来源于酶催化和多酶合成途径的强大威力。人类虽然只学会了大自然生物催化技能的很小一部分，就已经合成出结构多样的天然化合物及其类似物，并用于制造医药、农药、食品添加剂、化工中间体、生物基材料和生物能源（图 8-1）。

回顾历史，生物化学工程是在 20 世纪 40 年代为满足大规模制造青霉素等微生物药物的需要而发展起来的一门学科，为解决微生物发酵生产过程中的工艺和装备问题作出了历史性贡献。而酶工程则是在 20 世纪 60 年代末、70 年代初随着固定化酶技术的兴起而发展起来的生化工程分支学科，主要解决酶的发现、制造及应用中的工程和技术问题，为医药、食品、化工、材料及环境保护等领域的技术革新和可持续发展作出了重要贡献。进入 21 世纪以

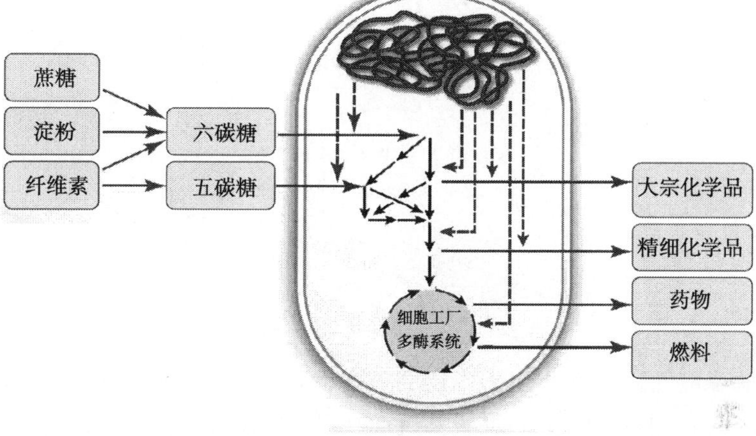


图 8-1 利用人工改造的细胞工厂或多酶系统从可再生的生物质原料合成各类化学品[2]

来，随着人类基因组计划的完成和众多物种基因组测序工作的迅猛发展，生物工程学科（现已被国家批准为一级学科）也进入快速发展的“后基因组时代”。国外很多化学系在 2000 年前后纷纷改名为“化学与生物化学系”，化工系则更名为“化学与生物分子工程系”的事实，以及最近几年国内外蓬勃兴起的“合成生物学”和“生物合成工程学”等热门研究领域，都预示着生化工程学科已迎来了其分子工程学和系统工程学的新纪元，其实质是要解决现代生物合成与制造过程中“细胞工厂（多酶系统）”的分子元件设计及其组装问题，这与工业化学合成中的单元操作和系统集成不谋而合，不同的只是微观与宏观的层次而已。

## 二、生物催化的内涵与外延

生物催化系统主要由底物/产物、反应介质、生物催化剂三个基本的要素构成（图 8-2）。要优化一个生物催化的系统及过程，必须首先对构成该系统的三个要素分别进行研究和优化，这就涉及所谓的“底物工程”（substrate engineering）、“介质工程”（medium engineering）和“生物催化剂工程”（biocatalyst engineering）等许多不同学科背景的基础知识和专门技术。

对于一个目标产品而言，一般可以从不同的起始原料（底物）出发，这就涉及合成路线的设计和选择问题：不仅要考虑原料的来源、价格、反应的难易程度和收率高低，而且要考虑生物催化步骤与其前/后化学转化步骤的衔接和偶合，这样才可能达到整体最优，有利于工业化应用。对于双底物或多

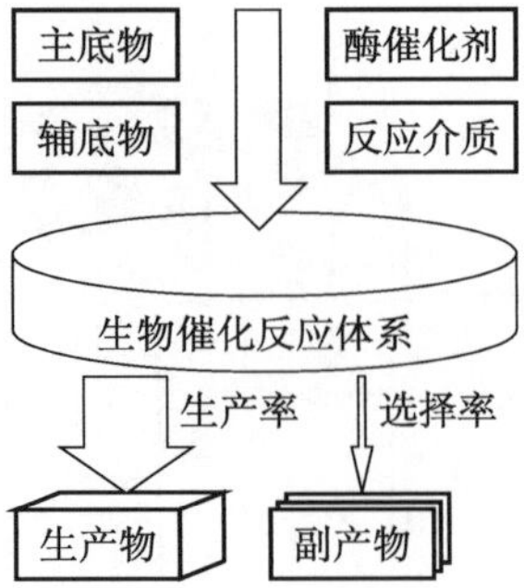


图 8-2　生物催化概念示意图

底物的酶反应而言，在主底物确定的情况下，辅底物的选择和优化也很重要，这不仅因为它的分子结构和反应活性将关系到整个反应的平衡位点和速率快慢，而且因为一些辅底物或其相应的第二产物可能会对酶产生抑制甚至使酶失活。某些情况下，可以通过对某一基团进行保护/脱保护的方法来提高生物催化的选择性。以上这些问题都属于“底物工程”研究的对象，是生物有机化学家非常感兴趣和特别擅长的研究内容[3]。

对于一个特定的生物转化过程，生物催化剂的筛选和制备是非常重要的一个环节，因为其活性、选择性、稳定性和底物耐受性的高低将直接影响生物催化过程的效率，也是关系将来能否实现大规模产业化应用的关键因素之一。要获得一个具有潜在工业应用前景的优良生物催化剂，以往要经过微生物菌种的自然分离、诱变育种或定向改造，酶的发酵、提取和纯化，以及酶或细胞的固定化等一系列环节的反复多次筛选和优化组合。目前更多采用基因克隆、蛋白质工程和定向进化等分子生物学方法进一步提高菌种的产酶水平或改善酶分子的催化性能。这些都属于生物催化剂（酶）工程研究的范畴[4]。

与一般的化学催化过程相比，生物催化过程具有催化效率高、专一性强、反应条件温和、对环境友好等优点。但长期以来人们一直错误地以为：酶天生下来就在水溶液中，似乎也只能在水溶液中使用，一旦与有机溶剂接触，就很容易变性失活。但是，由于大多数人工合成的有机化合物在水中很难溶解，有些还不稳定，因此化学合成大多使用有机溶剂作为反应介质，从而忽略了对高度专一性生物催化剂的开发和应用。幸运的是，20 世纪 80 年代初期兴起的非水相酶催化技术彻底地突破了酶只能在单一水溶液介质中应用的局限。研究表明，酶可以在含有各种有机溶剂和微量水分的非水介质系统中发挥催化作用，并且所表现出的催化性能（如活性、选择性、稳定性）与在常规水溶液介质中的天然性能截然不同，从而极大地扩展了生物催化剂的应用范围。正是通过非水相介质系统的多样性变化，可以在很大程度上调节酶的高级构象和催化性能，达到“蛋白质工程”所要达到的类似效果，因此才提出了“溶剂工程”、“介质工程”或“微环境工程”等概念。“介质工程”被认为是与“蛋白质工程”互补的技术手段[5]，希望人们对生物催化的介质系统或反应环境给予足够的重视。

除了对构成生物催化系统的三个基本要素分别进行优化之外，还必须对生物催化过程和生物反应器进行深入研究和系统优化，以弄清催化反应的机理，确立生物催化过程的宏观动力学规律，及其与反应工艺条件和反应器结构及操作参数之间的内在必然联系，最好能建立定量化的数学模型。只有这样，才能使生物催化真正从“技艺”转变为“科学”，才能将实验室的小试工艺成功放大到工业生产规模。这些实际上就是“生物反应工程”（bioreaction engineering）所要研究的主要内容[6]。

# 第二节　生物催化反应

## 一、生物催化剂

### （一）酶的分类

酶可根据其所催化反应的类型分为六大类。表 8-1 罗列了其各自催化的常见反应。其中，除了连接酶由于在反应时需要腺苷三磷酸（ATP）的参与，使其在有机合成中的应用受到一定限制，其他五大类酶在合成化学中均扮演着重要的角色。

**表 8-1　酶的生物化学分类及其催化的常见反应**

| 酶的分类 | EC 编号 | 常见反应 |
|---|---|---|
| 氧化还原酶 | 1 | C═O 和 C═C 的还原；C═O 的还原氨化；C—H，C═C，C—N 和 C—O 的氧化 |
| 转移酶 | 2 | 氨基、酰基、磷酰基、甲基、糖基、硝基的转移 |
| 水解酶 | 3 | 酯、酰胺、内酯、内酰胺、环氧化合物、腈的水解及其逆反应 |
| 裂合酶 | 4 | 小分子与 C═C、C═N 和 C═O 双键的加成及其逆反应 |
| 异构酶 | 5 | 消旋化、差向异构化、重排反应 |
| 连接酶 | 6 | ATP 参与的 C—O、C—S、C—N、C—C、磷酯键的形成 |

在作为生物催化剂的六大类酶中，水解酶由于来源广泛、无需辅酶或辅

因子、成本低，因此应用面最广，占60%左右，但水解酶催化的反应多数为对映体拆分，理论收率最高只有50%，需要设法将不需要的对映异构体消旋后重复使用。氧化还原酶在合成反应中的应用仅次于水解酶，约占30%。由于氧化还原酶在反应时需要辅酶的参与，因此一定程度上限制了其工业化应用。而其他几类酶在合成反应中的利用率较低，总共不足10%。近年来，由于辅酶再生问题的有效解决，氧化还原酶种类的不断开发及高效反应工艺的开拓，氧化还原酶的应用实例逐渐增多。与此同时，一些催化C—C键形成的裂合酶（如醛缩酶、羟腈裂解酶）、氨基转移酶、卤化酶等由于其催化反应的独特性而引起了化学家的广泛关注，这些新兴的酶在合成化学中展现出很大的应用潜力。

### （二）新酶的发现

生物催化剂的传统发现方法是从土壤等自然环境或菌种库中筛选获得具有所需催化特性的微生物或植物，进而分离纯化得到目标天然酶。该方法存在两大弊端：一是开发周期太长（通常需要2～3年甚至更长时间）；二是天然酶在细胞中的含量很低，且其基因背景不清楚，给后续基因克隆和分子改造带来很大困难。

近年来，随着基因组测序技术的飞速发展，急剧增加的基因序列为新酶的开发带来了前所未有的机遇，使得生物催化剂的发现从“挖土”逐渐转向“挖基因”（图8-3），主要手段包括“基因组狩猎”（genome hunting）或“数

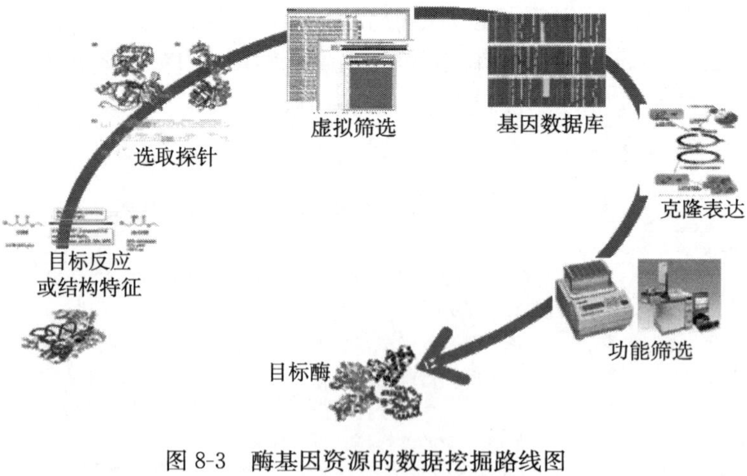


图8-3 酶基因资源的数据挖掘路线图

据库挖掘”（data mining），从而使得基因组数据挖掘技术[7]逐步发展成为新

酶快速开发的强有力手段之一。基因组狩猎法是针对某一物种的基因组进行序列搜索分析，从而获得候选酶基因；数据库挖掘法则是利用已报道的酶序列作为探针（比对模板），在整个公共基因组数据库中搜索挖掘同源酶的氨基酸序列。在此基础上，采用分子克隆和异源表达手段即可快速获得重组酶蛋白。这种基于序列的基因挖掘方法极大地缩短了酶的开发周期，并为进一步从结构上改善酶的催化性能提供了分子基础。

Kaluzna 等[8]利用基因组狩猎法对面包酵母中的羰基还原酶进行了系统研究，构建了一个包含 18 种羰基还原酶的酶库，用于催化还原多种 $\alpha$-和 $\beta$-酮酯。许建和课题组采取相似策略从专利菌株 *Bacillus* sp. ECU0013 中挖掘得到三个羰基还原酶，它们具有广泛的底物谱，可以催化多种潜手性羰基化合物的不对称还原[9-11]。另外，通过数据库挖掘法分别从 *Agrobacterium radiobacter*，*Candida glabrata*，*Debaryomyces hansenii*，*Kluyveromyces thermotolerans* 和 *Streptomyces coelicolor* 等微生物基因组中挖掘得到多个活性极高的羰基还原酶[12-17]。这些还原酶被分别用于手性醇［如（*R*)-3-奎宁醇，(*S*)-2-氯-苯乙醇，(*R*)-/(*S*)-$\beta$-氰醇］和手性羟基酯［如（*R*)-邻氯扁桃酸甲酯，(*R*)-2-羟基-4-苯基丁酸乙酯，(*S*)-4-氯-3-羟基丁酸乙酯］的制备，底物浓度可达 100g/L 以上，反应过程中无需额外添加辅酶，只需为辅酶再生提供适当的廉价能源物质（如葡萄糖、异丙醇等），从而大幅度降低了生物催化反应的经济成本。这些光学活性醇类化合物作为他汀类、普利类、氯吡格雷等重磅级药物的关键手性中间体，具有十分广阔的市场前景。

嗜热菌产生的酶大多数具有很好的热稳定性和有机溶剂耐受性。随着 DNA 测序技术的发展和应用，许多嗜热菌的基因组已经被测定和解析，从而为工业生物过程提供了丰富的酶资源。例如，Pennacchio 等[18]将嗜热菌 *Thermus thermophilus* 全基因组与 *Lactobacillus brevis* 羰基还原酶序列比对，挖掘得到一种嗜热的羰基还原酶，该酶显示出极好的热稳定性和有机溶剂耐受性。许建和课题组从嗜热网球菌（*Dictyoglomus thermophilum*）中挖掘得到一种新型的热稳定性极高的 $\beta$-糖苷酶，70℃时半衰期达 533h；在 1.7 mol/L 葡萄糖溶液中反应 7 天之后仍能保持 80％的活力，因此在糖苷合成中应用潜力巨大[19]。此外，从上述嗜热网球菌中还发现了一种高度热稳定性的甘露聚糖酶（*Dt*ManB），80°C 半衰期为 46h[20]。该酶在高温油井采用羟丙基瓜尔胶压裂驱油之后，可作为生物破胶降黏剂，对照实验表明其应用性能优于国外同类进口产品（百力士），已经申请发明专利（CN103333839A，2013）。

传统微生物酶的筛选都是针对可培养的微生物，而在自然环境中，据统计有超过 99.9%的微生物无法通过传统方法进行单菌落纯培养，从而限制了微生物的多样性。宏基因组学（metagenomics）技术的出现，极大地拓宽了工业酶的来源，它避开了微生物的分离、纯化、培养问题，直接提取特定环境中的总 DNA，将其克隆到可培养的宿主细胞中，构建宏基因组文库，并通过功能筛选或序列筛选，从所获得的克隆中选择具有优良性能的生物催化剂。许建和课题组最近利用宏基因组学技术分别构建了含 19 500 个克隆子的质粒文库和含 20 400 个克隆子的黏粒文库，并从中分别筛选得到两个酯酶（EstP2K 和 EstF4K），它们对 3-苯基缩水甘油酸酯表现出相反的对映选择性[21]。

### （三）酶的改造

酶的应用过程需要酶在使用条件下保持高活性、高稳定性，并具有较高的选择性。然而，天然酶的性能是其对自然环境适应的结果，往往不能符合工业化过程中苛刻的条件。因此，为了满足工业应用要求，对酶自身进行优化改造就变得非常必要。酶分子改造是应用分子生物学及相关技术手段，通过对天然酶的体外改造，获得性能更适合工业需求的、人工进化的非天然酶。

20 世纪 80 年代初出现了依赖于结构分析和定点突变的“理性设计”，这一策略的关键在于将酶的结构与机理/功能相关联，针对某个特定的残基进行突变，以获得目标突变体。由于蛋白质结构功能关系的复杂性，以单点突变为基础的蛋白质理性设计的成功率相当低，20 世纪 90 年代发明了蛋白质非理性设计技术——定向进化，通过从随机突变产生的大量突变体库中筛选出理想的突变体。该方法无需事先了解酶的空间结构和催化机理，而是通过模拟自然进化过程以改善酶的性质。定向进化的主要问题往往不是突变库的构建，而是建立有效的高通量筛选方法。通常需要筛选上万个突变体，比较耗时费力。

近年来，基因组学、功能基因组学、结构生物学、生物信息学等多学科迅猛发展，酶的结构、功能知识不断丰富，从“盲目”的随机突变向“半理性”突变转变的趋势日益明显。半理性设计综合了理性设计和定向进化的优点，以蛋白质结构为基础，在选定的关键功能决定区域来进行随机突变，建立小型、智能型突变库，从中筛选有益突变体，有利于促进快速的蛋白质体外进化过程。美国加州理工学院 Arnold 研究组设计了 SCHEME 方法，即应用计算生物学技术对不同母体酶进行结构解析，并在保持最小能量变化的基础上构建嵌合酶库；德国 Reetz 研究组提出了组合活性位点饱和突变法（combinatorial active-site saturation，CAST）和迭代饱和突变法（iterative saturation mutagenesis，ISM）；德国 Bornscheuer 研究组提出了靶向定向进化——OSCARR 方法（one-pot simple methodology for cassette randomization and recombination）。这些分子改造策略用于改善酶的催化性能已经获得了很多成功案例。

酶的活性中心可以提供最优的微环境以促进催化反应的进行，改变酶活性中心内的相关氨基酸残基，可以对催化过程产生很大影响，甚至获得新的催化活性。美国 Kazlauskas 研究组通过对羟腈裂合酶和酯酶的晶体结构和催化机理进行研究，发现两者活性中心结构的相似度极高，而它们最大的不同点在于羟腈裂合酶 HbHNL 的活性中心含有一个可以开关氧负离子穴的 Thr11 和与腈化物形成氢键的 Lys236，故而对酯酶上与这两个残基空间位置相对应的残基进行突变，所得突变体获得了水解扁桃腈的活性，活性相比非催化反应提高了 13 000 倍[22]。

金属催化碳烯、氮烯和氧烯的转移是形成 C═C 和 C—H 键的有效方法。细胞色素 P450 能通过氧烯转移催化单加氧反应［图 8-4(a)］，但自然界中尚未发现可以催化碳烯转移的酶。Arnold 研究组针对细胞色素 $P450_{BM3}$ 酶进行了大量的分子改造工作，发现人工改造的 $P450_{BM3}$ 可以催化碳烯转移，实现烯烃环丙烷化［图 8-4(b)］，且只需改变一个氨基酸残基就能获得新酶活性并提高对映选择性。这表明借助于蛋白质工程手段可以获得新酶活性，催化天然酶无法实现的反应，从而为酶在有机合成中的应用开辟了新的道路[23]。

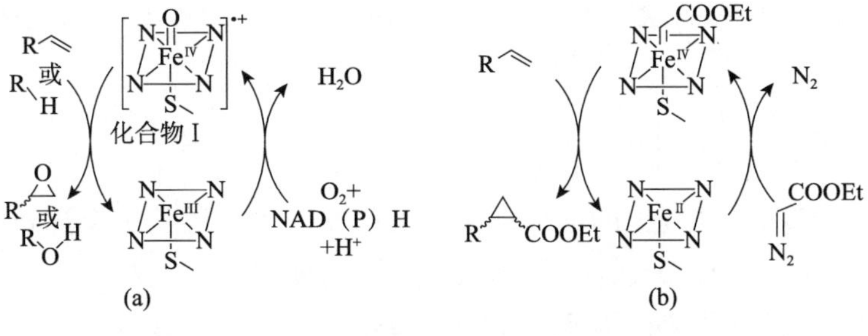


图 8-4　(a) 天然细胞色素 P450 催化单加氧反应；
(b) 人造细胞色素 P450 催化烯烃环丙烷化

专一性是酶催化的一大特点，通过（半）理性设计可以改变酶的选择性和底物谱。野生型醇脱氢酶 TbSADH 催化还原对亚烷基环己酮时遵循

Prelog 规则，生成相应的 $R$ 构型产物，ee 值为 66%。Reetz 研究组通过分子对接法选定了 6 个关键 CAST 位点，最终发现当 110 -位色氨酸突变为蛋氨酸或苏氨酸时，ee 值提高至 97%；而当 86 -位异亮氨酸突变为甘氨酸后，TbSADH 的对映选择性发生翻转，生成 $S$ 构型产物，ee 值达 98%（图 8-5）[24]。另外，他们对脂肪酶 CALB 进行迭代饱和突变，改善该酶催化拆分 2 -苯基丙酸对硝基苯酚酯的活性和对映选择性，$E$ 值从原来的 1.2（$S$）提高至 72（$S$），或翻转至 42（$R$），同时突变酶的底物特异性发生了改变，使得该脂肪酶同时具有羧酸酯酶的活性[25]。

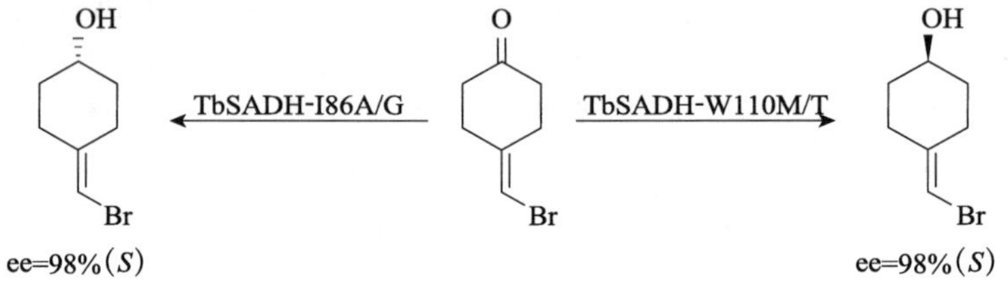


图 8-5 点突变改变醇脱氢酶 TbSADH 的对映选择性

酶的稳定性作为一项重要性质对酶催化功能的发挥起着重要作用。Damborsky 课题组基于结构的计算机模拟，将底物进口通道的氨基酸残基进行饱和突变，大大提高了脱卤酶 DhaA 的热稳定性和有机溶剂耐受性[26]。

蛋白质数据库的不断丰富以及计算机科学的快速发展，为酶分子改造技术的发展提供了广阔空间。无论是基于晶体结构的设计、计算机辅助设计还是定向进化，都丰富了酶分子改造的思路，相信随着理性设计方法与非理性方法的融合与发展，它们在酶的性能改造中将会发挥更大的作用。

### （四）酶的从头设计

随着计算机计算能力的逐步提高，采用计算机辅助从头设计新酶已成为可能。酶的从头设计需要根据催化机理设计过渡态结构模型，在此基础上精确模拟出理想活性中心的结构，将产生催化作用的关键残基引入合适的蛋白质骨架，从而使蛋白质骨架具有目标酶的催化活性。图 8-6 中列举了迄今通过计算机辅助设计出的新酶及其催化的代表性反应[27-33]。

美国 Baker 研究组在酶的从头设计方面取得了一系列重大突破，他们建立了 Rosetta 计算方法，成功设计出可以催化 Diels-Alder 反应、Kemp 消去

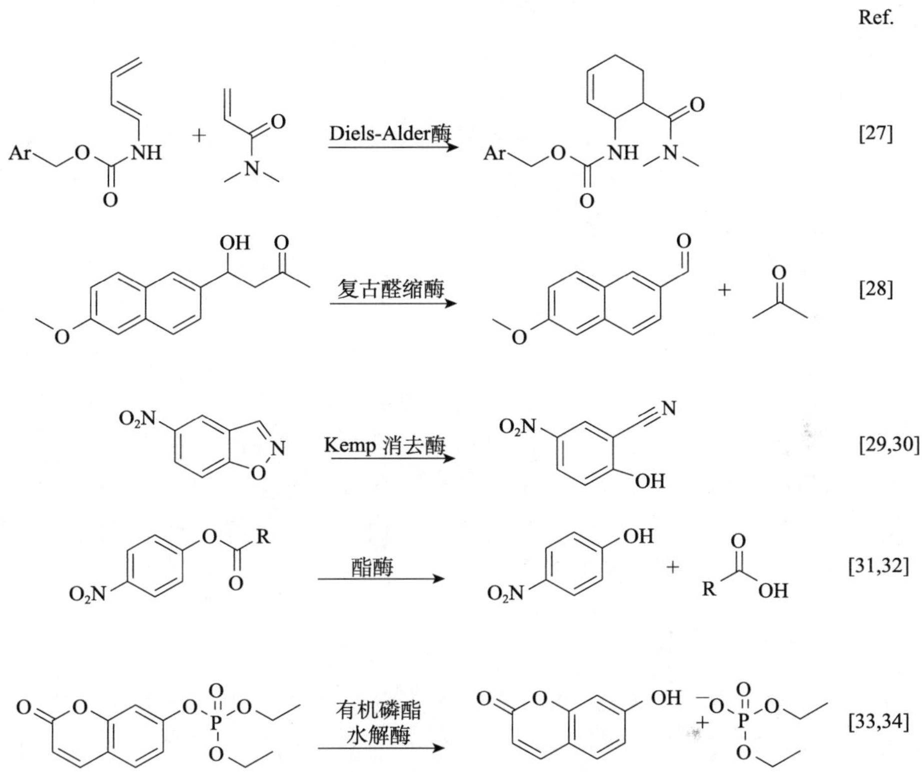


图 8-6　人工设计酶及其催化的典型反应

反应和复古醛缩反应的新酶[27-29]。Diels-Alder 反应由于一次可生成两个碳-碳键和最多四个相邻的手性中心，在有机合成中备受重视。自然界尚未发现可以催化该反应的酶类。研究表明，减少二烯体的最高占据分子轨道和亲二烯体的最低空分子轨道之间的能量差可以加快 Diels-Alder 反应速率，而底物与活性中心内的残基形成的氢键可以达到这个目的。Baker 研究组利用这一点作为催化机理设计了一系列含有结合位点、催化位点和可能过渡态的理想活性中心模型，所设计的活性中心可以提供氢键供体和受体以活化底物进行反应。利用 Rosetta Match 方法在数据库中筛选大量结构已知的蛋白质骨架，接着用 Rosetta Design 算法对过渡态结合模型进行系统优化，再经活力鉴定最终获得具有 Diels-Alder 反应催化活性的两个设计酶。进一步对这两个设计酶的活性中心进行理性突变，使活性提高了 100 倍，并且具有较高的立体选择性，晶体结构分析表明该突变体的活性中心与理想活性中心一致。

瑞士 Hivert 研究组近期提出了一种迭代方法用以获得催化效率最高的人

工设计 Kemp 消去酶。起初建立的计算方法设计出的蛋白 HG-1 没有催化活性，通过对 HG-1 进行分子动力学（MD）模拟和 X 射线晶体结构分析，发现可能是由于活性中心残基的高柔性和结合水导致了 HG-1 不具活性。以此为依据，通过将活性位点重新安置到蛋白质骨架的中心，并增大结合口袋尺寸，获得了能催化 Kemp 消去反应的酶 HG-2。HG-2 与过渡态类似物（TSA）的共晶结构显示 TSA 与活性中心的残基发生相互作用。进一步借助于分子动力学模拟对 HG-2 进行点突变，所得突变体 HG-3 的催化活力增加了三倍[30]。

酶的从头设计方法对于扩大酶的应用范围和阐明酶的催化机制具有巨大的潜力，但相对于天然酶，人工设计酶仍存在活性低的缺点，需要进一步通过分子改造技术提高催化活性。催化机制的选择、设计活性中心的空间结构以及蛋白质非活性中心部分的影响，可能是目前限制酶从头设计的重要因素，将量子力学、分子动力学、结构生物学、蛋白质化学等多学科结合起来，将会有力推动酶的从头设计的发展。

### （五）酶的固定化

酶的固定化能够增强酶的稳定性，使其可以重复利用，在节约能耗、降低成本、保护环境、生产自动化、连续化等许多方面都具有十分重要的意义，为酶的应用开拓了广阔的空间。经过多年的研究和发展，酶的固定化技术已经取得了长足的进步，不仅在理论研究上发挥独特作用，在实际应用中也显示出强大威力。固定化酶的性能主要取决于固定化方法和所使用的载体材料。常用的固定化方法包括吸附、共价结合、交联和包埋。理想的载体材料应具备良好的机械强度、热稳定性和化学稳定性、耐生物降解性及对酶的高度亲和性，并能保持较高的酶活性等。因此，开发更简便适用的固定化方法以及性能更加优异的载体材料，从而制备高活性、高负载、高稳定的固定化酶是酶固定化研究的主要方向。

吸附法或共价结合法常用的载体包括无机载体（如硅胶）、合成高分子载体（如合成树脂）和天然有机载体（如壳聚糖）。最近，Merck 公司采用树脂吸附的方法对转氨酶进行固定化，所得固定化酶不仅能在纯有机溶剂介质中催化反应，且循环使用 10 次后催化性能仅仅略微下降[34]。磁性粒子作为一种新型固定化载体材料，由于可以借助外部磁场从反应体系中快速简便地分离回收固定化酶，而引起人们的兴趣。半乳糖醇脱氢酶和甲酸脱氢酶经 $Co^{2+}$-亚氨基二乙酸修饰化的纳米磁粉颗粒吸附固定化后用于不对称还原羟基丙酮，重复使用 7 次后仍残余 70%的活力[35]。而且辅酶也能够共价地连接到纳米颗粒上，通过粒子间的碰撞实现酶和辅酶之间的相互作用[36]。

通过交联剂（如戊二醛）将酶的沉淀交联形成交联酶聚集体（cross-linked enzyme aggregate，CLEA）属于无载体固定技术。CLEA 具有较强的机械稳定性，制备成本低廉，是一种极具开发前景的固定化酶方法[37,38]。该方法最早由荷兰 Sheldon 研究组于 2000 年提出[39]。近期他们利用羟腈裂解酶 CLEA 和腈水合酶 CLEA 进行组合催化，成功实现了从醛出发制备光学纯 $\alpha$-羟基酰胺[40]。

基体包埋法是一种条件温和的固定化方法，如海藻酸钙包埋法常用于整细胞固定化。酶可采用溶胶-凝胶进行包埋，这种材料可以阻止酶的渗漏，又能保持酶灵活的结构。例如，用溶胶-凝胶包埋固定化的醇脱氢酶可以在纯有机溶剂介质中催化芳基酮的不对称还原，底物浓度比水相反应提高了近 6 倍[41]。

## 二、生物催化反应介质

最初生物催化都是在水溶液中进行，因为当时普遍认为这样的环境有利于保持酶的结合和催化的最佳构象。20 世纪 80 年代中期，Klibanov[42]首次发现酶在接近无水的有机溶剂中仍具有催化功能，从而彻底打破了酶的应用局限。研究表明，酶可以在非水相介质中发挥催化作用，并且所表现出的催化性能与在水溶液介质中的性能截然不同，这不仅拓展了酶的应用范围，也为酶催化研究注入了新的生机与活力。“介质工程”就是通过简单地改变酶催化反应所用的溶剂来影响酶的催化性能。

水-有机溶剂单相/两相体系和微水有机溶剂体系中的生物催化反应已有许多成功实例。现今，介质工程的主要研究兴趣逐渐转向使用离子液体、超临界流体、氟两相体系等新的反应介质。离子液体由有机阳离子和无机或有机阴离子构成，在室温或室温附近温度下呈液态，无挥发性且不易燃烧。理论上改变不同的阳离子/阴离子组合可以合成多种不同的离子液体，为生物催化反应提供了众多新介质。近期，Ventura 等[43]发现水不溶性离子液体 $[C_{10}Mim]Cl$ 在水溶液中可发生自发聚集形成逆胶束，从而显著提高了南极假丝酵母（*Candida antarctica*）脂肪酶 B（CALB）的活性。CALB 也可以在纯质子化离子液体中催化对映选择性转酯化拆分 $(R,S)$-1-苯乙醇，产物 ee 值达 99%以上[44]。不过离子液体对环境及生态的毒性危害情况仍然不太清楚，还需要通过进一步研究来评价其可行性。

超临界流体是一种超过临界温度和临界压力的特殊物质，物理性质介于液体和气体之间。超临界流体具有黏度小、易扩散、溶解性好、无毒及产物易分离等特点。其潜力不在于流体种类的数量，而在于一种超临界流体在不同压力下所体现性质的多样性。超临界 $CO_2$ 是最常用的超临界流体。例如，辣根过氧化物酶可以在超临界 $CO_2$ 中催化丙烯酰胺的反相乳化聚合[45]。Hobbs 等[46]实现了超临界 $CO_2$ 体系中金属 Pd 催化的加氢与脂肪酶 CLAB 催化的动力学拆分的级联反应。

氟两相体系可以方便地控制反应体系的相变而使产物和催化剂的接触与分离变得容易，从而提高反应物和催化剂的利用率。目前氟两相体系在生物催化领域的应用尚处于起始阶段。2007 年，Hobbs 等首次实现了氟两相体系中的均相生物催化，通过将 $\alpha$-胰凝乳蛋白酶与阴离子表面活性剂在氟溶剂中形成复合体，酶活性提高了数万倍，且调节温度就可实现两相的混合和分离，使得催化剂的回收变得非常方便，经过四轮反应和回收后仍然具有活性[47]。

## 三、生物催化的有机合成反应

酶几乎能催化各种类型的化学反应，如酯、酰胺、蛋白质、核酸、多糖、腈和环氧化物等化合物的水解和合成，醛和酮、醇、烷烃、芳烃、硫醚和亚砜等化合物的还原和氧化，氨基、糖基、酰基的转移，水、氨及氢氰酸等化合物的加成与消去，醛醇缩合，卤化与脱卤反应等。此外，酶还能催化一些化学法难以实现的反应，如脂肪烃的选择性羟化反应。本小节将结合最新实例阐述酶在合成反应中的应用，并重点讨论一些新兴酶的应用。

### （一）水解反应

在所有类型的生物催化反应中，水解反应是比较简单和容易进行的一类反应。水解酶种类繁多，主要有脂肪酶、酯酶、蛋白酶、糖苷水解酶、环氧水解酶、腈水解酶等。非水相酶反应技术的发展为水解酶提供了另一种更为简单、高效的合成应用途径，即逆水解反应。

水解酶中应用最多的是脂肪酶和酯酶。脂肪酶不但能催化甘油酯的水解或酯交换，而且能催化手性胺的对映选择性酰化反应。例如，BASF 公司利用固定化脂肪酶在甲基叔丁醚中催化甲氧基乙酸乙酯和 ($R$,$S$)-1-苯乙胺的酰基转移反应，对映选择率非常高 ($E>500$)，年产量超过 100t[48]。

近年来，环氧水解酶和腈水解酶成为手性合成研究和应用的新热点。环氧水解酶（epoxide hydrolase）能催化环氧化物的立体选择性水解，生成光学活性的环氧化物和邻位二醇。许建和课题组最近从巨大芽孢杆菌中克隆到一种新型的环氧水解酶，能高立体选择性水解苯基缩水甘油醚（$E>200$）（图 8-7）[49a]。该酶的结构已被成功解析（PDB ID：4NZZ），发现其分子中存在一产物释放通道[49b]；通过关键位点的突变，使其更易于接受空间位阻大的环氧底物[49c]。

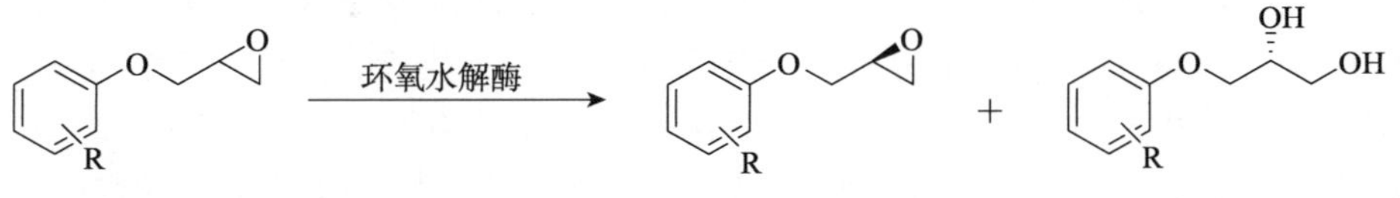


图 8-7　环氧水解酶催化苯基缩水甘油醚的立体选择性水解

腈水解酶（nitrilase）能通过其活性位点上的半胱氨酸残基高度对映选择性和区域选择性将腈水解生成相应的羧酸和氨，被认为是合成羧酸及其衍生物的绿色催化剂。许建和课题组近期从聚团拉布伦茨氏菌（*Labrenzia aggregata*）中克隆到一种新型腈水解酶，可以催化（*R*）-邻氯扁桃腈的对映选择性水解生成（*R*）-邻氯扁桃酸（图 8-8），而未水解的（*S*）-邻氯扁桃腈则原位自发消旋化，经过若干循环后全部转化为（*R*）-邻氯扁桃酸，对映体纯度为 96.5%ee。通过两相反应体系缓解了底物抑制作用，最终底物上载量可达 300mmol/L，分离得率为 94.5%[50]。

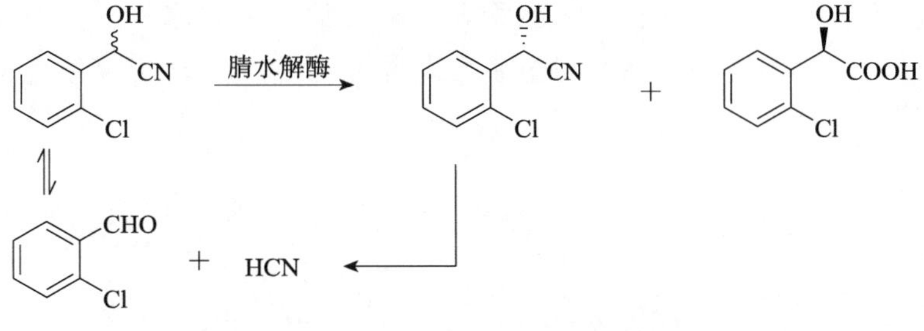


图 8-8　腈水解酶催化合成（*R*）-邻氯扁桃酸的羟基腈去消旋化过程

纤维素酶也是一类重要的水解酶，它包括外切葡聚糖酶、内切葡聚糖酶和β-葡萄糖苷酶，纤维素酶法水解已成为利用生物质生产乙醇的重要途径。农作物秸秆等生物质经过预处理后转化成纤维素等多糖，纤维素首先在外切纤维素酶作用下水解为纤维糊精和纤维二糖，纤维糊精在内切葡聚糖酶的作用下进一步水解为纤维二糖，最后纤维二糖在β-葡萄糖苷酶的作用下分解为单糖，单糖通过微生物发酵产生乙醇等燃料。欧洲 Abengoa Bioenergy 公司建立了一个利用玉米芯作为原料通过纤维素酶水解生产乙醇的工厂，年产量达 2500 万加仑①[51]。除此，Dupont、Beta Renewables 等公司也都成立了纤维素酶法生产乙醇的工厂[52-54]。

## （二）还原反应

生物催化的不对称还原反应在手性合成中有着非常重要的应用。反应过程中需要辅酶 NAD(P)H 的参与。自 20 世纪 80 年代起，人们已考察了多种辅酶再生方法，包括生物法、电化学法、光化学法和化学法。生物法可分为酶偶联法和底物偶联法，因其转化数高且无需外加辅助能源，是目前用于辅酶再生的首选方法。光化学法采用光敏材料经可见光照射激发后作为电子载体传递电子给氧化态辅酶而实现辅酶的再生，该方法符合可持续发展观念，近年来引起了化学家的广泛兴趣。例如，韩国化学技术研究所最近开发了一种基于石墨烯的光催化剂，以过渡态金属复合物 $[Cp^*Rh(bpy)(H_2O)]^{2+}$ 作为电子介体，实现了 NAD(P)H 的高效再生[55]。

羰基还原酶（或酮还原酶、醇脱氢酶）被广泛用于羰基的不对称还原，制备光学活性手性醇。近几年，Codexis 公司开发了一系列酮还原酶催化的反应过程，用以制备多种手性药物中间体[56]。许建和课题组目前通过克隆和筛选得到百余种还原酶，其中包括多种极具工业应用潜力的羰基还原酶[9-17]，它们可以催化不同的潜手性酮基发生还原反应，以制备降压药阿伐他汀中间体、抗凝血药氯吡格雷中间体、维生素硫辛酸中间体等手性产品，已完成百克至千克级制备。以酶促不对称还原合成阿伐他汀中间体——（*S*)-4-氯-3-羟基丁酸乙酯为例（图 8-9），底物上载量可达 600g/L，产物光学纯度达 99%ee 以上[17]。

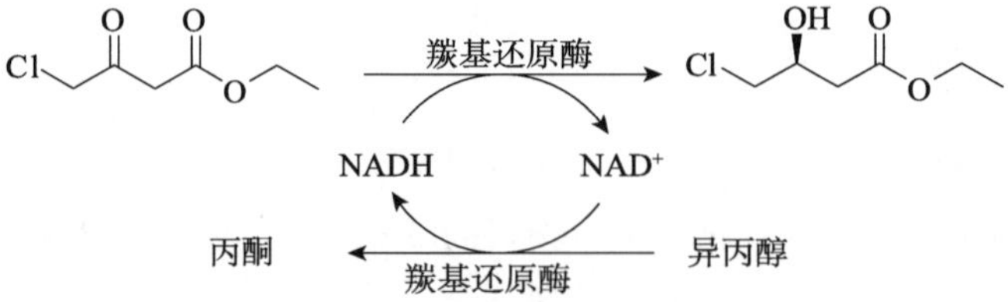


图 8-9　重组羰基还原酶催化合成（*S*)-4-氯-3-羟基丁酸乙酯

---

① 加仑为非法定单位，1 加仑＝3.785 43L。

烯酮还原酶（ene-reductase）能立体选择性还原共轭 C═C 双键，引入两个潜在的手性中心。该酶的开发和应用近年来引起了化学家的重视。最近 Pfizer 公司与奥利地 Faber 课题组合作，试图开发能催化不对称还原 $\beta$-氰基丙烯酸酯的烯酮还原酶，用以合成神经痛治疗药物普瑞巴林（pregabalin）前驱体（图 8-10）。最终利用番茄烯酮还原酶 OPR1 突变体成功完成了制备级应用[57]。倪燕等[58]最近从葡萄牙棒孢酵母（*Clavispora lusitaniae*）中克隆表达了一种新的烯酮还原酶 ClER，发现它是一种 NADPH 依赖型黄素蛋白，可催化多种活化烯烃双键（包括烯酮、烯醛、马来酰亚胺衍生物及 $a,\beta$-不饱和羧酸酯）的不对称还原。该酶对茶香酮具有较高的活力（7.3U・mg/prot），对 2-甲基肉桂醛催化效率较高［$k_{cat}/K_m$ = 810L/（s・mmol)］。采用 ClER 的粗酶粉作催化剂，在葡萄糖脱氢酶和葡萄糖存在（辅酶再生）的条件下，1h 内即可将 0.5mol/L 的茶香酮不对称还原为（*R*)-levodione（98% ee)。

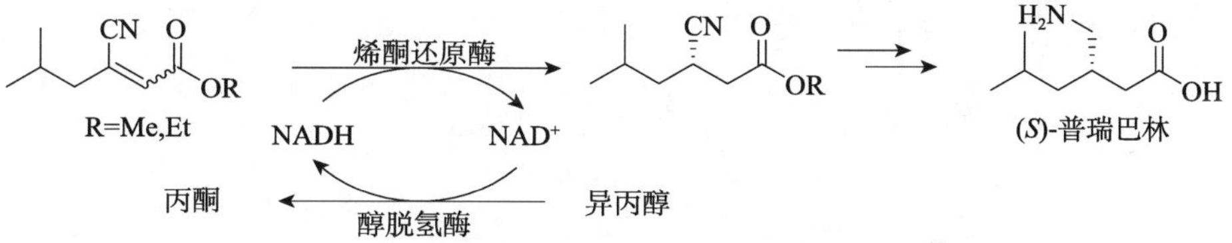


图 8-10 烯酮还原酶催化合成（*S*)-普瑞巴林前驱体

氨基酸脱氢酶能选择性催化 $\alpha$-酮酸还原氨化得到 $\alpha$-氨基酸及其衍生物。亮氨酸脱氢酶（LeuDH）的研究相对较多[59a]，并已用于工业生产 L-叔亮氨酸（图 8-11）。因为参与 L-氨基酸的体内代谢，绝大多数氨基酸脱氢酶只能催化 $\alpha$-酮酸生成相应的 L-氨基酸。2006 年，美国 BioCatalytics 公司通过定向改造首次得到 D-氨基酸脱氢酶，可以立体选择性还原氨化 $\alpha$-酮酸生成相应的 D-氨基酸[59b]。

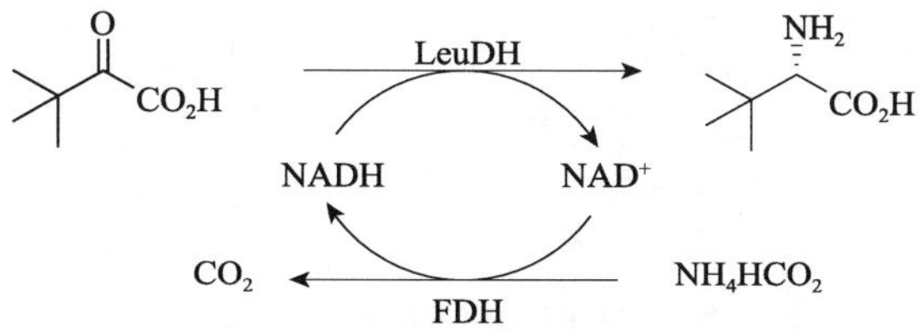


图 8-11 亮氨酸脱氢酶催化合成 L-叔亮氨酸

## (三)氧化反应

生物氧化法能使不活泼的有机化合物发生氧化反应(如烷烃中 C—H 键的羟化反应),并具有位置和对映选择性。生物催化的氧化反应主要涉及单加氧酶、双加氧酶和氧化酶。

单加氧酶反应需要辅酶的参与,催化 $O_2$ 分子中的一个氧原子加入底物分子中,而另一个氧原子使还原型辅酶氧化,产生 $H_2O$。单加氧酶催化的反应类型包括:烷烃或芳香烃的羟化、烯烃的环氧化、杂原子的氧化以及酮的氧化(Baeyer-Villiger 反应)等。Baeyer-Villiger 单加氧酶(BVMO)属于黄素类单加氧酶,通常被用来立体选择性氧化链状和环状的酮,生成相应的酯或内酯,另外该酶催化硫醚不对称氧化上也得到了很好的应用。例如,Codexis 公司最近公开了利用 BVMO 生产手性药物莫达菲尼(armodafinil)的工艺路线(图 8-12)[60]。

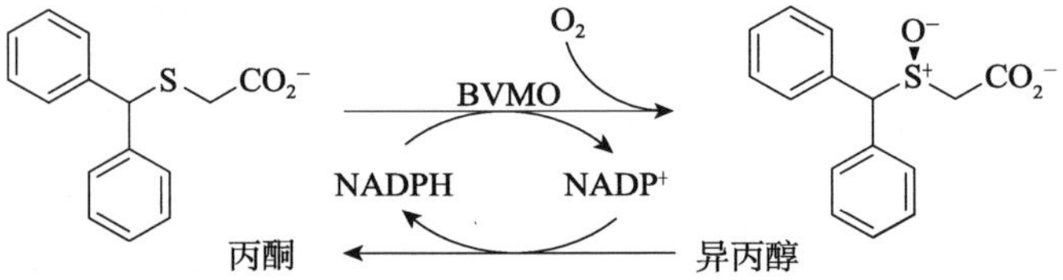


图 8-12 Baeyer-Villiger 单加氧酶催化硫醚不对称氧化

双加氧酶(dioxygenase)能将 $O_2$ 分子中两个氧原子都加到一个底物分子中,典型的反应包括:烯烃的氢过氧化反应和芳烃的双羟基化反应。甲苯双加氧酶(TDO)能催化芳烃的立体选择性双羟基化,生成相应的顺式环己二烯二醇。例如,Boyd 等[61]利用 TDO 催化苯酚类化合物的双羟基化反应,制备了多种光学纯的顺式环己酮二醇(图 8-13)。

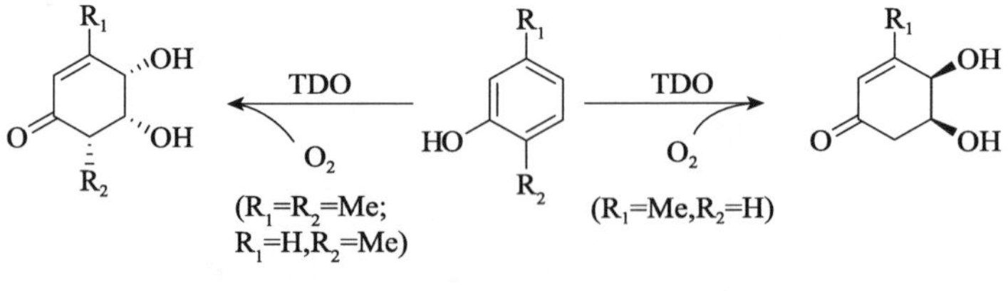


图 8-13 甲苯双加氧酶催化苯酚的双羟基化反应

氧化酶催化电子直接转移到分子氧中,生成水或过氧化氢。其主要类型包括醇氧化酶、氨基酸氧化酶、醛氧化酶、过氧化物酶等。它们在食品和环保方面具有广泛的应用,在手性合成中的应用相对较少。单胺氧化酶

(monoamine oxidase) 可以催化潜手性内消旋胺类化合物发生去对称化反应，生成光学活性亚胺类化合物。该酶已被用于工业合成丙型肝炎 C 治疗药物波普瑞伟（boceprevir）的前驱体：先利用单胺氧化酶去对称化制得二环亚胺，再经不对称氢化和腈甲醇分解反应获得所需产物（图 8-14）[62]。

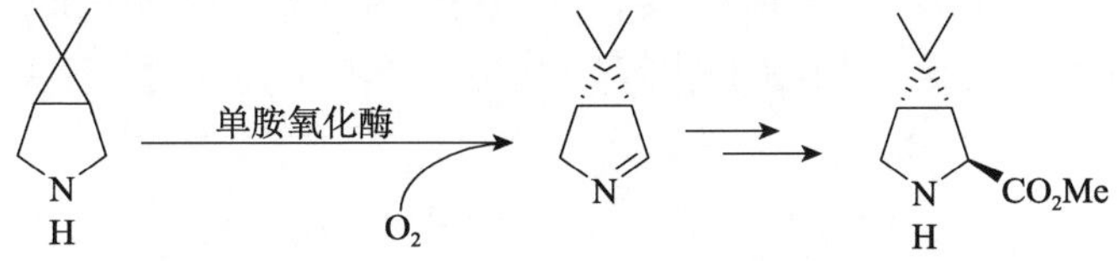


图 8-14　单胺氧化酶催化胺类化合物去对称化

## （四）基团转移反应

手性胺类化合物是一类重要的药物合成中间体。ω-转氨酶（transaminase）能将酮基直接转化成手性氨基，因此具有广阔的应用前景。2010 年，Codexis 和 Merck 公司开发了利用 ω-转氨酶催化制备手性药物西他列汀（sitagliptin）的新路线（图 8-15）。在含 50% DMSO 的水相体系中实现了 200g/L 底物的完全转化，产物 ee 值>99.95%。相比于金属铑催化的化学合成法，采用 ω-转氨酶催化法制备西他列汀的时空产率［space-time yield，STY：g/（L・h)］提高了 53%，且废弃物总量减少了 19%[63]。

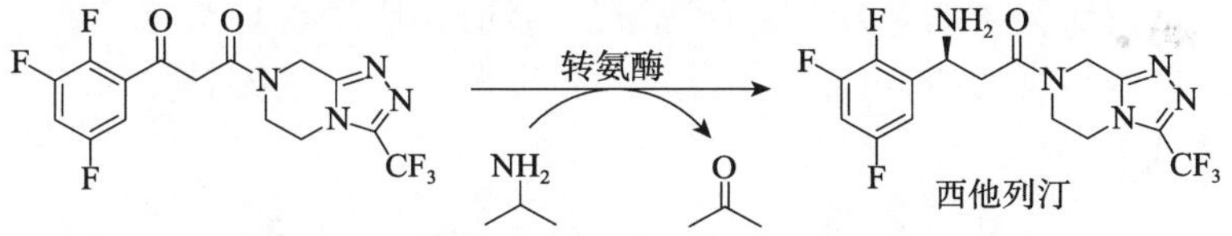


图 8-15　转氨酶催化合成手性药物西他列汀

糖基的转移可通过糖基转移酶（glycosyl transferase）实现。糖基转移酶能将活性供体（通常为 NDP-糖）的单糖转移到糖基受体上，形成糖苷键[64,65]。糖基转移酶能催化天然产物的糖基化修饰，用以合成一些较难获得的糖基化天然产物，受体底物包括大环内酯类、非核糖体多肽类、聚酮类、氨基香豆素类和氨基糖苷类等。例如，来源于地衣芽孢杆菌的 UDP-糖基转移酶可用于根皮素的糖基化反应，生成新型的根皮素糖甙[66]。

## （五）缩合反应

醇醛缩合反应是有机合成中形成 C—C 键的重要方法之一。醛缩酶（aldolase）通过席夫碱的形成（Ⅰ型醛缩酶）或 $Zn^{2+}$ 的活化（Ⅱ型醛缩酶）催化醇醛缩合反应，且具有高度的立体选择性，因而受到化学家的关注。醛缩酶常见的天然供体包括（磷酸）二羟丙酮、丙酮酸、乙醛和甘氨酸，对应四类不同的醛缩酶。其中仅 2-脱氧核糖-5-磷酸醛缩酶（DERA）能以乙醛作为供体，催化两步醛醇缩合反应生成 2,4-双脱氧己糖。例如，DSM 公司开发了利用 DERA 制备他汀药物手性双羟基侧链和吡喃型手性砌块的生产工艺（图 8-16）[67]。

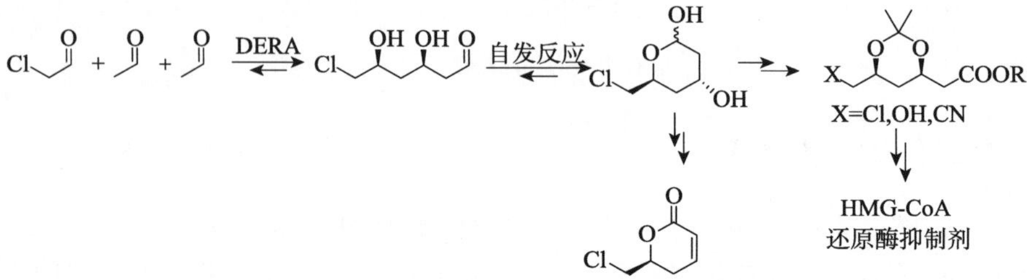


图 8-16　醛缩酶 DERA 催化 2-取代乙醛的醇醛缩合

羟腈裂解酶（hydroxynitrile lyase）是一类可催化氰醇对映选择性裂解或合成的酶。例如，利用（*R*）-选择性的扁桃（*Prunus amygdalus*）羟腈裂解酶（PaHNL5）和（*S*）-选择性的橡胶树（*Hevea brasiliensis*）羟腈裂解酶（HbHNL）催化苯甲醛与氢氰酸反应，已分别实现（*R*）-和（*S*）-扁桃腈的吨级制备。最近研究表明，羟腈裂解酶也能够催化硝基烷烃类化合物与醛或酮的缩合反应（亨利反应）（图 8-17），进一步扩大了羟腈裂解酶在有机合成中的应用领域[68]。

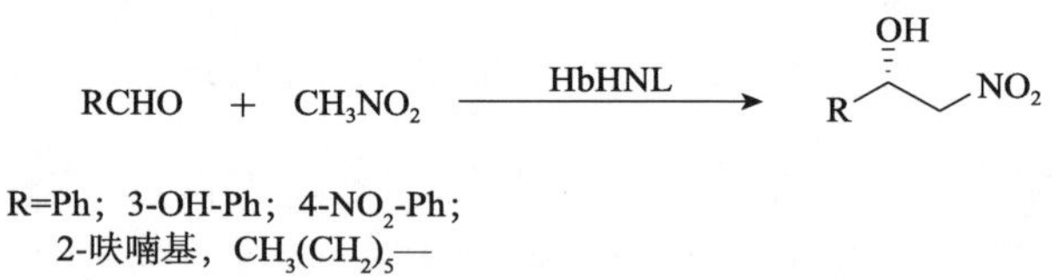


图 8-17　羟腈裂解酶催化硝基甲烷与醛的对映选择性加成

## （六）加成反应

水合酶能催化烯烃与水的加成反应。催化非共轭 C═C 双键水合的酶包括油酸水合酶、莱豆双氢异黄酮水合酶和乙炔水合酶，该类反应遵循 Markovnikov 规则，不具备立体选择性。延胡索酸酶和苹果酸酶能催化 $\alpha,\beta$-不饱和羧酸的立体选择性水合反应，属于 Michael 加成反应。来源于反硝化菌

（*Alicycliphilus denitrificans*）的双功能 Michael 水合酶-醇脱氢酶（MhyA-DH）能催化 $\alpha,\beta$-不饱和酮或醛的立体选择性水合反应，生成的羟基产物被进一步氧化成酮（图 8-18）[69]。

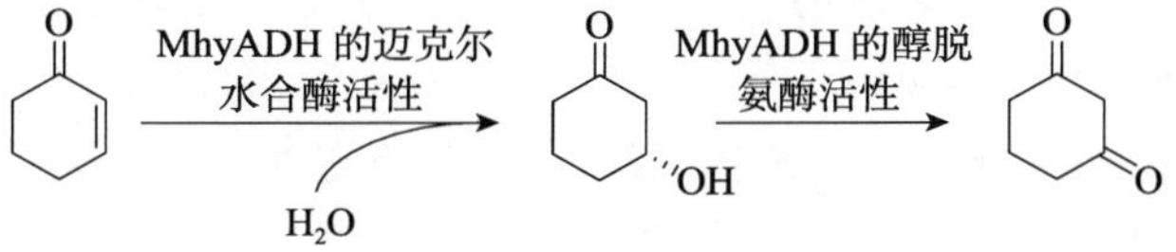


图 8-18　Michael 水合酶催化 $\alpha,\beta$-不饱和酮的水合反应

腈水合酶（nitrile hydratase）能催化腈的水合生成酰胺，其活性部位螯合金属离子作为辅助因子。该酶已被用来大规模生产丙烯酰胺和烟酰胺。腈水合酶能高立体选择性地催化 $\alpha$-取代芳基腈的转化，合成具有光学活性的手性芳基酰胺（图 8-19）[70]。

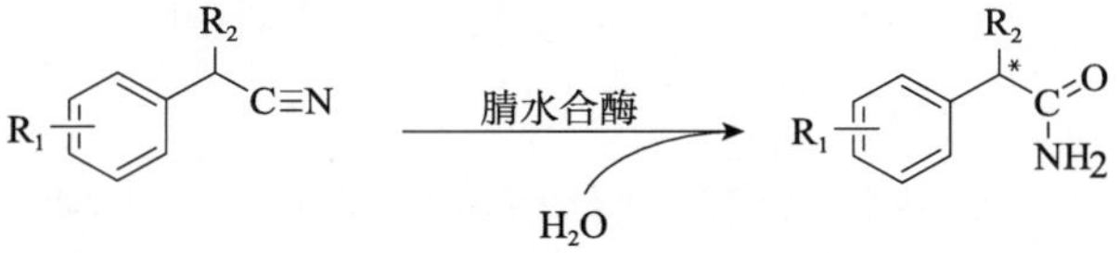


$R_1$=H，3-COOH，4-$NO_2$
$R_2$=$CH_3$，$C_2H_5$，OH，$NH_2$，OAc，Cl，$N_3$

图 8-19　腈水合酶催化腈的水合反应

## （七）卤化和脱卤反应

卤化酶能催化碳卤键的生成。目前研究的卤化酶包括卤过氧化物酶、黄素依赖型卤化酶和非血红素铁 $\alpha$-酮戊二酸依赖型卤化酶。其中卤过氧化物酶底物谱最广，因而在生物催化合成反应中应用最多。例如，来源于链霉菌的钒-依赖型氯过氧化物酶（NapH1）可以催化萘吡酮霉素生物合成中的立体选择性氯化-环化反应（图 8-20）[71]。

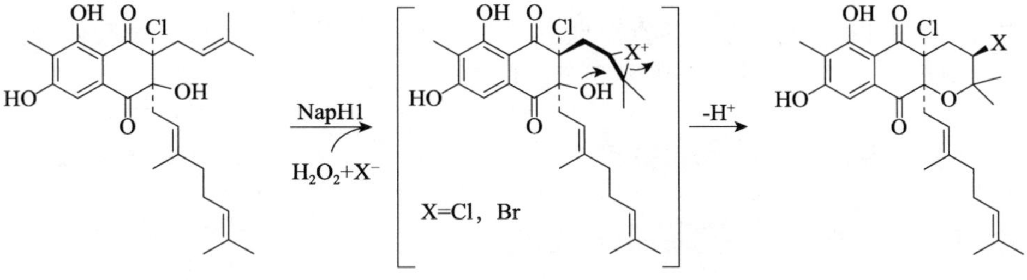


图 8-20　氯过氧化物酶催化立体选择性氯化-环化反应

脱卤酶可以催化碳卤键的水解断裂，产生相应的醇和卤离子。目前研究的脱卤酶主要包括：卤代烷基脱卤酶、卤代芳基脱卤酶、卤代酸脱卤酶和卤代醇脱卤酶。其中卤代醇脱卤酶（haloalcohol dehalogenase）可以高效高选择性地催化环氧化物和邻卤醇之间的转化，合成具有光学活性的环氧化物及$\beta$-取代醇等化合物。Haak 等[72]利用突变型卤醇脱卤酶 HheC 和外消旋催化剂铱环催化剂（iridacycle），成功实现了外消旋芳基邻卤醇的动态动力学拆分，制备光学活性芳基环氧化物（图 8-21）。

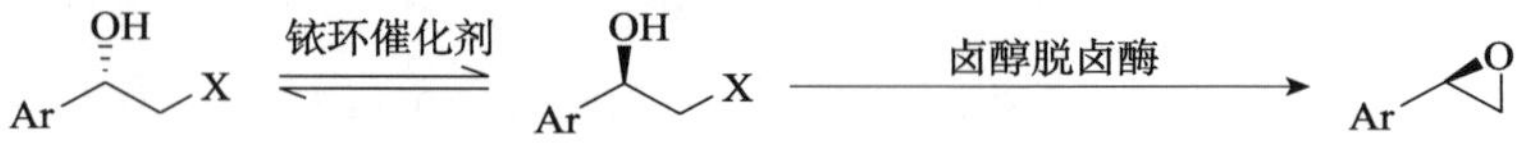


图 8-21　卤醇脱卤酶催化合成手性芳基环氧化物

# 第三节　偶联生物催化

在自然界的生物体内，各种生理功能的完成需要多个酶的协同作用。多酶协同催化简单化合物合成复杂化合物的策略在细胞体内也非常普遍，且效率很高。这是因为多酶协同催化可以消除抑制效应，促使可逆反应向有利方向进行。“体外多酶偶联催化”是模仿细胞体内的多酶协同催化体系，将两个或两个以上催化不同反应的酶放置在一个反应器中同时进行催化作用。这种偶联催化模式可以有效地解决非偶联反应中存在的底物/产物抑制、反应平衡受限、产品收率低、需要添加昂贵辅因子等问题，且能避免或减少各个反应步骤之间的产物回收（下游加工）环节，降低产物的生产成本。近年来，随着基因工程和蛋白质工程的飞速发展，体外多酶偶联催化合成高附加值化合物的报道越来越多，如氧化酶与还原酶偶联、羟腈裂解酶与腈水合酶偶联、腈水合酶与酰胺水解酶偶联、烯烃单加氧酶与环氧水解酶偶联等。此外，“化学-酶法偶联合成”因将化学法和酶法进行了有机结合，达到了优势互补，也引起了人们的广泛关注。本节将重点阐述近十年来报道的一些重要的体外多酶偶联合成反应和化学-酶法偶联合成反应。

## 一、体外多酶偶联合成

### （一）体外多酶偶联催化合成醇

醇是合成许多精细化学品、新材料和药物的重要砌块。目前利用多酶偶联催化合成醇主要有以下几种的途径。

（1）羰基还原酶-醇脱氢酶偶联催化：该偶联反应主要用于还原羰基化合物合成醇。在氧化还原反应中，辅酶会逐渐减少，最终导致反应终止，反应中需要添加化学计量的辅酶，但由于辅酶价格昂贵，若不能实现循环再生，将无法应用于实际生产。如图 8-22 所示，此偶联反应中的羰基还原酶（KRED）将羰基还原为醇，辅酶在反应中转移电子，而辅酶 NAD(P)H 的再生通过葡萄糖脱氢酶（GDH）催化葡萄糖氧化而实现。这种偶联催化可有效地解决还原过程中昂贵辅酶的再生问题，降低了产品的生产成本。目前，利用羰基还原酶与葡萄糖脱氢酶偶联催化合成醇化合物的研究已被大量报道[73-77]。

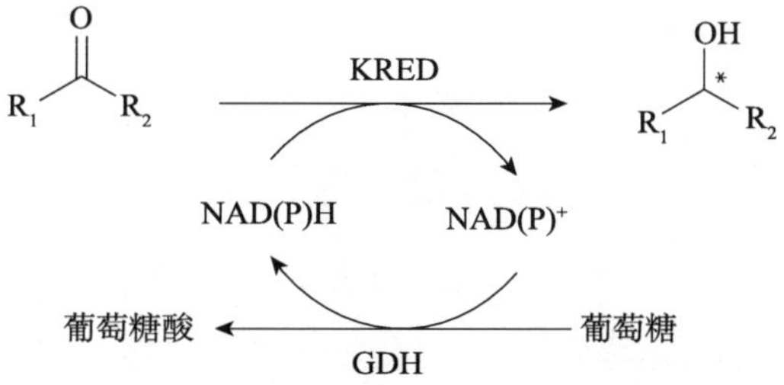


图 8-22　羰基还原酶-葡萄糖脱氢酶偶联催化合成醇

（2）烯烃还原酶-羰基还原酶偶联催化：Wada 等[78]开发了烯烃还原酶、羰基还原酶与葡萄糖脱氢酶三酶偶联催化合成类胡萝卜素重要手性醇前驱体（4*R*,6*R*）-4-羟基-2,2,6-三甲基环己酮的合成路线（图 8-23）。在该偶联反应中，来自面包酵母的老黄酶（old yellow enzyme）和葡萄糖脱氢酶共同作用，首先将易得的底物 2,6,6-三甲基-2-环己烯-1,4-二酮的 C═C 双键还原，在 C6 位置引入一个手性中心，然后 C4 位置羰基在左旋二酮还原酶（levodione reductase）和葡萄糖脱氢酶共同作用下，进一步还原成手性放线醇化合物。

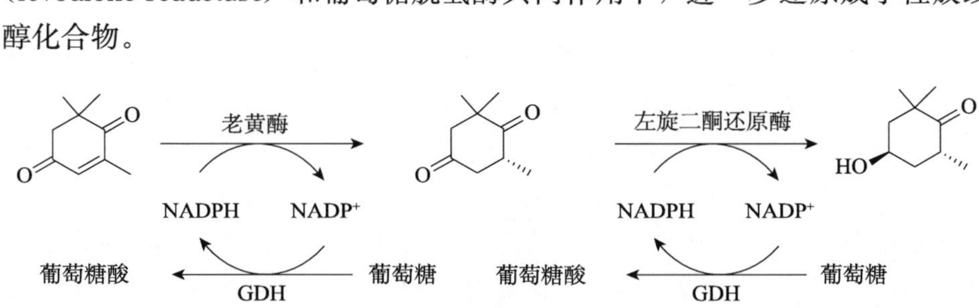


图 8-23　三酶偶联催化合成（4*R*,6*R*）-4-羟基-2,2,6-三甲基环己酮

（3）醛缩酶-醇脱氢酶偶联催化：在该偶联反应中醛缩酶将两个醛基化合物进行缩合形成羰基醇，羰基在醇脱氢酶作用下进一步转化为手性醇化合物。Shanmuganathan 等[79]利用苯甲醛裂解酶（醛缩酶，BAL）将苯甲醛与甲醛进行缩合形成羰基醇化合物，羰基在脱氢酶（GDH）作用下进一步还原生成手性二醇化合物，在第二步还原过程中使用甲醛脱氢酶（FDH）用于辅酶再生（图 8-24）。

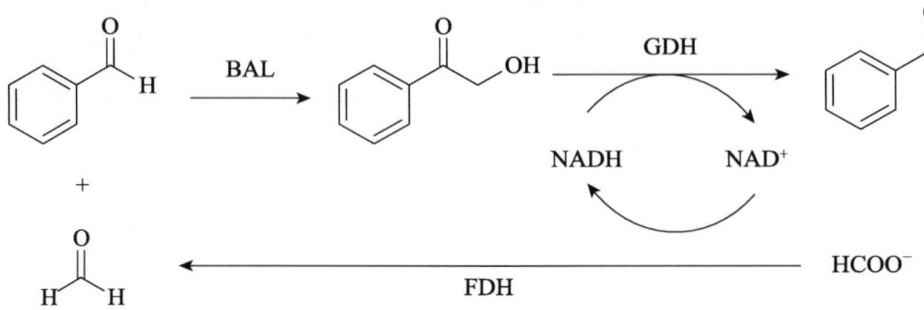


图 8-24　三酶偶联催化合成（*R*)-苯乙二醇

（4）烯烃单加氧酶-环氧水解酶偶联催化：在该偶联反应中烯烃单加氧酶首先将烯烃氧化成环氧化合物，环氧水解酶进一步将其水解生成二醇化合物。Li 研究组利用该偶联催化反应合成了手性芳香二醇化合物，他们利用苯乙烯单加氧酶（styrene monooxygenase）首先将芳香烯烃化合物氧化成芳香环氧化合物，再通过环氧水解酶（epoxide hydrolase）进一步水解生成芳香二醇化合物（图 8-25）[80]。

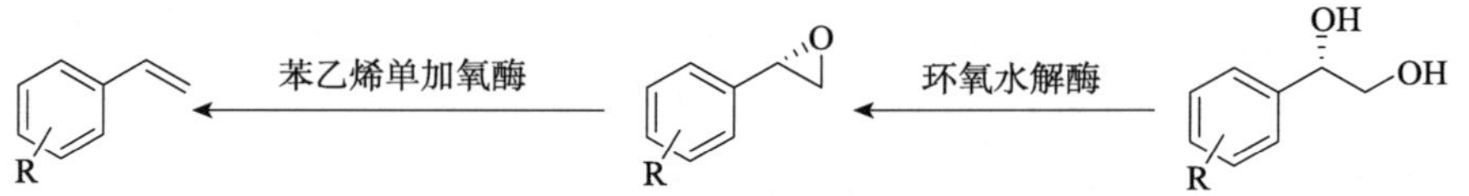


图 8-25　烯烃单加氧酶-环氧水解酶偶联催化合成手性芳香二醇

（5）不同立体选择性醇脱氢酶偶联催化：利用两种或多种具有相反或不同立体选择性醇脱氢酶偶联催化可以用于外消旋醇化合物的去消旋化。Voss 等[81,82]利用该偶联模式成功地将外消旋醇化合物转化为单一构型的手性醇。在该偶联反应中，*R*-醇脱氢酶（*R*-ADH）首先将 *R*-构型的醇氧化成潜手性的羰基化合物，而 *S*-构型醇被保留，*S*-醇脱氢酶（*S*-ADH）将生成的羰基化合物还原成 *S*-构型醇，再偶联辅酶再生酶最终实现外消旋体的去消旋化（图 8-26）。许建和课题组也通过该偶联反应实现了外消旋苯乙醇的去消旋化过程[83]。Monti 等[84]利用 $7\alpha, 7\beta, 12\alpha$-羟基类固醇脱氢酶（HSDH）以及两种辅酶再生酶等五酶偶联的氧化还原反应，实现了从廉价胆酸合成熊去氧胆酸关键手性中间体的过程（图 8-27）。

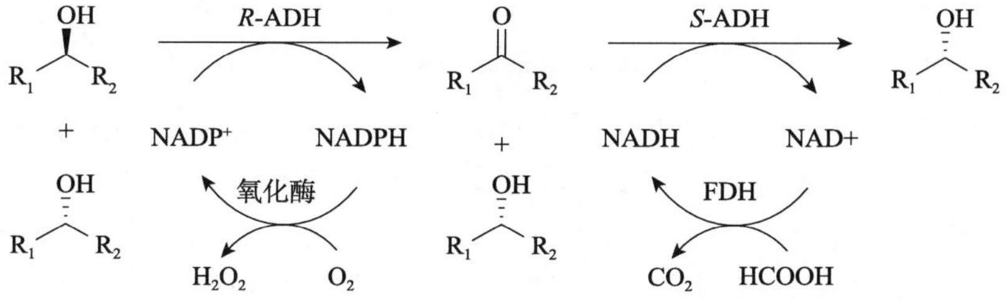


图 8-26　四酶偶联的氧化还原反应动态动力学拆分外消旋醇

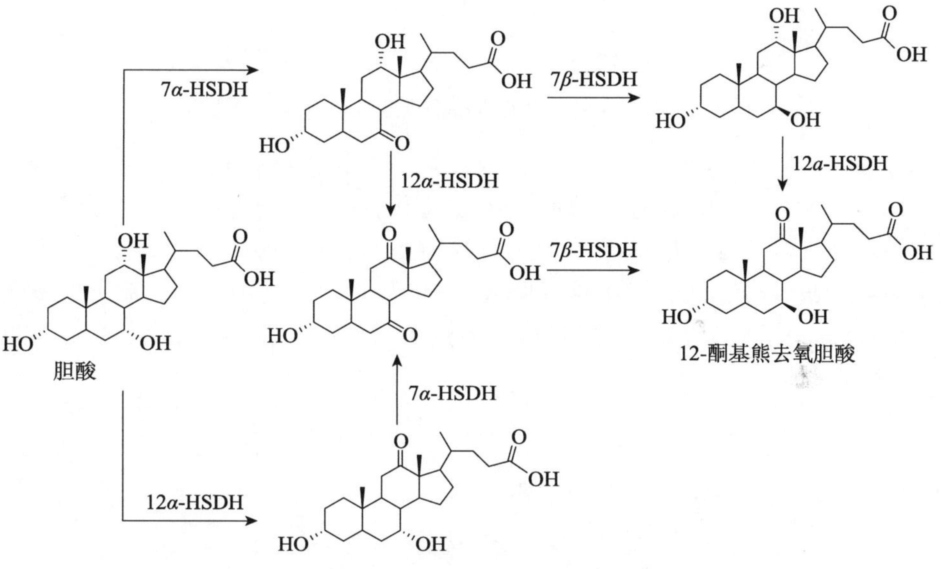


图 8-27　多酶偶联合成熊去氧胆酸关键手性中间体

## （二）体外多酶偶联催化合成羧酸及其衍生物

因羧基易于转化，酸及其衍生物在有机合成中具有非常广泛的用途。目前关于羧酸及其衍生物的多酶偶联合成主要有以下一些途径。

（1）腈水合酶-酰胺酶偶联催化：利用该偶联模式可将腈类化合物转化为酸或其衍生物。例如，Vejvoda 等[85]近期利用重组的土壤劳尔特氏菌（*Raoultella terrigena*）腈水合酶将苄腈转化为苯甲酰胺，再利用红串红球菌（*Rhodococcus erythropolis*）酰胺酶将其进一步转化为苯基异羟肟酸（图 8-28）。

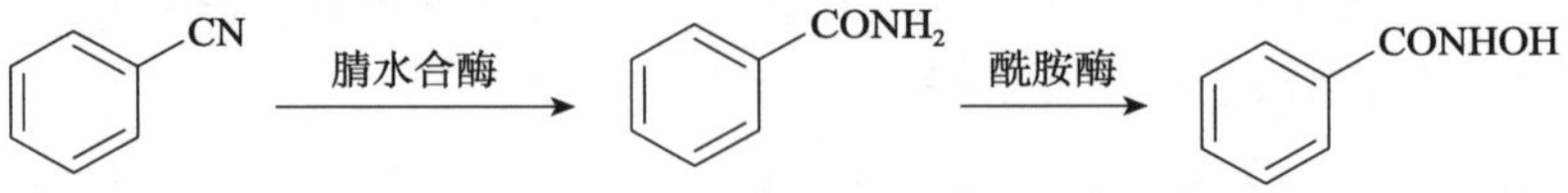

图 8-28 腈水合酶-酰胺酶偶联催化合成苯基异羟肟酸

(2) 羟腈裂解酶-腈水解酶偶联催化：在该偶联反应，中羟腈裂解酶(HNL) 首先催化醛与氢氰酸反应形成腈化合物，腈水解酶 (NLase) 进一步将其水解生成羟基酸。例如，Sheldon 研究小组利用木薯 (*S*)-羟腈裂解酶催化苯甲醛与氢氰酸转化成 α -羟基腈，再利用荧光假单胞菌 (*Pseudomonas fluorescens*) 腈水解酶进一步水解合成 (S)-扁桃酸 (图 8-29)[86]。

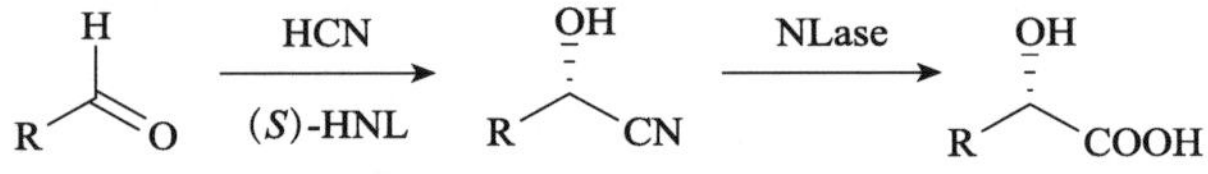

图 8-29 羟腈裂解酶-腈水解酶偶联催化合成 α-羟基酸

(3) 羟腈裂解酶-腈水合酶偶联催化：在该偶联反应中，羟腈裂解酶(HNL) 首先催化醛与氢氰酸反应形成腈化合物，接着腈水合酶 (NHase) 进一步将其转化成羟基酰胺。例如，Sheldon 研究小组利用木薯 (*S*)-羟腈裂解酶将脂肪醛与氢氰酸转化成脂肪族 α -羟基腈，再利用嗜碱性腈基降解菌 (*Nitriliruptor alkaliphilus*) 腈水合酶进一步水合生成脂肪族 α -羟基酰胺 (图 8-30)[40]。

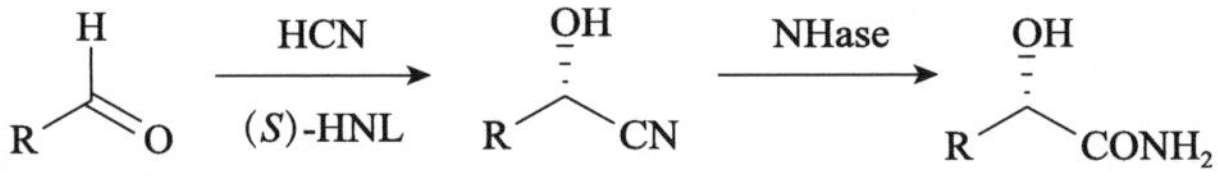

图 8-30 羟腈裂解酶-腈水合酶偶联催化合成 α -羟基酰胺

(4) 羰基还原酶-腈水解酶偶联催化：该偶联模式可将羰基腈化合物转化成羟基酸。在该偶联反应中羰基还原酶首先将羰基还原成羟基，腈水解酶 (NLase) 进一步将其水解生成羟基酸。例如，Zhu 研究小组利用羰基还原酶 (CR) 将芳香 β -羰基腈首先还原成手性 β -羟基腈，再利用腈水解酶将其进一步水解为 β -羟基酸 (图 8-31)[87]。

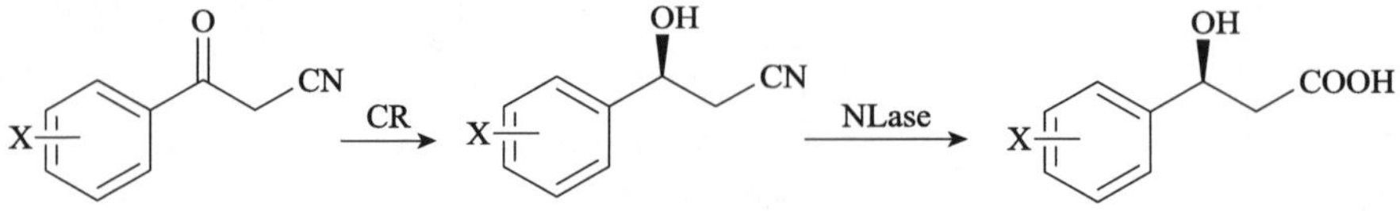

图 8-31 羰基还原酶-腈水解酶偶联催化合成 β -羟基酸

## (三) 体外多酶偶联催化合成氨基酸

氨基酸也是药物合成中的重要中间体。目前关于氨基酸的多酶偶联合成主要有以下一些途径。

(1) 扁桃酸脱氢酶-氨基酸脱氢酶偶联催化：近期，Kroutil 研究小组报道了一个新颖的动态动力学拆分过程[88]。他们利用该偶联模式结合扁桃酸消旋酶将外消旋的扁桃酸转化为单一构型的 L-苯甘氨酸。在该路线中，外消旋的扁桃酸在扁桃酸消旋酶的作用下转化为 D-扁桃酸，生成的 D-扁桃酸在 D-扁桃酸脱氢酶（D-MDH）的作用下羟基被氧化成羰基，羰基再通过 L-氨基酸脱氢酶（L-AADH）的催化转化为 L-苯甘氨酸（图 8-32）。

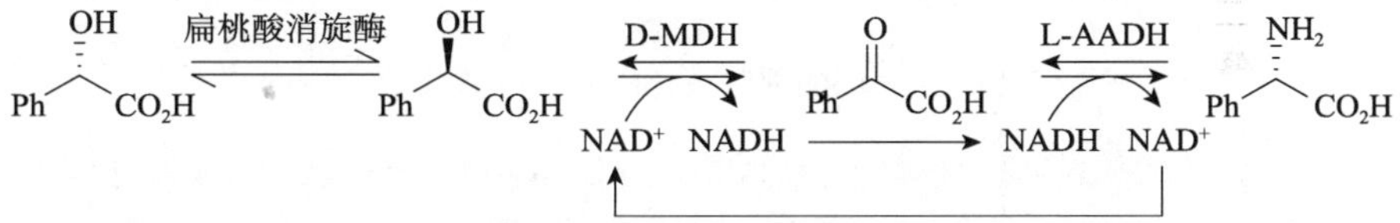


图 8-32　三酶偶联动态动力学拆分合成 L-苯甘氨酸

(2) 氨基酸氧化酶-氨基酸脱氢酶偶联催化：这种偶联模式是外消旋氨基酸去消旋化和氨基酸构型翻转的常用模式。例如，Findrik 和 Vasić-Rački[89] 利用该偶联模式再结合辅酶再生的四酶偶联反应将 D-甲硫氨酸转化为 L-甲硫氨酸。在该反应中，D-甲硫氨酸上的氨基在 D-氨基酸氧化酶（AAO）和过氧化氢酶的共同作用下首先被转化为羰基，该中间体在 L-苯甘氨酸脱氢酶（L-PADH）和辅酶再生酶甲酸脱氢酶（FDH）的共同作用下，被进一步转化为 L-甲硫氨酸（图 8-33）。

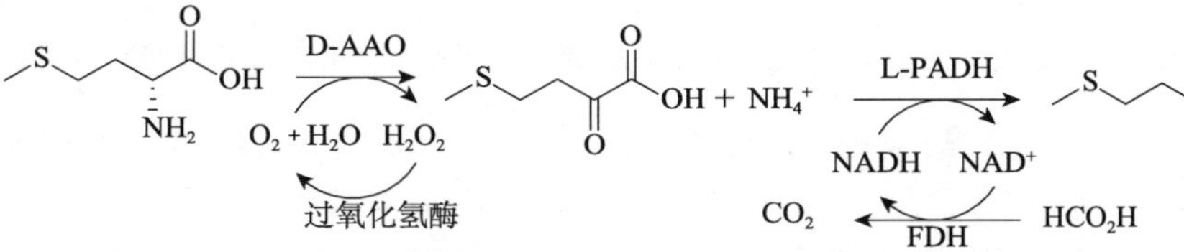


图 8-33　四酶偶联催化 D-甲硫氨酸合成 L-甲硫氨酸

(3) 氨基转移酶-氨基酸脱氢酶偶联催化：这种偶联模式可将酮酸转化为氨基酸。Sung 研究小组利用该偶联模式再结合辅酶再生的甲酸脱氢酶和氨基酸消旋酶将芳香的酮酸转化为芳香氨基酸[90]。在该反应中，辅底物 D-氨基酸上的氨基在 $\alpha$-氨基转移酶（AT）的催化作用下将其转移到底物的羰基生成氨基酸，而辅底物则变成酮酸，生成的酮酸在 D-氨基酸脱氢酶（D-AADH）

和辅酶再生酶甲酸脱氢酶的共同作用下转化为 L-氨基酸，L-氨基酸再通过氨基酸消旋酶作用转化为 D-氨基酸，继续提供氨基供体（图 8-34）。

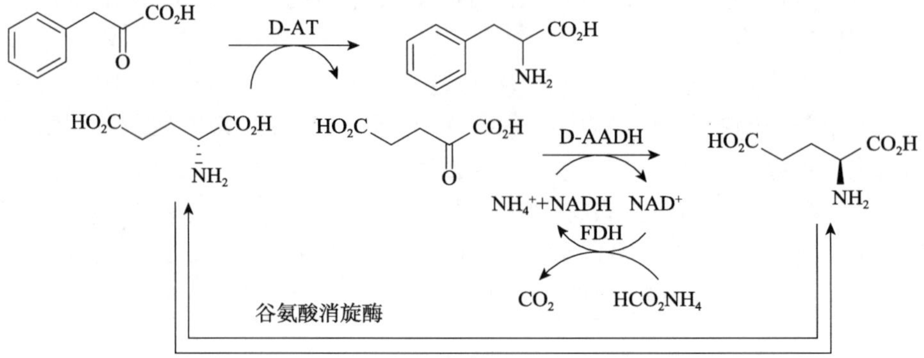


图 8-34　四酶偶联催化酮酸合成氨基酸

（4）氨基酸氧化酶-氨基转移酶偶联催化：这种偶联模式也被用于外消旋氨基酸的去消旋化。Servi 研究小组利用该偶联模式再结合过氧化氢酶将外消旋氨基酸转化为单一构型的氨基酸[91]。在该反应中，外消旋氨基酸中 D-氨基酸在 D-氨基酸氧化酶和过氧化氢酶的作用下氧化成酮酸，而 L-氨基酸被保留，生成的酮酸在 L-氨基转移酶（L-AspAT）的作用下转化为 L-氨基酸，通过该偶联反应外消旋的氨基酸被最终转化为 L-氨基酸（图 8-35）。

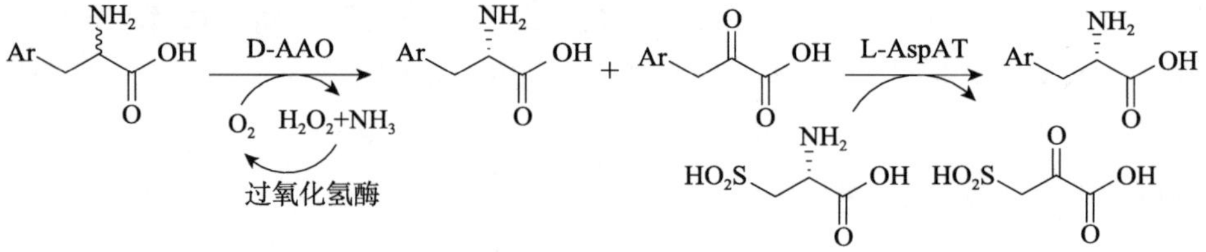


图 8-35　氨基酸氧化酶-氨基转移酶偶联催化动态动力拆分外消旋氨基酸

（5）氨基酸消旋酶-氨基变位酶偶联催化：该偶联模式可将外消旋的 $\alpha$-氨基酸转化为单一构型的 $\beta$-氨基酸。例如，Walker 研究小组利用该偶联模式将外消旋的 $\alpha$-苯丙氨酸转化为（*R*）-$\beta$-苯丙氨酸[92]。在该反应中，外消旋氨基酸中（*S*）-$\alpha$-苯丙氨酸在氨基变位酶（aminomutase）的作用下转化为（*R*）-$\beta$-苯丙氨酸，（*R*）-$\alpha$-苯丙氨酸在丙氨酸消旋酶（ala racemase）的作用下不断消耗被最终转化为（*R*）-$\beta$-苯丙氨酸（图 8-36）。

（6）消旋酶-氨基酸酰化酶偶联催化：该偶联模式可将外消旋的苯丙氨酰胺转化为单一构型的苯丙氨酸。例如，Asano 研究小组利用 D-氨基酸酰化酶（D-AA amidase）首先将 D-苯丙氨酰胺转化成 D-苯丙氨酸，剩余的 L-苯丙

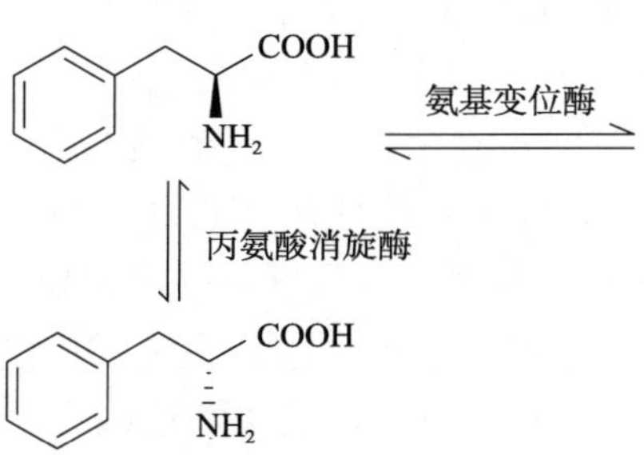


图 8-36 氨基酸消旋酶-氨基变位酶偶联催化外消旋 α-氨基酸合成光学纯 β-氨基酸

氨酰胺在突变的 α-氨基-ε-己内酰胺消旋酶（ACL racemase）作用下通过去消旋化不断被消耗并最终被全部转化为 D-苯丙氨酸（图 8-37）[93]。

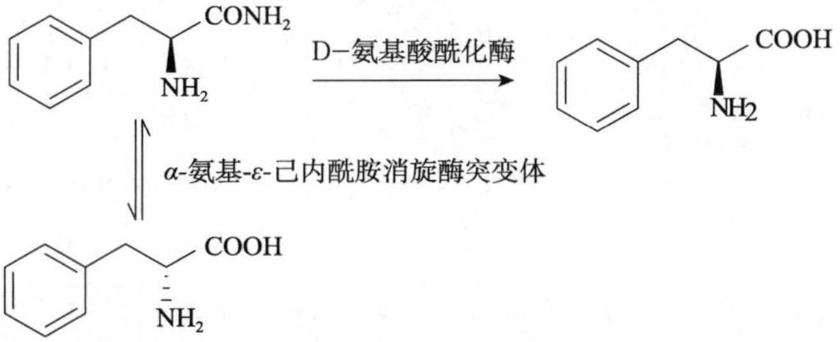


图 8-37 消旋酶-氨基酸酰化酶偶联催化外消旋酰胺合成光学纯氨基酸

## (四) 体外多酶偶联催化合成胺

氨基转移酶与氨基酸脱氢酶偶联催化：Kroutil 研究小组利用该偶联模式将羰基转化为手性胺[94]。在该反应中，ω-氨基转移酶（ω-AT）首先将酮转化为胺，氨基酸脱氢酶（L-AADH）用于辅底物的循环（图 8-38）。

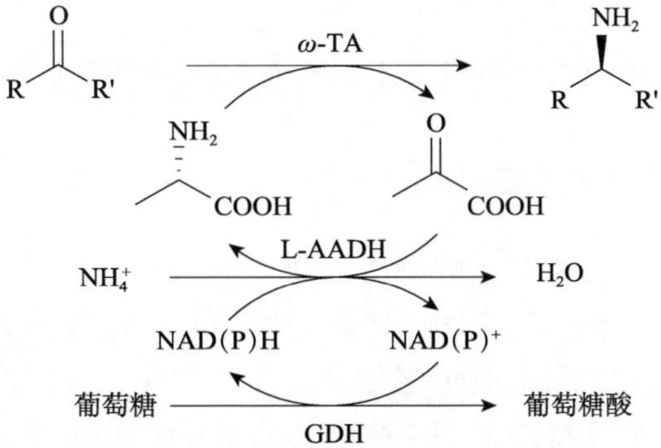


图 8-38 氨基转移酶与氨基酸脱氢酶偶联催化羰基化合物合成光学胺

(*R*)-氨基转移酶与（*S*）-氨基转移酶偶联催化：该偶联模式可用于外消旋胺的去消旋化。例如，Kroutil 研究小组利用该偶联模式将外消旋 α-伯胺转化为单一构型的胺[95]。在该反应中，外消旋胺中一种构型胺被 ω-氨基转移酶转化为酮，另外一种构型的胺被保留，生成的酮再通过与前一步具有相反立体选择性的 ω-氨基转移酶转化为与第一步未反应的构型胺。在第二步反应中，常偶联一个乳酸脱氢酶以除去副产物丙酮酸，促进反应进行。Turner 和 Truppo 研究小组在第一步反应中引入一个氨基酸氧化酶以促使辅底物的循环再生（图 8-39）[96]。近期，Kroutil 研究小组又开发了一个仅有（*R*）-ω-氨基转移酶和（*S*）-ω-氨基转移酶偶联的胺消旋化过程（图 8-40）[97]。

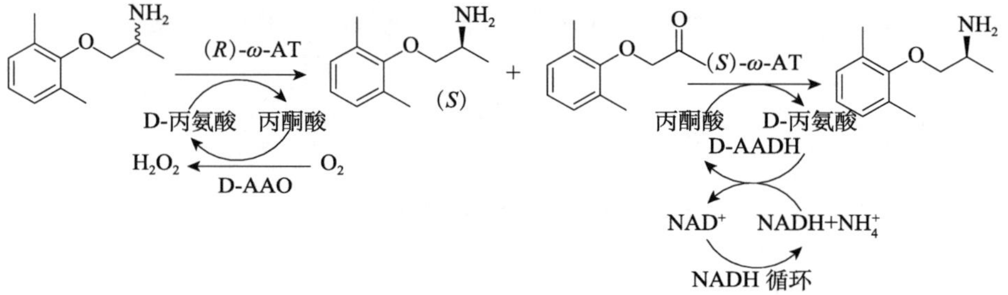


图 8-39 立体选择性互补氨基转移酶偶联催化外消旋胺合成光学胺

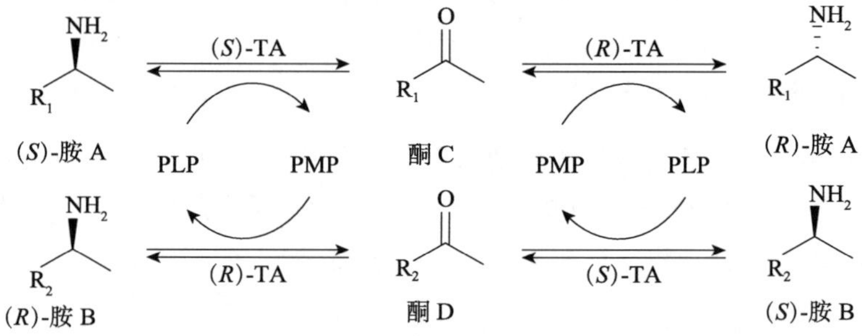


图 8-40 立体选择性互补氨基转移酶偶联同时催化两个不同胺合成相反构型胺

## 二、化学-酶法偶联合成

“化学-酶法偶联合成”是将酶法和化学法相结合的一种合成方法，该方法常用于合成含有手性的化合物。酶法合成具有其特有的优势[98]，如催化效率高，反应条件温和，可以避免诸如分解、异构化、外消旋化及重排等副反应；酶由可再生生物质资源制得，本身无毒且能在环境中完全降解；由于其所具有的高选择性，不需要对活泼基团进行保护和脱保护等步骤，能够减少反应步骤，制备的产物光学纯度高，显著降低产品的纯化难度；此外，酶催化过程能耗低，设备腐蚀轻，生产安全性高。因此，相对于全化学合成途径，化学-酶法偶联合成途径因将绿色的酶法和经济的化学法有机结合，更加符合绿色化学原则[99]，是人们寻求的可持续合成方法，近年来，已引起人们的广泛关注。下面将重点介绍一些化学-酶法偶联合成药物、天然产物及生物活性物质的例子。

### (一) 化学-酶法偶联合成阿托伐他汀

阿托伐他汀钙 (atorvastatin calcium)，商品名为立普妥 (Lipitor)，它能够抑制 HMG-CoA 还原酶和胆固醇在肝脏内的生物合成，主要用于降低血浆胆固醇和脂蛋白水平。该药自 1997 年获 FDA 批准首先在美国上市，由于显著的疗效及较小的毒副作用，其成为世界上第一个年销售额超过 100 亿美元的降血脂重磅炸弹药物。据艾美仕 (IMS) 发布的 2009 年销售数据，其全球销售额达到 123 亿美元，成为世界上第一大畅销药物。

在合成该药物关键手性中间体 (*R*)-4-氰基-3-羟基丁酸乙酯时，原有化学合成路线在较高的温度和碱性条件 (80℃，pH 10) 下进行，仅有 85% 的反应得率，且反应产生较多与产物沸点很接近的高沸副产物，需要通过高真空精馏进行分离精制，进一步导致产品收率的降低。近期，美国 Codexis 公司开发了化学-酶法偶联合成阿托伐他汀钙的新路线，该路线采用酮还原酶 (KRED)、葡萄糖脱氢酶 (GDH) 和卤醇脱卤酶 (HHDH) 三酶偶联替代部分原有的化学合成路线合成 (*R*)-4-氰基-3-羟基丁酸乙酯 (图 8-41)[100]。由于酶法催化的引入，阿托伐他汀制造过程中还原反应的体积产率提高近 100 倍，氰化反应效率提高 4000 倍。据计算，副产物、废料量、溶剂用量和能耗均显著减少，废弃污染物易于进行生化处理，且不需要使用重金属催化剂和精制设备，更加安全高效和环境友好，反应步骤和分离步骤均有所减少，总收率提高 50%，具有较高的“步骤经济性”。这一技术获得了 2006 年美国总统绿色化学挑战奖。

### (二) 化学-酶法偶联合成地尔硫卓

盐酸地尔硫卓属于钙通道拮抗剂，广泛用于治疗高血压、心律不齐、心肌梗死多种临床症状，已在全球 100 多个国家临床应用近 30 年，2008 年全球地尔硫卓药物销售额超过 50 亿美元。

过去，盐酸地尔硫卓主要是通过全化学方法合成，该合成途径需要 9 步

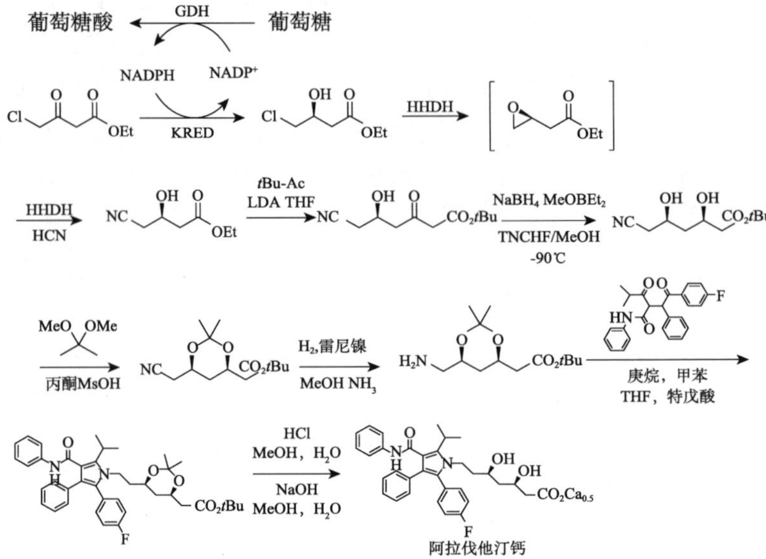


图 8-41　阿托伐他汀钙的化学-酶法合成路线

反应（图 8-42），步骤多、收率低，且拆分过程需要反复结晶，生产成本较高。许建和课题组研究开发了一条化学-酶法合成工艺路线，该工艺采用了脂肪酶对映选择性酶促拆分外消旋对甲氧苯基缩水甘油酸甲酯（MPGM）合成高光学纯的（—)-MPGM[101,102]。由于酶的引入，地尔硫卓的合成步骤由化学法的 9 步缩减到 5 步，不仅大大提高了产品收率，降低了生产成本，而且显著减少了原料消耗和废物排放，是典型的环境友好技术。

### （三）化学-酶法偶联合成天然产物芽孢杆菌硫醇（Bacillithiol）

Bacillithiol 是近期在芽孢杆菌属中发现的一个低相对分子质量硫醇，主要由低 G+C 的革兰氏阳性菌产生，它在细胞代谢调控中起着重要作用[103]，但是作为微生物的代谢产物，Bacillithiol 的产量非常低。近期，Hamilton 研究小组开发了一条化学-酶法合成 Bacillithiol 的工艺路线（图 8-43）[104]。该路线利用糖基转移酶（glycosyltransferase）首先将尿苷二磷酸-*N*-乙酰氨基葡萄糖（UDP-GlcNAc）分子中的 *N*-乙酰氨基葡萄糖转移到 L-苹果酸（L-malic acid）上形成化合物 D-GlcNAc-L-Mal 2，化合物 2 在 *N*-乙酰水解酶（*N*-acetylhydrolase）的作用下脱去酰基形成化合物 3，再结合两步化学合成过程，最终合成出产物 Bacillithiol 5。

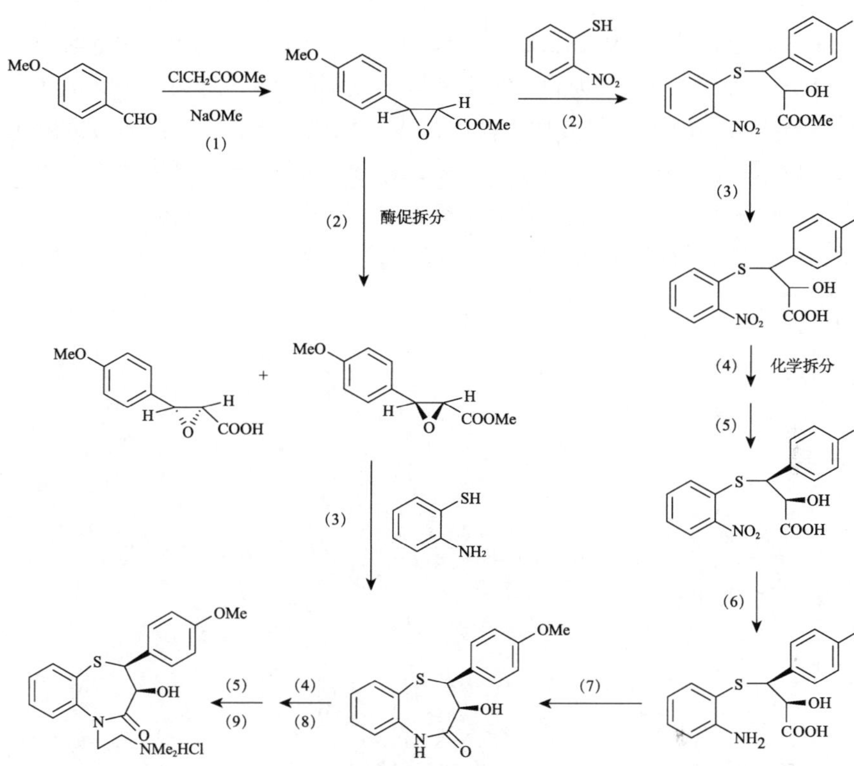

图 8-42　盐酸地尔硫卓的化学-酶法和全化学合成路线

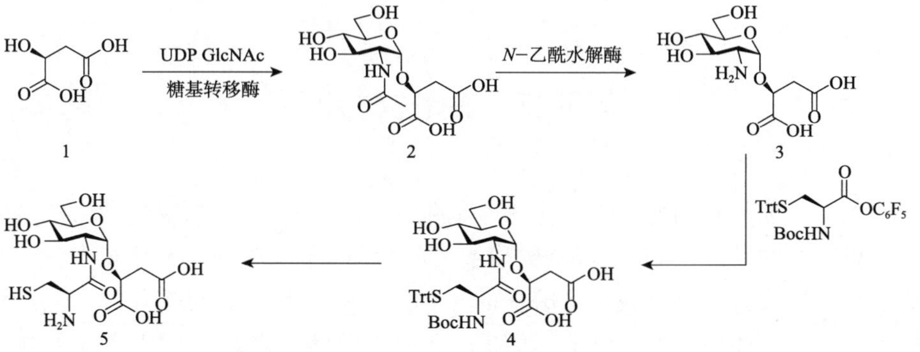

图 8-43　天然产物 Bacillithiol 的化学-酶法合成路线

## (四) 化学-酶法偶联合成聚酮化合物金链霉素

金链霉素（aureothin）是链霉菌的聚酮类代谢产物，它可有效阻止各种肿瘤细胞的扩散。最近，Werneburg 等[67]报道了一条化学-酶法偶联对映选择性地合成（+）-(*R*)-金链霉素的路线（图 8-44）。该路线利用醛 1 和砜 2 作为起始原料，通过 Julia 烯烃合成、酯还原、羟醛缩合、羟基氧化、环化等 5 步化学合成途径合成化合物 7；在吡喃酮甲基转移酶（pyrone methyltransferase AurI）的作用下，化合物 7 被进一步转化成化合物 8，再通过细胞色素 P450 单加氧酶（cytochrome P450 monooxygenase AurH）催化氧化形成化合物 9，最后通过 Stille 偶联反应合成目标产物（+）-(*R*)-金链霉素。该路线通过偶联高立体选择性的单加氧酶，使得合成的产物具有与天然合成产物可比拟的光学纯度。

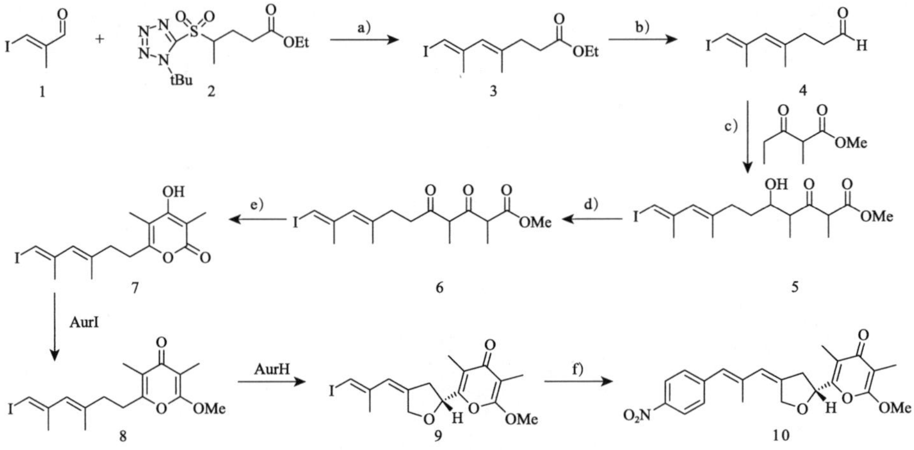


图 8-44 （+）-(*R*)-金链霉素的化学-酶法合成路线

# 第四节 总结与建议

综上所述，利用酶或细胞作为生物催化剂，不仅可以加快化学反应的速率，更重要的是能提高反应的选择性，而且反应条件温和，对环境友好，因此已经发展成为有机合成不可缺少的工具。生物催化与有机催化并无实质性区别，只是性能更好而已[105]。从酶促反应的类型来看，我国学者研究的内容十分丰富，涉及水解与逆水解反应、氧化还原反应以及其他各种酶催化的合成反应[106-108]。从历史来看，我国老一辈科学家为生物催化学科的发展和应用作出了开拓性的贡献[109]。例如，黄鸣龙和方心芳先生等自 20 世纪 60 年代初就开始使用微生物进行甾体转化反应；袁中一等从 70 年代起开始研究酶和细胞的固定化技术，并尝试应用于氨基酸、抗生素工业以及制备酶电极等领域；杨胜利等从90年代初开始研究酶基因的体外重组表达技术；李祖义、曹淑桂、胡英等自80年代末开始研究非水介质系统中的生物催化方法和酶促酯化或酯交换等合成反应；林国强等自90年代早期开始研究微生物整细胞催化的羰基还原和酶促羟腈化等不对称合成反应，引起同行广泛关注。沈寅初等从80年代开始选育微生物腈水合酶菌种，实现了丙烯腈水合生产丙烯酰胺，90年代在全国推广应用，目前生产规模达数万吨，是酶促合成技术在化工行业大规模应用的成功范例。杨顺楷等利用解氨酶合成L-苯丙氨酸的技术实现产业化；欧阳平凯等在酶法合成果糖二磷酸和海因酶法生产L-苯丙氨酸的工程化和技术集成方面进行了开拓性工作。孙志浩等在我国实现了固定化酶法生产D-泛解酸内酯的产业化，生产规模达5000t/a。

生物催化合成经过100多年的发展，如今已经成为合成化学家（特别是有机化学家）不可或缺的工具之一。随着近年来生物学的迅猛发展，新酶的发现、改造和设计更加容易，酶的序列-结构-功能的关系更加明晰，酶的应用范围不断扩展，酶在制药工业上成功应用的案例越来越多，已经成为绿色化学合成领域中发展最快的一项技术手段。美国、日本、德国等化学发达国家都非常重视生物催化剂的研究、开发以及在合成化学中的应用。从最近十年（2003～2012年）生物催化合成相关论文的统计情况来看，关于酶的生物化学与分子生物学研究的内容约占1/3，而关于酶的生物技术及应用微生物学研究的内容和关于酶的有机化学应用研究的内容各占10%左右。其中，美国贡献约30%，日本、德国分别贡献10%左右，中国贡献8%，排在第四位；虽然论文数量预计会在不久的将来超过日本和德国，但论文的质量和影响力却还有很大差距，与美国的距离就更远了。生物催化作为合成化学新的生长点，其发展前途不可限量，它对化学学科整体的发展也将影响深远，但在我国尚未得到应有的重视。究其原因，可能有以下几个方面值得重视和调整。

首先，在我国的高等教育体系中，化学学科与生物学科长期以来彼此分离、独立发展，亟须相互融合和交叉。生物化学作为生命科学的基础学科，主要关注复杂生命机理的解析，却很少关注其对化学学科的反哺和在物质合成中的应用；化学生物学似乎也主要关注小分子对生物大分子（特别是药物靶标）的作用机理，而忽视生物大分子在小分子合成与转化中的应用研究。日本京都大学早在20世纪90年代初就在工学部成立了“合成化学与生物化学”专业，其专业课程主要由四位生物学教授和四位化学教授领导的八个研究室承担。建议我国部分化学学科占优势的高等院校可以尝试打破学科之间的界限，培养一批学科交叉型复合人才。

其次，可能与我国的学科分类和资助体制不无关系。传统上我国化学学科的知识传授一直沿用无机化学、有机化学、分析化学、物理化学等分类方法，国家自然科学基金委员会的学科设置也参照类似的做法，这就在体制上造成长期占优势的主干学科过度膨胀，客观上造成边缘学科和交叉学科长期营养不良，无法正常发展，在很大程度上影响了我国学科的生态平衡和原始创新潜力的进一步提升。因此，建议国家自然科学基金委员会学习美国基金会的经验，通过改革资助体制，努力扶持一些新的学科生长点。

最后，笔者也想借此机会呼吁年轻的化学家更多地关注生物催化合成这一新兴而富有生命力的合成化学研究方向。生物催化剂（酶）虽然是由 20 种氨基酸组成的蛋白质分子，其催化剂机理与小分子有机催化剂是十分相似的，然而正是由于酶的相对分子分量较大（通常在 $10^4$ 以上），而且具有非常精巧的三维空间结构和协同催化作用，因此它才显示出小分子催化剂无法比拟的催化效率和选择性。化学家不但可以挖掘和利用天然酶分子的催化功能，而且可以采用分子生物学或化学的方法改造酶分子，同时可模拟酶的结构或功能，设计出一些结构更简单、功能更强大的模拟酶催化剂。因此，我们有理由相信，酶分子的设计、改造和应用，将给“后石油时代”的化学家创造新物质的活动提供一个无限广阔的空间。

## 参考文献


[1] Tao J，Xu J H. Biocatalysis in development of green pharmaceutical processes. Curr Opin Chem Biol，2009，13：43 - 50 .

[2] Keasling J D. Manufacturing molecules through metabolic engineering. Science，2010，330：1355 - 1358.

[3] de Raadt A，Griengl H. The use of substrate engineering in biohydroxylation. Curr Opin Biotechnol，2002，13：537 - 542.

[4] Chen R. Enzyme engineering：Rational redesign versus directed evolution. Trends Biotechnol，2001，19：13 - 14.

[5] Klibanov A M. Improving enzymes by using them in organic solvents. Nature，2001，409：241 - 246.

[6] Ju X，Pan J，Yu H L，et al. Improving *Pseudomonas* sp. esterase performance by engineering approaches for kinetic resolution of 2-acetoxyphenylacetic acids. Biochem Eng J，2011，57：63 - 68.

[7] Luo X J，Yu H L，Xu J H. Genomic data mining：An efficient way to find new

and better enzymes. Enzyme Eng, 2012, 1: 104.

[8] Kaluzna I A, Matsuda T, Sewall A K, et al. A systematic investigation of *Saccharomyces cerevisiae* enzymes catalyzing carbonyl reductions. J Am Chem Soc, 2004, 126: 12827 - 12832.

[9] Ni Y, Li C X, Wang L J, et al. Biocatalytic properties of a recombinant aldo-keto reductase with broad substrate spectrum and excellent stereoselectivity. Appl Microbiol Biotechnol, 2011, 89: 1111 - 1118.

[10] Ni Y, Li C X, Wang L J, et al. Efficient reduction of ethyl 2-oxo-4-phenylbutyrate at 620 g · $L^{-1}$ by a bacterial reductase with broad substrate spectrum. Adv Synth Catal, 2011, 353: 1213 - 1217.

[11] Ni Y, Li C X, Wang L J, et al. Highly stereoselective reduction of prochiral ketones by a bacterial reductase coupled with cofactor regeneration. Org Biomol Chem, 2011, 9: 5463 - 5468.

[12] Zhang W X, Xu G C, Huang L, et al. Highly efficient synthesis of (*R*)-3-quinuclidinol in a space-time yield of 916 g · $L^{-1}$ · $d^{-1}$ using a new bacterial reductase ArQR. Org Lett, 2013, 15: 4917 - 4919

[13] Xu G C, Yu H L, Zhang X Y, et al. Access to optically active aryl halohydrins using a substrate-tolerant carbonyl reductase discovered from Kluyveromyces thermotolerans. ACS Catal, 2012, 2: 2566 - 2571.

[14] Xu G C, Yu H L, Zhang Z J, et al. Stereocomplementary bioreduction of *β*-keto-nitrile without ethylated byproduct. Org Lett, 2013, 15: 5408 - 5411.

[15] Ma H M, Yang L L, Ni Y, et al. Stereospecific reduction of methyl *O*-chlorobenzoylformate at 300 g · $L^{-1}$ without additional cofactor using a carbonyl reductase mined from *Candida glabrata*. Adv Syn Catal, 2012, 354: 1765 - 1772.

[16] Shen N D, Ni Y, Ma H M, et al. Efficient synthesis of a chiral precusor for ACE inhibitors in high space-time yield by a new reductase without external cofactors. Org Lett, 2012, 14: 1982 - 1985.

[17] Wang L J, Li C X, Ni Y, et al. Highly efficient synthesis of chiral alcohols with a novel NADH-dependent reductase from Streptomyces coelicolor. Bioresour Technol, 2011, 102: 7023 - 7028.

[18] Pennacchio A, Pucci B, Secundo F, et al. Purification and characterization of a novel recombinant highly enantioselective short-chain NAD(H)-dependent alcohol dehydrogenase from *Thermus thermophilus*. Appl Environ Microbiol, 2008, 74: 3949 - 3958.

[19] Zou Z Z, Yu H L, Li C X, et al. A new thermostable *β*-glucosidase mined from *Dictyoglomus thermophilum*: Properties and performance in octyl glucoside synthesis at high temperatures. Bioresour Technol, 2012, 118: 425 - 430.

[20] Hu K, Li C X, Pan J, et al. Performance of a new thermostable mannanase in

breaking guar-based fracturing fluids at high temperatures with little premature degradation. Appl Biochem Biotechnol，2014，172：1215－1226.

[21] Ouyang L M，Liu J Y，Qiao M，et al. Isolation and biochemical characterization of two novel metagenome-derived esterases. Appl Biochem Biotechnol，2013，169：15－28.

[22] Padhi S K，Fujii R，Legatt G A，et al. Switching from an esterase to a hydroxynitrile lyase mechanism requires only two amino acid substitutions. Chem Biol，2010，17：863－871.

[23] Coelho P S，Brustad E M，Kannan A，et al. Olefin cyclopropanation via carbene transfer catalyzed by engineered cytochrome P450 enzymes. Science，2013，339：307－310.

[24] Agudo R，Roiban G D，Reetz M T. Induced axial chirality in biocatalytic asymmetric ketone reduction. J Am Chem Soc，2013，135：1665－1668.

[25] Wu Q，Soni P，Reetz M T. Laboratory evolution of enantiocomplementary *Candida antarctica* lipase B mutants with broad substrate scope. J Am Chem Soc，2013，135：1872－1881.

[26] Koudelakova T，Chaloupkova R，Brezovsky J，et al. Engineering enzyme stability and resistance to an organic cosolvent by modification of residues in the access tunnel. Angew Chem Int Ed，2013，52：1959－1963.

[27] Siegel J B，Zanghellini A，Baker D，et al. Computational design of an enzyme catalyst for a stereoselective bimolecular Diels-Alder reaction. Science，2010. 329：309－313.

[28] Jiang L，Althoff E A，Baker D，et al. De novo computational design of retro-aldol enzymes. Science，2008，319：1387－1390.

[29] Röthlisberger D，Khersonsky O，Baker D，et al. Kemp elimination catalysts by computational enzyme design. Nature，2008，453：190－195.

[30] Privett H K，Kiss G，Lee T M，et al. Iterative approach to computational enzyme design. Proc Natl Acad Sci USA，2012，109：3790－3795.

[31] Bolon D N，Mayo S L. Enzyme-like proteins by computational design. Proc Natl Acad Sci USA，2001，98：14274－14279.

[32] Richter F，Blomberg R，Khare S D，et al. Computational design of catalytic dyads and oxyanion holes for ester hydrolysis. J Am Chem Soc，2012，134：16197－16206.

[33] Khare S D，Kipnis Y，Greisen P，et al. Computational redesign of a mononuclear zinc metalloenzyme for organophosphate hydrolysis. Nat Chem Biol，2012，8：294－300.

[34] Truppo M D，Strotman H，Hughes G. Development of an immobilized transaminase capable of operating in organic solvent. ChemCatChem，2012，4：1071－1074.

[35] Demir A S，Talpur F N，Sopaci S B，et al. Selective oxidation and reduction reactions with cofactor regeneration mediated by galactitol-，lactate-，and formate dehydrogenases immobilized on magnetic nanoparticles. J Biotechnol，2011，152：176－183.

[36] Liu W，Zhang S，Wang P. Nanoparticle-supported multi-enzyme biocatalysis

with in situ cofactor regeneration. J Biotechnol, 2009, 139: 102-107.

[37] Pan J, Kong X D, Li C X, et al. Crosslinking of enzyme coaggregate with polyethyleneimine: A simple and promising method for preparing stable biocatalyst of *Serratia marcescens* lipase. J Mol Catal B: Enzym, 2011, 68: 256-261.

[38] Zheng G W, Yu H L, Li C X, et al. Immobilization of *Bacillus subtilis* esterase by simple cross-linking for enzymatic resolution of dl-menthyl acetate. J Mol Catal B: Enzym, 2011, 70: 138-143.

[39] Cao L Q, van Rantwijk F, Sheldon R A. Cross-linked aggregates of penicillin acylase: Robust catalysts for the synthesis of β-lactam antibiotics. Org Lett, 2000, 2: 1361-1364.

[40] van Pelt S, van Rantwijk F, Sheldon R A. Synthesis of aliphatic (*S*)-α-hydroxycarboxylic amides using a one-pot bienzymatic cascade of immobilised oxynitrilase and nitrile hydratase. Adv Syn Catal, 2009, 351: 397-404.

[41] Musa M M, Ziegelmann-Fjeld K I, Vieille C, et al. Xerogel-encapsulated W110A secondary alcohol dehydrogenase from *Thermoanaerobacter ethanolicus* performs asymmetric reduction of hydrophobic ketones in organic solvents. Angew Chem Int Ed, 2007, 46: 3091-3094.

[42] Klibanov A M. Enzymes that work in organic solvents. Chem Tech, 1986, 6: 354-359.

[43] Ventura S P M, Santos L D F, Saraiva J A, et al. Ionic liquids microemulsions: The key to *Candida antarctica* lipase B superactivity. Green Chem, 2012, 14: 1620-1625.

[44] de los Ríos A P, van Rantwijk F, Sheldon R A. Effective resolution of 1-phenyl ethanol by *Candida antarctica* lipase B catalysed acylation with vinyl acetate in protic ionic liquids (PILs). Green Chem, 2012, 14: 1584-1588.

[45] Villarroya S, Thurecht K J, Howdle S M. HRP-mediated inverse emulsion polymerisation of acrylamide in supercritical carbon dioxide. Green Chem, 2008, 10: 863-867.

[46] Hobbs H R, Kondor B, Stephenson P, et al. Continuous kinetic resolution catalysed by cross linked enzyme aggregates, "CLEAs", in Supercritical $CO_2$. Green Chem, 2006, 8: 816-821.

[47] Hobbs H R, Kirke H M, Poliakoff M, et al. Homogeneous biocatalysis in both fluorous biphasic and supercritical carbon dioxide systems. Angew Chem Int Ed, 2007, 46: 7860-7863.

[48] Schmid A, Dordick J S, Hauer B, et al. Industrial biocatalysis today and tomorrow. Nature, 2001, 409: 258-268.

[49] (a) Zhao J, Chu Y Y, Li A T, et al. An unusual (*R*)-selective epoxide hydrolase with high activity for facile preparation of enantiopure glycidyl ethers. Adv Synth Catal, 2011, 353: 1510-1518; (b) Kong X D, Li L, Chen S, et al. Engineering of an epoxide

hydrolase for effecient bioresolution of bulky pharmaco substrates. Proc Natl Acad Sci USA, 2014, 111: 15717－15722; (c) Kong X D, Ma Q, Zhou J, et al. Asmart library of epoxide hydrolase variants and the top hits for synthesis of (*S*)-*β*-blocken precursors. Angew Chem Int Ed, 2014, 53: 6641－6644.

[50] Zhang C S, Zhang Z J, Li C X, et al. Efficient production of (*R*) -*O*-chloromandelic acid by deracemization of *O*-chloromandelonitrile with a new nitrilase mined from Labrenzia aggregate. Appl Microbiol Biotechnol, 2012, 95: 91－99.

[51] Kessler R A. Construction of US hybrid biomass plant on schedule. Recharge (2012). Available at: http: //www. rechargenews. com/news/biofuels/article 1295877. ece.

[52] Lane J. Chemtex lands $99M USDA loan guarantee for North Carolina cellulosic biofuels project. [Online] . Biofuels Digest (2012) . Available at: http: //www. biofuelsdigest. com/ bdigest/2012/08/23/chemtex-lands-99m-usda-loanguarantee-for-north-carolina-cellulosic-biofuels-project/ [2012－10－1] .

[53] Brown T R, Brown R C. A review of cellulosic biofuel commercial－scale projects in the unite states. Biofules, Bioproducts and Biorefining, 2013, 7:217－352.

[54] Herndon A. POET, royal DSM create joint venture to make cellulosic ethanol. [Online] . Bloomberg (2012) . Available at: http: //www. bloomberg. com/news/2012－01－23/poet-and-dsmcreate-joint-venture-for-cellulosic-ethanol. html? [2012－10－1] .

[55] Choudhury S, Baeg J O, Park N J, et al. A photocatalyst/enzyme couple that usessolar energy in the asymmetric reduction of acetophenones. Angew Chem Int Ed, 2012, 51: 11624－11628.

[56] Huisman G W, Collier S J. On the development of new biocatalytic processes for practical pharmaceutical synthesis. Curr Opin Chem Biol, 2013, 17: 284－292.

[57] Winker C K, Clay D, Davies S, et al. Chemoenzymatic asymmetric synthesis of pregabalin precursors via asymmetric bioreduction of *β*-cyanoacrylate esters using ene reductases. J Org Chem, 2013, 78: 1525－1533.

[58] Ni Y, Yu H L, Lin G Q, et al. A new ene reductase from *Clavispora lusitaniae* for asymmetric reduction of activated alkenes. Enzyme Microb Technol, 2014, 56: 40－45.

[59] (a) Li J, Pan J, Zhang J, et al. Stereoselective synthesis of L-*tert*-leucine by a newly cloned leucine dehydrogenase from *Exiguobacterium sibiricum*. J Mol Catal B: Enzymatic, 2014, 105: 11－17; (b) Vedha-Peters K, Gunawardana M, Rozzell J D, et al. Creation of a broad-range and highly stereoselective D-amino acid dehydrogenase for the one-step synthesis of D-amino acids. J Am Chem Soc, 2006, 128: 10923－10929.

[60] Ang E L, Clay M D, Behrouzian B, et al. Biocatalysts and methods for the synthesis of Armodafinil. WO 2012078800, 2012.

[61] Boyd D R, Sharma N D, Malone J, et al. New families of enantiopure cyclohex-

*enone cis*-diol, *o*-quinol dimer and hydrate metabolites from dioxygenase-catalyzed dihydroxylation of phenols. Chem Commun, 2009, 3633－3635.

[62] Li T, Liang J, Ambrogelly A, et al. Efficient, chemoenzymatic process for manufacture of the boceprevir bicyclic [3. 1. 0] proline intermediate based on amine oxidase-catalyzed desymmetrization. J Am Chem Soc, 2012, 134: 6467－6472.

[63] Savile C K, Janey J M, Mundorff E C, et al. Biocatalytic asymmetric synthesis of chiral amines from ketones applied to sitagliptin manufacture. Science, 2010, 329: 305－309.

[64] Dong Q, Ouyang L M, Yu H L, et al. Efficient biosynthesis of uridine diphosphate glucose from maltodextrin by multiple enzymes immobilized on magnetic nanoparticles. Carbohydrate Res, 2010, 345: 1622－1626.

[65] Dong Q, Ouyang L M, Yu H L, et al. A biocatalytic synthesis of diosgenyl-$\beta$-D-glucopyranoside by the use of four recombinant enzymes in one pot. Tetrahedron Lett, 2010, 51: 1603－1605.

[66] Pandey R P, Li T F, Kim E H, et al. Enzymatic synthesis of novel phloretin glucosides. Appl Environ Microbiol, 2013, 79: 3516－3521.

[67] Werneburg M, Hertweck C. Chemoenzymatic total synthesis of the antiproliferative polyketide (+)-(*R*)-aureothin. ChemBioChem, 2008, 9: 2064－2066.

[68] Purkarthofer T, Gruber K, Gruber-Khadjawi M, et al. A biocatalytic Henry reaction - the hydroxynitrile lyase from Hevea brasiliensis also catalyzes nitroaldol reactions. Angew Chem Int Ed, 2006, 45: 3454－3456.

[69] Jin J, Oskam P C, Karmee S K, et al. MhyADH catalysed Michael addition of water and *in situ* oxidation. Chem Commun, 2010, 46: 8588－8590.

[70] van Pelt S, Zhang M, Otten L G, et al. Probing the enantioselectivity of a diverse group of purified cobalt-centred nitrile hydratases. Org Biomol Chem, 2011, 9: 3011－3019.

[71] Bernhardt P, Okino T, Winter J M, et al. A stereoselective vanadium-dependent chloroperoxidase in bacterial antibiotic biosynthesis. J Am Chem Soc, 2011, 133: 4268－4270.

[72] Haak R M, Berthiol F, Jerphagnon T, et al. Dynamic kinetic resolution of racemic $\beta$-haloalcohols: Direct Access to enantioenriched epoxides. J Am Chem Soc, 2008, 130: 13508－13509.

[73] Truppo M D. Cofactor recycling for enzyme catalyzed processes in comprehensive chirality. Synthetic Methods VI-Enzymatic and Semi-Enzymatic, 2012, 7: 46－70.

[74] Sheldon R A. Enzyme catalyzed cascade reactions//Multi-Step Enzyme Catalysis: Biotransformations and Chemoenzymatic Synthesis. Weinheim: Wiley-VCH, 2008: 109－135

[75] Ni Y, Xu J H. Biocatalytic ketone reduction: A green and efficient access to en-

antiopure alcohols. Biotechnol Adv, 2012, 30: 1279 - 1288.

[76] Zheng G W, Xu J H. New opportunities for biocatalysis: Driving the synthesis of chiral chemicals. Curr Opin Biotechnol, 2011, 22: 784 - 792.

[77] Xue R, Woodley J M. Process technology for multi-enzymatic reaction systems. Bioresour Technol, 2012, 115: 183 - 195.

[78] Wada M, Yoshizumi A, Noda Y, et al. Production of a doubly chiral compound, (4*R*,6*R*)-4-hydroxy-2,2,6-trimethylcyclohexanone, by two-step enzymatic asymmetric reduction. Appl Environ Microbiol, 2003, 69: 933 - 937.

[79] Shanmuganathan S, Natalia D, Greiner L, et al. Oxidation-hydroxymethylation-reduction: A one-pot three-step biocatalytic synthesis of optically active $\alpha$-aryl vicinal diols. Green Chem, 2012, 14: 94 - 97.

[80] Xu Y, Jia X, Panke S, et al. Asymmetric dihydroxylation of aryl olefins by sequential enantioselective epoxidation and regioselective hydrolysis with tandem biocatalysts. Chem Commun, 2009, 1481 - 1483.

[81] Voss C V, Gruber C C, Kroutil W. Deracemization of secondary alcohols through a concurrent tandem biocatalytic oxidation and reduction. Angew Chem Int Ed, 2008, 47: 741 - 745.

[82] Voss C V, Gruber C C, Faber K, et al. Orchestration of concurrent oxidation and reduction cycles for stereoinversion and deracemisation of *sec*-alcohols. J Am Chem Soc, 2008, 130: 13969 - 13972.

[83] Li Y L, Xu J H, Xu Y. Deracemization of aryl secondary alcohols via enantioselective oxidation and stereoselective reduction with tandem whole-cell biocatalysts. J Mol Catal B: Enzymatic, 2010, 64: 48 - 52.

[84] Monti D, Ferrandi E E, Zanellato I, et al. One-pot multienzymatic synthesis of 12-ketoursodeoxycholic acid: Subtle cofactor specificities rule the reaction equilibria of five biocatalysts working in a row. Adv Synth Catal, 2009, 351: 1303 - 1311.

[85] Vejvoda V, Martínková L, Veselá A B, et al. Biotransformation of nitriles to hydroxamic acids via a nitrile hydratase-amidase cascade reaction. J Mol Catal B: Enzymatic, 2011, 71: 51 - 55.

[86] Mateo C, Chmura A, Rustler S, et al. Synthesis of enantiomerically pure (*S*)-mandelic acid using an oxynitrilase-nitrilase bienzymatic cascade: A nitrilase surprisingly shows nitrile hydratase activity. Tetrahedron Asymm, 2006, 17: 320 - 323.

[87] Ankati H, Zhu D M, Yang Y, et al. Asymmetric synthesis of both antipodes of $\beta$-hydroxy nitriles and $\beta$-hydroxy carboxylic acids via enzymatic reduction or sequentialreduction/ hydrolysis. J Org Chem, 2009, 74: 1658 - 1662.

[88] Resch V, Fabian W M F, Kroutil W. Deracemisation of mandelic acid to optically pure non-natural-phenylglycine via a redox neutral biocatalytic cascade. Adv Synth Catal,

2010，352：993－997.

[89] Findrik Z，Vasić-Rački D. Biotransformation of D-methionine into L-methionine in the cascade of four enzymes. Biotechnol Bioeng，2007，98：956－967.

[90] Bae H S，Lee S G，Hong S P，et al. Production of D-amino acids from α-keto acids and ammonia by coupling of four enzyme reactions. J Mol Catal B Enzymatic，1999，6：241－247.

[91] Caligiuri A，D'Arrigo P，Gefflaut T，et al. Multistep enzyme catalysed deracemisation of 2-naphthyl alanine. Biocatal Biotransform，2006，24：409－413.

[92] Cox B M，Bilsborrow J B，Walker K D. Enhanced conversion of racemic alpha-arylalanines to (*R*)-beta-arylalanines by coupled racemase/aminomutase catalysis. J Org Chem，2009，74：6953－6959.

[93] Yasukawa K，Asano Y. Enzymatic synthesis of chiral phenylalanine derivatives by a dynamic kinetic resolution of corresponding amide and nitrile substrates with a multi-enzyme system. Adv Synth Catal，2012，354：3327－3332.

[94] Koszelewski D，Lavandera I，Clay D，et al. Formal asymmetric biocatalytic reductive amination. Angew Chem Int Ed，2008，47：9337－9340.

[95] Koszelewski D，Clay D，Rozzell D，et al. Deracemisation of α-chiral primary amines by a one-pot，two-step cascade reaction catalysed by ω-transaminases. Eur J Org Chem，2009，2289－2292.

[96] Truppo M D，Turner N J，Rozzell J D. Efficient kinetic resolution of racemic amines using a transaminase in combination with an amino acid oxidase. Chem Commun，2009，2127－2129.

[97] Koszelewski D，Tauber K，Faber K，et al. Enzymatic racemization of amines catalyzed by enantiocomplementary ω-transaminases. Trends Biotechnol，2010，28：324－332.

[98] Woodley J M. New opportunities for biocatalysis：Making pharmaceutical processes greener. Trends Biotechnol，2008，26：321－327.

[99] Anastas P，Warner J. Green Chemistry：Theory and Practice. London：Oxford University Press，1998.

[100] Ma S K，Gruber J，Davis C，et al. A green-by-design biocatalytic process for atorvastatin intermediate. Green Chem，2010，12：81－86.

[101] Gao L，Xu J H，Li X J，et al. Optimization of *Serratia marcescens* lipase production for enantioselective hydrolysis of 3-phenylglycidic acid ester. J Ind Microbiol Biotechnol，2004，31：525－530.

[102] Zhao L L，Pan J，Xu J H. Efficient production of diltiazem chiral intermediate using immobilized lipase from *Serratia marcescens*. Biotechnol Bioproc Eng，2010，15：199－207.

［103］ Nicely N I，Parsonage D，Paige C，et al. Structure of the type Ⅲ pantothenate kinase from *Bacillus anthracis* at 2.0 Å resolution：Implications for coenzyme a-dependent redox biology. Biochemistry，2007，46：3234－3245.

［104］ Sharma S V，Jothivasan V K，Newton G L. Chemical and chemoenzymatic syntheses of bacillithiol：A unique low-molecular-weight thiol amongst low G+C gram-positive bacteria. Angew Chem Int Ed，2011，50：7101－7104.

［105］ Knowles J R. Enzyme catalysis：Not different，just better. Nature，1991，350：121.

［106］ 许建和，林国强，潘江，等．生物催化法合成手性药物及中间体//林国强，王梅祥．手性合成与手性药物．北京：化学工业出版社，2008：24－87.

［107］ Yu H L，Xu J H，Lu W Y，et al. Discovery and utilization of biocatalysts for chiral synthesis：An overview of Chinese scientists research and development. Adv Biochem Eng/Biotechnol，2009，113：1－31.

［108］ Pan J，Yu H L，Xu J H，et al. Advances in biocatalysis：Enzymatic reactions and their applications. Top Organomet Chem，2011，36：67－102.

［109］ 许建和．高速发展的中国化学．北京：科学出版社，2012：129－133.

# 第九章 光化学合成

吴骊珠　王雪松　刘　强　孟庆元　李治军　陈　彬

## 第一节　引　　言

光化学是研究处于电子激发态的分子结构及其物理化学性质的科学。早期的研究主要是从分子水平上研究激发态的形成、结构、物理特性和化学行为，重点研究新的光化学反应、探索反应机理、解释和归纳光物理现象等。在半个世纪的发展过程中，这门新兴学科进展迅速。大量有机物、配位化合物、金属有机物的光化学和光物理行为已被了解，并得到理论上的阐明，许多重要激发态在结构、能量以及动态学方面的研究已相当深入和完善。随着实验技术和基础理论的发展和完善，光化学的研究达到了一个新的高度。近年来，光化学正在与材料、能源、生命、信息、环境等学科交叉融合，光化学的研究结果也正在加速向高新技术转化，如高效绿色光化学及光催化合成技术、高效光电转换材料、高密度大容量信息记录、显示和存储材料，非线性光学材料、高精度超微细加工技术、光催化环境治理等。人们越来越清楚地认识到，这些研究过程中所涉及的基础问题实际上都可以追溯到光与物质相互作用这一自然界最基本的问题上，这为光化学的发展提供了前所未有的机遇，高新技术的发展为光化学的研究开拓了更加广阔的天地。

光化学合成是以光为激发手段，研究激发态分子的反应。光合作用是光化学反应的成功范例，是地球上最重要、规模最大的化学反应。植物利用太阳光进行光合作用将太阳能转化为化学能，合成有机物[1]。化石能源是地球上的植物在过去25亿年光合作用积累的结果。当前全世界每年的能耗相当于地球五十万年光合作用积累的化石能源。据统计陆地表面接受的太阳能只有

0.3%被植物接收并参与光合作用[2]。太阳能是取之不尽的可再生能源，地球表面每年接收的太阳辐射能约为120 000tW①。地球每小时接收的太阳能足够全世界1年的消耗。如果太阳能的转化效率达到10%，0.16%的地球表面每年提供的太阳能约为20tW，超过现在全世界每年的能耗（14tW）。尽管太阳能资源丰富，无需运输，对环境没有污染，但由于分散性和间歇性，必须被有效转化、存储并加以利用[3]。模拟植物光合作用，将太阳能转化为化学能并大量合成人类需要的有机物，是提高太阳能利用效率并解决当前能源短缺和环境污染问题的理想方案。

## 第二节　人工光合成

早在1912年，博洛尼亚大学的Ciamician教授在纽约举行的第八届国际纯粹与应用化学联合会上提出，人类可以借鉴自然界光合作用的机理和过程，通过人工光合成途径将太阳能转化为化学能并存储在相应的化合物中[4]。经过100年的发展，这个伟大设想为人类开发和利用太阳能开辟了途径，人工光合成的概念和内容被不断完善和丰富。科学家借鉴和模拟自然界光合作用过程，建立发展创新、简单、廉价、高效、稳定的人工光合成体系，直接将太阳能转化成为可储存的能量形式氧气（$O_2$）和氢气（$H_2$），$H_2$可以进一步与$CO_2$结合生成有机物，并致力于以更快的速率、更高的效率、更简单的方式实现太阳能富集、转化和存储利用。以太阳能分解水制取氢气和氧气为例，理想的人工光合成途径如图9-1所示：天线分子吸收可见光产生激子；随后激子发生较快的电荷分离并将电子和空穴分别传输到氧化还原催化位点；在合适的还原催化位点完成还原反应放出$H_2$，在合适的氧化催化位点完成氧化反应放出$O_2$[5]。在构筑人工光合成体系的过程中，我们可以从分子水平认识关键单元设计合成及其连接方式对人工光合成体系效率和稳定性的影响，理解和掌握人工光合成的具体过程和制约因素，从而为建立来源丰富、经济环保、稳定高效的人工光合成体系，实现太阳能的高效转化奠定基础。

### 一、人工光合成制氢体系

自然界通过光合作用将太阳能高效大规模转化为化学能，其中光合细菌

① $1tW=10^{12}W=10^{12}J/s$。

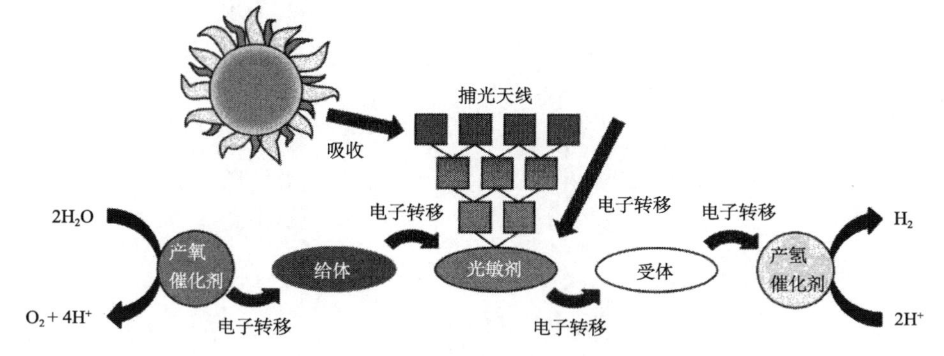


图 9-1　人工光合成分解水制氢原理[5]

的氢化酶活性中心能够利用所获电子高效催化质子还原为氢气。在自然条件下每个氢化酶活性中心每秒可以产生 6000～9000 个氢气分子[6]。氢化酶独特的结构和催化性能，引起了人们的广泛兴趣。特别是 20 世纪末 Peters[7]、Fontecilla-Camps[8]等对铁氢化酶活性中心晶体结构的确认正式开启了科学家模拟光合作用，发展新型非贵金属或非金属光合成体系的大门。

2003 年，孙立成研究小组首次将联吡啶钌配合物 $[Ru(bpy)_3]^{2+}$ 作为光敏剂，铁氢化酶模拟化合物作为催化剂，通过酰胺键和酯基连接光敏剂与催化中心[9]。他们进一步通过刚性的苯环与三键将 $[Ru(terpy)_2]^{2+}$ 与铁氢化酶模拟化合物相连［图 9-2(a)］，希望通过共轭的桥连基团延长激发态钌配合物光敏剂的寿命[10]。但遗憾的是，上述体系中联吡啶钌配合物的激发态氧化电位（$-0.98\sim-1.10$V vs. $Fc^{0/+}$）相比 $Fe_2S_2$ 催化中心的还原电位（$-1.39\sim-1.76$V vs. $Fc^{0/+}$）更正，这些二元分子光催化剂未能实现光催化产氢。直到 2008 年，他们以 $[Ru(bpy)_3]^{2+}$ 为光敏剂，膦配体修饰的铁氢化酶为催化剂，抗坏血酸为电子牺牲体和质子源，构筑了分子间光催化产氢体系［图 9-2(b)］[11]。当用 $\lambda>400$nm 光照射体系的乙腈和水混合溶液时，体系的产氢催化转化数 TON 达到 4.3（基于铁氢化酶模拟配合物）。

2009 年，Reek 研究小组报道了具有蝴蝶状结构的超分子组装体（图 9-3）[12]。他们将两个带有吡啶基团的膦配体分别连接到 $Fe_2S_2$ 簇的两个铁原子上，通过吡啶氮原子与锌卟啉金属中心配位，得到了铁氢化酶活性中心带有两个光敏剂单元的分子组装体。虽然整个体系的产氢机制尚不清楚，但组装体在以 $N\mathit{i}Pr_2EtH\cdot OAr$ 为电子牺牲体和质子源的甲苯溶液中能够受可见光驱动产生氢气。

吴骊珠、佟振合研究小组深入开展了多个模拟氢化酶功能体系构建和催化机理的研究[13,14]。他们在温和的条件下，高效、高产率地合成了一系列结

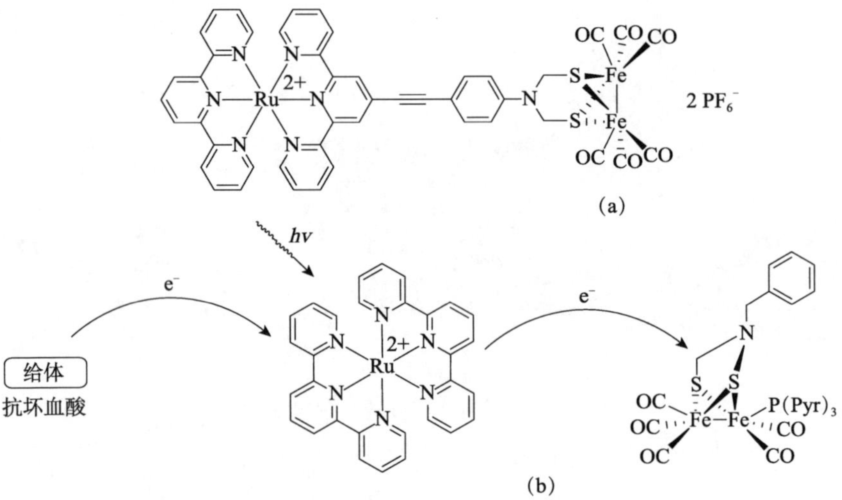


图 9-2 钌配合物-铁氢化酶模拟物人工光合成产氢体系

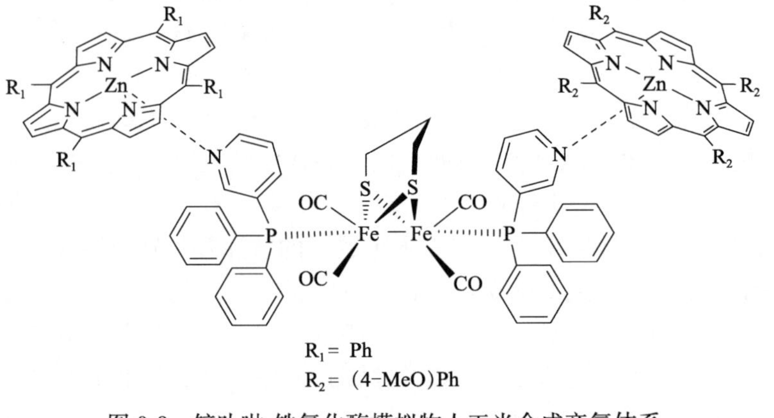


图 9-3 锌卟啉-铁氢化酶模拟物人工光合成产氢体系

构多样的新型氢化酶模拟化合物；构筑了第一个人工模拟铁氢化酶光致产氢的二元和三元分子催化剂[15,16]，并利用原位和超快光谱证明分子催化剂受光激发能够发生快速的电子转移，并生成长寿命的电荷分离态，电荷分离态的寿命越长，光致产氢的效率越高。利用自组装将光敏剂与铁氢化酶模拟化合物引入水相[17]，模拟还原了自然界氢化酶的产氢环境，光致产氢实验表明光诱导电子转移的驱动力大小及光敏剂与活性中心的紧密接触是提高放氢效率的关键。通过界面组装方法成功制备的铁氢化酶模拟化合物光催化剂具有很高的产氢活性；在国际上率先突破了铁氢化酶模拟化合物稳定性差、催化效率低的瓶颈，实现了太阳光驱动铁氢化酶模拟化合物的水相高效产氢[18-21]，构筑了高效、稳定、廉价的模拟酶光催化产氢新体系，获得了目前铁氢化酶模拟化合物光催化体系的最高产氢效率，从分子水平上揭示了模拟铁氢化酶体系的光催化产氢机理。例如，通过化学修饰将三缩乙二醇单甲醚键连到铁氢化酶模拟化合物活性中心，合成了具有良好水溶性的铁氢化酶催化剂，首次以量子点为光敏剂，抗坏血酸为电子牺牲体和质子源，在水中构筑体系的催化转化数（TON）达到 505（10h）［图 9-4（a）］[18]；通过界面组装的方法将铁氢化酶模拟化合物组装到水溶性 CdSe 量子点的表面[19]，成功制备的水溶性模拟铁氢化酶光催化剂在光照 80h 产生氢气的催化转化数（TON）和催化速率（TOF）分别高达 8781 和 $596h^{-1}$［图 9-4（b）］；通过共价键的方式将铁氢化酶模拟化合物挂接在水溶性高分子（PAA）骨架上，以 CdSe 量子点和 PAA 聚合物催化剂构筑的光催化体系光照 8h，TON 达到 27 135，初始催化速率 TOF 达 $3.6s^{-1}$，是目前铁氢化酶模拟化合物光催化产氢的最高速率［图 9-4（c）］[20]；通过分子自组装将铁氢化酶模拟化合物和 CdTe 量子点包裹在壳聚糖中，模拟铁氢化酶催化活性中心所处的蛋白质环境对催化产氢行为的影响，研究发现壳聚糖光催化产氢体系的稳定性显著提高，与相同条件没有壳聚糖存在的体系相比，催化产氢活性提高了 4000 多倍，TON 高达 52 800［图 9-4（d）］[21]。这些研究结果对于发展太阳能光催化制氢体系意义重大。

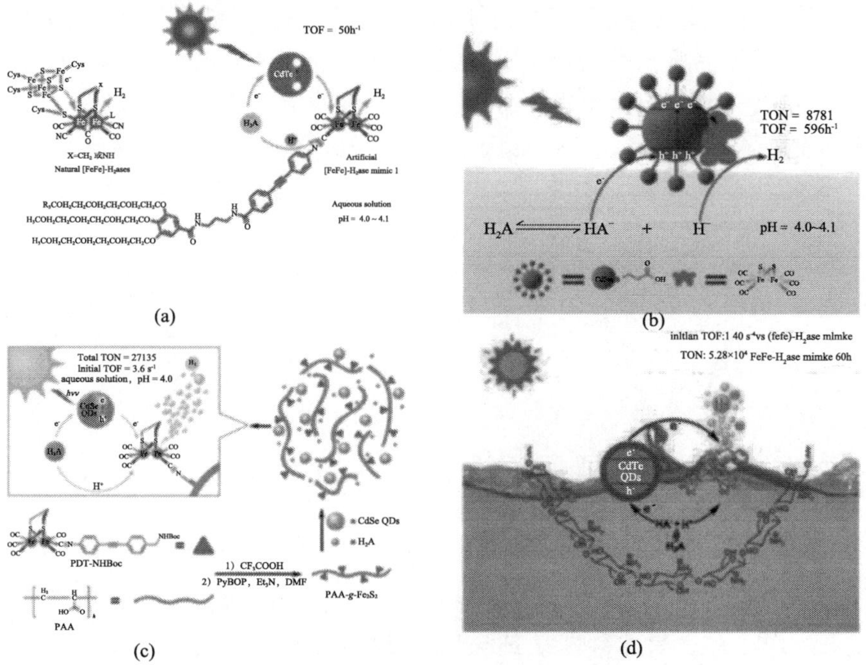


图 9-4　量子点-铁氢化酶模拟人工光合成产氢体系

钴-丁二酮肟的配合物分子及其衍生物是另一类高效的制氢催化剂[22,23]。这类催化剂早先被科学家证实是一类高效的电催化制氢催化剂[22-24]。1983年，Lehn研究小组利用钴-丁二酮肟配合物为催化剂，三联吡啶钌为光敏剂，首次报道了这类化合物作为光合成催化剂的制氢体系[25]。近年来，基于钴-丁二酮肟配合物的多组分及超分子人工光合成制氢体系被不断报道，各类金属配合物光敏剂被引入以构筑高效的光合成制氢体系。例如，Eisenberg研究小组利用三联吡啶铂配合物为光敏剂，钴-丁二酮肟配合物为催化剂，在乙腈和水的混合溶剂中构筑了高效的催化产氢体系[26]。经过系统优化[27]，得到较高的催化产氢活性（TON＝120基于钴；TON＝2150基于三联吡啶铂配合物）。进一步以有机染料曙红Y或者硒原子取代氧杂蒽类光敏剂取代金属配合物光敏剂（图9-5），不但降低了光合成产氢体系的成本，而且提高了体系的催化活性（TON＝900基于曙红Y；TON＝9000基于硒取代氧杂蒽类光敏剂）和稳定性[28]。2013年，Castellano等[29]通过使用更稳定、高效、廉价的铜配合物（$[Cu(dsbtmp)_2]^+$）分子光敏剂和钴-丁二酮肟配合物分子催化剂，在乙腈和水的混合溶剂中得到了稳定的光催化制氢体系（光敏剂稳定性可达5天左右）。尽管如此，钴-丁二酮肟配合物的稳定性有待改善。Eisenberg和杜平武等发现钴-丁二酮肟配合物在光催化过程中会不断分解[28]，即使不光照，钴-丁二酮肟配合物在溶剂中也不稳定[30]。最近，Eisenberg[31]、Xu[32]等研究发现镍-巯基配合物分子拥有优异的光催化产氢活性及稳定性，进一步丰富和发展了来源广泛、成本低廉、稳定性好、效率高的新型人工光合成催化制氢体系。

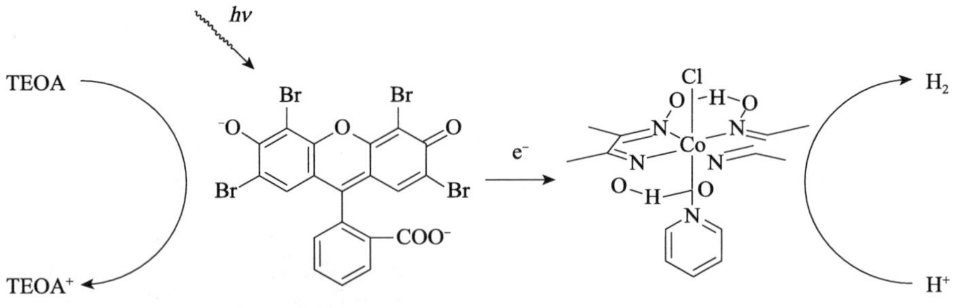


图9-5　钴-丁二酮肟人工光合成产氢体系

另外，基于无机半导体光催化材料的太阳能光解水制氢也是研究的热点和重点。1972年，日本科学家Fujishima和Honda在研究半导体氧化物对光的响应时，第一次在二氧化钛（n-$TiO_2$）半导体电极上实现了水的光电全分解反应[33]。随后，Bard详细研究了半导体体系组分光稳定性、光吸收及电荷分离与传输效率等光催化密切相关的问题，并给出了可能的答案[34]。在随后的几十年里，科学家相继发现一些含有钛、铌、钽、镓等元素的氧化物和氮氧化物光催化剂均具有良好的光催化产氢性能[35]。与此同时，基于新型材料的人工光合成制氢体系也被报道。特别是随着 2004 年石墨烯的发现[36]，各类基于石墨烯及石墨烯类优异光电性能的人工光合成体系被不断报道[37-40]。科学家通过在石墨烯及石墨烯类材料表面修饰催化中心并和半导体纳晶或分子光敏剂偶合[41-45]，构筑了各类独具特色的人工光合成体系。王心晨研究小组利用新型石墨烯类氮化碳 g-$C_3N_4$材料构筑了一系列性能优异的人工光合成体系[46-48]。他们将 $MoS_2$修饰到 g-$C_3N_4$表面，构筑了如图 9-6 所示的光合成催化剂 $MoS_2$/mpg-CN。结果显示 0.5wt%①负载量的 $MoS_2$/mpg-CN 催化性能甚至优于 0.5wt%负载量的 Pt/mpg-CN。

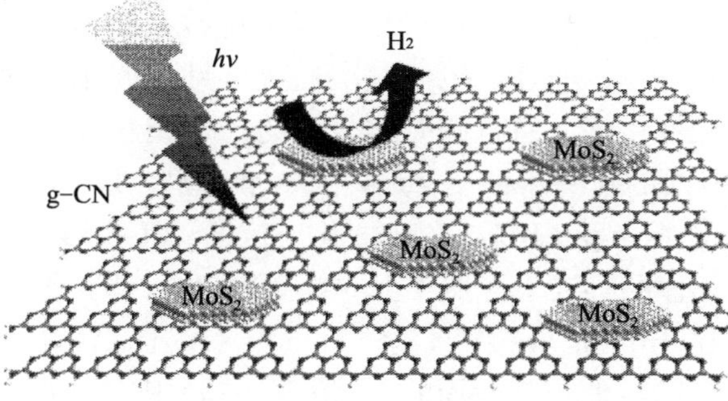


图 9-6　$MoS_2/C_3N_4$ 人工光合成产氢体系

量子点是集分子和半导体优点于一身的“人工原子”。由于其具有带隙、导价带电位、表面态等可以通过尺寸、形貌、组成等方式调节的特点[49]，成为人工光合成领域的新宠儿。科学家通过在其表面修饰贵金属助催化剂[50-54]、天然酶[55-57]、人工模拟分子催化剂[58-60]构筑杂化体系，提高人工光合成催化产氢的催化效率。例如，2012 年 11 月，美国罗切斯特大学的 Eisenberg 和 Krauss 研究小组利用二氢硫辛酸（DHLA）保护的 CdSe 量子点和 $Ni^{2+}$ 构筑了不含贵金属、廉价、简单高效的人工光合成制氢体系［图 10-7(a)］[61]。在长达 360h 光照时间内（$\lambda=520$nm），催化体系的 TON 值大于 600 000，量子效率高达 36%。作者推测加入体系内的 $Ni^{2+}$ 会和量子点表面的二氢硫辛酸（DHLA）配位产生配合物 $Ni^{2+}$-DHLA，而这一配合物为实际的催化活性物种。与此同时，吴骊珠研究小组建立了通过量子点和廉价金属原位制备人工

① wt%表示质量分数。

光合成催化剂的方法，获得了高效、稳定、廉价的人工光合成催化剂。例如，在可见光照射下，利用MPA-CdTe量子点和无机钴盐制备了具有空腔结构的人工光合成催化剂$Co_h$-CdTe［图9-7(b)］。研究发现，在抗坏血酸存在下光照70h，$Co_h$-CdTe的产氢速率为25μmol/(h·mg)，TON达219 100（基于量子点摩尔浓度）或59 600（基于吸附在催化剂表面的Co浓度）[62]。随后，他们进一步利用可见光照射MPA-CdSe量子点和无机镍盐的异丙醇水溶液原位制备了$Ni_h$-CdSe/CdS核壳结构的人工光合成催化剂。可见光照射10 h，$Ni_h$-CdSe/CdS的产氢速率达153μmol/(h·mg)，TON达15 340（基于CdSe量子点物质的量浓度）或18 000（基于催化剂的Ni浓度），可见光410nm照射光催化产氢的内量子效率为11.2%[63]。通过XRD、XPS、ICP-AES表征揭示了光照后生成的$Ni_h$-CdSe/CdS核壳结构人工光合成催化剂，稳态和时间分辨光谱证明CdSe量子点受光激发后发生了向$Ni^{2+}$的光诱导电子转移，ESR及光谱实验证实在光照过程中产生了羟基自由基和丙酮，说明水参与了整个催化循环。更有意思的是，他们首次通过可见光催化协助的方法原位构筑了空腔结构的光催化剂。稳态和时间分辨的谱学技术表征证实光催化过程中CdTe量子点表面的巯基丙酸（MPA）氧化解离，使CdTe量子点选择性地在氢气气泡的水-气界面聚集，在光催化反应协助下组装形成$Ni_h$-CdTe纳米空心球。在抗坏血酸存在下光照42h，空腔结构的$Ni_h$-CdTe光催化剂的产氢速率为21μmol/(h·mg)，TON达137 500（基于量子点物质的量浓度）或30 250（基于吸附在催化剂表面的Ni浓度）。利用这一方法，他们进一步制备了具有空腔结构的$Ni_h$-CdSe和$Ni_h$-CdS人工光合成催化剂[64]。与使用贵金属助催化剂、天然酶或人工合成配合物分子催化剂相比，利用量子点和简单金属盐制备人工光合成催化剂避免了体系成本高、合成及操作复杂、稳定性较差等缺点，从实用性、经济性角度考虑有较大的发展潜力和实用意义。

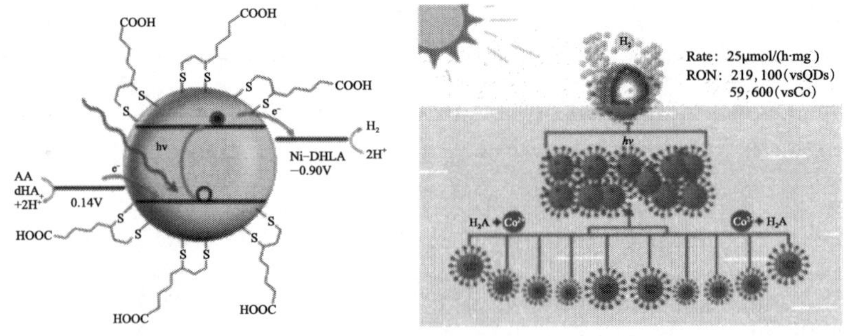


(a) (b)

图9-7 量子点-过渡金属盐人工光合成产氢体系

## 二、人工光合成制氧体系

和人工光合成产氢相比，人工光合成产氧需要完成四个电子的有效传递，过程更为复杂，对产氧催化剂和产氧体系的要求更高。自然界光合系统Ⅱ中的放氧活性中心是由四个锰和一个钙组成的分子簇（图 9-8）。1982 年，Meyer 研究小组[65]报道了一例人工合成产氧催化剂“blue dimer”，一种双金属 Ru 配合物 *cis*,*cis*-$[(bpy)_2(H_2O)Ru^{Ⅲ}ORu^{Ⅲ}(OH_2)(bpy)_2]^{4+}$。随着“blue dimer”的出现，许多双核 Ru 产氧催化剂被合成并应用于电催化产氧过程中[66]，但是光合成制氧的体系的报道很少[67-71]。

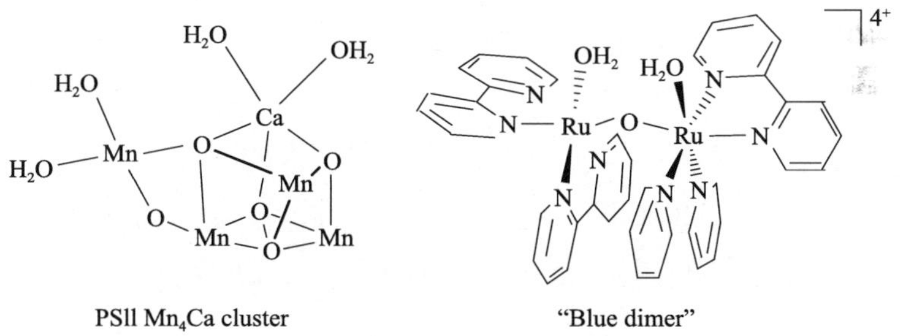


图 9-8　人工光合成产氧催化剂

近年来，通过人工光合成策略促进电子有效传递的进展显著。孙立成研究小组利用 $[Ru(bpy)_3]^{2+}$ 为光敏剂，反式双核 Ru 配合物分子［图 9-9（a）］为产氧催化剂，$Na_2S_2O_8$ 作为电子牺牲体，光照体系光催化产氧 TON 达 370（1h）[68]。为了提高催化剂产氧性能，该小组随后合成顺式双核 Ru 配合物［图 9-9（b）］作为稳定高效的光驱动水氧化的催化剂，在 $[Ru(bpy)_3]^{2+}$ 光敏剂和 $Na_2S_2O_8$ 存在下 TON 提高至 580（1h）[69]。2012 年，他们将光敏剂和含 Ru 水氧化催化剂的分子组装体［图 9-9（c）］[70]在乙腈和水的混合溶剂中（$CH_3CN : H_2O = 1 : 9$，体积分数）光照（$\lambda > 400$nm），以 $S_2O_8^{2-}$ 为电子捕获剂得到较好的产氧速率，反应 70min 的 TON 达到 38。除此以外，单核 Ru[71,72]、Ir[73]、Fe[74,75]、Cu[76]，双核 Mn[77]，四核 Ru[78]，Mn[79]，Co[80]，甚至四核的无机多金属氧酸盐[81]被不断报道，但由于光合成产氧过程的复杂性，目前只有少数分子催化剂能够实现人工光合成产氧[68,69,82]。

对于含有机配体的人工光合成催化产氧体系，电子传递过程中产生的高氧化性中间体非常容易导致催化剂本身降解[83-88]。为了避免这一过程的发生，Bonchio 研究小组合成了 Ru 非碳金属簇 $[Ru_4^{Ⅳ}(O)_4(\mu\text{-}OH)_2(H_2O)_4(\gamma\text{-}SiW_{10}$

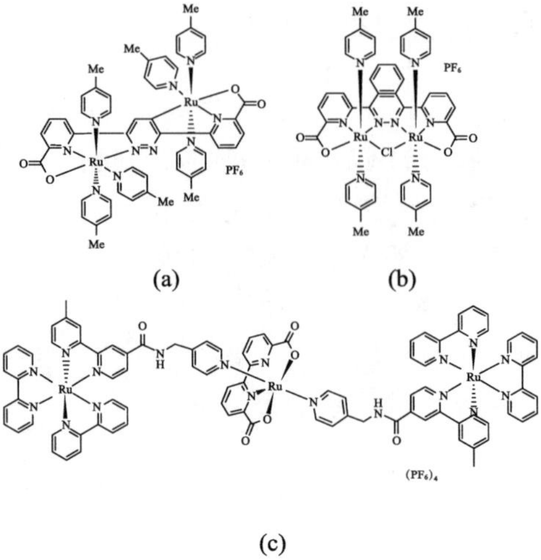

图 9-9　钌配合物人工光合成产氧催化剂

$O_{36})_2]^{10-}$作为产氧催化剂（图 9-10）。这种基于多金属氧酸盐的多阴离子金属簇和四核 Ru 催化中心偶合得到了较高稳定性的光催化产氧体系[89]。

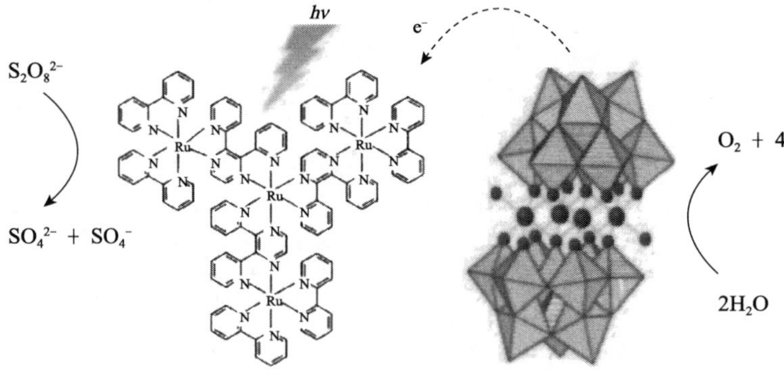


图 9-10　多金属氧酸盐人工光合成产氧体系

首例仅含 V 原子的光驱动水氧化分子催化剂 $[(V_5^{IV}V_1^{V})O_7(OCH_3)_{12}]^-$ 被报道（图 9-11）[90]。光敏剂 $Ru(bpy)_3^{2+}$ 和电子牺牲体 $Na_2S_2O_8$ 存在的在乙腈-磷酸缓冲溶液可见光催化水氧化的量子效率达到 0.2，为进一步探索廉价且含量丰富的高反应活性分子催化剂提供了重要的依据。

最近发现基于 Co 的非碳多金属氧酸盐金属簇（POM）显示更好的催化活性[91]，当这一不含贵金属的催化剂 $[Co_4(H_2O)_2(PW_9O_{34})_2]^{10-}$ 和光敏剂 $Ru(bpy)_3^{2+}$ 以及 $S_2O_8^{2-}$ 偶合时，最佳条件下人工光合成催化产氧体系的 TON

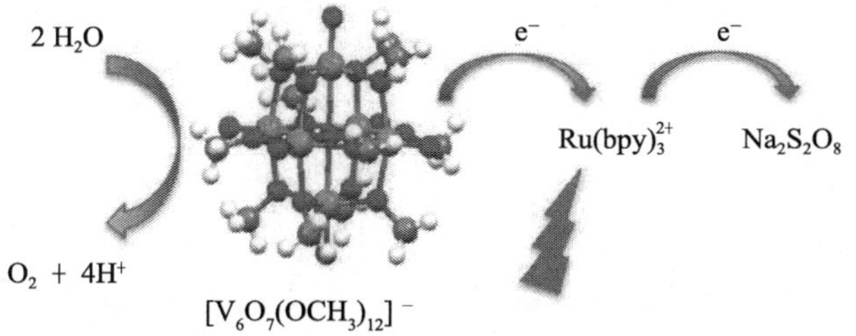


图 9-11　钒氧酸盐人工光合成产氧体系

高达 220。2014 年，Wang 等报道了一系列不含碳基 POM 的 Co-Pi 分子催化剂（图 9-12）[92]，$[\{Co_4(OH)_3(PO_4)\}_4(SiW_9O_{34})_4]^{32-}$、$[\{Co_4(OH)_3(PO_4)\}_4(GeW_9O_{34})_4]^{32-}$、$[\{Co_4(OH)_3(PO_4)\}_4(PW_9O_{34})_4]^{28-}$、$[\{Co_4(OH)_3(PO_4)\}_4(AsW_9O_{34})_4]^{28-}$ 等均能高效催化水的氧化。

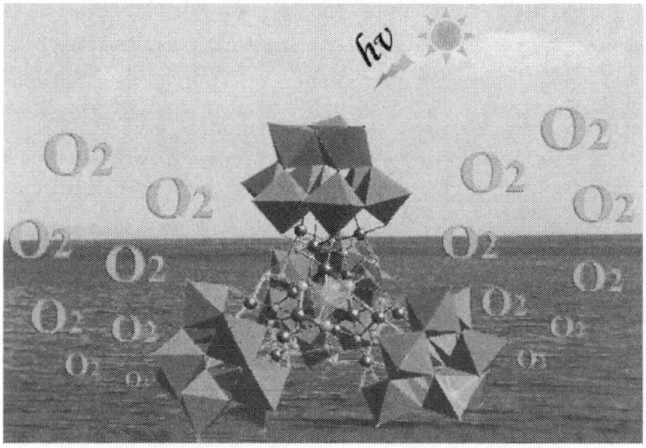


图 9-12　Co-Pi 人工光合成产氧催化剂

可以看出，人工光合成产氧的研究虽然取得很大进展，但在速率、效率和稳定性等方面与人工光合成产氢体系差距很大，更不能和光合系统Ⅱ中的 $Mn_4Ca$ 簇相比[66,93-95]。因此，继续向自然界学习和借鉴经验，详细研究催化过程的机理及制约因素，提高体系的稳定性和产氧催化剂的效率显得非常必要且迫切。

## 三、人工光合成全分解水

人工光合成最直接的途径是利用太阳能将水转化为氢气和氧气[96]。人工光合成全分解水从理论上摆脱了光合成产氢、光合成产氧两个半反应对额外添加电子给体（还原剂）和电子受体（氧化剂）的依赖。到目前为止，能够完成光催化全分解水的催化剂主要集中在半导体材料类[97-100]。

1972 年，日本科学家 Fujishima 和 Honda 在研究半导体氧化物对光的反应时，第一次发现了二氧化钛的光催化效应，在 n-$TiO_2$ 半导体电极上实现了水的光电全分解反应[101]。由此，揭开了人类利用半导体材料分解水制氢、制氧的研究序幕。在 40 多年的发展过程中，许多杰出的科学家[98,102-104]合成了各类性能优异的催化剂，为推动人工光合成全分解水的发展作出了重要贡献。例如，Domen 等[105]成功合成了由 ZnO 和 GaN 两种半导体材料组成的新型固溶体材料（$Ga_{1-x}Zn_x$）（$N_{1-x}O_x$），在负载 $RuO_2$ 和 $Rh_{2-x}Cr_xO_3$ 等合适的助催化剂后，该催化剂在可见光照射及电子或空穴牺牲体存在下分别高效地完成催化产氢或产氧。更重要的是，该催化剂高效完成了可见光催化全分解水产氢和产氧（图 9-13）。他们进一步发展了一系列高效的可见光分解水催化剂，利用负载了 $Rh_{2-y}Cr_yO_3$ 产氢助催化剂的固溶体 GaN：ZnO 光催化剂，在可见光照射下高效实现了光催化全分解水，催化剂稳定性可维持 180 天以上[106]。

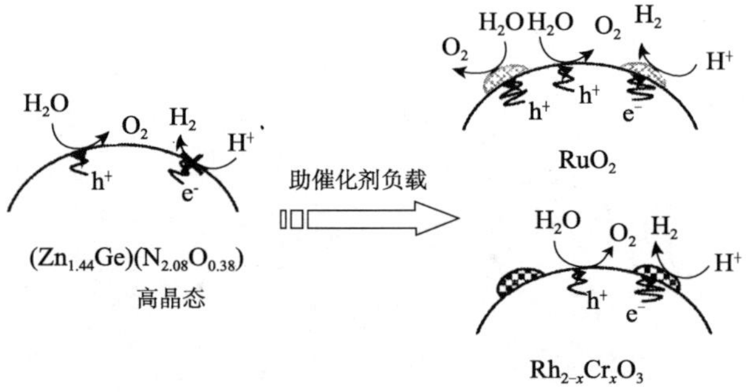


图9-13 （$Ga_{1-x}Zn_x$）（$N_{1-x}O_x$）人工光合成全分解水体系

2011 年，Amal 研究小组利用还原型石墨烯氧化物作为固态电子中继体取代 Z-型光分解水反应中常用的 $IO_3^-/I^-$、$Fe^{3+}/Fe^{2+}$ 类氧化还原电对，以 $BiVO_4$ 为产氧光催化剂、以 Ru/$SrTiO_3$：Rh 为产氢光催化剂，成功构筑了新型高效的 Z-型光分解水全反应体系[107]。2012 年，李灿研究小组[104]成功合成了由 α-$Ga_2O_3$ 和 β-$Ga_2O_3$ 构成的异相结结构光催化剂。和单独的α-$Ga_2O_3$ 或 β-$Ga_2O_3$ 结构催化剂相比，α-β 异相结结构能够更有效地完成电荷的分离与传输，表现出更优异的光催化分解水效率（图 9-14）。

不难发现，人工光合成全分解水绝非光合成制氢和光合成制氧两个半反应简单的堆砌。事实上，实现光分解水这一目标需要面对更为复杂的问题：如何实现催化产氢和产氧的催化剂在完全相同的条件下同步产氢和产氧；如

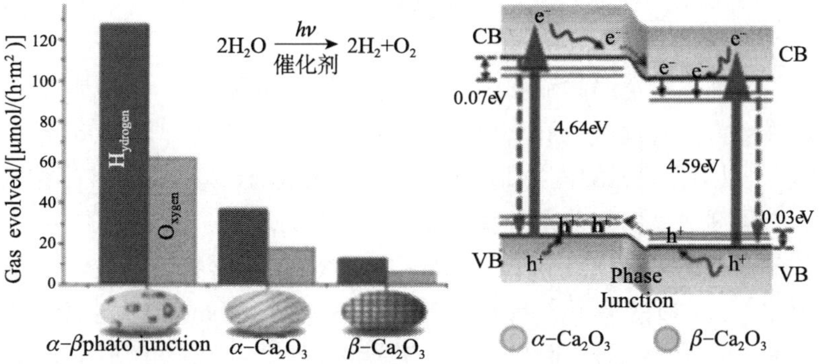


图 9-14　异相结结构人工光合成分全解体系

何让催化剂同时耐受生成的氢气和氧气的影响以及生成的高活性氧化或还原中间体对不同组分的影响；如何从热力学上既保证目标分子间的电子转移过程的可行性及有效性，又能有效地抑制副反应；如何从动力学上阻止多电子转移过程中的电子回传；如何将生成的氢气和氧气有效分离，等等。弄清这些问题，人工光合成全分解水将会为人类社会解决能源短缺和环境污染问题带来福音。

## 四、$CO_2$ 光催化还原

作为化石燃料的最终氧化产物以及主要的温室气体，$CO_2$ 如何回收再利用成为解决能源稀缺和气候变化的研究热点[108,109]。在光催化还原 $CO_2$ 的过程中，金属配合物相对于半导体而言具有较高的产物选择性以及量子产率[110-112]，而半导体催化剂则拥有更好的多电子还原能力及催化稳定性[113]。

一般来说，使用金属配合物作为催化剂时，$CO_2$ 主要经历 2 个电子还原路径，生成 CO 和 HCOOH，而 $CO_2$ 经历 4 个电子还原路径生成 HCHO 的报道很少。经历 6 个电子还原路径生成 $CH_3OH$ 和 8 个电子还原路径生成 $CH_4$ 的反应基本上使用各种类型的半导体作为催化剂。在这些还原产物中，6 个电子还原反应生成的 $CH_3OH$ 便于储存和衍生化，因而具有很好的应用前景。通过单电子还原，将 $CO_2$ 转变成自由基负离子 $CO_2^{\cdot -}$ 需要很高的能量，还原电势可以达到－1.90V（vs NHE），过电势大约在 0.6V。这主要是由于还原过程中，$CO_2$ 由线性结构变成弯曲结构所引起的。当有质子参与的情况下，$CO_2$ 的还原反应变得比较容易发生[114]。值得注意的是，质子被还原生成 $H_2$ 所需要的电位相对于 $CO_2$ 的 2 个电子还原反应显得更正一些。因此，当使用金属配合物作为催化剂来还原 $CO_2$ 时，如何抑制 $H_2$ 的产生是一大挑战。这个时候往往需要催化中心对 $CO_2$ 有着更强的亲和力，从动力学上抑制 $H_2$ 的发生。

在对一系列过渡金属的筛选中，人们发现 Ru 和 Re 的配合物具有更好的催化还原选择性，尤其是 Re 的配合物，基本上生成 CO [110-112]。2008 年，Ishitani 研究小组[115]以 $P(OEt)_3$ 配位的 Re 化合物作为光敏剂，以 $CH_3CN$ 配位的 Re 化合物作为催化剂，该体系受光激发引发 $CO_2$ 的还原过程，光敏剂既可提供一个电子给催化剂，又可提供另一个电子给 $CO_2$ 和 Re 的加合物。在最优条件下，光催化还原 $CO_2$ 为 CO 的量子产率可达 0.59（图 9-15）。Sato 研究小组[116]以联吡啶配位的 Ru(Ⅱ) 作为催化剂，N-$Ta_2O_5$ 作为光敏剂，可见光照射下，检测产物有 $H_2$、CO 以及 HCOOH，其中 HCOOH 的选择性高达 75%。

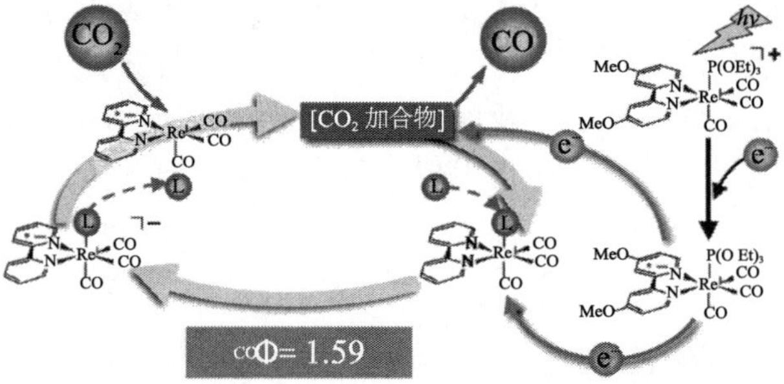


图 9-15　基于 Re 配合物的 $CO_2$ 光催化还原体系

2010 年，周勇和邹志刚研究小组[117]利用水热法在乙二胺/水的混合溶剂中合成得到长约几百微米，厚度仅为 7nm 左右的单晶 $Zn_2GeO_4$ 纳米带，该材料能将 $CO_2$ 在水蒸气条件下光催化还原为 $CH_4$。2013 年，王野和张庆红研究小组[118]将 Pt 和 $Cu_2O$ 分步光沉积到 P-25 $TiO_2$ 表面，并在 P-25 $TiO_2$ 表面负载核壳层 Pt@$Cu_2O$ 共催化剂。这一催化剂能够在水的参与下将 $CO_2$ 光催化还原为 $CH_4$ 和 CO，其中 $Cu_2O$ 壳层为 $CO_2$ 的活化及转化提供有效结合位点，而 Pt 核则有效地将光生电子从 $TiO_2$ 体相导出。更重要的是，Pt 核表面 $Cu_2O$ 壳层的生成能够有效地抑制光催化还原产氢这一 $CO_2$ 光催化还原过程中不可避免遇到的竞争反应（图 9-16）。

由于 $CO_2$ 分子非常稳定，目前所发展的催化剂活性、选择性及稳定性都相对较差，总体的效率并不高。人们面临许多问题：如何提高 $CO_2$ 的还原及转化效率；如何利用分子催化剂还原 $CO_2$ 生成液体燃料（如甲醇）等；如何结合水的氧化反应与 $CO_2$ 的还原，避免使用电子牺牲体；如何发展价格低廉、性能优异的高效催化剂等。

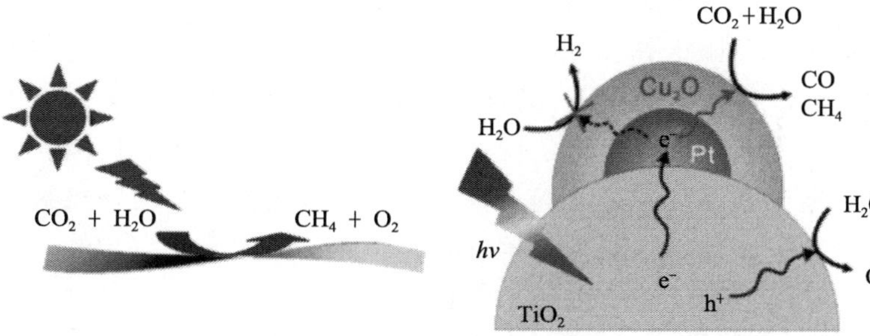


图 9-16 半导体 $TiO_2$ 纳晶 $CO_2$ 光催化还原体系

在长达百年的发展历程中，各类独具特色的体系及理论源源不断地被人们提出和完善。科学家前赴后继地构建及完善人工光合成这一对人类生存和发展具有重大意义的宏伟工程（图 9-17）。同时，我们也需要清醒地认识到这一宏伟工程的构建还处于初级阶段。要使人工光合成这一伟大设想最终实现并造福人类，还有很长的路要走。

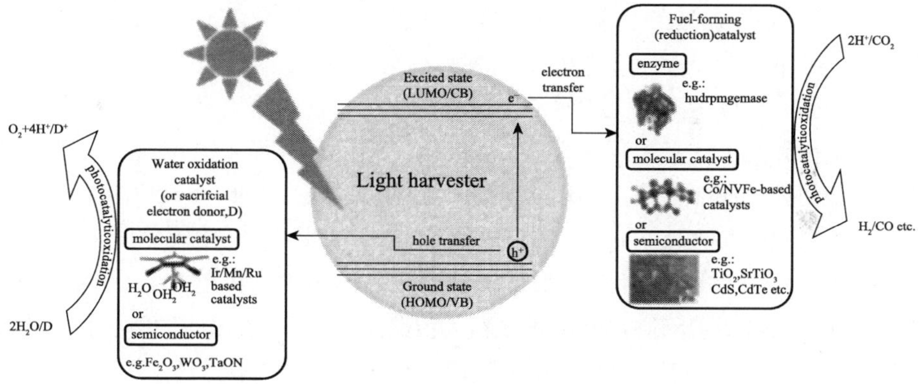


图 9-17 人工合成体系

# 第三节 光化学反应与合成新技术

光化学反应以光为激发手段，研究激发态分子的反应。有机分子通过吸收光子或者和其他激发态分子进行能量传递，生成活泼的激发态。激发态的分子除可以经过辐射跃迁、无辐射跃迁、能量传递以及电子转移等失活途径回到基态外，更重要的是可以发生重排、异构化、裂解、分解、光化学加成、原子提取以及电子转移等一系列单分子或双分子化学反应。早在 20 世纪初，意大利化学家 Ciamician 和 Silber 率先关注光照引发的化学反应。尽管当时实验条件非常简陋，但他们利用阳光的直接照射得到了许多难以合成的反应产物。

第一次世界大战后，光化学反应的研究迅速在意大利、德国、英国、美国、日本、前苏联等国家开展起来。光源、分光装置、产物分离鉴定仪器设备的快速进步极大地促进了光化学反应的研究。光化学反应中的“光”是一种特殊的、能够参与反应的试剂。它以洁净、节能、节约为特点，为有机合成化学提供了新途径、新方法和新技术，是合成化学中非常活跃的研究领域之一。

## 一、不饱和烃的重排和加成

烯烃的电环化光重排反应在有机光化学的发展史上占有重要地位。光照条件下激发态分子的电环化反应中环的闭合和打开遵循 Woodward-Hoffmann 分子轨道对称守恒原理。由于激发态分子和基态分子前线轨道排布的不同，烯烃电环化光重排反应中的立体化学正好和热反应相反。例如，维生素 $D_3$ 的生物合成由 7-去氢胆固醇在紫外线照射下，经 6 电子顺旋电环化开环后进一步转化得到。由于维生素 $D_3$ 是人与动物生长、发育、繁殖、维持生命和保持健康必不可少的一种脂溶性维生素，大规模的工业合成非常必要。维生素 $D_3$ 的大规模工业制备也正是利用了这一光化学反应。2000 年以前，维生素 $D_3$ 的制备一直被少数几家国外制药企业所垄断，如瑞士 Roche 公司、德国 BASF 公司和荷兰 Duphar 公司，并对我国实施技术封锁，我国的维生素 $D_3$ 需求几乎全部依赖进口。

曹怡、张宝文等[119]针对巨大的市场需求、国内生产的空白以及国外工艺技术上存在的诸多缺陷等，开创了全新无溴路线合成 7-去氢胆固醇，使维生素 $D_3$ 总产率高达 44%（图 9-18），比国际通用技术的产率提高了 10 个百分点。维生素 $D_3$ 和 7-去氢胆固醇的质量均超过国外同类产品，生产成本显著降低。2000 年，这一“维生素 $D_3$ 生产新工艺”在花园工贸集团有限公司（以下简称花园集团）投入生产，现在年产量已达 3000t。维生素 $D_3$ 产品一面市就凭借高质量和大的生产规模主导了国内市场，并打入国际市场。目前花园集团维生素 $D_3$ 产品国内市场占有率大于 90%，国际市场占有率大于 60%。

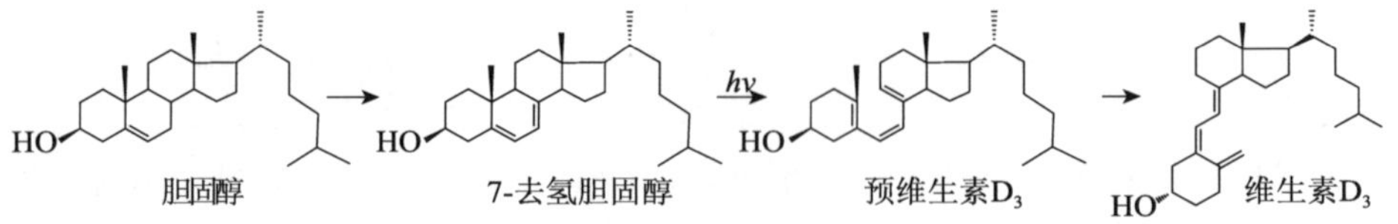


图 9-18　维生素 $D_3$ 的光化学合成

蒽的光二聚反应很早就被人们发现，并得以广泛的研究[120,121]。但直到1963年，Hammond[122]才报道了第一个萘衍生物的光二聚反应，它比蒽衍生物光二聚反应的发现晚了约一个世纪。研究发现，虽然萘在低温下表现出激基缔合物的荧光，但是只有在特定位置上有取代基的萘的衍生物才容易发生光二聚反应。例如，2-萘甲酸甲酯光二聚反应可得到类立方烷的结构[123]。两个萘环取代的双官能团以柔性链连接后进行光照，既可以发生分子内反应生成大环，也可以发生分子间反应生成二聚体、低聚物或聚合物。分子间反应的速率依赖于底物的浓度，而分子内反应的速率与底物的浓度无关。佟振合、吴骊珠等[124-128]合成了两末端以萘环标记的聚乙二醇链化合物，利用Na-Y型沸石超笼孔腔和低密度聚乙烯薄膜的非晶区作为微反应器，高效、专一地合成分子内光二聚类立方烷结构的产物。进一步的研究发现使用葫芦脲包结萘环标记的聚乙二醇链化合物，在水溶液中光照葫芦脲能够迅速专一地生成分子内光二聚产物，量子产率高达40.7%（图9-19）[129]。

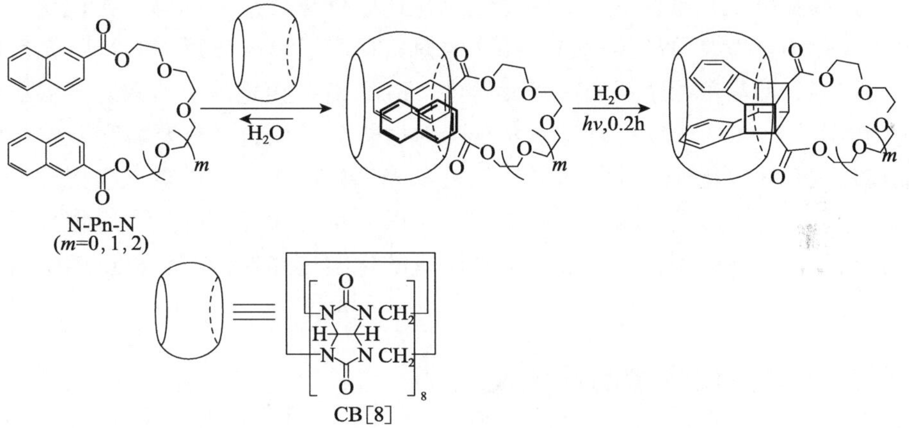


图 9-19　N-P4-N 在葫芦脲中的分子内光二聚产物

烯烃化合物之间的［2+2］环加成反应是有机光化学研究最多的反应之一。由于大多数烯烃分子在可见光区缺乏吸收，激发态烯烃的环加成反应通常会使用波长较短的紫外光照射。然而，这些短波长的光照可能会导致多种官能团的激发，使光反应产物变得复杂。同时，反应所需的特殊的光源（如高压汞灯）和设备（如光反应箱），也给实验造成一定程度上的不便。

Yoon 研究小组使用三联吡啶钌(Ⅱ)、氟硼酸锂和二异丙基乙基胺在可见光照射下实现了芳基烯酮分子内[130]和分子间[131]的［2+2］环加成反应（图9-20）。在反应中，在可见光区拥有良好的摩尔吸光系数的三联吡啶钌（Ⅱ）

受光激发，与电子给体二异丙基乙基胺发生电子转移反应，生成低价态三联吡啶钌(Ⅰ)，后者将电子传递给连有芳基的烯酮，并产生烯酮的自由基负离子，再和其他烯酮发生［2+2］环加成反应。除光催化剂和电子给体二异丙基乙基胺外，氟硼酸锂由于和羰基配位作用导致烯酮活化，对反应顺利发生是不可缺少的。

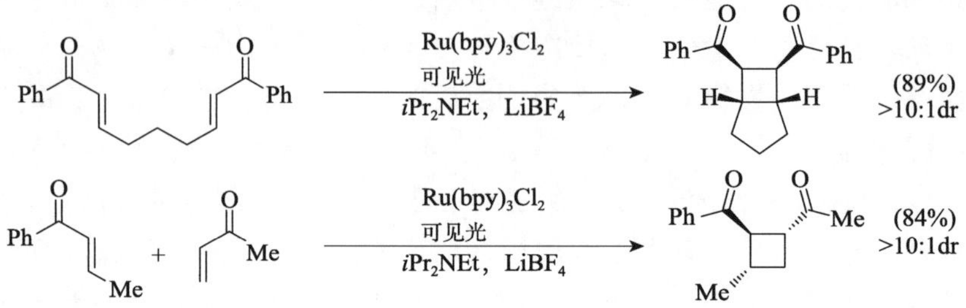


图 9-20　可见光光催化［2+2］环加成反应

这些在可见光照射下发生的光致氧化还原催化反应简称可见光催化。可见光催化不再需要更高能量的紫外光照射，摆脱了传统光反应对特殊光反应器的限制，用简单的装置如家用荧光灯、LED 灯甚至地球上“取之不竭”的清洁能源——太阳光就可以有效实现。对底物分子而言，只要能和激发态的光催化剂发生氧化还原反应即可发生可见光催化反应，不再要求底物分子具有特定的发色团和助色团。更重要的是，以可见光为光源避免了底物分子被直接激发而导致的副反应，增加了光反应的化学选择性，在有机反应中的应用潜力巨大。

## 二、羰基化合物的环化反应

羰基化合物具有较强的紫外吸收，容易被激发，其光化学行为受分子结构及光反应条件的影响而丰富多变。如图 9-21 所示，激发态的羰基化合物，如果和羰基相连的 α 键较弱，则容易发生 α 键的均裂，称为 Norrish Ⅰ型反应[132]；若和羰基相连的烷基链的 γ-位具有氢原子，也可通过分子内 1,5-氢攫取反应生成 1,4-双自由基。1,4-双自由基除消除形成烯醇及烯烃（Norrish Ⅱ型反应）外，在邻位交叉的构象条件可经分子内自由基偶合生成四元环的醇，这一过程称为 Yang 光环化反应[133]。

以羰基化合物为起始原料，经过 Yang 光环化反应构建四元环醇是合成多取代四元碳环的有效策略之一。虽然羰基化合物简单易得、热稳定性好，但在激发态时却非常活泼，如何高化学选择性，甚至高立体选择性地实现

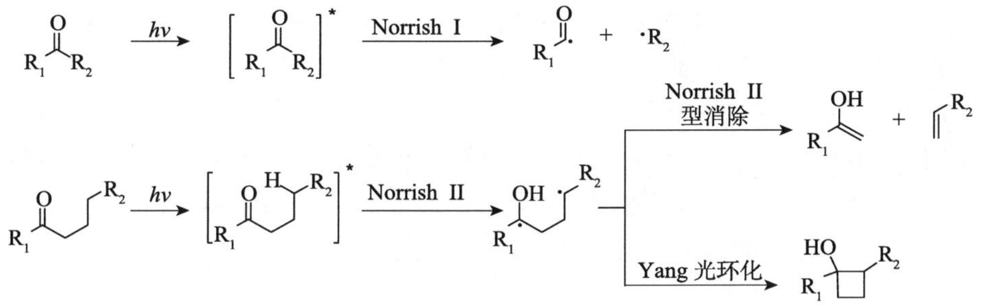


图 9-21　Norrish Ⅰ/Ⅱ反应

Yang 光环化反应无疑对合成化学、光化学以及手性化学非常重要。由于环化反应对邻位交叉的构象要求，比单线态寿命更长的三线态双自由基[134]以及羰基 α-位的大位阻[135]等会增加 Yang 光环化产物的量子产率。随着不对称催化以及固相反应技术的发展，一些高选择性的 Yang 光环化反应被陆续报道[136-138]。如图 9-22 所示，将手性胺作为手性辅基引入邻羰基酰胺后，在结晶态时光照，即可以 98%的转化率和大于 99%的 de 值得到手性的 β-内酰胺[139]。

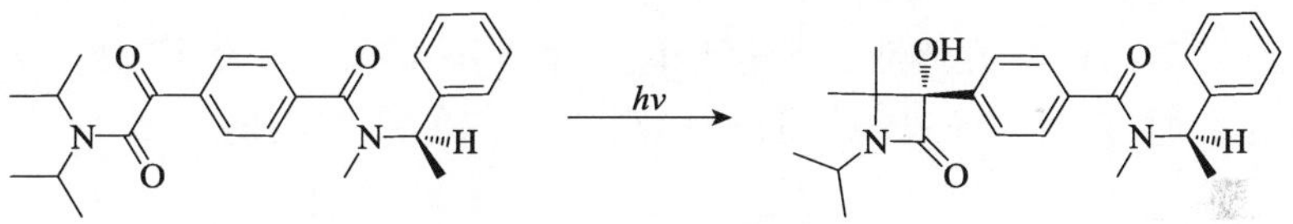


图 9-22　Yang 光环化反应

事实上，激发态的羰基化合物在无活泼的 γ-位氢原子时也可发生 1,3-、1,5-、1,6-甚至更长距离的攫氢反应产生双自由基，进而通过分子内自由基偶联构建出各种羟基取代的环状结构。这种策略对有机合成化学中大环的构建非常有用，例如，苯基乙醛酸苄氧基戊酯在光照下经远程氢攫取和自由基偶联生成多取代的十元环氧代内酯（图 9-23）[140]。

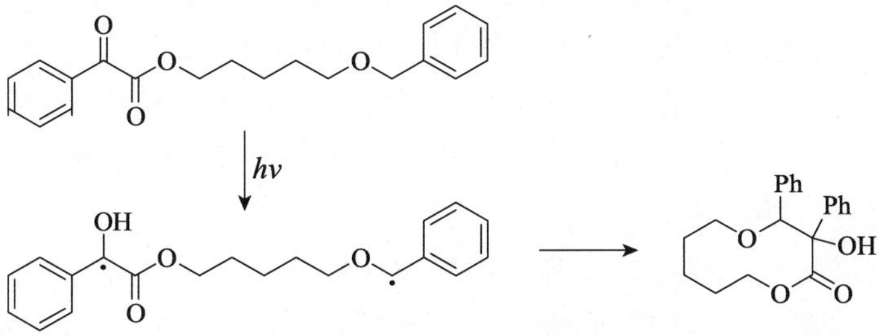


图 9-23　远程 Yang 光环化反应

若羰基化合物以柔性链和一个富电子的给体连接，则分子内环化反应也可通过分子内电子转移实现，如邻苯二甲酰亚胺衍生物分子内环化反应，硫甲基[141]、酰胺[142]以及三甲基硅基醚[143]等都可以作为电子给体。经过邻苯二甲酰亚胺衍生物和电子给体间的电子转移、质子或电荷中心迁移、官能团脱除等一系列途径，最终产生较为稳定的双自由基，进而偶联生成多种内酯、内酰胺、环肽、环醚等中环和大环化合物（图 9-24）。

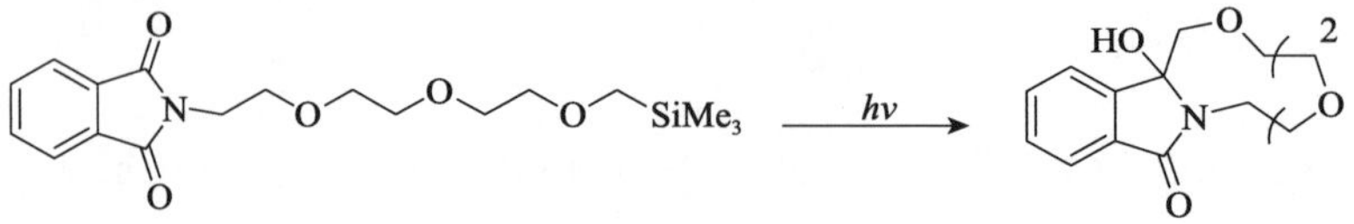


图 9-24　电子转移机制的光环化反应

羰基化合物丰富的光化学行为不仅表现在化合物分子内的各种反应，还体现在和其他分子的反应中。激发态的羰基化合物和烯烃分子间的［2＋2］环加成反应被称为 Paternò-Büchi 反应[144]，该反应是构建氧杂环丁烷的一种重要方法。氧杂环丁烷结构广泛存在于生物活性天然产物中，是一类非常有用的合成中间体。例如 Merrilactone A，一种从滇西八角中分离得到的具有显著神经营养活性的五环双内酯倍半萜，就含有氧杂环丁烷结构。其核心骨架的构建可通过 Paternò-Büchi 反应以高达 93%的产率实现（图 9-25）[145]。

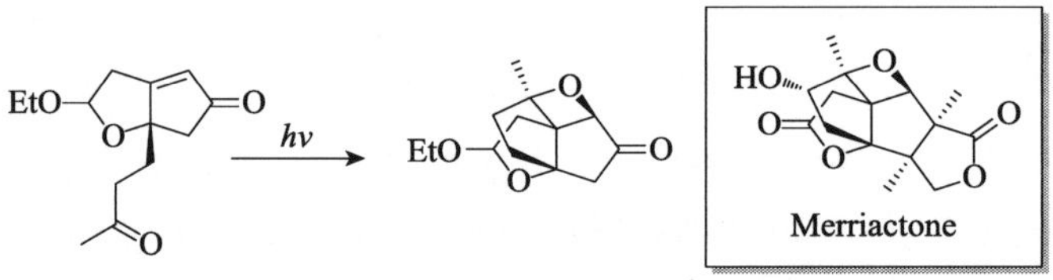


图 9-25　光化学合成

Paternò-Büchi 反应在合成化学中的应用价值吸引了许多化学家致力于提高该反应的立体选择性，其中利用手性辅助剂诱导的方法取得了不错的效果。Bach 研究小组在研究醛和嘧啶酮之间的 Paternò-Büchi 反应的立体选择性时发现，使用 Kemp's 三羧酸的衍生物为手性辅剂，由于酰胺化合物之间氢键强有力的绑定，嘧啶酮和醛经过［2＋2］光照环加成生成了具有大于 90%非对应异构选择性的产物氧杂环丁烷（图 9-26）[146]。

作为典型的电子受体，邻苯二甲酰亚胺衍生物也可和富电子的双键通过分子间电子转移反应构建不同大小的环状结构。例如，将邻苯二甲酰亚胺苯基的四个氢分别用氯取代，明显提高了其氧化能力，使电子转移反应更容易

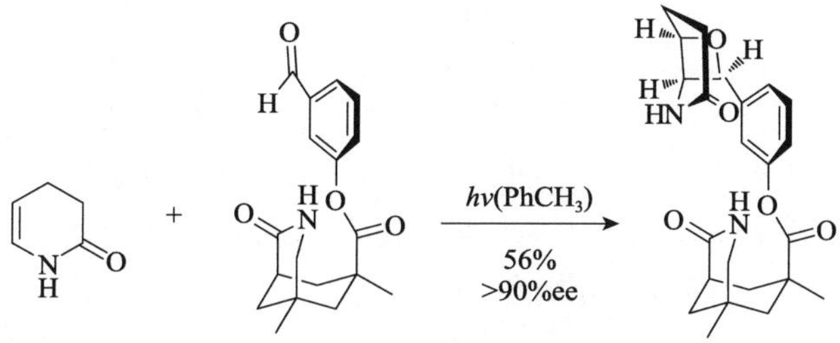


图 9-26　高立体选择性光化学合成氧杂环丁烷结构

发生。徐建华研究小组报道了 $N$-(ω-羟烷基)-4,5,6,7-四氯邻苯二甲酰亚胺与烯烃的分子间光诱导电子转移反应，得到了一系列含氮、氧的中环和大环化合物。如图 9-27 所示，由（ω-羟乙基）-4,5,6,7-四氯邻苯二甲酰亚胺与 1,1-二苯乙烯反应得到含七元杂环的产物。类似地，由 $N$-邻苯二甲酰甘氨酸衍生物与甲基苯乙烯反应可得到十三元环的内酯[147]。

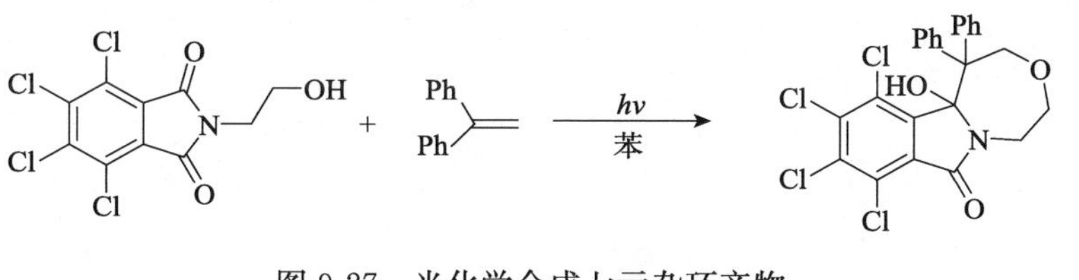


图 9-27　光化学合成七元杂环产物

## 三、光敏氧化

光敏氧化反应利用光子、光敏剂和氧气间相互作用产生的高氧化活性物种（一般为单重态氧）来实现物质的氧化。在光敏氧化中，激发态的光敏剂可以先和底物发生电子转移，再将电子传递给氧气，生成超氧阴离子自由基，后者和底物或者失去电子的底物分子进行反应，称为光敏氧化Ⅰ型反应；激发态的光敏剂也可以先和氧气发生能量传递，生成单线态氧直接和底物发生作用，称为光敏氧化Ⅱ型反应。光敏氧化的光子既可以来自于人造光源，也可以来自于太阳光；氧气可直接来自于空气；光敏剂用量微少，还可方便回收和再利用。通常，光敏氧化反应多在常温常压的温和反应条件下进行，反应后目标产物的分离过程也极为简单方便。这些优点使得光敏氧化反应作为绿色合成技术备受关注。

在烯烃的光敏氧化反应中，单线态氧、超氧阴离子以及羟基自由基等高活性的物种都可和底物作用，导致反应产物众多、化学选择性差。佟振合等[148]首次利用微反应器控制烯烃的光敏氧化的方向，单一地生成单线态氧$^1O_2$的氧化产物。将分子筛 Na-ZSM-5 吸附的烯烃分散在异辛烷或者季戊四醇三甲基醚的溶液中，以 9，10 -二腈基蒽和竹红菌素作为光敏剂，可以单一地得到单线态氧$^1O_2$的氧化产物，而没有观测到任何超氧阴离子自由基的氧化产物（图 9-28）。利用单线态氧$^1O_2$与烯丙基醇的加成反应能够合成青蒿素的类似物。Brun 等[149]以四芳基卟啉作为敏化剂，生成的单线态氧$^1O_2$与烯丙醇的双键发生加成，然后分子内质子转移产生一组非对映体，随后在三氟化硼的催化下，与环己酮发生缩合反应，得到含有三氧杂环己烷衍生物（图 9-29）。通过［4＋2］环加成反应也可以合成三氧杂环己烷化合物。驱蛔素的合成就是通过单线态氧$^1O_2$与萜品烯的加成反应获得，得到的三氧杂环的产物进一步衍生化，获得的目标产物在抗疟疾方面具有很好的疗效[150]。

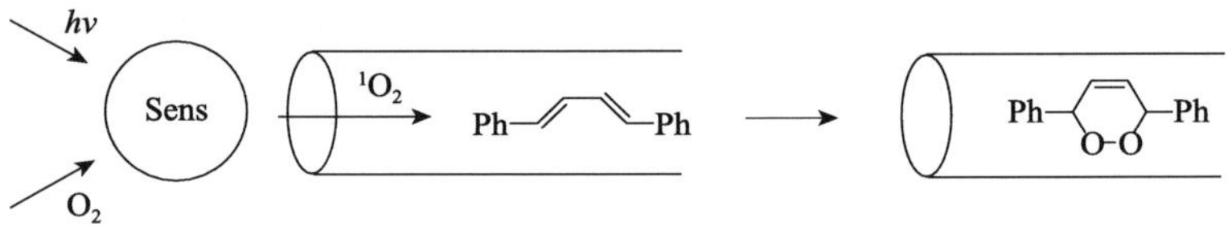


图 9-28

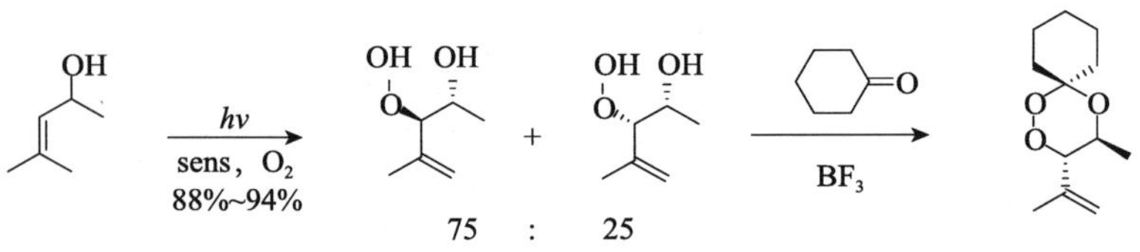


图 9-29　单线态氧机制的光敏氧化反应

单线态氧$^1O_2$与呋喃或者吡咯衍生物的加成也有研究。当呋喃甲醛和氧气在光敏剂的作用下，首先发生［4＋2］环加成反应，生成的内过氧化物在甲醇作用下通过重排反应生成内酯化合物[151]。通过单线态氧$^1O_2$可以在醛或者酮羰基的 α -位引入羟基官能团[152,153]。环己酮首先和 L -丙氨酸缩合生成烯胺，随后烯胺和四苯基卟啉敏化氧气产生的单线态氧$^1O_2$发生加成，产生 α -过氧化的亚胺，进一步水解得到具有手性的 α -羟基酮（图 9-30）。富电子的吲哚也能和单线态氧$^1O_2$发生加成，随后通过分子内的亲核加成重排反应，并在二甲基硫醚的还原下生成 3 -羟基取代的吲哚衍生物[154]。吴骊珠、赵东元等[155]将多吡啶铂(Ⅱ)配合物通过胺基的配合作用负载在 SBA-15 系列介孔分子筛中。该多孔材料能够有效地敏化氧化一系列含有不饱和 C—C 键的底物分子，生成相应［2＋2］、［4＋2］环加成及烯反应产物。负载还提高了多吡啶铂光敏剂的稳定性，多孔材料的再利用只需过滤，重复使用 10 次后，其效率未见明显降低。

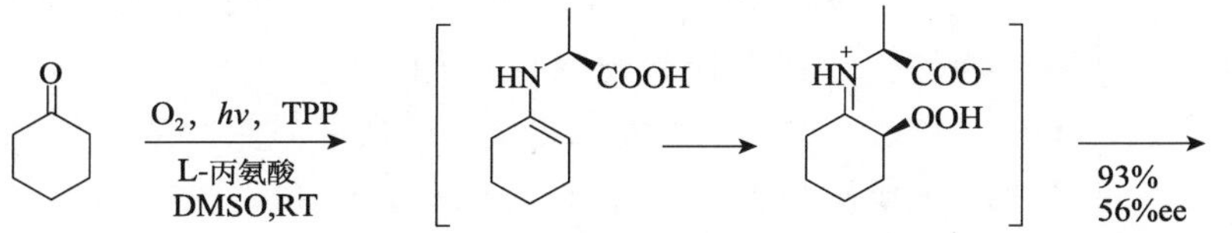


图 9-30　由环已酮光敏氧化制备 α-羟基环已酮

焦宁等[156]结合光催化和有机催化，以氧气为终端氧化剂实现了 α -卤代羧酸酯的脱卤氧化反应。同时，肖文精等[157]采用可见光诱导产生的超氧负离子攫取自由基正离子底物的质子生成亚胺正离子，接着和富电子的烯烃发生［3＋2］环加成氧化芳构化获得吡咯［2，1-a］异喹啉类化合物（图 9-31）。Matthias 等[158]研究发现反式的白藜芦醇可以和单线态氧发生［2＋2］或者［4＋2］环加成反应，前者产生的二氧丁烷分解成两种醛产物，而后者生成的内过氧化物则重排生成桑辛素 M（图 9-32）。夏吾炯等[159,160]利用可见光催化的氧化实现了氮邻位 $sp^3$ 碳和烯醇硅醚的 C—H 官能团化；通过光催化氧化产生的亚胺正离子自由基的烯偶联实现了醛的氧化 C—C 键切除。由此可见，光敏氧化反应在有机合成中长盛不衰，具有很好的应用前景。

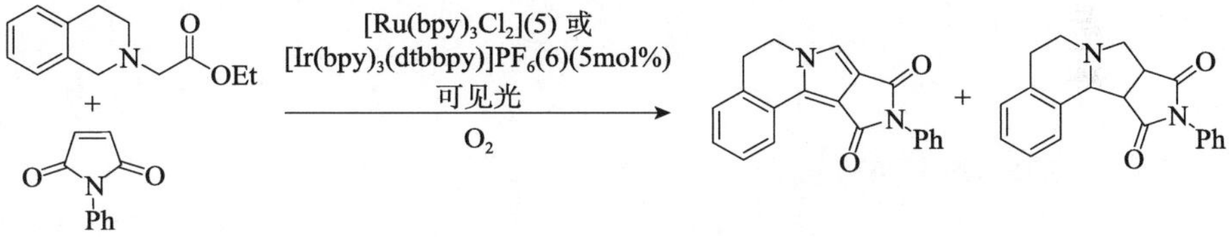


图 9-31　基于 I 型机制的光敏氧化反应

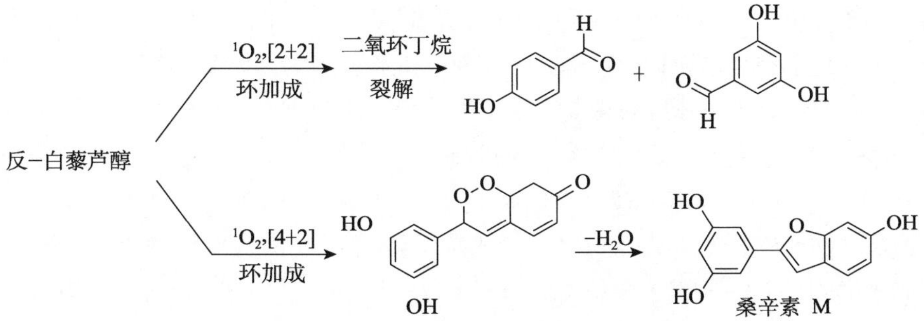


图 9-32　反-白藜芦醇光敏氧化反应

王雪松、张宝文等[161]在光敏氧化反应绿色合成技术领域开展了许多有益的尝试，其中16-脱氢孕烯醇酮醋酸酯的光化学合成研究已进入中试阶段。如图9-33所示，以卟啉类化合物为光敏剂，在对假薯蓣皂苷元乙酸酯的光敏氧化中，通过抑制烯产物的生成，选择性地生成不稳定的［2＋2］中间体，转化为目标产物地奥酮，后者经过热消除即可得到16-脱氢孕烯醇酮乙酸酯。目前，已成功实现了16-脱氢孕烯醇酮乙酸酯的规模制备和中试批量生产，正在加紧建设40t/a生产能力的工业生产示范线。

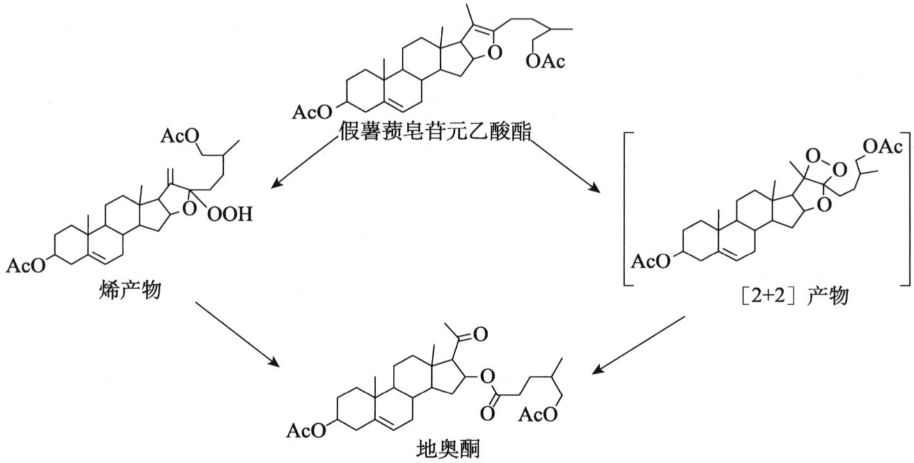


图9-33　光敏氧化反应制备地奥酮

## 四、交叉偶联反应

碳-碳（C—C）键的构筑是有机化学的永恒主题。区别于传统的活泼官能团反应，惰性键的活化和直接转化反应减少了各种试剂和原料的预先官能化，是高效、原子经济性和环境友好现代合成理念的最好体现。以碳-氢（C—H）键为代表的惰性化学键活化和直接转化反应成为有机化学最为活跃的研究领域之一。21世纪初，Murahashi等[162]发现氧气氛围中，三级胺在$RuCl_3$催化下与原位产生的HCN发生交叉脱氢偶联，生成α-氨基腈［图9-34反应（1）］；李朝军等[163]以CuBr作为催化剂，叔丁基氢过氧化物作为氧化剂，成功实现了三级胺与炔烃的交叉脱氢偶联反应［图9-34反应（2）］。随后十多年，交叉脱氢偶联反应被逐步拓展到多类惰性C—H键（包括$C_{sp}$—H、$C_{sp^2}$—H和$C_{sp^2}$—H）的活化，构建了新型的C—C键[164-168]。

利用光化学反应实现惰性C—H键活化与官能团化的交叉偶联反应近年

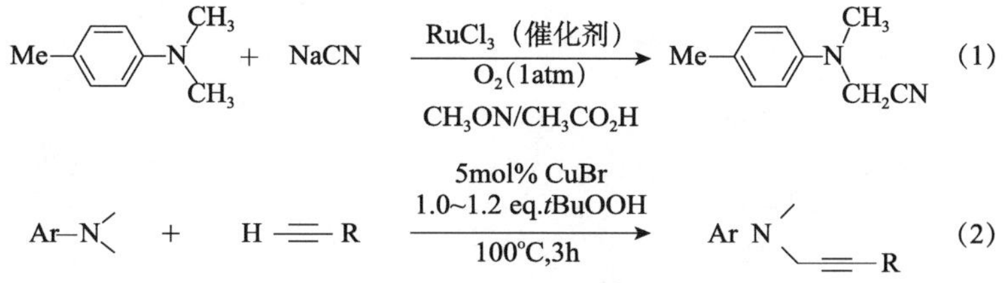


图 9-34　交叉脱氢偶联反应

来尤其受到重视。这是因为，一方面通过直接的 C—H 键活化，减少了底物的预先官能化，缩短了合成路线；另一方面光化学反应采用可见光照射，摆脱了传统紫外光化学反应对设备的要求，用简单的装置如家用荧光灯、LED 灯和“取之不竭”的清洁能源——太阳光就可以有效实现。因此，利用可见光催化实现惰性 C—H 键活化的交叉偶联反应激起了化学家的极大兴趣。2010 年，Stephenson 研究小组[169]首次报道了基于可见光催化的交叉脱氢偶联反应。他们以三联吡啶 Ru(Ⅱ) 或者三联吡啶 Ir(Ⅲ) 为光敏剂，在可见光的照射下，完成了三级胺与硝基烷烃的交叉脱氢偶联反应（图 9-35）。吴骊珠研究小组[170]和 König 研究小组[171]同时报道了以廉价的有机分子曙红（eosin Y）为光敏剂，简单而高效地实现了 *N*-苯基四氢异喹啉和硝基烷烃、丙二酸二甲酯等亲核试剂的交叉脱氢偶联。吴骊珠等首次利用时间分辨光谱和电子自旋共振波谱研究了反应中间体生成的过程，证实 *N*-芳基四氢异喹啉和三线态的曙红发生了有效电子转移反应并产生了曙红的自由基负离子。随后曙红的自由基负离子向硝基烷烃或氧气转移电子使曙红重生，同时生成高活性的物种——超氧阴离子自由基。该物种对底物及反应中间体的进一步氧化显著加速了反应（图 9-36）。在此基础上，吴骊珠等相继发展了基于多联吡啶 Pt(Ⅱ)[172]和联吡啶 Ru(Ⅱ)[173]为光敏剂，通过光诱导电子转移产生的超氧负离子 $O_2^{\cdot -}$ 加速胺类化合物的氧化，实现了可见光催化下的三级胺或者二级胺与亲核试剂的交叉脱氢偶联反应。

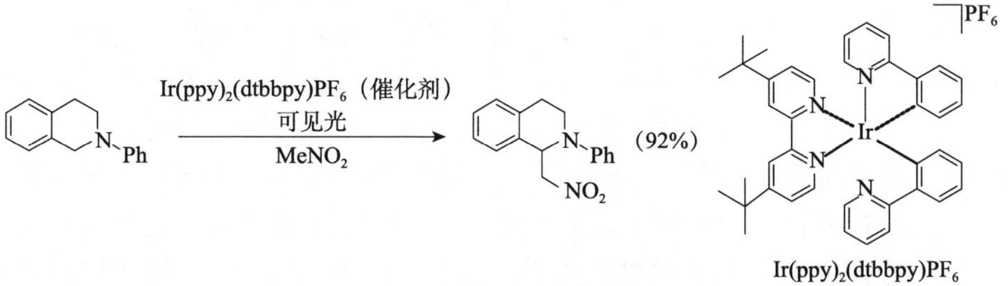


图 9-35　三级胺与硝基甲烷的可见光催化交叉脱氢偶联反应

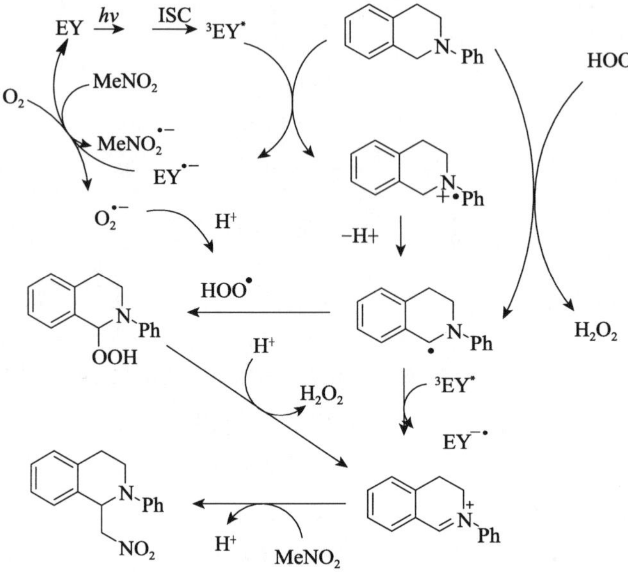


图 9-36 可见光催化交叉脱氢偶联反应机制

更有意义的是，针对交叉脱氢偶联反应必须需要等当量的有机或者无机氧化剂在当量氧化剂帮助下有效进行的特点，吴骊珠研究小组[174]开发了“交叉偶联放氢反应”新反应[7]。他们以曙红和水溶性石墨烯负载的水合二氧化钌（G-$RuO_2$）纳米复合材料作为光敏剂和催化剂，实现了 *N*-芳基四氢异喹啉与吲哚、亚磷酸酯、丙二酸二烷基酯等的交叉偶联，直接构建了新型的碳-碳（C—C）键和碳-磷（C—P）键，并将脱除的电子和质子高效催化转化为氢气放出（图 9-37）。反应机理的研究证实 *N*-芳基四氢异喹啉和曙红发生了有效的光诱导电子转移反应生成曙红的自由基负离子；后者向催化剂 G-$RuO_2$转移电子使曙红重生，得到电子的 G-$RuO_2$ 发生质子的还原放出氢气。与文献中广泛报道的交叉脱氢偶联反应不同，“交叉偶联放氢反应”无需氧化剂的参与，反应唯一的副产物为氢气，避免了氧化剂的加入导致反应的后处理繁琐，同时造成环境污染，这是一类理想的原子经济性反应。他们进一步利用廉价的分子催化剂 $Co(dmgH)_2Cl_2$ 构建了均相催化的交叉偶联放氢反应体系，大幅度提升了交叉偶联放氢反应的效率，揭示了可见光催化偶联反应的多步电子转移的过程，为开发新型实用的偶联放氢反应奠定了坚实的基础[175]。2014 年，他们利用可见光照射 CdSe 量子点高效、高选择性地催化巯基化合物偶联生成二硫化合物，并将脱除的质子转化成等当量的氢气放出。当向体系中加入极少量的廉价金属盐（如二价镍盐），可以显著提高体系的效率和转化率[176]。由于没有牺牲性氧化剂的存在，避免了传统热化学反应中硫硫键的过氧化，可应用于蛋白质中二硫键的人工合成以及其他一些对氧化剂敏感的体系。研究表明偶联反应是发生在量子点的表面而非溶液中，这为量子点在光催化反应和光化学转化中的应用提供了蓝图。

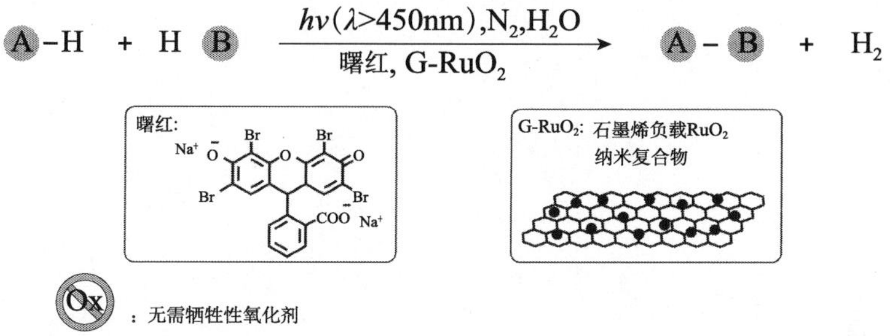


图 9-37　交叉偶联放氢反应

## 五、卤代烃的光反应

自由基脱卤及串联环化反应是有机合成中非常重要的反应，其中以三丁基锡化氢为自由基源诱导的自由基环化和串联环化反应的应用最为广泛。但锡化氢化合物的致命缺点是它具有神经毒性并且很难从反应产物中彻底清除，这大大限制了它在与药物、食品等有关的化合物合成中的应用。利用光的照射激发卤代物或者借助光敏化的办法均能实现碳卤键的断裂，生成的自由基中间体可直接攫取氢原子或者进一步串联环化。因此光化学反应是实现自由基非锡（tin-free）反应的有力手段。

早在 1992 年，Giasson 等[177]报道了 10-甲基-9，10-二氢吖啶（$AcrH_2$）和硼氢化钠的光催化体系诱导的自由基环化反应。反应过程是通过激发的 $AcrH_2$ 和底物邻烯丙氧基卤代苯之间的电子转移引发的（图 9-38）。Cossy 等发现烷基溴化物在三乙胺存在下光照可以顺利脱溴，如果分子中存在合适的不饱和键，则可以经分子内自由基加成实现环化[178]。卤代物和富电子体——烯醇负离子在光诱导下也能够发生电子转移反应，通过添加适当的质子给体或者亲核离子，就可以生成卤代物的环化或者对碳自由基的亲核取代[179,180]。无机还原试剂（如硼氢化钠或者氰基硼氢化钠）同样能够作为电子给体实现光诱导电子转移的环化反应。刘中立等[181]发现被激发邻卤代苯基烯丙基醚衍生物可以接受硼氢化物提供的电子，生成自由基负离子，进而脱除卤素负离子，最终经过中性自由基对双键的加成，得到苯并呋喃衍生物

(图 9-39)。张炜等[182]利用紫外光直接照射 2-氯-3-甲酰基取代吲哚衍生物丙酮溶液,一步完成天然产物中重要的骨架苯并咔唑环的构建。

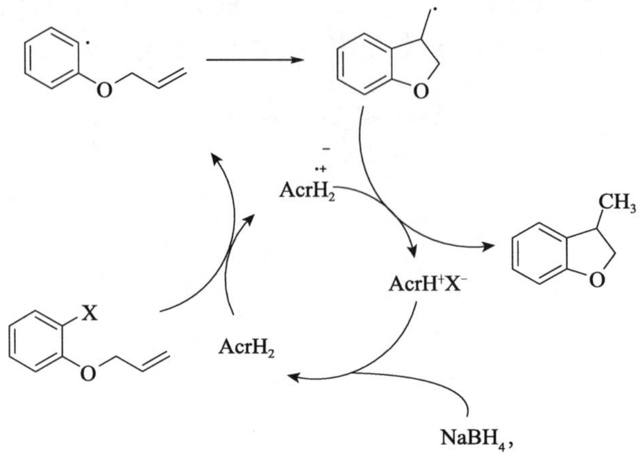

图 9-38 卤代烃光催化脱卤成环反应机制

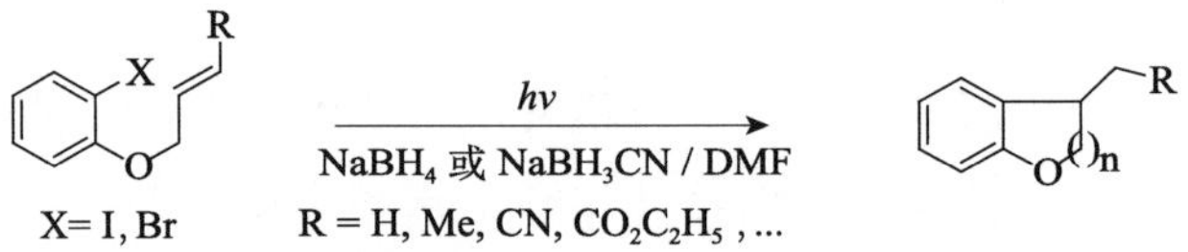

图 9-39 卤代烃光催化脱卤成环反应

利用光敏化的办法能够实现在可见光的照射下完成卤代物的还原及自由基加成反应。Fukuzumi 等[183]以 $Ru(bpy)_3Cl_2$ 作为光敏剂,10-甲基-9,10-二氢吖啶作为还原剂,在可见光照射下,溴代苯乙酮被还原成苯乙酮。Stephenson 等[184]以二异丙基乙基胺($i Pr_2NEt$)和甲酸分别作为电子和质子给体,利用可见光催化选择性地实现了吡咯并吲哚苄位溴原子的消除。脱溴产生的烷基自由基进一步对吲哚双键的加成已作为关键步骤运用于海洋天然产物吲哚生物碱胶枝菌素 C(gliocladin C)的全合成[185](图 9-40)。其他缺电子的卤代烃如 $\alpha$-溴代丙二酸二酯也可以在可见光照射下发生脱卤反应,所产生的烷基自由基通过分子内的自由基串联反应,以较高的产率生成吲哚并多环骨架[186]。活泼的烷基自由基,除对吲哚环 2,3-位双键加成外,也可与普通的双键以及叁键发生分子内或者分子间的自由基加成反应[187-189]。最近,一些相对惰性的卤代物在 $[Ir(ppy)_2(dtbbpy)]PF_6$ 或 fac-Ir$(bpy)_3$ 等还原性较强的光敏剂作用下能够脱卤产生烷基及芳基自由基并发生串联环化反应[190,191]。

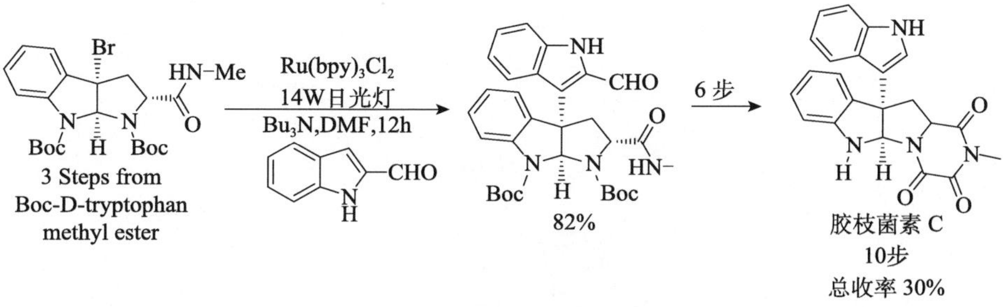


图 9-40　吲哚生物碱全合成

类似地，芳基卤（碘苯、溴苯和氯苯）[192]、芳基重氮盐[193-198]、芳基磺酰氯[199-201]、芳基硼酸钾及衍生物[202,203]、碘鎓盐[204,205]以及硫鎓盐[206]等芳基自由基源在可见光催化下产生芳基自由基，并进一步发生加成、重排、偶联反应甚至氧化反应，实现了多种官能团转化反应及不同分子骨架的构建。

## 第四节　光化学转换机制

对激发态分子活性的理解开始于 20 世纪 50 年代。在 Förster、Kasha Porter，Havinga、Hammond、Zimmerman、Michl、Turro 以及 Salem 等一批化学家的引领下，有关光化学中分子结构和活性关系基础理论得到不断发展，许多重要激发态在结构、能量以及动力学方面的研究已相当深入和完善。随着实验技术和基础理论的发展和完善，光化学研究的时间尺度由稳态向瞬态发展。时间分辨的吸收光谱、发射光谱、核磁共振谱、顺磁共振谱、红外光谱和激光拉曼光谱等瞬态分析测试仪器的出现和普及，时间分辨率从早期的毫秒级和微秒级发展到现在的皮秒级和飞秒级，这使人们更深刻地认识光化学的机制成为可能。

分子受光激发所产生的电子激发态可以通过多种光物理和光化学过程失活回到基态，包括辐射跃迁、无辐射跃迁、电子转移和能量传递、化学反应等（图 9-41）。多数情况下，这些过程相互竞争。几乎所有的光电子功能材料、植物光合作用中心和光化学转换都不可避免地涉及光诱导电子转移、能量传递和发光过程这一基本科学问题，深入开展系统的研究非常重要。

在分子科学中，电子转移要求电子给体和受体必须相互靠近，以使它们的电子云彼此重叠。这种电子转移的速率和效率将随给体-受体的距离增大呈指数下降，符合 Dexter 电子交换机制。可以预料，当给体-受体距离超过其

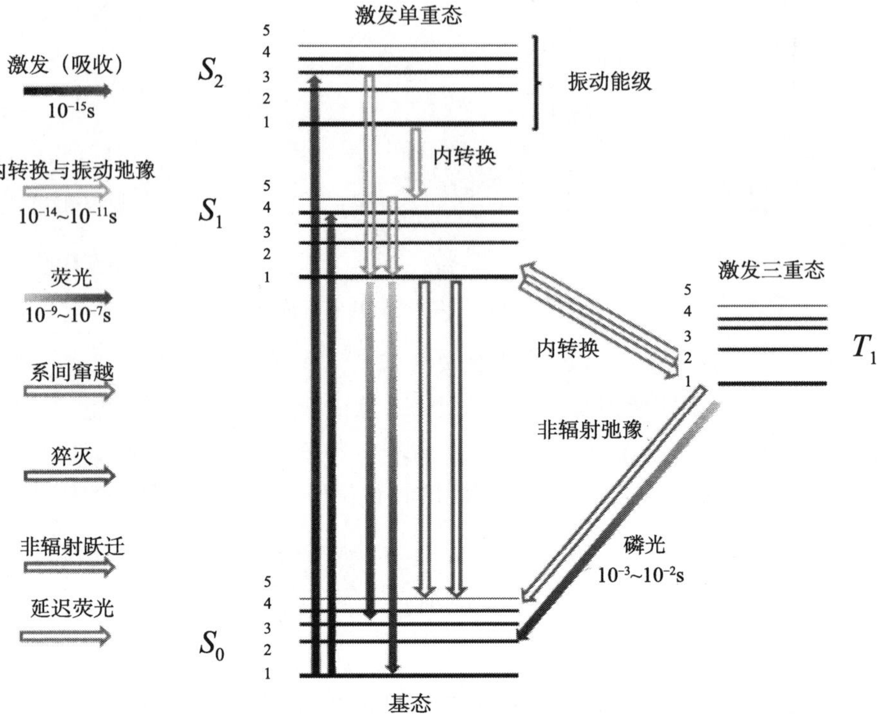


图 9-41　雅布隆斯基图

范德华半径之和（几埃）时，电子转移过程将不能发生。三重态能量传递通常可以看作是两个电子转移过程或一个电子转移和一个正空穴转移过程，同样也是通过 Dexter 电子交换机制进行的，长程三重态能量传递的速率和效率往往很低。然而研究发现，某些给体-受体共价相连的分子可以发生长程电子转移和三重态能量传递。为了探究其作用机制，许慧君[207]、曹怡[208]、佟振合[209]等设计合成了一系列共价键连接的给体-受体超分子体系，详细研究了分子内远程光诱导电子转移和能量传递过程，证明了在超分子体系中可以发生远程电子转移和三重态能量传递，较早地利用光物理和光化学相结合的方法完善了通过“空间”或“化学键”进行传递的理论。吴骊珠、佟振合、李嫕、张晓宏等[210-214]利用分子间作用力的协同和加合，成功制备了一系列分子组装体，开展了分子组装体的光信号传导过程研究。姚建年等在国际上率先开展了有机纳米体系的光物理研究[215-218]，揭示了有机分子组装体系不同于金属和无机半导体的新特点。

利用先进的稳态及时间分辨的谱学技术研究电子激发态、基态电荷转移络合物、激基复合物、自由基离子对以及衍生的自由基等活性中间体结构、物理性质、中间体行为等有助于理解光化学反应的机制，加速学习自然的步伐，推动人工光合成以更高的效率、更简单的方式在更大的范围、更广阔的领域得以应用。

# 第五节　总结与展望

光化学合成在100多年的发展史中，由科学家对自然界光合作用的痴迷和憧憬逐步发展成为一门基础理论完善、反应类型丰富、应用范围广泛的基础学科。如今光化学正在与材料、能源、生命、信息、环境等学科交叉融合，并表现出旺盛的生命力和光明的应用前景。虽然光化学在我国只有40多年的积累和发展，但取得的进步有目共睹，许多重要创新成果已载入史册。面对我国能源匮乏、环境污染严重的国情，光化学工作者依旧任重道远。我们相信经过不懈努力，同时加强后备人才的培养，光化学将在更广阔的领域发挥重要作用，并产生积极影响。

“不毛之地上将涌现不再冒浓烟和没有烟囱的工业聚集区：玻璃管如同森林般地布满平地，随处可见高效进行着光化学反应的玻璃建筑。人类不但掌握了在现在看来仍然神秘的植物光化学过程，并且知道如何比自然更加高效地获得所需产品。因为自然无须匆忙但人类社会则必须。倘若如此，即使在遥远的将来煤炭供应完全枯竭，人类文明也不会因此受到影响。因为只要太阳照常升起，生命和文明将会继续。”

## 参考文献

［1］Hambourger M，Moore G F，Kramer D M，et al. Biology and technology for photochemical fuel production. Chem Soc Rev，2009，38（1）：25－35.

［2］Armaroli N，Balzani V. The future of energy supply：Challenges and opportunities. Angew Chem Int Ed，2007，46（1－2）：52－66.

［3］Concepcion J J，House R L，Papanikolas J M，et al. Chemical approaches to artificial photosynthesis. Proc Nat Acad Sci USA，2012，109（39）：15560－15564.

［4］Ciamician G. The photochemistry of the future. Science，1912，36，385－394.

［5］Frischmann P D，Mahata K，Wurthner F . Powering the future of molecular artificial photosynthesis with light-harvesting metallosupramolecular dye assemblies. Chem Soc

Rev，2013，42（4）：1847－1870.

［6］Frey M. Hydrogenases：Hydrogen-activating enzymes. ChemBioChem，2002，3（2－3）：153－160.

［7］Peters J W，Lanzilotta W N，Lemon B J，et al. X-ray crystal structure of the Fe-only hydrogenase（CpI）from clostridium pasteurianum to 1. 8 angstrom resolution. Science，1998，282（5395）：1853－1858.

［8］Nicolet Y，Piras C，Legrand P，et al. Desulfovibrio desulfuricans iron hydrogenase：The structure shows unusual coordination to an active site Fe binuclear center. Struct Fold Des，1999，7（1）：13－23.

［9］Wolpher H，Borgström M，Hammarström L，et al. Synthesis and properties of an iron hydrogenase active site model linked to a ruthenium tris-bipyridine photosensitizer. Inorg Chem Commun，2003，6（8）：989－991.

［10］Ott S，Kritikos M，Åkermark B，et al. Synthesis and structure of a biomimetic model of the iron hydrogenase active site covalently linked to a ruthenium photosensitizer. Angew Chem Int Ed，2003，42（28）：3285－3288.

［11］Na Y，Wang M，Pan J，et al . Visible light-driven electron transfer and hydrogen generation catalyzed by bioinspired［2Fe2S］complexes. Inorg Chem，2008，47（7）：2805－2810.

［12］Kluwer A M，Kapre R，Hartl F，et al. Self-assembled biomimetic［2Fe2S］-hydrogenase-based photocatalyst for molecular hydrogen evolution. Proc Nat Acad Sci USA，2009，106（26）：10460－10465.

［13］Wang F，Wang W G，Wang H Y，et al. Artificial photosynthetic systems based on［FeFe］-hydrogenase mimics：The road to high efficiency for light-driven hydrogen evolution. ACS Catal，2012，2（3）：407－416.

［14］Wu L Z，Chen B，Li Z J，et al. Enhancement of the efficiency of photocatalytic reduction of protons to hydrogen via molecular assembly. Acc Chem Res，2014，47（7）：2177－2185.

［15］Wang W G，Wang F，Wang H Y，et al. Photocatalytic hydrogen evolution by［FeFe］hydrogenase mimics in homogeneous solution. Chem Asian J，2010，5（8）：1796－1863.

［16］Wang H Y，Si G，Cao W N，et al. A triad［FeFe］hydrogenase system for light-driven hydrogen evolution. Chem Commun，2011，47（29）：8406－8408.

［17］Wang H Y，Wang W G，Si G，et al. Photocatalytic hydrogen evolution from rhenium(I) complexes to［FeFe］hydrogenase mimics in aqueous SDS micellar systems：A biomimetic pathway. Langmuir，2010，26（12）：9766－9771.

［18］Wang F，Wang W G，Wang X J，et al. A highly efficient photocatalytic system for hydrogen production by a robust hydrogenase mimic in an aqueous solution. Angew Chem

Int Ed, 2011, 50 (14): 3193 - 3197.

[19] Li C B, Li Z J, Yu S, et al. Interface-directed assembly of a simple precursor of [FeFe]-$H_2$ase mimics on CdSe QDs for photosynthetic hydrogen evolution in water. Energy Environ Sci, 2013, 6 (9): 2597 - 2602.

[20] Wang F, Liang W J, Jian J X, et al. Exceptional poly (acrylic acid)-based artificial [FeFe]-hydrogenases for photocatalytic $H_2$ production in water. Angew Chem Int Ed, 2013, 52 (31): 8134 - 8138.

[21] Jian J X, Liu Q, Li Z J, et al. Chitosan confinement enhances hydrogen photogeneration from a mimic of the diiron subsite of [FeFe]-hydrogenase Nat Commun, 2013, 4: 2695.

[22] Dempsey J L, Brunschwig B S, Winkle J R, et al. Hydrogen evolution catalyzed by cobaloximes. Acc Chem Res, 2009, 42 (12): 1995 - 2004.

[23] Artero V, Chavarot-Kerlidou M, Fontecave M. Splitting water with cobalt. Angew Chem Int Ed, 2011, 50 (32): 7238 - 7266.

[24] Baffert C, Artero V, Fontecave M. Cobaloximes as functional models for hydrogenases. 2. Proton electroreduction catalyzed by difluoroborylbis (dimethylglyoximato) cobalt(Ⅱ) complexes in organic media. Inorg Chem, 2007, 46 (5): 1817 - 1824.

[25] Hawecker J, Lehn J M, Ziessel R. Efficient homogeneous photochemical hydrogen generation and water reduction mediated by cobaloxime or macrocyclic cobalt complexes. Nouv J Chim, 1983, 7 (5): 271 - 277.

[26] Du P, Knowles K, Eisenberg R. A Homogeneous system for the photogeneration of hydrogen from water based on a platinum(Ⅱ) terpyridyl acetylide chromophore and a molecular cobalt catalyst. J Am Chem Soc, 2008, 130 (38): 12576 - 12577.

[27] Surendranath Y, Dincǎ M, Nocera D G. Electrolyte-dependent electrosynthesis and activity of cobalt-based water oxidation catalysts. J Am Chem Soc, 2009, 131 (7): 2615 - 2620.

[28] Lazarides T, McCormick T, Du P, et al. Making hydrogen from water using a homogeneous system without noble metals. J Am Chem Soc, 2009, 131 (26): 9192 -9194.

[29] Khnayzer R S, McCusker C E, Olaiya B S, et al. Robust cuprous phenanthroline sensitizer for solar hydrogen photocatalysis. J Am Chem Soc, 2013, 135 (38): 14068 - 14070.

[30] McCormick T M, Han Z, Weinberg D J, et al. Impact of ligand exchange in hydrogen production from cobaloxime-containing photocatalytic systems. Inorg Chem, 2011, 50 (21): 10660 - 10666.

[31] Han Z, Shen L, Brennessel W W, et al. Nickel pyridinethiolate complexes as catalysts for the light-driven production of hydrogen from aqueous solutions in noble-metal-free systems. J Am Chem Soc, 2013, 135 (39): 14659 - 14669.

[32] Zhang W, Hong J, Zheng J, et al. Nickel-Thiolate complex catalyst assembled in one step in water for solar $H_2$ production. J Am Chem Soc, 2011, 133 (51): 20680 - 20683.

[33] Fujishima A, Honda K. Electrochemical photolysis of water at a semiconductor electrode. Nature, 1972, 238, 37 - 38.

[34] Bard A J. Photoelectrochemistry. Science, 1980, 207 (4427): 139 - 144.

[35] Hisatomi T, Kubota J, Domen K. Recent advances in semiconductors for photocatalytic and photoelectrochemical water splitting. Chem Soc Rev, 2014, 43: 7520-7535.

[36] Novoselov K S, Geim A K, Morozov S V, et al. Electric field effect in atomically thin carbon films. Science, 2004, 306 (5696): 666 - 669.

[37] An X, Yu J C. Graphene-based photocatalytic composites. RSC Advances, 2011, 1 (8): 1426 - 1434.

[38] Georgakilas V, Otyepka M, Bourlinos A B, et al. Functionalization of graphene: Covalent and non-covalent approaches, derivatives and applications. Chem Rev, 2012, 112 (11): 6156 - 6214.

[39] Oriňáková R, Oriňák A. Recent applications of carbon nanotubes in hydrogen production and storage. Fuel, 2011, 90 (11): 3123 - 3140.

[40] Tajima T, Sakata W, Wada T, et al. Photosensitized hydrogen evolution from water using a single-walled carbon nanotube/fullerodendron/$SiO_2$ coaxial nanohybrid. Adv Mater, 2011, 23 (48): 5750 - 5754.

[41] Min S, Lu G. Dye-sensitized reduced graphene oxide photocatalysts for highly efficient visible-light-driven water reduction. J Phys Chem C, 2011, 115 (28): 13938 - 13945.

[42] Tran P D, Le Goff A, Heidkamp J, et al Noncovalent modification of carbon nanotubes with pyrene-functionalized nickel complexes: Carbon monoxide tolerant catalysts for hydrogen evolution and uptake. Angew Chem Int Ed, 2011, 50 (6): 1371 - 1374.

[43] Latorre-Sánchez M, Lavorato C, Puche M, et al. Visible-light photocatalytic hydrogen generation by using dye-sensitized graphene oxide as a photocatalyst. Chem Eur J, 2012, 18 (52): 16774 - 16783.

[44] Min S, Lu G. Sites for high efficient photocatalytic hydrogen evolution on a limited-layered $MoS_2$ cocatalyst confined on graphene sheets-the role of graphene. J Phys Chem C, 2012, 116 (48): 25415 - 25424.

[45] Tan L L, Chai S P, Mohamed A R. Synthesis and applications of graphene-based $TiO_2$ photocatalysts. ChemSusChem, 2012, 5 (10): 1868 - 1882.

[46] Wang Y, Wang X, Antonietti M. Polymeric Graphitic carbon nitride as a heterogeneous organocatalyst: From photochemistry to multipurpose catalysis to sustainable chemistry. Angew Chem Int Ed, 2012, 51 (1): 68 - 89.

[47] Hou Y, Laursen A B, Zhang J, et al. Layered nanojunctions for hydrogen-evolution catalysis. Angew Chem Int Ed, 2013, 52 (13): 3621-3625.

[48] Yang S, Gong Y, Zhang J, et al. Exfoliated graphitic carbon nitride nanosheets as efficient catalysts for hydrogen evolution under visible light. Adv Mater, 2013, 25 (17): 2452-2456.

[49] Smith A M, Nie S. Semiconductor nanocrystals: Structure, properties, and band gap engineering. Acc Chem Res, 2009, 43 (2): 190-200.

[50] Dukovic G, Merkle M G, Nelson J H, et al. Photodeposition of Pt on colloidal CdS and CdSe/CdS semiconductor nanostructures. Adv Mater, 2008, 20 (22): 4306-4311.

[51] Elmalem E, Saunders A E, Costi R, et al. Growth of photocatalytic CdSe-Pt nanorods and nanonets. Adv Mater, 2008, 20 (22): 4312-4317.

[52] Amirav L, Alivisatos A P. Photocatalytic hydrogen production with tunable nanorod heterostructures. J Phys Chem Lett, 2010, 1 (7): 1051-1054.

[53] Berr M, Vaneski A, Susha A S, et al. Colloidal CdS nanorods decorated with subnanometer sized Pt clusters for photocatalytic hydrogen generation. Appl Phys Lett, 2010, 97 (9): 093108-093103.

[54] Zhu H, Song N, Lv H, et al. Near unity quantum yield of light-driven redox mediator reduction and efficient $H_2$ generation using colloidal nanorod heterostructures. J Am Chem Soc, 2012, 134 (28): 11701-11708.

[55] Brown K A, Dayal S, Ai X, et al. Controlled assembly of hydrogenase-CdTe nanocrystal hybrids for solar hydrogen production. J Am Chem Soc, 2010, 132 (28): 9672-9680.

[56] Brown K A, Wilker M B, Boehm M, et al. Characterization of photochemical processes for $H_2$ production by CdS nanorod-[FeFe] hydrogenase complexes. J Am Chem Soc, 2012, 134 (12): 5627-5636.

[57] Greene B L, Joseph C A, Maroney M J, et al. Direct evidence of active-site reduction and photodriven catalysis in sensitized hydrogenase assemblies. J Am Chem Soc, 2012, 134 (27): 11108-11111.

[58] Das A. Han Z, Eisenberg R, et al. Photogeneration of hydrogen from water using CdSe nanocrystals demonstrating the importance of surface exchange. Proc Natl Acad Sci USA, 2009, 106 (49): 16716-16723.

[59] Huang J, Mulfort K L, Du P, et al. Photodriven charge separation dynamics in CdSe/ZnS core/shell quantum dot/cobaloxime hybrid for efficient hydrogen production. J Am Chem Soc, 2012, 134 (40): 16472-16475.

[60] Wen F, Wang X, Huang L, et al. A hybrid photocatalytic system comprising ZnS as light harvester and an [$Fe_2S_2$] hydrogenase mimic as hydrogen evolution

catalyst. ChemSusChem，2012，5（5）：849－853.

[61] Han Z，Qiu F，Eisenberg R，et al. Robust photogeneration of $H_2$ in water using semiconductor nanocrystals and a nickel catalyst. Science，2012，338（6112）：1321－1324.

[62] Li Z J，Li X B，Wang J J，et al. A robust "artificial catalyst" in situ formed from CdTe QDs and inorganic cobalt salts for photocatalytic hydrogen evolution. Energy Environ Sci，2013，6（2）：465－469.

[63] Li Z J，Wang J J，Li X B，et al. An exceptional artificial photocatalyst，$Ni_h$-CdSe/CdS core/shell hybrid，made *in situ* from CdSe quantum dots and nickel salts for efficient hydrogen evolution. Adv Mater，2013，25（45）：6613－6618.

[64] Li Z J，Fan X B，Li X B，et al. Visible light catalysis-assisted assembly of $Ni_h$-QD hollow nanospheres *in situ* via hydrogen bubbles. J Am Chem Soc，2014，136（23）：8261－8268.

[65] Gersten S W，Samuels G J，Meyer T J. Catalytic oxidation of water by an oxo-bridged ruthenium dimer. J Am Chem Soc，1982，104（14）：4029－4030.

[66] Liu F，Concepcion J J，Jurss J W，et al. Mechanisms of water oxidation from the blue dimer to photosystem II. Inorg Chem，2008，47（6）：1727－1752.

[67] Symes M D，Lutterman D A，Teets T S，et al. Photo-active cobalt cubane model of an oxygen-evolving catalyst. ChemSusChem，2013，6（1）：65－69.

[68] Xu Y H，Duan L L，Tong L P，et al. Visible light-driven water oxidation catalyzed by a highly efficient dinuclear ruthenium complex. Chem Commun，2010，46（35）：6506－6508.

[69] Li F，Jiang Y，Zhang B，et al. Towards a solar fuel device：Light-driven water oxidation catalyzed by a supramolecular assembly. Angew Chem Int Ed，2012，51（10）：2417－2420.

[70] Xu Y，Fischer A，Duan L，et al. Chemical and light-driven oxidation of water catalyzed by an efficient dinuclear ruthenium complex. Angew Chem Int Ed，2010，49（47）：8934－8937.

[71] Wang L，Duan L，Tong L，et al. Visible light-driven water oxidation catalyzed by mononuclear ruthenium complexes. J Catal，2013，306：129-132.

[72] Chen Z，Concepcion J J，Brennaman M K，et al. Splitting $CO_2$ into CO and $O_2$ by a single catalyst. Proc Natl Acad Sci USA，2012，109（39）：15606－15611.

[73] McDaniel N D，Coughlin F J，Tinker L L，et al. Cyclometalated Iridium(Ⅲ) aquo complexes：Efficient and tunable catalysts for the homogeneous oxidation of water. J Am Chem Soc，2007，130（1）：210－217.

[74] Fillol J L，Codolà Z，Garcia-Bosch I，et al. Efficient water oxidation catalysts based on readily available iron coordination complexes. Nat Chem，2011，3（10）：807－813.

[75] Coggins M K, Zhang M T, Vannucci A K, et al. Electrocatalytic water oxidation by a monomeric amidate-ligated Fe(Ⅲ)-aqua complex. J Am Chem Soc, 2014, 136 (15): 5531-5534.

[76] Zhang M T, Chen Z, Kang P, et al. Electrocatalytic water oxidation with a copper(Ⅱ) polypeptide complex. J Am Chem Soc, 2013, 135 (6): 2048-2051.

[77] Karlsson E A, Lee B L, Åkermark T, et al. Photosensitized water oxidation by use of a bioinspired manganese catalyst. Angew Chem Int Ed, 2011, 123 (49): 11919-11922.

[78] Piccinin S, Sartorel A, Aquilanti G, et al. Water oxidation surface mechanisms replicated by a totally inorganic tetraruthenium-oxo molecular complex. Proc Nat Acad Sci USA, 2013, 110 (13): 4917-4922.

[79] Tsui E Y, Agapie T. Reduction potentials of heterometallic manganese-oxido cubane complexes modulated by redox-inactive metals. Proc Nat Acad Sci USA, 2013, 110 (25): 10084-10088.

[80] Berardi S, La Ganga G, Natali M, et al. Photocatalytic water oxidation: Tuning light-induced electron transfer by molecular $Co_4O_4$ cores. J Am Chem Soc, 2012, 134 (27): 11104-11107.

[81] Yin Q, Tan J M, Besson C, et al. A fast soluble carbon-free molecular water oxidation catalyst based on abundant metals. Science, 2010, 328 (5976): 342-345.

[82] Zhao Y, Swierk J R, Megiatto J D, et al. Improving the efficiency of water splitting in dye-sensitized solar cells by using a biomimetic electron transfer mediator. Proc Nat Acad Sci USA, 2012, 109 (39): 15612-15616.

[83] Blakemore J D, Schley N D, Kushner-Lenhoff M N, et al. Comparison of amorphous iridium water-oxidation electrocatalysts prepared from soluble precursors. Inorg Chem, 2012, 51 (14): 7749-7763.

[84] Hintermair U, Hashmi S M, Elimelech M, et al. Particle formation during oxidation catalysis with Cp* iridium complexes. J Am Chem Soc, 2012, 134 (23): 9785-9795.

[85] Hong D, Murakami M, Yamada Y, et al. Efficient water oxidation by cerium ammonium nitrate with [IrⅢ (Cp*) (4,4 [prime or minute]-bishydroxy-2,2 [prime or minute]-bipyridine) $(H_2O)]^{2+}$ as a precatalyst. Energy Environ Sci, 2012, 5 (2): 5708-5716.

[86] Chen G, Chen L, Ng S M, et al. Chemical and visible-light-driven water oxidation by iron complexes at pH 7～9: Evidence for dual-active intermediates in iron-catalyzed water oxidation. Angew Chem Int Ed, 2013, 52 (6): 1789-1791.

[87] Kärkäs M D, Åkermark T, Johnston E V, et al. Water oxidation by single-site ruthenium complexes: Using ligands as redox and proton transfer mediators. Angew Chem

Int Ed, 2012, 51 (46): 11589－11593.

[88] Hong D, Jung J, Park J, et al. Water-soluble mononuclear cobalt complexes with organic ligands acting as precatalysts for efficient photocatalytic water oxidation. Energy Environ Sci, 2012, 5 (6): 7606－7616.

[89] Sartorel A, Carraro M, Scorrano G, et al. Polyoxometalate embedding of a tetraruthenium(Ⅳ)-oxo-core by template-directed metalation of [$\gamma$-$SiW_{10}O_{36}$]$^{8-}$: A totally inorganic oxygen-evolving catalyst. J Am Chem Soc, 2008, 130 (15): 5006－5007.

[90] Santoni M P, La Ganga G, Mollica Nardo V, et al. The use of a vanadium species as a catalyst in photoinduced water oxidation. J Am Chem Soc, 2014, 136 (23): 8189－8192.

[91] Huang Z, Luo Z, Geletii Y V, et al. Efficient light-driven carbon-free cobalt-based molecular catalyst for water oxidation. J Am Chem Soc, 2011, 133 (7): 2068－2071.

[92] Han X B, Zhang Z M, Zhang T, et al. Polyoxometalate-based cobalt-phosphate molecular catalysts for visible light-driven water oxidation. J Am Chem Soc, 2014, 136 (14): 5359－5366.

[93] Dau H, Limberg C, Reier T, et al. The mechanism of water oxidation: From electrolysis via homogeneous to biological catalysis. ChemCatChem, 2010, 2 (7): 724－761.

[94] Marenich A V, Majumdar A, Lenz M, et al. Construction of pourbaix diagrams for ruthenium-based water-oxidation catalysts by density functional theory. Angew Chem Int Ed, 2012, 51 (51): 12810－12814.

[95] Sartorel A, Bonchio M, Campagna S, et al. Tetrametallic molecular catalysts for photochemical water oxidation. Chem Soc Rev, 2013, 42 (6): 2262－2280.

[96] Nocera D G. The artificial leaf. Acc Chem Res, 2012, 45 (5): 767－776.

[97] Chen X, Shen S, Guo L, et al. Semiconductor-based photocatalytic hydrogen generation. Chem Rev, 2010, 110 (11): 6503－6570.

[98] Kudo A, Miseki Y. Heterogeneous photocatalyst materials for water splitting. Chem Soc Rev, 2009, 38 (1): 253－278.

[99] Chen H, Nanayakkara C E, Grassian V H. Titanium dioxide photocatalysis in atmospheric chemistry. Chem Rev, 2012, 112 (11): 5919－5948.

[100] Chen X, Mao S S. Titanium dioxide nanomaterials: Synthesis, properties, modifications, and applications. Chem Rev, 2007, 107 (7): 2891－2959.

[101] Fujishima A, Honda K. Electrochemical photolysis of water at a semiconductor electrode. Nature, 1972, 238 (5358): 37－38.

[102] Maeda K, Teramura K, Lu D, et al. Photocatalyst releasing hydrogen from water. Nature, 2006, 440 (7082): 295－295.

[103] Maeda K, Higashi M, Lu D, et al. Efficient nonsacrificial water splitting

through two-step photoexcitation by visible light using a modified oxynitride as a hydrogen evolution photocatalyst. J Am Chem Soc，2010，132（16）：5858－5868.

[104] Wang X，Xu Q，Li M，et al. Photocatalytic overall water splitting promoted by an $\alpha$-$\beta$ phase junction on $Ga_2O_3$. Angew Chem Int Ed，2012，51（52）：13089－13092.

[105] Lee Y，Teramura K，Hara M，et al. Modification of（$Zn_{1+x}$Ge）($N_2O_x$）solid solution as a visible light driven photocatalyst for overall water splitting. Chem Mater，2007，19（8）：2120－2127.

[106] Ohno T，Bai L，Hisatomi T，et al. Photocatalytic water splitting using modified GaN：ZnO solid solution under visible light：Long-time operation and regeneration of activity. J Am Chem Soc，2012，134（19）：8254－8259.

[107] Iwase A，Ng Y H，Ishiguro Y，et al. Reduced graphene oxide as a solid-state electron mediator in *Z*-scheme photocatalytic water splitting under visible light. J Am Chem Soc，2011，133（19）：11054－11057.

[108] Krebs F C. Carbon dioxide-a themed issue. Energy Environ. Sci，2012，5（6）：7238－7239.

[109] Markewitz P，Kuckshinrichs W，Leitner W，et al. Worldwide innovations in the development of carbon capture technologies and the utilization of $CO_2$. Energy Environ Sci，2012，5（6）：7281－7305.

[110] Oh Y，Hu X. Organic molecules as mediators and catalysts for photocatalytic and electrocatalytic $CO_2$ reduction. Chem Soc Rev，2013，42（6）：2253－2261.

[111] Doherty M D，Grills D C，Muckerman J T，et al. Toward more efficient photochemical $CO_2$ reduction：Use of $scCO_2$ or photogenerated hydrides. Coord Chem Rev，2010，254（21－22）：2472－2482.

[112] Takeda H，Ishitani O. Development of efficient photocatalytic systems for $CO_2$ reduction using mononuclear and multinuclear metal complexes based on mechanistic studies. Coord Chem Rev，2010，254（3－4）：346－354.

[113] Habisreutinger S N，Schmidt-Mende L，Stolarczyk J K. Photocatalytic reduction of $CO_2$ on $TiO_2$ and other semiconductors. Angew Chem Int Ed，2013，52（29）：7372－7408.

[114] Morris A J，Meyer G J，Fujita E. Molecular approaches to the photocatalytic reduction of carbon dioxide for solar fuels. Acc Chem Res，2009，42（12）：1983－1994.

[115] Takeda H，Koike K，Inoue H，et al. Development of an efficient photocatalytic system for $CO_2$ reduction using rhenium(Ⅰ) complexes based on mechanistic studies. J Am Chem Soc，2008，130（6）：2023－2031.

[116] Sato S，Morikawa T，Saeki S，et al. Visible-light-induced selective $CO_2$ reduction utilizing a ruthenium complex electrocatalyst linked to a *p*-type nitrogen-doped $Ta_2O_5$ semiconductor. Angew Chem Int Ed，2010，49（30）：5101－5105.

[117] Liu Q, Zhou Y, Kou J, et al. High-yield synthesis of ultralong and ultrathin $Zn_2GeO_4$ nanoribbons toward improved photocatalytic reduction of $CO_2$ into renewable hydrocarbon fuel. J Am Chem Soc, 2010, 132 (41): 14385 - 14387.

[118] Zhai Q, Xie S, Fan W, et al. Photocatalytic conversion of carbon dioxide with water into methane: Platinum and copper(I) oxide Co-catalysts with a core-shell structure. Angew Chem Int Ed, 2013, 52 (22): 5776 - 5779.

[119] 张宝文,程学新,刘蓉蓉,等.光化学合成维生素 $D_3$ 的方法.中国专利,2005,ZL021044449.

[120] Frederick D, Greene S, Misrock L, et al. The structure of anthracene photodimers. J Am Chem Soc, 1955, 77 (14): 3852 - 3855.

[121] Bouas-Laurent H, Castellan A, Desvergne J P. From anthracene photodimerization to jaw photochromic materials and photocrowns. Pure Appl Chem, 1980, 52 (5): 2633 - 2648.

[122] Bradshaw J S, Hammond G S. Mechanisms of photochemical reactions in solution. XIX. Photodimerization of methyl-naphthyl ether. J Am Chem Soc, 1963, 85 (24): 3953 - 3955.

[123] Kowala C, Sugowdz G, Sasse W H F, et al. The X-ray analysis and molecular structure of the photodimer of methyl naphthalene-2-carboxylate. Tetrahedron Lett, 1972, 13 (46): 4721 - 4722.

[124] Tung C H, Wu L Z, Yuan Z Y, et al. Zeolites as templates for preparation of large-ring compounds: Intramolecular photocycloaddition of diaryl compounds. J Am Chem Soc, 1998, 120 (45): 11594 - 11602.

[125] Tung C H, Wu L Z. A novel type of molecular assembly: Aggregates formed by molecules with polar chains in nonpolar solvents. Chem Phys Lett, 1995, 244 (1 - 2): 157 -163.

[126] Tung C H, Wu L Z. Enhancement of intramolecular excimer formation, photodimerization and energy transfer of naphthalene end-labelled poly(ethylene glycol) oligomers via complexation of alkali-metal and lanthanide cations. J Chem Soc Faraday Trans, 1996, 92 (8): 1381 - 1385.

[127] Tung C H, Li Y, Yang Z Q. Intramolecular photodimerization of 2-naphthoate: Successful application of hydrophobic forces in the preparation oflarge-ring compounds. J Chem Soc Faraday Trans, 1994, 90 (7): 947 - 951.

[128] Xu M, Fu X G, Wu L Z, et al. Photocontrollable ion transport across a liquid membrane by anthracene end-labeled oligo-oxyethlenes. Phys Chem Chem Phys, 2002, 4, 4030 - 4035.

[129] Wu X L, Luo L, Lei L, et al. Highly efficient cucurbit [8] uril-templated intramolecular photocycloaddition of 2-naphthalene- labeled poly (ethylene glycol) in aqueous

solution. J Org Chem, 2008, 73 (2): 491-494.

[130] Ischay M A, Anzovino M E, Du J, et al. Efficient visible light photocatalysis of [2+2] enone cycloadditions. J Am Chem Soc, 2008, 130 (39): 12886-12887.

[131] Du J, Yoon T P. Crossed Intermolecular [2+2] cycloadditions of acyclic enones via visible light photocatalysis. J Am Chem Soc, 2009, 131 (41): 14604-14605.

[132] Norrish R G W, Appleyard M E S. Primary photochemical reactions. IV. Decomposition of methyl ethyl ketone and methyl butyl ketone. J Chem Soc, 1934: 874-880.

[133] Yang N C, Yang D H. Cyclobutanol formation from irradiation of ketones. J Am Chem Soc, 1958, 80 (11): 2913-2914.

[134] Small R D, Scaiano J C. Photochemistry of phenyl alkyl ketones - lifetime of intermediate biradicals. J Phy Chem, 1977, 81 (22): 2126-2131.

[135] Wagner P J, Kelso P A, Kemppainen A E, et al. Type Ⅱ photoprocesses of phenyl ketones. A glimpse at the behavior of 1, 4-biradicals. J Am Chem Soc, 1972, 94 (21): 7506-7512.

[136] Griesbeck A G, Heekroth H. Stereoselective synthesis of 2-aminocyclobutanols via photocyclization of $\alpha$-amido alkylaryl ketones: Mechanistic implications for the Norrish/Yang reaction. J Am Chem Soc, 2002, 124 (3): 396-403.

[137] Bach T, Aechtner T, Neum B. Enantioselective Norrish-Yang cyclization reactions of *N*-($\omega$-Oxo- $\omega$-phenylalkyl)-substituted imidazolidinones in solution and in the solid state. Chem Eur J, 2002, 8 (11): 2464-2475.

[138] Yang C, Xia W J, Scheffer J R. Orbital-overlap control of the reactivity of a bicyclic 1-hydroxy-1, 4-biradical. Angew Chem Int Ed, 2005, 44 (32): 5087-5089.

[139] Natarajan A, Mague J T, Ramamurthy V. Asymmetric induction during Yang cyclization of $\alpha$-oxoamides: The power of a covalently linked chiral auxiliary is enhanced in the crystalline state. J Am Chem Soc, 2005, 127 (10): 3568-3576.

[140] Hu S K, Neckers D C. Photochemical reactions of alkoxy-containing alkyl phenylglyoxylates: Remote hydrogen abstraction. J Chem Soc Perkin Trans, 1997, 2, 1751-1754.

[141] Griesbeck A G, Oelgemöller M, Lex J. Photochemistry of MTM- and MTE-esters of $\omega$-phthalimido carboxylic acids: Macrocyclization versus deprotection. J Org Chem, 2000, 65 (26): 9028-9032.

[142] Yoon U C, Jin Y X, Oh S W, et al. A synthetic strategy for the preparation of cyclic peptide mimetics based on SET-promoted photocyclization processes. J Am Chem Soc, 2003, 125 (35): 10664-10671.

[143] Cho D W, Yoon U C, Mariano P S. Single electron transfer-promoted photocyclization reactions of linked acceptor-polydonor systems: Effects of chain length and type on

the efficiencies of macrocyclic ring-forming photoreactions of tethered α-silyl ether phthalimide substrates. J Am Chem Soc, 2008, 130 (7): 2276 – 2284.

[144] Büchi G, Inman C G, Lipinsky E S. Light-catalyzed organic reactions. I. The reaction of carbonyl compounds with 2-methyl-2-butene in the presence of ultraviolet light. J Am Chem Soc, 1954, 76 (17): 4327 – 4331.

[145] Iriondo-Alberdi J, Perea-Buceta J E, Greaney M F. A Paternò-Büchi approach to the synthesis of Merrilactone A. Org Lett, 2005, 7 (18): 3969 – 3971.

[146] Bach T, Bergmann H, Brummerhop H, et al. The [2+2]-photocycloaddition of aromatic aldehydes and ketones to 3, 4-dihydro-2-pyridones: Regioselectivity, diastereoselectivity, and reductive ring opening of the product oxetanes. Chem Eur J, 2001, 7 (20): 4512 – 4521.

[147] Xue J, Zhu L, Fun H K, et al. Synthesis of medium and large ring heterocycles by photoinduced intermolecular and intramolecular electron transfer reactions of tetrachlorophthalimides with alkenes. Tetrahedron Lett, 2000, 41 (44): 8553 – 8557.

[148] Tung C H, Wang H, Ying Y M. Photosensitized oxidation of alkenes adsorbed on pentasil zeolites. J Am Chem Soc, 1998, 120 (21): 5179 – 5186.

[149] Griesbeck A G, El-Idreesy T T, Fiege M, et al. Synthesis of antimalarial 1, 2, 4-trioxanes via photooxygenation of a chiral allylic alcohol. Org Lett, 2002, 4 (24): 4193 – 4195

[150] Dechy-Cabaret O, Benoit-Vical F, Loup C, et al. Synthesis and antimalarial activity of trioxaquine derivatives. Chem Eur J, 2004, 10 (7): 1625 – 1636.

[151] Marinković S, Brulé C, Hoffmann N, et al. Origin of chiral induction in radical reactions with the diastereoisomers (5*R*)- and (5*S*)-5-l-menthyloxyfuran-2 [5*H*] -one. J Org Chem, 2004, 69 (5): 1646 – 1651.

[152] Córdova A, Sundén H, Engqvist M, et al. The direct amino acid-catalyzed asymmetric incorporation of molecular oxygen to organic compounds. J Am Chem Soc, 2004, 126 (29): 8914 – 8915.

[153] Sundén H, Engqvist M, Casas J, et al. Direct amino acid catalyzed asymmetric α-oxidation of ketones with molecular oxygen. Angew Chem Int Ed, 2004, 43 (47): 6532 – 6535.

[154] Didier C, Critcher D J, Walshe N D, et al. Full stereochemical assignment and synthesis of the potent anthelmintic pyrrolobenzoxazine natural product CJ-12662. J Am Chem Soc, 2004, 69 (23): 7875 – 7879.

[155] Feng K, Zhang R Y, Wu L Z, et al. Photooxidation of olefins under oxygen in platinum(Ⅱ) complex-loaded mesoporous molecular sieves. J Am Chem Soc, 2006, 128 (45):14685 – 14690.

[156] Su Y, Zhang L, Jiao N. Utilization of natural sunlight and air in the aerobic oxi-

dation of benzyl halides. Org Lett，2011，13（9）：2168－2171.

［157］Zou Y Q，Lu L Q，Fu L，et al. Visible-light-induced oxidation/［3＋2］cycloaddition/oxidative aromatization sequence：A photocatalytic strategy to construct pyrrolo［2，1-a］isoquinolines. Angew Chem Int Ed，2011，50（31）：7171－7175.

［158］Celaje J A，Zhang D，Guerrero A M，et al. Chemistry of *trans*-resveratrol with singlet oxygen：［2＋2］addition，［4＋2］addition，and formation of the phytoalexin Moracin M. Org Lett，2011，13（18）：4846－4849.

［159］Zhao G，Yang C，Guo L，et al. Visible light-induced oxidative coupling reaction：Easy access to mannich-type products. Chem Commun，2012，48，2337－2339.

［160］Sun H，Yang C，Gao F，et al. Oxidative C—C bond cleavage of aldehydes via visible-light photoredox catalysis. Org Lett，2013，15（3）：624－627.

［161］程学新，张焱，刘颙颙，等．合成16-脱氢孕甾双烯醇酮醋酸酯及其同类物的新方法．中国发明专利，2009，ZL200510011966.6。

［162］Murahashi S I，Komiya N，Terai H，et al. Aerobic ruthenium-catalyzed oxidative cyanation of tertiary amines with sodium cyanide. J Am Chem Soc，2003，125（50）：15312－15313.

［163］Li Z，Li C J. CuBr-catalyzed efficient alkynylation of $sp^3$ C—H bonds adjacent to a nitrogen atom. J Am Chem Soc，2004，126（38）：11810－11811.

［164］Li C J. Cross-dehydrogenative coupling（CDC）：Exploring C—C bond formations beyond functional group transformations . Acc Chem Res，2009，42（2）：335－344.

［165］Yeung C S，Dong V M. Catalytic dehydrogenative cross-coupling：Forming carbon-carbon bonds by oxidizing two carbon-hydrogen bonds. Chem Rev，2011，111（3）：1215－1292.

［166］Sun C L，Li B J，Shi Z J. Direct C—H transformation via iron catalysis. Chem Rev，2011，111（3）：1293－1314.

［167］Liu C，Zhang. H，Shi W，et al. Bond formations between two nucleophiles：Transition metal catalyzed oxidative cross-coupling reactions. Chem Rev，2011，111（3）：1780－1824.

［168］Girard S A，Knauber T，Li C J. The cross-dehydrogenative coupling of $C_{sp^3}$—H bonds：A versatile strategy for C—C bond formations. Angew Chem Int Ed，2014，53（1）：74－100.

［169］Condie A G，González-Gómez J C，Stephenson C R J. Visible-light photoredox catalysis：Aza-henry reactions via C—H functionalization. J Am Chem Soc，2010，132（5）：1464－1465.

［170］Liu Q，Li Y N，Zhang H H，et al. Reactivity and mechanistic insight into visible-light-induced aerobic cross-dehydrogenative coupling reaction by organophotocatalysts. Chem Eur J，2012，18（2）：620－627.

[171] Hari D P, König B. Eosin Y catalyzed visible light oxidative C—C and C—P bond formation. Org Lett, 2011, 13 (15): 3852 - 3855.

[172] Zhong J J, Meng Q Y, Wang G X, et al. A highly efficient and selective aerobic cross-dehydrogenative-coupling reaction photocatalyzed by a platinum(Ⅱ) terpyridyl complex. Chem Eur J, 2013, 19 (20): 6443 - 6450.

[173] Gao X W, Meng Q Y, Xiang M, et al. Combining visible light catalysis and transition metal catalysis for the alkylation of secondary amines. Adv Synth Catal, 2013, 355 (11 - 12): 2158 - 2164.

[174] Meng Q Y, Zhong J J, Liu Q, et al. A cascade cross-coupling hydrogen evolution reaction by visible light catalysis. J Am Chem Soc, 2013, 135 (51): 19052 - 19055.

[175] Zhong J J, Meng Q Y, Liu B, et al. Cross-coupling hydrogen evolution reaction in homogeneous solution without Noble metals. Org Lett, 2014, 16 (7): 1988 - 1991.

[176] Li X B, Li Z J, Gao Y J, et al. Mechanistic insights into the interface-directed transformation of thiols into disulfides and molecular hydrogen by visible-light irradiation of quantum dots. Angew Chem Int Ed, 2014, 53 (8): 2085 - 2089.

[177] Boisvert G, Giasson R. Induction of radical cyclizations with the 10-methyl-9, 10-dihydroacridine/$NaBH_4$ photocatalytic system. Tetrahedron Lett, 1992, 33 (44): 6587 -6590.

[178] Cossy J, Ranaivosata J L, Bellosta V. Novel silylating agents employing 4-pentenylsilyl ethers. Tetrahedron Lett, 1994, 35 (44): 8161 - 8170.

[179] Vaillard S E, Postigo A, Rossi R A. Syntheses of 3-substituted 2, 3-dihydrobenzofuranes, 1, 2-dihydronaphtho (2, 1-b) furanes, and 2, 3-dihydro-1*H*-indoles by tandem ring closure-$S_{RN}1$ reactions. J Org Chem, 2002, 67 (24): 8500 - 8506.

[180] Vaillard S E, Postigo A, Rossi R A. Fast Tin-free hydrodehalogenation and reductive radical cyclization reactions: A new reduction process. J Org Chem, 2004, 69 (6): 2037 - 2041.

[181] Liu Q, Han B, Zhang W, et al. Photo-induced radical cyclization of aromatic halides with sodium borohydride. Synlett, 2005, 14, 2248 - 2250.

[182] Wang C, Zhang W, Lu S, et al. One-pot synthesis of benzo [c] carbazoles by photochemical annulation of 2-chloroindole-3-carbaldehydes. Chem Commun, 2008, (41): 5176 - 5178.

[183] Fukuzumi S, Mochizuki S, Tanaka T. Photocatalytic reduction of phenacyl halides by 9, 10-dihydro-10-methylacridine: Control between the reductive and oxidative quenching pathways of tris(bipyridine) ruthenium complex utilizing an acid catalysis. J Phys Chem, 1990, 94 (2): 722 - 726.

[184] Narayanam J M R, Tucker J W, Stephenson C R J . Electron-transfer photoredox catalysis: Development of a tin-free reductive dehalogenation reaction. J Am Chem Soc,

2009, 131 (25): 8756 - 8757.

[185] Furst L, Narayanam J M R, Stephenson C R J. Total Synthesis of (+) -gliocladin C enabled by visible-light photoredox catalysis. Angew Chem Int Ed, 2011, 50 (41): 9655 - 9659.

[186] Tucker J W, Narayanam J M R, Krabbe S W, et al. Electron transfer photoredox catalysis: Intramolecular radical addition to indoles and pyrroles. Org Lett, 2009, 12 (2): 368 - 371.

[187] Tucker J W, Nguyen J D, Narayanam J M R, et al. Tin-free radical cyclization reactions initiated by visible light photoredox catalysis. Chem Commun, 2010, 46 (27): 4985 - 4987.

[188] Furst L, Matsuura B S, Narayanam J M R, et al. Visible light-mediated intermolecular C—H functionalization of electron-rich heterocycles with malonates. Org Lett, 2010, 12 (13): 3104 - 3107.

[189] Andrews R S, Becker J J, Gagné M R. Intermolecular addition of glycosyl halides to alkenes mediated by visible light. Angew Chem Int Ed, 2010, 49 (40): 7274 - 7276.

[190] Kim H, Lee C. Visible-light-induced photocatalytic reductive transformations of organohalides. Angew Chem Int Ed, 2012, 51 (49): 12303 - 12306.

[191] Nguyen J D, D'Amato E M, Narayanam J M R, et al. Engaging unactivated alkyl, alkenyl and aryl iodides in visible-light-mediated free radical reactions. Nat Chem, 2012, 4 (10): 854 - 859.

[192] Cheng Y, Gu X, Li P. Visible-light photoredox in homolytic aromatic substitution: Direct arylation of arenes with aryl halides. Org Lett, 2013, 15 (11): 2664 - 2667.

[193] Hari D P, König B. The photocatalyzed meerwein arylation: Classic reaction of aryl diazonium salts in a new light. Angew Chem Int Ed, 2013, 52 (18): 4734 - 4743.

[194] Yu J, Zhang L, Yan G. Metal-free, visible light-induced borylation of aryldiazonium salts: A simple and green synthetic route to arylboronates. Adv Synth Catal, 2012, 354 (14 - 15): 2625 - 2628.

[195] Jiang H, Huang C, Guo J, et al. Direct C—H functionalization of enamides and enecarbamates by using visible-light photoredox catalysis. Chem EurJ, 2012, 18 (47): 15158 - 15166.

[196] Xiao T, Dong X, Tang Y, et al. Phenanthrene synthesis by eosin Y-catalyzed, visible light- induced [4 + 2] benzannulation of biaryldiazonium salts with alkynes. Adv Synth Catal, 2012, 354 (17): 3195 - 3199.

[197] Wang X, Cuny G D, Noël T. A mild, one-pot stadler-ziegler synthesis of arylsulfides facilitated by photoredox catalysis in batch and continuous-flow. Angew Chem Int Ed, 2013, 52 (30): 7860 - 7864.

[198] Mo F, Dong G, Zhang Y, et al. Recent applications of arene diazonium salts in organic synthesis. Org Biomol Chem, 2013, 11, 1582-1593.

[199] Xia J D, Deng G B, Zhou M B, et al. Reusable visible light photoredox catalysts: Catalyzed benzylic $C_{(sp^3)}$—H functionalization/carbocyclization reactions. Synlett, 2012, 18, 2707-2713.

[200] Deng G B, Wang Z Q; Xia J D, et al. Tandem cyclizations of 1, 6-enynes with arylsulfonyl chlorides by using visible-light photoredox catalysis. Angew Chem Int Ed, 2013, 52 (5): 1535-1538.

[201] Chen M, Huang Z T, Zheng Q Y. Visible light-induced 3-sulfenylation of *N*-methylindoles with arylsulfonyl chlorides. Chem Commun, 2012, 48 (95): 11686-11688 .

[202] Yasu Y, Koike T, Akita M. Visible light-induced selective generation of radicals from organoborates by photoredox catalysis. Adv Synth Catal, 2012, 354 (18): 3414-3420.

[203] Yasu Y, Koike T, Akita M. Visible-light-induced synthesis of a variety of trifluoromethylated alkenes from potassium vinyltrifluoroborates by photoredox catalysis. Chem Commun, 2013, 49 (20): 2037-2039.

[204] Neufeldt S R, Sanford M S. Combining transition metal catalysis with radical chemistry: Dramatic acceleration of palladium-catalyzed C—H arylation with diaryliodonium salts. Adv Synth Catal, 2012, 354 (18): 3517-3522.

[205] Baralle A, Fensterbank L, Ollivier C. Aryl radical formation by copper(Ⅰ) photocatalyzed reduction of diaryliodonium salts: NMR evidence for a $Cu^{II}/Cu^{I}$ mechanism. Chem Eur J, 2013, 19 (33): 10809-10813.

[206] Donc S, Fensterbank L, Ollivier C. Visible-light photocatalytic reduction of sulfonium salts as a source of aryl radicals. Adv Synth Catal, 2013, 355 (8): 1477-1482.

[207] Zhou S Z, Shen S Y, Zhou Q F, et al. Long distance intramolecular photoinduced electron transfer in donor-acceptor systems: Effect of exothermicity on electron-transfer rates. J Chem Soc, Chem Commun, 1992, 669-670.

[208] Wang X D, Zhang B W, Bai J W, et al. Light-induced electron transfer of porphyrin triad for photoelectric conversion. J Phys Chem, 1992, 96 (7): 2886-2891.

[209] Tung C H, Zhang L P, Li Y, et al. Intramolecular long-distance electron transfer and triplet energy transfer. Photophysical and photochemical studies on a norbornadiene-steroid-benzidine system. J Am Chem Soc, 1997, 119 (23): 5348-5354.

[210] Han X, Wu L Z, Si G, et al. Switching between ligand-to-ligand charge-transfer, intraligand charge-transfer, and metal-to-ligand charge-transfer excited states in platinum(Ⅱ) terpyridyl acetylide complexes induced by pH change and metal. Ions Chem Eur J, 2007, 13 (4): 1231-1239.

[211] Wang S M, Yu M L, Ding J, et al. Photoinduced triplet-triplet energy transfer

via the 2-ureido-4[1$H$]-pyrimidinone self-complementary quadruple hydrogen-bonded module. J Phys Chem A，2008，112 (17)：3865 - 3869.

[212] Yu M L，Wang S M，Feng K，et al. Photoinduced electron transfer and charge-recombination in 2-ureido-4 [1$H$]-pyrimidinone quadruple hydrogen-bonded porphyrin-fullerene assemblies. J Phys Chem C，2011，115 (47)：23634 - 23641.

[213] Zeng Y，Li Y Y，Li M，et al. Enhancement of energy utilization in light-harvesting dendrimers by the pseudorotaxane formation at periphery. J Am Chem Soc，2009，131 (25)：9100 - 9106.

[214] Zhang X J，Jie J S，Zhang W F，et al. Photoconductivity of a single small-molecule organic nanowire. Adv Mater，2008，20 (12)：2427 - 2432.

[215] Zhao Y S，Fu H，Peng A，et al. Construction and optoelectronic properties of organic one-dimensional nanostructures. Acc Chem Res，2010，43 (3)：409 - 418.

[216] Fu H，Yao J. Size effects on the optical properties of organic nanoparticles. J Am Chem Soc，2001，123 (7)：1434 - 1439.

[217] Zhao Y S，Xu J，Peng A，et al. Optical waveguide based on crystalline organic microtubes and microrods. Angew Chem Int Ed，2008，47 (38)：7301 - 7305.

[218] Zhao Y S，Peng A，Fu H，et al. Nanowire waveguides and ultraviolet lasers based on small organic molecules. Adv Mater，2008，20 (9)：1661 - 1665.

# 第十章

# 非共价合成

康岳桐　袁　斌　宋　桥　徐　俊　刘　凯　张　希

分子的共价合成在过去、现在和将来都是合成化学的基础。作为共价合成的补充，近年来发展的非共价合成是指利用非共价键，通过自组装来产生新结构并决定其功能[1-6]。非共价键包括氢键、静电相互作用、π-π 相互作用、主客体相互作用等。利用非共价合成方法，人们能够得到利用传统的共价合成不能或者很难得到的结构和功能。对于由多组分组成的复杂体系来讲，非共价合成显得尤为重要。例如，在人体内，非共价合成无时无刻不在发生：多肽的折叠形成有特定多级结构蛋白质分子，磷脂分子自组装形成双层膜，磷脂双层膜与蛋白质等其他大分子进一步通过非共价合成得到细胞膜等。

与共价合成相比，非共价合成有着显著的特点：

(1) 易于制备。在传统的共价合成反应中，为了得到一个目标产物，往往需要繁杂的多步有机合成与提纯。特别是对于复杂分子，合成步骤的增加使得共价合成的难度进一步加大。而非共价合成则不同，通过对构筑基元合理的设计，多种非共价键可以协同作用，从而产生特异性识别。由于识别过程是自发进行的，因此，仅仅需要将构筑基元进行简单物理混合，就可以高效地构筑目标分子或结构，甚至可在水等绿色溶剂中进行。

(2) 非共价合成的材料具备良好的可逆性和自适应性。与共价键相比，非共价键的强度一般相对较弱，并且可以根据外界环境条件的变化而形成或破坏。因此，非共价合成的材料可以具有自修复的特点。另外，由于非共价键的强度比共价键低，其可以在外界刺激下更容易发生解离，从而使材料的物理和化学性质发生改变。利用这一点，可以很方便地制备具有刺激响应性的智能材料。

(3) 利用非共价合成方法可以简便地制备纳米材料。传统的共价合成以原子或基团为基础单元，通过对分子中的共价键进行剪裁，从而合成新的分子。而非共价合成的构筑基元可以多种多样，产物是各种层次的有序聚集体。因此，非共价合成可以在纳米功能材料的制备方面有巨大的前景。

本章以非共价合成中常用的几种相互作用力，即氢键、静电相互作用、π-π 相互作用、电荷转移相互作用、主客体作用等为主线，重点阐述如何通过构筑基元的理性设计，基于不同分子间相互作用力及其协同作用，构筑特定的纳米结构和超分子结构，并制备具有特定功能的组装体。

## 第一节　基于氢键的非共价合成

氢键指氢原子与其两侧高电负性原子间的相互作用，具有方向性、饱和性等特点。因此，通过合理的分子设计，氢键可作为非共价合成的驱动力来构筑不同维度、不同功能的组装体。

基于氢键的非共价合成，最早由 Whitesides 提出[2]，他利用三聚氰胺和三聚氰酸分子实现了二维平面的分子组装，如图 10-1 所示。Reinhoudt 和 Timmerman 随后进一步发展了这一体系，通过对构筑基元进行修饰，实现了从二维平面到一维线状再到玫瑰花形的组装体转变，并实现了区域选择性和立体选择性[7-11]。近年来，基于氢键的非共价合成已被广泛应用在一维管状[12]、二维片状的纳米结构[13]的理性构筑中。

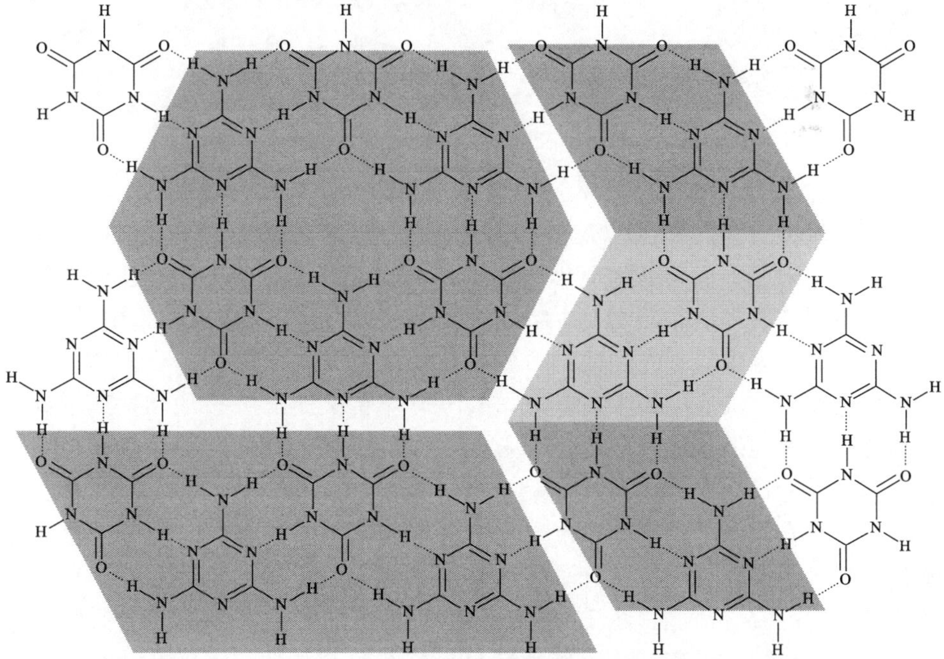

图 10-1　基于三聚氰胺和三聚氰酸的二维氢键组装体

DNA 是一类具有遗传功能的生物大分子，其组装的推动力包括氢键、静电相互作用、亲疏水作用等，但是其中的主要因素是氢键。DNA 分子中的特异性碱基互补配对，确保了它在复制、转录过程中的精确性。这也是它备受化学家、生物学家的青睐，作为构筑基元用于非共价合成的原因。DNA 的双螺旋结构，保证了它在一定的长度内具有较强的刚性，但是当具有一定的长度时，又有柔性链段的性质；同时，DNA 黏性末端的特异性识别，保证了组装过程的精确可控。因此，通过 DNA 碱基序列的合理设计，在理论上可以构筑任何形状的纳米组装体。Seeman 及其合作者是最早开展这方面研究的课题组[14]。如图 10-2 所示，他们通过精巧的碱基序列设计和片段长度选择，构筑了具有包括平面正方形、正方体、八面体、十二面体在内的一系列几何结构的组装体。这些复杂结构用共价合成的方法是很难实现的。近年来，清华大学的刘冬生及其合作者，基于 DNA 中碱基对之间氢键的可逆性，利用 DNA 树枝状分子构筑了对 pH 响应的、尺寸可调节的三维组状体[15]。

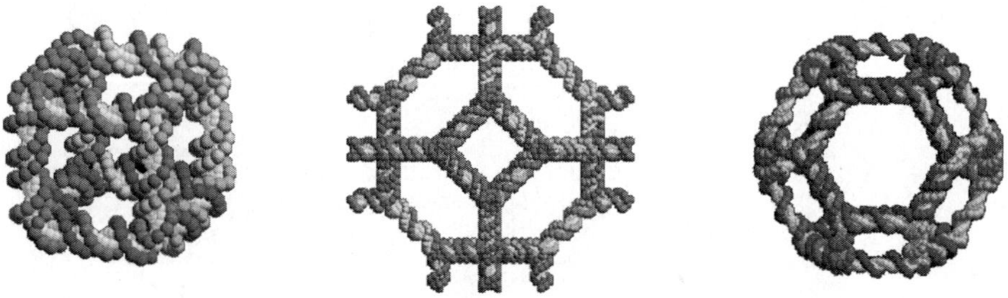

图 10-2　DNA 构筑的正方体、八面体和十二面体（转载经美国化学会许可）

基于氢键的非共价合成不仅能够高效地构筑各种复杂的纳米结构，还可以为材料带来很多有趣的物理化学性质。单重氢键虽然在键能上远远小于共价键，但是随着氢键数目的增加，并通过合理优化氢键给受体的相对位置，可以显著提高多重氢键之间的结合常数，从而用于构筑超分子聚合物。超分子聚合物的概念由法国科学家 Lehn 于 1990 年首次提出[16]。他们报道了利用两端含有脲嘧啶的单体及两端含有吡啶二胺衍生物的单体通过三重氢键在溶液中等物质的量比组装，形成液晶超分子聚合物。在此基础上，荷兰科学家 Meijer 及其合作者报道了利用带有两个脲基嘧啶酮的单体[17]，基于四重氢键制备了超分子聚合物，此超分子聚合物可形成高黏度的稀溶液，并具有类似传统聚合物的流变性能（图 10-3）[18]。由于氢键能够随着温度的降低和升高实现可逆的形成和解离，这很好地满足自修复材料的要求。因此，基于氢键的超分子聚合物可以被用于自修复材料的制备[19]。

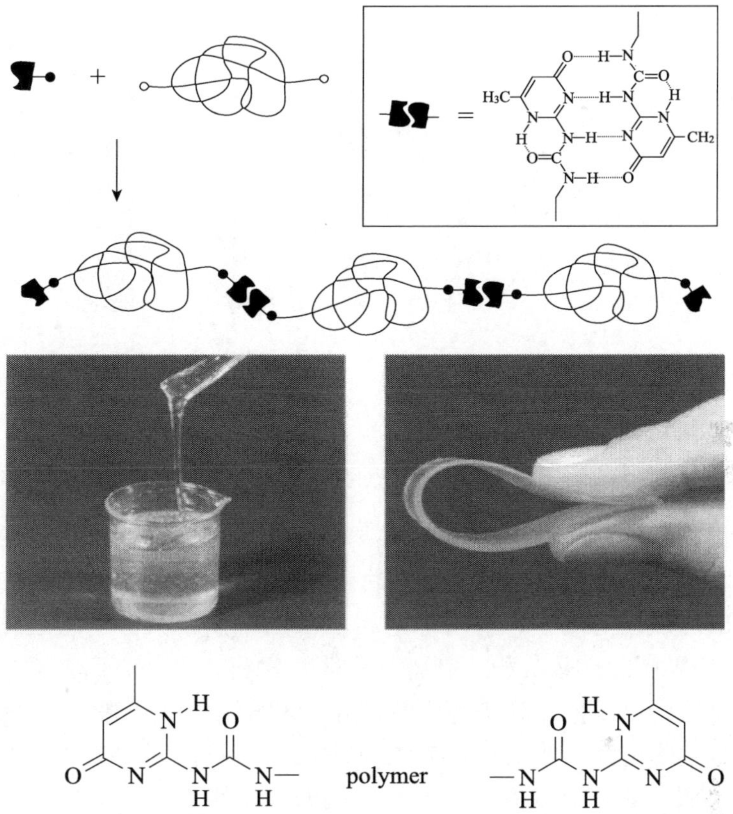


图 10-3　基于四重氢键的超分子聚合物材料（转载经约翰威立国际出版公司许可）

# 第二节　基于静电相互作用的非共价合成

基于静电相互作用，人们能够很容易地在水溶液中实现超分子材料的非共价合成。基于静电相互作用的非共价合成通常要求构筑基元之间具有协同性，即这些构筑基元通常是多电荷的。另外，由于静电相互作用无方向性和特异性，非共价合成过程中常要依靠构筑基元的立体结构以及其他一些非共价相互作用的协同，才能实现规整结构的可控合成[4,20]。

利用基于静电相互作用的非共价合成，能够设计并合成超分子聚合物[21]以及具有不同维度的纳米材料[22]等。Oda 等利用季铵阳离子与手性二酸作为构筑基元，实现了螺旋纳米管的可控合成。通过改变二酸的手性结构，可以实现对螺旋管螺距和宽度的调控（图 10-4）[23]。

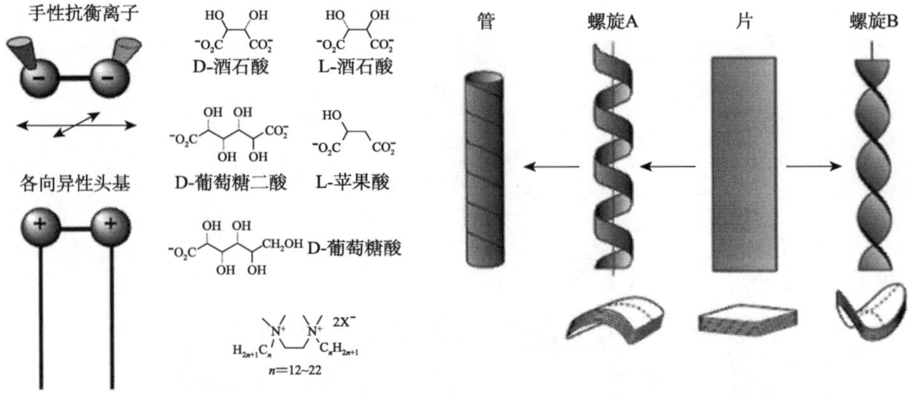


图 10-4 利用静电作用实现对螺旋纳米管的可控合成（转载经自然出版集团许可）

值得指出的是，静电相互作用具有非常好的普适性，这意味着我们能够很容易将自然界中带有电荷的功能物种结合起来制备功能复合纳米材料。一方面，既可以在溶液中，利用静电相互作用来制备大分子组装体，也可以利用液-固界面的交替沉积，制备有序薄膜材料。另一方面，通过选择不同的构筑基元，以不同序列进行可控组装，可赋予材料一些优异的物理化学性质，如生物活性、酶活性、光电响应性等。我们利用交替沉积组装技术，构筑了葡萄糖异构酶和葡萄糖氧化酶的双酶组装体，首次在自组装多层膜中实现了酶的级联反应[24]。最近，他们利用带有正电荷的嵌段高分子聚乙二醇-聚（L-赖氨酸盐酸盐）与带负电的腺苷三磷酸分子组装形成超两亲分子，进而合成具有磷酸酯酶响应性的球状聚集体。这种超分子聚集体能够在酶的作用下实现药物的可控释放，在药物递送领域有着潜在的应用[25]。

类似地，如何将自然界广泛存在的无机材料引入功能材料的构筑无疑是一个极具诱惑的挑战。黏土纳米片表面带有大量的负电荷，而边缘则富集正电荷。利用这一点，Aida 等成功地将黏土引入高含水量水凝胶体系中[26]。如图 10-5 所示，他们首先利用聚电解质聚丙烯酸钠将黏土纳米片分散，之后加入带有正电荷的树枝状大分子作为交联剂，即可得到极高含水量的水凝胶。这种水凝胶具有非常高的强度以及极强的耐溶剂性能，即便是凝胶中的水全部被四氢呋喃取代，依然能够维持它的形状，这得益于静电相互作用在不同溶剂中的稳定性。与此同时，静电相互作用的动态性赋予水凝胶自修复的特性。吉林大学吴立新等基于静电相互作用在有机-无机多酸类簇合物杂化材料的非共价合成方面也做了很多工作[27]。最近，他们用修饰有偶氮苯的阳离子表面活性剂与无机的多酸类簇合物复合，组装体能够在紫外可见光的作用下实现可逆的聚集和解聚集。由于聚集前后比表面积的不同，可以实现其催化活性的调控。

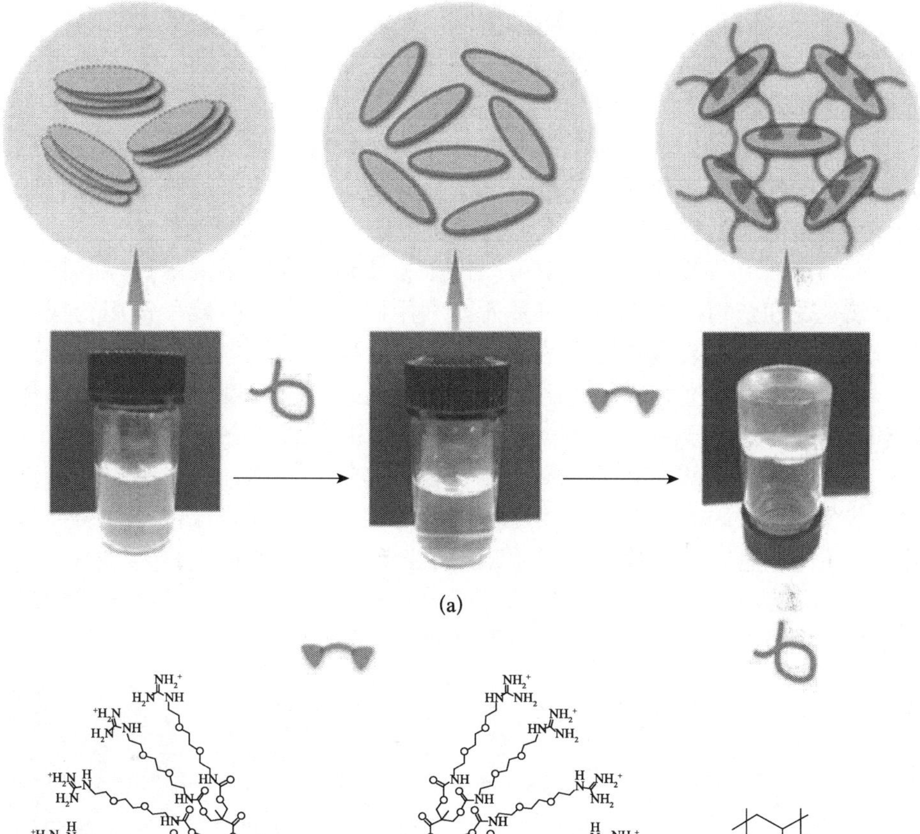

(a)

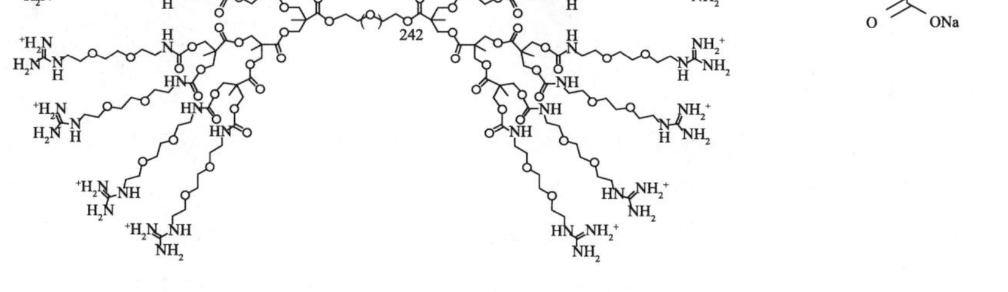

(b)

图 10-5　(a) 水凝胶制备过程示意图；(b) 对应分子式（转载经自然出版集团许可）

# 第三节　基于 π-π 相互作用及电荷转移相互作用的非共价合成

由于 π-π 相互作用及电荷转移相互作用需要芳香环之间采取面对面的堆叠，因此其具有很强的定向性，可以利用其制备一维纳米线、纳米管或纳米带结构。此外，含 π 体系的分子大多具有特殊的光学或电学性质，而在发生 π-π 作用或者电荷转移作用之后，其光电性质会发生明显的变化，甚至能产生很多独特的功能。利用这一点，基于 π-π 及电荷转移作用的非共价合成是制备光电功能纳米材料及化学或生物传感器的一种重要途径[28]。

强的定向电荷转移相互作用可以用来方便地构筑一维纳米线。我们利用三磺酸基芘和紫精衍生物为构筑基元，利用两者间的电荷转移作用合成了超两亲分子，进而组装得到超长的一维纳米线结构[29]。若单独使用紫精的衍生物，则只能得到囊泡结构。有趣的是，纳米线的弯曲程度可以通过改变体系的 pH 调节：当 pH 由 9 变为 10 时，纳米线由弯曲状态变为伸直状态（图 10-6）。需要指出的是，在这一体系中，除了电荷转移作用外，静电作用也发挥了重要作用。因此，多种弱相互作用的协同是非共价合成中经常需要采用的一种策略。进一步，我们还利用萘二酰亚胺和萘二酚衍生物之间的定向电荷转移作用为驱动力，通过合理的分子设计，成功得到了一维纳米线和二维纳米片，这是超分子工程学中一个很好的例子[30]。

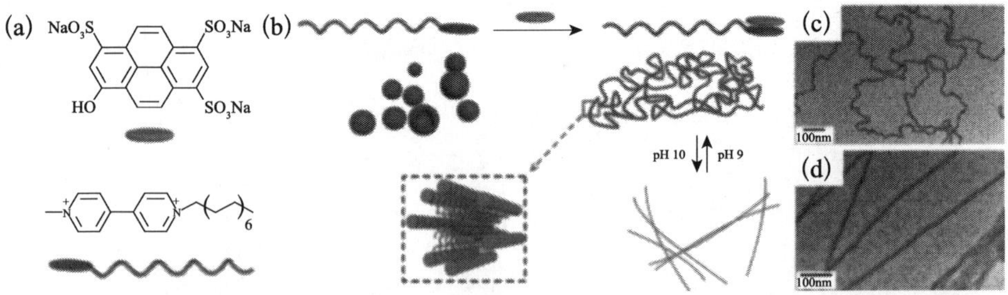


图 10-6　(a) 三磺酸基芘和紫精衍生物的分子结构；(b) 组装过程及组装结构的示意图；(c) pH 为 9 时组装得到的弯曲纳米线的电子显微镜图；(d) pH 为 10 时组装得到的伸直纳米线的电子显微镜图（转载经约翰威立国际出版公司许可）

利用 π-π 作用及电荷转移作用，人们不仅能制备一维纳米结构，更能理性地构筑特殊性质和功能的一维组装体。Aida 等利用含六苯并蔻及三硝基芴酮的两亲分子为构筑基元，基于 π-π 作用构筑了一维纳米管结构[31]。由于在纳米管中电子给体（六苯并蔻）处在中间层，而电子受体（三硝基芴酮）处在外围，两者在空间上分离，因而可以实现光致电子转移，开关比大于 $10^4$，有望用于制备纳米光电导器件。此外，他们还利用类似的含六苯并蔻的分子制备了超分子异质结[32]。首先利用含联吡啶的六苯并蔻衍生物，基于 π-π 作用制备了一维纳米管，然后加入铜离子锁定该结构，最后以此为“种子”组装四氟化六苯并蔻衍生物，便可得到稳定的两嵌段纳米管结构。该纳米尺度的超分子异质结表现出特征性的激发能量转移和电荷传输性质，而相应的单组分组装体则不具备这样的性质。

π-π 作用及电荷转移作用在制备有机半导体材料方面也起到了极其关键的作用。如图 10-7 所示，中国科学院化学研究所胡文平和朱道本等利用闭环的三苯基胺衍生物为构筑基元，通过物理气相沉积的方法制备了不同宽度的

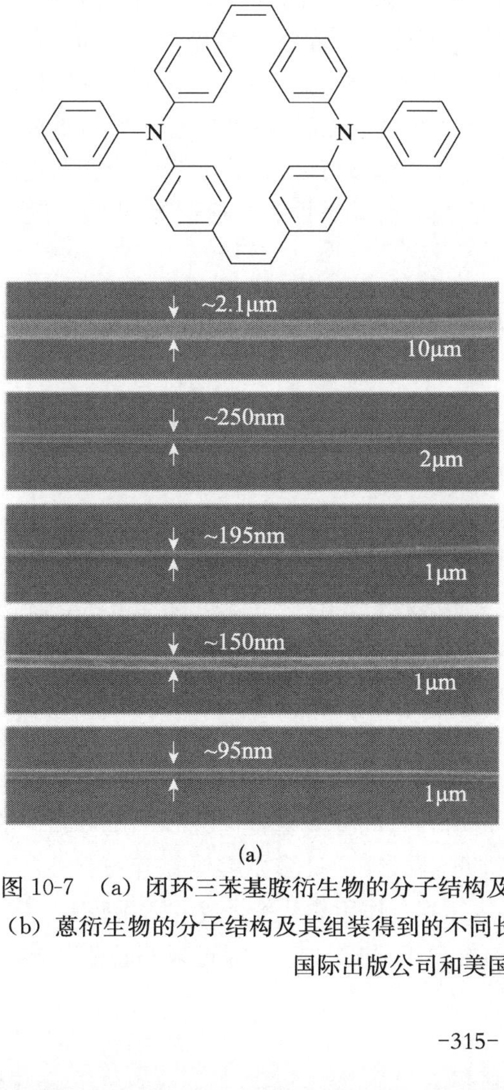


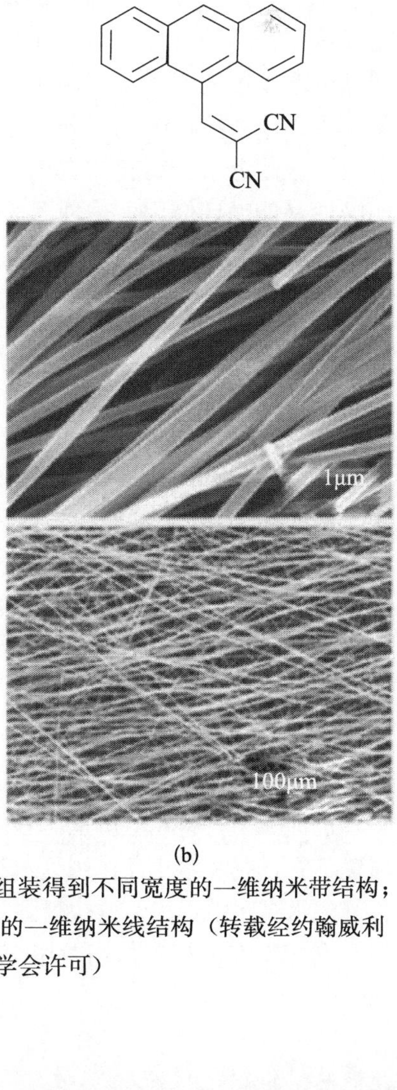


图 10-7 （a）闭环三苯基胺衍生物的分子结构及其组装得到不同宽度的一维纳米带结构；（b）蒽衍生物的分子结构及其组装得到的不同长度的一维纳米线结构（转载经约翰威利国际出版公司和美国化学会许可）

一维纳米带结构[33]。闭环结构可限制苯基的转动并增加分子的平面性，从而增强基于 π-π 作用的分子排列的规整度，提高了其在薄膜场效应晶体管的迁移率。此外，他们还利用蒽衍生物为构筑基元，通过浇铸组装可大规模制备不同长度的一维纳米线[34]。该制备过程没有显示出基底或溶剂的依赖性。值得注意的是，该纳米线具有高度可重复和敏感的光响应性质，据此可制备快速可逆的光开关，开关比超过了 100。

除了利用组装体本身的光电性质进行功能化之外，利用非共价合成得到的组装体的动态性和可逆性也能够巧妙地实现一些特殊的应用。例如，Rybtchinski 等利用联吡啶桥连的苝二酰亚胺衍生物为构筑基元，在 π-π 作用及疏水作用的驱动下制备了一维纳米线结构[35]。该非共价合成的结构具有很高的稳定性，通过注射器过滤后可定量沉积于滤膜上，得到三维网络结构，进而可制备用于选择性分离不同尺寸纳米粒子的超分子超滤膜。一张 12μm 厚的分离膜可用于截留直径在 5nm 以上的纳米粒子，而一张 45μm 厚的分离膜则可用于体积排除色谱分离亚 5nm 尺度的量子点等纳米粒子。更值得注意的是，该超分子分离膜在有机溶剂作用下能发生解离，通过萃取清洗及重新组装后又能循环使用，体现了非共价合成具有动态性和可逆性等巨大优势。

## 第四节　基于主客体相互作用的非共价合成

主客体相互作用的概念来源于主客体化学，它是指特定结构的分子之间具有高度选择性的相互作用，最早由 Pedersen 于 1967 年提出[36,37]，之后又由 Lehn 和 Cram 等发展，之后在 1987 年此三人获得诺贝尔化学奖[38]。主客体相互作用的实质为多种或多重非共价键的协同。与其他非共价相互作用一样，主客体相互作用也具有动态性，其势垒大多位于室温热扰动范围，在分子运动不严格受限的环境下，主客体复合物的形成和解离通常处于热力学平衡状态。但主客体相互作用具有很好的特异性，其强度对主体和客体分子的结构十分敏感，不同主体-客体组合的缔合常数可跨越数个量级。因此，改变主体或客体的种类或状态，就可以实现对主客体复合物形成-解离行为的调节，进而赋予材料相应的动态性能。同时，与同样具备方向性和一定特异性的氢键不同，主客体相互作用受水相环境干扰较小，许多主客体复合物能够在水溶液或水凝胶中形成，这也增加了主客体相互作用非共价合成的适用范围。

利用主客体相互作用对组分结构的高度敏感性，可构筑某些特定主体或客体物种的灵敏检测器[39]。另外，可以通过改变主体或客体的结构来调节主客体复合物的解离-复合行为，进而实现对体系性质的控制，赋予体系刺激响应性能。主客体非共价合成还可用来制备分子机器[40]，如 Stoddart 等曾设计并制备了一种对体系酸度敏感的“分子梭”[41]。如图 10-8 所示，分子梭的“动子”为主体分子二苯并 24-冠-6，“定子”中间含有客体基团氨基和紫精基团，并且两端分别含有大位阻基团，可阻止“动子”和“定子”脱离。在酸性环境下，“定子”的氨基质子化，主体分子与之复合，溶液偏碱性时，氨基去质子化，主体与之的结合能力减弱，更倾向于与紫精基团复合，溶液再次回到酸性后，冠醚分子又会恢复与质子化氨基结合的状态。由此，通过改变溶液的酸碱性，即可实现“分子梭”中“动子”在“定子”上的滑动。分子机器的概念可以被扩展到智能纳米结构的构筑。我们曾利用 $\alpha$-环糊精和含有偶氮苯基团的两亲分子制备了一种对光敏感的组装体[42]。偶氮苯基团作为两亲分子的疏水端，其稳定构型为反式，能够与 $\alpha$-环糊精主客体复合，使两亲分子的疏水段端变得亲水，更倾向于在溶液中均匀分散。受紫外光照射后，

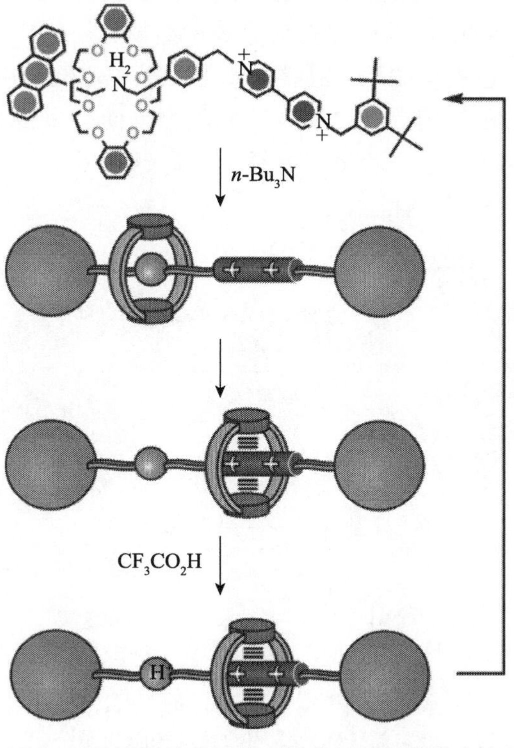


图 10-8　pH 控制的分子梭（转载经美国化学会许可）

偶氮苯变为顺式，与环糊精结合能力下降，环糊精滑动至两亲分子中部，从而在溶液中形成囊泡结构。可见光照射可加速偶氮苯恢复反式构型，进而使囊泡解体。因此，利用可见光和紫外光交替辐照，就能够可逆地调节体系中组装体的形成和解离。同样的，分子机器还可以转移至界面，使界面的亲疏水性能够受紫外光和可见光的可逆调节[43]。

主客体相互作用还被广泛用作传统共价高分子的交联，以制备动态响应性高分子材料[44]。主客体相互作用本身动态可逆，可使高分子网络在交联状态和解交联状态间可控和可逆转换。因此，这一特质很自然地被引入自修复材料的设计。Harada 等利用侧链修饰环糊精和客体分子的高分子，制备了一系列具有自修复性能的水凝胶材料。材料断口相互接触后，表面的环糊精基团和客体基团相互识别和复合，恢复断口附近高分子链间的交联，使断口附近材料的力学性能与材料本体基本恢复一致[45]。类似的原理还被用来制备可在水下相互黏接的表面。如图 10-9 所示，Kim 等在接枝聚乙烯亚胺的硅片上分别修饰以二茂铁和葫芦脲[7]基团[46]，两表面在水下相互贴近并按压后即可黏连，强度甚至高于已报道的仿贻贝机理的黏接材料。得益于主客体复合黏接的动态特性，使用外力将两表面分离-黏接数次后，仍能保持 70%的黏接强度。此外，上述表面的水下黏接具有专一性，修饰葫芦脲[7]的表面只能和修饰了还原态二茂铁的表面实现有效的黏合，而与未修饰的表面以及修饰了氧化态二茂铁的表面贴合后也很容易脱离，这种宏观识别的性能得益于主客体相互作用很好的特异性。

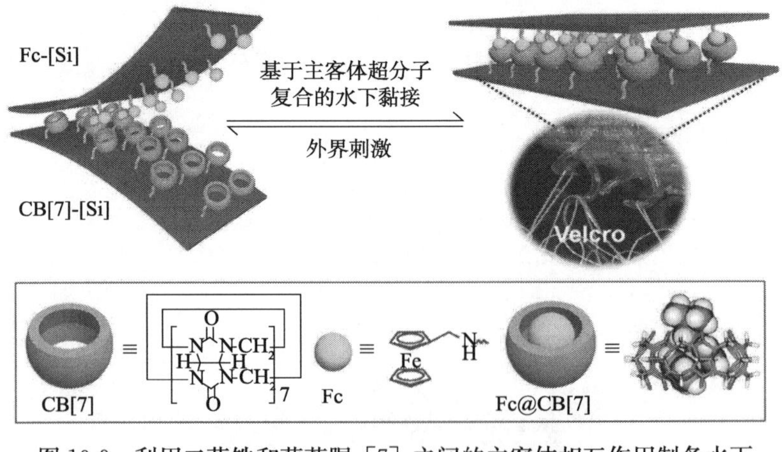


图 10-9 利用二茂铁和葫芦脲［7］之间的主客体相互作用制备水下相互黏接的表面（转载经约翰威利国际出版公司许可）

经过特定设计的分子通过主客体相互作用，可以形成高相对分子质量的分子聚集体，即超分子聚合物[47]。将主客体作用与其他的非共价作用相结合，可以实现更为复杂的超分子结构的理性构筑。例如，我们将主客体相互作用与电荷转移相互作用相结合，成功发展了一种构筑超分子聚合物的新方法[48]。由于主客体相互作用的动态性，超分子聚合物的合成中，单体的线性聚合与成环和自环化相竞争，在浓度较低时，寡聚成环和自环化常处于优势，而要得到高相对分子质量的线性聚合物则需要较高的浓度，而且往往会导致形成凝胶。为解决这一问题，我们设计了一类新颖的超分子聚合单体。如图 10-10 所示，超分子聚合物的单体同时含有两个电荷给体（蒽）和两个电荷受体（紫精），在水相环境中，由于电荷受体紫精基团强烈溶剂化，无法与电荷给体足够靠近，因而难以形成有效的电荷转移复合。而葫芦脲[8] 含有尺寸合适的疏水内腔，可以包合蒽和紫精的电荷转移复合物，因此，原本弱的电荷转移作用被增强，成为超分子聚合的推动力。“主体增强”并未使超分子聚合物丧失动态性，加入结合能力更强的分子，体系平衡会偏离线性聚合，最终使超分子聚合物解离为二聚体或单体的主客体复合物。因此可以预计这类方法可用来制备具有可逆可再生性质的超分子聚合物材料。

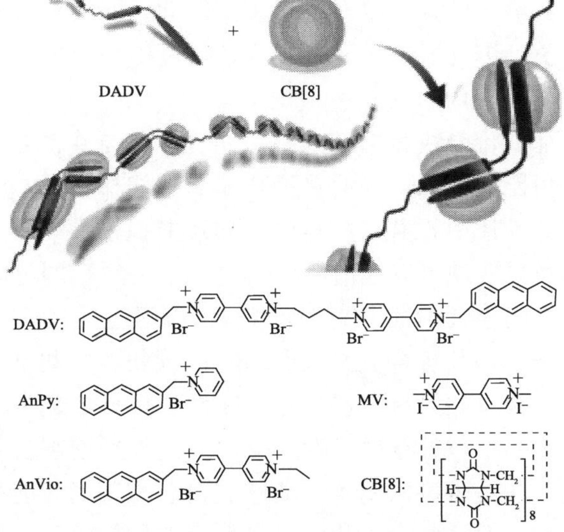


图 10-10　基于主体增强电荷转移作用的超分子聚合物
（转载经约翰威利国际出版公司许可）

# 第五节　总结与展望

非共价合成方法及非共价材料已经受到人们越来越多的关注。得益于非共价键的独特优点，非共价合成能够得到用传统共价合成得不到的材料，并赋予其很多独特的物理和化学性质。尽管我们试图根据不同的分子间相互作用，将非共价键合成方法进行分类，但需要指出的是，在绝大多数非共价合成中，多种非共价键是同时起作用的。正是多种相互作用的协同，使得最终得到的非共价材料不仅有良好的可逆性，还具有一定的稳定性。同时，多种相互作用的协同使得非共价合成的构筑基元可以相互识别，从而为非共价材料的理性构筑奠定了基础。

非共价合成是对微观自组装过程有意识的利用，它的发展与超分子科学的发展相辅相成，虽已取得了长足的进步，但仍然有很多问题需要解决，未来的发展可以考虑到以下几个方面：

（1）可控与理性的非共价合成。对非共价合成的过程需要更深入、更系统的认识。尽管人们已经开始利用计算机模拟等手段试图更深入地理解非共价合成的过程，也有科学家通过经验摸索出一些规律，但是仍然缺少更直接的手段原位地去探究理解这个复杂的过程。因此，非共价合成体系仍然缺少更准确的理论依据。因此，它的进一步完善，可以为更加理性的非共价合成工程学提供准确的理论依据。

（2）共价与非共价合成相结合。将非共价合成与共价合成相结合，探索将非共价合成的思路运用到传统的共价合成的功能材料上，希望将非共价键的某些特殊的优异性质引入共价材料中，如智能识别性、自适应性、自修复性等，如是否有可能实现可以根据环境变化“自变形”的材料，可以自愈合的电子产品等，这将大大丰富传统共价材料的应用前景。

（3）功能导向的非共价合成。人们已经可以利用非共价合成，实现了微观世界的有序性。但是如何去实现长程有序性，将自组装带来的微观有序性扩展到宏观层次上是一个具有挑战性的问题。这将给宏观材料带来很多有趣的、独特的性质，如是否可以制备出能够“自装配”的智能机器？此外，非共价合成师法自然，但目前的非共价合成大多仅是单一层次的组装，未来的非共价合成需要向功能导向的多级自组装方面发展。

# 参考文献


[1] Menger F M，Lee S J. Long organic fibers obtained by noncovalent synthesis. J Am Chem Soc，1994，116：5987.

[2] Whitesides G M，Simanek E E，Mathias J P，et al. Noncovalent synthesis：Using physical-organic chemistry to make aggregates. Acc Chem Res，1995，28：37.

[3] Lehn J M. Supramolecular chemistry . Science，1993，260：1762.

[4] Rybtchinski B. Adaptive supramolecular nanomaterials based on strong noncovalent interactions. ACS Nano，2011，5：6791.

[5] Chen D，Jiang M. Strategies for constructing polymeric micelles and hollow spheres in solution via specific intermolecular interactions. Acc Chem Res，2005，38：494.

[6] Wan L J. Fabricating and controlling molecular self-organization at solid surfaces：Studies by scanning tunneling microscopy. Acc Chem. Res，2006，39：334.

[7] Lipkowski P，Bielejewska A，Timmerman P，et al. Self-assembly of a [2 [times] 2] hydrogen bonded grid. Chem Commun，1999，0：1311.

[8] Zerkowski J A，Seto C T，Whitesides G M，Solid-state structures of "rosette" and "crinkled tape" motifs derived from the cyanuric acid-melamine lattice. J Am Chem Soc，1992，114：5473.

[9] Vreekamp R H，van Duynhoven J P M，Hubert M，et al. Molecular boxes based on calix[4]arene double rosettes. Angew Chem Int Ed Engl，1996，35：1215.

[10] Mathias J P，Simanek E E，Zerkowski J A，et al. Structural preferences of hydrogen-bonded networks in organic solution-the cyclic ca3. Cntdot. M3 "rosette" . J Am Chem Soc，1994，116：4316.

[11] Timmerman P，Prins Leonard J. Noncovalent synthesis of melamine-cyanuric/barbituric acid derived nanostructures：Regio- and stereoselection. Eur J Org Chem，2001，2001：3191.

[12] Ghadiri M R，Granja J R，Milligan R A，et al. Self-assembling organic nanotubes based on a cyclic peptide architecture. Nature，1993，366：324.

[13] Davis R，Berger R，Zentel R. Two-dimensional aggregation of organogelators induced by biaxial hydrogen-bonding gives supramolecular nanosheets. Adv Mater，2007，19：3878.

[14] Seeman N C. DNA components for molecular architecture. Acc Chem Res，1997，30：357.

[15] Zhou T，Chen P，Niu L，et al. PH-responsive size-tunable self-assembled DNA dendrimers. Angew Chem Int Ed，2012，51：11271.

[16] Fouquey C，Lehn J M，Levelut A M. Molecular recognition directed self-assembly of supramolecular liquid crystalline polymers from complementary chiral components. Adv

Mater, 1990, 2: 254.

[17] Sijbesma R P, Beijer F H, Brunsveld L, et al. Reversible polymers formed from self-complementary monomers using quadruple hydrogen bonding. Science, 1997, 278: 1601.

[18] Folmer B J B, Sijbesma R P, Versteegen R M, et al. Supramolecular polymer materials: Chain extension of telechelic polymers using a reactive hydrogen-bonding synthon. Adv Mater, 2000, 12: 874.

[19] van Gemert G M L, Peeters J W, Söntjens S H M, et al. Self-healing supramolecular polymers in action. Macromol Chem Phys, 2012, 213: 234.

[20] Faul C F J, Antonietti M. Ionic self-assembly: Facile synthesis of supramolecular materials. Adv Mater, 2003, 15: 673.

[21] Groöger G, Meyer-Zaika W, Boöttcher C, et al. Switchable supramolecular polymers from the self-assembly of a small monomer with two orthogonal binding interactions. J Am Chem Soc, 2011, 133: 8961.

[22] Medforth C J, Wang Z, Martin K E, et al. Self-assembled porphyrin nanostructures. Chem Commun, 2009: 7261.

[23] Oda R, Huc I, Schmutz M, et al. Tuning bilayer twist using chiral counterions. Nature, 1999, 399: 566.

[24] Sun Y, Zhang X, Sun C, et al. Fabrication of ultrathin film containing bienzyme of glucose oxidase and glucoamylase based on electrostatic interaction and its potential application as a maltose sensor. Macromol Chem Phys, 1996, 197: 147.

[25] Wang C, Chen Q, Wang Z, et al. An enzyme-responsive polymeric superamphiphile. Angew Chem Int Ed , 2010, 49: 8612.

[26] Wang Q, Mynar J L, Yoshida M, et al. High-water-content mouldable hydrogels by mixing clay and a dendritic molecular binder. Nature, 2010, 463: 339.

[27] Yang Y, Yue L, Li H, et al. Photo-responsive self-assembly of an azobenzene-ended surfactant-encapsulated polyoxometalate complex for modulating catalytic reactions. Small, 2012, 8: 3105.

[28] Chen Z, Lohr A, Saha-Möller C R, et al. Self-assembled π-stacks of functional dyes in solution: Structural and thermodynamic features. Chem Soc Rev, 2009, 38: 564.

[29] Wang C, Guo Y, Wang Y, et al. Supramolecular amphiphiles based on a water-soluble charge-transfer complex: Fabrication of ultralong nanofibers with tunable straightness. Angew Chem Int Ed, 2009, 48: 8962.

[30] Liu K, Wang C, Li Z, et al. Superamphiphiles based on directional charge-transfer interactions: From supramolecular engineering to well-defined nanostructures. Angew Chem Int Ed , 2011, 50: 4952.

[31] Yamamoto Y, Fukushima T, Suna Y, et al. Photoconductive coaxial nanotubes of

molecularly connected electron donor and acceptor layers. Science, 2006, 314: 1761.

[32] Zhang W, Jin W, Fukushima T, et al. Supramolecular linear heterojunction composed of graphite-like semiconducting nanotubular segments. Science, 2011, 334: 340.

[33] Li R, Li H, Song Y, et al. Micrometer- and nanometer-sized, single-crystalline ribbons of a cyclic triphenylamine dimer and their application in organic transistors. Adv Mater, 2009, 21: 1605.

[34] Jiang L, Fu Y, Li H, et al. Single-crystalline, size, and orientation controllable nanowires and ultralong microwires of organic semiconductor with strong photoswitching property. J Am Chem Soc, 2008, 130: 3937.

[35] Krieg E, Weissman H, Shirman E, et al. A recyclable supramolecular membrane for size-selective separation of nanoparticles. Nat Nanotech, 2011, 6: 141.

[36] Pedersen C J. Cyclic polyethers and their complexes with metal salts. J Am Chem Soc, 1967, 89: 7017.

[37] Pedersen C J. Cyclic polyethers and their complexes with metal salts. J Am Chem Soc, 1967, 89: 2495.

[38] Lehn J M. Supramolecular chemistry-scope and perspectives molecules, supermolecules, and molecular devices (nobel lecture) . Angew Chem Int Ed Eng , 1988, 27: 89.

[39] Bakirci H, Nau W M. Fluorescence regeneration as a signaling principle for choline and carnitine binding: A refined supramolecular sensor system based on a fluorescent azoalkane. Adv Funct Mater, 2006, 16: 237.

[40] Tian H, Wang Q C, Recent progress on switchable rotaxanes. Chem Soc Rev, 2006, 35: 361.

[41] Ashton P R, Ballardini R, Balzani V, et al. Acid-base controllable molecular shuttles. J Am Chem. Soc, 1998, 120: 11932.

[42] Wang Y, Ma N, Wang Z, et al. Photocontrolled reversible supramolecular assemblies of an azobenzene-containing surfactant with $\alpha$-cyclodextrin. Angew Chem Int Ed , 2007, 46: 2823.

[43] Wan P, Wang Y, Jiang Y, et al. Fabrication of reactivated biointerface for dual-controlled reversible immobilization of cytochrome c. Adv Mater, 2009, 21: 4362.

[44] Yan X, Wang F, Zheng B, et al. Stimuli-responsive supramolecular polymeric materials. Chem Soc Rev, 2012, 41: 6042.

[45] Nakahata M, Takashima Y, Yamaguchi H, et al. Redox-responsive self-healing materials formed from host -guest polymers. Nat Commun, 2011, 2: 511.

[46] Ahn Y, Jang Y, Selvapalam N, et al. Supramolecular velcro for reversible underwater adhesion. Angew Chem Int Ed, 2013, 52: 3140.

[47] Yamaguchi N, Gibson H W. Formation of supramolecular polymers from homoditopic molecules containing secondary ammonium ions and crown ether moieties. Angew Chem

Int Ed, 1999, 38: 143.

[48] Liu Y, Yu Y, Gao J, et al. Water-soluble supramolecular polymerization driven by multiple host-stabilized charge-transfer interactions. Angew Chem Int Ed, 2010, 49: 6576.

# 第三篇　合成材料

# 第十一章
# 金属配合物材料合成

左景林　张　健　陈忠宁

配位化学是在无机化学基础上发展起来的交叉学科。基于电子给体与受体作用，配位化学研究对象已从以金属离子为中心、其他分子（无机、有机、生物等）为配体的经典配位化合物，扩展到包含多种无机和有机物种而形成不同键型和结构的新型配合物。也就是说，目前配位化学研究广义配体与广义中心原子相结合的分子或超分子体系。因此超分子化学可以看成是一种广义的配位化学。近年来，配位化学研究日益重视与材料科学、信息科学、生命科学、能源科学、环境科学等相结合。

配位化学的研究对象是配位化合物，它具有丰富的价键形式和空间结构，同时具有机和无机的特性和优点，为信息、能源、生物等高新技术的发展开拓了新的途径。通常将孤立的金属配合物归属为零维结构，而具有一维、二维或三维无限结构的金属配合物又被称为配位聚合物（coordination polymer）。改变金属配合物中的金属（或簇单元）和有机配体不仅能够进行有效的结构调控和修饰，而且彼此间的配位组装能够形成丰富多彩的拓扑结构，在光电磁、催化、金属药物、生物传感器、光电转换、气体存储和分离等应用领域表现出优良的性能，逐步发展成为一类新型的无机-有机杂化功能材料[1,2]。

金属配合物的形成是一个自组装过程，受到诸多因素的影响，其中金属中心的配位模式和配体的性质起决定性的作用。同时阳离子、阴离子、模板分子、溶剂、温度、pH、反应物之间的配比等因素也起着重要的作用[3,4]。配合物的反应包括取代反应、氧化还原反应、异构化反应、加成或消去反应、配体反应等。尽管目前我们了解一些局部的组装规律和合成方法，但与自然界本身相比，还有很大的差距。发现新合成反应、建立制备新方法对配位化学及相关学科的发展具有十分重要的意义。科学家对配合物合成化学的研究，不仅扩大和加深了对配位化学的理解，也促进了配位化学的不断发展。如对钴氨配合物的合成促进了对化学结构概念和配位化学理论的发展。二茂铁和二苯铬等金属有机配合物、金属–金属多重键配合物的发现，以及对它们结构和成键方面的深入研究，金属配合物参与的合成反应等，丰富和拓展了配位化学的研究内容，极大地推动了相关学科的发展。

近年来，我国科学家在新型配合物（如簇合物、微孔和手性配位聚合物、金属有机化合物等）组装、合成方法及其结构等方面开展了大量研究工作。尤其是在配位聚合物晶体工程方面，根据 Web of Science 统计，我国近 20 年来发表相关研究论文占国际首位。金属配合物及材料的合成方法多种多样，如传统的溶液合成，水热、溶剂热和离子热合成，模板合成、原位合成，固相合成，微波辅助合成和机械球磨合成，高通量组合化学合成等。下面将按合成方法介绍功能金属配合物材料的合成和制备。

## 第一节　溶　液　法

溶液法合成是金属配合物最常用也是最传统的合成方法。该方法将金属离子、配体或者金属配位前驱体等反应物在溶剂中常温或加热搅拌，通过取代反应、氧化还原反应、异构化反应、加成或消去反应、配位配体反应等生成配合物。也可以通过反应物缓慢扩散，包括分层扩散、蒸汽扩散、U 形管缓慢扩散方法直接培养金属配合物晶体。挥发浓缩反应液完成的溶液法结晶，是一条非常直接、简易的合成途径。该方法只需将金属离子和配体混溶于合适的溶剂中，在一定条件下蒸发溶剂或挥发结晶即可获得配合物。另一种简易的结晶途径是扩散法，一般包括气相扩散法、液相扩散法和凝胶扩散法。气相扩散法是将金属盐和有机配体溶解于适当的溶剂中，随后将气态物质扩散进溶液中（如碱性物质用于脱质子化）发生反应从而生成配合物。液相扩散法与气相扩散法不同，指在不同的溶剂中分别溶解金属盐和有机配体，将一种溶液缓慢置于另一种溶液上，两种溶液接触后在界面上通过扩散发生反应从而析出晶体。凝胶扩散法是指将反应的一种组分（多为有机配体）溶入凝胶中，另外一种组分溶入溶剂中，将溶剂滴加到凝胶上使两组分在凝胶中或凝胶与溶剂的界面处生成配合物晶体。扩散法的主要特点是反应条件温和，易于操作并且容易得到高质量的单晶。但该方法反应时间较长，一般需要数天甚至几个星期。

近年来，传统的溶液合成法在发展新型光电功能材料等方面发挥了重要作用。染料敏化太阳能电池（dye-sensitized solar cells，DSSC）是一种新型太阳能电池，制作工艺简单，成本较低（预计可降低到硅基太阳能电池的 1/10 左右）。其最重要的部分是太阳光吸收染料。1991 年，瑞士科学家 Grätzel 教授发现以联吡啶钌(Ⅱ)配合物 N3 为光敏剂的染料敏化太阳能电池可以获得较高的光电转换效率[5]。随后利用溶液合成法，科学家系统制备了 *cis*-$RuL_2X_2$（L= 4,4′-二羧基-2,2′-联吡啶，X=Cl、Br、CN、SCN）配合物作为吸光染料，使得基于 N3 的染料敏化太阳能电池光电转化效率达到 10%[6]。人们开发新型高效染料的重点一直放在金属钌配合物制备上，如 N719[7]、Black Dye[8]等。

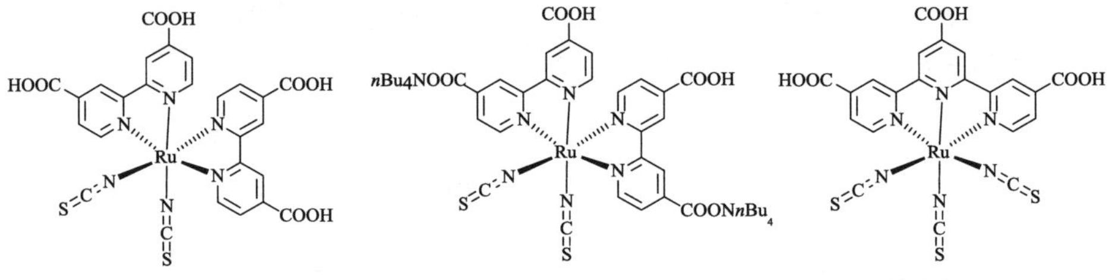


N3　　N719　　Black dye

任咏华等采用溶液法合成了多种具有良好发光性能的 Cu(Ⅰ)、Ag(Ⅰ)、Au(Ⅰ)、Ir(Ⅲ)和 Pt(Ⅱ)金属配合物，并系统探索这些材料在光电转换、荧光传感、分子识别等方面的潜在应用[9]。例如，金属 Ir 配合物是常用的有机发光二极管材料，其合成方法一般是配体和 $IrCl_3$ 在乙氧基乙醇和水混合溶液中回流得到氯桥前驱体［$(C^\wedge N)_2Ir(\mu\text{-}Cl)]_2$，进一步反应再得到产物［$Ir(C^\wedge N)_3$］或者含有其他配体（LX）的混配化合物［$Ir(C^\wedge N)_2LX$］。郑佑轩等采用这种溶液法合成了一系列高效绿色和蓝绿色含有辅助配体的发光铱配合物[10]。获得的产物在重结晶或者柱层析提纯之后，进一步通过真空升华的方法提高纯度，在升华过程中能获得稳定的单晶。以它们为发光中心的器件显示出良好的性能。黄春辉和李富友等系统开展了过渡金属配合物的溶液合成及光化学和光物理性能调控研究，主要集中在环金属铱(Ⅲ)配合物的设计合成、分子组装和性能调控，并将环金属铱(Ⅲ)配合物发光特性成功应用于有机发光器件、细胞成像和生物检测等研究领域。

陈忠宁等通过溶液法合成系统设计了金属配合物分子导线和发光材料[11]。利用氧化还原活性钌(Ⅱ)有机结构单元为电子给体，炔链$\leftarrow C\equiv C \rightarrow_n$，烯链$\leftarrow CH=CH \rightarrow_n$，烯炔交替$\leftarrow C\equiv C—CH=CH \rightarrow_n$或噻吩二炔链—C≡C—(thiophene)$_m$—C≡C—等为桥连配体，合成了一系列具有给体-间隔基-受体结构的金属有机炔分子棒，通过对末端螯合配体功能化引入有机硫基团实现了分子导线器件组装。利用发光活性的金属炔化合物为具有潜在桥连特性的金属砌块，与具有可取代溶剂配位点的金属膦前驱体进行元件组装，合成了一系列 $d^8-d^{10}$，$d^{10}-d^{10}$，$d^6-d^8$ 或 $d^6-d^{10}$ 过渡金属异核配合物发光材料，研究了分子结构修饰、分子开关效应等对发光性能的影响及分子空间排列与发光性能的构效关系。

在磁性金属配合物材料合成方面，利用氰基作为桥连配体合成磁性材料，产物的结构和磁性质在一定程度上可以控制和预测。使用类似 $[M(CN)_x]^{n-}$（M 是顺磁性金属离子）的构筑基元，由于存在多个配位点，与金属离子反应容易形成高维配位聚合物。例如，以 $[Cr(CN)_6]^{3-}$ 和 $[Fe(CN)_6]^{3-}$ 为构筑单元，几乎第一过渡系金属离子的分子磁体都已被合成。其中包括一些具有较高磁有序温度的普鲁士蓝类分子磁体，如 $KV^{II}[Cr^{III}(CN)_6]$，磁有序温度高达 376 K[12]。而对于构筑单分子磁体，可以利用有机辅助配体修饰的氰基配合物 $[M(L)_y(CN)_x]^{(x-m)-}$（L = $Me_3$tacn，Tp，bipy 等，如图 11-1 所示）作为构筑基元，与其他溶剂化的顺磁性中心金属离子或配位不饱和的顺磁性金属配合物进行反应合成。引入的有机基团由于其位阻效应可调控特定拓扑结构，以获取不同构型的金属簇合物，而通过变换金属离子可以调节产物的基态自旋和各向异性。如使用 $[(Tp)Fe^{III}(CN)_3]^-$（Tp = 三吡唑基氢硼烷）与 $Cu(ClO_4)_2$ 反应[13]，左景林等合成了面心立方簇合物 $[Tp_8Fe_8(CN)_{24}Cu_6(H_2O)_6]^{4+}$，表现出单分子磁体行为。进一步在 $Cu^{II}$ 离子上引入一个三齿有机阻碍基团，$Me_3$tacn（1,4,7-三甲基-1,4,7-三氮杂环壬烷），得到了显示单分子磁体行为的三角双锥状 $Fe^{III}_2Cu^{II}_3$ 簇合物，它存在很大的磁各向异性[14]。

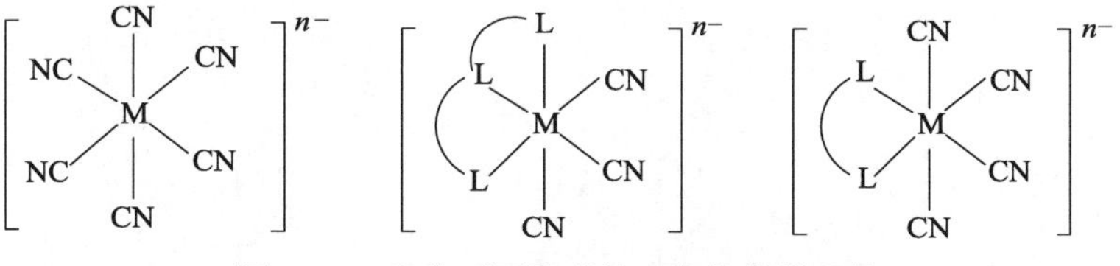


图 11-1　几种不同的磁性配合物构筑基块

通过使用茂基配体的衍生物 $Cp^*$ 和环辛四烯二价阴离子（COT）与稀土共配位，高松等构筑了系列稀土金属有机化合物单离子磁体（COT）$LnCp^*$ Ln = $Dy^{III}$，$Ho^{III}$ 和 $Er^{III}$）[15,16]。这些化合物的合成完全在溶液中进行。它们具有双层夹心结构，其局域几何结构可近似为 $C_{\infty v}$ 对称性。其中（COT）Er-$Cp^*$ 表现出高达 323K 的热弛豫能垒。Er 化合物在 5K 以下可以观测到蝴蝶状磁滞行为，说明低温下该化合物存在双稳态。

近年来，姜建壮等在金属卟啉酞菁化学领域取得系列进展，通过溶液法合成了多例具有半导体性能的金属卟啉或酞菁配合物[17]。卟啉、酞菁等四吡咯大环配体具有刚性平面分子结构和高度共轭的 π 电子结构体系，因而具有较高的稳定性和特殊的光电功能性质。由于金属离子价态、半径以及配位数的不同，形成的配合物也多种多样。例如，卟啉（或酞菁）和正一价的金属离子（$Li^+$、$Na^+$、$K^+$等）配位多生成双核的单层配合物，和正二价的金属离子配位大多生成单核的单层配合物，和半径较大的二价离子如 $Pb^{2+}$、$Hg^{2+}$等形成“半三明治型”结构；和半径较小的正三价金属离子（$Al^{3+}$、$Fe^{3+}$、$Co^{3+}$等）形成的配合物一般带有轴向配体，而和半径较大配位数较高的正三价金属离子（如镧系、锕系元素等）则倾向于形成双层或三层的“三明治型”结构。在三明治型配合物中（图 11-2），金属离子同时与两个四吡咯大环配体配位，配位数为 8，两个或三个共轭大环配体之间距离很近，从而具有强的分子内 π-π 相互作用。这类配合物应用于电致变色显示材料、场效应晶体管材料、分子磁体以及光合作用反应中心模型等研究。

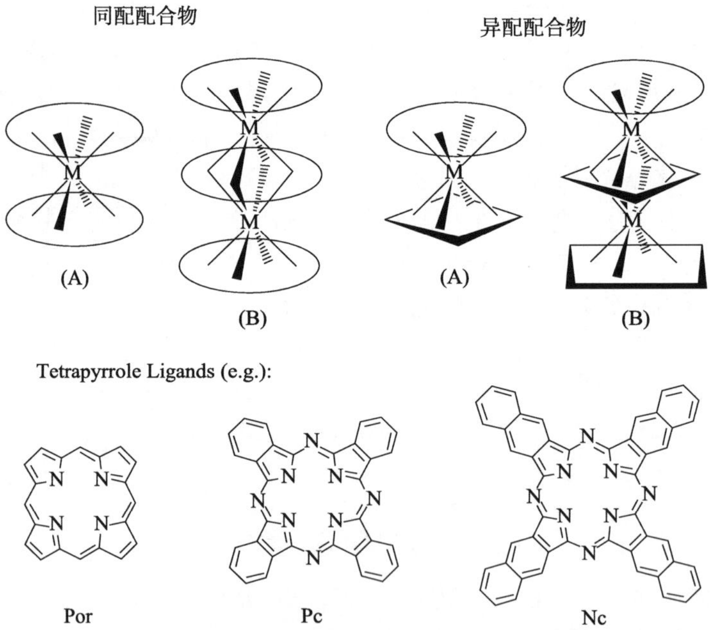


图 11-2　卟啉、酞菁类配体及其三明治型配合物结构示意图

姜建壮等发展了合成不对称三明治型配合物的方法。如含有两种酞菁配体的不对称三层稀土配合物可以用一步法来制备[18,19]。将半三明治配合物[$M^{III}$(Pc)(acac)]和不对称双层配合物{$M'^{III}$(Pc)[Pc($\beta$-$OC_8H_{17}$)$_8$]}在 1,2,

4-三氯苯（TCB）中回流反应，制备了一系列三层配合物｛(Pc) $M^{Ⅲ}$［Pc($\beta$-$OC_8H_{17}$)$_8$］$M'^{Ⅲ}$(Pc)｝（M = M′ = Gd～Lu；M = Lu，M′=Gd～Yb，图 11-3）。

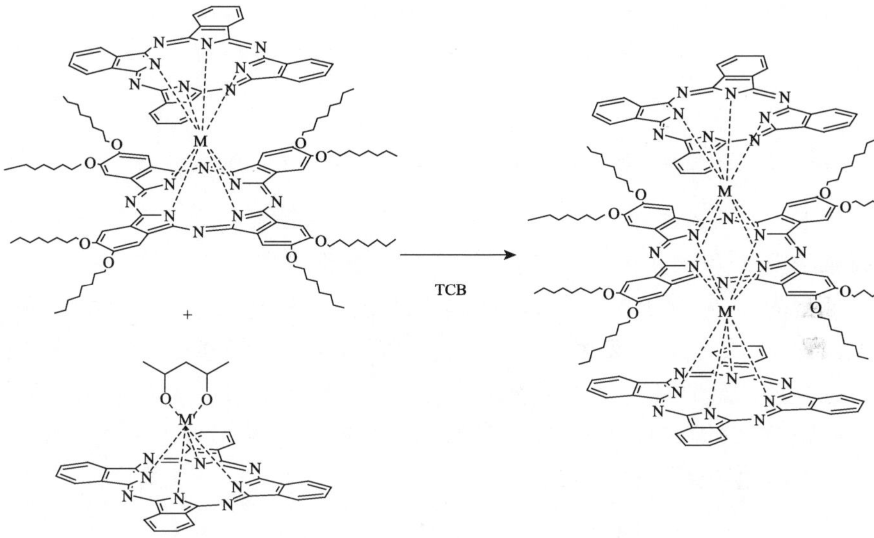


图 11-3　异配三层酞菁稀土配合物
｛(Pc)$M^{Ⅲ}$［Pc($\beta$-$OC_8H_{17}$)$_8$］$M'^{Ⅲ}$(Pc)｝的合成

在生物无机化学研究中，各种具有酶功能的金属配合物也常通过溶液法途径去合成。生物固氮酶能够在常温常压下将氮气转化成氨，其化学模拟合成长期以来是科学家面临的最具挑战性课题之一。2002 年，Holm 课题组利用有机膦配体稳定的低价金属簇合物为原料，首次合成了分子型具有类似生物体系中固氮酶活性中心的 $P^N$ 型簇合物拓扑结构的模拟配合物[20]。在此合成反应中，有机膦配体既可以稳定低价配合物，又容易被其他配体（如 $HS^-$）进攻取代（图 11-4）。

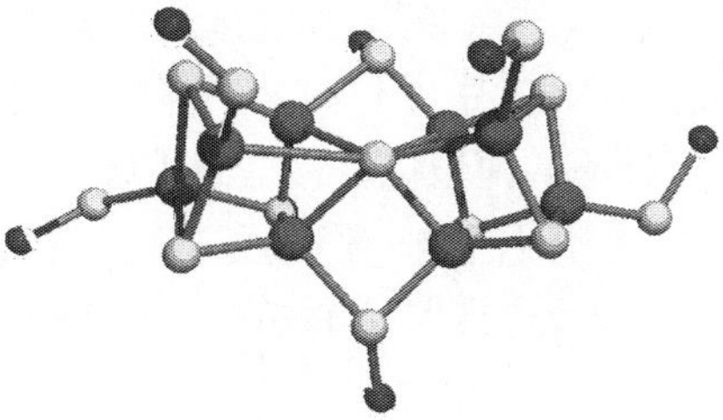

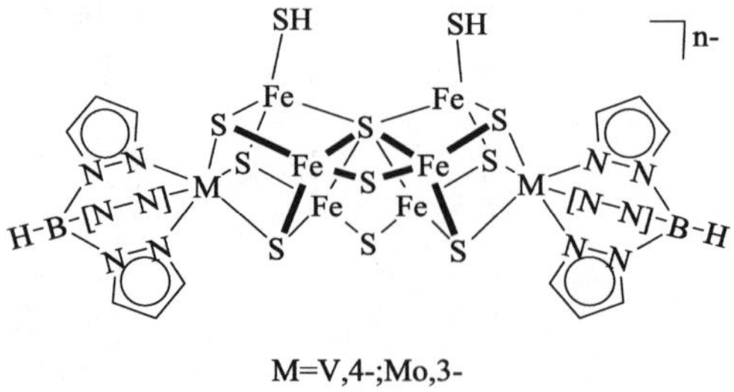


图 11-4 $P^N$型簇合物的 $Fe_8S_7(\mu^2\text{-SCys})_2$ 核心结构与报道的模拟配合物

曲景平等在溶液体系中合成了多种新型硫桥连的双(多)核铁簇合物，构建了固氮酶模型化合物 $Fe_2S_2$ 新体系，实现了在温和条件下，催化肼类化合物 N—N 键的断裂反应[21]。最近，他们通过使用一类新型邻苯二硫酚桥连双核铁配合物，设计合成了新的双铁分子仿生固氮功能分子模型[22]。实现了在双铁中心上，二氮烯（$N_2H_2$）还原转化成氨（$NH_3$）的全过程，揭示了氮气（$N_2$）在固氮酶铁钼辅基（FeMo-cofactor）金属簇［$Fe_7MoS_9C$］的“腰部”双铁中心上活化转化的本质（图 11-5）。

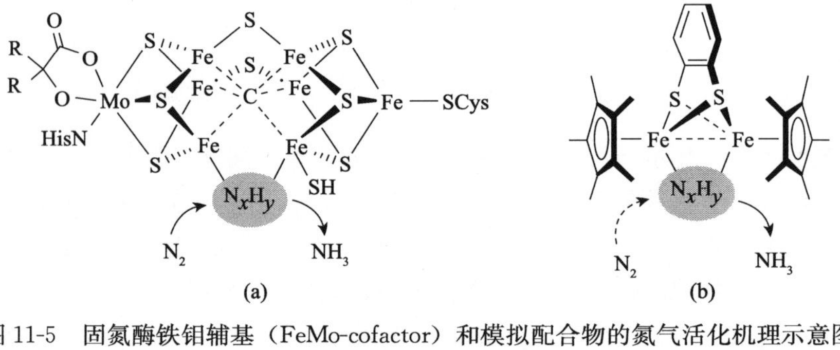


图 11-5 固氮酶铁钼辅基（FeMo-cofactor）和模拟配合物的氮气活化机理示意图

自从 20 世纪末［FeFe］-氢化酶晶体结构被全面解析以来，人们已经合成了大量二铁模型化合物[23]。基本合成策略有四种：一是十二羰基三铁与有机硫醇、有机二硫化合物反应；二是卤代烃与二硫六羰基二铁（［$Fe_2(\kappa,\mu\text{-}S_2)(CO)_6$］）反应；三是用二碘四羰基铁（［$FeI_2(CO)_4$］）与有机硫醇反应；四是化学修饰含有官能团的二铁羰基模型化合物。其中，利用十二羰基三铁［$Fe_3(CO)_{12}$］与有机硫醇的反应合成［FeFe］-氢化酶的模型化合物是应用最广泛的合成策略（图 11-6）。直接用硫醇的氧化产物（二硫化合物）与 $Fe_3(CO)_{12}$ 反应也能得到二铁六羰基化合物，但产率要低很多。这类反应非常容易进行，在各种有机溶剂中甚至是含水的甲醇中都能进行[24]。

由于大量羰基的存在，这些模型化合物的二铁中心具有亲电性，能够与

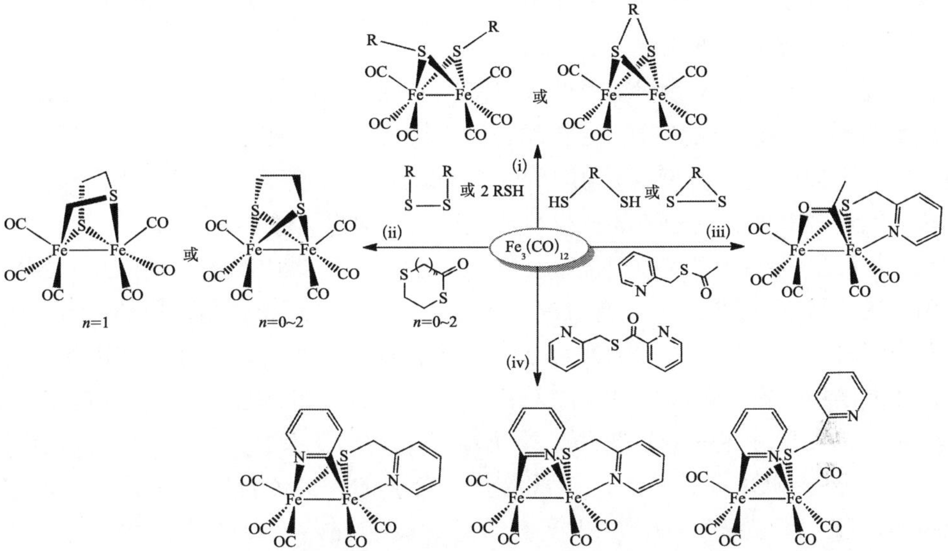

图 11-6 含硫有机配体与 $Fe_3(CO)_{12}$ 反应合成二铁羰基模型化合物，其中 R 为有机化合物骨架

亲核试剂（如 $CN^-$、有机胺、有机磷等）发生取代反应衍生出含有五羰基、四羰基的二铁化合物。此外，二铁的桥连也可以进一步功能化，利用这些反应，可以获得具有更多功能的模型化合物，如增加水溶性[25]、构建太阳能驱动的放氢催化体系[26]、合成便于深入研究模型化合物的电荷转移机理的模型化合物及其他新型模拟体系[27]。另外，金属酶的催化功能与其蛋白质环境是密不可分的。因此，人们也尝试将模型化合物与聚合物结合构建具有二铁羰基单元的聚合物[28]。

在催化功能金属配合物材料研究方面，金属有机化合物是其中最重要的一类研究对象，本书第六章和第七章进行了详细介绍。夏海平等利用溶液法组装合成了多种有机金属锇苯、钌苯、金属萘类等芳香性配合物[29,30]。金国新等研究的有机金属硫族元素碳硼烷化合物基本都是采用溶液法在低温无水无氧条件下合成，另外他们还利用金属有机单元与联吡啶类配体在不同溶液体系中组装构筑了系列的大环以及笼状化合物[31]。

溶液、扩散法也经常应用于合成构筑各种类型的大环配合物和超分子笼状金属配合物[32,33]。例如，Fujita 小组已经能够实现将超分子笼类配合物作为一类新型的分子烧瓶应用于研究各种限域空间内的化学反应[34]。洪茂椿等在 2000 年首次利用乙醚扩散入 2-巯基吡啶配体与 $Ag^+$ 的 $N,N$-二甲基甲酰胺（DMF）溶液中的方法，构筑了具有石墨结构的半导体配合物[35]。同年他们利用类似合成方法，将三齿柔性吡啶配体与金属离子组装获得了纳米笼[36]和纳米管状[37]结构的配合物。

近几年来，崔勇等利用将低沸点溶剂扩散入高沸点溶液中的方法设计合成了多例单一手性的超分子笼状配合物，这些笼材料能够立体选择性分离外消旋有机醇[38]。段春迎等采用类似的扩散法途径合成了多种荧光活性笼状结构，能实现多种生物分子的选择性荧光识别与细胞成像[39]。

扩散法也是合成三维配位聚合物，包括金属有机框架材料（MOF）的常用方法。MOF材料是通过有机配体和金属离子间的配位作用形成的具有规则孔道或者空穴（笼）结构的网络状配位聚合物。自20世纪90年代以来，它们以其结构丰富、孔隙率和化学稳定性较高、结构可调性、可再生性、合成方法简单及其潜在的应用价值，受到科学家的广泛关注，并得到迅速发展。著名化合物MOF-5就是通过扩散法首次合成的，具体合成方法是将三乙胺缓慢扩散入硝酸锌和对苯二甲酸在DMF和氯苯的混合溶液中。2005年，朱广山和裘式纶等利用气相扩散法成功合成了一例具有MTN分子筛拓扑类型的MOF材料[40]。具体实验步骤是将$CdCl_2$、六次甲基四胺、盐酸、*N*,*N*-二甲基甲酰胺、乙醇和水按一定比例混合于小烧杯中，然后将此烧杯放入装有三乙胺和DMF混合溶液的大烧杯内，密封一个月后得到该材料。该材料结构特点是含有纳米尺寸的笼结构。2006年，陈小明等采用液相扩散法，利用咪唑配体的衍生物2-甲基咪唑、2-乙基咪唑与锌盐氨水溶液反应成功合成了具有不同分子筛拓扑结构的MOF材料[41]。这三种结构的材料都可以稳定到400℃，除去客体分子之后表现出良好的气体吸附性能。

溶液法和扩散法作为两种经典的合成晶态金属配合物材料的方法，现在仍被普遍使用并且不断发展，在合成化学领域发挥着重要的作用。

## 第二节　水热与溶剂热法

溶液法一般适用于反应物（金属盐和配体）溶解性比较好的，在温度不太高就可以反应的配位化合物的合成。而对于金属盐以及有机配体都难于溶解的体系，传统的溶液法就受到了限制。水热合成是一种传统合成沸石分子筛、金属氧化物以及金属配位聚合物的方法，至今已经有100多年的历史了。水热合成法是在一定温度（100～1000℃）和压强（1～100MPa）条件下，使水黏度下降而扩散作用增强，从而使晶体的生长成为可能的一种方法。由于水溶解能力较大、资源丰富、经济且污染少等特点，水热合成近年得到广泛的应用。溶剂热合成主要是指在非水有机溶剂中的合成方法。相比纯水而言，有机溶剂的选择非常广泛，各种不同物理性能的溶剂都可能单独或组合应用于金属配合物的合成，因此极大地拓宽了材料的合成途径。同时，水热与溶剂热法合成都是处在较高温度和压强条件下，为发现新的原位有机反应和结构组装策略提供了契机。水热与溶剂热合成具有如下特点[1]：①由于反应物在水热与溶剂热条件下会改变性能及提高活性，可替代固相反应或实现常规条件下难于进行的反应；②由于反应物的中间态、价稳态及特殊物在水热与溶剂热的条件下相对容易生成，因此能得到一系列特殊价稳结构和特种凝聚态的新产物；③在水热与溶剂热条件下能使低熔点、高蒸气压且不能在融体中生成的化合物晶化形成；④在水热与溶剂热条件下，有利于生成缺陷少、取向好、较完美的晶体，且合成的产物结晶度高并易于控制晶体的粒度；⑤通过对水热与溶剂热条件的调节，有利于低价态、中间价态、特殊价态化合物的生成，并能使反应组分均匀地掺杂。

水热与溶剂热法合成金属配合物是近 20 年逐步发展起来的，目前已经发展成为合成配位聚合物的重要途径。科学家对影响材料合成的实验因素，如温度、pH、反应时间、反应配比、溶剂等，在很多材料的合成体系中都进行了较详细的探索。

在光电功能金属配合物方面，程鹏等在水热条件下组装 $Eu^{3+}$ （或 $Tb^{3+}$）、$Mn^{2+}$ 和 2，6-吡啶二羧酸配体获得了两例 3d-4f 混金属有机框架化合物，能够作为荧光探针材料高效识别锌离子[42]。朱广山和裘式纶等通过溶剂热组装联苯二羧酸配体与金属镉离子获得的 MOF 材料 JUC-48 不仅具有良好的荧光性质和吸氢性能，而且首次实现了染料分子 Rh6G 在孔洞中的负载，呈现优良的温度依赖荧光性能[43]。陈邦林和钱国栋等采用均苯三甲酸与稀土 $Tb^{3+}$ 离子在溶剂热条件下组装获得的三维微孔材料具有阴离子识别及响应功能[44]。崔勇等利用有机离子模板效应，溶剂热合成了一例极性的镉与芳香羧酸的配位聚合物，其粉末非线性效应为 KDP 晶体的 1.5 倍[45]。龙腊生等合成了一例由氨基羧酸与铜和稀土离子组装而成的配位聚合物，该材料孔洞中的水分子在 350K 附近发生从“一维液态”到“反铁电固态”的变化[46]。曹荣等设计合成了四齿柔性羧酸配体，在溶剂热条件下与锌离子组装合成了具有气体吸附、荧光和铁电性能的多功能微孔材料[47]。

值得关注的是，利用水热与溶剂热方法合成具有吸附、分离、催化功能的微孔金属配位聚合物或金属有机框架材料（MOF）是近年来的研究热点。

自 1990 年 Robson 等首次利用 4,4′,4″,4‴-四氰基苯基甲烷与一价铜离子在硝基甲烷中反应获得了具有阴离子交换功能的微孔配位聚合物材料之后[48]，这类材料以惊人的速度在发展。1997 年，Kitagawa 等通过溶剂热法获得了多例金属-4，4′-联吡啶框架材料，并首次报道了这些材料在常压下能够可逆地吸附甲烷、氮气和氧气等气体分子[49]，发展了 MOF 材料气体吸附性能研究的重要方向。1999 年，Williams 等合成的由 1,3,5-均苯三甲酸和铜离子组装成的 MOF 材料 HKUST-1，骨架结构非常稳定[50]，已经成为研究最为广泛的 MOF 材料之一。美国的 Yaghi 作为 MOF 这一概念的提出者，自 1999 年报道了 MOF-5 材料后展开了更系统的研究工作。2002 年，Yaghi 等采用系列溶剂热合成方法成功实现了 MOF-5 材料的结构修饰和孔道结构调控，基本策略是在对苯二甲酸配体上进行官能团的修饰和选择不同长度的线性二元羧酸作为桥连配体，获得了一系列孔道尺寸大小不同的 MOF 材料，实现了孔道尺寸从微孔到介孔的转变[51,52]。Férey 课题组选用周期表中＋3 价和＋4 价的金属 Al、In、Fe、Cr、V 和 Ti 等与多种芳香羧酸配体在水热条件下进行组装合成了一系列高价金属的多孔 MOF 材料，并且将这类材料命名为 MIL 系列[2,53]。该类材料结构中存在着多级孔道，拥有非常高的比表面积，在水中有很高的稳定性，并且也不易受外界酸碱的影响，在吸附与分离、催化等领域都有非常突出的表现[54]。我国学者在 MOF 材料的合成、结构与性能研究方面，也取得了系列研究成果，在该领域占有重要的地位。下面从单一手性 MOF 材料、类沸石分子筛型 MOF 材料和智能吸附型 MOF 材料三个方面的主要进展来探讨水热与溶剂热方法在该领域的应用。

## 一、单一手性 MOF 材料水热与溶剂热法合成

手性配位聚合物研究与化学、材料和生物等多个学科相关，是探索生命起源和新材料研发的重要研究对象。这类材料的合成、结构特征以及它们的催化作用机制已经受到越来越广泛的关注。单一手性 MOF 材料的研究最早源自 Kim 的工作，他们通过扩散法获得了由锌离子与光学纯酒石酸衍生物构筑的微孔 MOF 材料，该材料能够有效分离外消旋的金属化合物并用于多相催化不对称酯化反应[55]。在溶剂热条件下，林文斌等采用含羧基或吡啶官能团的光学纯联萘酚配体与不同金属离子合成了一系列的单一手性微孔 MOF 材料，并研究了这类材料作为多相催化剂在不对称加氢反应和醛加成反应方面的应用，部分反应的对映选择性达到 99%ee。他们认为手性材料孔洞壁上的附加金属催化位点能非常有效地促进不对称催化反应的立体选择性[56]。熊仁根等采用新颖的奎

宁羧酸配体与镉离子在水热条件下合成了能够立体选择性分离外消旋 2-丁醇的微孔 MOF 材料，实现了单一手性材料对外消旋 2-丁醇选择性拆分[57]。

崔勇等设计合成了系列新颖的 salen 类光学纯配体，通过扩散法和溶剂热法将这类配体与金属离子组装合成了多种单一手性纳米笼、纳米管以及微孔 MOF 材料，并应用这些材料在立体选择性拆分各种外消旋有机醇分子方面做出了系统的研究工作[58]。2012 年，崔勇等利用 $C_2$ 对称性的羧酸功能化且具有催化活性的分子化合物 Co(salen) 为构建模块，将其与具有特定配位构型的金属镉进行组装，得到一个具有纳米尺寸的多孔金属有机框架化合物。该化合物可以催化环氧化合物的水解动力学拆分，ee 值高达 99.5%（图 11-7）。同时，通过 MOF 的固载作用，该手性 MOF 催化剂不但可以循环使用多次，而且可以实现对底物尺寸的选择性[59]。

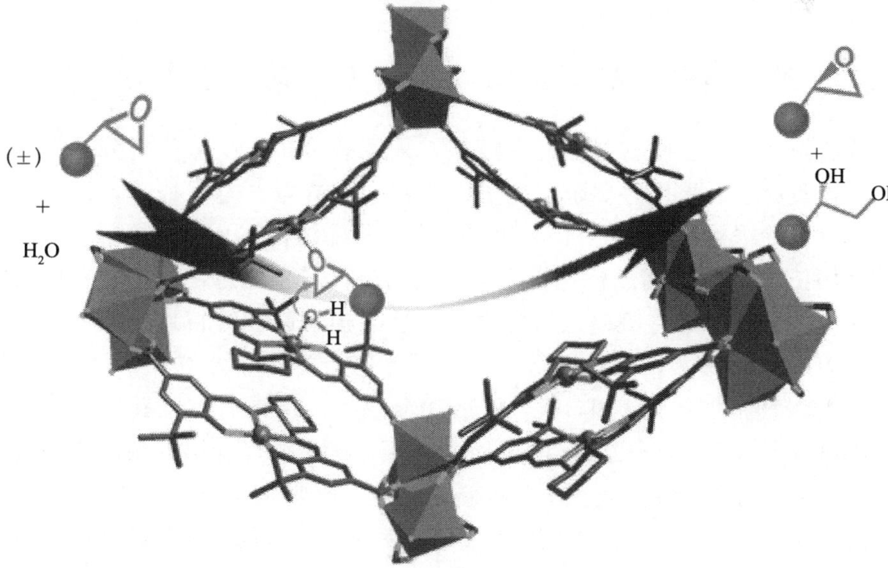


图 11-7　水和环氧化物在 MOF 中双金属协同活化作用

张健和卜贤辉等选用一种天然手性产物樟脑二羧酸配体与各种金属离子在水热与溶剂热条件下自组装合成了大量单一手性 MOF 材料，揭示了从手性分子到功能材料的一些组装模式，探索了手性樟脑二羧酸分别作为框架组件、阴离子模板甚至不对称结晶催化剂在合成组装各种中性、阴阳离子型微孔框架结构中的作用[60,61]。

合成手性 MOF 材料的途径，除了以上所述，即以光学纯的手性配体为原料与金属离子组装外，也可以利用非手性配体同金属离子组装具有手性空间群的化合物。这种非手性源的途径，是通过自发拆分得到外消旋的手性晶体混合物。其中每一个单晶都是光学纯的，但在宏观上往往没有光学活性。从非手性原料自发地得到单一手性的化合物，这是一种不同寻常的过程，如果没有手性源存在，就称之为对称性破缺[62,63]。为了控制单手性结晶过程，加入辅助的手性源来诱导产生特定的手性是一种有用的方法。不过这种方法对于合成新的具有未知组分和结构的单手性晶体不适用。2007 年，Morris 等首次实现了由单一手性的离子液体诱导来构筑单一手性微孔金属有机框架材料[64]。张健和卜贤辉等发现了结晶过程中手性溶质的手性诱导效应。在一例由噻吩二羧酸配体与铟离子的溶剂热合成过程中，发现在该合成体系中加入很少量的（－)-辛可宁或（＋)-辛可宁即可产生手性诱导效应，严格控制整体样品的单一手性。而（－)-辛可宁或（＋)-辛可宁并未进入材料结构中，仅作为单一手性诱导剂[65]。

## 二、类沸石分子筛型 MOF 材料水热与溶剂热合成

合成组装类分子筛材料的经典策略：采用有机桥连配体代替分子筛结构中的桥连氧原子，采用一些金属离子代替分子筛结构中的 T 原子，以期拓展纯无机分子筛结构体系到无机-有机杂化类分子筛结构体系。有机单元的加入一方面加长了 T 原子间的桥连长度，有效调控大尺寸孔道使材料具有更大的比表面积；另一方面有机单元的芳香性和易结构修饰性等特点可拓展材料新的功能应用。2002 年，游效曾等首次利用咪唑与四面体配位的 $Co^{2+}$ 在 3-甲基-1-丁醇溶剂中加热到 140℃条件下成功合成了一例具有二维孔道结构的类分子筛材料[66]。这一合成策略的成功主要在于咪唑桥连金属的角度正好接近 145°，此后他们还系统合成了十几种新颖的金属咪唑框架化合物[67]。2003 年起，陈小明等成功合成出具有 SOD、ANA 和 RHO 等标准拓扑结构的金属咪唑框架化合物 MAF-3[68]、MAF-4、MAF-5 和 MAF-6[41]，同时指出了配体取代基之间的相互作用是影响框架拓扑结构的重要因素[69]。Yaghi 等采用溶剂热的方法成功地将咪唑类分子筛材料进行拓展研究，他们利用高通量合成手段成功合成了十多例具有分子筛拓扑网络的 MOF 材料[70]，并且将这类材料命名为类分子筛咪唑框架材料（zeolitic imidazolate framework，ZIF)[71]。另外，他们还发现 ZIF-68、ZIF-69 和 ZIF-70 这三个材料对 $CO_2$/CO 混合气体表现出很高的选择性。2009 年，张健和卜贤辉等选用硼基咪唑类四齿配体与四面体配位的 $Li^+$ 或 $Cu^+$ 在溶剂热条件下合成了多例 SOD 和 RHO 型分子筛结构[72]。由于 $Li^+$ 易于与水亲和，因此大部分的锂基 BIF 材料是在氨醇作

为溶剂的溶剂热条件下合成的。最近，张健等运用了一种新的组装策略成功结合了无机分子筛中 $TO_4$ 和 ZIF 中的金属咪唑四面体单元在溶剂热条件下合成出一类新型杂化类分子筛材料。这类材料具有比 ZIF 材料更高的热稳定性，并且在选择性催化氧化苯甲醇至苯甲醛和可见光催化降解甲基橙废液等方面表现出良好的性能[73]。

除了采用单一金属中心作为 4 -连接节点以外，一些有机四面体单元或金属簇单元都可以应用于构筑类分子筛 MOF 材料。张健等利用四面体 $Cu_4I_4$ 簇作为基本构筑单元，通过直线形配体三乙烯二胺的连接，在溶剂热体系中成功合成了一例具有分子筛型 MTN 拓扑的簇有机框架化合物；该化合物的结构含两种类型的笼结构，笼内径分别达到了 2.6nm 和 2.0nm，具有非常大的孔体积[74]。

类沸石分子筛型 MOF 材料因其独特的结构特点和优良的化学与热稳定性已经成为 MOF 材料研究领域中最富有特色的一大类，但与无机沸石分子筛材料的研究相比，当前仍处在萌芽状态。至今仅有 11 种分子筛拓扑结构在类分子筛 MOF 材料中被发现。因此，探索不同合成方法和手段以构筑具有丰富分子筛拓扑结构的类沸石分子筛型 MOF 材料，这还需科学家继续努力。

## 三、智能吸附型 MOF 材料水热与溶剂热合成

我国学者在微孔 MOF 材料的合成与吸附性能研究方面的工作也开展较早，取得了众多令人瞩目的研究成果，而且逐步从研究普通吸附材料向动态智能吸附型 MOF 材料方向发展。2004 年，卜显和等较系统研究了一例由 9-吖啶甲酸与铜离子构筑的微孔 MOF 材料的合成及其对氮气、甲醇和乙醇的吸附性能[75]。同年，苏成勇等利用氨基三氮唑配体与锌离子在溶剂热条件下合成出具有一维孔道结构和高热稳定性的微孔 MOF 材料[76]。裘式纶等也较早在该领域开展了系列研究工作[43]，他们将氨硼烷（$NH_3BH_3$）沉积到微孔 MOF 材料 JUC-32-Y 的孔道中，利用材料中不饱和配位金属点对氨硼烷的催化分解作用实现了在较低温度下的氢气释放[77]。白俊峰等利用酰胺型六羧酸配体与铜离子在溶剂热条件下成功组装出由纳米笼连接而成的微孔 MOF 材料，该化合物对 $CO_2$ 气体具有良好的吸附与选择性分离性能[78]。

近年来，张杰鹏和陈小明等在柔性智能吸附型 MOF 材料研究方面开展了系统的研究工作[69]。在水热条件下，通过原位产生的有机配体与金属离子组装合成了一种具有 NbO 拓扑结构的三氮唑铜化合物 MAF-2，通过系统的结构与吸附性质研究，证明该化合物由于特殊的结构——小通道悬挂柔性乙基，具备特殊的动力学控制的开关性能，表现出反常的温度控制吸附氮气的

行为，以及从水中选择性吸附有机溶剂的反尺寸筛分性能[79]。

## 四、金属有机框架材料膜制备和应用

借鉴分子筛膜在气体分离方面的成功应用，一些研究者尝试将同样具有高比表面积、特殊吸附性及孔径可调等性质的 MOF 材料，探索其作为膜材料的可能应用[80,81]。目前，MOF 膜的研究工作才刚刚开始，尚未得到全面、系统的开发。MOF 膜的制备可以借鉴分子筛膜。现在比较成熟的 MOF 膜制备方法包括直接法和晶种法。

### （一）直接法

直接法，简单地讲，是将相应有机配体和金属离子的前驱体直接生长在载体表面得到目标 MOF 膜[82]。比较常见的载体是金属、金属氧化物、玻璃及陶瓷等。制备过程如下：将一个合适的载体放到生长 MOF 所需的前驱液中，经过一段时间陈化后，载体表面就会自组装形成 MOF 的单层或小晶体[83]。为了提高 MOF 与载体直接的结合力，需要将载体进行合适的功能化，这对 MOF 的生长是非常有利的。在某些情况下，将载体在金属和有机前驱体的溶液中交替浸泡，每次生长一个分子或离子层来制备 MOF 膜。载体表面上的功能基团可以诱导 MOF 晶体在一个特定的方向上生长，所得到的 MOF 膜表现出择优取向性。

### （二）晶种法

在合成过程中引入“种子”，首先合成大小均匀、粒径在纳米级的 MOF 晶种，随后通过物理方法将这些晶种沉积在载体表面，最后把载体放置于 MOF 合成反应液中晶化，晶种层从合成液中汲取所需要的养料，一段时间后就可以得到致密的 MOF 膜[84,85]。和直接法相比，晶种法增加了预涂 MOF 晶种的过程。晶种法中成核和生长两个过程分开，可以有效抑制膜形成过程中杂晶的出现，MOF 膜上晶体生长得到更好的控制。

除了上述的直接法和晶种法之外，液相外延生长法、电化学合成法、预形成 MOF 纳米粒子自组装等方法被用于 MOF 膜的制备。通过微波法得到了单分散纳米 MIL-101(Cr)悬浮液，采用反复浸涂的方法在硅片上得到了 MIL-101(Cr)膜。

MOF 膜具有广泛应用，如在传感器方面，Biemmi 等把巯基修饰的石英晶体作为载体，获得了 $Cu_3(BTC)_2$膜，并研究了其对水吸附性质[82]。Hupp 等在硅片上通过反复浸泡法制备了 MAF-4（ZIF-8）膜的 Fabry-Pérot 器件，研究了其选择性化学蒸气和气体传感器[86]。Liu 等采用直接法在铜片上合成了致密的 $Cu_3(BTC)_2$膜，利用膜与相对湿度的电容线性响应关系来检测湿度[87]。

裘式纶和朱广山等采用“双铜源法”在铜网上制备了厚度大约为 60$\mu$m 的 HKUST-1 膜[88]，在多组分气体分离方面展现了良好的性能。研究表明，相对于 $N_2$、$CO_2$、$CH_4$，HKUST-1 膜对 $H_2$具有更高的渗透通量和优良的渗透选择性。原因可能是 $H_2$具有更小的尺寸，且不能吸附在金属有机框架的骨架上，因此扩散速度快。

## 五、金属有机框架化合物负载金属纳米颗粒及其催化

金属有机框架化合物可作为理想的金属纳米颗粒催化剂载体，相关研究还处于起步阶段[89,90]。目前将金属纳米颗粒负载在 MOF 主要有两种策略：策略一是先合成得到 MOF，然后将金属前驱体进入 MOF 孔道中，接下来进行还原得到金属纳米颗粒[91]；策略二是先制备金属纳米颗粒，然后与组装 MOF 的基元，如金属离子盐和配体，进行原位反应将金属纳米颗粒封装在 MOF 中[92]。其中策略一较为成熟、方便，但在还原过程中 MOF 骨架有可能坍塌，并且较难控制纳米颗粒的形貌；策略二因先制备出纳米颗粒，因而可以较为容易地控制其形貌，但在制备 MOF 过程中较难控制金属纳米颗粒的稳定性，目前研究还处于刚刚开始阶段。根据负载的方法不同，可分为无溶剂气相负载法和溶液浸渍法。

无溶剂气相负载法又称金属有机化合物气相沉积法（MOCVD），在升华过程中将金属纳米颗粒前驱体插入 MOF 孔道中。Fisher 等采用无溶剂气相负载法将［$(\eta^5\text{-}C_5H_5)Cu(PMe_3)$］、［$(CH_3)Au(PMe_3)$］和［$(\eta^5\text{-}C_5H_5)Pd(\eta^3\text{-}C_3H_5)$］分别负载到多孔 MOF-5 的三维孔道中[93]。Xu 等进一步采用固相研磨法将 $(CH_3)_2Au(acac)$ 负载到类分子筛 ZIF-8 中并还原得到 Au 纳米颗粒，进行高效催化 CO 氧化反应[94]。无溶剂气相负载法避免了 MOF 中客体分子溶于溶剂的问题，并且能负载达到 30%～40%的量，但有可能会发生团聚。

溶液浸渍法是目前应用最多的方法，它是将金属盐的溶液引入 MOF 中，然后通过 $NaBH_4$或水合肼、$H_2$等还原得到纳米颗粒。曹荣等采用浸渍法将 Pd 纳米颗粒封装在具有大比表面积的金属有机框架化合物 MIL-101(Cr) 的介孔笼中[95]。他们首次利用负载在 MOF 上的 Pd 催化剂催化 C—H 活化反应。发现只用 0.1mol%的钯，就能以高活性、高选择性催化吲哚及其衍生物与一系列碘苯进行直接吲哚 C2 反应。

MOF中含有有机官能团，而官能团中的杂原子对纳米颗粒可以起锚定的作用。Férey将乙二胺配位在MIL-101中的活性中心Cr上，然后将乙二胺中和，通过离子交换法将［$PdCl_4$］$^{2-}$、［$AuCl_4$］$^-$、［$PtCl_6$］$^{2-}$引入其介孔笼子中，$NaBH_4$还原得到分散均匀的纳米粒子，其中Pd纳米催化剂能以非常高的活性催化Heck反应[96]。曹荣等采用离子交换法直接将［$PdCl_4$］$^{2-}$负载到本身含胺基的MIL-101-$NH_2$[97]、MIL-53-$NH_2$[98]等MOF中，并采用$NaBH_4$还原非常容易地得到均匀分散的Pd纳米颗粒催化剂。其中Pd/MIL-101-$NH_2$能在水相中高效催化氯代芳香烃脱氯反应。该催化材料不仅可以高效脱除各种位置上的氯以及多氯代芳烃上的氯，而且可以很容易地循环使用并不降低催化活性，这对治理对环境及生物体危害很大的氯代芳香烃具有重要意义。

为了能更好地控制纳米颗粒的形貌、大小尺寸等，人们发展了原位负载法。先制备得到各种形貌的金属纳米颗粒，然后与组装MOF的基元，如金属离子盐和配体，进行原位反应将金属纳米颗粒封装在MOF中。Huo和Hupp共同把事先制备好的各种不同形貌的Au、Pt等纳米颗粒分别与$Zn(NO_3)_2$、2-甲基咪唑在甲醇中室温下反应，将Au、Pt等分别包裹在ZIF-8中[92]。该方法能较为容易地控制金属纳米颗粒的形貌、尺寸等，但由于ZIF-8窗口狭小，有机底物较难进入纳米颗粒活性中心。

MOF负载金属纳米催化剂的研究目前尚不深入。进一步的工作，如在MOF中负载特定形貌和催化功能的金属纳米颗粒、双金属纳米颗粒（如合金、核壳结构）、手性金属纳米颗粒以及能与载体进行协同催化的金属纳米颗粒的研究，具有重要意义。

## 六、水热与溶剂热法合成中的条件控制

水热与溶剂热法合成金属配合物材料中，材料结构通常会受到许多因素的影响，如原料的配比、溶剂的选择、反应时间、反应温度、pH和压力等。下面仅用较典型事例来介绍水热与溶剂热法合成中的条件控制。

首先，合成反应温度对化合物结构有着至关重要的影响。金属配合物在结构组装和结晶过程中无时无刻不受外界温度的影响，分子间的碰撞速率、质子的解离和配位键的断裂与形成等都受温度因素影响。Cheetam等在2004年就系统研究了不同温度条件下水热合成丁二酸钴配合物的结构，随着合成温度的升高，配合物的结构逐步从一维链向三维框架转变[99]。张健等也探索了温度因素对水热合成单一手性金属镉-樟脑酸配合物的影响，并且发现在不同温度下合成的结构中金属中心周围的电荷分布是有区别的。温度越高，电

荷分布更趋向于均衡或零，这也解释了为什么在高温条件下更易形成结构致密和框架稳定的化合物[100]。

溶剂效应是另一非常重要的影响产物结构的因素。溶剂在金属配合物合成组装过程中不仅起到溶解反应物的作用，还可以作为分子模板或者辅助配位分子等参与配合物结构的构筑。因此溶剂的选择往往能够有效地去调控金属配合物的拓扑结构。如前面所介绍的系列具有分子筛拓扑结构的金属咪唑框架材料，相同咪唑和锌离子在具有不同分子尺寸的溶剂中组装就会得到不同拓扑结构的材料[69]。张健等报道了在单一手性金属锰-樟脑酸配合物的合成组装中，溶剂对产物结构体现出重要的调控作用，如采用 $N,N$-二乙基甲酰胺（DEF）溶剂获得的是手性链修饰的三维框架材料，采用 $N,N$-二甲基乙酰胺（DMA）溶剂获得的是二维层状结构，采用 $N,N$-二甲基甲酰胺（DMF）溶剂则获得结构中含有 DMF 分子的三维结构[101]。

各种合成因素对微孔 MOF 材料穿插结构的调控也受到了一定的关注，因为调控 MOF 材料的穿插直接关系着孔结构的有效利用。周宏才等在 2007 年发现了通过溶剂热组装芳香羧酸与铜离子得到的 PCN-6 化合物是二重穿插的结构，如果在相同合成体系中加入一定量的草酸则可以合成获得非穿插的 PCN-6′化合物[102]。

寻找一个最佳的合成条件对于得到纯相的晶体材料是很有必要的，高通量法很好地解决了这个问题。高通量法是一种高效合成材料的方法，采用含有近百个孔板组的反应器，不同大小的孔板可以容纳几微升至几毫升的原料，高通量反应器能够很精确地控制反应物的配比、溶剂的量等，这样大量的实验数据可以很好地归纳出材料的最佳结晶条件。在 20 世纪 90 年代，高通量法首次成功用于沸石分子筛材料的溶剂热合成中[103]。之后，大量的无机-有机杂化材料通过该方法被合成出来[104]。2008 年，Yaghi 等首次报道了利用高通量法合成 ZIF 材料[69]，他们利用 9 种不同种类的咪唑配体和金属 Zn 或 Co 采用排列组合的方式，通过改变起始原料的种类、配比、反应温度等条件做了 9600 个反应，得到了 16 个结构新颖的 ZIF 化合物。

由于金属离子和有机桥连配体都具有多样化的配位模式，而且自组装反应体系通常存在溶剂和抗衡离子，一个给定的金属离子-配体组合往往可能得到多种组成和结构各异的配合物。解决上述问题通常首先控制局部配位结构，然后控制配位聚合物的拓扑结构。

羧基和吡啶基是最常用于构建桥连配体的官能团，但前者配位模式太多，很难控制，后者则需引入抗衡阴离子并难以控制金属和配体的比例。利用一些常见、稳定的多核金属羧酸簇作为次级结构单元可以解决控制羧基局部配位结构的问题。目前，六配位八面体形 $Zn_4O(O_2CR)_6$、四配位平面四边形$Cu_2(O_2CR)_4T_2$（T ＝ 端基配体）和六配位三棱柱形 $M_3O(O_2CR)_6T_3$是最具代表性的次级构筑单元。其中，$Cu_2(O_2CR)_4T_2$中的 2 个端基配体也可以进一步被吡啶类桥连配体取代，成为六配位变形八面体次级构筑单元。张杰鹏、陈小明等利用混合线形二羧酸和吡啶羧酸使 $M_3O(O_2CR)_6T_3$的 9 个潜在配位点全部参与配位，组装了首例具有单一节点九连接 ncb 拓扑结构的配位聚合物。他们同时指出，相关的次级构筑单元与拓扑具有内在的不协调性，导致材料具有框架张力[105]。随后，他们提出了一个拓扑网络几何分析的方法，计算预测了不同长度比的配体构筑 ncb 型网络结构的难度，并使用了一个 5×5 的配体组合进行了验证，得到了与预测结果吻合的 13 种 ncb 型多孔框架（图 11-8）[106]。

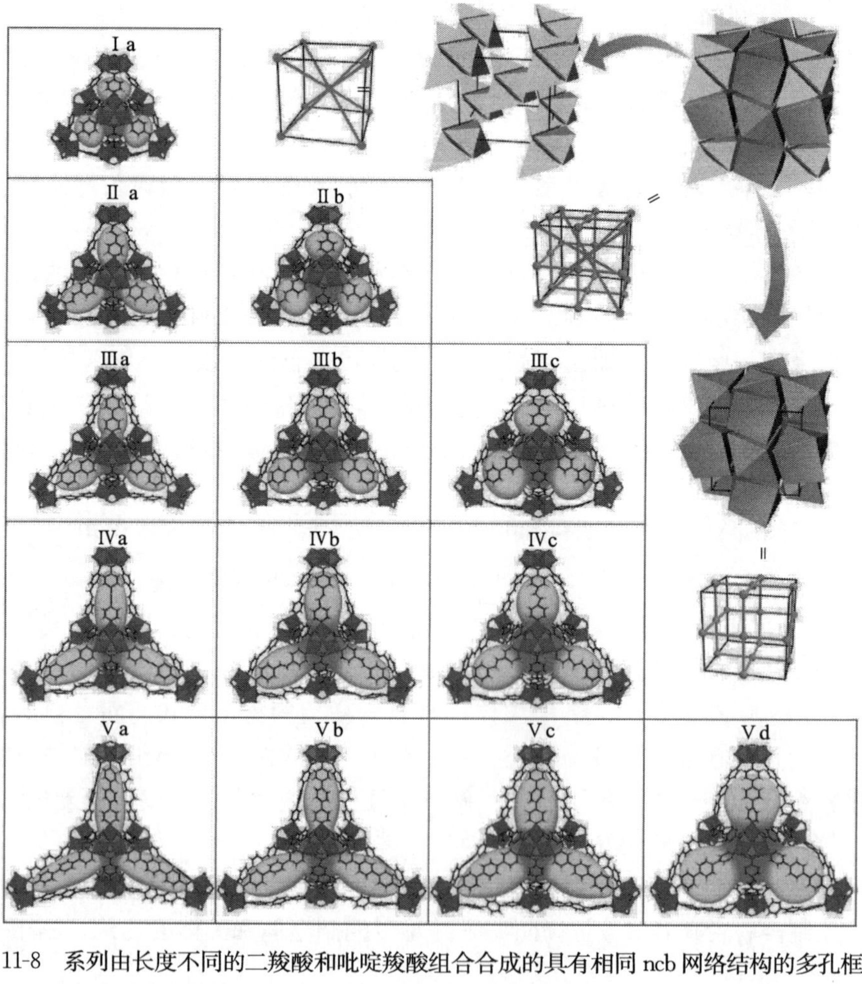


图 11-8　系列由长度不同的二羧酸和吡啶羧酸组合合成的具有相同 ncb 网络结构的多孔框架

## 七、水热与溶剂热法合成中的原位有机反应

水热与溶剂热法合成通常处在一定的高温高压条件下，一些常规条件下难以进行的有机反应也常在该类合成体系中发生。经过多年的探索，各种各样的原位有机反应，如氧化反应、还原反应、加成反应、成环反应、取代反应等，都在金属配合物的水热与溶剂热合成过程中发现过。具体的原位金属/配体反应包括羧酸酯、有机腈和有机醛水解生成羧酸根，C—C 和 C—N 键断裂生成羧酸根，S—S 键断裂与形成，有机/无机硫转移，芳香环取代反应，芳香羧酸脱羧，三氮唑或四氮唑的生成，脱氢碳-碳键偶联等。这一系列新颖的反应与合成方法在配位化学与有机合成化学之间架起了一座新的桥梁[107,108]。现介绍两类典型的水热与溶剂热中的原位有机反应。

一类重要的原位反应是成环反应，可以从简单的起始物出发原位合成杂环配体用于构筑功能金属配合物。熊仁根等在 2002 年率先用金属卤化物作为路易斯酸催化剂，将带有氰基的配体和叠氮钠在水热条件下进行原位反应生成新的四氮唑配体并与金属组装得到一系列结构新颖的配位聚合物[109]。陈小明等发现有机腈和氨在铜离子的存在下可以氧化关环一锅生成各种三氮唑配体，在此同时伴随着氧化还原反应，二价铜离子被还原成一价铜离子，并与 1,2,4-三唑配体配位连接成三维微孔材料[110]。他们分离得到了该新型原位反应的关键中间产物，证实其反应原理与基于肼衍生物多步合成三氮唑的常规方法有本质区别（图 11-9）[111]。

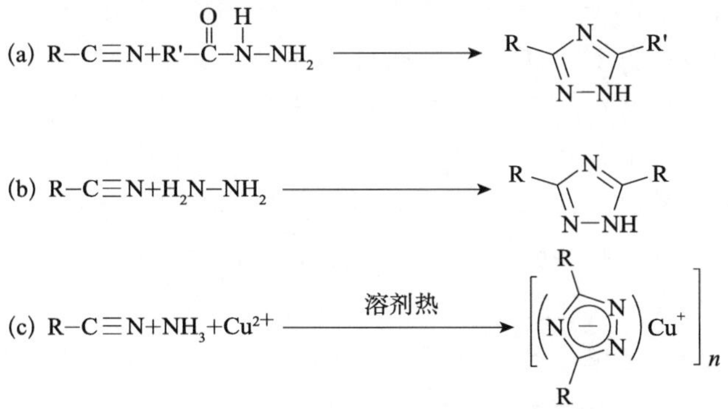


图 11-9　1,2,4-三氮唑典型的合成方法

童明良等也发现 1,3-二吡啶丙烷配体在水热条件下能够二重偶合，生成中间为环己烷的四吡啶配体，说明二价铜离子的氧化还原作用可能对成环反应有重要作用[112]。2005 年，李丹等首次报道了利用硝酸铜和硫氰酸钠在甲

醇/乙腈混合溶剂中发生的无机硫向有机硫转化的反应[113]。在该反应中，硫氰酸根中的S—C键断裂，生成的硫被甲醇中的甲基捕获，生成了甲巯基，实现了从无机硫（$SCN^-$）向有机硫（$CH_3S^-$）的转化。在该类型的反应中，甲醇的作用是至关重要的，它提供的甲基起到了一种硫捕获剂的作用。进一步的研究发现，三苯基膦、双二苯基膦乙烷等含膦有机配体与硫氰酸亚铜反应可以生成一种三苯基硫化膦、双二苯基硫化膦乙烷的有机配体，硫氰酸亚铜脱硫后生成了一种新的含氰化亚铜的网络，而这些含氰化亚铜网络的配合物大部分是直接用氰化亚铜与有机配体反应所不能得到的。

## 第三节　低热固相合成法

早在1912年，Hedvall首先报道了通过固相化学反应来合成新化合物的研究[114]。通常，反应温度在100℃左右的固相反应称为低热固相反应，也称室温/近室温固相反应。100℃左右的低热温度，能使很多分子结构化合物中的分子间作用力削弱，从而参与反应。这类反应的特点是产物能保留原分子中的部分结构，利用这种反应来合成配合物和簇合物可称为低热固相合成法[115,116]。作为一种特殊的合成方法，除了反应物起始态不同外，在所获得的化合物及合成过程中也有它固有的特色。低热固相合成法在无机合成中具有以下优点：①可合成只有在固体中才能存在的介稳态化合物——固体介稳态化合物；②在溶剂中难溶的金属盐或难溶的配体可以作为反应物直接参加固相反应；③易水解的金属盐，可通过固相反应合成；④固相直接反应，不用或少用溶剂，具有污染少、高效、节能等优点，符合绿色化学的要求。

这些优点使得低热固相合成法在无机合成中发挥出独特的作用。然而，固体间或固体内的扩散速率太慢，限制了化学反应的进行。而且低热固相配位化学反应中生成的有些配合物只能稳定地存在固相中，遇到溶剂后会转变为其他产物，迄今尚无法得到它们明确的结构，因此这些物质的存在主要依据谱学手段推测，这也是这类反应迄今未被广泛应用的主要原因。

忻新泉等在室温或近室温条件下，将硫代钼(钨)酸铵 $(NH_4)_2MYS_3$（M = Mo，W；Y = O，S）与铜（银、铊）盐等化合物进行固相反应，再选择适当溶剂进行分离，开辟了低热固相合成Mo(W)/S/Cu(Ag,Tl)簇合物的一条新途径[116]。具体方法如下：将一定量的硫代钼（钨）酸铵和卤化亚铜或卤化银及季铵盐（$R_4NX'$）或有机配体［如三苯基膦（$PPh_3$）］按一定比例混合研磨，移入一硬质反应管中，控制温度在100℃左右，在氮气或氩气氛保护下反应数小时，选择合适的溶剂萃取，过滤，滤液在空气中挥发或加入某种扩散剂如乙醚等，静置数日，即可得到簇合物晶体。到目前为止，用这种低热固相合成法已制备了数百个单核和多核配合物、簇合物以及簇基配位聚合物。例如，用 $(NH_4)_2MoS_4$ 与 AgX（X = Cl，I）和 $(n\text{-}Bu)_4NBr$（物质的量比为1∶3∶4）混合研磨后在100℃时固相反应15h，用 $N,N'$-二甲基甲酰胺（DMF）萃取后，滤液在空气中挥发，可得到四核类立方烷型簇合物 $[(n\text{-}Bu)_4N]_3[MoS_4Ag_3BrX_3]$（X = Cl，I），产率为25%～30%[117]。用 $(NH_4)_2WS_4$ 与 M′Br（M′ = Cu，Ag）和 $(n\text{-}Bu)_4NBr$（物质的量比为1∶3∶4）混合研磨后，以类似方法可分离得到四核类立方烷型簇合物 $[(n\text{-}Bu)_4N]_3[WS_4M'_3Br_4]$（M′ = Cu，Ag），产率为20%～35%[118]。

上述Mo(W)/S/Cu(Ag，Tl)簇合物的低热固相合成有时比较复杂，反应温度和反应物的种类等因素均会对最后的产物结构及产率有很大的影响。近年来也有将低热固相合成法引入簇基配位聚合物的组装，可获得一些液相法不能得到的新颖簇基配位聚合物。例如，用前驱簇合物 $[PPh_4][Cp^*MoS_3(CuNCS)_3]$ 与2,4,6-三(4-吡啶)-1,3,5-三嗪(tpt)或5,10,15,20-四(4-吡啶)-21$H$，23$H$-卟吩($H_2$tpyp)混合研磨后，在100℃时固相反应12h，用苯胺萃取，乙醚扩散，可得到二维蜂窝状聚合簇合物和二维鳞斑状聚合簇合物[119]。

由于固相反应的特殊性，人们为了使之在尽可能低的温度下发生，已经做了大量的工作。例如，在反应前使用研钵或球磨机尽量研磨均匀反应物以改善反应物的接触状况，增加有利于反应的缺陷浓度，用微波或各种波长的光等预处理反应物以激活反应物状态，也能使这类固相合成得以完成，并可能大大缩短反应时间和提高产率，从而发展了各种降低固相反应温度的方法。例如，用 $(NH_4)_2MS_4$ 与TlBr及 $(n\text{-}Bu)_4NBr$ 在室温下研磨后，用微波辐照1min左右，再用DMF萃取，可得到一维链状聚合簇合物 $[(n\text{-}Bu)_4N][TlMS_4]$（M = Mo，W）[120]，并且它们的产率比用低热固相合成法获得的同样产物提高了3倍。

## 第四节　离子热、脲热法合成金属配合物

离子热合成是指利用离子液体作为反应溶剂溶解金属盐和有机配体来进

行合成。离子液体是指在室温或接近室温条件下呈现液态的、完全由阴阳离子所组成的盐，也称低温熔融盐。这种溶剂是由有机阳离子和无机阴离子组成，常见的阳离子有季铵盐离子、吡啶盐离子、哌啶盐离子、季鏻盐离子、咪唑盐离子和吡咯盐离子等，阴离子有卤素离子、四氟硼酸根离子、六氟磷酸根离子、甲磺酸根离子、双三氟甲磺酰亚胺根离子、硫酸氢根离子等。与传统有机溶剂和电解质相比时，离子液体具有一系列突出的优点：①种类繁多，理论上来说离子液体的种类有上亿种；②液态范围宽，热稳定性和化学稳定性较好；③蒸气压小，不易挥发，在使用、储藏过程中不会蒸发损失，可以循环使用，减少环境污染；④有较好的溶解能力，能溶解大部分无机盐与有机物；⑤具有溶剂和催化剂的双重功能，可以作为许多化学反应溶剂和催化活性载体[121]。目前，离子热方法已经被广泛应用于合成多孔材料、金属氧化物和金属配合物等。至今较多应用于合成金属配合物的离子液体有两大类：一类是咪唑鎓盐类离子液体，另一类是低共熔物（deep-eutectic solvents，DES）。低共熔物是由各种季铵盐和可提供氢键的中性分子（如苯酚、尿素或其衍生物）按一定比例混合而成的混合物，利用分子间的氢键相互作用降低整体的熔点，这一混合物的熔点比混合前单一物质的熔点都要低。例如，氯化胆碱（choline chloride）的熔点为 302℃，尿素的熔点为 133℃，当氯化胆碱和尿素按物质的量比 1∶2 混合后熔点仅为 12℃[122]。

在离子热合成金属配合物领域，当前更多的研究侧重于离子液体的选择，各种合成条件的调控以及配合物结构的设计，因为还缺乏对离子液体在合成体系中作用的深入认识。2006 年，Liao 等利用溴化一乙基三甲基咪唑鎓盐作为溶剂离子热合成了一例三维多孔配合物材料[123]，离子液体在该化合物的合成中不仅起着溶剂作用，其咪唑鎓盐阳离子同时作为模板分子平衡阴离子骨架的负电荷并填充孔道。Morris 等利用乙酸钴和均苯三甲酸为原料分别在含不同阴离子的咪唑鎓盐离子液体中，150℃条件下反应三天得到两种不同结构的配合物，有趣的是，当把两种离子液体混合作为溶剂，反应温度降低到 110℃时，得到另一个结构新颖的材料[124]，说明了不同阴离子或阳离子组成的离子液体在合成配位聚合物材料中具有结构导向的功能。另外，他们对离子液体在合成金属配合物材料过程中所扮演的角色做了详细介绍[125]。卜贤辉等采用离子热合成研究了金属 $In^{3+}$ 与桥连二羧酸的组装体系，发现离子液体既是良好的溶剂，也是一类多功能模板剂[126]。

卜贤辉等利用不同组合的低共熔物离子液体合成出一系列具有新颖结构的配合物[127]，并阐述了离子液体在合成中的作用：低共熔物一方面是良好的反应媒介，季铵盐可以作为阳离子起到电荷平衡或者模板分子作用，同时季铵盐和尿素或尿素衍生物均能作为端基配体与金属中心配位，在一定温度下尿素衍生物能自行脱离框架结构，从而非常有效地导致不饱和金属配位中心的产生。2010年，张健和卜贤辉等在此基础上发展了一种以各种脲类及其衍生物作为溶剂合成配位聚合物的方法，称之为脲热合成（urothermal synthesis）[128]。脲热合成是指将合成所需的有机配体、金属盐和尿素或尿素衍生物混合在一起，在一定温度下经过一段时间的反应得到晶态材料的方法。通过这一方法，成功获得了40多例多孔材料。他们提出了脲热合成在孔及不饱和配位点的产生上具有比溶剂热合成更明显的优势，并且还发现了脲热合成条件下的原位有机反应。研究结果表明，脲热合成方法能够合成出大量具有新颖结构的金属配位聚合物。尿素及其衍生物在合成过程中首先可作为溶剂，具有溶解金属盐和有机配体的能力；其次，这类分子具有一定的碱性起到脱质子的作用；该类溶剂具有一定的配位能力可以作为端基或桥连配体参与配位；还可以作为模板分子填充在主体骨架结构中，有利于孔道结构的形成。目前该合成方法已经受到一定的关注和应用。

## 第五节　模板法合成新型配位化合物

模板法广泛应用于配位化合物的合成中。利用如有机小分子、金属离子和无机多酸离子、金属配合物阳离子等作为模板剂，已经合成了许多具有新颖结构和功能的金属配合物。

具有特定形状或特性的有机分子发挥模板分子作用并参与反应，从而影响、引导或调控特定结构和功能的配位化合物的组装。一般来说，这样的模板有机分子具有一些特点，如含有亲水或疏水基团，带有电荷，具有一定的形状和尺寸等。陈小明等[129]用疏水环状有机分子模板调控形成了基于甲基咪唑和一价铜的大环配位化合物。他们发现在溶剂热条件下不使用任何模板剂得到的是具有一维“之”字链结构的甲基咪唑铜化合物，而用比较小的苯、环已烷或甲苯作模板时，引导合成的是含8个铜离子和8个甲基咪唑分子的大环配合物。当使用更大的有机分子模板时，如对二甲苯和萘分子时，引导合成的是含有10个铜离子和10个甲基咪唑分子的配合物。鲁统部等[130]利用4,4′-联吡啶和四丁基胺阳离子为模板，用镉盐与4,5-咪唑二甲酸在水热条件下，合成了具有纳米尺寸的$M_{21}L_{12}$分子笼。这些纳米笼通过共用单层壁组装出新型三维配位网络结构。

碱金属离子，经常以平衡电荷的作用存在于阴离子配位化合物中。但是由于其具有正电荷的特点，可以与一些带负电荷的配体形成离子键，引导配合物的形成而起模板作用。卜显和等[131]利用锂离子和钠离子作为模板剂引导组装了不同大小的、分别含有四核铜和六核铜笼子的十二核配位化合物和一维配位聚合物。

同样，阴离子也可作为模板合成新型配合物，包括一些高核簇合物。2008年，王泉明等报道了以氯离子为模板的十九核炔银笼状簇合物 $[Ag_{19}(C \equiv C\mathit{t}Bu)_{11}(CF_3CO_2)_7Cl]$[132]。2009年，该课题组又报道了以三角形的碳酸根为模板的炔银簇合物 $[Ag_{17}(C \equiv C\mathit{t}Bu)_{14}(CO_3)]OTf$ 和 $[Ag_{19}(C \equiv C\mathit{t}Bu)_{16}(CO_3)]BF_4 \cdot CH_3OH$。有趣的是，模板 $CO_3^{2-}$ 来自空气中的 $CO_2$，当反应体系中加入四甲基乙二胺（TMEDA）后呈弱碱性，使得空气中的 $CO_2$ 被溶液吸收转化为 $CO_3^{2-}$，并充当模板促进了银簇的形成[133]。在此基础上，他们又将模板拓展至四面体的硫酸根、铬酸根等，获得更高核数的银簇。他们总结了该类簇合物的基本模型，并指出影响银簇组装过程的因素：阴离子模板、烷基乙炔的R基团、外围抗衡阴离子等。随着阴离子模板体积的增大，银簇的核数和体积均有增大的趋势。不同的烷基乙炔R基团，具有不同的位阻，对簇的结构也有显著影响。

无机多酸阴离子的尺寸比碱金属离子大得多，且其外围有较多的氧原子，可以与配位化合物形成氢键或比较弱的配位键等，作为模板剂的作用相对来说更突出、更适合调控或引导新型配位化合物的形成。段春迎和孟庆金等[134]利用磷钨杂多酸作模板引导合成了具有非穿插的三维框架结构的钴配位聚合物，实现了配位聚合物的可控组装。多酸模板剂并没有占据所有框架结构的孔道，其中四分之一的孔穴被质子化水簇 $H^+(H_2O)_{27}$ 所占据，这是当时报道捕获到的最大质子化水簇之一。在此基础之上，他们改变模板剂为磷钼杂多酸，在其引导下生成的相同三维钴配位聚合物捕获得到了更大的质子化水簇 $H^+(H_2O)_{28}$[135]。卢灿忠等[136]用磷钨杂多酸（$[A\text{-}PW_9O_{34}]^{9-}$）作模板首次获得了由独立的金刚烷型零维纳米笼直接自组装成三维索笼的配位化合物拓展结构，该拓展结构进一步自我穿插，并与磷钨杂多酸形成主客体。他们采用小体积的三齿配体三氮唑作为分子构筑单元，通过与银离子采用原位自组装的方式获得了具有六个顶点的完美结构的金刚烷型纳米笼。该金刚烷型纳米笼两组拓展三维索烃(笼)配位网络继续自我穿插，完美地堆积在一起，并形成大的空穴，可以让多酸单元填充在其中的孔道中，使该化合物有可能表现奇特的多酸催化等性能。这一独特奇异的配位网络结构是由多酸的氧离子与银离子形成弱配位键引导组装而成。左景林等利用阴离子单分子磁体$[Ho(W_5O_{18})_2]^{9-}$为模板，成功组装了含 42 个银离子的新颖超分子笼。组装后的笼分子尺寸是 1.7nm×1.7nm×2.6nm，并保持了原来的单分子磁体的性质（图 11-10）[137]。

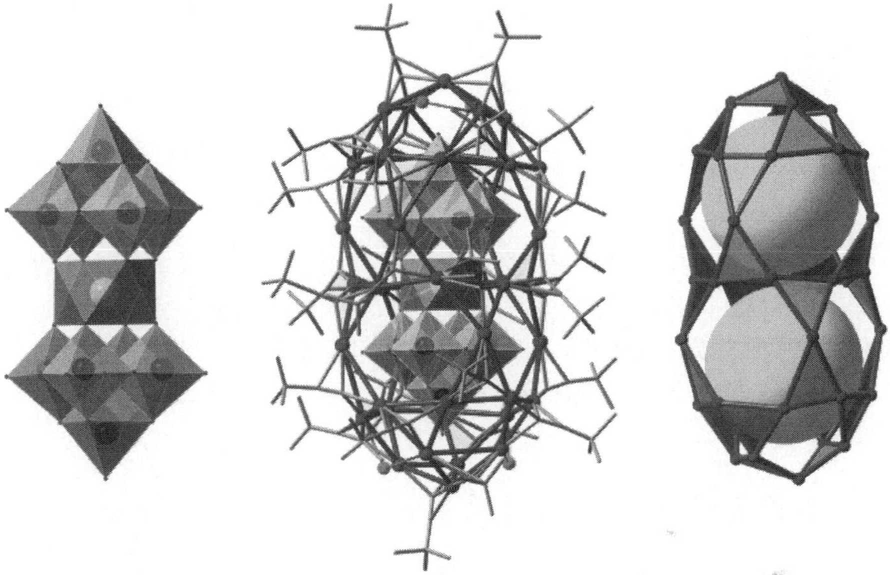

(a) (b) (c)

图 11-10　包含单分子磁体的新颖金属簇超分子笼状化合物

配位化合物本身也可以作为模板剂来控制组装新的配位化合物。配位化合物作为模板剂，一般要求其本身比较稳定，金属离子与配体不易断开，从而不与参加反应的金属与配体发生任何反应。另外，作为模板剂的配位化合物一般需要带有电荷。因此这类配位化合物的配体多是中性多齿配体，具有比较强的螯合性能，便于与金属离子形成稳定的配合物阳离子。由于配合物阳离子结合了金属离子带电荷的特性和有机分子可控性的特点，其在调控组装新型功能配位化合物上可能比以上两类模板剂具有更好的优势。例如，可以通过设计和调控配体和不同类型的金属离子组装出许多不同尺寸、基团、形状的配位化合物阳离子模板剂。

洪茂椿等[138]利用配合物阳离子 2,2′-二联吡啶铜 $Cu(tpy)_2^+$ 作为模板剂引导合成了基于稀土 Gd 和间苯二甲酸的阴离子多孔框架结构。有趣的是，在每个笼子中包裹了两个 $Cu(tpy)_2^+$ 模板分子，这是在配位化合物中非常罕见的。李丹等采用过渡金属与三联吡啶的配位阳离子作为模板，通过改变三联吡啶上的取代基的大小，合成出胶囊型和假轮烷型的氰化亚铜-硫氰酸亚铜网络的超分子配位聚合物[139]。更为巧妙的是，他们用具有三股双螺旋特点的五核吡唑镍（或锌）配合物阳离子簇作为模板，成功地将其包裹在 CuCN/CuSCN 配位聚合物的孔道中。通过静电作用和弱的氢键作用，模板的螺旋性传递到 CuCN/CuSCN 配位聚合物的阴离子孔道中，成功地实现了螺旋到螺旋的诱导[140]。

# 第六节　宏量制备金属配合物

随着金属配合物材料研究的发展，近年来开始趋向这类材料实用性方面的探索。简单、廉价、快速、商业可行等成为材料开发的重点。如何通过快速的反应达到规模化的生产，如何节省能源和降低设备的要求等都成为宏量制备金属配合物材料的关键因素。一些相关的宏量制备手段，如微波合成和机械化学合成等，开始引起关注。

## 一、微波合成

微波合成作为一种快速、简易的方法，曾经被大量地应用于有机合成[141]。其原理主要是被加热介质物料中的极性分子在快速变化的高频电磁场作用下，其极性取向将随着外电场的变化而变化，从而造成分子的相互摩擦运动效应，此时微波场的场能转化为介质内的热能，使物料温度升高，产生热化等一系列复杂的物化过程达到微波合成的目的。适用于材料合成的微波反应炉要求有温度和压力控制装备，从而能够精确地控制反应条件。

微波合成金属配合物材料的优点是：①结晶速度快；②容易形成纳米晶；③产物纯度高；④对晶形具有一定的选择性。目前各种不同因素（溶剂、反应时间、反应温度、能量高低、原料的物质的量比例等）对微波合成的影响还少见报道。可以说，微波合成金属配合物材料还处在萌芽状态。

2005 年，微波合成方法被首次应用于合成 MOF 材料 Cr-MIL-100，合成的条件是在 220℃ 条件下微波反应 4h 得到 44%产率的目标产物[142]。同构的 Fe-MIL-100 材料在 200℃ 条件下反应 30min 即可制备[143]。纳米 Cr-MIL-101 材料同样能通过微波合成[144]。目前，已经有许多关于微波合成金属-羧酸 MOF 材料的报道。由于微波反应在一个较短的时间内完成，更易获得纳米尺寸晶态材料。例如，在微波合成 Cr-MIL-101 材料中，随反应时间的延长，所合成材料的粒径从 40nm 增加到 90nm；在体系中加入 HF 之后得到材料的尺寸均在 50nm 左右，产率为 37%，并且粒径大小不会随反应时间的延长而减小。在微波合成 IRMOF-1 中，在 95℃条件下，微波反应 9min 可以得到尺寸介于 2～4$\mu$m 的立方体块状材料，产率为 27%[145]；通过逐步减少加入对苯二甲酸的量可以控制晶体材料的尺寸大小，但反应时间对材料的尺寸大小没有影响。

### 二、机械化学合成

机械化学合成在合成化学中的应用有很长的历史，从前较多地应用于合成有机共晶体，同时也在无机固体化学、有机合成、聚合物化学等多个领域有较广泛的应用[146]。在机械球磨反应中，分子内的化学变化伴随着化学键的机械破坏而产生。2006 年，机械化学合成开始应用于金属配合物材料的合成[147]，至今已经有较大的发展[148]。机械化学合成最大的优点是可以在室温条件下进行，可避免使用有机溶剂，是一类环境友好的方法；并且反应时间短，通常在 10～60min 内即可完成，得到产物的颗粒小而均匀。起始原料中所使用的金属盐可以用金属氧化物代替，这样合成的产品中仅有水是液体副产物。例如，ZnO 就可以直接用来合成各种 MOF 材料[149]。2006 年，Pichon 等采用机械化学方法合成了一例异烟酸铜配合物，他们把 $Cu(OAc)_2 \cdot 3H_2O$ 和异烟酸混合在一个 20mL 的不锈钢容器中加入一颗钢珠震动 10min 得到目标产物[147]。利用机械化学合成 MOF 材料 HKUST-1 的已有较系统的研究。研究人员发现铜盐的比例、研磨时间、频率、溶剂的选择等对产物的形成都有影响[150]。此外，ZIF 材料的机械化学合成也有系统的研究。当使用 ZnO 或 $ZnCl_2$ 和咪唑混合研磨后得到具有致密结构的锌咪唑化合物，如在体系中加入少量溶剂 DMF 充当分子模板，则可得到微孔材料 ZIF-4 和 ZIF-8[151]。

## 第七节　前景和展望

总体上，我国在金属配合物材料的合成、反应及性能研究方面，已经有较扎实的基础和较大的研究队伍。配合物家族数目庞大，并且随着配位化学研究的范围和内容不断扩大，制备方法和合成途径更加丰富。到目前为止，尚无一个较完善的理论体系可以指导配合物的合成，对新配合物的合成需要配位化学工作者的经验和不断尝试来完成。典型的例子如水热或溶剂热法有着自身的缺陷，它通常只能看到结果，难以了解反应过程。观测反应过程、探讨反应机理等方面的研究才刚刚开始，这还有待于进一步突破。为此，系统地进行机理研究，总结配合物合成方法和组装规律，促进相关领域研究的发展，是当前重要的课题。将来重点需要开展的研究，可以概括为以下几个方面：

（1）配合物体系的反应机理研究，如溶液中反应动力学和热力学研究等；配合物中电子结构与成键研究；反应中间体的表征等。

（2）溶液配合物的平衡理论、配合物的稳定性研究；特定元素或者化合物分离提纯的研究；新的研究方法和手段的建立等。

（3）配合物超分子组装方法和规律、晶体工程研究。如利用组合化学方法进行配合物体系高通量合成研究；非常规条件下的原位金属/配体反应及其机理研究；利用模板化学技术实现对配位聚合物的可控组装等。

（4）功能配合物的结构与性能关系研究。如与环境相关的绿色和高效物质转化过程，光电转换、能源存储利用等研究；与生命相关的生物配位化学研究，如金属药物、生物金属酶的人工模拟等；金属配合物材料的宏量制备等研究。

（5）均相或多相配位催化研究，如新型金属-碳多重键有机金属化合物的合成与反应性研究，金属-碳（或氮）多重键化合物支持的催化剂及催化机理研究；表面配位化学研究，如调控纳米晶体晶面及其在催化中的应用研究等。

（6）有机金属催化的小分子（如二氧化碳、氮气）活化反应，过渡金属配合物在温和条件下催化一氧化碳氢化的研究等。

## 参考文献

[1] 徐如人，庞文琴，霍启升．无机合成与制备化学．北京：高等教育出版社，2001：128－165.

[2] Férey G. Hybrid porous solids：Past，present，future. Chem Soc Rev，2008. 37(1)：191－214.

[3] Feng S H，Xu R R. New materials in hydrothermal synthesis. Acc Chem Res，2001，34：239－247.

[4] Forster P M，Burbank A R，Livage C，et al. The role of temperature in the synthesis of hybrid inorganic － organic materials：The example of cobalt succinates. Chem Commun，2004：368－369.

[5] Oregan B，Gratzel M. A low-cost，high-efficiency solar cell based on dye-sensitized

colloidal $TiO_2$ films. Nature, 1991, 353: 737-740.

[6] Nazeeruddin M K, Kay A, Rodicio I, et al. Conversion of light to electricity by *cis*-$X_2$bis (2,2′-bipyridyl-4,4′-dicarboxylate) ruthenium(Ⅱ) charge-transfer sensitizers (X = $Cl^-$, $Br^-$, $I^-$, $CN^-$, and $SCN^-$) on nanocrystalline titanium dioxide electrodes. J Am Chem Soc, 1993, 115: 6382-6390.

[7] Nazeeruddin M K, De Angelis F, Fantacci S, et al. Combined experimental and DFT-TDDFT computational study of photoelectrochemical cell ruthenium sensitizers. J Am Chem Soc, 2005, 127: 16835-16847.

[8] Nazeeruddin M K, Pechy P, Renouard T, et al. Engineering of efficient panchromatic sensitizers for nanocrystalline $TiO_2$-based solar cells. J Am Chem Soc, 2001, 123: 1613-1624.

[9] Wong K M C, Yam V W W. Self-assembly of luminescent alkynylplatinum (Ⅱ) terpyridyl complexes: Modulation of photophysical properties through aggregation behavior. Acc Chem Res, 2011, 44 (6): 424-434.

[10] Zhu Y C, Zhou L, Li H Y, et al. Highly efficient green and bluish-green phosphorescent OLEDs based on iridium complexes with the tetraphenylimidodiphosphinate ligand. Adv Mater, 2011, 23 (35): 4041-4046.

[11] Chen Z N, Zhao N, Fan Y, et al. Luminescent groups 10 and 11 heteropolynuclear complexes based on thiolate or alkynyl ligand. Coord Chem Rev, 2009, 253 (3-4): 1-20.

[12] Holmes S M, Girolami S G. Sol-gel synthesis of $KV^{II}[Cr^{III}(CN)_6]\cdot 2H_2O$: A crystalline molecule-based magnet with a magnetic ordering temperature above 100℃. J Am Chem Soc, 1999, 121: 5593-5594.

[13] Wang S, Zuo J L, Zhou H C, et al. $[(Tp)_8(H_2O)_6Cu_6^{II}Fe_8^{III}(CN)_{24}]^{4+}$: A cyano-bridged face-centered cubic cluster with single-molecule-magnet behavior. Angew Chem Int Ed, 2004, 43: 5940-5943.

[14] Wang C F, Zuo J L, Bartlett B M, et al. Symmetry-based magnetic anisotropy in the trigonal bipyramidal cluster $[Tp_2(Me_3tacn)_3Cu_3Fe_2(CN)_6]^{4+}$. J Am Chem Soc, 2006, 128: 7162-7163.

[15] Jiang S D, Wang B W, Sun H L, et al. An. organometallic single-ion magnet. J Am Chem Soc, 2011, 133: 4730-4733

[16] Jiang S D, Liu S S, Zhou L N, et al. Series of lanthanide organometallic single-ion magnets. Inorg Chem, 2012. 51: 3079-3087.

[17] Jiang J. Advances in functional phthalocyanine materials// Mingos D M P. Structure and Bonding. Springer-Verlag: Heidelberg, 2010: 135.

[18] Zhu P, Pan N, Li R, et al. Electron-donating alkoxy-group-driven synthesis of heteroleptic tris(phthalocyaninato) lanthanide(Ⅲ) triple-deckers with symmetrical molecular

structure. Chem Eur J, 2005, 11: 1425 - 1432.

[19] Bian Y, Li L, Wang D, et al. Synthetic, structural, spectroscopic, and electrochemical studies of heteroleptic tris(phthalocyaninato) rare earth complexes. Eur J Inorg Chem, 2005, 13: 2612 - 2618.

[20] Zhang Y, Zuo J L, Zhou H C, et al. Rearrangement of symmetrical dicubane clusters into topological analogues of the P cluster of nitrogenase: Nature's Choice? J Am Chem Soc, 2002, 124: 14292 - 14293.

[21] Chen Y, Zhou Y, Chen P, et al. Nitrogenase model complexes [Cp* Fe ($\mu$-$SR_1$)$_2$ ($\mu$-$\eta^2$-$R_2N=NH$) FeCp*] ($R_1$ = Me, Et; $R_2$ = Me, Ph; Cp* = $\eta^5$-$C_5Me_5$): Synthesis, structure, and catalytic N—N bond cleavage of hydrazines on diiron centers. J Am Chem Soc, 2008, 130: 15250 - 15251.

[22] Li Y, Li Y, Wang B, et al. Ammonia formation by a thiolate-bridged diiron amide complex as a nitrogenase mimic. Nat Chem, 2013, 5: 320 - 326 .

[23] Tard C, Liu X M, Ibrahim S K, et al. Synthesis of the H-cluster framework of iron-only hydrogenase. Nature, 2005, 433: 610 - 613.

[24] Jones A K, Lichtenstein B R, Dutta A, et al. Synthetic hydrogenases: Incorporation of an iron carbonyl thiolate into a designed peptide. J Am Chem Soc, 2007, 129: 14844 - 14845.

[25] Singleton M L, Crouthers D J, Duttweiler R P, et al. Sulfonated diiron complexes as water-soluble models of the Fe-Fe-hydrogenase enzyme active site. Inorg Chem, 2011, 50: 5015 - 5026.

[26] Wang F, Liang W J, Jian J X, et al. Exceptional poly (acrylic acid) -based artificial FeFe-hydrogenases for photocatalytic $H_2$ production in water. Angew Chem Int Ed, 2013, 52: 8134 - 8138.

[27] Song L C, Tang M Y, Su F H, et al. A biomimetic model for the active site of iron-only hydrogenases covalently bonded to a porphyrin photosensitizer. Angew Chem Int Ed, 2006, 45: 1130 - 1133.

[28] Ru X, Zeng X H , Li Z M, et al. Bioinspired polymer functionalized with a diiron carbonyl model complex and its assembly onto the surface of a gold electrode via "Click" chemistry. J Polymer Sci Part A-Polymer Chem, 2010, 48: 2410 - 2417.

[29] Liu B, Xie H, Wang H, L. et al. Selective synthesis of osmanaphthalene and osmanaphthalyne via intramolecular C—H activation. Angew Chem Int Ed, 2009, 48 (30): 5461 - 5464.

[30] Zhu C Q, Li S H, Luo M, et al. Stabilization of anti-aromatic and strained five-membered rings with a transition metal. Nat Chem, 2013, 5: 698 - 703.

[31] Meng X, and Jin G X. Building direct bonding multinuclear transition metal compounds assisted by non-innocent ligands. Coord Chem Rev, 2010, 254 (11-12): 1260 -1272.

[32] Seidel S R, Stang P J. High symmetry coordination cages via self-assembly. Acc Chem Res, 2002, 35 (11): 972－983.

[33] Sun Q F, Sato S, Fujita M. An $M_{18}L_{24}$ stellated cuboctahedron through post-stellation of an $M_{12}L_{24}$ core. Nat Chem, 2012. 4: 330－333.

[34] Inokuma Y, Kawano M, Fujita M. Crystalline molecular flasks. Nat Chem, 2011, 3: 349－358.

[35] Su W P, Hong M C, Weng J B, et al. Asemiconducting lamella polymer [{Ag ($C_5H_4NS$)}$_n$] with a graphite-like array of silver(Ⅰ) ions and its analogue with a layered structure. Angew Chem Int Ed, 2000. 39 (16): 2911－2914 .

[36] Hong M C, ZhaoY J, Su W P, et al. A nanometer-sized metallosupramolecular cube with oh symmetry. J Am Chem Soc, 2000, 122 (19): 4819－4820.

[37] Hong M C, Zhao Y J, Su W P, et al. A silver(Ⅰ) coordination polymer chain containing nanosized tubes with anionic and solvent molecule guests. Angew Chem Int Ed, 2000, 39 (14): 2468－2470.

[38] Liu T F, Liu Y, Xuan W M, et al. Chiralnanoscale metal-organic tetrahedral cages: Diastereoselective self-assembly and enantioselective separation. Angew Chem Int Ed, 2010, 49 (24): 4121－4124.

[39] Wang J, He C, Wu P Y, et al. An amide-containing metal-organic tetrahedron responding to a spin-trapping reaction in a fluorescent enhancement manner for biological imaging of NO in living cells. J Am Chem Soc, 2011, 133 (32): 12402－12405.

[40] Fang Q, Zhu G S, Qiu S L, et al. Ametal -organic framework with the zeolite MTN topology containing large cages of volume 2. 5nm$^3$. Angew Chem Int Ed, 2005, 44 (25): 3845－3848.

[41] Huang X C, Lin Y Y, Zhang, J P, et al. Ligand-directed strategy for zeolite-type metal-organic frameworks: Zinc (Ⅱ) imidazolates with unusual zeolitic topologies. Angew Chem Int Ed, 2006, 45 (10): 1557－1559.

[42] Zhao B, Chen X Y , Cheng P , et al. Coordination polymers containing 1D channels as selective luminescent probes. J Am Chem Soc, 2004, 126 (47): 15394－15395.

[43] Fang Q R, Zhu G S, Jin Z, et al. Mesoporous metal -organic framework with rare etb topology for hydrogen storage and dye assembly. Angew Chem Int Ed, 2007, 46 (35): 6638－6642.

[44] Chen B L, Wang L B, Zapata F, et al. A luminescent microporous metal-organic framework for the recognition and sensing of anions. J Am Chem Soc, 2008, 130 (21): 6718 -6719.

[45] Liu Y, Li G, Li X, et al. Cation-dependent nonlinear optical behavior in an octupolar 3D anionic metal － organic open framework. Angew Chem Int Ed, 2007, 46 (33): 6301－6304.

[46] Cui H B, Zhou B, Long L S, et al. A porous coordination-polymer crystal containing one-dimensional water chains exhibits guest-induced lattice distortion and a dielectric anomaly. Angew Chem Int Ed, 2008, 47 (18): 3376 - 3380.

[47] Guo Z G, Cao R , Wang X , et al. A multifunctional 3D ferroelectric and NLO-active porous metal-organic framework. J Am Chem Soc, 2009, 131 (20): 6894 - 6895.

[48] Hoskins B F, Robson R. Design and construction of a new class of scaffolding-like materials comprising infinite polymeric frameworks of 3D-linked molecular rods. A reappraisal of the zinc cyanide and cadmium cyanide structures and the synthesis and structure of the diamond-related frameworks [$N(CH_3)_4$] [$Cu^IZn^{II}(CN)_4$] and CuI [4,4′,4″,4‴-tetracyanotetraphenylmethane] $BF_4 \cdot xC_6H_5NO_2$. J Am Chem Soc, 1990, 112 (4): 1546 - 1554.

[49] Kondo M, Yoshitomi T, Seki K, et al. Three-dimensional framework with channeling cavities for small molecules: {[$M_2(4,4'\text{-bpy})_3(NO_3)_4$] $\cdot xH_2O\}_n$ (M=Co, Ni, Zn) . Angew Chem Int Ed, 1997, 36 (16): 1725 - 1727.

[50] Chui S S Y, Lo S M F, Charmant J P H, et al. A chemically functionalizable nanoporous material [$Cu_3(TMA)_2(H_2O)_3$]$_n$. Science, 1999, 283 (5405): 1148 - 1150.

[51] Eddaoudi M, Kim J, Rosi N, et al. Systematic design of pore size and functionality in isoreticular MOFs and their application in methane storage. Science, 2002, 295 (5554): 469 - 472.

[52] Furukawa H , Ko N, Go Y B, et al. Ultra-high porosity in metal-organic frameworks. Science, 2010, 239: 424 - 428.

[53] Férey G, Serre C. Large breathing effects in three-dimensional porous hybrid matter: Facts, analyses, rules and consequences. Chem Soc Rev, 2009, 38 (5): 1380 - 1399.

[54] Gu Z Y, Yan X P. Metal-organic framework MIL-101 for high-resolution gas-chromatographic separation of xylene isomers and ethylbenzene. Angew Chem Int Ed, 2010, 49 (8): 1477 - 1480.

[55] Seo J S , Whang D, Lee H, et al. A homochiral metal-organic porous material for enantioselective separation and catalysis. Nature, 2000, 404 (6781): 982 - 986.

[56] Ma L, Abney C, Lin W. Enantioselective catalysis with homochiral metal-organic frameworks. Chem Soc Rev, 2009, 38 (5): 1248 - 1256.

[57] Xiong R G, You X Z, Abrahams B F, et al. Enantioseparation of racemic organic molecules by a zeolite analogue. Angew Chem Int Ed, 2001, 40 (22): 4422 - 4425.

[58] Liu Y, Xuan W M, Cui Y. Engineering homochiral metal-organic frameworks for heterogeneous asymmetric catalysis and enantioselective separation. Adv Mater, 2010, 22 (37): 4112 - 4135 .

[59] Zhu C, Yuan G, Chen X, et al. Chiral nanoporous metal-metallosalen frameworks for hydrolytic kinetic resolution of epoxides. J Am Chem Soc, 2012, 134: 8058 - 8061.

[60] Zhang J , Liu R, Feng P Y, et al. Organic cation and chiral-anion templated 3-D

homochiral open-framework materials with unusual square planar $M_4$ (OH) units. Angew Chem Int Ed, 2007, 46 (44): 8388 - 8391 .

[61] Zhang J, Chen S , Zingiryan A, et al Integrated molecular chiralilty, absolute helicity, and intrinsic chiral topology in three-dimensional open-framework materials. J Am Chem Soc, 2008, 130 (51): 17246 - 17247.

[62] Yao Q X, Xuan W M, Zhang H, et al. The formation of a hydrated homochiral helix from an achiral zwitterionic salt, spontaneous chiral symmetry breaking and redox chromism of crystals. Chem Commun, 2009: 59 - 61.

[63] Wu S T, Wu Y R, Kang Q Q, et al. Chiral symmetry breaking by chemically manipulating statistical fluctuation in crystallization. Angew Chem Int Ed, 2007, 46 (44): 8475 - 8479.

[64] Lin Z, Slawin A M Z, Morris R E. Chiral induction in the ionothermal synthesis of a 3-D coordination polymer. J Am Chem Soc, 2007, 129 (16): 4880 - 4881.

[65] Zhang J, Chen S, Wu T, et al. Homochiral crystallization of microporous framework from achiral precursors by chirality catalysis. J Am Chem Soc, 2008, 130 (39): 12882 - 12883

[66] Tian Y Q, Cai C X, Ji Y, et al. [$Co_5(im)_{10}$ • 2MB]: A metal-organic open-framework with zeolite-like topology. Angew Chem Int Ed, 2002, 41 (8): 1384 - 1386.

[67] Tian Y Q, Zhao Y M, Chen Z X, et al. Design and generation of extended zeolitic metal-organic frameworks (ZMOFs): Synthesis and crystal structures of zinc(Ⅱ) imidazolate polymers with zeolitic topologies. Chem Eur J, 2007, 13 (15): 4146 - 4154.

[68] Huang X C, Zhang J P, Chen X M. [$Zn(bim)_2$] · 1. 67$H_2O$: A metalorganic open-framework with sodalite topology. Chin Sci Bull, 2003, 48 (15): 1531 - 1534.

[69] Zhang J P, Zhang Y B, Lin J B, et al. Metal azolate frameworks: From crystal engineering to functional materials. Chem Rev, 2012, 112 (2): 1001 - 1033.

[70] Phan A, Doonan C, Uribe-Romo F J, et al. Synthesis, structure, and carbon dioxide capture properties of zeolitic imidazolate frameworks. Acc Chem Res, 2009, 43 (1): 58 - 67.

[71] Banerjee R, Phan A, Wang B, et al. High-throughput synthesis of zeolitic imidazolate frameworks and application to $CO_2$ capture . Science, 2008, 319 (5865): 939 - 943.

[72] Zhang J, Wu T, Zhou C, et al. Zeolitic boron imidazolate frameworks. Angew Chem Int Ed, 2009. 48 (14): 2542 - 2545.

[73] Wang F, Liu Z S, Yang H, et al. Hybrid zeolitic imidazolate frameworks with catalytically active $TO_4$ building blocks. Angew Chem Int Ed, 2011. 50 (2): 450 - 453.

[74] Kang Y, Wang F, Zhang J, et al. Luminescent MTN-type cluster-organic framework with 2. 6nm cages. J Am Chem Soc, 2012. 134 (43): 17881 - 17884.

[75] Bu X H, Tong M L, Chang H C, et al. A neutral 3D copper coordination polymer

showing 1D open channels and the first interpenetrating NbO-type network. Angew Chem Int Ed, 2004, 43: 192-195.

[76] Su C Y, Goforth A M, Smith M D, et al. Exceptionally stable, hollow tubular metal-organic architectures: Synthesis, characterization, and solid-state transformation study. J Am Chem Soc, 2004, 126 (11): 3576-3586.

[77] Li Z Y, Zhu G S, Lu G Q, et al. Ammonia borane confined by a metal-organic framework for chemical hydrogen storage: Enhancing kinetics and eliminating ammonia. J Am Chem Soc, 2010, 132: 1490-1491.

[78] Zheng B S, Bai J F, Duan J G, et al. Enhanced $CO_2$ binding affinity of a high-uptake rht-type metal-organic framework decorated with acylamide groups. J Am Chem Soc, 2011, 133 (4): 748-751.

[79] Zhang J P, Chen X M. Exceptional framework flexibility and sorption behavior of a multifunctional porous cuprous triazolate framework. J Am Chem Soc, 2008, 130: 6010-6017.

[80] Shah M, McCarthy M C, Sachdeva S, et al. Current status of metal-organic framework membranes for gas separations: Promises and challenges. Ind Eng Chem Res, 2012, 51 (5): 2179-2199.

[81] Keskin S, Sholl D S. Screening metal-organic framework materials for membrane-based methane/carbon dioxide separations. J Phys Chem C, 2007, 111 (38): 14055-14059.

[82] Biemmi E, Darga A, Stock N, et al. Direct growth of $Cu_3(BTC)_2(H_2O)_3 \cdot xH_2O$ thin films on modified QCM-gold electrodes: Water sorption isotherms. Micropor Mesopor Mat, 2008, 114 (1-3): 380-386.

[83] Carné A, Carbonell C, Imaz I, et al. Nanoscale metal-organic materials. Chem Soc Rev, 2011, 40 (1): 291-305.

[84] Zhang F, Zou X, Gao X, et al. Hydrogen selective $NH_2$-MIL-53 (Al) MOF membranes with high permeability. Adv Funct Mater, 2012, 22 (17): 3583-3590.

[85] Zou X, Zhang F, Thomas S, et al. $Co_3(HCOO)_6$ microporous metal-organic framework membrane for separation of $CO_2/CH_4$ mixtures. Chem Eur J, 2011, 17 (43): 12076-12083.

[86] Lu G, Hupp J T. Metal- organic frameworks as sensors: A ZIF-8 based fabry-Peérot device as a selective sensor for chemical vapors and gases. J Am Chem Soc, 2010, 132 (23): 7832-7833.

[87] Liu J, Sun F, Zhang F, et al. *In situ* growth of continuous thin metal-organic framework film for capacitive humidity sensing. J Mater Chem, 2011, 21 (11): 3775-3778.

[88] Guo H, Zhu G, Hewitt I J, et al. "Twin copper source" growth of metal-organic framework membrane: $Cu_3(BTC)_2$ with high permeability and selectivity for recycling $H_2$. J

Am Chem Soc, 2009, 131 (5): 1646 - 1647.

[89] Corma A, García H, Xamena F X L. Engineering metal organic frameworks for heterogeneous catalysis. Chem Rev, 2010, 110: 4606 - 4655 .

[90] Moon H R, Lim D W, Suh M P. Fabrication of metal nanoparticles in metal-organic frameworks. Chem Soc Rev, 2013, 42: 1807 - 1824 .

[91] Meilikhov M, Yusenko K, Esken D, et al. Metals@MOFs-loading MOFs with metal nanoparticles for hybrid functions. Eur J Inorg Chem, 2010: 3701 - 3714.

[92] Lu G, Li S, Guo Z, et al. Imparting functionality to a metal-organic framework material by controlled nanoparticle encapsulation. Nat Chem, 2012, 4: 310 - 316.

[93] Hermes S, Schröter M K, Schmid R, et al. Metal@MOF: Loading of highly porous coordination polymers host lattices by metal organic chemical vapor deposition. Angew Chem Int Ed, 2005, 44: 6237 - 6241.

[94] Jiang H L, Liu B, Akita T, et al. Au@ZIF-8: CO oxidation over gold nanoparticles deposited to metal-organic framework. J Am Chem Soc, 2009, 131: 11302 - 11303.

[95] Huang Y B, Lin Z J, Cao R. Palladium nanoparticles encapsulated in a metal-organic framework as efficient heterogeneous catalysts for direct C2 arylation of indoles. Chem Eur J, 2011, 17: 12706 - 12712.

[96] Hwang Y K, Hong D Y, Chang J S, et al. Amine grafting on coordinatively unsaturated metal centers of MOFs: Consequences for catalysis and metal encapsulation. Angew Chem Int Ed, 2008, 47: 4144 - 4148.

[97] Huang Y B, Liu S J, Lin Z J, et al. Facile synthesis of palladium nanoparticles encapsulated in amine-functionalized mesoporous metal-organic frameworks and catalytic for dehalogenation of aryl chlorides. J Catal, 2012, 292: 111 - 117.

[98] Huang Y B, Zheng Z L, Liu T F, et al. Palladium nanoparticles supported on amino functionalized metal-organic frameworks as highly active catalysts for the Suzuki - Miyaura cross-coupling reaction. Catal Commun, 2011, 14: 27 - 31.

[99] Forster P M, Burbank A R, Livage C, et al. The role of temperature in the synthesis of hybrid inorganic-organic materials: the example of cobalt succinates. Chem Commun, 2004: 368 - 369.

[100] Zhang J, Bu X H. Temperature dependent charge distribution in three-dimensional homochiral cadmium camphorates. Chem Commun, 2008: 444 - 446.

[101] Zhang J, Chen S, Valle H, et al. Manganese and magnesium homochiral materials: Decoration of honeycomb channels with homochiral chains. J Am Chem Soc, 2007, 129: 14168 - 14169.

[102] Ma S, Sun D, Ambrogio M, et al. Framework-catenation isomerism in metal-organic frameworks and its impact on hydrogen uptake. J Am Chem Soc, 2007, 129: 1858 -1859.

[103] Akporiaye D E, Dahl I M, Karlsson A. Combinatorial material libraries on the microgram scale with an example of hydrothermal synthesis. Angew Chem Int Ed, 1998, 37 (24): 3369 - 3372.

[104] Stock N. High-throughput investigations employing solvothermal syntheses. Micropor

Mesopor Mater, 2010, 129 (3): 287 - 295.

[105] Zhang Y B, Zhang W X, Feng F Y, et al. A highly connected porous coordination polymer with unusual channel structure and sorption properties. Angew Chem Int Ed, 2009, 48: 5587 - 5590.

[106] Zhang Y B, Zhou H L, Lin R B, et al. Geometry analysis and systematic synthesis of highly porous isoreticular frameworks with a unique topology. Nat Commun, 2012, 3: 642.

[107] Zhang X M. Hydro (solvo) thermal in situ ligand syntheses. Coord Chem Rev, 2005 , 249: 1201 - 1219.

[108] Chen X M, Tong M L. Solvothermal *in situ* metal/ligand reactions: A new bridge between coordination chemistry and organic synthetic chemistry. Acc Chem Res, 2007, 40 (2): 162 - 170.

[109] Xiong R G, Xue X, Zhao H, et al. Novel, acentric metal-organic coordination polymers from hydrothermal reactions involving *in situ* ligand synthesis. Angew Chem Int Ed, 2002, 41 (20): 3800 - 3803.

[110] Zhang J P, Zheng S L, Huang X C, et al. Two unprecedented 3-connected three-dimensional networks of copper(Ⅰ) triazolates: *in-situ* formation of ligands by cycloaddition of nitriles and ammonia. Angew Chem Int Ed, 2004, 43: 206 - 209.

[111] Zhang J P, Lin Y Y, Huang X C, et al. Copper(Ⅰ) 1,2,4-triazolates and related complexes: Studies of the solvothermal ligand reactions, network topologies, and photoluminescence properties. J Am Chem Soc, 2005, 127: 5495 - 5506.

[112] Hu S, Chen J C, Tong M L, et al. $Cu^{2+}$-mediated dehydrogenative coupling and hydroxylation of a *N*-heterocycle ligand: From generating a new tetratopic ligand to designed assembly of three-dimensional copper(Ⅰ) coordination polymers. Angew Chem Int Ed, 2005, 44 (34): 5471 - 5475.

[113] Li D, Wu T. Transformation of inorganic sulfur into organic sulfur: A novel photoluminescent 3-D polymeric complex involving Ligands *in situ* formation. Inorg Chem, 2005, 44: 1175 - 1177.

[114] 日本化学会. 无机固态反应. 董万堂, 董绍俊, 译. 北京: 科学出版社, 1985.

[115] 忻新泉, 周益明, 牛云垠. 低热固相化学反应. 北京: 高等教育出版社, 2010.

[116] Lang J P, Xin X Q. Solid state synthesis of Mo(W)-S cluster compounds at low heating temperatures. J Solid State Chem, 1994, 108: 118 - 127.

[117] Shi S, Ji W, Tang S H, et al. Synthesis and optical limiting capability of cubane-like mixed metal clusters [$(n\text{-Bu})_4N]_3$ [$MoAg_3BrX_3S_4$] (X = Cl and I). J Am Chem Soc, 1994, 116: 3615-3616.

[118] Shi S, Ji W, Lang J P, et al. New nonlinear optical chromophore: Synthesis, structures, and optical limiting effect of transition-metal clusters [$(n\text{-Bu})_4N]_3$ [$WM_3Br_4S_4$] (M = Cu and Ag). J Phys Chem, 1994, 98: 3570-3572.

[119] Zhang W H, Song Y L, Ren Z G, et al. Construction of [($\eta^5$-$C_5Me_5$) $MoS_3Cu_3$]-based supramolecular assemblies from the [($\eta^5$-$C_5Me_5$) $MoS_3(CuNCS)_3$]-cluster anion and multitopic ligands with different symmetries. Inorg Chem, 2007, 46: 6647-6660.

[120] Lang J P, Tatsumi K, Kawaguchi H, et al. Microwave irradiation synthesis of Mo(W)/Tl/S linear chains and their nonlinear optical properties in solution. Inorg Chem, 1996, 35: 7924-7927.

[121] 石家华，孙逊，杨春，等．离子液体研究进展．化学通报，2004，4：243-250.

[122] Abbott A, Barron J, Ryder K, et al. Eutectic-based ionic liquids with metal-containing anions and cations. Chem Eur J, 2007, 13: 6495-6501.

[123] Liao J H, Wu P C, Huang W C. Ionic liquid as solvent for the synthesis and crystallization of a coordination polymer: (EMI)[Cd(BTC)](EMI) 1-ethyl-3-methylimidazolium, BTC=1,3,5-benzenetricarboxylate). Cryst Growth Design, 2006, 6 (5): 1062-1063.

[124] Lin Z J, Wragg D S, Warren J E, et al. Anion control in the ionothermal synthesis of coordination polymers. J Am Chem Soc, 2007, 129 (34): 10334-10335.

[125] Morris R E. Ionothermal synthesis-ionic liquids as functional solvents in the preparation of crystalline materials. Chem Commun, 2009, 21: 2990-2998.

[126] Zhang J, Chen S M, Bu X H. Multiple functions of ionic liquids in the synthesis of 3-D low-connectivity homochiral and achiral frameworks. Angew Chem Int Ed, 2008, 47: 5434-5437.

[127] Zhang J, Wu T, Chen S, et al. Versatile structure- directing roles of deep-eutectic solvents and their implication in the generation of porosity and open metal sites for gas storage. Angew Chem Int Ed, 2009, 48 (19): 3486-3490.

[128] Zhang J, Bu J T, Chen S, et al. Urothermal synthesis of crystalline porous materials. Angew Chem Int Ed, 2010, 49 (47): 8876-8879.

[129] Huang X C, Zhang J P, Chen X M. A new route to supramolecular isomers via molecular templating: nanosized molecular polygons of copper(Ⅰ) 2-methylimidazolates. J Am Chem Soc, 2004, 126: 13218-13219.

[130] Lu W G, Su C Y, Lu T B, et al. Two stable 3D metal-organic frameworks constructed by nanoscale cages via sharing the single-layer walls. J Am Chem Soc, 2006, 128: 34-35.

[131] Du M, Bu X H, Guo Y M, et al. Ligand design for alkali-metal-templated self-assembly of unique high-nuclearity Cu Ⅱ aggregates with diverse coordination cage units: Crystal structures and properties. Chem Eur J, 2004, 10: 1345 - 1354.

[132] Bian S D, Wang Q M. Snowman-like silver alkynyl cluster consolidated by templating chloride and peripheral trifluoroacetates. Chem Commun, 2008: 5586 - 5588.

[133] Bian S D, Jia J H, Wang Q M. High-nuclearity silver clusters templated by carbonates generated from atmospheric carbon dioxide fixation. J Am Chem Soc, 2009, 131: 3422 - 3423.

[134] Wei M, He C, Hua W J, et al. A large protonated water cluster $H^+(H_2O)_{27}$ in a 3D metal-organic framework. J Am Chem Soc, 2006, 128: 13318 - 13319

[135] Duan C, Wei M, Guo D, et al. Crystal structures and properties of large protonated water clusters encapsulated by metal-organic frameworks. J Am Chem Soc, 2010, 132: 3321 - 3330.

[136] Kuang X, Wu X, Yu R, et al. Assembly of a metal-organic framework by sextuple intercatenation of discrete adamantane-like cages. Nat Chem, 2010, 2: 461 - 465.

[137] Li Y Y, Gao F, Beves J E, et al. A giant metallo-supramolecular cage encapsulating a single-molecule magnet. Chem Commun, 2013, 49: 3658 - 3660.

[138] Zhou Y F, Jiang F L, Yuan D Q, et al. Copper complex cation templated gadolinium(Ⅲ) - isophthalate frameworks. Angew Chem Int Ed, 2004, 43: 5665 - 5668.

[139] Zhou X P, Ni W X, Zhan S Z, et al. From encapsulation to polypseudorotaxane: Unusual anion networks driven by predesigned metal bis (terpyridine) complex cations. Inorg Chem, 2007, 46: 2345 - 2347.

[140] Hou J Z, Li M, Li Z, et al. Supramolecular helix-to-helix induction: A 3D anionic framework containing double-helical strands templated by cationic triple-stranded cluster helicates. Angew Chem Int Ed, 2008, 47: 1711 - 1714.

[141] Mingos D M P, Baghurst D R. Tilden Lecture. Applications of microwave dielectric heating effects to synthetic problems in chemistry. Chem Soc Rev, 1991, 20 (1): 1 - 47.

[142] Jhung S H, Lee J H, Chang J S. Microwave synthesis of a nanoporous hybrid material, chromium trimesate. Bulletin Korean Chem Soc, 2005, 26 (6): 880 - 881.

[143] Horcajada P, Chalati T, Serre C, et al. Porous metal - organic-framework nanoscale carriers as a potential platform for drug delivery and imaging. Nat Mater, 2010, 9 (2): 172 - 178.

[144] Jhung S H, Lee J H, Yoon J W, et al. Microwave synthesis of chromium terephthalate MIL-101 and its benzene sorption ability. Adv Mater, 2007, 19 (1): 121 - 124.

[145] Choi J Y, Kim J, Jhung S H, et al. Microwave synthesis of a porous metal-organic framework, zinc terephthalate MOF-5. Bulletin Korean Chem Soc, 2006, 27 (10):

1523 - 1524.

[146] Beyer M K, Clausen-Schaumann H. Mechanochemistry: The mechanical activation of covalent bonds. Chem Rev, 2005, 105 (8): 2921 - 2948.

[147] Pichon A, Lazuen-Garay A, James S L. Solvent-free synthesis of a microporous metal-organic framework. Cryst. Eng Comm, 2006, 8 (3): 211 - 214.

[148] Lazuen-Garay A, Pichon A, James S L. Solvent-free synthesis of metal complexes. Chem Soc Rev, 2007, 36 (6): 846 - 855.

[149] Yuan W, Friščić T, Apperley D, et al. High reactivity of metal-organic frameworks under grinding conditions: Parallels with organic molecular materials. Angew Chem Int Ed, 2010, 49 (23): 3916 - 3919.

[150] Schlesinger M, Schulze S, Hietschold M, et al. Evaluation of synthetic methods for microporous metal -organic frameworks exemplified by the competitive formation of [$Cu_2(btc)_3(H_2O)_3$] and [$Cu_2(btc)(OH)(H_2O)$] . Micropor Mesopor Mater , 2010, 132 (1 - 2): 121 - 127.

[151] Beldon P J, Fábián L, Stein, R S, et al. Rapid room-temperature synthesis of zeolitic imidazolate frameworks by using mechanochemistry. Angew Chem Int Ed, 2010, 49 (50): 9640 - 9643.

# 第十二章 多孔材料合成

于吉红　霍启升　王　为

## 第一节　多孔材料的发展简介

有序多孔材料具有规则而均匀的孔道结构以及大的比表面积，可以按照不同标准来划分其类型：如按孔道结构可以划分为一维、二维和三维孔道结构；按孔道走向可以划分为直形孔道和弯形孔道；按孔壁组成可以划分为无机材料、有机-无机杂化材料和有机材料。按照国际纯粹与应用化学联合会（IUPAC）的定义，多孔材料的孔径小于2nm的为微孔（micropore）；2～50nm的为介孔（mesopore）；大于50nm的为大孔（macropore）。有时也将小于0.7nm的微孔称为超微孔。此外，具有微孔-介孔、微孔-大孔、介孔-大孔及微孔-介孔-大孔的材料被称之为多级孔材料。

多孔材料的发展经历了从天然沸石到合成沸石、从低硅沸石到高硅沸石、从微孔到超大微孔、从超大微孔到介孔，以及从无机多孔骨架到有机多孔骨架的历程。人们最早发现天然沸石是在1756年。19世纪中期，人们对天然沸石的微孔性质及其在吸附、离子交换等方面的性能有了进一步的认识。然而，直到20世纪40年代，以Barrer为首的沸石化学家，才成功地模仿天然沸石的生成环境，在水热条件下合成出首批低硅铝比的沸石分子筛：A型、X型、L型和Y型沸石以及丝光沸石等，为之后分子筛工业与科学的大踏步发展奠定了科学基础。20世纪60年代，美国Mobil公司的科学家将有机铵及季铵盐引入沸石分子筛的水热合成体系，开创了模板法合成沸石分子筛的新路线，合成出一批以ZSM-*n*系列沸石分子筛为代表的高硅铝比沸石。1982年，Wilson等成功合成出一类全新的分子筛，即磷酸铝系列分子筛$AlPO_4$-*n*

($n$ 为编号)，这在无机多孔材料的发展史上是一个重要的里程碑。在这个全新的分子筛家族中不仅包括具有大孔、中孔与小孔的 $AlPO_4$-$n$ 分子筛，还包括骨架中含有主族金属、过渡金属以及非金属元素的杂原子磷酸铝分子筛。1992 年，Mobil 公司的科学家首次报道合成了 M41S 系列介孔分子筛，将分子筛的孔径范围从微孔拓展至介孔，堪称分子筛科学发展的又一里程碑。这类材料具有规整有序的孔道结构，比表面积大，孔径在 1.5～10nm 之间可调。这一报道引起国际学术界的高度关注和广泛兴趣，从此掀起介孔材料研究的热潮。

从微孔分子筛到介孔材料，其骨架的组成主要是基于纯无机成分。近年来，以配位聚合物、无机-有机杂化材料为主体的有序多孔金属-有机骨架 (porous metal-organic framework，MOF) 蓬勃兴起，且在结构与功能上显示出特色，进一步拓展了多孔材料的种类及其应用。2005 年，Yaghi 教授首次报道了共价有机骨架化合物 (covalent organic framework，COF) 的设计合成，这类晶态多孔材料推动了有机多孔材料的发展。与 MOF 不同的是，COF 的骨架全部由轻元素 (H、B、O、C、Si 等) 构成，因此晶体密度较 MOF 要低得多。轻元素通过很强的共价键 (C—C、C—O、B—O、Si—C 等) 连接起来可以形成二维或三维的多孔结构，具有很高的比表面积。

半个世纪以来，多孔材料的应用主要围绕三大传统领域：一是作为吸附材料，用于工业与环境中的分离与净化、干燥；二是作为催化材料，用于石油加工、石油化工、煤化工与精细化工等领域中大量的工业催化过程；三是作为离子交换材料，大量应用于洗涤剂工业、矿厂与放射性废料和废液的处理等。特别需要指出的是，沸石分子筛在多相催化领域 (酸催化和择形催化) 扮演着重要的角色。近年来，人们利用多孔材料在生物分离、酶固定和催化、控释药物等领域进行了大量的探索工作，取得了良好的进展。同时，介孔材料在环境科学和工程上的应用主要是基于其强吸附性能和吸附选择性，用于吸附重金属离子、去除放射性原子、去除有毒离子、去除有机污染物和从工业废液中吸纳有用物质等。此外，多孔材料在生物制药、化学工程、环境保护等领域也具有诸多潜在的应用，尤其是介孔和大孔材料在生物科学如蛋白质固定分离、生物芯片、生物传感器、药物的包埋和控释等方面具有广阔的应用前景。近年来，COF 合成进一步拓展了多孔材料在气体储存、光电、催化等应用的领域。随着研究工作的进一步深入，特别是制备技术的成熟以及对合成机制的深刻认识，相信科学家一定能制备出更多性能优异的新型多孔材料，在其应用方面一定会取得重大的突破和进展，并对科学技术的发展起到重要的推动作用。

# 第二节　多孔材料的合成

在这一节，我们将重点介绍无机微孔材料、无机介孔材料以及有机多孔材料的合成方法。

## 一、无机微孔材料的合成

以沸石分子筛为代表的无机微孔材料是一类具有规则孔道或笼结构的无机晶体材料，其孔径一般小于 2nm[1]。早在 20 世纪 40 年代，Barrer 等在水热条件下合成出首批低硅铝比的沸石分子筛[2]。半个多世纪以来，由于微孔化合物合成化学与合成技术的进步，一些新的合成途径，如离子热合成、微波合成、绿色合成、计算机辅助设计合成等方法和途径相继被开发出来，无机微孔材料得到了蓬勃的发展，大量具有新型结构和新颖组成的无机微孔晶体化合物不断出现[3,4]。据国际分子筛协会（IZA）结构委员会统计[5]，目前发现和合成的基于四面体构筑的分子筛骨架结构类型已达 218 种。无机微孔材料的骨架类型也由传统的硅（铝）酸盐和磷酸铝分子筛，发展到其他金属磷酸盐、砷酸盐、锗酸盐、亚磷酸盐、硫酸盐、亚硒酸盐以及金属硫化物等类分子筛微孔化合物。这些微孔化合物的合成，极大地丰富了分子筛微孔材料的结构化学，拓展了其应用领域（如光、电、磁等），也为新型分子筛微孔晶体材料的开发奠定了基础。下面将从不同的合成方法和途径，介绍近年来我国科研人员在无机微孔材料合成与制备方面所取得的重要进展。

### （一）水热与溶剂热合成

水热与溶剂热合成是无机合成中的一个重要合成技术，通常是指在一定温度（100～1000℃）和压强（1～100MPa）条件下利用过饱和溶液中物质的化学反应所进行的合成。反应一般在特定类型的密闭容器或高压釜中进行，水或其他溶剂处于亚临界或超临界状态，反应物在溶剂中的物性和化学反应性能大大改变，反应活性显著提高。

水热与溶剂热合成和固相合成研究的差别主要在于反应性不同，主要体现在反应机理上。固相反应的机理是以界面扩散为主，而水热与溶剂热反应主要以液相中化学个体间的反应为其特点。水热与溶剂热合成化学的主要特点[3]如下：①由于亚临界或超临界条件下反应物反应性能的改变、活性的提高以及对产物生成的影响，水热与溶剂热合成有可能代替固相反应等难于在一般合成条件下进行的化学反应；②在水热与溶剂热条件下能合成和制备一系列特殊价态、介稳结构及某些特殊聚集态的新物相与物种；③使不能在熔体中生成的低熔点、高蒸气压物质，以及高温分解相可以在水热与溶剂热低温条件下晶化生成；④水热与溶剂热的低温、等压和液相反应等特点，有利于生长缺陷少的完美晶体，且晶体生长的取向以及产物晶体的粒度与形貌易于控制；⑤由于水热与溶剂热条件下的环境气氛与相关物料的氧化还原电位易于调节，因而有利于某些特定低价态、中间价态与特殊价态化合物的生成，并能均匀地进行掺杂。

水热与溶剂热技术是沸石分子筛与相关微孔化合物的最佳合成途径，利用该方法合成沸石类无机微孔化合物已有 70 余年的发展历史。20 世纪 40 年代，人们开始在中温水热条件下（大约 100℃和自生压力）合成低硅铝比的沸石分子筛，如 A 型、X 型和 Y 型沸石[2]。1961 年，Barrer 等将有机季铵盐阳离子引入水热合成体系，合成了高硅和全硅分子筛[6]。1982 年，Wilson 和 Flanigen 等在水热体系中开发出另一类全新的分子筛——磷酸铝分子筛 $AlPO_4$-*n*（*n* 为编号）[7]，是分子筛合成领域的一个重要进展。20 世纪 80 年代初，Bibby 等率先利用乙二醇为溶剂成功合成出方钠石[8]。之后，徐如人等系统研究了各种醇和胺为溶剂合成沸石、微孔磷酸铝与微孔磷酸镓分子筛，发展了微孔化合物的溶剂热合成路线[9,10]。水热与溶剂热合成反应是分子筛无机微孔晶体合成化学的基础与核心。

近年来，利用水热与溶剂热技术，一些具有新型拓扑结构的分子筛不断被合成出来。例如，通过将杂原子引入磷酸铝合成体系，于吉红研究组采用中温溶剂热方法，合成了第一例手性杂原子磷酸铝分子筛 MAPO-CJ40（M=Co，Mg，Fe 等）[11]。MAPO-CJ40 的骨架具有固有手性，并展现出一种新型分子筛结构，被 IZA 命名为 JRY，这是国内首个被 IZA 收录的分子筛骨架类型。

2009 年，林建华小组在水热体系中合成了一例包含 spiro-5 结构基元的锗酸铝分子筛 PKU-9［$Ge_7Al_2O_{18}(C_5H_{14}N)_2$］[12]。它具有较低的骨架密度（12.6T/1000Å$^3$）和新颖的拓扑结构，被国际分子筛协会命名为 PUN。2011 年，于吉红研究组以镍胺配合物阳离子为结构导向剂，在溶剂热体系中合成了一种具有新型分子筛拓扑结构的锗酸镓分子筛 GaGeO-CJ63（［$Ni(en)_3$］

[$Ga_2Ge_4O_{12}$]，en=乙二胺）[13]，被 IZA 命名为 JST。GaGeO-CJ63 含有手性 [$3^4 \cdot 6 \cdot 10^3$] 笼结构，每个手性笼中含有一个与之对称性相匹配的 Δ-或 Λ-$Ni(en)_3^{2+}$ 手性金属配合物阳离子，展现出金属配合物到手性笼的手性传递作用。最近，于吉红研究组在水热体系下，以原位合成的金属配合物阳离子 [$Ni(1,2\text{-}PDA)_3]^{2+}$（1,2-PDA=1，2-丙二胺）为结构导向剂，合成出具有三维十一元环交叉孔道结构的新型锗酸镓分子筛 GaGeO-JU64（|$(Ni(C_3H_{10}N_2)_3)_{36}Ni_{4.7}$|[$Ga_{81.4}Ge_{206.6}O_{576}$]）[14]。GaGeO-JU64 的成功合成为在择形催化上具有重要应用的十一元环交叉孔道分子筛的合成开创了可能。

尽管在水热与溶剂热体系中，众多结构新颖的无机微孔化合物被合成出来，但由于这类化合物的晶化机理尚不清晰，影响其产物生成的因素众多，人们还需要不断深入系统地研究无机微孔材料在水热与溶剂热体系中的合成化学，深入认识合成-结构二者间的关系与规律，从而设计合成更多满足实际应用需求的新型结构分子筛微孔材料。

## （二）离子热合成

离子液体是一种由有机阳离子和阴离子构成，在室温或近于室温条件下呈液态的物质，是环境友好的绿色溶剂。2004 年，Morris 小组[15]首次提出"离子热"（ionothermal）合成途径，利用室温离子液体作为溶剂和结构导向剂合成了不同结构的微孔分子筛。与传统无机微孔化合物合成采用的水热与溶剂热技术不同，室温离子液体的蒸气压可以被忽略，合成可以在常压下进行。在合成中离子液体不仅可以作为溶剂，有时也可以作为模板剂。离子热合成为分子筛无机微孔晶体材料的制备提供了一个新的途径。

我国在利用离子热合成无机微孔化合物方面也取得了较好的研究成果。2006 年，徐云鹏等[16]利用 1-乙基-3-甲基咪唑溴盐（[Emim]Br）离子液，合成了磷酸铝分子筛 $AlPO_4$-11（AEL），并成功地将硅元素掺杂到骨架中。2008 年，于吉红等在 [Emim]Br 离子液体系中以 *N*-甲基咪唑为协同模板剂，合成出具有新型类分子筛结构的磷酸铝化合物 JIS-1（[Emim][MiaH][$Al_6P_7O_{27}(OH)$]）[17]。之后，他们在离子热体系中又合成出具有超大 18 元环孔道的亚磷酸镍化合物 JIS-3（$5H_3O \cdot [Ni_8(HPO_3)_9Cl_3] \cdot 1.5H_2O$）[18]。2010 年，田志坚等以 [Emim]Br 离子液体与 1,6-己二胺为共模板剂合成了具有 20 元环超大孔道的磷酸铝分子筛 DNL-1（[$(C_6N_2H_{18})_{104}(C_6N_2H_{11})_{80}(H_2O)_{910}$][$Al_{768}P_{768}O_{2976}(OH)_{192}F_{288}$]）[19]。

在离子热合成中，微量水的存在对合成起着非常重要的作用。田志坚等的研究[20]表明，在离子热合成磷酸铝分子筛过程中，水参与了分子筛的晶化过程，微量水的存在明显缩短了晶化过程中晶体生成的诱导时间和晶体生长时间，有利于提高晶化的反应速率，对成核和晶化起到重要作用。此外，他们还考察了有机胺对离子热合成磷酸铝分子筛的影响[21,22]。研究表明，在[Bmim]Br离子液体中，有机胺的加入明显改变了分子筛的离子热晶化过程，改善了晶化反应的相选择性。

虽然一些磷酸盐分子筛及开放骨架微孔材料已在离子热体系中被合成出来，但目前关于离子热合成硅酸盐分子筛的报道还很少，这仍是一项具有挑战的研究。需要特别指出的是，利用离子热方法合成一些具有工业应用的分子筛将具有重要的实际意义。

## (三) 微波合成

利用微波加热合成分子筛微孔化合物是20世纪70年代才发展起来的合成技术，多种分子筛及分子筛膜均可以在微波加热条件下合成，如NaA、Na-X(Y)、ZSM-5、TS-1、VPI-5、$AlPO_4$-5及杂原子掺杂的$AlPO_4$-5等[23-25]。这种合成方法具有条件温和、能耗低、反应速率快、产物粒度小且均一等特点，在产物的晶貌控制和相选择性方面展现出独特的优势。

2007年以来，于吉红等系统研究了在微波辅助溶剂热合成条件下，各种醇类助溶剂，如极性不同的脂肪醇、亲水性质不同的二元醇及混合醇对分子筛Silicalite-1 (MFI) 晶体形貌的影响[26-28]。研究发现，利用不同介电常数的脂肪醇作为助溶剂，可以制备独立分散及自堆积状的Si-MFI晶体；利用简单三元脂肪醇（如丙三醇）为助溶剂，能得到花团状晶貌的Si-MFI；使用不同亲水性的二元醇作为助溶剂，得到了具有不同长径比的Si-MFI晶体；以不同比例的异丙醇/乙二醇或异丙醇/正丁醇混合溶剂作助溶剂时，生成的Si-MFI晶貌发生明显的变化。在此基础上，他们又研究了自堆积状Si-MFI晶体的形成过程，研究表明高浓度的具有低介电常数的醇作为助溶剂是生成自堆积状Si-MFI的必要条件；合成Si-MFI晶体的长径比和反应初始溶液中二元醇C/OH的“浓度”存在着明显的线性关系。

2010年，Liu等报道了利用微波辐射的方法快速合成高度$b$-取向的MFI分子筛膜[29]。研究结果表明，在$SiO_2$-TPAOH-$H_2O$-EtOH体系中，相同的反应凝胶在常规加热的条件下，同时获得$a$-取向和$b$-取向生长的晶种，而在微波加热条件下，仅有$b$-取向的晶体生成。将在玻璃片上预沉积的$b$-取向MFI晶种进行二次生长时发现，利用微波加热30min后，$b$-取向的

MFI晶种相互融合生成致密的分子筛膜，而利用常规加热5h后，$a$-取向的晶体大量出现。该工作展示了微波辐射对分子筛膜孪向生长的显著影响。

最近，于吉红等报道了利用微波方法快速合成具有最小均匀纳米尺寸SAPO-34分子筛[30]。在$SiO_2$-$Al_2O_3$-$P_2O_5$-TEAOH-$H_2O$体系中，微波加热2h制备出具有20nm厚纳米薄片和80nm均匀尺寸的SAPO-34分子筛。甲醇制烯烃（MTO）催化研究表明[31]，这些纳米尺寸SAPO-34分子筛比常规微米尺寸的分子筛具有显著增加的催化寿命和低的积碳速率。

## （四）绿色合成

目前，环境污染和能源短缺日益严重，作为化学的一个新的分支——绿色化学由于其节省能源、经济、环保而备受人们的关注。绿色化学也称环境友好化学，是利用化学的技术和方法消除对人类或环境有害的原料、溶剂、催化剂等的使用和有害废物的产生，其主要特点是原子经济，即在合成新物质的过程中最大限度地利用原料分子中的原子，使原子能够结合到目标分子中，最终能够实现最低排放甚至零排放。绿色合成已成为合成化学的前沿研究之一。

早期硅铝分子筛的合成是在纯无机体系中进行的，而后来发展的高硅分子筛和磷酸盐分子筛的合成通常需要使用有机模板剂，这不仅增加了合成成本，也导致一些有污染的废物排放。此外，有机模板剂在焙烧脱除过程中会产生大量有害的气体，造成了对环境的污染。因此，开发低成本、绿色合成分子筛无机微孔材料的方法和技术也日益紧迫。通过人们不懈地努力，目前已开发了循环使用有机模板剂的合成途径[32,33]、无模板合成[34-38]、母液合成[39]、无溶剂合成[40,41]等绿色合成途径。

肖丰收研究组采用无有机模板方法成功合成了一些通常需要有机模板才能合成的沸石分子筛材料，如硅铝分子筛ECR-1[34]、$\beta$-沸石分子筛[35]、硅铝沸石ZSM-34[36]和高硅的FER分子筛[37]等。例如，ECR-1是利用二羟乙基二甲基氯化铵为有机模板剂合成的具有12元环孔道的硅铝沸石分子筛。2006年，肖丰收等通过仔细调节反应凝胶中$Na_2O/SiO_2$比，在无有机模板条件下合成了硅铝分子筛ECR-1。在合成中，首先在室温下合成澄清的前驱体溶液（凝胶物质的量组成为$SiO_2:Al_2O_3:Na_2O:H_2O=15:1.0:16:320$），然后将该溶液与$H_2O$、水玻璃、$Al_2(SO_4)_3$、$NaAlO_2$和HCl等原料混合，100℃下晶化14天合成ECR-1的纯相。

通常情况下，分子筛微孔晶体材料的合成需要过量的反应原料，而当反应完成，目标产物从反应体系中被过滤出来，剩余的大量含有机、无机原料的废液被扔掉，造成了污染和浪费。2009年，于吉红等开发了母液重新利用合成分子筛的合成途径[39]。他们将过渡金属离子加入合成层状磷酸铝化合物的剩余母液中，合成出具有GIS拓扑结构的磷酸铝分子筛CoAPO-CJ51（[$C_8H_{24}N_2$][$Al_8Co_2P_{10}O_{40}$]）和具有LAU拓扑结构的磷酸铝分子筛CoAPO-CJ52（[$C_3H_5N_2$][$Al_2CoP_3O_{12}$]）。

最近，肖丰收等又开发了一种无外加溶剂合成分子筛材料的新方法[41]，即将原始物料直接混合、研磨和加热。利用该方法合成了ZSM-5、silicalite-1、ZSM-39、SOD、MOR、Beta和FAU多种分子筛。例如，将原始物料$NaSiO_3 \cdot 9H_2O$（$SiO_2$，20wt%）、二氧化硅、四丙基溴化铵、$NH_4Cl$、杂原子原料[如勃姆石、$Fe(NO_3)_3 \cdot 9H_2O$、$Ga_2O_3$或$H_3BO_3$]机械混合后，研磨10～20min，180℃下晶化24～72h，合成不同组成的S-M-ZSM-5（M = Si，Al，Fe，Ga，B）分子筛。与以往水热方法合成得到的微米尺寸的分子筛晶体不同，利用该方法合成的S-M-ZSM-5产物为大晶体。与传统的水热合成相比，无溶剂合成技术有如下优点：简化合成过程、减少反应压力、减少污染、节约能源、高产率等。这些绿色的特性使得无溶剂合成技术在未来的分子筛工业化生产中至关重要。

### （五）计算机辅助设计合成

以功能为导向进行功能无机晶体材料的定向设计与合成已成为无机化学发展的重要科学前沿之一。北京大学唐有祺先生首次提出了“分子工程学”的概念[42]。分子工程学采用“逆向而行”的研究模式，即在研究功能-结构-合成三者关系与规律的基础上，以功能为导向，在分子水平上对结构进行设计与剪裁，最终实现特定功能和结构材料的定向合成、制备与组装。无机微孔晶体材料的催化、吸附与分离等优异的性质与其孔道结构密切相关。根据功能的需求，对其孔道体系进行设计、剪裁和修饰，并借助各种合成技术定向合成具有特定结构的无机微孔晶体材料是多孔材料的一个重要发展方向。但由于无机微孔晶体材料的合成化学极其复杂，目前人们对其晶化机制还缺乏明确的认识，因而实现其定向设计合成是一项挑战性的难题。近十几年来，在计算机技术辅助下，人们已成功开发出一些无机微孔晶体材料定向设计与合成的有效方法和途径[43,44]。

在我国，徐如人和于吉红领导的分子工程学研究组在国际上率先开展了无机微孔晶体材料定向合成研究。他们开发了几种定向构筑具有特殊计量比以及特殊孔道结构的计算机方法[45-51]，建立了无机微孔晶体合成数据库与结构数据库[48,49]，开发了高效结构设计的技术方法和软件 Fragen（framework generator)[50]，提出了基于四面体原子间距离判断理论分子筛结构合理性的普适性规则[51]。在此基础上，提出了模板指导、杂原子取代和数据挖掘指导的定向合成途径。

ZnHPO-CJ1（$[(C_4NH_{12})_2][Zn_3(HPO_3)_4]$)[52]是于吉红等以丁胺为模板剂合成的具有 24 元环超大孔道结构的亚磷酸锌化合物。他们选择 ZnHPO-CJ1 的无机骨架为目标，利用计算机模拟考察了无机骨架主体与有机模板客体间的电荷匹配、空间匹配和主客体非键相互作用能量，从理论上预测了适合 ZnHPO-CJ1 无机骨架生成的其他有机模板剂，如环己胺、环戊胺和正丙胺[53]。在实验中，选择这三种理论预测的有机胺为模板剂，在反应凝胶组成为 $1.0Zn(OAc)_2 \cdot 2H_2O$ ：（2.5～2.75）$H_3PO_3$ ：（443～449）$H_2O$：（3.2～4.25）模板剂的条件下，160°C 晶化 5 天，合成了与目标结构同构的化合物 ZnHPO-CJ*n*（$n$=2，3，4）[54]。单晶 X 射线衍射分析表明，质子化的环己胺和环戊胺阳离子分别位于 ZnHPO-CJ2 和 ZnHPO-CJ3 的 24 元环孔道中，实验与理论相吻合。

2010 年，他们利用支持向量机方法研究了磷酸铝分子筛合成-结构之间的关系[55]，对磷酸铝合成反应数据库中具有（6，12）元环磷酸铝化合物的反应物初始凝胶组成和晶化条件、溶剂、模板剂和产物结构等进行了参数化处理。为了降低数据挖掘的复杂性，根据实验的经验对数据属性进行了特征选取，选取了 14 个反应属性进行分类测试。研究结果显示，利用反应凝胶组成参数和有机模板剂参数可以很好地预测含有（6，12）元环磷酸铝化合物的生成，预测准确率最高为 82.44%。在 11 个模板剂参数中，模板剂的次长距离是判断目标产物生成最重要的参数。这一研究为计算机辅助特定结构无机微孔晶体化合物的定向合成开辟了新的途径。

未来合成化学的发展将越来越重视定向设计与合成。图 12-1 展示了无机微孔晶体材料定向合成的未来发展蓝图：即以实际功能（催化、吸附和分离等）需求为导向，借助计算机模拟技术设计具有特定孔道的理想分子筛结构，利用计算机方法预测适合理想结构生成的可能反应条件和理论有机模板剂，最终结合组合化学高通量技术合成具有特定功能和结构的微孔晶体材料。

## 二、无机介孔材料的合成

按照 IUPAC 的定义，介孔材料是指孔径介于 2～50nm 的一类多孔材料。

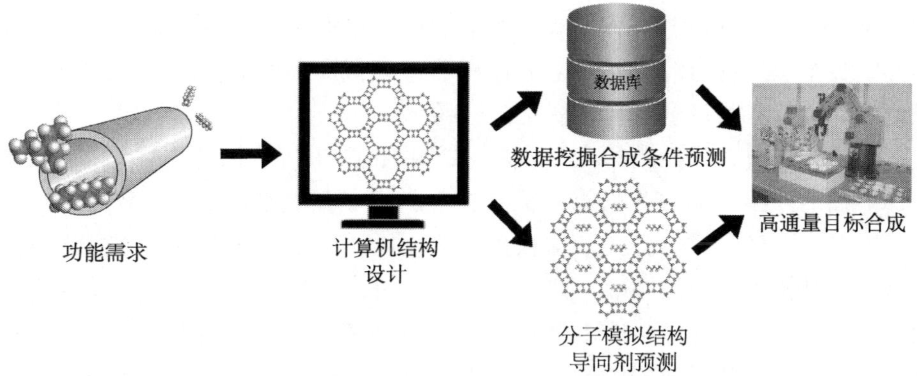


图 12-1　无机微孔晶体材料定向合成的未来发展蓝图

尽管介孔材料早以活性炭、多孔硅胶等形式存在和应用，现在文献所论述的介孔材料多指有序介孔材料[3]。典型的介孔材料是以表面活性剂形成的超分子结构为模板，利用溶胶-凝胶过程，通过有机物和无机物之间的界面定向模板作用组装成的一类无机多孔材料。介孔材料具有极高的比表面积（典型的介孔二氧化硅材料，通常在 $1000m^2/g$ 左右）、规则有序的孔道结构和较窄的孔径分布、可调孔径大小（多为 2～20nm）等特点。目前，介孔材料的化学组成、孔结构及其合成方法已经非常丰富。介孔材料将分子筛由微孔范围扩展至介孔范围，而且在很多微孔沸石分子筛难以完成的有机大分子或生物分子的吸附、分离，催化反应、组装过程中发挥重要的作用。此外，介孔材料的有序孔道可作为载体合成纳米复合材料，有望在更广泛的领域得到应用。

采用自组装方法合成有序的介孔二氧化硅材料的工作早在 20 世纪 70 年代就已经开始[56]，日本科学家在 1990 年也已经开始了它的合成工作[57,58]，直到 1992 年 Mobil 的 MCM－41 等介孔材料的报道[59]，它才引起人们的广泛注意。

Mobil 的科学家突破传统的微孔沸石分子筛合成过程中单个溶剂化的分子或离子作为模板的原理，利用一个有序组织的阳离子型季铵盐表面活性剂作模板成功地合成了有序介孔二氧化硅材料，被称为分子筛发展史上的一个里程碑[60]。利用双亲分子表面活性剂形成胶束作为模板是因为表面活性剂分子的一端为亲水基，另一端为疏水基（亲油基）。这些表面活性剂分子在水溶液中可以生成复杂的超分子结构，表面活性剂倾向于聚集形成胶束以降低能量，胶束的内部为疏水基，外部为亲水基。在较低的表面活性剂浓度时自组装结构为胶束，而高浓度时形成溶致液晶。合成 MCM－41 介孔材料所使用的表面活性剂是带正电荷的季铵盐，有一个带正电荷的亲水的头（季铵盐）和一个疏水的碳氢长链，季铵盐表面活性剂与硅酸盐物种一起自组装成有序结构，自组装过程与溶致液晶生成过程非常相似。表面活性剂可以通过焙烧或萃取除去，从而得到介孔二氧化硅材料。

二氧化硅材料为经典的介孔材料，多由协同自组装方法制得，通过改变表面活性剂种类、加入有机或无机添加剂、调变合成原料配比、改变合成条件等方法，人们合成出各类结构和孔径的介孔材料[60]。近年来，在继续开发具有新型结构的材料的同时，研究者从实际需求出发，设计和合成了一批组成和性质特异的介孔材料或复合材料[61]。下面将从介孔材料的合成及性质研究，以一些例子介绍我国科研人员在近年来无机介孔材料合成与制备方面所取得的进展。

### （一）协同自组装合成（软模板法）

协同自组装合成体系在没有外部的干预下，各物种通过弱相互作用或自发生成化学键，而组成一个有序结构的材料。利用自组装方法合成各类无机固体和纳米材料，包括使用软模板或硬模板的模板、导向或诱导效应的合成。常用的软模板有表面活性剂、高分子聚合物、有机小分子。在多孔材料的合成中，模板诱导自组装是一种十分有效的合成策略。自组装方法是最为有效的介孔材料[59-62]的合成方法，典型的介孔材料合成可以看成是由无机-有机自组装过程驱动的[63]。

国内的介孔材料自组装合成研究工作开始也很早，早期的研究结果对该领域的发展有一定的影响。如李全芝小组利用混合表面活性剂作为模板较为容易地合成出 MCM-48[64]，庞文琴小组在碱性稀溶液中制得高有序的具有规则外形的 MCM-41 纳米粒子[65]。

在传统使用软模板法合成的基础上，赵东元等在加入有机添加剂间三甲苯和氯化钾条件下以嵌端共聚物为模板剂、使用新模板剂等方法合成了具有大孔径的 FDU-*n* 系列介孔材料[66-68]。

从广义上理解，协同自组装生成机理同样适用于非硅基介孔材料[69]，但实践上有很多困难。严纯华等采用自组装方法合成 Ce 和 Sn 混合氧化物介孔材料[70]。通过或利用非硅氧化物介孔材料也是制备复合材料的方便途经[71]。

赵东元研究组针对介孔材料合成领域中非氧化硅介孔材料稳定性差、合成难、组成不易调变等问题，提出了酸碱对路线的自我调节的理论方法，即以酸-碱反应配对的无机前驱物出发，在非水体系中自我调节来合成介孔分子筛材料[72]。该理论重点考虑了无机-无机物种之间的相互作用，当合成多元介孔材料（如磷酸盐）时需要两种或多种无机源时，必须合理地对它们进行搭配。按相对的酸性或碱性将各种金属和非金属化合物分类排序，配对选择时，酸碱差别越大越好。在整个制备过程中，不需要额外加入酸或碱来调节反应体系的 pH，而是靠两种或多种无机物种的自发产生一个适于溶胶-凝胶反应过程的反应介质，达到自我调节。

车顺爱小组应用手性的阴离子表面活性剂通过共结构导向剂（CSDA）[73,74]合成出具有螺旋孔道的介孔二氧化硅材料，并且可以控制形貌[75-77]。在碱性条件下首次合成具有手性形貌特征和螺旋孔道结构的介孔二氧化硅，以阴离子表面活性剂为模板剂的二氧化硅介孔材料（AMS－*n*）是通过引入带氨基或季铵盐的碱性硅烷助结构导向剂来合成的，AMS－*n* 材料包括三维六方、四方、立方，二维六方，以及层状相等。另外，采用手性阴离子表面活性剂作为模板剂合成出具有二维六方晶系结构排列、不同曲率、有序螺旋状孔道绕着六角柱的中心旋转的二氧化硅介孔材料[78]。这种螺旋的孔道及形貌可以通过合成过程中的搅拌速率来控制。通过萃取方法除去表面活性剂之后，得到氨基或季铵盐表面修饰的具有不同结构的介孔材料。

### （二）二氧化硅基介孔材料

赵东元等在此研究领域的工作受到国际关注[79-81]，FDU-*n* 系列介孔材料及其合成策略对国内外同行影响很大，尤其是具有大孔径的笼形结构的介孔二氧化硅材料。

肖丰收和裘式纶等发现的沸石初级和次级结构单元在表面活性剂或高分子聚合物帮助下组装成具有不同组成的介孔材料 MAS-*n*[82]，他们的结果表明沸石前驱体为结构单元组装成的介孔材料具有较好的稳定性和催化活性[83]。例如，通过小分子有机铵四乙基氢氧化铵（TEAOH）与硅铝凝胶相互作用制备出 $\beta$-沸石导向剂，这些 $\beta$-沸石导向剂是具有 $\beta$-沸石基本结构单元（2～3nm 的分子筛晶核）的澄清溶液。然后，通过 $\beta$-沸石导向剂与 CTAB 的相互作用，自组装形成具有六方介孔排列的 MAS-5。MAS-5 介孔材料有着十分优异的高温水热稳定性。同时 $NH_3$-TPD 研究表明，MAS-5 的酸强度和 $\beta$-分子筛的酸强度类似，MAS-5 对大分子催化裂化比 MCM-41 和微孔分子筛晶体具有更优异的催化性能。

车顺爱利用简单微乳液自组装体系，制备了介孔二氧化硅与 Y 型或 Ti-MWW 沸石晶体复合形成的沸石/介孔二氧化硅微球（ZMMS）。硅源正硅酸四丁酯与阳离子型季铵盐表面活性剂形成稳定的水包油型微乳液形成大颗粒，沸石颗粒由于疏水作用而进入油相，同时季铵盐表面活性剂和正硅酸四丁酯组装形成介孔材料。优化合成条件可以有效控制复合微球的沸石/介孔二氧化硅质量比（0～2.3）和直径（186～965μm）。Ti-MWW 沸石/介孔二氧化硅复合微球在液相催化环氧化反应中表现出良好的机械强度，并且能够达到与 Ti-MWW 沸石原粉相当的催化活性[84]。

余承忠等通过调节实验温度，加入一些特定无机盐将超小的胶态 $SiO_2$ 中空球组装成面心立方堆积介孔材料[85]，这种介孔材料具有两种孔道，介观结构为二十面体，并提出硬球堆积机理[86]。该研究组又在中性条件下引入嵌段共聚物制备出均一的二氧化硅粒子，改变反应体系 pH，增强粒子之间的离子强度，粒子可以进一步组装成有序的、具有大孔道的二氧化硅泡沫[87]。调解表面活性剂并且微调反应条件可以将粒子组装成桑葚状的多级二氧化硅粒子[88]。

单分散介孔二氧化硅纳米颗粒由于尺寸的优势与优良的性能，已经得到越来越多科学家的广泛关注与深入研究。霍启升研究小组在较为温和的条件下合成了介孔纳米粒子[89]，这种简单的合成方法得到的粒子大小容易控制，可进行大规模合成。车顺爱研究组通过表面活性剂、共结构导向剂和硅源的自组装合成了分散的具有不同粒径氨基酸双功能化介孔二氧化硅纳米粒子。利用表面活性剂头部与带相反电荷的 CSDAs 之间的静电相互作用使氨基和羧基基团均匀排列在介孔孔道表面。通过调节助溶剂或分散剂的加入量来控制颗粒粒径，调节合成溶液的 pH，改变纳米颗粒表面羧基基团和氨基基团的电荷量来控制颗粒的分散性[90]。

介孔材料的功能化组装可以将特定的有机基团通过共价键的方式固载到介孔材料的结构中，可以采用直接合成（共水解和聚合）或表面功能化（嫁接法）方法制备。由于介孔二氧化硅材料表面存在着丰富的未能完全缩合的硅羟基，因此可以对其表面进行功能化组装，将功能化有机基团引入孔道或孔壁中得到无机-有机杂化功能材料。李灿研究组[91]在缓冲溶液体系下合成出均一的有机二氧化硅（PMO）和二氧化硅中空球，并用相同的思路在不同温和体系下（中性缓冲溶液、弱酸）将其分别组装成中空微球和粉体介孔材料。李灿小组发现磺酸功能化的有机二氧化硅介孔材料为较好的催化剂[92]。杨永刚等应用手性的阳离子表面活性剂制备出螺旋纳米结构的有机二氧化硅基材料[93]，采用双模板剂方法制得手性介孔二氧化硅纳米管和纳米带[94]。有机基团的引入将介孔材料的应用扩展到手性催化、传感器件、药物分子缓释、分子识别与捕捉、蛋白质（或酶）的固载、非线性光学等领域。在本章第三节中将介绍介孔材料在这些方面应用的一些实例。

### （三）硬模板合成技术

硬模板技术[95]最早应用于介孔碳的制备，几乎所有种类介孔材料都可以通过硬模板技术实现。介孔材料（尤其是介孔碳）的用途之一就是作为合成其他无机介孔材料的硬模板。硬模板方法是合成介孔金属氧化物的有效方法[96-99]，是对溶胶-凝胶过程协同自组装方法的补充。

高滋研究组[100]首先合成介孔碳小球，然后以碳小球为模板合成氧化钛、氧化锆、氧化铝、磷酸锆、磷酸铝等介孔实心或空心小球。唐颐研究组[101]开发了牺牲模板法制备分子筛空心球，即以介孔微球作为模板，在外层生长分子筛壳的过程中，内部的介孔微球逐渐被作为原料消耗掉，最终形成一种大小由介孔微球决定的空心球，这种方法为内部包裹活性金属催化剂提供了一种简单的制备途径。该研究组还利用这种方法将功能性粒子如 Ag 和 PdO 包裹在空心球中，得到了复合（限域）催化剂[102]。

严东生研究小组[103]用乙二胺基硅烷偶联剂对介孔进行表面改性，成功地在介孔内络合 $Zn^{2+}$、$Cd^{2+}$ 等离子，经后处理即可形成Ⅱ～Ⅳ族宽禁带 ZnO、ZnS 或 CdS 半导体团簇粒子组装于介孔孔道之中。由于孔道的控制，纳米粒子尺寸均一，并产生了强烈的主-客体效应和量子尺寸效应，大幅度地增强了量子尺寸效应和荧光发射强度。赵东元等[104,105]利用原位吸附法，在 SBA-15 的孔道中成功制得了 CdS、PbS 二元硫化物的纳米粒子及纳米线，并得到晶态的 CdS 介孔材料，这种介孔的纳米矩阵半导体材料将为先进材料的开发研究提供实验及理论基础。之后，他们又利用一种纳米浇注的方法一步合成了六方、立方有序的纳米 $In_2O_3$ 单晶阵列[106]，这类材料具有潜在的光学及电学性质。施剑林等在 SBA-15 孔道内合成贵金属纳米粒子和纳米涂层[107]，制备了一种金纳米粒子复合的非线性光学二氧化硅介孔薄膜。

### （四）有序介孔碳材料

有序介孔碳材料[108]具有较大孔径，在吸附大分子方面具有十分突出的优势，可以作为各类载体。介孔碳的优异化学和物理稳定性，使其比二氧化硅、氧化铝具有更广泛的应用范围。介孔碳材料的孔径与生物分子的尺寸相匹配，这使其在生物大分子的吸附、分离和检测等领域有着巨大的应用潜力。碳的高导电性使介孔碳可能成为超级电容器或电池的电极材料。在过去的十几年里，介孔碳材料的合成与制备得到了快速发展。由于介孔二氧化硅材料能够以各种形体（如棒、球、薄膜等）被直接或间接合成出来，因此，利用介孔二氧化硅作为模板，能够合成各种形体的多孔碳材料，这为介孔材料的应用创造了良好的条件。

Ryoo 开创了使用 MCM-48 为模板合成介孔碳材料（CMK-1）的先例[109]。随后，他们又使用 SBA-15 来制备六方的介孔碳（CMK-3）。碳前驱物包括蔗糖、呋喃甲醇和酚醛树脂（图 12-2）。

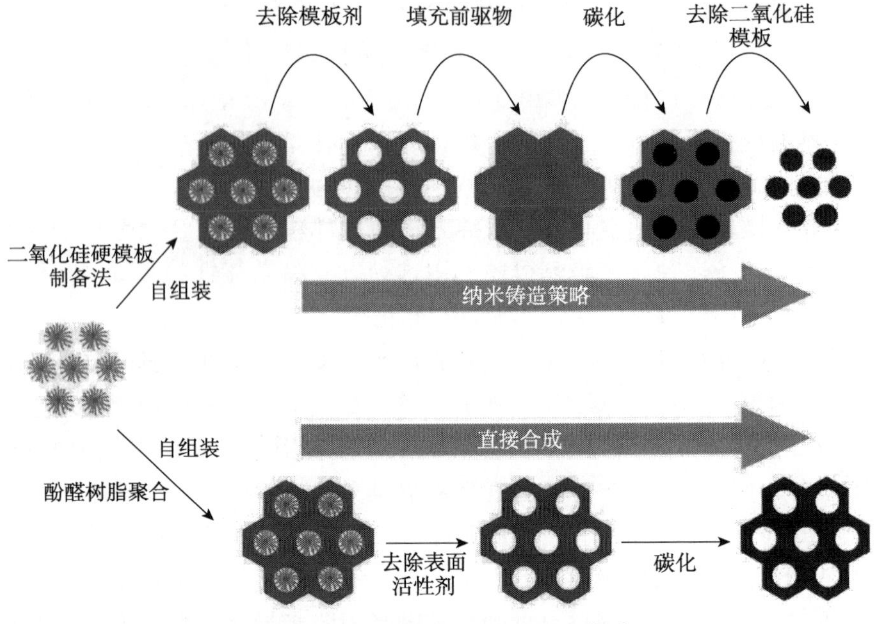


图 12-2　介孔碳合成方法示意图[111]

介孔碳材料也可以直接采用软模板方法直接合成[110,111]。赵东元利用 EISA 技术，以酚醛树脂为前驱体，先制备酚醛树脂与表面活性剂的复合结构，然后对酚醛树脂进行热聚合，得到介观结构。在氮气气氛下，成功地除掉表面活性剂，所得到的有序介孔聚合物具有大而均匀的介孔孔道、高的比表面积和大的孔容。通过更高温度的焙烧导致聚合物碳化而得到介孔碳。同样用酚醛树脂为前驱体，他们在水溶液中首次成功制备了有序的介孔聚合物 FDU-14 和介孔碳 C-FDU-14[79]。对比于 EISA 法，在水溶液中可以利用烃作为溶胀剂提高所得材料的孔径，同时通过更换表面活性剂的种类来调控聚合物和碳的微观形貌[112]。这种具有较厚墙壁的介孔碳材料是迄今唯一在氮气气氛中具有超高热稳定性的分子筛材料（> 1900°C）。他们把这个工作延伸，利用三组分共组装方法，在有机前驱体中加入二氧化硅的前驱体正硅酸乙酯，可以得到具有相互贯穿骨架结构、高度有序的介孔聚合物/二氧化硅和介孔碳/二氧化硅纳米复合材料[113]。调整前驱体的比例便可以调整复合材料中碳与硅的比例。更重要的是，通过焙烧去除碳或通过氟氢酸溶解掉二氧化硅后，可得到大孔径的介孔二氧化硅或碳材料。规模合成方法可以很容易得到公斤级有序介孔碳材料，有望用于催化、电化学超级电容器和水处理。

## 三、有机多孔材料的合成

共价键合的有机多孔材料是一个新兴的研究领域。有机多孔材料由轻质元素组成（如C、H、N、B等），因而具有大的比表面积、低的骨架密度，在气体吸附储存（如氢气、甲烷、二氧化碳）和分离领域有着广泛的应用前景。同时，有机合成方法的多样性使得人们可以将具有催化、光电等性能的（刚性）有机组分植入多孔材料的骨架中，从而实现其在多相催化和有机光电等领域的应用。此外，有机多孔材料易于进行后修饰，因此还可用于重金属离子和有机溶剂的吸附等环保领域以及药物缓释等生物医药领域。

构筑有机多孔材料需要有效克服骨架结构的变形或坍塌，从而产生可控的自由孔隙空间。其主要构筑策略是采用刚性的有机分子（多为芳环结构）作为单体砌块，通过多元化的共价键合反应，简洁、高效、可控地实现其多孔骨架的构建。合成策略的多样性是有机多孔材料构筑的最大特点。图12-3总结了构建有机多孔材料的常用共价键合策略，主要包括：过渡金属催化的偶联反应、傅-克反应、酸催化下的缩合反应、三聚反应、亲核取代反应以及“Click”反应等。选择合适的结构刚性砌块和功能性砌块，通过图12-3中的化学反应，便可能合成出具有不同应用可能性的、功能化的有机多孔材料。

按照其骨架的构筑思路，有机多孔材料大致可以分为四类：一是通过密集的交联阻止高分子链的紧密堆积而形成的超交联聚合物（hyper-crosslinked polymer，HCP）；二是通过分子结构自身的刚性或者扭转迫使高分子链无法有效占据自由空体积的固有微孔聚合物（polymers of intrinsic microporosity，PIM）；三是通过构建大共轭体系来保持分子网络结构刚性的共轭微孔聚合物（conjugated microporous polymer，CMP）及其类似物；四是刚性砌块通过可逆缩合反应形成的晶形有机共价框架材料（covalent organic framework，COF）。

目前，我国在有机多孔材料领域的研究工作还不多。下面将围绕上述四

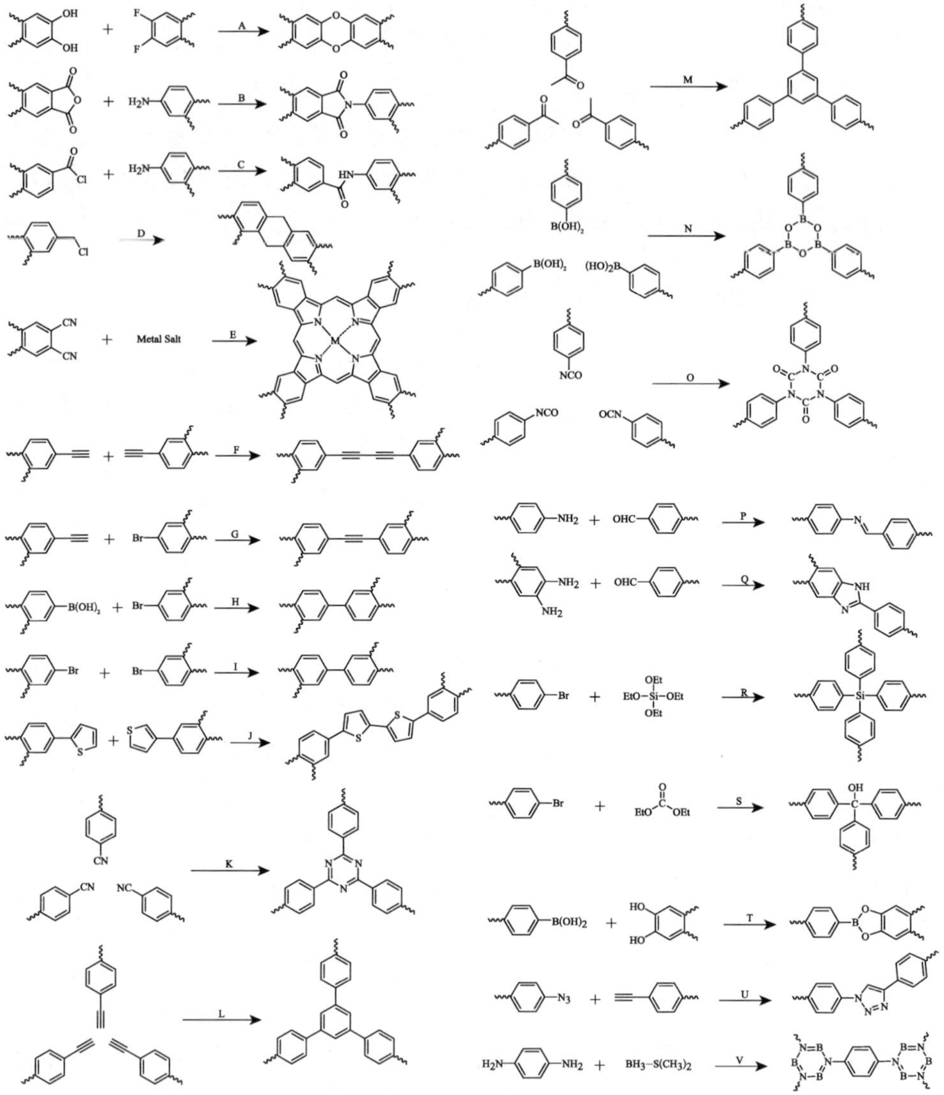

图 12-3 构筑有机多孔材料的常用共价键合策略

类有机多孔骨架的构筑思路，以一些例子介绍我国科研人员近年来在有机多孔材料合成及应用方面所取得的进展。

## （一）超交联聚合物（HCP）

Davankov 和 Tsyurupa[114] 于 1990 年在合成聚苯乙烯网络结构时就观测到超交联微孔聚合物的生成。2000 年前后，人们亟待找到经济有效、安全便捷的氢燃料储运方式，超交联聚合物的合成及其储氢应用逐渐成为研究热点。2002 年，Davankov[115] 在前期研究基础上明确了超交联聚合物（hyper-crosslinked polymer，HCP）的概念，并描述其形成过程：非交联或低交联的高分子链在溶剂中溶胀而得以分散；加入外部的交联剂使溶胀的高分子链快速交联；最后干燥除去溶剂即可得到具有永久微孔结构的 HCP 材料。获得高比表面积的 HCP 材料需要考虑以下因素：溶剂要与前驱体满足热力学匹配，选择的交联反应要迅速且完全，交联剂与溶剂不能发生反应。

谭必恩等[116] 采用微乳液聚合合成了烯苄基氯（VBC）和二乙烯基苯（DVB）的共聚物。通过改变乳化剂十二烷基硫酸钠（SDS）的用量，可以获得粒子尺寸在 36～131nm 的凝胶类纳米颗粒。除去乳化剂 SDS 后，再通过傅-克烷基化后交联便得到均一的微孔 HCP 材料。所得材料的 BET 比表面积达到 $1500m^2/g$，微孔体积为 $0.56cm^3/g$，在 77K/1.13bar 下材料的 $H_2$ 吸附量为 1.59wt%。通过改变 VBC 和 DVB 共聚物中 DVB 的含量，还可进一步调节超交联聚合物的孔径。

谭必恩小组[117] 进一步提出通过“编织”刚性芳环骨架合成超交联聚合物的策略。他们采用廉价的甲缩醛对刚性的芳环进行傅-克烷基化，得到了主要含微孔的高比表面积 HCP 材料。该策略具有以下优点：①刚性骨架的选择范围广，具有普适性；②合成条件温和，试剂廉价，可应用于大规模生产；③合成的聚合物具有高的比表面积、丰富的微孔结构和多种官能团；④不同的骨架前驱体以及不同的交联剂比例可以产生出多样化的孔结构。

此外，张炜铭等[118] 合成了一种亲水的含有大量羟基的超交联聚合物 NDA－702，并将其应用于吸附废水中的有毒物质邻苯二甲酸甲酯。他们还合成了 NDA-100 和 NDA-150 用于水中 1－萘酚和 1－萘胺的吸附[119]。黄键涵等[120] 采用后修饰的方法在超交联聚合物中引入酚羟基，并将其应用于水相中对氨基苯甲酸的分离提纯。在超交联聚合物中引入羰基官能团，还可强化其与 4－氨基苯甲酸之间的氢键作用，从而提高其吸附能力[121]。

近几年来，HCP 领域的研究主要集中在超交联策略的应用和拓展上。其次，对于 HCP 形貌控制及官能团化的后修饰也成为研究的热点。由于其合成简单、起始原料廉价易得、反应简单易行、成本较低，HCP 已成为第一个应用于工业化生产的纯有机微孔聚合物。

### （二）固有微孔聚合物（PIM）

2004 年，Mckeown 小组[122] 在前期工作的基础上提出了固有微孔聚合物

（polymers of intrinsic microporosity，PIM）的概念。他们认为共价键结合的网络结构并不是合成有机多孔材料的必要条件；而单体分子的刚性扭曲结构就能有效地阻止高分子链占据自由空间，从而在聚合物中产生大量的微孔。其单体分子的选择必须满足以下两个条件：①包含“扭转点”，如螺环；②包含刚性的非平面骨架或者其单键的自由旋转受阻。因此，许多新颖的 PIM 多孔材料被合成出来，并成功地应用于气体吸附分离和多相催化等领域。

2010 年，王忠刚等[123]采用刚性的四氨基苯甲烷为骨架单体，合成了两种新型的聚酰亚胺类 PIM。所得的两种聚酰亚胺聚合物都具有大量的超微孔，但在比表面积和氢气吸附焓等性质上却有很大差别。PI-1 的 BET 比表面积达到 1407$m^2/g$，几乎是 PI-2 的两倍。虽然由于萘环的离域作用，PI-2 的吸附焓比 PI-1 高，但 PI-1 的储氢性能仍优于 PI-2，这说明比表面积的大小对这两种聚酰亚胺聚合物的氢气吸附性能起到决定性的作用。

PIM 聚合物中微孔的产生不依赖于网状或交联的高分子结构，而是取决于刚性扭曲的单体分子。构建新的刚性骨架和对原有 PIM 材料的后修饰是目前该领域的研究热点。可溶的 PIM 具有良好的成膜性，可做成有机微孔薄膜，这是 PIM 与其他有机多孔材料应用的最大不同之处。

### （三）共轭微孔有机聚合物（CMP）及其类似物

2007 年，Cooper 小组[124]首次通过 Pd(0)/Cu(Ⅰ) 催化的 Sonogashira-Hagihara 偶联反应，得到一系列具有共轭结构的永久微孔聚合物（conjugated microporous polymer，CMP）。该网络结构的生成是在不可逆的动力学控制下完成的，材料不具备长程有序性；但是通过改变有机单体的长度可以调控材料的孔径和比表面积。CMP 因此成为第一个孔径可调的无定形微孔有机材料。几乎同时，Kobayashi 等[125]也报道了聚亚苯基亚丁二炔基聚合物，通过烷基链与苯环和炔基的热力学差异，可以选择性地脱除烷基链，从而产生相应的微孔结构。

2009 年，裘式纶、朱广山小组[126]通过刚性四面体结构的（4-溴苯）甲烷的 Yamamoto 自偶联反应，合成了 BET 比表面积高达 5600$m^2/g$（Langmuir 比表面积 7100$m^2/g$）的类金刚石芳基聚合物 PAF-1，这是当时比表面积最大的纯有机多孔材料。大的比表面积和良好的水热稳定性使得 PAF－1 在氢气、二氧化碳、苯、甲苯等的吸附方面有着重要的应用前景。在此基础上，该小组还设计合成了一系列拓扑结构导向的 PAF 有机微孔聚合物[127]，例如，采用 1，3，5－三(4-溴苯基）苯在 $Ni(COD)_2$催化下发生 Yamamoto 偶联，合成了纯苯环结构的共轭微孔聚合物 PAF-5[128]；通过四溴苯甲烷与 4,4′-二联苯硼酸的 Suzuki 偶联反应，合成了基于四面体骨架的有机微孔聚合物- 11[129]；通过三溴三苯胺的 Yamamoto 偶联自聚，合成了首例具有电化学活性的微孔聚合物 JUC-Z2 等[130]。

2011 年，韩宝航等[131]选用螺旋桨型化合物六溴苯基苯，通过钯催化的 Sonogashira-Hagihara 偶联和 Suzuki 偶联反应合成了两种微孔有机聚合物 HPOP-1 和 HPOP 2。HPOP-1 材料在 77K/1.13bar 下的储氢量为 1.5wt%。六苯基苯特殊的螺旋桨非平面结构使得该类材料在有机光电领域有潜在的应用可能。韩宝航等[132]还通过 Suzuki 偶联和噻吩氧化偶联合成了一系列基于四苯乙烯骨架的 CMP 材料。由于四苯乙烯骨架的存在，所得的 CMP 材料具有很强的固态荧光特性。此外，为避免使用重金属催化剂带来的成本及污染等问题，韩宝航等[133]采用氯化亚砜催化的多乙酰芳基化合物的羟醛缩合反应，合成了一系列新型的 CMP 聚合物。该合成方法具有以下优点：合成单体可以通过简单的傅-克酰基化得到、单一单体一步即可合成具有中等比表面积的多孔材料，催化剂和副产物可以很容易地从反应体系中除去。

此外，张春等[134]采用 Yamamoto 偶联反应，合成了一种基于星型三蝶烯骨架的微孔聚合物。王忠刚小组[135]报道了一种合成超微孔有机聚合物的新策略：采用四(4 -氰酰苯基) 硅烷为缩合单体，通过氰酸酯热固化形成超微孔聚合物。谭必恩小组[136]采用廉价的三聚氰胺与二取代芳基酸酐作为合成单体，通过热缩合合成了三种新型的聚酰亚胺聚合物，材料合成所用的前驱体全为平面结构并且廉价易得，合成过程无需使用有毒的催化剂。郭佳等[137]在 CMP 材料的合成过程中加入十六烷基三甲基溴化铵（CTAB）作为模板剂，采用油水两相（甲苯-水）微乳液法合成了球形胶状类聚合物 CNPC 材料。

2010 年，王为等[138]首次将具有催化活性的有机小分子植入有机多孔材料，实现了无金属参与的、功能化的 CMP 应用于多相催化反应。选取特勒格碱作为催化活性中心，通过 Sonogashira-Hagihara 偶联反应，合成了 BET 比表面积为 750m$^2$/g 的 CMP 微孔聚合物，并将其应用于催化二乙基锌对醛的加成反应。通过“Bottom-up”的策略，该小组还分别合成了 $N,N$ -二甲基吡啶（DMAP）功能化的[139]和手性 Jorgensen-Hayashi 催化剂功能化[140]的 CMP 材料，并成功地实现了多相催化应用。

CMP 及其类似物自 2007 年首次被 Cooper 小组报道以来，引起了人们广泛的研究兴趣。由于具有独特的 π 共轭体系，CMP 材料除了在吸附、分离、多相催化领域有着广泛的应用外，也在光电、储能、传感等领域有着潜在的应用价值。人们的设计思路也从发展 CMP 的构筑策略转向对 CMP 的功能化修饰、官能团转化及应用拓展等方向。

### （四）晶形共价有机框架（COF）材料

与上述无定形有机多孔材料不同，共价有机框架（covalent organic framework，COF）材料[141]是一类孔道结构规整的晶形有机多孔材料。其设计合成的关键在于选择合适的可逆反应以形成相应的共价键联。该类材料结构规整、形貌均一，而且具有大的表面积和较低的密度，在气体储存、光电、催化等领域具有潜在的应用前景。

2005 年，Yaghi 小组[142]首次报道了 1，4 -对苯二硼酸在溶剂热条件下可逆自身脱水缩合，形成共价有机框架材料 COF-1。该材料的比表面积为 711 $m^2/g$，孔径为 1.5nm。PXRD 表征显示，该材料为层与层交错排列的有机晶形材料。它不溶于常见的有机溶剂，具有良好的化学稳定性；在 600℃条件下，材料仍然能够保持原有的结构，说明该材料还具有良好的热稳定性。COF-1 的出现标志着首例晶形有机多孔材料的诞生，自此引起了科学家广泛的研究兴趣。2007 年，Yaghi 小组[143]通过四面体硼酸及其含硅类似物的可逆自身脱水缩合反应，合成了两种三维晶形 COF 材料，COF-102 和 COF-103。COF-102 和 COF-103 的 BET 比表面积分别为 $3472m^2/g$ 和 4210 $m^2/g$，是目前报道的比表面积最大的一类 COF 材料，在气体储存方面具有潜在的应用价值。多数 COF 材料都是通过溶剂热方法合成的，此外还有加热回流合成法、离子热合成法、微波合成法和表面控制合成法等合成方法[141]。

2011 年，王为等报道了首例晶形 COF 材料用于多相催化的例子[144]。采用廉价易得的对苯二胺与均苯三甲醛，通过可逆缩合形成了首个二维亚胺键联的晶形 COF 材料 COF-LZU1，其 BET 比表面积为 $410m^2/g$，层间距为 3.7Å，有利于金属离子与相邻层间的氮原子进行配位。通过后合成的方式可将乙酸钯引入 COF-LZU1 材料中，并将其用于催化 Suzuki-Miyaura 偶联反应。Pd/COF-LZU1 材料表现出优异的催化活性，对不同的底物都具有普适性，产物的产率大多在 95%以上；并且催化剂在循环使用四次后，仍然能够保持较高的催化活性。

2012 年，郑企雨等[145]巧妙地利用杯芳烃酚与 1，4 -对苯二硼酸的可逆脱水缩合反应合成了 CTC-COF，并研究了该材料在储氢方面的应用。这是首次将杯芳烃类骨架引入 COF 材料中的例子。孔径为 2.26nm 的 CTC-COF 材料的BET比表面积高达1710m²/g，与三维COF材料的相当，从而在气体储存方面表现出优良的性能。郑企雨等[146]还采用非平面的碗状单体醛基白藜芦环砌块与对苯二胺或者联苯二胺进行可逆缩合，在溶剂热条件下合成了二维COF材料CTV-COF-1和CTV-COF-2。其中CTV-COF-1为微孔型（1245m²/g，孔径：1.6nm），能很好地在低压下进行氢气储存；而CTV-COF-2为介孔型（1170m²/g，孔径：2.3nm），可以较好地吸附二氧化碳。受此启发，人们还可以选择与大环分子、杯芳烃分子相匹配的前驱体，设计合成出结构新颖的、比表面积大、易功能化的COF材料，并实现材料在气体储存、催化等领域的应用。

最近，朱广山等[147]在溶剂热条件下，采用四面体硼酸砌块TBPM和线性砌块四羟基苯THB进行可逆缩合，成功合成了三维互穿的微孔COF材料MCOF-1。该材料的孔径（0.64nm）分布相对较窄，因此可应用于选择性气体吸附。孟胜等[148]在COF-1中掺杂轻质金属离子，制备出相应的含金属的COF。金属和材料结构单元之间的键合能减少金属离子的聚集；同时金属离子可以作为"黏合剂"，延展材料的层数、增加料的稳定性。进一步的研究发现，COF夹层中掺杂$Ca^{2+}$时效果最好，可以提高COF-1的储氢能力。刘习奎等[149]在溶剂热条件下，用含吡啶环的三叉砌块（TAPP）和线性砌块（DHNDA)，合成了晶形COF纳米纤维（材料中存在互变平衡）。在材料形成过程中，通过SEM可观测到：随着反应时间的增加，材料的形貌逐渐由无规则的纳米颗粒变为直径为350nm的微球，反应24h后最终变为纳米纤维。作者将这种形貌的转变推测为材料在形成过程中发生了溶解-重结晶现象。

2012年，万立骏、王栋等[150]采用表面控制法成功合成了不同孔径的COF材料。在合成COF材料过程中，作为基底$CuSO_4 \cdot 5H_2O$中的水分子能够参与可逆反应的进行，从而有利于在基底上形成规整的COF材料。在此基础上，他们还实现了单层COF材料的表面生长并研究了其形成机理[151]。最近，雷圣宾等[152]在低真空条件下通过可逆亚胺键化学，在高度有序的热解石墨烯表面上合成了一系列缺陷较少的二维COF材料，并且通过调节单体的长度实现对COF孔径的控制。

目前，COF领域存在的主要挑战是如何设计合成出结构稳定的、功能化的COF材料，并实现它们在气体吸附、分离、光电、催化、传感等领域的应用。同时，由于COF材料的单晶难以获得，如何精确确定COF材料特别是三维COF材料的结构，也是该领域面临的一个瓶颈问题。

## 第三节　多孔材料的应用

多孔材料独特的结构特点赋予了这类材料优良的性能。多孔材料的传统应用领域为催化、吸附和离子交换。近年来，这类材料在材料、环境、能源、信息、生物医药等方面展现出潜在的应用前景。我国科研人员在催化、吸附与分离、生物医药及光电等典型的应用领域已取得了一些重要的研究进展。

### 一、催化

分子筛是无机微孔晶体材料的典型代表，这类材料具有规整的纳米孔道（孔径小于 2nm），同时孔道内具有活性（酸性，氧化还原性）位点，是石油化工、精细化工以及日用化工领域中应用最为广泛的催化材料。分子筛的择形催化性能是这类催化材料与众不同的最重要特性。我国在分子筛多孔催化材料研究领域有着广博的基础，在国际上占有重要地位，特别是利用分子筛作为催化剂在甲醇制烯烃（MTO）技术中取得了重要的研究成果。中国科学院大连化学物理研究所在 20 世纪 80 年代初期就开展了非石油线路制备低碳烯烃（即甲醇制烯烃）的研究工作。继 1994 年他们采用改性的 ZSM-5 分子筛催化剂和固定床反应工艺进行了 300t/a 甲醇处理量的中试试验之后[153]，他们又开发出 SAPO-34 分子筛催化剂用于 MTO 试验。目前，他们开发的成套的 DMTO 工艺技术已迈向产业化，在神华包头建立了世界首套甲醇制烯烃工业化装置，进行 60 万 t/a 级规模的生产[154]。

以 TS-1 为代表的钛硅分子筛作为一类环境友好的选择性氧化催化剂越来越受到人们的关注。吴鹏等开发了以 Ti-TWW 为催化剂的环己酮氨肟化反应的新工艺，他们发现 Ti-TWW 催化剂在环己酮的釜式反应中活性比 TS-1 高，过氧化氢的加料必须采用逐滴加入的方式[155]。在模拟工业化反应条件的淤浆床连续反应中，Ti-TWW 分子筛表现出较高的反应寿命，催化剂的填充量为 3.2g 时，反应寿命可达 214h[156]。此外，他们还提出了 Ti-TWW 分子筛重复利用的有效方法，通过酸洗去除孔道中吸附的有机物以及骨架外 Ti 物种，再通过 PI 重排反应减少骨架硅羟基的重整过程，从而使催化剂的寿命提高到失活前的 70%[157]。

介孔材料作为催化剂的研究很多[158,159]，可以应用到各类催化有机反应。杨启华等[160,161]将手性钒氧 salen 配合物封装在 SBA-16 的笼型孔径内，并用其催化醛的不对称氰基硅烷化反应。通过表面硅烷化的方法调节 SBA-16 孔口的大小，从而限制金属配合物的脱出，但是反应物和产品可以自由扩散。实验表明，该类反应的对映体选择性可以达到 90%，当以戊烷、正己烷和正庚烷为溶剂，配合物表现出比均相反应更高的对映体选择性，这是由于 salen 配合物在 SBA-16 笼内与均相反应体系相比的微环境发生了改变。肖丰收和裘式纶等发现的沸石初级和次级结构单元在表面活性剂或高分子聚合物辅助下组装成具有不同组成的介孔材料 MAS-$n$[162]，他们的结果表明沸石前驱体为结构单元组装成的介孔材料具有较好的高温水热稳定性和对大分子催化裂化活性[163]。李灿研究组发现磺酸功能化的有机二氧化硅介孔材料为较好的催化剂[164]。付宏刚综述了介孔二氧化钛的光催化性质[165]。

多孔有机材料应用于多相催化主要包括：提供活性位点络合金属、稳定金属纳米颗粒、不含金属的直接有机小分子催化、有机小分子不对称催化。2010 年，江东林小组[166]通过 Suzuki-Miyaura 偶联反应成功地合成了铁卟啉 CMP 材料，并将其应用于氧气或空气氛围下的硫醚氧化成亚砜的反应。2010 年，王为小组[138]将具有催化活性的特勒格碱有机小分子植入多孔有机材料，实现了无金属参与的、功能化的多孔有机材料应用于多相催化反应。2011 年，林文斌小组[167]第一次实现了手性多孔有机材料应用于不对称催化反应研究。他们采用多炔基取代的手性连萘酚，通过 $Co_2(CO)_8$催化的炔基三聚反应合成了第一例手性多孔聚合物 CCP，并将其络合四异丙基氧钛作为手性路易斯酸用于二乙基锌对苯甲醛的不对称加成。2012 年，王为小组[140]采用“自下而上”的策略，成功地将 Jorgensen-Hayashi 催化剂植入多孔有机材料中，并将其应用于不对称麦克加成反应。

## 二、吸附与分离

分子筛类无机微孔材料较大的比表面积、尺寸可调变的孔道和笼型结构等特点赋予这类材料优异的吸附能力以及吸附选择性和择形性，使其石油化工、气体分离和净化、清洁能源储能等方面具有重要的应用。国内许多研究组在分子筛吸附和分离材料的应用方面做了大量的工作。2007 年，北京大学谢有畅小组通过系统研究解决了大规模合成时无杂晶和高温焙烧时低硅铝比 X 型分子筛结构不被破坏的难题，推动了我国在分子筛变压吸附空分的应用[168]。特别是他们还发明了全新的高效锂离子交换工艺，锂离子可 100%被利用；开发出 PU-8 空分制氧高效吸附剂，常温常压下其 $N_2$吸附量是 CaA 分子筛的 2～3 倍，$N_2/O_2$的分离系数为 CaA 分子筛的 3 倍，吸附/分离性能位于国际先进水平。Yang 和 Song 研究组在金属离子改性的分子筛吸附剂用于选择性脱硫方法取得了突破性的进展。Yang 等基于π-络合吸附机理，研发出 Cu(Ⅰ)、AgY 等多种吸附剂，并在理论上验证了该吸附剂对噻吩的吸附强于苯[169,170]。Song 等提出了 S-M 吸附机理，开发出具有选择性吸附能力的 NiY 吸附剂，该吸附剂对噻吩和四氢噻吩表现出非常高的吸附选择性，但对芳烃和烯烃无吸附性[171]。

介孔材料作为吸附剂的用途也非常广泛[172]。介孔二氧化硅的孔道内表面引入含硫端基等有机基团后可以用作高效选择性吸附剂，处理废水中的重金属离子（如 Hg、Cd、Ag、Cr、Pb、Ba、Zn 等）。杨启华等[173]通过 TESPTS 与 TMOS 共聚合成硫醚功能化介孔材料。当有机基团在初始溶胶中的引入量高于 20% 时，所合成的材料在纳米孔道表面具有大量的结构缺陷，对 $Hg^{2+}$ 的吸附量达 1500mg/g。此外，这些材料还可吸附有机污染物，如苯酚等，吸附容量在 70mg/g 左右。施剑林研究组报道了使用 P123 为模板剂，在酸性条件下通过 $(EtO)_3Si(CH_2)_3S—S—S—S(CH_2)_3Si(OEt)_3$ 与 TEOS 共聚合成硫醚功能化介孔材料[174]。该材料在含 $Pb^{2+}$、$Cd^{2+}$、$Zn^{2+}$、$Cu^{2+}$、$Hg^{2+}$ 的溶液中，对 $Hg^{2+}$ 有着高度的选择性和相容性。在酸性条件下，以 P123 为模板剂成功制备了一系列以异氰脲酸酯为桥连并带有巯基功能团的介孔有机硅材料[175]。巯基的存在很好地提高了材料的稳定性，同时这种含有双功能团的材料对 $Hg^{2+}$ 的吸收性有了显著提高。袁忠勇合成的介孔/大孔复合分级结构的有机膦酸盐材料对重金属有吸附作用和光催化性能[176]。最近，于吉红研究组利用静电纺丝技术制备了一种柔性 $SiO_2/TiO_2$ 介孔复合纤维膜，可以高效地除去水中的有机小分子污染物。吸附饱和后的净水膜可以通过简单煅烧过程除去其中的吸附质，从而实现吸附膜的再生和循环利用[177]。

多孔有机材料由轻质元素组成（如 C、H、N、B 等），因而具有大的比表面积、低的骨架密度，在吸附（如氢气、甲烷、二氧化碳）、储存和分离领域有着广泛的应用前景。例如，2010 年，邓伟桥小组[178]通过在 CMP 中掺杂锂离子来提高其储氢性能，储氢值最高可达到 6.1wt%（77K，1bar），是未掺杂锂离子材料的四倍。2011 年，韩宝航小组[179]首次合成了基于螺环（芴-9,9′-氧杂蒽）骨架的多孔有机材料（SPOP）。材料在 77 K 和 1 bar 下的储氢量为 2.22wt%，这是当时已知的低压储氢最好的有机高分子聚合物。2012 年，韩宝航小组[180]通过咔唑的直接氧化偶联合成了一种新型的多孔有机材料 CPOP，其 BET 比表面积达到 $2220m^2/g$。该材料在 273K、1bar 下的二氧化碳吸附量可到 4.82mmol/g，而在此条件下甲烷和氮气的吸附量分别只有

0.13mmol/g 和 0.19mmol/g，表现出优异的 $CO_2/CH_4$ 和 $CO_2/N_2$ 吸附选择性。2011 年，谭必恩小组[181]采用后修饰的方法合成了磺酸功能化的超交联聚合物 SAM-HCP，并将其应用于重金属离子的吸附。磺酸修饰后的聚合物保持了原有的微孔结构及球形形貌，同时改善了亲水性能，能够提供活性位有效地吸附 $Pb^{2+}$、$Cu^{2+}$、$Cr^{3+}$、$Ni^{2+}$ 等重金属离子，并可循环使用。2011 年，邓伟桥小组[182]报道了将超疏水的共轭微孔聚合物 HCMP 用于有机溶剂及油的吸附。HCMP 开放的孔道和良好的表面超疏水性能，使得材料很容易从水相中吸附多种有机溶剂及油，展现出超强的吸附能力，其吸附极性有机溶剂及有毒有机溶剂的量可达到 700wt%～1500wt%。而将材料分散到海绵中时，原本亲水的海绵变为亲油。当海绵负载 HCMP 的量为 $7mg/cm^3$ 时，吸附辛烷的量达到 2300wt%，吸附硝基苯的量为 3300wt%，因而可以将该材料应用于液-液分离及水处理等领域。2011 年，江东林小组[183]通过 1，2，4，5-四氨基苯与环己六酮热缩合，合成了一种新型的稠环富氮微孔聚合物 Aza-CMP，并将其作为超级电容器和电源应用于储能领域的研究。他们在合成 Aza-CMP 的过程中发现不同的缩合温度对材料的比表面积有很大影响。当在 300℃缩合时，所得的 Aza-CMP@300 比表面积只有 $24m^2/g$，但当反应温度大于 400℃时，材料的比表面积达到 $1227m^2/g$。其中 Aza-CMP@450 展现出了良好的储能能力（946F/g）。

## 三、生物医药

有序介孔材料的孔径可在很大范围内连续调节、具有较大的比表面积和比容积、可负载大量客体分子、无生理毒性等特点使其非常适用于药物、酶、蛋白质等的固定和分离[184-186]，以及药物的装载与可控释放[187-192]。赵东元等发现固载材料的粒度越小、具有的孔道入口越多，则负载酶的容量就越大。具有笼形孔道介孔材料 FDU-12 展现出良好的酶传输可控性[193]。周国伟等研究了猪胰脂肪酶（PPL）在棒状 SBA-15 上的固定[194]，结果表明 PPL 被吸附固定到 SBA-15 孔道内，固定酶的特性都优于游离 PPL。杨启华等报道了骨架中含有不同含量的二乙基苯桥键的 PMOs 对溶菌酶的吸附性能[195]，研究表明二乙基苯桥键的 PMOs 在溶菌酶吸附中表现出比乙烷桥键的 PMOs 更高的吸附量，这主要由于二乙基苯与溶菌酶之间的强憎水作用与氢键作用。

介孔二氧化硅纳米颗粒（MSNs）结构稳定，具有介孔和纳米粒子的双重性质，在生物医药领域的应用引起了广泛了关注。二氧化硅表面还可以修饰各种功能分子，可以响应不同的外界刺激来控制功能分子对孔的封闭和打开[196]，达到控制释放的目的。施剑林小组[197]系统地制备了不同尺寸、单分散的 MSNs 和空心 MSNs 球形颗粒，研究了 MSNs 的生物相容性，包括生物降解性、细胞毒性、血液相容性、体内分布和排泄等。考察了粒径和 PEG 表面改性对生物相容性的影响以及作为药物载体的药物装载于输运特性。施剑林[198]采用 $C_{18}$TMS 合成了一种以磁性氧化铁颗粒为核、以装载药物分子的介孔二氧化硅为壳的核壳结构磁性纳米复合粒子 $Fe_3O_4$@$SiO_2$@m$SiO_2$，实现了布洛芬的包封和在模拟体液中的缓慢释放，并且在磁场作用下可以实现有效的分离。施剑林课题组通过基于“结构差异选择性刻蚀法”制备出铃铛型 $Fe_3O_4$@Void@m$SiO_2$纳米粒子，该纳米粒子以磁性四氧化三铁为内核，介孔二氧化硅为壳层，在核与壳的中间存在着巨大的空腔结构。这三个代表性的结构特征具有不同的功能：磁性内核可以作为 MRI-T2 的造影剂［$r^2$＝137.8 mL/（mol·s)］，介孔二氧化硅壳层为药物分子的传输和缓释提供了通道，巨大的空腔为存储大量的客体药物分子提供了空间（阿霉素的担载量为 20%，担载效率接近 100%)[199]。

刘昌胜教授和施剑林研究员合作，利用磁性纳米粒子为阀门，在介孔二氧化硅纳米粒子的孔道口用可逆的硼酸酯键用磁性四氧化三铁纳米粒子将药物封在孔道内，在不同的 pH 下通过硼酸酯键的水解实现了药物的酸响应控释[200]。郑南峰小组设计和合成了介孔二氧化硅包裹的 Pd@Ag，可以担载抗癌药物，并且光和 pH 启动释放[201]。施剑林课题组进一步将具有近红外光吸收和热效应的金纳米棒通过两步化学自组装法组装到 $Fe_3O_4$@$SiO_2$@m$SiO_2$纳米粒子的表面，得到一种金棒复合的磁性介孔纳米药物载体（GMMNs)，赋予其近红外光热成像、光学暗场细胞成像、MRI 成像、热/化疗协同治疗的特性[202]。施剑林课题组基于 MRI-T1 成像原理，采用原位氧化还原法在介孔二氧化硅纳米粒子的孔道中引入锰的顺磁中心，有效解决了锰基 MRI-T1 造影性能差的难题[203]；他们还采用一种基于静电相互作用原理的层层自组装法成功地以带正电荷的聚电解质为媒介将带有负电荷的 CdTe 量子点组装到 $Fe_3O_4$@$SiO_2$@m$SiO_2$纳米粒子的表面，得到一种新型的集磁/光双模式成像和药物传输性能的多功能介孔纳米诊疗剂（MFNEs)，并且荧光强度可以通过组装包覆的 CdTe 层数来调控[204]。该纳米结构中的荧光 QDs 可以用于癌细胞的标记，磁性四氧化三铁内核可以用于 MRI-T2 成像，并且介孔孔道中负载的阿霉素药物的释放具有 pH 响应的特性。

多孔有机骨架材料也可以用于药物缓释等生物医药领域。2011 年，朱广山小组[205]选用哌嗪与三聚氰氯作为合成单体，通过亲核取代反应合成了一种新的二维多孔有机框架。该材料可用于布洛芬的缓释。材料吸附布洛芬的量可到达0.35g/g，在前5h可释放50%的布洛芬，药物完全释放则需要耗时46h，表明该材料在生物医药领域有着潜在的应用价值。

## 四、光电

介孔材料和有机多孔材料孔腔较大，可以将具有光电性能的（刚性）客体嫁接到多孔材料的骨架中，从而实现其在光电领域的应用。严东生研究小组[206]用乙二胺基硅烷偶联剂对介孔进行表面改性，成功地在介孔内络合$Zn^{2+}$、$Cd^{2+}$等离子，经后处理即可形成Ⅱ～Ⅳ族宽禁带ZnO、ZnS或CdS半导体团簇粒子组装于介孔孔道之中。由于孔道的控制，纳米粒子尺寸均一，并产生了强烈的主客体效应和量子尺寸效应，大幅度地增强了量子尺寸效应和荧光发射强度。赵东元等利用一种纳米浇注的方法一步合成了六方、立方有序的纳米$In_2O_3$单晶阵列[207]，这类材料具有潜在的光学及电学性质。施剑林等在SBA-15孔道内合成贵金属纳米粒子和纳米涂层[208]；制备了一种金纳米粒子复合的非线性光学二氧化硅介孔薄膜，该薄膜具有非线性超快响应速度和高三阶非线性极化率[209]。

2008年，Thomas小组[210]首次合成了具有荧光特性的CMP材料。采用溴代螺环双芴作为功能化前驱体，通过Sonogashira-Hagihara和Suzuki偶联反应合成了两种聚亚苯基和聚亚苯炔基聚合物。材料在360nm的光激发下会发出强烈的蓝色荧光，因而在有机发光二极管领域及有机电化学领域有着潜在的应用价值。2009年，江东林小组[211]采用2,7-芘二硼酸自身可逆缩合，合成了一种新型的二维晶形材料PPy-COF。该材料具有层层堆积结构、开放的孔道、有利于电子的转移，是一种新型的、性能优良的光电材料。2012年，江东林小组[212]合成了三种基于卟啉骨架的COF材料，并考察了其光电性能。其中ZnP-COF的电子迁移率$\mu_e$为$5.4\times10^{-5}cm^2/(V\cdot s)$，空穴迁移率$\mu_h$为$3.36\times10^{-5}cm^2/(V\cdot s)$，因此可作为两性导电材料使用。

## 五、结论与展望

近十余年来，随着合成化学与合成技术的不断发展和进步，以及新的合成方法的开发，多孔材料的合成化学得到了蓬勃的发展，大量具有新颖结构和骨架组成，以及独特物理和化学性质的多孔材料不断被合成出来。未来合成化学的目标是开发高效、定向、原子经济和绿色的合成方法和途径。面向这个目标，多孔材料的合成化学还存在着重大的挑战。特别是要实现真正意义的从头设计合成，需要对多孔材料的晶化机理或生成机制在分子水平上有明确的理解和认识。

催化、吸附、分离、储能等领域日益增加的应用需求也极大地推动了多孔材料的发展，使得多孔材料从孔径范围（微孔-介孔-大孔）和骨架组成（无机-无机/有机-有机）等都得到了极大的拓展。在未来的研究中，人们将更多注重多孔材料功能和应用的需求：合成具有优异催化和吸附分离性质的新型分子筛材料以满足工业应用的需求，合成高水热稳定性的有序介孔材料、新型的有机多孔材料（如晶形共轭微孔聚合物），对材料微米级甚至毫米级的宏观形貌进行控制，对材料的性质与性能进行设计和控制等。在合成新材料的同时，不断拓展新的应用领域，如光、电、磁、光解水、分子印迹、储能、传感、医疗等。随着多孔材料合成研究的深入和应用领域的拓展，相信人们将根据实际需要，设计并合成出更多性能优异的多孔材料，最终满足不同应用的需求。

## 参考文献


[1] Davis M E. Ordered porous materials for emerging applications. Nature，2002，417：813－821.

[2] Barrer R M. Synthesis and reactions of mordenite. J Chem Soc，1948，10：2158－2163.

[3] 徐如人，庞文琴，于吉红，等．分子筛与多孔材料化学．北京：科学出版社，2004.

[4] Xu R，Pang W，Yu J，et al. Chemistry of Zeolites and Related Porous Materials Synthesis and Structure. Singapore，Wiley，2007 .

[5] Baerlocher C H，McCusker L B. http：//www. iza-structure. org/databases/.

[6] Barrer R M，Denny P J. Hydrothermal chemistry of the silicates. Part IX. Nitrogenous aluminosilicates. J Chem Soc（Resumed），1961：917－982.

[7] Wilson S T，Lok B M，Messina C A，et al. Aluminophosphate molecular sieves：A new class of microporous crystalline inorganic solids. J Am Chem Soc，1982，104：1146－1147.

[8] Bibby D M，Dale M P. Synthesis of silica-sodalite from non-aqueous systems. Nature，1985，317：157－158.

[9] Feng S，Xu R. Studies on the syntheses and structure of a novel family of microporous gallophosphates. Chem J Chinese Univ，1987，8：867－868.

[10] Yu J，Xu R，Li J. Structural diversity of a family of aluminophosphates with Al/P ratio of non-unity. Solid State Sci，2000，2（2）：181－192.

[11] Song X, Li Y, Gan L, et al. Heteroatom-stabilized chiral framework of aluminophosphate molecular sieves. Angew Chem Int Ed, 2009, 48: 314 - 317.

[12] Su J, Wang Y, Wang Z, et al. PKU-9: An aluminogermanate with a new three-dimensional zeolite framework constructed from CGS layers and spiro-5 units. J Am Chem Soc, 2009, 131: 6080 - 6081.

[13] Han Y, Li Y, Yu J, et al. A gallogermanate zeolite constructed exclusively by three-ring building units. Angew Chem Int Ed, 2011, 50: 3003 - 3005.

[14] Xu Y, Li Y, Han Y, et al. A new gallogermanate zeolite with unprecedented 11-ring channels. Angew Chem Int Ed, 2013, 125: 5611 - 5613.

[15] Cooper E R, Andrews C D, Wheatley P S, et al. Ionic liquids and eutectic mixtures as solvent and template in synthesis of zeolite analogues. Nature, 2004, 430: 1012 -1016.

[16] Xu Y, Tian Z, Wang S, et al. Microwave-enhanced ionothermal synthesis of aluminophosphate molecular sieves. Angew Chem Int Ed, 2006, 117: 4069 - 4074.

[17] Xing H, Li J, Yan W, et al. Cotemplating ionothermal synthesis of a new open-framework aluminophosphate with unique Al/P ratio of 6/7. Chem Mater, 2008, 20: 4179 - 4181.

[18] Xing H, Yang W, Su T, et al. Ionothermal synthesis of extra-large-pore open-framework nickel phosphite $5H_3O \cdot [Ni_8(HPO_3)_9Cl_3] \cdot 1.5H_2O$: Magnetic anisotropy of the antiferromagnetism. Angew Chem Int Ed, 2010, 122: 2378 - 2381.

[19] Wei Y, Tian Z, Gies H, et al. Ionothermal synthesis of an aluminophosphate molecular sieve with 20-ring pore openings. Angew Chem Int Ed, 2010, 122: 5495 - 5498.

[20] Ma H, Tian Z, Xu R, et al. Effect of water on the ionothermal synthesis of molecular sieves. J Am Chem Soc, 2008, 130: 8120 - 8121.

[21] Wang L, Xu Y, Wei Y, et al. Structure-directing role of amines in the ionothermal synthesis. J Am Chem Soc, 2006, 128: 7432 - 7433.

[22] Pei R, Wei Y, Li K, et al. Mixed template effect adjusted by amine concentration in ionothermal synthesis of molecular sieves. Dalton Tran, 2010, 39: 1441 - 1443.

[23] Cundy C S, Zhao J P. Remarkable synergy between microwave heating and the addition of seed crystals in zeolite synthesis-a suggestion verified. Chem Commun, 1998, 14: 1465 - 1466.

[24] Xu X, Yang W, Liu J, et al. Synthesis of a high-permeance NaA zeolite membrane by microwave heating. Adv Mater, 2000, 12: 195 - 198.

[25] Han Y, Ma H, Qiu S L, et al. Preparation of zeolite A membranes by microwave heating. Micropor Mesopor Mater, 1999, 30: 321 - 326.

[26] 陈晓欣．微波溶剂热条件下分子筛 Silicalite-1 的晶貌控制．吉林大学博士论文，2009.

［27］ Chen X，Yan W，Cao X，et al. Fabrication of silicalite-1 crystals with tunable aspect ratios by microwave-assisted solvothermal synthesis. Micropor Mesopor Mater，2009，119：217－222.

［28］ Chen X，Yan W，Shen W，et al. Morphology control of self-stacked silicalite-1 crystals using microwave-assisted solvothermal synthesis. Micropor Mesopor Mater，2007，104：296－304.

［29］ Liu Y，Li Y，Cai R，et al. Suppression of twins in *b*-oriented MFI moleclar sieve films under microwave irradiation. Chem Commun，2012，48：6782－6784.

［30］ 林松．SAPO-34 分子筛纳米晶的微波合成、形貌控制及其催化性质研究．吉林大学硕士论文，2011.

［31］ Yang G，Wei Y，Xu S，et al. Nanosize-enhanced lifetime of SAPO-34 catalysts in methanol-to-olefin reactions，J Phy Chem C，2013，117：8214－8222.

［32］ Lee H，Zone S I，Davis M E. A combustion-free methodology for synthesizing zeolites and zeolite-like materials. Nature，2003，425：385－388.

［33］ Jones C W，Hwang S J，Okubo T，et al. Synthesis of hydrophobic molecular sieves by hydrothermal treatment with acetic acid. Chem Mater，2001，13：1041－1050.

［34］ Song J，Dai L，Ji Y，et al. Organic template free synthesis of aluminosilicate zeolite ECR-1. Chem Mater，2006，18：2775－2777.

［35］ Xie B，Song J，Ren L，et al. Organotemplate-free and fast route for synthesizing Beta zeolite. Chem Mater，2008，20：4533－4535.

［36］ Wu Z，Song J，Ji Y，et al. Organic template-free synthesis of ZSM-34 zeolite from an assistance of zeolite L seeds solution. Chem Mater，2008，20：357－359.

［37］ Suzuki Y，Wakihara T，Itabashi K，et al. Cooperative effect of sodium and potassium cations on synthesis of ferrierite. Top Catal，2009，52：67-74.

［38］ Zhang H，Guo Q，Ren L，et al. Organotemplate-free synthesis of high-silica ferrierite zeolite induced by CDO-structure zeolite building units. J Mater Chem，2011，21：9494－9497.

［39］ Duan F，Li J，Chen P，et al. A low-cost route to the syntheses of microporous cobalt-substituted aluminophosphates by using the waste mother-liquor. Micropor Mesopor Mater，2009，126：26－31.

［40］ Zhang P，Wang L，Ren L，et al. “Solvent-free” synthesis of thermally stable and hierarchically porous aluminophosphates（SF-APOs）and heteroatom-substituted aluminophosphates（SF-MAPOs）. J Mater Chem，2011，21：12026－12033.

［41］ Ren L，Wu Q，Yang C，et al. Solvent-free synthesis of zeolites from solid raw materials. J Am Chem Soc，2012，134：15173－15176.

［42］ 唐有祺，桂琳琳．逆向而行——功能体系的分子工程学研究．湖南：科学技术出版社，1997.

[43] Yu J, Xu R. Rational approaches toward the design and synthesis of zeolitic inorganic open-framework materials. Acc Chem Res, 2010, 43: 1195 - 1204.

[44] Wang Z, Yu J, Xu R. Needs and trends in rational synthesis of zeolitic materials. Chem Soc Rev, 2012, 41: 1729 - 1741.

[45] Li Y, Yu J, Xu R. Combining structure modeling and electron microscopy to determine complex zeolite framework structure. Angew Chem Int Ed, 2008, 47: 4401 - 4405.

[46] Li Y, Yu J, Jiang J, et al. Prediction of open-framework aluminophosphate structures using the automated assembly of secondary building units method with Lowenstein's constraints. Chem Mater, 2005, 17: 6086 - 6093.

[47] Li Y, Yu J, Xu R, et al. Design of zeolite frameworks with defined pore geometry through constrained assembly of atoms. Chem Mater, 2003, 15: 2780 - 2785.

[48] Li J. http: //zeobank. jlu. edu. cn. 2011-10-26.

[49] Li Y. http: //mezeopor. jlu. edu. cn/alpo.

[50] Li Y, Yu J, Xu R. FraGen: A computer program for real-space structure solution of extended inorganic frameworks. J Appl Crystal, 2012, 45: 855 - 861.

[51] Li Y, Yu J, Xu R. Criteria for zeolite frameworks realizable for target synthesis. Angew Chem Int Ed, 2013, 52: 1673 - 1677.

[52] Liang J, Li J, Yu J, et al. [ $(C_4H_{12}N)_2$ ][ $Zn_3(HPO_3)_4$ ]: An open-framework zinc phosphite containing extra-large 24-ring channels. Angew Chem Int Ed, 2006, 45: 2546 -2548.

[53] Li J, Yu J, Xu R. Computational simulation study towards the synthesis of extra-large microporous materials. Micropor Mesopor Mater, 2007, 101: 406 - 412.

[54] Li J, Li L, Liang J, et al. Template-designed syntheses of open-framework zinc phosphites with extra-large 24-ring channels. Cryst Growth Design, 2008, 8: 2318 - 2323.

[55] Li J, Qi M, Kong J, et al. Computational prediction of the formation of microporous aluminophosphates with desired structural features. Micropor Mesopor Mater, 2010, 129: 251 - 255.

[56] Di Renzo F, Cambon H, Dutartre R. A 28-year-old synthesis of micelle-templated mesoporous silica. Micropor Mesopor Mater, 1997, 10: 283 - 286.

[57] Yanagisawa T, Shimizu T, Kuroda K, et al. The preparation of alkyltrimethylammonium-kanemite complexes and their conversion to microporous materials. Bull Chem Soc Jpn, 1990, 63: 988 - 992.

[58] Inagaki S, Fukushima Y, Kuroda K. Synthesis of highly ordered mesoporous materials from a layered polysilicate. J Chem Soc Chem Commun, 1993: 680 - 682.

[59] Kresge C T, Leonowicz M E, Roth W J, et al. Ordered mesoporous molecular sieves synthesized by a liquid-crystal template mechanism. Nature, 1992, 359: 710 - 712.

[60] Wan Y, Zhao D. On the controllable soft-templating approach to mesoporous sili-

cates. Chem Rev, 2007, 107: 2821－2860.

[61] Shi J. On the synergetic catalytic effect in heterogeneous nanocomposite catalysts. Chem Rev, 2013, 113: 2139－2181.

[62] Zhao D Y, Feng J L, Huo Q S, et al. Triblock copolymer syntheses of mesoporous silica with periodic 50 to 300 angstrom pores. Science, 1998, 279: 548－552.

[63] Yamauchi Y, Kuroda K. Rational design of mesoporous metals and related nanomaterials by a soft-template approach. Chemistry-An Asian Journal, 2008, 3: 664-676.

[64] Chen F X, Huang L M, Li Q Z. Synthesis of MCM-48 using mixed cationic-anionic surfactants as templates. Chem Mater, 1997, 9: 2685－2686.

[65] Cai Q, Luo Z S, Pang W Q, et al. Dilute solution routes to various controllable morphologies of MCM-41 silica with a basic medium. Chem Mater, 2001, 13: 258－263.

[66] Yu C Z, Yu Y H, Zhao D Y. Highly ordered large caged cubic mesoporous silica structures templated by triblock PEO-PBO-PEO copolymer. Chem Commun, 2000: 575－576.

[67] Meng Y, Gu D, Zhang F Q, et al. Ordered mesoporous polymers and homologous carbon frameworks: Amphiphilic surfactant templating and direct transformation. Angew Chem Int Ed, 2005, 117: 7215－7221.

[68] Deng Y, Wei J, Sun Z, et al. Large-pore ordered mesoporous materials templated from non-Pluronic amphiphilic block copolymers. Chem Soc Rev, 2013, 42: 4054－4070.

[69] Shi Y, Wan Y, Zhao D. Ordered mesoporous non-oxide materials. Chem Soc Rev, 2011, 40, 3854－3878.

[70] Li L L, Xu J, Yuan Q, et al. Facile Synthesis of macrocellular mesoporous foam-like Ce-Sn mixed oxides with a nanocrystalline framework by using triblock copolymer as the single template. Small, 2009, 5: 2730－2737.

[71] He X L, Tan L F, Chen D, et al. $Fe_3O_4$-Au@mesoporous $SiO_2$ microspheres: An ideal artificial enzymatic cascade system. Chem Commun, 2013, 49: 4643－4645.

[72] Tian B Z, Liu X Y, Tu B, et al. Self-adjusted synthesis of ordered stable mesoporous minerals by acid-base pairs. Nature Mater, 2003, 2: 159－163.

[73] Gao C B, Che S A. Organically functionalized mesoporous silica by Co-structure-directing route. Adv Fun Mater, 2010, 20: 2750－2768.

[74] Han L, Che S. Anionic surfactant templated mesoporous silicas (AMSs). Chem Soc Rev, 2013, 42: 3740－3752.

[75] Gao C B, Qiu H B, Zeng W, et al. Formation mechanism of anionic surfactant-templated mesoporous silica. Chem Mater, 2006, 18: 3904－3914.

[76] Che S, Garcia-Bennett A E, Yokoi T, et al. A novel anionic surfactant templating route for synthesizing mesoporous silica with unique structure. Nature Mater, 2003, 2: 801－805.

[77] Che S, Liu Z, Ohsuna T, et al. Synthesis and characterization of chiral mesoporous silica. Nature, 2004, 429: 281 - 284.

[78] Qiu H, Che S. Chiral mesoporous silica: Chiral construction and imprinting via cooperative self-assembly of amphiphiles and silica precursors. Chem Soc Rev, 2011, 40: 1259 - 1268.

[79] Meng Y, Gu D, Zhang F, et al. A family of highly ordered mesoporous polymer resin and carbon structures from organic-organic self-assembly. Chem Mater, 2006. 18: 4447 - 4464.

[80] Wan Y, Yang H, Zhao D. "Host-guest" chemistry in the synthesis of ordered nonsiliceous mesoporous materials. Acc Chem Res, 2006, 39: 423 - 432.

[81] Li W, Zhao D Y. Extension of the stober method to construct mesoporous $SiO_2$ and $TiO_2$ shells for uniform multifunctional core-shell structures. Adv Mater, 2013, 25: 142 - 149.

[82] Zhang Z T, Han Y, Zhu L, et al. Strongly acidic and high-temperature hydrothermally stable mesoporous aluminosilicates with ordered hexagonal structure. Angew Chem Int Ed, 2001, 40: 1258 - 1262.

[83] Xiao F S. Hydrothermally stable and catalytically active ordered mesoporous materials assembled from preformed zeolite nanoclusters. Catal Surveys Asia , 2004, 8: 151 -159.

[84] 孙博，郭勇，徐乐，等．微乳液法合成沸石/介孔二氧化硅复合微球．化学学报，2012，70：2419 - 2424.

[85] Djojoputro H, Zhou X F, Qiao S Z, et al. Periodic mesoporous organosilica hollow spheres with tunable wall thickness. J Am Chem Soc, 2006, 128: 6320 - 6321.

[86] Tang J W, Zhou X F, Zhao D Y, et al. Hard-sphere packing and icosahedral assembly in the formation of mesoporous materials. J Am Chem Soc, 2007, 129: 9044 - 9048.

[87] Yuan P, Zhou X F, Wang H N, et al. Electron-tomography determination of the packing structure of macroporous ordered siliceous foams assembled from vesicles. Small, 2009, 5: 377 - 382.

[88] Yu M H, Wang H N, Zhou X F, et al. One template synthesis of raspberry-like hierarchical siliceous hollow spheres. J Am Chem Soc, 2007, 129: 14576 - 14577.

[89] Qiao Z A, Zhang L, Guo M, et al. Synthesis of mesoporous silica nanoparticles via controlled hydrolysis and condensation of silicon alkoxide. Chem Mater, 2009, 21: 3823 -3829.

[90] 王玉，韩璐，车顺爱．具有可控分散性的不同粒径氨基酸双功能化介孔二氧化硅纳米颗粒．高等学校化学学报，2011，3：560 - 570.

[91] Liu J, Bai S Y, Zhong H, et al. Tunable assembly of organosilica hollow nanospheres. J Phys Chem C, 2010, 114: 953 - 961.

[92] Yang Q H, Liu J, Yang J, et al. Synthesis, characterization, and catalytic activity of sulfonic acid-functionalized periodic mesoporous organosilicas. J Catal, 2004, 228: 265 -272.

[93] Wu X J, Ji S J, Li Y, et al. Helical transfer through nonlocal interactions. J Am Chem Soc, 2009, 131: 5986 - 5993.

[94] Li Y, Li B Z, Yan Z J, et al. Preparation of chiral mesoporous silica nanotubes and nanoribbons using a dual-templating approach. Chem Mater, 2013, 25, 307 - 312.

[95] Yang H F, Zhao D Y. Synthesis of replica mesostructures by the nanocasting strategy. J Mater Chem, 2005, 15: 1217 - 1231.

[96] Tian B Z, Liu X Y, Yang H F, et al. General synthesis of ordered crystallized metal oxide nanoarrays replicated by microwave-digested mesoporous silica. Adv Mater, 2003, 15: 1370 - 1374.

[97] Lai X Y, Li X T, Geng W C, et al. Ordered mesoporous copper oxide with crystalline walls. Angew Chem Int Ed, 2007, 46: 738 - 741.

[98] Ren Y, Ma Z, Bruce P G. Ordered mesoporous metal oxides: Synthesis and applications. Chem Soc Rev, 2012, 41: 4909 - 4927.

[99] Tan L F, Chen D, Liu H Y, et al. A silica nanorattle with a mesoporous shell: An ideal nanoreactor for the preparation of tunable gold cores. Adv Mater, 2010, 22: 4885 - 4889.

[100] Dong A G, Ren N, Tang Y, et al. General synthesis of mesoporous spheres of metal oxides and phosphates. J Am Chem Soc, 2003, 125: 4976 - 4977.

[101] Dong A, Wang Y, Tang Y, et al. Hollow zeolite capsules: A novel approach for fabrication and guest encapsulation. Chem Mater, 2002, 14: 3217 - 3219.

[102] Dong A, Ren N, Yang W, et al. Preparation of hollow zeolite spheres and three-dimensionally ordered macroporous zeolite monoliths with functionalized interiors . Adv Funct Mater, 2003, 13: 943 - 948.

[103] Zhang W H, Shi J L, Chen H R, et al. Synthesis and characterization of nanosized ZnS confined in ordered mesoporous silica. Chem Mater, 2001, 13: 648 - 654.

[104] Gao F, Lu Q Y, Liu X Y, et al. Controlled synthesis of semiconductor PbS nanocrystals and nanowires inside mesoporous silica SBA-15 phase. Nano Letters, 2001, 1: 743 - 748.

[105] Gao F, Lu Q Y, Zhao D Y. Synthesis of crystalline mesoporous CdS semiconductor nanoarrays through a mesoporous SBA- 15 silica template technique. Adv Mater, 2003, 15: 739 - 742.

[106] Yang H F, Shi Q H, Tian B Z, et al. One-step nanocasting synthesis of highly ordered single crystalline indium oxide nanowire arrays from mesostructured frameworks. J Am Chem Soc, 2003, 125: 4724 - 4725.

[107] Li L, Shi J, Zhang L, et al. A Novel and simple *in-situ* reduction route for the

synthesis of an ultra-thin metal nanocoating in the channels of mesoporous silica materials. Adv Mater, 2004, 16: 1079 - 1082.

[108] Wan Y, Shi Y, Zhao D. Supramolecular aggregates as templates: Ordered mesoporous polymers and carbons. Chem Mater, 2008, 20: 932 - 945.

[109] Kruk M, Jaroniec M, Ryoo R, et al. Characterization of ordered mesoporous carbons synthesized using MCM-48 silicas as templates. J Phy Chem B, 2000, 104: 7960 - 7968.

[110] Deng Y H, Cai Y, Sun Z K, et al. Controlled synthesis and functionalization of ordered large-pore mesoporous carbons. Adv Fun Mater, 2010, 20: 3658 - 3665.

[111] Ma T Y, Liu L, Yuan Z Y. Direct synthesis of ordered mesoporous carbons. Chem Soc Rev, 2013, 42: 3977 - 4003.

[112] Zhang F Q, Meng Y, Gu D, et al. A facile aqueous route to synthesize highly ordered mesoporous polymers and carbon frameworks with Ia-3d bicontinuous cubic structure. J Am Chem Soc, 2005, 127: 13508 - 13509.

[113] Liu R, Shi Y, Wan Y, et al. Triconstituent Co-assembly to ordered mesostructured polymer-silica and carbon-silica nanocomposites and large-pore mesoporous carbons with high surface areas. J Am Chem Soc, 2006, 128: 11652 - 11662.

[114] Davankov V A, Tsyurupa M P. Structure and properties of hypercrosslinked polystyrene-the first representative of a new class of polymer networks. React Funct Polym, 1990, 13: 27 - 42.

[115] Tsyurupa M P, Davankov V A. Hypercrosslinked polymers: Basic principle of preparing the new class of polymeric materials. React Funct Polym, 2002, 53: 193 - 203.

[116] Li B, Gong R, Luo Y, et al. Tailoring the pore size of hypercrosslinked polymers. Soft Matter, 2011, 7: 10910 - 10916.

[117] Li B, Gong R, Wang W, et al. A new strategy to microporous polymers: knitting rigid aromatic building blocks by external cross-linker. Macromolecules, 2011, 44: 2410 - 2414.

[118] Zhang W, Xu Z, Pan B, et al. Assessment on the removal of dimethyl phthalate from aqueous phase using a hydrophilic hyper-cross-linked polymer resin NDA-702. J Colloid Interface Sci, 2007, 311: 382 - 390.

[119] Zhang W, Hong C, Pan B, et al. Removal enhancement of 1-naphthol and 1-naphthylamine in single and binary aqueous phase by acid-basic interactions with polymer adsorbents. J Hazard Mater, 2008, 158: 293 - 299.

[120] Huang J, Wang X, Deng X. Synthesis, characterization, and adsorption properties of phenolic hydroxyl group modified hyper-cross-linked polymeric adsorbent. J Colloid Interface Sci, 2009, 337, 19 - 23.

[121] Wang X, Huang J, Huang K. Surface chemical modification on hyper-cross-linked resin by hydrophilic carbonyl and hydroxyl groups to be employed as a polymeric ad-

sorbent for adsorption of *p*-aminobenzoic acid from aqueous solution. Chem Eng J, 2010, 162: 158 - 163.

[122] Budd P M, Ghanem B S, Makhseed S, et al. Polymers of intrinsic microporosity (PIMs): Robust, solution-processable, organic nanoporous materials. Chem Commun, 2004: 230 - 231.

[123] Wang Z, Zhang B, Yu H, et al. Microporous polyimide networks with large surface areas and their hydrogen storage properties. Chem Commun, 2010, 46 : 7730 -7732.

[124] Jiang J X, Su F, Trewin A, et al. Conjugated microporous poly(aryleneethynylene) networks. Angew Chem Int Ed, 2007, 46: 8574 - 8578.

[125] Kobayashi N, Kijima M. Microporous materials derived from two- and three-dimensional hyperbranched conjugated polymers by thermal elimination of substituents. J Mater Chem, 2007, 17: 4289 - 4296.

[126] Ben T, Ren H, Ma S, et al. Targeted synthesis of a porous aromatic framework with high stability and exceptionally high surface area. Angew Chem Int Ed, 2009, 48: 9621 -9624.

[127] Zou X, Ren H, Zhu G. Topology-directed design of porous organic frameworks and their advanced applications. Chem Commun, 2013, 49: 3925.

[128] Ren H, Ben T, Sun F, et al. Synthesis of a porous aromatic framework for adsorbing organic pollutants application. J Mater Chem, 2011, 21: 10348 - 10353.

[129] Yuan Y, Sun F, Ren H, et al. Targeted synthesis of a porous aromatic framework with a high adsorption capacity for organic molecules. J Mater Chem, 2011, 21: 13498 - 13502.

[130] Ben T, Shi K, Cui Y, et al. Targeted synthesis of an electroactive organic framework. J Mater Chem, 2011, 21: 18208 - 18214.

[131] Chen Q, Luo M, Wang T, et al. Porous organic polymers based on propeller-like hexaphenylbenzene building units. Macromolecules, 2011, 44: 5573 - 5577.

[132] Chen Q, Wang J X, Yang F, et al. Tetraphenylethylene-based fluorescent porous organic polymers: preparation, gas sorption properties and photoluminescence properties. J Mater Chem, 2011, 21, 13554 - 13560.

[133] Zhao Y C, Zhou D, Chen Q, et al. Thionyl chloride-catalyzed preparation of microporous organic polymers through Aldol condensation. Macromolecules, 2011, 44: 6382 - 6388.

[134] Zhang C, Liu Y, Li B, et al. Triptycene-based microporous polymers: synthesis and their gas storage properties. ACS Macro Letters, 2012, 1 : 190 - 193.

[135] Zhang B, Wang Z. Building ultramicropores within organic polymers based on a thermosetting cyanate ester resin. Chem Commun, 2009: 5027 - 5029.

[136] Luo Y, Li B, Liang L, et al. Synthesis of cost-effective porous polyimides and their gas storage properties. Chem Commun, 2011, 47: 7704 - 7706.

[137] Zhang P, Weng Z, Guo J, et al. Solution-dispersible, colloidal, conjugated porous polymer networks with entrapped palladium nanocrystals for heterogeneous catalysis of the Suzuki - Miyaura coupling reaction. Chem Mater, 2011, 23: 5243-5249.

[138] Du X, Sun Y, Tan B, et al. Troger's base-functionalised organic nanoporous polymer for heterogeneous catalysis. Chem Commun, 2010, 46: 970-972.

[139] Zhang Y, Zhang Y, Sun Y L, et al. 4-(*N*,*N*-dimethylamino)pyridine-embedded nanoporous conjugated polymer as a highly active heterogeneous organocatalyst. Chem Eur J, 2012, 18: 6328-6334.

[140] Wang C A, Zhang Z K, Yue T, et al. "Bottom-up" embedding of the Jørgensen-Hayashi catalyst into a chiral porous polymer for highly efficient heterogeneous asymmetric organocatalysis. Chem Eur J, 2012, 18: 6718-6723.

[141] Ding S Y, Wang W. Covalent organic frameworks (COFs): From design to applications. Chem Soc Rev, 2013, 42: 548-568.

[142] Cote A P, Benin A I, Ockwig N W, et al. Porous, crystalline, covalent organic frameworks. Science, 2005, 310: 1166-1170.

[143] El-Kaderi H M, Hunt J R, Mendoza-Cortes J L, et al. Designed synthesis of 3D covalent organic frameworks. Science, 2007, 316, 268-272.

[144] Ding S Y, Gao J, Wang Q, et al. Construction of covalent organic framework for catalysis: Pd/COF-LZU1 in Suzuki-Miyaura coupling reaction. J Am Chem Soc, 2011, 133: 19816-19822.

[145] Yu J T, Chen Z, Sun J, et al. Cyclotricatechylene based porous crystalline material: Synthesis and applications in gas storage. J Mater Chem, 2012, 22: 5369-5373.

[146] Song J, Sun J, Liu J, et al. Thermally/hydrolytically stable covalent organic frameworks from a rigid macrocyclic host. Chem Commun, 2014, 50: 788-791.

[147] Ma H, Ren H, Meng S, et al. A 3D microporous covalent organic framework with exceedingly high $C_3H_8/CH_4$ and $C_2$ hydrocarbon/$CH_4$ selectivity. Chem Commun, 2013, 49: 9773-9775.

[148] Gao F, Ding Z, Meng S. Three-dimensional metal-intercalated covalent organic frameworks for near-ambient energy storage. Scientific Reports, 2013, 3: 1882.

[149] Huang W, Jiang Y, Li X, et al. Solvothermal synthesis of microporous, crystalline covalent organic framework nanofibers and their colorimetric nanohybrid structures. ACS Appl Mater Interfaces, 2013, 5: 8845-8849.

[150] Guan C Z, Wang D, Wan L J. Construction and repair of highly ordered 2D covalent networks by chemical equilibrium regulation. Chem Commun, 2012, 48: 2943-2945.

[151] Liu X, Guan C, Ding S, et al. On-surface synthesis of single-layered 2D covalent organic frameworks via solid-vapor interface reactions. J Am Chem Soc, 2013, 135: 10470-10474.

[152] Xu L, Zhou X, Yu Y, et al. Surface-confined crystalline two-dimensional covalent or-

ganic frameworks via on-surface Schiff-base coupling. ACS Nano，2013，7：8066－8073.

[153] Liang J，Li H Y，Zhao S Q，et al. Characteristics and performance of SAPO-34 catalyst for methanol-to-olefin conversion. Appl Catal，1990，64：31－40.

[154] Ondrey G. Coal-to-chemicals. Chem Eng，2011，118：16－20.

[155] Song F，Liu Y，Wu H，et al. A novel titanosilicate with MWW structure：Highly effective liquid-phase ammoximation of cyclohexanone. J Catal，2006，237：359－367.

[156] Zhao S，Xie W，Yang J，et al. An investigation into cyclohexanone ammoximation over Ti-MWW in a continuous slurry reactor. Appl Catal A，2011，394：1－8.

[157] Song F，Liu Y，Wang L，et al. Highly selective synthesis of methyl ethyl ketone oxime through ammoximation over Ti-MWW. Appl Catal A，2007，327：22－31.

[158] Yang Q H，Liu J，Zhang L，et al. Functionalized periodic mesoporous organosilicas for catalysis. J Mater Chem，2009，19：1945－1955.

[159] Yang Y，Liu X，Li X B，et al. A yolk-shell nanoreactor with a basic core and an acidic shell for cascade reactions. Angew Chem Int Ed，2012，51：9164－9168.

[160] Yang H，Zhang L，Zhong L，et al. Enhanced cooperative activation effect in the hydrolytic kinetic resolution of epoxides on [Co(salen)] catalysts confined in nanocages. Angew Chem Int Ed，2007，46：6861－6865.

[161] Yang H，Zhang L，Wang P，et al. The enantioselective cyanosilylation of aldehydes on a chiral VO(salen) complex encapsulated in SBA-16. Green Chem，2009，11：257－264.

[162] Zhang Z T，Han Y，Xiao F S，et al. Mesoporous aluminosilicates with ordered hexagonal structure，strong acidity，and extraordinary hydrothermal stability at high temperature. J Am Chem Soc，2001，123：5014－5021.

[163] Zhu L，Xiao F S，Zhang Z T，et al. High activity in catalytic cracking over stable mesoporous aluminosilicates. Catal Today，2001，68：209－216.

[164] Liu J，Yang J，Li C M，et al. Catalytic applications of sulfonic acid functionalized mesoporous organosilicas with different fraction of organic groups in the pore wall. J Porous Mater，2009，16：273－281.

[165] Zhou W，Fu H. Mesoporous $TiO_2$：Preparation，doping，and as a composite for photocatalysis. ChemCatChem，2013，5：885－894.

[166] Chen L，Yang Y，Jiang D. CMPs as scaffolds for constructing porous catalytic frameworks：A built-in heterogeneous catalyst with high activity and selectivity based on nanoporous metalloporphyrin polymers. J Am Chem Soc，2010，132：9138－9143.

[167] Ma L，Wanderley M M，Lin W. Highly porous cross-linked polymers for catalytic asymmetric diethylzinc addition to aldehydes. Acs Catalysis，2011，1：691－697.

[168] 张佳平，唐伟，耿云峰，等．变压吸附空分制氧和 CO 分离在煤化工中的应用．现代化工，2007，27（s2）：121－126.

[169] Yang R T，Takahashi A，Yang F H. New sorbents for desulfurization of liquid

fuels by i-complexation. Ind Eng Chem Res, 2001, 40: 6236-6239.

[170] Takahashi A, Yang F H, Yang R T. Desulfurization by-complesation: Thiophene/benzene a dsorption. Indust Eng Chem Res, 2002, 41: 2487-2496.

[171] Velu S, Ma X. Song C. Selective adsorption for removing sulfur from jet fuel over zeolite-based adsorbents. Indust Eng Chem Res, 2003, 42: 5293-5304.

[172] Wu Z X, Zhao D Y. Ordered mesoporous materials as adsorbents. Chem Commun, 2011, 47: 3332-3338.

[173] Liu H, Yang J, Yang Q H, et al. Hydrothermally stable thioether-bridged mesoporous materials with void defects in the pore walls. Adv Func Mater, 2005, 15: 1297-1302.

[174] Zhang L X, Zhang W H, Shi J L, et al. A new thioether functionalized organic-inorganic mesoporous composite as a highly selective and capacious $Hg^{2+}$ adsorbent. Chem Commun, 2003: 210-211.

[175] Zhang W H, Zhang X N, Zhang L X, et al. Synthesis of periodic mesoporous organosilicas with chemically active bridging groups and high loadings of thiol groups. J Mater Chem, 2007, 17: 4320-4326.

[176] Zhang X, Ma T, Yuan Z. Titania-phosphonate hybrid porous materials: preparation, photocatalytic activity and heavy metal ion adsorption. J Mater Chem, 2008, 18: 2003-2010.

[177] Wen Q, Di J C, Zhao Y, et al. Flexible inorganic nanofibrous memberanes with hierarchical porosity for efficient water purification. Chem Sci, 2013, 4: 4378-4382

[178] Li A, Lu R F, Wang Y, et al. Lithium-doped conjugated microporous polymers for reversible hydrogen storage. Angew Chem Int Ed, 2010, 49: 3330-3333.

[179] Chen Q, Wang J X, Wang Q, et al. Spiro (fluorine-9, 9′-xanthene)-based porous organic polymers: Preparation, porosity, and exceptional hydrogen uptake at low pressure. Macromolecules, 2011, 44: 7987-7993.

[180] Chen Q, Luo M, Hammershøj P, et al. Microporous polycarbazole with high specific surface area for gas storage and separation. J Am Chem Soc, 2012, 134: 6084-6087.

[181] Li B, Su F, Luo H K, et al. Hypercrosslinked microporous polymer networks for effective removal of toxic metal ions from water. Micropor Mesopor Materials, 2011, 138: 207-214.

[182] Li A, Sun H X, Tan D Z, et al. Superhydrophobic conjugated microporous polymers for separation and adsorption. Energ Environ Sci, 2011, 4: 2062-2065.

[183] Kou Y, Xu Y, Guo Z, et al. Supercapacitive energy storage and electric power supply using an aza-fused π-conjugated microporous framework. Angew Chem Int Ed, 2011, 50: 8753-8757.

[184] 胡燚，刘维明，邹彬，等．介孔材料固定化酶．化学进展，2010，22：1656-1664.

[185] Lu Y J, Lu G Z, Wang Y Q, et al. Functionalization of cubic Ia3d mesoporous

silica for immobilization of penicillin G acylase. Adv Funct Mater, 2007, 17: 2160 - 2166.

[186] Slowing I I, Trewyn B G, Giri D, et al. Mesoporous silica nanoparticles for drug delivery and biosensing applications. Adv Funct Mater, 2007, 17: 1225 - 1236.

[187] Zhu C L, Lu C H, Song X Y, et al. Bioresponsive controlled release using mesoporous silica nanoparticles capped with aptamer-based molecular gate. J Am Chem Soc, 2011, 133: 1278 - 1281.

[188] Zhang J, Yuan Z F, Wang Y, et al. Multifunctional envelope-type mesoporous silica nanoparticles for tumor-triggered targeting drug delivery. J Am Chem Soc, 2013, 135: 5068 - 5073.

[189] Tang S H, Huang X Q, Chen X L, et al. Hollow mesoporous zirconia nanocapsules for drug delivery. Adv Funct Mater, 2010, 20: 2442 - 2447.

[190] Tang F Q, Li L L, Chen D. Mesoporous silica nanoparticles: Synthesis, biocompatibility and drug delivery. Adv Mater, 2012, 24: 1504 - 1534.

[191] Muharnmad F, Guo M Y, Qi W X, et al. pH-triggered controlled drug release from mesoporous silica nanoparticles via intracelluar dissolution of ZnO nanolids. J Am Chem Soc, 2011, 133: 8778 - 8781.

[192] Luo Z, Cai K Y, Hu Y, et al. Mesoporous silica nanoparticles end-capped with collagen: Redox-responsive nanoreservoirs for targeted drug delivery. Angew Chem Int Ed, 2011, 50: 640 - 643.

[193] Fan J, Yu C Z, Gao T, et al. Cubic mesoporous silica with large controllable entrance sizes and advanced adsorption properties. Angew Chem Int Ed, 2003, 42: 3146 - 3150.

[194] Li Y J, Zhou G W, Li G J, et al. Adsorption and catalytic activity of porcine pancreatic lipase on rod-like SBA-15 mesoporous material. Colloids Surf A, 2009, 341 (1/3): 79 - 85.

[195] Li C M, Liu J, Shi X, et al. Periodic mesoporous organosilicas with 1, 4-diethylenebenzene in the mesoporous wall: Synthesis, characterization, and bioadsorption properties. J Phys Chem C, 2007, 111: 10948 - 10954.

[196] Yang P, Gai S, Lin J. Functionalized mesoporous silica materials for controlled drug delivery. Chem Soc Rev, 2012, 41: 3679 - 3698.

[197] 施剑林，陈雨，陈航榕．多功能介孔氧化硅基纳米诊疗剂的研究进展．无机材料学报，2013，28：1 - 11.

[198] Zhao W R, Gu J L, Zhang L X, et al. Fabrication of uniform magnetic nanocomposite spheres with a magnetic core/mesoporous silica shell structure. J Am Chem Soc, 2005, 127: 8916 - 8917.

[199] Chen Y, Chen H R, Zeng D P, et al. Core/shell structured hollow mesoporous nanocapsules: A potential platform for simultaneous cell imaging and anticancer drug delivery. ACS Nano, 2010, 4: 6001 - 6013.

[200] Gan Q, Lu X Y, Yuan Y A, et al. A magnetic, reversible pH-responsive nanogated ensemble based on $Fe_3O_4$ nanoparticlescapped mesoporous silica. Biomaterials, 2011, 32: 1932 - 1942.

[201] Fang W J, Yang J, Gong J W, et al. Photo- and pH-triggered release of anticancer drugs from mesoporous silica-coated Pd@Ag nanoparticles. Adv Funct Mater, 2012, 22: 842 - 848.

[202] Ma M, Chen H, Chen Y, et al. Au capped magnetic core/mesoporous silica shell nanoparticles for combined photothermo-/chemo-therapy and multimodal imaging. Biomaterials, 2012, 33: 989 - 998.

[203] Chen Y, Chen H, Zhang S, et al. Structure-property relationships in manganese oxide - mesoporous silica nanoparticles used for T1-weighted MRI and simultaneous anticancer drug delivery. Biomaterials, 2012, 33: 2388 - 2398.

[204] Chen Y, Chen H R, Zhang S J, et al. Multifunctional mesoporous nanoellipsoids for biological bimodal imaging and magnetically targeted delivery of anticancer drugs. Adv Funct Mater, 2011, 21: 270 - 278.

[205] Zhao H, Jin Z, Su H, et al. Targeted synthesis of a 2D ordered porous organic framework for drug release. Chem Commun, 2011, 47: 6389 - 6391.

[206] Zhang W H, Shi J L, Wang L Z, et al. Preparation and characterization of ZnO clusters inside mesoporous silica. Chem Mater, 2000, 12: 1408 - 1413.

[207] Tian B Z, Liu X Y, Solovyov L A, et al. Facile synthesis and characterization of novel mesoporous and mesorelief oxides with gyroidal structures. J Am Chem Soc, 2004, 126: 865 - 875.

[208] Gu J, Shi J, Hua Z, et al. Highly dispersed gold nanowires within the pore channels of mesoporous silica thin films prepared from organic-inorganic hybrid films functionalized with basic moieties. Chem Lett, 2005, 34: 114 - 115.

[209] Gu J, Shi J, You G, et al. Incorporation of highly dispersed gold nanoparticles into the pore channels of mesoporous silica thin films and their ultrafast nonlinear optical response. Adv Mater, 2005, 17: 557 - 560.

[210] Weber J, Thomas A. Toward stable interfaces in conjugated polymers: Microporous poly(*p*-phenylene) and poly(phenyleneethynylene) based on a spirobifluorene building block. J Am Chem Soc, 2008, 130: 6334 - 6335.

[211] Wan S, Guo J, Kim J, et al. A photoconductive covalent organic framework: Self-condensed arene cubes composed of eclipsed 2D polypyrene sheets for photocurrent generation. Angew Chem Int Ed, 2009, 48: 5439 - 5442.

[212] Feng X, Liu L, Honsho Y, et al. High-rate charge-carrier transport in porphyrin covalent organic frameworks: Switching from hole to electron to ambipolar conduction. Angew Chem Int Ed, 2012, 51: 2618 - 2622.

# 第十三章 纳米材料合成

王定胜　李亚栋

## 第一节　纳米材料概述

纳米材料是指微观结构至少在一维方向上受纳米尺度（1～100nm）调制的各种固体超细材料。一般来说，材料的性能与其晶粒尺寸的关系极为密切，当晶粒尺寸减小到纳米量级时，材料的性能就会发生根本性的变化。纳米材料不同于体相材料的独特物理、化学性能使其在应用上具有许多潜在优势。例如，纳米材料的表面积效应和体积效应决定了它具有良好的催化活性和催化反应选择性；纳米材料的表面效应和量子尺寸效应使其与传统的块体材料相比表现出特殊的光学性质和光电化学性质；晶粒尺寸的减小还能使材料的力学性能得到大幅度提高。因此，制备性能优越的纳米材料并探索其应用前景具有十分重要的意义。

纳米材料经过近十几年的发展已取得了重要进展。目前，成熟、系统的合成技术已经使我们能方便地得到各类具有特定组成、特定形貌、特定尺寸的单分散纳米晶。探索纳米材料的优异性能并开展其应用研究已经成为纳米领域中具有重大意义的热点课题。

## 第二节　纳米材料合成方法

纳米材料的合成包括“自上而下”和“自下而上”两种途径。物理刻蚀技术是典型的“自上而下”制备纳米材料的方法。形象来说，刻蚀技术就是采用物理刻蚀手段将块体材料切割而成纳米材料。这种方法的可控性很强，但缺点是所需要的制作设备复杂且昂贵，不利于纳米材料的批量制备。“自下而上”途径即是从单个原子出发，经组装而形成纳米材料。该途径可通过气相或液相方法实现。化学气相沉积是典型的制备纳米材料的气相方法，其基本过程为：首先采用化学或物理手段将体相材料转变为气相原子，然后让其在特定条件下沉积，原子在沉积过程中经组装而形成纳米材料。该方法由于其苛刻的制备条件以及较低的合成效率同样不利于纳米材料的批量制备。相对而言，液相合成方法灵活多变，可通过巧妙设计液相合成体系实现各类纳米材料的可控制备，且液相方法简便易行，适合放大合成，具备工业化潜力。液相合成方法需要在理解纳米晶在液相体系中成核与生长规律的基础上对制备条件精确控制，以实现纳米晶的可控生长，从而得到特定的纳米材料。近年来，液相合成方法发展迅速，该领域科学家已建立多种液相合成方法，实现了包括金属、氧化物、半导体等各种纳米材料的可控制备。

## 一、界面调控合成

界面是指在多相体系中相与相之间接触面的统称。界面的特征是界面处相关粒子（原子、分子、离子等）对界面会产生作用力。由于界面作用力的存在，界面原子比体相原子更倾向于和周围的化学物质发生反应，所以界面具有许多有用的特性[1,2]。界面的存在类型，取决于界面左右两相的物质聚集态类型，可分为气-液、液-液、固-液和固-固界面等。

近来低维纳米结构合成研究揭示了界面是决定纳米结构可控生长的关键因素[3]。低维度纳米结构的形成过程，是一个涉及纳米结构固相和其四周的气相、液相或固相界面的产生和扩张的过程[4]。由于界面的厚度在几个原子层的量级，与纳米结构的尺寸接近，故而界面的动力学过程控制往往是纳米结构生长的决定因素，而体相材料中界面过程往往可被忽略。在典型的气-液-固三相界面合成一维纳米线的过程中，催化剂金属液滴的尺寸维持在数纳米从而产生纳米尺度的气-液以及液-固界面。因而，一维纳米结构的生长受这些纳米尺度界面的调控[5]。而单分散胶体纳米结构的合成是另一个界面化学控制生长的例子[3]。纳米胶体球由无机物内核和表面活性剂外壳所构成。作为主要的物质传输通道，有机-无机界面决定了离子和原子等物种从外界跨膜传递到无机内核过程的传质行为，因而影响胶体球的生长过程。下面将主要介绍基于气-液、固-固和液-固-溶液界面制备纳米晶的典型例子。

基于气-液界面制备 ZnSe 空心微球。在液相化学反应中生成的气体多以气泡的形式释放出来，产生大量的气-液界面[6]。所产生的气-液界面可以起到形成纳米晶的晶核和纳米晶聚集中心的作用。在水相反应体系中，由于纳米晶表面大多未被表面活性剂保护，故其倾向于形成聚集体以减少表面能。而反应体系中气泡的产生可以使纳米晶的聚集过程变得调控。通过向反应体系引入微米级气泡，纳米晶的聚集过程即会在气泡周围发生。该过程是一个热力学有利的过程。首先是因为气泡内壁上的溶剂分子受到非对称力的作用，因此引入其他物种以提高热力学稳定性。其次是纳米晶巨大的表面张力可以获得释放。因此，产生的纳米晶倾向于聚集在气-液界面上。当界面上纳米晶的浓度提高到一定值时，纳米晶会相互作用形成空心微球，该过程被称为“气-液界面聚集机制”[7]。通过如下的反应，可以成功地进行 ZnSe 空心微球的合成：

$$2SeO_3^{2-}+2ZnO_2^{2-}+3N_2H_4 \longrightarrow 2ZnSe+3N_2\uparrow+2H_2O+8OH^-$$

该过程中通过联氨与亚硒酸根离子的氧化还原反应以及后续反应，产生 $Se^{2-}$，同时产生 $N_2$ 气形成气泡。$ZnO_2^{2-}$ 与 $Se^{2-}$ 反应，产生 ZnSe 纳米晶，并聚集在 $N_2$ 气-液界面处，最终形成空心微球。过程示意图和产物扫描电子显微镜图如图 13-1 所示。

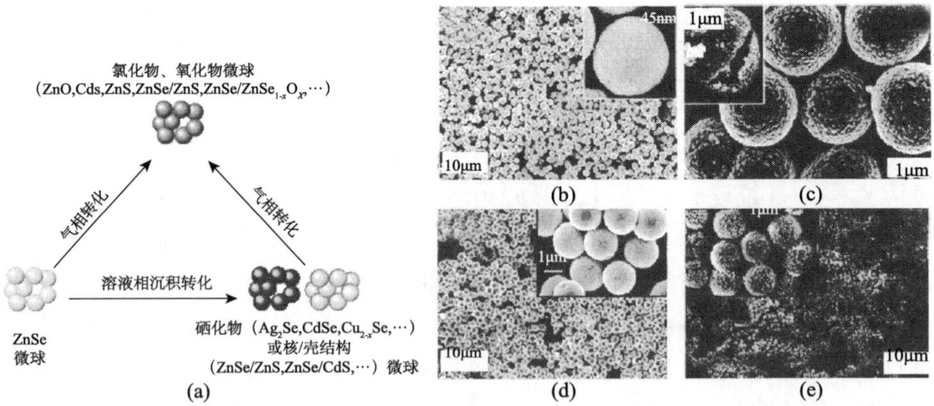


图 13-1　气-液界面制备 ZnSe 空心微球的示意图（a）和产物扫描电子显微镜图（b～e）[7]

基于固-固界面制备 Ag@C 核壳纳米结构。通过设计固-固界面反应可以实现核壳纳米结构的制备[8]。核壳纳米结构制备的关键在于，如何设计核或者模板的表面性质，以使其与壳能有较好的相容性。碳基微球具有良好的兼容性，可以作为壳制备核壳纳米结构[9]。Ag@C 核壳纳米结构的合成涉及两步。第一步是内部的 Ag 纳米晶的成核和生长；第二步是在 Ag 纳米晶外，碳层的外延生长和增厚。首先将 $AgNO_3$ 和葡萄糖溶解在去离子水中，之后水热加热到设定温度。在水热条件下，$AgNO_3$ 被葡萄糖的醛基还原为 Ag 原子，经成核和生长过程形成初始的 Ag 纳米晶。继而暴露的 Ag 纳米晶表面催化葡萄糖的碳化过程，在 Ag 纳米晶表面原位形成碳基产物（图 13-2)。其反应方程式如下所示：

$$AgNO_3 \xrightarrow{\text{葡萄糖}} AgNPs \xrightarrow{\text{葡萄糖}} Ag@C$$

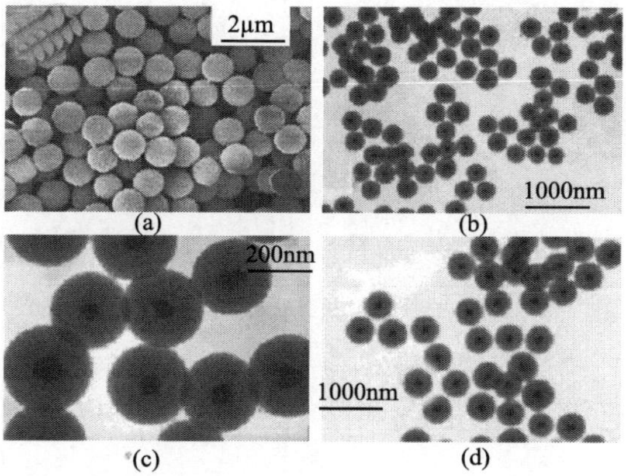


图 13-2　固-固界面制备 Ag@C 核壳纳米结构产物的扫描电子显微镜图（a）和透射电子显微镜图（b～d）[9]

基于液-固-溶液相合成金属和金属氧化物纳米晶。基于该方法，可以获得尺寸在 100nm 以下分散良好的纳米晶[10]。在此体系中，乙醇和水的混合溶液可以很好地溶解如长链有机胺和酸类的表面活性剂，同时又可以很好地溶解无机盐。该方法的特点为普适性强，产物种类多样，产物结构、组分和性质可调控。以贵金属纳米晶为例，Ag、Pd、Au 等纳米晶均可以通过该方法制备。在制备贵金属纳米晶的体系中，油酸钠（固相)、乙醇-油酸（液相）和水-乙醇-金属盐（溶液相）三相构成整个体系。贵金属离子会在固相和溶液相之间进行相转移，产生贵金属油酸盐。在反应过程中，首先是贵金属离子在金属油酸盐（固相）和乙醇-脂肪酸（液相）界面、水-乙醇（溶液相）界面处被乙醇还原，获得贵金属纳米颗粒。该法的普适性在于：不但可以合成贵金属纳米晶，还可以合成金属氧化物、钛酸盐、硫化物和氟化物等；所得到的材料可以是半导体材料、荧光材料、磁性材料和介电材料等。该方法的反应示意图如图 13-3 所示。

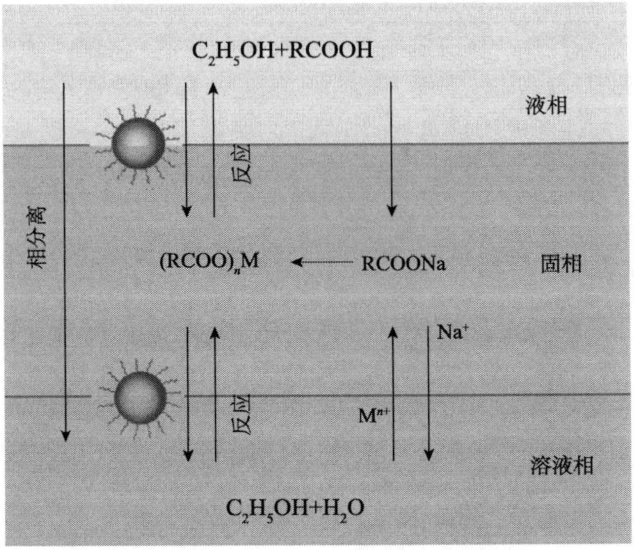


图 13-3　液-固-溶液界面制备纳米晶的示意图[10]

## 二、水热与溶剂热合成

水热与溶剂热合成是指在高温和溶剂产生的高压下，在液相（溶剂、反应物等）中进行的合成反应。随着纳米材料合成方法学的发展，水热与溶剂热从控制纳米材料的尺寸和结晶形貌进一步延伸到纳米结构的精细调整，如具有特殊晶面、超细结构、多元复合结构等的纳米材料。

清华大学李亚栋课题组发展了一系列金属纳米合金的溶剂热合成方法[11]。他们以苯甲醇为溶剂，金属乙酰丙酮盐为原料，用聚乙烯吡咯烷酮作为表面活性剂，经过一定时间的溶剂热反应，将所得混合液用丙酮沉降，即可得到金属纳米合金产物。以铂镍纳米合金为例，以苯甲酸、苯胺等调节晶体结构，分别得到了具有八面体、截角八面体和立方体形状的纳米合金（图 13-4），将这些不同形貌的铂镍合金应用于有机催化加氢反应，结果显示暴露不同晶面的纳米合金具有不同的选择性。清华大学王训课题组在以乙醇为溶剂，油胺油酸为表面活性剂的溶剂热体系中合成了一系列超细纳米晶[12]，如具有类似富勒烯结构的羟基氯化镍[13]、稀土氧化物超细纳米线等。在水热体系中，以钼酸为反应物，十二硫醇为表面活性剂，合成了 $MoO_3$ 单壁纳米管[14]，并对其多项性能进行了表征和应用性的探索。

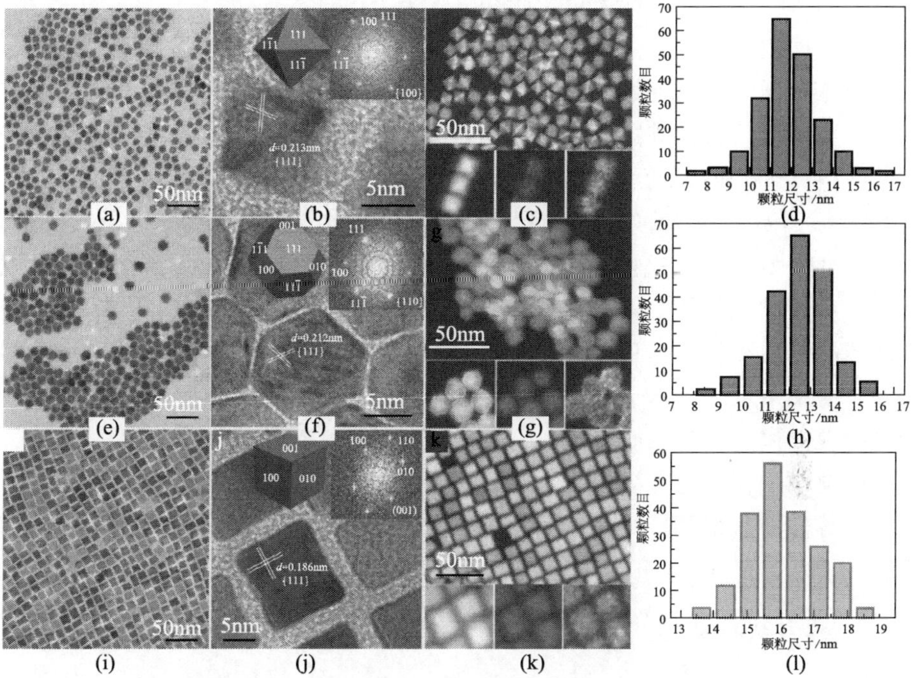

图 13-4　不同形貌水溶性的 Pt-Ni 合金[11]

在无机功能纳米材料的合成领域，水热与溶剂热方法具有反应温度低、结晶性好、反应可控性强等优点。在具有钙钛矿和烧绿石结构的复合氧化物铁电材料合成中，传统高温烧结方法[15]需要 1100℃以上的高温，水热与溶剂热方法反应条件温和，并且通过反应前驱体的选择，能有效控制产物的组成、结构、尺寸和形貌。

随着纳米材料制备和应用技术的发展，水热与溶剂热合成已经成为纳米材料制备不可或缺的重要方法。然而，水热与溶剂热反应发生在一个高压密闭体系中，为研究纳米材料的成核和生长带来了一定的困难，这也为水热与溶剂热合成方法提出了深入探索和发展的方向。

## 三、声化学合成

声化学又称超声波化学（sonochemistry），是一门新兴的交叉学科，主要是指利用声空化能来加速和控制物质的化学反应，触发新的反应通道，以提高化学反应产率或获取新的化学反应物，是声能量与物质间的一种独特的相互作用方式。随着材料学科的发展，声化学所提供的特殊物理、化学反应环境为制备特殊性能的纳米材料提供了重要的途径，显示出许多传统方法无法比拟的优点。

声化学反应在制备纳米材料的作用机理来自声空化，即空化气泡的形成、生长、崩溃及其引发的物理、化学效应。空化气泡内爆的瞬间可以伴随产生局部高温（5000K 以上）、高压（100MPa）的环境，加热及冷却速度超过 $10^{10}$ K/s，释放出巨大的能量，产生高速微射流冲击波等极端物理条件，具有强烈的冲击力[16,17]。这样可以使有机物、无机物在空化气泡内发生化学键的断裂、水相燃烧和热分解，促进非均相界面的扰动和相界面的更新，有利于界面间的传质和传热过程，促使反应物的分散和沉淀，从而加速了气液相间的混合易于纳米晶成核，促进溶质分子向晶粒表面移动，促进纳米晶生长，调控晶粒的尺寸和分布。

声化学法在制备金属及其合金纳米材料、金属氧化物纳米材料及其他纳米材料等方面都得到广泛应用，主要的超声化学制备纳米材料的方法及研究进展如下。

1. *超声热分解法*

超声热分解法可以分为金属有机物热分解法和超声雾化热分解法。前者利用空化产生的局部高温高压环境促进金属有机化合物或络合物的热分解，加速产物的形成。后者主要是利用超声波的高能分散作用，将反应物的前驱体溶液经超声雾化器产生微米级的雾滴，在高温反应器中发生热分解，得到分布均匀、粒径较小的纳米材料。

超声辐照含有挥发性过渡金属有机物如 $Fe(CO)_5$、$Ni(CO)_4$ 和 $Co(CO)_3$（NO）的溶液，可以制备非晶的纳米金属多孔聚集体[18,19]。1981 年，Suslick 及其合作者通过超声辐照 $Fe(CO)_5$ 的癸烷溶液（通入 Ar 气），形成 $Fe_3(CO)_{12}$ 聚集并生成非晶态纳米铁，探索出一种制备金属纳米材料的方法[20]。同样，这种声化学分解方法可以制备双金属纳米合金，如 Suslick 等首先采用超声处理 $Fe(CO)_5$ 和 $Co(CO)_3(NO)$ 得到 Fe-Co 合金，合金的组成可以简单地通过改变溶液中金属前驱体溶液的浓度比例来进行调控，得到的纳米合金颗粒与单金属纳米颗粒相比具有更优越的催化性[21,22]。超声热分解法在硫化物、碳化物、氮化物、金属氧化物以及纳米碳管的制备中也具有重要的应用。Skrabalak 等[23]使用胶体 $SiO_2$ 为模板，$(NH_4)_2MoS_4$ 为前驱体，采用超声雾化热分解法制备了高比表面积的多孔 $MoS_2$。而采用传统热分解 $(NH_4)_2MoS_4$，只能制备具有板状形貌的 $MoS_2$，如图 13-5 所示。相对于传统方法制备的板

状形貌 $MoS_2$，多孔 $MoS_2$ 对噻吩的加氢脱硫反应具有更高的催化活性，采用 Co 为助催化剂时其催化性能甚至优于 $RuS_2$。

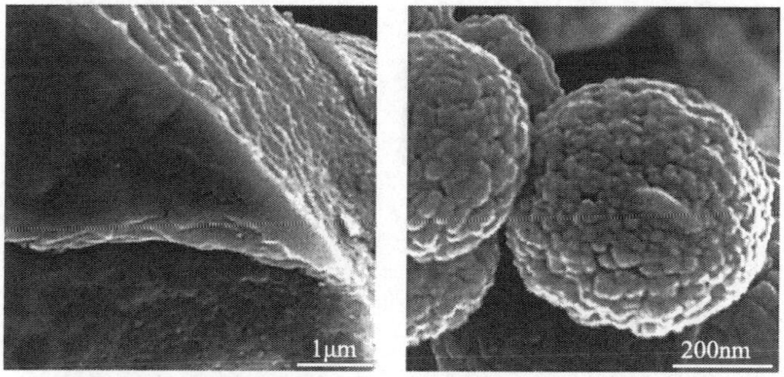


图 13-5　传统热分解法

(a) 及超声雾化热分解法；(b) 制备的 $MoS_2$ 粉体的扫描电子显微镜图[23]

2. 超声化学沉淀法

Askarinejad 等[24]选用 $Co(CH_3COO)_2$ 和 $Mn(CH_3COO)_2$ 为原料在乙醇和水中加入适量的羟化四甲铵（TMAH）或者 NaOH 溶液，采用超声化学沉淀法制备球状或立方状的 $Co_3O_4$ 和 $Mn_3O_4$ 纳米晶。对比在超声和非超声下制备的纳米晶，超声条件下所制备的 $Co_3O_4$ 和 $Mn_3O_4$ 纳米晶纯度高，形貌均一为球形形貌，平均尺寸为 10～30nm；而没有经过超声处理制备的 $Co_3O_4$ 和 $Mn_3O_4$ 纳米晶纯度低，形貌不均一且尺寸大，均在 100nm 以上。由此说明，超声化学沉淀制备的纳米材料不仅形貌可控，而且尺寸可控。

在预先准备的基质（如聚苯乙烯球、硅颗粒、碳纳米管、聚合物基底等）上可以通过超声化学沉积法得到相应的纳米材料。Jung 等[25,26]用超声处理含 $Zn^{2+}$ 前驱液，采用超声化学沉淀法在锌片、硅基片、玻璃和聚碳酸酯膜上沉积得到垂直的 ZnO 纳米棒阵列。超声辐照迅速诱导 ZnO 在基底上沿（0001）方向各向异性生长，相对于传统的水热方法，ZnO 纳米晶的生长速度增加了 10 倍（约 500nm/h）。随着超声处理的时间以及引入阴离子的化学试剂不同，可以得到纳米盘、纳米杯、纳米花等不同的形貌的 ZnO 纳米材料[27]（图 13-6）。他们还把经过图案曝光及溅射晶种的 Si 基片，浸入浓度为 0.01mol/mL 的 $Zn(NO_3)_2 \cdot 6H_2O$ 和 $(CH_2)_6N_4$ 前驱液，运用超声化学沉淀技术可控生长得到图案化的 ZnO 纳米棒阵列[28]。

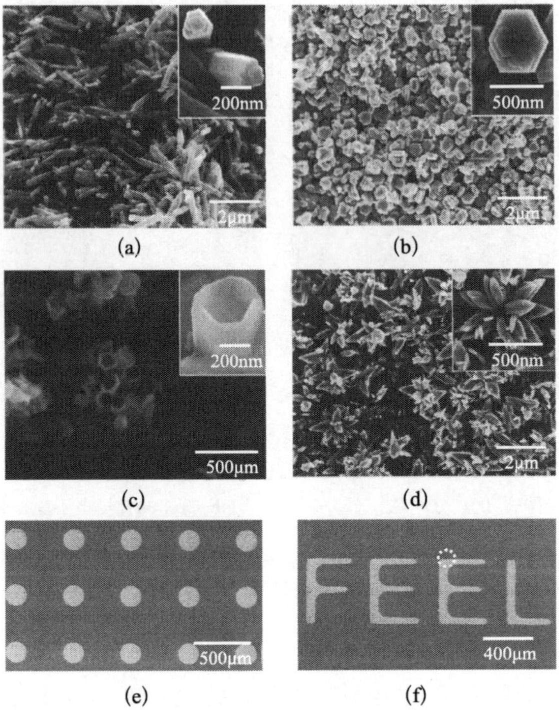


图 13-6 超声化学沉淀法制备的各种形貌的 ZnO 米材料[27]及图案化 ZnO 纳米阵列[28]的扫描电子显微镜图

(a) 纳米棒；(b) 纳米盘；(c) 纳米杯；(d) 纳米花；(e) 均一点状阵列；(f) 字母状阵列

3. 超声化学还原法

超声化学制备贵金属纳米材料，可以利用空化作用使水溶液或醇类溶剂产生还原剂，产生活泼自由基，显著提高还原速率，从而还原相应的金属盐制备纳米材料。相对于传统的还原方法，超声化学还原法有以下优点：不需要加入额外的还原剂，还原速率快，存在合适稳定剂时可以制备粒径小的纳米团簇。Grieser 与其合作者通过系统的研究发现，超声合成贵金属纳米颗粒的粒径尺寸主要受溶剂/表面活性剂性质的影响：当醇浓度或烷基链越长，纳米晶粒径越小[29]。由此说明醇类分子吸附在晶核表面，从而限制小颗粒的生长。另一个可能的原因是在醇类浓度增加时次级自由基增多，加快了还原速率，因此纳米晶粒径减小，或者颗粒尺寸更为均一。通过超声化学还原的方法，已制备出多种贵金属纳米材料，如强荧光稳定的水溶性纳米 Ag 粒子(粒径小于 2nm)[30]、Au 纳米棒[31]、双金属 Au/Ag 或 Pt/Ru 核壳纳米材料[32,33]等。此种方法也同样适用于合成非金属材料，例如，不存在任何模板和表面活性剂的条件下，超声处理醇溶剂中无定形硒，可以得到硒纳米线，如图 13-7 所示[34]。多种金属氧化物、金属硫化物也可以采用超声化学还原法通过非挥发性溶剂制备，如纳米 CdSe 空心球[35]、异质结构的纳米材料如核壳 $SnO_2$/CdS 和 ZnO/CdS[36]、CuH[37]等。

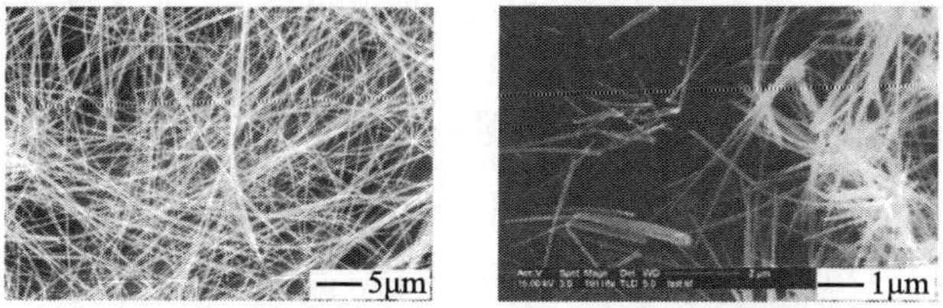


(a)　　(b)

图 13-7　乙醇中超声化学还原法制备的硒纳米线

(a) 与无超声条件下制备硒纳米线；(b) 的扫描电子显微镜图[34]

除了以上声化学方法外，制备和合成纳米材料以及纳米物质的表面改性等方面的超声技术还有超声电化学法、超声微乳液法、超声模板法、超声溶胶-凝胶法等，显示出极大的优势。

## 四、模板合成

模板法作为一种制备纳米材料的有效方法，由于能够精确调控纳米材料的尺寸、形貌和结构及有效防止纳米材料团聚等优点，已被广泛应用于纳米材料的制备研究中。根据其合成原理的不同，模板法又可分为传统模板法（traditional template method）和自模板法（self-templating method）两类。

传统模板法主要是基于模板对空间的限域作用，常以表面性质及尺寸适宜的微球为模板，通过静电吸附、氢键、共价键等方法在模板表面包覆无机层或聚合物层，再通过煅烧、溶解、清洗等方法将模板去除。根据所用模板性质的不同，传统模板法又分为以共价键维持其特定结构的硬模板（hard template）和以分子间或分子内作用力维持其特定结构的软模板（soft template）。硬模板的常用材料包括多孔阳极氧化铝（AAO）[38]、多孔硅[39]、高分子聚合物聚苯乙烯颗粒[39]、分子筛等。尽管硬模板所具有的良好窄间限域作用能严格控制纳米材料的大小和形貌，但硬模板结构比较单一，因此用硬模板制备的纳米材料的形貌通常变化也较少，且去除模板时容易导致产物结构的坍塌，为此人们将目光投向了软模板。该方法主要以生物大分子、表面活性剂、生物病毒、细菌等为模板，这类模板虽然易于去除，但却存在结构稳定性较差、效率低等缺点。

鉴于此，国内外开始采用自模板法[40,41]制备纳米材料。与传统模板法相比，自模板法不需要向体系添加额外的模板，也不需要后期的模板去除过程。由于自模板法所得的纳米结构来源于模板本身，纳米粒子模板多变且可控性强的尺寸和形貌使得制备的纳米结构的形貌更丰富，可控性更好。根据自模板法中粒子扩散和自组装过程的不同，自模板法可分为奥斯特瓦尔德熟化法（Ostwald ripening)、柯肯达尔效应法（Kirkendall effect)、电化学置换法（galvanic replacement）和表面保护刻蚀法（surface protecting etching）四种。

Ostwald 发生的过程包括小于一个临界尺寸的粒子的溶解，然后质量转移到大于这个临界尺寸的粒子上。整个过程发生的驱动力是粒子相总表面积的降低、产生的总界面自由能的降低。新加坡国立大学的曾华淳教授[42-44]首次成功地将 Ostwald 熟化应用到介孔空心纳米结构的合成中，通过水热处理 $TiF_4$溶液制备出 $TiO_2$介孔空心球（图 13-8）。随着对 Ostwald 熟化机理认识地不断深化，越来越多的研究者用此方法制备出多种无机材料的中空结构，如 $CeO_2$[45]、$Fe_3O_4$[46]、$Bi_2WO_6$[47]等。

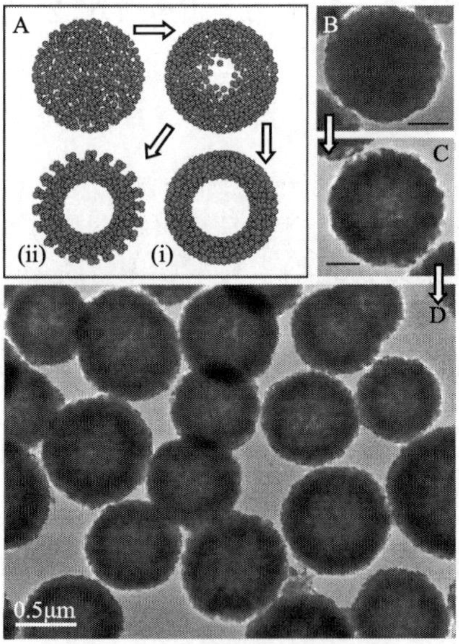


图 13-8　Ostwald 熟化法制备中空结构示意图[44]

Kirkendall 效应是利用物质之间的相互扩渗速度的差别导致空穴或空心结构产生[48]。2004 年，美国加州大学伯克利分校的 Alivisatos 课题组[49]首次利用 Kirkendall 效应制备了 Co 空心球。他们在液相中用 S 处理 Co 的晶体纳米颗粒，发现所有晶体纳米颗粒都转变成了中空结构，进一步研究发现用 $O_2$

和 Ar 混合气体及 Se 处理也可得到相似的结果。经过研究发现，这个过程主要是 Co 通过 CoS 膜向外扩散，扩散至最后便形成了具有空心结构的 CoS 纳米颗粒（图 13-9）。

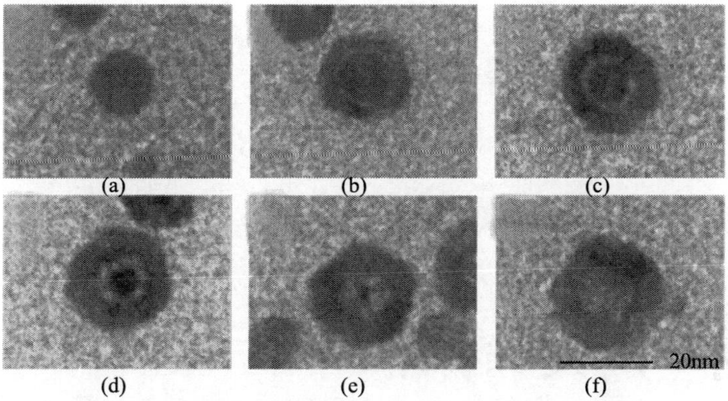


图 13-9　CoSe 空心纳米晶在 455K 随时间的变化图[49]
（a）0s；（b）10s；（c）20s；（d）1min；（e）2min；（f）30min

目前，Kirkendall 效应不仅用于制备中空微球，也可扩展至中空纳米棒、空心多面体及无机笼状结构的制备。Li 等[50]以 $CeO_2$ 为前驱体，在其表层吸附锆盐后，发生 Kirkendall 效应，制备了 $CeO_2$-$ZrO_2$ 纳米笼。另外，研究者相继合成出 $Fe_xO_y$[51]、$Cu_2O$[51]、ZnO[52]、$Ni_2P$[53]、CdS[54,55]、AuPt[56]等一系列介孔空心结构。

电化学置换法是夏幼男课题组发展的方法，该组详细研究了以 Ag 纳米结构为模板的电化学置换体系[57]。金属 Ag 的还原性较强，当与 $Au^{3+}$ 共存时，本身失去电子转变为 $Ag^+$ 溶解到溶液中，$Au^{3+}$ 则被还原生成单质 Au 附着在金属 Ag 的外层。随着反应的进行，Ag 不断被消耗而溶液中的 $Au^{3+}$ 转变成单质 Au 不断析出，产物 Au 保留了 Ag 最初的形状。该组又相继合成了具有多种形貌的 Au 单质/Au-Ag 合金的空心纳米结构，包括纳米盒、纳米笼、纳米管、纳米核壳结构等[58]。

除了 Ag 外，Pt 和 Co 也可以作为模板材料。但总体而言，现有的可用于电化学置换反应制备介孔空心纳米结构的模板种类非常有限，且氧化剂也常限于 Au、Pt、Pd 等贵金属的盐溶液。目前，采用电化学置换法制备的中空结构有 Ag、Pd-Au、Au、Cu-Pt、Co-Pt、Ni-Pt、Ag-Au[59-62]等。

将 Kirkendall 效应与电化学置换反应相结合也会产生一些有趣的实验结果。González 等[63]以 Ag 作为模板，PVP 为表面活性剂，Au、Pt、Pd 的盐作为氧化剂，通过控制室温下化学反应和物理扩散过程，使得电化学置换反应和 Kirkendall 效应在同一体系中同时或者顺序发生，从而得到了一系列多层次复杂多孔纳米空心结构（图 13-10）。该方法为纳米材料的设计和合成提供了新的思路。

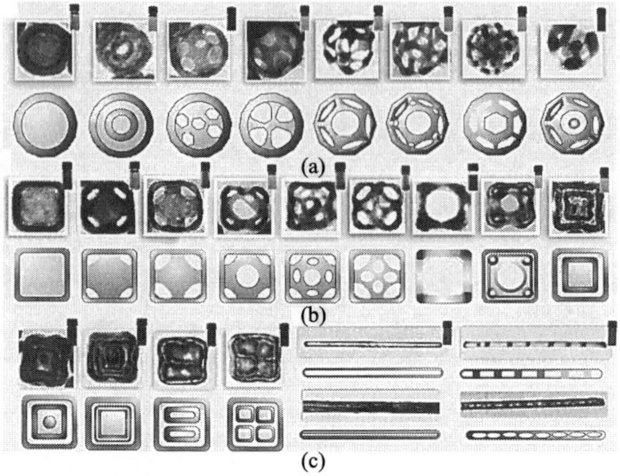


图 13-10　利用电化学置换反应和 Kirkendall 效应合成的一系列多层次复杂多孔纳米空心结构[63]

（a）球形；（b）立方形；（c）圆柱形

表面保护刻蚀（surface-protecting etching）是殷亚东课题组[64,65]于 2007 年首先命名的。典型的表面保护刻蚀过程分为两步：首先对纳米颗粒进行单层包覆，然后选择适当的刻蚀剂优先刻蚀颗粒内部材料（图 13-11）。

图 13-11　利用表面保护刻蚀得到空心透空结构的示意图[65]

目前，利用表面保护刻蚀技术已经制备出摇铃结构[66]、核-卫星结构[67]等新型纳米结构材料，但殷亚东研究组指出对于特定的氧化物找到合适的保护剂和刻蚀剂的组合，是扩大这一方法应用的关键。

## 五、仿生合成

仿生合成（biomimetic synthesis）是指模仿生物体内的反应和天然物结构进行合成的过程，是获得新材料的重要方法。早在我国古代就造出了“会飞的木鸟”等其他模仿自然界试制的材料。近年来，随着纳米科技的不断发展以及人们对生物体有序和无序结构的了解，现代仿生技术也从宏观走向了微观，仿生纳米材料的合成也吸引了越来越多的关注。

仿生合成是先模仿，后合成，因此要求对生物体内发生的反应、内在的相互作用、天然物结构与活性的关系有深入的了解。利用仿生手段，通过特定的组装方法将材料加工成特殊的结构，同时显示出微观和宏观的双重特性，正逐渐成为当前仿生材料科学研究的热点问题。

常见的仿生合成的思路：从单个原子、多个分子，或单个纳米结构单元出发，凭借其内在的弱相互作用力（范德华力、氢键、π-π 相互作用、疏水作用等）和协同作用，自发组装成多种维度的纳米材料[68]。

目前已利用仿生合成方法制备了纳米微粒、薄膜、涂层、多孔材料和具有与天然生物矿物相似的复杂形貌的无机材料。下面简要分述这几方面的研究进展[69-72]。

（1）纳米材料的仿生合成：仿照生物分子的形成过程，通过各种弱相互作用，获得具有特定功能的多分子集合体。例如，利用表面活性剂在溶液中形成反相胶束、微乳或囊泡（模拟有机大分子的预组织），可以合成出各种各样的纳米材料。

（2）薄膜和涂层的仿生合成：仿照生物膜的结构，将功能分子有序地排列起来，进而获得致密而有序的薄膜或涂层材料。

（3）复杂结构无机材料的仿生合成：仿照生物体内骨骼、牙齿等发育的“生物矿化”过程，可以制备出具有有机/无机杂化的复杂形貌，这类材料具有极高的孔隙率和比表面，可以被用在催化剂载体、生物医用材料、绝热材料和隔音材料等领域。

中国科大俞书宏教授等运用各种不同的分子模板对无机晶体的生物矿化过程、多种无机晶体生长、构筑新颖无机纳米材料及其组装、应用等方面作出了重要贡献。其研究结果表明，通过选择合适的模板、适当的合成微环境和运用合适的自组装机制，有可能实现对所有的无机晶体的形貌控制和复杂杂化结构的合理构筑。图 13-12 为其利用化学溶液方法合成的有机-无机复合微纳结构[73,74]。

(a) (b)

图 13-12 有机-无机复合微纳结构

（a）纳米电缆 Ag@PVA 的扫描电子显微镜图[73]；

（b）铜交联 PVA 核壳微纳电缆的扫描电子显微镜图[74]

中国科学院化学研究所江雷等在仿生界面材料的合成与制备研究方面实现了多功能化组合的超疏水表面，又同时将不同种类的特殊浸润性如超疏油/超疏水、超亲油/超亲水、超疏油/超亲水、超疏水/超亲油组合，建立了仿生超疏水界面材料体系。这些材料将固体表面的特殊浸润性结合起来，可以设计超双亲、超双疏、亲疏条件切换等多种特殊材料，这些材料在物理、化学、智能控制等方面有着巨大的潜力[75-77]。

上述例子仅仅是仿生纳米合成和应用的一个侧面。大自然赋予的物种不计其数且每种生物也存在着个体差异，从而使得可供研究的生物难以计数。这些生物通过仿生自组装形成的特定结构在材料学、结构学上可供借鉴之处也非常多。因此针对自然界微观材料结构的模仿和仿生材料在多个领域的应用将是未来仿生纳米合成的热点问题，今后仿生纳米材料的研究将着眼于以下几个方面：

（1）对生物材料的合成、性质及其原理的进一步探索。

（2）将生物体合成原理应用到仿生材料的制备中，合成具有与其相似结构和功能的材料，使得所合成的宏观材料的性质获得改善和优化。

（3）对生物材料中具有不同优异性能的部分进行模拟、组装，获得生物体材料本身不具有的多功能组装材料，从而满足各种实际应用的需要。

仿生合成是一门多学科交叉科学，需要生物学、生物化学、医学等多学科的合作。同时仿生合成也是一门新生科学，前途广阔，相信通过不断的实验验证以及对生物物质分子之间相互作用理解的不断加深，人们最终可以通过合理优化分子，设计出与自然界相同复杂程度、精度，同时性能更加优越的材料。

纳米材料的液相合成方法还包括热解法、正/反相微乳法、溶胶-凝胶法、微波辅助合成、光化学合成等，这里不再一一详述。总体来说，液相体系中合成具有均一尺寸、特定结构纳米材料的关键点在于如何有效控制纳米晶的成核与成长过程。目前，虽然对于各类纳米材料的可控合成均已分别建立了行之有效的方法和技术，但方法的产生是建立在大量的探索实验和经验基础之上的，对于液相体系中纳米晶的成核与生长机制的认识虽也有研究，但进展缓慢。尤其是对于纳米晶成核过程的认识和控制还不够深入和完善。在液相体系中，从原子到晶核的成核过程是在极短时间内发生并完成的，且晶核的尺寸极小（超过了普通电子随着显微镜的观测极限），因此给相关研究带来了极大的困难。随着现代表征技术的快速发展，如电子显微镜分辨率的不断革新和突破（球差校正电子显微镜分辨率可达原子级别）以及同步辐射等表征手段，纳米材料合成方法学研究迎来了新的发展机遇。在未来数十年里，纳米材料合成方法学将向着更小、更精确、更理性的方向发展。

## 第三节　纳米结构

纳米材料的结构与性能关系密切，探索纳米材料结构与其性质之间的构效关系一直是纳米材料研究领域的重要课题。独特的纳米结构会给材料带来特异的物理化学性质，从而在相关领域产生特殊的用途。例如，一维结构的碳纳米管不仅具有相当高的强度和韧性，还具有优异的电学、磁学以及吸收等性能，是一种公认的超强一维增强材料，作为催化剂载体、分子导线、分子吸收剂和近场发射材料等都有着潜在的应用价值；二维结构的石墨烯具有异常的量子霍尔效应以及双极性电场效应等特异性质，被认为是目前世界上最薄却也是最坚硬的纳米材料，在催化、生物医学、电子学等领域有广泛的应用前景；异质结构的Pd-Pt双金属纳米晶（Pd纳米晶表面外延生长Pt纳米晶）显示出对氧化还原反应特异的催化活性，以单位质量Pt来计算，其催化活性是传统Pt/C催化剂的2.5倍，是第一代Pt黑催化剂的5倍[78]；核壳结构的Au@Co双金属纳米晶显示出对一氧化碳氧化反应优异的催化性能[79]。近年来，人们利用纳米可控合成技术，能够实现各种纳米结构的构筑，并探索其特异的物理化学性能。

### 一、一维纳米结构

一维纳米结构通常包括纳米线、纳米管和纳米棒等结构。按组成分类，一维纳米结构有金属、半导体、碳材料等。近年来，清华大学李亚栋课题组在一维金属纳米结构的研究方面取得了进展。扭结的Au纳米线具有很好的光学性质[80]，AuAg合金纳米线具有明显的库仑阻塞效应[81]，而由一维纳米棒为组成单元的多分枝PtNi合金则表现出良好的氧化还原性质，在甲醇氧化中表现卓著[82]。此系列一维金属纳米结构的合成方法多为液相合成，其一般步骤为将金属盐溶于还原性溶剂中，升至高温将金属盐还原得到金属纳米晶体。以AuAg合金纳米线为例（图13-13），在其合成过程中，氯金酸和硝酸银为前驱体，十八胺既是溶剂、还原剂，又是表面活性剂。此研究发现，在合适的Au/Ag比（约为2/1）和低温条件下，可以得到超细纳米线；而高温则导致纳米颗粒的形成[81]。最近，Wang和Lou等合成了超细超长的单晶Pt

纳米线，其直径只有 3nm，长度可达 10μm，并且具有高度稳定的电催化性质[83]。在此生长过程中，定向附着机理可以部分解释纳米线的形成，而反应中产生的胺分子在促使 Pt 纳米线自组装成束过程中扮演了重要的角色。

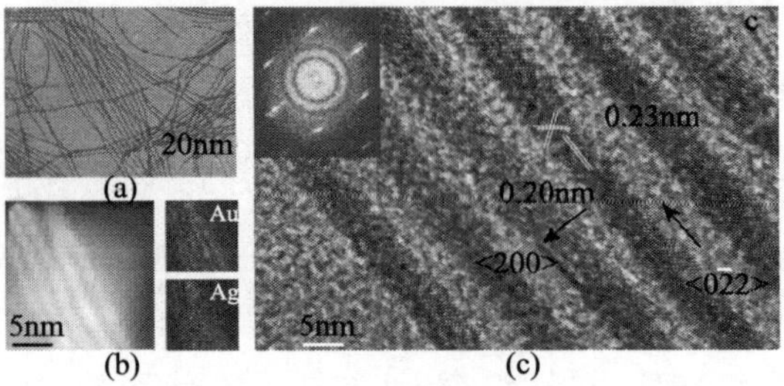


图 13-13　AuAg 合金纳米线的透射电子显微镜图（a），高角扫描暗场像及元素分布图（b），高分辨透射电子显微镜图（c）：插入图为相应的傅里叶变换图，表明了超细纳米线的单晶性质[81]

半导体一维纳米结构的合成方法通常分为三种：气相合成，液相合成，模板法。图 13-14（a）为在金和碳包覆的硅基底上使用气相合成方法得到的 ZnSe 纳米线的扫描电子显微镜图[84]。其良好的光致发光性质表现为在 629nm 处有一个又宽又强的红光发射峰［图 13-14（b）］。与气相合成较高的温度相比（如前面制备 ZnSe 纳米线需要温度高达 1000℃），通常液相合成需要的温度低很多（通常小于 300℃）。Talapin 课题组成功制备了 PbSe/PbS 共轴核壳纳米线和 PbS/Au 异质纳米线[85]，Koh 等则进一步发展了制备 PbSe 纳米线的方法，将合成温度降至 150～170℃[86]。

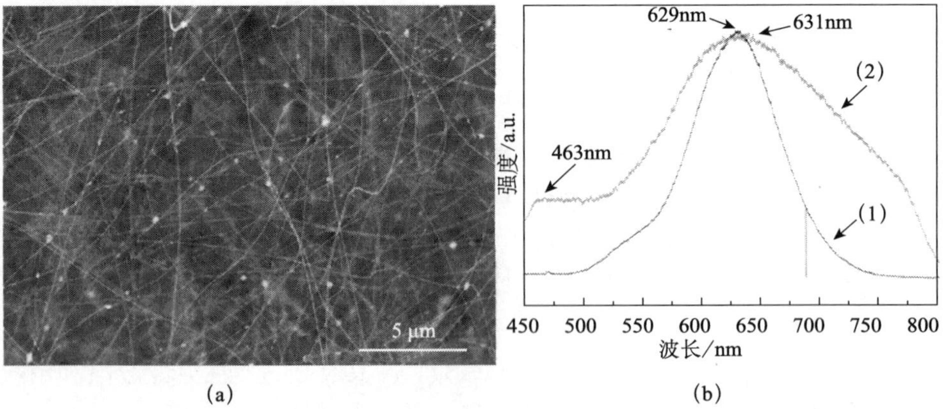


图 13-14　（a）气-液-固方法合成的 ZnSe 纳米线的低分辨扫描电子显微镜图；（b）室温下 ZnSe 纳米线（1）和微粒（2）的光致发光谱图[84]

## 二、二维纳米结构

二维纳米结构即只有一个维度在纳米尺寸的薄膜型纳米结构。因其独特的巨电导、巨磁电阻效应、巨霍尔效应等性能[87]，而广泛地应用于国防、民生等各个领域。众多二维纳米结构中，被关注和研究较多的主要有：石墨烯、金属硫化物以及金属纳米片。

目前已发展出多种构筑单层和多层二维纳米结构的方法。一类是自上而下的方法：这种方法主要依赖于对层状块体材料的剥离，包括机械剥离法[88]、丁基锂嵌入剥离法[89]、电化学锂离子嵌入剥离法[90]、液相超声剥离法[91]、激光刻蚀法[92]。另一类是自下而上的方法：包括 CVD 生长法[93]和水热合成法[94]。下面将简要介绍四种构筑二维结构的方法。

机械剥离法是制备二维纳米材料传统普适的方法。2004 年，Novoselov 等成功地应用该方法首次获得独立存在的石墨烯[88]。该方法原理较为简单，即采用目标表面对干净的层状晶体表面进行摩擦，而将层状的薄膜吸附于目标表面。图 13-15（a）为机械剥离法制备石墨烯装置示意图。这种方法的缺点在于所得到的材料片层较小，并且很难扩大规模实现大范围应用，仅能满足基础研究的要求。为了实现二维结构的批量制备，张华课题组发展出一种电化学锂离子嵌入剥离法[90]，实现多种金属硫化物、氮化硼以及石墨烯的纳米片的剥离。如图 13-15（b）所示，层状块体材料作为锂离子电池的阴极，锂片为阳极，通过放电过程，锂离子嵌入层状材料中。再在水或乙醇中超声，锂与溶剂作用释放出 $H_2$ 推动层状材料的解离，而得到分散性良好的纳米片。

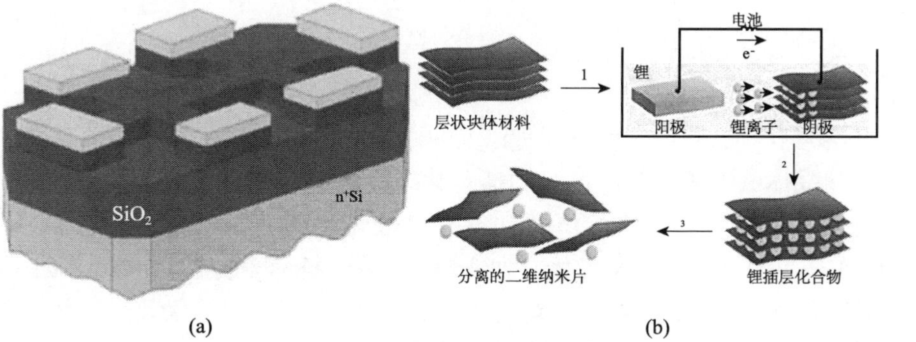


图 13-15　（a）机械剥离法制备石墨烯装置示意图[88]；（b）化学锂离子嵌入剥离法示意图[90]

除了运用物理手段对块体层状材料进行剥离，还可以通过化学手段从原子或者团簇出发生长到二维纳米片。化学气相沉积法（CVD）：Kim 等[93]利用该方法制备出高质量的薄层石墨烯［图 13-16（a）］。该研究小组以表面沉积镍金属层的二氧化硅为基底，在 1000℃的石英管式炉中骤冷甲烷、氢气和氩气的混合气到石墨烯。Lin 等在还原石墨烯处理过的 $Si/SiO_2$ 基底上，以 $MoO_3$ 和硫粉为前驱体沉积得到 $MoS_2$ 薄膜[95]。CVD 法制备的纳米片质量高、厚度可控并表现出优异的电性能。溶剂热法：澳大利亚 Choucair 等通过溶剂热过程高产率地得到薄层石墨烯[96]。此过程以钠金属和乙醇为原料，高压反应釜中 220℃保持 72h 得到固相的石墨烯前驱体。随后热解、洗涤和烘干后得到石墨烯产物。郑南峰等[97]以乙酰丙酮钯为前驱体，在聚乙烯吡咯烷酮和卤盐的辅助下，以 CO 为限制剂，制备出厚度在几个原子层的钯纳米六方片［图 13-16（b）］。片的棱长在 20～160nm 之间可控可调。该钯片催化氧化甲酸的电化学性能是商业钯黑的 2.5 倍。

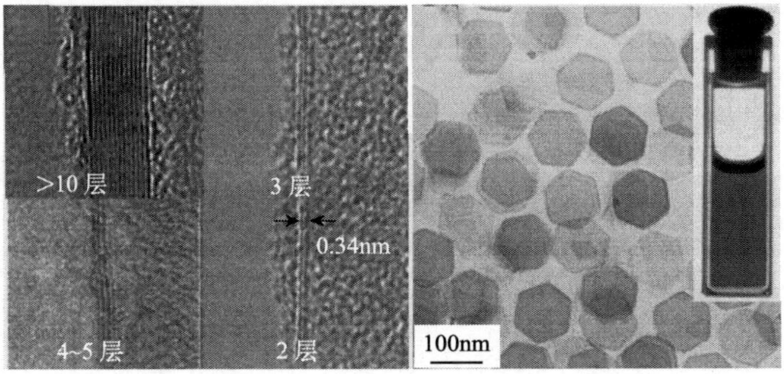


图 13-16　(a) CVD 法制备的不同厚度石墨烯[93]；(b) 溶剂热法制备的钯纳米片[97]

## 三、异质结构

纳米异质晶体由两种或两种以上的纳米晶体通过界面连接在一起[98]。纳米异质晶体的组成成分、尺寸和形貌共同决定了纳米异质结构的光、电、磁学性质。纳米异质晶体的组成和组合可以是多样化的[99-102]，如金属-金属（如 Ag－Au）、金属和半导体（如 Au－CdSe）、金属和绝缘体（Co－$Fe_3O_4$ 或 Au－$SiO_2$）、金属合金和金属氧化物（如 FePt－$Fe_3O_4$），以及半导体和绝缘体（如 ZnS－$Fe_3O_4$ 或 CdSe－ZnS）等纳米异质晶体。

与均质的纳米晶体相比，纳米异质晶体的复杂本质使得人们可以更多样化地对它们的物理化学性质进行调控。调控的手段包括对无机纳米颗粒的各个组成成分的尺寸、形貌、物态的调控，以及对它们的表面配体进行调控。

通过调控纳米异质结构可以改变其整体电子结构，人们可以获得所需要的物理化学性质。

纳米晶体的合成通常是在高温和有机配体分子存在的情况下，使含有指定元素的前驱体经分解或还原、成核、生长来实现。纳米异质晶体则是在上述基础上，使用已经合成好的纳米晶体作为成核中心，让另一种前驱体分解并在其表面成核、生长。在纳米异质晶体的合成中，需要非常仔细地选择反应条件和参数，做到能抑制第二组分均相成核的发生，同时按照人们的意愿，特定地在第一组分的指定位置生长。

最近，Schaak 课题组报道了一种基于有机全合成的思想来指导纳米异质结构的合成方法，他们通过已有的合成手段，类比有机全合成的加成反应，合成了一系列结构复杂的纳米异质晶体[103]。以 M-Pt-$Fe_3O_4$（M=Au，Ag，Ni，Pd）异质结构为例，作者首先在 190℃下，使用$Fe(CO)_5$还原乙酰丙酮铂［$Pt(acac)_2$］得到单分散的 Pt 纳米晶；在十八烯溶液中，以上述合成的 Pt 纳米晶作为晶种，热分解 $Fe(CO)_5$得到 Pt-$Fe_3O_4$异质纳米晶，通过透射电子显微镜照片可以看出所得到的 Pt-$Fe_3O_4$异质纳米晶纯度和产率较高；进一步地，作者利用 Pt-$Fe_3O_4$异质纳米晶为晶种，在油胺溶液中，以相对温和的条件（60～90℃）还原氯金酸（$HAuCl_4$），期望得到三元异质结构。到了这一步，异质节的生长有个选择性的问题，即第三元材料是长在 Pt 的表面还是长在 $Fe_3O_4$的表面，还是两个表面都长，抑或是在前两者的界面处生长？实验结果如图 13-17 得到几乎 100％的 Au 长在 Pt 表面的产物。这个结果表明，不仅可以通过分步法，得到两元以上的金属-金属-氧化物异质结构，还指出异质结构的生长是有很高的选择性，人们可以通过选择性的调控来获得单一形貌和结构的纳米异质晶体。

人们不仅可以通过分布法，控制纳米异质晶体的组成和结构，还可以在此基础上通过调节合成参数，获得具备特殊形貌的纳米异质晶体。近期，李亚栋课题组报道了一种单分散的六角锥型 Au-ZnO 纳米异质晶体的合成[104]。他们使用分散在环己烷中的 Au 纳米颗粒为晶种，与含有无水乙酸锌［$Zn(Ac)_2$］的油胺和十二烷醇混合溶液混合，将温度升高到 120℃除去水和环己烷，然后进一步升温至 180℃并保持数分钟。所得到的 Au-ZnO 纳米异质晶体呈现特殊的六角锥结构，在光催化反应中，表现出优于单纯 ZnO 的性能。

将不同的材料通过界面相连结为性质调控开创了广阔的领域，例如，

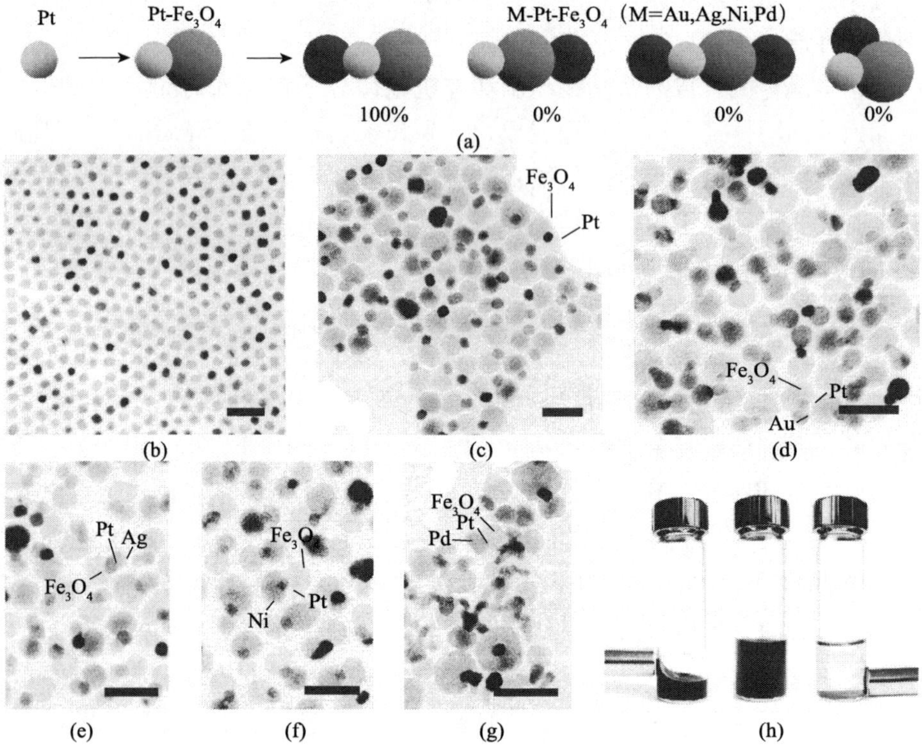


图 13-17 纳米异质晶体的全合成策略示意图（a）和相应的透射电子显微镜图（b～g）和实物照片（h）[103]

一个纳米异质晶体可以同时拥有磁学和光学性质（如 FePt/PbSe 哑铃状纳米颗粒[105]），或不同的磁学材料可以通过界面产生耦合的磁学效应（如 Co/$Fe_2O_3$[106]）。另外，通过惰性材料与活性材料组成异质结构可以不影响活性组分功能的前提下，提高其稳定性和溶解性（如将量子点颗粒包裹在无定形二氧化硅中[107]）。更进一步，不同材料间的相互作用还可能产生新的性质或协同效应，使得纳米异质结构不止表现为其组成成分的原有性质加合。

纳米异质晶体在光、电、磁等领域均有广阔的应用前景，同时也面临巨大的挑战。虽然人们在纳米异质晶体的合成中积累了大量的知识和经验，但目前尚未建立一个可以理性设计和组装纳米异质晶体的理论框架。这个理论框架须包括纳米晶体均相/异相成核、生长过程的进一步阐述，以及从原子层面上理解界面的形成和相关机理。随着分析技术的逐步发展和理论计算化学的突破，这个领域在不久的将来一定会取得重大进展，为纳米异质晶体的理性合成和组装、性质和应用提供重大机遇。

## 四、核壳结构

顾名思义，核壳结构就是包含核（内层结构）和壳（外层结构）的一种特殊的纳米结构，一般由两种或多种材料组成。近年来，核壳结构因为在电子器件、生物医疗、制药、光学和催化等领域的诸多应用受到了人们的广泛关注。一般来说，核壳结构可以分为无机/无机、无机/有机、有机/无机和有机/有机四类。壳层材料的选择一般都直接和应用相关。根据不同的拓扑性质，也可以把核壳结构分为如图 13-18 所示的几类。

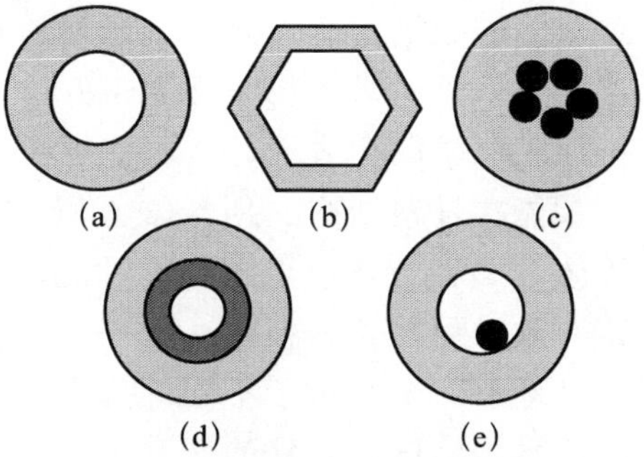


图 13-18　不同类型的核壳结构示意图：（a）球形；（b）六角形；（c）多核；（d）多层；（e）中空型

伴随着材料学科的发展，我们已经能够制备各式各样的核壳结构。无机/无机核壳结构是最重要也是研究得最多的一类核壳结构。这一类的材料经常被用于提高量子产率、信息存储、光电子、光学成像、催化等各方面的应用。例如，我们可以在一个硅球上制备不同厚度的 Au 的壳层，因为 Au 的表面光响应存在量子尺寸效应，从而能够实现这种以 Au 为壳层的核壳结构对于光响应从可见光区到近红外区的调控。利用这种可调的光效应的性质，这种核壳结构可以很好地用于癌症的热疗中[108]。

无机/有机核壳结构一般由一个无机纳米颗粒的核和一层聚合物的壳层组成。例如，CdS 颗粒在 436nm 处有一个很明显的吸收峰，并且在 467nm 处有一个很尖锐的发射峰。在被覆盖上一层 PMMA 聚合物后，荧光光谱出现了一个很明显的蓝移。荧光量子产率在覆盖前后也没有出现很明显的下降[109]。

有机/无机核壳结构与无机/有机核壳结构恰恰相反，是由一个聚合物的核和无机物的壳层组成。在一个有机材料外面包上一层如氧化物这样的材料能够大大提高材料的热稳定性、抗氧化能力和抗摩擦性。与此同时，这种材料也会表现出聚合物良好的光学性质、可塑性和韧性。例如，我们可以使用一个有机物的核作为牺牲模板，最终可以得到有机/无机的核壳结构[110]。

对于有机/有机核壳结构来说，这种结构是由聚合物加另外一种有机物构成的。因为具有良好的生物可降解性和良好的药物包覆性质，这样的结构被广泛地运用于药物在活体里释放的研究。Poly(D,L-lactic-co-glycolide)（PLGA）是一种生物可降解的有机聚合物并且可以包裹大容量的药物。我们可以使用这样的聚合物把卵磷脂包在内部形成核壳结构。这样的结构可以在生物体内分解以达到药物释放的目的[111]。

目前，虽然人们在纳米结构的可控构筑及性能探索方面取得了一定的成果，但未来的研究工作仍在如下两方面需要进一步加强和深入。一方面，独特结构的精细调控，如金属骨架结构的构筑。纳米材料相对于体相材料显示更加优异的性能，其原因之一是纳米材料表面原子的比例相比体相材料急剧增加。骨架材料所有的原子都暴露在表面，有可能赋予材料更加突出的物理化学性质。更进一步，如能在骨架结构的顶点位置和棱的位置分别设计不同的金属，则可以研究不同金属在特殊位点的特异性能。然而，这种独特结构的构筑依赖于更加精确有效的可控合成技术。另一方面，纳米材料结构与性能构效关系的深入认识和理解。虽然对于不同结构之间的性能差异已有初步研究，但本质原因尚不清楚。因此，未来的研究重点在于从分子水平上探索纳米材料结构与性能的构效关系。

## 第四节　纳米材料的性质及应用

纳米材料之所以引起人们极大的关注和研究兴趣，是由于纳米材料的小尺寸效应、量子尺寸效应、表面效应等而表现出不同于体相材料的优异物理化学性能，从而在光电子器件、催化和锂离子电池等领域有巨大应用前景。一个典型的例子是，体相金是非磁性、黄色贵金属材料，而尺寸为10nm的金颗粒因吸收绿光而呈现红色，尺寸为2～3nm的金颗粒显示出磁性，而尺寸更小的金颗粒可显示绝缘体性质。另外，体相金是非常稳定的惰性金属，而尺寸小于5nm的金颗粒显示出对于一氧化碳氧化反应异常的催化活性。因此，探索纳米尺度下材料的特异性能对于开发性能优异的新材料具有十分重要的意义。

### 一、金属纳米材料

当光线照射金属纳米颗粒时，会激发金属的自由电子，形成的诱导偶极迫使电子振动，若其频率、位相和入射光的相匹配时，就将产生共振，称为表面等离子体共振（SPR）[112]。对于金属纳米颗粒而言，表面的等离子共振将被限制在表面并被加强，此时的共振也被称为局域等离子体共振（LSPR）[112]。由于LSPR效应，金属纳米晶会对光产生丰富的吸收和散射行为，从而呈现出多姿的颜色。理论计算和实验结果均证实金属纳米晶的结构可明显影响其LSPR效应[113-115]，一般有以下规律：

（1）金属纳米颗粒电子云可被极化的方式决定了最终共振峰的个数。

（2）通过调节金属纳米晶的尖端尺寸、形貌的各向异性可有效调控LSPR峰的位置。

（3）金属纳米晶形状的对称性将影响各LSPR峰的强度。

基于以上的一般规律，人们可以通过可控合成的手段获得具有特定共振吸收的金属纳米晶。

人们在研究光照时金属和吸附在其表面的有机分子的相互作用时发现，LSPR效应可将有机分子的拉曼散射峰强度提高3～10个数量级[116-119]，这种现象也被称为表面增强拉曼散射（SERS），这是由Fleischman和van Dyune在20世纪70年代发现的[116,117]。由于拉曼散射信号包含了丰富的分子结构信息，而有机分子拉曼散射的强度非常低，SERS刚好弥补了该不足，因此，SERS技术成为检测催化反应中间体、毒品、蔬菜水果表面残留农药、生物分子等的重要手段。目前，对上述物种的检测甚至可达到纳克级别，在不久的将来也许可以实现单分子检测。虽然SERS被广泛研究和应用，其产生的机理人们还不是十分清楚，目前有很多种物理模型，但是并没有得到统一。SERS机理的进一步确定及其实际应用的普遍推广将是具有重大意义的工作。

LSPR效应带来的另一个重要应用是近红外成像。最典型的例子是Au纳米棒。由于单质Au无毒，化学稳定性好，且生物相容性很好，因此Au被选择作为生物应用的明星载体。通过调控Au纳米棒的长径比可以有效地将其LSPR峰红移至近红外区，从而轻松实现了近红外成像的先决条件。实验和理论计算都发现Au纳米棒用作近红外成像时具有非常好的对比度，且稳定性比染料强很多[120,121]。相信Au纳米晶今后将在生物医学领域发挥极其重要的作用。

贵金属一个极其重要的应用就是作催化剂。到目前为止，很多反应都离不开贵金属催化剂的参与。纳米晶可控合成技术的发展为开发性能优异的催化剂提供了很多新的机会。人们可以通过控制纳米晶的尺寸和形状来获得具有高活性和高选择性的催化剂。例如，Haruta等发现当Au小到一定尺寸时便具有了催化活性[122]，改正了一直以来人们认为 Au 是催化惰性的观点；Goodman 小组进一步发现 3nm 左右的 Au 纳米颗粒（$Au/TiO_2$）对 CO 氧化反应具有最高的催化活性[123]。除了尺寸之外，纳米晶的形状也是遴选高活性和高选择性催化剂的一个重要考虑因素。对于芳构化反应，Pt(111) 晶面比暴露 Pt(100) 晶面的催化活性高 3～7 倍[124]；Somorjai 课题组还发现对于苯的氢化反应而言，暴露（100）晶面的 Pt 纳米晶只催化产生环己烷，而同时暴露（100）和（111）的纳米晶催化剂则催化苯生成环己烯和环己烷的混合物[125]。同时，暴露高指数晶面的纳米晶也是遴选高活性催化剂的理想选择，高指数的晶面具有更多的原子台阶、悬键和纽结，通常具有更多的活性中心，被证实了具有更高的催化活性[126]。

此外，贵金属合金纳米晶的催化行为最近被人们广泛关注，成为研究热点，其组成效应和协同作用机理将导致丰富的催化行为，也将为开发新的催化反应、新的催化剂提供更广阔的空间。

## 二、氧化物纳米材料

纳米科技的迅速发展为氧化物纳米催化材料的合成带来了新的契机。近年来，金属氧化物纳米晶作为催化剂或催化剂载体在 CO 催化氧化、$CH_4$ 催化燃烧、低碳烃活化及光、电催化等领域均有重要应用。

与传统的体相材料相比，尺寸为纳米量级的氧化物纳米材料的电子结构会发生明显改变，活性位点会增加，比表面积也会增大，在催化反应中往往具有更高的催化活性。随着纳米材料合成技术的日趋成熟和人们对氧化物催化剂的深入理解，大量实验研究表明纳米催化剂的催化活性和选择性不仅与纳米晶的尺寸有关，还与其微观结构（组成、暴露晶面、表面缺陷等）有着密不可分的构效关系[127,128]。2005 年，李亚栋课题组分别制备了 $CeO_2$ 纳米颗粒和纳米棒，并考察了其在 CO 催化氧化反应中的催化性能[129]。实验数据表明，尽管 $CeO_2$ 纳米颗粒具有更大的比表面积，但其催化性能明显低于 $CeO_2$ 纳米棒。结构分析显示 $CeO_2$ 纳米棒主要暴露高活性的（110）和（001）晶面，而所合成的 $CeO_2$ 纳米粒子的主要暴露晶面为低活性的（111）晶面。自此，氧化物催化剂的结构敏感性和晶面差异性逐渐引起学界关注。申文杰课题组研究发现 $Co_3O_4$ 纳米棒的（110）晶面含有较多的 $Co^{3+}$ 活性位且（110）晶面占整个棒表面的 40%以上，因此成功实现了低温下 CO 的 100%快速转化[130]。刘刚等也报道了不同形貌 $\alpha$-$Fe_2O_3$ 光催化剂在可见光下对罗丹明 B 染料的光降解差异[131]。另外，有关氧化物催化剂表面缺陷的研究也逐渐引起学界的关注。实验表明催化剂的表面缺陷等也会对其催化性能有重要的影响。例如，李亚栋等发现采用不同合成方法制备的 $CeO_2$ 纳米棒在 CO 催化氧化反应中表现出显著差异[132]。通过正电子湮灭谱等结构分析发现由于二者中存在不同类型和浓度的氧空位，其影响表面活性氧的活化和传输。

此外，具有介孔结构的纳米氧化物作为催化剂或催化剂载体可有效避免催化剂的失活和活性位点的减少。因此，构筑介孔氧化物骨架赋予了催化剂良好的结构强度和稳定性，已成为该领域的研究热点之一。例如，最近有文献报道将纳米尺寸的 $TiO_2$、$CeO_2$ 等氧化物和贵金属纳米粒子作为结构基元理性组装为介孔多元纳米复合胶体球[133]。该复合催化剂具有很好的高温热稳定性，克服了负载型贵金属催化剂因高温团聚、尺寸增大等引起的失活问题。

目前，化学家已能够在一定程度上实现对氧化物纳米晶尺寸和形貌的精确调控，这为研究氧化物纳米催化剂微观结构和催化活性的相互关系提供了良好的平台。采用先进的合成策略，合成特定结构及优先暴露高活性晶面的氧化物纳米晶，是开发高效氧化物催化剂的有效途径之一。

过渡金属氧化物因具有理论比容量高、价格低廉、资源丰富等特点，有望替代锂离子电池中传统的碳负极材料。将纳米技术引入氧化物负极材料的制备中，可实现氧化物锂离子电池负极材料的纳米化。纳米氧化物负极材料往往展示出许多不同于体相材料的电化学性能。例如，纳米材料可缩短电子及锂离子传输路径，提高材料的储锂能力和循环寿命，实现快速充放电等。

纳米氧化物负极材料的形貌和组成对其电化学性能有着至关重要的影响。通过控制合成不同暴露晶面氧化物纳米晶，是改善氧化物负极材料性能的行之有效的方法。2012 年，李亚栋等合成了不同形貌的 $Co_3O_4$ 纳米材料，并考察了其作为负极材料的电化学性能[134]。值得一提的是，不同形貌 $Co_3O_4$ 纳米晶的循环性和比容量有明显差距，这有助于揭示纳米氧化物负极材料电化学性能与其结构之间的密切关系。陈军课题组和楼雄文课题组在特定形貌纳米氧化物锂离子负极材料的可控合成和性能改性方面做了大量的研究工作[135,136]。例如，具有空心结构的 $SnO_2$、$TiO_2$ 和 $Fe_2O_3$ 等氧化物电极材料具有比容量高、倍率性能优越、循环性好的优异电化学性能[136]。此外，采用二元以及多元氧化物作为负极材料可改善单一材料的导电性、结构稳定性及可逆容量等，因此也是研究的热点之一。近来，钱逸泰和张立志等报道了一系列二元过渡金属氧化物负极材料，有效提高了材料的循环性和倍率性能[137-139]。另外，纳米氧化物与石墨烯复合形成的复合负极材料是该领域的又一重要研究方向。通过二者的优势复合，可有效克服氧化物的体积效应，提高材料的导电性、倍率性和循环性[140-142]。例如，戴宏杰研究团队利用 $Mn_3O_4$ 和二维石墨烯复合，合成了 $Mn_3O_4$/石墨烯复合材料用于锂电池材料[143]。通过复合改性，改善了材料的导电性，使得电子传递更加容易，因此很大程度上提高了电极材料的电化学性能。

与此同时，利用特定形貌的过渡金属（Mn、Co、Ni 等）氧化物为模板，通过锂化处理合成具有特定结构的嵌锂氧化物是开发优异性能锂离子电池正极材料的有效途径。例如，崔屹等以 $MnO_2$ 纳米棒为母体，通过固相锂化反应制备了棒状结构的 $LiMn_2O_4$ 锂离子电池正极材料[144]。该一维棒状结构具有电子传输快和表面积大的特点，表现出良好的电学性质。

此外，纳米氧化物在生物、传感、和磁学等领域也展现出广阔的应用前景。例如，$Fe_3O_4$、$MnFe_2O_4$ 等磁性氧化物材料在磁分离和生物标记等方面有潜在应用[145,146]；$SnO_2$、$Cu_2O$ 和 $In_2O_3$ 等氧化物常用作气敏传感材料[147,148]；$TiO_2$ 等半导体氧化物在染料敏化太阳能电池中有广泛应用[149,150]；ZnO 等同时具有压电和半导体性质，可用于纳米发电机等方面[151]。

随着纳米科学和合成方法学的不断发展，纳米氧化物材料微结构与其性能的相关性将进一步被揭示，更多基于纳米氧化物材料特性的应用还将被报道。

## 三、半导体纳米材料

在过去的几十年中，半导体纳米材料由于其独特的尺寸效应和光电磁等物理化学特性，在光电转换、发光显示和生物分析等诸多领域表现了广泛的应用前景。同时作为在纳米尺度下研究材料的尺寸和维度与性能之间的潜在关系的理想系统，半导体纳米材料的性质研究和应用探索也得到了人们的广泛关注和深入研究。

在生物分析领域，无机半导体量子点（如 ZnS、CdSe、CdTe 等Ⅱ～Ⅳ族半导体）在紫外光的照射下能发射出可见光，通过调节无机半导体量子点的尺寸可以实现对其紫外荧光发射光谱的调控。与传统的荧光探针相比，量子点具有独特的光学和电子特性，如大小可调的光发射，窄而对称的发射光谱和宽的吸收光谱，多个可同时激发荧光的颜色等。因此，半导体发光纳米材料在生物分析领域，如荧光标记的分子成像和和生物医学诊断等，具有独特的优势[152]。传统的 CdSe 等含镉半导体量子点荧光标记材料存在有生物毒性的缺点。近年来，人们逐渐开发更加安全的半导体体系。例如，Pons 等合

成的 $CuInS_2$/ ZnS 核壳量子点在近红外发光（800nm）的量子产率和稳定性好，将其应用于小鼠体内生物成像取得良好效果，且与含镉半导体材料相比，其引发的不良反应（炎症）大大降低[153]。Park 等通过一锅法合成了 CuInSe/ZnS 核壳结构量子点，在波长大于 700nm 区间具有明显的发射峰，通过表面巯基化处理后可在水溶液中保持稳定，且具有较高的量子产率（约 60%），将其应用于小鼠内体荧光成像，取得良好的效果[154]。Chang 等所制备的 $AgInS_2$/ZnS 纳米晶具有良好的光学特性，可实现对人体肝癌细胞（HepG2）的选择性生物标记[155]。Sheng 等所制备的核壳结构纳米晶在水、磷酸缓冲盐水和牛犊牛血清等各种介质中具有良好的稳定性和光学性能，细胞毒性测试和初步的细胞成像演示说明该核壳结构半导体纳米粒子在生物成像中具有应用前景[156]。

在光电转换领域，无机半导体纳米材料（如氧化锌、硫化锌、硅、碳化硅、氮化铝、碳纳米管和石墨烯等）由于其独特的场发射特性，有望在未来纳米器件中发挥重要的作用，从而受到了人们广泛的关注[157]。近来，Tan 等将高长径比的 $TiO_2$ 纳米线和纳米粒子混合在一起制成染料敏化太阳能电池的阳极薄膜，能够有效提高太阳能电池的效率[158]。Ku 等发现在 ZnO 纳米线中间填充 ZnO 的纳米粒子可以增强和改进太阳能电池的工作效率[159]；除此之外，介孔有序结构、多晶纳米管、取向生长薄膜等材料和技术也被应用于提高太阳能电池的光电转化效率[160-162]。目前虽然光电转化效率偏低，但在未来的工作中通过对半导体纳米结构的进一步优化设计和更加可控便捷的制备，有望得到具有更加优越的光电转化性能的高效的染料敏化太阳能电池。

半导体材料作为光催化剂在太阳能光催化水解制氢领域的应用是近期半导体纳米材料应用研究的热点之一[163]。其中 NiO/$NaTaO_3$：La 光催化剂对光解水制氢在 270nm 处能够达到 56%的量子产率[164]。Tada 等制备了一种各向异性的 CdS-Au-$TiO_2$ 异质结，这种三组分系统相比于单组分或双组分系统展现出更高的光催化活性[165]。对半导体纳米晶的尺寸和形貌进行调控是得到更加优越性能的有效手段。以 $TiO_2$ 纳米晶为例，人们发现对 $TiO_2$ 纳米晶的形貌进行调控，制备出暴露高活性（010）和（100）晶面的 $TiO_2$ 纳米晶，展现出比商品化锐钛矿粉末更好的光催化性能[166,167]。

## 四、稀土纳米材料

稀土元素是镧系 15 种元素和与它们性质相近的钪（Sc）和钇（Y）两种元素的统称。稀土元素的原子结构相似，外层 5s5p 能级被电子填充，但内层

4f 轨道未成对电子多，比周期表中所有其他元素电子能级跃迁的数目多 1～3 个数量级。因此，稀土材料或稀土掺杂材料表现出优异的光、电、磁、力、声等性质。稀土金属非常活泼，易与其他元素结合形成各种化合物，在照明、显示、催化、永磁、传感器、超导、能源、医药和生物等领域有广泛的应用前景。稀土纳米材料表现出很多新的特性，进一步拓展了稀土材料的应用领域。

稀土离子具有非常丰富的电子能级，可以发出从红外到紫外各种波长的光。其发光机制主要是电子在光或电场的激发下从基态跃迁到激发态，在跃迁回基态的过程中发射一定波长的光子。目前广泛研究的主要是稀土光致发光材料，其中以紫外或红外光激发可见光为研究热点方向。例如，荧光灯灯壁上涂覆的就是稀土三基色荧光粉，在紫外光的激发下发出白光。稀土三基色荧光粉中的发光离子 $Eu^{3+}$、$Tb^{3+}$、$Dy^{3+}$ 等就是稀土离子。与其他金属离子相比，尤为特别的是，稀土离子具有很多长寿命能级，这就使得处于激发态的电子可以停留足够的时间吸收另一个光子跃迁到一个能量更高的激发态，从而在跃迁回基态的过程中实现反斯托克斯发光。稀土离子 $Er^{3+}$、$Ho^{3+}$、$Tm^{3+}$ 等离子就具有这种特性，它们吸收两个以上低能量的红外光子发射出能量更高的可见光光子[168]。

由于稀土荧光材料的激发与发射过程都紧密地依赖其比表面积及表面性质，因此，稀土荧光材料的纳米化对其荧光特性具有显著调制作用。首先，稀土纳米荧光材料具有更大的比表面，可以产生更丰富的表面激发与发射过程。例如，稀土 $Er^{3+}/Yb^{3+}$ 掺杂的 $Y_2O_3$ 纳米晶随着晶粒尺寸的减小，其红/绿光强比明显提高[169]。其次，稀土纳米荧光材料通常具有较高密度的表面位错，所以表面能量传递率相对于块体材料有所降低（即表面猝灭效应），从而导致总体发光强度的降低。通过在稀土纳米荧光材料表面包覆一层很薄的非发光壳，不仅可以成倍地提高稀土纳米荧光材料的发光强度，而且可以同时调节其各发射谱带之间的相对强度[170]。最后，稀土纳米材料作为荧光粉可以实现更均匀的发光。稀土纳米荧光材料由于其发光特性可以在纳米级进行精确调控，应用前景非常广阔。例如，用于荧光屏不仅可以实现 180°视角，而且亮度高、显色性好。具有反斯托克斯发光的稀土纳米荧光材料作为生物标记可以实现组织的高衬度成像，由于其激发光为红外光，消除了量子点或染料标记在紫外光激发下伴随产生的生物组织自发光。

稀土离子的 4f 轨道未成对电子多，原子磁矩高。对于铁族元素，其磁性来自于 3d 层电子自旋的贡献。但是，在稀土材料中，由于 4f 轨道被 5s5p 外层电子所屏蔽，受晶体场的影响很小，因此，稀土原子的磁矩来自于电子轨道磁矩和自旋磁矩两部分贡献。目前，磁性最强的第三代永磁材料钕铁硼中就含有稀土元素钕。单相钕铁硼（$Nd_2Fe_{14}B$）的理论磁能积为 516kJ/$m^3$。为了超越这一理论值，纳米复合化是手段之一。例如，将硬磁相 $Nd_2Fe_{14}B$ 与高磁化的单一相 $\alpha$-Fe 在纳米尺度复合，可以实现强的磁性结合，从而突破单一钕铁硼磁铁的理论极限。最新的研究表明，在稀土钆（Gd）的纳米化合物中可以同时实现优异的光致发光和强顺磁。例如，稀土离子 $Er^{3+}$/$Yb^{3+}$ 掺杂的 $NaGdF_4$ 纳米晶，在红外光的激发下可以发红、黄、绿等可见光，且具有强顺磁性[171]。这种稀土双功能纳米材料作为生物标记，可以实现双模成像，在生物领域获得了极大重视，应用前景广阔[172,173]。

稀土元素 4f 轨道未成对电子多，易于形成不同价态的化合物，在氧化还原反应中表现出独特的催化活性。稀土纳米催化剂具有高比表面积和优异的表面活性，表现出明显优于微米级稀土材料的催化活性。纳米氧化铈（$CeO_2$）是其典型代表。目前，已经报道了大量的实验手段合成氧化铈纳米晶，如溅射气相沉积、沉淀法、水热合成等方法。研究表明，纳米氧化铈具有非常高的催化活性，在 150℃以下可以实现一氧化碳的完全氧化[174]。近些年，基于纳米氧化铈的复合催化材料成为了国际研究热点，其催化活性与单一纳米氧化铈相比有显著提高，可以应用于除氮脱硫、有机合成、汽车尾气净化及燃料电池等领域。

除了以上性质，稀土纳米材料还具有润滑、合金强化、储氢及气敏等特性，可以广泛地应用于润滑、传感器、高强度合金及新能源电池等领域。随着科学技术的发展，稀土纳米材料在民用和国防领域将发挥更加重要的作用。

## 五、碳材料

碳元素作为生命组织的基本组成成分之一，以各种形态广泛地存在于宇宙中，它具有 $sp^1$、$sp^2$、$sp^3$ 杂化的多样电子轨道特性，再加之 $sp^2$ 的异向性导致晶体的各向导性和其他排列的各向导性。因此以碳元素为唯一构成元素的碳素材料具有各式各样的性质。随着纳米材料科学技术的发展，碳材料独特的结构、优异的性能及其多种同素异形体逐渐一一被人们认识并利用。除了人们熟知的传统的三维碳材料金刚石、活性炭、炭黑和石墨等之外，近年来，纳米科学技术的发展使得碳这种古老的元素展现出全新的结构和物性。1984 年，Kroto 和 Smalley 等首次发现的零维富勒烯（fullerene，$C_{60}$）[175]；Iijima 等于 1991 年发现的一维碳纳米管（carbon nanotubes，CNTs）[176]；2004

年，Geim 和 Novoselov 发现的二维石墨烯（graphene）[88]，这些碳材料的独特结构决定了它们在物理、化学等方面具有特殊的性能。这里对目前最具代表性的新型碳纳米材料碳纳米管和石墨烯进行介绍。

碳纳米管可以看成是一种由碳原子 $sp^2$ 杂化形成的石墨烯片层卷成的无缝、中空的管体。根据管壁层数的差别，一般可以分为单壁碳纳米管、双壁碳纳米管和多壁碳纳米管。研究表明，碳纳米管不仅具有相当高的强度和韧性，还具有优异的电学、磁学以及吸收等性能，是一种公认的超强一维增强材料，可以应用于不同的领域。

鉴于其独特的结构和性质，碳纳米管的研究具有重大的理论意义和潜在的应用价值。首先，其是一种理想的一维模型材料，巨大的长径比使其有望用作坚韧的碳纤维，其强度为钢的 100 倍，质量则只有钢的 1/6。其次，它还有望用作催化剂载体、分子导线（即纳米半导体材料）、分子吸收剂和近场发射材料等。再次，碳纳米管的内部也可以填充金属、氧化物等物质，这样碳纳米管可以作为模具，用金属等物质灌满碳纳米管，再把碳层腐蚀掉，就可以制备出最细的纳米尺度的导线，或者全新的一维材料，在未来的分子电子学器件或纳米电子学器件中得到应用。另外，利用碳纳米管的性质还可以制作出很多性能优异的复合材料。

目前，碳纳米管迎来了重大发展机遇，法国国家科研中心于 2013 年 2 月 28 日发表公报说，该机构研究人员日前研发出一种可以将渗透能转换为电能的纳米管，发电功率比当前技术高 1000 倍；斯坦福的研究团队发现碳纳米管或将成为硅芯片的替代材料；Liu 等发现复合的碳纳米管表现出增强的光辐射肿瘤细胞灭活效应[177]。目前，碳纳米管的全球生产能力已超过千吨级。大部分的碳纳米管粉末掺入不同的商业产品，包括充电电池、汽车配件及体育用品的船体和水过滤器等。虽然其在一些应用中没有达到令人满意的机械强度或热导率等，但是由碳纳米管组成的纱或布，已经用于包括超级电容器、制动器和轻质电磁屏蔽器等中[178]。如今，三维纹理太阳能电池计划进入太空空间站进行实验的消息，将更进一步推动碳纳米管的市场应用。

石墨烯的发现成功地打破了二维晶体材料不能在常温条件下自由存在的理论预言，极大地丰富了碳材料的家族，Geim 和 Novoselov 因此而共同获得了 2010 年诺贝尔物理学奖。石墨烯属于零带隙半导体，在低温下不会出现量子干扰磁阻；在室温下，石墨烯具有异常的量子霍尔效应。石墨烯具有双极性电场效应，其电荷载流子浓度在电子和空穴之间连续变化，可高达 $10^{13}$ $cm^{-2}$，理论上具有高的电荷迁移率［$>200\ 000 cm^2/(V\cdot s)$］[179]，且温度和掺杂效应对其电导率影响很小[180]。

石墨烯不仅在性能上与碳纳米管具有相似性，还被认为是目前世界上最薄却也是最坚硬的纳米材料。石墨烯在催化、生物医学、电子学等领域的应用受到广泛研究。英国曼彻斯特大学的科研人员设计出一种新型的三明治型石墨烯晶体管，在其中电子可借助隧穿和热离子效应，同时从上方和下方穿越障碍，并在室温下展现出高达 $1\times10^6$ 的开关比率[181]。同时，我国的石墨烯研究也取得很大进展，高超课题组用石墨烯制造出一种超轻固体材料，取名“碳海绵”。据悉，“碳海绵”是一种气凝胶——世界上最轻的一类物质，它的内部有很多孔隙，充满空气。“碳海绵”每立方厘米重 0.16mg，比氦气还要轻，约是同体积大小氢气质量的两倍[182]。

地球上的碳元素储量丰富，利用过程环保、无重金属污染，符合绿色化学工业节能、减排的高要求。新型纳米碳材料在技术的开发和应用方面均具很大发展空间，碳材料将迎来重大发展机遇和挑战。

目前，虽然人们在各类纳米材料的性能研究及应用探索方面取得了一定的成果，但未来在如下两方面的研究仍需要进一步加强和深入。一方面，对于纳米材料特异性能产生机制的理解。虽然纳米材料相比体相材料所表现出的优异性能是由小尺寸效应、量子尺寸效应、表面效应等产生的结果，但有必要针对某一种优异性能明确其产生的具体机制，以利于更加有效地实现对其性能的人工“剪裁”。另一方面，实现纳米材料的工业化应用。虽然对于纳米材料在各个重要领域的应用已开展了广泛的研究，但由于成本问题、规模化问题、稳定性问题等种种原因，实现纳米材料的工业化应用仍需要进一步的探索。

## 第五节　挑战与展望

纳米材料合成经过 20 多年的研究与发展，已经形成了相对完善的方法体系，对于不同种类（如半导体、金属氧化物、贵金属、多组分合金等）的晶形材料，多晶形材料的不同结构，多组分复合材料的形状、尺寸、组成的精确控制均已建立专属的合成方法。这些方法的获得一方面促进了与材料几何因数相关联的为数众多的奇特物理化学特性的发现与应用；另一方面拓展了纳米材料的自组装技术，尤其是近年来逐步实现多元与多维纳米材料的大尺度长程有序构建。通过对纳米材料合成的深入控制，化学家将纳米世界变得更加绚丽多彩。然而，尽管如此，目前的合成技术仍然是制约从更广度和深度上探索纳米物质性能和规模化应用的瓶颈，尚有很大的发展空间。未来合成方法的发展方向主要表现在以下几个方面：

（1）建立可预测的合成方法。当前五花八门的合成技术开发是建立在大量的前期实验基础上，需要大量的人力物力投入和冗长的时间。不同材料乃至实现同种材料的不同形貌和晶形均需要设计不同的技术路线，导致大量涌现的纷繁复杂、眼花缭乱的合成方法无规律可循，缺乏统一性和定理定律，使得如何准确构建一个可预测的纳米世界变得捉摸不透。根本原因在于对纳米材料的形成与生长机理研究进展缓慢，研究者通常仅根据实验现象给出粗浅的推测和经验性概括，缺乏清晰透彻和定量的表述。因而，根据所需材料形貌、组成，从理论上准确奠定纳米材料的形成机理，从而实现可预测的合成方法无疑会促使纳米科技产生革命性的飞跃。然而，由于物质世界的多样性，实现这样一种理论首先要建立更多、更精密的微观分析检测方法，监测材料生长过程中原子或分子间的相互作用变化规律和过程，寻找真实的微观反应动力学过程和建立准确的数学方程，能够适用于某一类或某几种材料的统一合成方法。尽管这样的方法已有所发展，但行之有效重现性好的方法并不多。

（2）纳米材料生产的规模化。目前，纳米材料合成依然停留在实验室阶段的微量化、间歇化制备。这种合成方式一方面制约了规模化生产，而且导致不同批次产品的质量稳定性差。因而设计纳米材料的可扩大化生产工艺与技术使纳米材料真正走向实用化、产业化面临严峻的挑战。大力发展连续化、自动化、批量化的生产工艺变得极为迫切。探索以连续流为基础的稳态操作的湿法生产工艺对于智能化控制试剂添加、反应物混合、多反应器的平行操作，必将成为未来纳米材料生产的发展趋势。然而这种生产工艺的建立需要考虑多种因素，包括控制流体的流速、表面张力、黏度，表面活性剂的选用对流体互溶和停留时间分布的影响，反应物混合的时间、位置，避免产物与反应物之间的返混等，这些尚需深入研究；另一方面合成所用的原材料成本过高和合成条件过于苛刻使很多种类纳米材料的规模化生产令人生畏。因而，用连续流法合成纳米材料，通过合理设计后合成分离纯化的工艺路线，便于价格昂贵的溶剂与表面活性剂的循环利用，有望实现纳米材料低成本、高产出的工业化生产。

（3）纳米材料生产的绿色化。毫无疑问，绿色化的合成工艺无论对于降低生产成本、避免环境污染，还是降低纳米材料的生理毒性，提高其生物兼容性都具有不可估量的作用。通常以天然产物为原料对于这些问题的解决有积极的促进作用。自然界中的天然产物来源广阔、廉价易得，如大量的蛋白质、DNA、细菌、病毒等不仅可以作为反应物、表面活性剂、溶剂等，还可以作为模板、载体、催化剂使用，目前这些材料在各类纳米材料的合成中并没有得到广泛应用，进一步推广绿色化生产亟待解决和探讨。同时由于这些材料具有复杂的结构、形态、形貌和生物机能，在控制纳米材料结构、组织/组装、形貌、生物活性等诸多方面必将发挥化学物理合成方法不可替代的作用。

（4）纳米材料的深度可控性。尽管目前对纳米材料的形貌与尺寸的控制已日臻完善，但对尺寸控制缺乏连续性和灵活性，特别是对于不同类材料，其合成出的尺寸往往主要分布于某一范围内，而对于在整个纳米尺度范围内的连续输出不同尺度的纳米结构无法做到。在尺度控制上如果能够实现向亚纳米和亚微米高低两个方向的任意可调性具有重要理论意义和应用价值，则能实现探索材料的准分子性能到准介观性能任意转变。在形状控制上，已有的合成工艺可成功用于制备各种简单规则几何形状的纳米材料，但对于形状复杂、不对称结构的纳米材料合成研究很少，缺乏行之有效的方法。另外，从改变分子排列方式、晶体结构等方面合成结构不同于宏观体相结构的纳米材料也尚未实现。这些在更深层次上发展控制纳米材料形状尺寸的合成方法，对于开发新性能、拓展应用范围具有重要意义。这些将是今后纳米材料合成的发展方向。

## 参考文献

[1] Eisenthal K B. Liquid interfaces. Acc Chem Res，1993，26：636 - 643.

[2] Wang X，Peng Q，Li Y D. Interface - mediated growth of monodispersed nanostructures. Acc Chem Res，2007，40：635 - 643.

[3] Yin Y，Alivisatos A P. Colloidal nanocrystal synthesis and the organic-inorganic interface. Nature，2005，437：664 - 670.

[4] Xia Y N，Yang P D. One-dimensional nanostructures：Synthesis，characterization，and applications. Adv Mater，2003，15：353 - 389.

[5] Morales A M，Lieber C M. A Laser ablation method for the synthesis of crystalline semiconductor nanowires. Science，1998，279：208 - 211.

[6] Duan X F，Lieber C M. General synthesis of compound semiconductor nanowires. Adv Mater，2000，12：298 - 302.

[7] Peng Q，Dong Y J，Li，Y D. ZnSe semiconductor hollow spheres. Angew Chem

Int Ed, 2003, 42: 3027 - 3030.

[8] Rao C N R, Thomas J M. Intergrowth structures: The chemistry of solid-solid interfaces. Acc Chem Res, 1985, 18: 113 - 119.

[9] Sun X M, Li Y D. Colloidal carbon spheres and their core/shell structures with Noble-metal nanoparticles. Angew Chem Int Ed, 2004, 43: 597 - 601.

[10] Wang X, Zhuang J, Peng Q, et al. A general strategy for nanocrystal synthesis. Nature, 2005, 437: 121 - 124.

[11] Wu Y, Cai S, Wang D, et al. Syntheses of water-soluble octahedral, truncated octahedral, and cubic Pt-Ni nanocrystals and their structure-activity study in model hydrogenation reactions. J Am Chem Soc, 2012, 134 (21): 8975 - 8981.

[12] Hu S, Wang X. Ultrathin nanostructures: Smaller size with new phenomena. Chem Soc Rev, 2013, 42: 5577 - 5594.

[13] Hu S, Wang X. Fullerene-like colloidal nanocrystal of nickel hydroxychloride. J Am Chem Soc, 2010, 132 (28): 9573 - 9575.

[14] Hu S, Wang X. Single-walled $MoO_3$ nanotubes. J Am Chem Soc, 2008, 130 (26): 8126 - 8127.

[15] Modeshia D R, Walton R I. Solvothermal synthesis of perovskites and pyrochlores: Crystallization of functional oxides under mild conditions. Chem Soc Rev, 2010, 39: 4303 - 4325.

[16] Suslick K S. Sonochemistry. Science, 1990, 247: 1439 - 1445.

[17] Shchukin D G, Radziuk D, Mohwald H. Ultrasonic fabrication of metallic nanomaterials and nanoalloys. Annu Rev Mater Res, 2010, 40: 345 - 362.

[18] Suslick K S, Choe S B, Cichowlas A A, et al. Sonochemical synthesis of amorphous iron. Nature, 1991, 353: 414 - 416.

[19] Grinstaff M W, Cichowlas A A, Choe S B, et al. Effect of cavitation conditions on amorphous metal synthesis. Ultrasonics, 1992, 30: 168 - 172.

[20] Suslick K S, Fang M, Hyeon T. Sonochemical synthesis of iron colloids. J Am Chem Soc, 1996, 118: 11960 - 11961.

[21] Bellissent R, Galli G, Hyeon T, et al. Structural properties of amorphous bulk Fe, Co and Fe-Co binary alloys. Phys Scr, 1995, T57: 79.

[22] Suslick K S, Hyeon T, Fang M. Nanostructured materials generated by high-intensity ultrasound: Sonochemical synthesis and catalytic studies. Chem Mater, 1996, 8: 2172 - 2179.

[23] Skrabalak S E, Suslick K S. Porous $MoS_2$ synthesized by ultrasonic spray pyrolysis. J Am Chem Soc, 2005, 127: 9990 - 9991.

[24] Askarinejad A, Morsali A. Direct ultrasonic-assisted synthesis of sphere-like nanocrystals of spinel $Co_3O_4$ and $Mn_3O_4$. Ultrason Sonochem, 2009, 16: 124 - 131.

[25] Vinodgopal K, Neppolian B, Lightcap I V, et al. Sonolytic design of graphene-Au nanocomposites. Simultaneous and sequential reduction of graphene oxide and Au (Ⅲ). J Phys Chem Lett, 2010, 1: 1987 - 1993.

[26] Jung S H, Oh E, Lee K H, et al. A sonochemical method for fabricating aligned ZnO nanorods. Adv Mater, 2007, 19: 749 - 753.

[27] Jung S H, Oh E, Lee K H, et al. Sonochemical Preparation of shape-selective ZnO nanostructures. Cryst Growth Des, 2008, 8: 265 - 269.

[28] Jung S H, Jeong S H. Selective-area growth of ZnO nanorod arrays via a sonochemical route. Mater Lett, 2008, 62: 3673 - 3675.

[29] Caruso R A, Ashokkumar M, Grieser F. Sonochemical formation of gold sols. Langmuir, 2002, 18: 7831 - 7836.

[30] Xu H X, Suslick K S. Sonochemical synthesis of highly fluorescent Ag nanoclusters. ACS Nano, 2010, 4: 3209 - 3214.

[31] Okitsu K, Sharyo K, Nishimura R. One-pot synthesis of gold nanorods by ultrasonic irradiation: The effect of pH on the shape of the gold nanorods and nanoparticles. Langmuir, 2009, 25: 7786 - 7790.

[32] Anandan S, Grieser F, Ashokkumar M. Sonochemical synthesis of Au-Ag core-shell bimetallic nanoparticles. J Phys Chem C, 2008, 112: 15102 - 15105.

[33] Vinodgopal K, He Y, Ashokkumar M, et al. Sonochemically prepared platinum-ruthenium bimetallic nanoparticles. J Phys Chem B, 2006, 110: 3849 - 3852.

[34] Mayers B T, Liu K, Sunderland D, et al. Sonochemical synthesis of trigonal selenium nanowires. Chem Mater, 2003, 15: 3852 - 3858.

[35] Zhu J J, Xu S, Wang H, et al. Sonochemical synthesis of CdSe hollow spherical assemblies via an insuit template route. Adv Mater, 2003, 15: 156 - 159.

[36] Gao T, Wang T. Sonochemical synthesis of $SnO_2$ nanobelt/CdS nanoparticle core/shell heterostructure. Chem Commun, 2004, 22: 2558 - 2559.

[37] Hasin P, Wu Y Y. Sonochemical synthesis of copper hydride (CuH). Chem Commun, 2012, 48: 1302 - 1304.

[38] Liu L C, Yoo S H, Park S. Synthesis of vertically aligned hollow platinum nanotubes with single crystalline nanoflakes. Chem Mater, 2010, 22 (8): 2681 - 2684.

[39] Wolosiuk A, Armagan O, Braun P V. Double direct templating of periodically nanostructured ZnS hollow microspheres. J Am Chem Soc, 2005, 127 (47): 16356 - 16357.

[40] Wang W S, Dahl M, Yin Y D. Hollow nanocrystals through the nanoscale kirkendall effect. Chem Mater, 2013, 25 (8): 1179 - 1189.

[41] Zhang Q, Wang W S, Yin Y D, et al. Self-templated synthesis of hollow nanostructures. Nano Today, 2009, 4 (6): 494 - 507.

[42] Zeng H C. Synthetic architecture of interior space for inorganic nanostructures. J

Mater Chem, 2006, 16: 649 - 662.

[43] Zeng H C. Ostwald ripening: A synthetic approach for hollow nanomaterials. Curr Nano Sci, 2007, 3 (2): 177 - 181.

[44] Yang H G, Zeng H C. Preparation of hollow anatase $TiO_2$ nanospheres via ostwald ripening. J Phys Chem B, 2004, 108 (11): 3492 - 3495.

[45] Cao C Y, Cui Z M, Cai W. Ceria hollow nanospheres produced by a template-free microwave-assisted hydrothermal method for heavy metal ion removal and catalysis. J Phys Chem C, 2010, 114 (21): 9865 - 9870.

[46] Chen Y, Xia H, Xue J M. Synthesis of porous hollow $Fe_3O_4$ beads and their applications in lithium ion batteries. J Mater Chem, 2012, 22: 5006 - 5012.

[47] Dai X J, Luo Y S, Fu S Y. Facile hydrothermal synthesis and photocatalytic activity of bismuth tungstate hierarchical hollow spheres with an ultrahigh surface area. Dalt Trans, 2010, 39: 3426 - 3432.

[48] Smigelskas A D, Kirkendall E O. Zinc diffusion in alpha brass. Transactions of the American Institute of Mining, Metallurgical and Petroleum Engineers, 1947, 171: 130 - 142.

[49] Yin Y D, Rioux R M, Erdonmez C K, et al. Formation of hollow nanocrystals through the kirkendall effect. Science, 2004, 304 (5671) : 711 - 714.

[50] Liu X W, Wang X, Li Y D, et al. Formation of $CeO_2$-$ZrO_2$ Solid solution nanocages with controllable structures via Kirkendall effect. J Am Chem Soc, 2008, 130 (9): 2736 - 2737.

[51] Nakamura R, Matsubayashi G, Tsuchiya H, et al. Formation of oxide nanotubes via oxidation of Fe, Cu and Ni nanowires and their structural stability: Difference in formation and shrinkage behavior of interior pores. Acta Mater, 2009, 57 (17): 5046 - 5052.

[52] Na J S, Gong B, Scarel G. Surface polarity shielding and hierarchical ZnO nanoarchitectures produced using sequential hydrothermal crystal synthesis and thin film atomic layer deposition. ACS Nano, 2009, 3 (10): 3191 - 3199.

[53] Wang J W, Johnston-Peck A C, Tracy J B. Nickel phosphide nanoparticles with hollow, solid, and amorphous structures. Chem Mater, 2009, 21 (19): 4462 - 4467.

[54] Cabot A, Smith R K, Alivisatos A P. Sulfidation of cadmium at the nanoscale. ACS Nano, 2008, 2 (7): 1452 - 1458.

[55] Cabot A, Ibáñez M, Alivisatos A P. Reaction regimes on the synthesis of hollow particles by the kirkendall effect. J Am Chem Soc, 2009, 131 (32): 11326 - 11328.

[56] Liang H P, Guo Y G, Bai C L. Controllable AuPt bimetallic hollow nanostructures. Chem Commun, 2004: 1496 - 1497.

[57] Sun Y G, Mayers B T, Xia Y N. Template-engaged replacement reaction: A one-step approach to the large-scale synthesis of metal nanostructures with hollow interiors.

Nano Lett, 2002, 2 (5): 481 - 485.

[58] Xia Y N, Li W Y, Cobley C M. Gold nanocages: From synthesis to theranostic applications. Acc Chem Res, 2011, 44 (10): 914 - 924.

[59] Mohl M, Dobo D, Ajayan P M. Formation of CuPd and CuPt bimetallic nanotubes by galvanic replacement reaction. J Phys Chem C, 2011, 115 (19): 9403 - 9409.

[60] Teng X W, Qang Q, Liu P. Formation of Pd/Au nanostructures from Pd nanowires via galvanic replacement reaction. J Am Chem Soc, 2008, 130 (3): 1093 - 1101.

[61] Seo D, Song H. Asymmetric hollow nanorod formation through a partial galvanic replacement reaction. J Am Chem Soc, 2009, 131 (51): 18210 - 18211.

[62] Papadimitriou S, Armyanov S, Valova E. Methanol oxidation at Pt-Cu, Pt-Ni, and Pt-Co electrode coatings prepared by a galvanic replacement process. J Phys Chem C, 2010, 114 (11): 5217 - 5223.

[63] González E, Arbiol J, Puntes V F. Carving at the nanoscale: Sequential galvanic exchange and kirkendall growth at room temperature. Science, 2011, 334 (6061): 1377 - 1380.

[64] Hu Y X, Ge J P, Yin Y D, et al. A self-templated approach to $TiO_2$ microcapsules. Nano Lett, 2007, 7 (6) : 1832 - 1836.

[65] Zhang Q, Zhang T R, Yin Y D, et al. Permeable silica shell through surface-protected etching. Nano Lett, 2008, 8 (9): 2867 - 2871.

[66] Chen Y, Chen H R, Shi J L, et al. Hollow/rattle-type mesoporous nanostructures by a structural difference-based selective etching strategy. ACS Nano, 2010, 4 (1): 529 - 539.

[67] Zhang Q, Ge J P, Yin Y D, et al. Tailored synthesis of superparamagnetic gold nanoshells with tunable optical properties. Adv Mater, 2010, 22 (17): 1905 - 1909.

[68] Chiu C Y, Ruan L Y, Huang Y. Biomolecular specificity controlled nanomaterial synthesis. Chem Soc Rev, 2013, 42: 2512 - 2527.

[69] Gao L Z, Wu J M, Gao D. Enzyme-Controlled self-assembly and transformation of nanostructures in a tetramethylbenzidine/horseradish peroxidase/$H_2O_2$ System. ACS Nano, 2011, 5: 6736 - 6742.

[70] Fendler J H. Atomic and molecular clusters in membrane mimetic chemistry. Chem Rev, 1987, 87: 877 - 899.

[71] Graf P, Mantion A, Andrea H, et al. silicification of peptide-coated silver nanoparticles-a biomimetic soft chemistry approach toward chiral hybrid core-shell materials. ACS Nano, 2011, 5: 820 - 833.

[72] Kresge C T. Hierarchical inorganic materials. Adv Mater, 1996, 2: 181.

[73] Luo L B, Yu S H, Qian H S, et al. Large-scale fabrication of flexible silver/cross-linked poly (vinyl alcohol) coaxial nanocables by a facile solution approach. J Am Chem Soc, 2005, 127: 2822.

[74] Zhan Y J, Yu S H. Necklace-like Cu@cross-linked poly (vinyl alcohol) core-shell

microcables by hydrothermal process. J Am Chem Soc，2008，130：5650－5651.

［75］ Feng X J，Jiang L. Design and creation of superwetting/antiwetting surfaces. Adv Mater，2006，18：3063－3078.

［76］ Feng L，Jiang L，Zhu D B，et al. Super-hydrophobic surfaces：From natural to artificial. Adv Mater，2002，14：1857.

［77］ Yao X，Song Y L，Jiang L. Applications of bio-inspired special wettable surfaces. Adv Mater. 2011，23：719－734.

［78］ Lim B，Jiang M，Camargo P H C，et al. Pd-Pt bimetallic nanodendrites with high activity for oxygen reduction. Science，2009，324：1302－1305.

［79］ Wang D S，Li Y D，One-pot protocol for Au-based hybrid magnetic nanostructures via a noble-metal-induced-reduction process. J Am Chem Soc，2010，132：6280－6281.

［80］ Hong X，Wang D，Li Y. Kinked gold nanowires and their SPR/SERS properties. Chem Commun，2011，47 ：9909－9911.

［81］ Hong X，Wang D，Yu R，et al. Ultrathin Au-Ag bimetallic nanowires with coulomb blockade effects. Chem Commun，2011，47 ：5160－5162.

［82］ Niu Z Q，Wang D S，Yu R，et al. Highly branched Pt-Ni nanocrystals enclosed by stepped surface for methanol oxidation. Chem Sci，2012 3：1925－1929.

［83］ Xia B Y，Wu H B，Yan Y，et al. Ultrathin and ultralong single-crystal platinum nanowire assemblies with highly stable electrocatalytic activity. J Am Chem Soc，2013，13：9480－9485.

［84］ Du Y，Yuan Q X. Facile synthesis and photoluminescence of ZnSe nanowires. J Alloy Compd，2010，492：548－551.

［85］ Talapin D V，Yu H，Shevchenko E V，et al. Synthesis of colloidal PbSe/PbS core-shell nanowires and PbS/Au nanowire-nanocrystal heterostructures. J Phys Chem C，2007，111：14049－14054.

［86］ Kim D K，Vemulkar T R，Oh S J，et al. Ambipolar and unipolar pbse nanowire field-effect transistors. ACS Nano，2011，5：3230－3236.

［87］ Zhang Y，Tan Y W，Stormer H L，et al. Experimental observation of the quantum hall effect and Berry's phase in graphene. Nature，2005，438：201－204.

［88］ Novoselov K S，Geim A K，Morozov S V，et al. Electric field effect in atomically thin carbon films. Science，2004，306：666－669.

［89］ Joensen P，Frindt R F，Morrison S R. Single-layer $MoS_2$. Mater Res Bull，1986，21：457－461.

［90］ Zeng Z，Sun T，Zhu J，et al. An effective method for the fabrication of few-layer-thick inorganic nanosheets. Angew Chem Int Ed，2012，51：9052－9056.

［91］ Coleman J N，Lotya M，O'Neill A，et al. Two-dimensional nanosheets produced by liquid exfoliation of layered materials. Science，2011，331：568－571.

[92] Castellanos-Gomez A, Barkelid M, Goossens A M, et al. Laser-thinning of $MoS_2$: On demand generation of a single-layer semiconductor. Nano Lett, 2012, 12: 3187-3192.

[93] Kim K S, Zhao Y, Jang H, et al. Large-scale pattern growth of graphene films for stretchable transparent electrodes. Nature, 2009, 457: 706-710.

[94] Park S, Ruoff R S. Chemical methods for the production of graphenes. Nat Nanotech, 2009, 4: 217-224.

[95] Lin Y C, Zhang W, Huang J K, et al. Wafer-scale $MoS_2$ thin layers prepared by $MoO_3$ sulfurization. Nanoscale, 2012, 4: 6637-6641.

[96] Choucair M, Thordarson P, Stride J A. Gram-scale production of graphene based on solvothermal synthesis and sonication. Nat Nanotech, 2009 , 4: 30-33.

[97] Huang X, Tang S, Mu X, et al. Freestanding palladium nanosheets with plasmonic and catalytic properties. Nat Nanotech, 2011, 6: 28-32.

[98] de Mello Donegá C. Synthesis and properties of colloidal heteronanocrystals. Chem Soc Rev, 2011, 40 (3): 1512-1546.

[99] Casavola M, Buonsanti R, Caputo G, et al. Colloidal strategies for preparing oxide -based hybrid nanocrystals. Eur J Inorg Chem, 2008, (6): 837-854.

[100] Cozzoli P D, Pellegrino T, Manna L. Synthesis, properties and perspectives of hybrid nanocrystal structures. Chem Soc Rev, 2006, 35 (11): 1195-1208.

[101] Costi R, Saunders A E, Banin U. Colloidal hybrid nanostructures: A new type of functional materials. Angew Chem Int Ed, 2010, 49 (29): 4878-4897.

[102] Reiss P, Protière M, Li L. Core/shell semiconductor nanocrystals. Small, 2009, 5 (2): 154-168.

[103] Buck M R, Bondi J F, Schaak R E. A total-synthesis framework for the construction of high-order colloidal hybrid nanoparticles. Nat Chem , 2011, 4 (1): 37-44.

[104] Li P, Wei Z, Wu T, et al. Au-ZnO Hybrid nanopyramids and their photocatalytic properties. J Am Chem Soc, 2011, 133 (15): 5660-5663.

[105] Lee J S, Bodnarchuk M I, Shevchenko E V, et al. "Magnet-in-the-semiconductor" FePt-PbS and FePt-PbSe nanostructures: Magnetic properties, charge transport, and magnetoresistance. J Am Chem Soc, 2010, 132 (18): 6382-6391.

[106] Casavola M, Falqui A, Garciéa M A, et al. Exchange-coupled bimagnetic cobalt/iron oxide branched nanocrystal heterostructures. Nano Lett, 2008, 9 (1): 366-376.

[107] Koole R, van Schooneveld M M, Hilhorst J, et al. On the incorporation mechanism of hydrophobic quantum dots in silica spheres by a reverse microemulsion method. Chem Mater, 2008, 20 (7): 2503-2512.

[108] Loo C, Lin A, Hirsch L, et al. Nanoshell-enabled photonics-based imaging and therapy of cancer. Technol Cancer Res Treat, 2004, 3: 33-40.

[109] Jang J, Kim S, Lee K J. Fabrication of CdS/PMMA core/shell nanoparticles by

dispersion mediated interfacial polymerization. Chem Commun, 2007: 2689-2691.

[110] Liu J. Yang Q, Zhang L, et al. Organic-inorganic hybrid hollow nanospheres with microwindows on the shell. Chem Mater, 2008, 20: 4268-4275.

[111] Chan J M, Zhang L, Yuet K P, et al. PLGA-lecithin-PEG core-shell nanoparticles for controlled drug delivery. Biomaterials, 2009, 30: 1627-1634.

[112] Xia Y, Halas N J. Shape-controlled synthesis and surface plasmonic properties of metallic nanostructures. MRS Bull, 2005, 30 (5): 338-348.

[113] Sosa I O, Noguez C, Barrera R G. Optical properties of metal nanoparticles with arbitrary shapes. J Phys Chem B, 2003, 107 (26): 6269-6275.

[114] Kottmann J P, Martin O J F, Smith D R, et al. Plasmon resonances of silver nanowires with a nonregular cross section. Phys Rev B, 2001, 64 (23): 235402.

[115] Kelly K L, Coronado E, Zhao L L, et al. The optical properties of metal nanoparticles: The influence of size, shape, and dielectric environment. J Phys Chem B, 2003, 107 (3): 668-677.

[116] Fleischmann M, Hendra P J, McQuillan A D. Raman spectra of pyridine adsorbed at a silver electrode. Chem Phys Lett, 1974, 26 (2): 163-166.

[117] Jeanmaire D L, van Duyne R P J. Surface Raman spectroelectrochemistry: Part I. Heterocyclic, aromatic, and aliphatic amines adsorbed on the anodized silver electrode. J Electroanal Chem Inter Electrochem, 1977, 84 (1): 1-20.

[118] Rodrıguez-Lorenzo L, Alvarez-Puebla R A, Pastoriza-Santos I, et al. Zeptomol detection through controlled ultrasensitive surface-enhanced raman scattering. J Am Chem Soc, 2009, 131 (13): 4616-4618.

[119] Orendorff C J, Gole A, Sau T K, et al. Surface-enhanced raman spectroscopy of self-assembled monolayers: Sandwich architecture and nanoparticle shape dependence. Anal Chem, 2005, 77 (10): 3261-3266.

[120] Jain P K, Lee K S, El-Sayed I H, et al. Calculated absorption and scattering properties of gold nanoparticles of different size, shape, and composition: Applications in biological imaging and biomedicine. J Phys Chem B, 2006, 110 (14): 7238-7248.

[121] Murphy C J, Gole A M, Stone J W, et al. Gold nanoparticles in biology: Beyond toxicity to cellular imaging. Acc Chem Res, 2008, 41 (12): 1721-1730.

[122] Haruta M, Kobaysshi T, Sano H. Novel gold catalyst for the oxidation of carbon monoxide at a temperature far below 0℃. Chem Lett, 1987, 16: 405-408.

[123] Valden M, Lai X, Goodman D W. Onset of catalytic activity of gold clusters on titania with the appearance of nonmetallic properties. Science, 1998, 281 (5383): 1647-1650.

[124] Somorjai G A, Blakely D W. Mechanism of catalysis of hydrocarbon reactions by platinum surfaces. Nature, 1975, 258: 580-583.

[125] Bratlie K M, Lee H, Komvopoulos K, et al. Platinum nanoparticle shape effects

on benzene hydrogenation selectivity. Nano Lett, 2007, 7 (10): 3097 - 3101.

[126] Tian N, Zou Z Y, Sun S G, et al. Synthesis of tetrahexahedral platinum nanocrystals with high-index facets and high electro-oxidation activity. Science, 2007, 316 (5825): 732 - 735.

[127] Zhou K B, Li Y D. Catalysis based on nanocrystals with well-defined facets. Angew Chem Int Ed, 2011, 50: 2 - 14.

[128] Li Y, Shen W J. Morphology-dependent nanocatalysis on metal oxides. Sci China Chem, 2012, 55: 2485 - 2496.

[129] Zhou K B, Wang X, Sun X M, et al. Enhanced catalytic activity of ceria nanorods from well-defined reactive crystal planes. J Catal, 2005, 229: 206 - 212.

[130] Xie X W, Li Y, Liu Z Q, et al. Low-temperature oxidation of CO catalysed by $Co_3O_4$ nanorods. Nature, 2009, 458: 746 - 749.

[131] Zhou X, Lan J, Liu G, et al. Facet-mediated photodegradation of organic dye over hematite architectures by visible light. Angew Chem Int Ed, 2012, 51: 178 - 182.

[132] Liu X W, Zhou K B, Wang L, et al. Oxygen vcancy clusters promoting reducibility and activity of ceria nanorods. J Am Chem Soc, 2009, 131: 3140 - 3141.

[133] Chen C, Nan C Y, Wang D S, et al. Mesoporous multicomponent nanocomposite colloidal spheres: Ideal high-temperature stable model catalysts. Angew Chem Int Ed, 2011, 50: 3725 - 3729.

[134] Xiao X L, Liu X F, Zhao H, et al. Facile shape control of $Co_3O_4$ and the effect of the crystal plane on electrochemical performance. Adv Mater, 2012, 24: 5762 - 5766.

[135] Chen J, Xu L N, Li W Y, et al. Alpha-$Fe_2O_3$ nanotubes in gas sensor and lithium-ion battery applications. Adv Mater, 2005, 17: 582 - 586.

[136] Wang Z Y, Zhou L, (David) Lou X W. Metal oxide hollow nanostructures for lithium-ion batteries. Adv Mater, 2012, 24: 1903 - 1911.

[137] Xing Z, Ju Z C, Yang J, et al. One-step hydrothermal synthesis of $ZnFe_2O_4$ nano-octahedrons as a high capacity anode material for Li-ion batteries. Nano Res, 2012, 5: 477 - 485.

[138] Li J F, Xiong S L, Li X W, et al. A facile route to synthesize multiporous $MnCo_2O_4$ and $CoMn_2O_4$ spinel quasi-hollow spheres with improved lithium storage properties. Nanoscale, 2013, 5: 2045 - 2054.

[139] Xiao L F, Yang Y Y, Yin J, et al. Low temperature synthesis of flower-like $ZnMn_2O_4$ superstructures with enhanced electrochemical lithium storage. J Power Sources, 2009, 194: 1089 - 1093.

[140] Vinayan B P, Ramaprabhu S. Facile synthesis of $SnO_2$ nanoparticles dispersed nitrogen doped graphene anode material for ultrahigh capacity lithium ion battery applications. J Mater Chem A, 2013, 1: 3865 - 3871.

[141] Lee J M, Kim I Y, Han S Y, et al. Graphene nanosheets as a platform for the 2D ordering of metal oxide nanoparticles: Mesoporous 2D aggregate of anatase $TiO_2$ nanoparticles with improved electrode performance. Chem Eur J, 2012, 18: 13800 - 13809.

[142] Mai Y J, Zhang D, Qiao Y Q, et al. MnO/reduced graphene oxide sheet hybrid as an anode for Li-ion batteries with enhanced lithium storage performance. J Power Sources, 2012, 216: 201 - 207.

[143] Wang H L, Cui L F, Yang Y, et al. $Mn_3O_4$ of graphene hybrid as a high-capacity anode material for lithium ion batteries. J Am Chem Soc, 2010, 132: 13978 - 13980.

[144] Kim D K, Muralidharan P, Lee H, et al. Spinel $LiMn_2O_4$ nanorods as lithium ion battery cathodes. Nano Lett, 2008, 8: 3948 - 3952.

[145] Colombo M, Carregal-Romero S, Casula M F, et al. Biological applications of magnetic nanoparticles. Chem Soc Rev, 2012, 41: 4306 - 4334.

[146] Wang L Y, Bao J, Wang L, et al. One-pot synthesis and bioapplication of amine-functionalized magnetite nanoparticles and hollow nanospheres. Chem Eur J, 2006, 12: 6341 - 6347.

[147] Arafat M M, Dinan B, Akbar S A, et al. Gas sensors based on one dimensional nanostructured metal-oxides: A review. Sensors, 2012, 12: 7207 - 7258.

[148] Gardon M, Guilemany J M. A review on fabrication, sensing mechanisms and performance of metal oxide gas sensors. J Mater Sci: Mater Electron, 2013, 24: 1410 -1421.

[149] Frank A J, Kopidakis N, van de Lagemaat J. Electrons in nanostructured $TiO_2$ solar cells: Transport, recombination and photovoltaic properties. Coordin Chem Rev, 2004, 248: 1165 - 1179.

[150] Prakash T. Review on nanostructured semiconductors for dye sensitized solar cells. Electron Mater Lett, 2012, 8: 231 - 243.

[151] Xu S, Wang Z L. One-dimensional ZnO nanostructures: Solution growth and functional properties. Nano Res, 2011, 4: 1013 - 1098.

[152] Zhong H, Bai Z, Zou B. Tuning the luminescence properties of colloidal Ⅰ-Ⅲ-Ⅳ semiconductor nanocrystals for optoelectronics and biotechnology applications. J Phys Chem Lett, 2012, 3 (21): 3167 - 3175.

[153] Pons T, Pic E, Lequeux N, et al. Cadmium-free $CuInS_2$/ZnS quantum dots for sentinel lymph node imaging with reduced toxicity. ACS Nano, 2010, 4: 2531 - 2538.

[154] Park J, Dvoracek C, Lee KH, et al. CuInSe/ZnS core/shell NIR quantum dots for biomedical imaging. Small, 2011, 7: 3148 - 3152.

[155] Chang J Y, Wang G Q, Cheng C Y, et al. Strategies for photoluminescence enhancement of $AgInS_2$ quantum dots and their application as bioimaging probes. J Mater Chem, 2012, 22 (21): 10609 - 10618.

[156] Sheng Y, Tang X, Xue J. Synthesis of AIZS@$SiO_2$ core - shell nanoparticles for cellular imaging applications. J Mater Chem, 2012, 22 (4): 1290 - 1296.

[157] Hochbaum A I, Yang P. Semiconductor nanowires for energy conversion. Chem Rev, 2010, 110 (1): 527 - 546.

[158] Tan B, Wu Y. Dye-sensitized solar cells based on anatase $TiO_2$ nanoparticle/nanowire composites. J Phys Chem B, 2006, 110 (32): 15932 - 15938.

[159] Ku C H, Wu J J. Electron transport properties in ZnO nanowire array/nanoparticle composite dye-sensitized solar cells. Appl Phys Lett , 2007, 91 (9): 093117.

[160] Zhu K, Vinzant TB, Neale NR, et al. Removing structural disorder from oriented $TiO_2$ nanotube arrays: Reducing the dimensionality of transport and recombination in dye-sensitized solar cells. Nano Letter, 2007, 7 (12): 3739 - 3746.

[161] Zukalova M, Zukal A, Kavan L, et al. Organized mesoporous $TiO_2$ films exhibiting greatly enhanced performance in dye-sensitized solar cells. Nano Lett, 2005, 5 (9): 1789 - 1792.

[162] Adachi M, Murata Y, Takao J. Highly efficient dye-sensitized solar cells with a titania thin-film electrode composed of a network structure of single-crystal-like $TiO_2$ nanowires made by the "oriented attachment" mechanism. J Am Chem Soc, 2004, 126 (45): 14943 - 14949.

[163] Chen X, Shen S, Guo L, et al. Semiconductor-based photocatalytic hydrogen generation. Chem Rev, 2010, 110 (11): 6503 - 6570.

[164] Kato H, Asakura K, Kudo A. Highly efficient water splitting into $H_2$ and $O_2$ over Lanthanum-doped $NaTaO_3$ photocatalysts with high crystallinity and surface nanostructure. J Am Chem Soc, 2003, 125 (10): 3082 - 3089.

[165] Tada H, Mitsui T, Kiyonaga T, et al. All-solid-state Z-scheme in CdS - Au - $TiO_2$ three-component nanojunction system. Nature Mater, 2006, 5 (10): 782 - 786.

[166] Yang H G, Sun C H, Qiao S Z, et al. Anatase $TiO_2$ single crystals with a large percentage of reactive facets. Nature, 2008, 453: 638 - 641.

[167] Yang H G, Liu G, Qiao S, et al. Solvothermal synthesis and photoreactivity of anatase $TiO_2$ nanosheets with dominant {001} facets. J Am Chem Soc, 2009, 131 (11): 4078 - 4083.

[168] Auzel F. Upconversion and anti-Stokes processes with f and d ions in solids. Chem Rev, 2004, 104 (1): 139 - 174.

[169] Bai X, Song H, Pan G, et al. Size-dependent upconversion luminescence in $Er^{3+}$/$Yb^{3+}$-codoped nanocrystalline yttria: Saturation and thermal effects. J Phys Chem C, 2007, 111 (36): 13611 - 13617.

[170] Wang F, Wang J, Liu X. Direct evidence of a surface quenching effect on size - dependent luminescence of upconversion nanoparticles. Angew Chem Int Ed, 2010,

122 (41): 7618 - 7622.

[171] Liu Y, Wang D, Shi J, et al. Magnetic Tuning of upconversion luminescence in lanthanide doped bifunctional nanocrystals. Angew Chem Int Ed, 2013. 52 : 4366 - 4369.

[172] Ju Q, Tu D, Liu Y, et al. Amine-functionalized Lanthanide-doped $KGdF_4$ nanocrystals as potential optical/magnetic multimodal bioprobes. J Am Chem Soc, 2011, 134 (2): 1323 - 1330.

[173] Zhou J, Yu M, Sun Y, et al. Fluorine-18-labeled $Gd^{3+}/Yb^{3+}/Er^{3+}$ co-doped $NaYF_4$ nanophosphors for multimodality PET/MR/UCL imaging. Biomaterials, 2011, 32: 1148 - 1156.

[174] Li Z, Li L, Yuan Q, et al. Sustainable and facile route to nearly monodisperse spherical aggregates of $CeO_2$ nanocrystals with ionic liquids and their catalytic activities for CO oxidation. J Phys Chem C, 2008, 112: 18405 - 18411.

[175] Kroto H W, Heath J R, O'Brien S C, et al. $C_{60}$: Buckminsterfullerene. Nature, 1985, 318: 162 - 163.

[176] Iijima S. Helical microtubules of graphitic carbon. Nature, 1991, 354: 56 - 58.

[177] Wang X, Wang C, Cheng L, et al. Noble metal coated single-walled carbon nanotubes for applications in surface enhanced raman scattering imaging and photothermal therapy. J Am Chem Soc, 2012, 134: 7414 - 7422.

[178] de Volder M F L, Tawfick S H, Baughman R H, et al. Carbon nanotubes: Present and future commercial applications. Science, 2013, 339: 535 - 539.

[179] Bolotin K I, Sikes K J, Jiang Z, et al. Ultrahigh electron mobility in suspended graphene. Solid State Commun, 2008, 146: 351 - 355.

[180] Williams J R, DiCarlo L, Marcus C M. Quantum hall effect in a gate-controlled p-n junction of graphene. Science, 2007, 317: 638 - 641.

[181] Wang Q H, Kalantar-Zadeh K, Kis A, et al. Electronics and optoelectronics of two-dimensional transition metal dichalcogenides. Nat Nanotech, 2012, 7: 699 - 712.

[182] Sun H, Xu Z, Gao C. Multifunctional, ultra-flyweight, synergistically assembled carbon aerogels. Adv Mater, 2013, 25: 2554 - 2560.

# 第十四章 有机光电功能材料

甄永刚　王　树　胡文平

## 第一节　引　　言

有机光电功能材料又称有机固体，是 20 世纪 50 年代形成的新兴学科，主要探讨具有共轭结构的有机功能分子的聚集态结构、光电磁等性能及其在器件和生物检测等方面的应用，涉及材料、化学、物理、生物、电子、信息等学科，属前沿交叉研究领域[1,2]。

自 20 世纪 50 年代以来，先后发现了有机导体、有机半导体、有机超导体、有机铁磁体和高效的有机发光材料。相对于无机材料，有机材料具有一定的拉伸性、弹性和柔韧性，易于制备和功能化，器件制备温度低，以及塑料衬底兼容性好等特点，适用于制作多种光电器件，如有机场效应晶体管、有机太阳能电池、有机发光器件、有机传感器件、有机存储器件等，甚至可以用于制备有机集成电路。另外，有机共轭材料在生物传感、药物传输和缓释、基因转染等方面显示了特有的优势和良好的发展前景。近年来，随着纳米技术，特别是扫描探针技术的发展，单分子的物理化学性质越来越受到关注，分子尺度器件的研究也取得了重要进展，如分子的导电性的直接测量、分子逻辑门器件的研制和分子马达的研究。

高性能有机光电功能材料的设计与合成一直是材料化学家的研究重点，有机光电器件的性能在很大程度上依赖有机材料的性质。有机光电功能材料种类繁多，合成方法丰富多样，作为一种具有应用前景的材料，首先，应具备较好的稳定性，当其暴露在空气、水或者紫外线等环境条件下，其光电性能不会发生明显的变化。其次，该材料应该能够大面积制备，而且合成路线较短、产率较高、分离纯化相对容易。考虑到有机光电功能材料的基本特点是芳环结构较多，可通过金属有机催化的 Suzuki 反应、Stille 反应、Heck 反应、Ullman 反应、Sonogashira 反应等进行构建，还可通过非金属催化的 Aldol 缩合反应、Knoevenagel 缩合反应、Diels-Alder 反应、Wittig 反应、McMurry 反应、Friedel-Crafts 反应、Grinard、Gilch 反应等进行共轭体系的拓展；另外，通过氧化反应可进行关环或芳构化，通过各种亲核、亲电取代反应可引入功能官能团。有机光电功能材料在电致发光二极管、场效应晶体管、太阳能电池、存储器和传感器具有重要的研究价值和广阔的应用前景，是本研究领域的热点，本章将重点展开介绍。

## 第二节　有机电致发光材料

### 一、背景介绍

1987 年，美国柯达公司邓青云（C. W. Tang）报道了以八羟基喹啉铝（$Alq_3$）为发光层的器件，从而开创了有机电致发光器件的新纪元[3]。有机发光材料在近 30 年取得了长足的发展，涵盖有机小分子和聚合物。在有机小分子材料方面，不仅开发了大量的荧光发光材料和含重金属的三线态发光材料，还开发了各种载流子（空穴或电子）注入、传输和阻挡材料，大大丰富了有机发光这一研究领域，为有机材料的合成、结构与性能关系的研究积累了丰富的经验[4,5]。聚合物发光材料已经克服了初始的不溶、缺陷多的限制，改善了稳定性和可加工性，提高了发光效率，实现了全波段的发射，成功地开发出聚对亚苯乙烯、聚芴等多种聚合物材料。目前，器件的成本与效率、使用寿命、亮度、柔性和白光照明等方面都获得重大突破。在手机、数码相机和彩色电视的显示器等方面获得了应用。2013 年，三星公司宣布 55 英寸的柔性曲面有机发光二极管电视产品进入市场。

### 二、有机电致发光器件的工作原理

有机发光器件的结构按两电极之间的活性层的数目一般分为单层、双层以及多层结构，如图 14-1 所示。此外，根据活性层的组成以及器件结构的不同，还可以分为掺杂型、微腔结构及堆叠结构器件[6,7]。

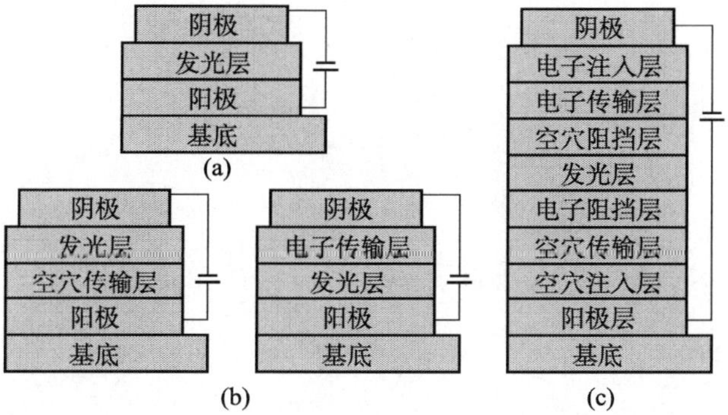


图 14-1　单层（a）、双层（b）及多层（c）器件的结构示意图

有机电致发光器件属于注入型器件，即载流子（空穴和电子）在外加电场的驱动下分别从阳极和阴极注入有机发光层中，空穴和电子在发光层中相遇、复合形成激子，激子通过辐射衰减的方式释放能量，发出光。

## 三、有机电致发光材料

### (一) 有机电致发光材料的分类

根据相对分子质量的大小，有机电致发光材料分为有机小分子发光材料和聚合物发光材料。其中小分子发光材料以八羟基喹啉铝（$Alq_3$ **1**）为代表，聚合物发光材料以聚对亚苯基乙烯（PPV **2**）和聚芴（PF **3**）为代表。根据电子跃迁的不同可分为荧光发光材料（单线态）和磷光发光材料（三线态）。常见的发光材料多为荧光发光材料，1998 年，马於光等用锇的配合物掺杂到聚乙烯咔唑中，制备了有机电致磷光器件，使得发光效率在理论上可达到 100%，开辟了有机电致磷光材料的先河[8]，目前电致磷光材料主要为含金属铱、铂的配合物［如 $Ir(ppy)_3$ **4** 和 PtOEP **5** 等］；根据器件的功能不同可分为发光材料、空穴传输材料和电子传输材料等；根据发光颜色的不同可分为蓝光、绿光、红光、白光、紫外光和红外光等发光材料。一些常见的发光材料和传输材料的分子结构如图 14-2 所示。

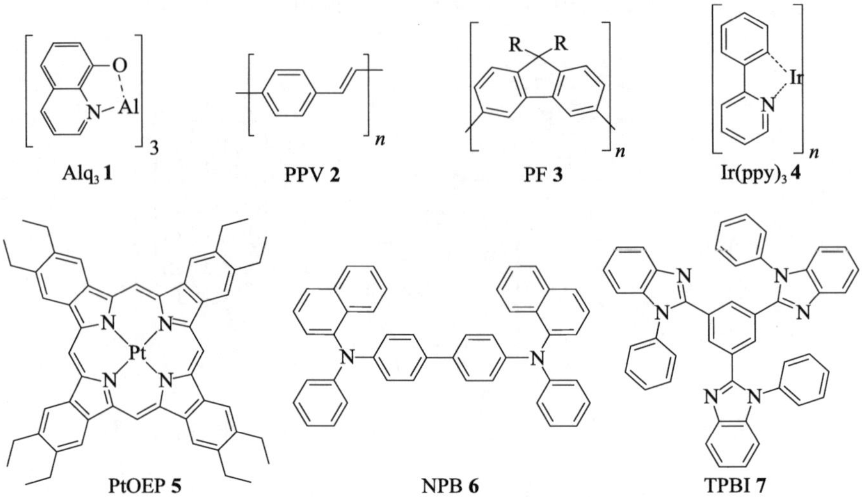


图 14-2　常见的发光和电荷传输有机小分子

## (二) 有机电致发光材料的设计合成及其性能

发光材料须满足以下要求才能制备高效电致发光器件：能级与电极的功函匹配；高薄膜发光效率；较高的和平衡的空穴和电子迁移率；良好的成膜性；较强的抗氧化、光热能力和化学稳定性；良好的机械加工性能等[6]。大多数发光材料为无定形，具有可溶性、成膜性，形成固态膜时不容易结晶，呈玻璃态，兼具小分子和聚合物两者的优点。发光材料应有以下特点：一是分子的刚性强，如具有稠环芳基骨架化合物具有较强的刚性，热稳定性高，无辐射跃迁的概率低。芴、亚苯基乙烯、萘、芘等是常用的骨架结构单元。二是分子结构中有适当的立体位阻，有利于降低分子间的相互作用，以减小聚集诱导的发光效率的降低；立体位阻不易过大，否则材料的迁移率降低，亮度和效率都会受到影响。刚性的芳基化合物如多芳基苯[9]、三芳胺[10]是常用的包封单元，可降低材料分子在聚集态的相互作用。三是分子中最好具有双极性特征，可同时有效传输空穴和电子，增加空穴和电子复合效率。常用的空穴传输基团有三芳胺、咔唑等，常用的电子传输单元有噁二唑、吡嗪、氰基、苝酰亚胺等。

作为经典的磷光发光材料，铱配合物 *fac*-Ir(ppy)$_3$掺杂型器件的最高外量子效率为 8%，电流效率可达 28cd/A，能量效率可达 31lm/W[11]。*fac*-Ir(ppy)$_3$通常由［Ir(ppy)$_2$Cl］$_2$通过剧烈条件得到，最近 Gray 等由 *cis*-［Ir(ppy)$_2$(H$_2$O)$_2$］通过温和条件得到 *fac*-Ir(ppy)$_3$（**4**），如图 14-3 所示，

并首次合成了含醛基和羟基的 Ir(ppy)$_3$衍生物，发现 KOH 可极大加快反应速率，$K_3PO_4$对官能团的兼容性更高[12]。

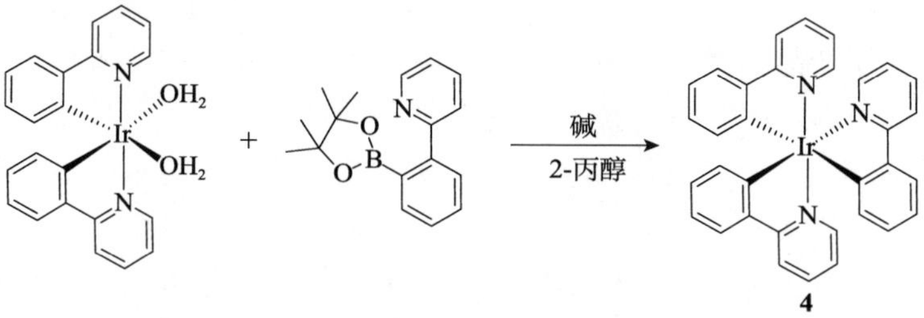


图 14-3 *fac*-Ir(ppy)$_3$（**4**）的合成路线

曹镛和彭俊彪等通过 Suziki 反应合成了一种新型的聚合物白光材料 PFO-DBT$_x$-BT$_y$（**8**），其中芴单元（PFO）作为蓝光发射基团，苯并噻二唑作为绿光发射基团，苯并噻二唑的噻吩衍生物（DBT）作为红光发射基团，如图 14-4 所示。引入微量的绿光和红光发射基团极大地避免了与蓝光发射基团的能量转移，从而有效发出白光，器件的最高外量子效率为 3.84%，电流效率可达 6.20cd/A，色坐标为（0.35，0.34），并且器件在较宽范围的电压下能稳定工作[13]。

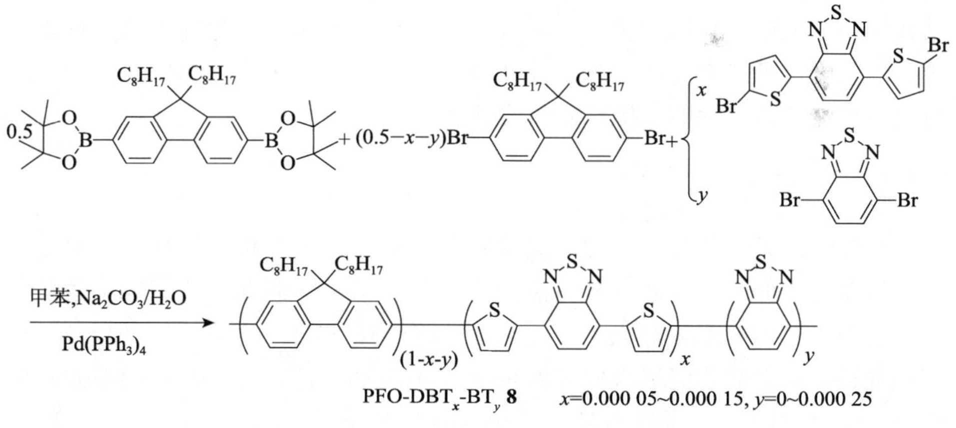


图 14-4 PFO-DBT$_x$-BT$_y$（**8**）的合成路线

## 四、挑战与展望

20 多年来，有机电致发光材料在发光效率、亮度、颜色、寿命等发光性能和制备技术都得到了迅猛的发展，获得了瞩目的成就，但是仍存在一些关键问题，归纳如下。

## （一）寿命问题

目前，器件的发光寿命为2万～3万h，只适合于更新换代较快、显示屏幕较小的电子产品如手机、MP4。可通过选用稳定性更好的有机发光材料和载流子传输材料，改善封装技术来提高器件的使用寿命。具体来说，采用具有较高的玻璃化转变温度及高的分解温度的有机化合物可抵抗器件使用中产生的焦耳热，许多螺环类化合物[14]和多苯基化合物[15,16]都具有高的热稳定性；选用具有高致密性、高稳定性、易加工的材料来封装器件也可极大地延长器件寿命，从而进一步拓展器件在电视、计算机和户外广告屏等使用年限相对较长的电子产品中的应用。

## （二）发光效率

目前大部分器件的发光亮度已经达到几万甚至十几万坎德拉每平方米，完全能够满足显示和照明的需要。但是多数器件在较高亮度时的发光效率都比较低，尤其应用于白光照明时，其发光效率的高低直接影响其应用前景。从材料的角度出发，可以通过改善有机半导体的发光性能、增强载流子的注入和传输效率等途径提高器件的发光效率[7]。就荧光材料而言，向材料分子结构中引入强荧光基团如芴、三聚茚、4-二苯基氨基苯乙烯等，可大幅提高分子的荧光量子产率，进而改善其电致发光性能；优化分子结构以改善发光材料的载流子传输性能，提高其电致发光效率。

## （三）制备技术

小分子发光材料和聚合物发光材料是制备器件的两种材料体系。对于溶解性较差的小分子，可采用真空蒸镀方法制备器件，但费时耗能，不适合大面积制备。对于溶解性较好的小分子和聚合物，可通过旋涂方法制备器件，能耗低且方便快捷，但不易形成像素点。采用喷墨打印可精确控制像素点的形成，而且可制备大面积的彩色显示器件，制备技术方便、快捷、耗能低，有望发展成为制备器件的主流技术。通常旋涂和喷墨打印方法需使用毒害较大的氯苯、三氯甲烷、甲苯等有机溶剂，因而开发环境友好溶剂（如水、乙醇等）中的电致发光有机材料是今后的发展方向[17]。

上述几个问题是有机电致发光材料在实用化和商品化过程中所面临和解决的关键课题。随着研究的深入和技术的发展，有机电致发光器件在平板、柔性显示和照明都具有极为广阔的应用前景，大幅节约能源使用，大量减少碳污染物排放，促进相关产业调整升级，实现巨大的经济和社会效益，造福人类。

# 第三节 有机场效应材料

## 一、背景介绍

自 1986 年第一个基于有机半导体聚噻吩的场效应晶体管问世以来[18]，有机场效应晶体管的研究引起了人们广泛的兴趣。在短短 30 年间，取得了突飞猛进的成就。譬如，薄膜场效应晶体管的迁移率从最初的 $10^{-5}$～$10^{-6}$ $cm^2/(V·s)$ 上升到 43.0$cm^2/(V·s)$，增量超过六个数量级，有机晶体的迁移率也超过 40.0$cm^2/(V·s)$。有机场效应晶体管驱动的显示、电子纸、射频商标等产品也逐步走入人们的视野，这些预示着有机场效应晶体管广阔的应用前景。有机场效应材料具有以下特点[19]：①种类多、来源广，可通过分子设计、合成实现对半导体性能的调控，获得理想的半导体性能；②有机场效应材料具有良好的柔韧性，可实现全柔性器件和电路，应用于电子纸等可卷曲产品；③多数有机场效应材料溶于常见的溶剂，因而可采用溶液加工的方法（喷墨打印、旋涂、滴注、微接触印刷等）来制备器件和电路，推动打印电子学的发展。

## 二、有机场效应晶体管的工作原理

场效应晶体管是基于自由载流子向半导体中可控注入的有源器件，对于有机场效应晶体管，根据栅电极的位置不同，可分为顶栅结构和底栅结构两类[19]。此两类结构又可根据源漏电极与半导体层的位置不同分为顶接触和底接触结构两类，目前较为常用的器件结构为底栅顶接触构型［图 14-5（a)］。

场效应晶体管可以看作一个由栅极和半导体层构成的平板电容器[19]。源漏电极之间的导电沟道作为电容器的一个极板，栅极作为另一个极板，沟道中的载流子密度通过加在栅极上的电压来进行调制［图 14-5（b)］。在外加栅极电压（$V_G$）的情况下，会在绝缘层附近的半导体层感应出电荷，在一定的源漏电压 $V_{SD}$下，感应电荷参与导电，使得半导体的电阻率相对无栅极电压 $V_G$时能够发生量级的变化。通过调节 $V_G$可以调节平板电容器两极板间的

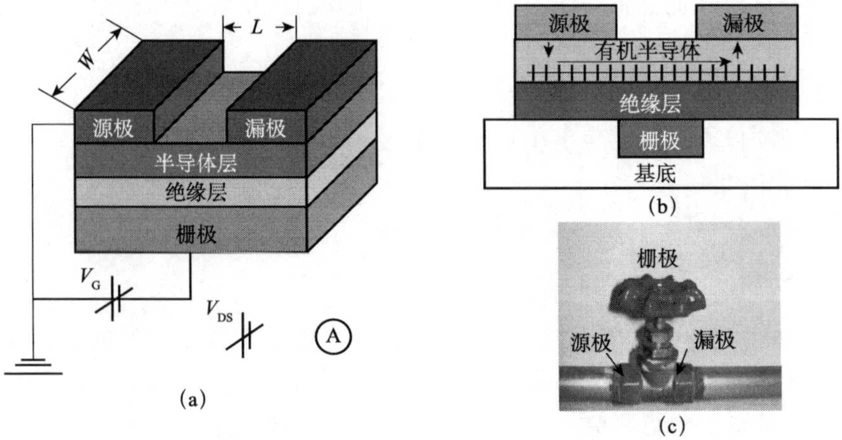


图 14-5 (a) 底栅顶接触场效应晶体管的结构示意图 ($W$ 是沟道宽度，$L$ 是沟道长度)；(b) 工作原理示意图；(c) 水阀

电场强度，达到调节源漏电流 $I_{SD}$的目的。栅极起着控制沟道电流“阀门”的作用，非常类似于水管系统中的闸板阀［图 14-5 (c)］。

## 三、有机场效应材料

### (一) 有机场效应材料的分类

根据相对分子质量的大小，半导体材料分为小分子和聚合物两种；根据载流子的不同，半导体材料主要分为空穴传输型材料 (p 型) 和电子传输型材料 (n 型)，此外，还有少部分双极性材料 (载流子既可以为空穴，也可以为电子)。

p 型场效应材料都为富电子芳香体系，小分子主要分为稠环芳香烃、硫族杂环寡聚物、硫族杂稠环、四硫富瓦烯类衍生物、含氮杂稠环及含氮共轭大环分子几大类。聚合物主要分为聚噻吩类、聚芴类、聚对亚苯基乙烯类、聚三芳基胺类和给受体共聚物。图 14-6 列举了一些代表性的 p 型场效应有机小分子和聚合物的化学结构。

n 型场效应材料都为缺电子芳香体系、小分子主要分为氟代芳香体系、氰基取代芳香体系、酰亚胺取代芳香体系和富勒烯体系；聚合物包含吸电子单元，主要有酰亚胺类、氟代芳环类、氰基取代芳环和苯并噻二唑类。图 14-7 列举了一些代表性的 n 型场效应有机小分子和聚合物的化学结构。

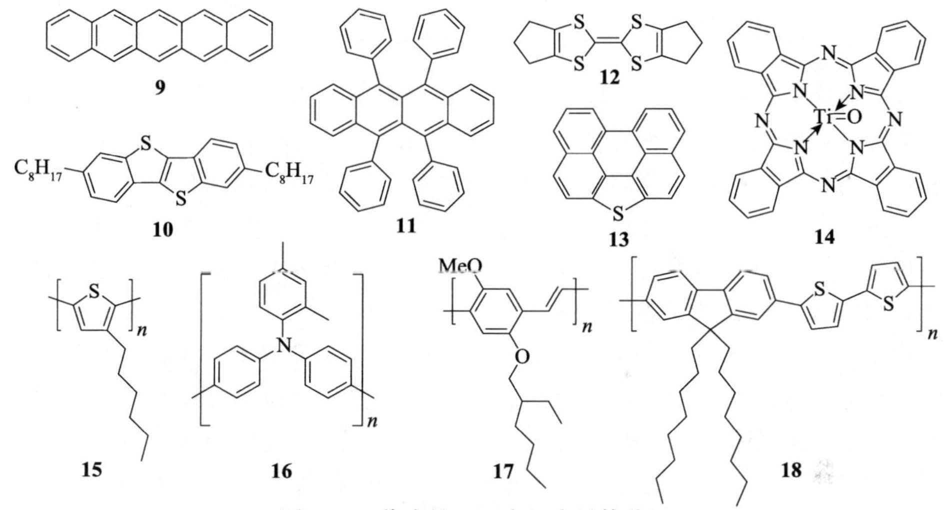


图 14-6　代表性 p 型有机半导体分子

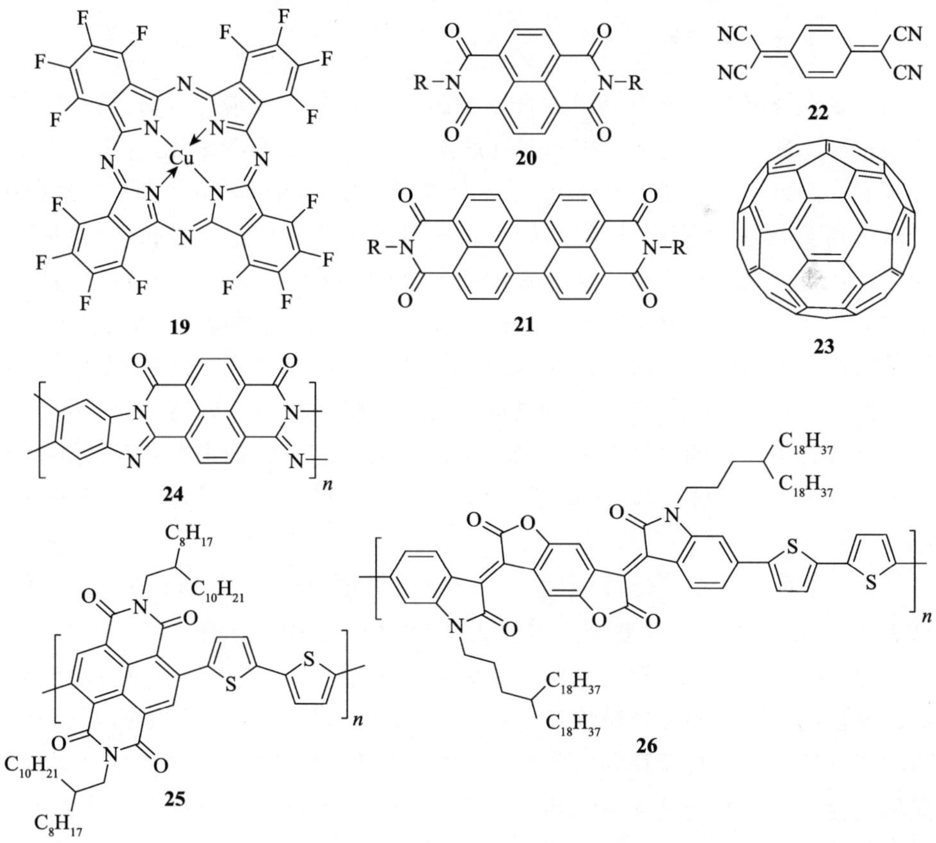


图 14-7　代表性 n 型有机半导体分子

## (二) 有机场效应材料的设计合成及其性能

有机场效应材料须满足以下要求才能制备高性能器件：能级与电极的功函匹配；高载流子迁移率；良好的成膜性或结晶性；较高的化学稳定性。因此，有机场效应材料应有以下特点：一是分子骨架的共轭程度高，如具有稠环芳香烃、硫或氮族杂化环基骨架化合物具有较强的刚性，有利于分子间电子偶合作用或电荷沿聚合物主链传递。二是分子结构中避免立体位阻加大基团，引入合适的导向功能团，通过 π…π、CH…π、S…S、氢键、配位键、疏水作用、偶极作用等增强分子间的堆积作用。三是引入烷基链等增溶基团，便于溶液处理加工和分子有序自组装。对于 p 型场效应半导体材料，要求材料的 HOMO 能级与源漏电极功函匹配；对于 n 型场效应半导体材料，要求材料的 LUMO 能级与源漏电极功函匹配，降低材料的 LUMO 能级，还能增加材料的稳定性。

### 1. p 型场效应材料

并苯类及硫杂并苯类分子的合成中最常用的一个反应是 Aldol 反应，然后经过还原反应和芳构化可得到目标产物（图 14-8）。Palstra 组利用 6,13-五并苯醌作为绝缘层制备了基于并五苯（**9**）单晶的场效应晶体管器件，迁移率最高达到 40cm$^2$/（V · s）[20]。但是，并五苯溶解性较差，不利于溶液处理加工，在空气中容易氧化，从而大大降低器件性能。Anthony 等以炔基的格氏试剂和并五苯醌为原料，通过亲核加成反应和芳构化反应，合成了 6,13-位炔基取代并五苯衍生物 TIPF-pentacene（**27**），该化合物空气中稳定性较高，溶解性较高，而且晶体中分子呈紧密交错的层状堆积方式，与并五苯鱼骨状堆积方式有很大不同[21]；Bao 等通过溶液剪切法进一步改善 TIPS-pentacene 薄膜的分子间堆积排列，使得迁移率从 0.8cm$^2$/(V · s) 提高到 4.6cm$^2$/(V · s)[22]。

研究表明，用噻吩环取代线形稠环分子中的苯环不仅可以降低材料的 HOMO 能级，还能够显著增大分子的 HOMO-LUMO 能级带宽[23]，大大提高了材料稳定性[24-29]，胡文平等以苯并噻吩为原料，经过溴化、溴锂交换反应、氧化偶联反应和关环反应，合成了二苯并三噻吩 **28**（图 14-9），具有很高的空气稳定性，其薄膜场效应晶体管的迁移率为 0.51cm$^2$/(V · s)[25]，单晶场效应晶体管的迁移率为 1.8cm$^2$/(V · s)[30]。Takimiya 等通过多种方法合成了一系列的二苯并二噻吩的衍生物[31]，进一步，Hasegawa 等通过喷墨

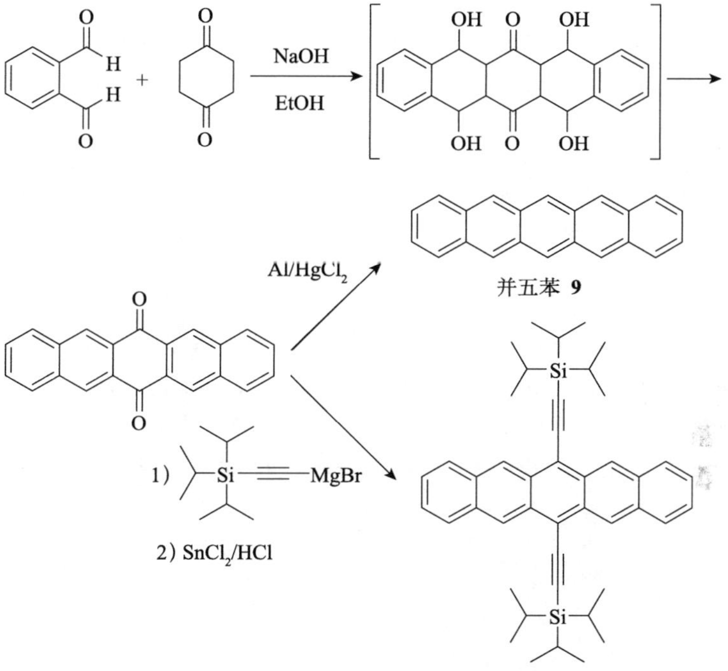


图 14-8 并五苯（**9**）和三异丙基硅基取代的并五苯（**27**）的合成路线

打印方法制备了正辛基取代的二苯并二噻吩 C8-BTBT（**10**）的单晶薄膜，迁移率可达 16.4cm$^2$/(V · s)[32]，Bao 等通过偏离中心甩膜法得到亚稳态的 C8-BTBT（**10**）晶态薄膜，迁移率高达 43cm$^2$/(V · s)[33]。Takahashi 等利用 TTF-TCNQ 薄膜作为源、漏电极制备了丙基取代的四硫富瓦烯衍生物 HMTTF（**12**）的单晶场效应晶体管，迁移率最高达到 11.2cm$^2$/(V · s)[34]。酞菁和卟啉是典型的含氮共轭大环分子，具有二维的共轭 π 电子结构，其分子结构中的空心位置能与很多种金属元素发生配位[35-37]。胡文平组通过选择沉积温度，成功得到了 TiOPc（**14**）的 α 相薄膜，TiOPc 分子间呈现层状堆积结构，其固态堆积具有最大程度的 π 重叠，其薄膜场效应晶体管显示了高达 10cm$^2$/(V · s) 的迁移率[35]。

聚噻吩体系中，研究最多的是已基取代的聚噻吩 P3HT（**15**），区域无序的 P3HT 薄膜的迁移率仅 $10^{-4}$ cm$^2$/(V · s)[38]，McCullough 等提出格氏试剂参与的 GRIM 偶联方法，区域规整度达到 98%～100%[39]，而区域有序的 P3HT 有利于在薄膜中呈现层状堆积，迁移率可达 0.2m$^2$/(V · s)[40]。于贵等通过 Stille 反应制备了吡咯并吡咯二酮和二噻吩乙烯的共聚物 **29**（图 14-

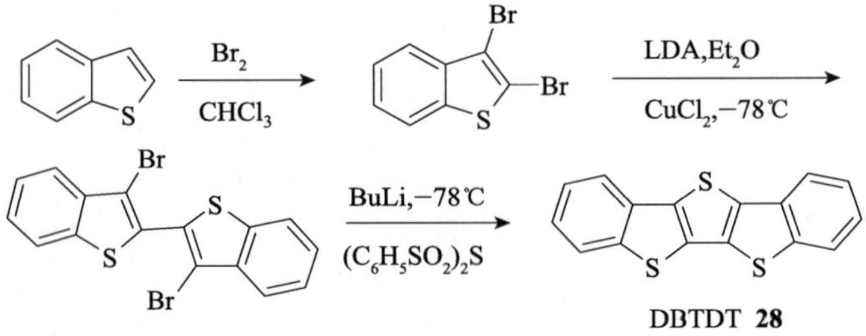


图 14-9　二苯并三噻吩 DBTDT（**28**）的合成路线

10），分子间具有较强的 π…π 堆积作用，薄膜迁移率高达 $11m^2/(V \cdot s)$[41]。Heeger 和 Bazan 等通过微波辅助的 Stille 偶联反应制备了环戊二烯并二噻吩和吡啶并噻二唑的电子给受体聚合物 **30**（图 14-10），通过纳米沟道基底和缓慢干燥得到长程排列的聚合物纳米线薄膜，迁移率可达 $23.7m^2/(V \cdot s)$，是迄今性能最好的 p 型聚合物[42]。

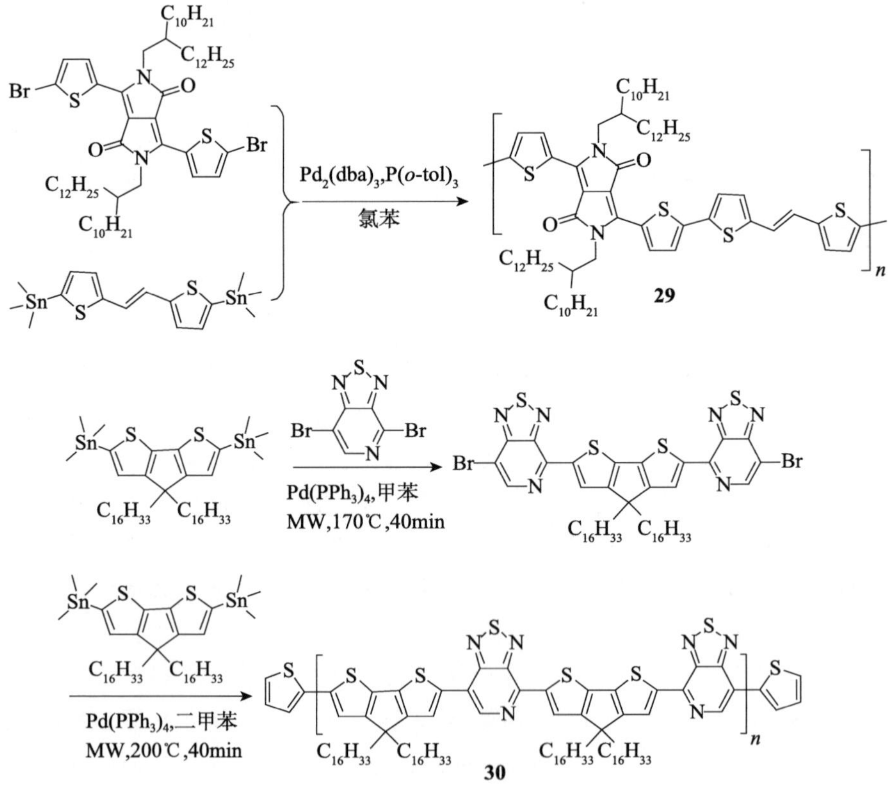


图 14-10　聚合物 **29** 和 **30** 的合成路线

2. n 型场效应材料

F 原子是一个很强的吸电子基团，主要以氟代苯和氟代烷基链的形式作用于一些 n 型小分子场效应材料中[43,44]。氰基也具有显著的吸电子作用，可用于构建 n 型小分子场效应材料，最为典型的是 TCNQ（**22**）。酰亚胺类材料具有强吸电子基团羰基，同时酰亚胺的 N 原子位置可引入多种取代基，极大地丰富了 n 型有机半导体材料的种类[45]。王朝晖等以四氯苝酰亚胺为原料，通过改进的 Ullman 反应和碳氢活化反应，制备了三键相连的二并苝酰亚胺系列化合物[46]，并一步合成了超大共轭体系的四并苝酰亚胺[47]（图 14-11）；他们与胡文平等合作发现，十二烷基取代的二并苝酰亚胺可在溶液中自组装形成纳米线，在空气中表现了高达 4.65cm$^2$/(V·s) 的迁移率[48]。$C_{60}$（**23**）又称富勒烯，是一类特殊的强吸电子芳香体系，可通过电弧法制备，Bao 等通过溶液法生长得到定向排列的 $C_{60}$ 针状或带状单晶，迁移率最高达 11.0cm$^2$/(V · s)[49]。

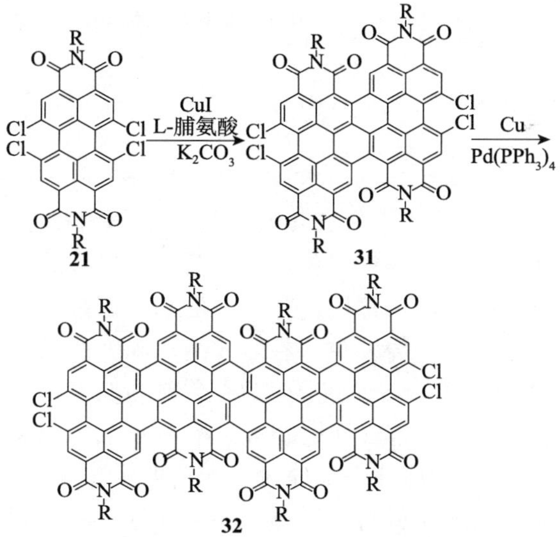


图 14-11　二并苝酰亚胺 **31** 和三并苝酰亚胺 **32** 的合成路线

Facchetti 等利用 Stille 反应合成了基于萘酰亚胺/联二噻吩和苝酰亚胺/联二噻吩的共聚物，萘酰亚胺/联二噻吩共聚物具有更高的规整度和相对分子质量，因而具有更高的迁移率[50]。进一步，通过改变绝缘层，器件迁移率从 0.06cm$^2$/(V · s) 提高到 0.85cm$^2$/(V · s)[51]。裴坚等以 2,5 -二羟基- 1,

4-苯二乙酸为原料，通过缩水反应、缩合反应和 Stille 反应设计合成了基于苯并二呋喃二酮的新型聚对亚苯基乙烯（**26**），同时利用丁内酰胺环和丁内酯环锁定乙烯基的顺式结构，聚合物骨架具有很好的平面性和刚性，迁移率可达 1.74$cm^2/(V\cdot s)$，是目前性能最好的 n 型聚合物（图 14-12）[52]。

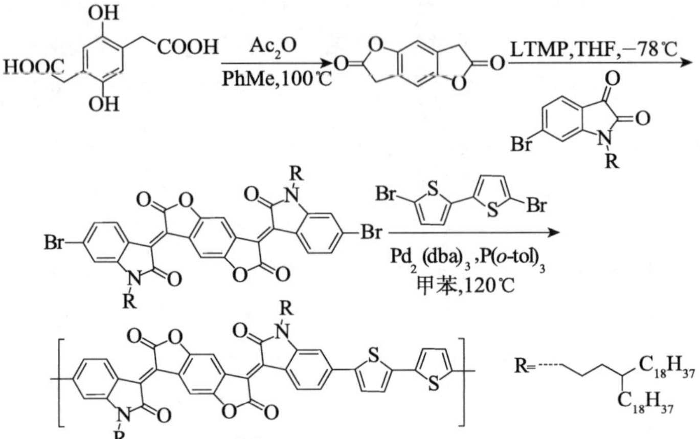


**26**

图 14-12　苯并二呋喃二酮的聚对亚苯基乙烯 **26** 的合成路线

## 四、挑战与展望

相对于发展比较全面的 p 型有机场效应材料来说，n 型有机场效应材料的发展相对滞后，其主要原因在于 n 型场效应晶体管中起导电作用的载流子——电子，极易与空气中的氧气和水发生反应，导致载流子在传输过程中被捕获而不显示电学响应，与常用金属电极的功函匹配度不高，器件性能普遍较低，因而限制了 n 型半导体材料在 p-n 结、双极性晶体管和互补逻辑电路等方面的应用[19]。多年来，人们通过改变材料本身的分子结构及其物理化学性质，设计并合成出很多空气稳定的 n 型有机场效应材料。特别是结合现代化的器件制备工艺，n 型材料发展的不足已有很大改观。

目前，对于有机场效应材料来说，主要存在的一些问题有：①场效应晶体管器件的稳定性还有待提高；②高性能的 n 型有机场效应材料，特别是空气稳定的高性能 n 型有机场效应材料，还比较缺乏；③大面积、溶液法制备场效应晶体管的方法还不多。经过几十年的研究，有机场效应材料的发展已经初具规模，很多基于柔性基底的逻辑电路、柔性显示器已经得以实现，尽管目前还存在着一些技术问题，相信在该领域科研工作者的共同努力下，以有机场效应晶体管为基础的科研产品将很快进入应用时代。

# 第四节　有机太阳能电池材料

## 一、背景介绍

早在1958年，Kearns和Calvin制备了第一个有机太阳能电池，主要材料为镁酞菁，与两个不同功函数的电极接触，形成不同的肖特基势垒，因此成为“肖特基型的有机太阳能电池”，但效率极低，小于0.1%[53]。1986年，美国柯达公司邓青云（C. W. Tang）报道了基于酞菁和苝酰亚胺的异质结有机薄膜太阳能电池，效率可达1%[54]，是有机太阳能电池发展史上的里程碑。太阳能在地球上分布广泛，取之不尽、用之不竭，是一种真正意义上的绿色能源，是世界各国可持续发展的能源战略的研究重点，如美国的“百万屋顶计划”、日本的“阳光屋顶计划”等。随着我国经济的快速发展，能源问题日益突出，2005年，我国正式颁布《中华人民共和国可再生能源法》，鼓励使用太阳能光伏发电。“十五”攻关、国家“973”、“863”等重大、重点项目都加大了太阳能光伏发电研究的投入力度，相关科学技术取得了长足的发展，太阳能光伏发电产业得到迅猛地发展，在全球市场中取得一席之地，太阳电池和组件的年产量从2007年的1.2GW增加到2012年的23GW，约占全球份额的64%。

目前使用的太阳能电池主要依靠硅或稀有金属等无机材料，虽然无机太阳能电池有高效率、长寿命的优点，但无机半导体材料昂贵，工艺复杂，不易大面积制备，限制其大规模应用。有机太阳能电池具有低成本、超薄、质量轻、工艺简单、可制备大面积柔性器件等突出优点，目前电池效率可达12%，具有重要的应用前景，已成为当今新材料和新能源领域最富活力的研究前沿之一。

## 二、有机太阳能电池的工作原理

在太阳光照射条件下，与传统的无机太阳能电池直接产生可自由移动的电子和空穴不同，电子给体（有机小分子或聚合物）吸收具有一定能量的光子后，会激发一个电子从最高占据轨道（HOMO）跃迁到最低未占分子轨道（LUMO），形成较强束缚能的电子-空穴对（激子），激子通过扩散到达电子给/受体界面，将电子转移到受体的LUMO能级上，空穴留在电子给体的 HOMO 能级上，从而实现光生电荷分离。在电池内部势垒的作用下，被解离的空穴沿着给体形成的通道传输到阳极，而电子沿着受体形成的通道传输到阴极，进而产生光伏效应[7]。由于激子受其寿命及传输距离的限制而具有高度可逆性，可通过发光、弛豫等方式重新回到基态，不产生光伏效应。图 14-13 给出了有机薄膜太阳能电池的光电转换基本过程，主要包括四个步骤：①吸收入射光子产生激子；②激子扩散；③电荷分离；④电荷传输与收集。

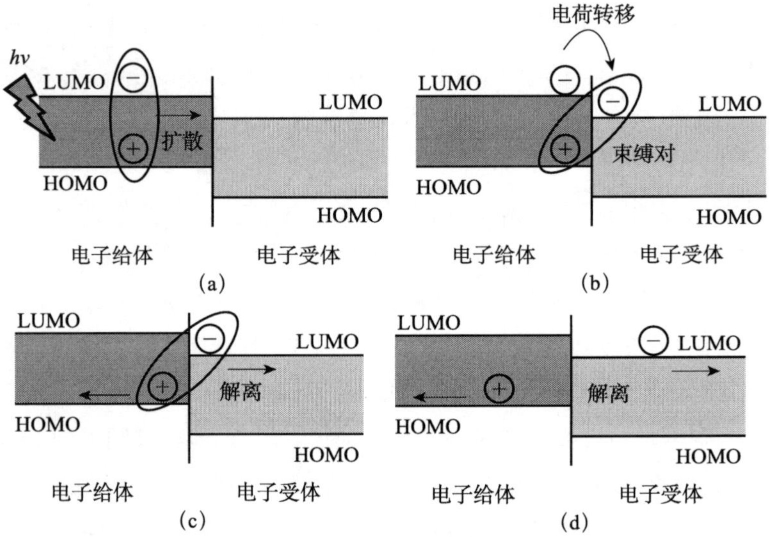


图 14-13　有机太阳能电池的光电转换过程

## 三、有机太阳能电池材料

### （一）有机太阳能电池材料的分类

太阳能电池材料分为电子给体和电子受体。电子给体材料中分为聚合物和有机小分子。聚合物主要有聚噻吩类、聚对亚苯基乙烯类和电子给受体共聚物。有机小分子按其基本结构可分为一维线性分子、二维分子和三维分子。一维有机材料分子主要有寡聚噻吩、异靛蓝、方酸、二噻吩噻咯与吡啶噻二唑复合物、苯并二噻吩与联噻吩复合物几大类；二维分子主要有酞菁、卟啉、六苯并蔻及其衍生物等；三维分子主要有三芳胺衍生物和联噻吩衍生物。图 14-14 列举了一些代表性的电子给体的化学结构。

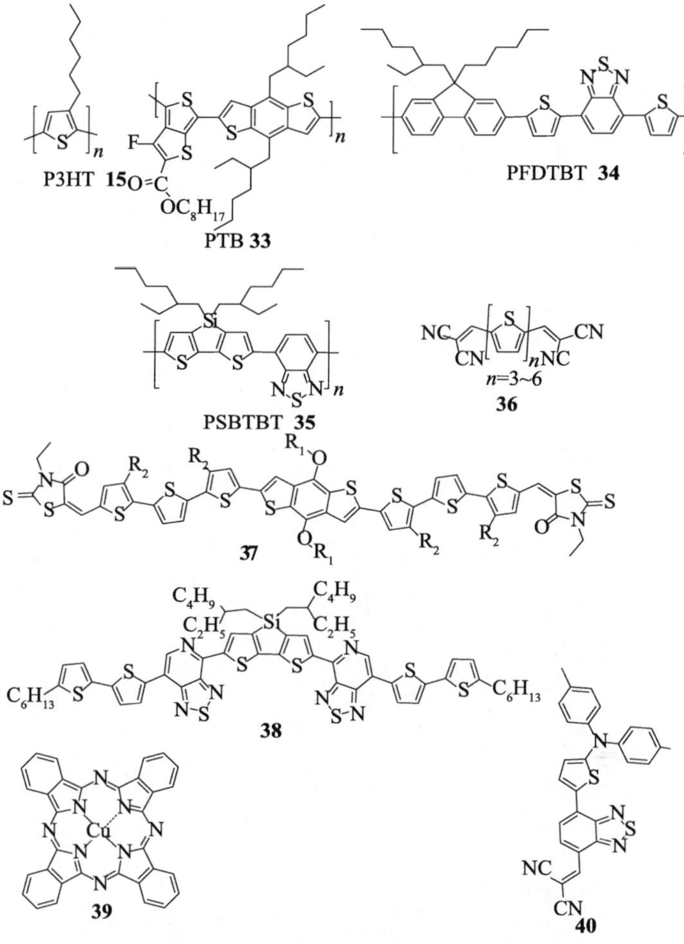


图 14-14　一些代表性的电子给体的化学结构

电子受体材料主要分为富勒烯衍生物、非富勒烯有机小分子和聚合物三大类。非富勒烯有机小分子主要有酰亚胺芳香体系和联亚苇衍生物；聚合物主要有苝酰亚胺或萘酰亚胺共轭聚合物以及氰基修饰的聚对亚苯基乙烯类。图 14-15 列举了一些代表性的电子受体的化学结构。

## (二) 有机太阳能电池材料的设计合成

有机太阳能电池材料须满足以下要求才能制备高性能器件：电子给体与受体的能级匹配，要有利于电荷分离和保证足够的开路电压；电子给体的 HOMO 能级和电子受体的 LUMO 能级与电极的功函匹配；平衡的空穴电子迁移率；较宽和较强的吸收光谱；本体异质结中给受体纳米

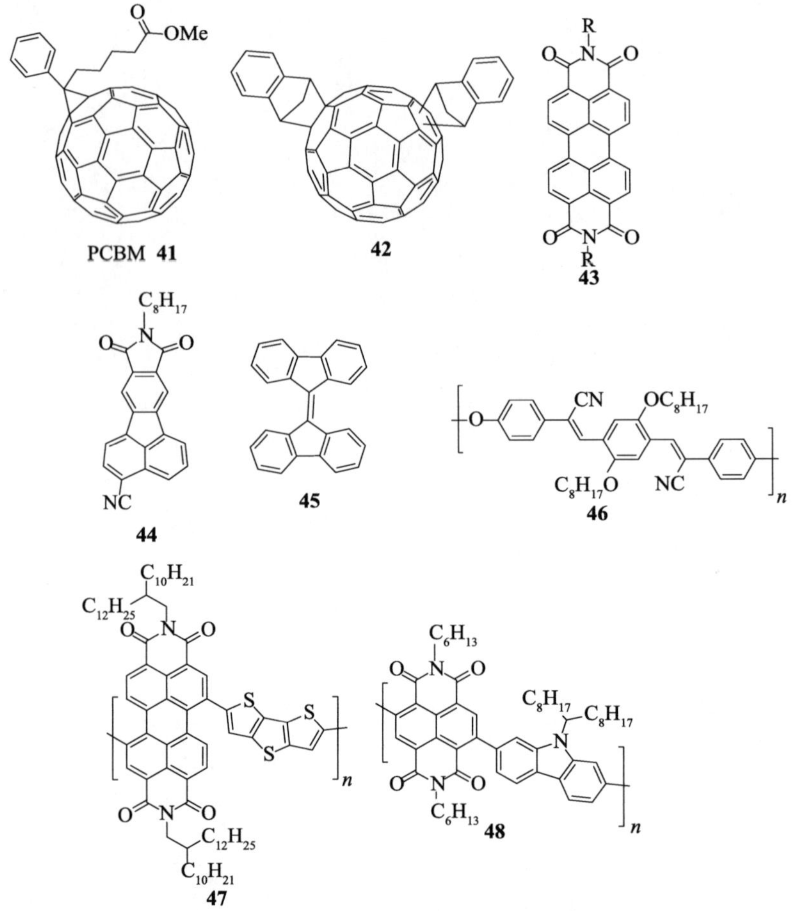


图 14-15　一些代表性的电子受体的化学结构

级连续的相分离；较高的化学稳定性。电子给受体材料一般都含有刚性的共轭体系，给受体交替结构和醌式结构有利于得到窄带隙的吸收光谱，较长烷基链的疏水-疏水作用有利于聚集态的长程有序。电子受体材料主要以富勒烯衍生物为主，这是因为富勒烯球状三维立体结构既有利于电荷分离和传输，又有利于与聚合物给体形成纳米级分离互穿网络结构，富勒烯衍生物的设计合成主要集中在提高 LUMO 能级和增大溶解性。非富勒烯有机小分子和聚合物主要基于酰亚胺共轭体系、氰基取代芳环和苯并噻二唑体系。

1. 电子给体材料

最经典的有机太阳能电池材料 P3HT/PCBM 所构成的本体异质结中，电子给体 P3HT 大的带隙（1.9eV）限制了长波太阳光的利用率，同时聚合物的 HOMO 与富勒烯的 LUMO 能级差较小导致开路电压较低。为了提高效率，聚合物的 HOMO 能级和带隙都需要进一步通过结构修饰来调节。利用分子内电子给体/电子受体单元发生电荷转移，形成长波吸收峰，可构建窄带隙聚合物[55-61]，侯建辉等以苯并二噻吩二酮为原料，通过亲核加成反应、芳构化、锂化反应以及 Stille 反应，制备苯取代的苯并二噻吩、苯并噻二唑和噻吩的电子给受体二维共聚物 **49**（图 14-16），与富勒烯衍生物 $PC_{71}BM$ 共混，通过 1,8-二碘辛烷溶剂处理，光电转换效率可达 8.07%[62]。Yang 组报道了基于 P3HT 和电子给受体共聚物 PDTP-DFBT 的叠层太阳能电池，效率可达 10.6%[63]。

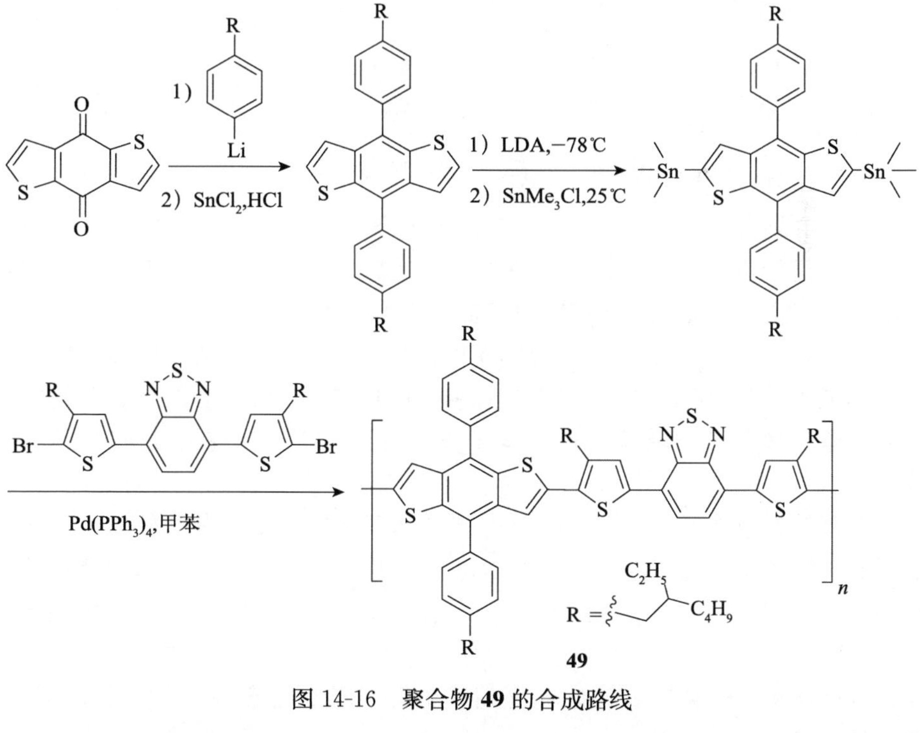


**49**

图 14-16　聚合物 **49** 的合成路线

与聚合物相比，有机小分子电子给体具有明确的分子结构和确定的相对分子质量，易于分离纯化，近年来，小分子材料的研究取得了突出进展，陈永胜等以苯并二噻吩、联噻吩和饶丹宁为原料，通过 Stille 反应和缩合反应制备了电子给受体复合物 **37**（图 14-17），与富勒烯衍生物 $PC_{71}BM$ 通过溶液法共混得到良好的纳米级连续的相分离，太阳能电池的转换效率高达 8.12%[64]。德国 Heliatek 公司以氰基修饰的寡聚噻吩 **36** 作为电子给体，采用蒸镀法制作的叠层太阳能电池的转换效率高达 12%[65]。

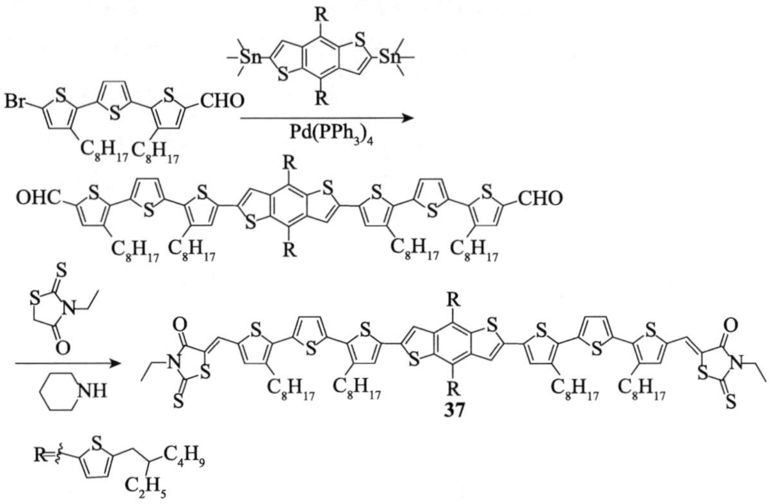


图 14-17　有机小分子 **37** 的合成路线

三维共轭分子有利于形成无定形小分子，具有良好的可加工性和各向同性，易溶液旋涂制膜，除可构建有机电致发光器件之外，还在有机太阳能电池中有着重要的应用前景。可通过将几个共轭支链连接到中心节点构成三维结构，并能形成连续空间填充的网状结构，实现共轭单元间的交叠，电荷的隧穿传输，达到载流子在三维空间的各向同性传输。其缺点是：不能形成紧密的分子间堆积结构，电子离域程度不充分，造成载流子迁移率偏低。

占肖卫等合成了一系列含吸电子基团苯并噻二唑的三苯胺体系，太阳能电池的转换效率最高可达 4.3%[66]。Wong 等设计了吸电子基团苯并噻二唑和双氰基的二苯胺噻吩体系 **40**，其蒸镀的太阳能电池的转换效率最高可达 5.8%[67]。由于联噻吩中两个噻吩的立体位阻而呈扭曲的三维结构，Roncali 在这方面做出了开拓工作，但高度扭曲的分子结构使载流子的迁移率较低，器件效率不到 2.0%[68]。

2. 电子受体材料

电子受体方面，李永舫等通过 Diels-Alder 反应合成了茚和富勒烯的双加成物 **42**（图 14-18），与传统的电子受体富勒烯材料 PCBM 相比，具有更高的 LUMO 能级和更好的溶解性，与 P3HT 共混得到的本体异质结太阳能电池的开路电压有了明显提高，转换效率可达 5.44%[69]。裴坚等以 5-溴苊为原料，通过一系列反应合成了非富勒烯电子受体材料苊并苯酰亚胺衍生物，与 P3HT 共混得到的太阳能电池的转换效率为 1.7%[70]。王朝晖、于军胜与 Alex 等发现单键相连的苝酰亚胺二聚物与聚合物给体材料共混得到的太阳能电池效率可达 5.9%[71]，是迄今最高光电转换效率的非富勒烯受体材料。

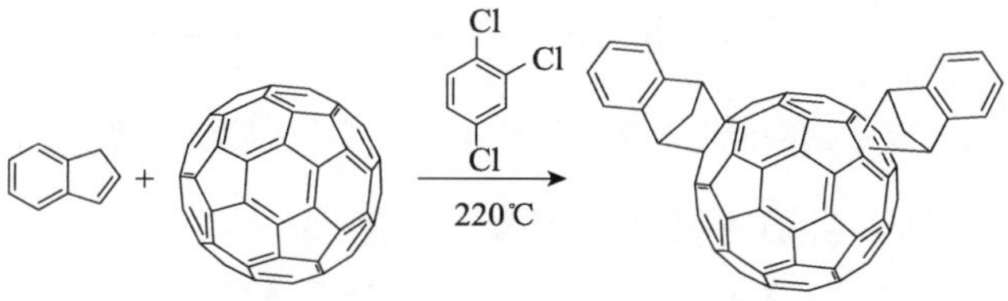


**42**

图 14-18　茚富勒烯双加成物 **42** 的合成路线

## 四、挑战与展望

在电子给体方面，由于聚合物材料可以通过旋涂法、平面印刷、喷涂法或喷墨打印法等溶液加工方法制备薄膜，因而成为当前有机光伏电池器件研究的重点。然而，聚合物分子材料批次的重复性较差，相对分子质量、分散度、结构规整性、侧链结构和端基不同导致其溶解性、成膜性、玻璃化转变温度的差异，进一步影响器件的短路电流、开路电压和填充因子等性能参数。小分子材料可以采用真空蒸镀法和溶液加工法制备薄膜太阳能电池，真空蒸镀法可得到较为有序的薄膜，但材料浪费多，器件结构复杂和制备成本高。溶液加工法制备的有机小分子太阳能电池备受人们关注，近年来取得了长足的发展。由于太阳光光谱的能量分布较宽，任何一种有机材料只能吸收其中能量比其禁带宽度值更高的光子，因此对于单一给体与单一受体组成的太阳能电池，其转换效率的理论极限只有 25%左右，采用具有不同吸收光谱的双组分或多组分有机材料，按照禁带宽度从大到小的顺序从外到里叠合起来，组成叠层太阳能电池［图 14-19（a）］，进一步提高器件光电转换效率。最近新发展三组分太阳能电池[图 14-19(b)][72-74]，即将具有不同吸收光谱或不同电子能级的两个电子给体/受体与另一电子受体/给体混合，得到三组分本体异质结的太阳能电池，兼具叠层太阳能电池和双组分本体异质结太阳能电池的优点，其制备工艺简单，转换效率较高。

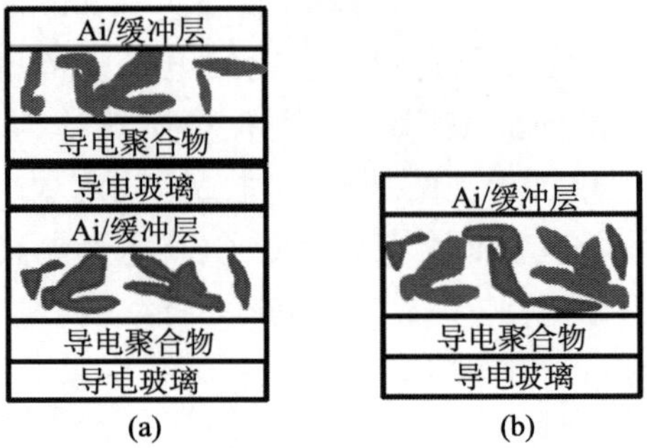


图 14-19　叠层太阳能电池和三组分本体异质结太阳能电池的器件结构

电子受体方面，目前主要以富勒烯衍生物为主，但是其吸收光谱较窄，能级变化不大；绝大多数非富勒烯有机小分子和聚合物与给体材料共混后不易得到纳米级连续的相分离，因而光电转换效率不高，还需要进一步发展新型电子受体材料，以制备性能更高的太阳能电池。与无机太阳能电池相比，有机太阳能电池在转换效率、光谱响应范围、电池的稳定性和寿命还有待提高[6]。大多数高分子材料都为无定形，分子链间作用力较弱，载流子的迁移率一般都很低，$10^{-6}\sim10^{-1}cm^2/(V\cdot s)$；有机材料的禁带宽度范围是1.4～3.0eV，比无机半导体高很多，光生载流子解离后容易复合，导致短路电路较低。

虽然如此，有机材料具有结构修饰性强，成膜工艺简单、成本低廉；电池制作多样化，可大面积制作等优点，是太阳能电池开发的新一代材料，随着材料的进一步开发和器件结构的优化，太阳能电池转换效率有可能提高到15%，有望实现商业化，具有非常广阔的应用前景。

# 第五节　有机存储材料

## 一、背景介绍

随着网络和通讯技术的迅速发展，人们处理和加工的信息量呈指数级增长，高密度、快响应速度、长寿命和反复读写的存储器成为国际上最受关注的研究领域之一[7]。存储材料和存储技术是存储器发展的两大基础。有机材料来源广泛，便于加工成型，对外场具有良好的响应，被认为是纳米和单分子水平高密度信息存储的优异材料。对存储材料最基本的要求是材料要具有两种可区分的稳定状态（俗称“0，1”状态），即在外场（光、电、磁等）的作用下，能够从状态“0”可逆地转变为状态“1”，并且这两种状态能够对应不同的光、电、磁或其他信号。一种良好的存储材料还应具有以下特点[75,76]：①化学稳定性高，可耐高温、抗氧化和抗辐射；②成膜性好，大多数器件基于薄膜构建，薄膜的质量决定器件的性能；③存储能力高，存储材料最好能在纳米或分子水平上进行信息存储；④转变时间短，短的转变时间意味着高的读写速度；⑤存储态的保持力强，对实现信息的稳定存储极为重要；⑥开关比高，高的开关比意味着高分辨率、低误码率。根据信息存储的外场刺激模式的不同，信息存储主要分为磁存储、光存储、电存储和多功能存储。

## 二、电存储

电存储既没有磁存储中巨磁阻效应的限制，又没有光存储中衍射极限的限制，是实现高密度信息存储的重要手段，超高密度电存储的存储密度可达 $10^{12}$ bit/cm$^2$ 以上。在电存储中，数据的存取基于存储材料的导电性的差异（电学双稳态）来实现，按照材料导电性转变的形成机理主要分为电荷转移、氧化还原态变化、分子构型转变三种[7]，如图 14-20 所示。

早在 1996 年，中国科学院物理研究所、中国科学院化学研究所和北京大学组成的研究团队制备出全有机的电荷转移复合物 DAB（**50**）/NBMN(**51**)薄膜，成功地写入 1.3nm 的记录点[77]。2007 年，宋延林小组以 1,3-茚满二酮、丙二腈和 4-(二苯氨基）苯甲醛为原料，通过两步 Aldol 缩合反应，设计合成了新型推拉电子型化合物 BDOYM（**52**）（图 14-21)，电流开关比高达 $10^4$，实现了高分辨的读出，利用 STM 实现了稳定的可擦写超高密度信息存储，信息点的平均直径达 2.5nm[78]。Lindsey 等在氧化还原体系电存储材料方面开展了一系列工作，发现卟啉类分子（**53**）是一类优异的电学信息存储材料，可提供中性态、一价态和二价态，并可进行可逆的电化学转换，从而实现可逆的高密度电信息存储[79,80]。中国科学院物理研究所高鸿钧与中国科学院化学研究所宋延林等合作，利用环轴烃（**54**，**55**）中大环 CBPQT 在 TTF 和 DNP 成分上移动，形成分子导电开关，实现了可擦除式纳米尺度信息点的记录[81,82]。

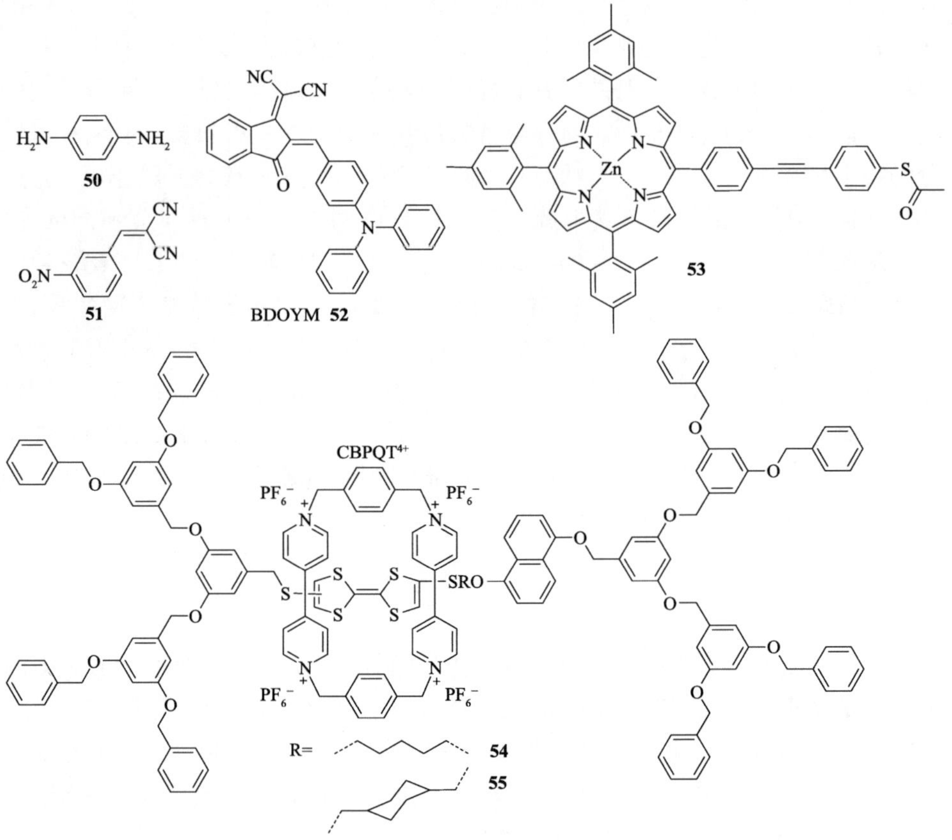


图 14-20 一些具有电存储功能的分子体系

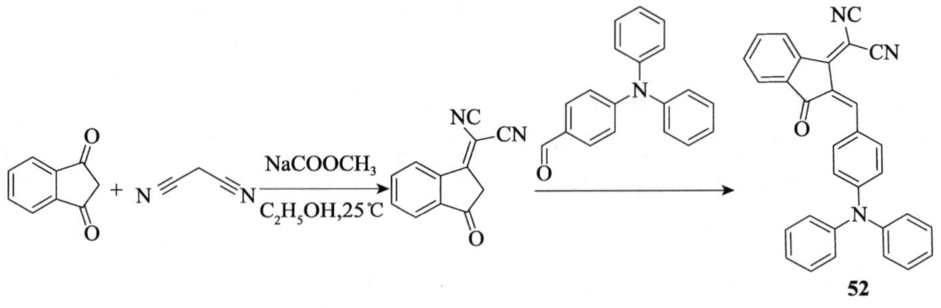


图 14-21 推拉电子型化合物 BDOYM（**52**）的合成路线

## 三、光存储

光存储是利用光子与材料表面直接作用，发生热、折射、变色、化学反应等各种光致物理化学效应，从而实现信息的存储。在存储材料方面，能够进行全光子模式存储的有机光致变色材料备受关注，信息的读、写、擦均可由光来控制，波长、极化率、相态等光学特性可复合在一起实现光存储，有望实现高速度、大容量的信息存储[7]。按照写入性质，有机材料可以分为可录型和可擦写型。其中可擦写型光存储是新一代存储技术，有机光致变色材料作为可擦写信息存储材料一直格外引人注目，主要有二芳基乙烯、俘精酸酐、螺吡喃、偶氮类及相关的杂环化合物。大多光致变色化合物在多次读出数据后遭到破坏，寿命较短，研究者利用两态间多种不同的物理化学性质的变化实现非破坏性读出数据[7]，主要有：①荧光变化；②磷光变化；③红外光变化；④旋光度变化；⑤门控效应；⑥折射率变化；⑦电导变化。例如，田禾等以邻苯二甲腈和氰基取代的二噻吩乙烯为原料，制备了酞菁并二噻吩乙烯化合物(**56**)，以 365nm 或 724nm 波长照射时发生光诱导的闭环或开环反应，并成功地实现荧光的调控[83]，如图 14-22 所示。Uchida 等报道了一系列可用于红外光无损读出的二芳基乙烯化合物[84]。Branda 研究组通过向二芳基乙烯基手性配体中引入亚铜盐实现旋光度诱导的非破坏性数据的读出[85]。

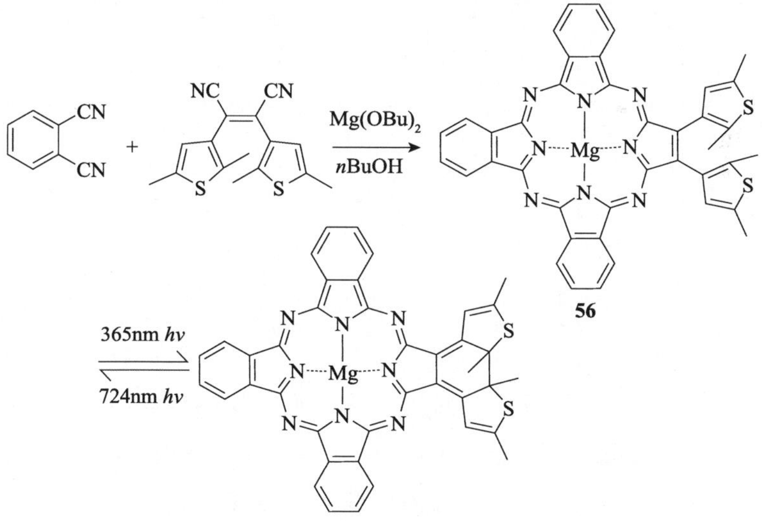


图 14-22 可调控荧光的二芳基乙烯光致变色示意图

## 四、多功能存储

为克服磁、光、电等单模式存储的缺点和完成复杂的信号处理，基于多响应材料的多功能信息存储越来越受到研究者的关注和重视。多功能存储材料主要分为多位信息存储和多模式信息存储[7]。

多位信息存储材料主要有多波段光响应体系和多电位响应体系。普通的二位信息存储有 0、1 两种形式，而三位电信息存储有（00），(01)，(10）三种形式，三位光信息存储中有（000），（001），（010），（100），（011），(101)，(110)，(111）八种形式。Branda 等以萘并萘醌和二噻吩环戊烯衍生物构建了一种全光子模式的多组分光致变色体系（**58～61**），4 个转换态通过不同波段光来实现[86]，如图 14-23 所示。

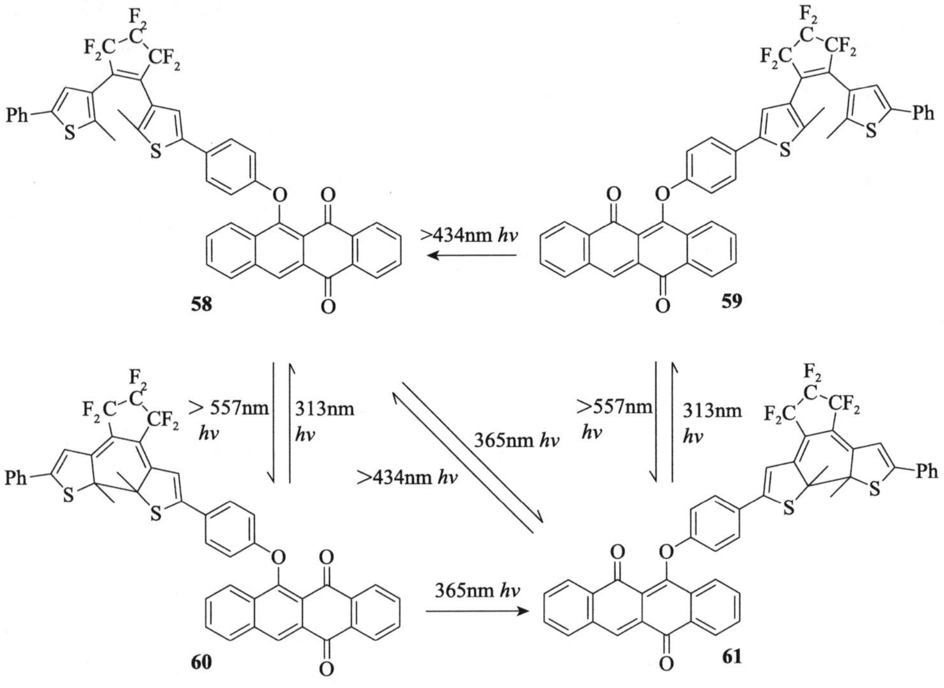


图 14-23　含有两种不同光致变色单元的多响应体系示意图

多模式信息存储是集合光、电、磁等多种物理通道或其中的两种进行信息的存储。存储材料主要有光电双响应体系以及光电磁三响应体系。宋延林等提出了扫描隧道显微镜和双光子技术的组合方法，并研究了有机光电双响应分子的光电双重信息存储[87,88]。Haddon 等通过非那烯酮胺与硼配位、离子置换和还原反应，得到了一种同时具有光、电、磁响应的螺双自由基化合物，通过热调控，实现了化合物（**62**）的磁光电双稳态调控[89]，如图 14-24 所示。

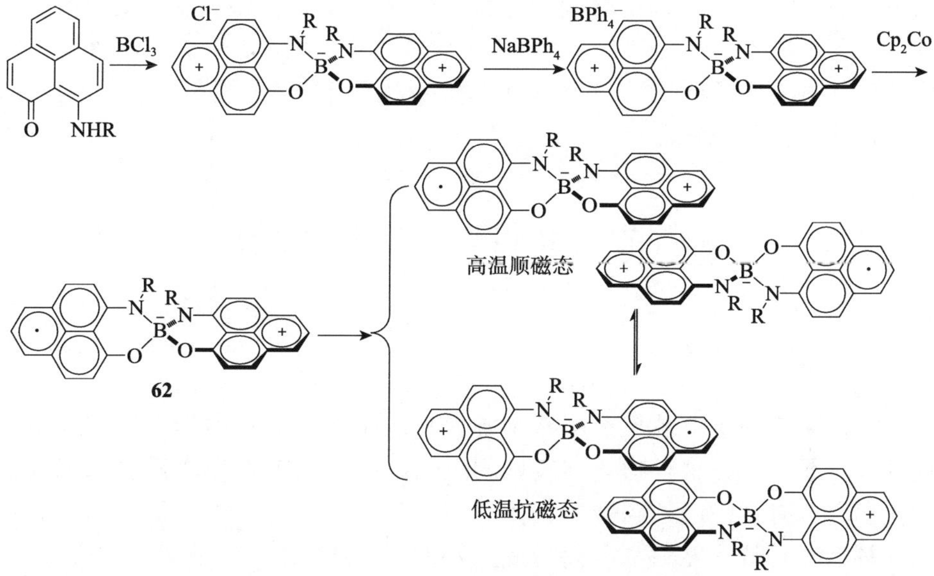


图 14-24　螺双自由基化合物的合成及其双稳态转变原理示意图

## 五、挑战与展望

近年来，有机光电信息存储材料的研究取得了长足的发展，为高密度信息存储器的发展提供了重要的技术支撑。在电存储方面，有机材料具有体积小、质量轻、成本低，响应速度快、结构和电学性能可控的优点，可进一步开发更高响应功能、稳定性、成膜性和兼容性的新型电存储材料，满足纳米尺度和单分子水平超高密度信息存储的要求。

在光存储方面，有机光致变色材料被认为是可擦写型高密度光信息存储的优异材料，已经能满足光存储的基本要求，如光学双稳性、热稳定性、耐疲劳性等，如何实现非破坏性的数据读出是目前面临的关键问题[7]。研究者利用荧光发射、折射率变化、旋光变化等信号响应通道实现有机光致变色材料的无损读取。另外，具有良好加工性能和光学性能的光致变色聚合物也是存储材料研究的重要方向之一，以满足大面积、稳定的光存储器件的制备要求。

在多功能存储方面，开发与多功能存储技术如 SNOM/AFM 耦合技术、STM/TPE 耦合技术相对应的多模式响应性存储材料是今后信息存储研究的新方向。集合光响应、电响应、磁响应、化学物质响应等多种信号通道的有机多响应体系在超高密度信息存储和多功能存储中有重要的潜在应用。目前，有机多响应体系的本征存储机制、固态响应性、器件制备和有效集成等方面的研究存在很多问题和挑战，需要高度融合物理、化学、材料和器件加工等相关学科领域，深入研究存储机理，进一步优化和完善有机材料分子的设计、自组装技术和器件制备。

# 第六节　共轭聚合物传感材料

## 一、背景介绍

共轭聚合物是由多个重复单元通过共轭而组成的一类具有特殊光电性能的高分子。共轭聚合物具有离域的电子结构，每个发光单元之间相互协同进而形成有效的电子耦合。相比于小分子发光单元，共轭聚合物具有强的光捕获和光放大能力（即信号放大特性），这主要归因于其分子线效应。简单来说，共轭聚合物捕获的能量（即产生的激子）可以沿着长程的π电子骨架自由迁移，最终到达低能电子或能量受体位点，实现能量的高效传递，从而导致聚合物荧光信号的超猝灭或受体荧光信号的大幅增加（图 14-25）[90,91]。共轭聚合物的信号传感机制主要包括电子转移（ET）、荧光共振能量转移（FRET）以及由聚集或构象改变所引发的信号变化[92]。利用共轭聚合物作为新型、高灵敏的生物传感材料已经发展成为新兴的研究领域。

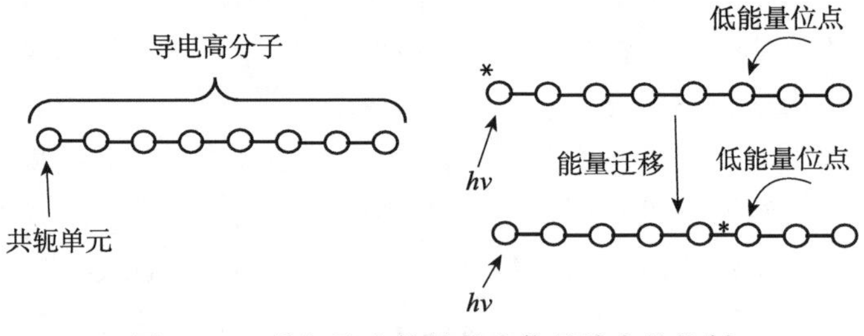


图 14-25　共轭聚合物的荧光信号放大的机制

基于共轭聚合物的研究早期主要集中在简单分子水平上，目标分析物包括金属离子、化学小分子以及生物大分子（如 DNA、RNA 和蛋白质等）等[93-95]。在过去的 5 年间，研究者设计合成了各种新型的水溶性荧光共聚物（WSCP）。利用 WSCP 的独特光物理和光化学性质，成功拓展了其在生物医药领域中的应用，这些研究主要包括病原微生物、肿瘤细胞以及疾病相关生物标志物的高灵敏诊断和检测。基于共轭聚合物的荧光性质，人们也发展了

WSCP在细胞和动物水平上的荧光成像，取得了一系列振奋人心的研究成果。除此之外，WSCP在生物医药领域中的其他应用也被相继拓展，如检测药物传递、释放和筛选以及抗菌和抗肿瘤治疗等。这些研究为WSCP在诊断、成像以及治疗方面的应用开启了一扇崭新的大门。

## 二、水溶性荧光共聚物的设计合成

共轭聚合物具有独特的光电性能，通过特殊的结构设计，可以制备出具有不同吸收和发射波长的聚合物分子。目前，基于不同的单体选择，已经可以制备出发射光涵盖整个可见光谱的不同聚合物。从结构上来看，WSCP主要由两个部分组成：①共轭π电子骨架，它决定了WSCP的主要光学性质，如吸收和发射光谱、光捕获能力以及荧光量子产率（QY）等；②带有电荷的侧链，如阳离子季铵盐基团、阴离子羧基基团、磺酸根基团以及磷酸根基团等，它使得WSCP可以溶解在水介质中，进而与生物大分子、微生物或细胞相互作用。根据聚合物主骨架的不同，可以将其分为以下几类：聚芴苯（PFP）、聚对苯撑乙烯（PPV）、聚对苯撑乙炔（PPE）、聚戊二炔（PDA）和聚噻吩（PT）。不同类型的聚合物通常具有特定的合成方法，聚合物的合成方法主要包括钯催化的偶联反应（如Suzuki[96]、Heck[97]以及Sonogashira反应[98]）、Wessling反应[99]、拓扑聚合反应[100]和$FeCl_3$氧化聚合[101]，每种方法对应的合成路线见表14-1。除了上面提到的反应类型外，研究者利用其他的偶联反应也可以实现特殊WSCP的设计合成。Wittig-Horner偶联是醛酮与磷Ylide（膦酸酯碳负离子）之间的反应，该反应可以用于制备*E*型烯烃。Wang课题组利用该反应制备得到了全新的阳离子聚合物，其主骨架中包含刚性的芴单元和柔性的二烯单元[102]。同样利用该反应，Li课题组也制备得到了聚芴-苯乙烯（PFV）类聚合物[103]。

**表14-1　制备WSCP的典型聚合方法**

| 聚合方法 | 合成路线 |
|---|---|
| Suzuki<br>［PFP，蓝光］ | $R_1{-}X+R_2{-}BY_2 \xrightarrow[\text{碱}]{Pd^0} {-}(R_1{-}R_2){-}_n$<br>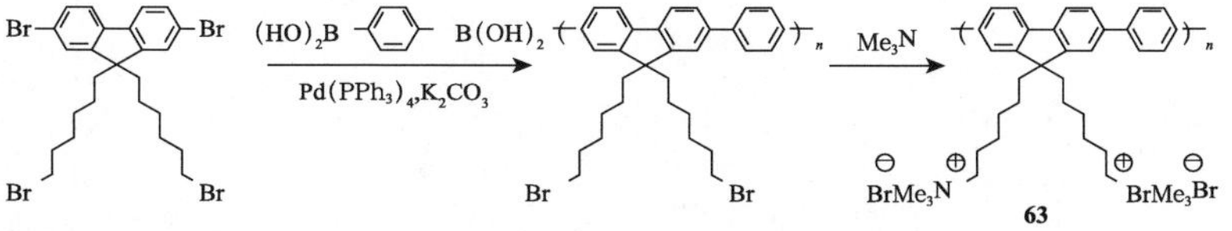 |

续表

| 聚合方法 | 合成路线 |
| --- | --- |
| Heck［PPV，绿或黄绿光］ | 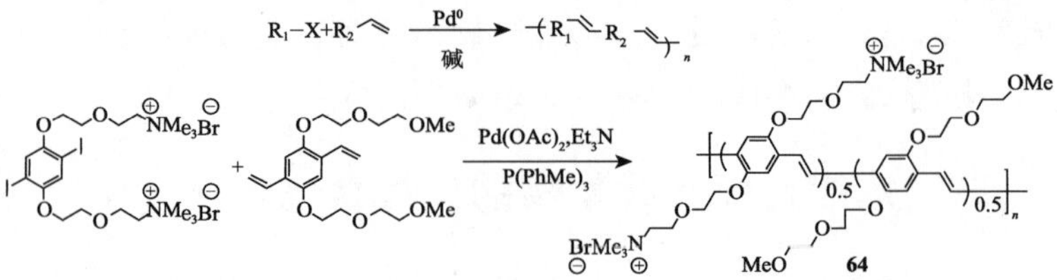 64 |
| Sonogashira［PPE，黄绿光］ | 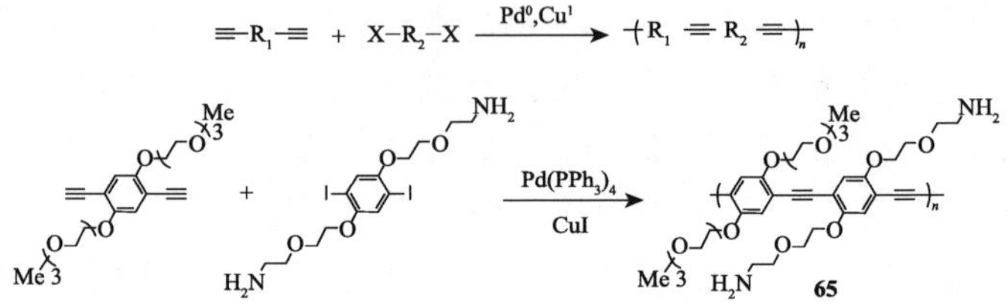 65 |
| Wessling［PPV，绿或黄绿光］ | 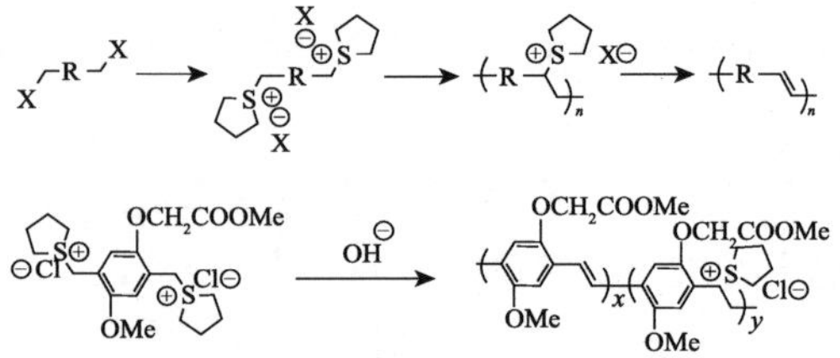 66 |
| 光引发聚合［PDA，无光或红光］ | 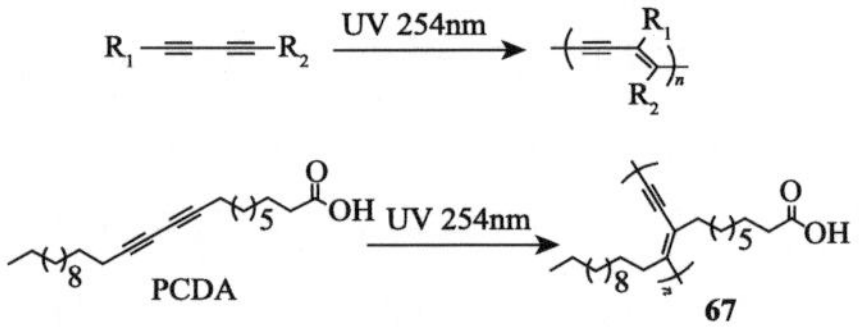 67 |
| $FeCl_3$氧化［PT，黄或红光］ | 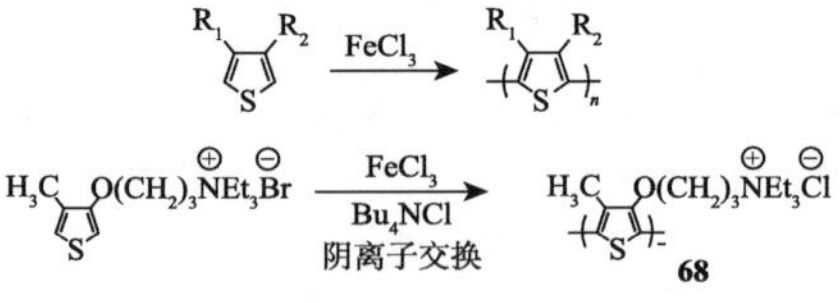 68 |
| Wittig-Horner | 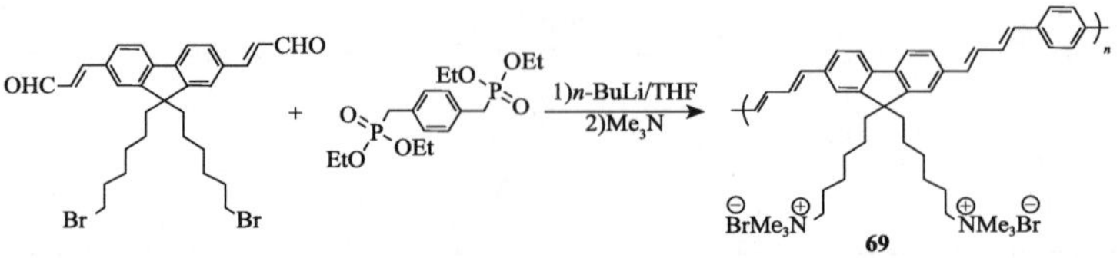 69 |

## 三、水溶性共聚物的生物应用

作为一个极具应用前景的研究方向，利用 WSCP 在分子水平上进行疾病诊断引起了研究者的关注。疾病相关生物标志物主要包括核酸相关的修饰和重要的蛋白质分子。核酸相关修饰主要包括单核苷酸多态性（SNP）、DNA 甲基化（图 14-26）以及碱基突变和损伤等[95]。王树课题组利用基于阳离子共轭聚合物的新型荧光共振能量转移技术，分析了中国人群中结肠癌七种相关基因的 DNA 甲基化水平[104]。通过逐步判别分析和累积检测分析，获得了较高精确度和灵敏度的结肠癌检测结果（分别为 86.3 和 86.7%）与鉴别诊断结果（分别为 97.5 和 94%）。该技术有望用于结肠癌患者的筛查和鉴别诊断，并进行临床相关性分析。

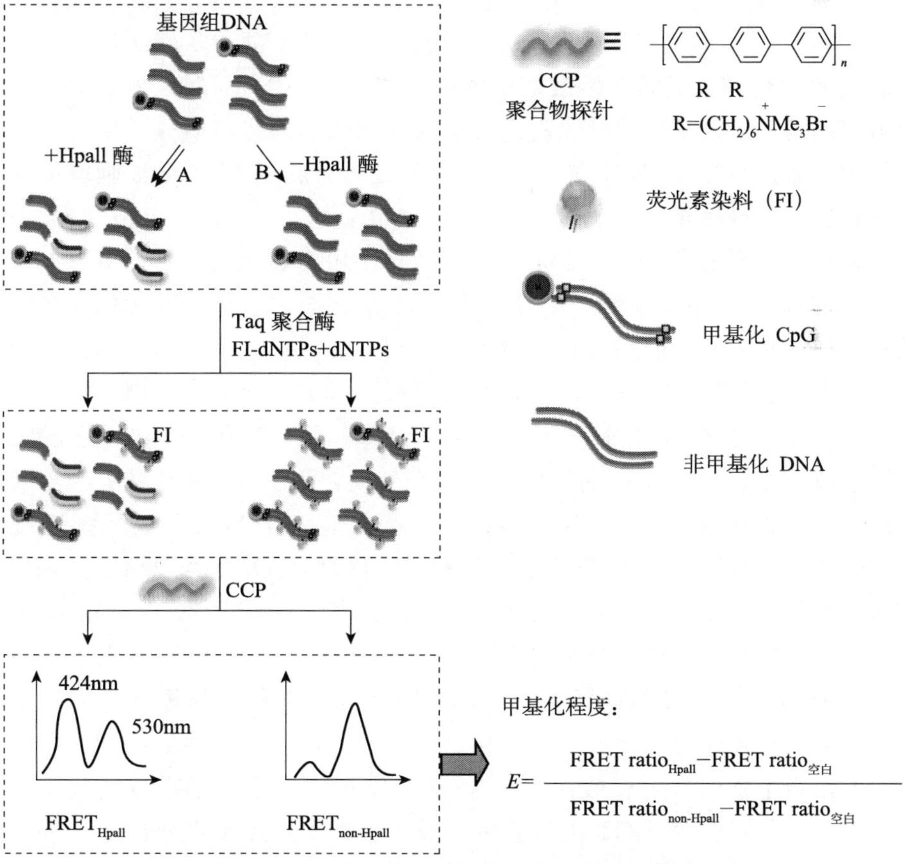


图 14-26 基于共轭聚合物的 DNA 甲基化检测原理

除了核酸相关标志物外，疾病相关的蛋白质分子在分子诊断中也具有同样重要的作用。Bunz 等利用“化学鼻”概念进行蛋白质的区分检测，利用 6 种具有不同电荷性质、疏水性和聚合度的 PPE 取代金纳米粒子（AuNP）/PPE 复合体，实现了 17 种蛋白质的同时区分检测[105]。除了蛋白质区分检测外，WSCP 也被用于蛋白质错误折叠的识别检测[106]。基于 WSCP 的“化学鼻”策略也被用于病原菌的检测，Bunz 等利用金纳米粒子（AuNP）/PPE 复合体实现了多种病原菌的同时检测和区分。他们利用“化学鼻”策略还实现了正常细胞和肿瘤细胞的快速、高灵敏区分，该方法的优点在于无需预知肿瘤细胞表面的特异性分子标志物[107]。WSCP 在细胞成像方面也取得了较大进展。Wang 等利用静电组装的方法将能够发生 FRET 的三种 WSCP 包覆到 *Escherichia coli* 表面，得到了发射光可调的多色细菌粒子。调节 3 种聚合物间的比例可以调节分子间的 FRET 情况，进而实现细菌粒子的多色编码。进一步，利用 WSCP 包覆细菌粒子进入细胞的性质实现了多色细胞成像[108]。Chiu 等利用生物正交的非标准氨基酸标签技术（BONCAT），将带有炔基或叠氮基团的人工氨基酸通过代谢途径引入细胞表面的蛋白质分子中，并展示在细胞表面。在 Click 反应介导下，叠氮修饰的乳腺癌 MCF-7 细胞珠可以被高选择性地进行荧光标记[109]。

近年来，研究者发现 WSCP 在光照条件下可以敏化产生活性氧（如单线态氧，$^1O_2$），进而用于细菌和肿瘤细胞的杀伤，这一发现为 WSCP 在光动力治疗（PDT）方面的应用开启了崭新的大门，如图 14-27 所示。基态 WSCP（$S_0$）被激发到单重激发态 $S_1$，经过隙间穿越（ISC）变成寿命更长的三重激发态 $T_1$，$T_1$态到基态氧分子（$^3O_2$）的能量转移便可敏化产生激发态的$^1O_2$。利用阳离子 WSCP 对负电荷病原菌的结合性质，Whitten 等发展了一系列体系用于病原菌的杀伤[110]。除了直接敏化外，借助从 WSCP 到传统光敏剂（如卟啉）的能量转移是近年来被发展的另一种敏化策略。由于该方法利用了共轭聚合物的强光捕获能力，因而可以大幅提高$^1O_2$的产生效率。Wang 等利用阴离子聚噻吩和阳离子卟啉（TPPN）能量转移静电复合体实现了光活化的病原菌杀伤[111]。王树课题组在国际上首次设计发展了新模式的光动力治疗体系，不需要外界光照射，利用化学分子激活产生活性氧的原理，实现了对肿瘤与微生物感染的有效抑制[112]。他们发现鲁米诺分子在过氧化物氧化酶以及过氧化氢存在下产生的生物发光通过生物发光共振能量转移（BRET）过程可以高效转移到阳离子寡聚对苯撑乙烯（OPV）分子上，激发态的 OPV 分子敏化周围环境的氧气分子产生活性氧（ROS），继而杀死相邻的肿瘤细胞与病原微生物。该体系无需外界光源，可克服目前光动力疗法中光源不能透过深部组织的缺点，为肿瘤和病原体感染提供了一个新的治疗方式。

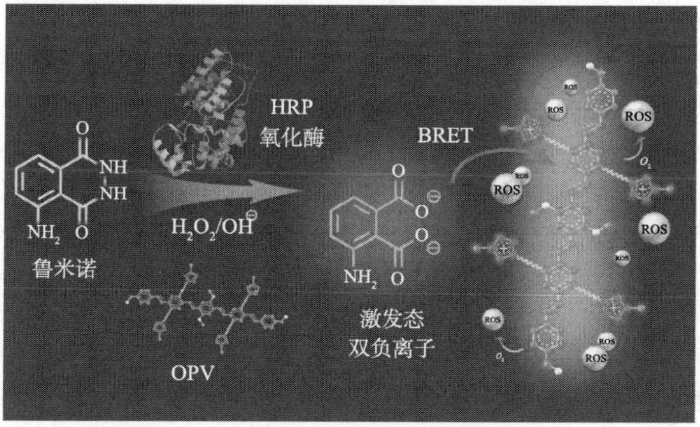


图 14-27　化学分子激活的光动力治疗原理

## 四、挑战与展望

尽管这一研究领域已经取得了很多令人瞩目的成果，但利用共轭聚合物材料进行临床重大疾病的诊断、相关的生命化学过程以及细胞水平的生物大分子识别的研究有待进一步努力。目前这一领域面临的几个主要挑战性问题是：①进一步研究共轭聚合物与生物体系之间的相互作用，深入研究它们的生物兼容性以及这些体系中生物相关的信息传输过程，如电子转移、能量传递、物质传输和化学转换过程；②瞄准重大疾病的早期诊断与治疗，用于快速准确鉴定病原微生物以及特异性识别肿瘤细胞与成像的方法尚未建立；③共轭聚合物在生物医药领域的应用尚待开展，如细胞内药物分子释放过程的监测以及对肿瘤细胞的选择性凋亡研究等。

## 参考文献

[1] 朱道本，王佛松．有机固体．上海：上海科学技术出版社，1999.

[2] 朱道本．功能材料化学进展．北京：化学工业出版社，2005.

[3] Tang C W，VanSlyke S A. Organic electroluminescent diodes. Appl Phys Lett，1987，51：913－915.

[4] Kraft A，Grimsdale A C，Holmes A B. Electroluminescent conjugated polymers-seeing polymers in a new light. Angew Chem Int Ed，1998，37：402－428.

[5] Mitschke U，Bauerle P. The electroluminescence of organic materials. J Mater

Chem，2000，10：1471－1507.

[6] 贺庆国，胡文平，白凤莲，等．分子材料与薄膜器件．北京：化学工业出版社，2011.

[7] 刘云圻，等．有机纳米与分子器件．北京：科学出版社，2010.

[8] Ma Y，Zhang H，Shen J，Che C. Electroluminescence from triplet metal-ligand charge-transfer excited state of transition metal complexes. Synth Met，1998，94：245－248.

[9] Robinson M R，Wang S，Bazan G C，et al. Electroluminescence from well-defined tetrahedral oligophenylenevinylene tetramers. Adv Mater，2000，12：1701－1704.

[10] Nakayama T，Itoh Y，Kakuta A. Organic photo- and electroluminescent devices with double mirrors. Appl Phys Lett，1993，63：594－595.

[11] Baldo M A，Lamansky S，Burrows P E，et al. Very high-efficiency green organic light-emitting devices based on electrophosphorescence. Appl Phys Lett ，1999，75：4－6.

[12] Maity A，Anderson B L，Deligonul N，et al. Room-temperature synthesis of cyclometalated iridium(iii) complexes：Kinetic isomers and reactive functionalities. Chem Sci，2013，4：1175－1181.

[13] Luo J，Li X，Hou Q，et al. High-efficiency white-light emission from a single copolymer：Fluorescent blue，green，and red chromophores on a conjugated polymer backbone. Adv Mater，2007，19：1113－1117.

[14] Saragi T P I，Spehr T，Siebert A，et al. Spiro compounds for organic optoelectronics. Chem Rev，2007，107：1011－1065.

[15] Chen C T，Chiang C L，Lin Y C，et al. Ortho-substituent effect on fluorescence and electroluminescence of arylamino-substituted coumarin and stilbene. Org Lett，2003，5：1261－1264.

[16] Xu X J，Chen S Y，Yu G，et al. High-efficiency blue light-emitting diodes based on a polyphenylphenyl compound with strong electron-accepting groups. Adv Mater，2007，19：1281－1285.

[17] Huang F，Hou L，Wu H，et al. High-efficiency，environment-friendly electroluminescent polymers with stable high work function metal as a cathode：Green- and yellow-emitting conjugated polyfluorene polyelectrolytes and their neutral precusors. J Am Chem Soc，2004，126：9845.

[18] Tsumura A，Koezuka H，Ando T. Macromolecular electronic device，field-effect transistor with a polythiophene thin film. Appl Phys Lett，1986，49：1210－1212.

[19] 胡文平．有机场效应晶体管．北京：科学出版社，2011.

[20] Jurchescu O D，Popinciuc M，van Wees B J，et al. Interface-controlled，high-mobility organic transistors. Adv Mater，2007，19：688－692.

[21] Anthony J E，Eaton D L，Parkin S R. A road map to stable，soluble，easily crystallized pentacene derivatives. Org Lett，2001，4：15－18.

[22] Giri G, Verploegen E, Mannsfeld S C, et al. Tuning charge transport in solution-sheared organic semiconductors using lattice strain. Nature, 2011, 480: 504-508.

[23] Dong H, Wang C, Hu W. High performance organic semiconductors for field-effect transistors. Chem Commun, 2010, 46: 5211-5222.

[24] Xiao K, Liu Y, Qi T, et al. A highly π-stacked organic semiconductor for field-effect transistors based on linearly condensed pentathienoacene. J Am Chem Soc, 2005, 127: 13281-13286.

[25] Gao J H, Li R J, Li L Q, et al. High-performance field-effect transistor based on dibenzo [d, d′] thieno [3, 2-b; 4, 5-b′] dithiophene, an easily synthesized semiconductor with high ionization potential. Adv Mater, 2007, 19: 3008-3011.

[26] Li R, Dong H, Zhan X, et al. Single crystal ribbons and transistors of a solution processed sickle-like fused-ring thienoacene. J Mater Chem, 2010, 20: 6014-6018.

[27] Du C, Guo Y, Liu Y, et al. Anthra [2, 3-b] benzo [d] thiophene: An air-stable asymmetric organic semiconductor with high mobility at room temperature. Chem Mater, 2008, 20: 4188-4190.

[28] Sun Y M, Ma Y Q, Liu Y Q, et al. High-performance and stable organic thin-film transistors based on fused thiophenes. Adv Funct Mater, 2006, 16: 426-432.

[29] Payne M M, Parkin S R, Anthony J E, et al. Organic field-effect transistors from solution-deposited functionalized acenes with mobilities as high as $1cm^2/(V \cdot s)$. J Am Chem Soc, 2005, 127: 4986-4987.

[30] Li R, Jiang L, Meng Q, et al. Micrometer-sized organic single crystals, anisotropic transport, and field-effect transistors of a fused-ring thienoacene. Adv Mater, 2009, 21: 4492-4495.

[31] Takimiya K, Shinamura S, Osaka I, et al. Thienoacene-based organic semiconductors. Adv Mater, 2011, 23: 4347-4370.

[32] Minemawari H, Yamada T, Matsui H, et al. Inkjet printing of single-crystal films. Nature, 2011, 475: 364-367.

[33] Yuan Y, Giri G, Ayzner A L, et al. Ultra-high mobility transparent organic thin film transistors grown by an off-centre spin-coating method. Nat Commun, 2014, 5: 3005.

[34] Takahashi Y, Hasegawa T, Horiuchi S, et al. High mobility organic field-effect transistor based on hexamethylenetetrathiafulvalene with organic metal electrodes. Chem Mater, 2007, 19: 6382-6384.

[35] Li L, Tang Q, Li H, et al. An ultra closely pi-stacked organic semiconductor for high performance field-effect transistors. Adv Mater, 2007, 19: 2613.

[36] Checcoli P, Conte G, Salvatori S, et al. Tetra-phenyl porphyrin based thin film transistors. Synth Met, 2003, 138: 261-266.

[37] Xu H, Yu G, Xu W, et al. High-performance field-effect transistors based on

Langmuir-Blodgett films of cyclo[8]pyrrole. Langmuir，2005，21：5391－5395.

[38] Assadi A，Svensson C，Willander M，et al. Field-effect mobility of poly(3-hexylthiophene). Appl Phys Lett，1988，53：195－197.

[39] Loewe R S，Khersonsky S M，McCullough R D. A Simple method to prepare head-to-tail coupled，regioregular poly(3-alkylthiophenes) using grignard metathesis. Adv Mater，1999，11：250－253

[40] Wang G，Swensen J，Moses D，et al. Increased mobility from regioregular poly (3-hexylthiophene) field-effect transistors. J Appl Phys，2003，93：6137－6141.

[41] (a) Chen H，Guo Y，Yu G，et al. Highly π-extended copolymers with diketopyrrolopyrrole moieties for high-performance field-effect transistors. Adv Mater，2012，24：4618-4622；(b) Liu X，Guo Y，Ma Y，et al. Flexible，low-voltage and high-performance polymer thin-film transistors and their application in photo/thermal detectors. Adv Mater，2014，26：3631－3636.

[42] Tseng H R，Phan H，Luo C，et al. High-mobility field-effect transistors fabricated with macroscopic aligned semiconducting polymers. Adv Mater，2014，26：2993－2998.

[43] Sakamoto Y，Suzuki T，Kobayashi M，et al. Perfluoropentacene：High-performance p-n junctions and complementary circuits with pentacene. J Am Chem Soc，2004，126：8138－8140.

[44] Tang Q X，Li H X，Liu Y L，et al. High-performance air-stable n-type transistors with an asymmetrical device configuration based on organic single-crystalline submicrometer/nanometer ribbons. J Am Chem Soc，2006，128：14634－14639.

[45] (a) Katz H E，Lovinger A J，Johnson J，et al. A soluble and air-stable organic semiconductor with high electron mobility. Nature，2000，404：478－481；(b) Tatemichi S，Ichikawa M，Koyama T，et al. High mobility n-type thin-film transistors based on *N*，*N*′-ditridecyl perylene diimide with thermal treatments. Appl Phys Lett，2006，89：112108；(c) Zheng Q，Huang J，Sarjeant A，et al. Pyromellitic diimides：Minimal cores for high mobility n-channel transistor semiconductors. J Am Chem Soc，2008，130：14410－14411.

[46] Qian H，Wang Z，Yue W，et al. Exceptional coupling of tetrachloroperylene bisimide：Combination of ullmann reaction and C—H transformation. J Am Chem Soc，2007，129，10664－10665

[47] Zhen Y，Wang C，Wang Z. Tetrachloro-tetra(perylene bisimides)：An approach towards n-type graphene nanoribbons. Chem Commun，2010，46：1926－1928.

[48] Lv A，Puniredd S R，Zhang J，et al. High mobility，air stable，organic single crystal transistors of an n-type diperylene bisimide. Adv Mater，2012，24：2626－2630.

[49] Li H，Tee B C K，Cha J J，et al. High-mobility field-effect transistors from large-area solution-grown aligned $C_{60}$ single crystals. J Am Chem Soc，2012，134：2760－2765.

[50] Chen Z，Zheng Y，Yan H，et al. Naphthalenedicarboximide- vs perylenedicarbox-

imide-based copolymers. synthesis and semiconducting properties in bottom-gate n-channel organic transistors. J Am Chem Soc, 2008, 131: 8-9.

[51] Yan H, Chen Z, Zheng Y, et al. A high-mobility electron-transporting polymer for printed transistors. Nature, 2009, 457: 679-686.

[52] Lei T, Dou J H, Cao X Y, et al. A BDOPV-based donor-acceptor polymer for high-performance n-type and oxygen-doped ambipolar field-effect transistors. Adv Mater, 2013, 25: 6589-6593.

[53] Antoniadis H, Hsieh B R, Abkowitz M A, et al. Photovoltaic and photoconductive properties of aluminum/poly(p-phenylene vinylene) interfaces. Synth Met, 1994, 62: 265-271.

[54] Tang C W. Two-layer organic photovoltaic cell. Appl Phys Lett, 1986, 48: 183-185.

[55] Blouin N, Michaud A, Leclerc M. A low-bandgap poly (2,7-carbazole) derivative for use in high-performance solar cells. Adv Mater, 2007, 19: 2295-2300.

[56] Liang Y, Feng D, Wu Y, et al. Highly efficient solar cell polymers developed via fine-tuning of structural and electronic properties. J Am Chem Soc, 2009, 131: 7792-7799.

[57] Hou J, Chen H Y, Zhang S, et al. Synthesis of a low band gap polymer and its application in highly efficient polymer solar cells. J Am Chem Soc, 2009, 131: 15586-15587.

[58] Svensson M, Zhang F, Veenstra S C, et al. High-performance polymer solar cells of an alternating polyfluorene copolymer and a fullerene derivative. Adv Mater, 2003, 15: 988-991.

[59] Wang E, Wang L, Lan L, et al. High-performance polymer heterojunction solar cells of a polysilafluorene derivative. Appl Phys Lett, 2008, 92: 033307.

[60] Hou J, Chen H Y, Zhang S, et al. Synthesis, characterization, and photovoltaic properties of a low band gap polymer based on silole-containing polythiophenes and 2,1,3-benzothiadiazole. J Am Chem Soc, 2008, 130: 16144-16145.

[61] Mühlbacher D, Scharber M, Morana M, et al. High photovoltaic performance of a low-bandgap polymer. Adv Mater, 2006, 18: 2884-2889.

[62] Zhang M, Gu Y, Guo X, et al. Efficient polymer solar cells based on benzothiadiazole and alkylphenyl substituted benzodithiophene with a power conversion efficiency over 8%. Adv Mater, 2013, 25: 4944-4949.

[63] You J, Dou L, Yoshimura K, et al. A polymer tandem solar cell with 10.6% power conversion efficiency. Nature Commun, 2013, 4: 1446.

[64] Zhou J, Wan X, Liu Y, et al. Small molecules based on benzo [1,2-b; 4,5-b′] dithiophene unit for high-performance solution-processed organic solar cells. J Am Chem Soc, 2012, 134: 16345-16351.

［65］ http：//www. heliatek. com/newscenter/latest _ news/neuer-weltrekord-fur-organische-solarzellen-heliatek-behauptet-sich-mit-12-zelleffizienz-als-technologiefuhrer/?lang=en.

［66］ Shang H，Fan H，Liu Y，et al. A solution-processable star-shaped molecule for high-performance organic solar cells. Adv Mater，2011，23：1554－1557.

［67］ Lin L Y，Chen Y H，Huang Z Y，et al. A low-energy-gap organic dye for high-performance small-moleculc organic solar cells. J Am Chem Soc，2011，133：15822－15825.

［68］ Roncali J. Molecularbulk heterojunctions：An emerging approach to organic solar cells. Acc Chem Res，2009，42：1719－1730.

［69］ He Y，Chen H Y，Hou J，et al. Indene-$C_{60}$ bisadduct：A new acceptor for high-performance polymer solar cells. J Am Chem Soc，2010，132：1377－1382.

［70］ Zhou Y，Ding L，Shi K，et al. A non-fullerene small molecule as efficient electron acceptor in organic bulk heterojunction solar cells. Adv Mater，2012，24：957－961.

［71］ Zang Y，Li C Z，Chueh C C，et al. Integrated molecular，interfacial，and device engineering towards high-performance non-fullerene based organic solar cells. Adv Mater，2014，26：5708-5714.

［72］ Khlyabich P P，Burkhart B，Thompson B C. Efficient ternary blend bulk heterojunction solar cells with tunable open-circuit voltage. J Am Chem Soc，2011，133：14534－14537.

［73］ Khlyabich P P，Burkhart B，Thompson B C. Compositional dependence of the open-circuit voltage in ternary blend bulk heterojunction solar cells based on two donor polymers. J Am Chem Soc，2012，134：9074－9077.

［74］ Yang L，Zhou H，Price S C，et al. Parallel-like bulk heterojunction polymer solar cells. J Am Chem Soc，2012，134：5432－5435.

［75］ Carroll R L，Gorman C B. The genesis of molecular electronics. Angew Chem Int Ed，2002，41：4378－4400.

［76］ Scott J C，Bozano. L D. Nonvolatile memory elements based on organic materials. Adv Mater，2007，19：1452－1463.

［77］ Ma L P，Song Y L，Gao H J，et al. Nanometer-scale recording on an organic-complex thin film with a scanning tunneling microscope. Appl Phys Lett，1996，69：3752－3753.

［78］ Shang Y L，Wen Y Q，Li S L，et al. A triphenylamine-containing donor-acceptor molecular for stable，reversible，ultrahigh density storage. J Am Chem Soc，2007，129：11674－11675.

［79］ Gryko D T，Clausen C，Roth K M，et al. Synthesis of "porphyrin-linker-thiol" molecules with diverse linkers for studies of molecular-based information storage. J Org Chem，2000，65：7345－7355.

［80］ Gryko D T，Clausen C，Lindsey J S. Thiol-derivatized porphyrins for attachment to electroactive surfaces. J Org Chem, 1999, 64: 8635－8647.

[81] Feng M, Guo X F, Lin X, et al. Stable, reproducible nanorecording on rotaxane thin films. J Am Chem Soc, 2005, 127: 15338－15339.

[82] Feng M, Gao L, Deng Z T, et al. Reversible, erasable and rewrittable nanorecording on an $H_2$ rotaxane thin film. J Am Chem Soc, 2007, 129: 2204－2205.

[83] Chen B, Wang M, Wu Y, et al. Reversible near-infrared fluorescence switch by novel photochromic unsymmetrical-phthalocyanine hybrids based on bisthienylethene. Chem Commun, 2002: 1060－1061.

[84] Uchida K, Saito M, Murakami A, et al. Non-destructive readout of the photochromic reactions of diarylethene derivatives using infrared light. Adv Mater, 2003, 15: 121－125.

[85] Murguly E, Norsten T B, Branda N R. Nondestructive data processing based on chiroptical 1,2-dithienylethene photochromes. Angew Chem Int Ed, 2001, 40: 1752－1755.

[86] Myles A J, Wigglesworth T J, Branda N R. A multi-addressable photochromic 1, 2-dithienylcyclopentene-phenoxynaphthacenequinone hybrid. Adv Mater, 2003, 15: 745－748.

[87] Li J C, Xue Z Q, Li X L, et al. Parallel molecular stacks of organic thin film with electrical bistability. Appl Phys Lett, 2000, 76: 2532－2534.

[88] Li J C, Xue Z Q, Wang K Z, et al. Crystalline organic molecular thin film with electrical switching property: Scanning probe microscopy and optical spectroscopy study. J Phys Chem B, 2004, 108: 19348－19353.

[89] Itkis M E, Chi X, Cordes A W, et al. Magneto-opto-electronic bistability in a phenalenyl-based neutral radical. Science, 2002, 296: 1443－1445.

[90] Thomas S W Ⅲ, Joly G D, Swager T M. Chemical sensors based on amplifying fluorescent conjugated polymers. Chem Rev, 2007, 107 (4): 1339－1386.

[91] Zhu C, Liu L, Yang Q, et al. Water-soluble conjugated polymers for imaging diagnosis and therapy. Chem Rev, 2012, 112: 4687－4735.

[92] Feng F D, He F, An L L, et al. Fluorescent conjugated polyelectrolytes for biomacromolecule detection. Adv Mater, 2008, 20 (15): 2959－2964.

[93] Ho H A, Najari A, Leclerc M. Optical detection of DNA and proteins moth cationic polythiophenes. Acc Chem Res, 2008, 41 (2): 168－178.

[94] Feng X L, Liu L B, Wang S, et al. Water-soluble fluorescent conjugated polymers and their interactions with biomacromolecules for sensitive biosensors. Chem Soc Rev, 2010, 39 (7): 2411－2419.

[95] Duan X, Liu L, Feng F, et al. Cationic conjugated polymers for optical detection of DNA methylation, lesions, and single nucleotide polymorphisms. Acc Chem Res, 2010, 43 (2): 260－270.

[96] Liu B, Wang S, Bazan G C, et al. Shape-adaptable water-soluble conjugated polymers. J Am Chem Soc, 2003, 125 (44): 13306－13307.

[97] Zhu C L, Yang Q, Liu L B, et al. A potent fluorescent probe for the detection of cell apoptosis. Chem Commun, 2011, 47 (19): 5524 - 5526.

[98] Moon J H, McDaniel W, MacLean P, et al. Live-cell-permeable poly(*p*-phenylene ethynylene) . Angew Chem Int Ed, 2007, 46 (43): 8223 - 8225.

[99] Tang H W, Duan X R, Feng X L, et al. Fluorescent DNA-poly(phenylenevinylene) hybrid hydrogels for monitoring drug release. Chem Commun, 2009, 6 (6): 641 -643.

[100] Kim J M, Lee J S, Choi H, et al. Rational design and *in-situ* FTIR analyses of colorimetrically reversibe polydiacetylene supramolecules. Macromolecules, 2005, 38 (22): 9366 - 9376.

[101] Ho H A, Boissinot M, Bergeron M G, et al. Colorimetric and fluorometric detection of nucleic acids using cationic polythiophene derivatives. Angew Chem Int Ed, 2002, 41 (9): 1548 - 1551.

[102] Xu Q L, Wu C X, Zhu C L, et al. A water-soluble conjugated polymer for protein identification and denaturation detection. Chem Asian J, 2010, 5 (12): 2524 - 2529.

[103] Tang F, He F, Cheng H C, et al. Self-assembly of conjugated polymer-Ag@$SiO_2$ hybrid fluorescent nanoparticles for application to cellular imaging. Langmuir, 2010, 26 (14): 11774 - 11778.

[104] Yang Q, Dong Y, Wu W, et al. Detection and differential diagnosis of colon cancer by a cumulative analysis of promoter methylation. Nat Commun, 2012, 3: 1206.

[105] Miranda O R, You C C, Phillips R, et al. Array-based sensing of proteins using conjugated polymers. J Am Chem Soc, 2007, 129 (32): 9856 - 9857.

[106] Sigurdson C J, Peter K, Nilsson R, et al. Prion strain discrimination using luminescent conjugated polymers. Nat Methods, 2007, 4 (12): 1023 - 1030.

[107] Bajaj A, Miranda O R, Kim I B, et al. Detection and differentiation of normal, cancerous, and metastatic cells using nanoparticle-polymer sensor arrays. P Natl Acad Sci USA, 2009, 106 (27): 10912 - 10916.

[108] Feng X L, Yang G M, Liu L B, et al. A convenient preparation of multi-spectral microparticles by bacteria-mediated assemblies of conjugated polymer nanoparticles for cell imaging and barcoding. Adv Mater, 2012, 24 (5): 637 - 641.

[109] Wu C F, Jin Y H, Schneider T, et al. Ultrabright and bioorthogonal labeling of cellular targets using semiconducting polymer dots and click chemistry. Angew Chem Int Ed, 2010, 49 (49): 9436 - 9440

[110] Lu L D, Rininsland F H, Wittenburg S K, et al. Biocidal activity of a light-absorbing fluorescent conjugated polyelectrolyte. Langmuir, 2005, 21 (22): 10154 - 10159.

[111] Xing C F, Xu Q L, Tang H W, et al. Conjugated polymer/porphyrin complexes for efficient energy transfer and improving light-activated antibacterial activity. J Am Chem

Soc，2009，131 (36)：13117－13124.

[112] Yuan H X，Chong H，Wang B，et al. Chemical molecule-induced light-activated system for anticancer and antifungal activities. J Am Chem Soc，2012，134（32）：13184－13187.

# 第十五章 高分子材料合成

李悦生　刘晓辉　李晓芳

## 第一节　引　　言

高分子科学是研究高分子的形成、化学结构与链结构、聚集态结构、性能与功能、加工与应用的学科门类，研究对象包括合成高分子、生物大分子和超分子聚合物等。高分子科学诞生于天然高分子，发展于合成高分子。起初，人们只是简单地应用天然高分子，如利用天然纤维织布与造纸等。随后，人们逐渐学会了进一步对天然高分子进行化学改性，以提高其使用性能和加工性能，例如，人们对松香和大漆等天然高分子进行化学改性，制备性能更好的涂料和黏接剂；利用氧酰化和烷基化等反应，制备可熔融加工的醋酸纤维素和乙基纤维素等改性高分子。19 世纪末 20 世纪初，人们学会了利用缩合聚合反应制备聚酯和聚酰胺等高分子，利用自由基等连锁聚合反应制备丙烯酸酯类聚合物；20 世纪 30 年代，英国帝国化学公司发现了乙烯的高压自由基聚合反应，随后将其成功用于高压聚乙烯/低密度聚乙烯（LDPE）的工业化生产；20 世纪 50 年代，Ziegler 和 Natta 发现了乙烯和丙烯可在常温常压下发生配位聚合反应，生成综合性能优异的各种聚烯烃材料。之后，人们逐渐开始有意识地在高分子材料的制备过程中，通过单体选择、催化剂结构和聚合反应条件优化等来控制高分子材料的结构与性能。可见，高分子材料合成化学形成于 20 世纪中叶，现已走过了 80 余年的发展历程。

高分子材料合成是研究高分子化合物的结构设计与合成的科学，包括设计与合成新单体、建立与发展聚合反应新方法、阐述新聚合反应机理、设计与合成新结构聚合物。高分子材料合成是高分子科学的基础，它担负着为高分子科学研究提供新聚合物及其合成方法、为国民经济发展提供新材料的重要任务。高分子材料合成的发展不仅促进了通用高分子材料的高性能化与功能化、高性能高分子材料制备的低成本化和通用化，也促成了光电磁功能高分子材料、生物医用高分子材料以及生态环境高分子材料学科的诞生与发展。

自从 20 世纪 30 年代 Staudinger 奠定了大分子概念以来，高分子材料合成经历了几个重要的阶段，许多高分子材料的重要工业化应用都得益于聚合反应理论的建立与发展。随着现代社会的发展需求，合成各种高性能的聚合物材料已成为高分子研究的重要课题。对聚合反应和聚合方法的研究，主要目的是按指定的功能、结构、相对分子质量和相对分子质量分布设计和制备聚合物，即实现分子设计的裁剪技术；同时，还需要满足高技术、环境和能源对高分子科学越来越高的要求。

高分子材料合成的主要研究内容大体上可分为聚合反应方法学、结构导向的高分子合成与功能材料导向的高分子合成三个方面。近年来，我国合成化学工作者在上述三个方面均开展了卓有成效的研究工作，总体逐渐处于国际先进水平，个别方向达到了国际领先水平。由于篇幅所限，本章仅讨论高分子材料合成的学科发展规律与趋势、关键科学问题、优先发展领域和重点方向等。

## 第二节　可控/活性自由基聚合

### 一、学科发展历程与意义、国内外研究进展与现状

自由基聚合反应条件温和，能够制备广泛乙烯基单体的聚合物。然而，自由基活性种很容易发生双基终止，因此其寿命很短，生成的聚合物结构不可控、相对分子质量分布较宽，因此，自由基聚合在很长一段时间都被认为不适于采用“活性聚合”方法合成预定结构的聚合物。可控/活性自由基聚合（CLRP）研究始于 20 世纪 80 年代初 Otsu 等在 Iniferter 法（引发-转移-终止剂）的先驱工作[1]。他们利用二硫代氨基甲酸酯作为 Iniferter 试剂，使其具有引发、转移和终止聚合反应的功能。该模式与现代活性自由基聚合的实施模式类似。由于该体系引发较慢及较多的副反应，合成得到的聚合物显示出较宽的相对分子质量分布和较差的相对分子质量控制。但是，Iniferter 法极大地推动了 CLRP 的发展进程，对其蓬勃发展有着突出的贡献。

在最近的20年里，高分子化学家发展了多种CLRP方法，最重要的三种方法包括氮氧自由基调控聚合（NMP）[2]、原子转移自由基聚合(ATRP)[3]、可逆加成裂解链转移（RAFT）聚合（图15-1）[4]。另外，其他研究较多的CLRP方法有单电子转移活性自由基聚合（SET-LRP）[5]、碘化合物调控的可控自由基聚合（ITP及其反向过程RITP）[6]、可逆链转移催化聚合（RTCP）[7]、可逆络合调控的活性自由基聚合（RCMP）[8]、有机杂原子调控的活性自由基聚合（OHRP）等[9]。NMP是通过氮氧自由基与活性自由基种的可逆链终止实现活性/可控聚合，RAFT聚合是在经典自由基聚合体系中引入高链转移常数的硫羰基硫化合物，其与自由基经历一系列快速可逆的加成-裂解-链转移过程；ATRP是基于烷基卤化物与金属催化剂之间的氧化还原反应。尽管各种CLRP体系在机理或采用的化学试剂上变化非常大，但是在控制自由基聚合的概念上却是一致的，即通过建立一个可逆的链平衡反应抑制自由基活性种的链终止反应，以延长自由基的寿命，使得自由基聚合以活性/可控方式进行。鉴于CLRP发展非常迅速，下面仅对国际和国内的最近进展作简要介绍。

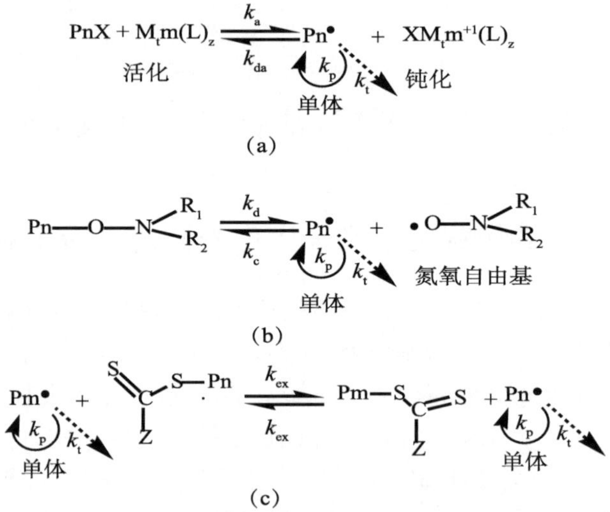


图15-1　ATRP、NMP和RAFT聚合机理

(a) 原子转移自由基聚合（ATRP）；(b) 氮氧自由基调控聚合（NMP）；(c) 可逆加成裂解链转移（RAFT）聚合

NMP是第一个成功调控乙烯基单体的CLRP方法，但是与ATRP和RAFT聚合相比具有显著缺点，如调控试剂价格较高且合成困难、仅限于

苯乙烯类单体、聚合温度高、链末端官能化程度低等。无论是氮氧类还是烷氧胺类调控试剂，它们的合成方法都是多种多样的。因此，选择合适的反应路线、降低合成成本，制备纯净的调控试剂也是众多研究小组努力的方向之一。2005 年，Arkema 公司推出了达到工业化级别的烷氧基胺类氮氧自由基调控试剂——BlocBuilder®MA［N-(叔丁基)-N′-(1-二乙基磷-2，2′-二甲基丙基)-O-(2-羧基-异丙基)羟基胺］，同时 BASF 公司利用 NMP 方法也开发了相关涂料产品[10]。2,2,6,6-四甲基哌啶氧自由基（TEMPO）最初仅限于苯乙烯及其衍生物，且聚合温度高（125～145℃）、聚合时间长（24～72h）。针对这些问题，研究人员开发了不同结构的氮氧类物质和烷氧胺类物质，将 NMP 的单体范围成功拓展到丙烯酸酯类、丙烯酰胺、甲基丙烯酸酯类、丙烯酸、二烯烃等。2012 年，Lovell 课题组采用 2,2,5-三甲基-4-叔丁基-3-氮杂己烷-3-硝基氧（TITNO）及其苯乙烯烷氧氨基衍生物（Styryl-TITNO）能够在低于 90℃下调控苯乙烯及丙烯酸酯类单体的 CLRP，而且 Styryl-TITNO 可以在 70℃下调控苯乙烯聚合[11]。

RAFT 方法的一个主要问题是得到的聚合物末端含有硫羰基硫基团，因此移除末端官能团对其商业应用至关重要。目前报道的方法包括自由基诱导的还原、加成-断裂偶合、热解、氨解、水解、离子反应等，而点击化学也成功用于修饰各种聚合物结构[12]。针对 RAFT 试剂没有商业来源的问题，Arkema 公司推出了达到中试级别的 RAFT 试剂——BlocBuilder®DB（三硫代碳酸二苄基酯）。鉴于不同类型的乙烯基单体需要分别采用不同结构的 RAFT 试剂，澳大利亚 CSIRO 报道了一种新型刺激响应型 RAFT 试剂（4-吡啶基-N-甲基二硫代氨基甲酸酯衍生物），它们可以“变换”，碳-硫双键可以转变为碳-氮双键，能够同时实现高活性单体和低活性单体的 CLRP，是通用型 RAFT 试剂。没有质子化的 RAFT 试剂适用于低活性单体（如乙酸乙烯酯、N-乙烯吡咯烷酮、N-乙烯基咔唑），而强酸质子化的 RAFT 试剂适用于高活性单体（丙烯酸甲酯、甲基丙烯酸甲酯、苯乙烯、丙烯腈）[13]。

Sugihara 等将含有羧基的 RAFT 试剂引发乙烯基醚类单体的阳离子聚合，随后引入传统自由基引发剂，将阳离子聚合机理转变为 RAFT 聚合机理，成功制备了结构可控的响应性聚合物[14]。何军坡等采用阴离子聚合方法得到大分子链转移剂，随后进行 RAFT 聚合制备了多嵌段共聚物[15]。Guerrero-Sanchez 等开发了一种自动化平行的除氧方法，能够同时对几十个聚合瓶进行除氧处理，并将此方法与严格的封管聚合进行对比，发现两者聚合结果基本一致，因而大大提高了实验效率[16]。RAFT 聚合还成功实现了一些特殊单体的活性自由基聚合，如氯乙烯、2-氯-1,3-丁二烯、甲基丙烯酸等。此外，RAFT 聚合成功制备了一些特殊结构的聚合物。洪春雁等利用聚(三硫代碳酸酯）大分子链转移剂调控非荧光单体的 RAFT 聚合，合成的聚合物显示强荧光性[17]。

与 NMP 和 RAFT 聚合体系相比，ATRP 体系较为复杂，调控试剂包含多种组分（烷基卤引发剂、金属催化剂、配体)，尽可能减少催化剂用量是其商业应用的关键。因此，一系列与 ATRP 相关的技术被开发出来，具体包括电子转移（重新）生成活化剂的原子转移自由基聚合［A(R)GET ATRP］、连续活化剂再生的原子转移自由基聚合（ICAR ATRP)、电化学调控的原子转移自由基聚合（eATRP）以及补充活化剂和还原剂的原子转移自由基聚合（SARA ATRP）等[18]。研究人员也力图通过其他途径减少催化剂用量，这些方法包括各种吸附和提取技术、使用载体型催化剂或者对溶解度与温度具有依赖性的催化剂。Matyjaszewski 课题组开发出可能应用于工业化的 ATRP 技术——Ultimate ATRPSM process，通过合理分批次补加普通自由基引发剂，如偶氮二异丁腈（AIBN)，以补偿终止反应造成的影响，并将适量休眠种 Cu(Ⅱ）转变成活化种 Cu(Ⅰ)。AIBN 在高温下具有高引发速率是成功实施该过程的关键。这使得 AIBN 浓度在贯穿整个反应过程中都维持在一个较低的水平，克服了工业化道路上的许多限制。与高压 RAFT 聚合类似，Matyjaszewski 和 Fukuda 课题组成功实施了苯乙烯、甲基丙烯酸酯类、丙烯酸丁酯的高压 ATRP，聚合物相对分子质量可达几十万甚至上百万，且相对分子质量分布保持在一个较窄的水平[19-21]。Bruns 和 Kadokawa 等探索了酶催化的 ATRP，选择的酶包括血红蛋白、辣根过氧化酶、血色素等，反应过程符合典型的活性聚合特征[22,23]。酶催化的 ATRP 是生命科学与高分子合成化学学科交叉的典型实例。Kamigaito 等采用含有一个可聚合的烯烃功能基团的烷基卤引发剂，如果烯烃是非活泼的双键，就能够有效地抑制支化反应，同时进行连锁型 ATRP 与逐步聚合，生成链中间具有可降解酯结构单元的可控线形聚合物[24]。李子臣研究小组结合原子转移自由基加成和点击化学技术，简便制备了生物可降解的温度响应型聚酯[25]。

Matyjaszewski 课题组报道了电化学调控的原子转移自由基聚合（eATRP)，应用阳极电流将休眠种 Cu(Ⅱ）还原为活化种 Cu(Ⅰ)、阴极电流将 Cu(Ⅰ）又回复到 Cu(Ⅱ)（图 15-2)[26]。他们还应用该方法调控了水相体系的 eATRP。中国科学院兰州化学物理研究所也成功实施了电化学调控的表面

ATRP[27]。

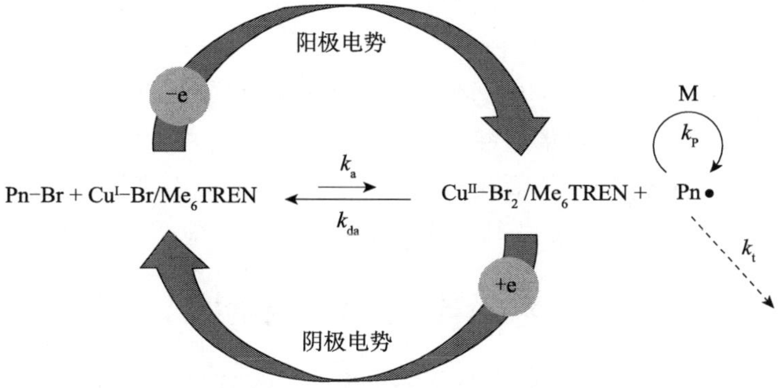


图 15-2　电化学调控的 ATRP

Percec 等提出了新型的单电子转移活性自由基聚合（SET-LRP），该方法采用零价铜作为催化剂源，能够在室温下调控乙烯基单体聚合，生成结构明确的聚合物。截至目前，SET-LRP 机理仍然有很多争论。Percec 课题组和 Haddleton 课题组都报道了通过 CuBr 歧化反应生成的 Cu(0) 成功调控了多种单体的聚合，中国科学院上海有机研究所也利用歧化反应生成的 Cu(0) 进行 SET-LRP 反应，制备了结构可控的两亲性接枝共聚物[28-30]。Haddleton 课题组报道了亲水性单体在血浆（羊血）中进行的 SET-LRP，这是首次在生物介质中成功实现铜调控的 CLRP 反应[31]。SET-LRP 具有非常高的活性/可控特征，能够直接进行同一类单体的多次扩链，如对于丙烯酸酯类单体，报道的最高次数为 10 次，GPC 曲线迁移完全，简便制备了结构可控的多嵌段共聚物[32]。

Goto、Tsujii 和 Fukuda 等基于碘化合物调控的活性自由基聚合（ITP）技术，提出了可逆链转移催化聚合（RTCP）[33]。他们借鉴反向（R）ITP 的思想，通过分子碘与偶氮类化合物原位生成烷基碘引发剂，实施了原位 RTCP[34]。他们使用含醇化合物作为催化剂前驱体，并利用得到的低成本、环境友好型催化剂实施了多种乙烯基单体的 CLRP[35]。朱秀林课题组将三苯基磷（TPP）作为有机催化剂成功实现了苯乙烯和甲基丙烯酸甲酯的 RTCP。TPP 可能与 CPI（2-氰基异丙基碘化合物）生成 $TPPI_2$（三苯基膦二碘化合物），该物质可以作为 RTCP 的钝化剂使用，即使体系有少量氧气存在情况下，聚合反应仍然可控[36]。

Goto 和 Kaji 等开发出一类新的活性自由基聚合方法，即可逆络合调控的活性自由基聚合（RCMP），特别需要指出的是，该方法机理与 RTCP 机理有显著的区别，其采用廉价、环保以及便于简化后处理的胺类化合物作为催化剂、碘化合物作为引发剂，成功调控了甲基丙烯酸甲酯、苯乙烯以及丙烯腈的 CLRP[37]。

Yamago 等利用有机碲化合物调控的活性自由基聚合（TERP），实现了丙烯酸酯类单体、甲基丙烯酸酯类单体与 $\alpha$-烯烃的活性/可控共聚反应，共聚物相对分子质量接近理论值，相对分子质量分布指数（PDI）小于 1.5，共聚物中 $\alpha$-烯烃含量最高达到 47%，这些结果均优于其他 CLRP 方法[38]。

## 二、学科发展规律与趋势、关键科学问题，学科交叉与布局

目前，可控/活性自由基聚合已经成为一类制备结构可控和特定功能化聚合物的非常强大且通用的高分子合成技术，在众多领域都取得了突破性的发展，这是基于准确的机理理解基础上获得的。毫无疑问，在未来的高分子科学研究中，CLRP 仍然将是研究的热点课题。但是，截至目前，每一种 CLRP 方法都有各自的优点和缺点，同时该路线的成本也是很高的，极大地限制了其工业化推广和应用。因此，如何提高 NMP、RAFT、ATRP 等 CLRP 方法的可控性以及促进这些方法向商业化或者工业化应用是该学科未来的必然发展方向。需要解决的关键问题包括：①NMP、RAFT、ATRP 对于每一类单体，都需要分别优先采用不同的调控试剂，因此开发一种廉价、易得的通用型调控试剂将会极大地促进其大规模推广和应用；②深入研究每一种 CLRP 的机理细节问题，结合各自优点，发展一种更加有效、简便的新型活性/可控自由基聚合体系；③在环境友好的反应介质（如水）、温和条件下，实施可控的“绿色反应”CLRP 过程；④结合 Click、迈克尔加成、环加成等有机化学反应，制备复杂结构和功能性聚合物，特别是在生物络合物和杂化材料上的应用。

在未来的 CLRP 研究中，应大力加强其与生物医用科学、有机化学、高分子理论与计算模拟、高分子表征方法学、高分子结构与性能科学、功能高分子科学、超分子组装等学科的密切交叉，在交叉学科领域进行大量的研究工作，推动 CLRP 向工业化应用方向前进。

## 三、学科发展优先领域和重点方向

根据以上讨论，可控/活性自由基聚合学科发展优先领域：①CLRP 产品的商业化。尽管目前市场上已经出现了 CLRP 制备的产品，但其数量非常少，而且成本相对较高，因此应大力推进 CLRP 产品的商业化。②发展高

效、绿色的 CLRP 方法。与经典自由基聚合相比，CLRP 需要引入不同的调控试剂（如金属催化剂、TEMPO、RAFT 试剂等）和在特定的反应条件下实施（如调控试剂的浓度、反应温度和聚合介质等），因此需要开发更加高效、绿色的 CLRP 方法。③制备功能聚合物，具体包括生物络合物、杂化材料、纳米结构的功能材料、具有可控分子尺寸及高立构规整性和序列分布的聚合物等。

可控/活性自由基聚合学科发展的重点方向：①利用小分子模型化合物、理论计算与模拟，深入研究调控试剂的结构-聚合活性之间的关联性，采用最佳的调控试剂、聚合体系和反应条件，提高聚合反应的可控性，获得完全的单体转化率，同时保持对聚合物结构和末端功能性的控制；②发展高活性、廉价易得、环境友好的调控体系，减小调控试剂的浓度，同时继续发展将其从聚合物中移除的简便方法，降低调控试剂在聚合物中的残留浓度和对其应用的影响；③继续研究水相介质中的 CLRP 反应，详细分析调控试剂在水/油两相的分配和传输现象，调控试剂、活性种和休眠种的稳定性，极性介质对聚合速率、平衡常数、可控性的影响规律等，获得水相介质中的 CLRP 反应；④深入研究可控结构与聚合物性质之间的关系，具体包括聚合物链形态、组成、功能性、潜在的缺陷，探讨 CLRP 合成的聚合物（尤其是生物络合物、杂化材料、纳米结构的功能材料、智能响应聚合物等）在未来商业中一些特殊领域中的应用可能性。

# 第三节　过渡金属催化的烯烃/双烯烃配位聚合

## 一、学科发展历程与意义、国内外研究进展与现状

过渡金属催化的烯烃/双烯烃配位聚合是合成高分子材料的重要方法，是现代高分子工业的基础。用配位聚合技术生产的聚烯烃材料与合成橡胶约占世界高分子材料总量的 45%。虽然传统的 Ziegler-Natta 催化剂仍广泛应用于聚烯烃的工业生产，但催化剂的多活性中心、共聚能力较差等特点限制了其进一步的发展。20 世纪 80 年代发展起来的茂金属催化剂已逐渐在线性低密度聚乙烯（LLDPE）和长链支化聚乙烯（LCBPE）等聚烯烃材料的工业生产中得到应用。非茂金属催化剂是继茂金属催化剂之后，出现的新型单活性中心烯烃聚合催化剂，它结合了传统 Ziegler-Natta 催化剂和茂金属催化剂的优点，在定制产品性能方面具有更大的灵活性，且生产工艺简单、成本较低，

更重要的是，催化剂的结构可调性好。一个成功的例子是，Nova 化学公司采用先进的 Sclairtech 双反应器溶液聚合工艺和非茂单中心催化剂生产出两种新型 Surpass 系列的滚塑树脂，其主要优点是具有较高的刚性、韧性和加工性能以及出众的白度。

从多活性中心催化剂到单活性中心催化剂，虽然聚烯烃的链结构可控性得到了明显改善，但仍然无法与活性离子聚合或活性/可控自由基聚合相比。近年来，烯烃活性配位聚合也取得了较大进展，2002 年 Fujita 和 Coates 分别用氟代水杨醛亚胺钛催化剂（FI 催化剂），在较高温度（50℃）下实现了乙烯的活性配位聚合[39]；2010 年中国科学院长春应用化学研究所利用膦酚钛催化剂，在 85℃的高温条件下，实现了乙烯与环烯烃的活性配位共聚合[40]。与离子型活性聚合和可控/活性自由基聚合的引发剂相比，烯烃配位聚合催化剂的成本很高，一个催化剂只能生成一个高分子链，难以实际应用。最近，Dow Chem 在活性配位链转移聚合的基础上，提出了“链穿梭”聚合的概念，并利用多釜串联溶液聚合工艺，生产多嵌段的聚烯烃，这些多嵌段共聚物具有优异的材料性能和加工行为。

聚烯烃是非极性高分子材料，由于缺乏极性基团，在许多方面的应用受到限制。将极性官能团引入聚合物分子链中，可有效改善材料的印染性、表面着色性与极性材料的界面相容性等，拓展其应用范围。人们一直希望能用烯烃与极性单体直接配位共聚合方法，向聚烯烃分子链中引入极性基团。然而，极性单体中杂原子的非键电子容易和催化剂金属活性中心发生配位反应使催化剂失活，因而烯烃与极性单体的配位共聚合是一件较为困难的事情，必须采用特殊方法与手段[41]。最近取得了一些进展，例如，中国科学院长春应用化学研究所从降低非茂前过渡金属催化剂的亲氧性出发，在 $\beta$-二酮亚胺钛的配体合适位置上引入给电子基团，改善了催化活性中心对杂原子的耐受性，获得了一类新型高效烯烃/极性单体共聚合催化剂，性能明显优于已见报道的其他催化剂[42]。这类催化剂可高效催化乙烯与降冰片烯甲醇的共聚合，制备高相对分子质量、高极性单体插入率（$>10mol\%$）的功能化聚烯烃材料，具有良好的发展前景。

随着合成化学的发展，过渡金属配合物催化的配位聚合反应方法也在不断地发展，继烯烃与双烯烃配位聚合反应之后，出现了过渡金属催化的环烯烃开环易位聚合、非共轭二烯易位聚合、炔烃易位聚合，最近又出现了内酯与环酯等杂环单体的配位开环聚合、碳氧化物（$CO_x$）与杂环单体的配位共聚合等。

## 二、学科发展规律与趋势、关键科学问题，学科交叉与布局

虽然经历了50多年的发展历程，烯烃与双烯烃的配位聚合仍有许多基本科学问题没有完全解决，影响了高性能聚烯烃材料和合成橡胶材料的进一步发展。结构与组分可控聚合是本领域最重要的科学问题，具体包括聚合物材料相对分子质量及其分布的有效控制、配位聚合反应的立体选择性、共聚物组成与序列结构分布控制、支化拓扑结构的构建与调控。

聚合物材料相对分子质量及其分布控制包括活性配位聚合与双峰分布聚烯烃合成两个方面。烯烃活性配位聚合的研究重点是发展新催化剂，消除和抑制催化剂失活与链转移反应，同时强化反应体系的传质过程。双峰分布可实现聚烯烃材料高力学强度和良好加工性能的平衡，目前工业上广泛使用双釜串联结合氢调技术，这种方法生产的聚烯烃材料结构特点是，高相对分子质量组分低支化度、低相对分子质量组分高支化度，性能有待于进一步提高。未来的发展方向是，发展多组分催化剂，用单一反应器生产“高相对分子质量组分高支化度、低相对分子质量组分低支化度”的双峰聚烯烃材料。这种方法不仅节能，而且材料的综合性能可以得到大幅度提高。

链结构是影响聚烯烃材料性能的主要参数，尤其是立构规整性和双键的顺反结构。烯烃/双烯烃的立体选择性聚合包括：$\alpha$-烯烃与苯乙烯的立构选择性聚合，制备高等规聚丙烯和高间规聚苯乙烯等高强耐热聚烯烃材料；共轭二烯的立体选择性（定向性）聚合，制备高顺-1,4-聚丁二烯和高顺-1,4-聚异戊二烯等高性能合成橡胶材料；非共轭二烯烃立体选择性环化聚合，制备新型透明聚烯烃材料；乙烯与1,3-丁二烯或1,3-异戊二烯等共轭二烯的区域/立构选择性聚合，制备新型弹性体材料；烯烃与非共轭二烯的区域/立构选择性聚合，制备新型功能化聚烯烃材料。

组成与序列结构分布是聚烯烃链结构的重要参数，直接影响材料的使用与加工性能。控制共聚烯烃材料组成与序列结构的关键是发展高活性、高共聚能力和高官能团耐受性的新型高效催化剂。重点研究内容包括：乙烯与极性单体的高效共聚反应，制备新型功能化聚烯烃材料；烯烃与CO的非交替共聚反应，制备可控光降解的新型聚烯烃农用薄膜材料；烯烃与苯乙烯、共轭二烯和卤代烯烃等功能单体的配位共聚反应，制备新型弹性体材料和反应性聚烯烃材料等。

支化/拓扑链聚烯烃材料的可控制备是近年来烯烃配位聚合领域的重要研究方向。短链支化可降低聚烯烃材料的结晶度和熔融黏度，改善材料的加工

性能；长链支化可提高聚烯烃材料的熔体强度，用于制备高强低密度复合材料。与长链支化聚乙烯相比，长链支化等规聚丙烯材料更为重要，其制备更为困难，需要特殊的方法和手段。

活性聚合在高分子化学领域占有重要地位，它可精确控制聚合物的相对分子质量。然而，与苯乙烯和（甲基)丙烯酸酯类单体的活性离子聚合、基团转移聚合、活性/可控自由基聚合反应相比，烯烃的配位活性聚合更为困难，因为链转移反应是烯烃配位聚合的固有特征，在高温和高浓度条件下还普遍存在着催化剂双相对分子质失活问题，聚烯烃的溶解性差导致“催化活性中心包埋”也是难以解决的技术问题。虽然降低反应温度可抑制链转移反应和催化剂失活，但也减小聚烯烃的溶解性，会造成传质困难，很难有效控制聚烯烃的相对分子质量；提高反应温度可明显增加聚合物的溶解度，但也会提高链转移反应速率和导致催化剂失活。因此，要有效控制聚烯烃的相对分子质量，并且合成嵌段共聚物，需要采用特殊的方法和手段。通过高相对分子质化学家的不懈努力，现已发现以下四种策略用于有效控制聚烯烃的相对分子质量。

（1）利用后过渡金属镍钯催化剂引发烯烃聚合反应过程中的“链行走”特性，产生无规支化链结构（图 15-3），可显著增加聚合产物的溶解性，这样就可以在较低的温度下实现乙烯或 $\alpha$-烯烃的活性配位聚合反应，得到窄相对分子质量分布的聚烯烃。阳离子 $\alpha$-双亚胺钯和阳离子吡啶亚胺镍是两个典型的烯烃活性聚合催化剂。前者可催化乙烯活性聚合，生成 PDI 小于 1.20 的支化聚烯烃，支化度与聚合反应条件有关，高温有利于产生高支化聚合物，低温有利于形成线性结构[43]。除催化乙烯活性聚合反应外，它们还可催化长链 $\alpha$-烯烃的活性聚合反应，通过“链行走”机理，生成链结构类似于乙烯/混合 $\alpha$-烯烃共聚产物的支化聚烯烃[44]。

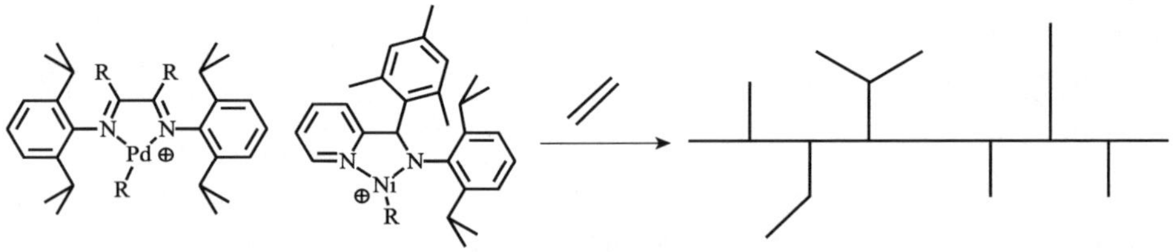

图 15-3 高度支化聚乙烯的合成

（2）利用耐热催化剂，可在高温条件下实现烯烃的活性聚合反应，合成结构明确的聚烯烃材料。烯烃聚合催化剂的热稳定性和链转移反应取决于配体和中心离子的结构，通过改变配体的空间位阻和电子效应，并选择合适的中心离子，有可能获得无链转移反应的耐热催化剂，从而可在较高温度下高效合成结构明确的聚烯烃材料。最具有代表性的例子是 Fujita 等报道的五氟代水杨醛亚胺钛催化剂，它可在 50℃条件下催化乙烯活性聚合，生成 PDI 小于 1.20 的线性聚乙烯[45]。Coates 等报道，使用类似的五氟代水杨醛亚胺钛催化剂，还可以实现丙烯的等规活性聚合，利用顺序加料法，可合成结构明确的等规聚丙烯与乙丙弹性体的多嵌段共聚物 *i*PP-*b*-Poly(E-co-P)-*b*-*i*PP 等[46]。

（3）利用共聚方法抑制链转移反应，可实现烯烃的活性配位聚合。乙烯和 $\alpha$-烯烃的配位聚合通常都伴有 $\beta$-H 链转移反应，而环烯烃的加成聚合反应没有类似的链转移反应。因此，选择只存在 $\beta$-H 链转移而不存在向单体或助催化剂链转移的催化剂体系，进行乙烯或 $\alpha$-烯烃与降冰片烯等环烯烃的共聚反应，可有效抑制 $\beta$-H 链转移反应，实现活性配位聚合，获得窄相对分子质量分布的聚烯烃材料。中国科学院长春应用化学研究所利用酚膦钛催化剂，在 75～85℃的高温条件下实现了乙烯与降冰烯的高效活性共聚反应，可得到相对分子质量高于 $10^5$、PDI 小于 1.20 的共聚物[40]。

（4）利用可逆链转移活性配位聚合，可合成窄相对分子质量分布聚烯烃和聚烯烃嵌段共聚物。尽管反应机理大相径庭，但烯烃配位聚合反应与自由基聚合反应也有很多相似之处。两种聚合反应都是快引发和快速链增长的化学过程，都存在快速链转移反应；自由基聚合伴有快速链终止反应，而配位聚合也会发生链终止反应（催化剂失活）。借鉴“可逆加成-断裂链转移（RAFT）自由基聚合”方法，最近出现了“可逆链转移活性配位聚合”。2008 年，Sita 等在链转移剂二乙基锌的存下，利用五甲茂基脒基二甲基铪/氮硼烷催化体系引发丙烯聚合，获得了结构明确的高相对分子质量无规聚丙烯，PDI 可控制在 1.10[47]。在可逆链转移活性配位聚合的基础上，2009 年 Dow Chem 的研发人员发明了“链穿梭聚合（chain shuttling polymerization)”，利用连续溶液聚合工艺，合成了多嵌段聚烃材料，产品称为“OBC (Olefin Block Copolymer)”[48]（图 15-4）。在该催化反应体系中，存在两种催化剂，一种催化剂的共聚能力很强，催化乙烯与 $\alpha$-烯烃共聚反应，生成弹性体链段（软段）；另一种催化剂的共聚能力很差，只引发乙烯聚合反应，形成半晶态的聚乙烯链段（硬段），有机锌可与每一种催化剂形成“可逆链转移活性配位聚合”催化体系，通过有机锌在两种催化剂之间的穿梭，使软段和硬段连接在一起，产生多嵌段共聚物。

聚烯烃是非极性高分子材料，非极性特征限制了它在某些方面的应用。烯烃与极性单体共聚是聚烯烃最有效的改性方法，也是本领域的研究热点与难点，最近取得了较大进展[49]。20 世纪末，Brookhart 等发现，$\alpha$-二亚胺阳

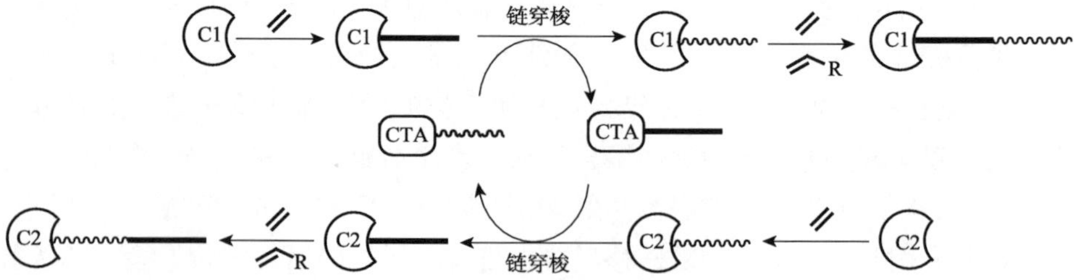


图 15-4　链穿梭聚合机理

离子钯可以催化乙烯与丙烯酸酯的配位共聚反应，生成极性结构单元位于分子链末端的支化聚合物，聚合物相对分子质量、支化度和极性单体插入率受反应条件控制[50]。在此基础上，管志斌教授合成了笼型 $\alpha$-二亚胺钯催化剂，可进一步提高极性单体的插入率和聚合物相对分子质量[51]。最近，人们利用膦磺酸中性钯催化剂可引发乙烯与丙烯酸酯、氟乙烯、乙酸乙烯酯和乙烯硅醚等多种极性单体的共聚合反应，得到了线性共聚物，但催化效率和聚合物相对分子质量都比较低[49]。中国科学院长春应用化学研究所利用易于进行化学修饰的 $\beta$-二酮亚胺钛催化剂，实现了乙烯与降冰片烯甲醇的高效共聚反应，在催化活性高于 $1.2\times10^6$ g polymer/（$mol_{Ti}$ · h）和相对分子质量大于 $6\times10^4$ 的条件下，极性单体的插入率可达到 15mol%以上[42]。

除烯烃与极性单体共聚法外，将烯烃与含有卤素或端炔基等功能单体进行配位共聚合，然后进行官能团转化等反应，可方便地合成含有羟基、氨基、羧基等官能团的功能化聚烯烃。这种方法的关键是选择易于进行官能团转化反应的功能单体和发展具有官能团耐受性的新型高效专用催化剂。Chung 教授设计合成了含有硼烷 $\alpha$-烯烃，用茂金属催化丙烯与这类功能单体的共聚反应，获得了高相对分子质量共聚物，再经官能团转化反应，可制备含羟基、氨基和羧基等极性基团的功能化聚烯烃材料[52]。最近，中国科学院长春应用化学研究所利用非茂钛催化剂，实现了乙烯与带有端炔基的降冰片烯衍生物的高效共聚反应，生成高相对分子质量共聚物，而后经过“Click Chem”偶联反应，制备了结构明确的聚乙烯接枝聚甲基丙烯酸酯或聚氧化乙烯等两亲性接枝共聚物[53]。

## 三、学科发展优先领域和重点方向

烯烃配位聚合包括过渡金属配合物与助催化剂的系列反应，产生催化活性种；催化活性种引发单体聚合，进行链引发与链增长反应；在链增长反应的同时还可能发生 $\beta$- H 消去反应、向单体或助催化剂的链转移反应；

催化剂失活包括双分子失活、中心离子还原失活和脱除配体失活等。由此可见，烯烃配位聚合远比自由基聚合和离子聚合等复杂得多，所涉及的反应多数与金属有机化学有关。因此，烯烃配位聚合领域的研究热点和难点较多，尚有许多重要的科学问题亟待解决，这些基本问题均具有较大的挑战性。

### （一）新型高效非茂金属烯烃聚合催化剂

虽然非茂金属催化剂的研究已经取得了很大进展，出现了一系列活性明显高于典型茂金属的非茂过渡金属催化剂，但具有工业应用价值的新催化剂为数不多。例如，水杨醛亚胺锆（FI 催化剂）的催化活性远高于茂金属催化剂，但热稳定性不高、共聚能力很差；某些非茂钒的催化活性也高于茂金属催化剂，但其热稳定性有待进一步提高。因此，研究与发展热稳定、长寿命、高活性、高立构选择性或高共聚能力的新型非茂过渡金属催化剂是烯烃配位聚合领域最重要的课题之一，受到学术界和工业界的高度关注。

### （二）非茂过渡金属催化烯烃聚合反应的机理研究

通常认为，配位聚合也是由链引发、链增长、链转移和链终止四个基元反应构成的，但实际要比其他链式聚合反应复杂得多。首先，配位聚合的链引发涉及催化剂的复杂活化过程，不仅不同催化剂所需活化剂（助催化剂）的结构和用量不尽相同，而且产生催化活性种的结构和性能也可能相差甚远；其次，配位聚合的链增长是“配位-插入”过程，烯烃先与金属活性中心配位，而后再插入金属碳键中，（$\alpha$-烯烃）不同插入方式可能导致不同立构选择性；再次，聚合物链次末端上氢或烷基会与催化活性中心发生“元结”反应，形成不稳定的缺电子环状结构，而后发生分解——$\beta$-H（Me）链转移等。另外，配位聚合还存在活性链向助催化剂或单体的链转移和“链行走”等特殊反应。

深刻理解配位聚合反应机理，有利于设计合成新型高效催化剂，因此，非茂过渡金属催化聚合反应的机理研究是本领域的前沿课题，同时也是高分子化学的难点。配位聚合反应机理研究主要依赖于活性种的捕捉、分离与结构鉴定，通常催化活性种极为活泼，难以捕捉与分离。最近，人们利用基于密度泛函理论（DFT）的分子模拟手段来研究烯烃配位聚合机理取得了较大进展，可更深入地理解一些催化反应体系的分子机理与反应动力学，这对发展新型高效烯烃聚合催化剂具有一定的指导意义。

### （三）烯烃嵌段与接枝共聚合物的高效合成新方法

嵌段与接枝烯烃共聚物的高效合成是配位聚合领域的热点课题之一，其意义不仅在于学术研究，还可以指导新型多相多组分聚烯烃材料的制备与应用。20 世纪 90 年代，Coates 和 Waymouth 发明了“摇摆控制聚合”，使用可发生 $C_2/C_{2v}$构型转移的茂金属催化丙烯聚合，制备了立构嵌段聚丙烯，但这种方法没有实用意义。最近，Dow Chem 公司的研究人员发明的“链穿梭聚合”引起了人们的广泛关注，许多科学家在进一步研究配位链转移聚合和链穿梭聚合，发展新的催化体系。与嵌段聚烯烃相比，烯烃接枝共聚合物的合成更为困难，目前进展不大。

### （四）烯烃与极性单体的高效共聚合

烯烃与极性单体共聚合是聚烯烃最有效的改性方法，一直是本领域的研究热点与难点。虽然最近取得了较大进展，但催化效率很低，没有实用意义。进一步的研究方向是提高乙烯与极性单体共聚合反应的催化效率、发展耐受极性官能团的非贵金属催化剂、进行丙烯与极性单体的高效共聚合。

### （五）烯烃与功能单体的高效可控共聚合与聚烯烃功能化新方法

除烯烃与极性单体直接共聚合方法之外，将烯烃与含有卤素或端炔基等功能单体进行配位共聚合，然后进行官能团转化等反应，合成含有羟基、氨基、羧基等官能团的功能化聚烯烃，也越来越受到人们的重视，已成为本领域的研究热点之一。这种方法可避免催化剂受到极性基团的毒化而失活，聚合反应的结构可控性较强，与直接共聚法具有互补性。这种方法的关键是选择易于进行官能团转化反应的功能单体和发展具有官能团耐受性的新型高效专用催化剂。

### （六）长链支化与超支化等拓扑结构聚烯烃合成新方法

虽然长链支化聚烯烃具有优异的加工性能和突出的韧性，但除了 Dow Chem 公司用限制几何构型催化剂（CGC）合成长链支化聚乙烯已经工业化外，用原位聚合或“一锅煮”法合成长链支化聚烯烃的例子为数不多，仍然是本领域的研究热点和难点。另外，超支化聚烯烃也受到人们的高度关注。近年来，利用 $\alpha$-双亚胺钯催化乙烯低压聚合制备超支化聚乙烯获得了较大进展，所得聚合物的支链较短、没有结晶性。发展新催化剂和聚合方法、控制超支化聚合物的支化密度和结晶性将是本领域的重要研究方向。

### （七）结构明确聚烯烃的合成与性能研究

由于配位聚合反应的复杂性，工业应用聚烯烃材料通常具有复杂的链结构。近年来，人们为了深刻理解聚烯烃链结构与加工及应用性能之间的关系，通过精确分子链设计，利用易位聚合技术制备链结构明确的聚烯烃、研究链结构与材料物理化学性能之间的相关性。

### （八）单活性中心烯烃聚合催化剂的高效负载化

目前工业上多采用气相聚合或淤浆聚合工艺生产高密度聚乙烯和线性低密度聚乙烯等，此技术要求使用负载催化剂。针对这一情况，为了适应气相聚合和淤浆聚合工艺，以控制聚烯烃的形态结构和降低助催化剂用量为目标，进行单活性中心催化剂的高效负载化也是烯烃配位聚合领域的重要研究方向之一。

# 第四节　过渡金属催化的易位聚合

## 一、学科发展历程与意义、国内外研究进展与现状

易位聚合作为一种新型的配位聚合方法，主要包括开环易位聚合(ROMP)、非环二烯烃易位聚合（ADMET）和易位环化聚合（MCP）三种类型。易位聚合反应条件温和，操作简单，目前已成为一种重要的高分子合成方法。易位聚合的有机化学基础是烯烃易位（复分解）反应，烯烃易位反应出现在 20 世纪 60 年代，随后菲利普石油公司将其应用于工业生产(三烯烃技术)。然而，人们对烯烃易位反应机理的认识却经历了漫长过程，20 世纪 70 年代 Chauvin 提出了金属四元环机理[54]，认为金属卡宾是真正的催化活性种，这一机理得到实验数据的反复验证。此后，随着结构明确的金属卡宾催化剂的不断涌现，易位聚合反应得到了长足发展。虽然三种易位聚合反应均使用单组分金属卡宾催化剂，但所用单体结构和聚合机理不尽相同。MCP 的常用单体是线性二炔烃，由于单体合成不便且应用较少，相关文献报道也比较少，所以本节重点讨论 ROMP 和 ADMET (图 15-5)。

开环易位聚合是典型的链式聚合反应，聚合过程包括链引发、链增长、

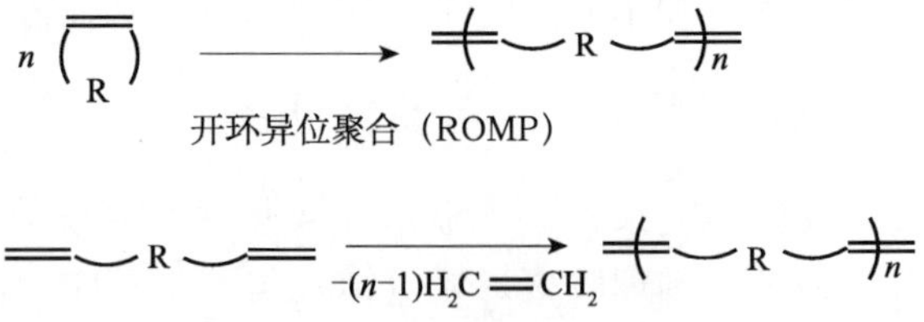


图 15-5　ROMP 和 ADMET 反应表示

链终止反应，选择合适的催化剂与单体，或者改变反应条件，可以实现活性聚合，制备结构明确的高分子材料。开环易位聚合是一类热焓驱动的聚合反应，它的驱动力是单体环张力的释放。因此，环烯烃单体环张力越大，越容易发生聚合反应，环丁烯、降冰片烯、环戊烯和环辛烯等是常见的 ROMP 单体。降冰片烯由于其聚合转化率可以达到 100%，单体易得并且容易修饰，所以降冰片烯及其衍生物是最常见的开环易位聚合单体。非环二烯烃易位聚合是典型的逐步聚合反应，聚合过程中要不断除去小分子副产物（一般是乙烯），官能团转化率达到 99%以上，才能得到高相对分子质量聚合物，PDI 约为 2。由于位阻因素使末端烯烃反应活性比内双键高得多，而且末端烯烃易位反应的副产物容易除去，可推动反应向高分子产物方向进行。

烯烃易位反应催化剂的发展经历了由结构不明确到结构明确，由前过渡金属到后过渡金属的研究过程。高效催化剂的发明极大地推动了该类反应在有机合成、高分子合成和其他领域的应用，众多有机金属化学家在这一领域取得了骄人成绩，其中以 Schrock 和 Grubbs 的研究成果最为突出[55]，他们发明的催化剂（图 15-6）目前被广泛应用于有机合成与高分子合成等基础研究，有些催化剂已用于工业生产。目前，催化剂的设计合成正致力于聚合物的立体构型以及共聚过程中链结构的控制，取得了良好的研究进展[56,57]。我国科学家在催化剂的合成方面也做出了一些新颖的工作，例如，谢美然课题组合成了一类离子液体负载的 Grubbs 催化剂，在离子液体 [BMIm]$BF_4$ 中，催化 5-腈基-2-降冰片烯等含有强极性官能团的单体的 ROMP，转化率较高[58]；2012 年，曹胜利等报道了一类嘧啶修饰的钌卡宾催化剂，该催化剂对各类烯烃易位反应都具有较好的催化活性[59]；2012 年，王佰全等报道了一种基于邻酚氧基 $N$-杂环卡宾配体钌催化剂[60]，在高温下显示很好的催化活性，在降冰片烯与环辛烯共聚时，聚合物中有 50%的交替共聚成分。

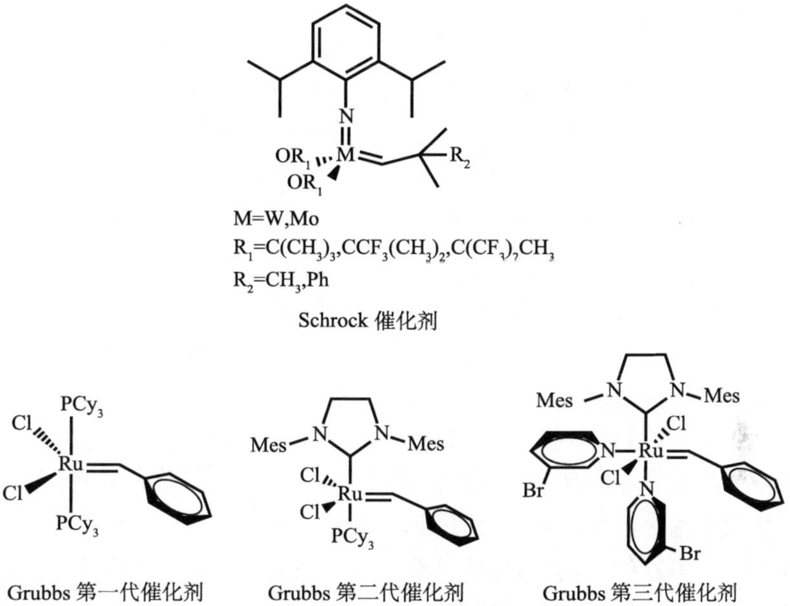


图 15-6　Schrock 和 Grubbs 催化剂

烯烃易位反应催化剂的发展，尤其是 Grubbs 三代催化剂的发明，极大地推动了易位聚合的发展。Grubbs 催化剂具有催化活性高、官能团耐受性强、对水和空气耐受性强以及可实现活性聚合等优点，使得通过 ROMP 或者 ADMET 方法可以得到其他聚合方法难以合成的新型高分子。自 1990 年以来，已有 700 多篇关于利用易位聚合方法合成高分子的报道。

开环易位聚合可用于合成具有生物活性基团的聚合物。Schrock 型 Mo 催化剂和 Grubbs 型 Ru 催化剂都有一定的官能团耐受性，通过将具有生物活性的官能团引入降冰片烯单体上，直接进行聚合就可以得到具有生物活性的高分子材料。目前，单糖、多糖、氨基酸、多肽和核酸等都可以引入聚合物分子链中，甚至可以实现活性聚合。相比较而言，Grubbs 催化剂比 Schrock 催化剂具有更好的官能团和空气耐受性，所以前者更受青睐，尤其是 Grubbs 二代催化剂，催化活性和 Schrock 催化剂相当，官能团耐受性更强。目前，该领域的研究热点和难点在于对含有羧基或氨基等强极性基团的单体进行活性聚合，合成两亲性嵌段共聚物或者交替共聚物，制备更高级的生物活性功能材料。

2008 年，Sanda 和 Masuda 教授报道了未经保护的氨基酸单体的活性/可控聚合[61]，均聚反应产物的相对分子质量分布指数（PDI）为 1.54，嵌段共聚物（功能链段为第二段）的 PDI 保持在 1.50～1.60 之间，实现准活性聚合。2009 年，Sanda 等报道了带有羧基和仲氨基两种降冰片烯氨基酸衍生物的共聚反应[62]，羧酸和氨基之间的强酸碱作用导致极易形成交替共聚物。利用 ADMET 方法，把药物和蛋白质等引入聚合物分子链中的研究起步较晚，原因在于形成的聚乙烯链段难溶于水，但是 ADMET 有着其他聚合方法难以比拟的聚合物链官能团分布有效控制的优点，目前也得到人们的重视。利用 ADMET 方法合成具有水溶性主链的聚合物是尚未突破的难点。

聚合物端基功能化是近年来高分子化学的研究热点。ROMP 可以简便地合成一端功能化的聚合物和两端同时功能化的遥爪聚合物，ADMET 在该方向报道很少。聚合物末端功能化方法与所使用的催化剂结构密切相关。以 Mo 为代表的前过渡金属催化剂聚合体系，末端功能化一般要通过与带有醛基的终止剂终止反应来实现。例如，通过对苯甲醛进行修饰，可以得到苄基溴、羟基和醛基等不同末端官能团的聚合物。用 Grubbs 催化聚合反应体系，不但可以引入丰富的末端官能团，还可以实现遥爪聚合物的简易合成。2006 年，Slugovc 报道了一种利用带有荧光性质的苯乙烯衍生物置换出 Grubbs 一代催化剂中的苄基卡宾，生成一种新的官能化引发剂，可方便地将具有荧光性质的基团引入聚合物链末端[63]。Grubbs 等的研究表明，不对称的乙烯基醚衍生物终止剂难以实现 100% 的末端官能化，而利用对称性的内双键亚乙烯基醚衍生物，可以实现 100%的末端官能化[64]。Kilbinger 报道了一种牺牲合成法制备一端为羟基的功能化聚合物[65]，即对合成的两嵌段共聚物的一段容易水解的短链进行水解，间接地得到端羟基。这种方法尤其适用于制备一端羟基化的聚合物，羟基可以通过酯化反应，接入不同的官能团，而且羟基也可以引发内酯的开环聚合形成嵌段共聚物。2000 年以来，利用 ROMP 来合成线形聚合物两端功能化的遥爪聚合物一直受到人们的重视，这方面的报道很多，主要是由于遥爪聚合物可以用来引发其他类型的活性聚合或者用于偶联反应，从而形成 ABA 三嵌段共聚物。通过在聚合过程同时加入链转移剂，可以简便地获得绝大多数聚合物链为双官能化的遥爪聚合物，而且相对分子质量可调。通过这种方法，可以引入众多的末端基团，如氨基、羧基、酯基、酰胺、酰亚胺、卤素和自由基引发剂等，因此这种方法应用极其广泛[66,67]。

ROMP 和 ADMET 可以实现对聚合物链结构的精确控制。对于 ROMP 而言，实现聚合物精确的结构单元分布相对较难，目前也有一些报道，通过选择两种不同的单体或者调整催化剂的配体结构来实现对聚合物结构单元的序列分布。2005年以来，Chen等报道了一系列基于不对称氮杂环卡宾配体的钌催化剂[57]，在这些催化剂的作用下，降冰片烯与环辛烯或环戊烯共聚合可以得到交替共聚物，交替序列最多可达97%。2013年，Daeffler报道了环辛烯与甲基取代氧杂降冰片烯酰亚胺单体的共聚合反应，发现催化剂的结构对聚合物的交替序列有着很大的影响，使用不同的钌催化剂，交替序列的百分数在56%～73%之间变化[68]。对于ADMET，聚合物主链上取代基分布明确，这是其最大的特点，通过改变对称型非共轭二烯烃中的碳数可以方便地改变链结构和取代基的分布。2013年，李子臣课题组合成了一系列对称性的含有乙酰基的非共轭末端双烯烃[69]，利用ADMET，氢化并且水解后，得到序列结构明确的乙烯-乙烯醇共聚物，乙烯醇的含量可达到57%。这种聚合物的乙烯基醇序列和含量与共聚物的热力学性质存在着一定的对应关系，这为研究乙烯-乙烯基醇共聚物的结构与性能关系提供了模型。ADMET没有发现具有立体选择性，而ROMP则具有一定的立体选择性。通过选择合适的单体与催化剂，ROMP可以实现很高的立体选择性。2013年，Hillmyer报道了3-乙酰基环辛烯的ROMP[70]，利用Grubbs二代催化剂引发聚合并进行氢化反应，发现聚合反应具有很高的区域选择性，当使用光学纯3-乙酰基环辛烯聚合时，聚合物为等规乙烯-乙烯基醇聚合物，这为理解聚合物结构与性能关系提供了有用的信息。

合成复杂拓扑结构的聚合物是高分子材料化学领域经久不衰的研究课题。新结构会赋予聚合物材料全新的性质，这不论是对于学术界还是对于工业界都有着十分重要的意义。近年来，基于易位聚合并兼用其他活性聚合方法，合成两嵌段、三嵌段以及多嵌段共聚物的报道逐年增加，合成超支化聚合物、H形聚合物、梳形聚合物、星形聚合物和大环高分子等更加复杂聚合物的报道也在不断增加。2008年，Grubbs报道了一端功能化的聚合物[64]，该端基可引发甲基丙烯酸甲酯的ATRP，得到了两嵌段共聚物，PDI小于1.1。利用链转移剂，可以得到遥爪聚合物，通过链转移剂分子设计，从聚合物两端，可引发RAFT、ATRP和NMP等活性/可控自由基聚合反应，制备ABA三嵌段共聚物。利用环辛烯或者环辛二烯合成中间嵌段，聚合物两端同时引发刚性结构单体，即可得到热塑弹性体。2011年，Mahanthappa等报道了利用ROMP和NMP方法合成一种ABCBA五嵌段热塑弹性体[71]，该聚合物集结晶性聚乙烯、聚异戊二烯弹性体以及苯乙烯于一体，可以实现很好的相分离。

2009年，Mathers报道了利用双环戊二烯和单萜进行ROMP共聚反应，制备功能化的超支化聚合物[72]。2007 年，Grubbs 报道了利用 ADMET 得到超支化聚合物的方法[73]，随后进行了功能化。2009 年，谢美然课题组也报道了一种含偶氮的 $AB_2$单体，利用 Grubbs 二代催化剂，通过 ADMET 得到了一种新的超支化聚合物，并对其进行了一系列表征[74]。

梳形聚合物（brush polymer）的合成与结构性能表征也是近年来高分子化学的研究热点。“Grafting-through”法合成梳形聚合物可以保证有 100% 的支化率，然而由于位阻较大，合成的聚合物主链聚合度较低，而且相对分子质量分布较宽。2011 年，Grubbs 利用高效和具有极快引发速率的 Grubbs 第三代催化剂通过“Grafting-through”法合成了一类梳形聚合物，该梳形聚合物聚合度达到 300，相对分子质量分布指数仅为 1.11，当聚合度达到 400 时，相对分子质量分布仍然较窄，PDI 为 1.27[75]。谢美然小组也合成了一种杂双臂梳形聚合物（图 15-7），这种方法用到了三种可控/活性聚合方法，即 ROP、ROMP、ATRP，最终 PDI 小于 1.8，这为合成高密度的结构明确梳形聚合物提供了可行方法[76]。

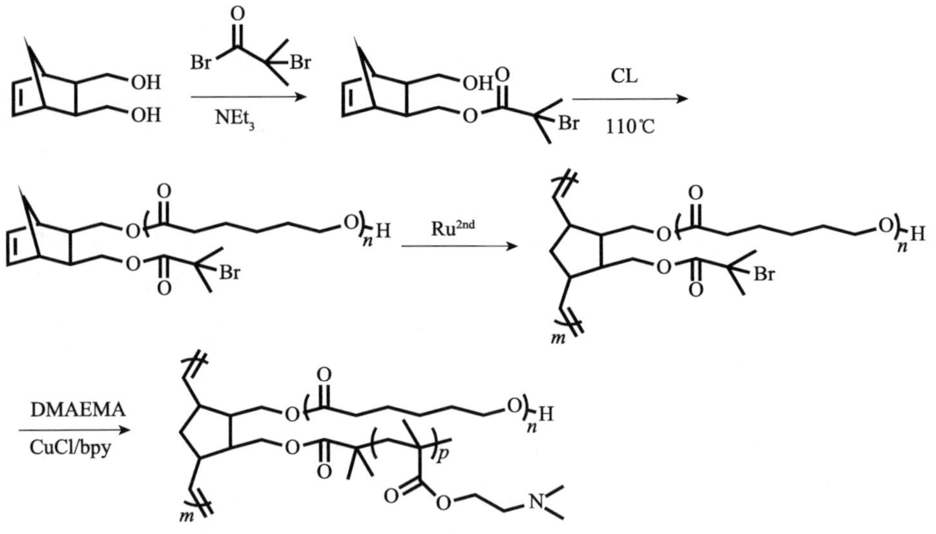


图 15-7　ROP、ROMP、ATRP 法合成杂臂梳形聚合物

环形聚合物由于其与线形聚合物所不同的性质而受到人们的重视。2002 年，Grubbs 首先报道了利用环状钌催化剂催化环辛烯得到大环高分子聚合物[77]，数均相对分子质量达到 $1.2\times10^6$，相对分子质量分布指数约为 2，这类聚合物在溶液、本体和表面性质方面与线形聚合物有着很大区别。Tew 随后做了一系列新颖的拓展性工作[78-80]。

## 二、学科发展规律与趋势、关键科学问题，学科交叉与布局

目前易位聚合方法已经成为一类制备结构可控和特定功能聚合物材料的非常强大且通用的高分子合成技术，在众多领域都取得了突破性的发展，这得益于高效烯烃易位反应催化剂的发明与发展。毫无疑问，在未来的高分子材料材合成研究中，易位聚合仍然将是研究的热点课题。目前，使用最多、催化性能良好的催化剂都是结构明确的 Mo 系和 Ru 系催化剂。Ru 系催化剂由于其耐受性较好，它们也是未来继续发展和优化的方向。然而这些催化剂价格昂贵，对于实现工业化来说，起到了一定的阻碍作用。目前，易位聚合应用于工业化的过程较少，如何降低催化剂成本，设计实用性的聚合物以及促进这些方法向工业化应用是该学科未来的必然发展方向。需要解决的关键问题包括：①利用廉价方法获得新型高效易位聚合催化剂，增强其对空气和极性基团的耐受性，将会极大地促进易位聚合的大规模推广和实际应用；②更准确地说，易位聚合催化剂是一类易位聚合引发剂，所以易位聚合催化剂难以回收利用，设计可重复利用的负载型高效催化剂，将大大降低生产成本，对于易位聚合实现工业化将会起到极大的促进作用；③对于聚合物链结构的精确控制一直以来都是高分子合成化学的研究热点，通过合适的催化剂及单体分子设计，合成链结构明确和高立构规整度的聚合物，对于探索基本科学问题，具有十分重要的意义；④活性聚合是 ROMP 聚合的一个显著特征，与其他活性聚合方法以及“点击化学”等配合使用，设计与合成复杂结构的功能性聚合物，赋予其生物活性和光学性能等特殊性能将会是未来易位聚合研究的热点。

在未来的易位聚合研究中，应大力加强其与生物医用科学、有机化学、高分子理论与分子结构计算模拟、高分子表征方法学、高分子结构与性能科学、功能高分子科学、超分子组装等学科的密切交叉，在交叉学科领域进行研究，推动易位聚合方法向工业化应用方向前进。

## 三、学科发展优先领域和重点方向

通过以上讨论可知，我国易位聚合学科的优先发展领域包括新型高效易位聚合催化剂的研究与大规模应用、易位聚合物的规模生产与应用技术、利用易位聚合方法制备功能化聚合物材料三个方面：①目前，我国在烯烃易位反应和易位聚合新催化剂的研发上十分薄弱，可用的催化剂都是国外发明的，研究与发展新型廉价高效的可控聚合催化剂是本学科需要大量投入的研究领

域；②尽管目前市场上已经出现了易位聚合制备的产品，但其数量只有五六个，而且生产成本相对较高，所以应大力推进易位聚合产品的工业化生产技术；③利用易位聚合方法的特点，可制备各种功能聚合物，具体包括液晶高分子、生物活性材料、离子交换膜材料、杂化材料、纳米结构的功能材料、具有可控分子尺寸及高立构规整性和序列分布的聚合物等。

根据易位聚合方法的特点和国内外研究现状，我国应重点发展以下方向：①发展新型高效后过渡金属易位聚合催化剂。利用新催化剂抑制“回咬”和“交叉易位”等副反应，在温和条件下进行降冰片烯类单体的活性聚合。降冰片烯是一类廉价环烯烃单体，通过 ROMP/氢化反应可合成半结晶性聚环烯烃材料，具有潜在的应用价值，但降冰片烯的活性聚合却很难在温和条件下进行，可用的催化剂较少，钼系催化剂价格昂贵，而 Grubbs 三代催化剂需要在低温下才能实现降冰片烯的活性聚合。②新型廉价降冰片烯类单体的设计合成。降冰片烯衍生物是 ROMP 最常用单体，设计合成新型高附加值的降冰片烯类单体，对于发展新型耐热、高透明和低介电高分子材料具有重要意义。③提高 ADMET 聚合物的相对分子质量。非环二烯易位聚合的缺点是反应速率慢、聚合产物相对分子质量较低，这一特点限制了 ADMET 在高相对分子质量材料合成方面的实际应用。从改善反应体的传质效率和控制副反应入手，设计新的反应过程和聚合反应实施方法，提高催化反应效率，提高 ADMET 聚合物的相对分子质量，也是易位聚合的重要研究方向。④利用易位聚合反应制备新型功能高分子材料。深入研究易位聚合反应产物链结构与材料性能之间的关系，具体包括聚合物链形态、组成、功能性、潜在的缺陷，探讨活性聚合合成的聚合物（尤其是液晶高分子、生物活性材料、离子交换膜材料、杂化材料、纳米结构的功能材料、智能响应聚合物等）在未来商业中一些特殊领域中的应用可能性。

## 第五节　$CO_2$和环氧化合物的配位共聚

### 一、学科发展历程与意义、国内外研究进展与现状

虽然地球上最大规模的 $CO_2$ 固定过程是植物进行的光合作用，但是人工利用 $CO_2$ 进行化学合成也取得了较大进展。$CO_2$ 的高热力学稳定性影响了它的工业应用，惰性分子活化是 $CO_2$ 参与化学反应的基础，而催化剂是 $CO_2$ 利用的核心。1969 年，Inoue 等首次报道了，在 $ZnEt_2$ 和等量 $H_2O$ 的催化下，

$CO_2$与环氧丙烷（PO）会发生交替共聚反应，生成聚碳酸丙二醇酯[81]。随后，$CO_2$与环氧化合物共聚反应的研究在世界范围内广泛开展。$CO_2$与环氧化合物共聚反应的产物——脂肪族聚碳酸酯在包装材料等方面具有潜在的应用价值；它在生物体内可被完全降解成无害的二醇，具有良好的生物相容性，也是一种非常重要的生物医用材料，在手术缝合线、骨固定材料和释药体系等领域正受到越来越高的重视。

关于$CO_2$与环氧化合物交替共聚的反应机理，虽然一些细节上的问题还有待研究，但是聚合反应的基本过程“配位–插入”机理已经被人们广泛接受（图 15-8）[82]。近年来，科学家已经发展了多种聚合催化体系，它们大体上可分为两类：一类是非均相催化剂，包括二乙基锌-多活泼氢化合物、羧酸锌和稀土复合催化体系等；另一类是均相催化剂，包括卟啉金属化合物、$\beta$-二亚胺锌化合物、席夫碱金属化合物、Robson 金属催化体系等。下面对典型催化体系作简要介绍。

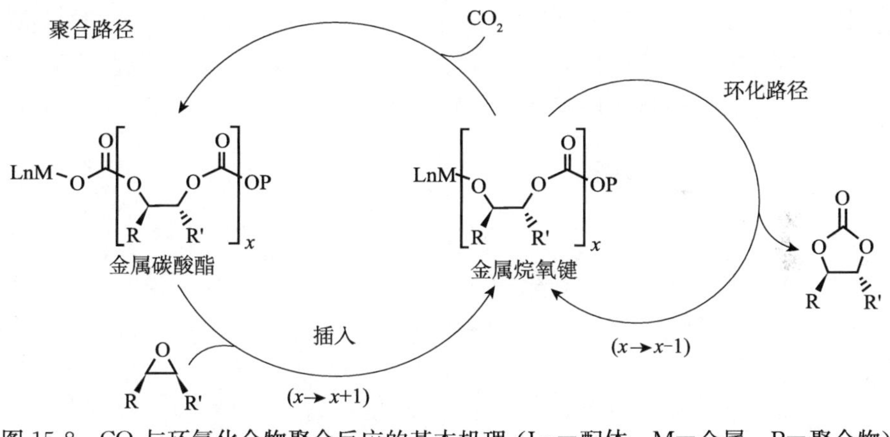


图 15-8　$CO_2$与环氧化合物聚合反应的基本机理（Ln=配体，M=金属，P=聚合物）

## （一）非均相聚合催化体系

### 1. 烷基锌-多活泼氢化合物催化体系

1969 年，Inoue 首先发现 $ZnEt_2/H_2O$ 复合物可催化$CO_2$与环氧丙烷的共聚反应，生成脂肪族聚碳酸酯（PPC）。研究表明，$ZnEt_2$和 $H_2O$ 的 1∶1 混合物催化活性最高，在 80℃和 2～5MPa 条件下催化转化频率（TOF）为 $0.12h^{-1}$，聚合物中碳酸酯单元为 88%[81]。用单活泼氢化合物替代水，则没有聚合物生成；用间苯二酚、二羧酸、伯胺等多活泼氢化合物与等量 $ZnEt_2$

复合，均可催化 $CO_2$ 与 PO 的共聚反应，催化转化频率分别为 $0.17h^{-1}$、$0.43h^{-1}$ 和 $0.06h^{-1}$。Donald 等推测，具有氧原子桥连结构的多锌聚集态对聚合反应起决定作用，相邻的两个锌原子起到了协同效应。多活泼氢化合物与 $ZnEt_2$ 更倾向于形成这种活性聚集态，而单活泼氢化合物则不利于这种活性聚集态的形成，所以相应复合物不具有催化聚合反应的能力[83]。

2. 羧酸锌体系

戊二酸锌 $[Zn(O_2C(CH_2)_3CO_2)]_n$ 是非均相体系中使用最广泛的一种羧酸锌催化剂，它容易制备，催化效率较高，所得聚合物相对分子质量较高[84]。氧化锌和戊二酸溶在热的甲苯中共沸，除水和高温真空干燥后制得戊二酸锌。由于戊二酸锌溶解度很低等原因，难以得到单晶结构，但结晶是获得高催化活性的关键，晶体尺寸决定催化效率。作为非均相体系，羧酸锌催化 $CO_2$ 与 PO 共聚反应具有很多优势，聚合产物的相对分子质量很高，可达到 $10^6$ 以上，而且相对分子质量分布指数（PDI）较低，仅为 2～3[85]。将 $Zn(OH)_2$ 与其他脂肪二酸或芳香二酸反应也可以得到类似的结晶性物质，用于引发 $CO_2$ 与 PO 的共聚反应，但催化效率均不如戊二酸锌体系。

3. 稀土复合催化体系

20 世纪 90 年代，沈之荃首次利用由不同稀土金属的磷酸盐、$Al(i\text{Bu})_3$ 和甘油组成的三元催化体系引发 $CO_2$ 与 PO 的共聚反应[86]，得到相对分子质量高达 $5.0\times10^5$ 的共聚物，但碳酸酯单元含量较低，仅为 10.3%。中国科学院长春应用化学研究所将不同配位方式的稀土羧酸盐/稀土磺酸盐-甘油-二乙基锌两类稀土催化剂用于 $CO_2$ 与 PO 的共聚合反应，探讨中心金属 $Y^{3+}$ 或 $Zn^{2+}$ 的缺电子性与催化剂活性的关系，获得了高催化效率，碳酸酯单元含量可达 90%以上，聚合物相对分子质量大于 $10^5$，得到了实际应用[87]。

4. 双金属氰化物催化体系

双金属氰化物通常是由一种金属盐与另一种过渡金属氰化物盐在有机配体的水溶液中反应，生成不溶性固体悬浮物，经过多次洗涤纯化得到。双金属氰化物催化剂（DMCC）是普鲁士蓝的同系物，完全结晶的双金属氰化物一般含有 12 个结晶水，$M_3^{II}[M^{III}(CN)_6]_2\cdot 12H_2O$，是一种具有立方面心结构的晶状体。1985 年，Dow Chem 用 Zn-Fe 双金属氰化物引发 $CO_2$ 与 PO 的共聚反应，得到了低碳酸酯含量的共聚物；壳牌公司用 Zn-Co 双金属氰化物

催化 $CO_2$ 与 PO 的共聚反应，得到低碳酸酯含量的聚碳酸酯-醚二元醇。2008 年，Kim 等用 Zn-Co-DMCC 在微波加热条件下引发 $CO_2$ 与氧化环己烯（CHO）的共聚合反应，得到了碳酸酯结构含量达到 70%的共聚物[88]。浙江大学的研究表明，Zn-Co 双金属氰化表面的 Zn-OH 是引发聚合反应的活性位点[89]。他们使用弱配位能力的有机配体，制备了多种新结构的 Zn-Co 双金属催化剂，其组分和结构参数等稳定可控，不仅克服了传统 Zn-Co-DMCC 诱导期长和催化活性低等缺点，还可以减少链转移速率、抑制环氧化合物的连续开环反应，合成高相对分子质量和高交替度（>95%）的 $CO_2$ 基聚合物[89,90]。

## （二）均相聚合催化体系

非均相催化剂制备相对简单，原料廉价易得，对空气和水分的敏感性低。但体系中只含有少部分具有催化活性的金属位点，导致催化效率较低，催化剂用量较大，聚合反应往往需要在很高 $CO_2$ 压力下长时间进行等问题。另外，活性位点的多样性不仅使聚合物相对分子质量分布较宽，而且很难对催化反应机理进行深入的研究。因此，近些年来人们将更多精力集中在结构明确的高效均相催化剂研究上。

### 1. 卟啉金属配合物催化体系

1978 年，Inoue 首次报道了卟啉铝配合物（TPP）AlX 可催化 $CO_2$ 与环氧化合物的交替共聚合反应[91]。20 年后，Jung 等深入研究了卟啉铝在超临界 $CO_2$ 条件下的催化作用[92]，发现在 $EtPh_3PBr$、$Et_4NBr_4$ 和二甲氨基吡啶等亲核试剂作用下，卟啉铝的催化效果较好，为后来共聚催化体系的改进指明了方向，即尝试使用新的助催化剂。（TPP）AlCl/$EtPh_3PBr$ 催化体系最大的缺点是聚合反应速率缓慢，往往需要反应 10 天以上，而且仅能得到数均相对分子质量小于 7000 的低相对分子质量聚合物。Inoue 认为聚合过程中存在快速的链转移反应是造成相对分子质量偏低的主要原因，并提出了“不死聚合”的反应机理模型[93]。增长聚合物链在金属中心与链转移剂之间进行快速链转移反应，多个相对分子质链可以在同一个金属活性中心进行链增长反应。链转移速率远高于链增长速率，所以可得到非常窄的相对分子质量分布。

2008 年，Sugimoto 报道了卟啉钴化合物（TPP）CoCl 也能催化 $CO_2$ 与氧化环己烯（CHO）的交替共聚反应，生成高相对分子质量共聚物[94]。随后，Anderson 等用取代卟啉钴为催化剂，进一步研究了 $CO_2$ 与 PO 的共聚反应[95]。结果表明，单纯的卟啉钴化合物并无催化活性，引入助催化剂可有效提高催化效率和聚合物相对分子质量；在卟啉配体上引入给电子的烷氧基也有利于提高催化活性和聚合物相对分子质量，并可得到高交替结构的共聚物。最近，Nakano 等研究了卟啉铁催化 $CO_2$ 与环氧化物的共聚反应行为[96]，在优化条件下，可得到高相对分子质量共聚物。

2. β-二亚胺锌催化体系

Coates 教授在较温和的条件下（50℃和 0.7MPa $CO_2$），用 β-二亚胺锌催化 $CO_2$ 和 CHO 的共聚合反应，获得了高催化效率和高相对分子质量共聚物，碳酸酯结构单元含量可达 95%，相对分子质量分布很窄（PDI＝1.07～1.11），具有明显的活性聚合反应特征，但是这种催化体系并不适用于引发 $CO_2$ 和 PO 的交替共聚反应[97]。进一步研究表明，β-二亚胺配体结构的微小差异会导致催化活性和聚合物链结构的较大变化[82]。随后，Coates 又设计合成配体带有强吸电子氰基或三氟甲基的不对称 β-二亚胺双核锌催化剂，$CO_2$ 和 CHO 的共聚合反应催化活性提高了一个数量级[98]。受 Coates 等工作的影响，Lee 和 Xiao 等设计合成了双核锌催化剂，用于 $CO_2$ 和 CHO 的交替共聚反应，催化效率和聚合物相对分子质量都有所提高，聚合物的数均相对分子质量可达到 $2.0\times10^5$ 以上，相对分子质量分布仍然较窄，保持了活性聚合反应特征[99,100]。Xiao 认为双金属活性位点结构在聚合反应过程中存在有效的协同效应。受此启发，科学家又合成了一系列有机锌催化剂[101]。

3. salen/salan 配合物催化体系

吕小兵教授于 21 世纪初开展了四齿席夫碱铝配合物（salen AlCl）催化 $CO_2$ 和 PO 的环加成反应[102]，发现季铵盐是关键的助催化剂。2005 年，Darensbourg 利用 salen AlX/季铵盐或中性有机碱复合体系催化 $CO_2$ 和 CHO 的共聚合反应，成功地得到交替共聚物 PCHC[103]。研究表明，随着助催化剂的浓度和亲核能力的提高，催化效率和碳酸酯结构单元含量都有所提高。由于具有较高的路易斯酸性，salen/salan 铝配合物通常也是环氧烷烃开环均聚的催化剂，在不加入助催化剂的情况下，聚合物的碳酸酯单元含量往往较低，而且需要相当长的反应时间才能得到低相对分子质量聚合物。可见，salen/salan 铝配合物并不是一类性能理想的 $CO_2$ 共聚合反应催化剂。Jacobson 等在 2000 年报道，salen CrCl 对环氧化合物的不对称开环反应具有很高的催化活性，引发了人们对 salen 铬配合物催化 $CO_2$ 与环氧化合物共聚反应的广泛研究[104]。Darensbourg 等用 salen CrX/N-Melm 体系协同催化 $CO_2$ 和 CHO 的共聚反应[105]，在 80℃和 6MPa $CO_2$ 的条件下，得到了纯粹交替结构的脂肪族聚碳酸酯，数均相对分子质量为 8900，相对分子质量分布指数为 1.2 左右。近几年来，人们深入研究了助催化剂的作用，进一步阐明了 $CO_2$ 的催化共聚合反应机理。

近年来，人们将研究对象逐渐从不饱和的 selen 配体转向饱和的 salan 配体，作为 $CO_2$ 与环氧化合物的共聚反应催化剂，salan 配合物的活性更高。由于 salan 配合物可以提供一个 *cis*-配位位点，配合物结构能够影响催化共聚反应行为，并且可控制聚合物的立体化学[106]。Donald 等用 salan CrCl 催化 $CO_2$ 和环氧化合物的共聚反应，在较低温度下可选择性进行 $CO_2$ 和 PO 的共聚反应，立体选择性较高；$CO_2$ 与 CHO 的共聚反应需要在较高温度（60℃）下进行。以 CHO 和 PO 为共聚单体，利用 salan CrCl 催化剂还可以合成二嵌段和三嵌段的脂肪族聚碳酸酯。吕小兵等率先用 salan CrCl/季铵盐离子复合体系，在温和条件下催化外消旋环氧丙烷和 $CO_2$ 的共聚反应，生成完全交替的共聚产物，“头-尾”连接单元含量可达到 95%，对映选择性也达到了中等水平[107]。这种复合催化体系在聚合活性、对映选择性和区域选择性方面都优于广泛研究的 salen Cr(Ⅲ) 催化剂。

2003 年，Coates 等率先报道了手性（1*R*,2*R*)salen Co(Ⅲ)OAc 作催化剂应用于引发 $CO_2$ 和外消旋 PO 的不对称共聚反应[108]，在 25℃和 5.5 MPa $CO_2$ 条件下，催化转化频率（TOF）可达到 $81h^{-1}$，共聚合物的数均相对分子质量为 $1.5\times10^4$ 左右，相对分子质量分布较窄（PDI=1.22)。虽然催化活性只有当时锌和铬催化剂的一半左右，但是不需要添加一些杂环助催化剂，聚合反应的区域选择性也较好，聚合产物几乎全是聚碳酸酯，“头-尾”连接单元含量可达 80%，salen Co(Ⅲ)X 立即成为该领域的研究热点。

吕小兵等设计了双组分和双功能的催化体系[109]，用 salen Co(Ⅲ)X 钴配合物作亲电组分、季铵盐作亲核组分，通过调整轴向负离子 X 的结构获得了高效催化剂。在 25℃和 2MPa $CO_2$ 条件下，双组分催化剂可引发外消旋 PO 与 $CO_2$ 的高效不对称共聚反应，直接得到具有光学活性的线形聚碳酸酯。这种双组分催化体系除了表现出优异的产物选择性（>99%）和结构选择性（>99%）外，第一次将线形聚碳酸酯的“头-尾”连接单元含量提高到 95% 以上。进一步的研究表明，配合物的轴向负离子对催化反应也有较大影响，阳离子的影响顺序是：$[PPN]^+ > [nHept_4N]^+ > [nBu_4N]^+$，阴离子的影响顺序为 $Cl^- > Br^- > I^- > ClO_4^-$[110]。后来，Nozaki 设计合成了一种新型

salen Co(OAc)$_2$催化剂[111]，也可用于引发$CO_2$与PO的共聚反应。催化剂的特点是直接在salen钴的结构上接了类似助催化剂的基团（OAc），提高了催化剂的活性和选择性。Lee等设计了同一分子中含有路易斯酸金属中心和季铵盐单元的新型salen Co(Ⅲ)X催化剂[112]。

总之，席夫碱（salen）金属催化剂仍然是目前$CO_2$和环氧化合物交替共聚反应催化剂的研究热点。除了在催化剂本身的salen配体上作修饰外，人们还在尝试改变金属来研究催化性能，目前看来，钴在席夫碱（salen）金属催化剂体系中表现最好。

4. Robson金属催化剂体系

2009年，Williams等报道了一种大环配体辅助的双核锌催化剂[113]，可引发$CO_2$和CHO的高效交替共聚反应。以往催化剂均需要较高的$CO_2$压力，而这种催化剂在常压下即可表现出优异的催化活性。Buchard等用红外光谱研究$CO_2$和CHO发生共聚反应时催化剂结构的变化，用DFT方法计算过渡态和中间体的自由能，给出了关于双核锌催化$CO_2$和CHO的共聚反应机理[114]。2010年，Williams等又设计合成了三种Robson钴配合物[115]，在80℃和常压条件下，用于引发$CO_2$和CHO的共聚反应。双核二价钴Co(Ⅱ/Ⅱ)的催化效率（TOF＝172$h^{-1}$）明显高于三核二价钴配合物Co(Ⅱ/Ⅱ/Ⅱ)（TOF＝159 $h^{-1}$），所得聚合物的碳酸酯单元含量（99%）和相对分子质量（$M_n$＝5100）也明显高于后者（98%和1100）；双杂核钴配合物Co(Ⅱ)/Co(Ⅲ)的催化性能与相应双均核配合物的相当。提高$CO_2$压力至1.0MPa，在100℃条件下，Co(Ⅱ)/Co(Ⅲ)催化剂的TOF可达3700$h^{-1}$，这是已见报道催化活性最高的一种体系。总之，两种双核钴的催化活性比同类锌催化剂高20倍左右，选择性也明显好于双核锌催化剂。然而，双核钴催化体中存在明显的链转移反应，致使聚合产物的相对分子质量较低。

## 二、学科发展规律与趋势、关键科学问题，学科交叉与布局

由$CO_2$和环氧化合物交替共聚反应制备的脂肪族聚碳酸酯是一种具有良好应用前景的新型高分子材料，材料的生物可降解性吸引了学术界和工业界的广泛关注。尽管世界上已有多条$CO_2$基塑料中试生产线投入运行，但所用催化剂的效率仍然较低、用量很大、成本较高，生产的脂肪族聚碳酸酯的性能也有较大的提升空间。因此，$CO_2$和环氧化合物的高效可控共聚反应与新型高效催化剂仍然是高分子化学研究的前沿课题。需要发展对环氧化物单体

适应性强和催化活性高，并且能够同时对聚合物相对分子质量及其分布、化学选择性（形成交替结构）、区域选择性（有利于头尾连接）和立构选择性进行有效控制的新型高效共聚反应催化剂，以提高脂肪族聚碳酸酯的工业生产效率和改进材料性能。

虽然非均相催化剂存在很多缺点，只含有小部分具有催化活性的金属位点，催化效率相对较低，用量较大，反应往往需要很高的$CO_2$压力，聚合反应时间较长，生成聚合物的相对分子质量分布较宽，难以明确活性位点的精确结构，很难对反应机理进行深入的研究等问题，但制备过程相对简单、原料廉价易得、对空气和水分的敏感性低，在工业生产上具有较强的竞争力，是一类值得深入研究和发展的催化剂。因此，希望能借鉴非均相 Ziegler-Natta 烯烃聚合催化剂的研究成果，也希望有更多的学者能转入本领域，深入研究催化反应机理，发展综合性能更为优异的工业催化剂。与非均相催化剂相比，结构明确的过渡金属有机配合物催化剂合成过程比较复杂，对空气和水分的敏感性较高，但它的优势仍然十分明显。有机配体的结构多变，通过化学修饰可有效改变其空间位阻和电子效应，调节催化剂中心离子的电荷密度和空间结构，提高环氧化合物与$CO_2$共聚反应的引发效率和催化活性，有效调控共聚反应的化学选择性、区域选择性和立构选择性。另外，均相催化剂的结构明确，有利于研究共聚反应催化机理，包括催化活性中心的形成、链引发与链增长方式、链转移和链终止反应等；相关成果有可能从理论上指导新型高效非均相催化剂的研究。

在未来$CO_2$和环氧化合物的共聚反应研究过程中，应大力加强高分子合成化学与金属有机化学、配位催化与非均相催化、理论化学与计算模拟等学科的交叉与融合，深入研究和理解$CO_2$与环氧化合物共聚反应的本质，促进新型高效催化剂的发展与工业应用。同时，也需要从事高分子物理、高分子材料加工、生物医用材料、超分子化学等学科的研究人员密切结合，在本交叉学科领域进行深入研究，推动$CO_2$基聚合物的大规模工业应用。

## 三、学科发展优先领域和重点方向

通过以上讨论可知，我国$CO_2$与环氧化合物共聚反应学科的优先发展领域包括发展新型高效聚合反应催化剂、$CO_2$基聚合物（脂肪族聚碳酸酯）的高性能化、脂肪族聚碳酸酯功能材料研究三个方面。

（1）发展结构明确的新型高效共聚反应催化剂和绿色的$CO_2$与环氧化合物可控聚合反应的新方法。$CO_2$是惰性分子，它参与的共聚反应实际也是惰性分子的活化过程，$CO_2$是弱路易斯碱，而催化剂则为强路易斯酸。强路易斯酸不仅可活化性 $CO_2$分子，也能引发环氧化合物的开环聚合反应。因此，$CO_2$与环氧化合物的共聚反应极为复杂，需要考虑各种因素才能设计合成得到新型高效催化剂，真正实现 $CO_2$与环氧化合物的结构可控共聚反应。

(2) $CO_2$基聚合物（脂肪族聚碳酸酯）的高性能化。环氧化合物与 $CO_2$共聚反应的复杂性决定了 $CO_2$基聚合物的非单一性链结构，包括交替结构的聚碳酸酯链段、聚醚链段、“头-尾”结构单元、“头-头”结构单元、等规结构单元和无规结构单元等。每种链结构单元对聚合物使用和加工性能的贡献完全不同，要获得高性能的 $CO_2$基聚合物必须对其链结构进行控制和优化。目前市场上销售的 $CO_2$基聚合物并不具有优化的链结构，其综合性能的提高尚有较大空间。

(3) 制备脂肪族聚碳酸酯功能材料。$CO_2$基聚合物不仅具有生物可降解性还可能具有温敏性，可用作生物医用材料。另外，脂肪族聚碳酸酯还可以与生物分子或聚合物结合，制备生物复合材料和生物杂化材料等。

环氧化合物和 $CO_2$共聚反应的研究重点包括以下内容：

(1) 利用模型化合物和模型反应，结合理论计算与分子轨道模拟深入研究共聚反应机理与动力学，阐明惰性 $CO_2$分子的活化机制，揭示交替链增长和链转移等基元反应的重要影响因素；在理论研究的基础上，深入研究典型的过渡金属催化剂，阐明配体空间位阻、电子效应和配位模式对催化剂中心离子的影响规律；设计合成结构明确的新型高效 $CO_2$和环氧化合物共聚反应催化剂，合成具有完全交替结构和立体规整性的脂肪族聚碳酸酯。

(2) 借鉴 Ziegler-Natta 钛系催化剂和 Philliphs 铬系催化剂的研究方法和成功经验，通过 DFT 计算、模型反应和谱学表征等方法，深入研究多元醇-锌-稀土复合物和锌-钴双金属氰化物两类典型非均相催化剂的活性位点结构与反应活性、分布规律和调控方法，在此基础上，进一步提高 $CO_2$和环氧化合物共聚反应的催化效率和结构可控性，提高 $CO_2$基聚合物的综合性能。

(3) 深入研究组成和序列结构与 $CO_2$基聚合物性能之间的关系，优化聚合物链结构，开展 $CO_2$基聚合物高性能化与功能化的研究。

## 第六节　高分子材料合成学科发展政策建议

近年来，我国在高分子材料合成领域已经取得了具有国际先进水平的基础与应用研究成果。例如，围绕结构和组分可控聚合，发展了非茂钛烯烃活性聚合催化剂、乙烯/极性单体共聚合催化剂、高温条件可实现高顺式含量的异戊二烯催化剂；通过调控聚烯烃的等规序列和相对分子质量分布，解决了高速双向拉伸聚丙烯专用料依赖国外进口的重大问题，并在中石化 5 家公司全面推广；采用聚烯烃热塑性弹性体替代传统聚氯乙烯，应用到一次性医疗输注器械，产生重大经济效益。然而，我国高分子材料合成领域也存在原创性研究成果偏少等问题。由于高分子材料合成方法的研究周期较长，基础性、原创性和前瞻性的研究不应要求短时间内出成果，而要注重长期的研究工作积累。

根据高分子材料合成领域的发展规律和以材料结构与性能/功能为导向的特点，要特别注意与高分子物理和高分子材料加工的协调并重发展，使本领域与二者相互促进，同时要不断从有机化学、物理化学、金属有机化学与催化等学科吸取养分，推动高分子材料的设计与可控制备的可持续发展，满足社会发展和国防建设的需要。与其他化学学科交叉，开发新的聚合催化反应体系和合成与制备新方法。

对于可控/活性自由基聚合，建议深入研究 CLRP 机理及其动力学，或者综合各种 CLRP 方法的优点，发展新的高效 CLRP 调控体系，减小链终止反应比例，实现真正意义上的“活性”自由基聚合。采用低浓度的调控试剂(如 ATRP 中的金属铜催化剂)，在环境友好介质中实施，降低聚合成本，达到“绿色”活性/可控聚合。加强 CLRP 与其他学科（特别是生命科学）的密切交叉，开拓可以调控 CLRP 的高效、廉价生物酶催化剂，制备结构可控的生物络合物和生物医用高分子。

鉴于配位聚合是一个集金属有机、配位催化和高分子化学的交叉学科，聚合反应过程涉及多种金属有机化学反应，鼓励我国从事金属有机化学和配位催化研究的学者加入到烯烃配位聚合反应研究领域。深入研究配位聚合反应机理，结合分子轨道理论计算研究设计合成热稳定、长寿命、高活性、高立构选择性或高共聚能力的新型烯烃聚合催化剂。在结构与性能优化的基础上，发展耐受各种官能团的共聚催化剂，发展功能化聚烯烃材料的合成新方法，包括烯烃与极性/功能单体的高效可控共聚合及其后续的原位官能团转化反应、烯烃与功能单体的嵌段共聚合与接枝共聚合，发展可控配位聚合新技术，建立长链支化和嵌段聚烯烃材料的合成新方法。

根据我国在烯烃易位反应与易位聚合领域的研究人员较少和原创性工作不多的现状，应鼓励高分子化学和金属有机化学工作者在该领域开展基础性、原创性和前瞻性的研究工作，扩大我国合成化学在该领域的影响力。深入研究易位聚合反应机理，努力开发新型高效烯烃易位与易位聚合催化剂，提高催化剂对极性官能团和水汽等杂质的耐受性，研究新型活性易位聚合反应。根据国家科学技术与经济发展的需求，加强易位聚合与生物医用材料等其他学科的密切交叉合作，制备生物医用高分子等新型功能高分子材料。

基于惰性 $CO_2$ 分子活化的配位共聚也是一个集金属有机、配位催化和高分子化学的交叉学科，鼓励我国从事金属有机化学和配位催化研究的学者加入到 $CO_2$/环氧化物配位共聚反应研究领域，开展基础性和原创性的研究工作，扩大我国合成化学在该领域的影响力，促进 $CO_2$ 基聚合物材料的产业化发展。根据国家科学技术与经济发展的需求，加强 $CO_2$ 配位共聚与生物医用材料、生态环境材料等其他学科的密切交叉合作，发展新生物医用和生态环境材料。

综上所述，根据高分子材料化学的特色，为保障未来 10 年本领域的健康发展，在提倡从事高分子材料合成学科研究人员原始创新的同时，鼓励从事基础化学研究的工作者加入到本领域，凝练核心科学问题开展基础研究，共同攻克制约高分子材料合成学科发展的瓶颈问题。组织国内相关领域的研究机构，在较长时间内围绕某重大问题展开持续深入的研究，以期形成鲜明特色，实现突破；支持有明确应用目标的基础研究，避免低水平重复。

## 参考文献


[1] Otsu T, Yoshida M. Role of initiator-transfer agent-terminator (iniferter) in radical polymerizations: Polymer design by organic disulfides as iniferters. Macromol Rapid Commun, 1982, 2: 127 - 132.

[2] Hawker C J, Bosman A W, Harth E. New polymer synthesis by nitroxide mediated living radical polymerizations. Chem Rev, 2001, 101: 3661 - 3688.

[3] Wang J S, Matyjaszewski K J. Controlled/ "living" radical polymerization atom transfer radical polymerization in the presence of transition-metal complexes. J. Am. Chem Soc, 1995, 117: 5614 - 5615.

[4] Moad G, Rizzardo E, Thang S H. Radical addition-fragmentation chemistry in polymer synthesis. Polymer, 2008, 49: 1079 - 1131.

[5] Percec V, Guliashvili T, Ladislaw J S, et al. Ultrafast synthesis of ultrahigh molar mass polymers by metal-catalyzed living radical polymerization of acrylates, methacrylates, and vinyl chloride mediated by SET at 25℃. J Am Chem Soc, 2006, 128: 14156 - 14165.

[6] Lacroix-Desmazes P, Severac R, Boutevin B . Reverse iodine transfer polymerization of methyl acrylate and n-butyl acrylate. Macromolecules, 2005, 38: 6299 - 6309.

[7] Goto A, Tsujii Y, Fukuda T. Reversible chain transfer catalyzed polymerization

(RTCP): A new class of living radical polymerization. Polymer, 2008, 49: 5177-5185.

[8] Goto A, Suzuki T, Ohfuji H, et al. Reversible complexation mediated living radical polymerization(RCMP) using organic catalysts. Macromolecules, 2011, 44: 8709-8715.

[9] Yamago S. Precision polymer synthesis by degenerative transfer controlled/living radical polymerization using organotellurium, organostibine, and organobismuthine chain-transfer agents. Chem Rev, 2009, 109: 5051-5068.

[10] Destarac M. Controlled radical polymerization: Industrial stakes, obstacles and achievements. Macromol React Eng, 2010, 4: 165-179.

[11] Cameron N R, Lagrille O, Lovell P A, et al. A nitroxide for effecting controlled nitroxide-mediated radical polymerization at temperatures ≤90℃. ACS Macro Lett, 2012, 1: 1262-1265.

[12] Benaglia M, Chiefari J, Chong Y K, et al. Universal (switchable) RAFT agents. J Am Chem Soc, 2009, 131: 6914-6915.

[13] Keddie D J, Guerrero-Sanchez C, Moad G, et al. Switchable reversible addition-fragmentation chain transfer (RAFT) polymerization in aqueous solution, *N*,*N*-dimethylacrylamide. Macromolecules, 2011, 44: 6738-6745.

[14] Sugihara S, Yamashita K, Ikeda I, et al. Transformation of living cationic polymerization of vinyl ethers to RAFT polymerization mediated by a carboxylic RAFT agent. Macromolecules, 2012, 45: 794-804.

[15] Zhang C, Yang Y L, He J P. Direct transformation of living anionic polymerization into RAFT-based polymerization. Macromolecules, 2013, 46: 3985-3994.

[16] Guerrero-Sanchez C, Keddie D J, Saubern S, et al. Automated parallel freeze-evacuate-thaw degassing method for oxygen-sensitive reactions: RAFT polymerization. ACS Comb Sci, 2012, 14: 389-394.

[17] Yan J J, Wang Z K, Lin X S, et al. Polymerizing nonfluorescent monomers without incorporating any fluorescent agent produces strong fluorescent polymers. Adv Mater, 2012, 24: 5617-5624.

[18] Matyjaszewski K. Atom transfer radical polymerization (ATRP): Current status and future perspectives. Macromolecules, 2012, 45: 4015-4039.

[19] Arita T, Kayama Y, Ohno K, et al. High-pressure atom transfer radical polymerization of methyl methacrylate for well-defined ultrahigh molecular-weight polymers. Polymer, 2008, 49: 2426-2429.

[20] Kwiatkowski P, Jurczak J, Pietrasik J, et al. High molecular weight polymethacrylates by AGET ATRP under high pressure. Macromolecules, 2008, 41: 1067-1069.

[21] WangY, Schroeder H, Morick J, et al. High-pressure atom transfer radical polymerization of n-butyl acrylate. Macromol Rapid Commun, 2013, 34: 604-609.

[22] Sigg S J, Seidi. , Renggli K, et al. Horseradish peroxidase as a catalyst for atom

transfer radical polymerization. Macromol Rapid Commun, 2011, 32: 1710 - 1715.

[23] Yamashita K, Yamamoto K, Kadokawa J. Atom transfer radical polymerization of *N*-isopropylacrylamide by enzyme mimetic catalyst. Polymer, 2013, 54: 1775 - 1778.

[24] Mizutani M, Satoh K, Kamigaito M. Metal-catalyzed simultaneous chain- and step-growth radical polymerization: Marriage of vinyl polymers and polyesters. J Am Chem Soc, 2010, 132: 7498 - 7507.

[25] Zhang L J, Dong B T, Du F S, et al. Degradable Thermoresponsive polyesters by atom transfer radical polyaddition and click chemistry. Macromolecules, 2012, 45: 8580 -8587.

[26] Magenau A J D, Strandwitz N C, Matyjaszewski K. Electrochemically mediated atom transfer radical polymerization. Science, 2011, 332: 81 - 84.

[27] Li B, Yu B, Huck W T S, Liu W M, et al. Electrochemically mediated atom transfer radical polymerization on nonconducting substrates: Controlled brush growth through catalyst diffusion. J Am Chem Soc, 2013, 135: 1708 - 1710.

[28] Levere M E, Nguyen N H, Percec V. No reduction of $CuBr_2$ during Cu(0)-catalyzed living radical polymerization of methyl acrylate in DMSO at 25℃. Macromolecules, 2012, 45: 8267 - 8274.

[29] Zhang Q, Wilson P, McHale R, et al. Aqueous copper-mediated living polymerization: Exploiting rapid disproportionation of CuBr with $Me_6$TREN. J Am Chem Soc, 2013, 135: 7355 - 7363.

[30] Ding A S, Lu G L, Guo H, et al. SET-LRP synthesis of PMHDO-g-PNIPAM well-defined amphiphilic graft copolymer. J Polym Sci Part A: Polym Chem, 2013, 51: 1091 - 1098.

[31] Zhang Q, Li Z D, Wilson P, et al. Copper-mediated controlled radical polymerization under biological conditions: SET-LRP in blood serum. Chem Commun, 2013, 49: 6608 - 6610.

[32] Boyer C, Soeriyadi A H, Zetterlund P B, et al. Synthesis of complex multiblock copolymers via a simple iterative Cu(0)-mediated radical polymerization approach. Macromolecules , 2011, 44: 8028 - 8033.

[33] Goto A, Zushi H, Hirai N, et al. Living radical polymerizations with germanium, tin, and phosphorus catalysts-reversible chain transfer catalyzed polymerizations (RTCPs) . J Am Chem Soc, 2007, 129: 13347 - 13354.

[34] Goto A, Nagasawa K, Shinjo A, et al. Reversible chain transfer catalyzed polymerization of methyl methacrylate with in-situ formed alkyl iodide initiator. Aust J Chem, 2009, 62: 1492 - 1495.

[35] Kim J, Nomura A, Fukuda T, et al. Use of alcohol as initiator for reversible chain transfer catalyzed polymerization. Macromol React Eng, 2010, 4: 272 - 277.

[36] Bai L J, Zhang L F, Liu Y, et al. Triphenylphosphine as phosphorus catalyst for reversible chain-transfer catalyzed polymerization (RTCP). Polym Chem, 2013, 4: 3069-3076.

[37] Goto A, Suzuki T, Ohfuji H, et al. Reversible complexation mediated living radical polymerization (RCMP) using organic catalysts. Reversible complexation mediated living radical polymerization (RCMP) using organic catalysts. Macromolecules, 2011, 44: 8709-8715.

[38] Mishima E, Tamura T, Yamago S. Controlled copolymerization of 1-octene and (meth)acrylates via organotellurium-mediated living radical polymerization (TERP). Macromolecules, 2012, 45: 8998-9003.

[39] Makio H, Terao H, Iwashita A, et al. FI catalysts for olefin polymerization—A comprehensive treatment. Chem Rev, 2011, 111: 2363-2449.

[40] He L P, Liu J Y, Li Y G, et al. High-temperature living copolymerization of ethylene with norbornene by titanium complexes bearing bidentate [O,P] ligands. Macromolecules, 2009, 42: 8566-8570.

[41] Nakamura A, Ito S, Nozaki K. Coordination-insertion copolymerization of fundamental polar monomers. Chem Rev, 2009, 109: 5215-5244.

[42] Hong M, Wang Y X, Mu H L, et al. Efficient synthesis of hydroxylated polyethylene via copolymerization of ethylene with 5-norbornene-2-methanol using bis($\beta$-enaminoketonato) titanium catalysts. Organometallics, 2011, 30: 4678-4686.

[43] Gpttfroed A C, Brookhart M. Living polymerization of ethylene using Pd(Ⅱ) $\alpha$-diimine catalysts. Macromolecules, 2001, 34: 1140-1142.

[44] Zai S B, Liu F S, Gao H Y, et al. Longstanding living polymerization of ethylene: substituent effect on bridging carbon of 2-pyridinemethanamine nickel catalysts. Chem Commun, 2010, 46: 4321-4323.

[45] Mitani M, Mohri J, Yoshida Y, et al. Living polymerization of ethylene catalyzed by titanium complexes having fluorine-containing phenoxy-imine chelate ligands. J Am Chem Soc, 2002, 124: 3327-3336.

[46] Edson J B, Wang Z G, Kramer E J, et al. Fluorinated bis(phenoxyketimine) titanium complexes for the living, isoselective polymerization of propylene: Multiblock isotactic polypropylene copolymers via sequential monomer addition. J Am Chem Soc, 2008, 130: 4968-4977.

[47] Zhang W, Sita L R. Highly efficient, living coordinative chain-transfer polymerization of propene with $ZnEt_2$: Practical production of ultrahigh to very low molecular weight amorphous atactic polypropenes of extremely narrow polydispersity. J Am Chem Soc, 2008, 130: 442-443.

[48] Arriola D J, Carnahan E M, Hustad P D, et al. Catalytic production of olefin

block copolymers via chain shuttling polymerization. Science, 2006, 312: 714-719.

[49] Nomura K, Zhang S. Design of vanadium complex catalysts for precise olefin polymerization. Chem Rev, 2011, 111: 2342-2362.

[50] Mecking S, Johnson L K, Wang L, et al. Mechanistic studies of the palladium-catalyzed copolymerization of ethylene and α-olefins with methyl acrylate. J Am Chem Soc, 1998, 120: 888-899.

[51] Popeney C S, Camacho D H, Guan Z B. Efficient incorporation of polar comonomers in copolymerizations with ethylene using a cyclophane-based Pd(Ⅱ) α-diimine catalyst. J Am Chem Soc, 2007, 129: 10062-10063.

[52] Chung T C M. Functional polyolefins for energy applications. Macromolecules, 2013, 46: 6671-6698.

[53] Hong M, Liu J Y, Li B X, et al. Facile functionalization of polyethylene via click chemistry. Macromolecules, 2011, 44: 5659-5665.

[54] Hérisson J L, Chauvin Y. Catalyse de transformation des oléfines par les complexes du tungstène. Ⅱ. Télomérisation des oléfines cycliques en présence d'oléfines acycliques. Makromol Chem, 1971, 141: 161-176.

[55] Slugovc C. The ring opening metathesis polymerisation toolbox. Macromol Rapid Commun, 2004, 25: 1283-1297.

[56] Endo K, Grubbs R H. Chelated ruthenium catalysts for Z-selective olefin metathesis. J Am Chem Soc , 2011, 133: 8525-8527.

[57] Torker S, M€ puller A, Sigrist R, et al. Tuning the steric properties of a metathesis catalyst for copolymerization of norbornene and cyclooctene toward complete alternation. Organometallics, 2010, 29: 2735-2751.

[58] Han H J, Chen F X, Zhang Y Q, et al. Ring-opening metathesis polymerization of functionalized cyclooctene by a ruthenium-based catalyst in ionic liquid. J Polym Sci, Part A: Polym Chem, 2007, 45: 3986-3993.

[59] Wu G L, Cao S L, Chen J, et al. Synthesis of pyrimidine-modified NHC ruthenium-alkylidene catalysts and their application in RCM, CM, EM and ROMP reactions. Eur J Org Chem, 2012, 2012: 6777-6784.

[60] Kong Y, Xu S S, Song H B, et al. Synthesis, structures, and norbornene ROMP behavior of o-aryloxide-*N*-heterocyclic carbene p-cymene ruthenium complexes. Organometallics, 2012, 31: 5527-5532.

[61] Sutthasupa S, Sanda F, Masuda T. Copolymerization of amino acid functionalized norbornene monomers. Synthesis of amphiphilic block copolymers forming reverse micelles. Macromolecules, 2008, 41: 305-311.

[62] Sutthasupa S, Shiotsuki M, Masuda T, et al. Alternating ring-opening metathesis copolymerization of amino acid derived norbornene monomers carrying nonprotected carboxy and ami-

no groups based on acid-base interaction. J Am Chem Soc, 2009, 131: 10546 - 10551.

[63] Burtscher D, Saf R, Slugovc C. Fluorescence-labeled olefin metathesis polymerization initiators. J Polym Sci, Part A: Polym Chem, 2006, 44: 6136 - 6145.

[64] Matson J B, Grubbs R H. ROMP-ATRP block copolymers prepared from monotelechelic poly(oxa) norbornenes using a difunctional terminating agent. Macromolecule, 2008, 41: 5626 - 5631.

[65] Hilf S, Berger-Nicoletti E, Grubbs R H, et al. Monofunctional metathesis polymers via sacrificial diblock copolymers. Angew Chem Int Ed, 2006, 45: 8045 - 8048.

[66] Morita T, Maughon B R, Bielawski C W, et al. A ring-opening metathesis polymerization (ROMP) approach to carboxyl- and amino-terminated telechelic poly(butadiene)s. Macromolecules, 2000, 33: 6621 - 6623.

[67] Madkour A E, Koch A H R, Lienkamp K, et al. End-functionalized ROMP polymers for biomedical applications. Macromolecules, 2010, 43: 4557 - 4561.

[68] Daeffler C S, Grubbs R H. Catalyst-dependent routes to ring-opening metathesis alternating copolymers of substituted oxanorbornenes and cyclooctene. Macromolecules, 2013, 46: 3288 - 3292.

[69] Li Z L, Lv A, Li L, et al. Periodic ethylene-vinyl alcohol copolymers via ADMET polymerization: Synthesis, characterization, and thermal property. Polymer, 2013, 54: 3841 - 3849.

[70] Zhang J H, Matta M E, Martinez H, et al. Precision vinyl acetate/ethylene (VAE) copolymers by ROMP of acetoxy-substituted cyclic alkenes. Macromolecules, 2013, 46: 2535 - 2543.

[71] Banik S M, Monnot B L, Weber R L, et al. ROMP-CT/NMP synthesis of multiblock copolymers containing linear poly(ethylene) segments. Macromolecules, 2011, 44: 7141 - 7148.

[72] Mathers R T, Damodaran K, Rendos M G, et al. Functional hyperbranched polymers using ring-opening metathesis polymerization of dicyclopentadiene with monoterpenes. Macromolecules, 2009, 42: 1512 - 1518.

[73] Gorodetskaya I A, Choi T L, Grubbs R H. Hyperbranched macromolecules via olefin metathesis. J Am Chem Soc, 2007, 129: 12672 - 12673.

[74] Ding L, Zhang L Y, Song C M, et al. Hyperbranched azo-polymers synthesized by acyclic diene metathesis polymerization of an $AB_2$ monomer. Macromolecules, 2009, 42: 5036 - 5042.

[75] Johnson J A, Lu Y Y, Lim Y H, et al. Core-clickable PEG-branch-azide bivalent-bottle-brush polymers by ROMP: Grafting-through and clicking-to. J Am Chem Soc, 2011, 133: 559 - 566.

[76] Xie M R, Dang J Y, Wang W Z, et al. Well-defined brush copolymers with high grafting density of smphiphilic side chains by combination of ROP, ROMP, and ATRP. Macromolecules, 2008, 41: 9004-9010.

[77] Bielawski C W, Benitez D, Grubbs R H. An "endless" route to cyclic polymers. Science, 2002, 297: 2041-2044.

[78] Zhang K, Lackey M A, Wu Y, et al. Universal cyclic polymer templates. J Am Chem Soc, 2011, 133: 6906-6909.

[79] Zhang K, Lackey M A, Cui J, et al. Gels based on cyclic polymers. J Am Chem Soc, 2011, 133: 4140-4148.

[80] Zhang K, Cui J, Lackey M, et al. Hydrogels based on living ring-opening metathesis polymerization. Macromolecules, 2010, 43: 10246-10252.

[81] Inoue S, Koinuma H, Tsuruta T. Copolymerization of carbon dioxide and epoxide. J Polym Sci, Part B : Polym Lett, 1969, 7: 287-292.

[82] Coates G W, Moore D R. Discrete metal-based catalysts for the copolymerization of $CO_2$ and epoxides: Discovery, reactivity, optimization, and mechanism. Angew Chem Int Ed, 2004, 43: 6618-6639.

[83] Darensbourg D J, Holtcamp M W. Catalysts for the reactions of epoxides and carbon dioxide. Coord Chem Rev , 1996, 153: 155-174.

[84] Kember M R, Buchard A, Williams C K. Catalysts for $CO_2$/epoxide copolymerization. Chem Common, 2011, 47: 141-163.

[85] Luinstra G A. Poly(propylene carbonate): Old copolymers of propylene oxide and carbon dioxide with new interests: Catalysis and material properties. Polym Rev, 2008, 48: 192-219.

[86] Chen X H, Shan Z Q, Zhang Y F. New catalytic systems for the fixation of carbon dioxide. 1. Copolymerization of carbon dioxide and propylene oxide with new rare-earth catalysts-RE($P_{204}$)$_3$-Al($i$Bu)$_3$-R(OH)$_n$. Macromolecules, 1991, 24: 5305-5308.

[87] Qin Y S, Wang X H, Wang F S. Recent sdvances in carbon dioxide based copolymer progress in chemistry. Prog Chem, 2011, 23: 613-622.

[88] Dharman M M, Ahn J Y, Lee M K, et al. Moderate route for the utilization of $CO_2$-microwave inducedcopolymerization with cyclohexene oxide using highly efficient double metal cyanide complex catalysts based on $Zn_3[Co(CN)_6]$ . Green Chem, 2008, 10: 678-684.

[89] Zhang X H, Liu F, Sun X K, et al. Atom-exchange coordination polymerization of carbon disulfide and propylene oxide by a highly effective double-metal cyanide complex. Macromolecules, 2008, 41: 1587-1590.

[90] Sun X K, Zhang X H, Wei R J, et al. Mechanistic insight into initiation and chain transfer reaction of $CO_2$/cyclohexene oxide copolymerization catalyzed by zinc-cobalt double metal cyanide complex catalysts. J Polym Sci, Part A: Polym Chem, 2012, 50:

2924 -2934.

[91] Takeda N, Inoue S. Polymerization of 1, 2-epoxypropane and copolymerization with carbon dioxide catalyzed by metalloporphyrins. Makromol Chem, 1978, 179: 1377 -1382.

[92] Jung J H, Ree M, Chang T J. Copolymerization of carbon dioxide and propylene oxide using an aluminum porphyrin system and its components. J Polym Sci, Part A: Polym Chem, 1999, 37: 3329 - 3336.

[93] Inoue S. Immortal polymerization: The outset, development, and application. J Polym Sci, Part A: Polym Chem, 2000, 38: 2861 - 2871.

[94] Sugimoto H, Kuroda K. The cobalt porphyrin-lewis base system: A highly selective catalyst for alternating copolymerization of $CO_2$ and epoxide under mild conditions. Macromolecules, 2008, 41: 312 - 317.

[95] Anderson C E, Vagin S I, Xia W, et al. Cobaltoporphyrin-catalyzed $CO_2$/epoxide copolymerization: Selectivity control by molecular design. Macromolecules, 2012, 45: 6840 -6849.

[96] Nakano K, Kobayashi K, Ohkawara T, et al. Copolymerization of epoxides with carbon dioxide catalyzed by iron-corrole complexes: Synthesis of a crystalline copolymer. J Am Chem Soc, 2013, 135: 8456 - 8459.

[97] Cheng M, Lobkovsky E B, Coates G W. Catalytic reactions involving C1 feedstocks: New high-activity Zn(Ⅱ)-based catalysts for the alternating copolymerization of carbon dioxide and epoxides. J Am Chem Soc, 1998, 120: 11018 - 11019.

[98] Moore D R, Cheng M, Lobkovsky E B, et al. Electronic and steric effects on catalysts for $CO_2$/epoxide polymerization: Subtle modifications resulting in superior activities. Angew Chem Int Ed, 2002, 41: 2599 - 2602.

[99] Lee B Y, Kwon H Y, Lee S Y. Bimetallic anilido-aldimine zinc complexes for epoxide/$CO_2$ copolymerization. J Am Chem Soc, 2005, 127: 3031 - 3037.

[100] Xiao Y L, Wang Z, Ding K L. Copolymerization of cyclohexene oxide with $CO_2$ by using intramolecular dinuclear zinc catalysts. Chem Eur J, 2005, 11: 3668 - 3678.

[101] Pilz M F, Limberg C, Lazarov B B, et al. Dinuclear zinc complexes based on parallel β-diiminato binding sites: Syntheses, structures, and properties as $CO_2$/epoxide copolymerization catalysts. Organometallics, 2007, 26: 3668 - 3676.

[102] Lu X B, Feng X J, He R. Catalytic formation of ethylene carbonate from supercritical carbon dioxide/ethylene oxide mixture with tetradentate Schiff-base complexes as catalyst. Appl Catal, 2002, 234: 25 - 33.

[103] Darensbourg D J, Billodeaux D R. Aluminum salen complexes and tetrabutylammonium salts: A binary catalytic system for production of polycarbonates from $CO_2$ and cyclohexene oxide. Inorg Chem, 2005, 44: 1433 - 1442.

[104] Jacobsen E N. Asymmetric catalysis of epoxide ring-opening reactions. Acc Chem Res, 2000, 33: 421-431.

[105] Darensbourg D J, Yarbrough J C. Mechanistic aspects of the copolymerization reaction of carbon dioxide and epoxides, using a chiral salen chromium chloride catalyst. J Am Chem Soc, 2002, 124: 6335-6342.

[106] Darensbourg D J, Ulusoy M, Karroonnirum O, et al. Highly selective and reactive (salan) CrCl catalyst for the copolymerization and block copolymerization of epoxides with carbon dioxide. Macromolecules, 2009, 42: 6992-6998.

[107] Rao D Y, Li B, Zhang R, et al. Binding of 4-(*N*,*N*-dimethylamino) pyridine to salen- and salan-Cr(Ⅲ) cations: A mechanistic understanding on the difference in their catalytic activity for $CO_2$/epoxide copolymerization. Inorg Chem, 2009, 48: 2830-2836.

[108] Qin Z, Thomas C M, Lee S, et al. Cobalt-based complexes for the copolymerization of propylene oxide and $CO_2$: Active and selective catalysts for polycarbonate synthesis. Angew Chem Int Ed, 2003, 42: 5484-5487.

[109] Lu X B, Wang Y. Highly active, binary catalyst systems for the alternating copolymerization of $CO_2$ and epoxides under mild conditions. Angew Chem Int Ed, 2004, 43: 3574-3577.

[110] Lu X B, Shi L, Wang Y M, et al. Design of highly active binary catalyst systems for $CO_2$/epoxide copolymerization: Polymer selectivity, enantioselectivity, and stereochemistry control. J Am Chem Soc, 2006, 128: 1664-1674.

[111] Nakano K, Kamada T, Nozaki K. Selective formation of polycarbonate over cyclic carbonate: Copolymerization of epoxides with carbon dioxide catalyzed by a cobalt(Ⅲ) complex with a piperidinium end-capping arm. Angew Chem Int Ed, 2006, 45: 7274-7277.

[112] Noh E K, Na S J, Sujith S, et al. Two Components in a molecule: Highly efficient and thermally robust catalytic system for $CO_2$/epoxide copolymerization. J Am Chem Soc, 2007, 129: 8082-8083.

[113] Kember M R, Knight P D, Reung P T R, et al. Highly active dizinc catalyst for the copolymerization of carbon dioxide and cyclohexene oxide at one atmosphere pressure. Angew Chem Int Ed, 2009, 48: 931-933.

[114] Buchard A, Jutz F, Kember M R, et al. Experimental and computational investigation of the mechanism of carbon dioxide/cyclohexene oxide copolymerization using a dizinc catalyst. Macromolecules, 2012, 45: 6781-6795.

[115] Kember M R, White A J P, Williams C K. Highly active di- and trimetallic cobalt catalysts for the copolymerization of CHO and $CO_2$ at atmospheric pressure. Macromolecules, 2010, 43: 2291-2298.

# 第十六章
# 天然产物及药物合成

张辅民　宋振雷　涂永强

## 第一节　天然产物合成概述

从 1828 年 Wöhler 首次实现尿素的合成开始，天然产物合成经历了近 200 年的历史。其间，目标分子从一个碳的尿素到 129 个碳（含 64 个立体中心）的海葵毒素，合成策略从近乎盲目到理性设计。可以说，天然产物全合成的发展史折射了有机化学的发展历史。

尿素是蛋白质在哺乳动物体内最终代谢产物。德国化学家 Wöhler 首次由无机物氰氨酸实现了尿素的人工合成，动摇了当时阻碍化学发展的"生命力论"，也标志着天然产物合成的开始，从此掀开了天然产物合成的序幕[1,2]。此后诸多化学家开始有目的地从事天然产物的合成，其中 Fischer 对葡萄糖等的合成达到了 19 世纪天然产物合成的巅峰。

1896 年，Fischer 通过自己发展的苯肼化反应以及降解、重组、酶拆分等操作完成了葡萄糖的合成，并阐明了一些单糖间的关系，证实了天然产物合成的精妙之处；同时该合成开创了不对称反应和糖化学研究领域（至今仍然是两个非常活跃的研究领域），进一步用全合成诠释了早期提出的碳四面体立体化学问题；另外，该研究也揭开了酶的生物化学研究的序幕[1]。之后的十多年，其他一些天然产物如萜品醇、樟脑、脱品酮等相继被合成（图 16-1）。

20 世纪初期到 60 年代，得益于有机波谱学和分离技术的飞速发展，天然产物全合成迎来了蓬勃发展的契机，血红素、奎宁、吗啡、可的松、马钱子碱等一系列结构复杂且具有重要生物活性天然产物得以合成（图 16-2）；同时促进了 Grignard 反应、Robinson 环化、Baeyer-Village 氧化、Dieckmann 缩合、Reformatsky 反应、Diels-Alder 反应、Wittig 反应等一系列有机反应的发现和发

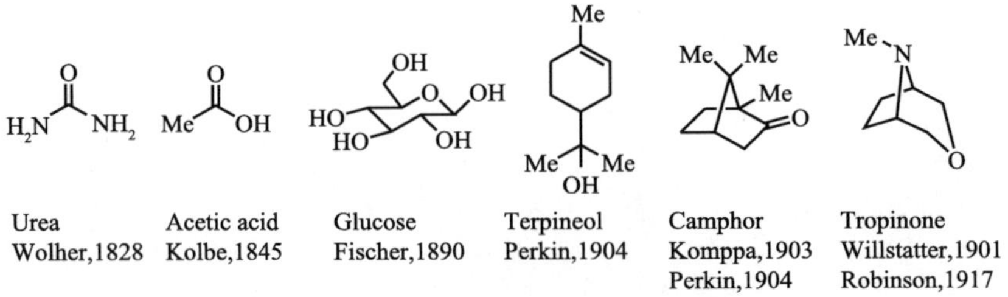


图 16-1　20 世纪初期之前合成的天然产物

展，为有机合成方法学的发展奠定了基础。特别是 Woodward 小组联合包括 Eschenmoser 小组在内的 101 位化学家的通力合作，完成了维生素 $B_{12}$ 的合成，发展了许多合成方法，并在总结诸多反应的基础上，提出了分子轨道对称守恒原理；另外，该时期对甾体类化合物的合成研究等促进了构象分析理论的产生及发展。需要强调的是，虽然该时期天然产物的合成得到了蓬勃发展，但天然产物全合成的主要目的是为了确定天然产物的结构，且在全合成设计中具有很多的盲目性和不可预见性，并未建立起系统的方法来指导全合成的设计。

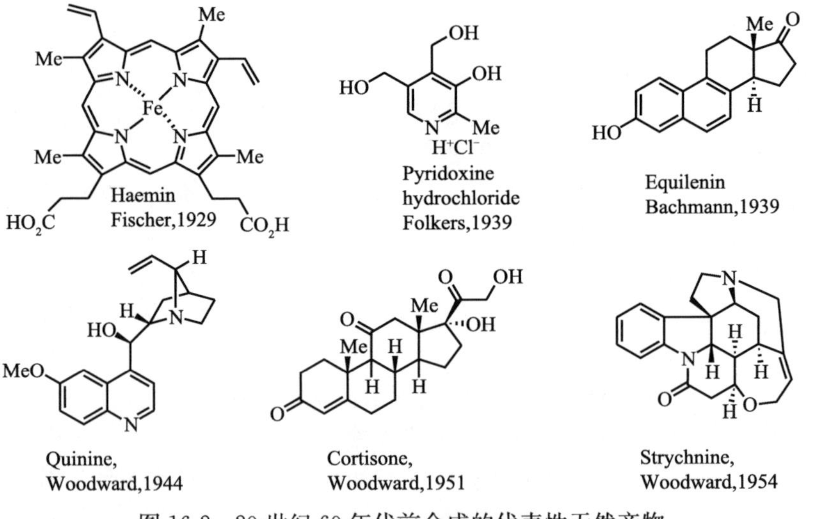


图 16-2　20 世纪 60 年代前合成的代表性天然产物

1964 年，Corey 在完成 Longifolene 全合成时首次提出了“逆合成分析法”。随后的 20 多年里，他运用逆合成方法完成了一些具有重要生物活性天然产物的全合成（图 16-3），包括 Erythronolide B、Gibberellic acid、Ginkgolide B 等，并在全合成实践中不断发展和充实了逆合成分析方法[3]。该时期 Corey 和其他化学家的另外一个贡献在于发展了诸多新的合成试剂和方法，如硅醚保护剂、催化不对称 Diels-Alder 反应等。

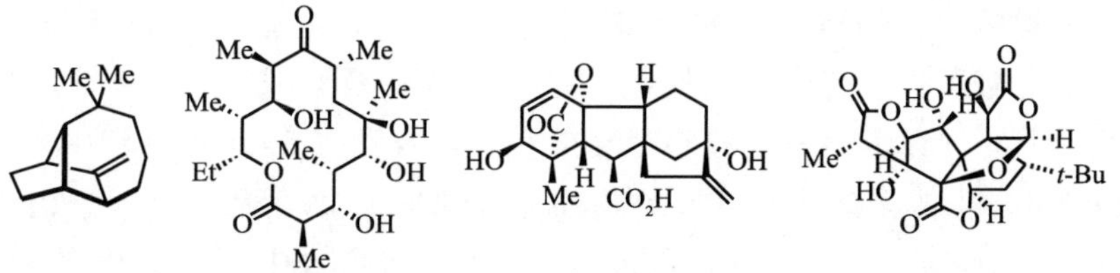


图 16 3　Corey 合成的代表性天然产物

20 世纪 90 年代后，天然产物的全合成再一次引发研究热潮，许多著名的有机化学家，诸如 Danishefsky、Evans、Kishi、Fukayama、Nicolaou 等投身到天然产物全合成的研究中，完成了一系列具有挑战性的复杂结构和良好生物活性天然产物的全合成（图 16-4）。其中包括治疗乳腺癌和卵巢癌的特

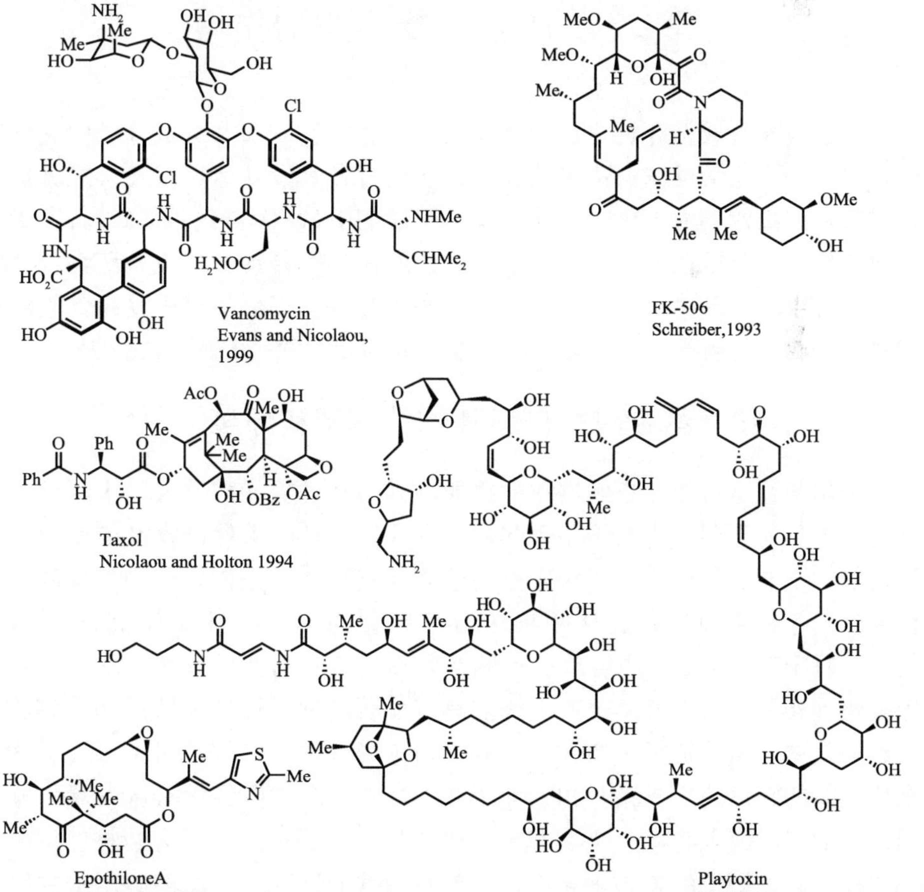


图 16-4　20 世纪 90 年代合成的一些代表性天然产物

效药——紫杉醇、细胞免疫抑制剂——FK－503、高活性抗菌糖肽类抗生素——万古霉素、显著抗癌活性的大环内酯——爱波霉素、具有 11 个环 23 个手性中心的神经毒素——双鞭甲藻毒素 B 以及具有 64 个手性和中心 7 个分子内双键（异构体多达 $2\times10^{21}$）的剧毒化合物——海葵毒素等[4]。由于现有的碳-碳键（碳-杂原子键）构筑方法在天然产物合成中还有很大的局限性，因此为金属催化的碳-碳键（碳-杂原子键）形成反应的深入研究创造了新的发展机遇，由此发现、发展和完善了许多有重要应用价值的金属催化反应和不对称反应。著名的 Heck 反应、Suzuki 反应、Negishi 反应、Stille 反应、RCM 反应、不对称氢化反应、不对称氧化反应等都是在该时期得以发展并被广泛应用。

## 第二节　天然产物合成的作用

天然产物合成是有机化学的重要研究内容之一，涉及有机分子中化学键的定向连接、化学反应的选择性控制、非酶合成的设计运用以及合成方法与合成策略的高效集成等科学问题，是分子层面上的科学与艺术的结合。天然产物合成不仅是推动有机化学理论与方法发展的重要动力，也是药物创新的基础和源泉，为解决药用资源稀缺、生态环境保护提供了科学途径，同时还促进了生物、材料、能源、环境、农业等其他相关学科的交叉与发展。

### 一、天然产物合成是创新药物的基础和源泉

天然产物是自然界长期进化的物质，其潜在的功能需要人们不断地深入研究。自从人类同疾病开始斗争起，具有药用价值的天然产物及其衍生物扮演着非常重要的角色，一直为人类的健康保驾护航，是创新药物发现的重要源泉。200 多年前，人们从罂粟中分离纯化出第一例用于镇痛的天然产物——吗啡[5]，从而标志着单一天然产物作为药物时代的开始。随后，化学家从不同药用植物中陆续分离出许多具有显著药理活性的天然产物，如从金鸡纳树皮中分离的抗疟药奎宁[6]、从古柯树中分离的麻醉药可卡因[7]、从颠茄中分离的解痉药阿托品[8]和天仙子胺[9]，以及由我国科学家从青蒿中分离出的抗疟疾新药青蒿素[10]等，这些活性天然化合物可直接作为药物应用于临床或作为药物研发的先导化合物，在创新药物的研发和人类健康水平的提高中发挥了不可替代的作用；同时，通过人工方法合成这些天然产物及其类似

物和衍生物，发现了活性更好、更具临床应用价值的药物，如多西紫杉醇的抗癌活性高于紫杉醇数倍，双氢青蒿素的抗疟疾活性高于母体青蒿素，并具有更好的稳定性等。

天然产物的全合成不仅为药物研发发现和优化先导化合物并提供相应的合成技术支撑，同时也会促进相应的药物工业和化学工业的飞速增长。虽然当时并未实现目标产物的全合成，但19世纪对抗疟疾药物——奎宁的全合成研究，开创了近代染料化学以及煤焦油工业。20世纪40～50年代对甾体化合物的全合成研究奠定了甾体药物工业化的坚实基础，并通过不断研究优化，最终使甾体药物合成实现工业化生产等。

## 二、天然产物合成是保护生物资源、维持生态环境的重要途径

天然产物分离于自然资源，大多具有显著的生理活性。据估计，目前含有各种生物活性分子的药用植物至少有五万到七万种。然而，自然资源并非取之不尽、用之不竭；就植物而言，因人类的活动或气候变化等因素，目前正在导致现存植物以一百倍、甚至一千倍于自然消亡的速度灭绝，其中多达15 000种药用植物受到灭绝的威胁[11]。值得一提的是，大多数具有良好生理活性的天然产物往往在其载体如植物、动物、微生物中的含量非常稀少，并且某些天然活性分子还具有精细的分子结构，如含有季碳原子、复杂环系、多手性中心等。以抗癌药物紫杉醇（Taxol）为例[12]，它是目前公认的广谱、活性最强的抗癌药物之一，尤其是对卵巢癌、乳腺癌、肺癌有显著的疗效[13]；它的问世被誉为20世纪90年代国际上抗癌药研究的三大成就之一；紫杉醇的结构复杂（含四环二萜基本骨架结构、一个氨基酸侧链、四个季碳原子以及十一个手性中心），且在红豆杉属植物中的含量很低，一般是树皮干重的0.01%，最高含量也不超过0.07%[14]。正是由于这些活性天然产物的自然来源十分有限，含量非常少，伴随自然环境的退化，人类对药用天然资源的过度开发等原因，相关生物资源正陷入濒危边缘，从而使生物资源的可持续利用及环境可持续发展正面临严峻的挑战。为了更好地利用天然药用资源以及从环境生态保护方面考虑，从易得的化工原料或可再生资源（如生物质等）出发，开展药用天然产物全合成则是一种科学、可持续的发展思路。对于寻找一些特有生物资源的替代途径、减少珍稀药用资源的毁灭性采伐，尤其是珍稀生物资源的保护以及生物质的循环利用等，具有长远的战略意义。

## 三、天然产物合成是推动有机化学理论与方法发展的重要动力

天然产物合成是有机化学的主要研究领域之一，其涉及有机分子化学键的定向连接、断裂或重组，是微观层次上物质分子相互作用、相互转化的可控科学，富有创造性和挑战性，它的发展水平在很大程度上标志着一个国家有机化学学科的研究水平和综合实力。纵观有机化学发展史，天然产物合成，特别对具有重要生物学意义的复杂天然产物的化学合成，是有机化学发展中的系统科学工程，也是有机化学学科发展的主要动力与灵感来源之一，极大地推动了有机化学新反应、新试剂、新方法的发现、发展，为有机合成方法学提供了进一步拓展的空间和真正的“用武”之地。例如，Diels-Alder 环加成反应（Diels 和 Alder，1950 年诺贝尔化学奖）、烯烃复分解反应中的 Grubbs 催化剂（Grubbs，Chauvin 和 Schrock，2005 年诺贝尔化学奖）、钯催化交叉偶联反应研究（Heck，Negishi 和 Suzuki，2010 年诺贝尔化学奖）等，均在天然产物合成中广泛应用，并得到了迅速的发展。

同时，天然产物合成也是推动新理论、新概念的提出和发展的重要源泉。例如，Woodward 和 Eschenmoser 在维生素 $B_{12}$ 全合成中的关键反应之一为 Hoffmann 提出的“轨道对称性守恒理论”（1981 年诺贝尔化学奖）奠定了坚实的基础，Corey 在大量总结了天然产物全合成的实践而提出的“逆合成分析”新概念[3]（1990 年诺贝尔化学奖）。

## 四、天然产物合成与化学领域其他学科的交叉及其推动作用

天然产物合成是一个多学科综合集成的研究领域，其与药物科学、生物科学、材料科学、农业科学以及资源环境科学等均有不同程度的交叉融合，可为这些学科的进一步发展提供有力的支撑与推动作用。例如，对于药物科学而言，天然产物合成化学中的合成方法、合成技术、合成策略是药物研究中分子结构多样性、活性先导化合物结构发现以及优化的基础；在生物科学的生物化学以及新兴的化学生物学领域中，合成的天然产物及其衍生物、类似物可以在分子层次上帮助人们更多地了解和认识生物大分子与化学小分子之间的相互作用机理并有效地调控二者间的相互作用；对于材料科学来讲，天然产物的合成方法为结构复杂和特定功能的有机材料分子的人工合成提供强有力的手段；在农业科学中，天然产物化学合成是各种新型、绿色农药研究的重要基础之一；在资源、环境的可持续发展方面，天然产物的高

效、绿色合成为特有生物资源、珍稀药用资源的保护与利用以及相关替代化学品的寻找提供了新途径。此外，天然产物合成研究还与化学领域中其他二级学科有着密切的关系。例如，有机配体、分子探针、分子组装的主客体等都是结构多样化的有机化合物，它们的高效、多样化合成，对相应的无机、分析、高分子及物理化学等研究工作的发展，无疑会起到直接的推动作用。

纵观近代有机化学历史，每一次渐进发展背后的跨越都与“新反应的发现、新试剂的使用、新方法的建立、新概念的提出、新理论的发展”息息相关，而事实上在这些重要的化学创新实践中，天然产物合成在一定程度上为其提供了直接或间接的动力。也正是基于这种广泛的合成应用，才得以使这些化学变化加深了人类对物质世界自然规律的认知。因此，可以说没有天然产物合成化学内在的综合发展，就不会有现代有机化学的辉煌。

## 第三节　天然产物全合成的现状

天然产物合成经过 100 多年的发展，已成为创造新物质、发现新反应、孕育新理论的重要研究领域。目前，天然产物全合成研究工作主要集中在如下几个方面。

### 一、目标分子的选择更注重其功能和用途

天然产物是自然界经过长期进化得到的物质，是动物、植物以及微生物等为了适应环境、抵御“外敌”而“物竞天择”获得的结构多样化、生物学功能特异最佳小分子（当然，目前人类并未充分理解和掌握大部分天然产物的作用机制和功能）。天然产物一直作为生物学过程以及药物靶标的理想探针，是创新药物的重要来源；据统计，1981 年至 2006 年全球批准的小分子创新药物中，有 63%的药物源于天然产物[15]。生物活性定向合成（biology-oriented synthesis）[16]以及功能定向合成（function-oriented synthesis）[17]日益受到研究人员的青睐，天然产物的功能和用途成为合成工作者选取目标分子的首要考虑因素。针对一些严重影响人类健康的重大疾病，如癌症、获得性免疫缺乏症、心脑血管疾病等，合成工作者选择具有高生物生理活性的天然产物作为目标分子，如具有良好选择性抗癌活性的 Cortistatin A[18] 和 Englerin A[19]，具有良好抗 HIV 活性的 12-deoxyphorbol-13-phenylacetate[20]；针对农业生产中出现的病虫害等问题，选择良好的先导化合物，如能高效杀灭影响马铃薯生长的害虫的 Solanocelepin A[21]；以及针对植物生长过程中的调节剂等。值得一提的是，许多天然产物都具有多种显著的生物活性，如具有抗癌和免疫促进作用的 Bryostatins[22]。近年来已合成的代表性高活性天然产物结构如图 16-5 所示。

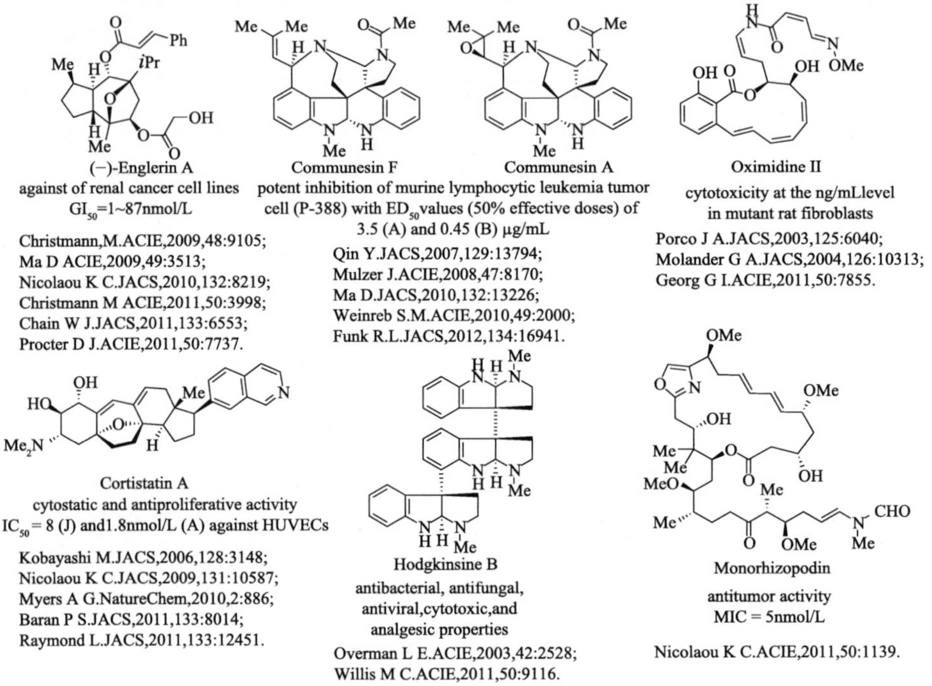


图 16-5 近年来已合成的代表性高活性天然产物

下面以平板霉素的合成为例做一阐述。

2006 年，默克公司从南非土壤样本中分离获得对革兰氏阳性菌敏感的广谱、强效抗生素——平板霉素（platellsimycin）。该天然产物可高选择性地阻断细菌脂肪酸的生物合成过程，对耐甲氧西林金葡菌（MRSA）和耐万古霉素肠球菌等均有效，且未见与其他抗生素交叉耐药，具有潜在的临床应用前景。

由于其强效的抗菌能力、全新的作用机理和新颖的分子结构，自分离报道起就引起了合成工作者的广泛关注。在过去的几年里，针对平板霉素的合成，出现了异彩纷呈的合成策略[23]。其中 Nicolaou 率先完成了平板霉素消旋体的全合成，并在后续的工作中开发了多条高效的不对称合成路线。同时，

Ghosh 小组通过高效的分子内 Diels-Alder 反应成功实现了目标分子的全合成，而其他小组主要是围绕 Nicolaou 的关键中间体的合成进行的，发展了多条合成平板霉素的路线（图 16-6）。

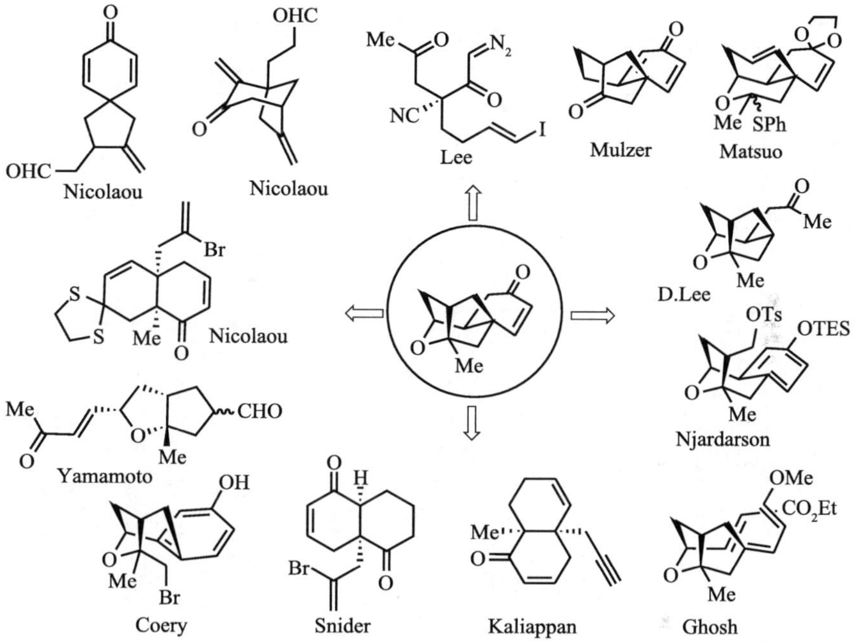


图 16-6 平板霉素的合成总览图

## 二、目标分子的结构复杂化

复杂天然产物中的环系、立体中心、三维空间结构、多样的生物生理活性等吸引了无数合成化学家，同时复杂天然产物中的键与键连接顺序、官能团空间排布等也是合成化学家实现其创造性思维和合成设计的“练兵场”。因此，复杂天然产物的合成一直以来是天然产物合成的“常青树”。具有六个手性中心、七个稠环的马前子碱的合成可以说贯穿了整个 20 世纪中有机合成的发展过程，清晰地勾勒了天然产物合成的发展脉络。从 Woodward 在 20 世纪 50 年代以 28 步 0.000 06% 收率首次完成全合成，到 2011 年 Vanderwal 实现了 6 步 1.7% 收率的简短合成[24]以及 MacMillan 的 12 步 6.4% 收率的高效不对称合成[25]。图 16-7 列出了近年来合成的一些结构较为复杂的天然产物。

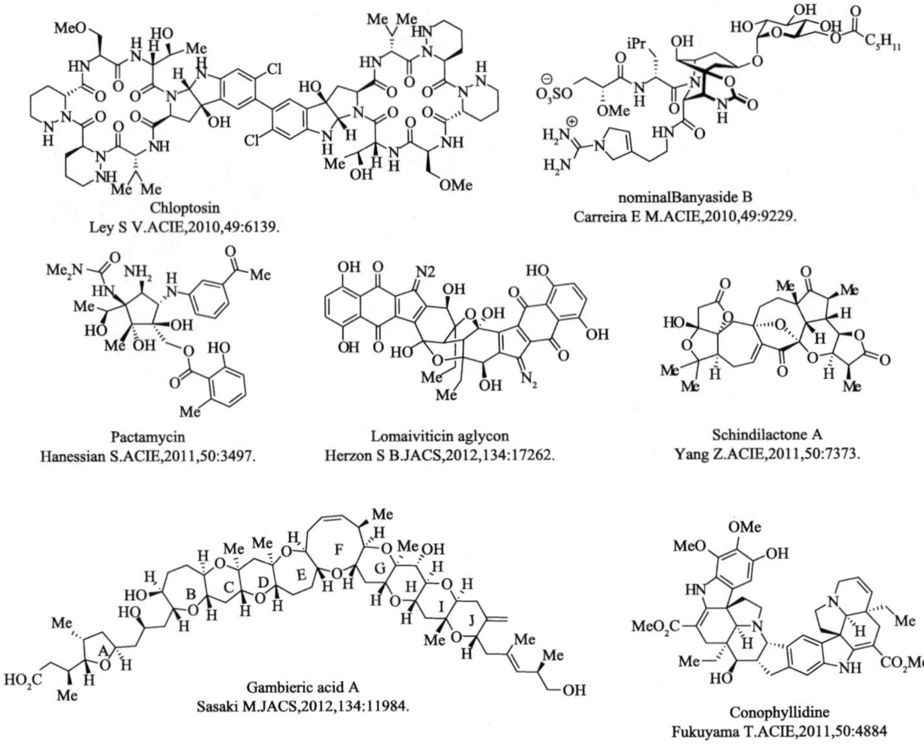


图 16-7　近期完成的代表性复杂目标分子

## 三、注重目标分子的结构多样化

多向性合成（diversity-oriented synthesis，DOS）[26]是在 20 世纪 90 年代在组合化学的基础上发展并逐步成熟起来，与传统的目标定向的合成（target-oriented synthesis，TOS）仅为了合成一个目标分子相比，多向性合成则更注重从共同的中间体出发，兼顾合成策略的普适性和灵活性，从而可选用不同的途径实现系列化合物以及类似物、衍生物等合成，为建立功能分子库、筛选并发现多样的功能有机分子和生物合成途径等提供支撑（图 16-8）。由于多样性合成能利用中间体通过较短步骤的转化实现产物骨架、立体化学的多样性以及复杂性，尤其在药物研发和催化剂的筛选、功能材料的优化等方面凸显其重要性，得到了合成工作者的高度关注。

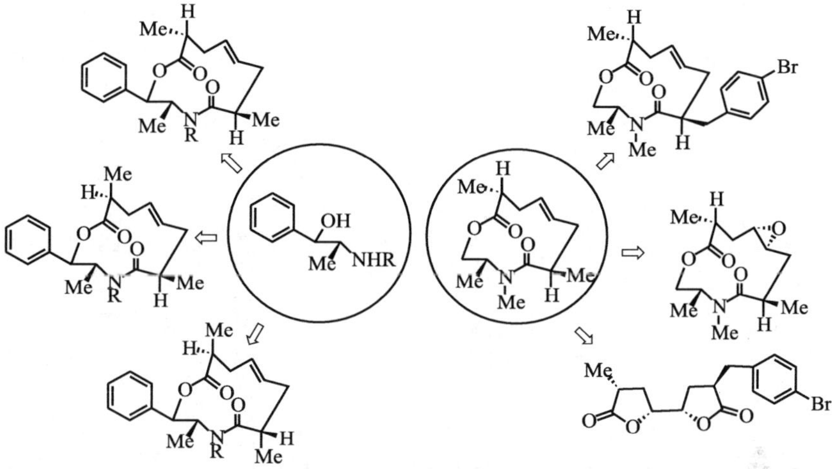


图 16-8　多向性合成的例子

## 四、注重新方法和新反应在全合成中的应用，特别是涉及多环、多立体中心的高效构建

合成工作者在天然产物合成中一直关注着新反应的发现、挖掘以及新方法的建立，同时，他们也在不断吸取有机合成方法学的最新研究成果，并将这些发现的新反应、建立的新方法巧妙地应用于天然产物的合成中。新反应（串联反应、多组分反应、不对称 Heck 反应、RCM 反应等）以及最新发展的合成方法（C—H 官能团化以及有机小分子催化反应等）在天然产物合成中得到了广泛的应用，受到了空前的关注。下面将分别加以叙述。

### （一）串联反应在全合成中的运用

串联反应可在一步操作中实现多个化学键的构建、多个立体中心的构筑，凸显其高效、绿色、环保、经济、可操作性等优点，是对“理想合成”所要求的步骤经济性和原子经济性的最好诠释。在天然产物全合成中，若能以串联反应作为关键步骤则可高效简捷实现目标分子的合成。

在石松科生物碱 Lycoflexine 的全合成中，Ramhaarter 小组设计并成功运用三次串联（Sakurai/Aldol，enynene ring-closing metathesis，deportection/transannular Mannich）反应，使得整个合成路线环环紧扣、一气呵成，最终以 8 步操作、13%总收率完成目标分子的全合成（图 16-9）[27]。

### （二）碳-氢键官能团化在全合成中的运用

有机化合物中碳-氢键直接官能团化是一个非常强大和理想的构筑碳-碳

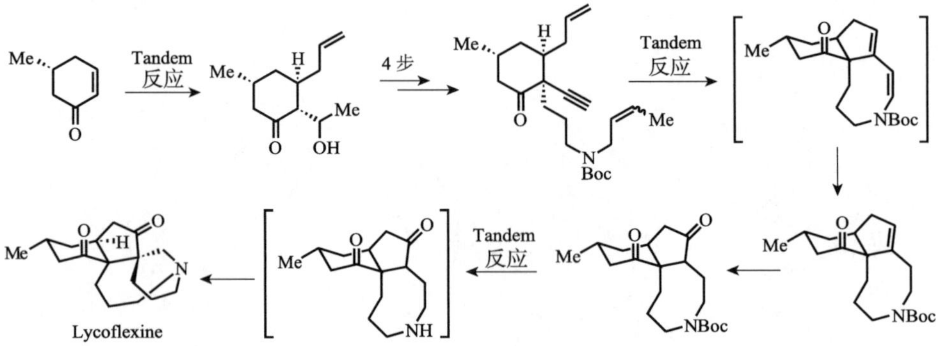

图 16-9　串联反应在 Lycoflexine 全合成中的应用

键和碳-杂原子键的方法之一。若能将该方法用于天然产物全合成，则不仅能简化目标分子的合成步骤，而且改变合成化学家对化学反应性和合成计划的思考方式。1958 年，哈佛大学 Corey 利用碳-氢氯化实现了 dihrdroconessine 的全合成[28]（图 16-10），此后一直有研究工作者将其运用于全合成，其中 Evans 利用两个碳-氢键的偶联高效完成了万古霉素关键片段的合成非常精彩（图 16-11）[29]。

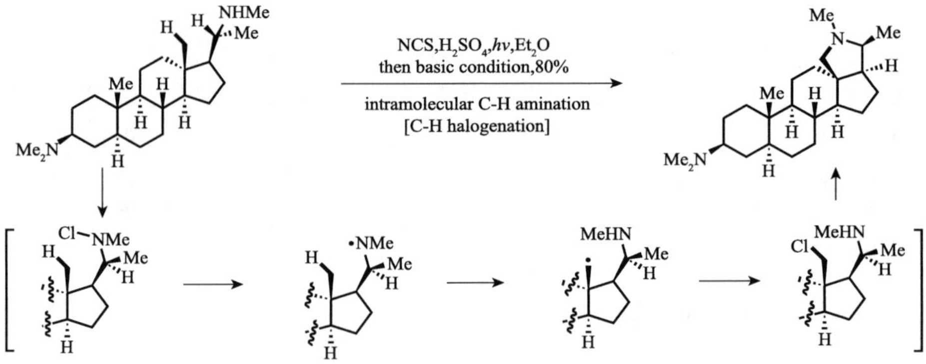

图 16-10　Corey 利用碳氢氯化反应实现了 dihrdroconessine 的全合成

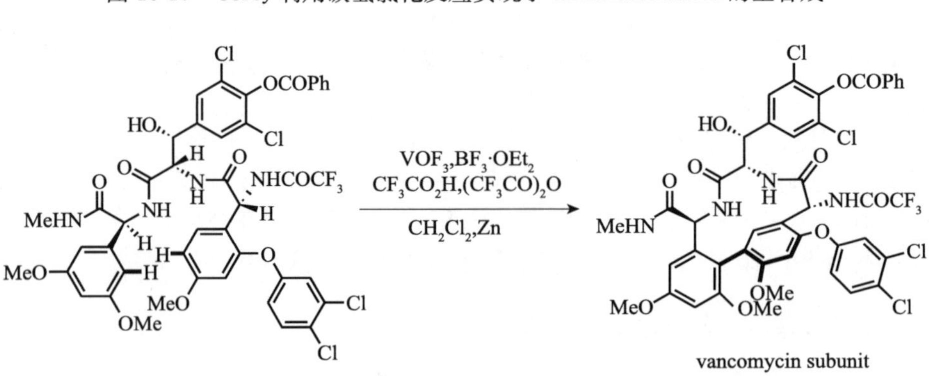

图 16-11　碳-氢键的偶联实现万古霉素片段的合成

进入21世纪后，碳-氢键官能团化研究受到了高度关注，并得到了迅猛发展。越来越高效的碳-氢键官能团化的方法，包括芳基化反应、烷基化反应、烯基化反应、胺化反应、氧化反应、硼化反应、卤代反应等被广泛研究。但遗憾的是，将其作为关键步骤应用于复杂结构用于复杂结构分子的合成中仍然具有巨大挑战，故一些有影响力的小组致力于该领域研究，并取得了一定的成绩[30,31]。最近，Baran通过两次选择性碳-氢键芳基化反应，实现了piperarborenines的高效合成[32]，Rawal通过乃春的插入实现了碳-氢键的氨化反应，完成了具有挑战性的吲哚生物碱（－）-*N*-Methylwelwitindolinone C Isothiocyanate等的高效合成[33]，而马大为研究员则通过氧化偶联高效实现Communesisn A中季碳的构筑以及六元环的构建[34]，为快速简洁合成Communesisn A奠定了坚实的基础（图16-12）。

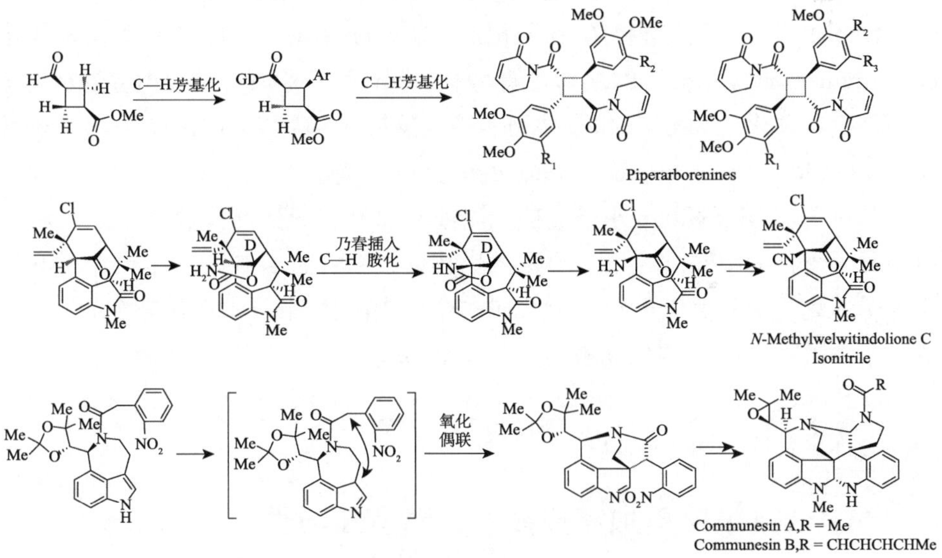


图16-12　碳-氢键官能团化在全合成中的示例

## （三）有机小分子催化反应在全合成中的运用

近十年来，有着“仿酶催化”之称的有机小分子催化是不对称催化领域研究的一大热点。由于该过程中避免使用重金属催化剂，故在有机合成方面有着广阔的应用前景。另外，该类催化反应条件温和，不需要无水无氧操作等，故符合绿色化学的要求，还可以通过巧妙设计串联反应的方式，实现多官能团、复杂结构单元的简捷高效构筑。因此，有机小分子催化的不对称串联反应成为当今合成天然产物的一种重要手段。

1998 年，Terashima 小组首次利用金鸡纳碱催化的 Michael/Aldol 串联反应高效构建合成中间体，从而完成了天然产物（—）-Huperzine A 的不对称合成（图 16-13）[35]。虽然不对称催化的对映选择性不理想，但其开启将有机小分子催化的串联反应成功应用在天然产物全合成中的新篇章，因此具有重要的意义。

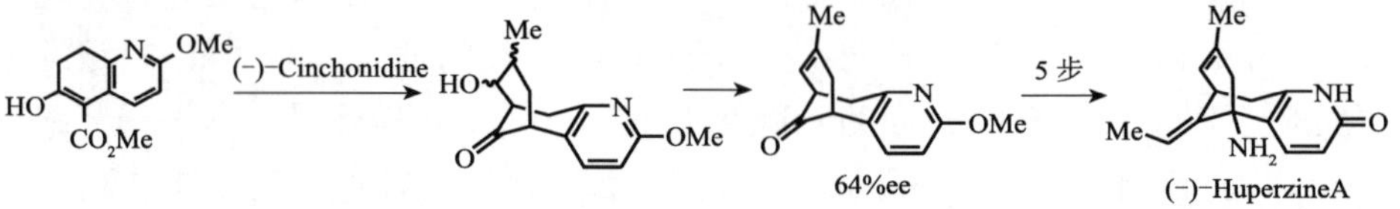


图 16-13　有机小分子催化的天然产物（—）-Huperzine A 的不对称全合成

从此，该策略不断被成功应用于天然产物的不对称全合成中[36]。2006 年，Itoh 小组利用脯氨酸衍生物催化的 Mannich/Michael 的串联反应来构建 ent-dihydrocorynantheol 的基本骨架[37]；Hamada 小组和 Bräse 小组分别用脯氨醇衍生物催化的 aza-Michael/Aldol 串联反应来构建 Martinelline 的主要骨架[38]和实现 4-dehydroxydiversonol 的全合成[39]等。

2011 年，MacMillan 小组突破了以前定向性合成天然产物的局限，将有机小分子催化的串联反应用于吲哚类生物碱的多样性合成中。他们通过有机小分子催化的串联反应得到一个共同的合成中间体后，通过不同的化学转化成功实现了六个吲哚类生物碱（—）-strychnine、（—）-akuammicine、（＋）-aspidospermidine、（＋）-vincadifformine、（—）-kopsinine 和（—）-kopsanone 的不对称全合成（图 16-14）[25]。

## 五、合成策略更加简捷高效、富有技巧性

### （一）仿生策略

自然界在相对温和的条件下创造了无数神奇和功能多样的天然产物，如何仿效自然界来实现天然产物的合成是合成工作者孜孜以求的目标。

1917 年，罗伯特·鲁宾逊首次利用仿生策略，以丁二醛、甲胺和 3-羰基戊二酸为原料，通过曼尼奇（Mannich）反应“三步一锅”法合成托品酮，开辟了仿生合成的先河（图 16-15），从此仿生合成受到越来越多合成化学家的关注。

相比于传统的合成策略，仿生合成通常具有一定的合成高效性，这不仅可

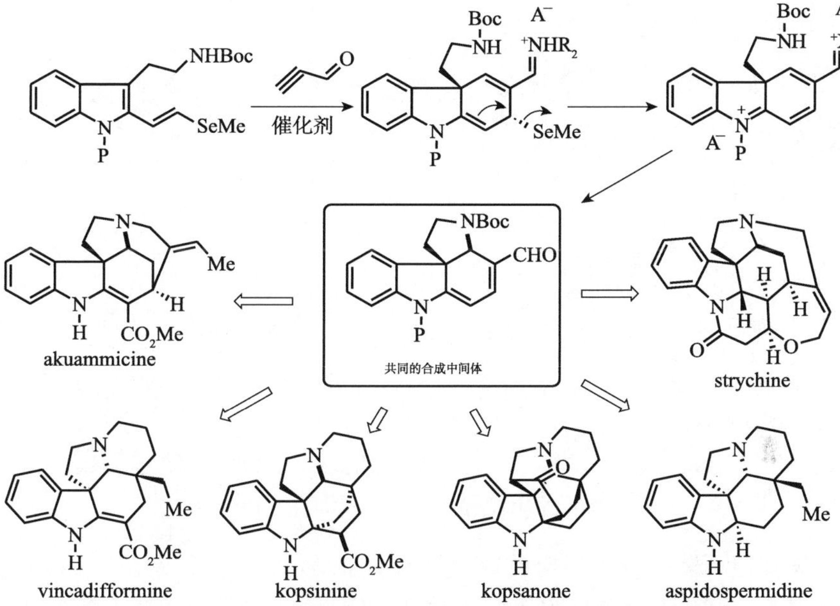


图 16-14　有机小分子催化的串联反应在全合成中的应用

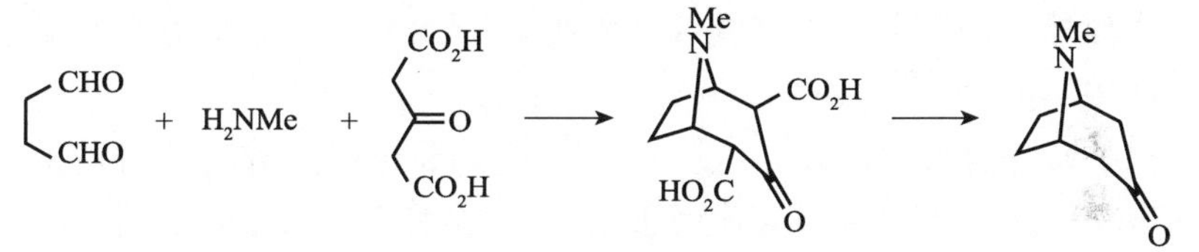


图 16-15　仿生合成托品酮

以在一定程度上缩短合成路线，而且有可能实现一些未知的化学转化，从而促进合成方法学的发展。同时，天然产物之间仿生转化的实现可以佐证天然产物之间的生源关系，也为天然产物的生源合成假说提供强有力的支撑。另外，仿生合成天然产物可使我们真正理解酶以及非酶催化的化学转化。经过近一个世纪的发展，仿生合成策略已成为天然产物全合成最主要的合成策略之一。

效仿自然界的多烯环化、酚的氧化偶联、Diels-Alder 反应等均实现了诸多天然产物的全合成[40]。最近，雷晓光小组利用 Diels-Alder 反应为关键转化仿生合成了 Gochnationlide A、Gochnationlide B 以及 Gochnationlide C[41]，为这些化合物的生源合成和转化提供了新证据（图 16-16）。

## (二）无保护基策略

当复杂分子中含有多个可以参与同一反应的官能团时，合成化学家常

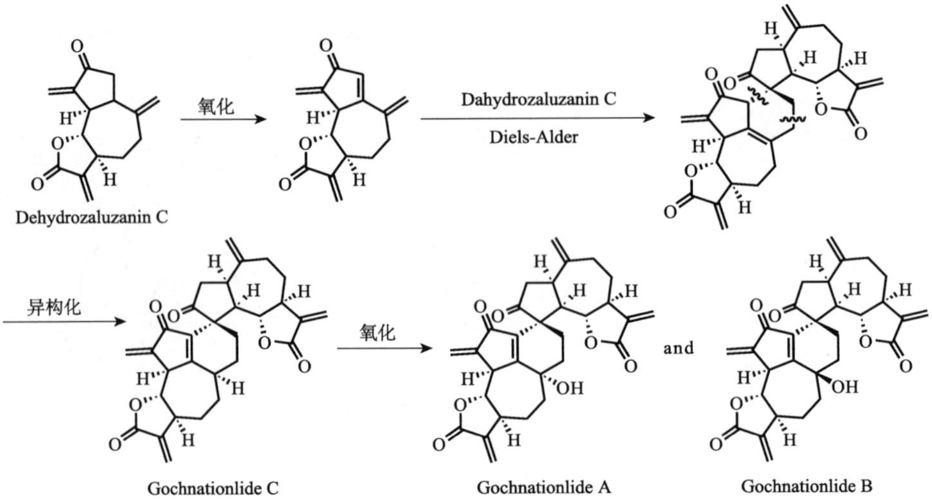


图 16-16　仿生合成 Gochnationlide 类化合物

使用保护基把不需要进行反应的官能团先保护起来，待反应完成后再脱除保护基，因此应用保护基策略解决了化学反应专一性问题，尤其在复杂天然产物的全合成中使用保护基策略更为常见。但是保护基的安装以及保护基的脱除两步“额外”操作会引起合成效率降低，因此最好的解决方案则是尽量避免或不使用保护基。

无保护基法合成（protecting-group-free synthesis）作为一种新的合成策略，在早期的文献中曾有报道，由于当时人们对有机合成方法掌握的局限性，并未广泛应用于复杂天然产物全合成中。但随着有机合成方法学的深入研究，利用基团间反应性质的差别来控制化学选择性就可以避免使用保护基。近几年关于无保护基法合成复杂天然产物时有报道，越来越受到有机合成化学家的关注[42,43]。最近利用无保护基策略合成的几个复杂天然产物（图 16-17）[19,44,45]，充分彰显了该策略在天然产物全合成中的优势。

## 六、快速、高效、规模化制备具有显著生物生理活性的天然产物

利用分离技术获得具有显著生物活性分子存在天然产物资源消耗过大、环境成本较大等问题，同时也是一项艰巨的任务，且由于自然资源保护、环境变化等因素，天然产物分离的重现性不稳定，这些因素都制约着活性天然产物的生物学研究进程。以化学合成为切入点，发展简捷高效的合成路线是一条提供药用天然产物更为经济和高效来源的有效途径，可解决生物学研究

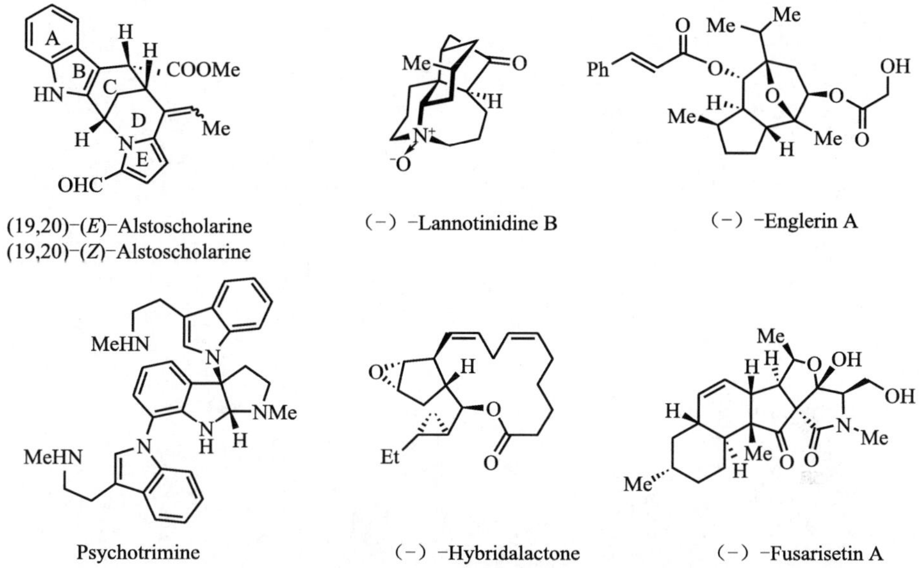


图 16-17　采用无保护基策略完成的目标分子

原料供应的瓶颈；同时还可以扩大化合物库的规模，为进一步的活性筛选奠定基础和提供物质支撑。因此如何快速、高效、规模化制备具有显著生物生理活性的天然产物是当今天然产物合成工作者面临的最重要和最迫切问题之一。下面以 Fusarisetin A 和 Cortistain A 的全合成为例来说明。

Fusarisetin A 是从真菌 *Fusarium* sp. FN080326 中分离得到的，生物活性测试表明该化合物对乳腺癌细胞系 MDA-MB-231 具有生长抑制作用，更为重要的是，该化合物具有腺泡发生（77μmol/L）、细胞转移（7.7μmol/L）和细胞入侵（26μmol/L）的抑制活性且不含显著的细胞毒性，具有潜在的药物应用前景[46]。由于其独特的生物活性和少见的多环多立体中心分子骨架，Fusarisetin A 引起了全球有机合成工作者的普遍关注。自 2011 年 Fusarisetin A 被分离报道短短一年多的时间内，已有四个研究小组（李昂[47]、Theodorakis[45,48]、高栓虎[49]以及杨震[50]）完成了该天然产物的全合成。同时，Theodorakis 小组运用与高栓虎小组类似的策略实现了 Fusarisetin A 的克级制备[48]（图 16-18）。

Cortistatin A 是由 Kobayashi 于 2006 年从一种名为 *Corticium simplex* 的海绵中分离得到的甾体生物碱，对人脐静脉内皮细胞（HUVEC）的生长抑制活性高达 1.8nmol/L，选择性指数大于 3300，成为 Cortistatin 家族中“最耀眼”的明星分子，也成为国内外有机合成工作者竞相合成的目标。分离至今，全球

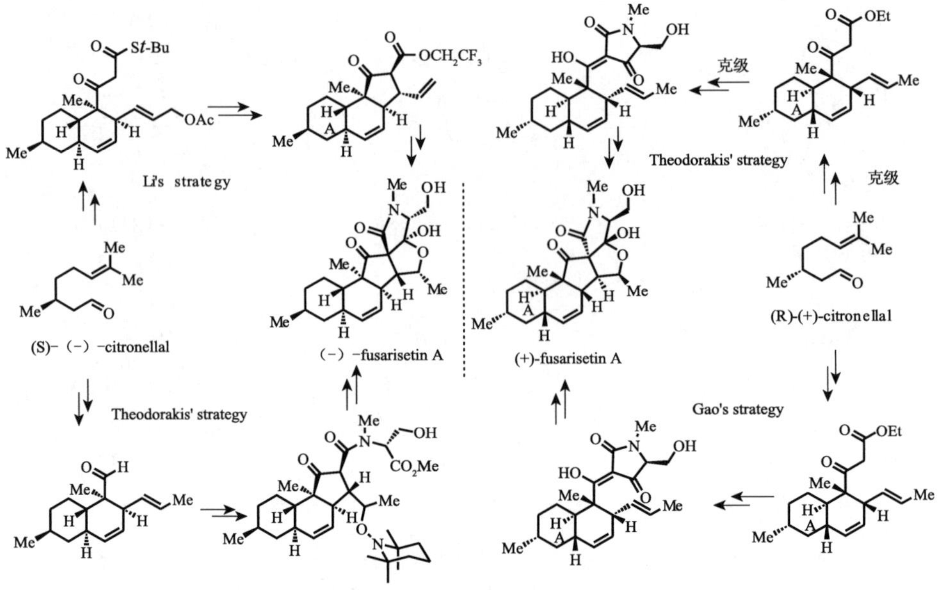

图 16-18　Fusarisetin A 的快速合成

有机合成工作者对 Cortistatin A 的合成做出了大量的尝试并取得了一定的成果，但这仅限于实验室合成研究，而对于 Cortistatin A 作为潜在的药物分子能否真正大规模生产乃至造福于人类任重道远。值得庆幸的是，Baran 小组以廉价的甾体药物强的松（Prednisone）为起始原料高效地完成了 Cortistatin A 的克级制备[51]，为 Cortistatin A 的后续生物学研究奠定了坚实的基础（图 16-19）。

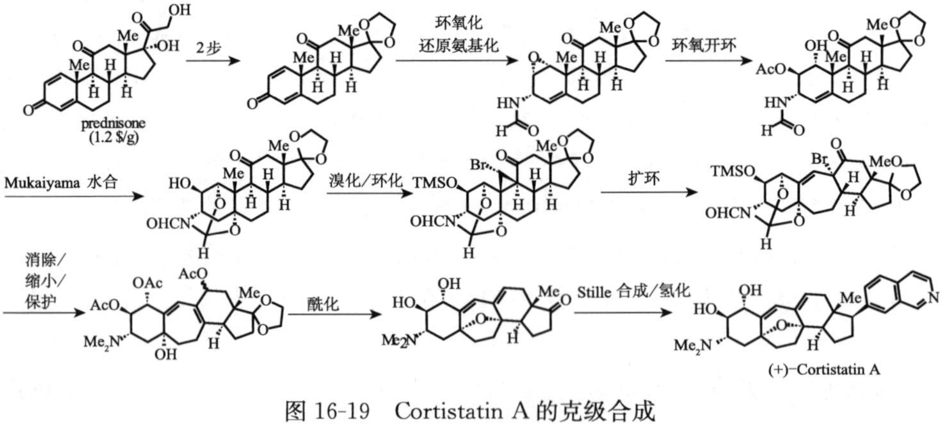

图 16-19　Cortistatin A 的克级合成

此外，相对于有机小分子天然产物，一些生物大分子的结构更为复杂、功能更为多样，但合成更具挑战。近年来，由于有机合成方法学的迅猛发展，一些生物大分子的合成也越来越多地受到了关注，如糖类、蛋白质、核酸等的合成[52-54]。

## 第四节　有机药物的合成

### 一、有机药物合成的概述

药物在人类抵御疾病、提高生活质量等方面具有不可替代的作用，利用药物治疗疾病是人类文明的重要标志之一。天然产物作为人类最早使用的药物，包括众所周知的吗啡、水杨酸、青霉素、青蒿素等。由于天然资源的有限性，若能从简单的起始原料出发，对药物进行人工合成则显得更为重要。

有机药物的合成可以追溯到 19 世纪 60 年代，Koble 利用酚钠盐和二氧化碳合成了水杨酸，开创了药物合成的先河，也为后来拜耳公司实现阿司匹林的工业化生产奠定了基础。1927 年，第一次用人工合成的方法获得了能控制链球菌感染的磺胺类药物——百浪多息，使肺炎等细菌性传染疾病得到了有效控制，为化学合成非天然的药物分子开辟了另一条通道，并发展成为重要的药物来源之一。20 世纪 40～50 年代，甾体化学的深入研究促进甾体药物合成的发展，一系列重要的甾体药物得以合成并用于临床。人类发明和合成的化学药物，既给人类带来了极大的益处，但也造成了一些不应有的悲剧。20 世纪 60 年代合成药物中的“反应停”事件可以说是 20 世纪人类最大的悲剧之一。此后，人们对手性药物的需求则更为迫切，药物合成则更注重不对称反应的研究，也加速了有机合成中重要的不对称反应的发展。诸如不对称氢化、不对称氧化、不对称环氧化等反应的深入研究，著名的诺贝尔化学奖获得者美国科学家威廉·诺尔斯、日本科学家野依良治（不对称氢化反应）和美国科学家巴里·夏普雷斯（不对称氧化反应）等均从事该领域的研究工作。

20 世纪 80 年代，组合化学的出现为药物合成和筛选拓展了新思路，人们可以通过组合化学的方法获得大量的化合物用于生物活性测试；但随后的事实证明，单纯依靠组合化学无法满足药物化学对化合物结构复杂性和多样性的要求，因此多样性合成（DOS）策略得到药物合成化学家的推崇。

20 世纪 80 年代以来，碳-氢键官能团化在有机合成中得到了广泛的应用，药物合成也充分利用这一最新研究成果，在许多药物的合成中都能领略到碳-

氢键官能团化的高效应用。

同时，21 世纪初的有机小分子催化在药物的合成中得到了充分的发挥和体现。与传统的金属催化相比，有机小分子催化显得更为重要，因为金属催化中金属的残留一直困扰药物的合成和生产，而有机小分子催化恰恰能解决这一难题。

有机药物合成也在不断借鉴有机合成已发展的新方法、新手段、新反应等。固相合成、微波协助的合成、无溶剂合成、水相合成等也在药物合成中显示出独特的作用。

有机药物合成与天然产物合成具有一定的相关性，所以对于天然产物合成的诸多策略都可以用于有机药物合成中。但是，与天然产物合成相比，有机药物合成更加注重如下几个方面：

(1) 绿色、环境友好、节能、安全的反应。反应中试剂和溶剂的选择、反应条件的优化、反应废物的处理等问题需综合权衡，并应充分考虑绿色化学中的 12 个基本原理；同时尽可能避免高温、低温等能耗严重的反应，以最大限度地降低生产成本。在药物合成中还应考虑 E-Factor (Environmental factor= [product]/[Total waste]) 以及 PMI (Process mass intensity = [total mass in a process or process step]/[mass of product]) 等因素。

(2) 原子经济、步骤经济以及氧化还原经济反应。原子经济、步骤经济以及氧化还原经济反应在药物合成中显得尤为重要，因为这是降低药物合成成本的最直接途径之一。因此，一些新型的反应在药物以及先导化合物和衍生物的合成中得到了很好的应用和发挥。2011 年，于金泉研究小组和辉瑞公司合作[55]，利用导向官能团，通过烷基化、芳基化、卤化、羧基化、烯基化等多种转化，实现了对治疗关节炎的新药——塞来西布衍生物以及类似物的高效合成，为该类药物的多样性合成奠定了坚实的基础（图 16-20）。

(3) 可持续发展的思路。药物合成应优先利用可再生的资源（如生物质等）作为原料，并充分考虑低排、低毒等环保理念，这样才能使药物分子的合成更具可持续发展潜力。

(4) 新技术在药物合成中的应用。利用 SFC (supercritical fluid chromatography) 来代替传统的 HPLC，超临界 $CO_2$ 作为流动相实现药物分子的分离纯化，解决 HPLC 分离化合物使用溶剂量大、安全性差、三废的处理、成本高等弊端；利用流动化学来实现一些难以完成的反应，可解决普通反应存

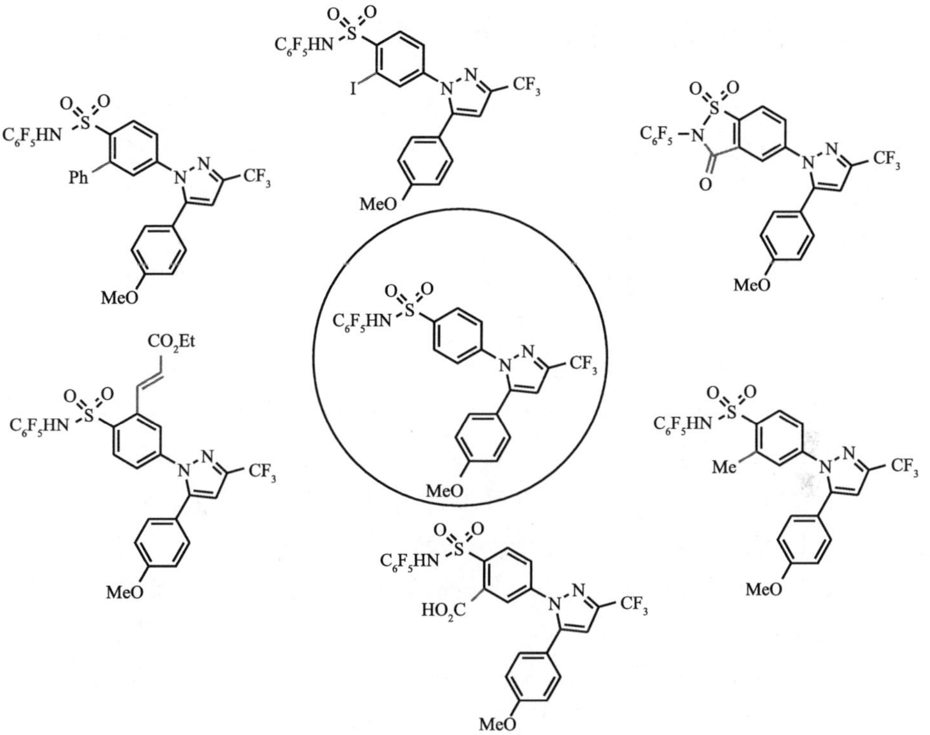


图 16-20 塞来西布衍生物的高效多样性合成

在的效率低、安全性差、无法实现自动化、废物多、溶剂量大、难以催化循环、柱层析、操作步骤多等诸多弊端。

（5）一些常规反应的优化研究。在药物合成中，如何规模级、低成本、原子经济、易操作地实现酰胺化反应、醇转化成醛酮的氧化反应、硝基的还原反应、氮和氧的烷基化反应、酯的水解反应以及双键的环氧化反应等均是亟须解决的问题。因此，需要对上述提及的反应不断进行优化研究。据统计，酰胺化反应约占药物合成中总反应的 16%，因此大量的偶联试剂发展并应用于该化学转化。

（6）生物催化的应用。生物催化有其显著的特点：高选择性、温和的反应条件、廉价的还原或氧化剂、不使用金属催化剂、可重复应用等，因此更符合药物“绿色”合成的要求，故而引起药物合成化学家的广泛关注。

由于药物合成和天然产物合成在许多方面有共同之处，下面仅以抗流感药物——奥司他韦的合成为例，对药物合成在起始原料的选择、反应条件的优化、有毒和危险试剂的避免使用、新方法的建立等方面加以叙述。

## 二、药物合成的实例——抗流感药物奥司他韦的合成

自 1996 年 Gilead 公司的 Kim 等首次合成奥司他韦活性化合物 GS-4071（奥司他韦结构中的乙酯基水解为羧基）以来，奥司他韦的化学合成引起了世界范围内合成工作者的普遍关注。迄今，已有近 30 余条合成路线被相继报道[56-63]。从结构上来看，尽管奥司他韦骨架并不复杂，但是在一个六元环上密集了一个酯基、一个环内双键、一个烷氧基、两个氨基共五个官能团，以及三个连续的手性中心，因而其合成，尤其是适合工业化生产的高效合成仍然具有一定的挑战性。

目前所报道的奥司他韦合成策略大致可以分为两类（图 16-21）：① 以已具有六元环结构的化合物为起始原料，通过对六元环的官能团化进行合成。在该策略中，天然提取物（—)-莽草酸和（—)-奎尼酸仍然是目前工业生产普遍使用的起始原料。另外，以各种取代苯环为起始原料近年来也逐渐受到关注。② 以官能团化小分子化合物为起始原料，通过构建六元环骨架进行合成。按反合成分析断键的方式，这个策略又可以分为断裂两个碳-碳键和断裂一个碳-碳键两小类。其中第一小类均以 Diels-Alder 反应为关键步骤，而第二小类主要围绕环内双键的构筑展开，采用的成键方法有 Aldol 反应、Horner-Wadsworth-Emmons 反应以及 RCM 反应等。

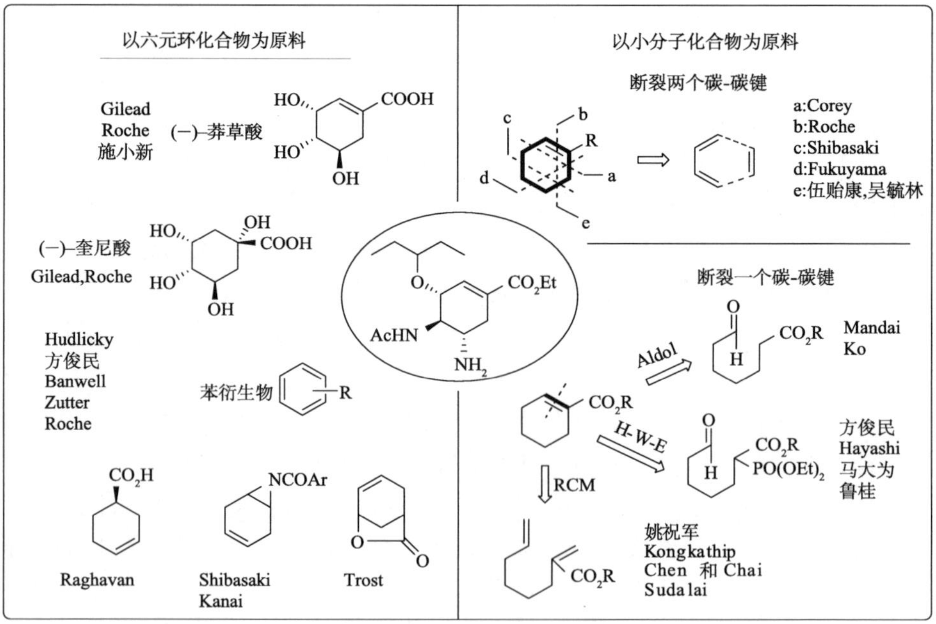


图 16-21 奥司他韦合成总览

## (一) 由六元环化合物合成奥司他韦

### 1. 由莽草酸或奎尼酸合成

在奥司他韦合成研发初期，(一)-莽草酸因其结构与目标分子的高度相似性，因而成为最通用的起始原料。但由于从植物八角的干燥成熟果实中分离提取是（一)-莽草酸主要来源途径，而八角的主产地在中国，资源有限，因此 Gilead 公司随后又发展了一条以相对便宜易得的（一)-奎尼酸为原料的合成路线。虽然早期的合成路线可以以较少的步骤和较高的收率得到奥司他韦，但其始终存在一个重大的缺陷：在引入奥司他韦结构中两个氨基时，均需要使用毒性较大、安全性差的叠氮化钠作为氮源，并生成了易爆炸的叠氮化物中间体；而这对于工业化大规模生产则是非常危险的。在对如何避免使用叠氮基团引入氨基的探索中，罗氏公司率先取得了突破。2004 年，该公司以叔丁胺对环氧开环和二烯丙基胺对环氮化合物开环为关键步骤，成功实现了有机胺代替叠氮化钠作为氮源的合成路线（图 16-22)。该路线不仅避免了潜在的安全隐患，而且提高了收率、简化了纯化步骤（中间体无需纯化)，因而成为了一条非常具有工业化前景的合成路线。

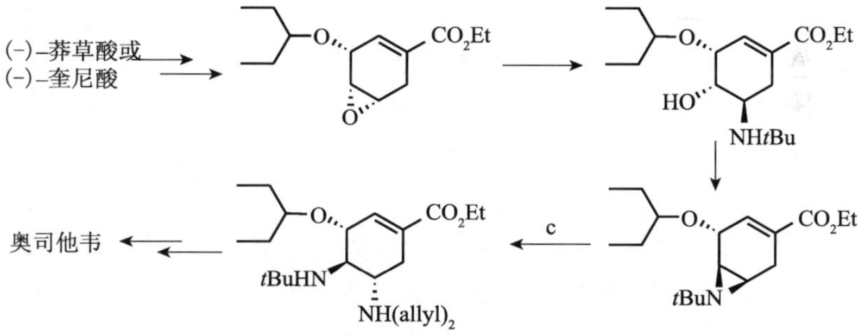


图 16-22 从莽草酸或奎尼酸合成奥司他韦

### 2. 由苯及其衍生物合成

为了解决（一)-莽草酸和（一)-奎尼酸自然资源受限的瓶颈问题，合成化学家也一直在尝试以化工大宗产品苯环衍生物为奥司他韦合成起始原料的可行性，并取得一些有价值的进展。2010 年，Hudlicky 小组利用奥司他韦具有潜在对称轴的结构特点，报道了一条以苯甲酸乙酯为起始原料，通过化学-酶法合成奥司他韦的路线[64]。首先，苯甲酸乙酯在微生物氧化作用下转化为手性二醇，然后和乙酰亚硝基发生反电子需求的 Diels-Alder 反应，立体选择性地引入了第一个氨基。氧化重排后生成的环己烯酮随后转化为肟，经过还原等反应后完成了第二个氨基的引入。不难看出，作者在引入氨基时成功地避免了使用叠氮化钠作为氮源，而这也成为了该路线另一个重要的特色和优势（图 16-23）。

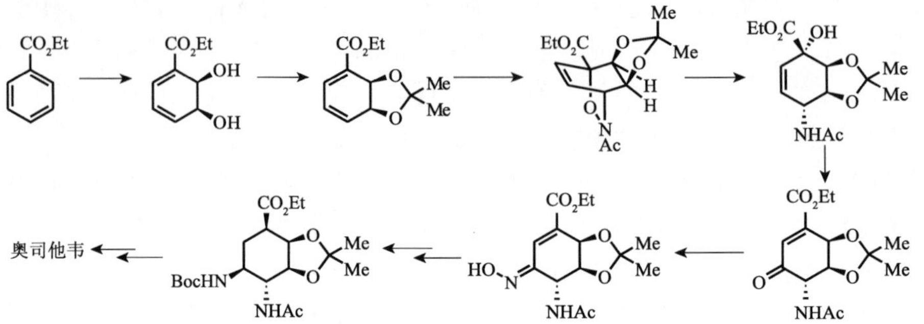

图 16-23　从苯甲酸乙酯合成奥司他韦

## （二）通过构建关键的六元环合成奥司他韦

### 1. Diels-Alder 反应为关键步骤

Diels-Alder 反应作为构筑六元环最有效的手段之一，具有成键的高效性以及可控性，所以在天然产物和药物分子的合成中一直备受青睐。针对奥司他韦分子结构中所具有的六元环，多个研究小组都选择了 Diels-Alder 反应作为其合成路线的关键步骤。我们仅以 Corey 小组 2006 年所报道的一条不对称合成路线为例做一介绍[65]。首先，1，3 -丁二烯和丙烯酸酯在（*S*)-脯氨酸衍生的手性硼试剂的催化下发生不对称 Diels-Alder 反应，以大于 97%ee 值生成环己烯酰胺，再经过碘内酰胺化反应立体选择性地引入了第一个氨基。随后发生区域和立体选择性的环氮化反应，从而成功地引入了第二个氨基，并生成预期产物。在二价铜的催化下，经 3 -戊醇的开环，继而完成目标分子中烷氧基官能团的引入。Corey 小组的合成路线不仅起始原料廉价易得，不对称 Diels-Alder 反应的应用也有力地彰显了反应方法研究的重要学术意义和应用价值。另外，该路线不仅避免了使用叠氮化钠作为氮源，而且六元环上三个连续的杂原子取代基的引入可以说是衔接紧密，条理清晰（图 16-24）。

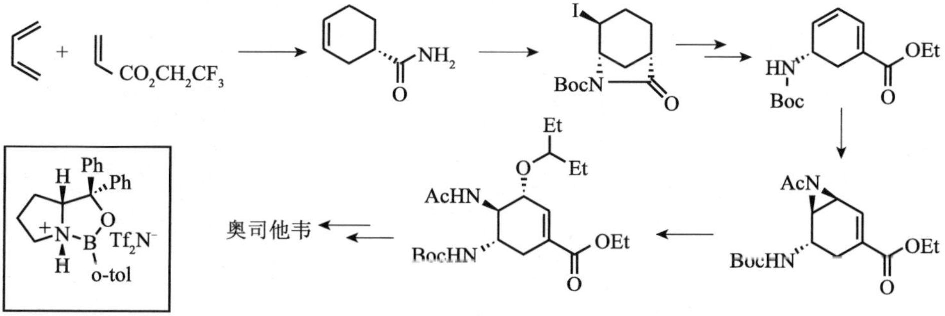


图 16-24 Diels-Alder 反应构筑六元环

2. 有机小分子催化串联反应为关键步骤

有着“仿酶催化”之称的有机小分子催化是近十年来不对称催化领域研究的热点之一。因其不仅具有反应条件温和，催化剂易于回收等符合绿色化学要求的特点，而且可避免使用重金属类催化剂，故在药物合成方面有着广阔的应用前景。有机小分子催化另外一个重要的特点是可以通过设计串联反应实现多官能团复杂结构的对映选择性快速构筑，而这一点在奥司他韦的合成中则得到了充分体现。2009 年，Hayashi 小组以（*S*)-脯氨酸衍生的有机小分子为催化剂，通过双 Michael 加成/Horner-Wardsworth-Emmons 串联反应，实现了从乙醛衍生物、3-硝基丙烯酸叔丁酯和乙烯基磷酸酯三个简单原料出发，最终以九步、三次一锅反应、仅一次柱色谱分离、高收率（57%）完成了奥司他韦的全合成，但美中不足的一点是使用了叠氮化钠作为氮源[66]。2010 年，马大为小组实现了对该路线的重大改进，其核心策略是将 Hayashi 方法中的 Michael 受体——反式 3-硝基丙烯酸叔丁酯变为保护的 2-硝基乙烯胺；这样不仅避免了在合成过程通过叠氮化钠引入氮源，而且将合成路线进一步缩短至只有五步，尽管总收率（46%）要略低于 Hayashi 的合成，这是奥司他韦合成中非常高效的一条路线[67]（图 16-25)；三年后，Hayashi 将合成路线再次精炼，通过六步一锅法实现了奥司他韦的克级制备（从原料 1.5g 出发可得到产物 1.02g)[68]。所有这些取得的诱人结果毫无疑问要归功于有机小分子催化所蕴含的巨大潜力。

奥司他韦的合成研发走过了近 30 年的路程。在这期间，合成化学家一直在为能够开发一条适合工业化大规模生产、高效、安全、绿色的合成路线而不断地探索和努力。从最初的以手性天然提取物（—)-莽草酸和（—)-奎尼酸为起始原料，到化学内涵更为丰富、合成策略更加诱人的不对称催化，可以说各个

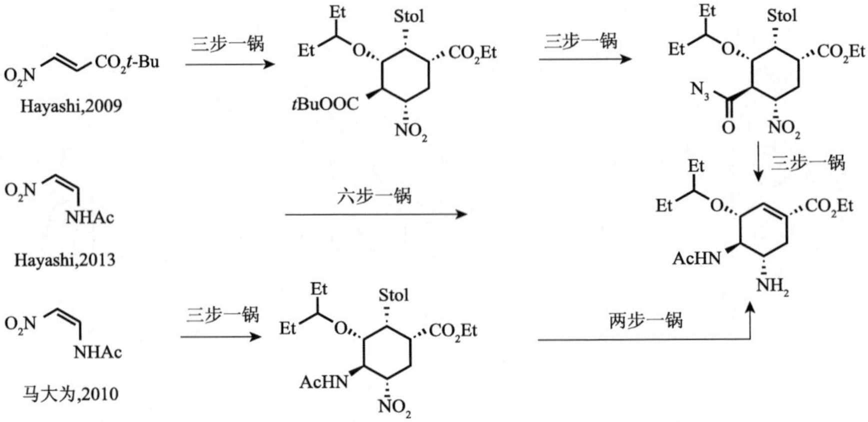


图 16-25 有机小分子催化合成奥司他韦

研究小组各显神通，将奥司他韦这个有机小分子俨然变成了各种合成武器的试验场。不仅在短时期内完成了多条合成路线，而且涌现出以有机小分子催化为关键策略的六步一锅法高效合成，颇具强烈的时代感（表 16-1）。

**表 16-1 奥司他韦部分合成路线总结**

| | 起始原料 | 步骤 | 产率 | 特点（优点和缺点） |
|---|---|---|---|---|
| Gilead | (−)-奎尼酸 | 12 | 4.4% | 可放大至公斤级；仅三步重结晶，无需柱色谱；使用了 $NaN_3$；最少的保护基操作 |
| 罗氏 | (−)-莽草酸 | 10<br>12 | 23%<br>40% | 可放大至公斤级；无需柱色谱；未使用叠氮化物 |
| 罗氏 | 呋喃、丙烯酸乙酯 | 9 | 3.2% | Diels-Alder 反应；原料廉价；使用了 $NaN_3$；最少的保护基操作 |
| Corey | 1,3-丁二烯、三氟乙基丙烯酸乙酯 | 11 | 27% | 可放大至公斤级；高立体选择性的 Diels-Alder 反应；未用 $NaN_3$；特殊的胺源引入方法 |
| Shibasaki | 1-三甲基硅氧基丁二烯富马酸二甲酯 | 12 | 16% | 原料廉价易得；低催化剂用量；使用了 $NaN_3$；高温度的 Curtius 重排；Mitsunobu 反应；最少的保护基操作 |
| Fukuyama | 吡啶、丙烯醛 | 14 | 5.6% | 原料廉价易得；未用 $NaN_3$；广泛使用保护基 |
| 伍贻康<br>吴毓林 | Boc 保护的吡咯<br>丙炔酸乙酯 | 12 | 15% | 原料廉价易得；使用了 $NaN_3$；利用化学拆分得到手性中间体 |
| Hayashi | 乙醛衍生物<br>3-硝基丙烯酸叔丁酯 | 9 | 57% | 高立体选择性 Michael 加成；操作分离简便；目前产率最高；使用了 $NaN_3$ |
| 马大为 | 乙醛衍生物<br>2-硝基乙烯胺 | 5 | 46% | 高立体选择性 Michael 加成；操作分离简便；目前步骤最少；未使用 $NaN_3$ |
| 姚祝军 | L-丝氨酸 | 25 | 8% | 原料廉价易得；步骤繁琐；RCM 反应关环；保护基的广泛使用；多步需柱色谱分离；未使用 $NaN_3$ |

尽管奥司他韦是目前治疗流感最有效的药物，但是对其产生耐药性的新流感病毒株已经出现，而且有报道称奥司他韦对人类神经系统存在一定的副作用。因此，如何通过结构改造开发出疗效更好、毒性更低、安全性更高的奥司他韦类似物是药物化学家及合成化学家需要解决的新课题。

## 第五节　我国天然产物合成面临的问题

通过几十年的努力，我国学者瞄准国际学科发展前沿，立足国内基础，在天然产物合成领域不断取得新成绩，一些合成策略的设计具有显著特色，目标分子的结构具有明显的挑战性，在国际著名学术刊物上发表的相关研究论文数也得到大幅增长。代表性的合成包括（图 16-26）：以环丙烷开环和氧化偶联为关键反应完成了 Communesin F 的全合成[69-70]，采用汇聚路线高效地实现了 GB13 的合成[71]，利用关键的氧化去芳化/Diels-Alder 反应完成了 Maoecrystal V 的全合成[72]，利用多种碳-碳（碳-杂原子）键的高效构筑方法完成具有十一个立体中心的 Didemnaketal A 推测结构的不对称全合成[73]，

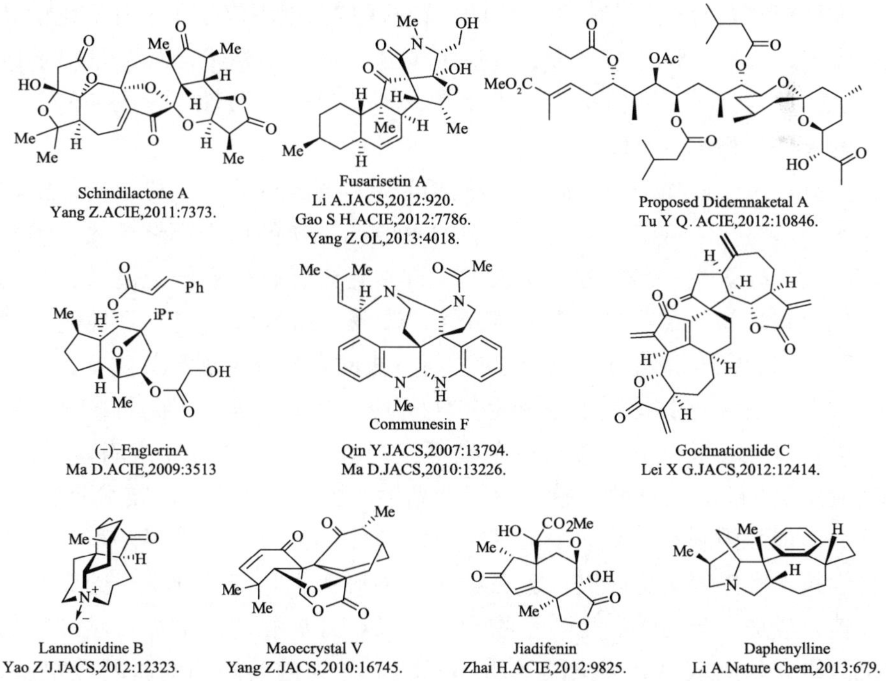


图 16-26　近年我国合成工作者完成的代表性天然产物

以及使用 6π 电环化为关键步骤完成含四取代苯环的六环虎皮楠生物碱 Daphenyllin 的首次全合成[74]等。另外，在对一些明星分子的合成中，我国也涌现出一些得到国际上认可的工作，如多环、多中心、官能团密集的复杂天然产物 Schindilactone A 的首次全合成[75]。

但是，与欧美和日本等发达国家相比，中国在天然产物全合成领域仍然存在诸多差距，主要体现在：①原创性和系统性的工作总体上欠缺，特别优秀的工作（如合成策略特别具有新颖性和技巧性、目标分子的结构特别复杂）就更少，缺乏国际影响力和引领作用；②缺乏国际影响力的合成大师；③与相关学科（如化学生物学等）融合以及其对相关产业（如新药研发、药物合成以及化工等）的推动作用有待加强；④研究队伍规模小，且水平参差不齐；⑤天然产物全合成是一项难度大、耗资多、周期长、见效慢的工作，以论文数量导向的科研评价体系不利于鼓励开展具有挑战性、复杂性的全合成工作。

## 第六节 展　　望

天然产物全合成是有机化学中的“常青树”，她不仅赋予了有机化学旺盛的生命力、推动有机化学理论和方法的创新，而且不断推动相关学科的融合与发展。原则上，只要给有机合成化学家创造足够的条件，合成任何一个已分离的天然产物都有可能。

但是，天然产物全合成研究也正面临许多新的挑战。主要包括：①在理论层次上，对化学键定向连接、断裂的本质和规律的认识不够深入，需要强化相关的基础研究；②在方法层次上，许多化学转化依然缺乏高效、高选择性的反应和试剂，难以实现原子经济性、步骤经济性和环境友好性的“理想合成”，因此基于高效合成的新反应、新方法的发现和发展至关重要；③在策略层次上，设计并发展更加高效的全合成策略有待突破，因此借鉴合成方法学的最新研究成果以及生源合成途径等，巧妙地运用新合成策略值得推崇；④在应用层次上，为药物、精细化工产品生产提供的实用合成技术明显不足，因而如何加强同制药、精细化工等企业的合作，为医药研发以及其他产业提供科学技术支撑等亟待解决；⑤在学科交叉层次上，与其他学科的交叉和融合欠佳，应加强与药学、化学生物学等交叉，开展相应的活性天然产物的作用机制研究，揭示生命现象的本质和规律，并为创新药物的研发奠定基础；⑥在人才储备层次上，青年学者从事复杂天然产物全合成的人数比例较小，应鼓励和支持青年学者积极投身这一具有挑战性的研究领域，促进合成化学学科的均衡发展。

在我国，21 世纪天然产物全合成取得了前所未有的成绩。但相对于天然产物合成所取得的成绩，药物合成的发展较缓慢、滞后，因此发展具有我国自主知识产权的药物合成是药物合成工作者面临的主要问题。鉴于此，药物合成应加强与天然产物合成的联系与合作，充分利用天然产物合成的目标分子、类似物、衍生物作为化合物库，借鉴生物化学以及化学生物学等学科的研究成果，发现并优化先导化合物，创制具有我国自主知识产权的药物分子以及发展相应的药物合成路线。

同时，药物合成的实用技术也明显不足，主要体现在：①由于经典有机合成反应研究相对比较成熟，所以往往不被有机合成化学家所重视；但如何将经典有机合成反应高效、绿色地运用于药物合成方面仍值得进一步探究、挖掘和优化。②许多有机合成新方法学在药物合成中的应用价值并未得到真正体现，这些方法难以经受成本、环保、效率、规模等诸多环节的考验。③药物的催化手性合成实用技术明显不足。手性药物的重要性不言而喻，其中药物的催化不对称合成是获得手性药物的高效途径，但真正应用于药物合成的催化不对称合成方法较少，因此在工业界手性拆分仍然是获得手性药物首选方法。因此，如何高效、经济、绿色地实现药物合成也是未来伴随天然产物合成需要解决的科学问题。

我们相信，通过持续地开展特色性、创新性、系统性的天然产物全合成研究工作，并建立客观合理的科研评价体系，使得越来越多集深厚的理论知识、坚韧的毅力和良好的综合素质于一身的优秀学者投身到难度大、周期长、见效慢的天然产物全合成研究中，中国的天然产物全合成研究就有可能走在世界的前列，并推动有机化学学科以及相关学科和产业的快速发展。

## 参考文献

[1] Nicolaou K C，Vourloumis D，Winssinger N，et al. The art and science of total synthesis at the dawn of the twenty-first century. Angew Chem Int Ed，2000，39：44 -122.

[2] Nicolaou K C，Montagnon. Molecules that Changed the World. Wiley-VCH，2008.

[3] Corey E J，Cheng X M. The Logic of Chemical Synthesis. Wiley Press，1989.

[4] 王锋鹏 . 现代天然产物化学 . 北京：科学出版社，2009.

[5] Sertürner F W A. Säure im Opium. J Pharmazie，1805，13：229 - 243.

[6] Turner R B，Woodward R B. The Chemistry of the Cinchona Alkaloids//The Alkaloids. Manske R H F. New York：Academic Press，1953.

[7] Willstätter R, Wolfes O, Mäder H. Synthese des Natürlichen cocains. Justus Liebigs Annalen der Chemie, 1923, 434: 111－139.

[8] Ladenburg A. Die constitution des atropins. Justus Liebigs Annalen der Chemie, 1883. 217: 74－149.

[9] Buckingham J, Baggaley K H, Roberts A D, et al. Dictionary of Alkaloids. 2nd Ed. CRC Press, 2010, 1945.

[10] Miller L H, Su X. Artemisinin: Discovery from the Chinese Herbal Garden. Cell, 2011, 146: 855－858.

[11] Brower V. Back to nature: Extinction of medicinal plants threatens drug discovery. J Natl Cancer I, 2008, 100: 838－839.

[12] Wani M C, Taylor H L, Wall M E, et al. Plant antitumor agents. VI. Isolation and structure of Taxol, a novel antileukemic and antitumor agent from Taxus Brevifolia. J Am Chem Soc, 1971, 93: 2325－2327.

[13] Slichenmyer W J, von Hoff D D. Taxol: A new and effective anti-cancer drug. Anti-Cancer Drug, 1991, 2: 519－530.

[14] Parc G, Canaguier A, Landre P, et al. Production of Taxoids with biological activity by plants and callus culture from selected taxus genotypes. Phytochemistry, 2002, 59: 725－730.

[15] Newman D J, Cragg G M. Natural products as sources of new drugs over the last 25 years. J Nat Prod, 2007, 70: 461－477.

[16] Bon R S, Waldmann H. Bioactivity-guided navigation of chemical space. Acc Chem Res, 2010, 43 (8): 1103－1104.

[17] Wender P A, Verma V A, Paxton T J, et al. Function-oriented synthesis, step economy, and drug design. Acc Chem Res, 2008, 41 (1): 40－49.

[18] 史勇，田伟生. 新型甾体血管新生抑制剂 cortistatin 的结构、生物活性与合成. 有机化学，2010，30 (4)：515－527.

[19] Zhou Q H, Chen X F, Ma D. Asymmetric, protecting-group-free total synthesis of (—) —Englerin A. Angew Chem Int Ed, 2010, 49 (20): 3513－3516.

[20] Wender PA, KeeJ M, Warrington J M. Practical synthesis of prostratin, DPP, and their analogs adjuvant Leads against latent HIV. Science, 2008, 320: 649－652.

[21] Tanino K, Takahashi M, Tomata Y, et al. Total synthesis of solanoeclepin A. Nat Chem, 2011, 3: 484－488.

[22] DeChristopher B A, LoyB A, Marsden M D, et al. Designed, synthetically accessible bryostatin analogues potently induce activation of latent HIV reservoirs in vitro. Nat Chem, 2012, 4: 705－710.

[23] 吴毓林，等. 天然产物全合成荟萃——抗生素及其他. 北京：科学出版社，2012.

[24] Martin D B C, Vanderwal C D. A Synthesis of Strychnine by a longest linear sequence of six steps. Chem Sci, 2011, 2: 649 - 651.

[25] Jones S. B, Simmons B, Mastracchio A, et al. Collective synthesis of natural products by means of organocascade catalysis. Nature, 2011, 475: 183 - 188.

[26] SchreiberS L. Target-oriented and diversity-oriented organic synthesis in drug discovery. Science, 2001, 287: 1964 - 1969.

[27] Ramharter J, Weinstabl H, Mulzer J. Synthesis of the lycopodium alkaloid (+) —lycoflexine. J Am Chem Soc, 2010, 132: 14338 - 14339.

[28] Corey E J, Hertler W R. The synthesis of dihydroconessine. A method for funcationalizing steroids at C18. J Am Chem Soc, 1958, 80: 2903 - 2904.

[29] Evans D A, Dinsmore C J, Evrard D A, et al. Oxidative coupling of arylglycine-containing peptides. A biomimetic approach to the synthesis of the macrocyclic actinoidinic-containing vancomycin subunit. J Am Chem Soc, 1993, 115: 6426 - 6427.

[30] Duncton M A J. Minisci Reactions: Versatile CH-functionalizations for medicinal chemists. Medicinal Chemistry Communications, 2011. 2: 1135 - 1161.

[31] Yamaguchi J, Yamaguchi A D, Itami K. C-H bond functionalization: Emerging synthetic tools for natural products and pharmaceuticals. Angew Chem Int Ed, 2012, 51 (36): 8960 - 9009.

[32] Gutekunst WR, Baran P S. Total synthesis and structural revision of the piperarborenines via sequential cyclobutane C-H arylation. J Am Chem Soc, 2011, 133 (47): 19076 - 19079.

[33] Allan K M, Kobayashi K, Rawal V H. A unified route to the welwitindolinone alkaloids: Total syntheses of (—)-*N*-methylwelwitindolinone C Isothiocyanate, (—) -*N*-methylwelwitindolinone C isonitrile, and (—)-3-hydroxy-nmethylwelwitindolinone C isothiocyanate. J Am Chem Soc, 2012, 134: 1392 - 1395.

[34] Zuo Z, Ma D. Enantioselective total syntheses of communesins A and B. Angew Chem Int Ed, 2011, 50 (50): 12008 - 12011.

[35] Kaneko S, Yoshino T, Katoh T, et al. Synthetic studies of huperzine A and its fluorinated analogues. 1. Novel asymmetric syntheses of an anantiomeric pair of huperzine A. Tetrahedron, 1998, 54: 5471 - 5484.

[36] Grondal C, Jeanty M, Enders D. Organocatalytic cascade reactions as a new tool in total synthesis. Nat Chem, 2010, 2: 167 - 176.

[37] Itoh T, Yokoya M, Miyauchi K, et al. Total synthesis of ent-dihydrocorynantheol by using a poline-catalyzed asymmetric addition reaction. Org Lett, 2006, 8: 1533 -1535.

[38] Yoshitomi Y, Arai H, Makino K, et al. Enantioselective synthesis of martinelline chiral core and its diastereomer using asymmetric tandem Michael/Aldol reaction. Tetrahedron,

2008，64：11568－11579.

[39] Volz N，Bröhmer M C，Nieger M，et al. Where are they now? An asymmetric organocatalytic sequence towards 4a-Methyl Tetrahydroxanthones：Formal synthesis of 4-Dehydroxydiversonol. Synlett，2009：550－553.

[40] Torre M，Sierra M A. Comments on recent achievements in biomimetic organic synthesis. Angew Chem Int Ed，2004，43 (2)：160－181.

[41] Li C，Dian L，Zhang W，et al. Biomimetic syntheses of (－)- gochnatiolides A-C and (－)- ainsliadimer B. J Am Chem Soc，2012，134：12414－12417.

[42] Young I S，Baran P S. Protecting-group-free synthesis as an opportunity for invention. Nat Chem，2009，1：193－205.

[43] 李旭琴，刘 安. 无保护基法合成的启示. 化学进展，2010，22 (1)：81－90.

[44] Ge H M，Zhang L D，Tan R X，et al. Protecting group-free total synthesis of (－) －lannotinidine B. J Am Chem Soc，2012，134：12323－12325.

[45] Xu J，Caro-Diaz E J E，Trzoss L，et al. Nature-inspired total synthesis of (－) －fusarisetin A. J Am Chem Soc，2012，134：5072－5075.

[46] Jang J H，Asami Y，Jang J P，et al. Fusarisetin A，an acinar morphogenesis inhibitor from a soil fungus，fusarium sp. FN080326. J Am Chem Soc，2011，133：6865 -6867.

[47] Deng J，Zhu B，Lu Z，et al. Total synthesis of (－)- fusarisetin A and reassignment of the absolute configuration of its natural counterpart. J Am Chem Soc，2011，134：920－923.

[48] Xu J，Caro-Diaz E J E，Lacoske M H，et al. Fusarisetin A：Scalable total synthesis and related studies. Chem Sci，2012，3：3378－3386.

[49] Yin J，Wang C，Kong L L，et al. Asymmetric synthesis and biosynthetic implications of (＋) －fusarisetin A. Angew Chem Int Ed，2012，51 (31)：7786－7789.

[50] Huang J，Fang L，Long R，et al. Asymmetric total synthesis of (＋) －fusarisetin A via the intramolecular Pauson-Khand reaction. Org Letts，2013，15 (15)：4018 -4021.

[51] Shi J，Manolikakes，Yeh C H，et al. Scalable synthesis of cortistatin A and related structures. J Am Chem Soc，2011，133：8014－8027.

[52] Nagorny P，Sane B，Fasching B，Probing the frontiers of glycoprotein synthesis：The fully elaborated -subunit of human follicle-stimulating hormone. Angew Chem Int Ed，2012，51：975－979.

[53] Yang X，Fu B Yu B. Total synthesis of landomycin A. A potent antitumor angucycline antibiotic. J Am Chem Soc，2011，133：12433－12435.

[54] Nie S，Li W，Yu B. Total synthesis of nucleoside antibotic A201A. J Am Chem Soc，2014，136：4157－4160.

[55] Dai H X, Stepan A F, Plummer M S, et al. Divergent C-H functionalizations directed by sulfonamide pharmacophores: Late-stage diversification as a tool for drug discovery. J Am Chem Soc, 2011, 133: 7222 - 7228.

[56] Kim C U, Lew W, Williams M A, et al. Influenza neuraminidase inhibitors possessing a novel hydrophobic interaction in the Enzyme active site: Design, synthesis, and structural analysis of carbocyclic sialic acid analogues with potent anti-influenza activity. J Am Chem Soc, 1997, 119: 681 - 690.

[57] Karpf M, Trussardi R. New, Azide-free transformation of epoxides into 1, 2-diamino compounds: Synthesis of the anti-influenza neuraminidase inhibitor oseltamivir phosphate (Tamiflu) . J Org Chem, 2001, 66: 2044 - 2051.

[58] Rohloff J C, Kent K M, Postich M J, et al. Practical total synthesis of the anti-influenza drug GS-4104. J Org Chem, 1998, 63: 4545 - 4550.

[59] Shibasaki M, Kanai M. Syntheic strategies for Oseltamivir phosphate. Eur J of Org Chem, 2008, 1839 - 1850.

[60] Magano J. Synthetic approaches to the neuraminidase inhibitors Zanamivir (Relenza) and Oseltamivir phosphate (Tamiflu) for the treatment of influenza. Chem Rev, 2009, 109: 4398 - 4438.

[61] 孙海，林英杰，吴毓林，等．抗流感药奥司他韦（Tamiflu）合成纵览．有机化学，2009，29（12）：1869 - 1889.

[62] Magano J. Recent synthetic approaches to Oseltamivir phosphate (Tamiflu™) for the treatment of influenza. Tetrahedron, 2011, 67: 7875 - 7899

[63] 张田财，鲁慧，张辅民，等．达菲合成最新进展．有机化学，2013，33（5）：1235 - 1243.

[64] Sullivan B, Carreta I, Drouin M, et al. Symmetry-based design for the chemoenzymatic synthesis of Oseltamivir (Tamiflu) from ethyl benzoate. Angew Chem Int Ed, 2009, 48: 4229 - 4231.

[65] Yeung Y Y, Hong S W, Corey E J. A short enantioselective pathway for the synthesis of the anti-influenza neuramidase inhibitor oseltamivir from 1, 3-butadiene and acrylic acid. J Am Chem Soc, 2006, 128: 6310 - 6311.

[66] Ishikawa H, Suzuki T, Hayashi Y J. High-yielding synthesis of the anti-influenza neuramidase inhibitor (—) -Oseltamivir by three "one-pot" operations. Angew Chem Int Ed, 2009, 48: 1304 - 1307.

[67] Zhu S L, Yu S Y, Wang Y, et al. Organocatalytic Michael addition of aldehydes to protected 2-amino-1-nitroethenes: The practical syntheses of Oseltamivir (Tamiflu) and substituted 3-aminopyrrolidines. Angew Chem Int Ed, 2010, 49 (27): 4656 - 4660.

[68] Mukaiyama T, Ishikawa H, Koshino H, et al. One-pot synthesis of (—) -oseltamivir and michanistic insights into the organocatalyzed Michael addition. Chem Eur J,

2013，19：17789－17800.

[69] Yang J，Wu H X，Shen L Q，et al. Total synthesis of（±）-communesin F. J Am Chem Soc，2007，129：13794－13795.

[70] Zuo Z W，Xie W Q，Ma D. Total synthesis and absolute stereochemical assignment of（—）- communesin F. J Am Chem Soc，2010，132（38）：13226－13228.

[71] Zi W，Yu S，Ma D. A convergent route to the galbulimima alkaloids（—）-GB 13 and（+）- GB 16. Angew Chem Int Ed，2010，49（34）：5887－5890.

[72] Gong J，Lin G，Sun W，et al. Total synthesis of（±）maoecrystal V. J Am Chem Soc，2010，132（47）：16745－16746.

[73]（a）Zhang F M，Peng L，Tu Y Q et al. Total synthesis of nominal didemnaketal A. Angew Chem Int Ed，2012，52：10846－10851；（b）Fuwa H，Muto T，Sekine K，et al. Total synthesis and structure revision of didemnaketal B. Chem Eur J，2014，20：1848－1860.

[74] Lu Z，Li Y，Deng J，et al. Total synthesis of the daphniphyllum alkaloid daphenylline. Nat Chem，2013，5：679－684.

[75] Xiao Q，Ren W W，Chen Z X，et al. Diastereoselective total synthesis of（±）—schindilactone A. Angew Chem Int Ed，2011，50（32）：7373－7377.

# 第四篇　合成化学新方向

# 第十七章 绿色合成

韩布兴　何良年　渠　瑾

## 第一节　引　　言

### 一、绿色化学的兴起和意义

化学是在原子、分子层次上研究物质的组成、结构、性质及其变化规律的一门科学。它涉及自然界存在的物质和化学家创造的新物质。化学工业为人类文明和社会进步作出了巨大贡献，并且还将继续发挥其不可替代的作用。在各类产品生产过程中，绝大多数都涉及一种或多种化学化工过程。在加工和生产过程中，部分原料变成了废弃物和有害物质。因此，许多传统的化学工业造成严重的浪费和环境污染。资源与环境是人类生存和发展的基础。地球上的资源非常有限。随着人类社会的不断进步，如何使化学在创造物质财富的同时不破坏人类赖以生存的环境，节省资源和能源，采用可再生资源，实现可持续发展已成为人类无法回避的重大问题，也是对化学工作者提出的挑战。

1990 年，美联邦政府通过了污染防治法案，将防止污染确立为基本国策，该法案条文中第一次出现了“绿色化学”一词。简单地讲，绿色化学的定义可表述为：通过设计产品和生产过程，尽量减少或避免有害原料的使用和有害物质、废弃物产生[1, 2]。随后美国学者提出了绿色化学的十二条原则[1]，迄今已被绿色化学界普遍接受。绿色化学的核心是从源头上防止污染，实现化学化工的可持续发展。

从20世纪90年代初以来，随着全球对资源、环境和可持续发展的日益关注，许多国家制定了绿色化学或与绿色化学相关的科技发展规划，投入大量人力物力开展基础研究和技术开发，并相继成立了不少绿色化学研究中心、研究所和实验室，绿色化学方面的学术组织越来越多。例如，2001年国际纯粹与应用化学联合会（IUPAC）批准成立了绿色化学分会，亚洲和大洋洲地区成立了亚洲-大洋洲绿色与可持续化学协会，国家和地区性的学术组织也纷纷成立。这些学术组织在促进绿色化学的研究和绿色技术开发、各种合作与交流、传播绿色化学知识等方面发挥着重要作用。此外，不少国家专门设立绿色化学方面的奖项。例如，1995年美国设立了“总统绿色化学挑战奖”，奖励在绿色化学方面作出突出贡献的科研人员和企业，其中包括新合成路线奖、改进溶剂和反应条件奖、设计更安全化学品奖、小企业奖、学术奖，并从1996年开始每年颁奖一次。

近年来，绿色化学方面的学术会议和学术活动日益增多，其中包括综合性的“国际绿色与可持续化学大会”和“国际纯粹与应用化学联合会（IUPAC）绿色化学大会”系列会议。这两个系列性学术会议均每两年召开一次。“国际绿色与可持续化学大会”和“IUPAC绿色化学大会”已经分别召开七次和五次。以绿色化学为主题的国际高水平戈登会议（Gordon Conference）也定期召开；另外，许多化学方面的综合性学术会议均设立了绿色化学分会。除了绿色化学方面综合性的学术会议外，以绿色化学部分内容为主题的学术会议也很多，包括超临界流体、离子液体、绿色溶剂、无溶剂合成、绿色催化、生物质转化利用、二氧化碳转化利用、清洁能源等许多方面。

目前已有不少关于绿色化学方面的期刊。1999年，英国皇家化学会率先创立了 *Green Chemistry* 期刊（图17-1）。Taylor & Francis 出版社的 *Green Chemistry Letters and Reviews* 于2007年创刊。2012年美国化学会 *ACS Sustainable Chemistry & Engineering* 期刊创刊，并于2013年开始发表绿色化学与工程方面的各类文章。2007年和2008年，Wiley出版社分别创办了 *Clean-Soil*，*Air*，*Water* 和 *ChemSusChem*（图17-1），其中绿色化学是重要的内容。此外，不少重要期刊陆续出版了绿色化学专集。国内外已出版了很多不同语种的绿色化学方面的专著。

图 17-1 英国皇家化学会的 *Green Chemistry* 和 Wiley 出版社的 *ChemSusChem*

我国是在绿色化学方面起步较早的国家。1995 年，中国科学院化学部确定了“绿色化学与技术”的院士咨询课题。1997 年 5 月召开了以“可持续发展问题对科学的挑战——绿色化学”为主题的第 72 次香山科学会议。1998 年召开了首届“中国绿色化学国际研讨会”，至今此系列性会议已举办 9 次；从 2004 年开始，两年一次的中国化学会学术年会设立了绿色化学分会；2007 年中国化学会成立了绿色化学专业委员会。近 20 年来，国家自然科学基金委员会、科技部、中国科学院等部门资助了很多绿色化学方面的项目。我国绿色化学得到长足发展，形成了一支在国际上具有重要影响的科技队伍，科研机构、高等学校和企业成立了多个绿色化学中心和实验室。一些高等学校设立了绿色化学课程。此外，我国学者参加组织了多个绿色化学方面重要学术会议，出版了“绿色化学化工丛书”等多部专著，不少人在国际相关学术组织和期刊任职。

随着全球性能源、资源和环境问题的日益加剧，人类正在面临前所未有的生存危机。绿色化学是化学学科发展的必然趋势，是更高层次的化学。它要求人们重新审视传统的化学化工问题。从科学的观点看，它是对传统化学思维方式的发展，是化学和化工科学基础内容的更新；从环境观点看，它是从源头上消除污染、与生态环境协调发展，这与传统的先污染、后治理的做法截然不同；从经济观点看，它要求合理地利用资源和能源，特别是可再生资源，降低生产成本；从社会观点看，它符合社会可持续发展的要求。绿色化学是化学工业可持续发展的科学和技术基础，是提高效益、节约资源和能源、保护环境的有效方法和手段。在解决经济、资源、环境三者矛盾的过程中，绿色化学将发挥重要的作用。

### 二、本章主要内容

绿色化学的主体思想是采用无毒无害的原料和助剂，采用原子经济性和高选择性的反应，生产环境友好的产品，并且经济合理。绿色化学的追求目标在于不使用有害的原料，不产生废物，无需进行废物处理。显然，绿色化学的基础是化学，但涵盖了化工的内容。绿色化学主要涉及绿色原料、绿色合成路线、绿色催化剂、绿色溶剂、化学反应强化、绿色产品设计、绿色工艺与技术、绿色化学评估标准等重要问题。鉴于本书的内容是合成化学，本章将主要讨论原子经济反应、绿色催化、绿色介质中的有机合成、绿色原料、绿色产品方面的问题，并介绍一些代表性的绿色技术实例。最后对绿色化学领域的关键问题、未来发展方向、研究对策进行讨论和分析。

## 第二节　原子经济反应

### 一、原子经济性的概念

传统合成化学主要目的是追求化学合成过程的收率，然而，即使收率接近100%的反应，也往往伴随大量废物的生成。绿色化学要求在化学过程中将原料全部转化为产品，不产生废弃物。因此，用收率来评价一个合成过程的效率，忽视对副产物的评价不够全面。1991年，Trost率先提出“原子经济性”的概念[3, 4]，并因此获得了1998年美国总统绿色化学挑战奖中的学术奖。Trost提出，化学合成应考虑原料分子中的原子最终进入目标产品中原子的数量，高效的合成应最大限度地利用原料分子中的每一个原子，使之更多或全部成为目标分子中的原子，以实现最低排放甚至零排放。通常认为，原子利用率高的反应是原子经济性反应。原子经济性反应具有最大限度地利用反应原料和最大限度地减少废物排放的特点。显然，开发原子经济反应是绿色化学的基本内容。

### 二、提高反应原子经济性的途径

理论上，不少反应可以达到100%的原子利用率，但在实际过程中，设计和实现原子经济性反应取决于多种因素。另外，对于大多数重要反应，理论上的原子利用率也不是100%。因此，必须采取多种方法提高原子经济性，主要包括设计最简洁的反应路线、提高产物的选择性、副产物的合理利用等方法。

在最简洁的反应路线设计方面，Wender 和 Newhouse 等强调有机反应的“步骤经济性”，即用尽可能少的反应步骤，从而降低生产成本、减少废物产生、提高合成效率[5, 6]。从原理上讲，较少反应步骤有利于提高整个路线的原子利用率。以图 17-2 中 C—C 键构建的示意图为例，最简洁的路线是以 $O_2$ 为氧化剂，直接用烃类底物进行交叉脱氢偶联，仅产生副产物水。然而，传统 C—C 键的构建方法需要将烃类化合物经过多步衍生化，制备出相应的金属有机试剂以及卤化物，然后实现 C—C 键的构建。在制备金属试剂以及卤化物的过程中，往往经历多步合成，且需要大量的辅助试剂。从整个反应路线来看，原子利用率很低。因此，在合成中设计最简洁的反应路线，可以从根本上提高反应的原子经济性。

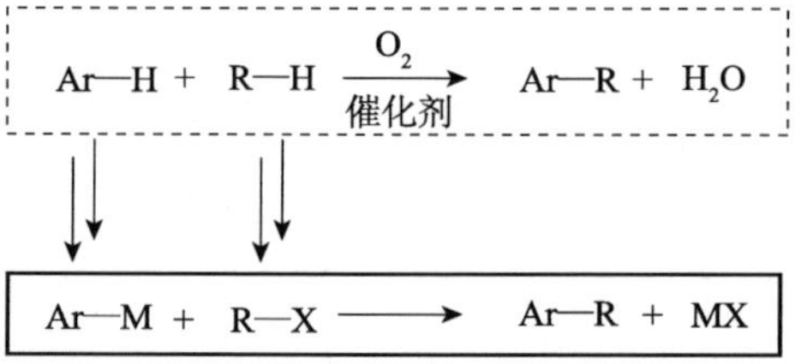


图 17-2 构建 C—C 键的简洁方法与传统方法

对于特定的反应，提高反应的选择性对于提高原子经济性至关重要。即使化学计量上的原子经济性反应，如果反应过程中对目标产物的选择性不是100%，也会产生废弃物。因此，提高反应的选择性是实现原子经济反应的保障。目前，绝大多数反应的选择性达不到100%。例如，图 17-2 中构建 C—C 键的简洁方法在实际应用中面临各种问题，包括产物的选择性、反应效率需要进一步提高等。设计高效催体系、优化反应和工艺条件、尽可能提高反应的选择性对于实现原子经济性至关重要。

副产物的合理利用是提高原子经济性的另一条有效途径。对于大多数反应，副产物不可避免，但是副产物可以作为其他反应的原料，从而减少废物排放。例如，图 17-3 中反应 a 是通过尿素与乙二醇反应合成碳酸乙烯酯，同时产生副产物氨气。但是，氨气可以与 $CO_2$ 反应制备尿素（反应 b）。因此，可以通过综合设计和考虑多个反应，提高总反应过程的原子经济性。烯烃复分解反应也是通过副产物利用来提高原子经济性的典型代表[7-9]。由于烯烃复分解反应的多样性、高效性、普适性，目前已经成为有机合成化学、高分子材料化学领域的重要方法。以闭环复分解反应为例[10]，反应在催化剂作用下高效转化，仅产生副产物乙烯（图 17-4）。乙烯是一种重要的工业原料，而不是废弃物。

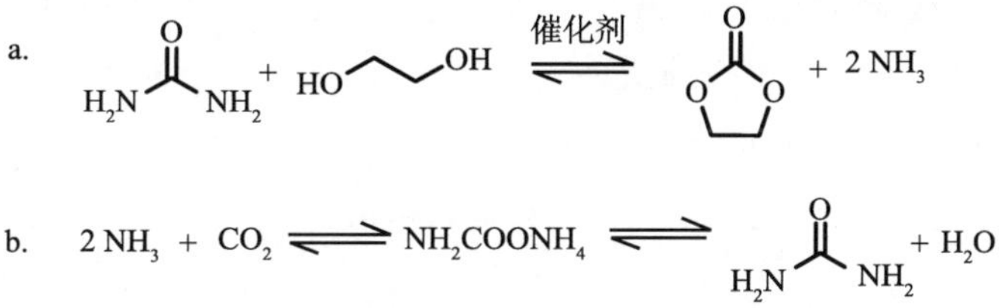


图 17-3　合理利用反应副产物的实例

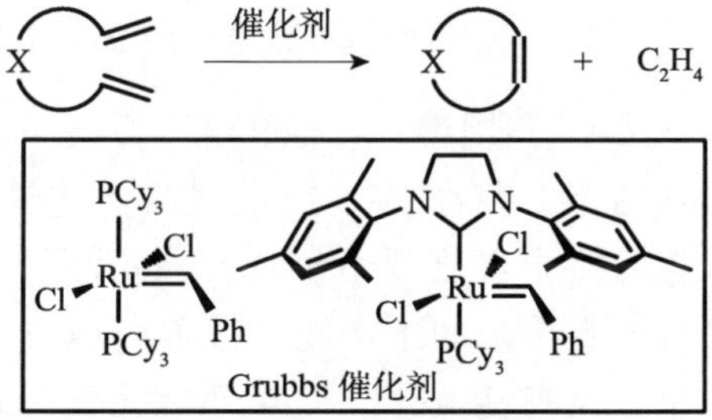


图 17-4　闭环复分解反应

## 三、典型一些原子经济反应的实例

周环反应、加成反应、异构化反应等反应是原子经济性的反应。近年来人们发展了原子经济性较高的氧化反应、C—H 键官能团化反应等。

周环反应主要包括电环化反应、环加成反应、σ 迁移反应、烯反应等。由于这类反应中不产生自由基或离子等活性中间体，而是化学键的断裂和形成协同进行。因此，周环反应的原子利用率可达到 100%。例如，Diels-Alder 反应本质上是双烯体和亲双烯体发生［4+2］环加成反应，是构建环状骨架的重要方法之一（图 17-5）。

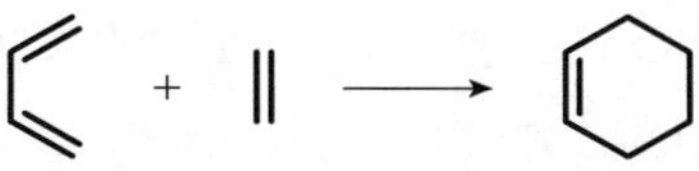

图 17-5　Diels-Alder 反应

对于加成反应，反应物分子中的原子均出现在加成产物中，是原子经济性反应。例如，Aldol 反应是有机化学中构建 C—C 键的重要方法。通常使用化学计量的碱产生烯醇负离子，随后对羰基亲核加成形成新的 C—C 键。虽然加成反应本身的原子利用率较高，但是化学计量的碱在反应后处理过程中会产生大量含盐废水。随后开发的催化 Aldol 反应，如路易斯酸催化、路易斯碱催化、过渡金属催化、抗体催化、酶催化等，大大降低了废物的产生[11, 12]。其中，最为突出的是近年来兴起的有机小分子催化方法[13-17]，如 L-脯氨酸催化的不对称 Aldol 反应（图 17-6）[18]。

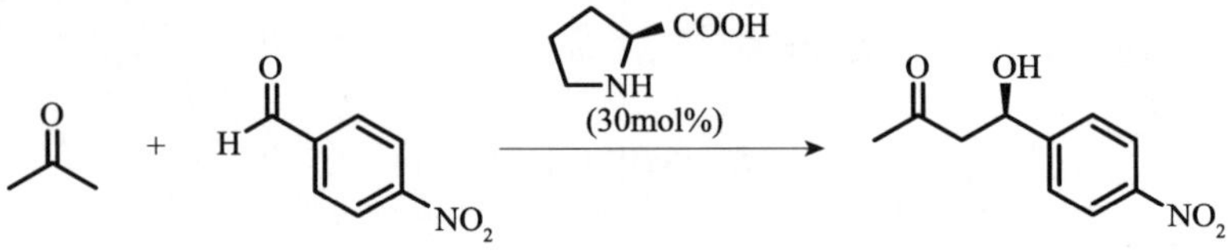


图 17-6　L -脯氨酸催化的不对称 Aldol 反应

氧化反应是有机合成中官能团转化的重要手段之一。例如，醇可以通过氧化反应制备醛、酮或羧酸。传统的方法往往需要化学计量的有毒氧化剂，如铬等。这类传统氧化反应中氧化剂不仅毒性高，而且原子利用率低，反应结束后生成大量的来自于氧化剂的副产物。以氧气或过氧化氢为氧化剂的氧化反应能极大地提高原子经济性，仅产生对环境无害的副产物水。无过渡金属的醇氧化催化体系（图 17-7）是此方面工作的代表性实例之一[19]。

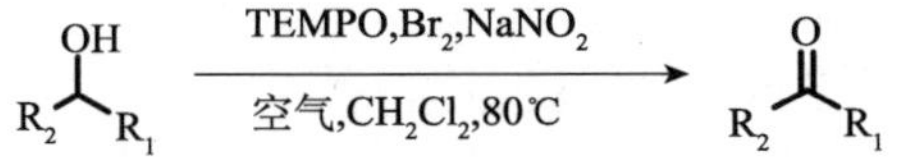


图 17-7　TEMPO 催化的醇氧化反应（TEMPO 为 2,2,6,6 -四甲基哌啶-1-氧基）

交叉脱氢偶联（CDC）反应是较为理想的构建 C—C 键的方法之一。反应在金属催化剂的作用下通过对反应底物脱氢形成 C—C 键，仅产生副产物水。许多催化剂可用于催化此类反应[20]。例如，采用 CuBr 为催化剂，叔丁基过氧化氢为氧化剂，通过 CDC 反应制备炔丙胺类化合物。反应避免了多步合成，原子经济性非常高。类似地，以分子氧为氧化剂，一些氧化偶联反应也具有很高的原子经济性。其中钯催化的氧化酯化反应，可高效简便地将伯醇转化为酯类化合物[21, 22]. 高选择性、高收率的氧化偶联反应，为构建芳环骨架提供了快捷、高效的新方法[23, 24]（图 17-8）。适当的催化体系有效地避免了反应底物的自身偶联，使得交叉偶联高效地发生，从而提高了反应的原子利用率。

通常 C—H 键活化的合成方法路线简单，具有潜在的应用价值。近年来，

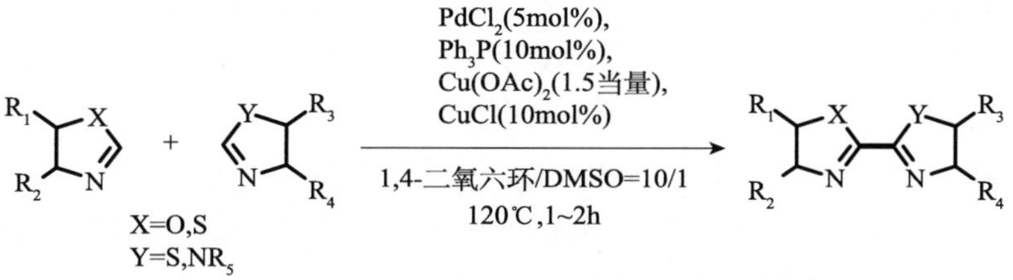


图 17-8 结构相似的芳杂环之间的高选择性氧化偶联反应

该领域的研究受到广泛关注，例如，过渡金属催化的 C—H 键三氟甲基化反应[25-27]、$CO_2$为羰基源的 C—H 键羧化反应[28,29]。以氧气为氧化剂，在铜催化下可进行端炔的三氟甲基化反应等（图 17-9）[30]。近来发展的氮杂环卡宾铜体系催化烯丙基氯、端炔与二氧化碳的羧化酯化反应是非常有代表性的例子[31]。芳环带有酯基、腈基、卤素、醚键以及环丙烷基的芳香端炔均可以通过该体系反应，以高收率得到羧化产物。这种一步法路线避免了传统方法的多步合成，是步骤经济性、原子经济性都很高的方法。

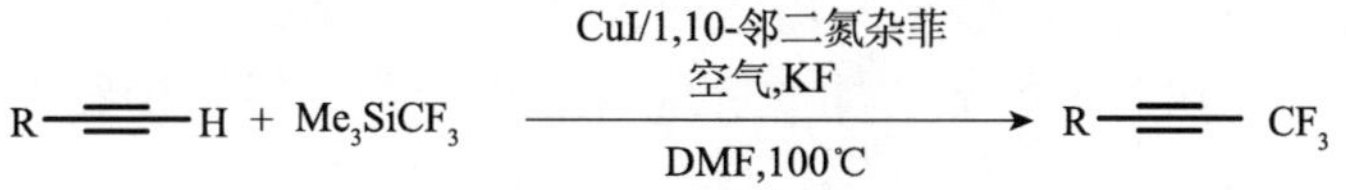


图 17-9 铜催化的端炔三氟甲基化反应

# 第三节 绿色催化

80%以上的化学化工过程需要使用催化剂。催化剂对于发展新的反应路线、实现原子经济性反应、提高反应效率、降低能耗和生产成本等都十分重要，因此绿色催化是绿色化学的核心问题之一。在绿色催化中，催化剂应该具有高活性、高选择性、性能稳定、容易回收利用、无毒无害、制备方法简单且原料便宜易得等特点。本节将重点讨论绿色催化方面的两种主要策略：固相催化和负载化均相催化。生物催化也是绿色催化的一个重要发展方向，但本书另一章将专门讨论，本节将不涉及此方面的内容。固相催化和负载化均相催化都属于异相催化或多相催化，反应后催化剂容易回收和再生利用。

## 一、固体酸碱催化

许多重要反应需要酸碱催化剂。如硝化、脱水、磺化、酯化、异构化等反应中常使用质子酸作为催化剂，芳烃亲电取代反应中常使用路易斯酸催化剂，如三氯化铝、三氯化铁、氟化锑、四氯化钛和四氯化锡等[32]。这些催化剂的使用会产生大量的废水、废渣和有害金属离子等，一旦进入环境就会造成难以恢复的污染。类似地，碱催化广泛用于异构化反应、酯化反应、酯交换反应、氧化反应、C—C 键构建反应等，使用碱溶液也会导致严重的环境问题。固体酸碱催化剂具有活性可调节、腐蚀性小、适用温度范围宽、容易分离和循环利用等优点，可以有效解决传统酸、碱催化所带来的问题。常用的固体酸包括酸性金属氧化物、分子筛、酸性合成树脂、固体杂多酸、固体超强酸、黏土矿物等。常用的固体碱有无机固体碱、负载型固体碱、端基连有胺基等碱性基团的树脂等。固体酸催化剂已广泛用于芳香环的烷基化反应和酰基化反应、烯烃异构化反应、烯烃环氧化反应、酯化反应和酰胺化反应、缩合反应等。固体碱催化剂在双键异构化反应、酯交换反应、Aldol 缩合反应、Knoevenagel 缩合反应、Michael 反应、缺电子双键的环氧化反应等反应中显示良好的催化性能。图 17-10 列出固体酸和固体碱催化的典型例子，第一个是酸性沸石 H-FER 催化的环已醇的高效乙酰化反应；第二个是负载型固体碱催化苯乙炔和苯甲醛的加成反应，加成产物再经重排后生成化工原料查尔酮。

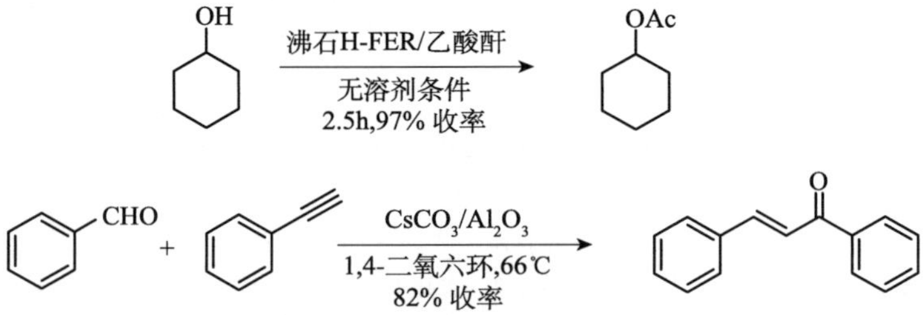


图 17-10 固体酸和固体碱催化的有机反应

下面介绍近年来固体酸和固体碱催化的三个较为典型的研究工作。生物柴油是由动植物油脂转化得到的脂肪酸单烷基酯，主要是脂肪酸甲酯。与石油裂解生产的柴油相比，其硫含量低，使用后可使二氧化硫的排放大大减少。生物柴油不含芳香族化合物，燃烧尾气对人体的伤害小于石化柴油。目前生物柴油的主要生产方法是酯交换法。其原理是将油脂的主要成分三脂肪酸甘油酯和甲醇经酯交换反应转化为脂肪酸甲酯的混合物（图 17-11）。酸和碱都可以催化酯交换反应，但均相反应会产生大量的废酸和废碱，所以采用固体酸催化或固体碱催化是更为绿色的生产方式。固体碱催化的酯交换反应更为快速和高效，已经成功用于工业生产。但是有些油脂原料中含有较高含量的脂肪酸杂质，会毒化固体碱催化剂。所以对于含有较高脂肪酸杂质的油脂原料，人们倾向于使用固体酸催化剂，因为固体酸催化剂可以同时催化酯化反应和酯交换两种反应。尽管固体酸和固体碱催化剂已用于生物柴油的生产中，但开发效率更高、性能更稳定的新型的催化剂仍然是目前的热点[33]。

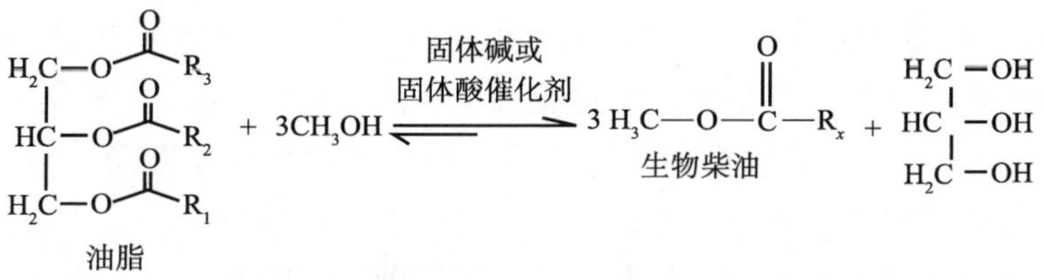


图 17-11　三脂肪酸甘油酯和甲醇经酯交换反应制备生物柴油

磺酸或全氟磺酸的酸性合成树脂如 Rohm & Hass 公司生产的 Amberlite 和杜邦公司生产的 Nafion-H 系列产品已经在工业上应用于醚化反应、醇的脱水反应和一些缩合反应。研究表明，通过分别在含有羧酸和磺酸的单体上引入能形成氢键的酰胺官能团，使两者在混合后可以自组装形成有序的液晶结构，再通过分子末端双键的聚合反应将该有序的液晶结构固定为具有六角阵列纳米孔通道的磺酸酸性树脂。对于 1-己酸与苄醇的酯化反应，这种酸性树脂的催化活性与 Nafion 大孔树脂相当，但是产品中的酯化产品高于醚化产品，其选择性是商业 Nafion 大孔树脂的 10 倍[34]。这类具有有序纳米孔结构和高活性的强酸性催化剂具有潜在的应用前景。

乙醇可以通过生物质转化制备，其进一步转化可以合成高品质燃料或其他化学品。固体碱催化剂如 ZnO-CaO 或 ZnO-$Fe_2O_3$ 可以催化乙醇脱氢生成乙醛的反应，生成的乙醛再通过羟醛缩合/脱氢反应转化为丙酮，丙酮在酸性沸石的催化作用下可以进一步转化为重要化学品异丁烯（图 17-12 中反应式 1，2，3）。研究发现，$Zn_xZr_yO_z$ 复合氧化物制成的纳米颗粒催化剂可以高产率地将乙醇直接转化到异丁烯（图 17-12 中反应式 4）[35]。此双功能纳米粒子催化剂为用乙醇一步制备异丁烯提供了新的方法。

$$CH_3CH_2OH \longrightarrow CH_3CHO + H_2 \quad (1)$$

$$2CH_3CHO + H_2O \longrightarrow CH_3COCH_3 + CO_2 + 2H_2 \quad (2)$$

$$3CH_3COCH_3 \longrightarrow 2i\text{-}C_4H_8 + CO_2 + H_2O + H_2 \quad (3)$$

$$3CH_3CH_2OH + H_2O \longrightarrow i\text{-}C_4H_8 + 2CO_2 + 6H_2 \quad (4)$$

图 17-12　乙醇转化合成碳氢液体燃料

## 二、负载化均相催化剂

绿色催化的一个重要研究方向是发展负载化均相催化剂，其理念是将均相催化剂的优点（高活性、高选择性、可设计性强等）和非均相催化剂的优点（容易回收和可循环使用等）结合起来。这一理念最早出现于 20 世纪 70 年代[36]。研究者尝试将可溶的金属配合物催化剂负载在固体载体上用于催化有机反应。大量研究表明，负载化均相催化剂可以催化不对称氢化、聚合、羰基化、氧化反应等多种类型的有机反应。负载化均相催化剂的主要负载方式有（图 17-13）：①将可溶性金属配合物通过共价键连在固体载体上，这一方式是最经典的负载方式；②通过非共价键如氢键、离子键、配位键、金-硫键和物理吸附等弱相互作用将金属配合物负载在固体载体上；③将金属配合物和金属离子或原子簇通过自组装制成具有催化性能的有机-无机多孔材料；④将含有多个配位点的配体与金属离子自组装成“自负载”的催化剂；⑤直接将金属配合物制成可溶性高分子催化剂，在反应结束后可以通过溶剂沉淀或超过滤的方式回收利用。

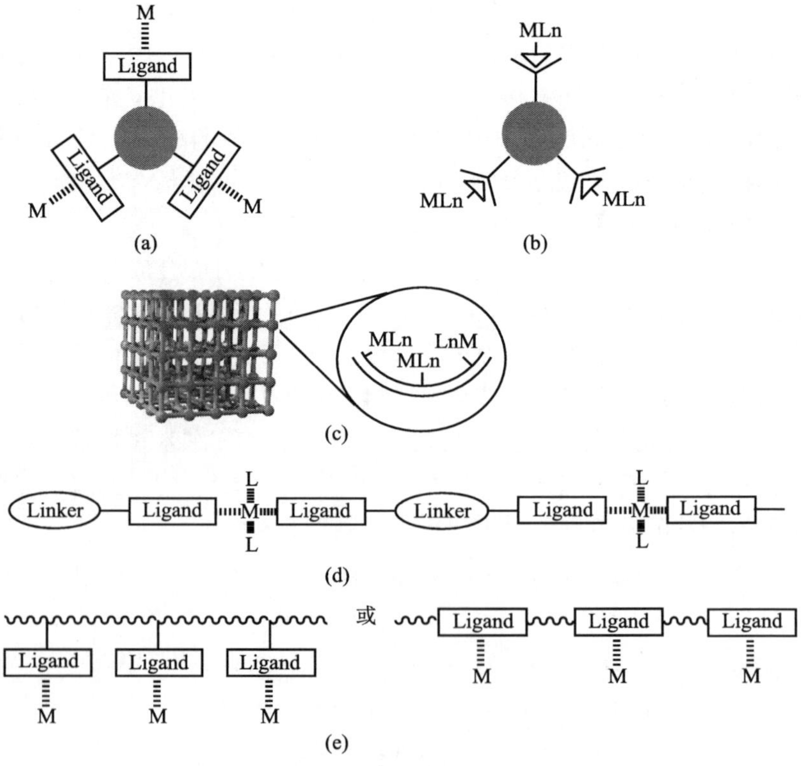


图 17-13　负载化均相催化剂的主要负载方式

在不对称合成领域，由于很多具有高对映选择性的手性金属配合物催化剂非常昂贵，它们的负载化使用是十分必要的。其中一个典型的例子是手性金属-salen催化剂的负载化研究（图17-14）[37]。该类型催化剂在不对称环氧化、环氧化合物的不对称开环、不对称环加成、不对称环丙烷化和不对称共轭加成等反应中都表现出很高的反应活性和对映选择性。有多种将手性金属-salen催化剂负载化的方式，如将其负载在树脂、硅胶上[38]，将其制备成可以回收利用的寡聚物[39]或树状分子[40]，并尝试了在水相、离子液体或超临界二氧化碳中进行相应的催化反应。研究表明，负载化的手性金属-salen催化剂表现出和均相催化剂单体等同甚至更好的催化性能，回收后的催化剂通过简单的再生可以循环使用，并保持原有的活性和立体选择性。

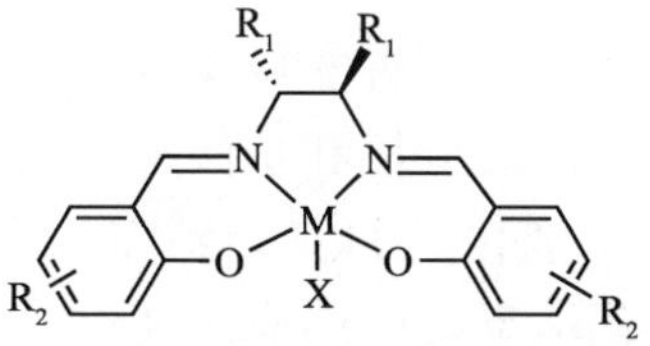

图 17-14 手性金属-salen催化剂

也可将手性BINAP膦配体负载在树状分子的核心制成树状Ru-BINAP催化剂。该催化剂可以高效催化脱氢异布洛芬的不对称氢化反应，其对映选择性与小分子催化剂相当或略高，这可能是因为树状分子载体在催化活性中心周围构筑的空腔引起的“微环境效应”所导致[41-43]。另外，该类催化剂应用过程中产物和催化剂分离简单，催化剂容易循环利用，并有良好的稳定性。

研究表明，多种自负载型金属手性配合物，能以很高的对映选择性实现不对称烯反应、不对称环氧化反应以及不对称氢化反应。这类结构高度均一的手性自负载催化剂制备简单且稳定性好，并能够回收和循环使用。例如，使用同时含三联吡啶和手性单磷配体MonoPhos结构单元的桥连配体，通过与亚铁盐和铑盐选择性自组装得到含双金属Fe(Ⅱ)、Rh(Ⅰ)的手性配位聚合物型催化剂（图17-15）。这类催化剂可以高效地催化非均相不对称氢化反

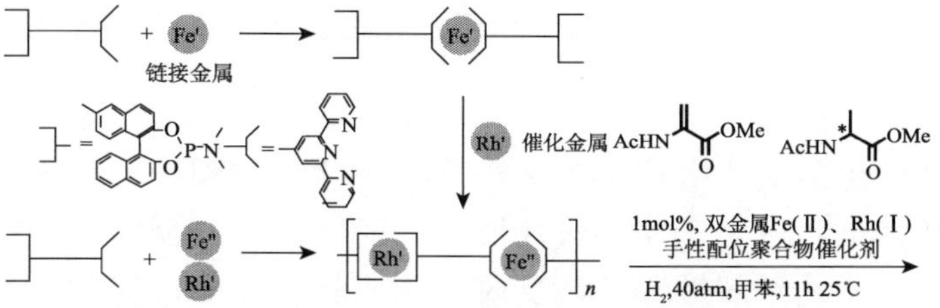


图 17-15 含双金属Fe(Ⅱ)、Rh(Ⅰ)的自负载型催化剂催化的不对称氢化反应

应，催化剂可以循环使用并保持其极高的活性和选择性[44-46]。

尽管在负载化的均相催化剂研究方面已开展了大量的研究，但只有两个此类催化剂用于大规模的工业化生产的报道。一个是用于烯烃聚合反应的只能单次使用的单中心茂金属催化剂[47]；另一个是催化由甲醇和一氧化碳制备乙酸的铑催化剂[48]。大多数研究工作属于“概念示范”或开发新的负载方式的阶段。设计开发同时具有活性和选择性高、稳定性和重复使用性好、负载化成本低等优点的催化剂是大规模应用的关键。

## 第四节 环境友好介质中的有机合成反应

化学过程通常使用大量有毒有害的挥发性有机溶剂，用绿色溶剂替代传统的有害溶剂，利用绿色溶剂的特性和功能探索新的合成路线、优化反应条件和过程、开发新技术是绿色化学的主要研究内容之一。本节主要讨论水、离子液体、超临界流体在化学反应中的应用研究，并对无溶剂反应进行简单介绍。

### 一、水为反应介质的化学反应

水对地球上所有的生命过程都是必需的，也是在分离等诸多领域中常用的绿色溶剂。但很长一段时间里，在有机化学家眼中水是反应时要努力除掉的“破坏分子”。这是因为大多数有机反应中的金属催化剂或活性中间体对水很敏感。近年来的研究发现，不少有机反应可以在水或水-有机溶剂混合溶剂中进行，并且反应速率更快、选择性更高，甚至可以改变反应路径。由于水具有储量丰富、安全、便宜等优点，以纯水或水和有机溶剂组成的混合溶剂取代有机溶剂成为绿色化学领域的研究热点[49-51]。以水为介质的化学反应主要分为两大类。一是将水单纯用作反应溶剂的反应；二是水同时作为溶剂和催化剂或助催化剂的反应。

#### （一）水作为溶剂的有机反应

相对于有机溶剂，水具有非常特殊的化学和物理性质，其极性远大于一般的有机溶剂，有利于涉及极性反应中间体的有机反应的进行。一般有机反应物在水中的溶解性很差，反应在非均相体系中进行时效率不高。不过不少相对分子质量较小的有机化合物在水中有一定的溶解度，甚至与水互溶。当有机分子中含有一个或多个氧或氮原子时，其水溶性会明显增强。另外，在剧烈搅拌、超声、微波等条件下进行反应会改善有机化合物在水中的溶解性，还可以通过加入少量相转移催化剂等方法增强水对有机化合物的溶解性。迄今已有不少水中有机合成研究的报道。例如，Diels-Alder环加成和 Claisen 重排反应，在水溶液中的反应速率比在有机溶剂或者无溶剂条件下快得多[52,53]。在水中路易斯酸催化的共轭加成-脱氢氧化的“一锅”反应速率是有机溶剂中的数十倍，而且水中反应可以很容易地合成双吲哚醌化合物，这在有机溶剂中难以实现[54]。在相当长一段时间，格氏反应一直被认为是一个需要严格除水的有机反应，事实上只有经典的镁试剂会被体系中微量的水猝灭生成烷烃。近年来发展的锌或铟的格氏试剂能以水作介质进行反应。例如，以金属铟为催化剂，图 17-16 所示的格氏反应可在水中进行[55]。

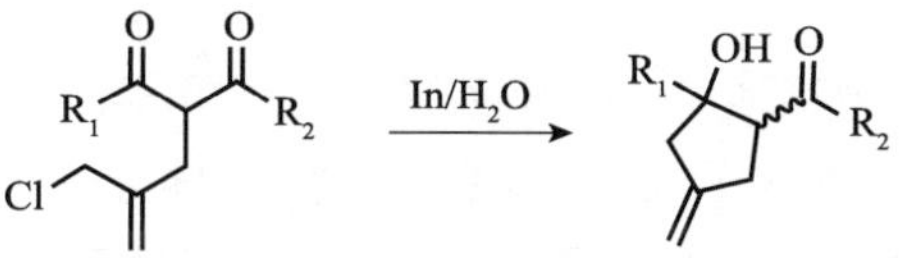


图 17-16　水中铟催化格氏反应

过渡金属催化剂在化学工业中广泛使用，催化剂循环利用问题备受关注。解决该问题的方法可分为两大类，一类是将均相催化剂负载在有机或无机载体上；另一类是采用特殊的配体，使过渡金属催化剂处于与有机相互不相溶的另一相，有机反应在液-液两相体系中进行，反应结束后将两相分离，可以在催化剂所在的一相中加入新的反应物，从而实现催化剂的循环使用。液-液两相催化体系在保留了均相催化活性高、选择性好等优点的同时，又具备多相催化反应产物和催化剂易于分离的优越性。液-液两相催化目前有两个主要研究方向，即水/有机两相催化体系和氟两相催化体系，其中对水/有机两相催化体系的研究更为深入，而且目前已经成功用于工业生产。

水/有机两相催化体系的关键是合成水溶性的配体。已报道的大部分研究是尝试在有机膦配体上引入亲水性官能团，如磺酸基、羧基、季铵盐、聚醚链，其中磺酸基取代的三苯基膦配体因合成方法简单、催化性能好而在各类反应中广泛使用。通常认为在水/有机两相催化体系中，催化反应主要在水相或两相界面上进行。反应结束后，贵金属催化剂的分离回收通过简单的相分离即可实现。1984 年，德国鲁尔化学公司将水溶性铑-膦络合物两相催化体系用于丙烯氢甲酰化反应的工业化生产，这是水/有机两相催化体系领域的一个里程碑式的工作[56]。

通过在催化剂分子上引入水溶性官能团，使原本在有机溶剂中进行的催化反应能在水中有效进行。有些由水溶性催化剂催化的水相反应可以解决有机溶剂中催化反应难以解决的科学问题，这样的研究工作有很多例子。如两边连有不同脂肪基团的酮的不对称氢化反应是不对称催化领域的一个难题，通过一种末端连有长脂肪链的手性二胺配位的铑催化剂，在水相中可以实现脂肪酮的不对称氢化反应，由于疏水作用，手性二胺上的长碳链与脂肪酮上的长碳链排列在一起并在水溶液中形成胶束，脂肪酮的不对称转移氢化反应在产生的手性环境中进行可以得到高对映选择性[57]。以中心金属 Ga 和手性半冠醚配体合成手性有机金属催化剂，应用于水相不对称 Mukaiyana Aldol 反应，其对映选择性可达到 94%ee[58]。

### （二）水同时作为溶剂和催化剂

在水中，一些有机反应在无催化剂条件下可以高效地进行，而在有机溶剂中却非常缓慢或根本不发生。在这些反应体系中，水可以和反应物形成氢键从而活化反应物[59,60]，已报道的水促进的有机化学反应主要包括 Friedel-Crafts 反应、环加成反应、Michael 加成、Wittig 反应、Aldol 反应、Knoevenagel 反应、环氧开环反应等。水促进的有机反应也已应用到复杂分子的合成中，如水可以促进一连串的环氧开环环化反应生成梯型聚环醚[61]。这暗示海洋中广泛存在的梯型聚环醚类天然产物的生物合成有可能不是通过酶催化的方式进行，水本身能促进该串联环氧开环环化反应（图 17-17）。

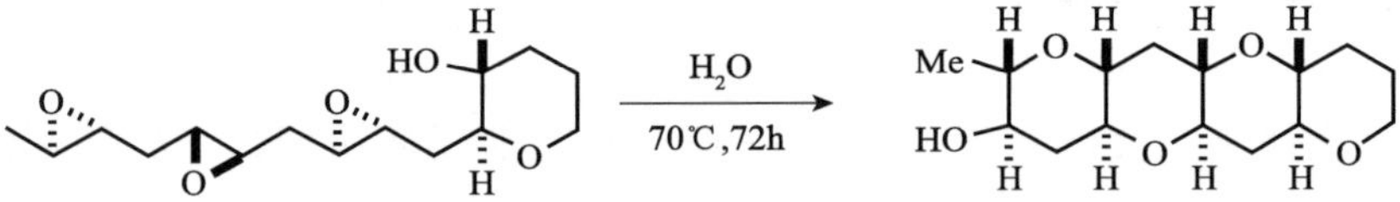


图 17-17 水促进环氧开环环化反应生成梯型聚环醚

在一定温度范围内，水的自电离平衡常数随着温度的上升而增大，即氢离子和氢氧根离子浓度增大。在高温水中氢离子和氢氧根离子可以作为酸、碱或酸碱双重催化剂催化一些有机反应。另外，水的介电常数随着温度的升高而减小，因而高温水对有机化合物的溶解能力增强。有些传统酸碱催化的有机反应在高温水中可以顺利地进行。例如酯的水解反应，由醇成醚的脱水反应，消去反应等[62,63]。由于无需外加酸碱催化剂，反应的后处理简单，省略了酸碱中和步骤，因而避免产生污染环境的废盐。高温水中有机反应的主要缺点是反应温度较高，必须在特殊的密闭容器中进行。另外，在该反应条件下，很多官能团不稳定，限制其应用范围。

### （三）水介质中分散的有机反应

在有机反应底物与水不相溶的条件下，水介质中的反应有时也能顺利进行。例如，环加成反应在水介质中比有机溶剂中快得多[64]，由此人们提出了“on water”这一术语来描述这个现象。反应过程中反应物不需要溶解在水中，因此反应可能主要是在油水界面上进行。理论计算表明，油水界面上存在比水的内部更多的氢键作用，这些氢键作用加快了反应速率[65]。“on water”效应为开发绿色化学反应提供了新的发展空间[66,67]。

### （四）水作为共催化剂催化的有机反应

由于水的特殊性质，微量水能明显促进一些催化反应的进行。在这些反应体系中水作为共催化剂促进有机化学反应。例如，在由三苯基磷催化的烯和联烯酸酯的（3 ＋ 2)环加成反应中（图 17-18），反应第二步的（1,2）-氢转移过程实际上是反应体系中微量的水先提供一个质子，然后又作为碱脱除邻位的质子，水参与的分子间质子转移比分子内直接的（1,2）-氢转移反应活化能低得多[68]。反应体系中微量的水可能在其他一些涉及氢转移的反应中也发挥共催化剂的作用。

图 17-18　由三苯基磷催化的烯和联烯酸酯的（3＋2)环加成反应

应该指出的是，以纯水或含水的混合溶剂取代有机溶剂并不一定带来好的环境效果[69]。这是因为如果以水为反应溶剂，反应结束后往往需要使用大量有机溶剂进行分离。因此，必须全面考虑反应效率、分离问题和水的循环利用等问题。

## 二、离子液体中的化学反应

无机盐一般熔点较高，离子液体是由阴阳离子组成、在较低温度下（一般指低于 100℃）呈液态的有机盐。离子液体具有蒸气压极低、液程宽、不易燃、热稳定性好、热容量大、离子电导率高、电化学窗口宽、溶剂化能力强、局部结构有序、易循环利用等特性。此外，离子液体具有可设计性，可通过调整阴阳离子的性质，或者引入相应官能团可使离子液体具有特定的功能[70,71]。离子液体在化学反应、萃取分离、材料合成、气体吸收等方面的应用研究是近十多年来的研究热点之一。

如图 17-19 所示，目前应用的离子液体中的阳离子主要有烷基季铵离子、烷基季膦离子、1,3 -二烷基取代的咪唑离子和 $N$ -烷基取代的吡啶离子等类型，阴离子有卤素离子、四氟硼酸根离子、六氟磷酸根离子等。

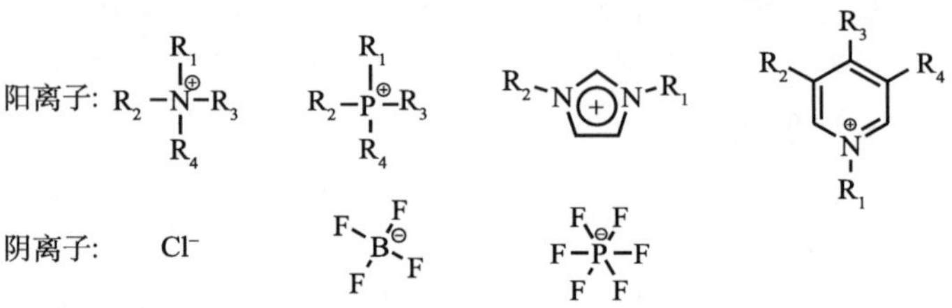

图 17-19　离子液体中常见的阳离子和阴离子

离子液体在聚合反应、选择性烷基化、酰基化反应、酯化反应、重排反应、催化加氢反应、烯烃的环氧化反应、Diels-Alder 反应、Heck 反应和电化学合成等方面应用研究已有大量报道。由于离子液体的性质与传统的有机溶剂差别很大，在离子液体中进行的很多反应显示出特殊的性质，如离子液体中催化剂的活性和稳定性更好，甚至具有不同的反应机理，有些离子液体自身具有催化功能[72]。离子液体被认为绿色反应介质，主要是因为离子液体中的反应效率可调控，可以设计相对绿色的离子液体，离子液体或催化体系容易分离和循环重复使用。

由长链的末端烯烃直接环化制备环烷烃是一个原子经济性很高的反应。在离子液体中可以实现 1-十二碳烯直接环化生成环十二烷的反应（图 17-20），在互不混溶的氯化铝离子液体和 1-十二碳烯中加入助溶剂乙醇，在反应结束后将乙醇蒸馏除去后即可将含有原料和产品的有机层和离子液体层分离，环十二烷的收率为 27%[73]。虽然该反应收率不是很高，但是这一转化是在离子液体中实现的新反应。

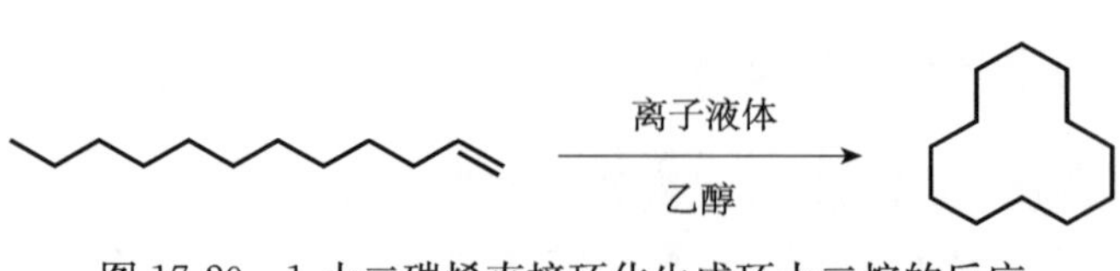

图 17-20　1-十二碳烯直接环化生成环十二烷的反应

通常用于苯加氢反应的钌纳米簇催化剂容易聚积而失去催化活性。但是如果用吡咯烷酮聚合物将纳米金属铑催化剂稳定在离子液体中，这种铑催化剂在苯加氢反应中总的转化数经五次循环就超过 20 000[74]，远高于其他溶剂中铑催化剂的转化数。而离子液体或者吡咯烷酮聚合物单独使用时不能获得好的效果。这种铑催化剂的高活性和高稳定性源于离子液体和吡咯烷酮聚合物的共同作用。这一方法也可用于长寿命的铂、钌、钯、钴、铜等过渡金属纳米粒子催化剂体系的制备。例如，将中性锰卟啉嫁接到离子液体上，可以得到锰卟啉功能化离子液体，因而结合了离子液体和锰卟啉的双重功能，使其在苯乙烯及其衍生物的氧化反应中表现出良好的催化活性和循环使用性能[75]，是绿色的仿生催化体系。

目前对离子液体的合成与应用研究主要集中在设计离子液体的功能、提高离子液体的稳定性、降低离子液体的生产成本、解决离子液体中高沸点有机物的分离等方面。

## 三、超临界流体中化学反应

超临界流体是温度和压力同时高于其临界值的流体。这类流体具有许多特殊的性质，如具有很强的溶解低挥发性物质的能力，表面张力为零，黏度低，扩散系数大。特别是其物理化学性质随温度和压力变化十分敏感[76,77]。超临界流体作为反应介质几乎已用于所有类型的有机化学反应。超临界流体化学反应的优点主要包括反应体系的性质可用压力连续调节、传质速度快、催化剂寿命长、溶剂容易循环利用、可实现反应-分离一体化等[78]。由于二氧化碳具有无毒、廉价易得、储量丰富、安全、临界条件温和等优点，超临界二氧化碳中的化学反应研究的最多。

超临界流体中化学反应的选择性可用压力等条件进行调控，减少副产物的生成，简化产物的分离过程。在超临界二氧化碳中使用负载的钯催化剂催化异佛乐酮生成三甲基环己酮的连续氢化反应已经实现工业化生产[79]。该反应在传统的有机介质中会生成难以分离的副产物，而超临界二氧化碳的使用，大大提高了反应选择性，目标产物的选择性几乎达到 100%，即只生成碳-碳双键被氢化的产物（图 17-21），产物不需要纯化，从而避免了产物分离过程所带来的经济和环境负担。超临界二氧化碳中进行降冰片烯的酯化反应，转化率和产物的选择性可分别达到 100%和 97%，远优于有机溶剂中的反应效果。这主要是由于超临界二氧化碳的高扩散性和低黏度有利于反应物分子的碰撞，同时也有利于产物分子脱离催化剂的表面[80]。

苯酚加氢制备环己酮是一个重要反应。但如何提高反应效率是一难题。

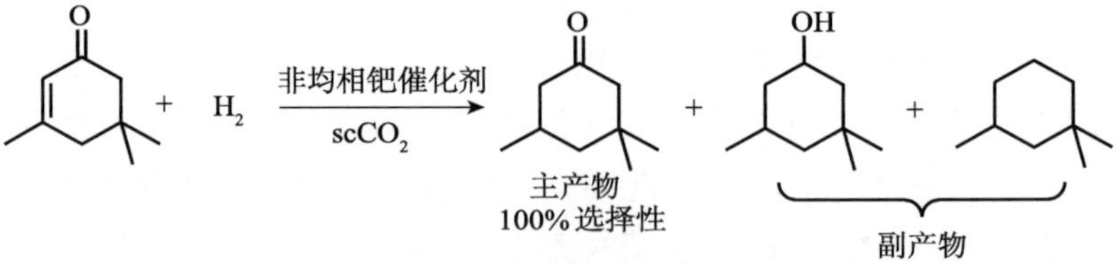


图 17-21　超临界二氧化碳中异佛乐酮的连续催化氢化反应

研究表明，路易斯酸和普通商业钯/碳催化剂对苯酚加氢转化为环己酮有良好的协同作用，在温和条件下苯酚转化率和环己酮选择性可同时接近 100%。特别是，以高密度二氧化碳中为反应介质，不仅使反应过程更清洁、产物分离更简单，并且使反应速率大大加快，反应效率可以通过反应体系的相行为进行调控[81]。

在超临界二氧化碳中进行反应也可以提高反应的立体选择性。如使用离子交换树脂 Amberlyst™15 作催化剂，在超临界二氧化碳中以 *t*BuOOH 为氧化剂使手性硫醚转化为相应的亚砜。二氧化碳的压力对半胱氨酸衍生物反应的非对映异构体的选择性有很大影响，其非对映选择性可达 95%de，而在传统溶剂如甲苯或二氯甲烷中则没有明显的非对映选择性（图 17- 22）[82]。

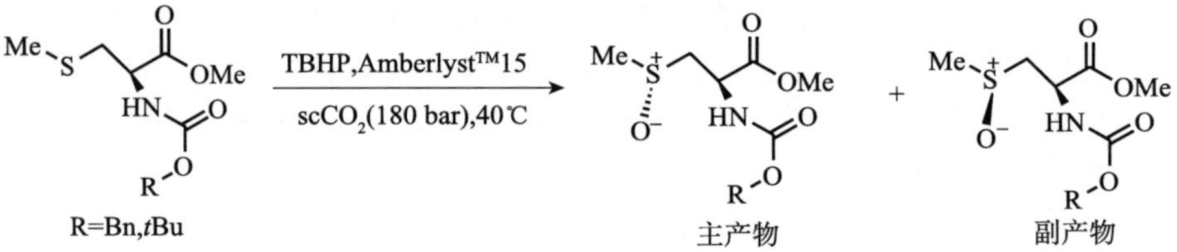


图 17-22　超临界二氧化碳中手性硫醚的氧化反应

超临界二氧化碳可以与水、离子液体、聚乙二醇等其他环境友好的反应介质形成两相体系[83]。以超临界二氧化碳作为流动相，其他介质为催化剂反应相，可实现反应和分离集于一体，即“均相反应，非均相分离”过程。如在超临界二氧化碳/离子液体两相体系中，铑络合物为催化剂溶解在离子液体中，可以进行均相催化烯烃的氢甲酰化反应[84]。反应过程中，离子液体也作为金属催化剂的配体之一。反应结束后，产物用超临界二氧化碳萃取移出反应体系，由于离子液体和催化剂不溶于超临界二氧化碳，则留在体系内循环使用，使得整个反应过程连续进行。

利用超临界二氧化碳可以实现原位酸催化反应。二氧化碳分别与水、醇和过氧化氢原位生成碳酸、烷基碳酸和过氧碳酸，可以替代传统的质子酸，为化学反应提供环境友好的酸性催化剂或氧化剂。反应后，通过减压释放二氧化碳使体系达到自中和，避免了后处理的碱中和过程。因此，不会产生含盐废水。这方面已有不少报道，如在原位碳酸体系中选用合适的还原剂进行硝基的还原反应[85]，原位碳酸体系中香茅醛环化水合生成 3,8-孟烷二醇的反应[86]，原位烷基碳酸中实现芳环的氧化溴化反应[87]（图 17-23）等。这些反应都得到了很好的结果。但目前关于原位酸的应用研究大多处于实验室研发阶段，其工业化应用则需要持续不断地探索研究。

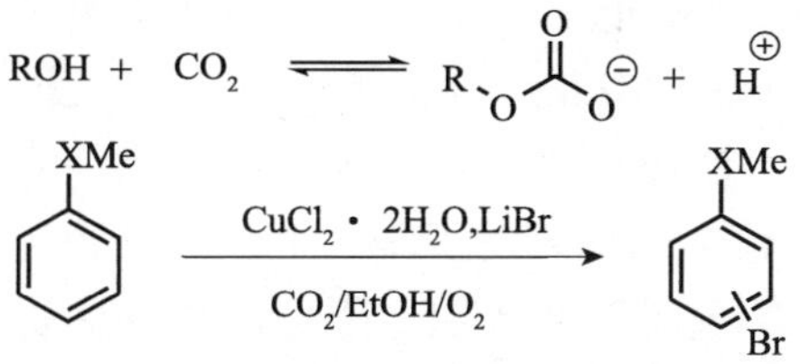


图 17-23　原位烷基碳酸中芳环的氧化溴化反应

超临界水的性质不同于常态水和水蒸气，它具有一般超临界流体的物理化学特性。此外，与液态水相比，其最大特点是介电常数很低，因此对有机物的溶解能力很强，使水中的有机反应可以在均相条件下进行[88]。超临水中部分氧化反应、水解反应、烷基化反应等有机化学反应引起了人们的广泛重视。超临界水为有机化合物的合成提供了新的绿色介质。其中一个重要的例子是采用连续式反应装置使对二甲苯氧化为对二苯甲酸[89]。超临界水中产物的选择性高达 95%，而副产物只有苯甲酸，减少了后续分离所需要的费用。另外，在超临界水中反应速率很快。超临界水反应研究最多的是用超临界水氧化法处理有机废物，被处理的有机物和氧在超临界水中可以完全混溶，在很短的时间内可以将有机废物氧化成水、二氧化碳、氮气和其他具有最简单结构的小分子。

虽然超临界流体在萃取分离等方面已经得到广泛的工业应用，但在合成化学中大规模应用的实例不多。随着人们对超临界流体理化性质研究的不断深入以及对环境问题的重视，用超临界流体取代传统的有机溶剂已成为“绿色化学”的一个重要分支。但是总的来看，还有许多反应动力学、反应热力学和工艺学方面的难题有待研究和解决。可以相信，超临界流体化学反应作为一种新型的绿色反应介质，必将得到越来越广泛的应用，产生应有的经济效益、环境效益和社会效益。

## 四、无溶剂合成

从绿色化学的角度，反应过程中不使用溶剂是最佳方案。如果条件得当，无溶剂反应比任何需要反应介质的反应都更为简单和环保。因此，无溶剂条件下的化学反应的研究备受青睐。其方法是在不加溶剂条件下将固体-固体、液体-固体或液体-液体反应物直接混合进行研磨或搅拌，也可以使用光、热、微波以及超声等方法促进反应的进行。在不少情况下，无溶剂条件下的有机反应显示反应速率快、反应过程和后处理简单等优点。已经报道的无溶剂有机反应主要有光化学反应、环加成反应、Michael 反应、Wittig 反应、Suzuki 反应、Heck 反应、还原反应等，无溶剂反应甚至也用于不对称合成。将芳香醛和酮混合均匀并加入催化量的 L-脯氨酸，通过高速间隔研磨的方法促进该无溶剂反应，当芳环上连接吸电子基团时，可以以很高的产率得到主要为反式的 Aldol 产品（图 17-24）[90]。对于苯、甲苯等芳香烃加氢制备环烷烃的反应，用纳米沸石稳定的金属钌纳米催化剂可以将反应过程中既是反应原料又是反应溶剂的芳香烃转化为脂环烃，室温下反应效率很高，催化剂稳定性好，并可以回收利用[91]。

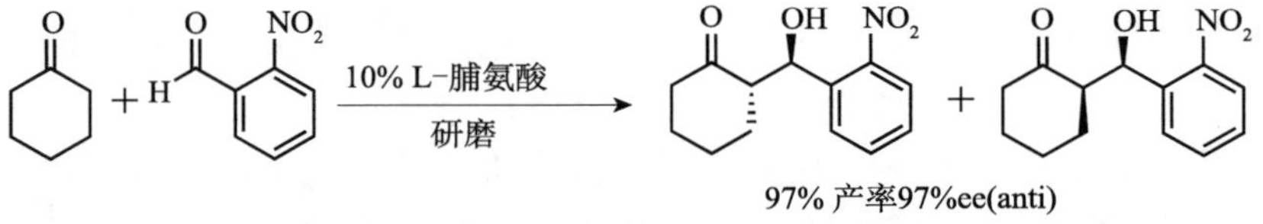


图 17-24　脯氨酸催化芳香醛和环己酮反应

应该指出的是，并非所有反应都能在无溶剂条件下进行或在无溶剂条件下反应效果最佳。一方面，无溶剂反应后，一般需使用溶剂对反应产物进行分离和纯化。另一方面，在大多数情况下，溶剂具有溶解反应物、强化传质传热、调控反应效率和路径等功能，甚至可以简化分离过程。因此，反应过程的溶剂问题需要综合考虑。

## 第五节　绿 色 原 料

目前，绝大多数有机化学品的主要原料来自化石资源。这些原料资源不可再生，有的甚至有毒或剧毒，如光气、氢氰酸、硫酸二甲酯等。采用无毒无害、可再生的原料是绿色化学的重要内容，也是化学工业可持续发展的必由之路。在众多有机反应中，利用更为绿色的原料发展空间很大，其中二氧化碳、生物质、分子氧、过氧化氢等是典型的绿色原料。

## 一、二氧化碳的资源化利用

目前全球二氧化碳的年排放量已超过 300 亿 t，导致大气中二氧化碳的浓度不断增加，因而带来一系列环境和社会问题。二氧化碳是主要的温室气体，也是丰富、无毒、便宜易得的可再生碳资源。将二氧化碳清洁高效地转化为高附加值化学品和能源产品，既可减轻对日益减少的化石资源的依赖，又有利于减少二氧化碳排放。人们在二氧化碳转化利用方面已开展了大量研究[92]。以二氧化碳为原料通过形成不同的化学键可以合成丰富的能源产品及化学品，如图 17-25 所示。通过形成 C—O 键可得到有机碳酸酯、聚碳酸酯；通过催化氢化反应，形成 C—H 键得到甲酸、甲醇、二甲醚和烃类物质等能源产品；作为羰基化试剂，通过形成 C—C 键得到内酯和羧酸衍生物；通过形成 C—N 键得到尿素、脲的衍生物、氨基甲酸酯、异氰酸酯、聚氨酯、噁唑烷酮、喹唑啉等[93]。在全球范围内，二氧化碳作为化工原料每年利用量已达到 1 亿多 t，主要用于生产尿素、甲醇、系列碳酸酯、高分子材料、水杨酸等。

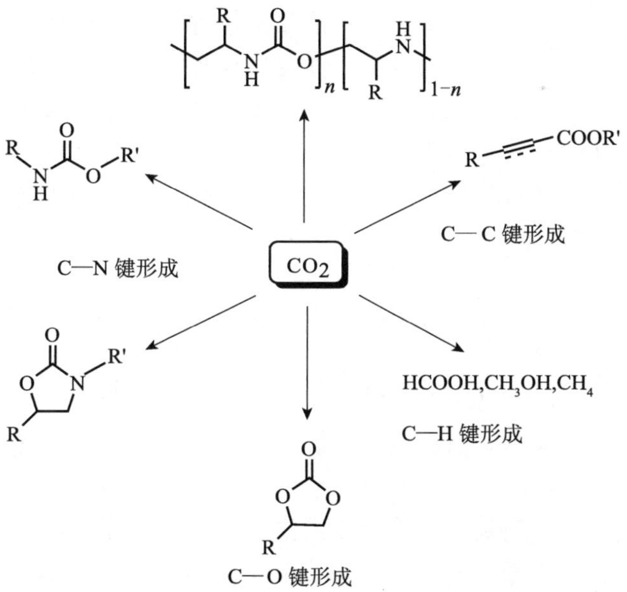


图 17-25　二氧化碳作为 $C_1$ 合成子制备能源产品、化工原料及高分子材料

研究表明，基于手性 salen 型金属配合物的双功能催化剂，可以在温和条件下合成光学活性的环状碳酸酯[94]以及高选择性得到高度有序的光学活性

聚碳酸酯[95]；利用二氧化碳合成子参与的多组分反应，可高效地制备噁唑啉酮类化合物[96]。碱性离子液体催化体系可高效催化二氧化碳的羧化反应，可应用于合成多种有机物（图 17-26）[97,98]；碳酸二甲酯是重要的绿色原料和溶剂。以二氧化碳与甲醇为原料可以合成碳酸二甲酯，但由于此反应受热力学限制，转化率很低，需要加脱水剂等方法提高转化率。如果采用尿素和甲醇反应合成碳酸二甲酯，不断移走反应过程中生成的氨气，可以有效提高产物的产率。由于氨气与二氧化碳可以制备尿素。此方法相当于间接利用二氧化碳，工艺路线已建成一条千吨级示范生产线[99]。

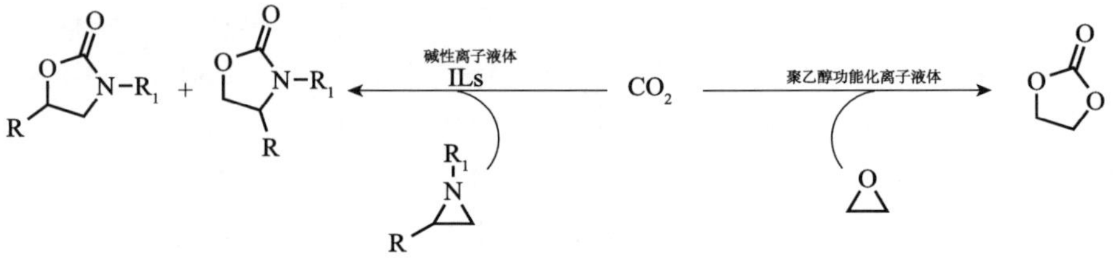


图 17-26　离子液体化噁唑啉酮以及环状碳酸酯合成

催化氢化反应是将二氧化碳转化为甲酸、甲醇等能源产品的重要方法，该类反应具有广阔的应用前景。采用离子液体作为碱性介质，可以大大促进二氧化碳加氢制备甲酸反应的进行，并且碱性离子液体和催化剂容易回收和循环利用（图 17-27）[100]。以太阳能作为直接驱动力的光催化转化技术是将二氧化碳有效转化的理想途径之一[101]。研究表明，采用介孔光催化材料可有效拓宽纳米催化材料的光响应范围，将二氧化碳还原与光解水相偶合制备碳氢化合物和氧气[102]。

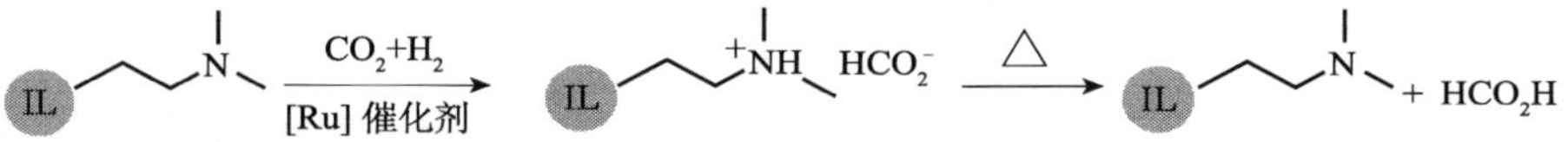


图 17-27　碱性离子液体用于二氧化碳的催化氢化反应合成甲酸

随着化石资源的不断消耗以及社会发展需求，将二氧化碳转变成高附加值的化工产品、能源产品及新型材料非常必要，在有效利用资源以及缓解由温室气体引起的环境问题方面将发挥越来越重要的作用。由于二氧化碳具有化学性质稳定、能量低、碳-氧双键难以活化等特点，其化学转化难度大。其更大规模的利用取决于相关科学和技术突破。

## 二、生物质资源的转化利用

以木质纤维素为代表的生物质源于二氧化碳和水的光合作用，是丰富的可再生资源。将其高效转化为生物质燃料和化学品，相当于光合作用与化学方法相结合利用太阳能、循环利用二氧化碳[103]，对解决人类能源和碳资源供应问题具有重要的意义。发展清洁高效、环境友好的新技术，将可再生的生物质转化为能源产品和化学品是绿色化学的重要内容，对经济和社会的可持续发展意义重大。近年来，生物质资源的转化利用引起了全球的广泛重视。生物质资源主要包括木质纤维素、淀粉、动植物油脂等。淀粉和油脂转化为液体燃料和化学品相对容易，淀粉可利用发酵法制备燃料乙醇，油脂可以通过酯交换、催化加氢等方法制备高品质液体燃料，相关技术已实现工业化。但淀粉和油脂储量小，可食用，其利用存在与人类争粮的问题。木质纤维素的储量比淀粉和油脂大得多，但化学转化难度更大。

植物通过光合作用每年产生约 2000 亿 t 木质纤维素，是农作物秸秆和树木的主要成分，木质纤维素主要包括纤维素、半纤维素和木质素。木质纤维素可通过气化-费托合成、液化-精炼和通过平台化合物选择性合成制备液体燃料和化学品[104]。纤维素可以采用生物和化学方法转化为乙醇、丁醇、甲烷、液体燃料等能源产品和高附加值化学品（图 17-28）[105,106]。木质素可通过催化加氢脱氧转化为酚、芳香醇类化合物、环烷烃和脂肪族烷烃；通过氧化解聚反应制备香草醛、丁香醛、羟基苯甲醛化合物等[107]。

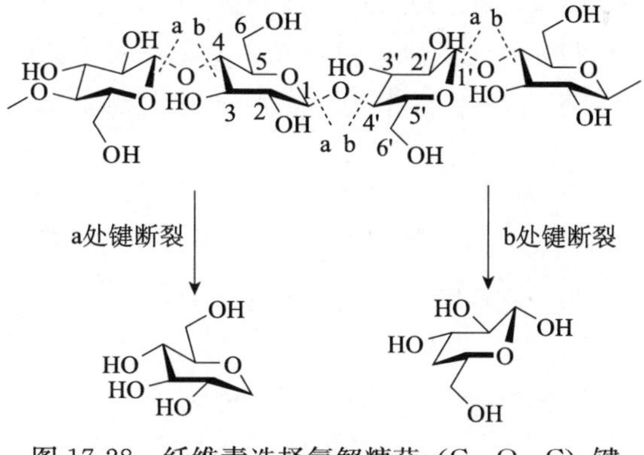


图 17-28　纤维素选择氢解糖苷（C—O—C）键

## （一）以生物质为原料制备重要化学品

利用纤维素制备乙二醇开创了可持续生产大宗化学品的新途径[108]。我国学者开发了葡萄糖-山梨醇转化制低碳醇的催化新材料及新技术，形成自非石油路线制乙二醇和丙二醇的新方法，建立了生物质制多元醇的工业生产线[109]，采用 $WO_3$-Ru 和 Pt-$SnO_x$ 等双功能纳米催化剂，在温和条件下，可以实现纤维素定向转化为山梨醇、乙二醇和丙二醇，这是一条纤维素直接转化合成丙二醇的新途径[110]。1,3-丙二醇和己二酸是工业品的重要原料，1998年美国“总统绿色化学挑战奖”的学术奖颁给了美国Michigan州立大学的研究人员，他们开发出以葡萄糖为原料，采用生物技术将葡萄糖转化为己二烯酸，然后利用化学方法制备己二酸的新工艺。这代表了利用可再生生物质资源的先进绿色化学技术。1999年，美国的Biofine公司获得美国总统绿色化学挑战奖的小企业奖。他们的获奖项目是把废纤维转化成乙酰丙酸。反应的原料可以是造纸废物、城市固体垃圾、不可循环使用的废纸、废木材和农业残留物。

### （二）生物燃料的制备

利用林业和农业固体废物制备生物燃油具有重要意义。如上所述，用生物质制备液体燃料有气化-费托合成、液化-精炼和通过平台分子等多种路线[104]。研究表明，以毛竹为原料，采用水热法可以同时实现原生生物质中各组分（纤维素、半纤维素、木质素）分离与高选择性转化，分别得到呋喃类和酚类化合物[111]。此方法不仅可省去生物质的干燥前处理，还可获取高温下不稳定的中间物。最近人们提出了利用甲醛聚糖反应衔接生物质气化和糖类水相重整过程的策略（图17-29），该路线所产生的液态燃料数量是生物质气化-费托途径的两倍，能量保有率是其1.2倍，并实现了生物质的全组分利用，避免了传统水解方法中高能耗、高污染的生物质预处理过程，同时也开辟了一条新的碳一化学利用途径[112]。

$$CO_2 + H_2 \longrightarrow CH_3OH \xrightarrow{O_2} HCHO \longrightarrow C_3H_6O_3 \longrightarrow \text{糖类} \longrightarrow \text{燃料化学品材料}$$

图17-29　甲醛聚糖反应路线

### （三）生物质平台化合物的制备及其转化

纤维素是自然界中最丰富的植物生物质组分。纤维素可以转化为5-羟甲基糠醛、乙酰丙酸、乙酰丙酸酯等生物质平台分子[113]，其中5-羟甲基糠醛是一种多功能团化合物。由纤维素制备5-羟甲基糠醛首先需要其降解为单糖，然后由单糖脱水生成5-羟甲基糠醛（图17-30）[114]。它可以通过氧化、加氢等反应转化合成液体燃料和许多重要化学品，如2,5-二甲酰基呋喃、2,5-呋喃二羧酸、2,5-二羟甲基呋喃、2,5-二甲基呋喃等。以5-羟甲基糠醛为平台分子是生物质资源综合利用的研究热点之一[115]。研究表明，负载纳米 Au 颗粒可以有效催化水相中分子氧氧化 5 -羟甲基糠醛为 2,5 -呋喃二甲酸，通过改变载体性质可以调控催化反应的效果[116]。$\gamma$-戊内酯既是重要的有机溶剂，也是高品质的燃料添加剂和重要的化学合成中间体，可通过乙酰丙酸选择性加氢制备。将生物质基碳水化合物经酸性水解，把水解产物中的甲酸作为氢源，直接催化氢化，一步合成 $\gamma$-戊内酯。这一方法过程简洁、环境友好[117]。木质素可以通过加氢、氧化和水解等方法解聚得到小分子化合物，通过进一步催化加氢脱氧可转化为酚、环烷烃和脂肪族烷烃等。如采用 CoMoS 为催化剂，木质素单体和二聚体模型物催化加氢可以得到苯酚和甲基苯酚[118]。在这种条件下苯酚很稳定，不会发生脱氧和氢化反应。采用负载纳米 Rh 催化剂，使木质素平台分子愈创木酚催化加氢，可以得到环己烷[119]。

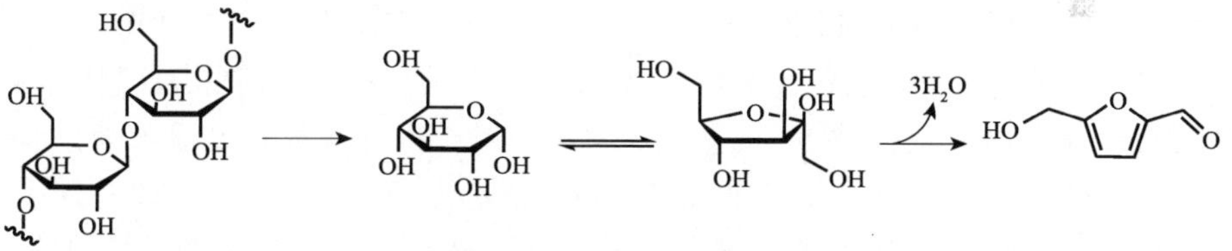


图 17-30　由纤维素制备 5 -羟甲基糠醛

## 三、分子氧的利用

分子氧作为氧化剂在有机合成中的应用：分子氧广泛存在于大气中，具有原料充足、无毒无害、便宜易得等优点，是最为清洁的氧化剂。但由于分子氧的动力学惰性，通常情况下，需要金属催化剂将其活化。在适当催化剂作用下，分子氧可以选择性地氧化饱和烃、烯烃、芳烃、醇类物质、生物质平台化合物等。

醇的氧化反应一般都使用化学计量或大于化学计量的氧化剂如高价态铬、锰等，存在氧化剂原子利用率低，反应后生成大量废弃物等问题，不符合绿色化学的要求。近年来，人们开发了一些新的路线。例如，在水中，以氧气为氧化剂，用水溶性的钯络合物为催化剂，可以将一系列脂肪醇、苄醇、烯丙醇选择性氧化成为相应的醛、酮等化合物，催化剂稳定性好、可循环使用[120]。这一合成方法是分子氧和水介质利用方面的重要进展。近期研究表明，以氧气为氧化剂，采用铁基催化剂，在常温、常压条件下可将联烯醇、炔丙醇、烯丙醇、苄醇以及普通醇等催化氧化生成相应的醛或酮[121]。以分子氧为氧化剂，采用钯催化剂，可以将烯烃氧化为邻二羧酸酯，进一步水解为邻二醇，如图 17-31 所示[122]。这些高效绿色合成路线具有良好的应用前景。

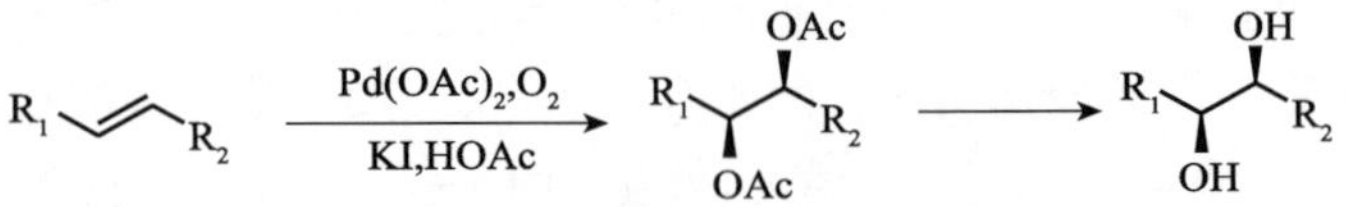


图 17-31 乙酸钯催化的烯烃氧化反应

苯是最简单的芳烃，也是一种石油化工基本原料。苯的性质非常稳定，将其功能化一直是一个重要课题。以氧气为氧化剂直接氧化苯制苯酚是具有良好应用前景的途径。苯羟基化制备苯酚的催化剂主要有铜系催化剂、钒系催化剂、杂多酸催化剂等。在大多数情况下，为了获得较高的产率，往往需要加入一些共还原剂或者牺牲性还原剂，如氢气、一氧化碳、抗坏血酸、锌粉、氨气，其中使用最多的还原剂是抗坏血酸[123-125]。采用蔗糖作为载体碳源，采用简单的水热法制备的 $V_xO_y$@C 催化剂，对于催化苯氧化合成苯酚具有良好的催化活性和选择性，并且催化剂可以重复使用[126]。不过，对于分子氧氧化苯制备苯酚的反应路线，反应物的产率一般比较低。实现温和条件下各类有机物的高效绿色选择性氧化是一个重要难题。

用氧气氧化有机物制备各类重要化学品符合绿色化学原则。虽然迄今已发展了催化氧化体系和反应方法，但是能够直接应用于工业生产的技术为数不多。设计和开发在温和条件下实现安全、高活性、高选择性的催化体系、方法、路线和技术是一个挑战性的课题。

## 四、过氧化氢的利用

过氧化氢是一种强氧化性物质，其衍生物过氧化试剂很多，如过氧化苯甲酸、过氧叔丁醇、过氧化钠等。过氧化氢广泛应用于有机合成中，作为氧化剂其还原产物为水，不危害环境，被视为“最清洁”的氧化剂之一。在绿色化工生产领域，广泛用于环氧化反应制备环氧烷、羟基化反应制备苯酚类化合物、肟化反应制备已内酰胺、环已烯反应制备已二酸等。

### （一）丙烯环氧化反应制备环氧丙烷

在钛硅分子筛催化剂存在下，利用过氧化氢作氧化剂直接氧化丙烯生产环氧丙烷是一条工艺简单、反应条件温和、选择性高的绿色工艺路线。巴斯夫公司和陶氏化学联合开发的过氧化氢氧化丙烯生产环氧丙烷的路线是一个典型的技术。我国学者通过将“蒽醌/蒽氢醌法生产过氧化氢”过程与“反应控制相转移催化丙烯环氧化反应”过程相偶合，开发了一条只消耗氢气、氧气和丙烯的制备环氧丙烷的绿色路线[127]。反应过程中，催化剂不溶于有机溶剂，但在过氧化氢的作用下，形成可溶性的活性物质，继而高效催化丙烯环氧化反应（图 17-32）。当过氧化氢消耗后，催化剂从反应体系中析出，通过简单的过滤即可回收，并可高效循环利用。这种利用反应控制相转移催化丙烯环氧化制环氧丙烷的方法既有均相催化效率高的优点，又具备非均相催化的催化剂容易回收的特点，是制备环氧丙烷的绿色路线。

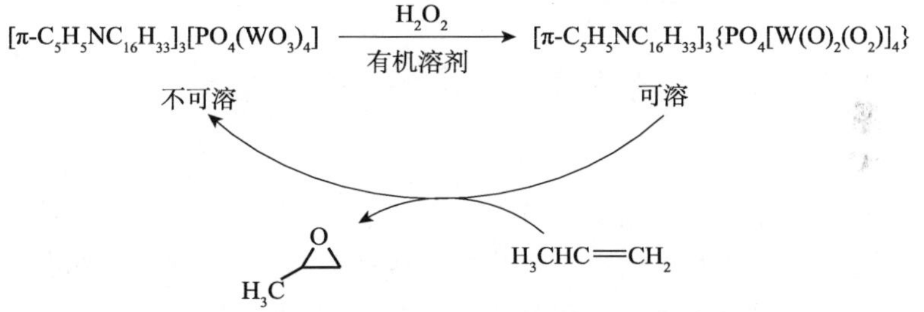


图 17-32　反应控制相转移催化丙烯氧化制备环氧丙烷

### (二) 羟基化反应制备苯酚类化合物

采用过氧化氢为氧化剂，可以将苯一步直接氧化制备苯酚。与传统制备苯酚的生产路线相比，此方法具有原子经济性高、步骤少、环境友好等特点，是一个新兴的苯绿色转化路线，目前此方面的研究越来越多[128,129]。以过氧化氢为氧化剂，可以进一步将苯酚氧化成邻苯二酚、对苯二酚等重要化学品。该方法的优点是产品纯度高，分离操作简单，能耗低，氧化副产物是水而无污染。采用 TS-1 催化剂[130]，在膜反应器中可以进行连续反应，既避免均相催化技术的缺陷，又避免间歇式工艺难以克服的缺点。

### (三) 肟化反应及己内酰胺

环己酮肟、丁酮肟是重要的化工中间体，其中环己酮肟可以制备己内酰胺。我国学者采用过氧化氢为氧化剂，开发了基于 Ti-MWW 钛硅分子筛液相连续催化酮类氨氧化的淤浆床新工艺，酮类物质的转化率和酮肟的选择性分别大于 96%和 99%[131]。该工艺是环己酮肟以及丁酮肟生产的清洁路线，并实现了 Ti-MWW 催化剂的吨级工业化生产，丁酮肟的生产规模达到 1.5 万 t。中国石化石油化工科学研究院历经 20 年，开发出己内酰胺绿色生产技术，建成20万t/a己内酰胺生产装置[132]。该技术将催化材料、反应途径和反应工程集成创新，通过简化生产流程，使装置投资下降70%、生产成本下降10%，原子利用率达到90%以上，三废排放远低于国外引进技术。该技术的开发和应用使我国己内酰胺生产行业扭亏为盈，产生了巨大的经济效益和社会效益，是绿色化学的成功范例。

过氧化氢是一种应用广泛的绿色化工原料，其生产过程几乎没有污染，生产和使用均符合清洁化工生产的要求。但其热稳定性较差。发展温和条件下的高效催化体系、提高过氧化氢的利用率等都是需要进一步解决的问题。

## 第六节　绿 色 产 品

目前生产的许多化学品和材料有毒有害、破坏生态环境，不符合绿色化学原则，设计和生产性能优良、环境友好的产品是绿色化学的重要组成部分。美国总统绿色化学挑战奖中，包括设计更安全化学品奖。产品绿色化涉及绿色农药、绿色肥料、绿色高分子材料、绿色无机材料、绿色涂料、绿色水处理剂、新型清洁燃料等。

### 一、绿色农药

农药是人类用于消灭病虫害的有效药物，是保证农业高产的重要生产资料。传统农药的使用对人类健康、环境带来很大的危害。一些化学农药的使用对水、土壤、空气造成污染，并潜入农作物，残留在粮食、蔬菜、水果等农产品中。合成高效、高选择性、无公害的绿色农药是必然发展方向[133-135]。绿色农药的研发对于人类身体健康具有重要的意义。近年来，此方面已经取得了一批创新成果。1996年以来，美国总统绿色化学挑战奖的“设计更安全化学品奖”中，相当一部分授予了在绿色农药研发方面作出突出贡献的公司[136]。例如，Rohm & Haas公司开发了二酰基肼杀虫剂，除毛虫外，对其他生物无害，获得1998年美国总统绿色化学挑战奖。Dow Agrosciences LLC研发了Spinosad环境友好杀虫剂［图17-33（a）］，对毛虫、苍蝇有害，而不影响益虫，并且不挥发，环境中不积累，获得1999年美国总统绿色化学挑战奖。Clarke公司合成了一种新型多杀菌素，对灭杀蚊子幼虫具有很好的效果，2010年获此奖项。近年来，我国学者在绿色农药研发方面也取得了可喜进展。2010年美国化学会的*J Agri Food Chem*以论文专辑的方式介绍了我国绿色化学农药研发方面的部分成果[137]。南开大学的单嘧磺隆［图 17-33 (b)］、华东理工大学的顺硝烯［图 17-33（c)］、贵州大学的病毒星等绿色农药列入 2011 年国家十一五重大科技成就展。南开大学等单位研发了超高效绿色除草剂单嘧磺酯，是专用于小麦田除草的绿色农药，已得到广泛应用。虽然我国在绿色农药研发方面起步较早，但由于涉及药理、药效、合成、生产等多个环节，发展效率高、环境友好的农药将是一个长期的研究课题。

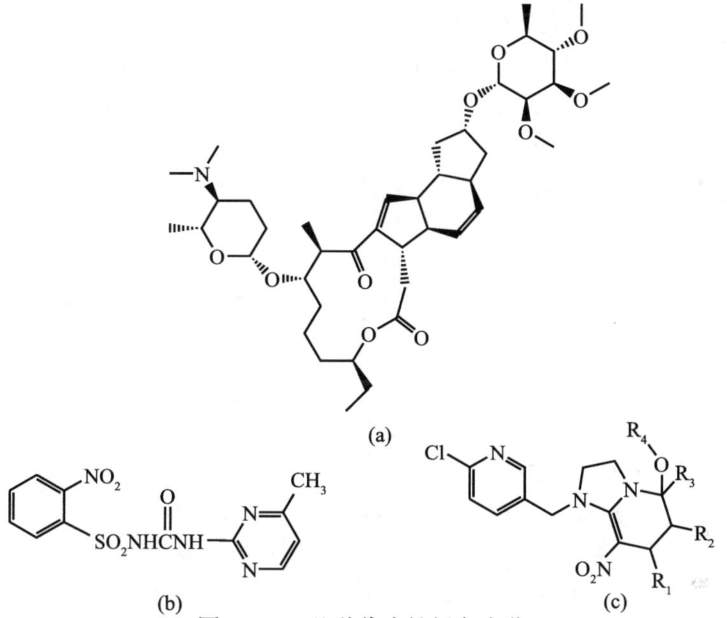


图 17-33　几种代表性绿色农药

(a) Spinosad；(b) 单嘧磺隆；(c) 顺硝烯

## 二、绿色高分子材料

高分子材料包括聚碳、聚酯、聚氨酯等，在日常生活和工农业生产中应用十分广泛。虽然高分子材料的大量生产和利用为人们的生活和工农业等多种领域带来了诸多方便，但也造成了大量废弃物的产生，引起一系列环境问题，所以高分子材料的绿色化势在必行。绿色高分子材料主要是指可降解高分子材料和以生物质为原料制备材料[138-140]。

可降解高分子材料是指在自然环境中较容易降解为对环境无害物质的材料，种类很多，可包括光降解、生物降解、光/生物双降解材料。光降解高分子是指高分子材料在光的照射下，分子间的化学键发生断裂，有机物被分解为二氧化碳和水等对环境无害的小分子。制备光降解塑料的常用方法是在聚合物中添加光敏化合物。另一种有效的方法是通过共聚改性，在塑料中引入光敏性基团。生物降解高分子是一类可被细菌、霉菌、藻类等微生物分解的高分子，最终产物多为二氧化碳和水。生物降解高分子主要有微生物降解高分子（如聚羟基脂肪酸酯）、合成高分子型生物降解高分子（如聚乳酸）、天然高分子生物降解高分子、淀粉基降解高分子、二氧化碳基生物降解高分子等。近年来，降解高分子的合成和利用不断取得进展[138-140]。二氧化碳基生物降解高分子发展潜力很大，已成为当今世界瞩目的研究热点[141]。此技术是以二氧化碳与环氧丙烷等环氧化物发生共聚反应制备脂肪族聚碳酸酯[142,143]（图 17-34）。这一路线不仅将缓解高分子材料合成对化石资源的依赖，而且可以实现二氧化碳的高附加值利用，制备的高分子材料具有全生物降解特性，其使用有助于消除塑料造成的白色污染。

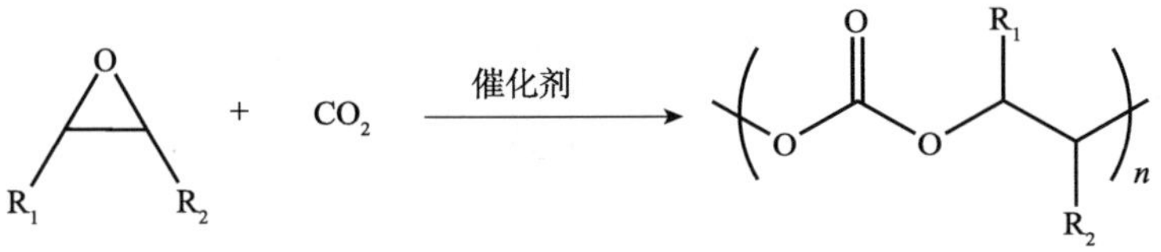


图 17-34　二氧化碳与环氧化合物共聚合成聚碳酸酯类化合物

天然高分子改性和转化是制备绿色聚合物的另一类方法。纤维素、半纤维素、木质素、淀粉、蛋白质均已用于高分子材料的制备[144]。如上所述，纤维素是丰富的可再生碳资源。2002 年美国学者发现功能离子液体可以溶解纤维素[145]，并由此获得 2005 年美国总统绿色化学挑战奖。从此，人们在以离子液体为介质进行纤维素改性、制备纤维素纤维和膜材料等方面开展了大量的工作[146-148]。丰富、可再生的纤维素和木质素资源为高分子材料领域的可持续发展提供了广阔的空间。有效地利用其特有的高分子结构、赋予其各种新的功能、不断增加其利用规模具有十分重要的意义，也是多学科交叉渗透的难题。

## 三、绿色无机材料合成

无机材料种类繁多，应用极为广泛。设计合成各类环境友好的绿色无机材料是近年来绿色化学领域的另一个研究热点。

插层结构材料是一类重要的材料，可用于环境友好的阻燃材料、吸附材料、催化材料、功能薄膜材料、高分子热稳定剂、光吸收材料等。我国学者围绕插层结构形成原则、结构与性能的关系等重要问题，开展了以性能为导向的插层结构设计研究，从理论上提出了插层结构构筑的判据，并制备了一系列功能插层材料[149,150]。黏土矿物具有特定的纳米结构和较高的比表面积，是便宜、丰富、环境友好的催化剂载体。由于其表面缺少功能基团，难以实现金属粒子等活性催化组分在其表面的均匀、牢固负载。通过离子液体[151]和 DNA[152]等对黏土功能化，以功能化的黏土为载体，可以实现纳米金属催化材料的负载。如通过静电作用将胍类功能离子液体牢固吸附在黏土矿物上，可以制备 Ru/离子液体/蒙脱石催化材料（图 17-35）[151]。Ru 纳米粒子不仅均匀分布在蒙脱石表面，还进入其层间。这种催化材料对苯加氢生成环己烷反应显示很高的催化活性和稳定性。此方法也可以用于其他金属活性组分在不同黏土矿物上的负载，具有良好的普适性。

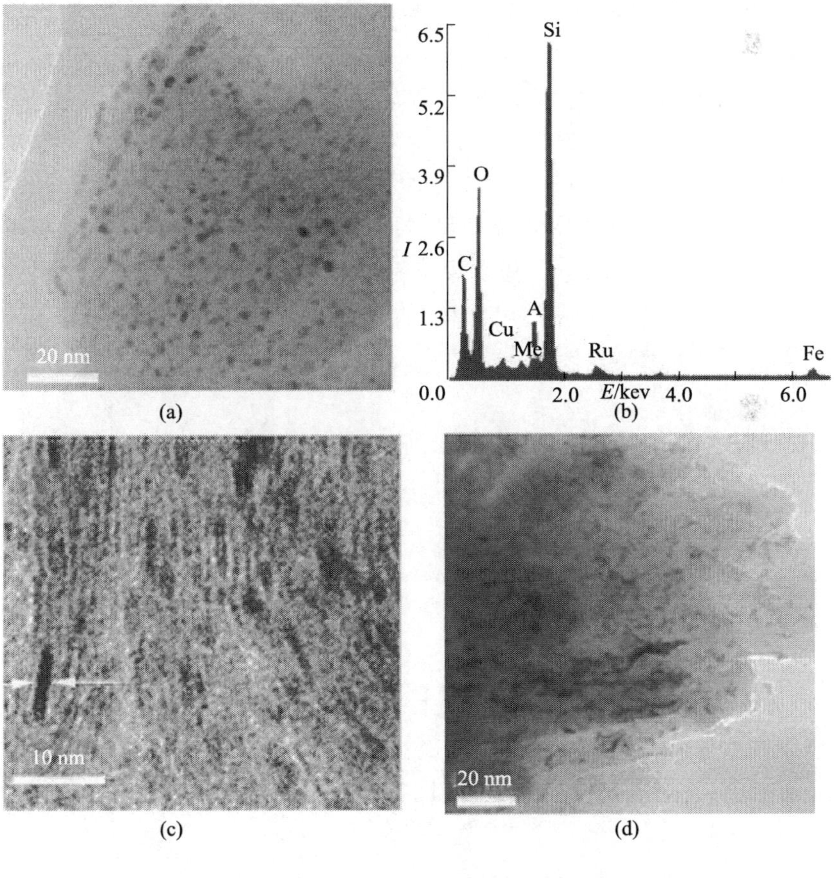


图 17-35 离子液体辅助制备的蒙脱土负载钌纳米催化材料

（a）反应前催化材料的透射电子显微镜图；（b）催化材料能谱分析结果；

（c）反应前催化材料截面的透射电子显微镜图；

（d）反应五次后催化材料的透射电子显微镜图

分子筛具有多种孔结构[153]，为发展高效绿色催化材料提供了重要途径。孔结构和尺寸直接影响催化材料的性能。最近，人们研发了层状分子筛层间分子水平硅烷化插硅扩孔技术，并用于 MWWFER 以及 CDO 等不同分子筛结构向更大孔径的转变。通过向分子筛引入过渡金属杂原子制备了具有高性能催化材料。特别是，基于 MWW 层状前驱体得到的大孔径钛硅分子筛对烃类分子的过氧化氢选择氧化反应具有优异的催化性能[154]。研究者[155]利用 Ti-MWW 催化过氧化氢氧化氯丙烯制备环氧氯丙烷，反应物的转化率和产物的选择性分别达到 95％和 99％。反应过程中，水是唯一副产物，这是一条环氧氯丙烷合成的绿色路线。

二氧化钛具有无毒无害、物理光化学性质稳定等优点，广泛应用于太阳能电池，光催化和气敏传感器等。迄今，人们在此方面进行了大量研究，制备了各种不同形貌和尺寸的二氧化钛材料。研究表明，以含微量水的 1-甲基-4-丁基咪唑四氟硼酸盐离子液体为介质，对异丙醇钛的离子液体溶液施以微波加热，可得到高品质的二氧化硅锐钛矿纳米晶，它们呈截角八面体，尺寸均匀，形貌规整，改变微波加热时间和离子液体中的水含量，可调控纳米晶的尺寸（图 17-36）[156]。基于离子液体与晶体的晶面相互作用不同，在离子液体中可以实现对晶相、尺寸和形貌的有效调控。

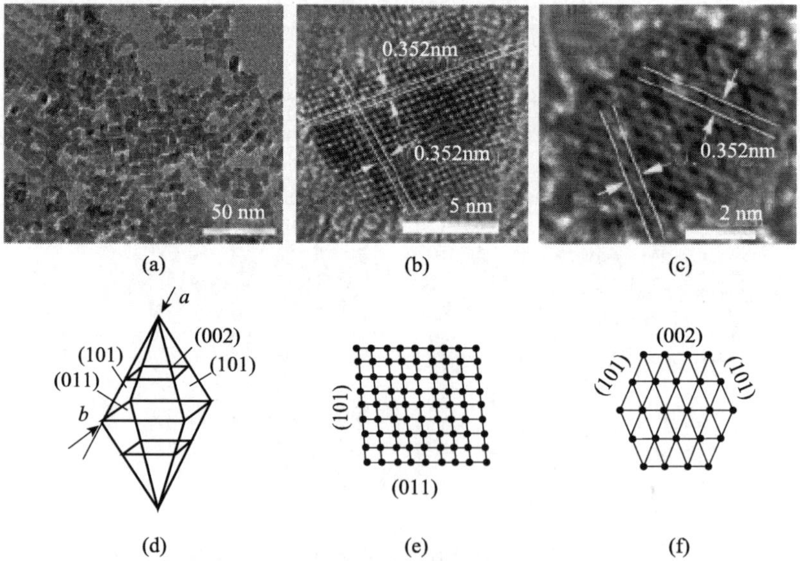


图 17-36　离子液体中微波加热制备的二氧化硅纳米晶

(a) ～ (c) 透射电子显微镜图；(d) ～ (f) 模拟的纳米晶形状和不同方向的透射电子显微镜图

高炉矿渣是冶金行业中产生数量最大的一种废渣，我国年排放量约 3000 万 t。高炉矿渣的堆积不仅对环境造成了严重污染，也是一种资源的严重浪费。随着世界范围资源的日益贫乏，对高炉矿渣等二次资源进行综合利用，变废为宝，化害为利，使废料再资源化具有重要意义。以高炉矿渣为原料可以合成多种绿色无机材料，如 Sialon 陶瓷、水泥、涂料、胶凝材料、矿渣纤维、硅灰石、多孔陶粒、泡沫材料、微晶玻璃、透水砖等[157]。利用高炉矿渣制备各种绿色无机材料已有很多报道。例如，以高炉矿渣为原料，采用高温自蔓延工艺合成了较为纯净的单相 $\alpha$-Sialon 粉，并采用无压和热压烧结工艺将其烧结成炉渣 $\alpha$-Sialon 陶瓷。与高成本化学原料制备的 $\alpha$-Sialon 陶瓷相比，炉渣 $\alpha$-Sialon 陶瓷的力学性能稍低，但对硬度较低的 YAG 和硬度较高的 SiC 具有优良的抗冲刷性能，对不同浓度的酸溶液有优良的抗腐蚀性能，此类材料有良好的应用前景[158]。利用矿渣制备的水泥与普通水泥相比，具有水化热低、密实性好、抗酸抗碱腐蚀性能好等优点，缺点是保水性差、早期强度低、凝结时间长、不适合低温施工、施工需要养护，这些缺点已经或正在不断克服和改善[159,160]。

## 第七节　展　　望

绿色化学是未来科学和技术发展最重要的领域之一，目前仍处于起步阶段。由于来自社会需求和学科自身发展需求两方面的巨大推动力，学术界、工业界和政府部门对绿色化学都十分重视。虽然绿色化学只有 20 多年的历史，但发展很快，其内涵、原理、内容和目标将不断充实和完善。未来的化学工业应该是无污染、可持续发展、与生态环境协调的产业。绿色化学是化学科学与化学工业可持续发展的必由之路（图 17-37）。发展绿色化学与技术是人类赋予我们的一项长期而艰巨的任务。

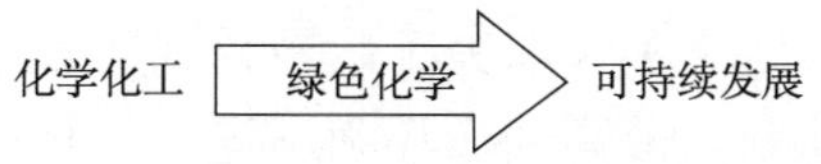


图 17-37　绿色化学与可持续发展的关系

在实际生产中，特别是精细化工和制药等行业，很多反应过程的原子经济性很差，产生大量副产品、废弃物和污染物，这是必须解决的问题。绿色化学要求人们基于原子经济性反应的原则审视已有反应，发明和设计原子经济性高的新反应和合成路线，提高反应过程的原子经济性，发展相关合成方法学，尽可能减少反应步骤。对确定的反应路线，发展高效的催化体系、优化反应和工艺条件，提高反应过程的选择性和效率是实现原子经济性的重要保障。在很多情况下，考虑单一反应的原子经济性和效率并不一定是最佳方案，需要多个反应综合考虑，从而最大限度地合理利用不同反应产生的副产物，达到提高整体原子经济性和生产效率的目的。总之，将有机化学、化学热力学和动力学相结合，发展绿色化学合成方法学、探索原子经济性好、选择性高的合成路线是一项长期的工作。

许多传统的催化剂，包括目前广泛应用的催化剂不能或难以满足绿色化学和化学化工可持续发展的要求。催化剂的选择、改进、设计、制备将贯穿绿色化学发展的全过程。绿色催化剂和催化体系的开发利用、催化和动力学的理论研究是绿色化学的核心内容之一。绿色催化对绿色化学的发展至关重要。设计高活性、高选择性、性能稳定、容易回收利用、资源丰富、制备方法简单绿色、无毒无害的催化剂和催化体系涉及一系列重大难题，如针对贵金属的取代，设计高效贵金属—非贵金属合金、非贵金属或非贵金属合金催化剂，研发兼具均相催化剂和非均相催化剂共同优点的催化体系，用效率高、原料易得、制备方法简单、价格低廉、性质稳定的固体酸碱催化剂代替传统的酸碱催化剂，发展高效非金属催化体系、酶及仿酶催化剂等。探索催化剂组成-结构-性能之间的关系是实现绿色催化的科学基础。

绿色溶剂应具有环境友好、能提高生产过程的效率、容易分离和循环利用等基本特性。水、超临界流体、离子液体、聚乙二醇及其混合体系是具有许多特点的绿色溶剂。有效利用绿色溶剂在绿色化学中具有举足轻重的地位。反应过程中溶剂的利用是一个非常复杂的问题。如果无溶剂条件下能取得同样或更好的效果，不必使用溶剂，有些液体反应物自身具有良好的溶剂作用，反应过程不必额外加入溶剂。然而，对于大多数化学化工过程，使用溶剂综合效果更好，因而必须使用溶剂。由于反应和分离等过程的效率与溶剂的性质密切相关，甚至溶剂效应可以改变反应机理，采用绿色溶剂绝不仅仅是溶剂的取代。溶剂是否绿色，不仅取决于其是否有毒有害和成本高低，还取决于其对生产过程效率影响、分离和循环利用等。因此，溶剂的设计和选择必须综合考虑其毒性、成本、对化学反应的影响、与催化剂的匹配特性、分离和循环利用性能、溶剂的来源等问题。因此，筛选和设计绿色溶剂、利用其特性开发高效绿色技术是一个需要长期努力的研究方向。

开发清洁高效利用可再生资源、无毒无害原料的绿色技术是化学工业可持续发展的必然途径。二氧化碳和生物质是主要的可再生碳资源。将二氧化碳转变成高附加值的化工产品和能源产品面临热力学和动力学等多方面的挑战，目前真正实现工业化的技术还不多，二氧化碳转化利用的量远远小于排放量。另外，如果转化效率低，二氧化碳转化过程并不一定减少其排放。针对二氧化碳转化利用，应注重发展偶合反应、光化学反应、电化学反应的方法与技术，提高转化效率、增加利用量。木质纤维素的产量远大于其他生物质的产量，并且其转化利用不存在与人类争粮的问题。但是，由于木质纤维素结构十分复杂，其高效清洁、经济合理利用是人类面临的挑战。虽然许多现有路线在技术上可行，但经济上不合理。应加强催化反应、分离、工艺学等方面的交叉融合，改进现有路线、开发新的路线与技术，解决现有方法能耗和成本高、效率低等问题。许多现有化学反应采用有毒有害的原料，发展利用无毒无害原料的反应方法和路线是一项长期的工作，需要化学家重新考虑一系列重要的化学问题。

目前许多化学产品本身对人类健康和环境有害。绿色化学要求生产的产品性能优良、对环境友好。设计和制备无毒无害的化学品、绿色医药和农药、绿色肥料、清洁燃料、可降解塑料、绿色涂料等是绿色化学的重要内容。同时产品设计过程中还应考虑产品的生命周期、循环回收利用、环境和社会成本等。应加强生物质等可再生资源转化利用产品的设计和生产。在产品设计过程中，应充分考虑原料自身的性质。例如，在设计利用生物质资源生产化学品的过程中，不但要考虑制备与化石原料产品结构、性能相同或类似的产品，更应该注重利用纤维素、木质素、半纤维素的结构特征，设计新的绿色产品，具有来自生物质资源产品自身的特色，具有优良的性质和性能，甚至优于传统化学品的性能。

发展绿色化学的最终目标是使化学化工过程从源头消除污染、生产过程效率高、能耗低，实现化学工业的可持续发展。显然，虽然本章没有对绿色化工过程进行专门讨论，但是此方面的内容是绿色化学的核心内容之一。通过发展新的化学工艺与技术、强化化工过程可实现在生产过程中有效地增加设备的生产能力或者减小设备体积，显著地提高能量效率和生产效率，减少废物排放。针对确定的化学反应路线，设计合理的反应器和操作单元，实现设备和过程的高效集成，优化工艺和技术条件，发展相关化学工程理论是绿色化学发展的关键。

在可预计的未来，绿色化学仍将主要涉及原子经济反应与合成方法学、绿色催化、绿色溶剂、可再生原料利用、绿色产品、绿色强化技术、绿色过程与技术、对不同过程的绿色化学评估准则等（图 17-38）。应该强调的是，这些问题往往相互关联，它们之间不是独立的。绿色化学不但要考虑某一个化学过程，还要统筹考虑整个化学化工过程和技术是否高效绿色。另外，绿色化学不仅涉及化学各个分支学科，还与材料、环境、物理、生物和信息等学科领域相互交叉与渗透。发展绿色化学必须解决一系列重大科学和技术问题，这为化学及相关学科的发展提供了新的机遇与挑战。可以预测，绿色化学的发展必将伴随科学技术的不断进步和生产方式的不断变革，化学工业将逐渐走上可持续发展的道路。

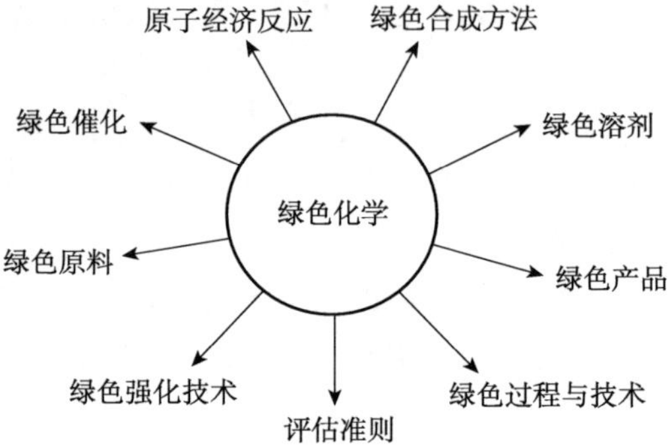


图 17-38　绿色化学的主要内容

## 参考文献


[1] Anastas P T，Warner J C. Green Chemistry Theory and Practice，Oxford：Oxford Univ. Press，1998.

[2] Anastas P T，Kirchhoff M M. Origins，current status，and future challenges of green chemistry. Acc Chem Res，2002，35：686－694.

[3] Trost B. The atom economy—a search for synthetic efficiency. Science，1991，254：1471－1477.

[4] Trost B M. Atom economy-achallenge for organic synthesis：Homogeneous catalysis leads the way. Angew Chem Int Ed，1995，34：259－281.

[5] Newhouse T，Baran P S，Hoffmann R W. Theeconomies of synthesis. Chem Soc Rev，2009，38：3010－3021.

[6] Wender P A，Miller B L. Synthesis at themolecular frontier. Nature，2009，460：197－201.

[7] Chauvin Y. Olefin metathesis：The early days (Nobel lecture) . Angew Chem Int Ed，2006，45：3740－3747.

[8] Grubbs R H. Olefin-metathesis catalysts for the preparation of molecules and materials (Nobel lecture) . Angew Chem Int Ed，2006，45：3760－3765.

［9］ Schrock R R. Multiple metal-carbon bonds for catalytic metathesis reactions（Nobel lecture）. Angew Chem Int Ed，2006，45：3748－3759.

［10］ Trnka T M，Grubbs R H. The development of $L_2X_2RuCHR$ olefin metathesis catalysts；An organometallic success story. Acc Chem Res，2000，34：18－29.

［11］ 麻生明，魏晓芳．原子经济性反应．北京：中国石化出版社，2006.

［12］ Mahrwald R. Aldol Reactions. Netherlands：Springer，2009.

［13］ Erkkilä A，Majander I，Pihko P M. Iminium catalysis. Chem Rev，2007，107：5416－5470.

［14］ Gaunt M J，Johansson C C C. Recentdevelopments in the use of catalytic asymmetric ammonium enolates in chemical synthesis. Chem Rev，2007，107：5596－5605.

［15］ McGarrigle E M，Myers E L，Illa O，et al. Chalcogenides as organocatalysts. Chem Rev，2007，107：5841－5883.

［16］ Volz N，Clayden J. Theurea renaissance. Angew Chem Int Ed，2011，50：12148－12155.

［17］ Zhang Y，Wang W. Recentadvances in organocatalytic asymmetric Michael reactions. Catal Sci Technol，2012，2：42－53.

［18］ List B，Lerner R A，Barbas C F. Proline-catalyzed direct asymmetric Aldol reactions. J Am Chem Soc，2000，122：2395－2396.

［19］ Liu R，Liang X，Dong C，et al. Transition-metal-free；a highly efficient catalytic aerobic alcohol oxidation process. J Am Chem Soc，2004，126：4112－4113.

［20］ Li C J. Cross-dehydrogenative coupling（CDC）：Exploring C—C bond formations beyond functional group transformations. Acc Chem Res，2009，42：335－344.

［21］ Liu C，Wang J，Meng L，et al. Palladium-catalyzed aerobic oxidative direct esterification of alcohols. Angew Chem Int Ed，2011，50：5144－5148.

［22］ Liu C，Tang S，Zheng L，et al. Covalently bound benzyl ligand promotes selective palladium-catalyzed oxidative esterification of aldehydes with alcohols. Angew Chem Int Ed，2012，51：5662－5666.

［23］ Dong J，Huang Y，Qin X，et al. Palladium（Ⅱ）—catalyzed oxidative C—H/C—H cross-coupling between two structurally similar azoles. Chem Eur J，2012，18：6158－6162.

［24］ Wang Z，Li K，Zhao D，et al. Palladium-catalyzed oxidative C—H/C—H cross-coupling of indoles and pyrroles with heteroarenes. Angew Chem Int Ed，2011，50：5365－5369.

［25］ 潘菲，施章杰．过渡金属催化碳氢键三氟甲基化．化学学报，2012，70：1679－1681.

［26］ Zhang X G，Dai H X，Wasa M，et al. Pd（Ⅱ）-catalyzed ortho trifluoromethylation of arenes and insights into the coordination mode of acidic amide directing groups. J Am

Chem Soc，2012，134：11948－11951.

［27］吕翠萍，沈其龙，刘丹．过渡金属催化的芳香化合物三氟甲基化研究进展．有机化学，2012，32：1380－1387.

［28］Zhang W Z，Lu X B. Synthesis of carboxylic acids and derivatives using $CO_2$ as carboxylative reagent. Chin J Catal，2012，33：745－756.

［29］Huang K，Sun C L，Shi Z J，et al. Transition-metal-catalyzed C—C bond formation through the fixation of carbon dioxide. Chem Soc Rev，2011，40：2435－2452.

［30］Chu L，Qing F L. Copper-mediated aerobic oxidative trifluoromethylation of terminal alkynes with $Me_3SiCF_3$. J Am Chem Soc，2010，132：7262－7263.

［31］Zhang W Z，Li W J，Zhang X，et al. Cu(Ⅰ)-catalyzed carboxylative coupling of terminal alkynes，allylic chlorides，and $CO_2$. Org Lett，2010，12：4748－4751.

［32］Choudhary V，Mushrif S H，Ho C，et al. Insights into the interplay of Lewis and Brønsted acid catalysts in glucose and fructose conversion to 5-(hydroxymethyl) furfural and levulinic acid in aqueous media. J Am Chem Soc，2013，135：3997－4006.

［33］Sharma Y C，Singh B. Advancements in solid acid catalysts for ecofriendly and economically viable synthesis of biodiesel. Biofuels Bioprod Bioref，2011，5：69－92.

［34］Xu Y J，Gu W Q，Gin D L. Heterogeneous catalysis using a nanostructured solid acid resin based on lyotropic liquid crystals. J Am Chem Soc，2004，126：1616－1617.

［35］Sun J M，Zhu K K，Gao F. Direct conversion of bio-ethanol to isobutene on nanosized $Zn_xZr_yO_z$ mixed oxides with balanced acid-base sites. J Am Chem Soc，2011，133：11096－11099.

［36］Tamaru K. Heterogeneous catalysis by electron donor-acceptor complexes of alkali metals. Catal Rev，1970，4：160－178.

［37］Zhou Q L. Privileged chiral ligands and catalysts，Weinheim：Wiley-VCH，2011：257.

［38］Annis D A，Jacobsen E N. Polymer-supported chiral Co(salen) complexes：Synthetic applications and mechanistic investigations in the hydrolytic kinetic resolution of terminal epoxides. J Am Chem Soc，1999，121：4147－4154.

［39］Ready J M，Jacobsen E N. Highly active oligomeric (salen)Co catalysts for asymmetric epoxide ring-opening reactions. J Am Chem Soc，2001，123：2687－2688.

［40］Breinbauer R，Jacobsen E N. Cooperative asymmetric catalysis with dendrimeric [Co(salen)] complexes. Angew Chem Int Ed，2000，39：3604－3607.

［41］Fan Q H，Chen Y M，Chen X M，et al. Highly effective and recyclable dendritic BINAP ligands for asymmetric hydrogenation. Chem Commun，2000：789－790.

［42］Wang Z J，Deng G J，Fan Q H. Enantioselective hydrogenation of quinolines catalyzed by Ir(BINAP)-cored dendrimers：Dramatic enhancement of catalytic activity. Org Lett，2007，9：1243－1246.

[43] Zhang F, Li Y, Li Z W, et al. Modular chiral dendritic monodentate phosphoramidite ligands for Rh(Ⅱ)-catalyzed asymmetric hydrogenation: Unprecedented enhancement of enantioselectivity. Chem Commun, 2008: 6048-6050.

[44] Yu L T, Wang Z, Wu J. Directed orthogonal self-assembly of homochiral coordination polymers for heterogeneous enantioselective hydrogenation. Angew Chem Int Ed, 2010, 49: 3627-3630.

[45] Liang Y X, Jing Q, Li X, et al. Programmed assembly of two different ligands with metallic ions: Generation of self-supported Noyori-type catalysts for heterogeneous asymmetric hydrogenation of ketones. J Am Chem Soc, 2005, 127: 7694-7695.

[46] Wang X W, Ding K L. Self-supported heterogeneous catalysts for enantioselective hydrogenation. J Am Chem Soc, 2004, 126: 10524-10525.

[47] Severn J R, Chadwick J C, Duchateau R, et al. "Bound but not gagged" immobilizing single-site r-olefin polymerization catalysts. Chem Rev, 2005, 105: 4073-4147.

[48] Haynes A. Acetic acid synthesis by catalytic carbonylation of methanol. Top Organomet Chem, 2006, 18: 179-205.

[49] Gawande M B, Bonifacio V D B, Luque R, et al. Benign by design: Catalyst-free in-water, on-water green chemical methodologies in organic synthesis. Chem Soc Rev, 2013, 42: 5522-5551.

[50] Simon M O, Li C J. Green chemistry oriented organic synthesis in water. Chem Soc Rev, 2012, 41: 1415-1427.

[51] Lindstrom U M. Organic Reactions in Water. Oxford: Blackwell, 2007.

[52] Breslow R. Hydrophobic effects on simple organic-reactions in water. Acc Chem Res, 1991, 24: 159-164.

[53] Gajewski J J. The Claisen rearrangement. Response to solvents and substituents: The case for both hydrophobic and hydrogen bond acceleration in water and for a variable transition state. Acc Chem Res, 1997, 30: 219-225.

[54] Zhang H B, Liu L, Chen Y J, et al. Synthesis of aryl-substituted 1,4-benzoquinone via water-promoted and $In(OTf)_3$-catalyzed in situ conjugate addition-dehydrogenation of aromatic compounds to 1,4-benzoquinone in water. Adv Synth Catal, 2006, 348: 229-235.

[55] Li C J, Chan T H. Organic reactions in aqueous media with indium. Tetrahedron Lett, 1991, 32: 7017-7020.

[56] Kuntz E G. Homogeneous catalysis in water. Chemtech, 1987, 17: 570-575.

[57] Li J H, Tang Y F, Wang Q W, et al. Chiral Surfactant-type catalyst for asymmetric reduction of aliphatic ketones in water. J Am Chem Soc, 2012, 134: 18522-18525.

[58] Li H J, Tian H Y, Wu Y C, et al. Aqueousasymmetric mukaiyama Aldol reaction catalyzed by chiral gallium Lewis acid with Trost-type semi-crown ligands. Adv Synth

Catal，2005，347：1247－1256.

［59］ Azizi N，Saidi M R. Highly chemoselective addition of amines to epoxides in water. Org Lett，2005，7：3649－3651.

［60］ Padiya K J，Gavade S，Kardile B，et al. Unprecedented “in water” imidazole carbonylation：Paradigm shift for preparation of urea and carbamate. Org Lett，2012，14：2814－2817.

［61］ Vilotijevic I，Jamison T F. Epoxide-opening cascades promoted by water. Science，2007，317：1189－1192.

［62］ Akiya N，Savage P E. Roles of water for chemical reactions in high-temperature water. Chem Rev，2002，102：2725－2750.

［63］ Liotta C L，Hallett J P，Pollet P，et al. In Organic Reactions in Water：Lindstrom U M Ed. Oxford：Blackwell，2007：256－297.

［64］ Narayan S，Muldoon J，Finn M G，et al. “On water”：Unique reactivity of organic compounds in aqueous suspension. Angew Chem Int Ed，2005，44：3275－3279.

［65］ Jung Y S，Marcus R A. On the theory of organic catalysis “on water” . J Am Chem Soc，2007，129：5492－5502.

［66］ Chanda A，Fokin V V. Organic synthesis “on water” . Chem Rev，2009，109：725－748.

［67］ Rout S K，Guin S，Nath J，et al. An “on-water” exploration of CuO nanoparticle catalysed synthesis of 2-aminobenzothiazoles. Green Chem，2012，14：2491－2498.

［68］ Xia Y，Liang Y，Chen Y，et al. An unexpected role of a trace amount of water in catalyzing proton transfer in phosphine-catalyzed （3＋2）cycloaddition of allenoates and alkenes. J Am Chem Soc，2007，129：3470－3471.

［69］ Blackmode D G，Armstrong A，Commbe V，et al. Water in organocatalytic processes；Debunking the myths. Angew Chem Int Ed，2007，46：3798－3800.

［70］ 邓友全．离子液体-性质、制备与应用．北京：中国石化出版社，2006.

［71］ 张锁江，徐春明，吕兴梅，等．离子液体与绿色化学．北京：科学出版社，2009.

［72］ Hallett J P，Welton T. Room-temperature ionic liquids：Solvents for synthesis and catalysis. 2. Chem Rev，2011，111：3508－3576.

［73］ Qiao K，Deng Y. A novel reaction in ionic liquids：Selective cyclization of 1-dodecene to cyclododecane under moderate pressure. Tetrahedron Lett，2003，44：2191－2193.

［74］ Mu X D，Meng J Q，Li Z C，et al. Rhodium nanoparticles stabilized by ionic copolymers in ionic liquids：Long lifetime nanocluster catalysts for benzene hydrogenation. J Am Chem Soc，2005，127：9694－9695.

［75］ Liu Y，Zhang H J，Lu Y，et al. Mild oxidation of styrene and its derivatives catalyzed by ionic manganese porphyrin embedded in a similar structured ionic liquid. Green

Chem，2007，9：1114－1119.

［76］韩布兴．超临界流体科学与技术．北京：中国石化出版社，2005.

［77］何良年．二氧化碳化学．北京：科学出版社，2013.

［78］Han X，Poliakoff M. Continuous reactions in supercritical carbon dioxide：Problems，solutions and possible ways forward. Chem Soc Rev，2012，41：1428－1436.

［79］Licence P，Ke J，Sokolova M，et al. Chemical reactions in supercritical carbon dioxide：From laboratory to commercial plant. Green Chem，2003，5：99－104.

［80］Jia L Q，Jiang H F，Li J H. Selective carbonylation of norbornene in $scCO_2$：Palladium-catalyzed carbonylation of norbornene in supercritical carbon dioxide. Green Chem，1999，1：91－93.

［81］Liu H Z，Jiang T，Han B X，et al. Selective phenol hydrogenation to cyclohexanone over a dual supported Pd-Lewis acid catalyst. Science，2009，326：1250－1252.

［82］Oakes R S，Clifford A A，Bartle K D. et al. Sulfur oxidation in supercritical carbon dioxide：Dramatic pressure dependant enhancement of diastereoselectivity for sulfoxidation of cysteine derivatives. Chem Commun，1999：247－248.

［83］Jutz F，Andanson J M，Baiker A. Ionic liquids and dense carbon dioxide：A beneficial biphasic system for catalysis. Chem Rev，2011，111：322－353.

［84］Webb P B，Sellin M F，Kunen，T E，et al. Continuous flow hydroformylation of alkenes in supercritical fluid-ionic liquid biphasic systems. J Am Chem Soc，2003，125：15577－15588.

［85］Gao G，Tao Y，Jiang J Y. Environmentally benign and selective reduction of nitroarenes with Fe in pressurized $CO_2$－$H_2O$ medium. Green Chem，2008，10：439－441.

［86］Cheng H Y，Meng X C，Liu R X，et al. Cyclization of citronellal to *p*-menthane-3，8-diols in water and carbon dioxide. Green Chem，2009，11：1227－1231.

［87］Liu A H，He L N，Hua F，et al. *In situ* acidic carbon dioxide/ethanol system for selective oxybromination of aromatic ethers catalyzed by copper chloride. Adv Synth Catal，2011，353：3187－3195.

［88］Siskin M，Katritzky A R. Reactivity of organic compounds in superheated water：General background. Chem Rev，2001，101：825－836.

［89］Hamley P A，Ilkenhans T，Webster J M，et al. Selective partial oxidation in supercritical water：The continuous generation of terephthalic acid from para-xylene in high yield. Green Chem，2002，4：235－238.

［90］Rodriguez B，Rantanen T，Bolm C. Solvent-free asymmetric organocatalysis in a ball mill. Angew Chem Int Ed，2006，45：6924－6926.

［91］Zahmakiran M，Tonbul Y，Ozkar S. Ruthenium（0）nanoclusters stabilized by a nanozeolite framework：Isolable，reusable，and green catalyst for the hydrogenation of neat aromatics under mild conditions with the unprecedented catalytic activity and lifetime. J Am

Chem Soc，2010，132：6541-6549.

[92]Aresta M. Carbon Dioxide as Chemical Feedstock. Weinheim：Wiley-VCH，2010.

[93] Sakakura T，Choi J C，Yasuda H. Transformation of carbon dioxide. Chem Rev，2007，107：2365-2387.

[94] Lu X B，Liang B，Zhang Y J，et al. Asymmetric catalysis with $CO_2$：Direct synthesis of optically active propylene carbonate from racemic epoxides. J Am Chem Soc，2004，126：3732-3733.

[95] Lu X B，Wang Y. Highly active，binary catalyst systems for the alternating copolymerization of $CO_2$ and epoxides under mild conditions. Angew Chem Int Ed，2004，43：3574-3577.

[96] Gu Y L，Zhang Q H，Duan Z Y，et al. Ionic liquid as an efficient promoting medium for fixation of carbon dioxide：A clean method for the synthesis of 5-methylene-1，3-oxazolidin-2-ones from propargylic alcohols，amines，and carbon Dioxide catalyzed by Cu (I) under mild conditions. J Org Chem，2005，70：7376-7380.

[97] Yang Z Z，He L N，Gao J，et al. Carbon dioxide utilization with C—N bond formation：Carbon dioxide capture and subsequent conversion. Energy Environ Sci，2012，5：6602-6639.

[98] Yang Z Z，Zhao Y N，He L N，et al. Highly efficient conversion of carbon dioxide catalyzed by polyethylene glycol-functionalized basic ionic liquids. Green Chem，2012，14：519-527.

[99] 何鸣元，孙予罕．绿色碳科学——化石能源增效减排的科学基础．中国科学：化学，2011，41：925-932.

[100] Zhang Z F，Xie Y，Li W J，et al. Hydrogenation of carbon dioxide is promoted by a task-specific ionic liquid. Angew Chem Int Ed，2008，47：1127-1129.

[101] Cao L，Sahu S，Anilkumar P，et al. Carbon nanoparticles as visible-light photocatalysts for efficient $CO_2$ conversion and beyond. J Am Chem Soc，2011，133：4754-4757.

[102] Liu Q，Zhou Y，Kou J H，et al. High-yield synthesis of ultralong and ultrathin $Zn_2GeO_4$ nanoribbons toward improved photocatalytic reduction of $CO_2$ into renewable hydrocarbon fuel. J Am Chem Soc，2010，132：14385-14387.

[103] He M Y，Sun Y H，Han B X. Green carbon science：Scientific basis for integrating carbon resource processing，utilization，and recycling. Angew Chem Int Ed，2013，52：9620-9633.

[104] 张家仁，邓甜音，刘海超．油脂和木质纤维素催化转化制备生物液体燃料．化学进展，2013，25：192-208.

[105] Alonso D M，Bond J Q，Dumesic J A. Catalytic conversion of biomass to biofuels. Green Chem，2010，12：1493-1513.

［106］卫民，赵剑，刘军利，等．植物纤维原料水解生产乙醇的研究进展．生物质化学工程，2013，47：48－51.

［107］Zakzeski J，Bruijnincx P C A，Jongerius A L，et al. The catalytic valorization of lignin for the production of renewable chemicals. Chem Rev，2010，110：3552－3599.

［108］Wang A Q，Zhang T. One-pot conversion of cellulose to ethylene glycol with multifunctional tungsten-based catalysts. Acc Chem Res，2013，46：1377－1386.

［109］Xin Q，Lin L W. Progress in catalysis in China during 1982-2012：Theory and technological innovations. Chin J Catal，2013，34：401－435.

［110］Liu Y，Luo C，Liu H C. Tungstentrioxide promoted selective conversion of cellulose into propylene glycol and ethylene glycol on a ruthenium catalyst. Angew Chem Int Ed，2012，51：3249－3253.

［111］Luo J，Xu Y，Zhao L J，et al. Two-step hydrothermal conversion of pubescens to obtain furans and phenol compounds separately. Bioresource Technol，2010，101：8873－8880.

［112］Deng J，Pan T，Xu Q，et al. Linked strategy for the production of fuels via formose reaction. Sci Rep，2013，3：1244－1246.

［113］Tuck C O，Perez E，Horvath I T，et al. Valorization of biomass：Deriving more value from waste. Science，2012，337：695－699.

［114］Zhao H B，Holladay J E，Brown H，et al. Metal chlorides in ionic liquid solvents convert sugars to 5-hydroxymethylfurfural. Science，2007，316：1597－1600.

［115］van Putten R J，van der Waal J C，de Jong E，et al. Hydroxymethylfurfural，a versatile platform chemical made from renewable resources. Chem Rev，2013，113：1499－1597.

［116］Casanova O，Iborra S，Corma A. Biomass into chemicals：Aerobic oxidation of 5-hydroxymethyl-2-furfural into 2，5-furandicarboxylic acid with gold nanoparticle catalysts. ChemSusChem，2009，2：1138－1144.

［117］Deng L，Li J，Lai D M，et al. Catalytic conversion of biomass-derived carbohydrates into $\gamma$-valerolactone without using an external $H_2$ supply. Angew Chem Int Ed，2009，48（35）：6529－6532.

［118］Jongerius A L，Jastrzebski R，Bruijnincx P C A. CoMo sulfide-catalyzed hydrodeoxygenation of Lignin model compounds：An extended reaction network for the conversion of monomeric and dimeric substrates. J Catal，2012，285：315－323.

［119］Lee C R，Yoon J S，Suh Y W，et al. Catalytic roles of metals and supports on hydrodeoxygenation of lignin monomer guaiacol. Catal Commun，2012，17：54－58

［120］ten Brink G J，Arends I W C E，Sheldon R A. Green，catalytic oxidation of alcohols in water. Science，2000，287：1636－1639.

［121］Ma S M，Liu J X，Li S H，et al. Development of a general and practical iron

Nitrate/TEMPO-catalyzed aerobic oxidation of alcohols to aldehydes/ketones: Catalysis with table salt. Adv Synth Catal, 2011, 353: 1005-1017.

[122] Wu W Q, Jiang H F. Palladium-catalyzed oxidation of unsaturated hydrocarbons using molecular oxygen. Acc Chem Res, 2012, 45: 1736-1748.

[123] Orita H, Hayakawa T, Shimizu M, et al. Catalytic hydroxylation of benzene by the copper-ascorbic acid-$O_2$ system. J Mol Catal, 1987, 42: 99-103.

[124] Gao X, Xu J. Theoxygen activated by the active vanadium species for the selective oxidation of benzene to phenol. Catal Lett, 2006, 111: 203-205.

[125] Yang H, Li J, Wang L, et al. Exceptional activity for direct synthesis of phenol from benzene over PMoV@MOF with $O_2$. Catal Commun, 2013, 35: 101-104.

[126] Wang W T, Ding G D, Jiang T, et al. Facile one-pot synthesis of $V_xO_y$@C catalysts using sucrose for direct hydroxylation of benzene to phenol. Green Chem, 2013, 15: 1150-1154.

[127] Xi Z W, Zhou N, Sun Y, et al. Reaction-controlled phase-transfer catalysis for propylene epoxdation to propylene oxide. Science, 2001, 292: 1139-1141.

[128] Conde A, Diaz-Requejo M M, Perez P J. Direct copper-catalyzed oxidation of aromatic C—H bonds with hydrogen peroxide under acid-free conditions. Chem Commun, 2011, 47: 8154-8156.

[129] Ding G D, Wang W T, Jiang T, et al. Highly selective synthesis of phenol from benzene overa vanadium-doped graphitic carbon nitride catalyst. ChemCatChem, 2013, 5: 192-200.

[130] Jiang X L, She F, Jiang H, et al. Continuous phenol hydroxylation over ultrafine TS-1 in a side-stream ceramic membrane reactor, Korean J Chem Eng, 2013, 30: 852-859.

[131] Zhao S, Xie W, Yang J X, et al. An investigation into cyclohexanone ammoximation over Ti-MWW in a continuous slurry reactor. Appl Catal A-Gen, 2011, 394: 1-8.

[132] 姚建年. 2012. 高速发展的中国化学. 北京：科学出版社，2012.

[133] Casida J E. The greening of pesticide-environment interactions: Some personal observations. Environ Helth Persp, 2012, 120: 487-493.

[134] Walorczyk S, Drozdzynski D, Kowalska J. Pesticide residues determination in polish organic crops in 2007-2010 applying gas chromatography-tandem quadrupole mass spectrometry. Food Chem, 2013, 139: 482-487.

[135] Wang S M, Wang Z L, Zhang Y B, et al. Pesticide residues in market foods in Shanxi province of China in 2010. Food Chem, 2013, 138: 2016-2025.

[136] 郃玲. 绿色化学应用及发展. 北京：国防工业出版社，2011.

[137] Qian X H, Lee P W, Cao S J. China: Forward to the green pesticides via a basic research program. Agric Food Chem, 2010, 58: 2613-2623.

[138] Shantini K, Bhubalan K, Yahya A R M, et al. Productivity increment of biodegradable and biorenewable copolymer containing 3-hydroxyvalerate monomer initiated by alcohols as precursor substrates. J Chem Technol Biotechnol, 2012, 88: 1364-1370.

[139] Zhang H, Grinstaff M W. Synthesis of atactic and isotactic poly (1,2-glycerol carbonate) s; degradable polymers for biomedical and pharmaceutical applications. J Am Chem Soc, 2013, 135: 6806-6809.

[140] 杨双春，邓丹，王晓珍，等. 环境友好型塑料的研究进展. 当代化工，2013，42：300-303.

[141] Lu X B, Darensbourg D J. Cobalt catalysts for the coupling of $CO_2$ and epoxides to provide polycarbonates and cyclic carbonates. Chem Soc Rev, 2012, 41: 1462-1484.

[142] Kember M R, Buchard A, Williams C K. Catalysts for $CO_2$/epoxide copolymerisation. Chem Commun, 2011, 47: 141-163.

[143] 王献红，王佛松. 二氧化碳的固定和利用. 北京：化学工业出版社，2011.

[144] 陈嘉川. 天然高分子科学. 北京：科学出版社，2008.

[145] Swatloski R P, Spear S K, Holbrey J D, et al. Dissolution ofcellose with ionic liquids. J Am Chem Soc, 2002, 124: 4974-4975.

[146] 张金明，吕玉霞，罗楠，等. 离子液体在纤维素化学中的应用研究新进展. 高分子通报，2011，10：138-153.

[147] Luan Y H, Zhang J M, Zhan M S. Highly efficient propionylation and butyralation of cellulose in an ionic liquid catalyzed by 4-dimethylminopyridine. Polymers, 2013, 92: 307-311.

[148] Short P L. BASF Workshop aims at practical ASSESSMENT of alternative energy and chemical feedstocks. Chem Eng News, 2006: 22-23.

[149] Yan D P, Lu J, Ma J, et al. Reversibly thermochromic, fluorescent ultrathin films with a supramolecular architecture. Angew Chem Int Ed, 2011, 50: 720-723.

[150] Yan D P, Lu J, Ma J, et al. Layered host-guest materials with reversible piezochromic luminescence. Angew Chem Int Ed, 2011, 50: 7037-7040.

[151] Miao S D, Liu Z M, Han B X, et al. Runanoparticles immobilized on montmorillonite by ionic liquids: A highly efficient heterogeneous catalyst for the hydrogenation of benzene. Angew Chem Int Ed, 2006, 46: 266-269.

[152] Tang L, Guo X F, Li Y F, et al. Pt, Pd and Au nanoparticles supported on a DNA-MMT hybrid: Efficient catalysts for highly selective oxidation of primary alcohols to aldehydes, acids and esters. Chem Commun, 2013, 49: 5213-5215.

[153] Chlubna P, Roth W, Greer H, et al. 3D to 2D Routes to ultrathin and expanded zeolitic materials. Chem Mater, 2013, 25: 542-547.

[154] Wu P, Ruan J F, Wang L L, et al. Methodology for synthesizing crystalline metallosilicates with expanded pore windows through molecular alkoxysilylation of zeolitic la-

mellar precursors. J Am Chem Soc，2008，130：8178－8187.

［155］ Wang L L, Li Y M, Xie W， et al. Highly efficient and selective production of epichlorohydrin through epoxidation of allyl chloride with hydrogen peroxide over Ti-MWW catalysts. J Catal，2007，246：205－214.

［156］ Ding K L，Miao Z J，Liu Z M，et al. Facile synthesis of high quality $TiO_2$ nanocrystals in ionic liquid via a microwave-assisted process. J Am Chem Soc，2007，129：6362－6363.

［157］ 郝洪顺，徐利华，张作顺，等．高炉矿渣二次资源合成绿色无机材料的研究进展．材料导报，2010，24：97－100.

［158］ 蒋久信，陈卫武，王佩玲，等．炉渣 α-Sialon 粉的高温自蔓延燃烧合成及炉渣 α-Sialon 陶瓷性能研究．无机材料学报，2004，19：953－957.

［159］ Wu W，Zhang W D，Ma G W. Optimum content of copper slag as a fine aggregate in high strength concrete. Mater Design，2010，31：2878－2883.

［160］ Al-Jabri K S，Al-Saidy A H，Taha R. Effect of copper slag as a fine aggregate on the properties of cement mortars and concrete. Constr Build Mater，2011，25：933－938.

# 第十八章 小分子活化与转化

王 野 邓 亮

## 第一节 引 言

氮气、氧气、二氧化碳、甲烷等小分子结构性质稳定，是大自然中储量丰富的资源型物质，也是人类赖以生存和发展的最为重要的化学小分子。在大自然的物质代谢和能量循环过程中，占地球大气体积达 78.1%的氮气，经过微生物固氮和人工固氮两种方式，为包括人类在内的各类生物体提供着形式各样的有机氮源。氧气分子占大气体积比约为 20.9%，是许多生物体中含氧有机物的氧源。氧气参与的氧化反应，如有氧代谢、燃烧等，是自然界中物质和能量转化过程中最为重要的化学反应，也是当今化学化工生产中最重要的合成手段之一。二氧化碳约占大气总体积的 0.04%，是各种有机体中碳代谢的起始或终端物种。在人类生产生活过程中，如化石燃料的燃烧、蒸汽重整制氢和一氧化碳、氨合成等，二氧化碳作为副产品大量产生。然而，除用作合成尿素、金属碳酸盐、水杨酸的原料外，二氧化碳在合成化学中的其他大规模应用仍方兴未艾。甲烷在地球大气中约占总体积的 0.000 17%，甲烷的温室效应是二氧化碳的 25 倍，甲烷是继二氧化碳之后的第二大温室气体。甲烷是天然气的主要成分，据估计全球已探明的天然气储量约为 175 万亿 $m^3$，其中甲烷含量占 70%～90%。页岩气、煤层气和可燃冰等资源主要包含甲烷，其储量更加巨大，如据估计我国页岩气和煤层气储量均约为 36 万亿 $m^3$。当前除少部分用于蒸汽重整制氢外，甲烷主要直接作为燃料使用。另外，合成气由一氧化碳和氢气组成，一般通过各种非油基碳资源，如煤、煤层气、页岩气、生物质等经蒸汽重整等造气过程获得。合成气是各种非油基碳资源间接转化利用的最重要的平台。从合成气可以合成各种碳氢化合物和有机含氧化合物，合成气转化化学是 $C_1$ 化学的核心。

高效利用现有资源、开发资源利用绿色新途径是解决人类社会目前所面临的资源紧张、生态环境恶化等影响社会可持续发展问题的根本所在。氮气、氧气、氢气、一氧化碳等小分子是当代合成化学不可或缺的原料，且可以预见，二氧化碳、甲烷等稳定小分子必然也将在合成化学中发挥越来越重要的作用。然而，现有的化学化工过程中小分子转化利用方式多建立于近一个或半个世纪前，普遍存在反应条件苛刻、转化率低、选择性差等不足之处，已不能满足资源高效绿色利用的要求。因此，发展这些在合成化学中发挥或将发挥重要作用的小分子的活化和转化利用的新方法和新途径成为当今合成化学研究的主要任务之一。甲烷和二氧化碳等小分子相当稳定，要实现它们的有效化学转化除需要利用高温、光照等条件来克服较高的活化能垒、提高其转化活性外，还常需要克服后续反应过程中可控性差、选择性低等问题。

受益于物理化学、配位化学和有机化学等相关领域的飞速发展，近年来人们在小分子活化和转化领域取得了一系列重要进展。一方面，发现在金属配合物的参与下金属中心与小分子的配位可有效地降低小分子活化反应的活化能垒甚至控制反应途径，为小分子在相对温和条件下的高效活化提供了可能，也使得金属配位作用下的小分子活化研究成为了当今小分子活化研究领域的主流，并据此发展了一些小分子在温和条件下高效转化的均相催化体系。另一方面，人们发展了一系列可促进小分子向重要化工过程原料或中间体，如甲醇、乙醇等含氧化合物和乙烯、丙烯等重要碳氢化合物的选择转化的多相催化体系。本章主要介绍近年利用金属配合物体系和多相催化体系在以氮气、氧气、二氧化碳、甲烷以及合成气为代表的小分子活化和转化研究中所取得的重要进展、发展趋势、存在的问题。

## 第二节　配合物促进的氮气的活化

氮气分子具有较高的电离势（15.058eV）和电子亲和势（－1.8eV），非常强的氮氮叁键键能（945kJ/mol），这使得氮气分子在普通的反应条件下表现出惰性，难以活化。目前以氮气为原料的工业化化学合成仅有高温高压下（20～50MPa，400～500℃）以铁催化剂为主的金属催化合成氨一种。合成氨所需的高温高压反应条件一方面导致合成氨工业能耗巨大，另一方面，氮气与氢气合成氨的反应过程为放热反应，致使高温条件下的反应转化率较低。现有的合成氨方法存在的这些缺点促使一个世纪以来人们对低温低压下氨合成催化剂的探索。与合成氨工业所需的苛刻条件相比，自然界中固氮酶催化的生物固氮过程却可以在常温常压下进行。为揭示生物固氮的机制，生物化学家在固氮酶的结构和催化机理研究方面已付出超过半个世纪的努力。目前铁钼固氮酶的结构已得到确认，其中的钼铁硫簇合物辅基被认为是固氮反应的催化活性中心[1,2]，但簇合物辅基还原氮气分子为氨的机制仍未得到确认。除钼铁固氮酶外，钒铁以及铁铁固氮酶也可以催化氮气到氨的还原转化，但活性较钼铁固氮酶低，人们认为这两种变种固氮酶的活性中心与钼铁硫簇合物辅基具有相似的结构[3]。受固氮酶催化氮气还原的启发，合成化学工作者一直致力于开发温和条件下金属配合物活化氮气的人工固氮方法。自 1965 年 Allen 报道第一个分子氮配合物 $[Ru(NH_3)_5(N_2)]^{2+}$ 以来[4]，目前已有近 500 例分子氮配合物被报道，几十例金属配合物促进氮氮叁键还原断裂和氮气分子活化衍生化被相继发现，金属催化下的氮气还原转化反应也有少量报道。

已知的分子氮配合物以ⅢB～ⅦB 和Ⅷ族的过渡金属为主，其中前过渡金属的分子氮配合物居多，镧系和锕系金属的氮分子配合物的合成近年来也取得了突破[5]。分子氮配合物的合成主要是通过低氧化态金属配合物物种与氮气分子的直接配位实现。与许多其他具有配位能力的分子或基团相比，氮气分子既是一个弱的 $\sigma$ 给体又是一个弱的 $\pi$ 受体，因此要实现氮分子与金属中心的配位，配合物的合成中需要营造同时具有低配位和低氧化态结构特征的金属中心。除直接配位的方法外，金属配合物促进肼脱氢[4]以及金属氮化物二聚[6]生成分子氮配合物的方式也有报道。需要指出的是虽然已有许多分子氮配合物得到分离表征，人们对具有氮气分子配位能力的配合物前驱体的完全理性设计依然存在困难。

近年来利用配合物对分子氮的活化研究主要侧重于通过双金属或多金属协同活化断裂氮-氮叁键以及分子氮配合物的进一步还原转化两个方面。由于氮气分子的还原转化涉及多个电子转移过程，而一般单核金属配合物的价态变化很难满足这些还原转化所需的多电子要求，因此氮气分子的有效配位活化通常是通过双金属或多金属的协同还原来实现。图 18-1 列举了一些通过双金属协同还原氮气分子为 $[N_2]^{2-}$、$[N_2]^{4-}$ 型化合物的代表性的例子[7-10]。

氮气分子与配合物反应直接生成金属氮化物的报道为数不多。1995 年，Cummins 等报道了室温下胺基钼化合物与氮气反应生成端基氮化物的转

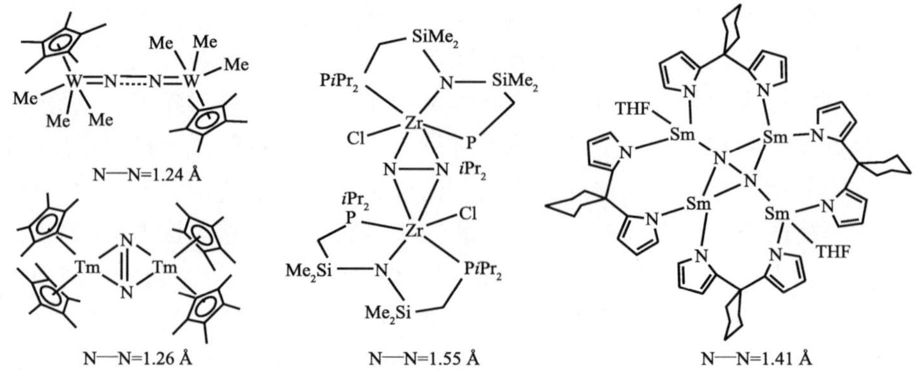


图 18-1　多金属分子氮配合物示例

化[11]。随后研究发现钒、铌配合物在还原剂存在条件下也能够发生类似的氮-氮叁键断裂反应[12,13]。Gambarotta 在 2002 年报道了以多吡咯为配体的铀配合物在萘钾还原下断裂氮-氮叁键生成氮桥连双核铀配合物的反应[14]。除位于前过渡区的金属外，最近 Holland 等发现铁配合物在石墨钾还原下也可以有效地将氮气分子还原为铁氮化物[15]。图 18-2 列举了相关示例。

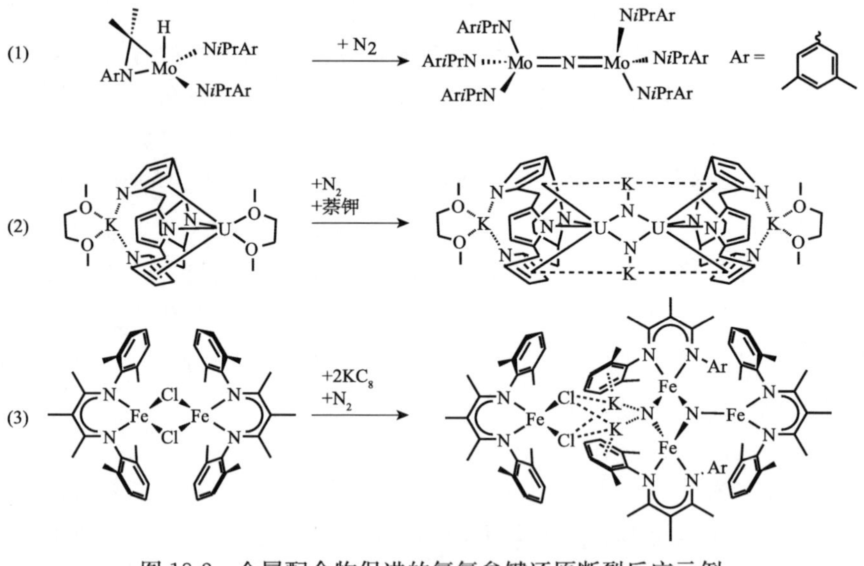


图 18-2　金属配合物促进的氮氮叁键还原断裂反应示例

分子氮配合物合成与分离的实现为研究配位氮气分子的反应化学性质奠定了基础，引发了近年来对分子氮配合物的还原质子化和官能化的研究热潮。分子氮配合物的还原质子化研究已有较长的历史。20 世纪 60 年代，Vol'pin 和 Shur 发现在氮气氛围下金属盐与金属氢化物、烷基化合物作用后进一步质子化可产生铵盐[16]。70 年代以来人们开始了从分子氮配合物出发的还原质子化探索，Chatt 提出了从端基型分子氮钼、钨配合物出发的氮气分子在金属配位下逐步还原质子化为氨的 Chatt 循环[17]。在此基础上，Schrock 等设计合成了含大位阻胺基配体的三价钼氮气配合物，实现了以二茂钴为电子供体、质子化 2,6-二甲基吡啶为质子给体、常压下氮气分子催化还原为铵盐的循环，该催化体系最高可实现约 6 次循环[18]；最近 Nishibayashi 等发现含 PNP 钳形配体的钼氮气配合物在类似的反应条件下可实现 23 次催化循环[19]（图 18-3）。我国科学家郭和夫等在 20 世纪 80 年代探索了过渡金属氢化物对端基配位的分子氮配合物的还原反应，研究表明一些金属氢化物在常温常压下可使分子氮配合物上的配位氮分子还原生成氨[20]。Hadai 等在 1998 年报道了类似的结果[21]。氢气分子与分子氮配合物反应时常发生氢气对氮气分子的配体取代反应，因此以氢气为直接还原剂的分子氮配合物的还原转化具有很大的挑战性。Fryzuk、Chirik 等发现侧面配位的分子氮锆配合物可直接与氢气反应生成含氮-氮单键以及亚氨基桥连的锆化合物、氨气等[22,23]。

$$N_2(1atm)+8[HPy\text{-}Me_2\text{-}2,6]^+ + 6\ Cp_2Co \xrightarrow[25℃]{催化剂} 2\ [NH_4]^+ + 8\ Py\text{-}Me_2\text{-}2,6 + 6[Cp_2Co]^+$$

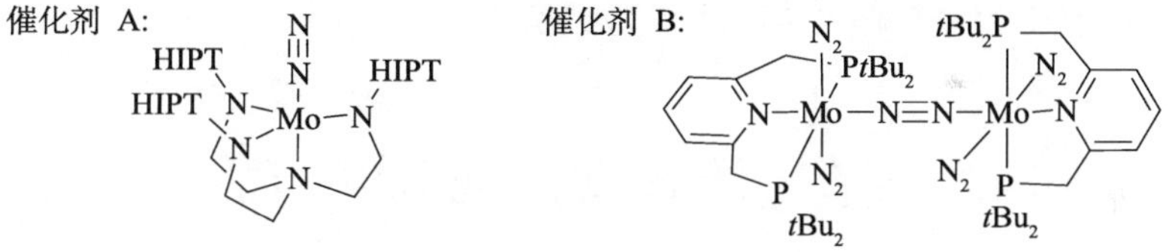


图 18-3　金属配合物催化氮气还原为氨示例

一些分子氮配合物中的双氮基团受金属中心活化表现出一定的亲核性，可以与亲电试剂反应导致配位氮分子的官能化。例如，$[(dppe)_2Mo(N_2)_2]$ 在光激发下可与 1,5-二溴戊烷反应生成$[(dppe)_2Mo(NN(CH_2)_5)Br]^+$[24]，$[(Me_2Si(C_5Me_4)(C_5H_3tBu)Hf]_2(N_2)$ 与一氧化碳反应生成$[(Me_2Si(C_5Me_4)(C_5H_3tBu)Hf]_2(NCOCON)$[25]，$[(P_2N_2)Zr]_2(N_2)$ 与端炔作用生成 $[(P_2N_2)Zr]_2(NNCCAr)(CCAr)$[26]。人们对金属配合物活化氮气分子的研究近年来还扩展到以氮气为氮源的含氮有机物合成方法的探索。如 Mori 等从 $TiCl_4/Li/TMSCl$ 体系与氮气分子反应原位生成的氮气活化物种出发实现了酰胺、苯胺、吡咯、六元环己内酰胺衍生物的合成[27]。

氮气分子的活化研究在我国一向比较受重视。中国科学院福建物质结构研究所和厦门大学等单位对固氮酶催化活性中心的模拟合成探索已有几十年的积累。中国科学院大连化学物理研究所曾在氮分子配合物与金属氢化物的反应研究上做出了创新性的工作。最近曲景平等以硫酚桥连双核铁配合物为固氮酶活性中心模拟物实现了温和条件下催化肼类化合物氮-氮键断裂和二氮烯还原转化为氨的过程，为固氮酶铁钼辅基中双铁或多铁位点活化氮气的推测提供了间接证据[28]。我国目前从事氮气配位活化研究的人员仍较少，整体研究水平与国际还有很大的差距，希望随着更多研究者的加入，我国在该领域的研究水平能逐步得到提升。

氮气是人类赖以生存和发展的物质基础。20 世纪初，工业固氮合成氨的实现解决了农业所需氮肥来源的问题，极大地推动了人类文明的发展。人类文明的可持续发展依靠对资源的绿色高效合理利用，向人工固氮提出了高效节能的要求。经过近半个世纪的努力，人们对氮气分子配位活化的认识已有一定的积累，许多氮分子配合物得到合成，一些室温下可催化氮气还原转化的催化体系也得到了发现。然而该领域的发展仍处于起步阶段，存在对氮分子的配位方式与金属配合物的结构因素的关联缺乏了解、配位氮分子的反应模式单一、已知催化还原体系反应条件复杂、催化剂效率低等问题。相信随着人们对这些基础科学问题的进一步深入探索，以氮气为氮源的温和条件下的含氮化合物的绿色高效合成终将得到实现。

## 第三节　配合物促进氧气的活化

氧化反应是当今人类从自然资源中获取能量和物质的主要手段，也是合成化学中最重要的反应类型之一。合成化学中现有的一些氧化方法普遍存在着高能耗、低原子经济性、对环境不友好等问题，驱使人们对新型绿色氧化方法的探索。氧气是廉价丰富的自然资源，是大自然赋予人类最洁净最经济的化学氧化剂，从可持续发展的角度考虑，使用氧气进行催化氧化是发展清洁氧化合成的趋势所在。目前虽然已有一些以氧气为氧化剂的化学合成实现了工业化生产，如乙烯氧化制环氧乙烷、对二甲苯氧化为对二苯甲酸、烯烃氧化为羰基化合物的 Wacker 氧化等，但一些价格昂贵、对环境有害的重金属氧化物在当今的化学化工氧化合成过程中仍然占据主导地位。制约氧气作为氧化剂在合成化学中广泛运用的瓶颈在于已有的该类氧化反应通常存在可控性差、过氧化严重、选择性低等缺点[29]。因此，如何实现温和条件下的分子氧的选择性活化转化成为合成化学研究的热点和难点。氧气分子在基态下为三线态，受自旋禁阻的约束它与单线态的分子或离子作用时存在较高的动力学能垒，需要通过光、热激发或金属配位活化才能有效进行。与光热激发活化方式相比，金属配位活化分子氧的方式除拥有反应条件温和的优势之外，同时具有可通过配位环境来控制配位氧分子反应活性和选择性的潜在优点，这也使得分子氧配位活化转化的研究受到了最为广泛的关注。

追溯到20世纪60～70年代，当时关于分子氧配位活化的研究主要是围绕模拟血红蛋白固氧输氧功能的卟啉和类卟啉铁钴配合物而进行[30]。除铁钴配合物外，以有机膦为配体的许多其他位于ⅦB、Ⅷ及ⅠB族的后过渡金属单核双氧配合物的合成在当时也通过氧气分子与金属配合物的反应得到了实现[31]。位于周期表前过渡区的金属双氧化物在当时虽然也有报道，但它们的合成往往是从过氧化氢出发。这些早期的研究为揭示双氧配合物中双氧基团与金属中心的多样化键合模式也作出了贡献。由此人们认识到分子氧可以通过端基或侧基的方式和金属配位，所形成的双氧配合物依据氧氧键活化的程度可分为超氧化物和过氧化物两种类型。

自20世纪80年代以来，人们对氧气分子配位活化的研究开始集中到与生物体中的含铁、铜的氧化酶（oxidase）和加氧酶（oxygenase）密切相关的铁铜络合物对氧气分子的活化转化方向。生物化学的研究发现生物体内的一些氧化酶和加氧酶能在温和条件下利用含铁或铜的活性中心高效地催化氧气分子的活化转化，其中加氧酶结合氧气所形成的活性物种能区域选择性地对有机底物进行氧化，有的甚至可以氧化甲烷为甲醇[32]。酶催化氧分子活化转化的研究成果引发了人们利用相对简单的非卟啉铁铜配合物来探索氧分子的配位活化机制的研究，并实现了许多与酶催化氧化过程相关的双氧铁铜配合物的合成和表征，如末端桥连的过氧双核铁[33]和双核铜化合物[34]、侧基配位的超氧铜化合物[35]、双氧桥连的双核铜化合物[36]等（图18-4）。除从分子氧活化出发的双氧铁铜配合物研究以外，人们也利用过氧化氢为双氧前驱体对其他高反应活性的铁铜络合物中间体，如四价铁氧物种[37]、三核铜氧物种[38]的合成、结构和反应性质进行了探索。

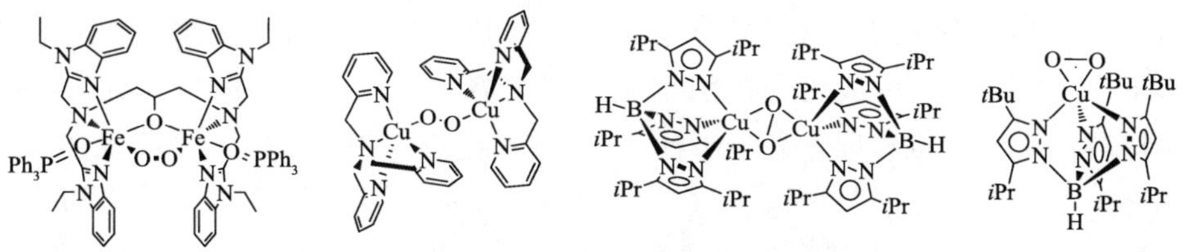

图 18-4　双氧配位的金属铁铜络合物示例

经过 30 多年的研究积累，人们对加氧酶中铁铜中心促进氧气分子的活化转化机理已经有了较为统一的认识[39]。如图 18-5 所示，在这些铁铜促进的氧分子活化反应过程中二价铁或一价铜位点首先与氧分子配位形成端基型的金属超氧化物物种，超氧基团在进一步获得电子之后转化为过氧化物物种，过氧化物可以经过质子化或再次发生分子内电子转移从而形成高价金属氧化物物种。其中的金属超氧化物、过氧化物和高价金属氧化物拥有逐步增强的氧化性质，可与具有不同还原性质的有机基团发生氧化还原反应。这些具有不同反应活性的金属氧物种的存在，再加上活性中心周围次级配位环境（secondary coordination sphere）的调节使得金属酶催化的氧化反应具有过氧化可控、选择性高的特点。

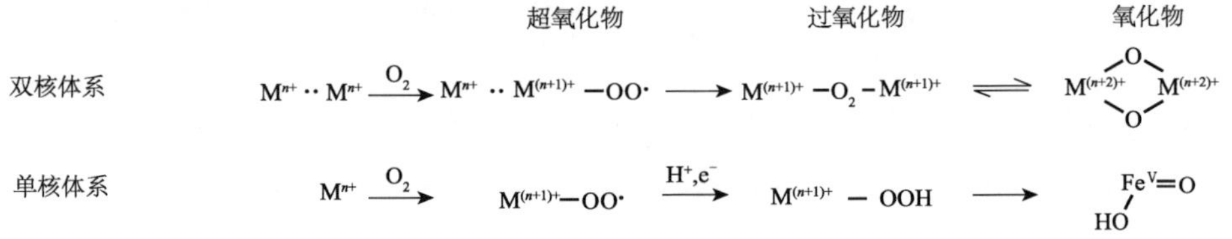


图 18-5　加氧酶中铁铜中心促进氧气分子的活化转化过程

分子氧配位活化所取得的这些研究成果深化了人们对分子氧活化转化机理的认识，为氧化催化剂的设计提供了新的思路。利用金属配位活化的方式，多种以氧气为氧化剂的金属催化氧化方法如烯烃的环氧化、烯烃到酮的氧化、醇到醛酮的氧化、烷烃和芳烃的氧化等都已得到发展[40]。金属催化剂的种类也丰富多样，除仿生型的铁铜配合物外，钒、铬、钼、锰和其他Ⅷ和ⅠB 族的后过渡金属化合物也被广泛采用。氧气分子的活化转化涉及多电子的转移过程，针对这一特点人们发展了通过单一金属催化剂来实现催化和利用多种试剂进行两个或多个氧化还原循环偶合两种催化氧化策略。单一催化剂策略在原子经济性上具有优势，但到目前为止已发展的氧化反应类型仍较少，催化剂效率普遍不高。偶合氧化策略具有可适用底物类型较为广泛的优点，然而反应过程中所生成的大量副产物的存在使得这类方法缺乏原子经济性。

我国科学家在配合物促进分子氧活化转化的研究上做了不少工作，并取得了许多国际领先的成果。在仿生氧化研究方面，计亮年系统地研究了卟啉结构对氧分子配位和催化氧分子活化转化反应性质的影响[41]，郭灿城、佘远斌、纪红兵等研究了各类锰、铁、钴卟啉催化氧气对环烷烃、烷基苯和直链烷烃的氧化反应[42]，其中郭灿城发展的金属卟啉催化体系[43]已在空气氧化环己烷制环己醇和环己酮工业上得到应用。在以氧气为氧化剂的催化氧化方法方面，奚祖威运用偶合催化的方法将钯/醌催化的氧气与氢气生成过氧化氢的反应与金属钨催化的丙烯环氧化反应相组合，实现了氧气对丙烯的环氧化反应[44]，包信和发展了钯/醌/亚硝酸钠偶合催化甲烷与氧气、三氟乙酸反应合成三氟乙酸甲酯的方法[45]，龚流柱等用钒配合物催化剂实现了分子氧对萘酚的不对称氧化偶联[46]，周锡庚探索了用氧气引发硅自由基反应[47]，支志明、杨丹、江焕峰、焦宁、刘国生等在金属催化氧气对烯烃、炔烃的氧化转化上做了大量的工作[48-52]，麻生明、施敏、夏春谷、施章杰、雷爱文等发展了系列金属催化氧气对醇的选择性氧化方法[53-57]。受篇幅的限制，其他优秀的工作不能一一列举。

氧分子的活化研究对于认知生命体中的氧分子的代谢转化过程、发展绿色高效氧化合成方法都有着十分重要的意义。人们对氧分子配位模式、可能的活化转化方式已有了较为全面的认识，一些以氧气为氧化剂的绿色氧化方法也得到了发展。然而，目前我们对具有高反应活性的后过渡金属双氧配合物、氧基配合物的合成方法和物理化学性质的了解仍然有限，通过前过渡金属活化氧分子的方法有待发展，重要的金属有机化合物物种与氧分子的反应模式也有待建立[58]。在氧分子的催化应用方面，已有的催化反应多集中于烯烃、炔烃、醇等的氧化转化，对于相对惰性的有机物，如芳烃、烷烃的催化氧化探索还处于起步阶段。而在催化剂方面，现有的配合物催化剂大多存在着在氧化条件下分解失活的缺点，可采用的抗氧化配体种类有限等问题。这些问题在未来相当长一段时间里将会是氧分子活化研究中需要面对的挑战。

## 第四节　配合物促进二氧化碳的活化

二氧化碳是大气中储量非常丰富的一种碳资源，同时也是众所周知的温室气体之一。近两个世纪以来，人类活动所产生的大量二氧化碳排放已引起大气中二氧化碳含量的显著升高，严重地影响了人类的生存环境，唤起了世界各国对二氧化碳减排问题的关注。在人们提出的各种二氧化碳减排设想中，将二氧化碳作为一种碳资源通过化学合成的方式转变为其他高经济附加值的有机物的途径因其具有能源、环境和经济方面的多重意义而引起了研究者的特别关注，引发了近年来关于二氧化碳的活化转化的研究热潮。

与氮气、甲烷相比，二氧化碳是相对活泼的小分子。由于碳原子与氧原子的电负性相差较大，分子中的碳原子展现出很强的路易斯酸性，可以与各种亲核试剂发生反应，而其中的氧原子具有路易斯碱性，可以与硬性的路易斯酸结合发生反应。二氧化碳分子的这些结构特点使得其活化反应相对容易发生。例如，它既可以与具有强亲核性的有机锂试剂和格氏试剂反应生成羧酸衍生物，也可以与弱亲核性的水分子、胺作用生成碳酸、氨基甲酸。在与金属配位时，可以形成 $\eta^1$-C、$\eta^1$-O、$\eta^2$-C,O 等多种模式的二氧化碳配合物。图 18-6 列举了几种代表性的二氧化碳金属配合物的结构[59-61]。二氧化碳分子与金属配合物作用时除发生配位活化外，还可能进一步和配合物中的金属-氧、金属-氮、金属-碳以及金属-氢键等反应形成新的碳-氧、碳-氮、碳-碳和碳-氢键，从而实现二氧化碳的活化转化。另外，二氧化碳在金属配合物的促进下二聚成草酸根的反应模式也有报道[62]。

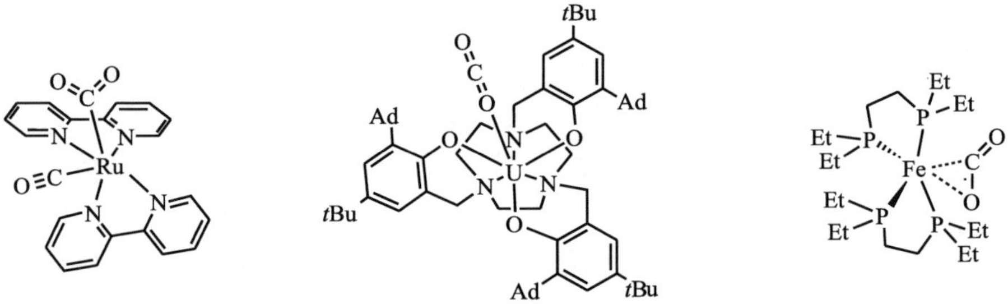


图 18-6　二氧化碳与金属中心的配位方式示例

二氧化碳对金属-碳键的插入反应是合成羧酸的有效方法（图 18-7）。早期研究发现具有强亲核性的锂试剂和格氏试剂与二氧化碳反应可以形成羧酸化合物，但这类金属试剂对空气和水比较敏感以及官能团容忍性较差。近年来，人们对于应用更加广泛的有机锡试剂、有机硼试剂和有机锌试剂参与的二氧化碳的活化研究取得较大突破[63-65]。除与金属有机试剂反应外，二氧化碳还可以在低价金属的促进下与炔烃、共轭二烯、联烯等生成金属杂环化合物。例如，Hoberg 发现零价镍配合物与烯烃和二氧化碳反应时生成的镍杂氧杂五元环可以进一步与不饱和化合物反应[66]，Saegusa 报道了镍催化炔烃与二氧化碳的［2＋2＋2］环加成反应[67]，麻生明发展了镍催化的炔烃氢羧基化反应[68]，施敏用钯催化剂实现了二氧化碳对烯基环丙烷中碳-碳单键的插入反应[69]。二氧化碳插入碳-氢键是合成羧酸的原子经济性途径，但要同时实现二氧化碳和碳-氢键的活化转化具有非常大的挑战性。Fujiwara 曾报道了钯催化的二氧化碳与环己烷的羧化反应，表明了这类转化的可能性[70]，Nolan 实现了金催化下芳香杂环活中泼碳-氢键的羧化反应[71]。此外，人们还利用多氟代苯和端炔中碳-氢键的酸性实现了金属催化下该类化合物中碳-氢键的羧基化反应[72]。需要指出的是二氧化碳与一般碳-氢键的羧化反应在热力学上是不利的，因此，该类反应通常需要在其他高反应活性试剂的辅助下才能有效进行。

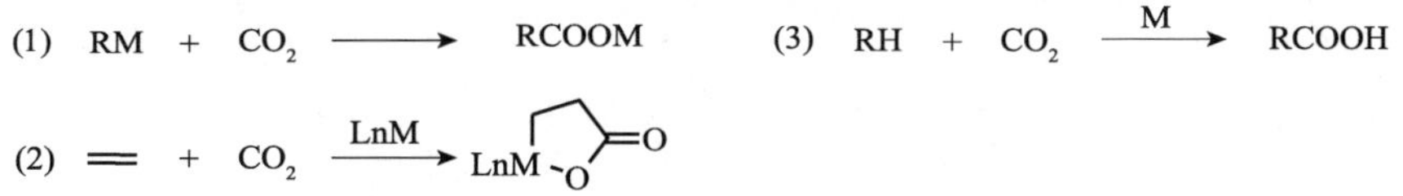

图 18-7　二氧化碳活化转化形成 C—C 键反应模式

从二氧化碳插入金属-烷氧键生成金属-烷氧基甲酸这种转化出发，人们发展了环氧化合物与二氧化碳反应合成环状碳酸酯和聚碳酸酯的方法，为碳酸酯这类具有重要应用价值物质的合成提供了绿色经济的新途径（图 18-8）。与生成聚碳酸酯相比，二氧化碳与环氧化合物反应生成环状碳酸酯在热力学上更为有利。包括主族金属在内的许多的金属盐、金属氧化物、金属配合物都能催化二氧化碳与环氧反应生成环状碳酸酯[73]。中国科学院兰州化学物理研究所、成都有机化学研究所、山西煤炭化学研究所、上海有机化学研究所等单位在这方面做了很好的基础和应用研究工作。二氧化碳与环氧化合物共聚形成聚碳酸酯的反应大多采用具有路易斯酸性的稀土金属、锌、铝、铬、锰、钴配合物为催化剂[74]。我国科学家在这方面也做出了许多出色的工作。例如，沈之荃等用磷酸稀土-三异丙基铝-甘油复合的催化体系首次实现了稀土催化的环氧丙烷与二氧化碳的共聚[75]，吕小兵利用钴配合物与有机铵盐的协同催化实现了二氧化碳和环氧烷烃的立体选择性可控聚合[76]，丁奎岭等报道了双核镁配合物催化的二氧化碳和环氧化合物在温和条件下的交替聚合反应[77]，王献红等报道的以三氯乙酸钕-二乙基锌-甘油为基础的催化体系[78]已成功应用到二氧化碳与环氧丙烷共聚的工业化生产中。除通过环氧化合物与二氧化碳反应外，碳酸酯还可以从醇与二氧化碳反应进行合成（图 18-9）。后者从合成的效率和经济方面比前者更有优势，然而受反应平衡的限制，已有方法普遍转化率较低，距工业化应用还有很远距离。

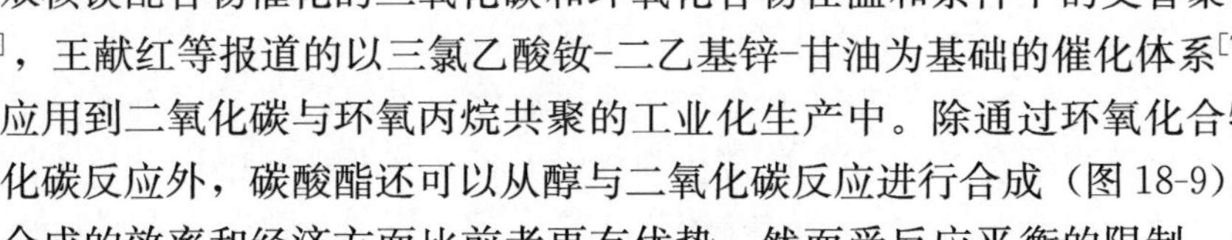

图 18-8　二氧化碳与环氧、醇反应合成碳酸酯

以二氧化碳为原料通过还原反应合成甲酸、甲醇、甲烷的二氧化碳还原资源化研究是近年来二氧化碳活化研究的热点方向。如图 18-9 所示，二氧化

碳的还原反应涉及多电子转移和多步化学键的形成与断裂，需要在合适催化剂的作用下才可以发生。目前已发展的催化剂以过渡金属配合物为主。还原方法主要包括多相催化还原、均相催化还原、电化学催化还原和光化学催化还原四大类型。其中均相化学催化还原的研究在近年来发展极为迅速。

$$CO_2 \xrightarrow{2\,H^+,2\,e^-} HCOOH \xrightarrow[-H_2O]{2\,H^+,2\,e^-} CH_3OH \xrightarrow[-H_2O]{2\,H^+,2\,e^-} CH_4$$

图 18-9　二氧化碳到甲酸、甲醇、甲烷的还原转化

在二氧化碳的均相化学催化还原研究中，氢气是最常用的还原剂。自 20 世纪 70 年代 Inoue 等发现含膦配体的钯、钌配合物在三乙胺的存在下可催化二氧化碳还原氢化为甲酸盐以来[79]，金属配合物催化二氧化碳氢化为甲酸盐的研究已取得了很大进展。例如，Noyori 发现在超临界二氧化碳中钌配合物催化体系转换数可以达到 7200[80]，韩布兴等以固载于二氧化硅上的钌基配合物为催化剂发展了离子液体促进的二氧化碳加氢为甲酸的高效催化方法[81]，Nozaki 等报道的含钳形膦配体的铱氢配合物在室温下转换数高达3 500 000[82]，Milstein、Beller 等发现廉价金属催化剂如铁、钴的配合物也能实现相应的催化还原[83,84]。金属催化二氧化碳氢化为甲醇的均相体系目前还相对较少。Sanford 发展的钌-钪-钌催化体系表明串联催化策略在氢化二氧化碳为甲醇转化中的可行性，但转换数只有 34[85]。最近，丁奎岭等以钌配合物为催化剂实现了环状碳酸酯氢化为甲醇和乙二醇的高效转化[86]，为二氧化碳氢化还原提供了新的方法。

硅烷和硼烷是均相催化二氧化碳还原另外两种常用的还原剂。钌铱络合物催化的二氧化碳的硅氢化生成甲氧基硅醚在 20 世纪 80 年代就已有报道[87]。Kawaguchi 等发现锆配合物在硼烷活化下可以催化二甲基苯基硅烷还原二氧化碳为甲烷[88]。除金属催化剂外，Zhang 等发现氮杂环卡宾也能催化硅烷还原二氧化碳为甲氧基硅醚[89]，Piers 利用空间受阻的路易斯酸碱对（frustrated Lewis pair）为催化剂实现了三乙基硅烷还原二氧化碳为甲烷的反应[90]。过渡金属催化的硼烷还原二氧化碳的反应较少。Sadighi 以二硼化合物为还原剂发展了铜催化二氧化碳还原转化为一氧化碳的转化[91]，Guan 发现含钳形配体的镍氢配合物可以催化儿茶酚硼烷还原二氧化碳为甲氧基儿茶酚硼酸酯[92]。

经过几十年的探索，人们对于二氧化碳的活化方法、转化途径取得了系列进展，所发展的二氧化碳的活化转化方法已成功地运用到功能有机分子、有机聚合物材料和碳一类能源分子的合成中。然而，从绿色经济合成的角度

来看，这些已有的活化转化方法还远未达到原子经济、高效节能的理想要求，许多具有巨大经济价值的二氧化碳活化利用方法，如从二氧化碳与烷烃、芳烃和烯烃反应制羧酸，二氧化碳与醇共聚合成聚碳酸酯，温和条件下的二氧化碳还原为甲醇等仍处于摸索阶段。因此针对这些重要的转化来开发高活性、高选择性、可循环利用的催化剂体系仍将是二氧化碳活化研究的重点之一。除新型催化剂的研究外，二氧化碳的还原资源化研究中亟待解决的另一关键问题是可替代氢气、氢化物的新型还原剂或还原手段的开发。从这点考虑，发展以太阳能为能量来源的光化学催化二氧化碳与水反应生成有机物和氧气的转化应该是二氧化碳绿色利用的理想目标。

## 第五节　配合物促进甲烷的活化

甲烷是天然气的主要组成成分。现阶段，除少部分用于蒸汽重整制氢外，甲烷主要直接作为燃料使用。随着石油资源日渐枯竭，以甲烷作为原料合成重要的基础化工原料，如甲醇、乙烯、低碳醇等，成为现代合成化学的挑战性任务。与氮气、氧气、二氧化碳分子不同，甲烷分子中既无非键孤电子对也无 $\pi$-键的存在，其中的碳-氢 $\sigma$ 键键能高达 435kJ/mol，极化度小。这些结构特征使得甲烷分子在普通条件下表现出化学惰性，很难发生化学转化。经过几十年的努力，人们已发现了一些甲烷分子的活化转化方法[32]，其中运用过渡金属配合物来活化甲烷的方式因其拥有反应条件相对温和、反应机理易于研究的特点受到了研究者的青睐。

已有的金属配合物活化甲烷的方法依据反应机理可分为亲电活化、氧化加成、$\sigma$ 键复分解、1,2-加成和自由基活化五大类型（图 18-10）。前四种都涉及金属-甲基物种的形成，第五种类型则是通过金属或配体自由基对甲烷碳-氢键攫氢实现。金属配合物对甲烷的亲电活化反应发现于 20 世纪 60 年代。1969 年，Shilov 报道了 $K_2PtCl_4$ 作用下甲烷在氘代乙酸的氘水溶液的氢氘交换反应[93]，开启了用金属配合物活化甲烷的先河。1983 年，Graham 等发现铱配合物 $Cp^*Ir(CO)_2$ 在光照激发下可对甲烷分子中碳-氢键进行氧化加成[94]，Watson 发现镥甲基化合物 $Cp_2^*Lu(CH_3)$ 可以与 $^{13}CH_4$ 发生甲基的交换反应[95]。1988 年，Wolczanski 报道了高活性锆-亚胺基物种 $(t\text{Bu}_3SiNH)_2Zr(=NSi\text{-}t\text{Bu}_3)$ 与甲烷通过 1,2-加成反应形成锆甲基化合物 $(t\text{Bu}_3SiNH)_3Zr(CH_3)$[96]。1991 年，Wayland 报道了卟啉铑（Ⅱ）自由基活化甲烷的反应[97]。另外，甲烷单加氧酶（可溶性甲烷单加氧酶和颗粒性甲烷单加氧酶）和细胞色素 P-450 单加氧酶催化甲烷氧化为甲醇的过程[32]也被认为通过铁氧和铜氧自由基物种来实现。在这些开创性工作的基础上，已有许多金属配合物促进的甲烷活化体系得到发现，涵盖的金属有 Y、Lu、Zr、W、Re、Ru、Os、Rh、Ir、Pd、Pt、Ag、Au、Hg、Tl 等，其中以Ⅷ～Ⅹ族的稀贵金属配合物居多[98]。就反应类型而言，稀贵金属配合物对甲烷的亲电活化和氧化加成反应占多数，这与后过渡金属拥有较高的金属-甲基、金属-氢键键能有着很大的关系。

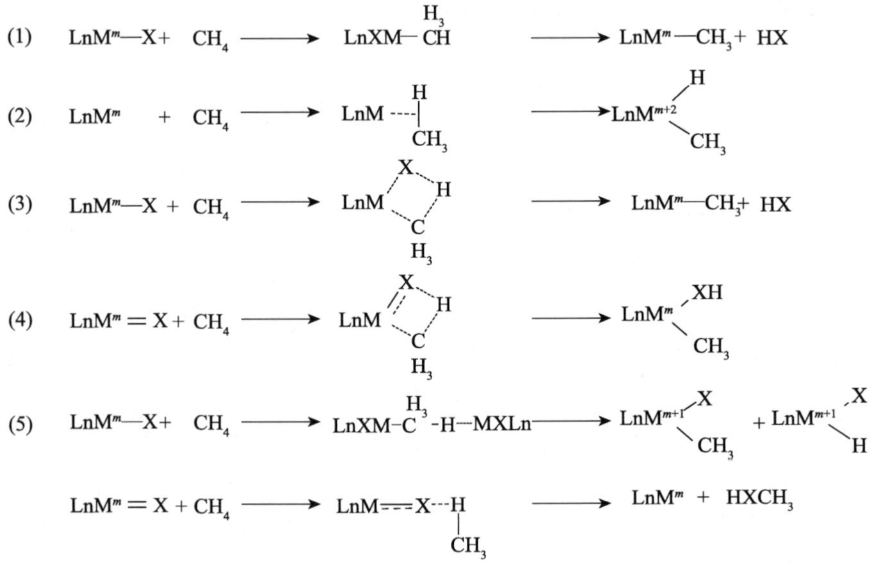

图 18-10　金属配合物活化甲烷的模式示例

在这些配合物促进甲烷分子多样化活化模式发现的同时，一些配合物催化甲烷活化转化的方法也陆续得到了发展[93]。1972 年，Shilov 发表了乙酸水溶液中 $[PtCl_4]^{2-}$ 催化 $[PtCl_6]^{2-}$ 氧化甲烷为甲醇和氯甲烷的工作[93]［图 18-11 式（1)］，这是首例配合物催化甲烷官能化的反应。在该发现的基础上，Periana 以含联嘧啶配体的铂配合物［(bipim) $PtCl_2$］为催化剂、发烟硫酸为氧化剂实现了甲烷氧化为硫酸二甲酯的转化［图 18-11 式（2)］。Periana 的催化体系甲烷转化率可达 90%，但反应需要在 220℃下，催化剂的转化数约 500[99]。2004 年，Neumann 报道了可催化氧气氧化甲烷为甲醇、甲醛和乙醛的铂配合物与金属杂多酸组成的复合体系［图 18-11 式（3)］。该催化体系可以在 50℃下进行，转化数虽然只有 30，但反应以氧气为氧化剂，同时没有明显的其他过氧化产物生成[100]。除了铂催化剂外，Sen 报道了二价钯催化过氧化氢氧化甲烷为三氟乙酸甲酯的转化[101]；包信和等通过偶合 $Pd^{2+}/Pd^0$、对二苯醌/对二苯酚、$NO_2/NO$ 三个氧化还原循环的方法发展了氧气氧化甲烷为三氟乙酸甲酯的方法[45]［图 18-11 式（4)］，该催化体系可在 80℃下进行，为温和条件下氧气为氧化剂的甲烷活化转化提供了新策略；Periana 发现 $Hg(OSO_3H)_2$ 也可以催化发烟硫酸氧化甲烷为硫酸二甲酯[102]；此外，Chan 最近报道了室温下可催化氧气氧化甲烷为甲醇的仿生型三铜簇合物体系[103]。

(1) $CH_4 + PtCl_6^{2-} \xrightarrow[H_2O]{[Pt]} CH_3Cl + CH_3OH$

(2) $CH_4 + H_2SO_4 + SO_3 \xrightarrow[H_2SO_4]{[PtCl_2(bipim)]} CH_3OSO_3H + H_2O + SO_2$

(3) $CH_4 + O_2 \xrightarrow{[PtCl_2(Me\text{-}bipim)][H_4PV_2Mo_{10}O_{40}]} CH_3OH + HCHO + CH_3CHO$

(4) $CH_4 + CF_3COOH + O_2 \xrightarrow{[Pd]/NaNO_2/\text{对苯醌}} CF_3COOCH_3 + H_2O$

(5) $CH_4 + CO + K_2S_2O_8 \xrightarrow[TFA]{VO(acac)_2} CH_3COOH$

(6) $CH_4 + CO + O_2 \xrightarrow[H_2O]{RhCl_3} CH_3COOH$

(7) $CH_4 + N_2CHCOOEt \xrightarrow[scCO_2]{[Ag]} CH_3CH_2COOEt$

图 18-11　过渡金属促进的甲烷转化为甲醇反应示例

另一类具有重要意义的甲烷活化转化反应是通过甲烷的氧化插羰过程合成乙酸或其他羧酸衍生物。在 20 世纪 90 年代初，Fujiwara 等发现乙酸铜、乙酸钯或者二者的混合体系能催化过二硫酸钾氧化甲烷与一氧化碳混合物为乙酸，反应在 90℃下 20h 的最大转化数约为 30[104]。在进一步的探索中，他们发现钒氧化物具有更好的催化效果，80℃下经过 20h 甲烷到乙酸的转化率可达 93%[105]［图 18-11 式（5)］。1994 年，Sen 报道了以氧气为氧化剂的铑催化甲烷氧化羰化生成乙酸，该反应在 95℃、352h 下转化数约 28[106]［图 18-11 式（6)］。除与一氧化碳的反应外，Fujiwara 发现乙酸铜和乙酸钯混合物可催化过二硫酸钾与甲烷和二氧化碳反应生成乙酸[104]；近期，王为等也报道了 Zn/H-ZSM-5 催化剂具有活化甲烷并偶联二氧化碳生产乙酸的性能[107]。Pérez 等以银络合物为催化剂实现了甲烷与重氮乙酸乙酯反应生成丙酸乙酯的转化，该催化体系的转化数在 40℃可达到 478[108]［图 18-11 式（7)］。

经过 40 多年的发展，金属配合物活化甲烷的研究领域已取得了一定发展。但是相比于其他小分子活化的研究，配合物促进甲烷活化的研究仍处于起步阶段。在活化机理的认识方面，虽然已有前述的五类金属配合物活化甲烷的模式得到发现，但人们对其中的化学键断裂和形成的机制仍缺乏深入认识，甲烷分子配合物的合成也至今未能实现。在催化转化的研究方面，通过金属对甲烷的亲电活化和自由基活化这两种方法，人们已发展出一些可在较低温度下进行的金属催化氧化甲烷到甲醇、乙酸等的活化转化方法。但这些催化体系大多需要在较高的压力下才能进行，催化剂活性普遍较低，同时存在产物继续被氧化导致选择性差的问题。这些问题的解决除需要人们在新型催化剂、新的活化转化方法的探索方面继续付出努力外，同时可能还需要在实验和工程技术方面作出创新。就甲烷部分氧化为甲醇的研究而言，氧气是最为理想的氧化剂。但用氧气氧化甲烷为甲醇除需要有效活化甲烷分子和氧气分子外，同时还需要考虑氧气对甲醇的进一步氧化的问题。单一催化剂物种可能难以同时实现对这两种小分子的有效活化，因此开发可兼容的催化剂来对这两种小分子分别进行活化，并同时将这两个催化体系进行有效的偶合可能是实现这一非常具有挑战性，但同时又拥有巨大应用价值的合成途径的有效策略。这一点在前述的 Neumann 和包信和的创新性工作中已有很好的体现。

## 第六节　多相催化剂上合成气（$CO+H_2$）的活化和转化

随着石油资源的日益耗竭，非石油碳资源，包括储量相对丰富的煤和甲烷等化石资源及可通过光合作用再生的生物质资源将在后石油时代发挥重要作用。目前非石油碳资源转化利用较为成熟的技术是经由合成气（$CO+H_2$）的间接转化途径。选择合适的催化剂体系，由合成气可以合成各种碳氢化合物或含氧有机物，形成丰富的“合成气化学”，又称“$C_1$ 化学”。例如，Fe、Co 或 Ru 可催化 $C_2$ 以上碳氢化合物的生成；Cu 或 Pd 可催化甲醇，Rh 可催化乙醇等低碳醇的生成（图 18-12）[109]。

合成气制碳氢化合物的反应于 1923 年由德国学者 Fischer 和 Tropsch 发现，又称 Fischer-Tropsch（费托）合成反应，可以式（18-1）和式（18-2）表示：

$$(2n+1)\ H_2 + nCO \longrightarrow C_nH_{2n+2} + nH_2O \tag{18-1}$$

$$2nH_2 + nCO \longrightarrow C_nH_{2n} + nH_2O \tag{18-2}$$

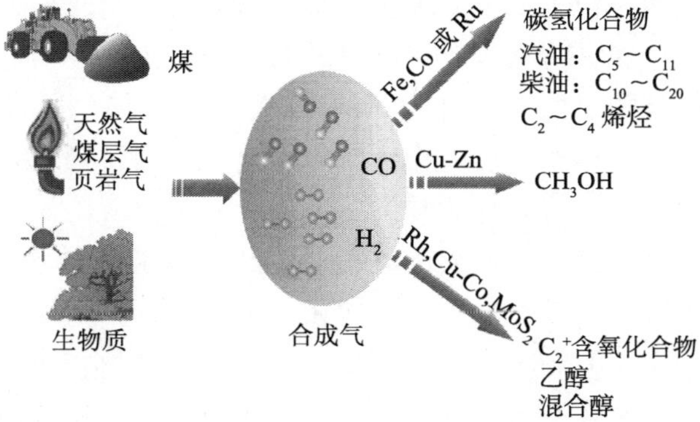


图 18-12　以合成气为平台的非油基碳资源的转化利用[108]

费托合成的产物可以是清洁液体燃料如汽油、柴油或航空燃油等，也可以是化学品如低碳烯烃或芳烃。虽然费托合成已建立较为成熟的催化技术[109-113]，但依然存在许多问题。在基础研究方面，产物选择性调控是亟待解决的关键科学问题之一[113]。由于费托合成反应遵循聚合机理，在传统催化剂上，产物选择性服从 Anderson-Schulz-Flory（ASF）分布，即主要由链增长因子$\alpha$决定，得到的产物摩尔分数与产物的碳原子数 $n$ 的关系可表达为

$$M_n=(1-\alpha)\alpha^{n-1} \tag{18-3}$$

ASF 分布显示的产物选择性随 $\alpha$ 的变化可以图 18-13 形象描述。其中，较低的 $\alpha$ 导致 $C_1\sim C_4$ 低碳烃的生成，而较高的 $\alpha$ 导致 $C_{21}^+$ 高碳烃的生成。但 ASF 分布制约高附加值中间馏分产物的高选择性生成，如汽油馏分 $C_5\sim C_{11}$ 烃选择性最高约为 45%，柴油馏分 $C_{10}\sim C_{20}$ 烃选择性最高仅约为 30%。

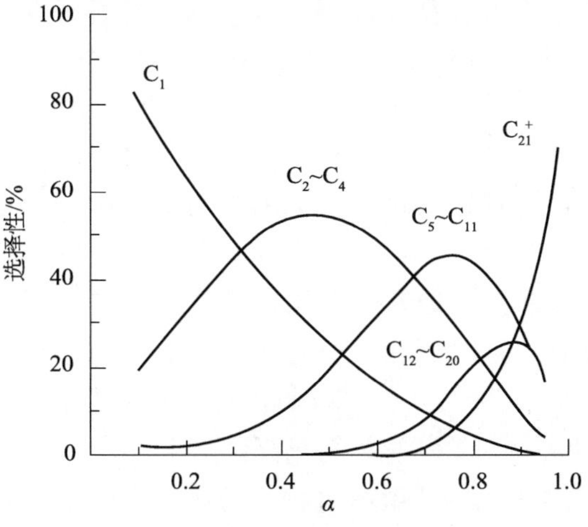


图 18-13　费托合成反应中产物选择性与链增长因子 $\alpha$ 间的 ASF 分布

目前，工业费托合成催化技术多由首先将合成气制成高碳烃、再通过催化裂解等将高碳烃加氢精制为液体燃料的两步法实施。该技术要求费托合成催化剂有尽可能高的 $\alpha$ 值或尽可能高的 $C_5^+$ 选择性。如果通过合理设计催化剂，提高目标产物选择性，直接将合成气转化为汽油、柴油或航空燃油等液体燃料，费托合成过程将更具竞争力。以下从基元反应、活性相及尺寸、活性相落位与微环境三方面介绍费托合成产物选择性调控的研究进展。

从基础研究方面，深入理解 CO 活化及 C—C 偶联等基元反应有助于发展产物选择性调控的新方法。一般认为，费托合成经历聚合反应机理(图 18-14)[113-115]，该过程主要包括催化剂表面的 CO 活化解离，生成吸附碳物种（$C_{ads}$）及进一步加氢的 $CH_x$ 中间体；$CH_x$ 间发生碳链增长的 C—C 偶联反应，生成多碳 $C_nH_m$ 中间体；$C_nH_m$ 中间体通过加氢或脱氢反应终止碳链，形成产物。在多数催化剂上，烷烃是主要产物。费托合成催化剂的 C—C 偶联能力与加氢能力的相对强弱决定产物碳链长短，即链增长因子 $\alpha$。

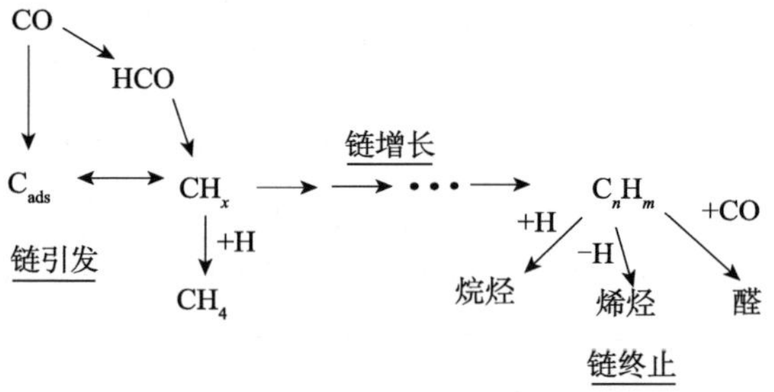

图 18-14　费托合成反应机理示意图

有关费托合成中的 CO 活化解离，近年的理论研究表明，具体活化途径与活性金属表面结构密切相关。因活化能垒高，CO 在平坦表面很难发生直接解离，以氢助解离为主，如 Co(0001)、Ru(0001) 和 Fe(111) 面上的 CO 首先加氢，继而分步解离[116,117]。在引入台阶、拐角位的金属表面，CO 解离能垒显著降低[118]，此时直接解离较氢助解离更有利[119]，如 Ru(1121) 面。在接近反应条件下，平坦金属表面的氢助解离也可以是生成 $CH_x$ 的主要途径，如 Fe 和 Co 表面[120]。通常，碳化铁是费托合成反应中铁基催化剂的活性相[121]。在无缺陷 $Fe_xC_y$ 表面，CO 直接解离也因高能垒而困难，而在 $Fe_xC_y$ 表面 C 原子加氢形成 C 空位后，CO 解离能垒显著降低[122]。对于 $\chi$-$Fe_5C_2$，各种晶面的台阶缺陷位对 CO 解离起重要作用[123]。

有关费托合成中的 C—C 偶联过程，理论研究表明，偶联机理与催化剂本质及表面结构有关，偶联单体可能是 C、$CH_x$（$x$ = 1～3）、亲电性

$CH^{\delta+}$[124]，也可能是CO和HCO，机理相当复杂。传统的“carbide机理”认为以亚甲基（$CH_2$）为单体的表面聚合反应$CH_2$＋$CH_2$偶联导致碳链增长。近年研究发现，C—C偶联机理非常复杂。例如，在Ru(0001)面上，CH＋CH偶联能垒较$CH_2$＋$CH_2$偶联低[125,126]；在Ru台阶位上，C＋CH偶联能垒更低[126]。而CH和C是Ru表面最丰富的吸附物种，所以CR(R＝H或烷基)＋C是较可能的偶联途径[127]。在Co(0001)面的台阶位上，$CH_3$(或$RCH_2$)＋C及$CH_2$(或RCH)＋$CH_2$是主要C—C偶联途径，而在平台上也发生CH＋CH偶联[128]。在Fe(100)表面，C＋$CH_2$/$CH_3$是主要C—C偶联途径[129]。在$Fe_5C_2$(001)面上存在含共吸附H、CO和C物种时，首先发生C＋CO偶联和CH生成反应，随后CCO进一步与C偶联或发生加氢反应[130]。李微雪等发现Rh(111)面上$CH_x$＋HCO(HCO插入)与$CH_x$＋$CH_x$偶联的能垒相近[131]，而生成$CH_xCHO$中C＝O在Rh表面不易断裂，导致含氧化合物生成。Co表面也可能发生类似偶联生成$CH_xCHO$[131]，此时$CH_xCHO$易发生C＝O解离生成碳氢化合物。总之，费托合成催化剂表面C—C偶联机理相当复杂，近年的理论研究对该过程提供了较深入的认识，为认识控制碳链增长的主要因素、设计可控产物选择性的新型催化剂提供理论指导。

有关费托合成反应，近年的实验研究发现，除反应器种类和实验操作条件外，催化剂的活性相，包括活性金属种类、相结构、修饰剂等因素，影响产物选择性。首先，活性金属种类影响产物分布。Fe、Co和Ru是费托合成的主要活性金属，其中Co和Ru活性较高，且适合长碳链烃生成[112,113,132-134]。经合适助剂如K、Cu等修饰的Fe催化剂也可催化高碳烃的生成，且Fe催化剂上还可催化生成低碳烯烃[112,113,121,132]。其次，与催化体系、催化剂制备条件及反应条件关联，费托合成催化剂中的金属组分可处于金属氧化物、金属或金属碳化物等状态，活性金属的化学状态影响其催化活性和产物选择性。例如，还原度低的Co催化剂的CO转化率较低，且$CH_4$选择性较高[134]。在反应条件下，金属Co可以六方相(hcp)和立方相(fcc)存在，两种晶相的费托合成催化性能区别尚不明确。针对Pt-Co/$Al_2O_3$催化剂的研究显示，与hcp相钴相比，fcc相钴在反应中发挥重要作用[135]，反应中生成$Co_2C$将导致催化剂失活[135]。最后，助剂在费托合成反应中发挥重要作用。如碱金属对铁催化剂的修饰可抑制$CH_4$的产生、提升$C_5^+$选择性[113,121]。适当量的碱金属修饰可提高CO转化率和$C_2$～$C_4$低碳烃产物中烯烃的比例[113]。一般认为，碱金属作为电子助剂，主要影响铁的电子结构，提高其CO解离吸附能力，并抑制加氢反应。结合理论和实验研究，Huo等提出了$K_2O$稳定Fe的高指数晶面、显示高催化性能的观点[136]。

活性相的尺寸也是影响费托合成产物选择性的一个关键因素，对于费托合成催化剂的结构敏感性存在争论。Iglesia[133]曾总结了$SiO_2$、$Al_2O_3$、$TiO_2$等金属氧化物负载催化剂Co的尺寸效应，指出当Co粒径在9～200nm范围时，CO转化频率（TOF）与Co粒径无关。由于Co与氧化物载体的强相互作用导致更(较)小粒径Co的难于还原，因此较难得到有关小粒径Co结构敏感性的合理研究结果。de Jong等针对与载体相互作用较弱的Co粒径为2.6～27nm的负载型Co/CNF催化剂，研究了Co粒径对催化性能的影响[137]。该催化剂的Co的TOF随Co粒径的增加而增加，大于6～8nm后TOF保持不变。随Co粒径由2.6nm增加至6～8nm，$CH_4$选择性显著降低，$C_5^+$选择性增加。该结果说明Co催化的费托合成反应是结构敏感反应，其他体系也获得了类似结果。与Co相比，Ru易于还原，研究与认识其在费托合成反应中的尺寸效应也更为方便。寇元等[138]研究了水溶液中表面活性剂PVP包裹Ru纳米粒子的CO加氢性能，报道了一类水相费托合成新体系。其中，2.0nm Ru的TOF最大，产物$C_5$～$C_{20}$烃选择性达80.9wt%。王野等[139]通过研究Ru粒径为2.3～10nm的负载型Ru/CNT催化剂，发现CO转化TOF随Ru粒径的增加而增大，在Ru粒径超过6nm后略TOF有下降。此外，产物选择性也随Ru粒径发生变化。Ru粒径为7.8nm时，$C_5^+$和$C_{10}$～$C_{20}$选择性最高。费托合成反应催化剂中的Fe常呈现$Fe_3O_4$、$Fe_xC_y$和$Fe^0$等多种物相，结构复杂，有关铁活性相尺寸效应的研究较少。现有研究结果倾向于认为碳化铁（如$\chi$-$Fe_5C_2$）是铁基费托合成活性相[140]。de Jong等研究了CNF负载$\chi$-$Fe_5C_2$催化剂，指出随$\chi$-$Fe_5C_2$尺寸由4nm减小到2nm甲烷生成TOF大幅上升，而生成$C_2^+$烃的链增长TOF与$\chi$-$Fe_5C_2$尺寸无关[141]。总之，有关催化剂的结构敏感性，特别是粒径对产物选择性影响的本质，尚待从实验和理论多方面深入研究。

此外，活性相在催化剂中的落位或微环境也是影响费托合成产物选择性的重要因素。例如，与位于分子筛孔外的Co或Ru相比，限域于八面沸石超笼或介孔分子筛SBA-15孔道中的Co或Ru催化剂显示了高$C_5^+$选择性[142,143]，这与超笼空腔或介孔分子筛孔道促进一次产物在Co或Ru粒子上的再吸附有关。包信和等[144,145]研究了限域于碳纳米管（CNT）管腔内和管腔外铁催化剂在费托合成反应中的催化性能，指出与位于管外的Fe催化剂（Fe-out-CNT）相比，CNT限域铁（Fe-in-CNT）催化剂具有较高的CO转化率、$C_5^+$选择性及$C_5^+$时空收率[146]，这可能与反应过程中 Fe-in-CNT 催化剂生成较高比例的碳化铁活性相相关。乔明华和宗保宁等[147]制备了碳包裹氧化铁微球（$Fe_xO_y$@C）催化剂，在反应过程中均匀分散在碳微球中的$Fe_xO_y$转变为 7nm 的$Fe_xC_y$，该催化剂表现了高的活性和稳定性，$C_5$～$C_{12}$选择性约40%，显著高于 Fe/AC 和 Fe/CNT 等对比催化剂。

如上所述，通过控制催化剂中活性金属的化学状态、引入助剂、调控活性相尺寸及其微环境等方法，可以获得较好的$C_5^+$选择性。然而，要增加特定目标产物的选择性还需要催化剂设计的新策略，如构建双功能催化剂，偶合二次反应，以调控产物选择性。其主要思路是：在 CO 加氢活性金属上，尽可能提高链增长概率，得到高碳烃（一次反应）；在催化剂中同时引入酸中心，通过控制酸中心上的催化裂解和异构化反应（二次反应），调控最终产物碳链长短和异构产物选择性（图 18-15）。

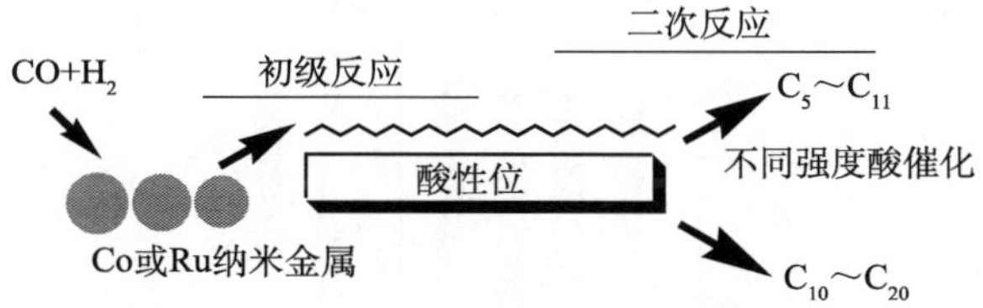


图 18-15　双功能费托合成催化剂作用示意图

双功能费托合成催化剂的一个代表例是活性金属复合酸性沸石分子筛催化剂[148,149]。Tsubaki 等[150-152]设计制备了以传统费托合成催化剂如$Co/Al_2O_3$或$Co/SiO_2$为核、以沸石分子筛膜如 H-ZSM-5 或 H-beta 为壳的核壳结构催化剂。由于核活性组分上发生 CO 加氢反应得到的高碳烃必须扩散通过壳分子筛膜才能生成产物，因而这种核壳结构可高效偶合 CO 加氢与裂解和异构化反应。该催化剂上$C_5$～$C_{11}$烃选择性为 60%～70%，其中异构与正构烷烃比为 2～2.5。但该催化剂存在制备繁琐的缺陷。乔明华等制备了沸石分子筛包裹骨架 Co 或 Fe 催化剂，也得到高$C_5$～$C_{11}$烃选择性[153]。尽管如此，活性金属复合传统沸石分子筛的双功能催化剂也存在产物$CH_4$和$C_2$～$C_4$低碳烷烃选择性偏高的缺点，如$Co/Al_2O_3$@H-beta 催化剂上$CH_4$选择性超过15%[151]。由于酸性位处于微孔道内，费托合成一次产物需经过微孔道才可发生裂解、异构等二次反应，而微孔道内的二次反应产物的缓慢扩散常导致产物烃的过度裂解，生成大量低碳烷烃。此外，H 型沸石分子筛的强酸性也导致烃的深度裂解。介孔沸石分子筛（多级孔沸石分子筛）因集传统沸石分子筛和介孔有效传质的优势，可避免二次反应过度裂解，提高目标中间馏分烃产物的选择性。介孔沸石分子筛作为一种新型催化材料近年引起广泛关注[154,155]，直到近期才被应用到费托合成领域。王野等[156,157]研究了介孔 ZSM-5（*meso*-ZSM-5）和 beta（*meso*-beta）负载 Ru 催化剂在费托合成反应中的催化特性。图 18-16 显示了以不同浓度 NaOH 处理传统分子筛制备的具有不同介孔尺寸的 *meso*-ZSM-5 负载 Ru 催化剂的催化性能。较传统 ZSM-5，*meso*-ZSM-5 关联催化剂显著降低 $CH_4$ 和 $C_2$～$C_4$ 烃选择性，提高 $C_5$～$C_{11}$ 烃选择性；在合适介孔尺寸的催化剂（1.0mol/L 碱处理制得 Ru/*meso*-ZSM-5）上，$CH_4$ 选择性降至 5%，同时 $C_5$～$C_{11}$ 烃选择性提高到 81%，远高于按 ASF 分布所预测的最高值（45%）。其中，$C_5$～$C_{11}$ 烃中异构与正构烷烃之比（$C_{iso}/C_n$）较高，约 2.7。此外，与 Ru/ZSM-5 相比，Ru/*meso*-ZSM-5 催化剂的 CO 转化率也有提高，这可能与传质改善有关。与 Ru 催化剂相似，以 *meso*-ZSM-5 代替 ZSM-5 负载的 Co 催化剂也可降低 $CH_4$ 和 $C_2$～$C_4$ 烃的生成。在 Co/*meso*-ZSM-5 催化剂上，$C_5$～$C_{11}$ 选择性可达 73%，$C_{iso}/C_n$ 为 2.5。

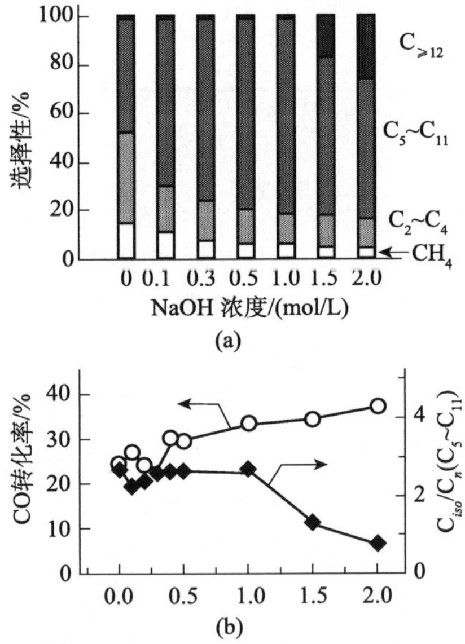


图 18-16 CO 加氢反应中不同浓度碱处理制备的 *meso*-ZSM-5 负载 Ru 催化剂的催化性能[156]

(a) 产物选择性，(b) CO 转化率和 $C_5$～$C_{11}$ 中异构和正构烷烃之比。反应条件：催化剂 0.50 g，$H_2/CO = 1:1$，$p$ = 2MPa，$T$ = 533K，总流速 20mL/min

与较强酸性沸石（或介孔沸石）关联催化剂高选择性催化生成 $C_5$～$C_{11}$ 烃对应，弱酸性载体关联催化剂将选择性生成 $C_{10}$～$C_{20}$ 馏分烃。例如，经酸处理的 CNT 负载 Ru 催化剂上的 CO 加氢反应可获得选择性 60%的柴油馏分

$C_{10}$～$C_{20}$烃，远高于ASF分布预测的极大值（～30%）[139]。与$SiO_2$和$Al_2O_3$相比，以CNT为载体可以抑制$C_{21}^+$烃，且不增加$C_1$～$C_9$低碳烃的生成。研究表明，CNT表面独特的酸性和溢流H物种是影响产物烃选择性的主要原因，导致了催化剂上一次产物高碳烃的温和加氢裂解，选择性地生成$C_{10}$～$C_{20}$烃。

总之，合成气转化制碳氢化合物反应中产物选择性的调控是$C_1$化学领域最重要的挑战之一。针对该反应中C—C偶联机理的认识是开展产物选择性调控研究的基础。近年来，针对Ru、Co、Fe表面的理论研究表明，C—C偶联机理较为复杂，除（$CH_x$＋$CH_y$）偶联外，（$CH_x$＋HCO）偶联或（C＋CO）偶联均有可能，且表面配位不饱和位在C—C偶联中发挥重要作用。进一步结合理论和实验研究，全面揭示反应条件下的CO转化和C—C偶联机理，认识控制碳链增长的主要因素，仍是今后的重要研究课题。在实验研究方面，CO加氢反应产物选择性与多种因素有关。近年有关活性相的尺寸效应、限域效应及助剂本质等的深入研究为设计高性能催化剂提供了重要指导。水相费托合成等新催化体系的开拓也为CO加氢反应选择性调控提供了新的可能。有关双功能催化体系的研究表明，构建具有CO加氢制高碳烃和高碳烃裂解/异构化的双功能催化剂，通过偶合并调控二次反应，可以获得较高中间馏分碳氢化合物的选择性。例如，在具有特定孔结构和酸性质的介孔沸石分子筛和CNT等新载体材料负载Ru催化剂上，可获得远高于ASF分布所预测的$C_5$～$C_{11}$烃和$C_{10}$～$C_{20}$烃选择性。结合对费托合成反应的新认识和新催化材料，有可能设计出具有更低$CH_4$和更高目标产物如汽油馏分、柴油馏分、$C_5^+$烃选择性的催化剂。

## 第七节　多相催化剂上二氧化碳的活化和转化

温室气体$CO_2$的转化利用在世界范围内受到广泛关注。作为极其稳定的小分子，$CO_2$的催化活化和转化是化学领域最具挑战性的研究方向之一。目前，有关$CO_2$转化的研究主要涉及利用活泼（高能）的反应物如金属配合物、$H_2$、环氧化物等与$CO_2$反应或利用光电驱动的$CO_2$转化。

在多相催化剂上，$CO_2$加氢催化转化可以生成包括甲醇、二甲醚、低碳醇等含氧化合物和低碳烯烃等碳氢化合物[158]。$CO_2$加$H_2$合成甲醇反应［式(18-4)］是化学转化$CO_2$的重要途径。在热力学上，由于该反应为分子数减少的放热反应，因此降低温度和增加压力有利于反应正向进行。在动力学上，考虑到反应速率和$CO_2$的化学惰性，适当提高反应温度（>513K）利于$CO_2$的活化及甲醇的生成。因额外消耗$H_2$及伴生的$H_2O$对活性金属的阻害，副反应逆水煤气变换反应［式（18-5）］会降低甲醇的生成。因此，高效、稳定的$CO_2$加氢合成甲醇催化剂的设计和研制是$CO_2$活化的研究热点。

$$CO_2+3H_2 \rightleftharpoons CH_3OH+H_2O \quad \Delta H_{298K}=-90.70\text{kJ/mol} \tag{18-4}$$

$$CO_2+H_2 \rightleftharpoons CO+H_2O \quad \Delta H_{298K}=41.19\text{kJ/mol} \tag{18-5}$$

$CO_2$加氢制甲醇催化剂主要是以改性和修饰的CO加氢制甲醇Cu基催化剂为主，以Cu和Zn为主活性组分，辅以Zr、Ga、Si、Al、B、Cr、Ce、V、Ti等修饰[159]。研究发现，提高催化剂活性金属的分散度和结晶度可促进$CO_2$转化并提高甲醇收率[160,161]。助剂Al或Zr可以改善Cu的分散度，Ga和Cr能有效增加单位Cu表面的活性，因此多组分催化剂$Cu/ZnO/ZrO_2/Al_2O_3$和$Cu/ZnO/ZrO_2/Al_2O_3/Ga_2O_3$催化剂显示高的甲醇生成活性[162,163]。催化剂表面碱性的增加也有助于提高$CO_2$转化率和甲醇选择性[163]。此外，催化组分的相结构与形貌也影响催化性能。例如，较四方晶系$t$-$ZrO_2$，单斜氧化锆（$m$-$ZrO_2$）负载Cu催化剂因易产生高浓度中间物种（HCOO和$CH_3O$）而活性提高4.5倍[164]。Tseng等[165]针对Cu-Zn模型催化剂的研究发现控制催化剂中ZnO的形貌能有效调控$CO_2$加氢制甲醇的选择性。暴露（002）晶面的片层ZnO负载Cu催化剂的甲醇选择性为70%，而具有（100）、（101）面的棒状ZnO负载Cu催化剂上的甲醇选择性仅为40%[165]。片状ZnO的（002）极性面与铜间较强的相互作用被认为是提高甲醇选择性的原因。该小组还报道了ZnO包裹CdSe量子点形成的异质结可促进ZnO与Cu间的电子转移、促进甲醇生成的实验结果[166]。以上关于$CO_2$加氢制甲醇反应催化剂的研究结果，特别是对金属和载体界面间的复杂作用的认识，有助于为相关催化剂的设计提供思路[167]。

除Cu基催化剂外，贵金属钯也具有较高的转化$CO_2$生成甲醇活性。载体显著影响Pd的催化剂性能，载体与Pd的强相互作用提高甲醇选择性。如较$SiO_2$、$Al_2O_3$、$ThO_2$等负载Pd催化剂，使用碱性载体的$Pd/La_2O_3$催化剂可高选择性得到甲醇（89%，623K，12MPa），而酸性载体$Al_2O_3$负载Pd催化剂上主要生成甲烷[168]。Fan等报道，经历高温氢气还原（773K）后$Pd/CeO_2$催化剂显示更高的活性和寿命[169,170]。张鸿斌等[171]针对该反应报道了多壁碳纳米管负载Pd-ZnO催化剂性能远高于活性炭和氧化铝负载Pd催化剂的实验结果，碳纳米管负载Pd催化剂上较多的$Pd^0$物种及可逆氢物种吸附可能是其高性能的原因。Collins等[172]针对$Pd/Ga_2O_3$上$CO_2$加氢反应的研究发现，反应过程中形成的Pd-Ga合金促进H原子溢流至甲醇生成活性位，也抑制CO的生成，因此较$Pd/SiO_2$、$Pd/Ga_2O_3$等催化剂具有高甲醇选择性。此外，过渡金属碳化物具有类似贵金属的催化加氢反应的性质，可催化$CO_2$加氢制甲醇，如$Mo_2C$和$Fe_3C$[173]。但由于催化性能低于贵金属催化剂，碳化物催化剂需要进一步改善。虽然，近年针对$CO_2$加氢合成甲醇反应的研究取得了进展，但仍期待大的突破。

二甲醚（DME）是一种环境友好化学品，可替代氯氟烃系列产品用作气雾剂和冰箱制冷剂等，也是一种良好的汽车辅助燃料[174]。偶合催化$CO_2$加氢制甲醇及甲醇脱水可以实现$CO_2$加氢合成二甲醚反应，催化剂一般采用Cu基催化剂偶合固体酸载体如$Al_2O_3$、HZSM-5和NaHZSM-5制成，选择合适的酸性载体非常重要。由于$CO_2$加氢制甲醇［式（18-4）］、逆水煤气变换［式（18-5）］及甲醇脱水反应过程中均产生水，而水在$Al_2O_3$表面酸性位的吸附降低载体酸性能，进而阻害催化性能。对水不敏感的H-ZSM-5常用于合成二甲醚双功能催化剂[175-177]。但H-ZSM-5载体也存在因产物二甲醚易在其酸性位积碳[178]而导致催化剂失活的缺陷。通过在H-ZSM-5中引入一定量的钠离子，控制分子筛中Brønsted酸性位的强度和数量，可以抑制二甲醚转化为碳氢化合物致使催化剂失活的反应。例如，Cu-Zn-Al/Na-H-ZSM-5催化剂在548K反应30h后，$CO_2$加氢生成二甲醚的收率维持在18%[179]。在铜基催化剂中添加氧化镓、氧化铬或氧化钼等助剂可提高二甲醚的收率。贵金属Pd也可用作Cu-Zn-Al-Zr/H-ZSM-5的助剂，改善催化剂在较低温度条件下的$CO_2$催化转化性能[180]。

$CO_2$加氢合成低碳醇（如乙醇等）可以认为是结合逆水煤气变换和费托合成制低碳醇两个反应的过程，原则上使用对这两个反应均表现高活性的催化剂，如铁基和铑基催化剂。复合铁铜基催化剂可有效催化$CO_2$还原生成CO，并完成CO向吸附C物种的插入反应，在该催化剂上的$CO_2$转化率可达47%（603K），乙醇选择性为17%[181]。对催化剂的碱性修饰可降低甲烷选择性，促进乙醇的生成，如$K_2CO_3$的修饰可将Cu/Fe/ZnO催化剂的乙醇选择性从6%提高至20%[182]。此外，铑基催化剂也在$CO_2$加氢制乙醇反应中显示催化活性。金属氧化物对铑基催化剂的修饰可明显改善$CO_2$转化率和醇（甲醇和乙醇）的选择性，如Li盐修饰$Rh/SiO_2$催化剂促进乙醇的生成[183]。在由Fe修饰制得的$Rh\text{-}Fe/SiO_2$催化剂（Rh/Fe物质的量比1∶2）上，$CO_2$转化率可达26.7%，乙醇选择性为16.0%[184]。研究显示该催化剂中$Fe^{3+}$影响Rh的电子状态，继而影响乙醇的生成，而$Fe^0$则促进甲烷化反应。硒助剂也表现出优异的铑催化剂修饰性能。Izumi 等报道的 $Rh_{10}Se/TiO_2$ 催化剂在低压（47kPa）封闭系统中可转化 $CO_2$ 获得 83%的乙醇选择性[185]。

低碳烯烃 $C_2^=$ ～$C_4^=$ 作为重要的化工基干原料主要来源于炼油化工。在石油资源日益匮乏的背景下，从 $CO_2$ 出发催化加氢制取低碳烯烃的研究也引起人们的关注。从 $CO_2$ 制备低碳烯烃的研究，可分为经由甲醇中间体和非甲醇中间体两种催化剂体系。对于经由甲醇中间体的催化体系，$CO_2$ 和 $H_2$ 在 Cu-Zn 催化剂上首先生成甲醇，而后甲醇在分子筛功能催化剂上转化为低碳烯烃。由于低碳烯烃易于过度加氢，该类催化体系存在烷烃选择性过高的缺陷。对于非甲醇中间体催化体系，$CO_2$ 加氢经历逆水煤气变换和费托合成两过程。在 $CO_2$ 加氢反应中，广泛应用于费托合成反应的钴催化剂呈现甲烷化性能。因具有较好的水煤气变换、逆水煤气变换及烯烃生成性能，Fe 基催化剂在 $CO_2$ 加氢转化反应中颇受关注。铁基催化剂上的 $CO_2$ 加氢反应由从 $CO_2$ 出发的逆水煤气变化反应［式（18-6）］和 CO 经费托合成生成烯烃反应［式（18-7）］组成。

$$CO_2 + H_2 \rightleftharpoons CO + H_2O \qquad \Delta H_{298K} = 38kJ/mol \tag{18-6}$$

$$CO + 2H_2 \rightleftharpoons -CH_2- + H_2O \quad \Delta H_{573K} = -166kJ/mol \tag{18-7}$$

在 $CO_2$ 加氢反应中，铁基催化剂常经历多种物相的转变过程。一般认为碳化铁（如 $\chi$-$Fe_5C_2$）是费托合成催化剂的活性相，且有利于低碳烯烃的生成。但随反应进行，$\chi$-$Fe_5C_2$ 可能转变成更稳定却无催化活性的 $Fe_3C$，导致催化剂失活[186]。对 Fe 催化剂的助剂修饰可优化产物分布，如助剂 K、Mn、Cu 等。碱金属 K 作为 Fe 的电子助剂可促进 $CO_2$ 的吸附活化，抑制产物的深度加氢，王野等[187,188]实验证实了 K 助剂对反应条件下 $\chi$-$Fe_5C_2$ 物相形成的促进，及对提高催化活性和低碳烯烃选择性的作用。Mn 可作为 Fe 的结构助剂和电子助剂可促进催化剂中氧化铁的分散与还原、加速渗碳过程并增加表面碱性。Mn 对催化剂的修饰可抑制甲烷的生成，提高产物烯/烷比，如 K/Mn/Fe 催化剂可显示较强碳的链增长性能[189]。因可促进 Fe 的还原和氢气的解离，Cu 助剂也可提高铁催化剂的 $CO_2$ 加氢性能。不同载体可影响铁基催化剂上 $CO_2$ 加氢的产物分布。Prasad[190]等针对 $SiO_2$、$TiO_2$、$Al_2O_3$ 等负载铁催化剂上的 $CO_2$ 加氢性能考察发现，催化性能按 $Al_2O_3 > SiO_2 > TiO_2$ 顺序降低，载体与金属组分的强相互作用、活性组分分散度及化学状态是影响性能的重要原因[191]。因具有特征孔结构和酸性质，分子筛负载铁催化剂表现特异的催化性能，$CO_2$ 加氢产物以异构烷烃为主[158]。Park 等针对 Cu-Zn-Zr/zeolite 催化剂上的 $CO_2$ 加氢性能的考察发现，Cu-Zn-Zr/SAPO-34 显示较高的低碳烯烃选择，为 82.1%[192]。

$CO_2$ 催化加氢也可生成甲烷，称为 Sabatier 反应，是一个强放热反应[式（18-8）]，热力学上非常有利（$\Delta G_{298K}=-130.8$ kJ/mol）。实现 $CO_2$ 中碳的完全还原是一个动力学受限的八电子还原过程，因此要求催化剂具有高的催化活性和甲烷选择性。针对该反应，Ⅷ族金属如 Ni、Ru、Pd、Pt 显示较好的催化性能，载体与金属间的强相互作用、金属分散度也是影响催化性能的关键因素[158,193,194]。

$$CO_2+4H_2 \rightleftharpoons CH_4+2H_2O \quad \Delta H_{298K}=-252.9\text{kJ/mol} \tag{18-8}$$

人工光合成作用是 $CO_2$转化和利用的新途径。它利用太阳能激发半导体光催化材料产生光生电子-空穴对，并以此诱发 $CO_2$ 和 $H_2O$ 的氧化还原反应合成碳氢化合物[195,196]。与热催化反应相比，该过程在常温常压下进行，利用太阳能无需耗费辅助能源，尽管目前转化效率尚低，被认为是最具前景的 $CO_2$转化方法[195]。

如图 18-17 所示，光催化 $CO_2$还原主要包括三步骤[196]：①半导体材料吸收光能，其价带电子发生受激跃迁至导带，产生电子-空穴对；②电子和空穴分离迁移至表面或者重新复合；③表面的电子还原 $CO_2$得到 $CH_4$、$CH_3OH$、HCHO 等碳氢化合物［式（18-9）～式（18-13)］，而空穴从 $H_2O$ 中夺取电子，释放 $O_2$。在上述光催化过程中，光能量须大于或等于半导体的禁带宽度以产生电子-空穴对。同时，半导体导带边能级需高于 $CO_2$还原反应的电极电势（如 $CH_4/CO_2$，$CH_3OH/CO_2$，$HCHO/CO_2$，$HCOOH/CO_2$ 或 $CO/CO_2$），而价带能级需低于 $O_2/H_2O$ 电极电势，这种半导体能级与反应物氧化还原电势的匹配是半导体材料具有光催化性能的必要条件。此外，光生电子-空穴的再复合与电子、空穴迁移的竞争，导致光催化剂效率偏低，有效分离电子-空穴对是提高光催化剂效率的关键和难点。

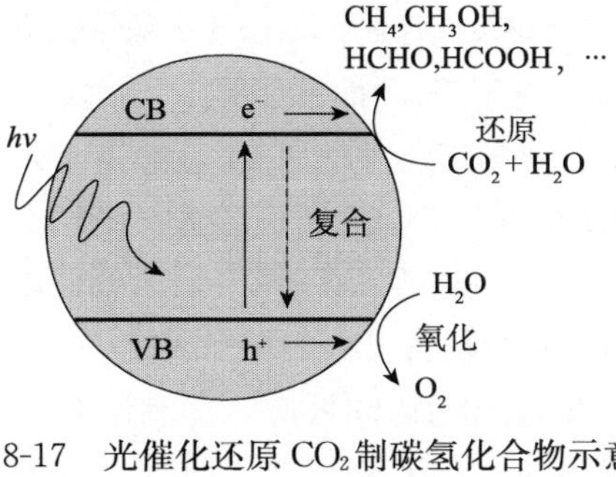


图 18-17　光催化还原 $CO_2$制碳氢化合物示意图

$$CO_2+2H^++2e^- \longrightarrow CO+H_2O \qquad E=-0.53\text{V} \tag{18-9}$$

$$CO_2+2H^++2e^- \longrightarrow HCOOH+H_2O \qquad E=-0.49\text{V} \tag{18-10}$$

$$CO_2 + 4H^+ + 4e^- \longrightarrow HCHO + H_2O \qquad E = -0.48V \qquad (18\text{-}11)$$

$$CO_2 + 6H^+ + 6e^- \longrightarrow CH_3OH + H_2O \qquad E = +0.38V \qquad (18\text{-}12)$$

$$CO_2 + 8H^+ + 8e^- \longrightarrow CH_4 + H_2O \qquad E = +0.24V \qquad (18\text{-}13)$$

自 Fujishima 和 Honda 等[197] 首次报道可利用 $TiO_2$ 光催化转化 $CO_2$ 和 $H_2O$ 生成 $CH_4$、$CH_3OH$、HCHO 等多种有机物以来，基于 $TiO_2$ 材料的光催化还原 $CO_2$ 的研究大量涌现，如考察 $TiO_2$ 的晶形、形貌或暴露晶面、反应位点、尺寸等因素对催化性能的影响[198]。Anpo 等[199] 研究了 $TiO_2$ 的各种晶形，发现锐钛矿相光催化性能优越，这主要与其较大的禁带宽度、较高的还原电势、较强的光生电子还原能力有关。此外，锐钛矿相 $TiO_2$ 具有丰富的表面羟基，易在反应中形成羟基自由基等促进 $CO_2$ 还原中间物种的转化[199]。Yamashita 等[200] 针对金红石单晶面上 $CO_2$ 和 $H_2O$ 间光催化反应的研究发现，Ti 为还原反应位点。较 $TiO_2$(110)、(100) 晶面拥有较多 Ti 还原位点，表现高催化活性。此外，Vijayan 等[201] 研究了不同的 $TiO_2$ 二维材料，发现大比表面积 $TiO_2$ 纳米管具有更多有效的配位位点，可促进电荷分离，显示有更高的光催化活性。

尽管具有稳定的光催化性能，$TiO_2$ 也存在电子-空穴复合率高、量子效率低等问题[198]。对 $TiO_2$ 的修饰有助于提高其光催化活性和改善产物选择性，修饰方法包括增大吸光效率的分散负载、促进电荷分离或 $CO_2$ 表面富集等的助剂修饰。例如，将 $TiO_2$ 负载于 Nafion 膜，增大了催化剂比表面积和光吸收效率，提高了 $CO_2$ 光催化生成 HCOOH 的性能[202]。以金属（Cu、Pt、Ru、Rh、Au 等）为助剂修饰 $TiO_2$ 可增加光生电子寿命，提高催化剂还原 $CO_2$ 的性能[198,203-205]。如张钦辉和于建国等[204] 研究发现，在 $TiO_2$ 纳米管上引入金属 Pt 可显著促进 $CO_2$ 还原生成 $CH_4$。Yamashita 等[205] 发现适量 Cu 引入可促进 $TiO_2$ 光催化还原 $CO_2$ 生成 $CH_3OH$。碱性助剂 MgO 对 Pt/$TiO_2$ 催化剂的修饰可以促进 $CO_2$ 在催化剂表面的吸附，显著提高 $CO_2$ 的还原性能[206]。最近，王野等[207] 研究发现尽管负载于 $TiO_2$ 上的贵金属 Pt 可有效捕获光生电子，提高电子-空穴分离效率，但 Pt 表面易发生 $H_2O$ 还原反应生成 $H_2$，不利于 $CO_2$ 还原。另外，$Cu_2O$ 助剂可高选择性催化 $CO_2$ 还原，但其光生电子捕获能力弱。通过在 $TiO_2$ 表面制备 Pt@$Cu_2O$ 的核壳结构，可以有效地结合 Pt 与 $Cu_2O$ 两者优势，产生显著的协同效应，即利用 Pt 核从 $TiO_2$ 捕获光生电子并传递给 $Cu_2O$ 壳层，在 $Cu_2O$ 表面发生 $CO_2$ 的优先活化，大幅提高了生成 $CH_4$ 的催化活性（图 18-18）。研究证实在 3nm Pt 粒子上沉积 2～3nm 厚的 $Cu_2O$ 壳可显著抑制 $H_2O$ 还原这一竞争反应。

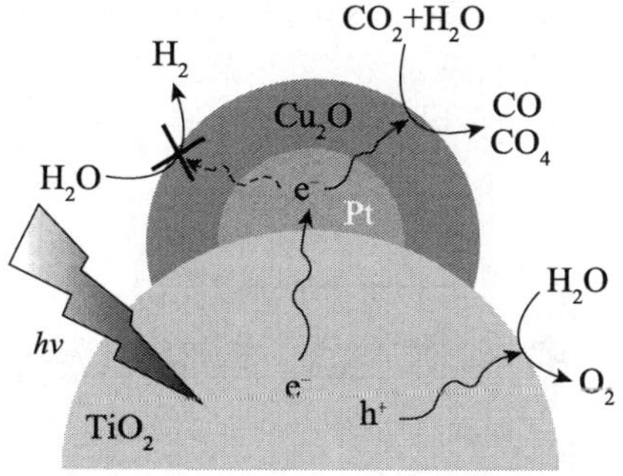


图 18-18 核壳结构 Pt@$Cu_2O/TiO_2$催化剂上 $CO_2$还原示意图

除 $TiO_2$外，也可使用其他具有合适氧化还原电势的半导体材料进行光催化 $CO_2$ 还原反应，包括 $InTaO_4$、$CaFe_2O_4$ 等[208,209]。邹志刚等[210,211]发现 $Zn_2GeO_4$单晶纳米带及大比表面积介孔 $ZnGa_2O_4$ 显示光催化转化 $CO_2$ 生成 $CH_4$性能，且经 Pt 和 $RuO_2$改性后，$CH_4$生成量显著增加。

光催化还原 $CO_2$的另一个困难和挑战是实现可见光条件下的 $CO_2$转化。受禁带宽度的限制，$TiO_2$基催化剂仅响应占太阳光总能量 3%～5%的紫外光催化反应[198]，绝大部分太阳能无法利用。为了更好地利用太阳能，可以通过掺杂修饰或光敏化修饰拓宽 $TiO_2$催化剂吸收光波长范围，使吸收光向可见光范围移动。例如，Wang 等[212]利用 CdSe 量子点敏化 Pt/$TiO_2$催化剂，在可见光下催化还原 $CO_2$得到 $CH_4$和 $CH_3OH$ 及痕量的 $H_2$和 CO。此外，负载纳米 Au 的 $TiO_2$催化剂可利用 Au 的等离子共振效应，在可见光（$\lambda$ = 532nm）下转化 $CO_2$生成 $CH_4$[213]。尽管以上的催化材料可吸收可见光催化 $CO_2$的还原反应，但催化剂的量子效率很低，距离常规催化转化仍有很大差距。

以 $CO_2$ 为原料合成燃料和化学品是一条有益于解决环境问题和能源问题的转化途径。由于化学性质极其稳定，$CO_2$ 转化需借助高活性反应物或光、电驱动。通过 $CO_2$ 催化加氢可制取甲醇、二甲醚、低碳醇、低碳烯烃等重要化学品，然而这些反应的转化率和产物收率较低，催化剂失活现象普遍，尚难实现经济规模的推广应用。目前，有关 $CO_2$ 催化转化的研究多集中在催化剂探索、反应条件优化等影响反应的表观因素方面，缺乏针对反应机理的深层次研究。总之，开发在温和条件下高效、稳定的催化剂，改善 $CO_2$ 转化率和产物选择性，才能提高 $CO_2$ 转化化学的竞争力。人工光合作用是理想的碳循环方法，也是利用 $CO_2$ 的最佳途径。尽管针对该方向的研究取得了一些进展，但目前存在太阳能利用率低、光催化材料的光生电子-空穴分离效率低及

$CO_2$的吸附活化能力不足等问题，人工光合作用的商业化应用依然遥远。构筑纳米尺度的多功能集成化光催化材料，优化光吸收范围、注重电子-空穴的有效分离、增强对气体的吸附及活化能力等是未来开发新型光催化剂体系研究的重点方向。

## 第八节　多相催化剂上甲烷活化和转化

甲烷是天然气、页岩气、煤层气和可燃冰的主要成分，储量丰富，开拓甲烷高效活化和选择转化的新途径具有重要意义。当前有关甲烷转化途径的研究主要涉及催化直接转化和合成气的间接转化。其中，合成气的间接转化技术较成熟，但该过程意味着切断甲烷分子的全部四个 C—H 键，是高能耗和高成本过程。甲烷直接转化是指从甲烷一步生成甲醇、甲醛、乙烷、乙烯和苯等产物的过程，该过程虽产物收率低，但能量利用合理，得到人们的重视。对于甲烷直接转化反应，无氧脱氢反应如合成苯或其他非氧化官能团化反应可在高温或高压等条件下获得一定收率，但受热力学平衡限制。大多甲烷直接转化反应是热力学可行反应，包括选择氧化和氧化官能团化，如氧化羰基化反应。甲烷直接转化存在两个难点：其一，甲烷仅具饱和C—H 键，相当稳定，其活化及转化需要克服较高的活化能垒，常要求苛刻的反应条件；其二，在甲烷转化的苛刻反应条件下，目标产物如烯烃或含氧化合物甲醇、甲醛等的反应活性高，极易发生深度转化，生成 CO 和 $CO_2$。因此，设计催化剂体系，实现甲烷高选择性催化转化是催化乃至化学领域的挑战性难题。虽然当今甲烷选择转化的研究现状与工业化要求相距尚远，但近年来该领域仍不断有新思路和新体系涌现[214-218]。

在多相催化剂表面，甲烷选择氧化合成甲醇、甲醛的研究已有数十年的研究历史，但目标产物的单程收率仍难以突破 10%[214-217]。迄今的研究集中在负载 $MoO_3$、$V_2O_5$和一些复合金属氧化物如 $FePO_4$等催化剂上。存在于自然界生物体系中的甲烷单加氧酶可高效催化甲烷的选择氧化，其中的催化活性位为高分散于蛋白质结构中的铁中心或铜中心。王野等借鉴单加氧酶体系中“活性中心”分离的研究成果，发展了以高分散铜或铁离子为催化活性中心的甲烷转化为甲醛的多相催化剂体系[219]。图 18-19 为高分散于介孔分子筛 SBA－15 表面的各过渡金属离子或氧化物小簇（过渡金属/Si ＝ 1/13 200）在甲烷选择氧化制甲醛反应中的催化性能，其中高分散 $CuO_x$和 $FeO_x$催化剂具有较高的 HCHO 生成活性[220,221]。特别是在 $CuO_x$/SBA－15 催化剂上，HCHO 生成最高转换频率（TOF）可达 5.6$s^{-1}$，是迄今报道的 TOF 最高值，超过以往“单中心”Fe 催化剂的 1.0$s^{-1}$ 和“单中心”V 催化剂的 0.5$s^{-1}$[221]。

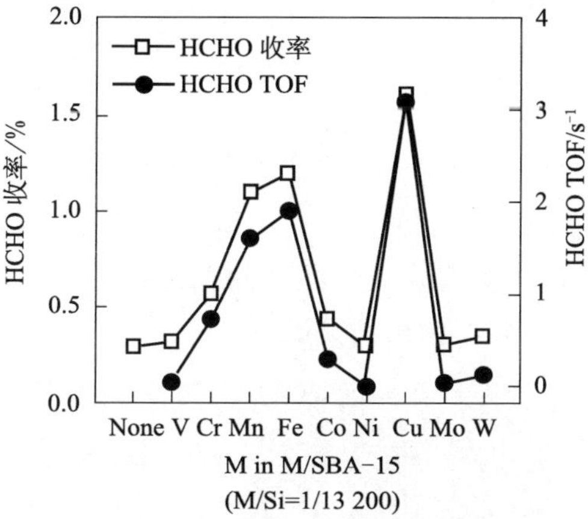


图 18-19　$MO_x$/SBA－15 在甲烷选择氧化反应中的催化性能[220]

反应条件：$m$= 0.1g；$T$= 898K；$p(CH_4)$ = $p(O_2)$ = 33.8kPa；$F$= 120mL/min

针对该体系的研究发现，催化剂中孤立状态的 $Cu^{II}$ 为甲烷选择氧化制甲醛的活性位，而 $Cu_mO_n$小簇（晶格氧）主要负责甲烷完全氧化为 $CO_2$[221,222]。反应中由孤立 $Cu^{II}$ 产生的 $Cu^{I}$ 活化 $O_2$生成表面吸附氧物种，如 $O_2^-$ 或 $O_2^{2-}$，负责 $CH_4$活化和选择氧化（图 18-20）[221,222]。由于该体系的表观活化能实验值（141kJ/mol）与单核 $Cu^{I}$ 模型配合物活化 $O_2$($Cu^{II}-O_2^-$）并转化 $CH_4$的理论活化能（155kJ/mol）相近，推测 $O_2^-$ 为选择转化 $CH_4$为 HCHO 的活性氧物种。该机理与甲烷单加氧酶具有一定的相似性，不同于负载 $MoO_3$或 $V_2O_5$催化剂上的以晶格氧为活性氧物种的 Mars-van Krevelen 机理。对于 $FeO_x$/SBA－15 催化剂，孤立的 $Fe^{III}$ 中心是 $CH_4$选择氧化制 HCHO 的活性位，而 $Fe_2O_3$微晶则催化甲烷的燃烧反应[223,224]。

近期，包信和等[225]单中心催化的概念引入高温催化反应，使用硅化物晶格限域的单铁中心催化剂，实现了甲烷无氧条件下选择活化，一步高效生产乙烯、芳烃和氢气等高值化学品。即镶嵌在氧化硅或碳化硅晶格中的单中心低价铁原子形成高温稳定的催化活性中心（图 18-21）；甲烷在该配位不饱和的单铁中心上活化脱氢，获得表面吸附甲基物种。脱附形成的高活性甲基自由基在气相偶联生成乙烯和其他高碳芳烃分子，如苯和萘等。在反应温度

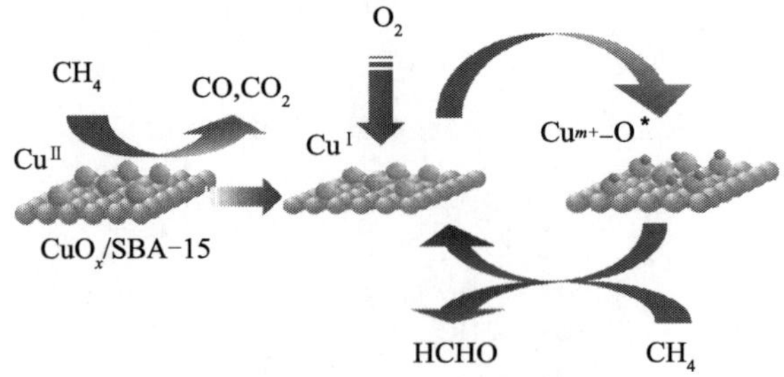


图 18-20　$CuO_x/SBA-15$ 催化剂上甲烷选择氧化反应机理

1090 ℃和空速 21L/($g_{cat}$·h) 条件下，甲烷的单程转化率为 48.1%，乙烯选择性为 48.4%，所有产物乙烯、苯和萘的总选择性> 99%。催化剂性能稳定。该研究成为甲烷活化转化的新突破。

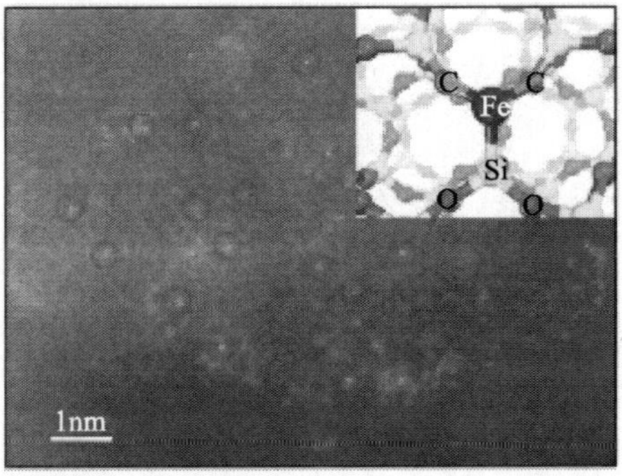


图 18-21　高温无氧甲烷制乙烯、苯等的 0.5% Fe@$SiO_2$ 催化剂的结构特点[225]

甲烷和卤素反应制备卤代甲烷是甲烷活化和转化的经典反应。在高温、非催化条件下，该反应为气相自由基反应，产物选择性差。使用合适催化剂在相对温和的条件下可控制产物选择性，如 Olah 等[226]报道了以负载型固体超强酸 $FeO_xCl_y/Al_2O_3$、$TaOF_3/Al_2O_3$、$NbOF_3/Al_2O_3$ 等或贵金属 $Pt/Al_2O_3$ 和 $Pd/BaSO_4$ 为催化剂，催化甲烷与卤素（$Cl_2$ 或 $Br_2$）生成卤代甲烷（$CH_3Cl$ 或 $CH_3Br$）、卤代甲烷（$CH_3Cl$ 或 $CH_3Br$）进而水解生成甲醇或二甲醚的反应途径。美国 GRT Technolog 公司提出了以 $Br_2$ 为介质的烷烃转化路径，并指出生成的溴代烷烃可以进一步转化为碳氢化合物液体燃料[227,228]。由于以上甲烷转化过程伴随从单质卤素 $Cl_2$ 或 $Br_2$ 到 HCl 或 HBr 的转变，需要偶合 Deacon 反应将产物 HCl 或 HBr 循环为单质卤素，完成催化循环过程。袁国卿等[229]以氧气为氧化剂，在 $MoO_2Br_2(H_2O)_2$/Zn-MCM-48 催化剂上开展甲烷转化反应，获得了 13%甲烷转化率和 90%甲醇和二甲醚的总选择性。在该反应中，催化剂 $MoO_2Br_2$ 易于与 $O_2$ 反应，转变为 $MoO_3$ 并释放 $Br_2$ 而丧失催化性能，Zn 的加入改善催化性能，但催化剂仍不能长时间运转（<5h）。

除使用单质卤素活化甲烷外，以卤化氢为介质通过甲烷卤氧化反应制卤代甲烷的研究近年也引起关注。周小平等[230,231]发现 Ru、Rh 等贵金属可以催化以 HBr 为介质的甲烷转化为 $CH_3Br$ 的反应。丁云杰等[232]针对以 HBr 为介质的甲烷溴氧化反应开展了 $FePO_4$ 基催化剂的研究。Lercher 等[233]报道了 LaOCl 催化剂可有效实现甲烷氯氧化制 $CH_3Cl$ 的研究结果。通过实验和理论计算，Lercher 等认为在该反应中，气相 $O_2$ 首先在催化剂表面发生解离吸附，形成活性*OCl 物种。甲烷与*OCl 物种反应，生成 $CH_3Cl$。但总的来说，现有的甲烷卤氧化反应催化剂在催化活性、选择性和稳定性方面有待提高。

基于以上研究，王野等提出了以卤代甲烷为平台分子，两步法由甲烷制丙烯的新反应途径（图 18-22）[234]。即首先在 $CeO_2$ 基催化剂上实施甲烷卤氧化反应生成卤代甲烷 $CH_3X$［式（18-14)］，第二步在修饰的分子筛催化剂上将卤代甲烷转化为丙烯［式（18-15)］。由于第二步反应中生成的卤化氢 HX 可以循环用作第一步的反应原料，所以净反应可以看作甲烷氧化制丙烯。针对第一步反应，$CeO_2$ 为较为有效的催化剂，过渡金属铁或镍的修饰可以进一步提高 $CeO_2$ 的催化性能。针对第二步反应，经氟处理的 ZSM－5 催化剂显示高的丙烯选择性和催化剂稳定性[235]。

第一步：$CH_4 + HCl\,(HBr) + 1/2O_2 \longrightarrow CH_3Cl\,(CH_3Br) + H_2O$　　(18-14)

第二步：$CH_3Cl\,(CH_3Br) \longrightarrow 1/3\ C_3H_6 + 3HCl\,(HBr)$　　(18-15)

净反应：$CH_4 + 1/2O_2 \longrightarrow 1/3\ C_3H_6 + H_2O$

图 18-22　甲烷经卤代甲烷制丙烯

总之，甲烷选择氧化或氧化官能团化制含氧化合物或烯烃是一个极富挑战性的研究方向。甲烷选择氧化反应的进步可能对现行的化学工业及能源工业产生巨大影响。虽然目前的研究现状距离工业化要求尚有较大距离，但近年来也取得不少重要研究进展。随着金属有机化学和理论化学对 C—H 键活化研究的进展，研究内容不断深化；引入卤化氢等非常规方法，可以获得具有可观产物收率的新催化转化途径；在无氧高温甲烷直接转化为烯烃、芳烃方面取得重大进展。这些研究丰富了甲烷活化和转化化学的内涵，同时也提供了许多具有良好开拓前景的新催化体系。今后的研究将主要集中在较为温和反应条件下的新型催化体系的开拓方面，期待进一步加大基础研究的深度。在催化剂研制方面，今后将不仅单纯考虑甲烷在催化活性位上的活化，必然更注重活性中心的微环境，如活性中心的微环境是否有利于反应物甲烷的吸附及产物甲醇或甲醛的快速脱附等问题。以上问题的解决需要催化、材料和有机化学等领域的研究工作者的共同努力。

## 参考文献

[1] Lancaster K M, Roemelt M, Ettenhuber P, et al. X-ray emission spectroscopy evidences a central carbon in the nitrogenase iron-molybdenum cofactor. Science, 2011, 334: 974-977

[2] Spatzal T, Aksoyoglu S, Zhang L M, et al. Evidence for interstitial carbon in nitrogenase FeMo cofactor. Science, 2011, 334: 940-977.

[3] Fay A W, Blank M A, Lee C C, et al. Characterization of isolated nitrogenase FeVco. J Am Chem Soc, 2010, 132: 12612-12618.

[4] Allen A D, Senoff C V. Nitrogenopentammineruthenium(Ⅱ) complexes. Chem Commun, 1965: 621-622.

[5] MacKay B A, Fryzuk M D. Department of chemistry, University of British Dinitrogen Coordination Chemistry: On the biomimetic borderlands. Chem Rev, 2004, 104: 385-402.

[6] Betley T A, Peters J C. A Tetrahedrally coordinated $L_3Fe\text{-}N_x$ platform that accommodates terminal nitride ($Fe^{IV}\equiv N$) and dinitrogen ($Fe^{I}\text{-}N_2\text{-}Fe^{I}$) ligands. J Am Chem Soc, 2004, 126: 6252-6254.

[7] O'Regan M B, Liu A H, Finch W C, et al. A study of high-oxidation-state complexes of the type $[W(.eta._5\text{-}C_5Me_5)Me_2X]_2$ (.mu$N_2$): Including x-ray structures of $[W(.eta._5\text{-}C_5Me_5)Me_2(OC_6F_5)]_2$(.mu$N_2$) and $[W(.eta._5\text{-}C_5Me_5)Me_2(S\text{-}2,4,6\text{-}C_6H_2Me_3)]_2$(.mu$N_2$). J Am Chem Soc, 1990, 112: 4331-4338.

[8] Evans W J, Allen N T, Ziller J W. Facile dinitrogen reduction via organometallic Tm(Ⅱ) chemistry. J Am Chem Soc, 2001, 123: 7927-7928.

[9] Fryzuk M D, Haddad T S, Rettig S J. Reduction of dinitrogen by a zirconium phosphine complex to form a side-on-bridging $N_2$ ligand. Crystal structure of $\{[Pri_2PCH_2SiMe_2)_2N]ZrCl\}_2$(.mu.eta.$_2$: .eta.$_2$-$N_2$). J Am Chem Soc, 1990, 112: 8185-8186.

[10] Ganesan M, Gambarotta S, Yap G P A. Highly reactive Sm(Ⅱ) macrocyclic clusters: Precursors to $N_2$ reduction. Angew Chem Int Ed, 2001, 40: 766-769.

[11] Laplaza C E, Davis W M, Cummins C C. A molybdenum-phosphorus triple bond; Synthesis, structure, and reactivity of the terminal phosphido ($P_3^-$) complex [Mo(P)$(NRAr)_3$]. Angew Chem Int Ed, 1995: 2042-2044.

[12] Clentsmith G K B, Bates V M E, Hitchcock P B, et al. Reductive cleavage of dinitrogen by a vanadium diamidoamine complex: The molecular structures of $[V(Me_3SiN\{CH_2CH_2NSiMe_3\}_2)(\mu\text{-}N)]_2$ and $K[V(Me_3SiN\{CH_2CH_2NSiMe_3\}_2)(\mu\text{-}N)]_2$. J Am Chem

Soc，1999，121：10444－10445.

[13] Caselli A，Solari E，Scopelliti R，et al. Dinitrogen rearranging over a metal-oxo surface and cleaving to nitride：From the end-on to the side-on bonding mode，to the stepwise cleavage of the N≡N bonds assisted by $Nb^{III}$-calix[4] arene. J Am Chem Soc，2000，122：3652－3670.

[14] Korobkov I，Gambarotta S，Yap G P A. A highly reactive uranium complex supported by the calix[4] tetrapyrrole tetraanion affording dinitrogen cleavage，solvent deoxygenation，and polysilanol depolymerization. Angew Chem Int Ed，2004，41：3433－3436.

[15] Rodriguez M M，Bill E，Brennessel W W，et al. $N_2$ reduction and hydrogenation to ammonia by a molecular iron-potassium complex. Science，2011，334：780－783.

[16] Vol' pin M E，Shur V B. Nitrogen fixation by transition metal complexes. Nature，1996，209：1236－1236.

[17] Chatt J，Pearman A J，Richards R L. Conversion of dinitrogen in its molybdenum and tungsten complexes into ammonia and possible relevance to the nitrogenase reaction. JCS Dalton trans，1977：1852－1860.

[18] Yandulov D V，Schrock R R. Catalytic reduction of dinitrogen to ammonia at a single molybdenum center. Science，2003，301：76－78.

[19] Arashiba K，Miyake Y，Nishibayashi Y. A molybdenum complex bearing PNP-type pincer Ligands leads to the catalytic reduction of dinitrogen into ammonia. Nat Chem，2011，3：120－125.

[20] 贝浼智，袁伦利，吴益民，等. 配位氮分子和过渡金属氢化物反应的研究. 有机化学，1984，4：43－44.

[21] Nishibayashi Y，Iwai S，Hidai M. Bimetallic system for nitrogen fixation：Ruthenium-assisted protonation of coordinated $N_2$ on tungsten with $H_2$. Science，1998，279：540－542.

[22] Fryzuk M D，Bosnich B. 1977. Asymmetric synthesis. Production of optically active amino acids by catalytic hydrogenation. J Am Chem Soc，99：6262－6267.

[23] Pool J A，Lobkovsky E，Chirik P J. Hydrogenation and cleavage of dinitrogen to ammonia with a well-defined zirconium complex. Nature，2004，427：527－530.

[24] Pickett C J，Leigh G J. Towards a nitrogen-fixing cycle；Electrochemical reduction of a hydrazido-complex of molybdenum(Ⅳ) under $N_2$ to yield the dialkylhydrazine and a molybdenum(0) dinitrogen complex. J Chem Soc，Chem Commun，1981：1033－1035.

[25] Knobloch D J，Lobkovsky E，Chirik P J. Dinitrogen cleavage and functionalization by carbon monoxide promoted by a hafnium complex. Nat Chem，2010，2：30－35.

[26] Morello L，Love J B，Patrick B O，et al. Carbon-nitrogen bond formation via the reaction of terminal alkynes with a dinuclear side-on dinitrogen complex. J Am Chem Soc，2004，126：9480－9481.

［27］ Akashi M，Sato Y，Mori M. Synthesis of Pumiliotoxine C from molecular nitrogen as a nitrogen source. J Org Chem，2001，66：7873－7874.

［28］ Li Y，Li Y，Wang B，et al. Ammonia formation by a thiolate-bridged diiron amide complex as a nitrogenase mimic. Nat Chem，2013，5：320－326.

［29］ Cavani F，Teles J H. Sustainability in catalytic oxidation：An alternative approach or a structural evolution. ChemSusChem，2009，2：508－534.

［30］ Niederhoffer E C，Timmons J H，Martell A E. Thermodynamics of oxygen binding in natural and synthetic dioxygen complexes. Chem Rev，1984，84：137－203.

［31］ Vaska L. Dioxygen-metal complexes：Toward a unified View. Acc Chem Rev，1976，9：175－183

［32］ Crabtree R H. Aspects of methane chemistry. Chem Rev，1995，95：987－1007.

［33］ Dong Y，Yan S，Young V G，et al. Crystal structure analysis of a synthetic nonheme diiron-$O_2$ adduct：Insight into the mechanism of oxygen activation. Angew Chem In Ed，1996，35：618－620.

［34］ Jacobson R R，Tyeklar Z，Farooq A，et al. A Copper-Oxygen（$Cu_2$-$O_2$）Complex. Crystal structure and characterization of a reversible dioxygen binding system. J Am Chem Soc，1988，110：3690－3692.

［35］ Fujisawa K，Tanaka M，Moro-oka Y，et al. A monomeric side-on superoxocopper（II）complex；Cu（Oz）（HB（3-*t*Bu-5-*i*Prpz）. J Am Chem Soc，1994，116：12079－12080.

［36］ Kitajima N，Moro-oka Y. Copper-dioxygen complexes. Inorganic and bioinorganic perspectives. Chem Rev，1994，94：737－757.

［37］ Rohde J，In J，Lim M H，et al. Crystallographic and spectroscopic characterization of a nonheme Fe(Ⅳ)=O complex. Science，2003，299：1037－1039.

［38］ Cole A P，Root D E，Mukherjee P，et al. A Trinuclear intermediate in the copper-mediated reduction of $O_2$：Four Electrons from three coppers. Science，1996，273：1848－1850.

［39］ Que L，Tolman W B. Biologically inspired oxidation catalysis. Nature，2008，455：333－340.

［40］ Punniyamurthy T，Velusamy S，Iqbal J. Recent advances in transition metal catalyzed oxidation of organic substrates with molecular oxygen. Chem Rev，2005，105：2329－2363.

［41］ 计亮年，彭小彬，黄锦汪．金属卟啉配合物模拟某些金属酶的研究进展．自然科学进展，2002，12：120－129.

［42］ 周贤太，纪红兵，裴丽霞，等．金属卟啉催化剂应用于均相氧化反应的研究进展．有机化学，2007，27：1039－1049.

［43］ Guo C C，Chu M F，Liu Q，et al. Effective Catalysis of simple metalloporphyrins for cyclohexane oxidation with air in the absence of additives and solvents. Appl Catal A, 2003, 246: 303 - 309.

[44] Xi Z, Zhou N, Sun Y, et al. Reaction-controlled phase-transfer catalysis for propylene epoxidation to propylene oxide. Science, 2001, 292: 1139 - 1141.

[45] An Z, Pan X, Liu X, et al. Combined redox couples for catalytic oxidation of methane by dioxygen at low temperatures. J Am Chem Soc, 2006, 128: 16028 - 16029.

[46] Guo Q, Wu Z, Luo Z, et al. Highly enantioselective oxidative couplings of 2-naphthols catalyzed by chiral bimetallic oxovanadium complexes with either oxygen or air as oxidant. J Am Chem Soc, 2007, 129: 13927 - 13938.

[47] Wang J, Zhu Z, Huang W, et al. Air-initiated hydrosilylation of unactivated alkynes and alkenes and dehalogenation of halohydrocarbons by tris(trimethylsilyl) silane under solvent-free conditions. J Organomet Chem, 2008, 693: 2188 - 2192.

[48] Jiang G, Chen J, Thu H, et al. Ruthenium porphyrin-catalyzed aerobic oxidation of terminal aryl alkenes to aldehydes by a tandem epoxidation-isomerization pathway. Angew Chem In Ed, 2008, 47: 6638 - 6642.

[49] Yip K T, Yang M, Law K L, et al. Pd(Ⅱ)-catalyzed enantioselective oxidative tandem cyclization reactions. synthesis of indolines through C—N and C—C bond formation. J Am Chem Soc, 2006, 128: 3130 - 3131.

[50] Wu W, Jiang H. Palladium-catalyzed oxidation of unsaturated hydrocarbons using molecular oxygen. Acc Chem Res, 2012, 45: 1736 - 1748.

[51] Shi Z, Zhang C, Tang C, et al. Recent advances in transition-metal catalyzed reactions using molecular oxygen as the oxidant. Chem Soc Rev, 2012, 41: 3381 - 3430.

[52] Liu G, Yin G, Wu L. Palladium-catalyzed intermolecular aerobic oxidative amination of terminal alkenes; Efficient synthesis of linear allylamine derivatives. Angew Chem Int Ed, 2008, 47: 4733 - 4736.

[53] Ma S, Liu J, Li S, et al. Development of a general and practical iron nitrate/tempo catalyzed aerobic oxidation of alcohols to aldehydes/ketones: Catalysis with table salt. Adv Syn Catal, 2011, 353: 1005 - 1017.

[54] Chen T, Jiang J, Xu Q, et al. Axially chiral NHC-Pd(Ⅱ) complexes in the oxidative kinetic resolution of secondary alcohols using molecular oxygen as a terminal oxidant. Org Lett, 2007, 9: 865 - 868.

[55] Sun W, Wang H, Xia C, et al. Chiral-Mn(salen)-complex-catalyzed kinetic resolution of secondary alcohols in water. Angew Chem Int Ed, 2003, 42: 1042 - 1044.

[56] Guan B, Xing D, Cai G, et al. Highly selective aerobic oxidation of alcohol catalyzed by a gold (i) complex with an anionic ligand. J Am Chem Soc, 2005, 127: 18004 -18005.

[57] Liu C, Wang J, Meng L, et al. Palladium-catalyzed aerobic oxidative direct es-

terification of alcohols. Angew Chem In Ed，2011，50：5144－5148.

[58] Boisvert L，Goldberg K I. Reactions of late transition metal complexes with molecular oxygen. Acc Chem Res，2012，45：899－910.

[59] Tanaka H，Nagao H，Peng S，et al. Crystal structure of *cis*-(carbon monoxide)($\eta^1$-carbon dioxide) bis (2,2′-bipyridyl) ruthenium，an active species in catalytic $CO_2$ reduction affording CO and $HCOO^-$. Organometallics，1992，11：1450－1451.

[60] Castro-Rodriguez I，Nakai H，Zakharov L N. A linear *O*-coordinated $\eta^1$-$CO_2$ bound to uranium. Science，2004，305：1757－1759.

[61] Hirano M，Akita M，Tani K. et al. Activation of coordinated carbon dioxide in $Fe(CO_2)(depe)_2$ by group 14 electrophiles. Organometallics，1997，16：4206－4213.

[62] Angamuthu R，Byers P，Lutz M. Electrocatalytic $CO_2$ conversion to oxalate by a copper complex. Science，2010，327：313－315.

[63] Shi M，Nicholas M. Palladium-catalyzed carboxylation of allyl stannanes. J Am Chem Soc，1997，119：5057－5058.

[64] Ukai K，Aoki M，Takaya J，et al. Rhodium(I)-catalyzed carboxylation of aryl- and alkenylboronic esters with $CO_2$. J Am Chem Soc，2006，128：8706－8707.

[65] Yeung C S，Dong V M. Beyond Aresta's complex：Ni-and Pd-catalyzed organozinc coupling with $CO_2$. J Am Chem Soc，2008，130：7826－7827.

[66] Hoberg H，Peres Y，Kruger C，et al. A 1-oxa-2-nickela-5-cyclopentanone from ethene and carbon dioxide：Preparation，structure，and reactivity. Angew Chem Int Ed，1987，26：771－773.

[67] Tsuda T，Sumiya R，Saegusa T. Nickel-mediated cycloaddition of diynes with carbon dioxide to bicyclic $\alpha$-pyrones. Synth Commun，1987，17：147－154.

[68] Li S，Yuan W，Ma S. Highly regio-and stereoselective three-component nickel-catalyzed syn-hydrocarboxylation of alkynes with diethyl zinc and carbon Dioxide. Angew Chem Int Ed，2011，50：2578－2582.

[69] Chen K，Jiang M，Zhang Z，et al. Palladium(0)-catalyzed reaction of cyclopropylidenecycloalkanes with carbon dioxide. Eur J Org Chem，2011：7189－7193.

[70] Nakata K，Yanaoka Y，Miyata T，et al. Palladium(Ⅱ) and/or copper(Ⅱ)-catalyzed carboxylation of small alkanes such as methane and ethane with carbon monoxide. J Organomet Chem，1994，473：329－334.

[71] Boogaerts I I F，Nolan S P. Carboxylation of C—H bonds using *N*-heterocyclic carbene gold(Ⅰ) complexes. J Am Chem Soc，2010，132：8858－8859.

[72] Gaillard S，Slawin A M Z，Nolan S P. A *N*-heterocyclic carbene gold hydroxide complex：A golden synthon. Chem Commun，2010，46：2742－2744.

[73] Periana R A，Mironov O，Taube D，et al. Catalytic，oxidative Condensation of $CH_4$ to $CH_3COOH$ in one step via CH activation. Science，2003，301：814－818.

[74] Darensbourg D J. Making plastics from carbon dioxide: Salen metal complexes as catalysts for the production of polycarbonates from epoxides and $CO_2$. Chem Rev, 2007, 107: 2388 - 2410.

[75] Chen X, Shen Z, Zhang Y. New catalytic systems for the fixation of carbon dioxide. 1. Copolymerization of carbon dioxide and propylene oxide with new rare-earth catalysts-RE($P_2O_4$)$_3$-Al($i$-Bu)$_3$-R(OH)$_n$. Macromolecules, 1991, 24: 5305 - 5308.

[76] Lu X, Shi L, Wang Y, et al. Design of highly active binary catalyst systems for $CO_2$/epoxide copolymerization: Polymer selectivity, enantioselectivity, and stereochemistry control. J Am Chem Soc, 2006, 128: 1664 - 1674.

[77] Xiao Y, Wang Z, Ding K. Intramolecularly dinuclear magnesium complex catalyzed copolymerization of cyclohexene oxide with $CO_2$ under ambient $CO_2$ pressure: Kinetics and mechanism. Macromolecular, 2006, 39: 128 - 137.

[78] Liu B, Zhao X, Wang X, et al. Copolymerization of carbon dioxide and propylene oxide with neodymium trichloroacetate-based coordination catalyst. Polymer, 2003, 44: 1803 - 1808.

[79] Inoue Y, Izumida H, Sasaki Y, et al. Catalytic fixtion of carbon dioxide to formic aacid by transition-mental complexes under mild conditions. Chem Lett, 1976: 863 -864.

[80] Jessop P G, Ikariya T, Noyori R. Homogeneous catalytic hydrogenation of supercritical carbon dioxide. Nature, 1994, 368: 231 - 233.

[81] Zhang Z, Xie Y, Li W, et al. Hydrogenation of carbon dioxide is promoted by a task-specific ionic liquid. Angew Chem Int Ed, 2008, 47: 1127 - 1129.

[82] Tanaka R, Yamashita M, Nozaki K. Catalytic hydrogenation of carbon dioxide using Ir(Ⅲ)-pincer complexes. J Am Chem Soc, 2009, 131: 14168 - 14169.

[83] Langer R, Diskin-Posner Y, Leitus G, et al. Low-pressure hydrogenation of carbon dioxide catalyzed by an iron pincer complex exhibiting Noble metal activity. Angew Chem Int Ed, 2011, 50: 9948 - 9952.

[84] Federsel C, Boddien A, Jackstell Ralf, et al. A Well-defined iron catalyst for the reduction of bicarbonates and carbon dioxide to formates, alkyl formates, and formamides. Angew Chem Int Ed Engl, 2010, 49: 9777 - 9780.

[85] Huff C A, Sanford M S. Cascade catalysis for the homogeneous hydrogenation of $CO_2$ to methanol. J Am Chem Soc, 2011, 133: 18122 - 18125.

[86] Han Z, Rong L, Wu J, et al. Catalytic hydrogenation of cyclic carbonates; A practical approach from $CO_2$ and epoxides to methanol and diols. Angew Chem Int Ed, 2012, 51: 13041 - 13045

[87] Eisenschmid T G, Eisenberg R. The iridium complex catalyzed reduction of carbon dioxide to methoxide by alkylsilanes. Organometallics, 1989, 8: 1822 - 1824.

[88] Matsuo T, Kawaguchi H. From carbon dioxide to methane; homogeneous reduction of carbon dioxide with hydrosilanes catalyzed by zirconium-borane complexes. J Am Chem Soc, 2006, 128: 12362－12363.

[89] Riduan S, Zhang Y, Ying J Y. Conversion of carbon dioxide into methanol with silanes over *N*-heterocyclic carbene catalysts. Angew Chem Int Ed, 2009, 48: 3322－3325.

[90] Berkefeld A, Piers W E, Parvez M. Tandem frustrated Lewis pair/tris(pentafluorophenyl) borane-catalyzed deoxygenative hydrosilylation of carbon dioxide. J Am Chem Soc, 2010, 132: 10660－10661.

[91] Laitar D S, Müller P, Sadighi J P. Efficient homogeneous catalysis in the reduction of $CO_2$ to CO. J Am Chem Soc, 2005, 127: 17196－17197.

[92] Chakraborty S, Zhang J, Krause J A, et al. An efficient Nickel catalyst for the reduction of carbon dioxide with a borane. J Am Chem Soc, 2010, 132: 8872－8873.

[93] Shilov A E, Shteinman A A. Methane hydroxylation: A biomimetic approach. Russ Chem Rev, 2012, 81 (4): 291－316.

[94] Hoyano J K, McMaster A D, Graham W A G. Activation of methane by iridium complexes. J Am Chem Soc, 1983, 105: 7191－7192.

[95] Watson P L. Methane exchange reactions of lanthanide and early-transition-metal methyl complexes. J Am Chem Soc, 1983, 113: 5305－5311.

[96] Cummins C C, Baxter S M, Wolczanski P T. Methane and benzene activation via transient ($t$-$Bu_3SiNH)_2Zr$=NSi-$t$-$Bu_3$. J Am Chem Soc, 1988, 110: 8731－8733.

[97] Wayland B B, Ba S J, Sherry A E. Activation of methane and toluene by rhodium (Ⅱ) porphyrin complexes. J Am Chem Soc, 1991, 105: 6491－6493.

[98] Conley B L, Tenn Ⅲ W J, Young K J H, et al. Methane functionalization. in activation of small molecules// Tolman W B. Oranometallic and Bioinorganic Perspectives. Weinheim: Wiley-VCH, 1999: 235－285.

[99] Periana R A, Taube D J, Gamble S, et al. Platinum catalysts for the high-yield oxidation of methane to a methanol derivative. Science, 1998, 280: 560－564.

[100] Bar-Nahum I, Khenkin A M, Neumann R. Mild, aqueous, aerobic, catalytic oxidation of methane to methanol and acetaldehyde catalyzed by a supported bipyrimidinylplatinum-polyoxometalate hybrid compound. J Am Chem Soc, 2004, 126: 10236－10237.

[101] Kao L C, Hutson A C, Sen A. Low-temperature, palladium(Ⅱ) —catalyzed, solution-phase oxidation of methane to a methanol derivative. J Am Chem Soc, 1991, 113: 701－703.

[102] Periana R A, Taube D J, Evitt E R, et al. A Mercury-catalyzed, high-yield system for the oxidation of methane to methanol. Science, 1993, 259: 340－344.

[103] Chan S I, Lu Y, Nagababu P, et al. Efficient oxidation of methane to methanol by dioxygen mediated by tricopper clusters. Angew Chem In Ed, 2013, 52: 3731－3735.

[104] Fujiwara Y, Takaki K, Taniguchi Y. Expoitationof synthetic reaction via C—H bond activation by transition metal catalysts. Carboxylation and aminomethylation of alkanes or arenes. Synleett, 1996, 7: 591-599.

[105] Taniguchi Y, Hayashida T, Shibasaki H, et al. Highly efficient vanadium-catalyzed transformation of $CH_4$ and CO to acetic acid. Org Lett, 1999, 1 (4): 557-560.

[106] Lin M, Sen A. Direct catalytic conversion of methane to acetic acid in an aqueous medium. Nature, 1994, 368: 613-615.

[107] Wu J, Yu S, Wang W, et al. Mechanistic insight into the formation of acetic acid from the direct conversion of methane and carbon dioxide on zinc-modified H-ZSM-5 zeolite. J Am Chem Soc, 2013, 135: 13567-13573.

[108] Caballero A, Despagnet-Ayoub E, Díaz-Requejo M M, et al. Silver-Catalyzed C—C bond formation between methane and ethyl diazoacetate in supercritical $CO_2$. Science, 2011, 332: 835-838.

[109] Zhang Q H, Deng W P, Wang Y. Recent advances in understanding the key catalyst factors for fischer-trospch synthesis. J Energy Chem, 2013, 22: 27-38.

[110] Dry M E. The Fischer-Tropsch synthesis processes//Ertl G, Knözinger H, Schüth F, et al. Handbook of Heterogeneous Catalysis. Weinheim: Wiley-VCH Verlag GMBH & Co. KGaA, 2008, 6: 2965-2994.

[111] Remans T J, Jenzer G, Hoek A. Gas-to-Liquids// Ertl G, Knözinger H, Schüth F, et al. Handbook of Heterogeneous Catalysis. Weinheim: Wiley-VCH Verlag GMBH & Co. KGaA, 2008, 6: 2994-3010.

[112] Hao X, Dong, G, Yang Y, et al. Coal to liquid (CTL): Commerialization propects in china. Chem Eng Technol, 2007, 30: 1157-1165.

[113] Zhang Q H, Kang J C, Wang Y. Development of novel catalysts for Fischer-Tropsch synthesis: Tuning the product selectivity. ChemCatChem, 2010, 2: 1030-1058.

[114] van Santen R A, Ghouri M M, Shetty S, et al. Structure sensitivity of the Fischer-Tropsch reaction: Molecular kinetics simulations. Catal Sci Technol, 2011, 1: 891-991.

[115] Biloen P, Sachtler W M H. Mechanism of hydrocarbon synthesis over Fischer-Tropsch catalysts. Adv Catal, 1981, 30: 165-216.

[116] Inderwildi O R, Jenkins S J, King D A. Mechanistic studies of hydrocarbon combustion and synthesis on noble metals. Angew Chem Int Ed, 2008, 47: 5253-5255.

[117] Inderwildi O R, Jenkins S J, King D A. Fischer-Tropsch mechanism revisited: Alternative pathways for the production of higher hydrocarbons from synthesis gas. J Phys Chem C, 2008, 112: 1305-1307.

[118] Huo C F, Li Y W, Wang J G, et al. Formation of $CH_x$ species from CO dissociation on double-stepped Co(0001): Exploring Fischer-Tropsch mechanism. J Phys Chem

C, 2008, 112: 14108 - 14116.

[119] Shetty S, Jansen A P J, van Santen R A. Direct versus hydrogen-assisted CO dissociation. J Am Chem Soc, 2009, 131: 12874 - 12875.

[120] Ojeda M, Nabar R, Nilekar A U, et al. CO activation pathways and the mechanism of Fischer-Tropsch synthesis. J Catal, 2010, 272: 287 - 297.

[121] de Smit E, Weckhuysen B M. The renaissance of iron-based Fischer-Tropsch synthesis: On the multifaceted catalyst deactivation behaviour. Chem Soc Rev, 2008, 37: 2758 - 2781.

[122] Huo C F, Li Y W, Wang J G, et al. Insights into $CH_4$ formation in iron-catalyzed Fischer-Tropsch synthesis. J Am Chem Soc, 2009, 131: 14713 - 14721.

[123] Petersen M A, van den Berg J A, van Rensburg W J. Role of step sites and surface vacancies in the adsorption and activation of CO on $\chi$-$Fe_5C_2$ surfaces. J Phys Chem C, 2010, 114: 7863 - 7879.

[124] Maitlis P M, Zanotti V. The role of electrophilic species in the Fischer-Tropsch reaction. Chem Commun, 2009: 1619 - 1634.

[125] Ciobîcă I M, Kramer G J, Ge O, et al. Mechanism for chain growth in Fischer-Tropsch synthesis over Ru(0001) . J Catal, 2002, 121: 136 - 144.

[126] Liu Z P, Hu P. A new insight Fischer-Tropsch synthesis. J Am Chem Soc, 2002, 124: 11568 - 11569.

[127] Chen J, Liu Z P. Origin of selectivity switch in Fischer-Tropsch synthesis over Ru and Rh from first-principles statistical mechanics studies. J Am Chem Soc, 2008, 130: 7929 - 7937.

[128] Cheng J, Gong X Q, Hu P, et al. A quantitative determination of reaction mechanisms from density functional theory calculations: Fischer-Tropsch synthesis on flat and stepped cobalt surfaces. J Catal, 2008, 254: 285 - 295.

[129] Lo J M H, Ziegler T. Theoretical studies of the formation and reactivity of $C_2$ hydrocarbon species on the Fe(100) surfaces. J Phys Chem C, 2007, 111: 13149 - 13162.

[130] Cao D B, Li Y W, Wang J G, et al. Chain growth mechanism of Fischer-Tropsch synthesis on $Fe_5C_2$(001) . J Mol Catal A Chem, 2011, 346: 55 - 69.

[131] Zhao YH, Sun K, Ma X, et al. Carbon chain growth by formyl insertion on rhodium and cobalt catalysts in syngas conversion. Angew Chem Int Ed, 2011, 50: 5335 -5338.

[132] Schulz H. Short history and present trends of Fischer-Tropsch synthesis. Appl Catal A Gen, 1999, 186: 3 - 12.

[133] Iglesia E. Design, synthesis, and use of cobalt-based Fischer-Tropsch synthesis catalysts. Appl Catal A Gen, 1997, 161: 59 - 78.

[134] Khodakov A Y, Chu W, Fongarland P. Advances in the development of novel

cobalt Fischer-Tropsch catalysts for synthesis of long-chain hydrocarbons and clean fuels. Chem Rev, 2007, 107: 1692－1744.

[135] Karaca H, Hong J, Fongarland P, et al. *In situ* XRD investigation of the evolution of alumina-supported cobalt catalysts under realistic conditions of Fischer-Tropsch synthesis. Chem Commun, 2010, 46: 788－190.

[136] Huo C F, Wu B S, Gao P, et al. The mechanism of potassium promoter: Enhancing the stability of active surfaces. Angew Chem Int Ed, 2011, 50: 7403－7406.

[137] Bezemer G L, Bitter J H, Kuipers P C E, et al. Cobalt particle size effects in the Fischer-Tropsch reaction studied with carbon nanofiber supported catalysts. J Am Chem Soc, 2006, 128: 3956－3964.

[138] Xiao C X, Cai Z P, Wang T, et al. Aqueous-phase Fischer-Tropsch synthesis with a ruthenium nanocluster catalyst. Angew Chem Int Ed, 2008, 47: 746－749.

[139] Kang J, Zhang S, Zhang Q, et al. Ruthenium nanoparticles supported on carbon nanotubes as efficient catalysts for selective conversion of syngas to diesel fuel. Angew Chem Int Ed, 2009, 48: 2565－2568.

[140] Yang C, Zhao H B, Hou Y L, et al. $Fe_5C_2$ nanoparticles: A facile bromide-induced synthesis and as an active phase for Fischer-Tropsch synthesis. J Am Chem Soc, 2012, 134: 15814－15821.

[141] Galvis H M T, Bitter J H, Davidian T, et al. Iron particle size effects for direct production of lower olefins from synthersis gas. J Am Chem Soc, 2012, 134: 16207－16215.

[142] Tang Q, Zhang Q, Wang P, et al. Characterizations of cobalt oxide nanoparticles within faujasite zeolites and the formation of metallic cobalt. Chem Mater, 2004, 16: 1967－1976.

[143] Xiong H, Zhang Y, Wang S, et al. Preparation and catalytic activity for Fischer-Tropsch synthesis of Ru nanoparticles confined in the channels of mesoporous SBA-15. J Phys Chem C, 2008, 112: 9706－9709.

[144] Chen W, Pan X, Willinger M G, et al. Facile autoreduction of iron oxide/carbon nanotube encapsulates. J Am Chem Soc, 2006, 128: 3136－3137.

[145] Chen W, Pan X, Bao X. Tuning of redox properties of iron and iron oxides via encapsulation within carbon nanotubes. J Am Chem Soc, 2007, 129: 7421－7426.

[146] Chen W, Fan Z, Pan X, et al. Effect of confinement in carbon nanotubes on the activity of Fischer-Tropsch iron catalyst. J Am Chem Soc, 2008, 130: 9414－9419.

[147] Yu G, Sun B, Pei Y, et al. $Fe_xO_y$@C sphere as an excellent catalyst for Fischer-Tropsch synthesis. J Am Chem Soc, 2010, 132: 935－937.

[148] Martínez A, Prieto G. The application of zeolites and periodic mesoporous silicas in the catalytic conversion of syngas. Top Catal, 2009, 52: 75－90.

[149] Sun B, Qiao M, Fan K, et al. Fischer-Tropsch synthesis over molecular sieve supported catalysts. ChemCatChem, 2011, 3: 542-550.

[150] He J, Liu Z, Yoneyama Y, et al. Multiple-functional capsule catalysts: A taolor-made confined reaction environment for the direct synthesis of middle isoparaffins from syngas. Chem Eur J, 2006, 12: 8296-8304.

[151] Bao J, He J, Zhang Y, et al. A core/shell catalyst produces a spatially confined effect and shape selectivity in a consecutive reaction. Angew Chem Int Ed, 2008, 47: 353-356.

[152] Li X, He J, Meng M, et al. One-step synthesis of H-$\beta$ zeolite-enwrapped Co/$Al_2O_3$ Fischer-Tropsch catalyst with high spatial selectivity. J Catal, 2009, 265: 26-34.

[153] Sun B, Yu G B, Xu K, et al. A highly selective raney Fe@HZSM-5 Fischer-Tropsch synthesis catalyst for gasoline production: One-pot synthesis and unexpected effect of zeolites. Catal Sci Technol, 2012, 2: 1625-1629.

[154] Hartmann M. Hierarchical zeolites: A proven strategy to combine shape selectivity with efficient mass transport. Angew Chem Int Ed, 2004, 43: 5880-5882.

[155] Meng X, Nawaz F, Xiao F S. Templating route for synthesizing mesoporous zeolites with improved catalytic properties. Nano Today, 2009, 4: 292-301.

[156] Kang J, Cheng K, Zhang L, et al. Mesoporous zeolite-supported ruthenium nanoparticles as highly selective Fischer-Tropsch catalysts for the production of $C_5$—$C_{11}$ isoparaffins. Angew Chem Int Ed, 2011, 50: 5200-5203.

[157] Cheng K, Kang J, Huang S, et al. Mesoporous beta zeolite-supported ruthenium nanoparticles for selective conversion of synthesis gas to $C_5$—$C_{11}$ isoparaffins. ACS Catal, 2012, 2: 441-449.

[158] Wang W, Wang S, Ma X, et al. Recent advances in catalytic hydrogenation of carbon dioxide. Chem Soc Rev, 2011, 40: 3703-3727.

[159] Ma J, Sun N, Zhang X, et al. A short review of catalysis for $CO_2$ conversion. Catal. Today, 2009, 148: 221-231

[160] Saito M, Murata K. Development of high performance Cu/ZnO-based catalysts for methanol synthesis and the water-gas shift reaction. Catal Surv Asia, 2004, 8: 285-294.

[161] Jung K T, Bell A T. Effects of zirconia phase on the synthesis of methanol over zirconia-supported copper. Catal Lett, 2002, 80: 63-68.

[162] Gao P, Li F, Zhan H, et al. Influence of Zr on the performance of Cu/Zn/Al/Zr catalysts via hydrotalcite-like precursors for $CO_2$ hydrogenation to methanol. J Catal, 2013, 298: 51-60.

[163] Yang C, Ma Z, Zhao N, et al. Methanol synthesis from $CO_2$-rich syngas over a $ZrO_2$ doped CuZnO catalyst. Catal Today, 2006, 115: 222-227.

[164] Arena F, Barbera K, Italiano G, et al. Synthesis, characterization and activity pattern of Cu-ZnO/$ZrO_2$ catalysts in the hydrogenation of carbon dioxide to methanol. J Catal, 2007, 249: 185 - 194.

[165] Liao F L, Huang Y Q, Ge J W, et al. Morphology-dependent interactions of ZnO with Cu nanoparticles at the materials interface in selective hydrogenation of $CO_2$ to $CH_3OH$. Angew Chem Int Ed, 2011, 50: 2162 - 2165.

[166] Liao F L, Zeng Z Y, Eley C, et al. Electronic modulation of copper/zinc oxide catalyst by a heterojunction for selective hydrogenation of carbon dioxide to methanol. Angew Chem Int Ed, 2012, 51: 5832 - 5836.

[167] Meunier F C. Mixing copper nanoparticles and ZnO nanocrystals: A route towards understanding the hydrogenation of $CO_2$ to methanol. Angew Chem Int Ed, 2011, 50: 4053 - 4054.

[168] Fan L, Fujimot K. Hydrogenation of carbon dioxide to methanol by Lanthana-supported Palladium catalyst. Chem Lett, 1994, 23: 105 - 108.

[169] Fan L, Fujimot K. Promotive SMSI effect for hydrogenation of carbon dioxide to methanol on a Pd/$CeO_2$ catalyst. J Catal, 1994, 150: 217 - 220.

[170] Fan L, Fujimoto K. Reaction mechanism of methanol synthesis from carbon dioxide and hydrogen on ceria-supported palladium catalysts with SMSI effect. J Catal, 1997, 172: 238 - 242.

[171] Liang X, Dong X, Lin G, et al. Carbon nanotube-supported Pd-ZnO catalyst for hydrogenation of $CO_2$ to methanol. Appl Catal B, 2009, 88: 315 - 322.

[172] Collins S E, Delgado J J, Mira C, et al. The role of Pd-Ga bimetallic particles in the bifunctional mechanism of selective methanol synthesis via $CO_2$ hydrogenation on a Pd/$Ga_2O_3$ catalyst. J Catal, 2012, 292: 90 - 98.

[173] Dubois J, Sayama K, Arakawa H. $CO_2$ Hydrogenation over carbide catalysts. Chem Lett, 1992, 21: 5 - 8.

[174] 靳治良，钱玲，吕功煊．二氧化碳化学-现状及展望．化学进展，2010，22：1103 - 1115.

[175] Aguayo A T, Erena J, Sierra I, et al. Deactivation and regeneration of hybrid catalysts in the single-step synthesis of dimethyl ether from syngas and $CO_2$. Catal Today, 2005, 106: 265 - 270.

[176] Takeguchi T, Yanagisawa K, Inui T, et al. Effect of the property of solid acid upon syngas-to-dimethyl ether conversion on the hybrid catalysts composed of Cu-Zn-Ga and solid acids. Appl Catal A, 2000, 192: 201 - 209.

[177] Zhang Q, Zuo Y Z, Han M H, et al. Long carbon nanotubes intercrossed Cu/Zn/Al/Zr catalyst for CO/$CO_2$ hydrogenation to methanol/dimethyl ether. Catal Today, 2010, 150: 55 - 60.

[178] Stocker M. Methanol-to-hydrocarbons: Catalytic materials and their behavior. Microporous Mesoporous Mater, 1999, 29: 3-48.

[179] Aguayo A T, Erena J, Sierra I, et al. Deactivation and regeneration of hybrid catalysts in the single-step synthesis of dimethyl ether from syngas and $CO_2$. Catal Today, 2005, 106: 265-270.

[180] Sun K P, Lu W W, Wang M, et al. Low-temperature synthesis of DME from $CO_2/H_2$ over Pd-modified CuO-ZnO-$Al_2O_3$-$ZrO_2$/HZSM-5 catalysts. Catal Commun, 2004, 5: 367-370.

[181] Inui T, Yamamoto T, Inoue M, et al. Highly effective synthesis of ethanol by $CO_2$-hydrogenation on well balanced multi-functional FT-type composite catalysts. Appl Catal A, 1999, 186: 395-406.

[182] Takagawa M, Okamoto A, Fujimura H, et al. Ethanol synthesis from carbon dioxide and hydrogen. Stud Surf Sci Catal, 1998, 114: 525-528.

[183] Kusama H, Okabe K, Sayama K, et al. $CO_2$ hydrogenation to ethanol over promoted Rh/$SiO_2$ catalysts. Catal Today, 1996, 28: 261-266.

[184] Kusama H, Okabe K, Sayama K, et al. Ethanol synthesis by catalytic hydrogenation of $CO_2$ over Rh/Fe$SiO_2$ catalysts. Energy, 1997, 22: 343-348.

[185] Izumi Y, Kurakata H, Aika K. Ethanol synthesis from carbon dioxide on [$Rh_{10}$Se]/$TiO_2$ catalyst characterized by X-ray absorption fine structure spectroscopy. J Catal, 1998, 175: 236-244.

[186] Lee S C, Kim J S, Shin W C, et al. Catalyst deactivation during hydrogenation of carbon dioxide: Effect of catalyst position in the packed bed reactor. J Mol Catal A: Chem, 2009, 301: 98-105.

[187] You Z Y, Deng W P, Zhang Q H, et al. Hydrogenation of carbon dioxide to light olefins over non supported iron catalyst. Chin J Catal, 2013, 34: 956-963.

[188] Wang J J, You Z Y, Zhang Q H, et al. Synthesis of lower olefins by hydrogenation of carbon dioxide over supported iron catalysts, Catal Today, 2013, 215: 186-193.

[189] Dorner R W, Hardy D R, Williams F W, et al. K and Mn doped iron-based $CO_2$ hydrogenation catalysts: Detection of $KAlH_4$ as part of the catalyst's active phase. Appl Catal A: Gen, 2010, 373: 112-121.

[190] Prasad P S S, Bae J W, Jun K W, et al. Fischer-Tropsch synthesis by carbon dioxide hydrogenation on Fe-based catalysts. Catal Surv Asia, 2008, 12: 170-183.

[191] Lee S C, Jang J H, Lee B Y, et al. The effect of binders on structure and chemical properties of Fe-K/$\gamma$-$Al_2O_3$ catalysts for $CO_2$ hydrogenation. Appl Catal A, 2003, 253: 293-304.

[192] Park Y K, Park K C, Ihm S K. Hydrocarbon synthesis through $CO_2$ hydrogenation over CuZnOZr$O_2$/zeolite hybrid catalysts. Catal Today, 1998, 44: 165-173.

［193］ Rezaei M, Alavi S M, Sahebdelfar S, et al. Syngas production by methane reforming with carbon dioxide on noble metal catalysts. J Nat Gas Chem, 2006, 15: 327-334.

［194］ Abe T, Tanizawa M, Watanabe K, et al. $CO_2$ methanation property of Ru nanoparticle-loaded $TiO_2$ prepared by a polygonal barrel-sputtering method. Energy Environ Sci, 2009, 2: 315-321.

［195］ 吴聪萍，周勇，邹志刚．光催化还原 $CO_2$ 的研究现状和发展前景．催化学报，2011，32：1565-1572.

［196］ Fan W, Zhang Q, Wang Y. Semiconductor-based nanocomposites for photocatalytic $H_2$ production and $CO_2$ conversion, Phys. Chem Chem Phys, 2013, 15: 2632-2649.

［197］ Inoue T, Fujishima A, Konishi S, et al. Photoelectrocatalytic reduction of carbon dioxide in aqueous suspensions of semiconductor powders. Nature, 1979, 277: 637-638.

［198］ 王会香，姜东，吴东，等．$TiO_2$ 光催化还原 $CO_2$．化学进展，2012，24：2116-2123.

［199］ Anpo M, Yamashita H, Ichihashi Y, et al. Photocatalytic reduction of $CO_2$ with $H_2O$ on various titanium oxide catalysts of special interest. J Electroanal Chem, 1995, 396: 21-26.

［200］ Yamashita H, Kamade N, He H, et al. Reduction of $CO_2$ with $H_2O$ on $TiO_2$ (100) and $TiO_2$ (110) single crystals under UV-irradiation. Chem Lett, 1994: 855-858.

［201］ Vijayan B, Dimitrijevic N M, Rajh T, et al. Effect of calcination temperature on the photocatalytic reduction and oxidation processes of hydrothermally synthesized titania nanotubes. J Phys Chem C, 2010, 114: 12994-13002.

［202］ Pathak P, Meziani M J, Li Y, et al. Improving photoreduction of $CO_2$ with homogeneously dispersed nanoscale $TiO_2$ catalysts. Chem Commun, 2004: 1234-1235.

［203］ Tseng I H, Wu J C S, Chou H Y. Effects of sol-gel procedures on the photocatalysis of Cu/$TiO_2$ in $CO_2$ photoreduction. J Catal, 2004, 221: 432-440.

［204］ Zhang Q H, Han W D, Hong Y J, et al. Photocatalytic reduction of $CO_2$ with $H_2O$ on Pt-loaded $TiO_2$ catalyst. Catal Today, 2009, 148: 335-340.

［205］ Yamashita H, Nishiguchi H, Kamada N, et al. Photocatalytic reduction of $CO_2$ with $H_2O$ on $TiO_2$ and Cu/$TiO_2$ catalysts. Res Chem Intermed, 1994, 20: 815-823.

［206］ Xie S, Wang Y, Zhang Q, et al. Photocatalytic reduction of $CO_2$ with $H_2O$: Significant enhancement of the activity of Pt-$TiO_2$ in $CH_4$ formation by addition of MgO. Chem Commun, 2013, 49: 2451-2453.

［207］ Zhai Q, Xie S, Fan W, et al. Photocatalytic conversion of carbon dioxide with water into methane: Platinum and copper(Ⅰ) oxide Co-catalysts with a core-shell structure. Angew Chem Int Ed, 2013, 52: 5776-5779.

［208］ Pan P W, Chen Y W. Photocatalytic reduction of carbon dioxide on NiO/$InTaO_4$

under visible light irradiation. Catal Commun, 2007, 8: 1546 - 1549.

[209] Matsumoto Y, Obata M, Hombo J. Photocatalytic reduction of carbon dioxide on p-type $CaFe_2O_4$ powder. J Phys Chem, 1994, 98: 2950 - 2951.

[210] Liu Q, Zhou Y, Kou J H, et al. High-yield synthesis of ultralong and ultrathin $Zn_2GeO_4$ nanoribbons toward improved photocatalytic reduction of $CO_2$ into renewable hydrocarbon fuel. J Am Chem Soc, 2010, 132: 14385 - 14387.

[211] Yan S C, Ouyang S X, Gao J, et al. A room-temperature reactive-template route to mesoporous $ZnGa_2O_4$ with improved photocatalytic activity in reduction of $CO_2$. Angew Chem Int Ed, 2010, 49: 6400 - 6404.

[212] Wang C, Thompson R L, Baltrus J, et al. Visible light photoreduction of $CO_2$ using CdSe/Pt/$TiO_2$ heterostructured catalysts. J Phys Chem Lett, 2010, 1: 48 - 53.

[213] Hou W, Hung W H, Pavaskar P, et al. Photocatalytic conversion of $CO_2$ to hydrocarbon fuels via plasmon-enhanced absorption and metallic interband transitions. ACS Catal, 2011, 1: 929 - 936.

[214] Otsuka K, Wang Y. Direct conversion of methane into oxygenates. Appl Catal A, 2001, 222: 145 - 161.

[215] Tabata K, Teng Y, Takemoto T, et al. Activation of methane by oxygen and nitrogen oxides. Catal Rev, 2002, 44: 1 - 58.

[216] Arena F, Parmaliana A. Scientific basis for process and catalyst design in the selective oxidation of methane to formaldehyde. Acc Chem Res, 2003, 36: 867 - 875.

[217] Wang Y, An D L, Zhang Q H. Catalytic selective oxidation or oxidative functionalization of methane and ethane to organic oxygenates. Sci China Chem, 2010, 53: 337 -350.

[218] Schwartz H. Chemistry with methane: Concepts rather than recipes. Angew Chem Int Ed, 2011, 50: 10096 - 10115.

[219] Zhang Q H, Deng W P, Wang Y. Effect of size of catalytically active phases in the dehydrogenation of alcohols and the challenging selective oxidation of hydrocarbons. Chem Commun, 2011, 47: 9275 - 9292.

[220] Li Y, Chen S L, Zhang Q H, et al. Copper-catalyzed selective oxidation of methane to formaldehyde by oxygen. Chem Lett, 2006, 35: 572 - 573.

[221] Li Y, An D L, Zhang Q H, et al. Copper-catalyzed selective oxidation of methane by oxygen: Studies on catalytic behavior and functioning mechanism of $CuO_x$/SBA-15. J Phys Chem C, 2008, 112: 13700 - 13708.

[222] An D L, Zhang Q H, Wang Y. Copper grafted on SBA-15 as efficient catalyst for the selective oxidation of methane by oxygen. Catal Today, 2010, 157: 143 - 148.

[223] Zhang Q H, Li Y, An D L, et al. Catalytic behavior and kinetic features of $FeO_x$/SBA-15 catalyst for selective oxidation of methane by oxygen. Appl Catal A, 2009,

356：103－111.

[224] He J L，Li Y，An D L，et al. Selective oxidation of methane to formaldehyde by oxygen over silica-supported iron catalysts. J Nat Gas Chem，2009，18：288－294.

[225] Guo X，Fang G，Li G，et al. Direct，nonoxidative conversion of methane to ethylene，aromatics，and hydrogen. Science 2014，344：616－619.

[226] Olah G A，Gupta B，Farina M，et al. Selective monohalogenation of methane over supported acid or platinum metal catalysts and hydrolysis of methyl halides over γ-alumina-supported metal oxide/hydroxide catalysts. A feasible path for the oxidative conversion of methane into methyl alcohol/dimethyl ether. J Am Chem Soc，1985，107：7097－7105.

[227] Zhou X P，Yilmaz A，Lorkovic I M，et al. An integrated process for partial oxidation of alkanes. Chem Commun，2003：2294－2295.

[228] McFarland E. Unvonventional natural Gas. Science，2012，338：340－342.

[229] Li F，Yuan G. Hydrated dibromodioxomolybdenum（Ⅳ）supported on Zn-MCM-48 for facile oxidation of methane. Angew Chem Int Ed，2006，45：6541－6544.

[230] Wang K，Xu H，Li W，et al. Acetic acid synthesis from methane by non-synthesis gas process. J Mol Catal A：Chem 2005，225：65－69.

[231] Wang K X，Xu H F，Li W S，et al. The synthesis of acetic acid from methane via oxidative bromination，carbonylation，and hydrolysis. Appl Catal A：Gen，2006，34：168－177.

[232] Lin R，Ding Y，Gong L，et al. Efficient and stable silica-supported iron phosphate catalysts for oxidative bromination of methane. J Catal，2010，272：65－73.

[233] Podkolzin S G，Stangland E E，Jones M E，et al. Methyl chloride production from methane over lanthanum-based catalysts. J Am Chem Soc，2007，129：2569－2576.

[234] He J，Xu T，Wang Z，et al. Transformation of methane to propylene：A two-step reaction route catalyzed by modified $CeO_2$ nanocrystals and zeolites. Angew Chem Int Ed，2012，51：2438－2442.

[235] Xu T，Zhang Q H，Song H，et al. Fluoride-treated H-ZSM-5 as a highly selective and stable catalyst for teh production of propylene from methyl halides. J Catal，2012，295：232－241.

# 第十九章 生物质化学转化

郭庆祥 刘海超 邓 理

## 第一节 引 言

生物质（biomass）是指直接或间接通过绿色植物光合作用形成的有机物质，包括动物、植物和微生物及其排泄或代谢产物。因此，生物质也被认为是一种储存太阳能的有机物质。生物质种类繁多，常见的主要有纤维素、半纤维素、木质素等木质纤维素，淀粉等糖类化合物，以及油脂等。生物质能一直是人类赖以生存的重要能源之一，在整个能源系统中占有重要地位，在总能源消耗中占 10%～14%，仅次于煤、石油和天然气[1]。生物质具有以下特点：①资源丰富，全球每年生物质资源量达 1800 亿 t，热量为 $3\times10^{21}$J 左右，是全球总能量消耗的数十倍[2]；②可再生性，在保证合理开发利用的前提下，生物质可以及时得到恢复和再生；③绿色环保，生物质能的利用可以减少有害气体及烟尘排放，减少环境危害；④碳中性，其燃烧过程中释放的二氧化碳与生物质生成时吸收的二氧化碳相当[3]。因此，利用生物质有利于维持碳平衡，减少温室气体排放，从而提高环境质量。

由于化石资源不可再生，加之大量开采和使用造成的环境问题日益严重，开发和利用可再生的生物质资源迫在眉睫。学术界、工业界、各国政府都认识到生物质的开发利用对实现经济、资源、环境的可持续发展具有重要意义。

以生物质为原料可以生产几乎所有来源于化石资源的基础有机化工原料，并且不少产品具有广阔的开发前景。生物质的转化包括生物转化和化学转化，生物转化主要通过酶解的途径生产燃料和化学品。化学转化主要通过气化[4]、液化[5,6]、水解等途径将生物质大分子降解为小分子中间产物，然后通过化学合成将中间产物转化为目标化合物。基于生物质的农用化学品、精细化学品、大宗化学品、药物及高分子材料等领域的研发和应用呈现快速增长的趋势。

## 第二节　生物质资源概述

当前大量使用的生物质资源主要是植物生物质。植物生物质的化学成分主要是碳水化合物（糖、淀粉、纤维素、半纤维素等）、油脂和木质素。相对于化石资源（煤、石油和天然气），生物质资源在化学组成方面具有含氧量高的特点。碳水化合物、油脂和木质素都具有含氧官能团，如羟基、酯基和醚键。较高的含氧量导致生物质作为燃料使用时，热值较低，同时也决定了生物质精炼的方向与化石原料转化的方向恰恰相反，前者着重脱氧，后者着重氧化。生物质具有相对较低的含硫量，这使得生物燃料在污染物排放方面，较化石燃料更具有优势。

### 一、碳水化合物

碳水化合物（carbohydrate）是由碳、氢和氧三种元素组成，其结构通式为 $C_x(H_2O)_y$。碳水化合物是自然界存量最多、具有广谱化学结构和生物功能的有机化合物[7]。碳水化合物主要包括单糖、寡糖、淀粉、半纤维素、纤维素、复合多糖及糖的衍生物。它们是含有多羟基的醛类或酮类的化合物或经水解转化成的多羟基醛类或酮类化合物。例如，葡萄糖是含有一个醛基、六个碳原子的己醛糖，果糖则是含有一个酮基、六个碳原子的己酮糖。

#### （一）淀粉

淀粉（starch）是由 $\alpha$－D－吡喃葡萄糖苷以 1,4－$\alpha$－糖苷键连接形成的聚合物，淀粉有直链淀粉和支链淀粉。直链淀粉约占 20%，由数百个葡萄糖单元组成；支链淀粉占淀粉总量的 80%，结构比直链淀粉复杂。淀粉作为植物储备能量的方式，广泛存在于高等植物的根、果实、块茎、叶子中。按来源可分为谷类淀粉（如玉米、小麦、大米及高粱淀粉等）、薯类淀粉和野生植物淀粉等。

利用淀粉的性质可对其进行深加工，提高淀粉产品的附加值，以达到合理利用资源的目的。目前以淀粉为原料加工生产的产品有 2000 多种，如变性淀粉、葡萄糖、淀粉多糖、淀粉基高分子材料以及许多发酵产品。

### （二）纤维素

纤维素（cellulose）是地球上含量最为丰富的生物质，常与半纤维素、木质素伴生。在自然界构成有机体的碳元素中，纤维素碳占40%～50%。植物是纤维素的主要生长源，其中以棉花中纤维素含量最高，达到90%以上；一些双子叶植物的韧皮部，含量在60%～85%；木材中含量40%～47%；草本植物中纤维素的含量一般低于25%，但少数草本植物中纤维素含量也能达到40%以上，如竹材、芦苇、麦草、荻、龙须草等。

纤维素的结构是由β－D－吡喃葡萄糖苷以1,4－β－糖苷键连接而成的线性链状天然有机高分子聚合物，其链的两端组成不同，一端为还原端，另一端为非还原端。纤维素的结构通式为$(C_6H_{10}O_5)_n$，天然纤维素的聚合度$n$通常在500～15 000之间，其相对分子质量为$8.1\times10^4$～$2.4\times10^6$。

由于纤维素含有多个羟基，易于形成分子内和分子间氢键，使得纤维素分子通常以结晶结构形式存在，具有较高的结晶度，一般为65%～95%。迄今，发现纤维素存在五种结晶相，这五种结晶相具有各自不同的晶胞结构，但都是单斜晶胞，在一定条件下，大多数纤维素结晶相可相互转化[8]。纤维素的化学反应主要集中在葡萄糖残基的三个羟基上，一般来说C6上的伯羟基的反应活性大于C2、C3上的仲羟基。通过在纤维素羟基上的酯化、醚化反应以及其他接枝改性，可以制备出多种纤维素衍生物[9]。这些衍生物在石油工业、建筑工业、涂料工业、纺织工业、日用化学品工业、造纸工业、食品医药工业、光电功能材料、膜分离材料等领域有广泛应用。

### （三）半纤维素

半纤维素（hemicellulose）是由两种或两种以上的单糖构成的异质多聚体。这些单糖为五碳糖和六碳糖，包括D-木糖、D-甘露糖、D-葡萄糖、D-半乳糖、L-阿拉伯糖、4-甲氧基-D-葡萄糖醛酸及少量L-鼠李糖、L-岩藻糖等。半纤维素广泛存在于植物中，含量为15%～35%。不同植物中半纤维素的含量不同，结构也不同。其主链可由一种糖单元构成，也可由多种糖单元构成，且糖与糖之间的连接方式也不同。半纤维素主要分为三类，即聚木糖类、聚葡萄甘露糖类和聚半乳糖葡萄甘露糖类。聚木糖是以1,4-β-D-吡喃型木糖构成主链，4-*O*-甲基-吡喃型葡萄糖醛酸为支链的多糖；聚葡萄甘露糖类是由D-吡喃型葡萄糖基和吡喃型甘露糖基以1,4-β型连接成主链；聚半乳糖葡萄甘露糖类则是D-吡喃型半乳糖基用支链的形式以1,6-$\alpha$型连接到此主链上的若干D-吡喃型甘露糖基和D-吡喃型葡萄糖基上[10]。

半纤维素的化学结构和聚集态与纤维素有很大差别，其天然状态为无定形态，聚合度低，可溶于碱，遇酸远较纤维素易于水解。此外，半纤维素的活性官能团多，化学活性高，其化学反应比纤维素复杂，反应速率快，在酸性条件下易降解，碱性条件下半纤维素的羟基可发生醚化和酯化反应得到各种衍生物。

## 二、油脂

油脂（triglyceride）是多种有机化合物的复杂混合物，主要成分是脂肪酸甘油酯。油脂分布十分广泛，植物的种子、动物的组织和器官中都含有一定数量的油脂，特别是油料作物的种子和动物皮下的脂肪组织，油脂含量丰富。自然界中的油脂主要为植物油脂，约占80%[11]。纯净的油脂熔融状态下为无色无味液体，凝固时为白色蜡状固体。油脂的化学结构通式为$C_3H_5(OOCR)_3$，其中R为脂肪酸中的烃基。脂肪酸一般为偶数个碳原子的直链脂肪酸，碳原子数介于14～20之间。

油脂的化学性质主要表现在其酯基和不饱和双键上。酯基可发生水解、氢化、氧化以及热解等反应，如油脂可被水解得到甘油、脂肪酸、脂肪酸酯以及肥皂等，通过酯交换还可以制备生物柴油[12]。油脂上的双键可以发生催化氢化、氧化、卤化、硫酸化、磺化、$\alpha$-取代等反应，如油脂上的双键被氧化生成环氧基或羟基，在高分子材料中如环氧树脂、聚氨酯中有很好的应用[13]。通过烯烃复分解可以得到不含氧的烯烃类化合物。

## 三、木质素

木质素（lignin）结构是由三种基本的苯丙烷结构单元，即紫丁香基、愈创木基、对羟苯丙基，通过醚键或碳-碳键连接而成的一种复杂无定形高聚物。木质素结构中既有碳链又有苯环，碳链上有羟基、醛基、酮基、羧基或烯键，苯环上有羟基、甲氧基[14]。木质素广泛存在于植物木质部中，与纤维素和半纤维素构成植物骨架的主要成分，其含量为15%～40%。木质素在植物中主要是作为一种结构性材料，增加细胞壁的强度和刚性，Feldman把它形象地比喻为钢筋混凝土结构中的水泥[15]。木质素在细胞壁中与纤维素和半纤维素的关系复杂，很难将木质素从纤维素和半纤维素中分离出来。

木质素含有丰富的芳香基、醇羟基、酚羟基、甲氧基、羰基、双键等活性基团，可进行多种化学反应，如氧化、还原、醚化、酰化、羟甲基化、磺化、烷基化、卤化、硝化、水解、醇解、酸解、缩聚、接枝共聚等。木质素中富含酚羟基结构，且骨架结构呈刚性，因此在酚醛树脂、材料增强、抗氧化等领域有广泛应用。木质素还可作为芳香化合物的生物来源，制备高附加值的精细化学品[16]。

## 第三节　由生物质合成烃类化合物

烃类化合物，尤其是饱和烷烃，是内燃机燃料的主要成分。烯烃和芳香烃是重要的化工原料，以生物质为原料合成烃类化合物是生物质转化为燃料的重要途径之一。

### 一、烷烃

传统的石化工业通过石油炼制生产烷烃，主要用于汽油、煤油、柴油、润滑油等。通过合成气、平台分子、木质素加氢等方法，可以将生物质转化为烷烃。

#### （一）合成气途径

合成气（$H_2$+ CO）一般由煤、焦炭等固体燃料气化生产。随着化石资源的减少，由生物质制备合成气的研究受到高度关注[17,18]。以合成气为原料，通过费托合成法可以合成烷烃。中国科学院山西煤炭化学研究所与中科合成油技术有限公司自主研发出高温浆态床合成油技术。寇元等[19]在水相中用纳米 Ru 为催化剂，合成了 $C_5$～$C_{20}$（80.9wt%）的烷烃。Dumesic 等[7]研究了甘油重整生成合成气，然后通过费托合成制备烷烃。Schmidt 等[20]将不挥发的液态生物质，如植物油、糖类水溶液快速热裂解制成合成气。纤维素、淀粉、木材颗粒等固体生物质原料，在 $N_2$ 和 $O_2$ 混合气氛中，在 700～800℃条件下，可高选择性地转化为合成气[21]。

#### （二）5-HMF 途径

Dumesic 等[22,23]提出利用 5-羟甲基糠醛（5-hydroxymethylfurfural，5-HMF）作为中间体，由碳水化合物制备烷烃。通过山梨糖醇重整获取烷烃只能得到含 6 个碳原子以下的烷烃，不能满足内燃机燃料的要求。而利用

HMF 为原料，与一分子丙酮发生羟醛缩合反应得到了具有 9 个碳原子的含氧中间产物，再通过加氢脱除分子中的氧，就可以高选择性地获得壬烷和庚烷，它们可以作为汽油的主要成分使用。

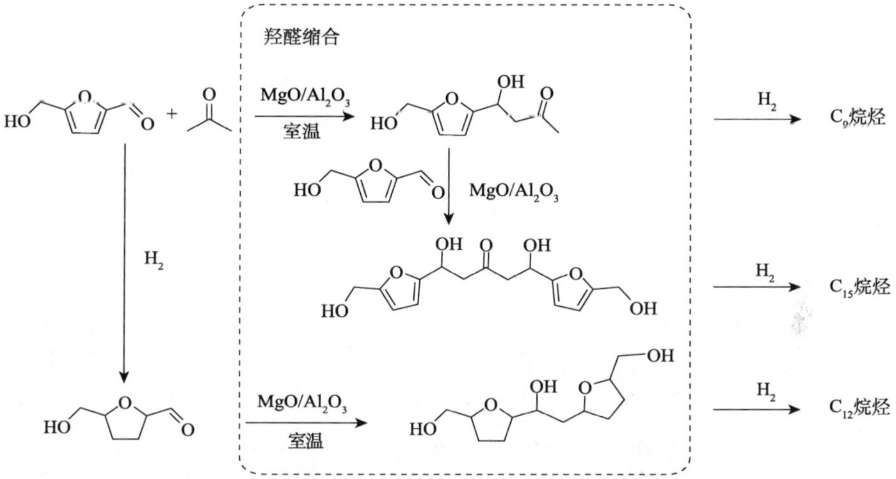


Corma 等[24-26]以五碳糖脱水还原得到的甲基呋喃为原料，在酸性条件下，通过与丁醛、HMF、5-甲基糠醛、2-羰基戊醛（由甲基呋喃水解制得）缩合反应合成 $C_{14}$～$C_{16}$ 的中间产物，再通过加氢脱氧反应，得到具有支链结构的高质量柴油组分。张涛等[27]以固体酸为催化剂，系统研究了甲基呋喃等生物质基小分子的缩聚反应。

## （三）γ-戊内酯途径

γ-戊内酯（GVL）是由木质纤维素生物质中的糖经过水解得到 5-HMF，再进一步酸解得到乙酰丙酸（levulinic acid，LA），最后由乙酰丙酸加氢环化得到[28-30]。γ-戊内酯可以作为汽油和柴油添加剂。Dumesic 等[31]以 γ-戊内酯为起始原料，通过丁烯的齐聚反应生成 $C_8$～$C_{16}$ 的烯烃。Horvath 等[32]系统报道了由糖类制备乙酰丙酸，对乙酰丙酸进行还原反应制备 GVL、2-甲基四氢呋喃、1,4-戊二醇等，并最终通过对 2-甲基四氢呋喃的加氢脱氧反应获得 $C_4$～$C_9$ 的烷烃。Dumesic 等[33]通过串联在一起的负载有加氢、脱水等不同功能催化剂的管式反应器，将乙酰丙酸水溶液进行加氢、二聚等反应，生成了能与水相自动分层的 5-壬酮、正戊酸等。5-壬酮具有很高的十六烷值而且可以与柴油混合使用。用 Pt-Re/C 催化转化糖类和多元醇制得单官能团化合物（醇类、酮类、羧酸等），通过偶联和还原反应，得到 53% $C_6$ 以上直链烷烃[34]。

上述两种途径是对合成气方法制备烷烃的有力补充，可以为生物汽油、柴油制备提供更多的选择。另外，受限于目前 GVL 和 HMF 较高的生产成本，降低上述原料成本是解决其工业化问题的关键。

### （四）木质素加氢

木质素分子结构中含有氧代苯丙醇或其衍生物结构单元。从理论上讲，如果以 $H_2$ 为还原剂对木质素进行比较彻底的还原，只有约三分之一的 $H_2$ 生成水，而目标产物为烷烃和甲醇。因此，木质素还原是获得烷烃的途径之一。

寇元等[35]研究了以 $H_2$ 为还原剂两步法还原桦木木质素，可从木质素中获得约 42wt%的 $C_8 \sim C_9$ 的烷烃以及 10wt%的 $C_{14} \sim C_{18}$ 的烷烃，同时获得 11wt%甲醇。该课题组[36]在水相中对生物油中的酚类化合物进行了还原，同样得到了烷烃和甲醇。Lercher 等[37]用正己烷萃取生物油，获得成分复杂的芳香类化合物。然后以 Ni/HZSM－5 为催化剂、氢气为还原剂对正己烷萃取物进行加氢还原，高产率地制得 $C_5 \sim C_9$ 的烷烃，具有较高的辛烷值。Dyson 等[38]采用中性离子液体为溶剂稳定金属纳米粒子，以酸性离子液体作为脱水催化剂，还原木质素模型化合物（苯酚、甲氧基酚、对甲基苯酚等）获得了较高的烷烃产率。

### （五）液相重整

Dumesic 等[22]发现在水相重整多元醇时，除了主产物氢气外，还有甲烷生成。通过调节反应条件可将山梨醇脱水生成烯烃、酮等，与 Pt、Pd 催化重整制得的氢气反应，最终得到丁烷、戊烷、己烷等。当额外通入 $H_2$ 时，己烷选择性高达 56%。值得注意的是，在催化条件下，可以选择性地由多元醇得到氢气，这不仅可以为上述重整反应补充脱氧所需的还原剂，还可以为其他生物质转化过程以及氢燃料电池提供基本原料。

马隆龙等[39]研究了在水相中 $H_2$ 还原木糖醇制备戊烷反应，以 MCM－22 负载 Ni 为催化剂，当 Ni 的含量在 0%～2%时，催化活性随着 Ni 含量的增加而增加，戊烷产率高达 95%。当利用HZSM－5 为载体时[39,40]，Ni/HZS M－5 也可催化山梨醇、木糖醇还原制备已烷和戊烷。此外，用电化学方法也可以合成烷烃。Schroeder 等[41]报道了电解平台分子乙酰丙酸制备正辛烷的反应。

## 二、烯烃

### （一）使用生物乙醇制备乙烯

生物乙醇主要来源于农副产品的发酵，原料易得，且不受资源分布的限

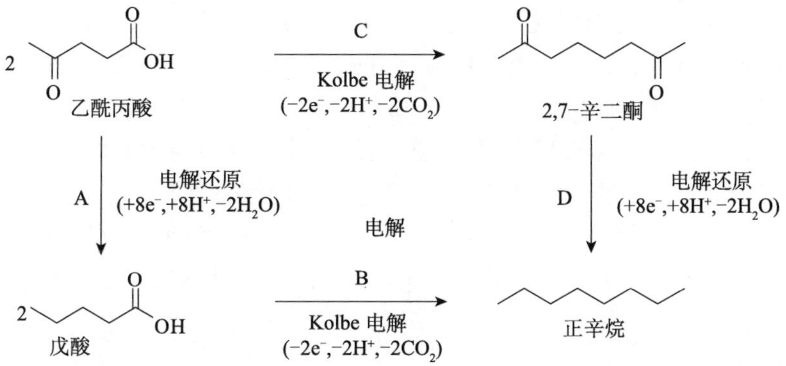


制，技术上容易实现。将低浓度的生物乙醇不经严格分离纯化，一步催化脱水制备乙烯可以降低能耗，因而成为生物质产业的一个重要发展方向。催化剂是生物乙醇脱水制备乙烯的关键。目前常用的乙醇脱水催化剂有：白土、活性氧化铝、氧化硅、磷酸、硫酸、氧化钛、氧化锆、磷酸钙、杂多酸盐、分子筛、铝酸锌、$Al_2O_3/Cr_2O_3$、$Al_2O_3$-$MgO/SiO_2$、Mg-$Al_2O_3$、CdO 等[42-48]。

金属氧化物催化剂：如 $\gamma$-$Al_2O_3$，采用固定床催化乙醇脱水制乙烯，乙醇分子内脱水和分子间脱水反应往往同时发生，分别生成乙烯和乙醚。美国 Halcon SD 公司研发了复合氧化物催化剂 Syndol，主要成分为 $Al_2O_3$-$MgO/SiO_2$，具有稳定性好、再生性好、产物纯度较高等优点[49]。然而，金属氧化物催化乙醇脱水反应一般温度高、能耗大、转化率低，同时发酵得到的低浓度乙醇需要精馏纯化等处理[50]。

分子筛催化剂：分子筛催化剂在乙醇脱水反应中比氧化铝催化剂具有更低的反应温度、更高的转化效率和乙烯收率，尤其是具有亲油疏水性的 ZSM－5 分子筛催化剂，在催化脱水性能方面更具有优势。南开大学研制的型号为 NKC－03A 的乙醇脱水催化剂[51]，在 250℃和 1～2$h^{-1}$空速的条件下，乙醇转化率达 97%～99%，乙烯选择性达 98%。

## （二）使用 $\gamma$-戊内酯制备 $C_8$～$C_{16}$烯烃

最近报道了一种由生物质基平台化合物 $\gamma$-戊内酯制备 $C_8$～$C_{16}$烯烃的方法[31]。这项工作最大的特点在于不需要外加氢源，而是通过低级烯烃的齐聚，即可实现生物质平台分子向 $C_8$～$C_{16}$烯烃的转化。此外，GVL 可以以水溶液的形式加入反应器中，生成的副产物与目标产物 $C_8$～$C_{16}$烯烃容易分离，从而简化了工艺步骤。

## （三）使用不饱和脂肪酸（酯）制备烯烃

不饱和脂肪酸（酯）的烯烃复分解反应，是由生物质制备烯烃的一种简便、环保、高效、高选择性的方法[52,53]。Boelhouwer 等[54]用 1mol%～2mol%的 $WCl_6/Me_4Sn$ 催化油酸甲酯的自身复分解反应，在 70℃下反应 4h 后达到平衡，可转化 50%的油酸甲酯，得到 25mol%的 9-十八烯和等量的 9-烯-1,18-十八二酸二甲酯，这是最早利用不饱和脂肪酸酯制备烯烃的工作。钌可以用于烯烃复分解反应，膦配体、氮杂卡宾配体使烯烃复分解能够在温和的条件下进行[55]。Jackson 等[56]以油酸甲酯和不饱和甘油三酸酯为原料，分别与 2-丁烯进行交叉复分解反应。油酸甲酯的转化率可达 95%，烯烃选择性高达 95%。

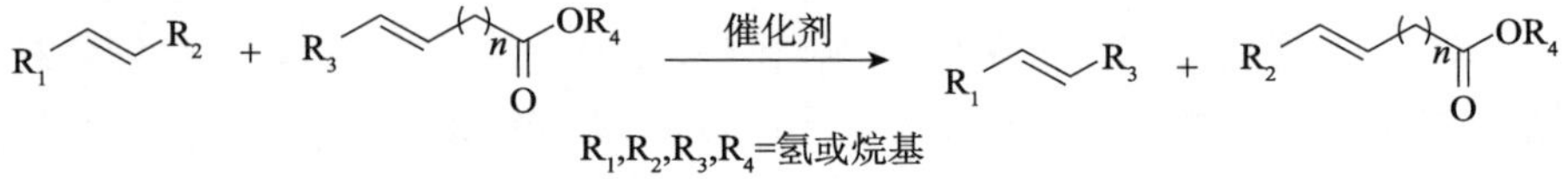


## 三、芳烃

生物质的主要组分之一是木质素，木质素是一个芳香族化合物库。通过生物质热解可以得到大量芳香烃及其衍生物，同时也可以通过降解产物的化学合成制备芳香烃类化合物。

### (一) 催化热解

生物质催化热解是一种高效的生物质转化途径，是生产芳香化合物如苯、甲苯、对二甲苯等非常有前景的技术。2006 年 Lappas 等[57]在固定床反应器上，研究了负载不同金属的 MCM-41 催化热解木屑和芒草，发现 Si/Al 比越大，越有利于芳香化合物的生成。Huber 等[58]曾报道木材经快速催化热解可以直接制备芳香化合物和烯烃，其反应机理是纤维素和半纤维素经过热解形成脱水糖，这些脱水糖经过再次脱水得到呋喃类化合物[59]。呋喃化合物进入沸石孔道内部，经过一系列酸催化、低聚、脱羰、脱羧、脱水等反应生成芳烃、烯烃、焦炭、CO、$CO_2$、$H_2O$ 等，而木质素主要形成焦炭[58]。Huber 等通过与其他沸石催化剂比较得出 ZSM-5 制备芳烃的产率最高，达 14%[60]。芳烃的选择性主要与沸石的结构、内部孔道体积、孔径大小有关[61]。在各类沸石催化剂中 ZSM-5 有最优的结构，有利于芳烃的生成。Huber 等[62]用双功能 Ga/ZSM-5 催化剂快速催化热解木质素、纤维素。一方面，Ga 可以提高脱羰速率以及烯烃的芳构化，另一方面，沸石可以催化低聚等反应，从而提高芳烃的生成速率。在此基础上，通过化学液体沉积法用 TEOS 修饰 ZSM-5 的表面，以减小 ZSM-5 孔径，再利用Ga/ZSM-5 催化反应。修饰造成了孔道空间上的限制，将对二甲苯的选择性由 32%提高到 96%，为可再生的木质纤维素生产对二甲苯开辟了一条新的途径[63]。Lercher[37]等也报道了用沸石催化剂制备芳烃，得到 90%以上 $C_5$～$C_9$ 的环烷烃和 $C_6$～$C_9$ 的芳烃。该途径无疑为替代石油基或煤基芳烃提供了新的选择，但催化剂的设计和筛选、反应过程中催化剂积碳问题，亟待解决。

### （二）Diels－Alder 反应制备芳烃

由生物质衍生物二甲基呋喃制备芳烃等高附加值化学品的另一有效途径是 Diels-Alder(D-A) 反应。二甲基呋喃生成二甲苯需要两步：第一步烯烃作为亲双烯体，与呋喃经过［4＋2］环加成[64]；第二步脱水生成产物[65,66]。

Toste[67]用 $Sc(OTf)_3$ 处理的 4Å 分子筛为催化剂，在氯仿溶剂中，二甲基呋喃与丙烯醛在－55℃下反应 25h，再经过氧化、脱水芳构化等反应得到对二甲苯。Dauenhauer[68]用 H－Y 型沸石催化剂，得到了 75%选择性的对二甲苯。

Huber 等[69]采用 ZSM－5 催化剂，发现原料中氢和有效碳的比率（$H/C_{eff}$）与芳烃和烯烃产率成一定的函数关系。在葡萄糖、山梨醇、甘油等生物质衍生物转化反应中，增加 $H/C_{eff}$ 比可提高产物中芳烃和烯烃产率，同时降低焦炭产率；$H/C_{eff}$＝1∶2 是一个转折点，低于该值时，烯烃和芳烃的比率会随着 $H/C_{eff}$ 值的增加而增加；超过这个值后，再增加 $H/C_{eff}$ 的比率，则会造成催化剂失活，芳烃和烯烃的产率下降。随后 Huber 等[63]将乙烯、丙烯和一系列呋喃化合物一起加入连续流动床反应器中，在 400～600℃下也得到了芳香类目标化合物。

## 第四节　由生物质合成羰基化合物、羧酸及其衍生物

羰基化合物、羧酸及其衍生物是重要的有机化合物，从生物质获取这些化合物是一条有效的途径。生物质热解产物中有大量小分子醛、酮和羧酸，植物油中含有丰富的长链脂肪酸。甲酸、乙酸、丙烯酸、乳酸等都是重要化工原料，长链脂肪酸则是生物柴油的原料。

### 一、醛和酮

随着生物柴油生产规模的不断扩大，其主要副产物甘油的转化与利用受

到关注。徐柏庆等[70]利用 $ZrO_2$ 负载 12-磷钨杂多酸 $H_3PW_{12}O_{40}$ 催化甘油脱水，获得了 54%的丙烯醛。Katryniok 等考察了 $ZrO_2$ 的含量、活性组分含量及载体的孔径尺寸大小对甘油脱水的影响。将 20wt% 硅钨酸和 $ZrO_2$（20wt%）负载在 SBA-15 上，650℃焙烧。用其作催化剂，丙烯醛的产率达到 71%。但是杂多酸液相中存在反应失活较快、难以回收利用等缺点，限制了其工业化应用。

与杂多酸相比，固体酸的催化性能较好。Corma 等[71]在固定床反应器中，以 ZSM-5 为催化剂将甘油转化为丙烯醛等，在 350℃下，丙烯醛产率达到 62%。Kim 等[72]考察了不同硅铝比 HZSM-5 和 NaZSM-5（Si/Al=23）催化甘油脱水反应，在 315℃下，Si/Al 比为 150 的 HZSM-5 催化剂的催化活性最高。同时对比 H-Ferrierite、H-ZSM-5、H-Mordenite 等催化剂的效果发现，在 315℃下 H-Ferrierite（Si/Al=55）具有较高的丙烯醛选择性。

近年来，为了探讨脱羧反应中催化剂的活性，Pestman 等[73]报道了用乙酸合成丙酮的研究。Jacobs[74]等发现 HZSM-5 催化剂不适合脱羧，丙酮在苛刻的反应条件下经过一系列缩合、异构化生成芳烃。研究发现 $ZrO_2$[75]以及 $CeO_2$ 和 $MnO_2$[76]都是非常有效的催化剂，可以选择性地转化乙酸生成丙酮，产率在 90%以上。γ-戊内酯在酸性载体负载的贵金属催化剂作用下使用 $H_2$ 还原，能够高选择性地得到戊酸。在含氧化铈和氧化锆的复合氧化物催化下发生脱羧偶联反应，生成 5-壬酮。使用 Pd(0.1%)/$NbO_2$ 催化剂，在 325℃、3.5MPa $H_2$ 下，50% γ-戊内酯水溶液加氢，戊酸产率高达 92%，没有观察到壬酮的生成。由于戊酸具有疏水性，所以反应产物分为油相和水相，其中油相中的碳含量占原料的 95%。以油相产物为原料，在 425℃、2 MPa $H_2$、质量空速为 1.1$h^{-1}$ 条件下，经过 $Zr_{0.5}Ce_{0.5}O_2$ 催化剂床层，5-壬酮的产率为 84%[77]。

## 二、羧酸（酯）

生物质制备羧酸及其酯的研究工作已经取得许多进展。文献报道由生物质制备的羧酸（酯）有甲酸、乙酸、丙烯酸（酯）、乳酸（酯）、乙酰丙酸以及由生产生物柴油的酯交换反应得到的脂肪酸等[78-80]。

### （一）甲酸

氧化木质纤维素中的多糖组分，可以制得甲酸。甲酸钙可以作为皮革鞣剂、水泥固化加速剂使用，也可以用于动物饲料储存；甲酸的 Na、Ca 盐是环境友好的道路除冰剂[81]；此外，甲酸本身可作为良好的氢给体，用于氢燃料电池汽车[82-84]。金放鸣等[85]以葡萄糖作为原料，$H_2O_2$作为氧化剂，在较温和的水热反应条件下高产率地合成了甲酸。傅尧等[86]以杂多酸为催化剂，氧气或空气作为氧化剂，在较低的温度下实现了葡萄糖向甲酸的转化。

## （二）乙酸

目前工业上制取乙酸主要通过甲醇羰基化和生物发酵的方法。以空气为氧化剂，催化生物乙醇氧化制备乙酸是一条生产乙酸的绿色途径，其中一个典型的例子是 Christensen 等[87]用 Au 催化氧化乙醇制备乙酸。与普遍采用的 Pt 和 Pd 催化剂相比，Au 催化剂具有更高的催化转化效率和产物乙酸的选择性。例如，在 453K、3MPa 空气压力下，反应 4h，用 1wt%的催化剂转化 10mL 5wt%的乙醇水溶液，使用 Au 催化得到 97%的转化率和 83%的乙酸产率；而在相同条件下采用 Pt 或 Pd 催化只能分别得到 82%、93%的转化率和 16%、60%的乙酸产率。此外，Au 催化的主要副产物为$CO_2$，而 Pt 和 Pd 则会产生大量的乙醛。$Au/MgAl_2O_4$在催化反应中相当稳定，经 TEM 和 ICP-MS 检测，没有发现明显的烧结，且流失率在 1%以下。

## （三）丙烯酸（酯）

Nieto 小组[88]通过水热法制备了一种钨-铜合金（hexagonal tungsten bronze，HTB）结构的 W-V-O 双功能金属催化剂，实现了一锅法将甘油转化为丙烯酸的反应。但丙烯酸产率（25%）不高，产物选择性较低，气体产物过多和结焦问题仍有待解决，这也是甘油转化为丙烯醛或丙烯酸中一个值得研究的课题。Ueda 等[89]用 $W_3VO$、$Mo_3VO$ 和 MoVTeNbO 复合金属氧化物催化甘油氧化，得到产率分别为 23.7%、26.3%和 28.4%的丙烯酸，其中 MoVTeNbO 作为催化剂时产率为 28.4%，是迄今文献报道的甘油氧化制备丙烯酸的最高产率。

## （四）乳酸（酯）

乳酸（2-羟基丙酸）是一种重要的多用途有机酸[90]，通过脱水、氢化、酯化、氧化等反应可以制备得到多种有用的化学品。目前制备乳酸的方法有微生物法[91]、酶法和化学合成法。传统的合成方法主要是通过强酸水解乳腈

（2-羟基丙腈），但乳腈的制备使用剧毒的氢氰酸，且生产成本较高。通过木质纤维素催化降解的方法制备乳酸或乳酸酯，由于其原料廉价易得、路线环保而受到研究者的广泛重视。Holm 等[92]在生物质基碳水化合物转化为乳酸（酯）的研究上取得突破性进展。他们以葡萄糖、果糖和蔗糖为原料，$\beta$-分子筛负载的 Sn、Zr、Ti 等路易斯酸为催化剂，当使用甲醇为溶剂时，反应 20h 后可以得到最高收率为 68%的乳酸甲酯，与水溶液体系生成乳酸的研究相比，可以极好地控制反应体系的 pH，而无须加入碱液进行调节。

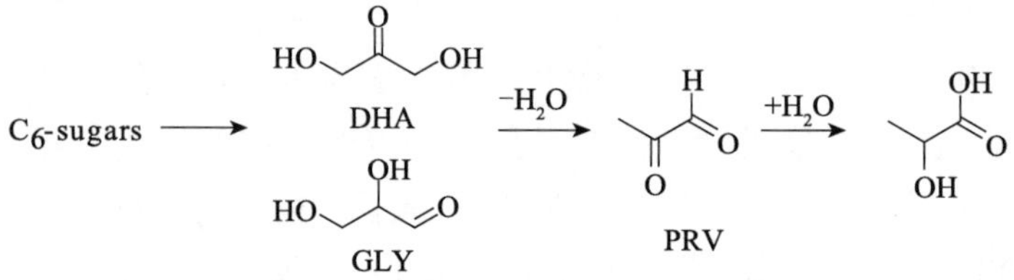


Heeres[80]指出，直接以六碳糖或它们的前驱体（如纤维素）降解制备得到的乳酸产率往往较低（＜45%），而以六碳糖降解得到的二羟基丙酮（DHA）和甘油醛（GLY）为原料，在水相中通过均相催化反应，可以更有效地制备乳酸。以 $AlCl_3$ 为催化剂，在相对温和的条件下（140℃，水溶液，反应 90min）[93]，可以将 DHA 完全转化，得到 90%的乳酸。Cr 盐和 Sn 盐也能有效地催化 DHA 反应，在同样的反应条件下可以实现 DHA 的定量转化，产物乳酸的选择性达到 80%～92%。Sels 小组[94]设计了一种双功能 C-Si 基复合催化剂，用于催化二羟基丙酮和甘油醛转化，把 Sn(Ⅳ) 接枝到介孔硅基材料 MCM-41 的表面后，与热解焦炭复合，由于热解焦炭上有如苯酚、酸酐和羧酸等基团，因而得到的复合催化剂 Sn-Si-MCM-41/C 兼具弱 Brønsted 酸和路易斯酸两种酸性位点。Brønsted 酸的作用主要是加速底物甘油醛和二羟基丙酮的脱水。在优化的条件下，二羟基丙酮转化制备乳酸酯时 TOF 高达 $289h^{-1}$。Shen 等[95]利用 Au-Pt/$TiO_2$ 催化剂，实现了甘油选择氧化合成乳酸。在温和反应条件（363K、1atm $O_2$）下，乳酸收率高达 86%。研究表明，甘油首先在 Au-Pt 表面上氧化脱氢转化为甘油醛或二羟基丙酮中间体，然后这些中间体或者在金属表面上进一步氧化转化为甘油酸产物，或者与碱作用发生安息香重排反应生成乳酸。其中氧化脱氢为反应的决速步骤，而中间体的竞争反应则直接决定产物的选择性。这些对催化剂结构和反应机理的认识有助于进一步设计催化剂和调控反应路径，获得更高的反应效率[96]。

## (五)乙酰丙酸

利用生物质制备乙酰丙酸可采用两种工艺路线：一是将木质纤维素转化为糠醛，然后糠醛加氢生成糠醇，糠醇在酸催化下通过水解、开环、重排反应生成乙酰丙酸。另一种方法是生物质直接水解，即生物质原料在酸催化下解聚为单糖，单糖在酸的作用下脱水生成5-羟甲基糠醛，继续反应最终得到乙酰丙酸。该方法步骤少、工艺简单，已成为目前主要的制备方法[97]。

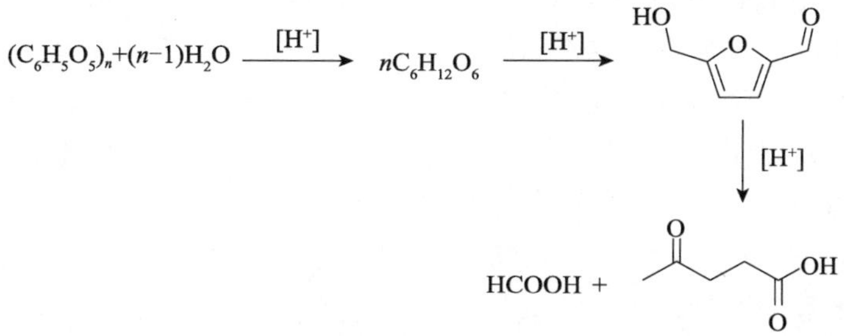


美国Biofine公司因为开发利用造纸厂废纤维一步法生产乙酰丙酸，进而生产甲基四氢呋喃的成果而获得1997年度美国总统绿色化学挑战奖中的小企业奖[98]。无机液体酸是目前催化降解葡萄糖或者果糖制备乙酰丙酸的常用催化剂，仅有少量关于使用固体酸催化剂的报道[99,100]。郭庆祥等[101]设计了磁性的$Fe_3O_4$-SBA-$SO_3H$固体催化剂，用于催化降解纤维素制备乙酰丙酸。在反应结束后，催化剂可以简便地通过外加磁场而实现回收，克服了常用的固体催化剂（如Pt/$\gamma$-$Al_2O_3$、$HNbMoO_6$、磺化羰基材料等）在降解木质纤维素过程中与产物分离的困难。

## (六)生物柴油

生物柴油是指以富含甘油三酸酯的大豆、油菜籽等油料作物，油棕、黄连木等油料林木果实，工程微藻等油料水生植物以及动物油脂、废餐饮油等为原料，与甲醇等低碳醇发生酯交换反应转化为相应的脂肪酸甲酯等脂肪酸单烷基酯，副产物为甘油[102]。生物柴油具有高的十六烷值、不含硫和芳香烃化合物，可生物降解、无毒、对环境无害，闪点较石化柴油高，有利于安全运输和储存。

生物柴油的生产提供了利用可再生生物质资源制备有机羧酸酯的有效途径。用于酯交换的醇包括甲醇、乙醇、丙醇和丁醇等。Warabi等[103]研究发现，在同样的反应时间和温度条件下，醇类的碳链越短，越有利于甘油三酸酯的转化。因此，甲醇成为酯交换法制备生物柴油中最常用的原料。生物柴油生产过程主要使用酸和碱两类催化剂。酸催化的酯交换过程一般使用Brnϕsted酸，常用的有浓硫酸、苯磺酸和磷酸等。Crabbe 等[104]用 5% $H_2SO_4$催化甲醇与棕榈油的酯交换反应，在 95℃下反应 9h，脂肪酸甲酯产率达 97%。

碱催化的酯交换反应速率要比酸催化时快得多，常用的碱催化剂有$CH_3ONa$、NaOH、KOH、$Na_2CO_3$、$K_2CO_3$ 等。Alcantara 等[105]用 1wt% $CH_3ONa$ 催化制备生物柴油，在 60℃和较少的甲醇用量（醇：油＝7.5：1）的条件下即可实现油脂的完全转化。但 $CH_3ONa$ 易溶解于脂肪酸酯，造成分离困难，而且油脂中含有的水将降低 $CH_3ONa$ 的活性和生物柴油的产率。采用含氮的有机碱作为催化剂，可以克服无机碱催化时产生大量副产物和分离困难的缺点。Schuchardt 等[106]以对 1,5,7-三氮杂二环[4,4,0]-5-癸烯（TBD）等胍类有机碱和无机碱 NaOH、$K_2CO_3$为催化剂，比较了它们在催化菜籽油和甲醇的酯交换反应的效果。

生物柴油在欧洲已经批量进入市场，得到规模应用。我国已经在海南省试点推广。

### （七）葡萄糖酸

氧化葡萄糖制备葡萄糖酸，主要使用 Pd、Pt、Au 等贵金属催化剂[107-108]。为提高葡萄糖酸的稳定性，减少深度氧化以及催化剂中毒，往往在碱性条件下进行[109]。活性炭负载的钯、铂是最早应用于葡萄糖催化氧化制备葡萄糖酸的催化剂[110]，Besson 等[111]用钯催化葡萄糖氧化，在 40℃、pH=9 的条件下，3h 内葡萄糖转化率达 83%，而在 Pd/C 掺杂了 Bi 之后，同样的反应条件下葡萄糖的转化率和葡萄糖酸的选择性均高达 99%。Au 催化剂可在中性、弱酸性条件下定量地将葡萄糖转化为葡萄糖酸，具有比 Pt、Pd 更高的葡萄糖氧化活性，但在酸性溶液中反应时 Au 易于流失[112-114]。在此工作基础上，Mirescu 等[115]将 $TiO_2$、$Al_2O_3$等负载的 Au、Pd、Pt 催化剂用于纤维二糖氧化，发现 Au/$TiO_2$具有较好的催化性能。当反应体系为碱性环境时，纤维二糖可定量转化为葡萄糖酸。

## 三、内酯和内酰胺

### （一）丁内酯

Deshpande[116]等发现用 Ru/C 还原丁二酸，当掺杂 1% Co 时，其转化率明显升高。Corma[117]采用 $TiO_2$负载金催化剂，在 240℃、5MPa 条件下，反应 2h，丁二酸酐转化率为 80%，丁内酯（GBL）选择性大于 99%，同时实现了一锅法由丁二酸酐直接制备吡咯酮及其衍生物，转化率达 80%。Clark[118]报道了 Pt、Ru、Rh、Pd 纳米颗粒负载在淀粉-碳材料 Starbons®（SMNPs）上，在 1MPa、100℃条件下，以水和乙醇为溶剂，催化还原丁二酸制备 GBL、THF、丁二醇（BDO）等高附加值的化学品。当负载 5% Ru，转化率达 90%，产物的物质的量产率分别为丁二醇 10%，丁内酯 30%，四氢呋喃 60%。当负载 5% Rh，转化率为 60%，丁二醇选择性为 90%。Chang 等[119]用硅纳米复合材料负载铜（80wt%），在气相条件下，铜-硅纳米复合材料催化 1,4-丁二醇脱氢环化得到丁内酯，转化率为 99%，产率为 99%，并且催化剂稳定，保持 400h 不失活。

### （二）戊内酯

Horvath 等[32]提出使用均相催化剂由乙酰丙酸制备 GVL，将 $Ru(acac)_3$和水溶性膦配体 TPPTS，在乙酰丙酸的水溶液中 140°C、60MPa $H_2$下得到 γ-戊内酯，收率 95%。使用长链烷基膦配体 $PnOct_3$和 $Ru(acac)_3$的组合，可以得到接近 100%的 γ-戊内酯产率[28]。邓理等[120]利用 $RuCl_3$/$PPh_3$催化剂实现了当量的甲酸对乙酰丙酸的加氢还原，高选择性地制得 γ-戊内酯。由于原位产生的氢气全部来自于副产物甲酸，所以该方法可以避免使用外部氢气供给。范康年等[121]利用负载纳米金催化剂也能够实现当量甲酸对于乙酰丙酸的还原，且该催化剂能够催化低浓度的底物。

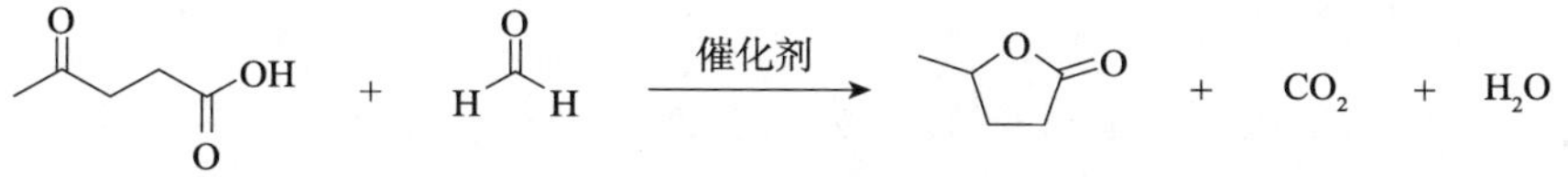


Manzer 等[122]报道乙酰丙酸和甲酸的混合物水溶液可以通过与烯烃反应生成乙酰丙酸酯和甲酸酯。这两种酯都可以作为汽油添加剂使用，且辛烷值超过 100，具有很好的抗爆性。Dumesic 等[123]利用该方法也实现了乙酰丙酸丁酯和甲酸丁酯的合成与分离，通过 Pd/C 催化甲酸产生氢气，由 Ru/C 将 LA 催化转化成 GVL，并且将酯类混合物用于后续的催化转化，成功得到了 95%的 γ-戊内酯。他们还将乙酰丙酸及其酯通过 MPV（Meerwein-Ponndorf-Verley）还原反应，以仲醇作为氢源，催化氢化生成 GVL，转化率 99.9%，产率 84.7%[124]。

### (三) 己内酯和己内酰胺

传统的制备己内酰胺的方法路线较长，转化率较低。最近报道[125]通过四步反应就可以从 HMF 得到己内酰胺。以 Rh-Re/$SiO_2$为催化剂，在 Nafion SAC-13 中，120℃时，反应 20h，一锅法由二甲基四氢呋喃氢解转化为 1,6-己二醇，转化率 100%，选择性 86%。然后 1,6-己二醇以[$(Ru(cymene)Cl_2)_2$]为催化剂，DPPF 为配体，甲基异丁酮为溶剂，回流 30min 生成己内酯，产率达 99%。

此外，Lange 等[126]利用蒸馏技术可以高产率地获得 3-戊烯酸甲酯。使用甲醇和对甲苯磺酸在 200℃蒸馏 $\gamma$-戊内酯，3-戊烯酸甲酯产率为 90 %。该化合物可以通过甲酰化、氢氰化和羰基化等反应合成己内酯、己内酰胺和己二酸。其中合成己二酸尤为引人注目，通过这种方法合成出的尼龙被称为生物质基尼龙（bio-based nylon）。

## 第五节 由生物质合成醇、酚、醚类化合物

醇、酚和醚类化合物是重要的含氧有机物，不仅作为化学品有重要的应用，而且由于其羟基、酚羟基和醚键的化学性质，在化学转化中具有无可替代的作用。以生物质为原料，可制备这些化合物。

### 一、脂肪醇

木质纤维素通过生物发酵转化为乙醇或者丁醇。首先，木质纤维素经过预处理，降低纤维素的结晶度和增大物料表面积。其次，纤维素酶解转化为低分子糖。最后，低分子糖生物发酵生成小分子的醇[127]。杨秀山[128]培育了一株树干毕赤酵母新菌株 Y7（*P. stipitis* Y7），能够将木质纤维素稀酸水解液中的葡萄糖和木糖高效转化为乙醇，达到乙醇最高理论收率的 93.6%。

陈长林等[129]开展了 $Pt/WO_3/ZrO_2$ 固定床催化甘油还原制备丙醇、丙二醇的研究。当 Pt 的含量较高时，甘油的转化率较高，得到 56.2%的正丙醇以及 5.3%的异丙醇。Tomishige 等[130]从甘油高产率制得 1,2-丙二醇，进而转化为丙醇。中国科学院兰州化学物理研究所[131]研制的 Cu-Cr-Zn 三元催化剂在压力 8MPa，温度 230～300℃，氢酯体积比 750∶1～10 000∶1 条件下，椰油酸甲酯催化加氢，椰油醇收率达 95%以上。van den Hark 等[132]研究了

体系中氢气浓度、反应物浓度和温度对加氢反应的影响，在 15MPa、280℃条件下，$n$(氢)：$n$(酯)为 64：1 时，固定床反应器的生产能力高达 $100m^3/h$（对 $1m^3$ 反应器而言），而传统的多相反应体系在 20～30MPa 下的生产能力一般只有 0.2～0.4$m^3/h$[133]。

## 二、多元醇

从甘油出发获得 1,2-丙二醇的研究报道相对较多，且对 1,2-丙二醇的选择性较高。Gandarias 等[134]采用甲酸为还原剂、$Al_2O_3$ 负载 Ni-Cu 双金属催化剂，在液相条件下，甘油氢解获得了较高的转化率和 1,2-丙二醇产率。Tomishige 等[135]设计了 Ir-$ReO_x$/$SiO_2$ 甘油氢解催化剂，通过 Ir 与 $ReO_x$ 的协同作用，优先还原甘油的仲羟基，1,3-丙二醇的选择性在 60%以上。de Vos 等[136]研究了在离子液体［BMIM］Cl 中纤维素降解制备山梨醇。采用 HRuCl(CO)$(PPh_3)_3$ 和 Rh/C 两种催化剂，取得了较好的催化效果，在 150℃、3.5MPa 氢气压力下反应 48h，得到 74%的山梨醇和 26%的葡萄糖。

Ueda 等[137]研究了 Ni/$\gamma$-$Al_2O_3$ 对甘油的氢解效果，发现当单纯使用 Ni/$\gamma$-$Al_2O_3$ 时，主要产物是 1,2-丙二醇。使用 Pt-Ni 合金催化，反应产物分布发生较大变化，生成较多乙二醇和甲烷，其中乙二醇的产率可达 42%。张涛等[138]报道了纤维素直接催化转化制备乙二醇的结果。他们发现活性炭负载碳化钨（$W_2C$/AC）对纤维素降解生成多元醇具有较好的催化效果，当向催化剂内加入少量的 Ni 时，乙二醇、山梨醇产率明显提高。

Fukuoka 等[139]采用 $Al_2O_3$ 负载 Pt 等催化剂，在 190℃、6MPa $H_2$ 压力下反应 24h，纤维素直接转化，得到 20%～30%产率的山梨醇。他们还研究了活性炭负载的磷化镍对纤维素的催化作用。在 230℃、5MPa $H_2$ 条件下，可以制得 60%产率的山梨醇。

寇元、刘海超等[140]以金属纳米 Ru 为催化剂，在 120℃、4MPa $H_2$ 条件下对纤维二糖进行氢解反应，12h 后纤维二糖可完全转化为六碳糖醇。利用该催化剂，在离子液体中，纤维素可以直接转化为六碳糖醇，但转化率仅为 15%。刘海超等[141]利用近临界水条件（245℃）下水解离出的 $H^+$ 实现了纤维素的高效水解，与 Ru/C 催化剂结合，在 6MPa $H_2$ 下反应 30min 后纤维素转化率约 86%，六碳糖醇产率约 40%。在该反应体系中[142]加入 $WO_3$ 不仅提高纤维素转化率，而且产物的分布也发生明显的变化，乙二醇代替山梨醇成为主产物，若与碱性活性炭结合，还可以直接合成丙二醇。这说明 $WO_3$ 不但能够催化纤维素水解生成葡萄糖，还可以选择性断裂葡萄糖的 C—C 键，生成小分子的多元醇。

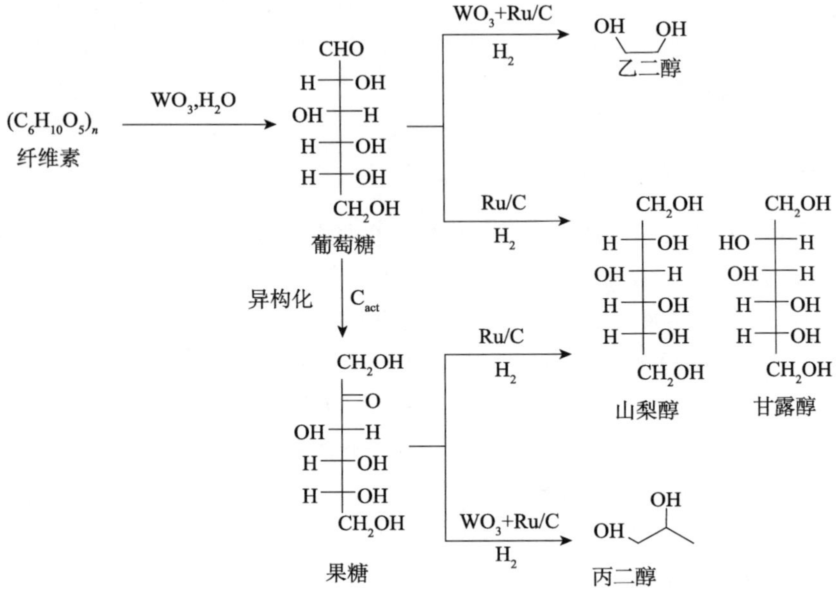


## 三、酚

木质素是含有芳环结构的大分子，因此从木质素制备酚类化合物成为研究热点。但由于产物复杂、分离过程繁琐、成本高等因素的制约，目前实际利用木质素作为原料制备酚类化合物的报道不多[143,144]。当前以木质素为原料制备酚类化合物的研究工作中，最成功的例子是香兰素的制备，香兰素是一种重要的广谱型香料和有机合成原料，可以直接用于食品和化妆品的定香剂、调味剂，也可以用作植物生长促进剂和催熟剂，并在电镀、橡胶、塑料以及医药工业中有广泛的用途。利用木质素制备香兰素，主要路线是通过在碱性介质中脱去甲醛，随后醚键断裂，发生侧链氧化。

Sun 等[145]用 Cu(Ⅱ)［如 CuO、$Cu(OH)_2$、$CuSO_4 \cdot 5H_2O$］对碱性氧化麦草木质素进行催化降解，在所得的氧化产物中，醛类（主要是香兰素和部分紫丁香醛）含量超过 60%。Pepper 等[146]对木质素的降解研究也得到相似的结果。因此，Cu(Ⅱ) 被认为是催化木质素制备香兰素中性能较为优异的催化剂。徐杰等[147]在醇溶液中用易回收的磁性镍基催化剂对木质素进行降解，在木质素转化率为 50%时可以得到高达 97%的单酚产率。Okuda 等[148]以苯酚/水为溶剂，在 400℃下，研究了木质素在高压反应釜内的液化过程，酚类产物相对分子质量分布指数集中在 100～300 的范围，表明木质素不容易通过加热解聚得到单酚类化合物，而且酚类产物种类较多，难以有效利用。

### 四、醚

Leitner 等[28]用［$Ru(acac)_3$］与三齿磷配体 Triphos 络合，在酸性离子液体中加入 $NH_4PF_6$，在 160℃、10MPa $H_2$条件下，乙酰丙酸还原制备 2-甲基四氢呋喃（2-MTHF），产率为 92%。采用同样的催化剂还原衣康酸，在 *p*-TsOH、$NH_4PF_6$和 8MPa $H_2$、195°C 条件下，衣康酸转化率＞99%，3-MTHF 产率达到 96%。Clark 等[118]考察了四种不同载体负载 5%的 Ru 纳米催化剂，用于催化丁二酸加氢，载体分别是 Ru-Starbon®、Ru-Norit®、Ru-Vulcan®、Ru-DARCO®，在 100℃、1MPa $H_2$反应 24h，发现 Ru-Starbon® 效果最佳，丁二酸转化率为 90%，生成 THF 选择性为 60%，且催化剂稳定，耐水性好。

## 第六节　由生物质合成其他有机化合物

### 一、呋喃类化合物

5-羟甲基糠醛（HMF）可以发生加氢、氧化、酯化、缩合、水解等多种反应，合成一系列具有广泛应用的高附加值的化学品。例如，将 HMF 氧化成 2,5-二羧基呋喃[149]，可以作为高分子单体代替来自石油资源的单体对苯二甲酸；也可以将 HMF 还原成 2,5-二甲基呋喃[150]，作为内燃机的燃料使用。由于制备 HMF 的原料主要是碳水化合物，来源丰富，价格低廉，因此 HMF 被选定为生物平台分子之一[151]。

以果糖为原料发生脱水反应可以得到 HMF。Zhang 等[152,153]将金属氯化物与离子液体结合，在室温下实现了果糖向 HMF 的转化，当金属氯化物为 $WCl_6$，产率可达 70%以上。韩布兴等[154]发现把廉价的可再生化合物氯化胆碱及柠檬酸混合后得到离子液体，将该离子液体用于果糖的脱水反应，HMF 产率超过 90%。漆新华等[155,156]采用强酸性离子交换树脂、磺化无定形碳两种固体酸对果糖进行脱水反应，取得较好的催化效果（HMF 产率 80%以上）。以葡萄糖为原料制备 HMF 的反应要比果糖复杂，葡萄糖需要在路易斯酸催化下实现吡喃糖到呋喃糖的转化成果糖，然后发生脱水反应形成 HMF。Zhang 等[157]以离子液体 1-乙基-3-甲基咪唑氯盐([EMIM]Cl)为溶剂，采用不同金属氯化物催化剂，发现 $CrCl_2$ 与［EMIM］Cl 结合时催化活性最好，可以得到 70％的 HMF。使用大位阻卡宾作为配体与 $CrCl_2$ 结合可以使反应的产率提高到 81％。从纤维素制备 HMF 时需要先把纤维素水解成葡萄糖，然后通过路易斯酸的催化作用实现 HMF 的生成。使用 DMAc/LiCl/HCl/$CrCl_3$/离子液体多组分体系[158]，可以很好地将纤维素转化为 HMF，产率达 54％。采用［EMIM］Cl/$CrCl_3$/HCl 体系[159]，获得产率 73％的 HMF。

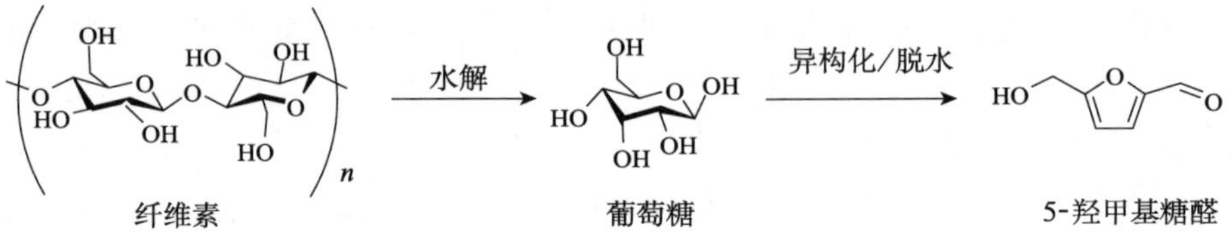


Mascal 等[160]报道了纤维素高效转化为氯甲基糠醛的结果，他们使用浓盐酸和 5％氯化锂作为催化剂转化纤维素，氯甲基糠醛收率可达 71％。进一步改进反应条件，使原来的开放体系变为封闭体系，缩短了反应时间，同时产率也得到了提高[161]，在 65℃下能够将纤维素降解成葡萄糖，且同时实现了葡萄糖的异构化。通过后续反应可将其转化成为不含氯的衍生物[162]。

## 二、左旋葡萄糖类化合物

左旋葡聚糖（levoglucosan，LG）可用于合成一系列化学品和新材料，包括酯、醚、聚亚胺酯等[163]，同时还是一种重要的手性分子，可用于抗生素和免疫素的合成[164,165]。作为纤维素热裂解的主产物，具有原料来源广泛的特点，因此受到越来越多的重视。在快速热裂解的条件下，LG 的产率可以达到 30％～60％[166-168]，在溶液中反应，可以在较低的反应温度下得到较高的产率[169]。黄金保等[170]采用密度泛函理论对模型化合物纤维二糖热解反应机理进行了研究。结果表明，糖苷键均裂形成两个自由基中间体，然后形成 LG 的势能要高于纤维二糖分子内的协同反应直接形成 LG。Kwon[171]设计了连续进料且产物迅速冷却的生产工艺，以纤维素为原料获得了 70％的 LG 产率。

左旋葡萄糖酮（levoglucosenone，LGO）由于分子内含有烯酮结构，可以进行 Diels-Alder 加成、1,4 -加成、1,2 -加成等反应。近年来，研究发现 LGO 在合成一系列手性化合物时可以作为导向型分子而备受重视[172]。尽管国内外报道了多种以小分子为原料制备 LGO 的方法，但是存在原料价格昂贵的缺点。所以，以纤维素为原料，通过酸催化的快速热裂解制备 LGO 具有发展前景。Suarez 等[173]研究了酸处理的纤维素在微波加热条件下的转化，分析了影响 LGO 产率的因素。在优化条件下，LGO 产率为 6.5wt%，高于传统热裂解的产率[174]。张颖等[175]使用 $SO_4^{2-}/ZrO_2$ 固体超强酸催化纤维素的快速热裂解，在 335℃条件下获得了约 7.7wt%的 LGO 产率。Kudo 等[176]以离子液体 1-丁基-2,3-二甲基咪唑三氟甲磺酸盐为溶剂，热解经磷酸处理过的纤维素，得到产率 20wt%的 LGO，这是目前报道的最高产率。

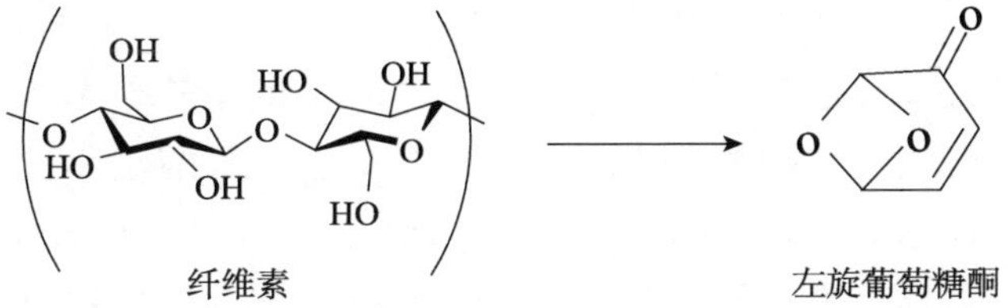


## 三、双酚酸

双酚酸（diphenolic acid，DPA）作为中间体可用于制造涂料、表面活性剂、增塑剂、纺织助剂等，也可以替代双酚 A 用于制备环氧树脂、聚碳酸酯[177]。郭伊荇等[178-181]报道了介孔二氧化硅负载杂多酸、Cs 取代杂多酸等固体酸对合成 DPA 的催化反应，发现在较高的温度下（100℃），TOF 可以达到 $50h^{-1}$以上。Sels 等[182]报道了高度支化的聚芳基吲哚酮磺酸树脂对该反应的催化，通过 4-巯乙基吡啶与部分磺酸基团中和的方法引入巯基，该催化剂兼具酸性基团和巯基基团，获得了较好的选择性，但报道的最高产率仅为 52.9%。由于固体酸催化体系均需要较高的反应温度，生成了 $o,p'$-DPA 等较多副产物，导致 $p,p'$-DPA 选择性下降。邓理等[183]以酸性离子液体为催化剂和溶剂，同时加入含有巯基的酸性离子液体作为助剂，在温和条件下实现了双酚酸的合成，产率高达 90%，而且 $p$，$p'$-DPA 选择性较高，该催化剂可以重复使用。

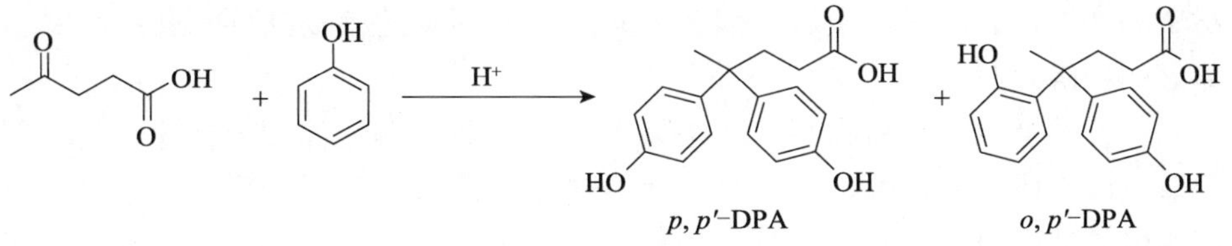


## 四、$\alpha$-亚甲基-$\gamma$-戊内酯

Manzer 等[122,184]报道了在固体碱催化下，$\gamma$-戊内酯与甲醛可以用来生产 $\alpha$-亚甲基-$\gamma$-戊内酯（$\alpha$-methylene-$\gamma$-valerolactone，MeGVL），一类制

备具有高玻璃化转变温度的高分子材料的单体（PMeMBL）。Manzer 等利用 $SiO_2$负载醋酸钡作为催化剂，在 340℃条件下，前 15min 可以转化 60%的 $\gamma$-戊内酯，得到 25% 的 $\alpha$-亚甲基-$\gamma$-戊内酯。为实现该化合物的工业化生产，提高反应的效率和催化剂寿命是亟待解决的问题。

## 五、丙烯腈

丙烯腈（acrylonitrile，AN）是一种重要的高分子单体，传统合成 AN 的方法有氰乙醇法、乙炔法和丙烯氨氧化法等。氰乙醇法和乙炔法合成 AN 需要用到剧毒的氢氰酸，丙烯氨氧化法需要较苛刻的反应条件，而且产物中也含有氢氰酸，需要专门设备处理。Banares 等[185]从甘油出发制备 AN，提供了一条可持续的 AN 合成的绿色途径。将甘油在 300℃条件下气化，然后与 $O_2$和 $NH_3$气体混合，400℃下催化甘油转化生成 AN。催化剂对产率具有很大的影响，氧化铝负载锑、铌氧化物的活性明显低于钒氧化物，采用钒和锑铌复合金属氧化物，产率可达到 58.3%。但是该体系也存在催化剂积碳失活等问题。进一步改进反应方式[186,187]，采用微波促进反应，将氧化剂改为过氧化氢，在 100℃反应实现了 AN 的合成。反应 1h 有 47%的甘油转化，AN 的选择性也达到 80%以上。值得一提的是，该反应的副产物丙烯醛、丙醛等也是重要的化工产品。

## 六、环氧化合物

植物油是一类重要的可再生资源，其来源广泛，含有可供改性的双键、酯键等官能团，因此具有广泛的用途。如前所述，植物油与甲醇发生酯交换反应生成的脂肪酸甲酯（生物柴油）可以和柴油混合使用，减轻对石油资源的依赖。植物油的环氧化已经实现了工业化生产。环氧化植物油被广泛用于材料的增塑剂、涂料等领域。因此，开发高效环保的植物油环氧化技术具有显著的经济效益[188]。

传统的合成环氧植物油的方法是甲酸或乙酸在强酸催化剂作用下与过氧化氢反应生成过氧化物，然后加入大豆油中，反应结束后经碱洗、水洗、减压蒸馏等处理得到环氧植物油。此外，阳离子交换树脂、杂多酸、介孔分子筛等[189-191]固体酸可以代替液体强酸用于该反应。Hoelderich 等[192]研究了介孔钛硅分子筛（Ti-MCM-41）和无定形钛硅催化剂（Ti-$SiO_2$）对油酸甲酯环氧化催化，发现 Ti-MCM-41 的结构对油酸甲酯的催化效果没有明显影响。di Serio 等[193]采用溶胶-凝胶法合成了 $Nb_2O_5$-$SiO_2$催化剂，并用于大豆油的氧化，发现催化剂的 Brϕnsted 酸位点密度越大，大豆油的转化率越高。Kockritz 等[194]以 $O_2$ 为氧化剂、醛为共氧化剂、偶氮二异丁腈（AIBN）为引发剂氧化油酸甲酯，在有机溶剂中反应时，环氧产率可达 99%以上。当采用正己醛作为共氧化剂时，即使是在水相中反应，环氧产率依然可达 78%。

## 第七节　总结与展望

在这一章中，我们总结了近年来以生物质为原料的合成化学的主要进展。这些进展表明，从目标产物入手，通过设计高效的催化剂和优化反应条件，可以利用丰富的生物质原料，生产重要的有机物，以逐步补充或部分替代石油化学品。但是，目前这些工作大多仍处于实验室阶段，实现工业规模生产还存在一定困难，还有很长的路要走。

根据我国的实际情况，开发生物质燃料和化学品，可资利用的生物质资源主要是以农林副产物和废弃物为主的非粮食生物质，其主要成分纤维素和木质素相对于淀粉等原料结构稳定，不易降解。从能源的角度看，与当前大规模使用的煤、石油、天然气等化石资源相比，生物质中水和氧含量高，能量密度低，产地分散，不易收集与加工。同时，在石化产品仍占主导地位的化学品生产领域，生物质化学品在生产规模和产业链等方面仍缺少竞争力。

解决这些问题，对于生物质合成化学无疑是挑战，同时也提供了机遇。为此，在今后相当长一段时间内，需要在以下几个方面开展深入系统的研究工作。

（1）针对木质纤维素的结构特点，发展高效绿色的预处理以及纤维素和木质素的解聚技术，高效制备单糖、多元醇、酚等平台分子。

木质纤维素结构复杂，难以直接转化为高附加值化学品和燃料。木质纤维素的预处理是其有效利用的关键起始步骤。通过预处理，可以获得分离的半纤维素、纤维素和木质素，降低它们的相对分子质量/聚合度，提高木质纤维素的降解性能，降低后续转化步骤的难度。

木质纤维素的预处理方法通常包括物理法、化学法和生物法。其中物理法和化学法处理效果较好，但处理成本高，环境压力大。生物法处理虽然清洁，但处理效率低、成本高，难以达到工业化规模。基于此，需要大力发展先进的预处理技术。研究不同预处理过程对木质纤维素整体结构的作用效果以及对其各个组分的作用效果，实现木质纤维素的预处理和后续转化反应步骤的有效衔接。集合不同的预处理技术，发展更加高效、无污染且成本低的多技术集成的高效绿色预处理方法。

在生物质解聚方面，基于纤维素、半纤维素和木质素的结构特点，将纤维素和半纤维素解聚为葡萄糖、木糖、果糖等碳水化合物，将木质素解聚为酚类等含芳环的化合物是利用生物质合成其他化学品的起点。根据纤维素、半纤维素和木质素的结构、形态、来源等因素，研究其解聚过程及其规律，发展高效催化体系，优化条件，实现纤维素、半纤维素和木质素向目标化合物的定向解聚。例如，发展具有高活性、高稳定性的固体酸，代替原有的无机酸水解体系，减少设备腐蚀和污染物排放，实现木质纤维素的绿色高效转化。

（2）研发基于生物质分子的高效脱氧技术，降低原料中的含氧量，以提高能量密度，制备高品位燃料。

目前基于生物质分子转化为燃料和高附加值化学品主要有三条途径：①生物转化，以生物酶技术为主。通过酶催化反应把生物质转化为可发酵的碳水化合物，但该项技术目前存在生物酶大规模生产难度大、成本高等问题。②热化学转化，主要包括热解干馏、热解气化和热解液化。热解干馏技术可将木质生物质转化为炭、燃气和多种化学品。热解气化可将生物质主要转化为可燃气体，根据工艺不同，气体产物可以是低热值或中热值气体。热解液化是在中温快速加热条件下使生物质迅速裂解，并使热解气迅速冷凝获得初级液体燃料，即生物油。但生物油的成分复杂、酸值和氧含量高，必须经过脱氧处理提高其热值等。一般通过加氢裂化和液相酯化反应降低生物油的氧含量。加拿大 Waterloo 大学和美国 Georgia 理工学院联合开发了两段加氢精制工艺用于生物油的加氢脱氧。荷兰 BTG 公司利用加压催化装置对生物油进行脱氧处理后，所得燃料的各项指标均优于重油。国内目前在这方面也开展了大量研究，华东理工大学分别采用 HZSM－5 分子筛催化剂和经过硫化的 Co-Mo-P 催化剂对生物油液相催化裂解和催化加氢。中国科学院广州能源研究所采用固体催化剂初步研究了生物油的酯化。中国科学技术大学通过对生物油中的有机酸进行酯化降低生物油的酸性，同时开发了通过两分子的有机酸脱羧成酮的方法，以二氧化碳和水分子的形式脱去三个氧原子，降低氧含量。③生物质通过水解为葡萄糖等平台分子，然后通过化学合成制备液体燃料和化学品。例如，利用新型生物质平台化合物 $\gamma$-戊内酯（GVL）可以通过两步催化转化合成 $C_8 \sim C_{16}$ 的烃类化合物，但是目前 GVL 的价格仍然较高，且生产工艺存在废酸排放的问题。

针对生物质分子中氧含量高的问题，需要发展新的高效脱氧技术：①发展新型的热解催化剂和工艺，高选择性地从生物质原料直接转化为燃料前驱体，从而进一步通过分离提纯、气相催化裂解、液相加氢、气相加氢、加氢裂化和液相酯化等方法转化为高品位燃料；②在通过对生物质原料进行预处理获得糖类衍生物和酚类衍生物后，发展新型的多功能催化剂，催化糖类衍生物和酚类衍生物加氢脱氧一步转化为燃料分子；③研发新型催化剂和工艺，通过催化重整实现不使用外部氢源的高效脱氧反应。

(3) 发展新型生物质基平台分子，以及通过平台分子转化为高附加值化学品的反应途径。

把木质纤维素中的主要成分转化为一系列的平台分子，通过平台分子转化为高附加值化学品和燃料。美国能源部从超过 300 种源于生物质的化合物中筛选出十几类平台分子，主要包括丁二酸、2,5-呋喃二甲酸、3-羟基丙酸、天冬氨酸、葡萄糖二酸、谷氨酸、衣康酸、乙酰丙酸、3-羟基丁内酯、甘油、山梨糖醇、木糖醇和 5-羟甲基糠醛等。此外，还有多种从木质素转化获得的酚类单体。目前，由生物质转化为平台分子的过程普遍催化效率不高，溶剂体系不属于绿色化学，反应条件不够温和，工艺路线复杂。针对上述问题，需要开展以下研究：①发展新型均相和非均相催化体系，如新型高效固体酸和氢解催化剂等，选择性断裂糖类衍生物分子的 C—O 和 O—H 键等，实现温和反应条件下不同结构的水溶性糖类衍生物选择性脱水、裂解，转化为平台化合物，特别是实现在水相体系中糖类衍生物到平台分子的绿色转化；②发展多功能催化剂体系，对糖类衍生物的脱水和后续的催化加氢、氧化等路径进行偶合，实现糖类和酚类衍生物到平台分子的一步转化，简化工艺路线；③结合当前有机化学发展的串联反应等合成策略和方法，将其应用到从生物质基原料到高附加值化学品的一步转化中，缩短合成路线，提高转化效率，降低生产成本。

(4) 发展新型催化剂，提高催化剂对不同生物质原料的适应性和稳定性，解决生物质水相反应中催化剂容易失活的问题，以及生物质反应容易造成结焦和积碳的问题。

与化石原料相比，生物质原料具有较多的羟基、羰基、羧基等亲水性官能团。针对生物质原料的这种特殊化学结构，需要发展一系列新型催化剂。要求新催化剂不仅能够兼容生物质原料中的亲水性官能团，而且能够选择性地保留或去除或转化特定基团，提高催化剂对不同生物质原料的适应性。针对催化效率，要求新催化剂不仅能够以较低的催化剂浓度和较快的反应速率完成原料的转化，而且能够在相对温和的反应条件下实现高效转化，提高催化剂对不同生物质原料的反应性。要求新型催化剂在水相反应条件下不易流失和失活，在热解反应条件下不易结焦和积碳，提高催化剂对不同生物质原料的稳定性。

根据以上要求，需要开展以下研究：①发展结构均匀、多种活性中心共存的新型多相催化剂（如酸性和碱性中心、酸性中心与加氢中心等），实现多种催化反应的有效偶合和对特定官能团的选择性转化。②发展新型水溶性均相催化剂，提高均相催化剂的稳定性，通过配体调控催化剂反应活性和选择性；利用其水溶性特征，在保证其在水相体系中的催化活性基础上，通过相分离手段实现催化剂与反应产物的分离和循环使用。③发展新型分子筛型多相催化剂，利用分子筛的多孔结构，通过调控孔道尺寸，控制与孔道中催化活性中心作用的反应原料分子的数目和扩散速率，减少分子聚合结焦积碳；增强载体与生物质原料中亲水性反应基团的作用力，提高催化反应效率。④发展新型有机金属骨架材料（MOF）催化剂。通过配体与过渡金属离子的络合和自组装，制备兼具均相催化和多相催化特点的功能材料。通过配体调控中心金属离子的催化活性，并调控自组装时孔道的形貌大小，发展其独特的催化功能。

（5）设计新反应和新工艺，发展新的转化途径，合成新的目标化合物，丰富生物质合成化学的内容。

目前通过生物质转化得到的化合物类型相对集中，种类有限，不能满足多方面的需求。因此，发展新的转化途径和工艺，合成多种类型生物质基化学品，是面临的一项重要任务。值得注意的是，生物质原料含有大量的羟基、醛基、烷氧基和醚键。从合成化学的角度，充分利用生物质原料中已有的官能团合成一些石化工业上难以合成的化学品，是制备生物质基化学品的特色之一。糠醛可以由玉米芯高温水解制得，已实现产业化，是目前由生物质制备，且优于石化工艺的大宗化学品。糠醛具有多种用途。从糠醛出发制备更多具有高附加值的化学品，值得深入研究。5-羟甲基糠醛最有潜力成为下一个生物质基大宗化学品。其最大的潜在用途是衍生制备2,5-呋喃二甲酸，而2,5-呋喃二甲酸有可能替代对苯二甲酸，合成生物质基聚酯材料。木质素中含有大量的酚基单元，通过裂解即可得到苯酚及其衍生物。由生物质制备酚类化合物比石油化工更具吸引力。目前，需要解决的问题是设计合理的工艺路线，高产率地生产木质素的裂解产物，并且研究绿色高效的分离方法，最终得到高附加值的酚类化合物。另外，结合生物质原料的结构特点，在非降解的条件下，直接利用生物质原料也是一条不可忽视的重要途径。通过化学方法在纤维素和壳聚糖等材料基础上构筑纳米结构或进行表面修饰，能够获得多种功能化的生物质基高分子材料，可以应用于医疗、环保和分离等领域。

在研究中需要注重先进表征技术的应用和反应中间体的检测。通过对中间体检测和捕捉，获得反应机理的信息，在此基础上设计调变催化剂，优化反应条件，从而实现选择性地合成特定的目标产物或者中间产物。同时结合量子化学计算，模拟反应条件，寻找最优反应途径和关键中间体，为新反应的发现提供理论指导。把微波技术、电化学技术、光催化技术、同步辐射技术等方法用于生物质转化，从而发现新反应，合成新化合物。

持续开展生物质化学转化的研究，可望形成绿色高效的生物质化学精炼技术，建立现代生物质化工厂，提供丰富的生物燃料和化学品，为社会、经济、环境的可持续发展作出贡献。

## 参考文献


[1] McKendry P. Energy production from biomass (part 1): Overview of biomass. Bioresource Technol, 2002, 83: 37 - 46.

[2] Hall D O R C, Williams R H, Woods J. Biomass for energy: Supply prospeets// Thomas B, Robert H. Renewable energy: Sources for fuels and electricity. Island Press, Washington, DC, 1993: 593 - 651.

[3] Borjesson P Ⅰ Ⅰ. Emissions of $CO_2$ from biomass production and transportation in agriculture and forestry. Energ Convers Manage, 1996, 37: 1235 - 1240.

[4] Leung D Y C, Yin X L, Wu C Z. A review on the development and commercialization of biomass gasification technologies in china. Renew Sust Energ Rev, 2004, 8: 565 -580.

[5] Kunkes E L, Simonetti D A, West R M, et al. Catalytic conversion of biomass to monofunctional hydrocarbons and targeted liquid-fuel classes. Science, 2008, 322: 417 -421.

[6] Babu B V. Biomass pyrolysis: A state-of-the-art review. Biofuel Bioprod Bior, 2008, 2: 393 - 414.

[7] Simonetti D A, Rass-Hansen J, Kunkes E L, et al. Coupling of glycerol processing with fischer-tropsch synthesis for production of liquid fuels. Green Chem, 2007, 9: 1073 - 1083.

[8] Atalla R H. Structures of cellulose. //The structures of cellulose. Am Chem Soc, 1987: 1 - 14.

[9] Yan Q, Yuan J Y, Kang Y, et al. Synthesis and functions of cellulose graft copol-

ymers. Prog Chem，2010，22：449－457.

[10] Saha B C. Hemicellulose bioconversion. J Ind Microbiol Biot，2003，30：279－291.

[11] Corma A，Iborra S，Velty A. Chemical routes for the transformation of biomass into chemicals. Chem Rev，2007，107：2411－2502.

[12] Srivastava A，Prasad R. Triglycerides-based diesel fuels. Renew Sust Energ Rev，2000，4：111－133.

[13] Lligadas G，Ronda J C，Galia M，et al. Plant oils as platform chemicals for polyurethane synthesis：Current state-of-the-art. Biomacromolecules，2010，11：2825－2835.

[14] Hatakeyama H，Hatakeyama T. Lignin structure，properties，and applications. Adv Polym Sci，2010，232：1－63.

[15] Feldman D. Lignin polymer systems and some applications. Prog Polym Sci，1986，12：271.

[16] Zakzeski J，Weckhuysen B M. Lignin solubilization and aqueous phase reforming for the production of aromatic chemicals and hydrogen. ChemSusChem，2011，4：369－378.

[17] Huber G W，Iborra S，Corma A. Synthesis of transportation fuels from biomass：Chemistry，catalysts，and engineering. Chem Rev，2006，106：4044－4098.

[18] Wei Z H，Sun J M，Li Y，et al. Bimetallic catalysts for hydrogen generation. Chem Soc Rev，2012，41：7994－8008.

[19] Xiao C X，Cai Z P，Wang T，et al. Aqueous-phase fischer-tropsch synthesis with a ruthenium nanocluster catalyst. Angew Chem Int Ed，2008，47：746－749.

[20] Salge J R，Dreyer B J，Dauenhauer P J，et al. Renewable hydrogen from nonvolatile fuels by reactive flash volatilization. Science，2006，314：801－804.

[21] Dauenhauer P J，Dreyer B J，Degenstein N J，et al. Millisecond reforming of solid biomass for sustainable fuels. Angew Chem Int Ed，2007，46：5864－5867.

[22] Huber G W，Cortright R D，Dumesic J A. Renewable alkanes by aqueous-phase reforming of biomass-derived oxygenates. Angew Chem Int Ed，2004，43：1549－1551.

[23] Huber G W，Chheda J N，Barrett C J，et al. Production of liquid alkanes by aqueous-phase processing of biomass-derived carbohydrates. Science，2005，308：1446－1450.

[24] Corma A，de la Torre O，Renz M. Production of high quality diesel from cellulose and hemicellulose by the sylvan process：Catalysts and process variables. Energ Environ Sci，2012，5：6328－6344.

[25] Corma A，de la Torre O，Renz M，et al. Production of high-quality diesel from biomass waste products. Angew Chem Int Ed，2011，50：2375－2378.

[26] Corma A，de la Torre O，Renz M. High-quality diesel from hexose-and pentose-derived biomass platform molecules. ChemSusChem，2011，4：1574－1577.

[27] Li G Y，Li N，Wang Z Q，et al. Synthesis of high-quality diesel with furfural

and 2-methylfuran from hemicellulose. ChemSusChem, 2012, 5: 1958-1966.

[28] Geilen F M A, Engendahl B, Harwardt A, et al. Selective and flexible transformation of biomass-derived platform chemicals by a multifunctional catalytic system. Angew Chem Int Ed, 2010, 49: 5510-5514.

[29] Weingarten R, Cho J, Xing R, et al. Kinetics and reaction engineering of levulinic acid production from aqueous glucose solutions. ChemSusChem, 2012, 5: 1280-1290.

[30] Yang Y, Hu C W, Abu-Omar M M. Conversion of carbohydrates and lignocellulosic biomass into 5-hydroxymethylfurfural using alcl3 center dot 6h (2) o catalyst in a biphasic solvent system. Green Chem, 2012, 14: 509-513.

[31] Bond J Q, Alonso D M, Wang D, et al. Integrated catalytic conversion of gamma-valerolactone to liquid alkenes for transportation fuels. Science, 2010, 327: 1110-1114.

[32] Mehdi H, Fabos V, Tuba R, et al. Integration of homogeneous and heterogeneous catalytic processes for a multi-step conversion of biomass: From sucrose to levulinic acid, gamma-valerolactone, 1, 4-pentanediol, 2-methyl-tetrahydrofuran, and alkanes. Top Catal, 2008, 48: 49-54.

[33] Serrano-Ruiz J C, Wang D, Dumesic J A. Catalytic upgrading of levulinic acid to 5-nonanone. Green Chem, 2010, 12: 574-577.

[34] Gurbuz E I, Kunkes E L, Dumesic J A. Dual-bed catalyst system for C—C coupling of biomass-derived oxygenated hydrocarbons to fuel-grade compounds. Green Chem, 2010, 12: 223-227.

[35] Yan N, Zhao C, Dyson P J, et al. Selective degradation of wood lignin over noble-metal catalysts in a two-step process. ChemSusChem, 2008, 1: 626-629.

[36] Zhao C, Kou Y, Lemonidou A A, et al. Highly selective catalytic conversion of phenolic bio-oil to alkanes. Angew Chem Int Ed, 2009, 48: 3987-3990.

[37] Zhao C, Lercher J A. Upgrading pyrolysis oil over Ni/HZSM-5 by cascade reactions. Angew Chem Int Ed, 2012, 51: 5935-5940.

[38] Yan N, Yuan Y A, Dykeman R, et al. Hydrodeoxygenation of lignin-derived phenols into alkanes by using nanoparticle catalysts combined with bronsted acidic ionic liquids. Angew Chem Int Ed, 2010, 49: 5549-5553.

[39] Jiang T, Zhang Q, Wang T J, et al. High yield of pentane production by aqueous-phase reforming of xylitol over Ni/HZSM-5 and Ni/MCM22 catalysts. Energ Convers Manage, 2012, 59: 58-65.

[40] Zhang J, Wu S, Li B, et al. Direct conversion of cellobiose into sorbitol and catalyst deactivation mechanism. Catal Commun, 2012, 29: 180-184.

[41] Nilges P, dos Santos T R, Harnisch F, et al. Electrochemistry for biofuel generation: Electrochemical conversion of levulinic acid to octane. Energ Environ Sci, 2012, 5:

5231－5235.

[42] Phillips C B，Datta R. Production of ethylene from hydrous ethanol on H-ZSM-5 under mild conditions. Ind Eng Chem Res，1997，36：4466－4475.

[43] di Cosimo J I，Diez V K，Xu M，et al. Structure and surface and catalytic properties of Mg-Al basic oxides. J Catal，1998，178：499－510.

[44] Gao X T，Wachs I E. Titania-silica as catalysts：Molecular structural characteristics and physico-chemical properties. Catal Today，1999，51：233－254.

[45] El-Katatny E A，Halawy S A，Mohamed M A，et al. Recovery of ethene-selective $FeO_x/Al_2O_3$ ethanol dehydration catalyst from industrial chemical wastes. Appl Catal a-Gen，2000，199：83－92.

[46] Haber J，Pamin K，Matachowski L，et al. Potassium and silver salts of tungstophosphoric acid as catalysts in dehydration of ethanol and hydration of ethylene. J Catal，2002，207：296－306.

[47] Takahara I，Saito M，Inaba M，et al. Dehydration of ethanol into ethylene over solid acid catalysts. Catal Lett，2005，105：249－252.

[48] Varisli D，Dogu T，Dogu G. Ethylene and diethyl-ether production by dehydration reaction of ethanol over different heteropolyacid catalysts. Chem Eng Sci，2007，62：5349－5352.

[49] Chen G W，Li S L，Jiao F J，et al. Catalytic dehydration of bioethanol to ethylene over $TiO_2$/gamma-$Al_2O_3$ catalysts in microchannel reactors. Catal Today，2007，125：111－119.

[50] Rho S B. The conversion of ethanol to ethylene using a gas-phase catalytic reaction，including the effects of cyclic operation. Int Chem Engin，1984，24：567－577.

[51] 潘履让，蒋瑞芸，李赫晅 . Hzsm-5 分子筛上 $CO_2$ 和 $NH_3$ 吸附及乙醇脱水反应选择性的研究 . 催化学报，1985，4：353－357.

[52] Mol J C. Application of olefin metathesis in oleochemistry：An example of green chemistry. Green Chem，2002，4：5－13.

[53] Mol J C. Catalytic metathesis of unsaturated fatty acid esters and oils. Top Catal，2004，27：97－104.

[54] Vandam P B，Boelhouwer C，Mittelme M C. Metathesis of unsaturated fatty-acid esters by a homogeneous tungsten hexachloride-tetramethyltin catalyst. J Chem Soc Chem Comm，1972：1221.

[55] 李蕊琼，傅尧，刘磊，等 . 钌催化烯烃复分解反应的研究进展 . 有机化学，2004，9：1004－1017.

[56] Patel J，Mujcinovic S，Jackson W R，et al. High conversion and productive catalyst turnovers in cross-metathesis reactions of natural oils with 2-butene. Green Chem，2006，8：450－454.

[57] Antonakou E, Lappas A, Nilsen M H, et al. Evaluation of various types of al-mcm-41 materials as catalysts in biomass pyrolysis for the production of bio-fuels and chemicals. Fuel, 2006, 85: 2202-2212.

[58] Carlson T R, Cheng Y T, Jae J, et al. Production of green aromatics and olefins by catalytic fast pyrolysis of wood sawdust. Energ Environ Sci, 2011, 4: 145-161.

[59] Cho J M, Chu S, Dauenhauer P J, et al. Kinetics and reaction chemistry for slow pyrolysis of enzymatic hydrolysis lignin and organosolv extracted lignin derived from maplewood. Green Chem, 2012, 14: 428-439.

[60] Cheng Y T, Huber G W. Chemistry of furan conversion into aromatics and olefins over hzsm-5: A model biomass conversion reaction. Acs Catal, 2011, 1: 611-628.

[61] Jae J, Tompsett G A, Foster A J, et al. Investigation into the shape selectivity of zeolite catalysts for biomass conversion. J Catal, 2011, 279: 257-268.

[62] Cheng Y T, Jae J, Shi J, et al. Production of renewable aromatic compounds by catalytic fast pyrolysis of lignocellulosic biomass with bifunctional Ga/ZSM-5 catalysts. Angew Chem Int Ed, 2012, 51: 1387-1390.

[63] Cheng Y T, Wang Z P, Gilbert C J, et al. Production of *p*-xylene from biomass by catalytic fast pyrolysis using zsm-5 catalysts with reduced pore openings. Angew Chem Int Ed, 2012, 51: 11097-11100.

[64] Sauer J, Sustmann R. Mechanistic aspects of Diels-Alder reactions-a critical survey. Angew Chem Int Ed Eng, 1980, 19: 779-807.

[65] Balthazor T M, Gaede B, Korte D E, et al. Reaction of 1, 1, 1-trichloro-3-nitro-2-propene with furans-a reexamination. J Org Chem, 1984, 49: 4547-4549.

[66] Brandvold T A. Carbohydrate route to *p*-xylene and terephthalic acid. US2010-0331568, 2010.

[67] Shiramizu M, Toste F D. On the Diels-Alder approach to solely biomass-derived polyethylene terephthalate(pet): Conversion of 2, 5-dimethylfuran and acrolein into *p*-xylene. Chem Eur J, 2011, 17: 12452-12457.

[68] Williams C L, Chang C C, Do P, et al. Cycloaddition of biomass-derived furans for catalytic production of renewable *p*-xylene. Acs Catal, 2012, 2: 935-939.

[69] Zhang H Y, Cheng Y T, Vispute T P, et al. Catalytic conversion of biomass-derived feedstocks into olefins and aromatics with ZSM-5: The hydrogen to carbon effective ratio. Energ Environ Sci, 2011, 4: 2297-2307.

[70] Chai S H, Wang H P, Liang Y, et al. Sustainable production of acrolein: Gas-phase dehydration of glycerol over 12-tungstophosphoric acid supported on ZrO(2) and SiO(2). Green Chem, 2008, 10: 1087-1093.

[71] Corma A, Huber G W, Sauvanauda L, et al. Biomass to chemicals: Catalytic conversion of glycerol/water mixtures into acrolein, reaction network. J Catal, 2008, 257:

163 - 171.

[72] Kim Y T, Jung K D, Park E D. Gas-phase dehydration of glycerol over zsm-5 catalysts. Micropor Mesopor Mat, 2010, 131: 28 - 36.

[73] Pestman R, Koster R M, van Duijne A, et al. Reactions of carboxylic acids on oxides. 2. Bimolecular reaction of aliphatic acids to ketones. J Catal, 1997, 168: 265 - 272.

[74] Vervecken M S Y, Wydoodt M, et al. Zeolite-induced selectivity in the conversion of the lower aliphatic carboxylic acids. //Settonr. Chemical Reactions in Organic and Inorganic Constrained Systems. Springer Netherlands, 1986: 95 - 114.

[75] Parida K, Mishra H K. Catalytic ketonisation of acetic acid over modified zirconia-1. Effect of alkali-metal cations as promoter. J Mol Catal a-Chem, 1999, 139: 73 - 80.

[76] Glinski M, Kijenski J, Jakubowski A. Ketones from monocarboxylic acids-catalytic ketonization over oxide systems. Appl Catal a-Gen, 1995, 128: 209 - 217.

[77] Alonso D M, Bond J Q, Serrano-Ruiz J C, et al. Production of liquid hydrocarbon transportation fuels by oligomerization of biomass-derived c-9 alkenes. Green Chem, 2010, 12: 992 - 999.

[78] Werpy T A H J E, White J F. Top value added chemicals from biomass: I. Results of screening for potential candidates from sugars and synthesis gas. Pacific Northwest National Laboratory (PNNL): Richland, WA (US), 2004.

[79] Holladay J , Bosell J, White J, et al. Top value added chemicals from biomass ii. Results of screening for potential candidates from biorefinery lignin. DOE Report PNNL-16983 (website: http: //chembioprocess. pnl. gov/staff/staff _ info. asp), 2007.

[80] Rasrendra C B, Fachri B A, Makertihartha I G B N, et al. Catalytic conversion of dihydroxyacetone to lactic acid using metal salts in water. ChemSusChem, 2011, 4: 768 - 777.

[81] Bang S S, Johnston D. Environmental effects of sodium acetate/formate deicer, ice shear(tm) . Arch Environ Con Tox, 1998, 35: 580 - 587.

[82] Weber M, Wang J T, Wasmus S, et al. Formic acid oxidation in a polymer electrolyte fuel cell-a real-time mass-spectrometry study. J Electrochem Soc, 1996, 143: L158 -L160.

[83] Rice C , Ha S, Masel R I, et al. Direct formic acid fuel cells. J Power Source, 2002, 111: 83 - 89.

[84] Uhm S, Chung S T, Lee J. Characterization of direct formic acid fuel cells by impedance studies: In comparison of direct methanol fuel cells. J Power Source, 2008, 178: 34 - 43.

[85] Jin F M, Yun J, Li G M, et al. Hydrothermal conversion of carbohydrate biomass into formic acid at mild temperatures. Green Chem, 2008, 10: 612 - 615.

[86] Li J, Ding D J, Deng L, et al. Catalytic air oxidation of biomass-derived carbohydrates to formic acid. ChemSusChem, 2012, 5: 1313 - 1318.

[87] Christensen C H, Jorgensen B, Rass-Hansen J, et al. Formation of acetic acid by aqueous-phase oxidation of ethanol with air in the presence of a heterogeneous gold catalyst. Angew Chem Int Ed, 2006, 45: 4648 - 4651.

[88] Soriano M D, Concepcion P, Nieto J M L, et al. Tungsten-vanadium mixed oxides for the oxidehydration of glycerol into acrylic acid. Green Chem, 2011, 13: 2954 -2962.

[89] Deleplanque J, Dubois J L, Devaux J F, et al. Production of acrolein and acrylic acid through dehydration and oxydehydration of glycerol with mixed oxide catalysts. Catal Today, 2010, 157: 351 - 358.

[90] Roy D, Subramaniam B, Chaudhari R V. Cu-based catalysts show low temperature activity for glycerol conversion to lactic acid. Acs Catal, 2011, 1: 548 - 551.

[91] John R P, Anisha G S, Nampoothiri K M, et al. Direct lactic acid fermentation: Focus on simultaneous saccharification and lactic acid production. Biotechnol Adv, 2009, 27: 145 - 152.

[92] Holm M S, Saravanamurugan S, Taarning E. Conversion of sugars to lactic acid derivatives using heterogeneous zeotype catalysts. Science, 2010, 328: 602 - 605.

[93] Bicker M, Endres S, Ott L, et al. Catalytical conversion of carbohydrates in subcritical water: A new chemical process for lactic acid production. J Mol Catal a-Chem, 2005, 239: 151 - 157.

[94] de Clippel F, Dusselier M, van Rompaey R, et al. Fast and selective sugar conversion to alkyl lactate and lactic acid with bifunctional carbon-silica catalysts. J Am Chem Soc, 2012, 134: 10089 - 10101.

[95] Shen Y H, Zhang S H, Li H J, et al.. Efficient synthesis of lactic acid by aerobic oxidation of glycerol on Au-Pt/$TiO_2$ catalysts. Chem-Eur J, 2010, 16: 7368 - 7371.

[96] 刘海超，沈宜泓，李宏佳. 一种利用甘油合成乳酸的方法. CN101225041，2008.

[97] Zhang J, Wu S B, Li B, Zhang H D. Advances in the catalytic production of valuable levulinic acid derivatives. Chemcatchem, 2012, 4: 1230 - 1237.

[98] Fitzpatrick, S W. Production of levulinic acid from carbohydrate-containing materials. US5608105, 1997.

[99] Lourvanij K, Rorrer G L. Reaction rates for the partial dehydration of glucose to organic acids in solid-acid, molecular-sieving catalyst powders. J Chem Technol Biot, 1997, 69: 35 - 44.

[100] Lourvanij K, Rorrer G L. Dehydration of glucose to organic-acids in microporous pillared clay catalysts. Appl Catal a-Gen, 1994, 109: 147 - 165.

[101] Lai D M, Deng L, Guo Q X, et al. Hydrolysis of biomass by magnetic solid acid. Energ Environ Sci, 2011, 4: 3552 - 3557.

[102] Chen S Y, Yokoi T, Tang C Y, et al. Sulfonic acid-functionalized platelet sba-

15 materials as efficient catalysts for biodiesel synthesis. Green Chem, 2011, 13: 2920 -2930.

[103] Warabi Y, Kusdiana D, Saka S. Reactivity of triglycerides and fatty acids of rapeseed oil in supercritical alcohols. Bioresource Technol, 2004, 91: 283 - 287.

[104] Crabbe E, Nolasco-Hipolito C, Kobayashi G, et al. Biodiesel production from crude palm oil and evaluation of butanol extraction and fuel properties. Process Biochem, 2001, 37: 65 - 71.

[105] Alcantara R, Amores J, Canoira L, et al. Catalytic production of biodiesel from soy-bean oil, used frying oil and tallow. Biomass Bioenerg, 2000, 18: 515 - 527.

[106] Schuchardt U, Vargas R M, Gelbard G. Alkylguanidines as catalysts for the transesterification of rapeseed oil. J Mol Catal a-Chem, 1995, 99: 65 - 70.

[107] Demirbas A. Biomass resource facilities and biomass conversion processing for fuels and chemicals. Energ Convers Manage, 2001, 42: 1357 - 1378.

[108] Kamm B. Production of platform chemicals and synthesis gas from biomass. Angew Chem Int Ed, 2007, 46: 5056 - 5058.

[109] Murphy J D, McCarthy K. Ethanol production from energy crops and wastes for use as a transport fuel in ireland. Appl Energ, 2005, 82: 148 - 166.

[110] Abbadi A, Vanbekkum H. Highly selective oxidation of aldonic acids to 2-keto-aldonic acids over Pt-Bi and Pt-Pb catalysts. Appl Catal a-Gen, 1995, 124: 409 - 417.

[111] Besson M, Lahmer F, Gallezot P, et al. Catalytic-oxidation of glucose on bismuth-promoted palladium catalysts. J Catal, 1995, 152: 116 - 121.

[112] Comotti M, Della Pina C, Matarrese R, et al. The catalytic activity of "naked" gold particles. Angew Chem Int Ed, 2004, 43: 5812 - 5815.

[113] Yin H M, Zhou C Q, Xu C X, et al. Aerobic oxidation of d-glucose on support-free nanoporous gold. J Phys Chem C, 2008, 112: 9673 - 9678.

[114] Mirescu A, Prusse U. Selective glucose oxidation on gold colloids. Catal Commun, 2006, 7: 11 - 17.

[115] Mirescu A, Prusse U. A new environmental friendly method for the preparation of sugar acids via catalytic oxidation on gold catalysts. Appl Catal B-Environ, 2007, 70: 644 - 652.

[116] Deshpande R M, Buwa V V, Rode C V, et al. Tailoring of activity and selectivity using bimetallic catalyst in hydrogenation of succinic acid. Catal Commun, 2002, 3: 269 - 274.

[117] Budroni G, Corma A. Gold and gold-platinum as active and selective catalyst for biomass conversion: Synthesis of gamma-butyrolactone and one-pot synthesis of pyrrolidone. J Catal, 2008, 257: 403 - 408.

[118] Luque R, Clark J H, Yoshida K, et al. Efficient aqueous hydrogenation of bio-

mass platform molecules using supported metal nanoparticles on starbons（r）. Chem Commun，2009：5305－5307.

［119］Hwang D W，Kashinathan P，Lee J M，et al. Production of gamma-butyrolactone from biomass-derived 1，4-butanediol over novel copper-silica nanocomposite. Green Chem，2011，13：1672－1675.

［120］Deng L，Li J，Lai D M，et al. Catalytic conversion of biomass-derived carbohydrates into gamma-valerolactone without using an external h-2 supply. Angew Chem Int Ed，2009，48：6529－6532.

［121］Du X L，He L，Zhao S，et al. Hydrogen-independent reductive transformation of carbohydrate biomass into ? -valerolactone and pyrrolidone derivatives with supported gold catalysts（vol 50，pg 7815，2011）. Angew Chem Int Ed，2011，50：Cp56-Cp56.

［122］Fagan P J M.，Manzer L E. Preparation of levulinic acid esters and from biomass and olefins. US20067153996，2006.

［123］Gurbuz E I，Alonso D M，Bond J Q，et al. Reactive extraction of levulinate esters and conversion to gamma-valerolactone for production of liquid fuels. ChemSusChem，2011，4：357－361.

［124］Chia M，Dumesic J A. Liquid-phase catalytic transfer hydrogenation and cyclization of levulinic acid and its esters to gamma-valerolactone over metal oxide catalysts. Chem Commun，2011，47：12233－12235.

［125］Buntara T，Noel S，Phua P H，et al. Caprolactam from renewable resources：Catalytic conversion of 5-hydroxymethylfurfural into caprolactone. Angew Chem Int Ed，2011，50：7083－7087.

［126］Lange J P，Vestering J Z，Haan R J. Towards 'bio-based' nylon：Conversion of gamma-valerolactone to methyl pentenoate under catalytic distillation conditions. Chem Commun，2007：3488－3490.

［127］余强，庄新姝，袁振宏，等．木质纤维素类生物质制取燃料及化学品的研究进展．化工进展，2012，31：784－791.

［128］Tian S，Zhou G X，Yan F，et al. Yeast strains for ethanol production from lignocellulosic hydrolysates during in situ detoxification. Biotechnol Adv，2009，27：656－660.

［129］Qin L Z，Song M J，Chen C L. Aqueous-phase deoxygenation of glycerol to 1，3-propanediol over Pt/$Wo_3$/$ZrO_2$ catalysts in a fixed-bed reactor. Green Chem，2010，12：1466－1472.

［130］Amada Y，Koso S，Nakagawa Y，et al. Hydrogenolysis of 1，2-propanediol for the production of biopropanols from glycerol. ChemSusChem，2010，3：728－736.

［131］骆善道，郑昌权．椰子油加氢制椰油醇新催化剂的性能．精细化工，1992，9：24－27.

[132] van den Hark S, Harrod M. Hydrogenation of oleochemicals at supercritical single-phase conditions: Influence of hydrogen and substrate concentrations on the process. Appl Catal a-Gen, 2001, 210: 207-215.

[133] 黄辉，范春玲，曹贵平，等．天然脂肪醇的合成研究进展．日用化学工业，2008，2：113-116，131.

[134] Gandarias I, Requies J, Arias P L, et al. Liquid-phase glycerol hydrogenolysis by formic acid over Ni-Cu/$Al_2O_3$ catalysts. J Catal, 2012, 290: 79-89.

[135] Amada Y, Shinmi Y, Koso S, et al. Reaction mechanism of the glycerol hydrogenolysis to 1,3-propanediol over Ir-$ReO_x$/$SiO_2$ catalyst. Appl Catal B-Environ, 2011, 105: 117-127.

[136] Ignatyev I A, van Doorslaer C, Mertens P G N, et al. Reductive splitting of cellulose in the ionic liquid 1-butyl-3-methylimidazolium chloride. ChemSusChem, 2010, 3: 91-96.

[137] Ueda N, Nakagawa Y, Tomishige K. Conversion of glycerol to ethylene glycol over pt-modified ni catalyst. Chem Lett, 2010, 39: 506-507.

[138] Ji N, Zhang T, Zheng M Y, et al. Direct catalytic conversion of cellulose into ethylene glycol using nickel-promoted tungsten carbide catalysts. Angew Chem Int Ed, 2008, 47: 8510-8513.

[139] Yang P F, Kobayashi H, Hara K, et al. Phase change of nickel phosphide catalysts in the conversion of cellulose into sorbitol. ChemSusChem, 2012, 5: 920-926.

[140] Yan N, Zhao C, Luo C, et al. One-step conversion of cellobiose to C-6-alcohols using a ruthenium nanocluster catalyst. J Am Chem Soc, 2006, 128: 8714-8715.

[141] Luo C, Wang S A, Liu H C. Cellulose conversion into polyols catalyzed by reversibly formed acids and supported ruthenium clusters in hot water. Angew Chem Int Ed, 2007, 46: 7636-7639.

[142] Liu Y, Luo C, Liu H C. Tungsten trioxide promoted selective conversion of cellulose into propylene glycol and ethylene glycol on a ruthenium catalyst. Angew Chem Int Ed, 2012, 51: 3249-3253.

[143] Amen-Chen C, Pakdel H, Roy C. Production of monomeric phenols by thermochemical conversion of biomass: A review. Bioresource Technol, 2001, 79: 277-299.

[144] Murwanashyaka J N, Pakdel H, Roy C. Seperation of syringol from birch wood-derived vacuum pyrolysis oil (vol 24, pg 155, 2001). Sep Purif Technol, 2001, 24: 575-575.

[145] Sun R, Lawther J M, Banks W B. The effect of alkaline nitrobenzene oxidation conditions on the yield and components of phenolic monomers in wheat straw lignin and compared to cupric(ii) oxidation. Ind Crop Prod, 1995, 4: 241-254.

[146] Pepper J M, Casselma B W, Karapall J C. Lignin oxidation. Preferential use of

cupric oxide. Can J Chem，1967，45：3009.

[147] Song Q，Wang F，Cai J Y，et al. Lignin depolymerization（ldp）in alcohol over nickel-based catalysts via a fragmentation-hydrogenolysis process. Energ Environ Sci，2013，6：994－1007.

[148] Okuda K，Umetsu M，Takami S，et al. Disassembly of lignin and chemical recovery-rapid depolymerization of lignin without char formation in water-phenol mixtures. Fuel Process Technol，2004，85：803－813.

[149] Davis S E，Houk L R，Tamargo E C，et al. Oxidation of 5-hydroxymethylfurfural over supported Pt，Pd and Au catalysts. Catal Today，2011，160：55－60.

[150] Roman-Leshkov Y，Barrett C J，Liu Z Y，et al. Production of dimethylfuran for liquid fuels from biomass-derived carbohydrates. Nature，2007，447：982.

[151] Bozell J J，Petersen G R. Technology development for the production of biobased products from biorefinery carbohydrates-the us department of energy's "top 10" revisited. Green Chem，2010，12，539－554.

[152] Lai L K，Zhang Y G. The effect of imidazolium ionic liquid on the dehydration of fructose to 5-hydroxymethylfurfural，and a room temperature catalytic system. ChemSusChem，2010，3：1257－1259.

[153] Chan J Y G，Zhang Y G. Selective conversion of fructose to 5-hydroxymethylfurfural catalyzed by tungsten salts at low temperatures. ChemSusChem，2009，2：731－734.

[154] Hu S Q，Zhang Z F，Zhou Y X，et al. Conversion of fructose to 5-hydroxymethylfurfural using ionic liquids prepared from renewable materials. Green Chem，2008，10：1280－1283.

[155] Qi X H，Guo H X，Li L Y，et al. Acid-catalyzed dehydration of fructose into 5-hydroxymethylfurfural by cellulose-derived amorphous carbon. ChemSusChem，2012，5：2215－2220.

[156] Qi X H，Watanabe M，Aida T M，et al. Catalytic dehydration of fructose into 5-hydroxymethylfurfural by ion-exchange resin in mixed-aqueous system by microwave heating. Green Chem，2008，10：799－805.

[157] Zhao H B，Holladay J E，Brown H，et al. Metal chlorides in ionic liquid solvents convert sugars to 5-hydroxymethylfurfural. Science，2007，316：1597－1600.

[158] Binder J B，Raines R T. Simple chemical transformation of lignocellulosic biomass into furans for fuels and chemicals. J Am Chem Soc，2009，131：1979－1985.

[159] Qi X H，Watanabe M，Aida T M，et al. Catalytic conversion of cellulose into 5-hydroxymethylfurfural in high yields via a two-step process. Cellulose，2011，18：1327－1333.

[160] Mascal M，Nikitin E B. Direct，high-yield conversion of cellulose into biofuel. Angew Chem Int Ed，2008，47：7924－7926.

［161］ Mascal M，Nikitin E B. Dramatic advancements in the saccharide to 5-（chloromethyl）furfural conversion reaction. ChemSusChem，2009，2：859－861.

［162］ Mascal M，Nikitin E B. High-yield conversion of plant biomass into the key value-added feedstocks 5-(hydroxymethyl) furfural，levulinic acid，and levulinic esters via 5-(chloromethyl） furfural. Green Chem，2010，12：370－373.

［163］ 廖艳芬，王树荣，马晓茜．纤维素热裂解反应机理及中间产物生成过程模拟研究．燃料化学学报，2006，34：184－190.

［164］ Kojima E，Miao Y，Yoshizaki S. Pyrolysis of cellulose particles in a fluidized-bed. J Chem Eng Jpn，1991，24：8－14.

［165］ Dobelc G，Meier D，Faix O，Angew Chem Int Edit Volatile products of catalytic flash pyrolysis of celluloses. J Anal Appl Pyrol，2001，58：453－463.

［166］ Shafizadeh F，Bradbury A G W. Thermal-degradation of cellulose in air and nitrogen at low-temperatures. J Appl Polym Sci，1979，23：1431－1442.

［167］ Černý M S J. 1,6-anhydro derivatives of aldohexoses. Advances in Carbohydrate Chemistry and Biochemistry，1977：23－177.

［168］ Byrne G A，Gardiner D，Holmes F H. Pyrolysis of cellulose and action of flame-retardants. 2. Further analysis and identification of products. J Appl Chem，1966，16：81－88.

［169］ Kawamoto H，Hatanaka W，Saka S. Thermochemical conversion of cellulose in polar solvent （sulfolane） into levoglucosan and other low molecular-weight substances. J Anal ApplPyrol，2003，70：303－313.

［170］ 黄金保，刘朝，魏顺安，等．纤维素热解形成左旋葡聚糖机理的理论研究．燃料化学学报，2011，39：590－594.

［171］ Kwon G J，Kim D Y，Kimura S. Rapid-cooling，continuous-feed pyrolyzer for biomass processing. Preparation of levoglucosan from cellulose and starch. J Anal Appl Pyrol，2007，80：1－5.

［172］ 隋先伟，汪志，阮仁祥，等．左旋葡萄糖酮的研究综述．现代化工，2010，11：29－36.

［173］ Sarotti A M，Spanevello R A，Suarez A G. An efficient microwave-assisted green transformation of cellulose into levoglucosenone. Advantages of the use of an experimental design approach. Green Chem，2007，9：1137－1140.

［174］ Witcgak Z J. Levoglucosenone and levoglucosans. Chemistry and applications ATL Press，Mount Prospect，USA，1994.

［175］ Wang Z，Lu Q A，Zhu X F，et al. Catalytic fast pyrolysis of cellulose to prepare levoglucosenone using sulfated zirconia. ChemSusChem，2011，4：79－84.

［176］ Kudo S，Zhou Z W，Norinaga K，et al. Efficient levoglucosenone production by catalytic pyrolysis of cellulose mixed with ionic liquid. Green Chem，2011，13：3306－3311.

[177] 金丽，姜宇航，李亚丰．HCl-强酸性树脂催化合成 DPA 的工艺研究．化工科技，2010，18：13－15.

[178] Li K X，Hu J L，Li W，et al. Design of mesostructured $H_3PW_{12}O_{40}$-silica materials with controllable ordered and disordered pore geometries and their application for the synthesis of diphenolic acid. J Mater Chem，2009，19：8628－8638.

[179] Yu X D，Guo Y H，Li K X，et al. Catalytic synthesis of diphenolic acid from levulinic acid over cesium partly substituted wells-dawson type heteropolyacid. J Mol Catal a-Chem，2008，290：44－53.

[180] Guo Y H，Li K X，Yu X D. Design of mesostructured $H_3PW_{12}O_{40}$-silica materials with controllable ordered and disordered pore geometries and their application for the synthesis of diphenolic acid. Mesoporous $H_3PW_{12}O_{40}$-silica composite：Efficient and reusable solid acid catalyst for the synthesis of diphenolic acid from levulinic acid. Appl Catal B-Environ，2008，81：182－191.

[181] Guo Y H，Li K X，Clark J H. The synthesis of diphenolic acid using the periodic mesoporous $H_3PW_{12}O_{40}$-silica composite catalysed reaction of levulinic acid. Green Chem，2007，9：839－841.

[182] van de Vyver S，Geboers J，Helsen S，et al. Thiol-promoted catalytic synthesis of diphenolic acid with sulfonated hyperbranched poly(arylene oxindole)s. Chem Commun，2012，48：3497－3499.

[183] Liu H F，Zeng F X，Deng L，et al. Bronsted acidic ionic liquids catalyze the high-yield production of diphenolic acid/esters from renewable levulinic acid. Green Chem，2013，15：81－84.

[184] Manzer L E. Catalytic synthesis of alpha-methylene-gamma-valerolactone：A biomass-derived acrylic monomer. Appl Catal a-Gen，2004，272：249－256.

[185] Guerrero-Perez M O，Banares M A. New reaction：Conversion of glycerol into acrylonitrile. ChemSusChem，2008，1：511－513.

[186] Calvino-Casilda V，Guerrero-Perez M O，Banares M A. Microwave-activated direct synthesis of acrylonitrile from glycerol under mild conditions：Effect of niobium as dopant of the V-Sb oxide catalytic system. Appl Catal B-Environ，2010，95：192－196.

[187] Calvino-Casilda V，Guerrero-Perez M O，Banares M A. Efficient microwave-promoted acrylonitrile sustainable synthesis from glycerol. Green Chem，2009，11：939－941.

[188] 李学峰，高焕新，陈庆龄．环氧化植物油的研究进展．油脂化工，2011，36：60－65.

[189] Koyano K A，Tatsumi T. Synthesis of titanium-containing mesoporous molecular sieves with a cubic structure. Stud Surf Sci Catal，1997，105：93－100.

[190] Camblor M A，Corma A，Esteve P，et al. Epoxidation of unsaturated fatty es-

ters over large-pore Ti-containing molecular sieves as catalysts: Important role of the hydrophobic-hydrophilic properties of the molecular sieve. Chem Commun, 1997: 795－796.

[191] Koyano K A, Tatsumi T. Synthesis of titanium-containing mesoporous molecular sieves with a cubic structure. Chem Commun, 1996: 145－146.

[192] Rios L A, Weckes P, Schuster H, et al. Mesoporous and amorphous Ti-silicas on the epoxidation of vegetable oils. J Catal, 2005. 232: 19－26.

[193] Di Serio M, Turco R, Pernice P, et al. Valuation of $Nb_2O_5$-$SiO_2$ catalysts in soybean oil epoxidation. Catal Today, 2012, 192: 112－116.

[194] Kockritz A, Blumenstein M, Martin A. Epoxidation of methyl oleate with molecular oxygen in the presence of aldehydes. Eur J Lipid Sci Tech, 2008, 110: 581－586.

# 第二十章 合成生物学

刘　磊　王志鹏　刘　文　唐功利

## 第一节　引　　言

合成生物学（synthetic biology）是一门由现代生物技术与合成化学交叉形成的新兴学科。它采用正向工程学的技术方法，以创造新的生物合成途径或新的生命形式作为学科发展的根本任务[1]。由于新生命形式产生的途径包括改造现有生命与创造新型生命两个部分，因此合成生物学包含了两个互补的方向，即生物工程合成生物学（bio-engineering synthetic biology）与化学合成生物学（chemical synthetic biology）。前者以已有的生命结构与功能单元作为模块，通过分子生物学技术整合与重组，创造出能够实现特定技术功能的新的生命系统，即借助已有生物技术来创造新生命[2]。后者则使用自下而上（bottom-up）的策略，用化学合成的方法从分子层面开始构建全新的，甚至是超越地球进化限制的生命形式[3]。合成生物学在研究思路与方法上与系统生物学有密不可分的关系[4]。

合成生物学的发展史与很多学科密切相关，其中分子生物学和基因工程学的进步对合成生物学的诞生与发展尤为重要。Watson 和 Crick 于 1953 年[5]提出了 DNA 的双螺旋结构，开启了分子生物学时代。Kornberg 等[6]紧随其后发现并提纯了 DNA 聚合酶，进而首次用于体外 DNA 扩增。Nathans、Arber 与 Smith 发现了 DNA 限制酶[7]，为各类分子生物学的操作提供了便利。1978 年，Szybalksi 和 Skalka[8]在对 DNA 限制酶研究的评论中预言了合成生物学这一学科的出现。1980 年，Hobom[9]开始用合成生物学的概念来表述大肠杆菌（*Escherichia coli*）的基因重组技术。而桑格测序法[10]和聚合酶链式反应（PCR）[11]的出现，推动了DNA测序技术的发展，更促进了人类基因组计划的完成[12]。此时，以模块化分子生物学工具为元件的系统构建的出现引发了合成生物学的第一个高潮。这些分子单元包括基因和具有调控作用的蛋白质如转录因子、翻译调节因子等。这种研究思路与电路设计思路类似，实现的转录翻译调控功能也与电路学对应，因此人们借用了一些电路学相关概念对此类分子单元进行描述，如分子开关[13]、分子振荡器[14]、分子逻辑电路[15]等。随着数学建模与计算机科学的高速发展，采用系统方法研究生物学成为了可能。这导致合成生物学的第二次发展高潮[16]，即发展新的生物工程设计理念与方法，构建更加复杂的代谢通路，进行精细的细胞调控行为并实现特定技术功能。

从合成生物学的研究方法论看，目前主要有生物工程合成生物学和化学合成生物学两大流派。生物工程合成生物学的主要研究思路是从经典生命科学的还原论分解法发展到以系统论为基础的生命体重构，实现“由破到立”[17]的思维方法转变。通过生物改造实现特定的功能，解决了多种社会生产、生活及科学问题。例如，代谢工程[18]可以通过修饰与重构细胞内代谢途径以合成多种重要的生物制品（如各类生物燃料）[19]，设计和建立新的代谢途径以实现多种精细化学品（包括具有复杂结构的天然产物）的生物制造[20]等。因此，生物工程合成生物学可以看作“半合成生物学”。另外，化学合成生物学通过有机合成技术能够实现包括蛋白质和核酸在内的生物大分子、囊泡自组装结构、细胞基因组与人造细胞的合成，即相应地可被视为“全合成生物学”。同时，采用外源合成的方式构建人工细胞，有助于在生命起源与演化规律方面的探索[21]，解释自然界在创造生命时做出的某些特定选择，如为什么地球生命选择20种天然氨基酸等[22]。

从拓展科学认知而非发展技术的角度看，合成生物学的根本任务是创造地球生物圈不曾存在过的生命形式。这些生命形式之所以未能在自然界产生，有以下几种原因：首先，自然界不具备产生该生命形式的条件；其次，自然界尚未进化到产生该生命形式的阶段，这是因为遗传是个缓慢的过程，需要对随机产生的突变进行长期的定向选择；最后，这种生命形式是逆自然选择方向的，因此自然界不可能产生。由于自然进化产生的是有利于适应特定自然环境的某种生命体系，而化学工作者则可以利用合成技术创造出并不利于适应自然，却赋予某种专能的生命形式，因此这种新生命形式的产生可以看作一种人工选择压力下的筛选结果。

合成生物学是一门典型的交叉学科，其内容涵盖化学和生命科学的各个领域，也涉及工程学、数学、物理学、材料科学和计算机科学等多个学科。其中，生命科学为其提供了大的研究背景与手段。当其与理学思想相结合则成为化学合成生物学。而借用工程学的研究思路则成为生物工程合成生物学(图 20-1)。因此，该学科的发展需要不同领域研究者的共同努力[23]，体现研究的重要价值在生物制造中的应用，这是该学科未来主要的发展方向[24]。

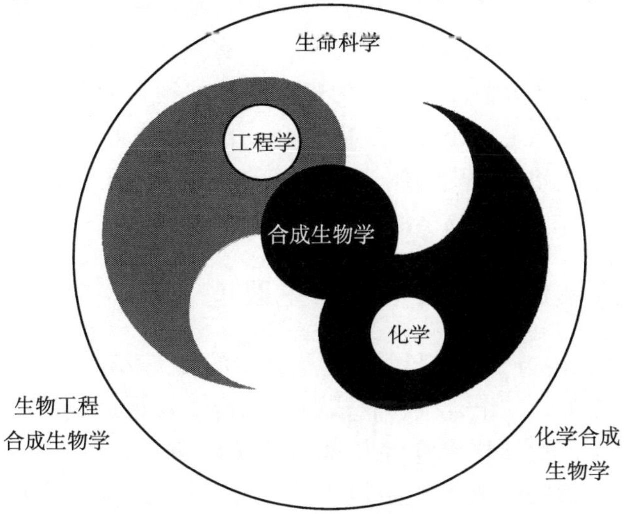


图 20-1　作为交叉科学的合成生物学

# 第二节　生物工程合成生物学

## 一、概述

尽管建立在基因工程及代谢工程、合成化学、基因组学、系统生物学等学科基础上的合成生物学研究在生物燃料等领域取得了许多重要进展[25]，但对于结构复杂的天然产物类药物的研究还比较匮乏，因此在这方面的研究具有更特殊的意义。一方面，由于以生物燃料为代表的生物基化学品大多属于结构简单的基础代谢物或中间体，其生物合成的化学机制与途径基本已被阐明；另一方面，天然产物是现代药物的重要组成部分和新药发现的重要源泉[26,27]，具有高附加值、结构复杂多样、难以替代和制备困难等特点。合成生物学研究的核心价值是在发酵友好、高效的原核微生物或真核细胞体系(如昆虫细胞)，甚至是直接使用特化的组织（如植物愈伤组织）等体系中设计和构建目标化合物的生物合成途径，通过系统地调控和优化，由重组微生物发酵生产来源稀缺的天然产物类药物或前驱体[28,29]。这是目前缓解成本与环境、资源协调等问题，突破海洋天然产物或特殊环境微生物药物的持续化供给这一瓶颈的有效途径。从化学的角度看，这方面的研究是有机合成化学领域在生物体系中的延伸和扩展；是通过设计、重构目标化合物的高效生物合成途径，借助改造后宿主的大部分或全部基础代谢、通过发酵生产目标化合物的人工合成[29]。合成生物学的应用可以有效地弥补有机合成化学在复杂天然产物类药物生产方面的不足，为来源稀缺的复杂天然产物类药物的发现和开发提供持续、稳定、经济的原料供给。下面部分将从基因簇的异源表达、基因簇的体内合成和酶催化的体外合成三种不同研究思路的角度出发，分别举例说明生物工程合成生物学的研究方法。

## 二、基因簇的异源表达及宿主改造

近 30 年来，得益于生命科学和生物技术的突飞猛进，天然产物的生物合成研究及以此为基础的组合生物合成研究取得了长足进展[30-32]，对天然产物的认识也逐步深入到结构多样性与基因（簇）、酶催化反应的相互关联[33]。在成功获得或构建目标化合物的生物合成基因簇的基础上，通过发酵友好的微生物宿主实现异源表达是近年来天然产物生物合成研究领域中的重要内容之一，也是合成生物学的重要组成部分，特别是对生长缓慢、大规模培养困难的宿主来说，这一策略显得尤为重要[34,35]。埃博霉素（epothilone，图 20-2）是抗癌药物中著名的大环内酯类天然产物，由一类黏细菌亚目的纤维堆囊菌（*Sorangium cellulosum*）产生。埃博霉素与紫杉醇具有相同的抑制肿瘤细胞生长的作用机制，且对多重耐药肿瘤细胞和耐紫杉醇的肿瘤细胞均表现出良好的抗癌活性。同时，埃博霉素较紫杉醇具有更好的水溶性，是一种很有发展潜力的抗肿瘤先导药物：目前至少一种半合成的衍生结构类似物（ixabepilone，BMS-247550）已被 FDA 批准用于乳腺癌的治疗，至少六种埃博霉素类化合物进入了不同阶段的临床试验。尽管已有多个实验室完成了埃博霉素的全合成[36]，但因其过长的步骤和较低的产率，目前所需的药物生产和开发还必须依赖于微生物的发酵。由于埃博霉素原产菌纤维堆囊菌培养过程难，产量低，发酵生产周期长，且提取困难，Kosan 公司的科研人员克隆了其生物合成基因簇（图 20-2）并转入天蓝色链霉菌（*Streptomyces coelicolor*）[37]和黄色黏细菌（*Myxococcus xanthus*）[38]中，成功实现了异源表达。后来韩国科学家将基因簇转入委内瑞拉链霉菌（*Streptomyces venezuelae*）[39]

中，也实现了埃博霉素的异源生物合成。虽然在链霉菌和黏细菌中初步的产量没有显著提高，但发酵时间大大缩短，有利于进行系统的发酵优化与工艺改良。随后，Kosan公司的科研人员又根据大肠杆菌（*Escherichia coli*）密码子的偏好性将埃博霉素的生物合成基因簇进行了重新设计和合成，从而在大肠杆菌中实现了异源表达[40]。虽然产量也没有得到提高，但大肠杆菌易于培养且生长迅速，因而具有一定的优势。最近，德国科学家充分考虑了黄色黏细菌的密码子偏好性、GC含量、启动子等因素，将埃博霉素56kb的生物合成基因簇进行了人工全合成。通过转入宿主细胞进行异源表达获得了20mg/L的初步产量[41]，这为进一步优化发酵工艺奠定了基础。

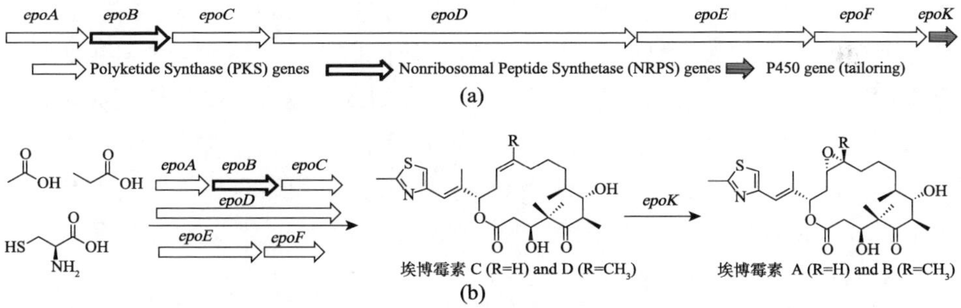

(a)
(b)

图 20-2　埃博霉素（epothilone）的生物合成基因簇及其生物合成途径

许多因素都可以决定天然产物生物合成基因簇的异源表达的成败及产物产量的高低，其中宿主的选择往往是需要考虑的首要因素[42,43]。大肠杆菌是分子生物学最常用的异源表达宿主之一，由于其生长迅速、遗传背景清楚、操作简单成熟而广受欢迎。因此，以其作为宿主进行改造是常用策略，如为了实现聚酮类天然产物生物合成基因簇在大肠杆菌中的异源表达，人们对大肠杆菌进行了系列改造：引入聚酮合成酶（polyketide synthase，PKS）的修饰酶和前驱体的合成酶[44]。随后，将聚酮天然产物药物的代表分子红霉素（erythromycin）的生物合成基因簇导入改造后的大肠杆菌，成功地实现了异源表达[45,46]。聚酮和非核糖体肽这两大类天然产物的主要产生体系是真菌和包括放链霉菌在内的放线菌，由于放线菌是一类高GC含量（通常＞70％）的革兰氏阳性菌，因此链霉菌作为宿主也得到了广泛的应用[43]。建立一种通用、高效、发酵友好的超级宿主，将有助于实现具有不同生源途径的天然产物药物的发酵生产。例如，在链霉菌的模式菌株天蓝色链霉菌基因组测序的基础上，将已知的负责放线紫红素（actinorhodin）、灵菌红素（prodiginine）、CPK（cryptic type I polyketide）及CDA（calcium-dependent antibiotic）4个化合物的产生的生物合成基因簇全部缺失，可以积累更多的生物合成前驱体；将核糖体蛋白 RpoB 和 RpsL 引入突变，能够增强细胞内与目标化合物产生相关的次级代谢能力[46]；随后，将通过改造获得的重组菌株作为宿主表达放线紫红素和氯霉素基因簇，均使目标化合物的产量获得明显的提升。最近，应用该宿主成功实现了硫肽类抗生素 GE37468 生物合成基因簇的异源表达，产量达到 69mg/L，这与天然宿主或未改造的原始异源宿主相比提高了 20～50 倍[47]。日本科学家在农用抗生素阿维菌素基因组信息分析的基础上，将工业菌株基因组（9.02Mb）中其他基因簇敲除后构建了基因组缺失 1.4Mb 的新型宿主，使原基因组缩小了 17%～19%。由此构建的高效细胞工厂极大地提高了菌株的生长速度，可以用于包括链霉素（streptomycin）、头霉素（cephamycin）和普拉地内酯（pladienolide）在内的几种外源天然产物的高效生物合成[48]。此后，他们应用该宿主成功地异源表达了氨基糖苷类、聚酮、聚肽、萜类等 25 个化合物的生物合成基因簇（大小可以达到 80kb），化合物的产量普遍在几 mg/L 到几十 mg/L 之间，最高的甚至达到 360mg/L[49]。此外，除了大肠杆菌、酵母菌、链霉菌作为常用的异源表达宿主之外，很多具有其他优势的菌种也均有潜力被开发为宿主菌种，如 *Burkholderia Glumae*[50]等。

## 三、基于合理设计的体内合成

直接的生物合成基因簇异源表达属于合成生物学中相对简单的策略，更多的时候需要构建新的生物合成基因簇，通过创造新的生物合成途径在异源宿主或优化后的原始宿主中实现目标产物或接近目标产物的中间体的体内全合成[51]。这方面的研究对于天然产物药物而言极其重要，研究的成果有助于缩短复杂化合物的制备路线，提高效率和产品质量，降低成本，是生物合成认知和代谢工程技术的发展和升华。这里，我们以氢化可的松和紫杉醇等几种重要天然产物的生物合成为例进行阐述。

氢化可的松（hydrocortisone）是主要的肾上腺糖皮质激素，也是合成其他甾体激素的重要中间体，市场需求量非常大。其化学全合成于 1952 年完成，需要 40 步反应。目前氢化可的松的合成生产大多采用提取的甾体类天然产物经化学半合成获得（需要 9 步，包括一些生物转化步骤）。2003 年，法国、德国科学家与企业界合作，采用合成生物学的思路和方法首次在酵母中实现了氢化可的松的发酵全合成[52,53]。酵母本身可以以葡萄糖等简单的含碳化合物为原料合成胆固醇类似物——麦角甾醇（ergosterol）。他们首先阻断麦角甾醇的合成途径，通过表达植物来源的Δ7－甾醇还原酶（Δ7－Red）将酵母内源性固醇合成重新定向，从而合成类似于哺乳动物细胞中的固醇分子。这种分子可以作为整合后的外源性酶的底物。随后，通过表达哺乳动物来源的细胞色素 P450 边链裂解酶（CYP11A1）及相关电子传递体系（ADX 和 ADR）、3β－羟基类固醇脱氢酶（3β－HSD）、17α－类固醇羟化酶（CYP17A1）、21－类固醇羟化酶（CYP21A1）及 11β－类固醇羟化酶（CYP11B1）等 7 个蛋白质，催化由甾醇到氢化可的松的转化（图 20-3）。转化过程中两个不必要的侧链反应（孕烯醇酮的酯化反应和 17 羟孕酮的酮还原反应）被去除（负责这两个反应的酵母内源性基因失活）。改造后的重组酵母工程菌通过简单原料发酵生产药物氢化可的松，可以大大降低成本，有可能取代该药物的化学合成。

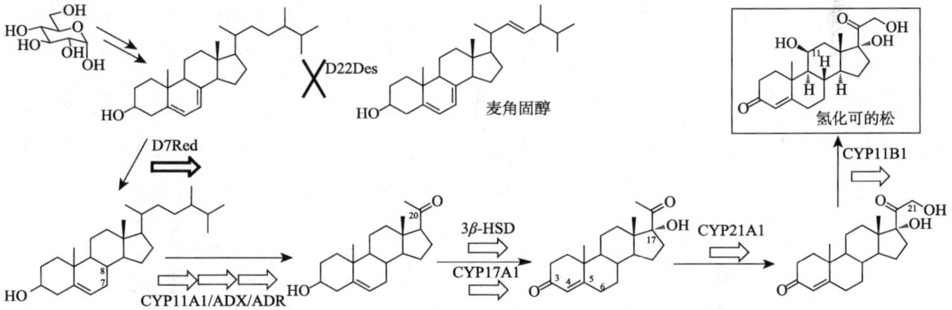


图 20-3　在酵母中实现氢化可的松（hydrocortisone）的微生物全合成

如果将上述氢化可的松的微生物合成看作借用宿主中原产的麦角甾醇生物合成途径的改造与延伸，类似于化学合成中的“半合成”，那么下述几例来源于植物、含量低的萜类药物（中间体）的生物合成则是由小分子前驱体的制备起始、通过重新设计和构建的“全合成”途径来实现的。青蒿素是植物来源的抗疟药物，为了解决环境和来源问题并进一步降低成本，Keasling 等多年来一直致力于青蒿素的合成生物学研究，希望通过微生物发酵来改变其获取方式[54]。他们首先将来源于酵母的甲羟戊酸类异戊二烯（mevalonate isoprenoid）和合成的紫穗槐二烯（amorphadiene）合成酶基因 *ADS* 重组入大肠杆菌，产生了萜类化合物紫穗槐二烯（青蒿酸的前驱体）[55]。同理，将紫穗槐二烯合成酶基因 *ADS* 和一个编码细胞色素 P450 氧化酶的基因 *CYP71AV1*/*CPR* 重组入酵母，通过强化限速步、阻塞代谢支路等代谢工程方法使得重组酵母菌以 100mg/L 的产量产生青蒿素的前驱体青蒿酸（图 20-4）[56]。随后他们与 Amyris 公司合作，通过进一步强化前驱体供应等代谢工程方法使得改造的重组酵母可以 40g/L 的效率产生紫穗槐二烯；但是，下一步转化为二氢青蒿酸的体内生物转化率只有 10%左右。于是 Amyris 公司改进了化学合成路线，以发酵获得的紫穗槐二烯为原料，可以通过 6 步化学转化以 48%左右的收率得到二氢青蒿酸[57]。最后，德国的 Peter Seeberger 和 Francois Lévesque 发明了一种特殊的光反应装置，通过流动化学反应，只需 4.5min 就可以实现由二氢青蒿酸到青蒿素的转化，提取产率高达 40%（图 20-4）[58]。由生物发酵制备前驱体，辅以简洁的化学半合成方法，高效、快速制备复杂的天然产物药物，这种合成生物学策略与传统的种植-提取模式相比，无疑是巨大的进步[59]。最近，这方面的研究又有了新的进展，并具备了生产应用的可能［图 20-4（e）］：针对上面提到的紫穗槐二烯到二氢青蒿酸的体内生物转化率低的问题，将植物来源的细胞色素 $b_5$ 基因（*CYB5*）的引入可以部分提高细胞色素 P450 氧化酶的活性；进而将植物来源的醇脱氢酶基因（*ADH1*）和醛脱氢酶基因（*ALDH1*）的导入可以进一步提高转化效率；结合生物相容性溶剂的提取可以使得二氢青蒿酸的收率达到 25g/L；再经过四步新发展的高效、可放大的化学半合成路径最终从酵母发酵获得的二氢青蒿酸出发，以 40%～45%的总收率制备了抗疟药物青蒿素[60]。

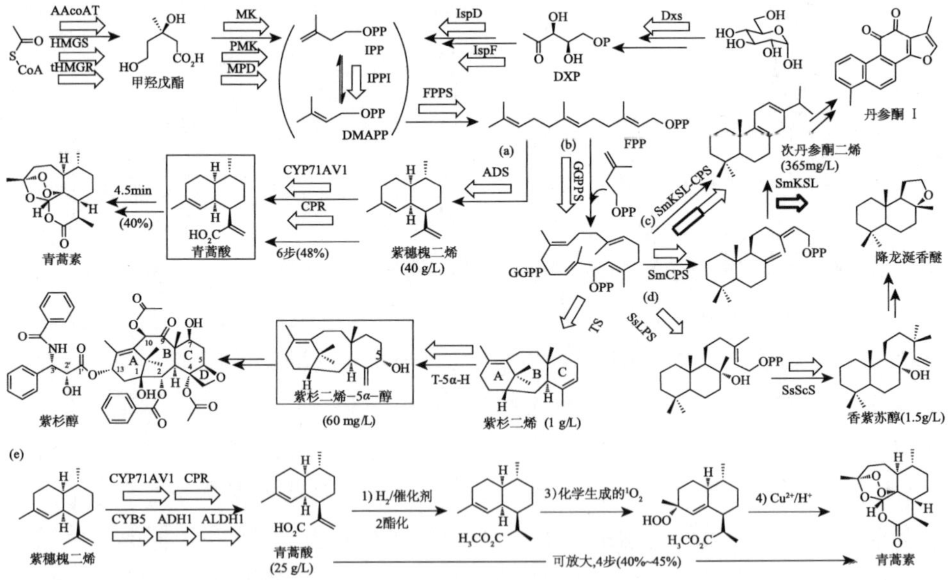


图 20-4　在异源宿主中构建萜类天然产物药物或前驱体的生物合成途径：(a) 在酵母中构建的青蒿素前驱体二氢青蒿酸的生物合成途径；(b) 在大肠杆菌中构建的紫杉醇前驱体 5α-羟基紫杉二烯的生物合成途径；(c) 在酵母中构建丹参酮二烯的生物合成途径；(d) 在大肠杆菌中构建紫苏醇的生物合成途径；(e) 青蒿素的合成生物学辅以高效化学半合成

紫杉醇（taxol）是从短叶红豆杉（*Taxus brevifolia*）树皮中分离得到的具有萜类环状结构的复杂天然产物，是迄今世界上最主要、最畅销的抗癌药之一。由于紫杉醇在植物体中的含量相当低（目前公认含量最高的短叶红豆杉树皮中也仅有0.069%），加之红豆杉属植物生长缓慢，造成了紫杉醇资源非常缺乏，对其开发利用具有很大的困难。此外，虽然已有化学合成紫杉醇的方法，但产量低、费用高，产业化的价值十分有限。目前临床上使用的药物主要是通过在植物中提取相对含量较高的前驱体巴可亭（baccatin）Ⅲ或10-去乙酰巴可亭Ⅲ并经化学半合成制备的。但其主要合成原料必须从紫杉树的针状树叶中分离得到，这种基于植物的加工过程非常困难且费时，因此紫杉醇仍然十分昂贵。由于生物合成是高效的串联酶促反应，在温和的水溶液条件下进行，且易于实现精确的立体选择性和区域选择性控制，如果能够通过微生物发酵实现紫杉醇的大量供应，生物合成将具有极大的优越性。最近，美国科学家根据紫杉醇生物合成通路中前两步，采用合成生物学的策略在大肠杆菌中设计、构建了紫杉醇前驱体5$\alpha$-羟基紫杉二烯（taxadiene-5$\alpha$-ol）的生物合成途径（图20-4）[61]。通过优化大肠杆菌中与前驱体异戊烯基二磷酸（IPP）和二甲丙烯二磷酸（DMAPP）合成相关的几个关键酶的表达水平和活性，增加了前驱体供应；同时，优化两个太平洋红豆杉（*Pacific yew*）来源的编码GGPP合成酶（GGPPS）和紫杉二烯合成酶（TS）基因的密码子，删去其前导肽，并采用改变启动子强弱、质粒拷贝数和表型筛选等策略，系统平衡上下游的代谢通路，使得紫杉二烯的产量大大提高（达到1g/L）。进一步，将一个来源于红豆杉，经过改造后在大肠杆菌中具有紫杉二烯5$\alpha$-羟基化活性的嵌合酶导入上述工程菌，通过发酵可以以60mg/L的产量产生5$\alpha$-羟基紫杉二烯[60]。这无疑是一个巨大的进步，为人们找到廉价有效地制造紫杉醇的方法带来了曙光，也为解决类似复杂天然产物药物的来源问题提供了思路[62]。随着基因工程技术和现代分子生物学的飞速发展，通过生物学家、化学家和工程学家的共同努力，相信利用生物发酵法生产紫杉醇的产业化有望成为现实，从而从根本上解决当前紫杉醇原料不足的问题。

针对其他一些结构复杂、来源稀缺、价格昂贵的萜类天然产物的合成生物学研究也得到了迅猛发展。例如，采用与青蒿素和紫杉醇类似的策略成功实现了传统中药材丹参中产生的丹参酮（tanshinone）前驱体——丹参酮二烯（miltiradiene）的微生物合成：改造后的基因工程酵母可以通过发酵以365 mg/L的产量获得丹参酮二烯（图20-4）[63]。此外，来源于抹香鲸分泌物的名贵香料龙涎香（ambrox）的微生物合成研究最近也取得了显著进展：人工构建的大肠杆菌可以通过发酵以 1.5g/L 的高产率生产香料紫苏醇（sclareol），该化合物既是植物来源的一种香料，也是化学半合成龙涎香的原料（图 20-4）[64]。

合成生物学的概念与方法在萜类天然产物药物的合成方面率先取得了显著进展，这是由以下多个因素造成的[65]。首先是需求迫切：以青蒿素和紫杉醇为代表的植物来源的复杂药物需求量大，但植物生长周期长，其含量低微，而全合成制备困难，导致成本过高，不具备生产价值。同时重金属催化剂、强酸强碱、低沸点有机溶剂的使用还会带来某些环境问题。其次是生物合成特色鲜明：萜类化合物尽管家族庞大、结构多样，但其生物合成来源于共同的五碳前驱体单元，而对该前驱体的生物合成途径研究较充分。最后，该异戊烯五碳单元用途多样：既是所有萜类化合物共同的前驱体，又是现代化工高分子聚合物的重要单体。于是人们以该单元的合成生物学研究为模型，发明了许多共性的生物技术和方法来提高微生物合成这类五碳化合物的能力。典型的工作包括为了平衡甲羟戊酸途径操纵子中基因表达而发展的基于 mRNA 的二级结构及稳定性提高策略[66]，以及为了提高合成途径中的代谢流而开发的蛋白支架策略[67,68]等。经过系统优化后的合成能力得到上百倍的提高，最终产量可以达到几十 g/L[69]。

除了萜类化合物，对同样植物来源、具有重要生理活性而含量较低的其他化合物（主要包括黄酮类及非黄酮类聚酮化合物）也有一些成功的范例[70]。20 世纪 80 年代，世界卫生组织调查发现，尽管法国人偏爱奶酪等高脂肪食物，但冠心病发病率和死亡率却低于其他西方国家，其原因可能与法国人常饮含白藜芦醇（resveratrol）的葡萄酒有关。作为一种植物来源的天然抗氧化剂，白藜芦醇具有抗癌、保护心血管、抗菌、抗炎、抗自由基等多种生理效应。特别是近年来发现其可能与抗衰老有关，使得白藜芦醇的市场需求与日俱增，目前已被广泛应用于食品、医药、保健品、化妆品等领域。在广阔需求的推动下，自然提取的低收率问题凸显，且环境和生态压力日益显现，人们渴望通过合成生物学的策略实现微生物发酵大量生产这一天然产物。研究表明白藜芦醇的生物合成起始于苯丙氨酸（Phe），在苯丙氨酸氨解酶（PAL）的催化脱氨作用下产生桂皮酸（cinnamic acid），桂皮酸随后被羟基化产生 4-香豆酸（4-coumaric acid）。然后，4-香豆酸在辅酶连接酶（4CL）的催化下生成芪类合成酶（STS）所需的起始单元。最后，在 STS 催化下，该起始单元与三分子丙二酰单酰辅酶 A 发生克莱森（Claisen）缩合生成最终产物。此外，自然界中也存在一类酪氨酸氨解酶（TAL）可以催化酪氨酸（Tyr）脱氨直接产生 4-香豆酸（图 20-4）。于是，人们将球形红细菌（*Rhodobacter sphaeroides*）来源的 *TAL* 编码基因、拟南芥（*Arabidopsis thaliana*）来源的 4*CL* 编码基因和葡萄（*Vitis vinifera*）来源的 *STS* 编码基因转入酵母，在发酵产物中检测到了白藜芦醇的生成。此后，人们又发现当将 4*CL* 基因和 *TAL* 基因融合在一起构建融合蛋白时，催化效率明显提升（图 20-5）[71]。通过突变和重新合成编码 *TAL* 的基因使其更适合于在酵母中表达，进而增加细菌来源的 AraE 输送蛋白以增加化合物积累，这样改造后的酵母细胞合成白藜芦醇的能力提高到几 mg/L[72]。最近，以大肠杆菌为异源宿主，通过合成生物学的策略构建细胞工厂，进而发酵生产白藜芦醇的方法获得了显著进展：通过系统评估不同植物来源的 *STS* 在大肠杆菌中的表达水平、可溶性蛋白的量、酶活性及稳定性，比较了不同启动子、表达体系及菌株的表现，从中选出较优的条件，最后通过增加宿主细胞中丙二酰辅酶 A 和前驱体的水平，使得最终白藜芦醇的产量达到 2.3g/L[73]。

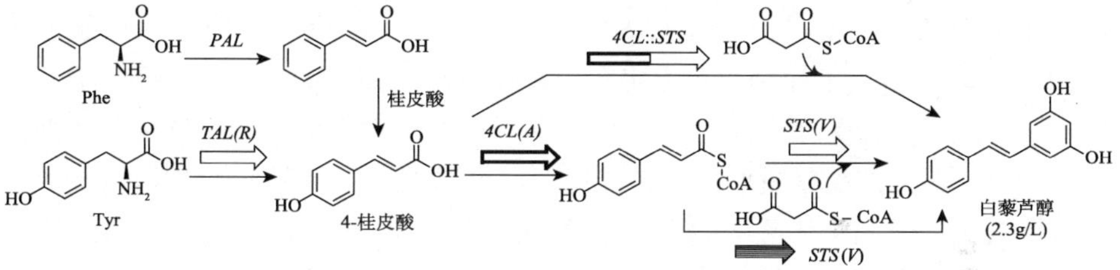


图 20-5　在酵母或大肠杆菌中构建白藜芦醇（Resveratrol）的生物合成途径

更高层次的天然产物药物的合成生物学是根据化合物的结构需要，在工程学思想的指导下，根据化学原理，通过设计并构建新的生物合成元件或组件（parts）和设备（devices），进而从头设计并构建新的生物合成途径（pathway）和系统（systems），并在改造好的高效微生物宿主中实现单一目标化合物的生物全合成[74-76]。这是一种理想状态，或者说是将来的发展方向。但天然产物类药物大多比较复杂（有的甚至需要几十步酶催化反应），受到人们对天然产物生物合成机制的理解和微生物代谢调控现有认识的局限，目前的天然产物类药物的合成生物学研究还大多处于比较初级的阶段。尽管如此，在科学家的持续努力下，天然产物药物的合成生物学已经取得了初步进展：如以关键酶催化机理为基础的合成途径设计[77,78]，为了实现目标化合物的高效合成而设计的控制代谢流的人工蛋白支架对代谢途径中相关几个酶的组装[66,67]，相应于化学全合成中反合成分析理论的“反生物合成分析”[79]和计算机信息指导的生物合成路线设计[80]等。

## 四、基于酶催化的体外合成

通过上亿年的进化过程，自然界自我筛选得到了一整套高效的酶促反应体系。酶催化体外合成的研究对于化学全合成、半合成、仿生合成均有指导意义。结构复杂的天然产物如果有希望（或已经）发展成为药物，如何保证稳定、经济的规模化制备是必须解决的问题之一。对于含多个手性中心和官能团的天然产物类药物，现代制药工业普遍采取提取后辅以简单的化学半合成修饰的策略，除此以外就是利用微生物通过生物合成来大量制备。因此，在研究天然产物的生物合成中获得的关于生物合成基因簇、生物合成机制的解析（包括合成机制、调控机制、抗性机制等）和其他一些生物合成相关知识的积累无疑将对化合物的制备产生直接的影响[81]。与上述体内合成生物学相对应，体外酶催化全合成或半合成在生物制氢[82,83]、药物中间体生物转化[84,85]等方面也取得了显著进展。而在复杂的天然产物药物制备方面，在获得目标化合物的生物合成相关基因的基础上，通过基因工程方法获得感兴趣基因的重组蛋白，进而经体外生化实验研究该蛋白催化的反应是生物合成研究中的重要组成部分[86]。该研究获得的信息可以帮助理解体内天然的生物合成过程。同时，得到的酶是重要的生物催化剂，可以大大拓展催化新型反应的酶源，并可能被进一步用于体外生物催化、合成生物学研究或应用。这方面近年来最突出的例子是 Tang 等关于洛伐他汀（Lovastatin）的生物合成——辛伐他汀（Simvastatin）酶催化/生物转化相关的研究（图 20-6）。洛伐他汀是真菌产生的聚酮天然产物，是 20 世纪 80 年代上市的新型调整血脂药。由于其独特的疗效，被誉为治疗心血管系统疾病的里程碑，深受广大患者的欢迎。辛伐他汀属于第二代他汀类药物，由洛伐他汀依次经边链水解、羟基保护、酰化上边链、脱保护后纯化来制备。前期的生物合成研究发现洛伐他汀是由两个重复使用的真菌 PKS 催化合成的[87]。以此为基础，Tang 等首先在酵母中表达、纯化了高还原的真菌 PKS LovB，通过体外酶催化重构了洛伐他汀的骨架前驱体莫纳可林 J[88]。他们在随后的研究中发现，由真菌 PKS 形成莫纳可林 J 后，在一个关键的酰基转移酶 LovD 催化下，$\alpha$-甲基丁酰基由 PKS 上转移至莫纳可林 J 的羟基上，形成天然产物洛伐他汀；该酶还可以在体外以化学合成的 $\alpha$-双甲基丁酰硫酯（DMB-S-MMP）和发酵-化学降解获得的莫纳可林 J 为底物，合成出更好的药物辛伐他汀[89,90]。由于体外纯酶较难实现工业化生产，于是人们试图通过大肠杆菌表达 LovD 作为全细胞催化剂可以实现辛伐他汀的生物转化，但最初的转化效率并不理想。研究发现，大肠杆菌对 DMB-S-MMP 的降解是造成转化效率低的主要原因。通过筛选大肠杆菌突变体库，发现 BioH 水解酶功能缺失的突变株丧失了水解 DMB-S-MMP 的能力。于是，用该 *bioH* 基因失活的突变大肠杆菌重新表达了 LovD，这种全细胞催化剂可以使得生物转化效率大大提高[91,92]。接下来通过体外定向进化的方法，使 LovD 的催化效率又提高了 11 倍，表达量和可溶性获得了改善。利用该改良的生物催化体系，可以在 12h 内实现底物的高效转化(99%)[93,94]。这种生物转化无论是效率、产量、产品质量，还是环境友好程度或经济效益，都具有以往化学半合成无法比拟的优势。

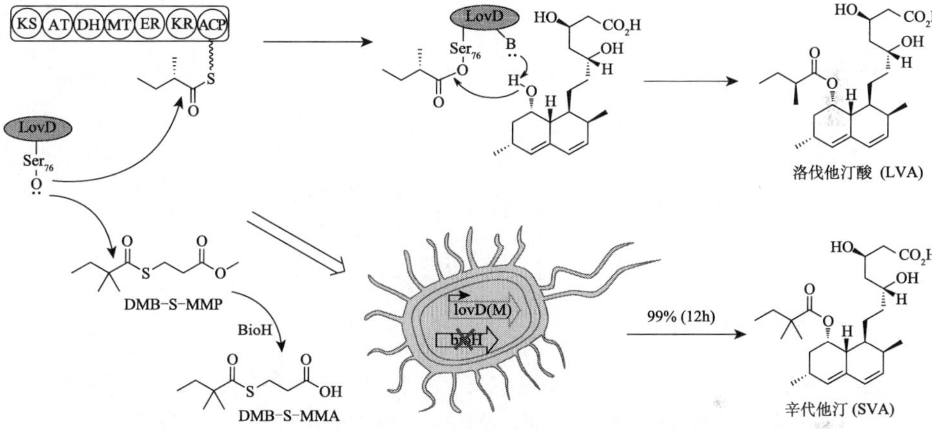


图 20-6　以洛伐他汀生物合成研究中发现的酶应用于辛伐他汀的生物转化合成工艺

充分利用生物合成研究中发现的酶（有时要加以改造）并与高效的化学合成相结合，在复杂天然产物类药物的制备中往往会收到事半功倍的效果(有时甚至可能是革命性的)，而且合成路线更加简洁高效、对环境友好，产品品质也更高。肝素是重要的抗凝血药物，在全世界得到了广泛的应用，销售额居全球生化药物的前列。过去 70 多年来，肝素主要从猪小肠黏膜中提取。采用这种生物提取法获得的肝素，分子大小不一、结构各异，因质量较难监控曾出现致人病、死的问题。尤其是在 2008 年，肝素污染事件曾震动全球，有报道称共有 254 名美国人因使用问题肝素致死[95]。为杜绝污染源，科学家尝试采用纯化学合成法人工合成肝素，并成功“组装”出具有抗凝血效果的超低相对分子质量肝素。合成肝素需要 50～60 步，耗时长，产品收率仅为 0.1%，因此成本昂贵。最近，采用化学合成原料与多步酶体外催化相结合，借助基因工程糖基转移酶和硫酸基转移酶催化方法，将天然葡糖胺、葡萄糖醛酸及硫酸根有机“组合”，只需 10～12 步即可合成结构单一的超低相对分子质量肝素，收率高达 37%～45%（图 20-7)。产物不仅纯度较高，生物活性也与分离获取的天然肝素相当[96]。采用该策略制备肝素既能有效降低成本，也易于控制产品的质量。

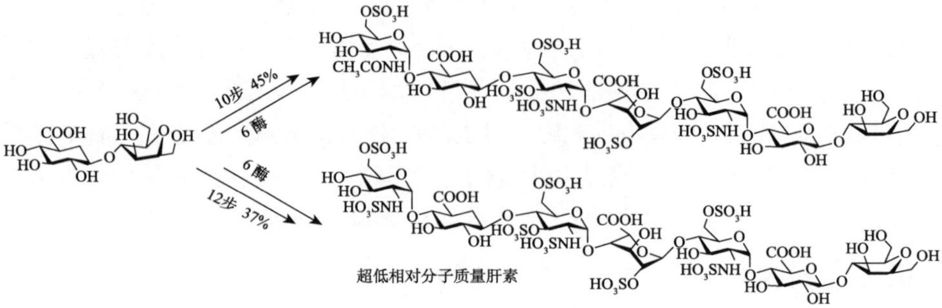


图 20-7 化学-酶法体外全合成复杂的天然产物药物——超低相对分子质量肝素

# 第三节 化学合成生物学

## 一、概述

合成生物学的目标是创造新的生命形式，而化学科学的基本任务之一是创造新物质。化学合成生物学正是上述两门学科的综合，是合成生物学必不可少的一个组成部分，其发展史具有许多里程碑性的事件。早在 1828 年，Wöhler 将异氰酸铵转化为尿素，第一次证明无机物可以被用于合成有机物，从而打破了生命活力理论（theory of vitalism）[97]。利用化学合成手段，我们可以得到地球上不曾出现过的蛋白质、核酸、囊泡复合体、基因组以及细胞等[98]。本节将从非自然产生大分子、基因组、人造细胞的设计与合成出发，综述人类对最小基因组，以及合成人造细胞的探索。

## 二、非自然产生大分子的设计与合成研究

化学的研究包括对自然界已经存在物质的人工改造以及创造自然界不曾出现过的新物质。这一点适用于小分子与大分子，而且同等重要。蛋白质与核酸作为组成生命的基本物质，以多种不同的结构与状态广泛地存在于自然界中。但实际上，自然界创造的蛋白质或核酸只在可能的多肽或核苷酸序列中占很小的部分。这种选择性的产生是由生命体中相应的代谢过程所决定的，必须满足生命体整体的一些热力学要求。另一大类蛋白质是自然界不曾出现

过的，被形象地命名为“未现蛋白”（never born proteins，NBPs）[99]，其结构组成可以包含非天然的氨基酸。它们的结构与功能引起了人们的研究兴趣。

在 NBPs 的研究中，首先需要得到足够量的具有一定序列的蛋白质。构建随机多肽或者蛋白质的序列库是一个重要的研究手段。用噬菌体展示技术构建随机的多肽库的方法已经是蛋白质工程中一种成熟且不可或缺的技术[100]。Luisi 等[101]利用噬菌体展示构建了一个大型随机序列多肽库，并以此对 NBPs 的折叠情况进行了研究。他们以当时最小已知结构的多肽——鸟类的胰腺多肽（APP）为模型，改变其中几个氨基酸进行噬菌体展示，随后通过圆二色谱（CD）和蛋白酶降解实验检验其结构的变化。其结果证明了噬菌体展示对随机多肽结构研究的实用性，并为此后同类的研究提供了方法。其后，该小组在同一工作中又用噬菌体展示技术构建了一个 $10^9$ 克隆的随机序列 50 肽库，并同样进行了 NBPs 的折叠研究。利用该研究手段，他们展示了一个库容量很大的随机多肽库中的各种多肽的折叠情况。这是一个重要的前生物化学问题。对于自然界不能产生的目标蛋白质或核酸，目前有化学合成与基因工程两种手段，下面分别对其进行介绍。

### （一）“未现大分子”的化学合成

理论上，化学家可以通过全合成来得到任何分子。化学全合成作为化学生物学的重要技术，也为合成生物学的发展起到不可替代的作用。早在 20 世纪初，Fischer 等[102]就开始从事酶类的全合成，并进行了相关结构理论的研究。此类奠基性的工作促使 Vincent du Vigneaud 及其合作者[103]完成了具有生理活性的九肽催产素的全合成。1965 年，我国科学家人工合成了结晶牛胰岛素这一当时最大的具有生物功能的有机分子[104]。此举是世界上首次人工全合成具有功能的天然蛋白质，具有里程碑式的意义，开启了现代合成生物学的研究模式[105]。对于天然结构的核酸，人们也经历了一系列的探索。在 1979 年 Khorana 等完成功能性 tRNA 合成后不久，我国科学家王德宝等[106]首次报道了对具有生物活性的酵母丙氨酸转移核糖核酸（yeast alanine tRNA）的全合成。值得注意的是，由 76 个核苷酸构成的该 tRNA 中具有 7 种稀有碱基。王德宝从稀有核苷酸原料和工具酶的研究开始，利用酶法与化学合成法相结合，先合成各个片段，再拼接得到全长序列，经过长达 13 年的反复尝试，最终完成该全合成，使得人类合成生命大分子的研究跨进了新纪元。

在合成一些蛋白质后，溶液有机合成化学的一些弊端也逐渐浮现出来，如操作繁琐、产率低、副产物难以分离等。这对于合成一些具有重复结构单元的大分子尤其明显。为了解决这些问题，1963 年，Merrifield[107] 发展了固相多肽有机合成技术（SPPS）。这一技术具有操作方便、副产物易于分离等优点，后来被广泛应用于有机合成领域。他凭借此技术合成了核糖核酸酶 A，并发明固相合成仪，因而获得了诺贝尔奖。但是直接在树脂上进行多肽合成受到氨基酸序列长度的限制，其产率随着氨基酸数目的增加而显著下降。此后，Kent 小组[108] 发展了自然化学连接法（native chemical ligation），将两段分别含有 C 末端硫酯和 N 末端半胱氨酸的多肽片段选择性地连接起来（图 20-8）。该反应后来也被用于蛋白质的 C 末端选择性标记。Liu 等[109] 又在其基础上将 C 末端硫酯多肽改进为 C 末端酰肼多肽。通过氧化反应形成的 C 末端酰基叠氮多肽与 N 末端半胱氨酸多肽可以发生酰肼法连接反应[110]。另外，Muir 及其合作者 [111]、Xu 等[112] 还发展了基于蛋白质自剪切技术的蛋白质半合成策略。这一策略弥补了全合成方法获得大蛋白质的一些不足之处。基于这些成熟的蛋白质合成技术，人类开始向更庞大、更复杂的生物大分子全合成发起挑战。经过多年努力，Danishefsky 小组[113] 于 2012 年完成对于具有生物活性的野生型糖蛋白促红细胞生成素（EPO）的全合成。利用化学全合成技术，人们甚至可以得到天然蛋白质的镜像蛋白，即完全由 D-氨基酸构成的蛋白质。这类蛋白质可以用于晶体学研究[114]、多肽类药物筛选[115] 等。

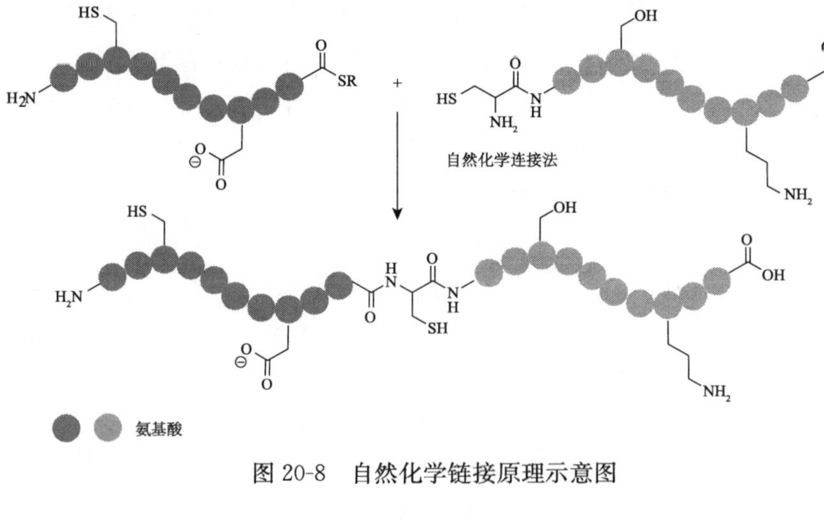


图 20-8 自然化学链接原理示意图

## （二）“未现蛋白”的生物表达

除了蛋白质的化学合成，人们还发展了多种方法改造生物来实现非天然蛋白质的表达。传统基因工程这一合成生物学手段可以得到重组的天然蛋白质，以及具有非天然序列的天然蛋白质用于蛋白质的纯化或者体内蛋白质的标记定位研究[116]。结合蛋白质的序列设计或者非天然氨基酸插入法，我们同样能够表达出非天然蛋白质。这部分虽然并不是直接利用化学合成手段，但是一方面其目标是合成非天然蛋白质分子本身，另一方面需要结合物理化学原理或者化学生物学技术，因此也归到化学合成生物学范畴。

### 1. “未现蛋白”的人工从头设计

一个重要的合成生物学方向是人工从头设计具有自然界不存在结构和功能的蛋白质。利用噬菌体展示、核糖体展示或者酵母展示构建多肽蛋白质库结合分子进化进行相关筛选是获得非天然蛋白质的一种思路[117]，也得到过一些具有非天然结构与功能的蛋白质[118]。而另一种思路是将理论化学引入本领域进行不同程度的计算预测并加以实验证明。其中，Mayo 等[119]利用势能函数结合理性设计筛选了一个虚拟的组合多肽库，首次实现了对 $\beta\beta\alpha$ 折叠域的完全从头设计与实验验证。该序列与已知蛋白序列同源性很低，且具有预期的折叠结构。Baker 等[120]利用计算化学的策略设计了一个具有全新的序列与拓扑结构的 $\alpha/\beta$ 蛋白质，并用实验证明这种结构从未在自然界出现过。基于类似的原理，Baker 等[121]从头设计了可以催化 Kemp 消除反应的催化酶，最近，Baker 及其合作者[122]又从头设计了能够与固醇小分子地高辛高效结合的蛋白质。而这些都是天然蛋白质所不具备的功能。同时，Hecht 等[123]也在本领域做了一系列的重要工作。他们[124]第一步基于极性-非极性二元模式这一简单的原理成功从头设计了很多折叠为四束螺旋结构的非天然蛋白序列。然后，他们[125]又对所得到的四束螺旋蛋白库进行了筛选，分别用其中四个代替基因缺陷 *Escherichia coli* 菌株中的四个必要蛋白并维持其正常生存(图 20-9)。他们还进一步将 4 个蛋白质一起通过质粒引入到四缺陷的菌株，证明 *Escherichia coli* 基因组中 0.1 %的基因可以完全由从头设计的蛋白质所替代。

### 2. 非天然氨基酸插入法

此外，人们还发展了从基因本身入手的改造方式，这也是蛋白质化学生物学的一个重要创造。2001 年，Schultz 等[126]首先发展了非天然氨基酸引入策略。在该研究中，他们向 *Escherichia coli* 活细胞中导入能够识别无义密码子的 tRNA/氨酰- tRNA 合成酶的组合，这一酶组合可以高特异性地在表达蛋白中插入合成的非天然 *O*-甲基-L-酪氨酸（图 20-10）。这一技术可以有效地拓展活体细胞

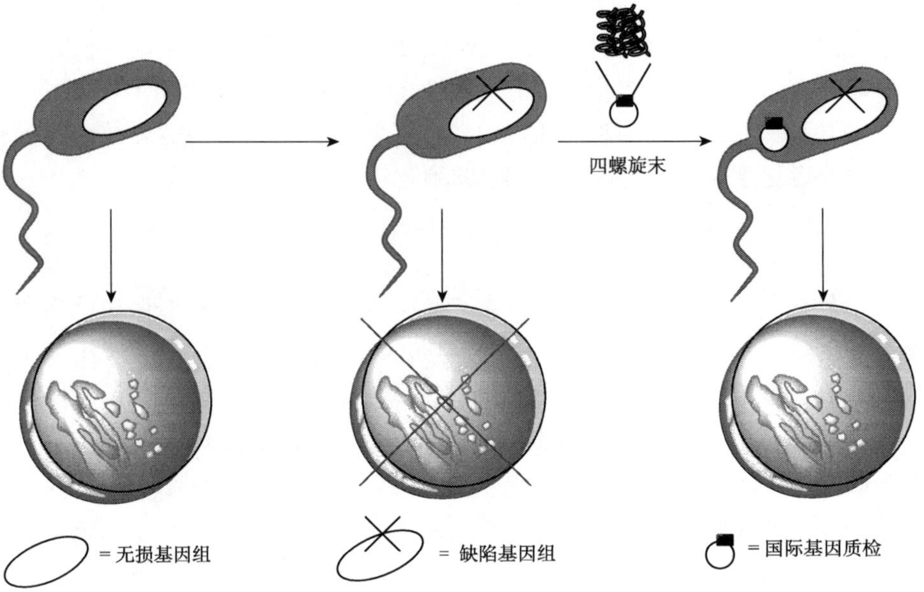


图 20-9　引入外源从头设计的蛋白质可以使得基因组缺陷的菌株恢复生长的示意图

表达蛋白质的范围，使其不仅可以含有 20 种天然的蛋白氨基酸，还可以含有新型非天然氨基酸。此后，Chin 及其合作者[127]又进一步拓展了这一技术的实用对象与范围。他们利用无义密码子 TAG 在酿酒酵母（*Saccharomyces Cerevisiae*）细胞中高效特异地引入五种新结构的非天然氨基酸。这些氨基酸都是酪氨酸的修饰物。这些新引入的官能团可以进一步被修饰，实现标记、链接重原子，便利晶体学研究，或者连接交联试剂用于生物机理研究等。

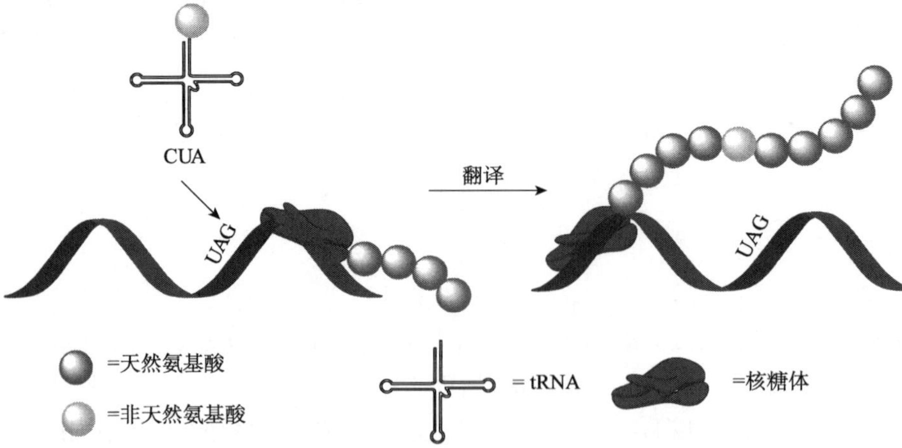


图 20-10　非天然氨基酸引入法示意图

另外，人们还发展了一些新的系统用于合成生物大分子，如自催化复制[128]、多肽自复制过程[129]等。也有一些相关的理论预测，如蛋白质的逆翻译过程[130]。这些有趣的尝试不论是否已经成功实现，对于新兴学科的探索具有积极的意义。化学合成技术作为化学工具的代表，已经对化学合成生物学起到了重要的作用。此领域的新兴发展方向包括发展新的合成技术、寻找具有新功能的合成体系、选择新的非天然合成目标等。

## 三、基因组的合成与最小基因组的探索

基因组是自然界一切生物体遗传与调控的物质中心。随着生命科学的发展，人们已能够很好地破译多种生物体生命的密码[131]。然而，对基因组的设计与合成才是人类更高的梦想。设计与合成基因组经历了一个很长的发展过程，才逐渐在合成生物学领域占据一席之地。早在 1979 年，Khorana 等[132]就对 207 个碱基的酪氨酸抑制 tRNA 进行了全合成。这是一个里程碑性的工作，但该分子没有转录功能。此后，在许多研究组的共同努力之下[133]，DNA 的固相合成技术及自动合成仪被发明出来。由于其具有高效率、低成本的优点，该研究极大地促进了核酸合成化学的发展，也为更大的基因组合成提供了条件。由此，人们开始对某些物种的全基因组进行化学合成。

### （一）微生物基因组的合成探索

病毒是一类通常仅含有蛋白质衣壳及核酸（DNA 或者 RNA）的亚细胞结构的生物。由于其结构简单，因此被选为最早的人工合成目标。引起小儿麻痹症的骨髓灰质炎病毒是一种小型无被膜的二十面体病毒，含有单链正义 RNA 基因组。Wimmer 小组[134]于 1991 年合成了其 RNA 基因组，并得出其化学组成式［$C_{332652}H_{492388}N_{98245}O_{131,196}P_{7501}S_{2340}$］。此后，Wimmer[135]等又于 2002 年合成了全长的脊髓灰质炎病毒互补 DNA（cDNA）。利用该互补 DNA 为模板，他们用 RNA 聚合酶转录合成了病毒 RNA。他们证实了该 RNA 可以在无细胞的提取液中翻译或复制，并通过 CD155 受体特异性抗体结合实验证明了该合成病毒具有与天然骨髓灰质炎病毒相同的生化和病理特征。此项研究成果对在全世界范围内根除骨髓灰质炎具有重要价值。噬菌体是一类侵染细菌的 DNA 病毒。2003 年，Venter 小组[136]发展了新的基因组组装技术。为了证明该组装技术的实用性，他们全合成了 φX174 噬菌体的全基因组，并在 14 天的短时间内完成了组装过程。他们同时提出，更大的基因组都是通过 5～6kb 的片段独立拼接形成的，而约 60 个这样的片段可能是细胞最小基因

组的底限。此后，人们对于病毒基因组合成的探索不断进行。2008 年，Denison 及其合作者[137]报道他们设计并合成了一个含 29.7kb 的蝙蝠重症急性呼吸综合征（SARS）病毒（Bat-SCoV）的研究工作。他们用合成的 SARS-CoV 序列的受体结合域（RBD）替代天然基因组，得到的病毒可以感染小鼠并被抗体中和。

除了噬菌体这样的亚细胞结构，人们还对原核生物的基因组进行了合成探索。Smith 及其合作者[138]在 2008 年合成了含有 582 970bp 的生殖道支原体（*Mycoplasma genitalium*）的 *G37* 全基因组，并命名为 JCVI-1.0。该合成的基因组与天然基因组有两点区别：①MG408 基因中部被插入的抗生素标记基因打断，该抗生素基因是阻碍病原体的侵染和筛选所需的；②基因之间被插入了一个"水印"基因，该基因可以耐受转座子的插入。他们发展的重组克隆方法对化学合成片段或者自然序列与合成序列的重组片段都很实用，示意图如图 20-11。这一成果对进一步构建更大的 DNA 分子具有重要意义。

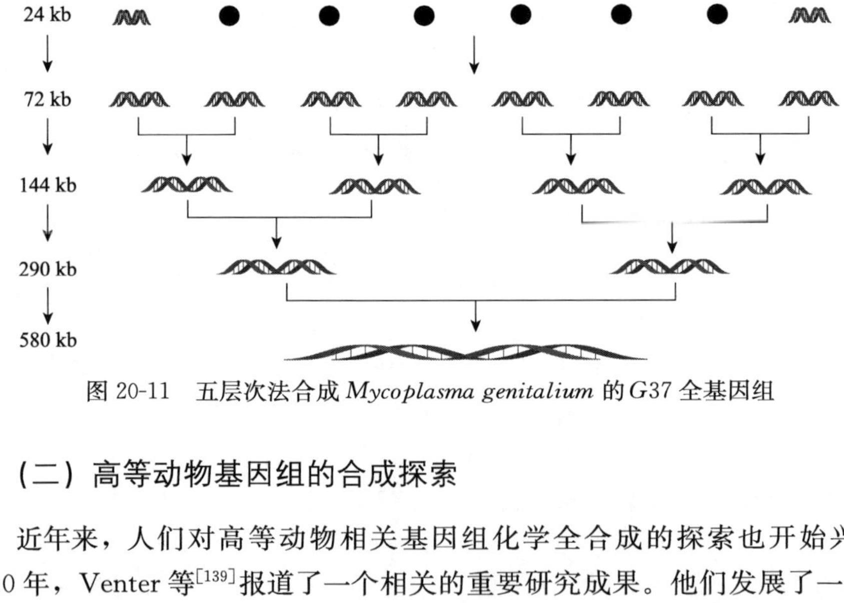


图 20-11　五层次法合成 *Mycoplasma genitalium* 的 *G37* 全基因组

### (二) 高等动物基因组的合成探索

近年来，人们对高等动物相关基因组化学全合成的探索也开始兴起。2010 年，Venter 等[139]报道了一个相关的重要研究成果。他们发展了一套化学合成 DNA 分子的技术，以重叠的寡聚核苷酸为原料，利用一步等温组装法和体外的复制、重组两个步骤，进行 DNA 合成。此后，他们利用 600 个重叠的 60bp 寡聚核苷酸合成了长达 16.3kb 的小鼠线粒体基因组，并以此证实该技术的实用性与简便性。当前，他们还在进一步发展此方法，以期降低成本并增加合成的产量与基因组长度的限度。这一合成基因组的技术将方便合成生物学家在未来快速有效地合成各种新的生物产品。

### (三) 最小基因组的合成探索

在基因组的化学全合成获得丰硕成果的同时，人们也一直在探索一个问题：生物体所需的最小基因组到底有多大？也就是说，最少需要含有多少个基因？为了回答这个问题，基因组的全合成可以作为一个有效的研究工具。1999 年，Venter 小组[140]以生殖道支原体（*Mycoplasma genitalium*）为模型生物，希望在实验室培养的条件下确定出该物种的固有基因组有哪些非必需基因。该物种的基因组仅含有 517 个基因，是当时已知的具有最小基因组且可以独立复制的生命。他们利用一种随机转座子突变的技术，在全基因组范围内对 *M. genitalium* 和它的近亲物种 *M. pneumoniae* 进行测试。研究发现 480 个翻译蛋白的基因中只有 265～350 个是细胞复制增殖所必需的，其中还发现了 111 个功能不明确的基因。此外，他们还发现，基因中有不少的重叠区域，这一点对此后的研究具有重要的指导作用。2005 年，Endy 等[141]对天然的生物体系 *T7* 大肠杆菌噬菌体的基因组进行了重新设计。他们的最初目的是确认并分离基元的基因单元，并验证一个假定：相互重叠的基因单元对于 *T7* 的存活与正常代谢过程是非必需的。于是，他们用较短的化学合成基因组替代了原有的野生型基因组。结果是合成基因组能够编码可存活的噬菌体，且该“简化”噬菌体具有正常表现型。该研究证实了天然基因组可以随人们的意愿重新设计，并实现改造。

对于基因组的简化研究不仅仅停留在亚细胞生物。2008 年，Blattner 小组[142]对原核生物大肠杆菌（*Escherichia coli*）的 *K-12* 基因组也进行了削减处理。通过去掉非必需基因或碱基序列，他们获得了基因组缩减 15%的“多序列缺失菌株”[multiple-deletion series (MDS) strains]。该菌株保留了正常的蛋白质合成能力与良好的生长状态。该实验证明，删除重组区域、可移动的 DNA 序列（即转座子）和隐蔽的病毒基因等操作对 MDS 菌株的稳定并没有影响，相反还赋予了该菌株一些新的特性。

2010 年，Venter 小组[143]再次在 *Science* 上报道了一个里程碑式的研究工作。他们设计、合成和体外组装了丝状支原体（*Mycoplasma mycoides*）的 1.08Mb 的基因组，并将其命名为 JCVI-syn1.0。该合成基因组与天然基因组的区别在于“水印”序列的插入、某些基因的缺失或多态性，以及构建过程中必要突变的引入。利用他们已有的基因组导入技术，该合成基因组被转入一个去核的丝状支原体细胞。这个人工重组而成的新丝状支原体细胞虽然完全由合成基因组调控，却成功地表现出预期的表现型，且具有不断复制的能力。

就本领域而言，虽然 Venter 研究所已经在实验室条件下完成了可复制的人造细胞，但他们并非完全从非生命体系起步，只是通过将人工合成且胞内拼接的 DNA 导入一个去核的完整细胞结构中而实现了人造基因组对细胞的调控。事实上，如何从建立单细胞体系过渡到建立多细胞生命体系，目前还是合成生物学家无法解决的问题。另外，由极小基因组装配而成的原细胞（protocell）也是一个重要的未知领域，亟待深入研究。

## 四、人造细胞的合成探索

化学起源学说作为目前科学界的共识，认为细胞起源于非生命物质，通过化学小分子、化学高分子、化学高分子体系等多个步骤逐渐复杂化而成。当最终结构与功能达到一定高度时，便出现了原始生命。Miller 等[144]曾经利用模拟原始大气的方法，由无机物创造出包括氨基酸在内的简单有机小分子，由此证明其化学演化学说的可能性。虽然本实验仅仅证实了该假说的第一步骤，随后的几个步骤也开始陆续在一定程度上被验证。前苏联生物学家 Oparin 用实验证明了第三个步骤，也就是他自己提出的“团聚体假说”[145]。

### （一）“最小细胞”的理论研究与构想

利用人工从非生命物质创造细胞是人类长久以来的一个梦想。为此，人们需要研究一个普通细胞内的各种组分及其含量，以及各组分间可能的相互作用。然而，生命体系的精细与复杂程度超乎人们的想象。通过后来对大肠杆菌细胞的研究[146]，人们发现在其小小几立方毫米的体积内居然有超过25 000 000个组分，而这些相互作用的组分竟然能够合理地组合为一个紧密调节的整体。于是，最简单的细胞需要哪些组成成分也成为一个重要的问题[147]。为此，人们首先规定了“活细胞”的概念，即需要满足三个条件：自我维持（即新陈代谢）、自我复制或繁殖以及进化能力。特别地，进化能力是达尔文主义提出的要求，其对象是细胞群体而非一个个单独的细胞。因此，对于最小细胞的研究不能独立于细胞群体或者隔离于外界的环境条件。这些因素都可能影响基因频率的改变，导致物种的进化。但即便如此，还是有一些难以准确定义的情况，如可以自我维持而不能自我复制，或者尽管可以繁殖，但繁殖几代以后，后代便难以生存等。因而，最小细胞也包含了多种可能性，其本身并没有单一的含义[148]。不论是研究最小基因组的数目还是人工构建简单细胞，理论上均可采取两种策略：①人们可以从上到下地简化细胞，削减基因组，通过限制生命存在的必要条件来达到最简单的细胞；②人们可以从下到上地构建系统，通过不断提高系统的复杂程度而趋近生命体系。

此后，各研究小组便从最小基因组的数目开始研究，做出了很多代表性的研究工作。Morowitz 小组[149]在 1967 年便通过实验预计最小基因组约为生殖道支原体（*Mycoplasma genitalium*）的 1/10；Gil 小组[150]利用一系列计算与实验，设计并确定了最小的蛋白质翻译基因组需要包含 206 个基因。这些基因使得该细胞具有 13 个基本特征，如有基本完备的 DNA 复制体系，有基本的 DNA 修复系统和转录系统，有基本完备的蛋白质翻译系统等。此外，Mushegian 小组[151]采取不同的研究手段进行了类似的研究，却得出了不同的结论。他们比较了分别为革兰氏阳性菌的生殖道支原体（*Mycoplasma genitalium*）与革兰氏阴性菌的流感嗜血杆菌（*Haemophilus influenzae*），找出在二者细胞内保守的基因，并假定这一类基因对细胞是必不可少的，且对最小基因组也同样必要。这样的基因有 240 个。但是他们发现其中有很多基本的代谢通路还缺乏某些特定的酶类。他们将这种不同的酶在不同生物体中起到同样功能的现象称为非正交基因置换（nonorthologous gene displacement）。因此，他们还找出了 22 个非正交的蛋白质，但是其中需要扣除 6 个重复或者寄生特异性的基因。所以，最终结论是 256 个基因才能最接近最小基因组的需要，也就是说，具有这一数目的细胞才能维持一个现代细胞的各种生存特征。这一结果与 1995 年 Itaya 等[152]利用直接基因插入法所得到的最小基因组大小相接近，与前面[126]提到的 Venter 的研究结果也一致。该研究[153]证明了基因组全合成是一个极好的验证最小基因组的手段。

除此之外，人们还利用计算机作为辅助手段虚拟地构建最小细胞。1999 年，Venter 及其合作者 Tomita 等[154]利用基因组测序的数据，通过计算机进行细胞内分子间相互作用的量化模拟，构建了一个“电子细胞”（e-cell）

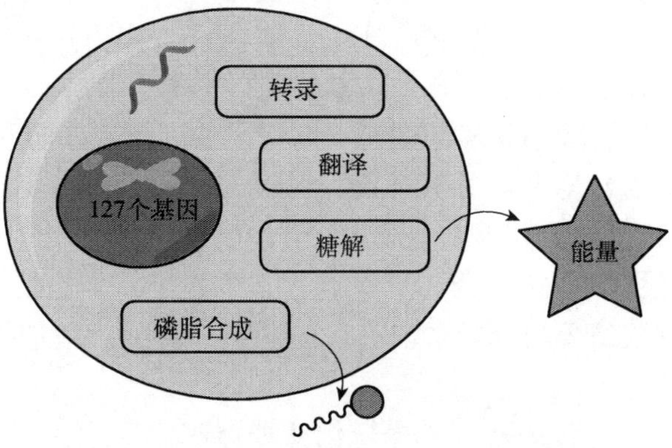


图 20-12 “电子细胞”结构与功能的示意图

（图 20-12）。这种由电脑模拟（*in silico*）构建的细胞虽然以生活细胞为基础，但在简化过程中去掉了基因调控、代谢过程与信号传递等过程，其基因组仅含有 127 个基因，这表明对于一个细胞，只需具有这个数目的基因，其转录、翻译、能量代谢和磷脂合成便可进行。

除了上述直接从上到下剔除非必需或者冗余的基因组分外，人们还使用了基于功能的必需基因确认法进行反向的对应关系指认，并得到了一系列令人惊奇的结果。2001 年，Luisi 等[155]首先预言了一种最为简化的“RNA 细胞”（图 20-13）。尽管该细胞只是具有两种 RNA 核酶的一个囊泡，却能够完成自我复制与达尔文进化。这是因为细胞生长所需的所有小分子都来自于外界环境，包括核苷酸和脂质分子。在细胞内的一个核酶复制其本身并催化合成其他核酶，而另一个核酶可以合成由脂质分子组装而成的外膜。因此，两个核酶即可完成一切细胞正常代谢功能。

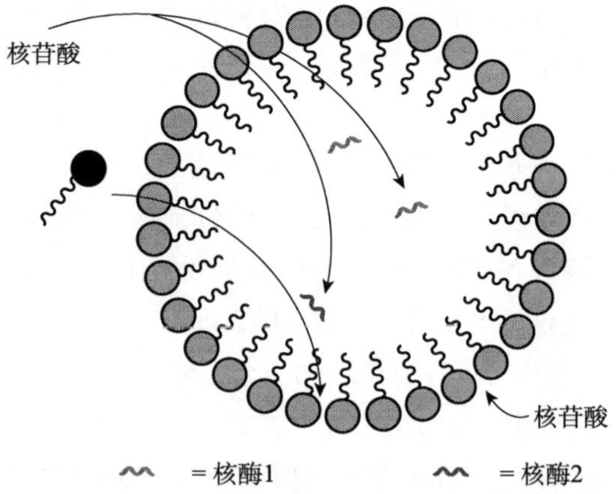


图 20-13　“RNA 细胞”结构与功能的示意图

除了最简化“RNA 细胞”外，Luisi 等[156]还提出了几种最为简化的理想态细胞。首先，他们提出了“自由扩散细胞”的概念（图 20-14）——这种细胞不具有任何用以合成小分子的酶及其对应基因，所有小分子原料（包括核苷酸和氨基酸在内）均来自外界环境，并通过扩散作用进入细胞内。因而，该细胞仅仅具有 RNA 与 DNA 合成和复制的酶系（约 25 个基因）、用于合成蛋白质的发达核糖体系统（约 120 个基因，外界 54 个核糖体自身所需的基因）和原始细胞膜组分的合成系统（4 个基因）。因此，他们得出结论最小细胞总计约 150 个基因。

在该文章中，他们又提出了“简化核糖体细胞”这一概念（图 20-14）。现代的蛋白质合成机器——核糖体具有极其复杂的结构，其本身的蛋白质有

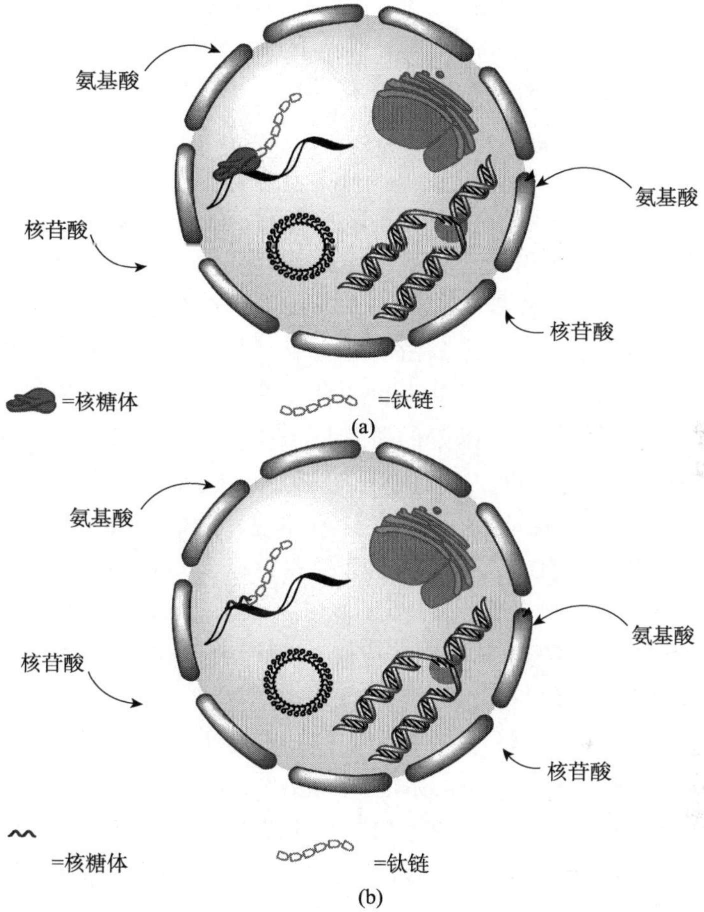


图 20-14　(a)“自由扩散细胞”示意图；(b)“简化核糖体细胞”示意图

超过 50 个基因编码，另外还有 3 个核糖体 RNA（rRNA）需要 3 个独特的基因编码。Luisi 等猜测原始细胞不可能具有如此复杂的核糖体系统，考虑到当时已知 rRNA 本身具有基础的蛋白质翻译能力，进一步猜测原始细胞直接利用 rRNA 表达蛋白，而没有核糖体机器进行协助或至多只有一些简单的多肽参与辅助。因此，他们删去了表达核糖体蛋白质的 50 多个基因，仅留下了 3 个 rRNA 对应基因。这个构建出的“简化核糖体细胞”是在“自由扩散细胞”的基础上进一步简化而成的，仅含有 105～122 个基因。同时他们预测，以上两类细胞包括代谢与复制在内的各种过程都高度简单，因此只可能存在于缺乏竞争者的原始环境里。其后，他们又联想到 DNA 复制系统过于复杂，因而最原始的细胞可能只是 RNA 细胞。值得注意的是，他们于 2001 年提出的"RNA细胞"模型不能进行任何蛋白质合成，他们也承认这样的细胞缺乏实际存在的可能性。因此，他们当时就预言，这样具有进化功能的模型RNA细胞最终会发展成为含有蛋白质与DNA的两类模型细胞。

### (二)"最小细胞"构建的实验尝试

在估计了最小基因组所需要的基因数目后，人们开始对人造最小细胞进行实验性探索。对基因组的合成工作在前一部分均已列举，这里主要介绍人们关于囊泡包被结构的模拟与构建工作。细胞膜在细胞的正常生理活动与复制过程中有重要作用，它们主要由磷脂构成，其主要功能是将细胞与外界环境隔离开以便细胞生存。除了基因组的合成外，最早的合成生物学探索便是从囊泡的自组装开始的。这部分的研究分为几个步骤，第一步是探索囊泡本身形成的条件。对这一点，人们早已进行了一些探索。Deamer小组[157]于1986年对囊泡合成相关问题进行了系统性研究。他们回答了很多关于脂质的基本问题，包括哪些物理、化学性质能使得分子实现自组装，大分子体系如何在进化过程中被包裹于膜分割系统，脂质体（liposome）如何形成等。对自组装控制的探索始于对于油酸形成囊泡过程的研究[158]。其后，人们研究了较为复杂的体系，如脂肪酸与甘油以酯键连接形成的单、双、三脂肪酸化体系、磷脂酰甘油体系等。此外，人们还发现在太阳系形成物质默奇森碳质球粒陨石（Murchison carbonaceous chondrite）中存在有机质，且其中含有类似的两亲性分子，而其中用溶剂浸出的非极性分子引起了人们的特别关注与研究[159]。这些研究得出了很多重要的结论，对于研究原始生命复制体系的特征十分重要[160]。

在此之后，人们又提出了研究的第二步计划——探索这样的囊泡结构是如何相互作用来形成特殊的微环境，而这样的微环境又是怎样适应复制的系统而存在的。为此，人们开始研究各种小分子与生物大分子被包裹进入囊泡中的条件。Deamer等[161]对磷脂囊泡进行了交替的水化-脱水处理。在此过程中，他们发现，在脱水时，囊泡会收缩形成多层结构；重新水化后，则会膨胀恢复到原来的囊泡结构。如果环境中存在荧光素或者DNA分子，囊泡在重新水化时会将这些分子吸收到其中。这可以有效地解释原始细胞在原始地球环境下是如何形成的。Luisi等[162]利用某种特殊的表面活性剂制造了一些反相囊泡。他们观察到，由于它们特殊的物理、化学性质，这些囊泡可以将小的亲水性分子，如酶类甚至是质粒分子等溶解在内。值得注意的是，包裹在囊泡中的酶还可以和有机溶性的物质发生反应，如脂肪氧化酶对亚油酸的氧化作用。人们进一步研究了囊泡形成的动力性机制。Luisi 等[163]就此提出了“囊泡形成的稳态假说”。他假设原始物质 A 进入细胞中可以以 $v_p$的速率转化为囊泡形成物 S 而组成细胞膜，而 S 可以在四氧化锇的氧化作用下以 $v_d$的速率氧化分解为物质 P，当两个速率相等时，囊泡即达到稳态。这一过程对于细胞膜构建和脂质体复制有重要意义。

作为本领域研究的第三步，人们开始对更复杂的、具有内含物质的囊泡进行研究，以期更加逼近最小细胞。Deamer 小组[164]将不依赖于 DNA 模板的 RNA 聚合酶包裹入二脂酰磷酸胆碱中，发现加入的 ADP 可以被催化合成长的 RNA 链，所得的 RNA 产物通过溴乙啶原位标记进行检测。该研究证明囊泡包裹的催化剂体系可以作为原始细胞的模型体系，而这正是因为囊泡组装可以形成一个安全稳定的内部微环境，除了不依赖于模板的 RNA 复制系统外，人们还发展了囊泡内的模板依赖型 RNA 合成系统[165]。在该系统中，不仅囊泡可以自行复制，而且复杂的 PCR 扩增过程都可以在该囊泡内进行[166]，只是只有很少的囊泡能满足 PCR 扩增要求，即包含 PCR 反应所需的所有原料。进一步地，人们将囊泡包裹系统扩展到了蛋白质领域[167]。Yomo 等[168]在脂质体中植入蛋白合成反应混合物，原位合成了突变型绿色荧光蛋白，并通过荧光计的读数检测该蛋白质的功能。此后的数十年里，人们利用各种研究方法进行“半合成”生命的探索。理论上说，人们可以将核酸与蛋白质系统同时包裹入囊泡体系。但是这些类似细胞的囊泡有两点不足之处：首先，囊泡的复制与大分子的合成是相互独立的；其次，这些囊泡会因为稀释而破裂导致“死亡”。此后，人们又发展了巨型囊泡（GV）来回避稀释问题。由于在光学显微镜下可见，人们可以直接将物质注射到巨型囊泡中，而这些巨型囊泡本身也具有普通囊泡的其他功能[169]。2013 年，Luisi 等[170]进一步将人工构建的类细胞体系复杂化、系统化。他们在脂质体中构建了“最简化”代谢通路，含有约 80 种不同的酶、核酸等生物大分子以及必要的各类辅酶、小分子、能量供体等。该体系可以实现细胞外从 DNA 到相应蛋白质的完整转录与翻译过程，因而简称转录-翻译（TX-TL）体系。同时，他们还提出，脂质分子在原始的稀溶液中形成囊泡过程中可能内包某些大分子而自组装形成类似 TX-TL 体系（图 20-15），这也为原始细胞及其代谢过程的起源提出了一个实验模型。

最小细胞的理念可以算作一种积极的思想实验，是合成生物学的重要组成部分之一，为人们探索细胞生存与繁殖所必备的物质基础提供了一个研究平台。而“原始生命”与最小细胞之间的相关性才是本领域的研究重点。通

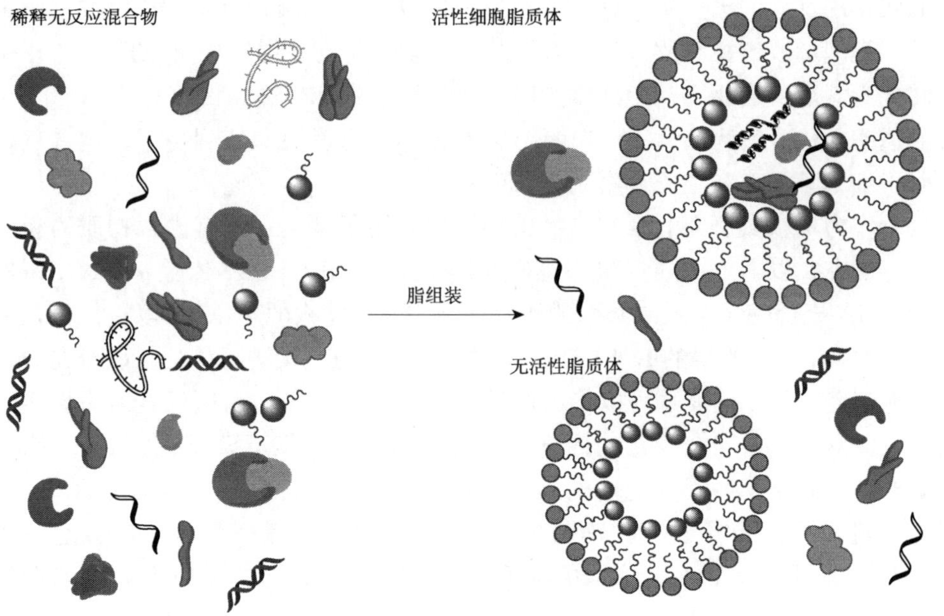


图 20-15　脂质分子自发形成脂质体过程可能内包入活性大分子形成原始细胞的示意图

过对现代细胞的简化，人们可以更加清晰地认识现代细胞演化历程与细胞生命周期[171]。只有充分认识了细胞的结构功能特点，人们才能真正实现真实细胞的全合成，并用以研究细胞的起源历程。

## 第四节　总结与展望

随着技术的快速发展，科学研究已从“分析”趋于“综合”、从“局部”走向“整体”；而技术的目标，也从对个别生物或化学分子的改造上升到对复杂生命体系“合成、构建”的更高层次。进入 21 世纪，合成生物学被赋予了新的内涵，其特色在于将工程化的理念引入生物学研究，其内容可以概括为设计、合成和组装新的生物零件、装置和系统，以实现某种特定的生物功能，或创造新的生命体系，并进一步探索生命起源等问题。因此，合成生物学分为生物工程合成生物学与化学合成生物学两个互相关联又相对独立的学科。

一方面，生物工程合成生物学以已有的生命结构与功能单元作为模块，通过分子生物学技术进行整合、重组，创造出能实现特定功能（多为合成目的）的新的生命系统，即借助已有生命来创造新生命。合成生物学关注健康方面的现实需求，应对未来环境方面的严峻挑战。变革生物基化学品和药物的获取方式是其重要使命之一。相较于有机化学经过100多年的发展，生物工程合成生物学还显得过于幼小，但是其诞生的时代决定了其强大的生命力和显著的优势，如无需中间体的分离、不必保护/脱保护、反应高效、产物单一、可利用简单的可再生初级原料等[172]。尽管如此，化学合成在多样性合成、非天然化合物合成、一些工艺合成及药物制备方面仍然具有无可替代的作用。化学家可以合成任何自然界存在的（甚至理论存在的）复杂分子，可以根据需要设计多条合成路线，任何一步反应、一个化学键的形成均有若干的方法可以选择。天然产物的生物合成也是一个从简单的小分子前驱体生成终产物的多步骤反应，每一步反应都由特定的酶蛋白来催化。虽然已经过20多年的发展，目前人们对于天然产物的生物合成的理解依然不完善。自然界存在许多天然产物，其中很多结构单元依靠现有生物化学知识还无法推测其生物合成途径，设计新的生物合成路线尚待时日。因此，对含有独特化学结构和生物活性的天然产物进行生物合成研究，增加对于天然产物生物合成酶学机制的理解，将在很大程度上为合成生物学提供知识、材料和方法。特别地，对于嗜极微生物和具有特殊结构的复杂天然产物结构与生物合成的研究，有助于我们积累“基因素材”，逐渐从探索“理解”的阶段进步到自由“创作”的阶段。另外，随着来源广泛的大量天然产物生物合成基因簇的克隆和测序，在合适的异源宿主内表达生物合成基因簇、建立异源操作平台也将为合成生物学提供有力的工具。同时，优良的宿主、合适的载体及启动子、多基因的协同优化表达、细胞的代谢平衡及产物耐受性等都是需要解决的基本问题。

另一方面，化学合成生物学强调从化学合成的方法入手，探索乃至创造地球进化尚未出现的全新生命体系。通过化学合成，人们已经能够实现对天然或非天然生物大分子、病毒与细胞全基因组的合成，囊泡体系自组装的控制等。此外，通过研究各类简化的模型细胞，我们有望得到关于原始细胞或“最简单细胞”的相关认识。从基础科学的角度看，人工合成与模拟细胞结构复杂化的研究可以提供关于生命起源问题的新认识与新结论。从更加长远的眼光分析，化学合成生物学不拘束于现有生命体系的束缚，因此有可能取得更大的突破与创新，使得合成生物学超越工业生物工程技术，而成为从本质上理解生命现象、创造新生命形式的一门科学。借用诺贝尔化学奖得主、著名有机合成化学家伍德沃德关于有机合成的名言：“在上帝创造的自然界的旁边，化学家又创造了另一个世界”。在“创造”这个概念上，化学比其他学科先行了一步；如今的合成生物学也许可以在合成化学的基础上“创造另一个高效、绿色的新世界”。

通过以上两种研究方法的相互协调与促进，合成生物学已经取得了很多骄人的成就，而这些成就与能源、材料、医药、日常生活等众多方面紧密相关。除去前面谈到的例子，还包括生物塑料的发展[173]、生物合成在治疗重大传染病中的应用[174]、合成生物学为癌症的治疗提供了新思路[175]等。值得注意的是，合成生物学学科发展带给人类的也并不完全是利益，还带来了一些弊端，如伦理问题、知识产权问题等[176]。与此同时，随着人们对本领域认知的进步，人们对合成生物学安全性的考虑越来越多，这已经引起学术界的广泛讨论[177]。因此，尽管目前存在诸多挑战，合成生物学与天然产物的生物合成及组合生物合成[178-181]、与代谢工程[66]、与合成化学[182]的进一步交叉融合对于结构复杂的新化合物发现、创造及生产正显示出灿烂的前景；化学合成生物学的发展也将为人们研究生命起源及生命本质等问题提供新的研究思路与手段。这样的发展趋势必将对传统有机合成化学、绿色化学、制药工业的过程化学、分子生物学和系统生物学等学科起到重要的推动作用。随着科学的发展，我们有理由相信，合成生物学能够在创造新型微生物、生产新型生物能源材料和天然产物类药物等方面提供稳定、经济、持久的途径。人们渴望能够像有机合成化学一样，根据需要设计、重组、构建并优化新的生物合成途径，利用微生物构建细胞工厂，或者应用多个高效的酶催化反应来生产自然界来源受限、包括复杂天然产物类药物在内的有用物质，甚至是非天然存在的物质[183,184]。随着人造细胞的逐步复杂化，人类在不久的将来有可能实现对结构复杂的细胞（如真核细胞）的人工合成，进而进行生命起源的研究。

总而言之，目前合成生物学机遇与挑战并存，我们在看到美好前景的同时也应该积极注意并考虑解决其中可能存在的各种难以控制的问题。

## 参考文献

[1] Brent R. A partnership between biology and engineering. Nat Biotech，2004，22：1211 - 1214.

[2] Lee S K，Chou H，Ham T S，et al. Metabolic engineering of microorganisms for biofuels production；from bugs to synthetic biology to fuels. Curr Opin Biotechnol，2008，19：556 - 563.

[3] Pleiss J. The promise of synthetic biology. Appl Microbiol Biotechnol，2006，73：735 - 739.

[4] 熊燕，陈大明，杨琛，等．合成生物学发展现状与前景．生命科学，2011，23：826－837.

[5] Watson J D，Crick F. The structure of DNA. Cold Spring Harb Symp Quant Biol，1953，18：123－131.

[6] Josse J，Kaiser A，Kornberg A. Enzymatic synthesis of deoxyribonucleic acid. J Biol Chem，1961，236：864－875.

[7] Arber W. Promotion and limitation of genetic exchange. Cell Mol Life Sci，1979，35：287－293.

[8] Szybalski W，Skalka A. Nobel prizes and restriction enzymes. Gene，1978，4：181－182.

[9] Hobom B. Gene surgery；on the threshold of synthetic biology. Med Klin，1980，75：834－841.

[10] Sanger F，Coulson A R. A rapid method for determining sequences in DNA by primed synthesis with DNA polymerase. J Mol Biol，1975，94：441－448.

[11] Saiki R，Gelfand D，Stoffel S，et al. Primer-directed enzymatic amplification of DNA. Science，1988，239：487－491.

[12] (a) Lander E S，Linton L M，Birren B，et al. Initial sequencing and analysis of the human genome. Nature，2001，409：860－921；(b) Venter J C，Adams M D，Myers E W，et al. The sequence of the human genome. Science Signalling，2001，291：1304－1351.

[13] Gardner T S，Cantor C R，Collins J J. Construction of a genetic toggle switch in *Escherichia coli*. Nature，2000，403：339－342.

[14] Atkinson M R，Savageau M A，Myers J T，et al. Development of genetic circuitry exhibiting toggle switch or oscillatory behavior in *Escherichia coli*. Cell，2003，113：597－607.

[15] Win M N，Smolke C D. Higher-order cellular information processing with synthetic RNA devices. Science，2008，322：456－460.

[16] Purnick P E，Weiss R. The second wave of synthetic biology：From modules to systems. Nat Rev Mol Cell Bio，2009，10：410－422.

[17] 凌焱，段海清，陈惠鹏．合成生物学．军事医学科学院院刊，2006，3：66－69.

[18] Stephanopoulos G. Synthetic biology and metabolic engineering. ACS Synth Biol，2012，1：514－525.

[19] Peralta-Yahya P P，Zhang F，del Cardayre S B，et al. Microbial engineering for the production of advanced biofuels. Nature，2012，488：320－328.

[20] Steen E J，Kang Y，Bokinsky G，et al. Microbial production of fatty-acid-derived fuels and chemicals from plant biomass. Nature，2010，463：559－562.

[21] Chiarabelli C，Stano P，Luisi P L. Chemical approaches to synthetic biology. Curr

Opin Biotechnol，2009，20：492－497.

[22] Chiarabelli C，Stano P，Anella F，et al. Approaches to chemical synthetic biology. FEBS Lett，2012，586：2138－2145.

[23] McDaniel R，Weiss R. Advances in synthetic biology：On the path from prototypes to applications. Curr Opin Biotechnol，2005，16：476－483.

[24] Kitney R，Freemont P. Synthetic biology-the state of play. FEBS Lett，2012，586：2029－2036.

[25] Rabinovitch-Deere C A，Oliver J W，Rodriguez G M，et al. Synthetic biology and metabolic engineering approaches to produce biofuels. Chem Rev，2013，113：4611－4632.

[26] Newman D J，Cragg G M. Natural products as sources of new drugs over the 30 years from 1981 to 2010. J Nat Prod，2012，75：311－335.

[27] Ngo L T，Okogun J I，Folk W R. 21st Century natural product research and drug development and traditional medicines. Nat Prod Rep，2013，30：584－592.

[28] Prather K L J，Martin C H. De novo biosynthetic pathways：Rational design of microbial chemical factories. Curr Opin Biotechnol，2008，19：468－474.

[29] 黄伟，王健博，唐功利．天然产物类药物的合成生物学研究．生命科学，2001，23：891－899.

[30] Bode H B，Müller R. The impact of bacterial genomics on natural product research. Angew Chem Int Ed，2005，44：6828－6846.

[31] Olano C，Méndez C，Salas J A. Antitumor compounds from actinomycetes：From gene clusters to new derivatives by combinatorial biosynthesis. Nat Prod Rep，2009，26：628－660.

[32] Koehn F E. Biosynthetic medicinal chemistry of natural product drugs. Med Chem Comm，2012，3：854－865.

[33] Walsh C T，Fischbach M A. Natural products version 2.0：Connecting genes to molecules. J Am Chem Soc，2010，132：2469－2493.

[34] Galm U，Shen B. Expression of biosynthetic gene clusters in heterologous hosts for natural product production and combinatorial biosynthesis. Expert Opin Drug Discov，2006，1：409－437.

[35] Zhang H，Boghigian B A，Armando J，et al. Methods and options for the heterologous production of complex natural products. Nat Prod Rep，2011，28：125－151.

[36] Nicolaou K，Roschangar F，Vourloumis D. Chemical biology of epothilones. Angew Chem Int Ed，1998，37：2014－2045.

[37] Tang L，Shah S，Chung L，et al. Cloning and heterologous expression of the epothilone gene cluster. Science，2000，287：640－642.

[38] Julien B，Shah S. Heterologous expression of epothilone biosynthetic genes in Myxococcus xanthus. Antimicrob Agents Chemother，2002，46：2772－2778.

[39] Park S R, Park J W, Jung W S, et al. Heterologous production of epothilones B and D in Streptomyces venezuelae. Appl Microbiol Biotechnol, 2008, 81: 109 - 117.

[40] Mutka S C, Carney J R, Liu Y, et al. Heterologous production of epothilone C and D in *Escherichia coli*. Biochemistry, 2006, 45: 1321 - 1330.

[41] Oßwald C, Zipf G, Schmidt G, et al. Modular construction of a functional artificial epothilone polyketide pathway. ACS Synth Biol, 2014, 3: 759 - 772.

[42] Zhang H, Wang Y, Pfeifer B A. Bacterial hosts for natural product production. Mol Pharm, 2008, 5: 212 - 225.

[43] Baltz R H. Streptomyces and Saccharopolyspora hosts for heterologous expression of secondary metabolite gene clusters. J Ind Microbiol Biotechnol, 2010, 37: 759 - 772.

[44] Pfeifer B A, Admiraal S J, Gramajo H, et al. Biosynthesis of complex polyketides in a metabolically engineered strain of *E. coli*. Science, 2001, 291: 1790 - 1792.

[45] Zhang H, Wang Y, Wu J, et al. Complete biosynthesis of erythromycin a and designed analogs using *E. coli* as a heterologous host. Chem Biol, 2010, 17: 1232 - 1240.

[46] Gomez-Escribano J P, Bibb M J. Engineering streptomyces coelicolor for heterologous expression of secondary metabolite gene clusters. Microbial Biotechnol, 2011, 4: 207 -215.

[47] Young T S, Dorrestein P C, Walsh C T. Codon randomization for rapid exploration of chemical space in thiopeptide antibiotic variants. Chem Biol, 2012, 19: 1600 - 1610.

[48] Komatsu M, Uchiyama T, Ōmura S, et al. Genome-minimized Streptomyces host for the heterologous expression of secondary metabolism. Proc Natl Acad Sci USA, 2010, 107: 2646 - 2651.

[49] Komatsu M, Komatsu K, Koiwai H, et al. Engineered Streptomyces avermitilis host for heterologous expression of biosynthetic gene cluster for secondary metabolites. ACS Synth Biol, 2013, 2: 384 - 396.

[50] Degrassi G, Devescovi G, Kim J, et al. Identification, characterization and regulation of two secreted polygalacturonases of the emerging rice pathogen *Burkholderia glumae*. FEMS microbiology ecology, 2008, 65: 251 - 262.

[51] Weeks A M, Chang M C. Constructing de novo biosynthetic pathways for chemical synthesis inside living cells. Biochemistry, 2011, 50: 5404 - 5418.

[52] Szczebara F M, Chandelier C, Villeret C, et al. Total biosynthesis of hydrocortisone from a simple carbon source in yeast. Nat Biotechnol, 2003, 21: 143 - 149.

[53] Kelly S L, Kelly D E. Rewiring yeast for drug synthesis. Nat Biotechnol, 2003, 21: 133 - 134.

[54] Chang M C, Keasling J D. Production of isoprenoid pharmaceuticals by engineered microbes. Nat Chem Biol, 2006, 2: 674 - 681.

[55] Martin V J, Pitera D J, Withers S T, et al. Engineering a mevalonate pathway in

*Escherichia coli* for production of terpenoids. Nat Biotechnol，2003，21：796 - 802.

[56] Ro D K，Paradise E M，Ouellet M，et al. Production of the antimalarial drug precursor artemisinic acid in engineered yeast. Nature，2006，440：940 - 943.

[57] P Westfall P J，Pitera D J，Lenihan J R，et al. Production of amorphadiene in yeast，and its conversion to dihydroartemisinic acid，precursor to the antimalarial agent artemisinin. Proc Natl Acad Sci USA，2012，109：E111 - E118.

[58] Lévesque F，Seeberger P H. Continuous-flow synthesis of the anti-malaria drug artemisinin. Angew Chem Int Ed，2012，51：1706 - 1709.

[59] Kupferschmidt K. Can new chemistry make a malaria drug plentiful and cheap? Science，2012，336：798 - 799.

[60] Paddon C，Westfall P，Pitera D，et al. High-level semi-synthetic production of the potent antimalarial artemisinin. Nature，2013，496 (7446)：528.

[61] Ajikumar P K，Xiao W H，Tyo K E，et al. Isoprenoid pathway optimization for Taxol precursor overproduction in *Escherichia coli*. Science，2010，330：70 - 74.

[62] Liu T，Khosla C. A balancing act for Taxol precursor pathways in *E. coli*. Science，2010，330：44 - 45.

[63] Zhou Y J，Gao W，Rong Q，et al. Modular pathway engineering of diterpenoid synthases and the mevalonic acid pathway for miltiradiene production. J Am Chem Soc，2012，134：3234 - 3241.

[64] Schalk M，Pastore L，Mirata M A，et al. Toward a biosynthetic route to sclareol and amber odorants. J Am Chem Soc，2012，134：18900 - 18903.

[65] Ajikumar P K，Tyo K，Carlsen S，et al. Terpenoids：Opportunities for biosynthesis of natural product drugs using engineered microorganisms. Mol Pharm，2008，5：167 -190.

[66] Pfleger B F，Pitera D J，Smolke C D，et al. Combinatorial engineering of intergenic regions in operons tunes expression of multiple genes. Nat Biotechnol，2006，24：1027 - 1032.

[67] Dueber J E，Wu G C，Malmirchegini G R，et al. Synthetic protein scaffolds provide modular control over metabolic flux. Nat Biotechnol，2009，27：753 - 759.

[68] DeLisa M P，Conrado R J. Synthetic metabolic pipelines. Nat Biotechnol，2009，27：728 - 729.

[69] Keasling J D. Synthetic biology and the development of tools for metabolic engineering. Metab Eng，2012，14：189 - 195.

[70] Horinouchi S. Combinatorial biosynthesis of plant medicinal polyketides by microorganisms. Curr Opin Chem Biol，2009，13：197 - 204.

[71] Zhang Y，Li S Z，Li J，et al. Using unnatural protein fusions to engineer resveratrol biosynthesis in yeast and mammalian cells. J Am Chem Soc，2006，128：

13030 -13031.

[72] Wang Y, Halls C, Zhang J, et al. Stepwise increase of resveratrol biosynthesis in yeast Saccharomyces cerevisiae by metabolic engineering. Metab Eng, 2011, 13: 455 -463.

[73] Lim C G, Fowler Z L, Hueller T, et al. High-yield resveratrol production in engineered *Escherichia coli*. Appl Environ Microbiol, 2011, 77: 3451 - 3460.

[74] Leonard E, Nielsen D, Solomon K, et al. Engineering microbes with synthetic biology frameworks. Trend Biotechnol, 2008, 26: 674 - 681.

[75] Canton B, Labno A, Endy D. Refinement and standardization of synthetic biological parts and devices. Nat Biotechnol, 2008, 26: 787 - 793.

[76] Martin C H, Nielsen D R, Solomon K V, et al. Synthetic metabolism: Engineering biology at the protein and pathway scales. Chem Biol, 2009, 16: 277 - 286.

[77] Schwille P. Bottom-up synthetic biology; engineering in a tinkerer's world. Science, 2011, 333: 1252 - 1254.

[78] Bond-Watts B B, Bellerose R J, Chang M C. Enzyme mechanism as a kinetic control element for designing synthetic biofuel pathways. Nat Chem Biol, 2011, 7: 222 - 227.

[79] Bachmann B O. Biosynthesis: Is it time to go retro? Nat Chem Biol, 2010, 6: 390 - 393.

[80] Bayer T S. Grand challenge commentary: Transforming biosynthesis into an information science. Nat Chem Biol, 2010, 6: 859 - 861.

[81] Fischbach M A, Walsh C T. Biochemistry: Directing biosynthesis. Science, 2006, 314: 603 - 605.

[82] Zhang Y H P, Myung S, You C, et al. Toward low-cost biomanufacturing through in vitro synthetic biology: Bottom-up design. J Mater Chem, 2011, 21: 18877 -18886.

[83] del Campo J S M, Rollin J, Myung S, et al. High-yield production of dihydrogen from xylose by using a synthetic enzyme cascade in a cell-free system. Angew Chem Int Ed, 2013, 52: 4587-4590.

[84] Savile C K, Janey J M, Mundorff E C, et al. Biocatalitic asymmetric synthesis of Chiral amines from ketones applied to sitagliptin manufacture. Science, 2010, 329: 305 - 309.

[85] Bornscheuer U, Huisman G, Kazlauskas R, et al. Engineering the third wave of biocatalysis. Nature, 2012, 485: 185 - 194.

[86] Sattely E S, Fischbach M A, Walsh C T. Total biosynthesis: *in vitro* reconstitution of polyketide and nonribosomal peptide pathways. Nat Prod Rep, 2008, 25: 757 - 793.

[87] Kennedy J, Auclair K, Kendrew S G, et al. Modulation of polyketide synthase activity by accessory proteins during lovastatin biosynthesis. Science, 1999, 284: 1368 -1372.

[88] Ma S M，Li J W H，Choi J W，et al. Complete reconstitution of a highly reducing iterative polyketide synthase. Science，2009，326：589－592.

[89] Xie X，Watanabe K，Wojcicki W A，et al. Biosynthesis of lovastatin analogs with a broadly specific acyltransferase. Chem Biol，2006，13：1161－1169.

[90] Xie X，Meehan M J，Xu W，et al. Acyltransferase mediated polyketide release from a fungal megasynthase. J Am Chem Soc，2009，131：8388－8389.

[91] Xie X，Wong W W，Tang Y. Improving simvastatin bioconversion in *Escherichia coli* by deletion of bioH. Metabolic engineering Metab Eng，2007，9：379－386.

[92] Xie X，Tang Y. Efficient synthesis of simvastatin by use of whole-cell biocatalysis. Appl Environ Microbiol，2007，73：2054－2060.

[93] Gao X，Xie X，Pashkov I，et al. Directed evolution and structural characterization of a simvastatin synthase. Chem Biol，2009，16：1064－1074.

[94] Xie X，Pashkov I，Gao X，et al. Rational improvement of simvastatin synthase solubility in *Escherichia coli* leads to higher whole-cell biocatalytic activity. Biotechnol Bioeng，2009，102：20－28.

[95] Turnbull J E. Getting the farm out of pharma for heparin production. Science，2011，334：462－463.

[96] Xu Y，Masuko S，Takieddin M，et al. Chemoenzymatic synthesis of homogeneous ultralow molecular weight heparins. Science，2011，334：498－501.

[97] Wöhler F，Liebig J. Ueber die bildung des bittermandelols. Poggendorfs Ann Phys Chem，1837，41：345－366.

[98] Luisi P L. Chemical aspects of synthetic biology. Chem Biodivers，2007，4：603－621.

[99] Luisi P L，Chiarabelli C，Stano P. From never born proteins to minimal living cells；Two projects in synthetic biology. Orig Life Evol Biosph，2006，36：605－616.

[100] Hoess R H. Protein design and phage display. Chem Rev Colum，2001，101：3205－3218.

[101] Chiarabelli C，Vrijbloed J W，de Lucrezia D. Chem biodiversity investigation of de novo totally random biosequences，Part II. Chem Biodivers，2006，3：840－859.

[102] Kent S B. Total chemical synthesis of enzymes. J Pept Sci，2003，9：574－593.

[103] Kent S B. Total chemical synthesis of proteins. Chem Soc Rev，2009，38：338－351.

[104] Kung Y T，Du Y C，Huang W T，et al. Total synthesis of crystalline insulin. Scientia Sinica，1966，15：544－561.

[105] 龚岳亭，杜雨苍，黄惟德，等．结晶牛胰岛素的全合成．科学通报，1965，10：941.

[106] 王德宝．酵母丙氨酸转移核糖核酸的人工全合成．化学通报，1989，10：

8 -13.

[107] Merrifield R B. Solid phase peptide synthesis. I. The synthesis of a tetrapeptide. J Am Chem Soc, 1963, 85: 2149 - 2154.

[108] Dawson P E, Muir T W, Clark-Lewis I, et al. Synthesis of proteins by native chemical ligation. Science, 1994, 266: 776 - 779.

[109] Fang G M, Li Y M, Shen F, et al. Protein chemical synthesis by ligation of peptide hydrazides. Angew Chem Int Ed, 2011, 50: 7645 - 7649.

[110] Zheng J S, Tang S, Qi Y K, et al. Chemical synthesis of proteins using peptide hydrazides as thioester surrogates. Nat Protocols, 2013, 8: 2483 - 2495

[111] Muir T W, Sondhi D, Cole P A. Expressed protein ligation: A general method for protein engineering. Proc Natl Acad Sci USA, 1998, 95: 6705 - 6710.

[112] Evans T C, Benner J, Xu M Q. Semisynthesis of cytotoxic proteins using a modified protein splicing element. Protein Sci, 1998, 7: 2256 - 2264.

[113] Wang P, Dong S, Brailsford J A, et al. At last: erythropoietin as a single glycoform. Angew Chem Int Ed, 2012, 124: 11744 - 11752.

[114] Milton R C, Milton S C, Kent S B. Total chemical synthesis of a D-enzyme: The enantiomers of HIV-1 protease show reciprocal chiral substrate specificity. Science, 1992, 256: 1445 - 1448.

[115] Schumacher T N, Mayr L M, Minor D L, et al. Identification of D-peptide ligands through mirror-image phage display. Science, 1996, 271: 1854 - 1857.

[116] Wang Z, Ding X, Li S, et al. Engineered fluorescence tags for in vivo protein labelling. RSC Advances, 2014, 4: 7235 - 7245.

[117] Keefe A D, Szostak J W. Functional proteins from a random-sequence library. Nature, 2001, 410: 715 - 718.

[118] Surdo P L, Walsh M A, Sollazzo M. A novel ADP-and zinc-binding fold from function-directed in vitro evolution. Nat Struct Mol Biol, 2004, 11: 382 - 383.

[119] Dahiyat B I, Mayo S L. De novo protein design; fully automated sequence selection. Science, 1997, 278: 82 - 87

[120] Kuhlman B, Dantas G, Ireton G C, et al. Design of a novel globular protein fold with atomic-level accuracy. Science, 2003, 302: 1364 - 1368

[121] Röthlisberger D, Khersonsky O, Wollacott A M, et al. Kemp elimination catalysts by computational enzyme design. Nature, 2008, 453: 190 - 195.

[122] Tinberg C E, Khare S D, Dou J, et al. Computational design of ligand-binding proteins with high affinity and selectivity. Nature, 2013, 501: 212 - 218.

[123] Hecht M H, Das A, Go A, et al. De novo proteins from designed combinatorial libraries. Protein Sci, 2004, 13: 1711 - 1723

[124] Kamtekar S, Schiffer J M, Xiong H, et al. Protein design by binary patterning

of polar and nonpolar amino acids. Science，1993，262：1680-1685.

[125] Fisher M A，McKinley K L，Bradley L H，et al. De novo designed proteins from a library of artificial sequences function in *Escherichia coli* and enable cell growth. Plos One，2011，6：e15364.

[126] Wang L，Brock A，Herberich B，et al. Expanding the genetic code of *Escherichia coli*. Science，2001，292：498-500.

[127] Chin J W，Cropp T A，Anderson J C，et al. An expanded eukaryotic genetic code. Science，2003，301：964-967.

[128] Paul N，Joyce G F. Minimal self-replicating systems. Curr Opin Chem Biol，2004，8：634-639.

[129] Lee D H，Granja J R，Martinez J A，et al. A self-replicating peptide. Nature，1996，382：525-528.

[130] 刘次全，黄京飞，王莹．蛋白质可能作为遗传信息的载体吗？动物学研究，1993，1：128-139.

[131] (a) Sanger F，Air G M，Barrell B G，et al. Nucleotide-sequence of bacteriophage Φ X174 DNA. Nature，1977，265：687-695；(b) Smith H O，Tomb J F，Dougherty B A，et al. Frequency and distribution of DNA uptake signal sequences in the Haemophilus influenzae Rd genome. Science，1995，269：538-540.

[132] Sekiya T，Takeya T，Brown E L，et al. Total synthesis of a tyrosine suppressor transfer RNA gene. XVI. Enzymatic joinings to form the total 207-base pair-long DNA. J Biol Chem，1979，254：5787-5801.

[133] (a) Dorman M，Noble S，McBride L，et al. Synthesis of oligodeoxynucleotides and oligodeoxynucleotide analogs using phosphoramidite intermediates. Tetrahedron，1984，40：95-102； (b) Barone A，Tang J Y，Caruthers M. *In situ* activation of bis-dialkylaminophosphines-A new method for synthesizing deoxyoligonucleotides on polymer supports. Nucleic Acids Res，1984，12：4051-4061；(c) Matteucci M D，Caruthers M. Synthesis of deoxyoligonucleotides on a polymer support. J Am Chem Soc，1981，103：3185-3191；(d) Letsinger R L，Ogilvie K K，Miller P S. Nucleotide chemistry. XV. Developments in syntheses of oligodeoxyribonucleotides and their organic derivatives. J Am Chem Soc，1969，91：3360-3365；(e) Letsinger R L，Mahadevan V. Oligonucleotide synthesis on a polymer support1，2. J Am Chem Soc，1965，87：3526-3527.

[134] Molla A，Paul A V，Wimmer E. Cell-free，de novo synthesis of poliovirus. Science，1991，254：1647-1651.

[135] Cello J，Paul A V，Wimmer E. Chemical synthesis of poliovirus cDNA：Generation of infectious virus in the absence of natural template. Science，2002，297：1016-1018.

[136] Smith H O，Hutchison Ⅲ C A，Pfannkoch C. Nucleic acids research generating a synthetic genome by whole genome assembly：φX174 bacteriophage from synthetic oligo-

nucleotides. Proc Natl Acad Sci USA，2003，100：15440－15445.

[137] Becker M M，Graham R L，Donaldson E F. Nucleic acids research synthetic recombinant bat SARS-like coronavirus is infectious in cultured cells and in mice. Proc Natl Acad Sci USA，2008，105：19944－19949.

[138] Gibson D G，Benders G A，Andrews-Pfannkoch C. Nucleic acids research Complete chemical synthesis，assembly，and cloning of a *Mycoplasma genitalium* genome. Science Signalling，2008，319：1215－1220.

[139] Gibson D G，Smith H O，Hutchison Ⅲ C A. Nucleic acids research chemical synthesis of the mouse mitochondrial genome. Nat Methods，2010，7：901－903.

[140] Hutchison Ⅲ C A，Peterson S N，Gill S R，Nucleic acids research global transposon mutagenesis and a minimal *Mycoplasma genome*. Science，1999，286：2165－2169.

[141] Chan L Y，Kosuri S，Endy D. Refactoring bacteriophage T7. Mol Syst Biol，2005，1：1－10.

[142] Pósfai G，Plunkett Ⅲ G，Fehér T. Molecular systems biology emergent properties of reduced-genome *Escherichia coli*. Science，2006，312：1044－1046.

[143] Gibson D G，Glass J I，Lartigue C. Molecular systems biology creation of a bacterial cell controlled by a chemically synthesized genome. Science，2010，329：52－56.

[144] Miller S L. A production of amino acids under possible primitive earth conditions. Science，1953，117：528－529.

[145] Oparin A I，Synge A. Life，its nature，origin and development：Oliver and boyd edinburgh. Academic Press，1961，127－154.

[146] Deamer D. On the origin of systems. Systems biology，synthetic biology and the origin of life. EMBO Rep，2009，10：S1－S4.

[147] 郭礼和．生命能够人工合成吗？中国细胞生物学学报，2011：95－99.

[148] Luisi P L，Ferri F，Stano P. Approaches to semi-synthetic minimal cells：A review. Naturwissenschaften，2006，93：1－13.

[149] MoRowITz H J. Biological self-replicating systems. Progress in Theoretical Biology，1967，1：35－38.

[150] Gil R，Silva F J，Peretó J，et al. Determination of the core of a minimal bacterial gene set. Microbiol Mol Biol Rev，2004，68：518－537.

[151] Mushegian A R，Koonin E V. A minimal gene set for cellular life derived by comparison of complete bacterial genomes. Proc Natl Acad Sci USA，1996，93：10268－10273.

[152] Itaya M. An estimation of minimal genome size required for life. FEBS Letters，1995，362：257－260.

[153] Zimmer C. Tinker，tailor：Can Venter stitch together a genome from scratch?

Science, 2003, 299: 1006 - 100.

[154] Tomita M, Hashimoto K, Takahashi K, et al. E-CELL: Software environment for whole - cell simulation. Bioinformatics, 1999, 15: 72 - 84.

[155] Szostak J W, Bartel D P, Luisi P L. Synthesizing life. Nature, 2001, 409: 387 -390.

[156] Luisi P L, Oberholzer T, Lazcano A. The notion of a DNA minimal cell: A general discourse and some guidelines for an experimental approach. Helvetica Chimica Acta, 2002, 85: 1759 - 1777.

[157] Deamer D W. Role of amphiphilic compounds in the evolution of membrane structure on the early Earth. Orig Life Evol Biosph, 1986, 17: 3 - 25.

[158] (a) Gebicki J, Hicks M. Ufasomes are stable particles surrounded by unsaturated fatty acid membranes. Nature, 1973, 243: 232 - 234; (b) Hargreaves W R, Deamer D W. Liposomes from ionic, single-chain amphiphiles. Biochemistry, 1978, 17: 3759 - 3768.

[159] Pflug H. Microvesicles in meteorites, a model of pre-biotic evolution. Naturwissenschaften, 1984, 71: 531 - 533.

[160] Deamer D W, Oro J. Role of lipids in prebiotic structures. Biosystems, 1980, 12: 167 - 175.

[161] Deamer D W, Barchfeld G L. Encapsulation of macromolecules by lipid vesicles under simulated prebiotic conditions. J Mol Evol, 1982, 18: 203 - 206.

[162] Luisi P L. Enzymes hosted in reverse micelles in hydrocarbon solution. Angew Chem Int Ed, 1985, 24: 439 - 450.

[163] Zepik H H, Blöchliger E, Luisi P L. A chemical model of homeostasis. Angew Chem Int Ed, 2001, 40: 199 - 202.

[164] Chakrabarti A C, Breaker R R, Joyce G F, et al. Production of RNA by a polymerase protein encapsulated within phospholipid vesicles. J Mol Evol, 1994, 39: 555 - 559.

[165] Oberholzer T, Wick R, Luisi P L, et al. Enzymatic RNA replication in self-reproducing vesicles: An approach to a minimal cell. Biochem Biophys Res Commun, 1995, 207: 250 - 257.

[166] Oberholzer T, Albrizio M, Luisi P L. Polymerase chain reaction in liposomes. Chem Biol, 1995, 2: 677 - 682.

[167] Oberholzer T, Nierhaus K H, Luisi P L. Protein expression in liposomes. Biochem Biophys Res Commun, 1999, 261: 238 - 241.

[168] Yu W, Sato K, Wakabayashi M, et al. Synthesis of functional protein in liposome. J Biosci Bioeng, 2001, 92: 590 - 593.

[169] Bucher P, Fischer A, Luisi P L, et al. Giant vesicles as biochemical compartments; the use of microinjection techniques. Langmuir, 1998, 14: 2712 - 2721.

[170] Stano P, D'Aguanno E, Bolz J, et al. A remarkable self-organization process as

the origin of primitive functional cells. Angew Chem Int Ed，2013，125：13639－13642

［171］ Luisi P L. About various definitions of life. Orig Life Evol Biosph，1998，28：613－622.

［172］ Keasling J D，Mendoza A，Baran P S. Synthesis：A constructive debate. Nature，2012，492：188－189.

［173］ Chen G Q. A microbial polyhydroxyalkanoates（PHA）based bio-and materials industry. Chem Soc Rev，2009，38：2434－2446.

［174］ Weber W，Schoenmakers R，Keller B，et al. A synthetic mammalian gene circuit reveals antituberculosis compounds. Proc Natl Acad Sci USA，2008，105：9994－9998.

［175］ Anderson J C，Clarke E J，Arkin A P，et al. Environmentally controlled invasion of cancer cells by engineered bacteria. J Mol Biol，2006，355：619－627.

［176］ 林其谁．合成生物学．生命科学，2005，17：384－386.

［177］ Check E. Synthetic biologists face up to security issues. Nature，2005，436：894－895.

［178］ Winter J M，Tang Y. Synthetic biological approaches to natural product biosynthesis. Curr Opin Biotechnol，2012，23：736－743.

［179］ Baltz R H. Combinatorial biosynthesis of cyclic lipopeptide antibiotics：A model for synthetic biology to accelerate the evolution of secondary metabolite biosynthetic pathways. ACS Synth Biol，2014，3（10）：748.

［180］ Zakeri B，Lu T K. Synthetic biology of antimicrobial discovery. ACS Synth Biol，2013，2：358－372.

［181］ Thaker M N，Wright G D. Opportunities for synthetic biology in antibiotics：Exanding glycopeptide chemical diversity. ACS Synth Biol，2015，4（3）：195－206.

［182］ Goss R J，Shankar S，Fayad A A. The generation of "unnatural" products：Synthetic biology meets synthetic chemistry. Nat Prod Rep，2012，29：870－889.

［183］ Yeh B J，Lim W A. Synthetic biology：Lessons from the history of synthetic organic chemistry. Nat Chem Biol，2007，3：521－525.

［184］ Felnagle E A，Chaubey A，Noey E L，et al. Engineering synthetic recursive pathways to generate non-natural small molecules. Nat Chem Biol，2012，8：518－526.

# 关键词索引